Die Bonus-Seite

Ihr Vorteil als Käufer dieses Buches

Auf der Bonus-Webseite zu diesem Buch finden Sie zusätzliche Informationen und Services. Dazu gehört auch ein kostenloser **Testzugang** zur Online-Fassung Ihres Buches. Und der besondere Vorteil: Wenn Sie Ihr **Online-Buch** auch weiterhin nutzen wollen, erhalten Sie den vollen Zugang zum **Vorzugspreis**.

So nutzen Sie Ihren Vorteil

Halten Sie den unten abgedruckten Zugangscode bereit und gehen Sie auf **www.galileocomputing.de**. Dort finden Sie den Kasten **Die Bonus-Seite für Buchkäufer**. Klicken Sie auf **Zur Bonus-Seite / Buch registrieren**, und geben Sie Ihren **Zugangscode** ein. Schon stehen Ihnen die Bonus-Angebote zur Verfügung.

Ihr persönlicher **Zugangscode** de2u-jwx5-gbaq-c7pn

Esther Düweke, Stefan Rabsch

Erfolgreiche Websites

SEO, SEM, Online-Marketing, Usability

Galileo Press

Liebe Leserin, lieber Leser,

haben Sie sich auch schon einmal gefragt, weshalb manche Websites erfolgreich sind und andere nicht? Stellen Sie sicher, dass Ihr Auftritt im Web gefunden und wahrgenommen wird und an den richtigen Stellen beworben wird: Suchmaschinen-Optimierung, Usability, Online-Marketing und Nutzung von Social Media sind die vier großen Themenkomplexe, wenn es darum geht, mehr Besucher auf die eigene Website oder Firmenpräsenz zu locken und mehr Besucher bzw. Umsatz zu generieren.

Esther Düweke und Stefan Rabsch verfügen über viel Erfahrung in der Planung und Konzeption von Strategien im Bereich Online-Marketing und den Umgang mit Suchmaschinen. Sie geben Ihnen detailliert Antworten auf die großen Fragen der Verbesserung des eigenen Webauftritts: Wie nutzen Sie alle Marketing-Kanäle? Wie verbessern Sie die Suchmaschinen-Präsenz Ihrer Site? Wie gestalten Sie eine gelungene Benutzerführung? Wie können Sie Affiliate-Programme sinnvoll und erfolgreich einsetzen und wie verdienen Sie mit Ihrer Website Geld? Zahlreiche Praxisbeispiele zeigen Ihnen anschaulich den Weg zu einer besseren Webpräsenz. Inkl. SEO, SEM, Online-Marketing, Affiliate-Programme, Google AdSense, Web Analytics, Social Media Marketing, E-Mail-, Newsletter- und Video-Marketing, Mobiles Marketing u.v.m.

Nach dem Erfolg der ersten Auflage, haben die beiden Autoren zahlreiche Aktualisierungen und Erweiterungen in dieses Buch einbezogen: Ob Neuerungen in Facebook, Google+ und im Bereich Mobile Advertising, die Google-Updates, oder zusätzliche strategischen Abschnitte, das alles stellen sie Ihnen aktuell zur Verfügung.

Um die Qualität unserer Bücher zu gewährleisten, stellen wir stets hohe Ansprüche an Autoren und Lektorat. Falls Sie dennoch Anmerkungen und Vorschläge zu diesem Buch formulieren möchten, so freue ich mich über Ihre Rückmeldung.

Ihr Stephan Mattescheck
Lektorat Galileo Computing

stephan.mattescheck@galileo-press.de
www.galileocomputing.de
Galileo Press · Rheinwerkallee 4 · 53227 Bonn

Auf einen Blick

Wir hoffen sehr, dass Ihnen dieses Buch gefallen hat. Bitte teilen Sie uns doch Ihre Meinung mit. Eine E-Mail mit Ihrem Lob oder Tadel senden Sie direkt an den Lektor des Buches: *stephan.mattescheck@galileo-press.de*. Im Falle einer Reklamation steht Ihnen gerne unser Leserservice zur Verfügung: *service@galileo-press.de*. Informationen über Rezensions- und Schulungsexemplare erhalten Sie von: *julia.mueller@galileo-press.de*.

Informationen zum Verlag und weitere Kontaktmöglichkeiten finden Sie auf unserer Verlagswebsite *www.galileo-press.de*. Dort können Sie sich auch umfassend und aus erster Hand über unser aktuelles Verlagsprogramm informieren und alle unsere Bücher versandkostenfrei bestellen.

An diesem Buch haben viele mitgewirkt, insbesondere:

Lektorat Stephan Mattescheck, Erik Lipperts
Korrektorat Annette Lennartz, Bonn
Herstellung Lissy Hamann
Layout Vera Brauner
Coverentwurf Barbara Thoben, Köln
Titelbild Barbara Thoben, Köln
Infografiken Judith Düweke
Foto Esther Düweke bfl-berlin.de
Satz III-satz, Husby
Druck Beltz Druckpartner, Hemsbach

Dieses Buch wurde gesetzt aus der TheAntiquaB (9,35/13,7 pt) in FrameMaker.
Gedruckt wurde es auf chlorfrei gebleichtem Offsetpapier (90 g/m²).

Der Name Galileo Press geht auf den italienischen Mathematiker und Philosophen Galileo Galilei (1564–1642) zurück. Er gilt als Gründungsfigur der neuzeitlichen Wissenschaft und wurde berühmt als Verfechter des modernen, heliozentrischen Weltbilds. Legendär ist sein Ausspruch Eppur si muove (Und sie bewegt sich doch). Das Emblem von Galileo Press ist der Jupiter, umkreist von den vier Galileischen Monden. Galilei entdeckte die nach ihm benannten Monde 1610.

Bibliografische Information der Deutschen Nationalbibliothek:
Die Deutsche Nationalbibliothek verzeichnet diese Publikation in der Deutschen Nationalbibliografie; detaillierte bibliografische Daten sind im Internet über *http://dnb.d-nb.de* abrufbar.

ISBN 978-3-8362-1871-9
2. Auflage 2012

Inhalt

Website-Experten geben Auskunft

Was macht erfolgreiche Websites aus? Wer sollte diese Frage besser beantworten können als die Verantwortlichen solcher Websites selbst? Wir haben daher drei Experten befragt und Sie gebeten, uns Ihre Tipps im Bereich Online-Marketing und Website-Optimierung zu verraten. Versuchen Sie, mit diesem Praxiseinstieg gute Strategien und Hinweise auf Ihre Website zu übertragen und von erfolgreichen Internetauftritten zu lernen.

Martin Tschopp ist gebürtiger Schweizer, der schon in den USA und Australien für eBay tätig war. Er ist aktuell als Geschäftsführer für eBay Deutschland verantwortlich.

- Zu einer erfolgreichen Website gehört für mich ...
  ... *wikipedia.org, weil sie wohl mehr SEO-Traffic als jede andere Website bekommt.*
- Beim Website-Marketing lege ich besonderen Wert auf ...
  ... *ständige quantitative Messung, Analyse und Optimierung über alle Kanäle.*
- Bei einer neuen Website sollte man ...
  ... *in erster Linie die Basics richtig machen: Einfachheit, Zweckmäßigkeit, was natürlich nicht heißt, langweilig zu sein, wenn der Zweck Unterhaltung sein soll. Außerdem sollte man die SEO-Kompatibilität von Anfang an zentral in Betracht ziehen, Flexibilität für zukünftige Änderungen vorbehalten und schnelle Ladezeiten vorweisen.*
- Google ist für mich ...
  ... *eine Site, die man als Website-Betreiber unbedingt stets im Auge behalten muss.*
- Ein großer Fehler, den Website-Betreiber vermeiden sollten, ist ...
  ... *alles auf einmal sein zu wollen.*

Christian Meermann leitet das Marketing bei Zalando und verantwortet dort die gesamten nationalen und internationalen Marketingaktivitäten. Ein Großteil hiervon ist performance-orientiertes Online-Marketing in allen Kanälen.

- Zu einer erfolgreichen Website gehört für mich ...
  ... allem voran ein klarer Mehrwert der Website für den User, der somit zu guter User Experience und anschließender hoher Wiederkehr führt. Daneben sind eine intuitive Nutzerführung und relevanter Inhalt von großer Bedeutung für den langfristigen Erfolg einer Seite.
- Beim Website-Marketing lege ich besonderen Wert auf ...
  ... Messbarkeit und kurzfristige Optimierungsmöglichkeiten mit langfristigem Potenzial. Eine der wichtigsten Eigenschaften des Online-Marketings ist das Tracking. Dadurch kann man jegliche Kampagnen in allen Channels jederzeit prüfen und sogar während der Kampagnenlaufzeit optimieren. Das schafft nicht nur einen extrem effektiven Weg, Marketing zu betreiben, sondern auch zu lernen, Maßnahmen dynamisch zu steuern und mitzuwachsen.
- Bei einer neuen Website sollte man ...
  ... neben einer gründlichen Vorbereitung aller User Experience und Marketingaktivitäten, die Website, deren Struktur und alle Marketingaktivitäten von Anfang an und immer wieder hinterfragen. Dabei geben uns User einen tiefen Einblick in mögliche Verbesserungspotenziale. Beispielsweise: Wo steigen sie ein? Wo springen sie ab? Wo genau halten sie sich auf und wie lange?
- Google ist für mich ...
  ... eine sehr intelligente Interpretation des gesamten User-Verhaltens im Internet und damit unglaublich powerful! Abgesehen davon, ist Google für viele die meistbesuchte Seite – direkt nach Zalando.de ;-)
- Ein großer Fehler, den Website-Betreiber vermeiden sollten, ist ...
  ... die Möglichkeiten des professionellen Online-Marketings zu unterschätzen und nicht tief genug im Detail zu optimieren.

Jens Fauldrath ist Teamleiter SEO der Deutschen Telekom AG und Lehrbeauftragter an der Hochschule Darmstadt zum Thema Suchmaschinenoptimierung sowie Mitglied des Fachbeirats der Konferenz SMX München.

- Zu einer erfolgreichen Website gehört für mich ...
  ... die klare Ausrichtung an den Bedürfnissen des Kunden, weil der Kunde wegen seiner Wünsche und Probleme zu mir kommt, und nicht wegen meiner Wünsche und Bedürfnisse.
- Beim Website-Marketing lege ich besonderen Wert auf ...
  ... die Verbindung zwischen Produktmanagement und Marketing. Wenn das Produkt nicht funktioniert, brauche ich kein Marketing. Wenn das Produkt aber sehr gut ist, dann benötige ich nur wenig Marketing.
- Bei einer neuen Website sollte man ...
  ... immer davon ausgehen, dass die Besucher über 95 % ihrer Zeit nicht auf meiner Website sein werden. Erwartungskonformität ist der Schlüssel zum Erfolg, und diese bewusst zu verletzen, ist dann die Kür.
- Google ist für mich ...
  ... eines der besten Instrumente, um zu erfahren, was meine Kunden eigentlich wollen.
- Ein großer Fehler, den Website-Betreiber vermeiden sollten, ist ...
  ... sich selbst zu wichtig zu nehmen.

Vorwort

»Wenn du laufen willst, lauf eine Meile.
Wenn du ein neues Leben kennenlernen willst, dann lauf Marathon.«
– Emil Zátopek

Was macht eigentlich eine erfolgreiche Website aus? Erfolgreiche Websites sind digitale Orte, an denen sich die Nutzer wohlfühlen, an denen ihre Bedürfnisse bedient werden, Orte, zu denen sie gerne zurückkehren und die sie, ohne zu zögern, weiterempfehlen. Auf der anderen Seite freuen sich auch Website-Betreiber. Zum einen, weil sie gute Arbeit geleistet haben, auf die sie stolz sein können, zum anderen weil sie vermutlich auch monetär profitieren. Wie aber werden erfolgreiche Websites geschaffen? Sie sollten nicht auf eine gute Fee hoffen, die Ihnen diesen Wunsch erfüllt. Um eine Website erfolgreich zu machen, bedarf es mancher Anstrengung – so ist das nun einmal mit dem Erfolg.

Stellen Sie sich vor, Sie sind Trainer eines Marathonläufers. So sind verschiedene Trainingseinheiten und Durchhaltevermögen erforderlich, bis Ihr Schützling schließlich über die Ziellinie läuft. Ähnlich ist es auch mit Ihrer Website. Wir möchten Ihnen mit diesem Buch Wege aufzeigen, um Ihre Website Schritt für Schritt dem Ziel näher zu bringen und sie bestmöglich für den digitalen Marathonlauf zu rüsten. Dabei gibt es sicherlich kein Patentrezept. Die Grundvoraussetzungen können gänzlich unterschiedlich sein, und die Rahmenbedingungen können sich ständig ändern. Auch in der Realität bereiten sich die Sportler auf verschiedenste Arten auf die 42,195 km vor.

Aus unserer Sicht macht aber gerade das die Faszination der Arbeit im Internet aus. Wir bewegen uns nicht in einem starren Rahmen, sondern auf einem sehr dynamischen Feld. Wir begegnen Websites, die nach vorn preschen und die Spitzenpositionen einnehmen, aber auch Seiten, die es nicht über die Ziellinie schaffen. Es gibt »Läufer«, die anderen dicht auf den Fersen sind, andere hingegen können sich mit Leichtigkeit absetzen. Machen Sie sich aber bewusst, dass Sie nicht alle (Trainings-)Maßnahmen ad hoc umsetzen können und sollten. In der Regel ist eine durchdachte Strategie gefragt, und es werden Ressourcen benötigt, die Sie möglicherweise nicht aufbringen können. Auch ein Läufer sollte sich idealerweise an einen individuellen Trainingsplan halten, denn jeder bringt unterschiedliche Grundvoraussetzungen mit. Suchen Sie sich daher aus den beschriebenen Maßnahmen die für Sie passendsten heraus.

Das Internet wird zunehmend unsere Zukunft beeinflussen. Und wir haben die Möglichkeit, diese mitzugestalten. Schicken wir also durchtrainierte Läufer an den Start.

Die neue, aktualisierte Auflage von »Erfolgreiche Websites« soll mit einem großen Dankeschön beginnen: Wir möchten uns bei allen Lesern für die vielen tollen Rückmeldungen und lobenden Worte bedanken, die diese Aktualisierung des Buches möglich gemacht haben. Wir freuen uns ungemein über den Erfolg unseres Buches und möchten Ihnen auch mit der zweiten Auflage wieder ein hilfreiches Werkzeug für Ihre Website an die Hand geben. Ein Jahr vergeht oftmals wie im Flug, was jedoch im Internet in einem Jahr passieren kann, ist uns besonders bei dieser Aktualisierung bewusst geworden. Es gibt unglaublich viele Neuerungen, Erweiterungen und Trends, und bei den vorhandenen knapp 870 Seiten ist es unmöglich, alles mit aufzunehmen – Sie sollen dieses Buch schließlich noch heben können.

Was ist also neu? Wir haben viele Rückmeldungen von Lesern erhalten, die sich für die zahlreichen praktischen Beispiele in der ersten Auflage bedankt haben. Daher haben wir in dieser zweiten Auflage besonders darauf geachtet, Ihnen eine Vielzahl an Beispielen und besonders gute Umsetzungen aufzuzeigen, an denen Sie sich für Ihre Website orientieren können. Den Praxisbezug erkennen Sie schon daran, dass wir namhafte Branchenexperten zu erfolgreichen Websites, zu Online-Marketing und Ihren Tipps befragt haben. An dieser Stelle nochmals ein herzliches Dankeschön an die Interviewpartner.

In dieser neuen, aktualisierten Fassung finden Sie zu Beginn jedes Kapitels eine Box, die Ihnen in aller Kürze aufzeigt, was Sie in dem Kapitel erwartet. Wir möchten Ihnen damit erleichtern, die gewünschten Inhalte schnell zu finden. Nahezu jedes Kapitel schließt mit einer Kurzzusammenfassung (für Leser mit Zeitdruck) und einer Checkliste für die Umsetzung Ihrer Werbemaßnahmen in der Praxis. Inhaltlich haben wir das Buch um viele neue Themen und Trends, wie z. B. Google+, erweitert.

Die Neuerungen auf einen Blick

Jeder Website-Betreiber sollte sich zu Beginn seiner Arbeit im Netz strategische Entscheidungen bewusst machen. Was soll mit einer Website erreicht werden und wie kann das geschehen? Daher zeigen wir zu Beginn dieses Buches verschiedene Ausrichtungen von Websites auf und geben Hilfestellung bei der Frage zur richtigen Strategie für eine Website.

Es gibt zahlreiche Gründe, warum einige Betreiber von Websites sich dazu entschließen, das Online-Marketing für den Webauftritt an eine Agentur abzugeben. Auch hier möchten wir Sie nicht alleine lassen und beschäftigen uns in Abschnitt 1.4, »Online-Marketing per Agentur«, unter anderem mit dem Thema Agenturauswahl und -steuerung.

Auch strukturell hat sich einiges geändert: So finden Sie beispielsweise in Kapitel 2, »Online-Marketing – Werben im Internet«, neben dem klassischen Bannermarketing auch die Möglichkeiten des Display-Werbenetzwerks von Google. Da es hier einen engen thematischen Bezug gibt, haben wir uns dazu entschlossen, diese Variante (die vormals im Kapitel Suchmaschinenwerbung beschrieben war) hierhin umzuplatzieren.

Darüber hinaus sind wir sowohl in die Bereiche Social Media Marketing als auch in das Thema Online-PR tiefer eingestiegen und haben beiden Kanälen ein eigenständiges Kapitel gewidmet. So finden Sie in dieser Neuauflage auch die Möglichkeiten, die beispielsweise Google+ Ihnen bietet. Dieses soziale Netzwerk gab es noch gar nicht, als das erste »Erfolgreiche Websites« erschienen ist.

Besonders schnell wächst zudem der Bereich des Mobile Marketings. Leser, die auch die Erstauflage kennen, werden die ausführlicheren Beschreibungen sicherlich bemerken.

Der Schwerpunkt dieses Buches liegt weiterhin auf dem großen Thema Suchmaschinen. Neben der Funktionsweise gehen wir sehr ausführlich auf die effektiven Marketingmaßnahmen der Suchmaschinenwerbung und der Suchmaschinenoptimierung ein. Hier wartet insbesondere Google mit einigen Neuerungen auf – seien es umfangreiche Updates des Suchalgorithmus oder neue und erweiterte Tools, die die Arbeit mit Suchmaschinen erleichtern. Auch diese Neuerungen sind in die einzelnen Kapitel eingeflossen.

Wir zeigen Ihnen im Bereich Web-Analytics unter der neuen Version von Google Analytics, welche Kennzahlen zur Erfolgsmessung wichtig sind und wie sie zu interpretieren sind.

Wir haben uns bemüht, dieses Buch so aktuell und praktisch wie möglich zu gestalten. An dieser Stelle sei aber gesagt, dass gedrucktes Papier mit der Geschwindigkeit im Internet nicht mithalten kann, wenn es um Neuerungen, Erweiterungen und Trends geht. Es kann daher sein, dass einige in diesem Buch angegebene Links und Sachverhalte bereits veraltet sind oder nicht mehr existieren, wenn Sie diesen Text lesen. Darum möchten wir Ihnen unsere Facebook-Seite zum Buch, *www.facebook.com/Erfolgreiche.Websites*, ans Herz legen, auf der wir regelmäßig über Neuerungen informieren.

Worauf wir bewusst verzichtet haben, sind Negativbeispiele. Vielmehr möchten wir Ihnen sogenannte Best-Case-Umsetzungen aufzeigen, an denen Sie sich orientieren können. Wir möchten keine Website an den Pranger stellen, denn wir wissen (und Sie werden es erfahren), dass es sehr viel Mühe kostet, in dem dynamischen Umfeld gute Websites anzubieten und alles richtig zu machen. Außerdem sollten Sie sich eher an guten Umsetzungen orientieren, als Fehlgriffe zu belächeln.

Was Sie in diesem Buch nicht finden werden, ist eine Anleitung, wie Sie eine komplett neue Website erstellen. Wir wenden uns an all jene, die bereits eine Website haben und sie zum Erfolg führen möchten. Das können Betreiber der unterschiedlichsten Arten von Websites sein, z. B. redaktionelle Websites, Online-Shops, Vereinsseiten, Blogs oder Communitys. Wenn wir von Unternehmen oder Unternehmens-Websites sprechen, sollten sich alle angesprochen fühlen. Aber auch wenn Sie noch keine Internetpräsenz besitzen, kann es nicht schaden, sich schon im Vorfeld einen Überblick über geeignete Marketingmaßnahmen zu verschaffen, um diese beim Aufbau einer Website zu berücksichtigen. Darüber hinaus richten wir uns an alle Personen, die sich mit dem Thema Online-Marketing beschäftigen, sei es aus beruflichen oder privaten Gründen.

Das klingt schon nach einer großen Leserschaft, und so ist es auch: Wir richten uns mit »Erfolgreiche Websites« sowohl an Einsteiger als auch an Fortgeschrittene im Online-Marketing. Wie Sie sich denken können, ist das aufgrund der unterschiedlichen Vorkenntnisse und Wissensstände keine leichte Aufgabe. Wir hoffen, es ist uns gelungen, einen guten Mittelweg zu finden zwischen der einfachen Erklärung von Grundprinzipien wie auch der hilfreichen Beschreibung von Tipps und Tricks für Fortgeschrittene.

So unterschiedlich die Leserschaft ist, so unterschiedlich ist auch die Verwendung dieses Buches. Bei einem derartigen Buchumfang werden viele Leser nicht alle Seiten von A–Z lesen, sondern direkt in Themen einsteigen oder es als Nachschlagewerk verwenden. Auch das haben wir bei der Überarbeitung des Buches berücksichtigt. So wird es an einigen Stellen kurze Wiederholungen oder direkte Verweise in die entsprechenden Kapitel geben. Grundsätzlich ist die Struktur des Buches erhalten geblieben. Nach wie vor ist auch ein Direkteinstieg in die einzelnen Themenbereiche möglich, das Stichwortverzeichnis am Ende des Buches erleichtert Ihnen das direkte Eintauchen.

Zehn Gründe, warum Sie dieses Buch lesen sollten

- Sie haben schon von Online-Marketing gehört, möchten sich aber einen umfassenden **Überblick über die einzelnen Marketingkanäle** verschaffen? Dann haben Sie mit »Erfolgreiche Websites« zum richtigen Buch gegriffen.
- Sie möchten nicht nur die reine Theorie lernen, sondern auch anhand von **praktischen Tipps** einen guten Leitfaden bekommen, wie Sie selbst Online-Marketingkampagnen umsetzen? Unsere einzelnen Kapitel beinhalten sowohl theoretische Ansätze als auch eine Vielzahl an Praxisbeispielen und hilfreichen Tipps.
- Sie haben eine eigene Website, aber nur sehr wenige Besucher? Hier erfahren Sie, wie Sie Ihre **Website bekannt machen** und wie diese von Benutzern z. B. über **Suchmaschinenoptimierung** optimal gefunden wird.

- Sie verzeichnen mit Ihren bisherigen Werbemaßnahmen hohe Streuverluste und geringe Erfolge? Wir zeigen Ihnen, wie Sie **Online-Werbeanzeigen** sowohl innerhalb von Suchergebnissen (z. B. per Google AdWords) als auch auf anderen Websites (Bannermarketing) schalten können.
- Sie haben Besucher auf Ihrer Website, aber kaum jemand kauft Ihre Produkte? Mit diesem Buch erfahren Sie, wie Sie Ihre Website überzeugend gestalten und **aus Besuchern Käufer machen.**
- Sie haben sehr viel Zeit und Mühe in Ihre Website investiert, aber nicht die gewünschten finanziellen Ergebnisse erzielt? In einem speziellen Kapitel dieses Buches erfahren Sie, auf welche verschiedenen Arten Sie **mit Ihrer Website Geld verdienen** können.
- Sie möchten an der **Benutzerfreundlichkeit Ihrer Website** arbeiten? Im Kapitel **Usability** zeigen wir Ihnen wichtige Aspekte, die Sie dabei berücksichtigen sollten.
- Von Facebook, Twitter und Co. haben Sie schon einmal gehört, Sie wissen aber nicht, wie Sie **soziale Netzwerke** für sich nutzen können? Wir zeigen Ihnen verschiedene Möglichkeiten, wie Sie mit Ihren (potenziellen) Kunden in direkten Kontakt treten können.
- Sie geben sich Ihrem Bauchgefühl hin, wenn Sie Entscheidungen zu Ihrer Website fällen, anstatt die Nutzer selbst entscheiden zu lassen, was sie möchten? Lesen Sie unser Kapitel zu verschiedenen **Testmöglichkeiten**, und Sie erfahren, wie nützlich die Ergebnisse für Ihren Website-Erfolg sein können.
- Sie möchten Ihre Entscheidungen mit Zahlen untermauern, wissen aber nicht, wie Sie das Besucherverhalten Ihrer Website messen? Mit unserem Kapitel **Web-Analytics** zeigen wir Ihnen, worauf es ankommt.

Der Trainingsplan, den dieses Buch darstellt, deckt alle Bereiche des Online-Marketings ab. In Kapitel 1, »Der Weg zur erfolgreichen Website«, zeigen wir Ihnen neben einem Überblick über die einzelnen Online-Marketingkanäle grundlegende Fehler auf, die es zu vermeiden gilt. Anschließend haben wir den einzelnen Bereichen des Online-Marketings jeweils ein Kapitel gewidmet.

Neben den einzelnen Marketingkanälen zeigen wir Ihnen, wie Sie eine passende Zielgruppe ansprechen. Sie lernen Elemente der Kundenbindung kennen und lesen, wie Sie Ihre Website nutzerfreundlich gestalten. Sie lernen diverse Testverfahren kennen, um Ihren Internetauftritt zu optimieren. Dabei dürfen wichtige Kennzahlen natürlich nicht fehlen, die wir Ihnen in Kapitel 18, »Web-Analytics – Websites unter die Lupe nehmen«, aufzeigen. Letztendlich geht es aber darum, das Website-Potenzial weitestgehend auszuschöpfen und mehr aus dem Internetauftritt herauszuholen und Geld zu verdienen. Dazu finden Sie ebenso ein eigenständiges Kapitel vor. Im letzten Buchteil finden Sie abschließend die wichtigsten Meilensteine des Internetmarketings als Hintergrundinformation, und wir wagen einen Blick in die Zukunft.

Einige Hinweise vorab: Wir haben uns bemüht, in diesem Buch Fachbegriffe weitestgehend zu erklären und so verständlich wie möglich zu beschreiben. Fachtermini können Sie auch am Ende dieses Buches in unserem Glossar noch einmal nachschlagen. Synonym verwendet haben wir die Begriffe *Website* und *Internetauftritt*. *Website* und *Webseite* sind jedoch nicht gleichzusetzen. Während die Website einen gesamten Internetauftritt beschreibt, wird mit einer Webseite eine einzelne Seite Ihrer Website bezeichnet. Meist verwenden wir die männliche Form der Begriffe, wie z. B. »der Nutzer«, möchten damit aber die Leserinnen unter Ihnen keinesfalls ausgrenzen. Wir haben uns allein der besseren Lesbarkeit wegen für die konventionelle Form entschieden.

Uns ist bewusst, dass wir ein großes Themengebiet behandeln. Daher können wir leider nicht an jeder Stelle bis ins kleinste Detail gehen, und wir möchten uns schon hier dafür entschuldigen. Da wir Ihnen aber ungern eine Antwort schuldig bleiben, haben wir Ihnen am Ende unseres Buches empfehlenswerte Fachliteratur, Websites, hilfreiche Tools und lohnenswerte Veranstaltungen zusammengetragen, mit deren Hilfe Sie in einzelne Themengebiete noch tiefer einsteigen können. Wie auch bei der ersten Auflage freuen wir uns über Feedback, das Sie jederzeit per Facebook-Nachricht über *www.facebook.com/Erfolgreiche.Websites* an uns richten können. Zudem finden Sie diesem Buch beigefügt eine DVD, die Ihnen hilfreiche Inhalte für die Arbeit mit Ihrer Website zur Verfügung stellt. Wir möchten uns an dieser Stelle beim Galileo-Verlag bedanken, der uns diese Informationen und Werkzeuge zu diesem Zweck zur Verfügung gestellt hat.

Danke

Als wir den Rahmen und den Umfang dieses Buches festlegten, haben wir uns einige Ziele gesetzt: Es soll sowohl für Anfänger wie auch für Fortgeschrittene im Bereich Online-Marketing leicht verständlich sein und fachlich hinreichend tiefgründig Sachverhalte erklären. Es soll einerseits einen guten Überblick über die einzelnen Kanäle im Online-Marketing aufzeigen und andererseits in den verschiedenen Bereichen angemessen in die Tiefe gehen. Theoretische Aspekte sollen mit anschaulichen Praxisbeispielen verknüpft werden. Für uns stellte sich die Frage: Wo ziehen wir Grenzen, und wo setzen wir Schwerpunkte? Auch wir standen ein zweites Mal vor einer Marathonaufgabe und freuen uns, dieses Buch heute in den Händen halten zu können. Das wäre uns aber nicht gelungen, wenn wir uns nicht auf zahlreiche Menschen bei dieser Arbeit hätten verlassen können. Sie waren unsere Trainer und Erfrischungsstationen bei unserem persönlichen Marathon, dieses Buch zu schreiben.

Ein herzlicher Dank ist all jenen gewidmet, die uns bei der Erstellung dieses Buches auf unterschiedlichste Art und Weise unterstützt haben: sei es durch zahlreiche Fachgespräche, einzelne Tipps, Anregungen und Verbesserungsvorschläge oder auch durch die emotionale Unterstützung, die Geduld und offenen Ohren in angespannten Momenten. Euch möchten wir an dieser Stelle von ganzem Herzen danken!

Dieses Buch wäre wohl nicht annähernd so ansprechend ausgefallen, hätten wir nicht auf die tatkräftige Unterstützung unserer Grafikdesignerin Judith Düweke zählen können. Die Gestaltung der Grafiken entstammt ihrem kreativen Kopf und trägt dazu bei, die Zusammenhänge und Sachverhalte zu veranschaulichen.

Nicht zuletzt möchten wir uns bei Stephan Mattescheck von Galileo Press bedanken, der den Stein für dieses Buch ins Rollen gebracht, die Manuskripterstellung begleitet und dieses Buch überhaupt ermöglicht hat. Auch Frau Behrens von Galileo Press und dem Vertrieb gilt unser Dank, denn ohne sie würden Sie das Buch »Erfolgreiche Websites« nicht im Buchhandel finden.

Ganz nach dem Motto »Ja, jetzt wird wieder in die Hände gespuckt« wünschen wir Ihnen nun viel Erfolg mit Ihrer Website und hoffen, Ihnen mit diesem Buch einen guten Trainer und Begleiter an die Hand geben zu können, damit Ihre Website eine **erfolgreiche Website** wird und Ihre persönliche Bestzeit erreicht.

Auf die Plätze, fertig, LOS!

Esther Düweke und **Stefan Rabsch**,
Berlin

Kapitel 1
Der Weg zur erfolgreichen Website

»Wer aufhört zu werben, um so Geld zu sparen,
kann ebenso seine Uhr anhalten, um Zeit zu sparen.«
– Henry Ford

In diesem ersten Kapitel lernen Sie, welche Möglichkeiten es gibt, Ihre Website erfolgreicher zu machen. Neben einem Gesamtüberblick über das Online-Marketing lernen Sie auch die einzelnen Teilbereiche kennen. Ausführlichere Erklärungen zu den Bereichen finden Sie anschließend in den jeweiligen Kapiteln zum Thema. Gerade wenn Sie mit Ihrer Website und den Werbemaßnahmen für Ihren Online-Auftritt noch am Anfang stehen, können sich schnell Fehler einschleichen. Es werden grundlegende Probleme in verschiedenen Online-Marketingbereichen aufgezeigt und Wege, wie sich diese vermeiden lassen. Sie bekommen eine Vorstellung von der strategischen Ausrichtung über Markenbildung und -auftritt, eine Übersicht über die einzelnen Marketingkanäle bis hin zu der Auswahl und Steuerung einer geeigneten Online-Marketingagentur.

Sie haben eine eigene Website? Gratulation! Die Saat ist gelegt. Bestimmt haben Sie sehr viel Zeit und Energie in den Aufbau investiert, um Ihre Produkte, Dienstleistungen oder Informationen zu präsentieren. Aber was nun? Wie wird aus Ihrem Pflänzchen eine Pflanze, die Früchte trägt? Wie erfahren die Menschen von Ihrer Website, wie wird sie optimal gefunden, wie spricht sie potenzielle Käufer an, wie bewerben Sie Ihre Angebote, und wie können Sie Geld mit Ihrer Website verdienen? Die Kernfrage lautet: Wie wird aus Ihrer Website eine erfolgreiche Website? All diese Fragen sind dem Online-Marketing zuzuordnen und werden in diesem Buch behandelt. Helfen wir also Ihrem Pflänzchen, zu wachsen.

1.1 Die richtige Strategie für Ihre Website

Um strategische Fragen beantworten zu können, muss man die Einordnung des Internets in die Medienlandschaft kennen und berücksichtigen. Das Internet ist dasjenige Medium, das sich vergleichsweise am schnellsten entwickelt. Inzwischen geht man von ca. 50 Mio. Internetnutzern in Deutschland aus, die unweigerlich mit verschiedenen Marketingmaßnahmen in Berührung kommen – sei es bewusst oder unbewusst. So hat fast jeder schon einmal ein Banner auf einer Website gesehen, einen Newsletter erhalten, ein Produkt online gekauft, nach Informationen gesucht usw. Bei den täglichen Aktivitäten im virtuellen Raum ist Online-Marketing kaum wegzudenken.

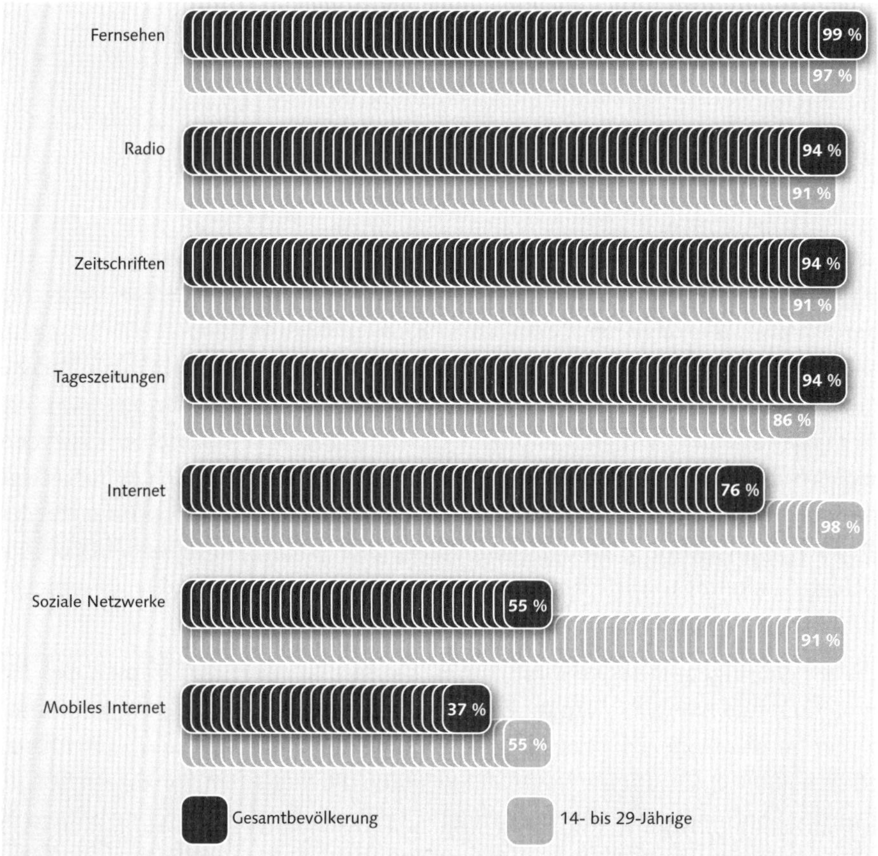

Abbildung 1.1 Mediennutzung der Deutschen, Stand 2012 (Quelle: BITKOM/Aris 2012)

Für viele Unternehmen in unterschiedlichen Größenordnungen ist das Internet zu einem rentablen oder sogar dem einzigen Standbein geworden. Denken Sie einmal an Google, ein Unternehmen, das ohne Internet gar nicht existieren würde. Im ersten Quartal 2012 konnte das Suchmaschinenunternehmen nach Medienberichten einen Nettogewinn von 2,2 Mrd. € verzeichnen.

Aber warum nicht bei Altbewährtem bleiben, fragen Sie sich? Die IVW, Informationsgemeinschaft zur Feststellung der Verbreitung von Werbeträgern e. V. (*www.ivw.de*), ermittelte beispielsweise die in Abbildung 1.2 und Abbildung 1.3 gezeigten Trends für Tageszeitungen und Online-Nutzung.

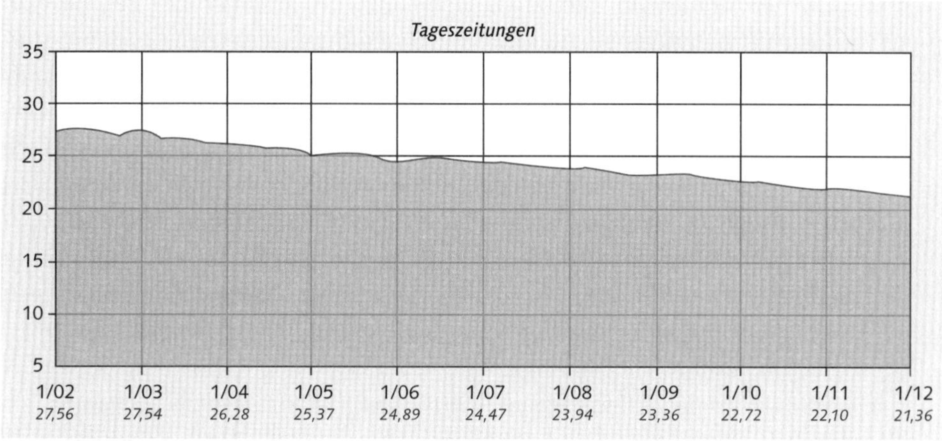

Abbildung 1.2 Entwicklung der Tageszeitungen von 2002–2012 (Verkaufte Auflage in Millionen)

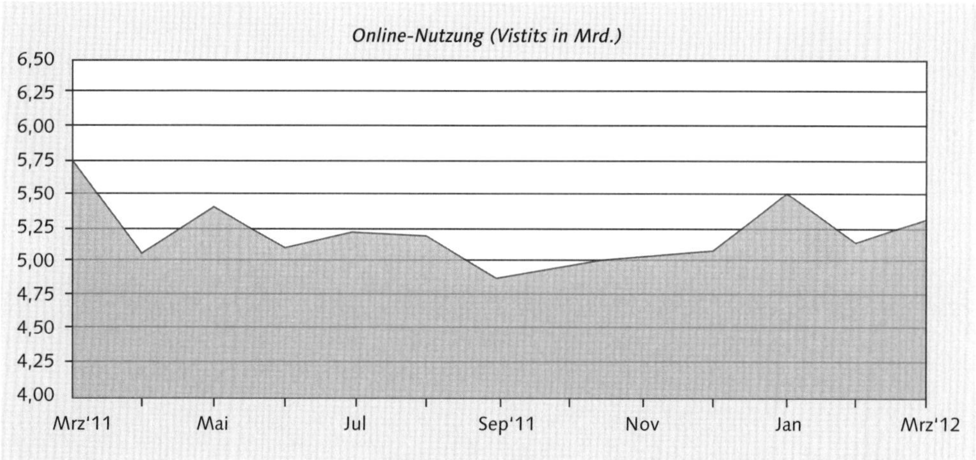

Abbildung 1.3 Entwicklung der Nutzung der IVW-geprüften Online-Medien im Jahresverlauf

Diese Trends müssen nicht groß erklärt werden. Klar ist, dass Online-Medien auf dem Vormarsch sind, wohingegen die Nutzung von klassischen Medien wie Tageszeitungen stetig abfällt. Fachzeitschriften müssen übrigens einen noch steileren Abfall hinnehmen. Innerhalb der geschichtlichen Entwicklung des Internets haben sich einige wichtige Meilensteine des Online-Marketings herausgebildet, die Sie in Abschnitt, »Eine Zeitreise«, des Anhangs B nachlesen können. Heute bauen immer mehr Unternehmen und Kleinunternehmer ihr Standbein im Online-Marketing auf oder aus.

Der Begriff *Online-Marketing* umfasst verschiedene Bezeichnungen, wie *Internetmarketing*, *Webmarketing* oder *E-Marketing*. Alle meinen jedoch das Gleiche, nämlich

Marketingmaßnahmen im Internet. Eine einheitliche Definition des Begriffs existiert jedoch nicht. Darüber hinaus kann eine Unterscheidung in Push- und Pull-Maßnahmen erfolgen. Im Vergleich zu klassischen Marketingmaßnahmen, die darauf ausgelegt sind, die Aufmerksamkeit des potenziellen Kunden zu erhaschen, zielt das Online-Marketing darauf ab, den aktiven Surfer anzusprechen. Hier spricht man von Push- und Pull-Marketing: Kurz gesagt, geht die Aktivität beim Push-Marketing vom Werbetreibenden aus. Er versucht mit verschiedenen Maßnahmen, eine Zielgruppe zu erreichen. Auf diese Menschen strömen die Werbemaßnahmen ein, ohne dass sie sich dagegen wehren können bzw. so, dass sie sich nur schwer abwenden können. Streuverluste sind hier an der Tagesordnung. Beim Pull-Marketing ist der Ablauf prinzipiell umgekehrt. Hier macht der Benutzer den ersten Schritt, indem er beispielsweise aktiv eine Suchanfrage im Internet stellt. Ist für Sie die Bezeichnung nun sinnvoll? Beim Push-Marketing (»push«, engl. für »Anstoß, Druck, Schub«) schiebt der Werbetreibende seine Maßnahmen an, während beim Pull-Marketing (»to pull«, engl. für »holen«) der Interessent aktiv nach Informationen oder Produkten sucht (siehe Abbildung 1.4).

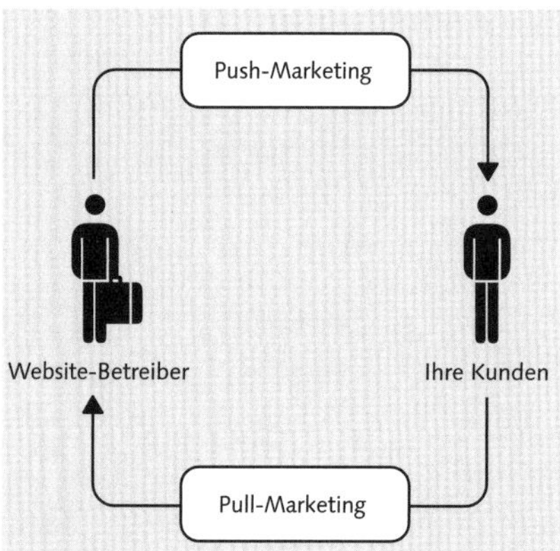

Abbildung 1.4 Prinzip von Push- und Pull-Marketing

Für Sie als Website-Betreiber sind die Möglichkeiten, die das Internet mit sich bringt, sowohl Chance als auch Herausforderung zugleich. Denn wenn Sie einem Suchenden nicht das bieten, wonach er sucht, kann er mit einem Klick zum Wettbewerber wechseln. So spielen Mehrwert, Relevanz und Vertrauen eine besondere Rolle im Internet. Zudem ist das Internet trotz seiner direkten Kommunikationsmöglichkeiten in gewisser Weise anonym. Stellen Sie sich vor, Sie entdecken beim Surfen eine Website mit interessanten Produkten, die Sie bisher noch nicht kannten. In der Offline-Welt machen Sie sich einen ersten Eindruck von der Aufmachung des Geschäfts, können die Produkte anfassen und mit den Verkäufern sprechen. Das alles muss das Internet auch leisten. Der erste Eindruck, der Service und die Nähe zum Kunden sind hier für Ihren Erfolg entscheidend.

Daher steht ganz am Anfang in der Arbeit mit einer Website das Festlegen von Zielen, die gänzlich unterschiedlich sein können, wie Sie in folgender Auflistung sehen:

- Persönliche Homepage, z. B. *www.michael-schumacher.de*
- Internetpräsenz für ein Unternehmen (Corporate Website), z. B. *www.audi.de*
- Produktabverkauf via Online-Shop, z. B. *www.otto.de*
- Produktpräsentation (Branding Website), *www.becks.de*
- Informations- und Nachrichtenportale, z. B. *www.zdf.de*
- Social-Media-Websites (Blogs, Communitys, Foren etc.), *www.gutefrage.net*
- Entertainment, z. B. *www.youtube.de*
- Webanwendungen wie E-Mail-Anbieter, Online-Banking, Suchmaschinen, z. B. *www.web.de*

Stellen Sie sich die Frage, in welche Kategorie sich Ihre Website einordnen lässt. In den einzelnen Kategorien sehen die Ziele oftmals sehr unterschiedlich aus. Haben Sie beispielsweise eine Vereinswebsite, dann könnte es Ihr Ziel sein, neue Mitglieder zu gewinnen oder bestehende Mitglieder über Termine und Neuigkeiten zu informieren. Betreiben Sie hingegen einen Online-Shop, so werden Ihre Anstrengungen sehr wahrscheinlich auf das Ziel hinauslaufen, mehr Produkte zu verkaufen. Mögliche Ziele sehen Sie in Tabelle 1.1.

Website-Kategorie	**Einige mögliche Ziele**
persönliche Homepage	▸ Informationen ▸ Kontaktmöglichkeiten
Internetpräsenz für ein Unternehmen	▸ Markenbildung ▸ Neukundengewinnung ▸ Nutzer- und Presseinformationen
Produktabverkauf via Online-Shop	▸ Umsatzsteigerung ▸ Neukundengewinnung
Produktpräsentation	▸ Markenbildung ▸ Nutzerinformation und -bindung
Informations- und Nachrichtenportale	▸ Nutzerinformation ▸ Nutzerbindung ▸ Vermarktung über Werbeeinnahmen ▸ Umsatzsteigerung über kostenpflichtige Inhalte

Tabelle 1.1 Website-Kategorien und mögliche Ziele

Website-Kategorie	Einige mögliche Ziele
Social-Media-Websites	▸ Nutzergenerierung ▸ Aktivitätssteigerung ▸ Vermarktung über Werbeeinnahmen
Entertainment	▸ Umsatzsteigerung, z. B. durch Mitgliedschaften ▸ Vermarktung über Werbeeinnahmen
Webanwendungen	▸ Nutzerzufriedenheit ▸ Nutzerinformation ▸ Vermarktung über Werbeeinnahmen

Tabelle 1.1 Website-Kategorien und mögliche Ziele (Forts.)

Setzen Sie sich also zu Beginn schon Ziele und Meilensteine, die Sie mit Ihrer Website erreichen möchten. Von langfristigen Zielen brechen Sie am besten kurz- und mittelfristige Ziele herunter, die Sie durch konkrete Kennzahlen definieren. Hier hat sich der Ansatz von den sogenannten SMARTen Zielen entwickelt. Demnach sollen Ziele

S = spezifisch

M = messbar

A = akzeptiert

R = realistisch

T = terminierbar

formuliert werden. Wenn Sie sich beispielsweise das Ziel gesetzt haben, Ihr Besucheraufkommen zu steigern, könnte eine Zieldefinition lauten: *»Ich möchte in den nächsten drei Monaten meine eindeutigen Besucher auf meiner Website www.meine-website.de um 10 % zum Vergleich zu heute steigern.«*

Auch die Instrumente, mit deren Hilfe Sie dieses Ziel erreichen, sollten Sie sich schon im Vorfeld genau überlegen. So können Sie sich ausschließlich auf den Online-Bereich fokussieren, oder auch offline Medien hinzuziehen. Hier spricht man dann von einer crossmedialen Herangehensweise, die wir detaillierter in Kapitel 9, »Crossmedia Marketing«, beschreiben.

Häufig tritt an dieser Stelle die Frage nach dem Budget und Kosten auf. Auch Werbemaßnahmen im Internet sind nicht gänzlich kostenfrei, können jedoch eine günstigere Variante im Vergleich zu einigen Offline-Werbemaßnahmen darstellen. So können Anzeigen in Suchmaschinen schon zu sehr kleinen Beträgen eingestellt werden, und auch Newsletter sind ein Beispiel für eine kostengünstige Maßnahme. Besonders wenn man sie mit dem Offline-Pendant eines Mailings vergleicht, wo

Druckkosten und Porto mit hohen Beträgen zu Buche schlagen. Darüber hinaus sind einige Maßnahmen zur Optimierung auch gar nicht mit Materialkosten, sondern eher mit zeitlichem Aufwand und Durchhaltevermögen verbunden, wie es beispielsweise im Bereich der Suchmaschinenoptimierung der Fall ist.

1.2 Einführung und Übersicht über die Marketingkanäle

Im Unterschied zu den klassischen Medien birgt das Internet besonders für Unternehmer viele Vorteile. Neben einer sogenannten *Twenty-four-seven*-Erreichbarkeit (das heißt 24 Stunden an sieben Tagen die Woche) sind Sie nicht nur zeitlich rund um die Uhr für Ihre Kunden verfügbar. Sie sind auch rund um den Globus für Ihre Kunden da. Das Internet ermöglicht enorm schnelle Reaktionszeiten. So können Sie ad hoc Informationen ändern oder aktualisieren und sind für Ihre Kunden immer »*up to date*«. Veraltete Flyer und Werbeanzeigen gehören somit der Vergangenheit an. Vielmehr können Sie nun mit Maßnahmen auftreten, die Text, Bild, Audio und Video miteinander vereinen – Stichwort Multimedia. Darüber hinaus können Sie eine direkte Bindung zu Ihren Kunden aufbauen und einen unmittelbaren Unternehmenskontakt herstellen. Welches andere Medium kann bei diesen Kriterien noch mithalten? Hat man früher »über« Ihre Angebote gesprochen, kann man beispielsweise dank Social Media inzwischen »mit Ihnen direkt« über Angebote sprechen. Sie können Ihre Interessenten individuell ansprechen, und diese können entsprechend interagieren. Damit haben Sie im Internet die Möglichkeit, einen kompletten Prozess von Aufmerksamkeit, Information, Kauf, Transaktion und in einigen Fällen auch die Distribution abzubilden.

Ein weiteres bedeutendes Merkmal im Zusammenhang mit Online-Marketing ist die genaue Messbarkeit Ihrer Maßnahmen. So können Sie zielgenau ermitteln, wie wirkungsvoll die einzelnen Aktionen waren, und können im Vergleich zu anderen Medien Ihre Bemühungen schnell optimieren.

Wie Sie aus der Begriffsdefinition erfahren haben, beschreibt das Online-Marketing prinzipiell Marketingmaßnahmen im Internet. Das klingt sehr allgemein und ist es auch, weshalb sich einzelne Teilbereiche etabliert haben. Dazu zählt der Bereich des Suchmaschinenmarketings (SEM, Search Engine Marketing), aber auch das Affiliate- und E-Mail-Marketing, Banner- Video- und Mobile Marketing und seit der Etablierung von sozialen Netzwerken auch das Social Media Marketing. Abbildung 1.5 gibt dies im Überblick wieder.

Wie Sie sehen können, betreffen die Bereiche Usability, Testen und Optimieren alle Teilbereiche des Online-Marketings. Ebenso sollten Sie als Werbetreibender alle Marketingaktivitäten ausreichend messen und analysieren. Mit derartigen Auswertungen können Sie Ihre Website wieder ein Stückchen näher zum Erfolg führen.

Ein großer Bereich im Online-Marketing ist das Suchmaschinenmarketing (SEM). Dass wir den Schwerpunkt dieses Buches auf SEM gelegt haben, sehen Sie schon an den Kapitelumfängen. Da insbesondere das Unternehmen Google in vielen Internetbereichen aktiv ist, lohnt sich ein detaillierter Blick auf diesen Suchmaschinengiganten. Das Suchmaschinenmarketing umfasst die beiden Bereiche Suchmaschinenoptimierung oder auch *SEO* für *Search Engine Optimization* genannt (mehr dazu lesen Sie in Kapitel 12, »Suchmaschinenoptimierung (SEO)«) und Suchmaschinenwerbung, auch *SEA* für *Search Engine Advertising* (auf diesen Bereich gehen wir in Kapitel 11, »Suchmaschinenwerbung (SEM)«, näher ein). Für SEA wird in der Online-Branche häufig ebenfalls die Abkürzung SEM benutzt, was bei genauerem Hinsehen nicht ganz richtig ist, aber in der Praxis sehr häufig so verwendet wird.

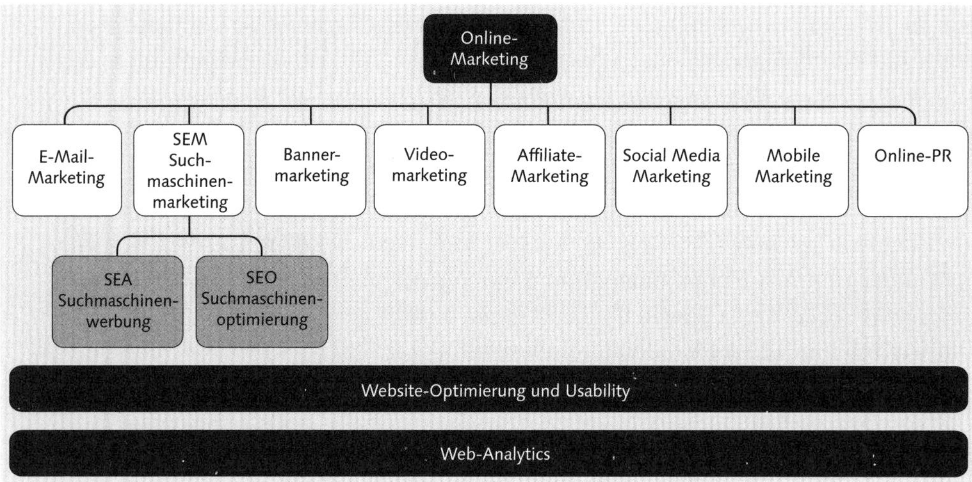

Abbildung 1.5 Überblick über die Bereiche des Online-Marketings

Einen weiteren Bereich stellt das Affiliate-Marketing dar (Details entnehmen Sie Kapitel 2, »Online-Marketing – Werben im Internet«). Die Kooperationen und partnerschaftlichen Werbemaßnahmen können sich mit anderen Bereichen des Online-Marketings überschneiden. So kann beispielsweise das Affiliate-Marketing auch im Bereich der klassischen Bannerwerbung stattfinden. Hier bestehen also fließende Übergänge.

Das E-Mail-Marketing kennen Sie wahrscheinlich aus Ihrem Alltag. Da flattern in mehr oder weniger regelmäßigen Abständen Newsletter in das E-Mail-Postfach. Laut dem *»European E-Mail-Marketing Consumer Report 2011«* von ContactLab werden durchschnittlich sieben Newsletter pro Nutzer abonniert. Einige sind eher lästig, bieten wenig Neues und landen oftmals ungelesen im virtuellen Papierkorb oder werden schnell wieder abbestellt. Andere hingegen sind informativ und zählen somit zur regelmäßigen Lektüre. Wie Sie mit Ihrem Newsletter zur letzteren Gruppe gehören, erfahren Sie in Kapitel 3, »E-Mail- und Newsletter-Marketing – wirksame direkte Ansprache«.

Das soziale Netzwerk Facebook bewegt sich auf etwa 1 Mrd. Nutzer zu, Menschen twittern, was sie zu Mittag essen, und Kontakte werden nicht mehr per Handschlag, sondern per XING vorgestellt. Menschen unterhalten sich online über verschiedenste Anknüpfungspunkte. Das kann z. B. sowohl die gleiche Lieblings-TV-Serie sein, der gleiche Freundeskreis, aber auch Ihr Produkt. So gewinnen soziale Netzwerke zunehmend an Bedeutung – auch für Unternehmen und Werbetreibende. Wir gehen in Kapitel 4, »Social Media Marketing«, näher auf diesen Teilbereich des Online-Marketings ein.

Die direkte Kommunikation mit Interessenten wirkt sich auch auf den Bereich Online-PR (siehe Kapitel 5, »Online-PR – Presse- und Öffentlichkeitsarbeit im Internet«) aus. Soziale Medien, Presseportale und RSS-Feeds sind nur einige Beispiele, die eine erweiterte Kommunikation mit Journalisten und Meinungsmachern ermöglichen.

Ein Tag hat 24 Stunden – nicht annähernd so viele Stunden wie Videomaterial pro Minute auf die Plattform YouTube hochgeladen wird. Diese Zahlen verdeutlichen den Aufwärtstrend, was den Bereich Video betrifft. So gibt es zunehmend Menschen, die Videos sowohl produzieren als auch konsumieren. Und auch dies ist ein weiterer Anknüpfungspunkt für werbende Unternehmen. Welche Möglichkeiten es genau gibt, lesen Sie in Kapitel 6, »Videomarketing«.

Smartphones, wie das populäre iPhone, sind inzwischen zu einem täglichen Begleiter geworden. Immer mehr Menschen nutzen Handys mit Internetzugang. Daher ist es leicht nachvollziehbar, dass sich Werbetreibende auch diesen Kanal zunutze machen (mehr dazu finden Sie in Kapitel 7, »Mobile Marketing«). Werbe-SMS oder die Gewinnspielteilnahme per Handy sind nur einige Beispiele für Maßnahmen, die sich an Nutzer mobiler Endgeräte richten.

Doch die beste Website bringt Ihnen nichts, wenn Besucher sie nicht nutzen. Der englische Begriff *Usability* bedeutet sinngemäß so viel wie »Benutzbarkeit«; und damit ist gemeint, dass es elementar ist, eine Website so zu gestalten, dass Besucher sie problemlos verwenden können. Sie haben in der Regel keine Zeit und keine Lust, sich durch eine Seite zu klicken, bis sie das gefunden haben, wonach sie suchen. Warum auch, wenn der Konkurrent hier eine bessere Lösung bietet? Wie Sie Ihre Website *usable* gestalten, lesen Sie in Kapitel 15, »Usability – benutzerfreundliche Websites«.

Wie erfolgreich sind aber nun die einzelnen Maßnahmen, und wo liegen die Schwachstellen Ihrer Website? Das Thema Web-Analytics steht hier im Mittelpunkt, und wie Sie in Abbildung 1.5 sehen können, bezieht sich das Messen und Analysieren von wichtigen Kennzahlen auf alle Bereiche des Online-Marketings. Damit Sie Ihre Website nicht aus dem Bauch heraus steuern müssen, treffen Sie Entscheidungen, die auf fundierten und messbaren Kennzahlen basieren. Welche Kennzahlen relevant sind, wie Sie messen und welche Zusammenhänge Sie beachten sollten, erfahren Sie in Kapitel 18, »Web-Analytics – Websites unter die Lupe nehmen«.

Die Ergebnisse Ihrer Analyse können zugleich als Grundlage für zwei weitere wichtige Bereiche dienen: für das Testen und für das Optimieren. Niemand weiß besser, was die Kunden wirklich wollen, als die Kunden selbst. Aus diesem Grund sollten Sie ihnen mit Ihrer Website entsprechende Lösungsvorschläge bieten. Jedoch können sich Rahmenbedingungen und äußere Gegebenheiten und somit das Nutzerverhalten ständig ändern. Daher ist eine Website nie im Stillstand. Sowohl das Testen als auch das Optimieren sind kreisläufige Prozesse, die sich durch alle Teilbereiche des Online-Marketings ziehen.

Sie sehen, es gibt viele Möglichkeiten und gute Gründe, Ihre Angebote bzw. Ihre Website im Internet zu bewerben. Denn was nützt Ihnen eine Seite, die Sie möglicherweise mit geringen Kosten aufgebaut haben, von deren Existenz aber niemand weiß? Machen Sie sich schon zu Beginn einige Dinge bewusst: Klar, Marketing ist nicht umsonst, und es werden Investitionen und Folgekosten auf Sie zukommen, um Ihre Website zu bewerben. Jedoch werden Sie mit genauen Testverfahren und preistransparenten Maßnahmen diese Kosten im Griff haben. Wir warnen ausdrücklich davor, nur im Netz zu agieren, weil »es ja alle so machen«. Das ist keine Strategie, die zum Erfolg führt. Vielmehr sollten Ihre Handlungen und Maßnahmen auf den Nutzer und potenziellen Kunden ausgerichtet sein. Bieten Sie ihm mit Ihrem Angebot einen Mehrwert. Nutzen Sie die Möglichkeit einer ehrlichen und direkten Kundenkommunikation. Dazu zählt auch eine aktuelle Website. Es ist ein Irrglaube, eine Website einmal zu erstellen und sie als Selbstläufer anzusehen oder als »Gelddruckmaschine« zu nutzen. Denken Sie an unser Eingangsbeispiel mit dem Pflänzchen. Es will gehegt und gepflegt werden, damit es gedeiht – und dasselbe gilt für Ihre Website.

Da Sie nun eine Vorstellung davon haben, wie umfangreich die Maßnahmen im Bereich Online-Marketing sein können, ist es leicht nachvollziehbar, dass auch eine Menge Fehler passieren können. Das bekannte Sprichwort *»Wo gehobelt wird, da fallen Späne«* ist hier aber fehl am Platz. Viele Fehler lassen sich recht einfach vermeiden – und das ist eine der Aufgaben, bei denen Ihnen dieses Buch helfen soll. Aus diesem Grund möchten wir Ihnen auf den folgenden Seiten einige grundlegende Fehler aus den verschiedenen Bereichen des Online-Marketings vorstellen und Ihnen Wege aufzeigen, wie Sie diese vermeiden können. Machen wir also den Fehlerteufel unschädlich.

1.3 Zehn Dinge, die man grundlegend falsch machen kann – Grundregeln, um Anfängerfehler zu vermeiden

Ein Hinweis vorab: Auf den folgenden Seiten möchten wir Ihnen grundlegende Fehler vorstellen, die innerhalb der Arbeit mit der Website auftreten können. Sicherlich gibt es darüber hinaus weitere Fehler, die wir in diesem Rahmen aber nicht näher besprechen können. Wir beziehen uns daher auf häufige Probleme, ohne den Anspruch auf Vollständigkeit zu erheben. Darüber hinaus möchten wir keine Websites an den Pranger stellen, denn hinter jeder Website stehen Menschen, und Fehler sind menschlich. Es ist zudem nicht leicht, wirklich gute Websites zu erstellen, daher haben alle Menschen, die es probieren, unsere Hochachtung. Vielmehr möchten wir Ihnen Probleme aufzeigen und Ihnen anschließend *Best-Practice*-Beispiele (Erfolgsbeispiele) vorstellen, die mit der entsprechenden Thematik vorbildlich umgehen.

1.3.1 Instabiles Website-Grundgerüst

Der Domain-Name ist das Aushängeschild für Ihre Website und daher enorm wichtig. Die Website stellt ein Grundgerüst für Ihre zukünftigen Aktivitäten im Online-Marketing dar. Sie muss also grundlegenden Anforderungen entsprechen. Bei der Entscheidung von derart prinzipiellen Dingen gibt es einige Fehlerquellen, die wir Ihnen hier aufzeigen möchten.

Falsche Domain-Endung (Top Level Domain)

Der Domain-Name besteht aus einer *Top Level Domain*, z. B. ».de«, und der *Second Level Domain*, z. B. »spiegel«. Damit ergibt sich der Domain-Name »spiegel.de«. Häufig sieht man hier Websites, die Experimente mit der Top Level Domain wagen. So wird z. B. die Domain-Endung ».com« häufig auch für deutsche Websites genutzt, oder man hat aus lauter Verzweiflung auf die Endungen ».info« oder ».org« zurückgegriffen, weil andere Domain-Namen schon belegt waren. Inzwischen sind auch weitere individuelle Endungen erhältlich, die aber recht teuer sind und erst Anfang 2013 freigeschaltet werden (denkbar sind bei den sogenannten *Generic Top Level Domains* z. B. ».shop« oder ».berlin«). Wir empfehlen als Top Level Domain für Ihre deutsche Website die ».de«-Endung. Deutsche Nutzer können sich diese Website-Adressen besser merken und fühlen sich in der Regel besser aufgehoben. Zudem haben Sie einen Bonus für die Auffindbarkeit in deutschen Suchmaschinen.

Auch wenn schon über 15 Mio. .de-Adressen vergeben sind: Werden Sie kreativ, und suchen Sie nach einem guten Domain-Namen mit dieser Endung. Notfalls lassen einige Website-Betreiber auch mit sich über den Domain-Verkauf verhandeln.

Schwierige Schreibweise der Domain

Verzichten Sie beim Domain-Namen auf schwierige Schreibweisen. Denken Sie daran, dass Websites auch über Mundpropaganda weiterempfohlen werden. Ist Ihre Website-Adresse dann sehr lang oder unaussprechlich, wird sich niemand länger als ein paar Minuten daran erinnern. Zudem kann das Eintippen des Domain-Namens zur Hürde werden.

Ein Beispiel gefällig?
www.dieseverdammtlangeurlkannsichjasowiesokeinschweinmerken.de

Diese Domain gibt es tatsächlich, und sie verdeutlicht sehr anschaulich das Problem mit schwierigen und langen Domain-Namen. Gerade bei Kampagnen in Offline-Medien, die auf eine Website hinweisen, tritt diese Problematik auf. Hier können Sie mit Domain-Namen arbeiten, die speziell für eine Kampagne verwendet werden und auf Ihre eigentliche Website (mit sehr langem Domain-Namen weiterleiten). So werden Nutzer, die *www.db.de* aufrufen, auf die Website der Deutschen Bahn weitergeleitet.

Domain-Namen werden oft aus Gründen der Suchmaschinenoptimierung (SEO) registriert. Diese Domain-Namen enthalten meist häufig gesuchte Begriffe, wie z. B. »Rezepte« und werden als *Keyword-Domains* bezeichnet. Suchte man früher nach diesen Begriffen in Google, wurden viele solcher Domains auf den ersten Positionen angezeigt. Inzwischen platziert Google auf den ersten Ergebnissen jedoch eher die Websites, die wirklich relevante Inhalte zu den Themen zur Verfügung stellen, da viele dieser Keyword-Domains nicht das beste Suchergebnis darstellten. Wir raten Ihnen daher ab, für Ihr Unternehmen auf solche Keyword-Domains zu wechseln, da diese Benennungen für Kunden und wiederkehrende Besucher häufig auch nur schwer zu merken sind. Behalten Sie also den bestehenden Domain-Namen ruhig weiter bei falls Sie schon eine Website haben, und konzentrieren Sie sich auf wichtigere Dinge, wie z. B. das Nutzererlebnis und den inhaltlichen Mehrwert.

Ungeschicktes Navigationskonzept

Jede Website besitzt eine bestimmte Struktur, was auch als Navigationskonzept bezeichnet wird. Sie ermöglicht dem Nutzer das Auffinden von Informationen. Sicher kennen Sie auch Websites, auf denen Sie sich überhaupt nicht zurechtfinden. Machen Sie dies für Ihre Website besser. Lassen Sie sich auch von anderen Personen Feedback (Rückmeldung) zu Seiten geben, und beobachten Sie Menschen beim Besuch der Website. Sie werden dann schnell Defizite feststellen und können diese beheben.

Insbesondere wenn Sie ein großes Informations- oder Produktangebot haben, ist es wichtig, dass Sie eine klare Website-Struktur präsentieren – auch für die Suchmaschinen, die Ihre Seite bewerten. Nichts ist schlimmer als ein bunter Mix aus dem kompletten Angebot, bei dem für den Nutzer nicht ersichtlich wird, was er auf der Seite überhaupt tun kann. Stellen Sie sich ein großes Kaufhaus vor, das alle Produkte durcheinander auf einen Haufen wirft: ein heilloses Chaos. Ähnlich verhält es sich im Internet: Strukturieren Sie Ihre Website nach Kategorien und Unterkategorien, ähnlich den Abteilungen in einem Kaufhaus. Wie eine Strukturierung oder bestimmte Hierarchien am sinnvollsten sind, muss jedoch individuell entschieden werden. Ein häufiger Fehler liegt dabei auch in der Benennung der einzelnen Kategorien. Exotische Wortkreationen sind hier fehl am Platz. Benutzer, die nach einer Möglichkeit zur Kontaktaufnahme suchen, halten Ausschau nach dem Wort *Kontakt*. Besonders wenn der Nutzer nach Hilfe Ausschau hält und diese nicht findet, ist das eine Problemquelle. Kontakt- und Hilfsmöglichkeiten, wie beispielsweise die Nummer einer Servicehotline, sollten präsent dargestellt werden und leicht zu finden sein.

Schlechte Website-Umsetzung

Häufig begegnet man schlecht umgesetzten Websites im Netz. Hier fehlt es oftmals an Know-how oder an der Technik. Wählen Sie also Agenturen, Webdesigner und Webmaster für Ihre Website sehr genau aus (mehr dazu am Ende dieses Kapitels), und lassen Sie sich Referenzprojekte zeigen. Bezüglich technischer Fehler sollten Sie auf ein ausgereiftes Content-Management-System (CMS), wie z. B. TYPO3, Joomla! oder WordPress zurückgreifen, bei dem Sie Inhalte ändern können, ohne Gefahr zu laufen, unabsichtlich das Layout zu ändern (Abbildung 1.6).

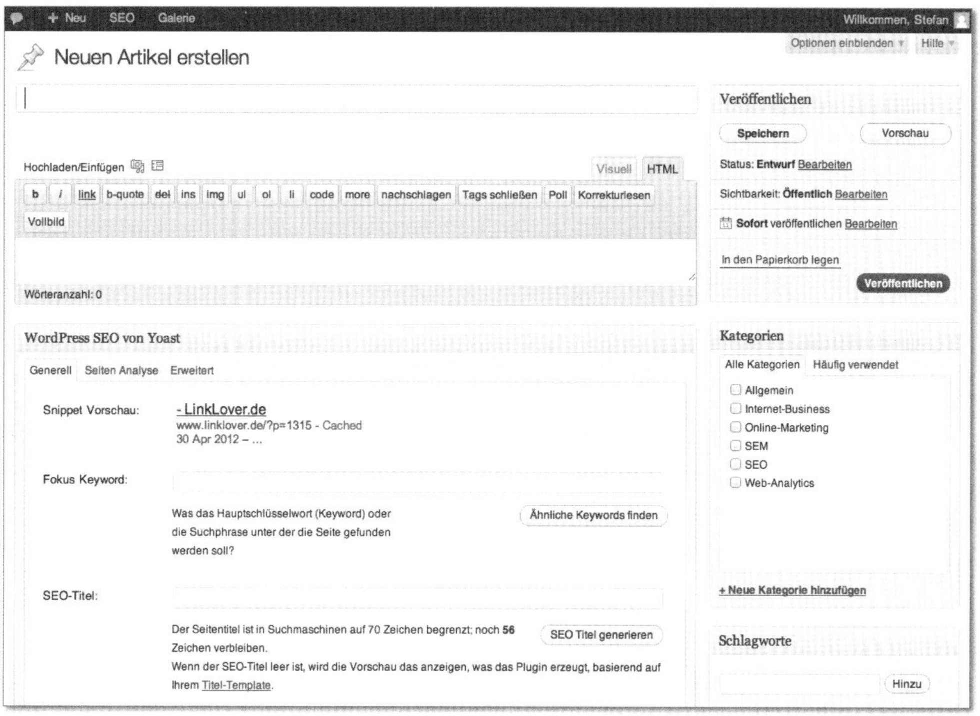

Abbildung 1.6 Beispiel eines neuen Artikels in der WordPress-Benutzeroberfläche

Hohe Ladezeiten und schlechte Erreichbarkeit

Ein weiterer Fehler in der Website-Erstellung und ein großes Ärgernis für Nutzer sind hohe Ladezeiten. Testen Sie daher ständig die Erreichbarkeit Ihrer Website, und sparen Sie nicht an der Webserver-Kapazität. Gerade grafische Elemente können die Ladezeit erhöhen. Überprüfen Sie daher die Größe der verwendeten Bilder und laden Sie gegebenenfalls Werbeeinblendungen nach. Hilfreich ist dabei das Tool von Google, welches Sie unter *developers.google.com/speed/pagespeed/insights* finden (Abbildung 1.7). Hier geben Sie einfach Ihre Website an und erhalten technische Verbesserungsvorschläge für die Programmierung. Viele wiederkehrende Nutzer werden Ihnen schnelle Ladegeschwindigkeiten danken.

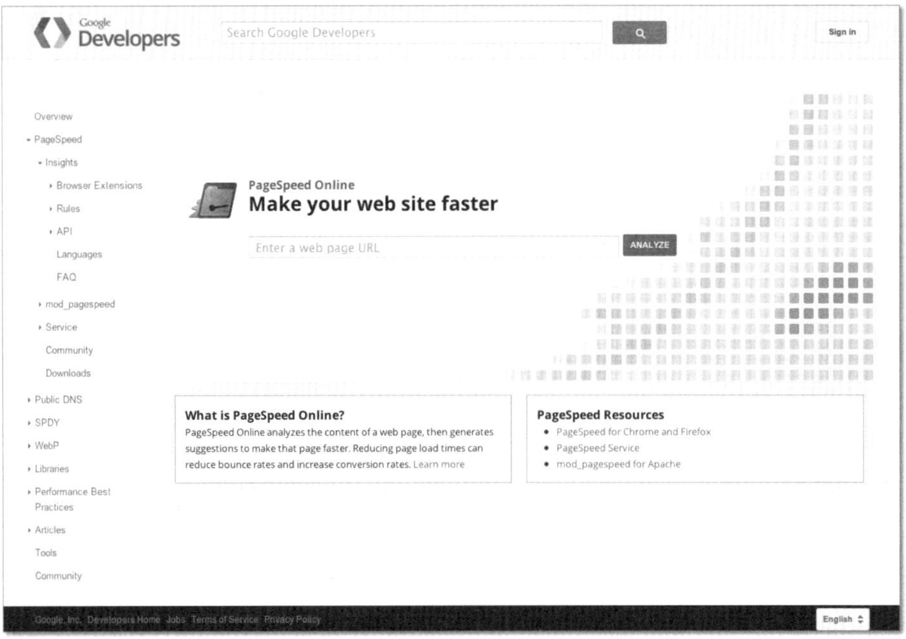

Abbildung 1.7 Das PageSpeed-Tool von Google

1.3.2 Die falsche Zielgruppe

Die Besucher Ihrer Website lassen sich in Zielgruppen einteilen. Jede Zielgruppe hat spezielle Erwartungen an Ihre Website. Versuchen Sie diese Erwartungen weitestgehend zu erfüllen, und verlieren Sie die Zielgruppen nicht aus den Augen.

Fehlende Kenntnis der Zielgruppe

Fragen Sie einmal einen Website-Betreiber nach den Zielgruppen auf seiner Website. Nur wenige werden eine Antwort darauf geben können. Hier fehlt vielfach das Wissen über die Besucher auf einer Website. Nutzen Sie also die Möglichkeiten der Webanalyse, und ziehen Sie Zahlenmaterial zu Ihrer Entscheidung heran, die Ihnen im Online-Bereich zur Verfügung stehen (Abbildung 1.8). Begehen Sie nicht den Fehler und optimieren Sie auf Grundlage Ihres Bauchgefühls. Mit messbaren Zahlen werden Sie feststellen, welche Bedürfnisse die unterschiedlichen Besucher haben, und können sie daraufhin entsprechend bedienen.

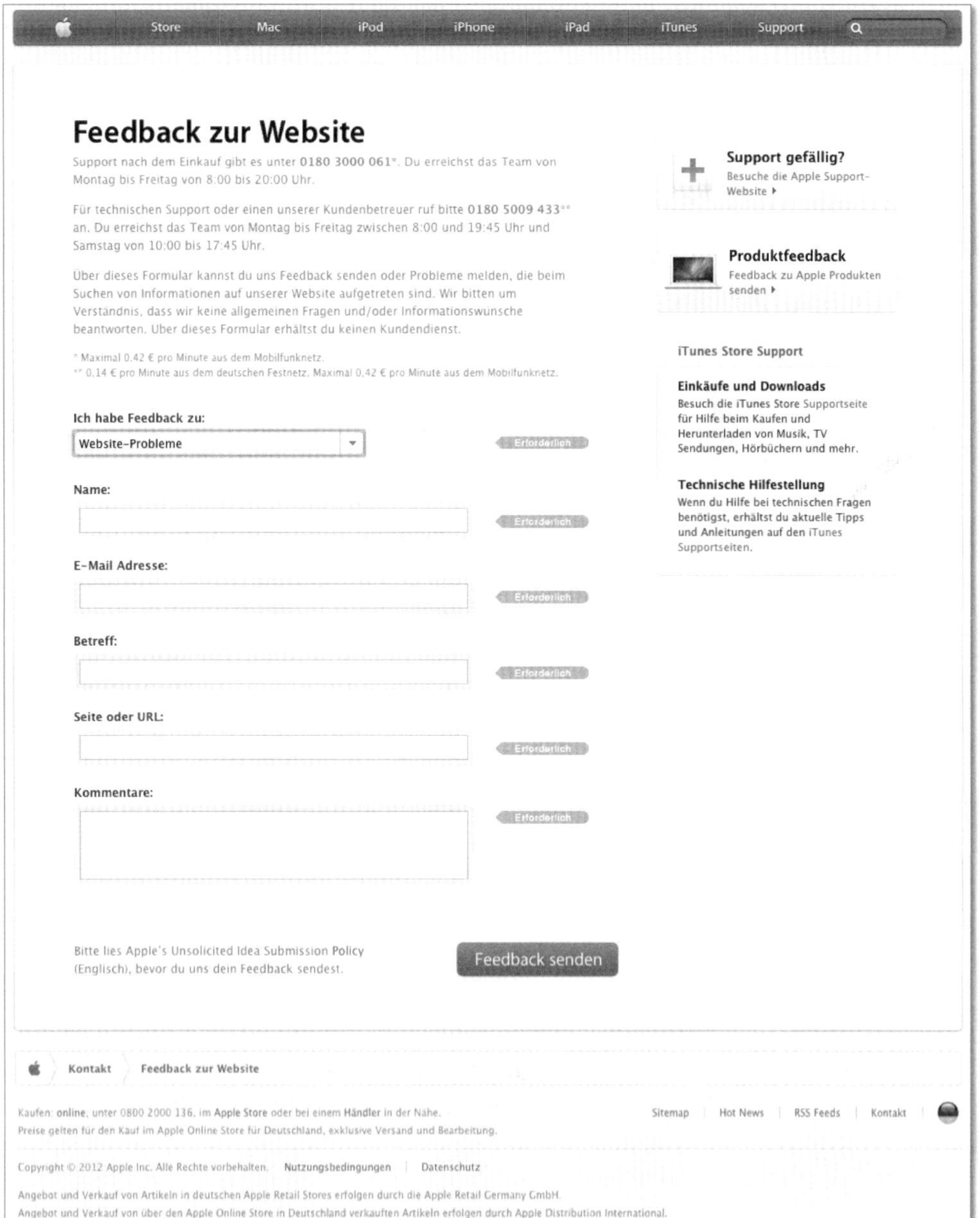

Abbildung 1.8 Feedbackabfrage bei Apple (www.apple.com)

Falsche Zielgruppen auf der Website

Leider kommt es vor, dass sich auf Ihrer Website nicht nur gewünschte Kunden befinden. Dies ist wie in einem normalen Geschäft. Es tummeln sich sehr viele Besucher in Ihrem Laden in der Haupteinkaufsstraße, aber nur wenige kaufen Ihre Produkte. Sorgen Sie also dafür, dass Sie mehr von den wertvollen Kunden auf Ihre Website bekommen. Diese Kunden können Sie durch Analysen selektieren und durch auf sie zugeschnittene Werbemaßnahmen und (Produkt-)Lösungen ansprechen (Abbildung 1.9). Damit erhöht sich der Anteil der gewünschten Kunden.

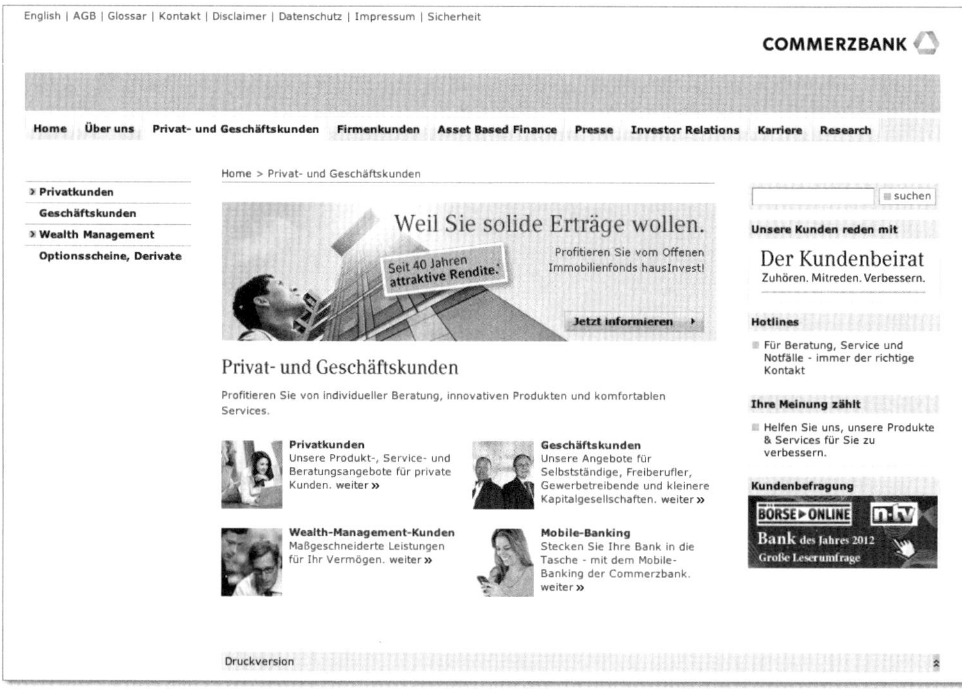

Abbildung 1.9 Kundensegmentierung auf der Website der Commerzbank (www.commerzbank.de)

Falsch ausgerichtetes Marketing

Vielfach sieht man falsch ausgerichtete Werbung im Internet, z. B. wenn Frauen Anzeigen für Bohrmaschinen eingeblendet bekommen, wobei in der Regel eher Männer die Zielgruppe der Bohrmaschinenwerbung darstellen. Achten Sie daher für Ihre Online-Marketingkampagnen darauf, wo und wie Sie für sich werben. Nutzen Sie z. B. eine geschickte Kampagnenplanung oder neue Targeting-Technologien, um genau Ihre Zielgruppen zu erreichen, die Sie auf der Website haben möchten. Damit erhöhen Sie aller Wahrscheinlichkeit nach auch Ihre Kampagnenleistungen.

1.3.3 Website-Steuerung im Blindflug

Die Steuerung der Website nehmen Sie anhand von Kennzahlen vor. Dazu dienen Ihnen Web-Analytics-Tools, die diese Kennzahlen erheben. Zu oft wird leider aus reinem Bauchgefühl heraus die Steuerung der Website vorgenommen. Dies ist keine gute Vorgehensweise in der Online-Welt. Verlassen Sie sich besser auf die Daten, und treffen Sie auf dieser Basis Entscheidungen.

Falsche Annahmen über das Nutzerverhalten

Wie nutzen Kunden Ihre Website? Häufig werden hier nur grobe Annahmen aus der eigenen Perspektive getroffen. Versuchen Sie, davon Abstand zu nehmen, und analysieren Sie das Nutzerverhalten konkret anhand vorhandener Daten. Sobald Sie einige hundert Benutzer regelmäßig auf Ihrer Website haben, entstehen schnell statistisch valide Aussagen. Das Nutzerverhalten können Sie dann über ein Web-Analytics-System abfragen und konkrete Rückschlüsse für Ihre Website ziehen (Abbildung 1.10).

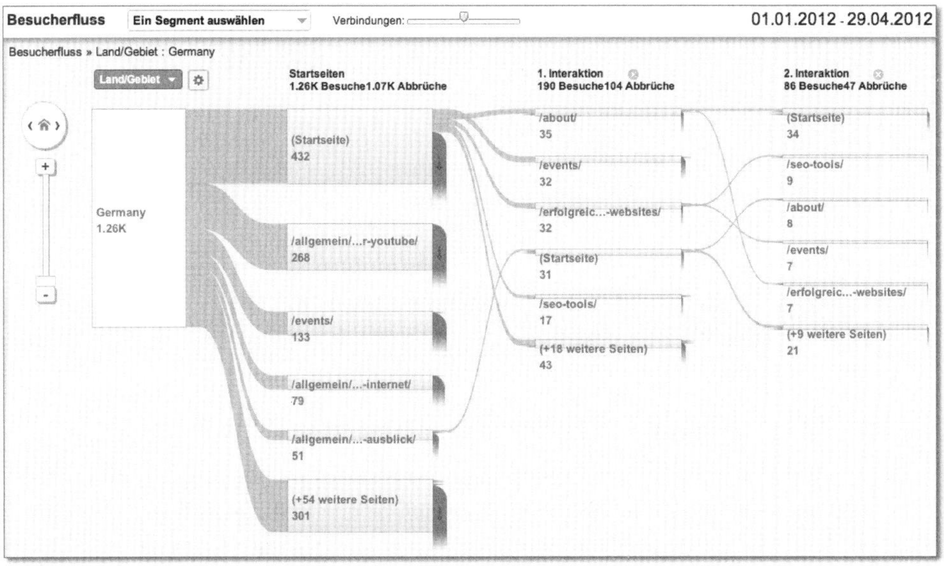

Abbildung 1.10 Analyse des Besucherflusses in Google Analytics (www.google.com/intl/de/analytics)

Falsche Annahmen über wichtige Inhalte

Oft liegen Website-Betreiber auch falsch in der Bewertung der wichtigsten Inhalte auf Ihrer Website. Gehen Sie daher nicht von Ihren eigenen Annahmen aus, sondern schauen Sie wiederum in die Daten. Welches sind tatsächlich die meistaufgerufenen Seiten, und welche Seiten werden von den Nutzern ignoriert? Erst daraus können Sie Schlüsse darüber ziehen, welche Inhalte Nutzer besonders ansprechen, und können diese weiter in den Vordergrund stellen.

Falsche Annahmen über die technische Ausstattung der Nutzer

Wahrscheinlich haben Sie als Website-Betreiber eine gute technische Grundausstattung, vielleicht mit großem Monitor und der aktuellsten Software. Schließen Sie aber nicht von sich auf die Gesamtheit Ihrer Website-Besucher. Testen Sie daher mit verschiedenen Computersystemen Ihre Website. Welche Webbrowser, Betriebssysteme und Monitorauflösungen genutzt werden, können Sie mit Ihrem Tracking-Tool leicht herausfinden (Abbildung 1.11). Die meistgenutzten Systeme sollten fehlerfrei Ihre Website anzeigen, sonst laufen Sie Gefahr, Nutzer zu verlieren. Wir empfehlen Ihnen alle drei bis sechs Monate auf diese Zahlen zu schauen, damit Sie immer sicherstellen können, dass Ihre Website von der Mehrheit der Nutzer fehlerfrei angezeigt werden kann.

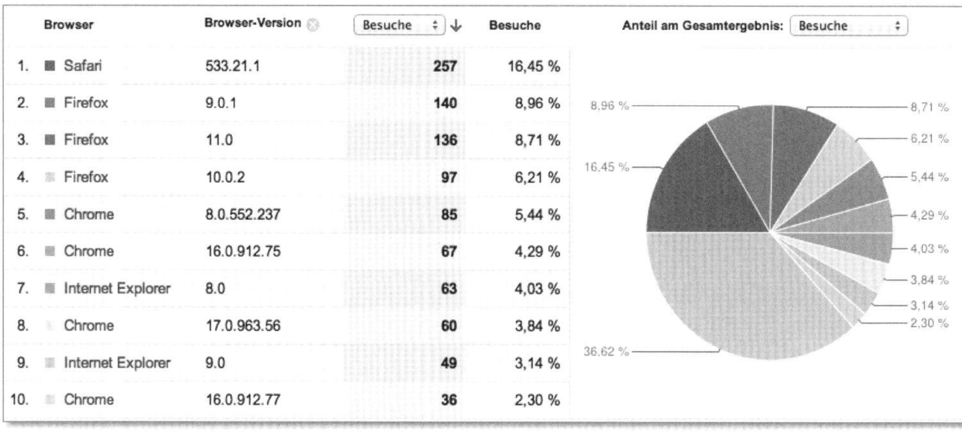

	Browser	Browser-Version	Besuche	Besuche
1.	Safari	533.21.1	257	16,45 %
2.	Firefox	9.0.1	140	8,96 %
3.	Firefox	11.0	136	8,71 %
4.	Firefox	10.0.2	97	6,21 %
5.	Chrome	8.0.552.237	85	5,44 %
6.	Chrome	16.0.912.75	67	4,29 %
7.	Internet Explorer	8.0	63	4,03 %
8.	Chrome	17.0.963.56	60	3,84 %
9.	Internet Explorer	9.0	49	3,14 %
10.	Chrome	16.0.912.77	36	2,30 %

Abbildung 1.11 Darstellung der Browsernutzung in Google Analytics (www.google.com/intl/de/analytics)

1.3.4 Die größten Usability-Fehler – benutzerunfreundliche Webseiten

Haben Sie schon einmal eine CD gekauft und mussten minutenlang die Folie abknibbeln? Oder schwappt Ihnen beim Öffnen einer Tetrapack-Tüte auch regelmäßig der Inhalt über die Hand? In unserem Alltag haben wir mit vielen Dingen zu tun, die mehr oder weniger gut nutzbar sind. Auch Websites sollten für deren Besucher nutzbar gestaltet sein. Das bedeutet zum einen, dass ein Besucher sich schnell orientieren kann und weiß, wo auf der Seite er sich befindet bzw. das findet, was er sucht. Das bedeutet zum anderen aber auch, dass er den Kern der Seite auf Anhieb versteht und die Funktionen ohne langes Nachdenken benutzen kann. Dennoch gibt es viele Websites, die grundlegende Usability-Fehler aufweisen.

Keine Orientierung

Kennen Sie das Kinderspiel »Topfschlagen«? Dabei werden einem Kind die Augen verbunden, und es wird im Kreis gedreht, damit es die Orientierung verliert. Danach wird es mit einem Kochlöffel ausgestattet, mit dem es einen Kochtopf suchen muss, unter dem sich ein Geschenk befindet. Auf allen Vieren versucht nun das »blinde« Kind, den Topf zu suchen. Die anderen Kinder helfen mit den Ausrufen »warm« und »kalt«, je nachdem, ob die richtige oder falsche Richtung eingeschlagen wird.

Blenden Sie jetzt einmal die helfenden Rufe der anderen Kinder aus. So ähnlich muss sich ein Benutzer fühlen, wenn er auf einer unbekannten Website (womöglich auf einer Unterseite dieser Website) einsteigt. Er hat keine Orientierung in einem unbekannten Raum, weiß nicht, wo er ist und wohin er gehen bzw. klicken muss, um zu seinem Ziel zu gelangen. Es weiß nicht, in welcher Ebene der Website er sich befindet, kann über die vorhandene Navigation nicht ableiten, wie weit er von seinem Ziel entfernt ist, und tappt sprichwörtlich im Dunkeln. Erschreckend, oder? Wenn Sie Ihrem Benutzer keine Orientierungshilfen bieten, wird er – bildlich gesprochen – recht schnell die Freude an dem Spiel verlieren. Auf Ihre Website bezogen, wird er Ihre Seite schnell wieder verlassen und sich womöglich Ihrer Konkurrenz zuwenden.

In Abbildung 1.12 sehen Sie eine klare Navigationsstruktur am Beispiel der Website von *heine.de*. Über die Navigationsdarstellung ist schnell ersichtlich, auf welcher Ebene sich der Nutzer befindet und welche weiteren Seitenbereiche es gibt.

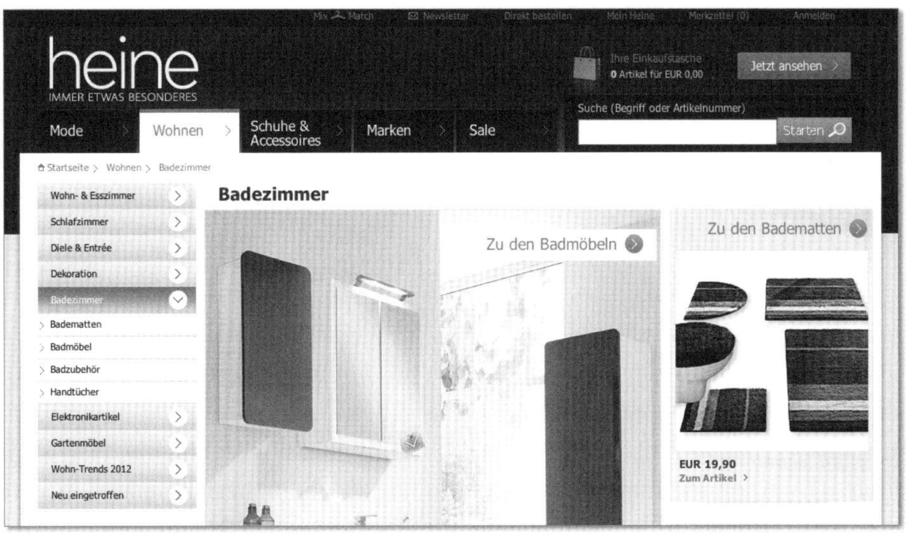

Abbildung 1.12 Navigationsstruktur auf www.heine.de

Konventionen werden missachtet

Viele Menschen haben bei der Nutzung von Websites Dinge gelernt und erwarten diese auch beim Aufrufen weiterer Websites. So wird ein Logo in der linken oberen Ecke erwartet und kann bei anderen Platzierungen Verwirrung stiften. Was tun Sie, wenn Sie auf einer Webseite landen, die blauen, unterstrichenen Text beinhaltet? Richtig, Sie klicken darauf, weil Sie gelernt haben, dass Links blau und unterstrichen dargestellt werden. Wahrscheinlich werden Sie irritiert sein, wenn nach einem Klick auf diesen Text aber rein gar nichts passiert. Es ist nicht sinnvoll, dass Benutzer erst über die veränderte Mausdarstellung (von einem Pfeil in eine Hand mit ausgestrecktem Zeigefinger) erkennen, welche Elemente klickbar sind. Zudem wurde erlernt, dass bereits angeklickte Links ihre Farbe ändern. Auch Buttons sollten wie Buttons aussehen, also als Bedienelemente dargestellt sein und keine anderen exotischen Formen aufweisen. Deutlich erkennbar sind klickbare Elemente auf der Website von *holidaycheck.de* (Abbildung 1.13).

Abbildung 1.13 Buttons und Links sind klar als solche gekennzeichnet.

Unstrukturierter Inhalt ohne Mehrwert

In Alltagsgesprächen wird es deutlich: Small Talk ist meistens uninteressant. Viele Menschen winken ab oder versuchen, das Gespräch auf andere Themen zu lenken. Inspirierend sind vielmehr Gespräche, die informativ oder unterhaltsam sind – unter Umständen können Sie sich dann auch besser an den Gesprächspartner erinnern. So empfinden auch viele Besucher einer Website. Überflüssige Einleitungssätze oder sogar Flash-Intros (die man nicht überspringen kann) stiften keinen Mehrwert. Verschonen Sie Ihre Besucher damit, denn sie sind meistens in Eile. Ebenso ist eine reine Textseite eine Bleiwüste, die nicht viel ansprechender ist. Heben Sie daher Kernaussagen hervor. Arbeiten Sie mit Aufzählungslisten, und lockern Sie Ihre Texte mit passenden Bildern auf. Seien Sie Ihren Besuchern gegenüber transparent, und verstecken Sie keine Informationen, die von Wichtigkeit sind, wie beispielsweise den Preis oder die Lieferkosten.

In Abbildung 1.14 sehen Sie eine Webseite der Techniker Krankenkasse, die ihre Informationen gut aufbereitet darstellt. So wird mit Überschriften und Zwischenüberschriften gearbeitet, Bereiche werden fett hervorgehoben und Informationen tabellarisch oder als Aufzählung dargestellt.

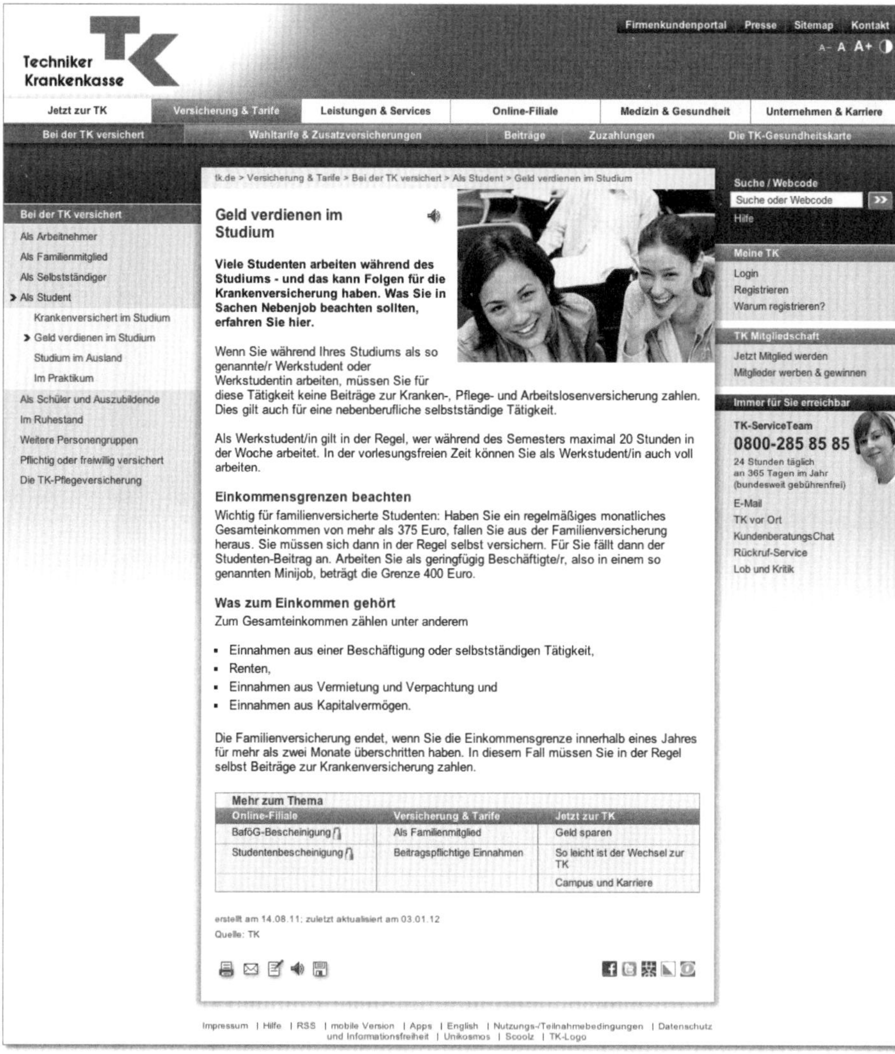

Abbildung 1.14 Strukturierte Inhalte der Techniker Krankenkasse (www.tk.de)

Schlechte Suchfunktion

Eine Vielzahl an Websites bietet mittlerweile eine interne Suchfunktion an. Schlechte Suchen verstehen jedoch die Suchanfragen der Benutzer nicht, haben einen missverständlich benannten Suchbefehl, liefern keine Suchergebnisse oder strukturieren diese nicht. Zudem bieten sie keine Hilfe, wenn für die Suchanfrage keine Ergebnisse gefunden werden können.

Ein gutes Beispiel für eine Suchfunktion bietet die Website *frontlineshop.de*, die ihren Nutzern sowohl die Möglichkeit bietet, eine neue Suche zu starten, als auch Hinweise auf Produktkategorien oder ein Servicetelefon angibt (Abbildung 1.15).

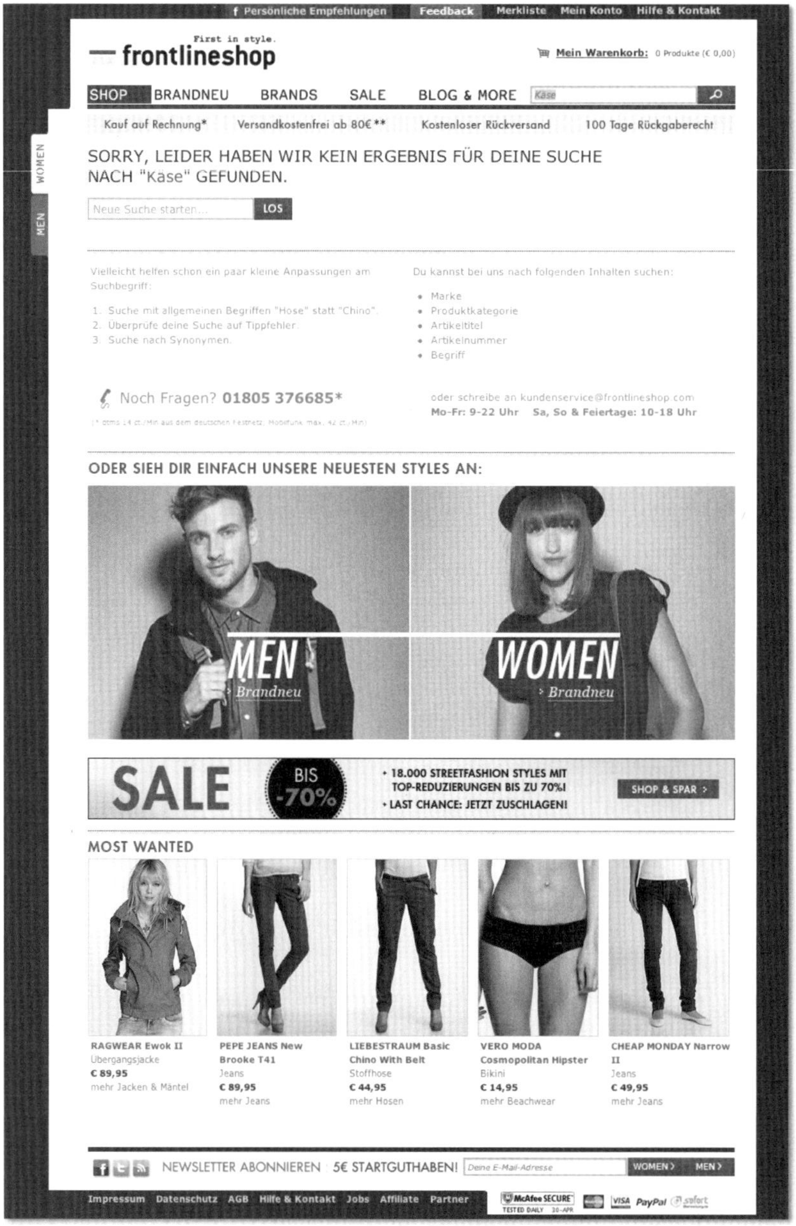

Abbildung 1.15 Hilfestellungen bei der Frontlineshop-Suche

Visuelles Rauschen

Waren Sie schon einmal auf einem orientalischen Basar? Manche Websites lassen schnell Analogien zu, da sie völlig überladen sind und jedes Element der Website versucht, mit aller Macht die Aufmerksamkeit des Besuchers auf sich zu ziehen. Blinkende Elemente und ein Layout, das den Benutzer quasi durch ein Megafon »anschreit«, können zu Reizüberflutung und Verärgerung führen.

Beschränken Sie sich daher auf das Wesentliche, verwenden Sie ein klares, seriöses Layout, und lassen Sie *Whitespace* zu. Das Unternehmen Apple ist bekannt für seinen klaren, wenig überladenen Online-Auftritt. Machen Sie sich selbst ein Bild davon (Abbildung 1.16).

Abbildung 1.16 Apple hat einen klaren Internetauftritt und arbeitet mit Whitespace (www.apple.com).

Lange und unverständliche Formulare

Formulare auszufüllen, ist für viele Menschen – auch offline – ein rotes Tuch. Lange Formulare sind daher ein schwerer Fehler, den es zu vermeiden gilt. Bei schlecht gestalteten Formularen werden über mehrere Seiten die verschiedensten Daten abgefragt, über Kontaktinformationen, Kundennummern (die viele Nutzer nicht zur Hand haben) und persönliche Angaben. Im schlimmsten Fall sind derartige Eingabefelder zum Großteil als Pflichtfeld markiert, und es gibt genaue Vorgaben, ob die

Angaben mit Bindestrichen, Leerzeichen oder Klammern anzugeben sind. Hier ist es kein Wunder, dass viele Nutzer das Ausfüllen des Formulars abbrechen oder bei dessen Anblick gleich die Website verlassen. Kurze Formulare mit wenigen und nachvollziehbaren Abfragen und das Einhalten des Datenschutzes sind hier elementar. Abbildung 1.17 zeigt ein einfaches und überschaubares Anmeldeformular.

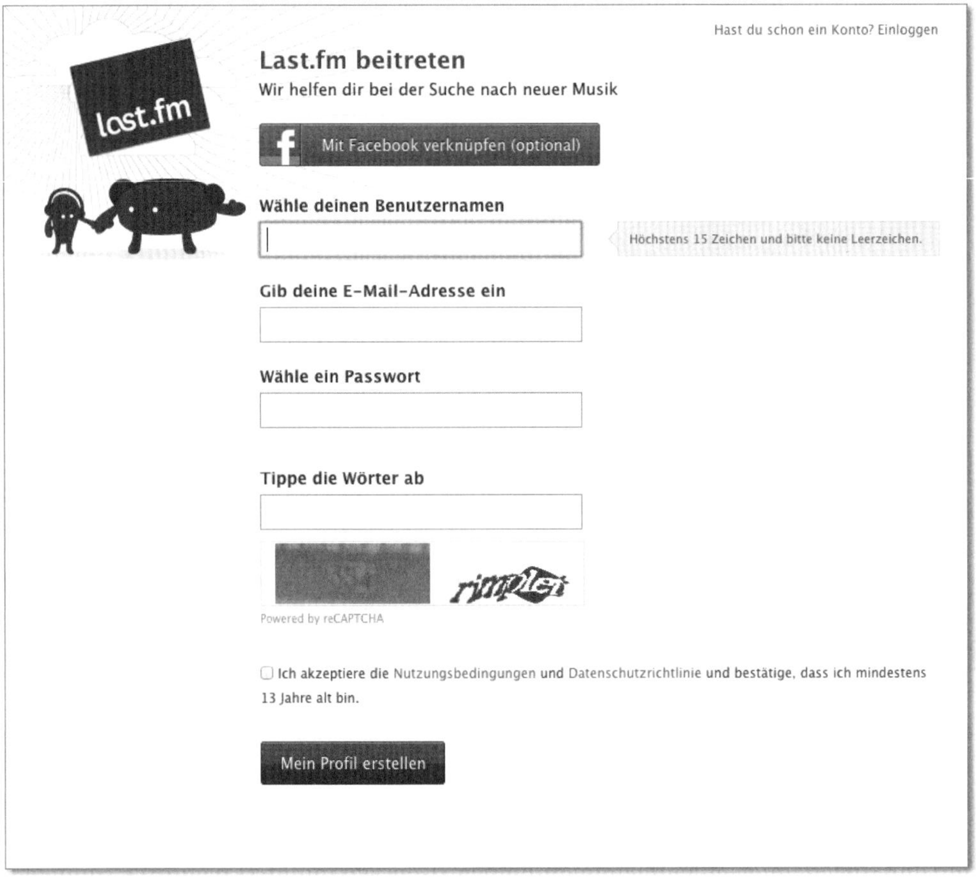

Abbildung 1.17 Überschaubares Anmeldeformular von last.fm

Fehlerseiten ohne weitere Hilfe

»Dieses Angebot steht zurzeit nicht zur Verfügung.« Das ist ärgerlich (insbesondere dann, wenn Sie gerade Werbung für diese Seite schalten), aber nicht gänzlich auszuschließen. Doch so eine Fehlermeldung hilft dem Nutzer nicht weiter. Bieten Sie ihm hier Hilfestellungen und Alternativen – z. B. per Links. In Abbildung 1.18 sehen Sie die gelungene Lösung für eine Fehlerseite von der Agentur Klickfreundlich (*www.klickfreundlich.de*).

Abbildung 1.18 404-Fehlerseite von Klickfreundlich

1.3.5 Suchmaschinenunfreundliche Webseiten

Peinliche Fehler in der Suchmaschinenoptimierung sieht man immer wieder. Schauen wir uns die wichtigsten Fehler genauer an, damit Sie diese nicht begehen.

Websites mittels Flash und Frames erstellen

Viele Website-Betreiber haben das Ziel, Besucher über Suchmaschinen zu generieren, aber in der Erstellung wird nicht auf eine suchmaschinenfreundliche Programmierung geachtet. Immer noch sieht man rein Flash-basierte Websites oder den Einsatz der veralteten HTML-Frames. Dies sind quasi Ausschlusskriterien für eine gute Positionierung in Suchmaschinen. Achten Sie daher bei der Website-Erstellung darauf, dass Sie diese Elemente nicht nutzen, sondern auf eine komplett in HTML und CSS programmierte Website setzen. Damit legen Sie den Grundstein für eine gute Auffindbarkeit in Suchmaschinen.

Website-Relaunch ohne SEO-Beratung

Websites werden in unregelmäßigen Abständen erneuert, sei es aufgrund von technischer oder grafischer Überarbeitung. Diese Relaunches stellen für Suchmaschinen eine große Herausforderung dar. Inhalte ziehen auf neue Adressen um, die Navigation ändert sich, oder es wird ein neuer Domain-Name eingeführt. Nehmen Sie bei all diesen Änderungen vorher eine SEO-Beratung in Anspruch. Ansonsten werden Sie Gefahr laufen, dass Sie nicht mehr so gut wie vorher in Suchmaschinen gefunden werden. Einige Hinweise zu SEO-konformen Relaunches einer Website finden Sie in Abschnitt 12.7, »Website-Relaunch und Domain-Umzug«.

SEO-Komplexität unterschätzen

Viele Websites setzen in der Suchmaschinenoptimierung rein auf Offpage-Maßnahmen wie Linkbuilding. Dies reicht leider nicht für gute Platzierungen in den Ergebnissen von Suchmaschinen. Auch eine durchdachte Seitenstruktur sowie die Verwendung wichtiger Keywords spielen eine Rolle. Insbesondere zählt aber guter Inhalt als ein wichtiges Kriterium. Nur mit der Kombination aller SEO-Aspekte werden Sie erfolgreich sein.

Links für bessere Rankings kaufen

In diversen Foren kann man nachlesen, dass Sie für bessere Rankings Links kaufen sollten. Zwar sind die Backlinks wichtig für Ihre Suchmaschinenpositionen, sich aber auf das Kaufen von Linkpaketen zu verlassen, kann Sie schnell ins Abseits bringen. Suchmaschinen verurteilen diese Art der Manipulation der Suchergebnisse. Überlegen Sie sich daher besser andere Wege, wie Sie im Netz auf sich aufmerksam machen können und somit Backlinks als Empfehlung sammeln. Einige Tipps dazu lesen Sie in Kapitel 12, »Suchmaschinenoptimierung (SEO)«.

1.3.6 Ineffiziente Suchmaschinenwerbung

Google AdWords ist das viel genutzte Werbeprogramm von Google. Hier haben Werbetreibende die Möglichkeit, Anzeigen auf Suchergebnisseiten oder auf anderen Websites zu schalten. Gezielte Ausrichtungsmöglichkeiten der Werbemaßnahmen und eine genaue Kostenkontrolle machen das Programm besonders attraktiv. Das Aufsetzen einer Werbekampagne ist recht schnell und einfach möglich. Doch damit ist es nicht getan. Machen Sie sich bewusst, dass das regelmäßige Analysieren und Anpassen der Kampagnen ständige Arbeit bedeutet. Wir möchten Sie gleich zu Beginn auf wichtige Fehler hinweisen, die Sie unbedingt vermeiden sollten, damit Ihre Werbemaßnahmen erfolgreich sind und Sie Ihr Budget nicht sinnlos verbrennen.

Unzureichende Kontostruktur

Ein häufiger Anfängerfehler, den es zu vermeiden gilt, ist eine unübersichtliche AdWords-Konto- und Kampagnenstruktur, mit der Sie kaum noch zielgerichtet arbeiten können. Strukturieren Sie daher Ihr Konto von Beginn an nach Themenbereichen mit verschiedenen Kampagnen und Anzeigengruppen. Überlegen Sie sich im Vorfeld eine sinnvolle Struktur, bevor Sie Ihre Kampagnen anlegen, und machen Sie sich mit grundlegenden Begriffen und Funktionen vertraut. Machen Sie sich klar, was Sie mit Ihrer Kampagne erreichen möchten. Möchten Sie beispielsweise Produkte verkaufen oder Ihr Markenimage verbessern? Richten Sie die Kampagne entsprechend Ihrem Ziel aus. Eine gute Werbekampagne lässt sich nicht mal eben nebenbei anlegen.

Keine Ausrichtung auf die Zielgruppe

Bewerben Sie Ihre Produkte und Dienstleistungen regional, und schalten Sie Ihre Kampagne nur dort, wo Sie Ihre Zielgruppe erreichen. Dafür bietet AdWords einige Optionen, um die Werbeanzeigen in Ländern, Städten und Regionen zu schalten, die für Sie infrage kommen. In Ihrem AdWords-Konto klicken Sie dazu bei der entsprechenden Kampagne auf EINSTELLUNGEN und dann bei dem Abschnitt STANDORTE auf BEARBEITEN. Wie Sie in Abbildung 1.19 sehen können, haben Sie die Möglichkeit, auch benutzerdefinierte Regionen anzugeben. In diesem Fall wurde ein Umkreis von 100 km um München gewählt.

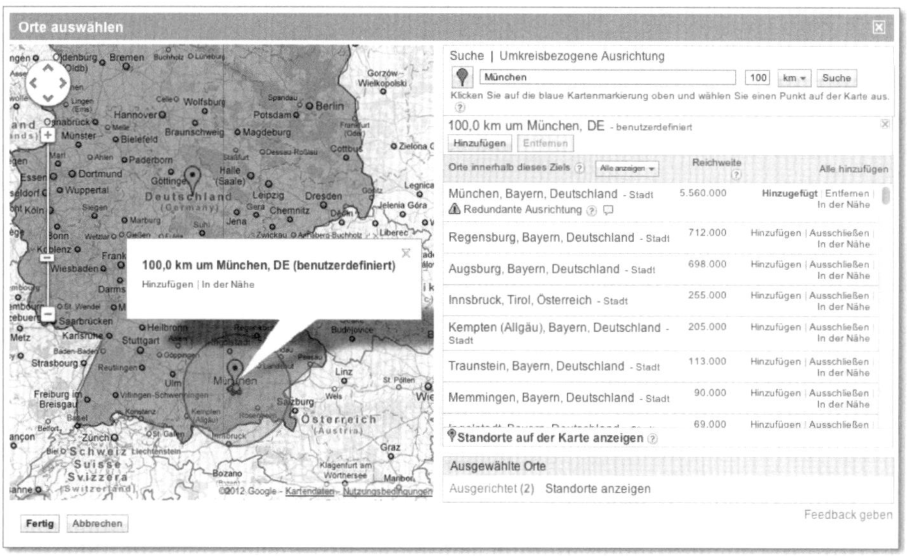

Abbildung 1.19 Das Festlegen von Standorten im AdWords-Konto

Zudem sollten Sie die möglichen Spracheinstellungen verwenden, um Ihre Werbekampagne ideal auf Ihre Zielgruppe auszurichten.

Unzulängliche Keywords

Was Sie vermeiden sollten, sind extrem viele oder sehr wenige Keywords innerhalb Ihrer Kampagne, die sehr weit gefasst sind und nicht direkt zu Ihrem Angebot passen. So sind die Begriffe »Auto, Winter, Schnee, Glätte, Reifen« beispielsweise zu weit gefasst, wenn Sie eigentlich Winterreifen verkaufen. Besser wären hier Wortgruppen, in denen Sie Ihre Begriffe, wie z. B. »Winterreifen kaufen«, kombinieren könnten. Achten Sie besonders auf die Keyword-Optionen »weitgehend passend«, »passend«, »genau passend« und »ausschließend«.

Im Bereich Keywords verbergen sich einige Fehlerquellen. Gehen Sie Ihre Keyword-Liste noch einmal genau durch. Streichen Sie diejenigen Begriffe, die nicht zu Ihrem Angebot passen, und verwenden Sie zudem sinnvolle Kombinationen. Zu weit gefasste Keywords sollten entfernt werden. Überlegen Sie sich darüber hinaus, bei welchen Begriffen Sie wirklich gefunden werden möchten. Muss der Begriff genau passen, oder reicht es auch, wenn die Suchanfrage ungefähr passt? Denken Sie auch aus der anderen Perspektive: Bei welchen Begriffen möchten Sie auf keinen Fall Ihre Anzeige ausliefern? Legen Sie hier ausschließende Begriffe fest.

Dürftiger Anzeigentext

Wenn Sie dagegen eine klare Kontostruktur mit zielgerichteten Anzeigengruppen haben, können Sie Ihre Werbeanzeigen entsprechend an die Suchanfrage anpassen. Verwenden Sie Platzhalter, um den Suchbegriff in Ihre Anzeige zu integrieren. Bieten Sie wichtige Angebotsinformationen im Anzeigentext, die den Betrachter zum Klicken anregen. Formulieren Sie eine klare Handlungsaufforderung, und wählen Sie eine passende *Landing Page* (Zielseite).

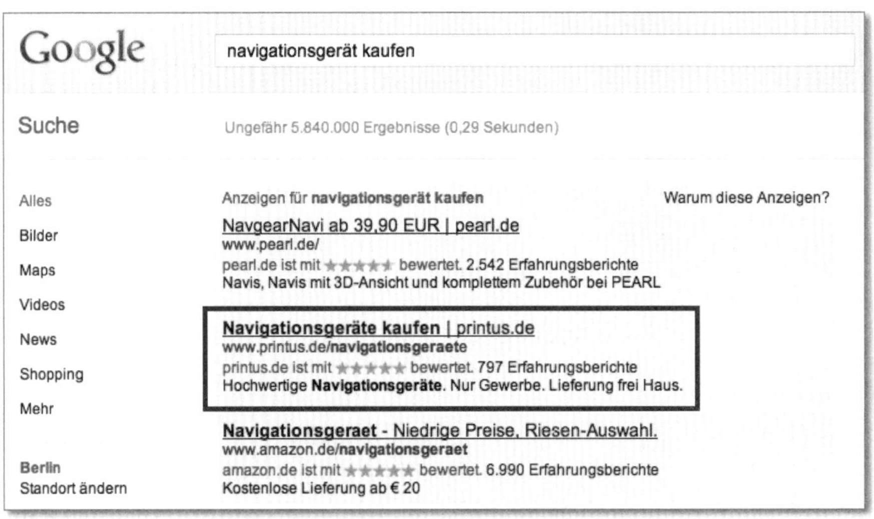

Abbildung 1.20 Passende Anzeigen zur Suchanfrage »Navigationsgerät kaufen«

In Abbildung 1.20 sehen Sie die Anzeigen zur Suchanfrage »Navigationsgerät kaufen«. Der Werbetreibende Printus greift hier das Keyword komplett auf, stellt Vorteile wie die versandkostenfreie Lieferung heraus und integriert »Navigationsgeräte« auch in der Anzeigen-URL. Zu Recht ist diese Anzeige von Google auf den Toppositionen platziert worden.

Für die Anzeige unpassende Landing Page

Stellen Sie sicher, dass Ihre Anzeige auf den Suchbegriff und Ihr Angebot abgestimmt ist. Haben Sie mit Ihrer Werbeanzeige das Interesse des Besuchers gewinnen können, so leiten Sie ihn auf eine entsprechende Landing Page, die auf das spezielle Suchbedürfnis abgestimmt ist. Sonst laufen Sie Gefahr, dass Ihre Nutzer von der Zielseite sehr schnell wieder abspringen. Nehmen wir beispielsweise die Suchanfrage »Kreuzfahrt Nil«, die Sie in Abbildung 1.21 und Abbildung 1.22 sehen. Klickt ein Interessent auf die Werbeanzeige von Niltours, so gelangt er auf eine Landing Page, die einen Überblick über angebotene Nil-Kreuzfahrten präsentiert.

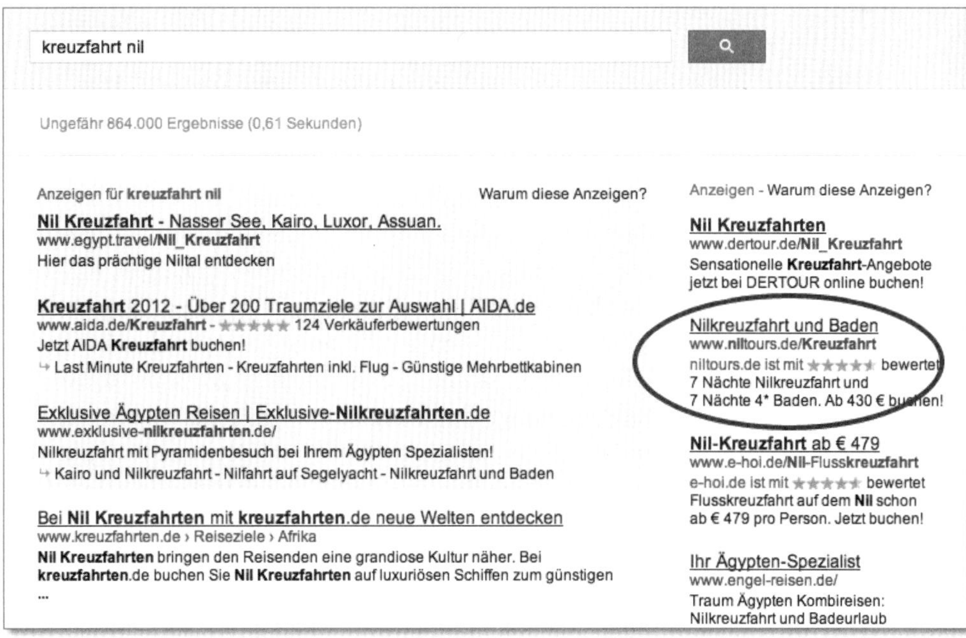

Abbildung 1.21 Die Werbeanzeige von niltours.de

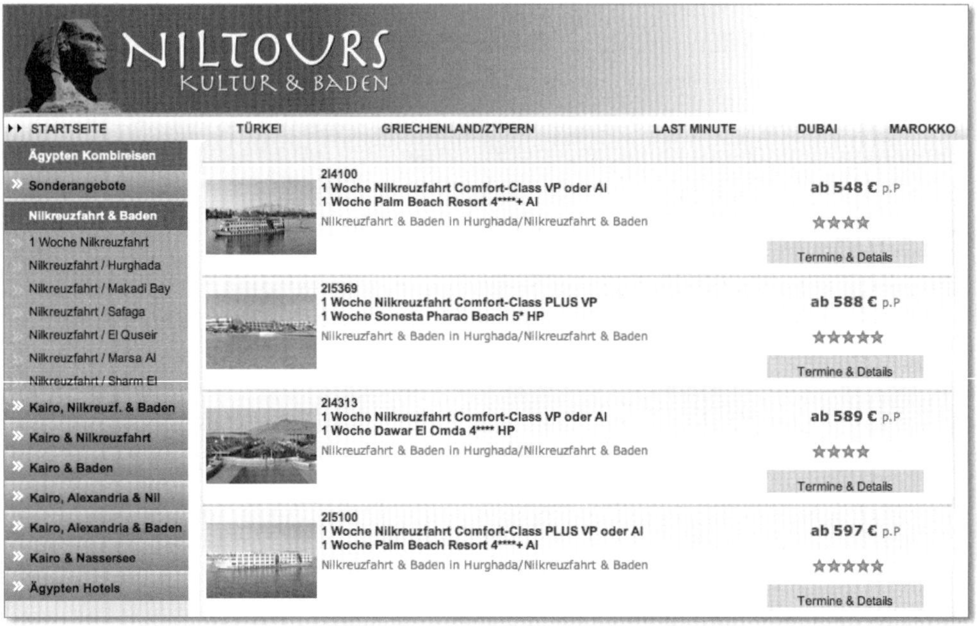

Abbildung 1.22 Eine zielgerichtete Landing Page zur Suchanfrage »Kreuzfahrt Nil«

Keine Optimierungsmaßnahmen

Wir empfehlen: Analysieren Sie dringend die Leistung Ihrer Kampagnen, und optimieren Sie an den entsprechenden Schwachstellen. Betrachten Sie Optimierungsmaßnahmen als Sparmaßnahmen, denn mit zielgerichteten Kampagnen erreichen Sie oft mehr für weniger Geld. Je besser Sie Ihre Kampagne ausrichten und je relevanter Google sie in Bezug auf die Suchanfrage einstuft, desto besser werden Ihre Ergebnisse sein. Google legt sehr viel Wert auf qualitative Anzeigen. Das reine Hochsetzen des Cost-per-Click-Preises (CPC) bringt langfristig keinen Mehrwert. Zudem sollten Sie in Erwägung ziehen, unterschiedliche Klickpreise bei verschiedenen Keywords zu verwenden. Mit dem Conversion-Tracking von Google können Sie sehr genau beobachten, welche Keywords und Anzeigen zu einer gewünschten Handlung führen. Im Google AdWords-Konto stehen Ihnen diverse Berichte zur Verfügung, die Sie für die Optimierung heranziehen können.

1.3.7 Misslungenes Bannermarketing

Bannermarketing ist ein Werbeinstrument der frühen Stunde im Internet. Es ist den Werbekampagnen aus dem klassischen Marketing besonders ähnlich, da Printanzeigen und Plakatwerbung quasi in das Internet übertragen wurden. Auch in diesem Bereich können sich schnell ärgerliche Fehler einschleichen. Einige davon möchten wir Ihnen hier vorstellen.

Keine Ausrichtung auf die Zielgruppe

Ein häufiges Manko ist ein fehlendes Targeting – also die Ausrichtung von Werbemitteln auf eine bestimmte Zielgruppe. Damit nehmen Sie hohe Streuverluste und auch eine geringere Kampagnenleistung in Kauf. Legen Sie daher Ihr Augenmerk auf eine inhaltlich relevante Aussteuerung Ihrer Werbemittel, damit Ihre Bannerkampagne gute Leistungen erzielt. Wie Sie in Abbildung 1.23 sehen, wirbt HP auf der Website *www.chip.de*, die eine technikaffine Zielgruppe anspricht. Die Ausrichtung auf Zielgruppen lässt sich inzwischen recht genau steuern.

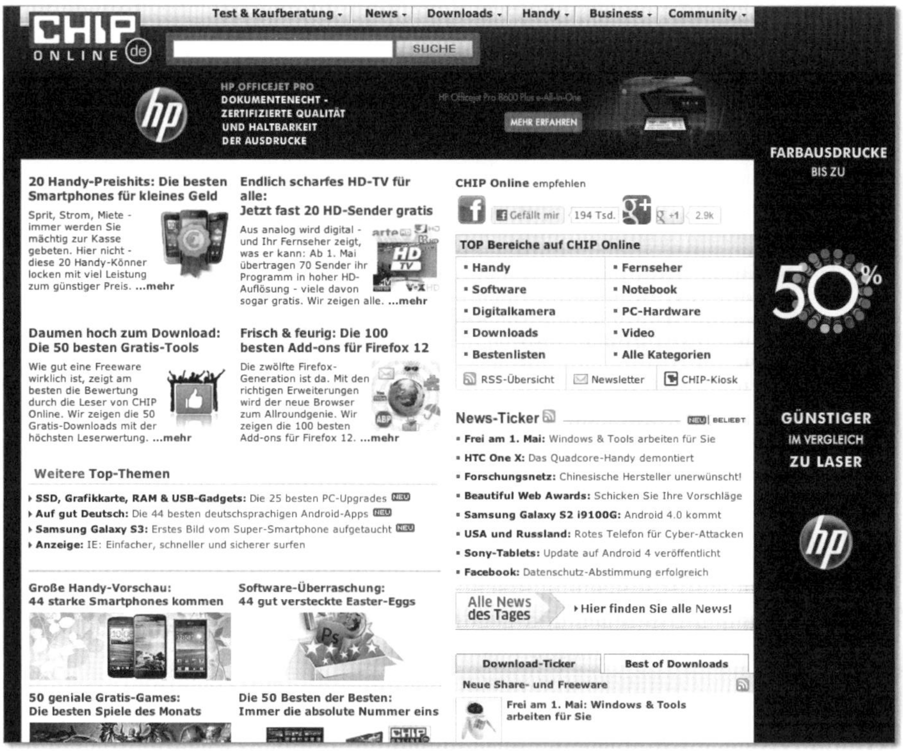

Abbildung 1.23 Bannerschaltung von HP auf der Website www.chip.de

Schlechte Bannerwahl

Schonen Sie die Nerven Ihrer potenziellen Kunden, und vermeiden Sie aufpoppende oder blinkende Werbemittel! Die Verärgerung der Benutzer, die von den Bannern terrorisiert werden, kann auch auf Ihre Marke abfärben. Setzen Sie daher Bannerformate ein, die den Besucher einer Website nicht stören, und steuern Sie die Werbemittel möglichst kontextsensitiv aus. Damit erhöhen Sie die Chance, echte Interessenten zu erreichen, die Ihr Werbemittel anklicken. Vermeiden Sie Banner, die sich nicht schließen lassen, Banner, die beim Scrollen mitwandern, oder Banner, die sich nach dem Schließen nach kurzer Zeit wieder öffnen.

Erstellen Sie stattdessen Bannersets (das heißt Banner in verschiedenen geläufigen Formaten) passend zu Ihrem Produktangebot. Betreiben Sie beispielsweise einen Online-Shop, so können Sie für die unterschiedlichen Kategorien jeweils eigenständige, inhaltlich abgestimmte Banner erstellen (siehe Abbildung 1.24). Damit sprechen Sie Ihre Zielgruppe genauer an. Ziehen Sie auch animierte Banner in Betracht, da hier der Gestaltungsspielraum wesentlich größer ist.

Abbildung 1.24 Animierte Banner in verschiedenen Formaten von Musicload

1.3.8 Unwirksames E-Mail-Marketing

E-Mail-Marketing gehört zu den meistgenutzten Werbeformen im Internet. Trotz dieser weiten Verbreitung werden immer noch grundlegende Fehler begangen. Um professionell E-Mail-Marketing zu betreiben, vermeiden Sie die im Folgenden beschriebenen Fehler.

Fehlende Angaben und Funktionen

Newsletter ohne Impressum gelten als unseriös. Kommen Sie der gesetzlichen Forderung nach, und geben Sie in Ihrem Newsletter Ihr Impressum an. Zudem ist gesetzlich festgelegt, dass es eine Möglichkeit für den Empfänger geben muss, sich von dem entsprechenden Newsletter wieder abzumelden. Stellen Sie diese Option möglichst einfach, z. B. mit einem Klick auf einen Abmeldelink, zur Verfügung (Abbildung 1.25).

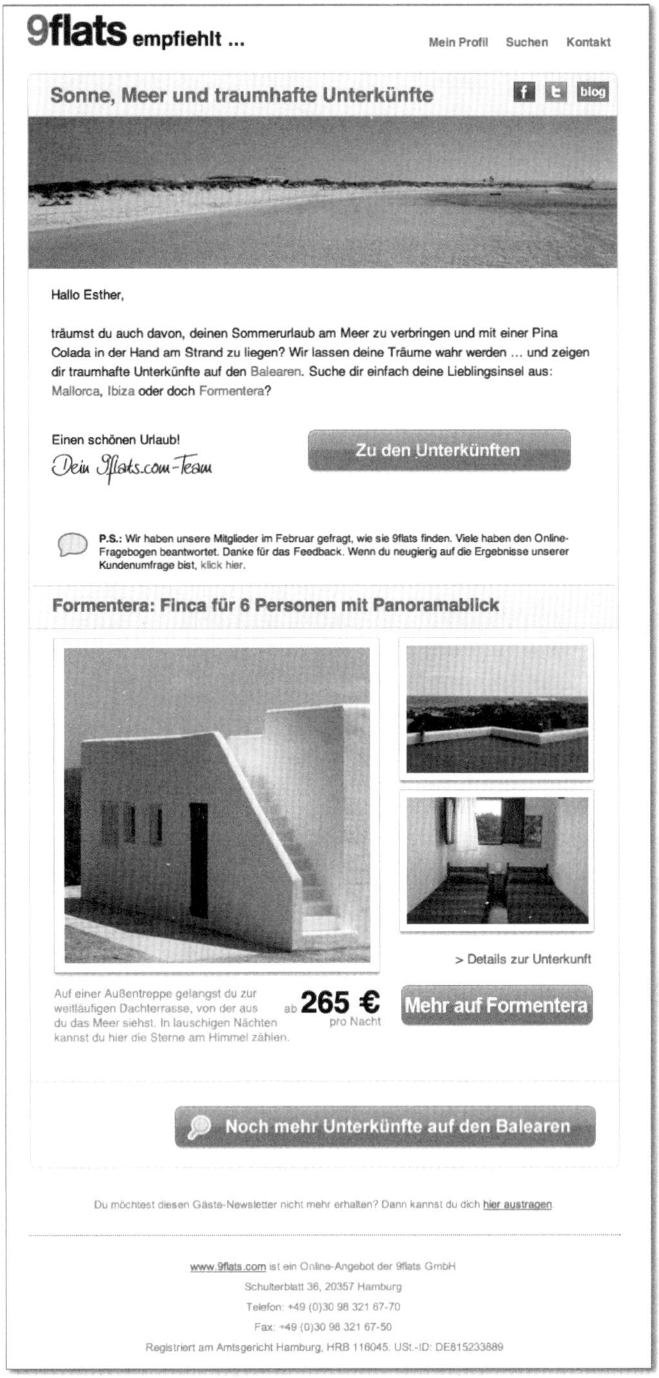

Abbildung 1.25 Beispiel-Newsletter von 9flats.com mit Impressum und Abmeldelink am Ende

Kein eindeutiger Absender, keine ansprechende Betreffzeile, keine Personalisierung

Absender und Betreff sind entscheidende Kriterien dafür, ob ein Newsletter geöffnet wird oder direkt in den Papierkorb wandert. Investieren Sie also ausreichend Energie in deren Formulierung. Der Absender sollte klar erkennbar sein. Der Betreff sollte konkret benennen, was der Empfänger verpasst, wenn er die E-Mail ignoriert, und dadurch neugierig auf den Inhalt machen.

Sprechen Sie Ihre Empfänger und potenziellen Kunden möglichst direkt und persönlich an, je nachdem, welche Daten Ihnen vorliegen (Abbildung 1.26). Gehen Sie mit diesen Daten jedoch äußerst sensibel um. Wir können aus eigener Erfahrung sprechen, wie ärgerlich es ist, wenn die erste Zeile eines Newsletters »Hallo Herr Esther Düweke« oder »Hallo Frau Stefan Rabsch lautet«.

Abbildung 1.26 Personalisierte Anrede beim Newsletter von mydays.de

Kein Mehrwert

Wenn Sie einen festen Leserstamm für Ihren Newsletter aufbauen möchten, dann versorgen Sie Ihre Empfänger mit echten Informationen, sonst werden sie schnell Ihren Newsletter abbestellen. Marketingtexte sind weitaus weniger interessant als Testergebnisse oder Hinweise auf Aktionen und konkrete Produktinformationen. Halten Sie möglichst fest, welche Themen bei der Leserschaft gut angekommen sind; die verschiedenen Versandsoftwares bieten hier oftmals entsprechende Möglichkeiten. Zudem sollten Sie auf ein strukturiertes Erscheinungsbild achten. Gliedern Sie die Inhalte, heben Sie Wichtiges hervor, oder stellen Sie es an den Anfang. Viele Leser überfliegen Newsletter lediglich und bleiben an den für sie interessanten Stellen hängen. Ihr Newsletter sollte zudem einen überschaubaren Umfang haben.

Unpassende Versandfrequenz

Stellen Sie sich vor, Ihr Newsletter ist ein Telefon. Rufen Sie Menschen an, wenn Sie nichts zu sagen haben, oder machen Sie leidenschaftlich Telefonterror? Verschaffen Sie sich nur Gehör, wenn Sie auch tatsächlich etwas zu sagen haben. Es gibt verschiedene Studien über den besten Wochentag zum Newsletter-Versand. Testen Sie verschiedene Versandzeiten, und analysieren Sie die entsprechenden Leistungen, da es kein Patentrezept für einen optimalen Versandzeitpunkt gibt.

Wenn Sie mehr zu den Themen E-Mail-Marketing wissen möchten, dann legen wir Ihnen Kapitel 3, »E-Mail und Newsletter-Marketing – wirksame direkte Ansprache«, ans Herz.

1.3.9 Unentdecktes Potenzial

Ihre Website erzielt nicht die Leistung, die Sie sich wünschen? In der Praxis sind regelmäßige Tests und Maßnahmen zur Conversion-Optimierung noch wenig etabliert. Dabei bergen Sie enormes Potenzial, denn niemand kann besser sagen, was Kunden wollen, als die Kunden selbst. Der erste Schritt ist also schon getan, wenn Sie Tests und Optimierungsmaßnahmen fest in Ihre Abläufe einplanen. Jedoch können dabei verschiedenste Fehler passieren. Vor einigen möchten wir Sie auf den folgenden Seiten warnen.

Gar nicht testen

Nicht Sie, sondern Ihre Kunden entscheiden, was sie wollen. Warum also nicht die Entscheidung den Kunden überlassen? Es gibt verschiedene Möglichkeiten, eine Website zu testen. Fragen Sie Ihre Zielgruppe, was ihr fehlt oder was missverständlich ist. Kundenorientierung lautet hier das Motto. Integrieren Sie Tests in den Prozess Ihrer Website-Erstellung. In jeder Phase, von der Konzeption über das Online-Stellen bis zur regelmäßigen Optimierung, bieten sich Tests an. Über Web-Analytics-Daten sowie Befragungen und Testgruppen können Sie sich ein recht genaues Bild Ihrer Besucher kreieren. Sie werden staunen, welche Ergebnisse ans Tageslicht kommen. Darauf wären Sie in internen Diskussionen möglicherweise nicht gekommen.

Unklare und ungenaue Testergebnisse

Testen Sie nicht um des Testens willen. Analysieren Sie Schwachstellen Ihrer Website, und überlegen Sie sich genau, welche Elemente und Bereiche Sie austesten möchten. Ihnen sollte das Ziel des Tests unbedingt klar vor Augen stehen. Überlegen Sie sich daher im Vorfeld genau, was Sie mit einem Test erreichen möchten.

Angenommen, Sie haben einen aktiven Landing-Page-Test, bei dem Sie beispielsweise zwei unterschiedliche Handlungsaufforderungen testen. Nun möchten Sie weitere Veränderungen an Ihrer Website vornehmen und ändern auf allen Seiten die

Buttonfarbe und tauschen auch auf den Testseiten Bilder aus. Um aussagekräftige Ergebnisse zu erzielen, sollten Sie Ihre Varianten während des Testzeitraums nicht verändern, auch wenn sie nicht unmittelbar das Testelement (in diesem Fall die Handlungsaufforderung) betreffen. Sie verändern jedoch das Zusammenspiel der Elemente auf der Website, und das kann unterschiedliche Auswirkungen haben. Vermeiden Sie es daher unbedingt, einen aktiven Test zu verändern.

Zu kurz testen

Beim Testen ist Geduld angebracht. Warten Sie, bis Ihr Test statistisch relevante Ergebnisse liefert. Leichte Schwankungen, insbesondere wenn Sie Details auf Ihrer Website testen, sind normal. Gerade wenn Sie Websites testen, deren Traffic sich in Grenzen hält, müssen Sie mit einer längeren Testphase rechnen und sollten Tests nicht frühzeitig beenden.

Fehlendes Vertrauen

Im Internet haben Sie nur einen Bruchteil einer Sekunde Zeit, Vertrauen zu wecken. Unseriöse und suspekte Websites werden schnell wieder verlassen. Arbeiten Sie daher mit vertrauensbildenden Elementen, wie beispielsweise Siegeln, Auszeichnungen, Referenzen und Kundenstimmen. Stellen Sie sich die Frage, was Kunden möglicherweise von einem Kauf abhält, und eliminieren Sie diese Aspekte. ElitePartner präsentiert sowohl Auszeichnungen, Siegel, Kundenmeinungen und Erfolgsgeschichten (Abbildung 1.27).

Abbildung 1.27 Vertrauensbildende Elemente bei elitepartner.de

Unklare oder fehlende Handlungsaufforderung

Fordern Sie Ihre Nutzer zu einer konkreten Aktion auf. Die Handlungsaufforderung sollte Ihrem Website-Ziel entsprechen und das wichtigste Element Ihrer Website sein. Alle anderen Elemente sollten diese Aufforderung möglichst unterstützen. Testen Sie unterschiedliche Formulierungen, und stellen Sie Ihren sogenannten *Call-To-Action* im sichtbaren Seitenbereich dar, sodass der Nutzer ihn, ohne zu scrollen, sehen kann. Mühelos erkennbar ist der Call-To-Action-Button auf der Website *wer-kennt-wen.de*, wie Sie in Abbildung 1.28 sehen können.

Abbildung 1.28 Der Call-to-Action bei wer-kennt-wen.de

Detailliertere Informationen zur Conversion-Optimierung und zu Testverfahren finden Sie in Kapitel 16, »Conversionrate-Optimierung – aus Besuchern Käufer machen«, und in Kapitel 17, »Testverfahren«.

1.3.10 Unzureichende Monetarisierung

Wenn Sie eine Website betreiben, möchten Sie möglichst viele Besucher haben. Ein Ziel kann aber auch sein, über die Website möglichst viel Geld zu verdienen. Oftmals werden jedoch Websites aufgesetzt, die keine Einnahmen erzielen. Schauen wir also häufige Fehler an. Wenn Sie ein unkommerzieller Website-Betreiber sind, können Sie diese Punkte überspringen. Grundlegend ist hier, wie zu Anfang dieses Kapitels beschrieben, eine durchdachte Strategie.

Fehlender Überblick über die Einnahmequellen und den Markt

Kennen Sie bereits alle Möglichkeiten, um Einnahmen im Internet zu erzielen? Sie sollten sich informieren, wenn Sie im Internet aktiv werden wollen. Dies ist ein sehr spezieller und schneller Markt, der ständig neuen Entwicklungen unterliegt. Daher raten wir allen Neueinsteigern, sich ausführlich über die Möglichkeiten des Internets und die Methoden zu informieren und diese auszutesten. Auch eine Kombination verschiedener Geschäftsmodelle ist denkbar. So beruht beispielsweise das Geschäftsmodell von eBay auf verschiedenen Standbeinen: zum einen handelt es sich hier um einen Online-Marktplatz, auf dem Produkte verkauft werden (Provisionsmodell). Zum anderen werden auch Einnahmen über die Vermarktung von Werbeflächen generiert (Abbildung 1.29). In Kapitel 19, »Monetarisierung – Einnahmen mit der Website erzielen«, geben wir Ihnen einen Überblick über die wichtigsten Einnahmequellen.

Abbildung 1.29 Startseite von eBay mit Bannerplatzierung

Falsche Affiliate-Programme

Es kommt häufiger vor, dass Website-Betreiber Affiliate-Programme einbinden, ohne dass Einnahmen erzielt werden. Dies kann daran liegen, dass nur selten auf die Zahlen geschaut wird und die Affiliate-Banner nur nebenbei in die Website integriert wurden. Häufiger ist es der Fall, dass einfach die falschen Affiliate-Programme eingebunden werden, die die Website-Nutzer nicht ansprechen und damit nicht angeklickt werden. Wir empfehlen Ihnen hier: ganz oder gar nicht! Wenn Sie sich für das Affiliate-Marketing entscheiden, dann ziehen Sie dieses konsequent durch. Schauen Sie regelmäßig auf Klickraten, und testen Sie verschiedene Programme gegeneinander, um die größtmögliche Effizienz Ihrer Anzeigenflächen zu bekommen. Testen Sie auch verschiedene Bannerplatzierungen auf Ihrer Website, variieren Sie die einzelnen Programme, und tauschen Sie sich mit den Affiliates aus. Gerade im Affiliate-Marketing kann ein enger, partnerschaftlicher Kontakt zwischen Affliate und Werbetreibenden sinnvoll sein.

Anzeigen werden manuell oder ineffizient platziert

Bei kleineren Website-Betreibern sieht man häufig, dass Werbeflächen manuell platziert und in den Quellcode integriert werden. Bedenken Sie, dass jede Änderung der Anzeigen Aufwand bedeutet. Nutzen Sie daher besser automatische Werbeprogramme, die die Banner anhand von Algorithmen ausliefern. Dies leistet z. B. Google AdSense mit thematisch auf Ihre Website abgestimmten Anzeigen. Ziehen Sie auch den Einsatz eines AdServers in Erwägung, mit dem Sie zentral alle Werbeflächen steuern können.

Häufig sieht man Werbeanzeigen, die an ungünstigen Stellen platziert sind, die mit hoher Wahrscheinlichkeit niemand anklicken wird. Überdenken Sie daher genau das Konzept für die Platzierung von Werbung auf Ihrer Website. Eventuell fahren Sie sogar besser, wenn Sie irrelevante Werbeflächen einfach weglassen. Sie belästigen damit Ihre Besucher weniger, und Ladezeiten können auch davon profitieren. Eventuell erreichen Sie also durch das Weglassen von Anzeigen mittelfristig höhere Einnahmen, da Nutzer Ihre Website gerne wiederholt aufrufen. Messen Sie zudem die Performance jeder einzelnen Anzeigenfläche.

1.4 Online-Marketing per Agentur

In einigen Fällen kann es sinnvoll sein, die Arbeit mit der Website an spezielle Online-Marketingagenturen abzugeben (auch *Outsourcing* genannt) oder Beraterleistungen hinzuzuziehen. Wenn Sie beispielsweise nicht die Zeit aufbringen können, sich intensiv mit Kampagnen bzw. Maßnahmen zu beschäftigen oder einzelne Optimierungsschritte im Vorfeld mit einem Experten besprechen möchten, bietet sich das an. Im Folgenden möchten wir Ihnen einige Hinweise geben, worauf Sie bei der Auswahl eines geeigneten Dienstleisters achten sollten.

Im ersten Schritt sollten Sie sich ein Bild davon machen, welche Agenturen und Dienstleister es am Markt gibt. Dabei sollten Sie sich bewusst machen, wofür genau Sie externe Unterstützung benötigen. Möchten Sie beispielsweise eine größere Kampagne durchführen, kann eine Online-Agentur sinnvoll sein. Vielleicht möchten Sie aber auch über ein bestimmtes Zeitfenster punktuell Expertentipps hinzuziehen, so macht gegebenenfalls ein externer Berater für Sie mehr Sinn. Die Entscheidung lässt sich also nicht allgemein festlegen und hängt von Ihrem individuellen Vorhaben und auch von Ihrem Budget ab.

Online-Marketingagenturen nach Umsatzvolumen 2011

Der Bundesverband Digitale Wirtschaft (BVDW) veröffentlicht jährlich ein Internetagentur-Ranking (nachzulesen unter *www.bvdw.org/index.php?id=3471*), sortiert nach Umsatzvolumen pro Jahr. Für 2011 ergab sich danach folgende Liste der zehn größten Agenturen:

- T-Systems Multimedia Solutions GmbH (*www.t-systems-mms.com*)
- UDG United Digital Group (*www.udg.de*)
- Plan.Net Gruppe für digitale Kommunikation (*www.plan-net-group.com*)
- SinnerSchrader AG (*www.sinnerschrader.de*)
- team neusta (*www.team-neusta.de*)
- dmc digital media center (*www.dmc.de*)
- hmmh multimediahaus AG (*www.hmmh.de*)
- Razorfish (*www.razorfish.de*)
- Pilot group (*www.pilot.de*)
-]init[AG (*www.init.de*)

Darüber hinaus gibt es noch viele weitere Online-Agenturen, die sich zum Teil auf Einzelbereiche spezialisiert haben. Die größeren Agenturen treffen Sie aller Wahrscheinlichkeit nach auch auf populären Messen wie der dmexco an.

Nachdem Sie sich einen Marktüberblick verschafft haben, erfolgt im zweiten Schritt eine Vorselektion anhand Ihrer Bedürfnisse. Kriterien der Auswahl können dabei z. B. Unternehmensalter, -größe, Referenzen und Kompetenzen sowie die örtliche Nähe sein. Sicherlich spielt bei einer partnerschaftlichen Zusammenarbeit immer auch Sympathie eine Rolle. Wie schon erwähnt, ist auch das Budget ein Entscheidungskriterium – daher sollten Sie sich auch ein Bild über die jeweiligen Honorare verschaffen.

Nun haben Sie eine Vorauswahl an Dienstleistern getroffen (wir empfehlen, etwa vier Anbieter auszuwählen), die Sie in einem dritten Schritt kontaktieren. Dazu sollten Sie

Eckdaten zu Ihrem Vorhaben, Ihre Anforderungen, Ihren Zeitrahmen und Ihr Ziel möglichst konkret zusammenstellen.

Vorbereitung für eine Agenturzusammenarbeit (Briefing)

Die Zusammenstellung aller wichtigen Informationen zu Ihrem Vorhaben für einen externen Dienstleister wird auch als *Briefing* bezeichnet. Darin sollten beispielsweise folgende Fragen beantwortet werden:

- eigene Kurzvorstellung mit Angaben zu Ihrer Website und Kontakt
- Zielvorstellung:
  - Welche Zielgruppe möchten Sie ansprechen?
  - Kenntnisse zur Zielgruppe
  - Was möchten Sie erreichen?
  - In welchem Zeitrahmen möchten Sie Ihr Ziel erreichen?
- bisherige (Marketing-)Maßnahmen und Erfolge/Erfahrungen
- Angaben zu möglichen Wettbewerbern und deren Websites
- Zuständigkeiten und Ansprechpartner auf Agentur- und Auftraggeberseite
- Gestaltungsrichtlinien (Corporate Design) und Informationen zu Materialien (z. B. Bildmaterialen, Produktabbildungen etc.)
- technische Eckdaten bzw. Besonderheiten (z. B. CMS-System, Tracking-System)
- Vorgehensweise und einzelne Maßnahmen in Absprache mit dem Dienstleister
- konkreter Budgetrahmen und Honorarvorstellungen

Achten Sie darauf, dass Ihr Briefing alle notwendigen Informationen enthält, die Ihr Dienstleister benötigt, um ein entsprechendes Angebot bzw. Lösungskonzept zu erstellen. Sie sollten Ihre Angaben jedoch nicht zu eng fassen, um auch noch Gestaltungsspielraum zu ermöglichen.

Je nachdem, was Sie in Auftrag geben möchten (z. B. Website-Erstellung, Redesign, Online-Marketingkampagne), können Sie sich zum einen ein Angebot zusenden lassen oder zum anderen in aufwendigeren Fällen auch einen sogenannten *Agentur-Pitch* (Agenturausschreibung) ansetzen. Das bedeutet, dass verschiedene Anbieter Lösungskonzepte präsentieren und Sie anschließend die passendste Agentur beschäftigen. Diese Pitch-Präsentationen werden teilweise vergütet – auch dies sollten Sie im Vorfeld besprechen. In Falle eines Pitches kommen in der Praxis auch Geheimhaltungsvereinbarungen (Non-Disclosure-Agreement, NDA) zum Einsatz, die festlegen, dass das Vorhaben nicht an die Öffentlichkeit gelangt. In einer derartigen schriftlichen Vereinbarung wird festgehalten, dass interne Informationen streng vertraulich behandelt werden und nicht an Dritte weitergegeben werden dürfen.

Planen Sie einen Agentur-Pitch möglichst in einem kurzen Zeitraum – gegebenenfalls sogar am gleichen Tag – sodass Sie eine gute Vergleichbarkeit der Dienstleister ermöglichen. Abgesehen von der Lösungspräsentation sollten auch Sie den Dienstleister im Pitch-Termin genau kennenlernen, um eine Entscheidung fällen zu können. Dazu gehört beispielsweise die Beantwortung folgender Punkte:

- (erfolgsbasierte) Vergütungsmodelle insbesondere für Online-Marketingkampagnen
- Vertragslaufzeiten
- Exklusivitätsrechte (Wettbewerbsausschluss)
- Referenzen, Zertifikate und Auszeichnungen

Wir empfehlen Ihnen, im Anschluss an die einzelnen Pitch-Präsentationen ausreichend Zeit für Nachfragen und Diskussionen einzuplanen. Der letzte Schritt besteht darin, den passendsten Anbieter auszuwählen.

Fehler beim Agentur-Pitch vermeiden

Das Gallup Institut und der Marketing Club Österreich untersuchten die wichtigsten Fehler bei einem Pitch sowohl auf Agentur- als auch auf Unternehmensseite. So ärgern sich Agenturen beispielsweise über mangelnde Wertschätzung, zu wenig Aufmerksamkeit während des Pitches und über zu unbefriedigende Briefing-Kenntnis der Jury. Auf Unternehmensseite liegen die Fehler der Agenturen z. B. in zu wenig Kundenempathie, Unpünktlichkeit und schlechter Präsentationsleistung.

Damit die Zusammenarbeit mit einem externen Dienstleister möglichst reibungslos funktioniert, sollten Sie auf einige Punkte besonders Acht geben: Ein enger und direkter Kontakt zu Ihrem Ansprechpartner ist hier besonders wichtig. Wenn Ihre Agentur nicht ortsansässig ist, kann es sinnvoll sein, regelmäßige Vor-Ort-Gespräche zu vereinbaren. Legen Sie Meilensteine fest, also Termine, an denen Sie Zwischenziele erreicht haben möchten. Im Allgemeinen ist iteratives Arbeiten empfehlenswert, bei dem jeweils kleine Projektpakete bearbeitet werden. Dokumentieren Sie genau, wann welche Absprachen getroffen wurden, und lassen Sie sich Vereinbarungen (z. B. telefonische Absprachen) zusätzlich schriftlich bestätigen (beispielsweise per E-Mail). Legen Sie Teillieferungen und Teilabnahmen fest, bei denen Sie einzelne Schritte einer größeren Umsetzung freigeben. Bedenken Sie, dass diese Abnahmeprozesse einige Zeit in Anspruch nehmen und Ihre Korrekturen umgesetzt werden müssen. Besprechen Sie auch die Anzahl der Korrekturschleifen mit Ihrem Dienstleister, damit Sie Ihre zeitlichen Fristen nicht gefährden.

Sie ahnen vielleicht schon: Auch die Steuerung einer Agentur ist mit Arbeit verbunden. Ein hundertprozentiges Outsourcing gibt es nicht.

Kapitel 2
Online-Marketing – Werben im Internet

»Viele kleine Dinge wurden durch die richtige Art von Werbung groß gemacht.«
– Mark Twain

In diesem Kapitel lernen Sie, mithilfe von *Bannermarketing* Ihr Angebot zu bewerben. Sie erfahren mehr zur Wirkungsweise von Bannern, lernen die gängigsten und standardisierten Bannerformate und Bannerarten kennen. Im Anschuss lesen Sie, wie AdServer funktionieren und welche die größten Player am Markt sind. Wir stellen Ihnen populäre Werbeträger vor und gehen auf gängige Abrechnungsmodelle ein. Darüber hinaus erfahren Sie, wie Sie mithilfe des Werbeprogramms von Google (*Google AdWords*) Bannerschaltungen realisieren und was sich hinter dem Begriff *Remarketing* verbirgt. Im zweiten Teil dieses Kapitels erfahren Sie, was *Affiliate-Marketing* bedeutet und welche Rollen es bei diesem partnerschaftlichen Modell gibt. Sie lesen, welche Rolle Affiliate-Netzwerke übernehmen und welche besonders bekannten Netzwerke zur Verfügung stehen. Auch hier lernen Sie verschiedene Abrechnungs- und Tracking-Modelle kennen und werden auf mögliche Stolperfallen hingewiesen. Das Kapitel endet mit einem Kurzüberblick »to go« und einer Checkliste, die besonders für Leser mit kleinem Zeitbudget gedacht sind.

2.1 Präsenz im Netz – gelungenes Bannermarketing

Wenn Sie Tageszeitungen, Magazine und Zeitschriften durchblättern, werden Sie immer wieder über diverse Werbeanzeigen stolpern. Mal erscheinen Ihnen diese interessant, ein anderes Mal blättern Sie schnell weiter zur nächsten Seite. Auch im Internet haben Werbetreibende die Möglichkeit, Anzeigen auf unzähligen Websites zu veröffentlichen, um eine möglichst hohe Online-Präsenz zu erreichen. Die Rede ist von Bannermarketing.

Trotz dieser Ähnlichkeit zur Offline-Welt gibt es bedeutende Unterschiede: So sind die Preisstrukturen im Online-Bereich wesentlich günstiger. Je nach Medium, Auflage und Reichweite kann die Anzeigenschaltung im Printbereich schon kostspielig sein. Eine Anzeigenseite im wöchentlich erscheinenden Magazin *Spiegel* kann beispielsweise je nach Jahreszeit über 50.000 € kosten. Hinzu kommt eine genaue Messbarkeit der Sichtkontakte und Klicks von Werbebannern. Darüber hinaus können im Online-Umfeld zeitnah Verbesserungen vorgenommen werden, und Sie können auf das Nutzerverhalten reagieren, was bei einer Printanzeige nicht denkbar ist.

Einige Websites beruhen rein auf einem werbefinanzierten Geschäftsmodell. Sie binden Werbung (z. B. Banner) auf ihrer Internetpräsenz ein. Klickt ein Benutzer auf ein Werbebanner und wird er auf die verlinkte Website des Anbieters geleitet, bezahlt dieser Anbieter dafür. In einigen Fällen ist dies so lukrativ, dass Websites allein dadurch bestehen können. Dennoch sind die Streuverluste, die diese Form des Marketings mit sich bringt, nicht zu vernachlässigen. Denn Sie müssen berücksichtigen, dass Betrachter einer Website etwas ganz anderes tun möchten, als sich gezielt Ihre Werbung anzusehen – sie sehen Ihre Banner zufällig. Dabei ist es ausschlaggebend, ob ein Werbemittel für einen Nutzer von Interesse ist, ansonsten wird er nicht darauf klicken. Neben der Relevanz gilt es also, eine hohe Reichweite (viele Nutzer) zu erreichen, damit die Klickwahrscheinlichkeit größer ist. Sie merken es selbst: Streuverluste sind im Bannermarketing unbedingt zu berücksichtigen. Es gibt zwar bereits einige Möglichkeiten, Banner bestimmten Nutzern auszuliefern, jedoch sind diese nicht so genau, wie beispielsweise bei der Suchmaschinenwerbung (siehe Kapitel 11, »Suchmaschinenwerbung (SEM)«).

Im Zusammenhang mit Anzeigenschaltung im Internet werden unterschiedliche Begriffe verwendet: So haben Sie vielleicht schon einmal von Bannerwerbung, Bannermarketing, Display-Marketing, Display-Werbung und Online-Werbung gehört. Gemeint ist dabei die Platzierung von Werbemitteln, insbesondere Werbebannern, um bestimmte Werbe- und Kommunikationsziele zu erreichen. Wir verwenden in diesem Kapitel einheitlich die Bezeichnung *Bannerwerbung*. Auch der Artikel des Begriffs »Banner« wird unterschiedlich verwendet (es heißt also »das Banner«, auch wenn in der Praxis oftmals »der Banner« verwendet wird). Mit dem Begriff Banner sind Werbeflächen gemeint, die auf anderen Websites (vorzugsweise mit hohem Traffic-Aufkommen) gebucht werden können und die den Benutzer, sofern dieser auf das Werbemittel klickt, auf die Website des Werbetreibenden leiten. In Abbildung 2.1 sehen Sie verschiedene Bannerintegrationen auf der Website *www.kicker.de*.

Schauen wir uns also das Bannermarketing im Detail an. Wir beginnen mit der Bannerwirkung, widmen uns danach unterschiedlichen Bannerarten und -formen, wenden uns anschließend der Banneraussteuerung sowie der Mediaplanung zu und schließen mit weiteren Möglichkeiten und AdBlockern die Thematik. So liefern wir Ihnen eine Entscheidungsgrundlage, ob Bannerwerbung auch für Ihren Internetauftritt infrage kommt.

2.1.1 Bannerwirkung

Welches Banner wird am liebsten angeklickt? Möchte man diese Frage beantwortet wissen, lohnt sich zunächst ein Blick auf die allgemeinen Ziele von Bannerwerbung. Grundsätzlich verweisen Banner auf eine verlinkte Website des Werbetreibenden. Das bedeutet, sobald ein Nutzer auf das Werbemittel klickt, wird er zu einer Zielseite (einer sogenannten *Landing Page*) weitergeleitet, um dort in der Regel eine bestimmte Handlung auszuführen. Damit hat ein Banner unter anderem die Aufgabe, potenzielle Kunden auf eine Website zu leiten.

Darüber hinaus spielen aber noch andere Aspekte eine Rolle: So kann mit Bannerwerbung auch *Brand Awareness* erzielt werden. Hier geht es um die Bekanntheit einer Marke und deren Image. Verschiedene Studien belegen die Wirksamkeit von Bannern in dieser Hinsicht.

Abbildung 2.1 Werbebanner auf www.kicker.de

Die Wirkung von Bannern wird viel diskutiert und untersucht. Neben der sogenannten *Bannerblindness* stehen auch die Seriosität und die Streuverluste in der Diskussion.

Bannerblindness

Der Begriff *Bannerblindness* oder auch *Bannerblindheit* ist nicht einheitlich definiert. Im Prinzip geht es darum, dass Benutzer Werbebanner oder werbeähnliche Elemente ausblenden und ihnen keine Beachtung schenken, sie also ignorieren. Denn Banner können den Betrachter von seiner eigentlichen Intention des Website-Besuchs ablenken und in einigen Fällen verärgern. Studien belegen, dass Bannerinformationen zum Teil weder wahrgenommen noch verarbeitet werden. Nicht verwunderlich ist daher, dass sich der Effekt von Bannerblindness in sinkenden Klickraten äußert. Jemand, der etwas nicht beachtet, wird auch nicht damit interagieren. Mit Rotationen von Werbemitteln und der Aufforderung zur Interaktion wird beispielsweise versucht, der Bannerblindness entgegenzuwirken.

Welches Banner ist aber nun am effektivsten? Diese Frage lässt sich leider nicht pauschal beantworten. Wichtige Kennzahlen für die Erfolgsmessung von Bannern sind zum einen die Klickrate, auch *Click-Through-Rate* (*CTR*) genannt. Sie gibt das Verhältnis von Werbeeinblendungen zu den Klicks an. Wurde ein Banner beispielsweise 1. 000-mal ausgeliefert und zehnmal angeklickt, dann liegt die CTR bei 1 %. Die entsprechende Formel lautet:

$CTR = Klicks / Impressions \times 100$

Die Klickrate gibt Auskunft darüber, wie interessant bzw. relevant das Banner für die Betrachter ist und wie viel Aufmerksamkeit erzeugt werden konnte. Dabei spielen sowohl die Gestaltung des Werbemittels als auch dessen Platzierung eine wichtige Rolle. In welchem Umfeld wird das Banner zu sehen sein, und passt es zu den Ansprüchen der Zielgruppe? So vielfältig wie die Bedürfnisse Ihrer potenziellen Kunden sein können, so verschieden kann auch die Ausgestaltung der Werbemittel sein. Wir empfehlen Ihnen daher, diverse Gestaltungsmöglichkeiten, Werbebotschaften und Werbeplatzierungen regelmäßig zu testen. Legen Sie besonderen Schwerpunkt auf den Aspekt der Relevanz für Ihre Zielgruppe.

Des Weiteren ist auch die *Conversionrate* im Bannermarketing ausschlaggebend. Sie gibt an, wie viele der Nutzer, die auf das Banner geklickt haben, auch eine gewünschte Handlung durchführen. Mehr dazu lesen Sie in Kapitel 16, »Conversionrate-Optimierung – aus Besuchern Käufer machen«. Damit ist die Conversionrate ein wichtiges Kriterium, um den Erfolg einer Bannerkampagne zu bewerten.

2.1.2 Bannerarten – muss es immer Flash sein?

Bestimmt haben Sie selbst schon unterschiedliche Arten von Bannern wahrgenommen. So unterscheidet man grob zwischen statischen und dynamischen (animierten) Bannern.

Statische Banner

Ein statisches Banner ist im Grunde genommen ein unverändertes Bild (Abbildung 2.2). Das erste Banner wurde im Herbst 1994 auf der Website *hotwired.com* veröffentlicht (siehe Anhang B, »Meilensteine des Internetmarketings«). Da die damalige Technologie noch nicht so weit ausgereift war wie heute, konnten vorerst nur starre Grafiken verwendet werden. Bei fixen Grafiken ist jedoch der Rahmen für die Werbebotschaft je nach Bannerformat sehr begrenzt. Die Kunst liegt darin, dennoch die Aufmerksamkeit des Betrachters zu gewinnen, ihn zum Klick zu bewegen und ihn damit auf die verlinkte Website des Werbetreibenden zu leiten. Relevanz und Werbeumfeld spielen daher die Hauptrolle. Das Banner muss für den Betrachter interessant und ansprechend sein. Außerdem sollte es in einem passenden Umfeld angezeigt werden, um hier die richtige Zielgruppe zu erreichen. Heutzutage kommen tendenziell mehr animierte Werbebanner zum Einsatz.

Abbildung 2.2 Statisches Banner des ADAC

Animierte Banner

Animierte Banner hingegen sind, wie der Name vermuten lässt, dynamisch. So können komplexe Bewegungen dargestellt werden, und für die Werbebotschaft ist deutlich mehr Gestaltungsspielraum vorhanden als bei den statischen Bannern. Durch die Bewegungen haben animierte Banner das Potenzial, die Aufmerksamkeit der Betrachter auf sich zu lenken. Oftmals weisen sie gegenüber statischen Bannern eine höhere Klickrate auf und kommen demzufolge häufig zum Einsatz. Durch die technische Brille betrachtet, bestehen animierte Banner aus sogenannten animierten GIFs, also aus diversen hintereinander ablaufenden Einzelbildern. Auch hier zielt man darauf ab, den Betrachter zum Klick auf das Werbemittel zu bewegen.

In Abbildung 2.3 sehen Sie ein animiertes Banner der Deutschen Telekom. Hier baut sich zunächst der Text des Startbildes nacheinander auf. Anschließend wird das Angebot namens »Entertain Comfort« mit wichtigen Eckdaten vorgestellt. Danach endet die Sequenz mit der Handlungsaufforderung »Jetzt einsteigen« (siehe Abbildung 2.4).

Achtung Stolperfalle

Eine Stolperfalle sollten Sie im Zusammenhang mit Flash-Bannern berücksichtigen: Legen Sie bei der Erstellung der Werbemittel Wert darauf, dass die verwendete Flash-Version eine weit verbreitete und gegebenenfalls nicht unbedingt die neuste Version ist, die sich ein Nutzer erst herunterladen muss.

Abbildung 2.3 Animiertes Banner der Deutschen Telekom

Abbildung 2.4 Angebot und Handlungsaufforderung innerhalb eines Telekom-Banners

Darüber hinaus gibt es noch eine Vielzahl weiterer Bannerarten. Einige davon möchten wir Ihnen im Folgenden in aller Kürze vorstellen. Viele davon können in die Gruppierungen statische und dynamische oder auch Rich-Media-Banner einsortiert werden. Allen ist gemeinsam, dass sie jeweils versuchen, die Aufmerksamkeit des Betrachters zu gewinnen und Klickraten zu steigern.

Rich-Media-Banner

Bei dieser Art des Werbemittels werden Bild, Ton und Interaktivität miteinander kombiniert, was oftmals eine hohe Aufmerksamkeit erreicht. Nachteilig kann hingegen eine große Datenmenge sein. Eine besondere Form sind dabei sogenannte *transaktive Banner*, die Interaktionen innerhalb der eigentlichen Werbefläche ermöglichen, wie beispielsweise das Anfordern von Informationen, in Abbildung 2. 5 zu sehen beim Banner von Immobilien Scout24.

Abbildung 2.5 Transaktives Banner von Immobilien Scout24

Das Gameduell-Banner in Abbildung 2.6 ist so animiert, dass sich die Hand mit dem Dartpfeil über die im Hintergrund zu sehende Dartscheibe bewegt. Fährt der Betrachter mit der Maus über die Hand, kann er die Bewegung steuern. Mit einem

Klick wird der Dartpfeil auf die Zielscheibe geworfen, und eine entsprechend erreichte Punktzahl erscheint im oberen linken Bannerbereich, genau wie die noch verbleibenden Dartpfeile, also Wurfversuche. Ebenso wird der entsprechende Gewinn im unteren Bannerbereich ausgewiesen. Dieser Betrag kann zum Spielen auf der Website *www.gameduell.de* eingesetzt werden. Über die Schaltfläche INFO kann sich der Benutzer eine entsprechende Beschreibung anzeigen lassen. Eine passende Geräuschkulisse lässt sich über das Lautsprechersymbol an- oder ausschalten. Hat der Benutzer seine Wurfchancen verbraucht, erscheinen nochmals der erreichte Spielbetrag und die Aufforderung »Jetzt gratis Ihren Gewinn abholen«. Klickt der Benutzer auf ein Element mit der Bezeichnung GO, wird er auf die Gameduell-Website geleitet.

Abbildung 2.6 Animiertes Banner im Skyscraper-Format von Gameduell

Dieses Banner ist ein rundum geglücktes Werbemittel: Es ist extrem aufmerksamkeitsstark, es regt den Betrachter zum Spielen an, und es erzeugt schließlich das Bedürfnis, den gewonnenen Betrag auf der Website einzulösen. Zusätzlich transportiert es die Unternehmensbotschaft als Online-Spiele-Website.

Pop-Up-Banner und Pop-Under-Banner

Wie der Name vermuten lässt, »poppt« ein sogenanntes Pop-Up-Banner in einem neuen Fenster über dem geöffneten Browserfenster auf. Die Größe ist dabei nicht definiert und kann variieren. Obwohl einige Werbetreibende die Aufmerksamkeitsstärke des Pop-Up-Banners befürworten, ist nicht zu vernachlässigen, dass dieses Format eine Vielzahl an Betrachtern verärgert und verunsichert. Vielleicht ist es Ihnen auch schon einmal so ergangen, dass Sie eine Website besuchten und unverhofft ein Werbemittel auftauchte (womöglich noch mit einem recht versteckten »Schließen«-Symbol)? Stellen Sie sich daher bei der Verwendung von Pop-Up-Bannern immer die Frage, ob Sie dies in Kauf nehmen möchten. In diesem Zusammenhang haben sich auch Pop-Up-Blocker (siehe auch Abschnitt 2.1.6, »AdBlocker«) etabliert, die verhindern, dass derartige Werbemittel geöffnet werden.

Im Gegensatz zu den Pop-Up-Bannern werden die Pop-Under-Banner hinter dem geöffneten Browserfenster geladen. Sie sind also zunächst nicht sichtbar; der Betrachter bemerkt sie oftmals erst, wenn er das eigentliche Browserfenster schließt. Auch diese Gattung kann von Pop-Up-Blockern verhindert werden.

Sticky Ad

Eine Analogie soll dieses Werbemittel veranschaulichen: Stellen Sie sich vor, Sie treten auf der Straße in Kaugummi. Dieses bleibt unter der Schuhsohle kleben, auch wenn Sie weitergehen. StickyAds haben einen ähnlichen Effekt. Sie kleben quasi an der geöffneten Website und sind auch beim Scrollen weiterhin an der gleichen Stelle sichtbar. So unangenehm wie das Kaugummi unter der Schuhsohle kann auch ein StickyAd empfunden werden, da es den eigentlichen Seiteninhalt überlagert.

Videobanner

Klickt man auf das Video in Abbildung 2.7, läuft ein kurzer Werbefilm ab. Ähnlich wie bei TV-Spots kann so eine audiovisuelle Werbebotschaft transportiert werden.

In Kapitel 6, »Videomarketing«, erfahren Sie weitere Details zu der Werbung mithilfe von Videos und innerhalb von Videoportalen.

Abbildung 2.7 Beispiel für ein VideoAd, hier von 1&1

Fakebanner

Unter dem Begriff *Fakebanner* versteht man Werbebanner, die dem Betrachter einen bestimmten Sachverhalt suggerieren, um ihn zum Klicken zu bewegen. Diese Werbemittel sind beispielsweise wie Systemmeldungen des Computers gestaltet, sodass Nutzer eine Interaktion weniger infrage stellen und das Banner nicht als Werbung wahrnehmen (Abbildung 2.8). Auch angedeutete Schaltflächen und Scrollbalken können dem Nutzer Funktionen vortäuschen und führen oftmals zur Verärgerung. In der Praxis kommen Fakebanner zum Glück inzwischen seltener vor.

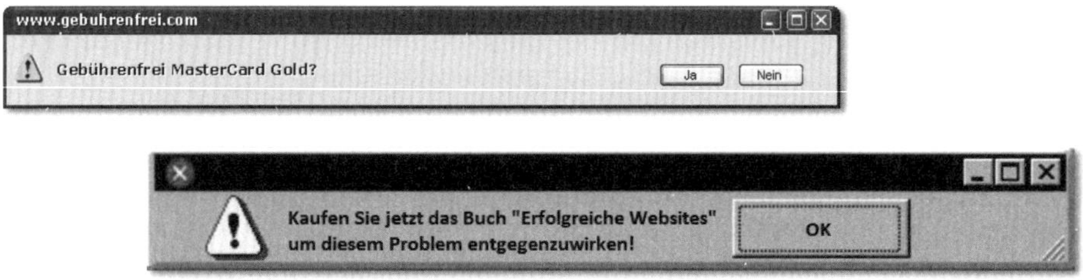

Abbildung 2.8 Ein realer und ein exemplarischer Fakebanner

Darüber hinaus existieren weitere Bannerarten, die sich aber in der Regel in die Kategorien statische, dynamische oder Rich-Media-Banner einordnen lassen. Wir werden im Rahmen dieses Buches nicht näher auf spezielle Bannerarten eingehen können.

2.1.3 Bannergrößen – welches Format verwenden?

Neben den zuvor beschriebenen Bannerarten unterscheidet man zudem auch diverse Bannergrößen bzw. Bannerformate. Der Online-Vermarkterkreis OVK (*www.ovk.de*) hat einige Werbeformen als Standard definiert. Diese Standards tragen maßgeblich zur Vereinfachung und Transparenz von Online-Werbekampagnen bei. Zuvor waren Werbeplatzierungen auf Websites individuell und vom Design und Aufbau der Website abhängig. Dies brachte nicht nur hohe Kosten bei der Werbemittelerstellung mit sich, auch die Vergleichbarkeit von Kampagnen war nicht möglich.

Aus diesem Grund wurden – ähnlich wie bei den Kleidergrößen XS, S, M, L, XL – einheitliche Formate festgelegt, die Sie in Tabelle 2.1 sehen.

Bannerformat	Größe in Pixel
Full Banner	468 × 60
Super Banner*	728 × 90
Expandable Super Banner	728 × 300 (90)

Tabelle 2.1 Standardwerbeformen des OVK

Bannerformat	Größe in Pixel
Rectangle*	180 × 50
Medium Rectangle*	300 × 250
Standard Skyscraper	120 × 600
Wide Skyscraper*	160 × 600 200 × 600
Expandable Skyscraper	420 (160) × 600
Universal Flash Layer	400 × 400
Flash Layer	individuell

Tabelle 2.1 Standardwerbeformen des OVK (Forts.)

Neben diesem deutschen Standard zählen die vier Werbeformate Super Banner, Rectangle, Medium Rectangle und Wide Skyscraper (siehe die Sternchen in Tabelle 2.1) zum sogenannten *Universal Ad Package*. Dies ist ein Standard des amerikanischen Interactive Advertising Bureau (IAB US, *www.iab.net*), der als weltweiter Standard gilt.

Die Ausmaße einzelner Bannerformate sehen Sie in Abbildung 2.9.

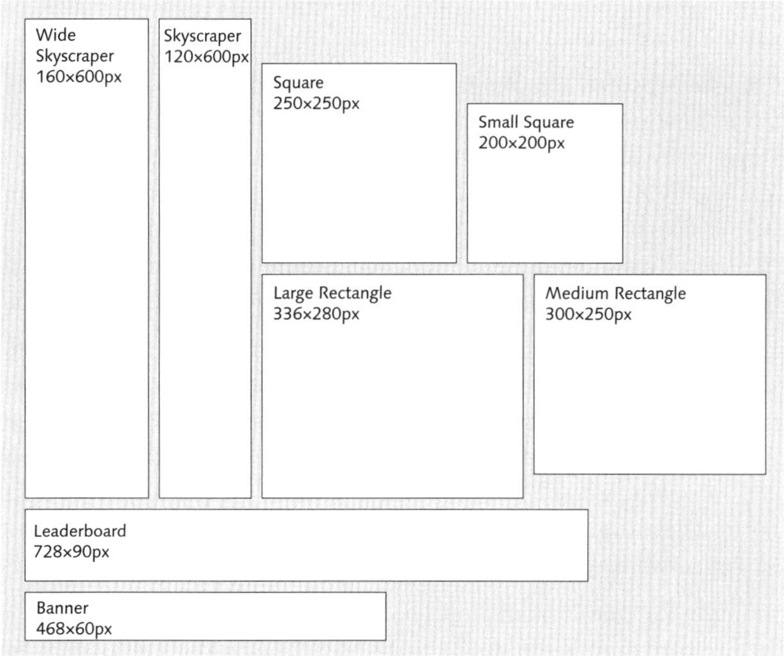

Abbildung 2.9 Einige Bannerformate (hier proportional verkleinert)

Besonders häufig wird das Full Banner mit den Maßen 486 × 60 Pixel verwendet.

Tipp: Banner-Prüftool des OVK

Unter dem Link *www.werbeformen.org* finden Sie ein Prüftool des Online-Vermarkterkreises (OVK), mit dessen Hilfe Sie Ihre Werbemittel gemäß der OVK-Standards überprüfen können.

2.1.4 AdServer – effektives Aussteuern von Bannern

Im World Wide Web gibt es eine riesige Anzahl an Websites, auf denen Sie grundsätzlich Werbung in Form von Bannern schalten können. Wie aber können Sie hohe Streuverluste vermeiden, und wie wird eine genaue Aussteuerung der Banner an die potenzielle Zielgruppe gewährleistet? Bei Ihrer Bannermarketingstrategie stehen insbesondere zwei Aspekte im Mittelpunkt: Wie machen Sie genug Websites ausfindig, um eine gewisse Reichweite zu erlangen? Wie finden Sie für Ihre Zielgruppe relevante Websites, bzw. wo tummelt sich Ihre Zielgruppe?

Viele Website-Betreiber ziehen hier professionelle Online-Media-Agenturen zurate. Diese Agenturen übernehmen die Auswahl der Websites, managen die Bannererstellung und -schaltung sowie das Monitoring. Darüber hinaus können Sie Banner auch mit dem Werbeprogramm von Google namens *AdWords* auf anderen Websites veröffentlichen. Diese Option erläutern wir genauer in Abschnitt 2.1.8, »Bannermarketing mit dem Display-Netzwerk von Google«.

Bevor wir uns den technischen Ablauf genauer ansehen, widmen wir uns zunächst den Beteiligten an einer Bannerkampagne: Angenommen, Sie möchten ein Banner für Ihr Angebot auf anderen Websites schalten. Dann sind Sie in diesem Szenario der *Werbetreibende*. Websites, die Ihr Banner einbinden, werden *Publisher* oder in diesem Zusammenhang auch *Online-Werbeträger* genannt. Sie binden das Werbemittel auf Ihrer Website ein und veröffentlichen dieses. Die größten Online-Werbeträger in Deutschland sehen Sie in Abbildung 2.10 nach einer Erhebung der AGOF internet facts 2011-09.

Technisch läuft die Aussteuerung der Werbemittel in der Regel über einen sogenannten *AdServer* ab. Damit ist eine Software gemeint, die auf einer Datenbank basiert und die Organisation von Werbeflächen ermöglicht. Auf diese Weise kann die Auslieferung der Banner genau gesteuert und auch gemessen werden. In diesem Zusammenhang sind insbesondere *AdClicks* und *AdImpressions* wichtig, auf die wir im Folgenden noch näher eingehen werden. Zum Teil wird auch der Server selbst, auf dem die AdServer-Software installiert ist, als AdServer bezeichnet.

In der Vorbereitung für eine Bannerkampagne wird ein sogenanntes *Tag* benötigt. Damit ist ein JavaScript-Code gemeint, der in die Website des Publishers eingebunden wird. Stellen Sie sich dieses Tag wie einen Platzhalter vor, der an der Stelle, wo das Banner später erscheinen soll, in den Code integriert wird. Publisher haben daher bestimmte Bereiche Ihrer Website als Werbeplatz definiert.

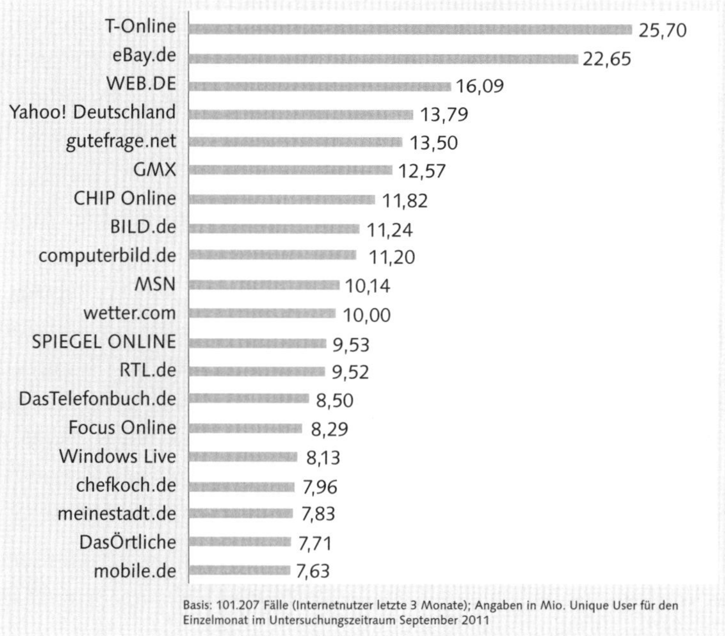

Abbildung 2.10 Topwerbeträger (Quelle: AGOF internet facts 2011-09)

Ein User, der nun die Website des Publishers aufruft, schickt automatisch eine Banneranfrage (einen sogenannten *AdRequest*) an den AdServer. Aus einem Pool an verschiedenen Werbemitteln und den entsprechenden Einstellungen sucht der AdServer das passende Werbemittel aus und schickt es an den Browser des Surfers. Der sieht dann die Website inklusive des entsprechend eingeblendeten Banners und bekommt von dem Umweg über den AdServer in der Regel nichts mit. Auf diese Weise ist es möglich, dass Banner auf der gleichen Website-Position rotieren. Der AdServer zählt die AdImpressions, also die Werbemitteleinblendungen. Abbildung 2.11 stellt diesen Ablauf schematisch dar.

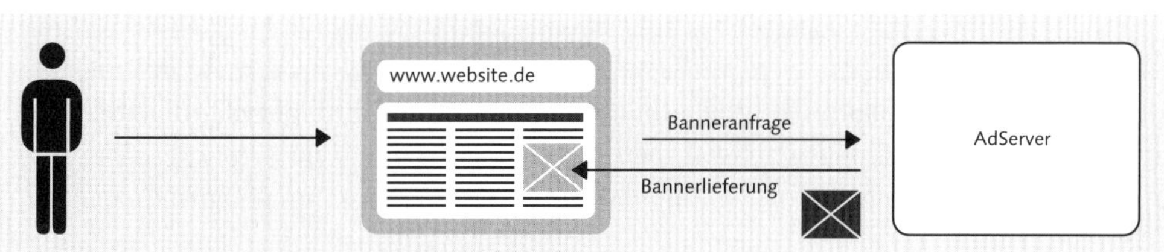

Abbildung 2.11 Funktionsprinzip eines AdServers

Wenn der Nutzer das Werbemittel auf der Website des Publishers sieht, interessant findet und darauf klickt, wird er über den Umweg eines AdServers, der diesen Klick als AdClick zählt, an die entsprechende Zielseite des Werbetreibenden geleitet. Auf diese Weise ist eine recht genaue Erfolgsmessung der Werbebanner möglich. Von diesem »Umweg« bekommt der Nutzer, wie bereits erwähnt, in der Regel nichts mit. Wenn Sie auf ein Banner klicken, dann achten Sie einfach mal darauf, was Ihnen die Ladezeile Ihres Browsers angibt (im Mozilla Firefox ist das beispielsweise die unterste Zeile des Browsers). Oftmals können Sie hier den Namen eines AdServers sehen, bevor die eigentliche Ziel-Website des Werbemittels aufgerufen wird.

Per AdServer besteht die Möglichkeit der genauen Aussteuerung von Werbemitteln. In diesem Zusammenhang fällt oftmals das Stichwort *Targeting*. Das bedeutet, dass Werbeeinblendungen in Abhängigkeit von bestimmten Kriterien an den Benutzer ausgeliefert werden. *Geo-Targeting* bezieht sich dabei insbesondere auf den Standort des Nutzers, während sich *Behavioural Targeting* auf das Verhalten des Benutzers bezieht. Da Streuverluste auf diese Weise minimiert werden können, kann dies die Klickrate unter Umständen positiv beeinflussen. Mehr zum Thema Targeting lesen Sie in Kapitel 13, »Zielgruppen und Targeting«. Hat sich ein Benutzer beispielsweise auf einer Website registriert, kann ihm personalisierte Werbung angezeigt werden.

Beim Bannermarketing kommt häufig eine sogenannte *Umfeldbuchung* zum Einsatz. Das bedeutet, dass Werbemittel beispielsweise in der Kategorie Sport oder Wirtschaft ausgeliefert werden, da sie in den Rubriken thematisch relevant sind. In Abbildung 2. 12 sehen Sie, wie wichtig es ist, Werbemittel im richtigen Umfeld auszuliefern. Sonst können Ihnen ungewollt unglückliche Werbeplatzierungen unterlaufen. Werbetreibende können derartige Auslieferungen jedoch nicht gänzlich ausschließen.

Dass derartig unpassende Werbeauslieferung leider häufig vorkommt, können Sie bei Internet Word Business sehen, das unter *www.internetworld.de/Bildergalerien/Schlechte-Nachbarschaft-Bad-Ads2* eine extra Kategorie zur schlechten Nachbarschaft von Bannerwerbung eingerichtet hat.

Zusammenschluss gegen schlechte Online-Anzeigen

Unter dem Motto »Working together to protect users from bad ads« haben sich Google, Facebook, Twitter und AOL zusammengeschlossen um gegen schlechte Online-Anzeigen vorzugehen. In Zusammenarbeit mit dem Interactive Advertising Bureau (IAB) wurde im Sommer 2012 die Ads Integrity Alliance (*www.adsintegrity-alliance.org*) gegründet. Dabei sollen Anzeigen in Echtzeit gemeldet werden, die beispielsweise Maleware bewerben, so berichtete Heise online (*www.heise.de*).

Abbildung 2.12 Unglückliche thematische Zusammenhänge bei der Platzierung eines Werbebanners lassen sich nicht vermeiden.

Neben den Themenbereichen können noch diverse Einstellungen zur Bannerauslieferung je nach AdServer vorgenommen werden. Diese können sehr vielfältig sein, beispielsweise Zeitangaben, geografische Gesichtspunkte, technische Aspekte wie die verwendeten Betriebssysteme, Höchst- und Mindestwerte, Rotationen etc. Sie können also beispielsweise Länderspezifikationen in Ihrem AdServer-System hinterlegen. Dann bekommen nur diejenigen Nutzer ein Werbemittel zu sehen, die aus einem bestimmten Land kommen, das Sie festgelegt haben. Dies kann in der Regel auf Länder, Bundesländer und Städte spezifiziert werden. Darüber hinaus sind auch Zeitspezifikationen und je nach AdServer-System eine Reihe weiterer Parameter einstellbar. Insbesondere Zeitspezifikationen können hilfreich und sinnvoll sein. Analog zu Filmen im Fernsehen, die zu bestimmten Zeiten ausgestrahlt werden, kann es auch bei Bannern Sinn machen, diese zu bestimmten Tageszeiten auszuliefern.

Frequency Capping

Frequency Capping meint die Häufigkeit, wie oft einem einzelnen Nutzer ein Werbemittel angezeigt werden soll. So können Sie beispielsweise festlegen, dass ein Nutzer ein Werbemittel dreimal pro Stunde, Website-Besuch oder Tag angezeigt bekommen soll. Technisch werden die Nutzer durch die Verwendung von Cookies identifiziert und unterschieden. Diese Maximalangabe kann in den Einstellungen der meisten AdServer angegeben werden. Verwendet wird diese Aussteuerung insbesondere dann, wenn eine genaue Werbekontaktzahl erreicht werden soll und ein Sättigungseffekt bzw. eine sinkende Akzeptanz vermieden werden soll. Darüber hinaus erweitern Sie mit Frequency Capping die Netto-Reichweite Ihres Werbemittels, da mehr Unique Visitors Ihr Banner sehen. Wir empfehlen Ihnen, mit einer strengen Einstellung zu beginnen. Sobald Sie alle weiteren Aussteuerungsfaktoren justiert haben, können Sie die Frequenz der Werbeeinblendungen wieder erhöhen. Wie Sie Frequency Capping in Ihrem AdWords-Konto einstellen, lesen Sie in Abschnitt 2.1.8, »Bannermarketing mit dem Display-Netzwerk von Google«.

Darüber hinaus können auch Optimierungsmaßnahmen über den AdServer vorgenommen werden. Diese sind von einer gewissen Zahlengrundlage abhängig, bieten aber doch einige Stellschrauben, um Kampagnen zu verbessern. So können beispielsweise diejenigen Werbemittel häufiger ausgeliefert werden, die eine bessere Klickrate haben, oder es werden bestimmte Zeiten forciert, in denen die Werbemittel besonders häufig angeklickt werden. Auch in diesem Zusammenhang gibt es eine Vielzahl an Möglichkeiten, die jeweils individuell zu beurteilen sind. Einige AdServer können eine derartige Optimierung automatisch aussteuern. Dennoch sollten Sie sich regelmäßig ein Bild davon machen, wie Ihre Bannerkampagne angenommen wird. Wichtige Kennzahlen beim Monitoring sind die *AdImpressions* (Werbeeinblendungen), die *AdClicks* (Bannerklicks), deren Verhältnis, ausgedrückt in Form der *Click-Through-Rate* (CTR), und die *Conversionrate*.

Wenn Sie sich für Bannerwerbung entscheiden, empfehlen wir Ihnen, mit einer kleineren Testkampagne zu starten, die Sie regelmäßig messen, und an den entsprechenden Stellschrauben zu drehen. So können Sie im Vorfeld wichtige Einstellungen ausfindig machen, ohne ein hohes Budgetrisiko einzugehen.

Die drei größten Player auf dem deutschen AdServer-Markt sind Double Click von Google (*www.google.de/doubleclick/*), Adition (*de.adition.com/*) und Adtech (*www.adtech.de*). Auch im Bereich AdServer will der Online-Vermarkterkreis (OVK) Standards für AdServer in Deutschland festlegen.

Mehr zum Thema Bannerwerbung und wie Sie damit Geld verdienen, lesen Sie in Kapitel 19, »Monetarisierung – Einnahmen mit der Website erzielen«.

2.1.5 Abrechnungsmodelle

Häufig wird bei der Bannerwerbung der aus dem Offline-Bereich bekannte *Tausender-Kontakt-Preis* (TKP) angesetzt. Dieses Modell ist auch unter der Bezeichnung *Cost-per-Mille* (*CPM*) oder *Thousand Ad Impressions* (*TAI*) geläufig. Dabei wird ein Preis festgelegt, der für 1.000 Sichtkontakte eines Werbemittels bezahlt werden muss. Diese Sichtkontakte werden im Fachjargon als *AdImpressions* bezeichnet.

Die Formel für die Berechnung des TKP lautet also:

TKP = (Preis der Bannerschaltung / Bruttoreichweite) × 1000

Ein TKP von 30 € bedeutet also, dass Sie 30 € bezahlen müssen, damit 1.000 Benutzer Ihre Werbeeinblendung sehen.

Machen wir dies an folgendem Beispiel deutlich: Eine Website wird 1,3 Mio. Mal im Monat aufgerufen. Der Werbetreibende, der sein Banner auf dieser Website platziert hat, bezahlt an den Website-Betreiber 15.000 € im Monat. Daraus ergibt sich mit folgender Rechnung ein TKP von 11,54 €.

TKP = (15.000 / 1.300.000) × 1000 = 11,54 €

Die TKP-Preise können also je nach Website stark variieren. Viele Website-Betreiber stellen Ihre Mediadaten, die auch die Preise für Bannerwerbung beinhalten, im Internet zur Verfügung. Andere Websites überlassen die Bannerwerbung professionellen Online-Vermarktern.

Darüber hinaus gibt es weitere Bezahlmodelle im Bereich Bannerwerbung. So kann beispielsweise ein Festpreis angesetzt werden, der für die Bannerschaltung auf einer bestimmten Position während eines definierten Zeitraums veranschlagt wird. Weiterhin gibt es leistungsabhängigere Abrechnungsmodelle, wie etwa *Cost-per-Click*, *Cost-per-Lead* (*CPL*, auch *AdLeads*) oder *Cost-per-Sale* (auch *AdSales*). Hier wird jeweils pro Klick, Anfrage oder Kauf ein definierter Preis fällig. Da ein Kauf eine größere Hürde für den Nutzer darstellt als ein Klick, wird ein Sale auch mit einem höheren Preis vergütet.

2.1.6 AdBlocker

AdBlocker sind spezielle Programme, die Werbeeinblendungen blockieren. Sie versuchen, Werbemittel vom restlichen Website-Inhalt zu unterscheiden, und blenden diese dann aus. Dazu eine Randbemerkung: Werbung innerhalb von Videos kann aktuell noch nicht geblockt werden. Erinnern Sie sich an das Eingangsbeispiel der Website *kicker.de*? Bei Verwendung eines AdBlockers sieht die Website so aus wie in Abbildung 2.13.

Einige Browser haben AdBlocker bereits integriert, im Internet gibt es aber auch viele Programme zum kostenlosen Download. Ein prominentes Beispiel ist Adblock Plus (*adblockplus.org/de/*), das laut der Mozilla-Addons-Statistik durchschnittlich über 88. 000-mal pro Tag heruntergeladen wird (Abbildung 2.14).

Abbildung 2.13 Ansicht von kicker.de mit einem AdBlocker

Abbildung 2.14 Beispiel für die Verwendung von Adblock Plus (Quelle: adblockplus.de)

Diese Zahlen sprechen für eine steigende Tendenz zur Verwendung von AdBlockern – zum Leidwesen der Werbetreibenden: Diese sind selbstverständlich weniger erfreut über derartige Software, gerade dann, wenn Bannerwerbung eine oder die einzige Finanzierungsweise einer Internetpräsenz darstellt. Für Sie als Website-Betreiber bedeutet das: Überprüfen Sie Ihre eigenen Seiteninhalte auch bei Verwendung von AdBlockern. Möglicherweise werden Bereiche, die keine Werbung darstellen, ebenfalls nicht angezeigt.

2.1.7 Marktvolumen

Wie eingangs beschrieben, gibt es Werbealternativen mit geringeren Streuverlusten als das Bannermarketing. Diese Display-Werbung tritt in den letzten Jahren zunehmend in den Schatten von Videowerbung und weiteren Werbeformen. Dennoch beliefen sich laut dem vom Online-Vermarkterkreis OVK und Nielsen Media Research regelmäßig veröffentlichten *OVK Online-Report* die monatlichen Bruttowerbeinvestitionen in der klassischen Online-Werbung im Juni 2011 auf 320,92 Mio. €, wie Sie Abbildung 2.15 entnehmen können.

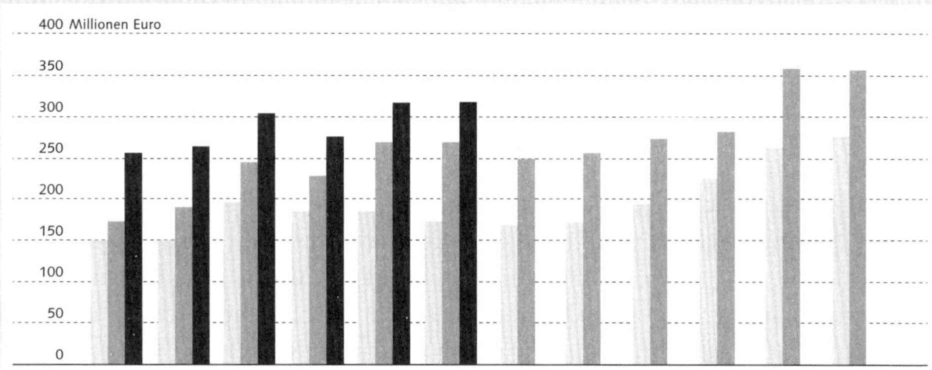

	Januar	Februar	März	April	Mai	Juni	Juli	August	September	Oktober	November	Dezember	
2009	150,1	151,8	195,1	182,5	184,5	176,0	170,1	161,8	193,5	225,6	261,6	274,2	Mio
2010	175,9	189,5	245,7	229,6	269,4	270,0	250,9	254,6	271,4	281,4	356,9	356,0	Mio.
2011	255,92	265,32	305,95	278,11	320,20	320,92							Mio.

Quellen: OVK (Hochrechnung der Zahlen von 75 auf 100%), Nielsen (Datenstand Juli 2011, Erhebung der Daten für die klassische Online-Werbung auf Belegungsebene, bereinigt um einen Anteil aus der Suchwortvermarktung, ab 2009 methodische Änderungen bei der Zuordnung dieses Anteils)/Angaben für den deutschen Markt

Abbildung 2.15 Bruttowerbeinvestitionen in der klassischen Online-Werbung im monatlichen Trend für die Jahre 2009–2011

2.1.8 Bannermarketing mit dem Display-Netzwerk von Google

Wenn Sie über ein Google-AdWords-Konto verfügen, so haben Sie auch darüber die Möglichkeit, Werbebanner auf anderen Websites zu schalten. Sollten Sie noch kein AdWords-Konto besitzen, so lesen Sie in Kapitel 11, »Suchmaschinenwerbung (SEM)«, wie Sie ein solches anlegen können.

Google verfügt über verschiedene sogenannte Werbenetzwerke. Zum einen das Suchwerbenetzwerk, zum anderen das Display-Netzwerk. Speziell für die Bannerwerbung möchten wir im Folgenden näher auf Letzeres eingehen.

Das Google Display-Netzwerk (GDN)

Stellen Sie sich selbst einmal die Frage, auf welchen Seiten im World Wide Web Sie unterwegs sind, wenn Sie surfen? Wahrscheinlich kommen Ihnen jetzt Nachrichtenseiten in den Sinn, Netzwerke, Blogs, Online-Banking, Shops oder ähnliche. Aber wie viel Zeit verbringen Sie auf Websites von Suchmaschinen? Das wird wohl eher ein geringer Anteil sein. Laut Google sind das nur etwa 5 % der Surfzeit. Da wäre es doch seltsam, wenn Werbetreibende nur innerhalb von Suchergebnisseiten werben könnten. Das hat sich auch Google gedacht, und so kam das Display-Netzwerk (*www.google.de/adwords/displaynetwork* und früher Content-Werbenetzwerk) ins Spiel.

Wie die englische Bezeichnung »display« (etwas anzeigen) ausdrückt, haben Sie mit dem Display-Netzwerk die Möglichkeit, Ihre Werbemittel auf anderen Websites (sogenannten Display-Websites) anzuzeigen. Das können ebenso große Webauftritte wie auch kleinere private Websites sein. Google hat ein System entwickelt, wie Werbeanzeigen, auf den Inhalt der Display-Website abgestimmt, angezeigt werden können. In diesem Zusammenhang spricht man auch von kontextbasierter Werbeschaltung. So können beispielsweise auf einer Website zum Thema Altersvorsorge Anzeigen präsentiert werden, die Tagesgeld-Konten bewerben (siehe Abbildung 2.16).

In nächster Zeit sollten Sie einmal bewusst darauf achten, wie gut oder eben nicht gut die Anzeigen auf den Partner-Websites thematisch angezeigt werden.

Auch mithilfe von besonderen Dienstleistern (klassische Online-Media-Planer) können Werbemittel auf anderen Websites platziert werden; Google bietet allerdings eine enorme Anzahl an Zielseiten an. Nach den Angaben von Google sollen dies Websites von über 1 Mio. Partnern sein, und man erreiche mit dem Display-Netzwerk von Google über 70 % aller Internetnutzer in mehr als 100 Ländern und über 20 Sprachen. In Deutschland lag die Reichweite laut comScore Networks im Jahr 2008 bei 89 % (siehe Abbildung 2.17).

Abbildung 2.16 Google-Anzeigen auf Partner-Websites am Beispiel von Focus Online

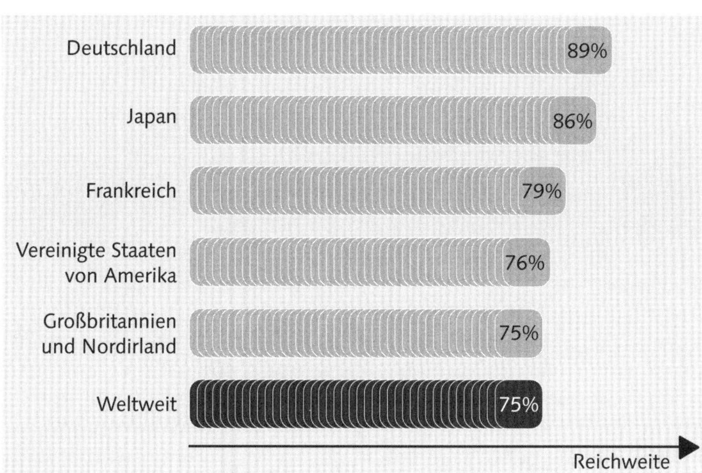

Abbildung 2.17 Reichweite nach comScore Networks im damaligen Content-Werbenetzwerk von Google

Das Display-Netzwerk bietet also eine enorme Größe an Websites inklusive verschiedener Google-Dienste, wie z. B. Google Mail oder die Google Produktsuche.

Wie aber funktioniert dieses System? Dazu werden drei Beteiligte benötigt: zum einen Website-Betreiber, die Werbefläche zur Verfügung stellen. Auf diesen Webseiten werden dann sogenannte *AdSense-Anzeigen* (mehr dazu lesen Sie in Kapitel 19, »Monetarisierung – Einnahmen mit der Website erzielen«) angezeigt. Zum anderen ist natürlich Google beteiligt, um die Werbeplätze zu vermitteln, und zu guter Letzt ein Advertiser, der auf Display-Websites Werbung schalten möchte. Wie die Vermittlung aussieht, wird in Abbildung 2.18 deutlich.

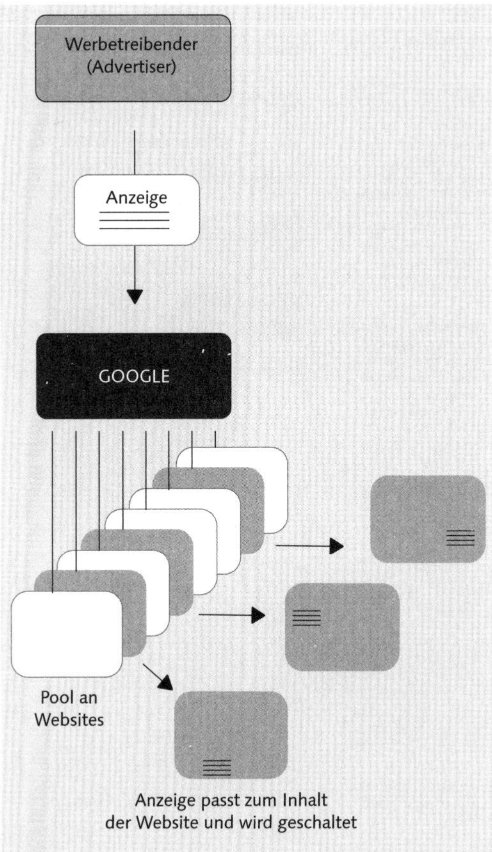

Abbildung 2.18 Funktionsweise des Display-Netzwerks von Google

Obwohl die Werbeanzeigen über das AdWords-Tool von Google ausgeliefert werden, zählt das Display-Netzwerk streng genommen nicht zur Suchmaschinenwerbung, da die Anzeigen auf anderen Websites und nicht innerhalb der Suchmaschinenergebnisse ausgeliefert werden. Dennoch sind auch diese Anzeigen Teil des CPC-Advertisings und über die Zuordnung lässt sich demnach streiten.

AdWords-Kampagnen, die im Display-Netzwerk geschaltet werden, können ebenfalls auf eine bestimmte Zielgruppe abgestimmt werden. Dazu ist es aber wichtig, dass Sie sich genau überlegen, wen Sie mit Ihren Anzeigen erreichen möchten und was Ihr Werbeziel ist. Das kann sowohl Verkauf als auch Kontaktaufnahme oder Informationsfluss sein. Auch Branding und Reichweite können Ziele Ihrer Werbekampagne sein.

Tipp: Produkteinführung mit Display-Anzeigen

Wenn Sie ein neues Produkt auf dem Markt einführen möchten, kann es sinnvoll sein, zunächst eine Kampagne im Display-Netzwerk zu starten, um das Produkt bekannt zu machen. Denn es wird wohl kaum jemand nach einem Produkt suchen, dessen Existenz ihm nicht bekannt ist – das Such-Werbenetzwerk ist daher weniger sinnvoll. Hier bietet also das Display-Netzwerk eine gute Lösung, denn es werden Anzeigen auf Websites geschaltet, die Benutzer sehen, ohne danach zu suchen. Anschließend können Sie Ihre Anzeigen auch im Such-Werbenetzwerk schalten und Benutzer erreichen, die konkret nach Ihrem Produkt suchen.

Anhand des bekannten AIDA-Modells (von Elmo Lewis, 1898) werden die Vorteile des Display-Netzwerks deutlich. Der Kaufzyklus eines Kunden besteht nach diesem Modell aus vier Phasen (Abbildung 2.19):

- A – Attention (Aufmerksamkeit)
- I – Interest (Interesse)
- D – Desire (Verlangen)
- A – Action (Handlung)

In Anlehnung an dieses theoretische Modell lässt sich das Display-Netzwerk von Google genauer betrachten:

- **Attention**: Im Display-Netzwerk haben Sie beispielsweise die Möglichkeit, mit verschiedenen Anzeigenformaten wie Text, Bild, Animationen und Video die Aufmerksamkeit eines Benutzers auf Ihr Werbemittel zu ziehen.
- **Interest**: Durch die Aussteuerung Ihrer Werbeanzeigen auf themenrelevanten Websites und gezieltes Targeting ist die Wahrscheinlichkeit hoch, dass Benutzer sich für Ihre Anzeigen interessieren.
- **Desire**: Mit dem Hervorheben von Produktmerkmalen oder beispielsweise Preisvorteilen können Sie das Kaufverlangen eines Benutzers Ihrer Website wecken.
- **Action**: Jetzt ist der Besucher nur noch einen Schritt vom Kauf Ihres Produktes entfernt. Fordern Sie ihn zu einer klaren Handlung auf.

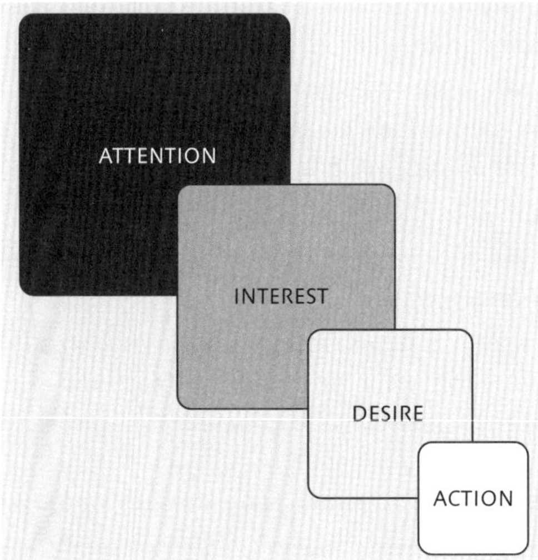

Abbildung 2.19 AIDA-Modell nach Elmo Lewis, 1898

Wenn Sie sich entschieden haben, eine Kampagne im Google Display-Netzwerk zu starten, dann müssen Sie dies beim Anlegen einer neuen Kampagne bei den Kampagneneinstellungen angeben (siehe Abbildung 2.20).

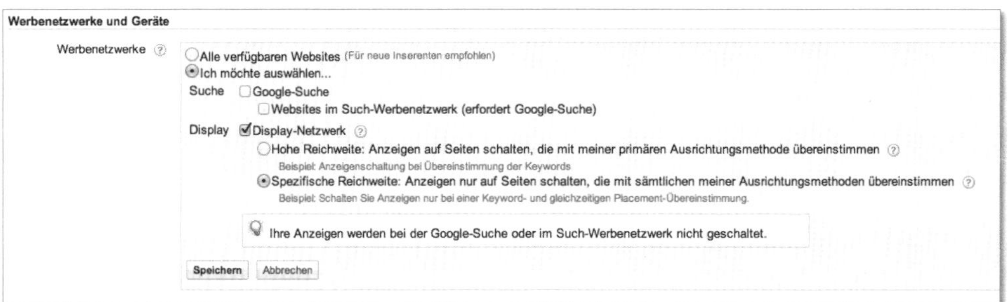

Abbildung 2.20 Auswahl der Werbenetzwerke in den Kampagneneinstellungen

Auf weitere Kampagneneinstellungen gehen wir in Kapitel 11, »Suchmaschinenwerbung (SEM)« detaillierter ein.

Keywords und Placements

Das AdWords-System bietet grundsätzlich zwei Möglichkeiten, die Anzeigen auszuliefern:

- PLACEMENTS: Das bedeutet, die Anzeigen werden gezielt auf bestimmten Websites, den sogenannten *Placements* angezeigt. Hier sei aber gesagt, dass ein Placement keine bestimmte Unterseite einer Website ist, sondern aus mehreren

Unterseiten bestehen kann. Wo die Anzeige dann genau geschaltet wird, entscheidet der Website-Betreiber.

- KEYWORDS: Über Keywords werden thematisch passende Seiten vom Werbeprogramm gefunden, auf denen die Anzeigen geschaltet werden. Dies ist ein grundlegender Unterschied zu Kampagnen im Such-Werbenetzwerk von Google, wo Anzeigen aufgrund der Suchanfrage ausgesteuert werden. Beim Display-Netzwerk werden die Keywords mit den Inhalten der Website abgeglichen.
- Eine Kombination aus beiden Varianten ist ebenfalls möglich.

Tipp

Wenn Sie herausfinden möchten, welche Keywords für eine Website interessant sind, können Sie die Seite *wordl.net* heranziehen und eine sogenannte Tagcloud (eine Themenwolke) für eine spezielle Website anzeigen lassen.

Wie Ihre Anzeigen nun geschaltet werden, hängt von Ihren Kampagneneinstellungen ab:

Sie können

- auf relevanten Seiten im gesamten Werbenetzwerk oder
- auf relevanten Seiten nur auf den von Ihnen verwalteten Placements und Zielgruppen

Ihre Anzeigen schalten.

Je nachdem, welche Einstellung Sie vornehmen, sind Keywords und/oder Placements zur Anzeigenschaltung möglich oder notwendig.

Entscheiden Sie sich für RELEVANTE SEITEN IM GESAMTEN WERBENETZWERK, so sind die Angaben von Keywords und die Angaben von Placements möglich. Eine der beiden Angaben reicht jedoch aus.

Wenn Sie sich für die Variante RELEVANTE SEITEN NUR AUF DEN VON MIR AUSGEWÄHLTEN PLACEMENTS UND ZIELGRUPPEN entscheiden, ist die Angabe von Keywords möglich, die Angabe von Placements (wie die Bezeichnung schon vermuten lässt) jedoch notwendig. Sie können zusätzlich auch Keywords angeben. Diese ermöglichen dann eine noch detailliertere Aussteuerung Ihrer Anzeigen.

Wie sich Ihre Anzeigen nun verhalten, hängt einerseits von den zuvor beschriebenen Einstellungen der Anzeigenauslieferung (Keywords und Placements) und andererseits von den Kampagneneinstellungen ab. Die Übersicht in Tabelle 2.2 zeigt Ihnen auf einen Blick, wie sich Ihre Anzeigen bei den einzelnen Einstellungsmöglichkeiten verhalten.

	Gesamtes Werbenetzwerk	Ausgewählte Placements
Keywords	Anzeigenschaltung auf themenrelevanten Websites, die über die angegebenen Keywords bestimmt werden.	Es wurden keine Placements ausgewählt, daher werden keine Anzeigen geschaltet.
Placements	Anzeigenschaltung nur auf ausgewählten Placements.	Anzeigenschaltung nur auf ausgewählten Placements.
Keywords + Placements	Anzeigenschaltung auf themenrelevanten Websites. Mithilfe von Placements kann für bestimmte URLs ein spezielles Gebot festgelegt werden.	Anzeigenschaltung auf ausgewählten Placements. Keywords verfeinern die Auswahl.

Tabelle 2.2 Verhalten von Keywords und Placements

Wenn nun eine Werbefläche für die Anzeigenschaltung sowohl durch Keywords als auch durch ausgewählte Placements infrage kommt, konkurrieren die Möglichkeiten miteinander und die Anzeige mit dem höheren Anzeigenrang wird geschaltet (siehe dazu auch Abschnitt 11.2.8, »Die Kosten«).

Die Möglichkeit der *Dynamic Keyword Insertion* (siehe Abschnitt 11.2.6, »Die Anzeigen«) kann im Display-Netzwerk vernachlässigt werden, da es keine Suchanfragen gibt.

Placement Targeting

Unter der Bezeichnung *Placement Targeting* (früher auch *Site Targeting* genannt) versteht man die Ausrichtung der Anzeigenplatzierung. Sie haben die Möglichkeit, Ihre Placements thematisch, demografisch oder nach bestimmten URLs auszuwählen. Darüber hinaus können Sie Placements auf allen Seiten einer Website oder nur auf bestimmten Bereichen dieser Website schalten. Beispielsweise können Sie bei Nachrichten-Websites wählen, bei welcher Themensparte Ihre Anzeige geschaltet werden soll. Weiterhin kann Ihre Anzeige in Online-Videos, RSS-Feeds und Handy-Websites angezeigt werden.

In Ihrem AdWords-Konto können Sie unter dem Reiter KAMPAGNEN • WERBENETZWERKE im Display-Netzwerk Placements hinzufügen. Sie müssen zunächst eine Anzeigengruppe auswählen und kommen dann auf das Eingabefeld aus Abbildung 2. 21. Hier können Sie nun Websites angeben – immer vorausgesetzt, dass der Website-Betreiber die Anzeigenschaltung zugelassen hat.

Verwenden Sie das Placement-Tool, um für Ihre Kampagnen relevante Websites zu identifizieren. Das Tool erreichen Sie ebenfalls über den Reiter KAMPAGNEN • WERBENETZWERKE unter AUSGEWÄHLTE PLACEMENTS. Wenn Sie nun PLACEMENTS HINZU-

FÜGEN anwählen, kommen Sie zu der in Abbildung 2.21 gezeigten Eingabemaske. Rechts daneben können Sie sich mit dem Placement-Tool Vorschläge zu weiteren Websites anzeigen lassen.

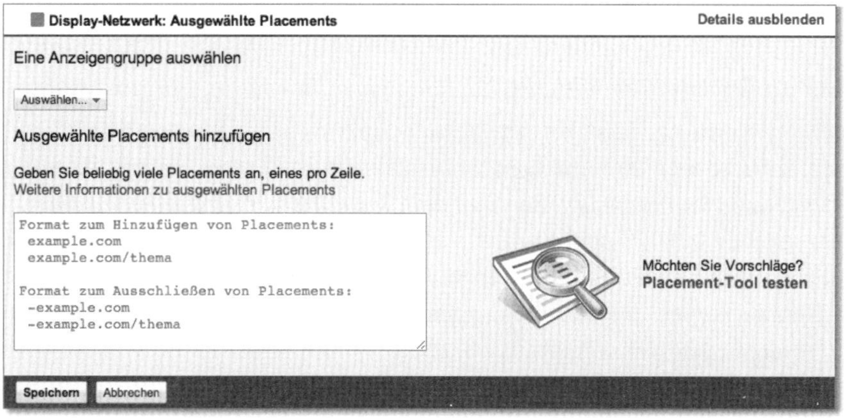

Abbildung 2.21 Placements hinzufügen

Sie haben die Möglichkeit, nach Kategorien zu suchen, können aber auch Keywords oder Websites in der Suchmaske eingeben. Unter ERWEITERTE OPTIONEN können Sie auch nach Anzeigenformaten oder weiteren Kriterien filtern (siehe Abbildung 2.22).

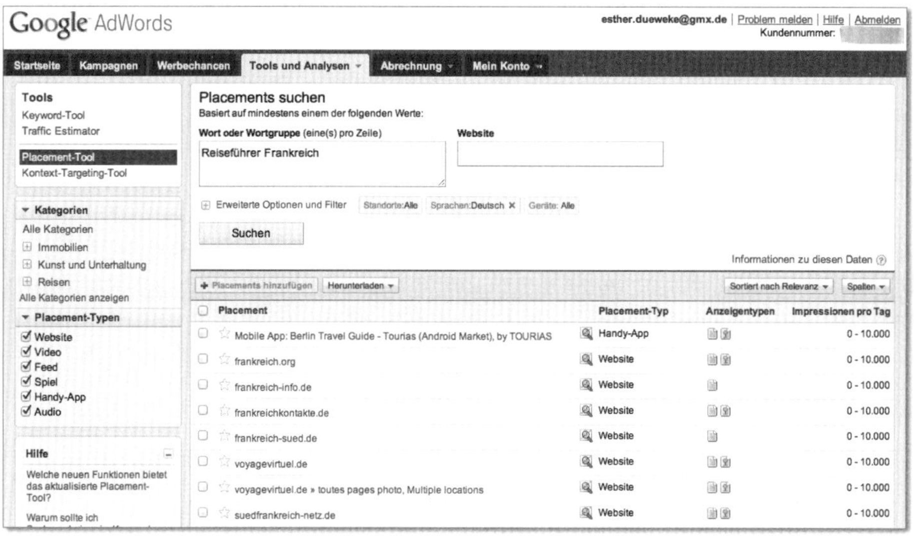

Abbildung 2.22 Mit dem Placement-Tool können Sie weitere Vorschläge zu relevanten Websites anzeigen lassen.

Ihnen werden dann Placements vorgeschlagen. Zusätzlich zeigt Ihnen das Tool den Placement-Typ, die verfügbaren Anzeigenformate sowie die Impressions pro Tag an.

Analog zu der Auswahl von Keywords können Sie auch Placements ausschließen, auf denen Ihre Anzeigen nicht erscheinen sollen.

Google stellt Ihnen verschiedene Tools zur Verfügung, die Ihnen die Arbeit mit AdWords erleichtern sollen. Das Tool zum Ausschließen von Websites und Kategorien erreichen Sie unter anderem per Direktaufruf über folgenden Link: *adwords.google.de/select/ContentExclusionStart*

Wie der Name vermuten lässt, können Sie hier direkt Websites oder auch Kategorien eingeben, auf/zu denen Ihre Anzeigen im Display-Netzwerk nicht geschaltet werden sollen. So können Sie beispielsweise unter dem Reiter THEMEN extreme Inhalte (z. B. obszöne, sexuelle Inhalte) oder Konflikte ausschließen, unter dem Reiter MEDIENTYPEN bestimmte Video-Content-Arten verhindern und unter dem Reiter SEITENTYPEN Netzwerktypen (Fehlerseiten, geparkte Domains) oder nutzergenerierte Inhalte (Foren, soziale Netzwerke) ausschließen.

Kontext-Targeting-Tool

Mit diesem recht neuen Tool (aktuell in der Beta-Phase) bietet AdWords Hilfestellung, thematisch sehr eng umfassende Keyword-Listen zu erstellen. Nehmen wir an, Sie vertreiben Weinzubehör und zu Ihrer Produktpalette gehören Weingläser, Weinkaraffen, Weinkühler und Weinverschlüsse. Für jede dieser Kategorien haben Sie bereits einzelne Anzeigengruppen erstellt. Das Kontext-Targeting-Tool schlägt Ihnen für jede Gruppe weitere Keywords vor. Für die Gruppe »Weinkaraffe« könnten das beispielsweise »Weinkaraffe Glas«, »Weinkaraffe 1 Liter«, »Weinkaraffe mit Deckel« usw. sein. Dazu geben Sie in das Tool den Begriff »Weinkaraffe« ein; Das Tool schlägt nun weitere Keywords zur entsprechenden Anzeigengruppe vor, wie Sie in Abbildung 2.23 sehen können.

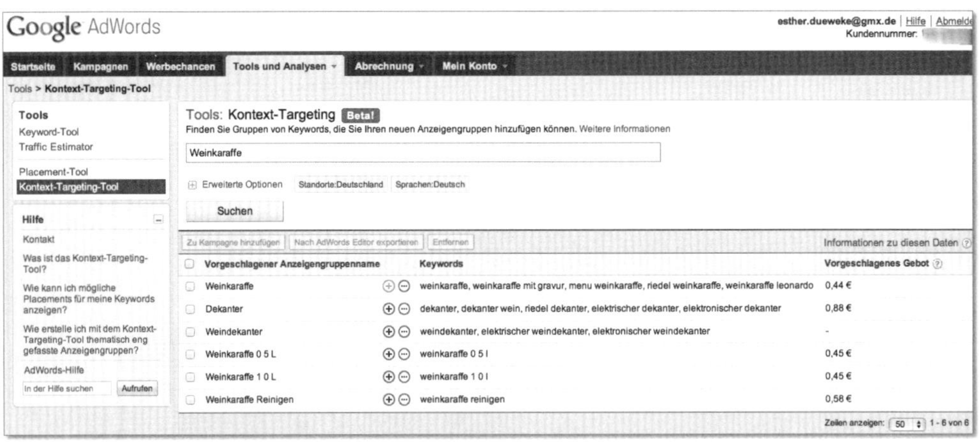

Abbildung 2.23 Das Kontext-Targeting-Tool

Exkurs: Branding mit AdWords

Oftmals sind die Klickraten innerhalb des Display-Netzwerks geringer als im Such-Werbenetzwerk. Das sollte Sie nicht unnötig beunruhigen. Benutzer suchen meistens nicht aktiv nach Angeboten, wenn sie auf diesen Seiten surfen. Sie können mit Anzeigen im Display-Netzwerk aber gute Branding-Effekte erzielen.

Wie bereits angesprochen, haben Sie innerhalb des Google Display-Netzwerks die Möglichkeit, neue Produkte anzukündigen, eine enorme Reichweite zu erzielen und Ihre Markenwirkung zu forcieren – und das Ganze zu sehr geringen Kosten oder unter Umständen auch umsonst.

Denn bei dem CPC-Preismodell bezahlen Sie nur für den Klick auf Ihre Anzeigen, nicht aber für die Sichtkontakte (Impressions) – ein Vorteil, den andere Medien kaum bieten können. Wie Sie noch ausführlicher lesen können (siehe Abschnitt 11.2.8, »Die Kosten«), beeinflusst eine schlechte Klickrate den Qualitätsfaktor hier nicht (ein wichtiges Kriterium für die Anzeigenschaltung). Zudem können Sie mit gezielten Einstellungen die Streuverluste minimieren. Studien belegen, dass der Einsatz von AdWords eine positive Wirkung auf die Markenbekanntheit hat, sowohl bei reinem Sichtkontakt als auch bei Klicks auf die Werbemittel. Anzeigenpositionen auf den Topplatzierungen über den organischen Suchergebnissen erzielen zudem oftmals noch eine höhere Kaufabsicht und größere Bereitschaft zur Weiterempfehlung.

Anfängerfehler vermeiden: Such- und Display-Werbenetzwerk trennen

Wenn Sie das Such- und das Display-Netzwerk verwenden möchten, ist es unbedingt empfehlenswert, dafür zwei verschiedene Kampagnen anzulegen. Es ist zwar möglich, eine Kampagne für beide Werbenetzwerke zu verwenden (und auch unterschiedliche Gebote anzugeben), Sie sind aber eingeschränkter in Ihrem Handlungsspielraum. So sind Sie mit zwei Kampagnen flexibler, was Gebote, Berichte und auch Anzeigentexte anbelangt. Sie sind flexibler, wenn Sie das Display-Netzwerk zunächst nur testen möchten, und Ihre Display-Kampagne hat keine Auswirkungen auf die Leistung Ihrer Kampagne im Such-Werbenetzwerk.

Frequency Capping und Ausschließen von »below the fold«

Das Frequency Capping ist eine Möglichkeit, die Ihnen im Display-Netzwerk zur Verfügung steht. Hier können Sie bestimmen, wie oft ein Benutzer eine Anzeige maximal sehen soll. Sie können festlegen, wie viele Sichtkontakte (Impressions) ein Nutzer mit Ihrer Anzeige haben soll. Die Bestimmung können Sie auf Tages-, Wochen- und Monatsbasis einstellen. Darüber hinaus legen Sie eine Obergrenze auf Anzeigen-, Anzeigengruppen- oder Kampagnenebene fest. Wählen Sie dazu eine Kampagne aus, und klicken Sie auf das Tab EINSTELLUNGEN • ERWEITERTE EINSTEL-

LUNGEN • FREQUENCY CAPPING. Bestimmen Sie dann die Impressions, das Zeitintervall und die Ebene, für die die Bestimmungen gelten sollen (siehe Abbildung 2.24).

Abbildung 2.24 Bestimmung von Frequency Capping in Ihrem AdWords-Konto

Eine weitere Targeting-Möglichkeit steht Ihnen seit dem Frühjahr 2010 zur Verfügung. Seither können Sie Werbeplätze ausschließen, die sich *below the fold* befinden, also erst durch Scrollen sichtbar sind. Um diese Funktion in Ihrem AdWords-Konto einzustellen, gehen Sie folgenden Pfad: Reiter KAMPAGNEN • WERBENETZWERKE • AUSSCHLÜSSE • AUSSCHLUSS HINZUFÜGEN • KATEGORIE AUSSCHLIESSEN • MIT SCROLLEN SICHTBAR. So werden Ihre Anzeigen nur dann ausgeliefert, wenn Benutzer sie beim Aufrufen der Seite sehen können. Beide Funktionen, sowohl das Frequency-Capping als auch das Ausschließen von Anzeigen *below the fold*, stehen Ihnen nur im Display-Netzwerk zur Verfügung.

Sie können Ihre Anzeigen darüber hinaus zielgenau aussteuern, indem Sie z. B. demografische Kriterien angeben, geografische Ausrichtungen, Ausrichtungen nach Sprache der Zielgruppe oder die Anzeigenplanung von Google nutzen. Diese Kampagneneinstellungen werden ebenfalls in Kapitel 11, »Suchmaschinenwerbung (SEM)«, detailliert erläutert.

Im Gegensatz zum Such-Werbenetzwerk können innerhalb des Display-Netzwerks neben Textanzeigen noch weitere Anzeigenformate dargestellt werden. Dazu gehören Text-, Image-, Rich-Media- und Videoanzeigen, die ebenfalls in Kapitel 11 detailliert beschrieben werden. Dort erfahren Sie auch, wie das Abrechnungsmodell genau funktioniert. An dieser Stelle sei jedoch gesagt, dass Display-Anzeigen per Cost-per-Klick (CPC) oder Cost-per-Mille (CPM bzw. Tausender-Kontakt-Preis, TKP) abgerechnet werden können. Über die bereitstehenden Berichte in Ihrem AdWords-Konto sollten Sie regelmäßig die Websites und die Anzeigenleistung überprüfen.

2.1.9 Remarketing

Seit dem Frühjahr 2010 bietet Google eine neue Form der Anzeigenauslieferung an, das sogenannte *Remarketing* (teilweise auch als Retargeting bezeichnet) oder, wie Google es nennt, »*eine Funktion für die interessenbezogene Werbung*«. Diese Werbeform kann im Display-Netzwerk für Text- und Display-Anzeigen verwendet werden und ermöglicht einen intensiven Kundenkontakt. Wir möchten Ihnen im Folgenden einen Abriss zur grundlegenden Funktionsweise geben, ohne dabei allerdings tiefer ins Detail einsteigen zu können.

Nehmen wir einmal an, Sie möchten Schuhe kaufen und schauen sich bei einem Online-Shop für Schuhe verschiedene Modelle an. Sie können sich aber nicht so richtig entscheiden und verlassen den Schuh-Shop wieder, um möglicherweise einen günstigeren Anbieter zu finden.

Genau hier setzt Remarketing an: Denn diesem Benutzer werden nun Ihre Werbeanzeigen auf Websites im Display-Netzwerk präsentiert, die er danach aufruft. Das heißt, besucht dieser Benutzer nach dem Schuh-Shop nun ein Sportblog, können hier Anzeigen mit genau den Schuhen angezeigt werden, die sich der Interessent vorher angesehen hat. Damit bleibt Ihr Angebot dem Besucher auch noch im Gedächtnis, wenn er Ihre Website bereits verlassen hat. Eine effektive Möglichkeit für Werbetreibende, beim Interessenten präsent zu bleiben. Hier können Advertiser optimal Sonderangebote anzeigen oder auch Cross- und Up-Selling betreiben.

Realisiert wird diese Werbeform durch die Integration eines Code-Snippets, das *Remarketing-Tag*, in Ihre Website – in unserem Beispiel die Seite, auf der Sie Ihre Schuhe präsentieren. So werden die Benutzer »markiert«, die Interesse für ein Angebot gezeigt haben und denen Sie zu einem späteren Zeitpunkt und auf anderen Websites Ihr Angebot schmackhaft machen wollen. AdWords setzt diese Interessenten damit auf eine Liste, die Sie beispielsweise als »Schuhinteressent« betiteln. Das heißt, die Cookie-ID des Besuchers wird auf die Liste »Schuhinteressent« gesetzt. In Abbildung 2.25 sehen Sie die Funktionsweise am Beispiel einer Hotelsuche und den Suchergebnissen für Luxushotels.

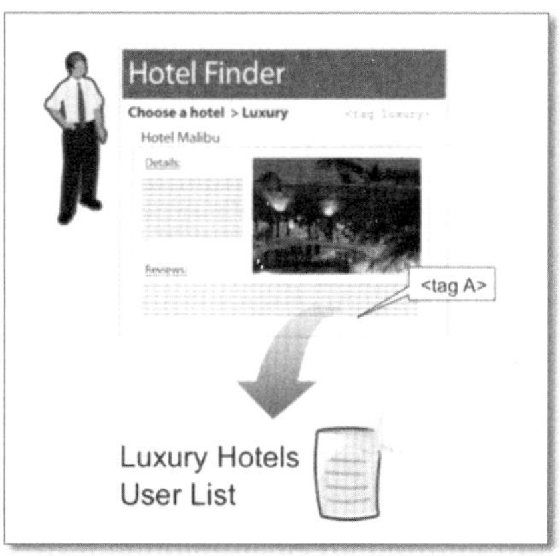

Abbildung 2.25 Remarketing-Tag und Remarketing-Liste (Quelle: Google)

Damit haben Sie als Werbetreibender die Möglichkeit, eine Kampagne in Ihrem AdWords-Konto anzulegen, die nur auf die Nutzer auf der Remarketing-Liste ausgerichtet ist. Die Werbemittel werden den Besuchern dann auf den Websites angezeigt, die sie nach Ihrer Schuh-Website aufrufen. Laut Angaben in dem offiziellen AdWords-Blog von Google können im Durchschnitt 84 % der Nutzer einer typischen Remarketing-Liste erreicht werden.

So können Sie also für verschiedene Angebote (z. B. Schuhe und Accessoires) auch verschiedene Remarketing-Tags in Ihre Website integrieren und die Interessenten Ihrer Angebote sehr gezielt ansprechen. Dabei müssen Sie aber ausloten, wie ausgefeilt Ihre Remarketing-Listen sind. Während sehr weit gefasste Listen eine große Reichweite erzielen, schaffen Sie mit einer sehr detaillierten Liste eine sehr gezielte Interessenten-Ansprache. Das hängt also ganz von Ihrem individuellen Werbeziel ab. Google empfiehlt »*die Konzentration auf den Bereich der Website mit dem meisten Traffic oder mit dem höchsten Wert für Sie und das Erstellen detaillierter Remarketing-Listen für diesen Bereich sowie das Einrichten allgemeinerer Listen für weniger häufig besuchte Bereiche der Website*«.

Grundlage für das Remarketing bildet der sogenannte Verkaufstrichter, den Sie sicherlich an Ihrem eigenen Verhalten im Netz nachvollziehen können. Bildlich veranschaulicht, durchläuft ein Nutzer verschiedene Stationen, bis er ein Produkt tatsächlich kauft. Oftmals recherchiert er zunächst, welches Angebot auf die individuellen Bedürfnisse passt, danach wägt er unter den Optionen ab, legt dann das Produkt in den Warenkorb und der eigentliche Kaufvorgang steht erst ganz am Ende dieser Kette. An jeder Station dieser Kette besteht für Sie als Website-Betreiber die Gefahr, den Interessenten zu verlieren.

Haben Sie Ihren Verkaufstrichter genau definiert, können Sie mit dem Remarketing für die einzelnen Stationen Remarketing-Listen anlegen und die Interessenten genau an der Stelle ansprechen, an der Sie in Ihrem Verkaufstrichter ausgestiegen sind. War das beispielsweise noch im Stadium der Recherche oder bereits bei der gezielten Produktauswahl? Dahingehend können Sie Ihre Werbemittel genau abstimmen.

Nutzer auf mehreren Remarketing-Listen

Sollte ein Besucher Ihrer Website mehrere Webseiten aufrufen, die Sie mit Remarketing-Tags versehen haben, so kann der Nutzer auch mehreren Remarketing-Listen hinzugefügt werden. Dann können alle hinterlegten Anzeigen geschaltet werden. Das Werbemittel mit dem höchsten Anzeigenrang tritt für die Auktion für das *Placement* an.

Die entsprechenden Einstellungen in Ihrem AdWords-Konto können Sie auf unterschiedliche Art und Weise vornehmen. Die erste wäre, Sie erstellen eine Remarketing-Liste aus einer bestehenden Kampagne oder Anzeigengruppe heraus. Sie können aber auch erst eine Liste erstellen und anschließend eine Anzeigengruppe auswählen. Im ersten Fall wählen Sie die entsprechende Kampagne aus und klicken dann auf den Reiter ZIELGRUPPEN.

Tipp: Reiter Zielgruppen im Konto aktivieren

Sollten Sie den Reiter ZIELGRUPPEN noch nicht in Ihrem AdWords-Konto sehen können, empfiehlt Google, »*auf das DropDown-Menü neben der Tableiste auf dem Tab Kampagnen zu klicken*«, und ZIELGRUPPEN anschließend auszuwählen.

Stellen Sie dabei sicher, dass die ausgewählte Kampagne auch das Display-Netzwerk einschließt. Dann klicken Sie auf ZIELGRUPPEN HINZUFÜGEN und wählen eine Anzeigengruppe aus, für die die Zielgruppe übernommen werden soll. Dann klicken Sie den Link REMARKETING-LISTEN und anschließend LISTEN ERSTELLEN UND VERWALTEN, wie in Abbildung 2.26 ersichtlich.

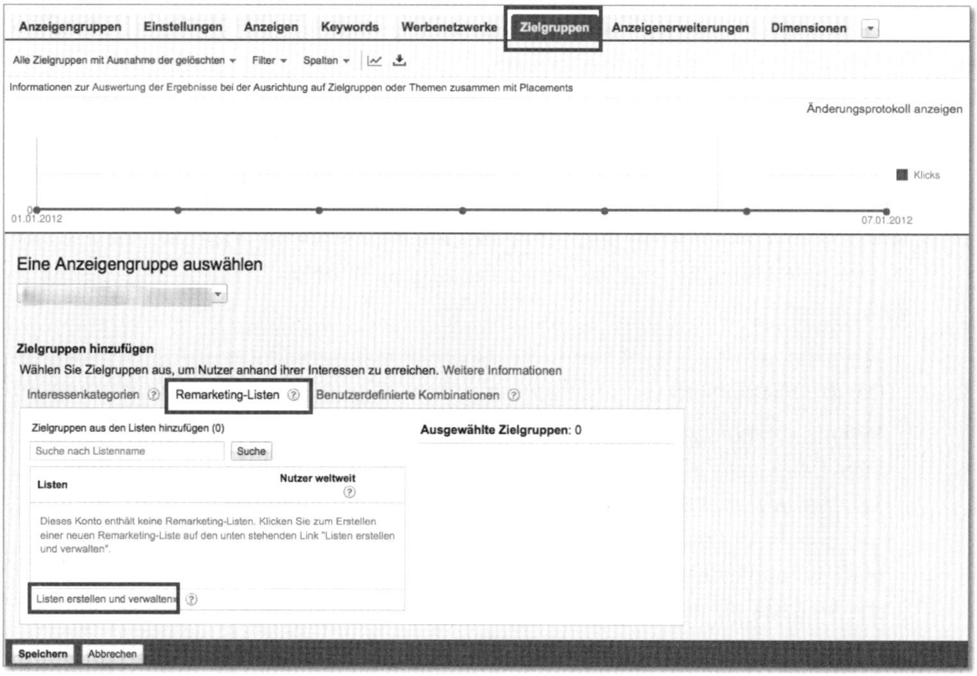

Abbildung 2.26 Neue Remarketing-Liste anlegen im Google-AdWords-Konto

Anschießend definieren Sie Ihre Zielgruppe genauer mithilfe eines Listennamens (z. B. Interessent im Bereich Damenbekleidung), einer Beschreibung (z. B. Nutzer, die sich Seiten im Bereich Damenbekleidung angesehen haben) und der Mitgliedsdauer (z. B. 30 Tage), bevor Sie ein neues Remarketing-Tag erstellen (Abbildung 2.27). Indem Sie auf SPEICHERN klicken, gelangen Sie auf eine Übersicht all Ihrer Listen. Dort können Sie das jeweilige Tag aufrufen und entsprechend in Ihrer Website integrieren (dafür stellt Google einige Tipps zur Verfügung).

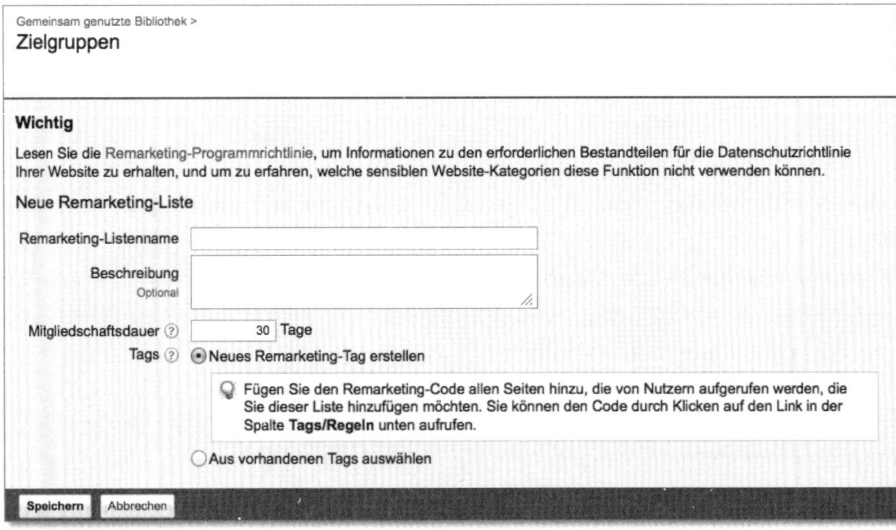

Abbildung 2.27 Anlegen einer neuen Zielgruppe im Google-AdWords-Konto

Während es keine Höchstgrenze für eine Liste gibt, sollte sie jedoch mindestens 100 Nutzer beinhalten, bevor eine Text- oder Display-Anzeige für diese Liste geschaltet wird.

Kombinationslisten

Mithilfe von Kombinationslisten können Sie eine Nutzergruppe sehr genau bestimmen. Dabei geht es um die Kombination von UND-, ODER- und NICHT-Beziehung. Nehmen wir an, Sie betreiben beispielsweise einen Online-Shop für Elektrowaren mit den Produktkategorien »TV«, »Kühlschränke« und »Waschmaschinen«. Sie möchten nun eine Kombinationsliste derjenigen Nutzer erstellen, die sich Ihre Website-Bereiche »Kühlschränke« UND »Waschmaschinen« angesehen haben, nicht aber den Bereich »TV«. Über den Pfad KAMPAGNEN • ZIELGRUPPEN • ZIELGRUPPEN HINZUFÜGEN • BENUTZERDEFINIERTE KOMBINATIONEN • NEUE BENUTZERDEFINIERTE KOMBINATIONEN gelangen Sie zur entsprechenden Eingabemaske (siehe Abbildung 2.28), mit deren Hilfe Sie eine entsprechende Kombinationsliste anlegen können.

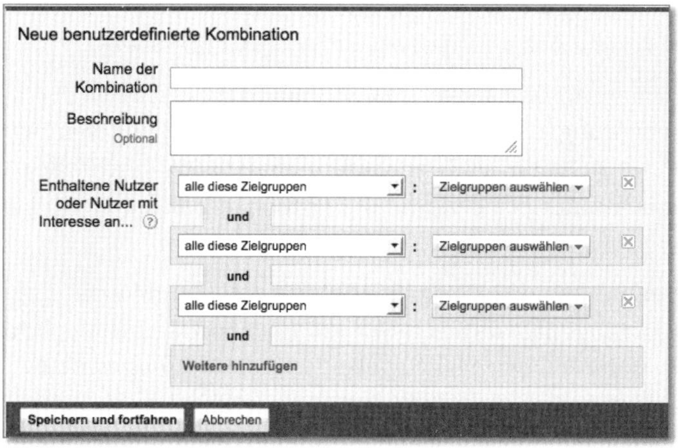

Abbildung 2.28 Anlegen einer Kombinationsliste im Google-AdWords-Konto

Abgerechnet wird entweder per Klick (Cost-per-Click, CPC) oder pro tausend Einblendungen (Cost-per-Mille, CPM). Wie bei anderen Kampagnen auch, können Sie genaue Ausrichtungen vornehmen, so z. B. die geografische Ausrichtung, Tageszeiteinstellungen und *Frequency Capping*. Auch die gängigen Berichte werden beim Remarketing angeboten.

Weitere Informationen für die Werbemöglichkeiten mit AdWords lesen Sie in Kapitel 11, »Suchmaschinenwerbung (SEM)«.

Das Optimierungstool für Display-Kampagnen

Ab 15 Conversions/Monat können Sie das Optimierungstool für Display-Kampagnen verwenden, dass automatisch die Aussteuerung der Anzeigen und die Gebotsfestlegung optimiert. Sie legen dazu einen Preis pro Akquisition fest. Mehr dazu lesen Sie in der Google-Hilfe unter *support.google.com/adwords*.

2.2 Eine Hand wäscht die andere – effektives Affiliate-Marketing

Auf die richtigen Fragen kommt es an. Das könnte sich auch Jeff Bezos, der Gründer des Online-Shops *amazon.com*, gedacht haben, als er auf einer Cocktailparty 1997 mit einer Frau sprach. Diese stellte ihm die aus heutiger Sicht wichtige Kernfrage: Ob es nicht möglich sei, Bücher, die thematisch zu den Inhalten ihrer Website passen, direkt dort zu verkaufen. Nur ein Jahr später war aus der einstigen Frage ein Geschäftsmodell gewachsen, und Amazon konnte mit 60.000 Partnern aufwarten, die auf ihren Websites Bücher bewarben. Dieses Online-Vermarktungsnetzwerk ist einer der Gründe für die Bekanntheit und auch den Erfolg des Online-Shops.

Inzwischen ist das sogenannte *Affiliate-Marketing* weiter ausgefeilt und ist ein durchdachtes Prinzip der Vermarktung im Netz. Der Begriff *Affiliate* kommt aus dem Englischen (»to affiliate«) und steht für »sich angliedern« bzw. »sich anschließen«. Affiliate-Marketing ist auch unter der Bezeichnung *Performance Based Marketing* bekannt.

Auf den folgenden Seiten möchten wir Ihnen die Funktionsweise und Vergütungsmodelle des Affiliate-Marketings näherbringen, Skalierungs- und Tracking-Möglichkeiten vorstellen und abschließend einen Blick auf die Marktentwicklung werfen.

2.2.1 Funktionsweise – wer profitiert wie?

Wir steigen anschaulich in die Thematik ein und nehmen einmal an, der fiktive Klaus betreibt einen Online-Shop und verkauft Autoreifen. Sein Bekannter Hans besitzt ebenfalls eine Website, nämlich ein gut besuchtes Blog für Autofans. Nun fragt Klaus seinen Freund Hans, ob er nicht auf dem Blog Werbung für seine Autoreifen integrieren könne. Hans willigt ein und erhält von Klaus eine Vermittlungsprovision, sobald dieser Autoreifen an Kunden verkauft, die über sein Blog kamen. Hinzu kommt Peter, der sich bereit erklärt, die Organisation dafür in die Hand zu nehmen.

Dieses beispielhafte Szenario ist in aller Einfachheit das Prinzip von Affiliate-Marketing. Im Fachjargon nimmt Klaus die Position des Werbetreibenden (*Merchant* bzw. *Advertiser*) ein, während Hans ein Affiliate, also ein Partner, ist und auch als *Publisher* bezeichnet wird, da er die Werbung von Klaus veröffentlicht. Er hat über seine Website den direkten Kontakt zu den (potenziellen) Endkunden. Der Merchant wählt in der Regel thematisch passende kommerzielle und private Websites aus, um dort Werbung zu veröffentlichen. Die Affiliates übernehmen quasi den Vertrieb für den Merchant, der dafür entsprechende Werbemittel zur Verfügung stellt (Abbildung 2.29).

Peter steht zwischen Klaus und Hans und regelt beispielsweise den Werbemittelaustausch und die Vergütung. In der Praxis wird dieser Part von sogenannten Affiliate-Netzwerken übernommen, die wir in Abschnitt 2.2.2, »Affiliate-Netzwerke – die Unparteiischen«, detaillierter beschreiben.

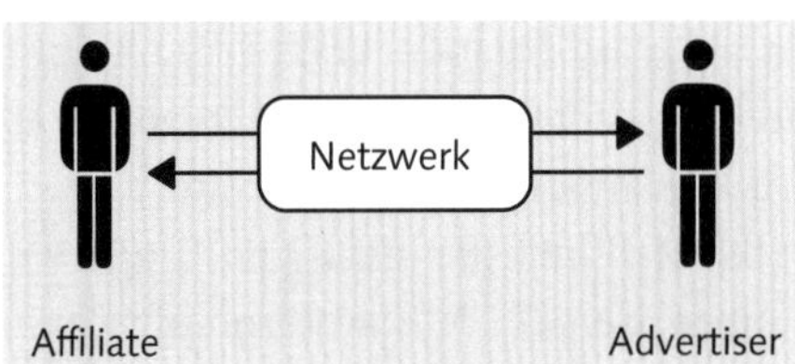

Abbildung 2.29 Funktionsweise des Affiliate-Marketings

Klickt nun ein Besucher auf der Website eines Affiliates (in unserem Beispiel auf Hans' Autoblog) auf ein Werbemittel (z. B. ein Autoreifenbanner von Klaus), dann wird er zur Seite des Merchants weitergeleitet (zu Klaus' Website). Wenn der Interessent nun ein Produkt kauft bzw. auf dieser Website eine gewünschte Aktion durchführt, wird der Affiliate dafür mit einer Provision belohnt (Klaus gibt Hans einen Anteil seines erwirtschafteten Umsatzes).

Um diese Provisionszahlung sauber abzuwickeln, wird ein sogenannter *Affiliate-Link* mit individuellen und eindeutigen Parametern eingesetzt, der mit dem Werbemittel verknüpft ist. Somit kann genau zugeordnet werden, dass der Besucher bzw. Käufer über die Seite des Affiliates eingestiegen ist (dieser Link hat jedoch keinerlei Wirkung auf die Suchmaschinenoptimierung des Affiliates). Diese Organisation läuft in der Regel über ein sogenanntes *Affiliate-Netzwerk* (in unserem Beispiel ist das Peter). In Abbildung 2.30 wird der Ablauf noch einmal exemplarisch dargestellt.

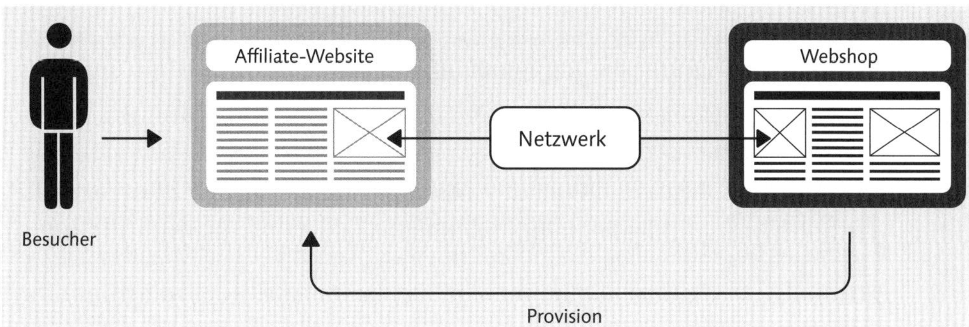

Abbildung 2.30 Ablauf im Affiliate-Marketing

Wer profitiert also wie?

- Der Merchant hat die Möglichkeit, seine Produkte und Dienstleistungen auf vielen anderen thematisch passenden Websites zu veröffentlichen. Er muss nur dann eine Provision bezahlen, wenn auch Besucher über ein Werbemittel auf seine Website gelangen, und trägt damit wenig Risiko (mehr zu Vergütungsmodellen lesen Sie in Abschnitt 2.2.5, »Vergütungsmodelle – ein Geschäft, das sich lohnt«). Durch eine zielgenaue Auswahl der Affiliates können Streuverluste reduziert und potenzielle Interessenten angesprochen werden. Ein Merchant kann mehrere Partnerprogramme führen, beispielsweise wenn ein Reiseanbieter verschiedene Angebote (z. B. Flug-, Schiffs- und Autoreisen) bewerben möchte.
- Der Affiliate veröffentlicht Werbemittel auf seiner Website. Er bietet damit seinen Besuchern einen Mehrwert (sofern die Werbemittel thematisch zum Inhalt der Website passen) und erhält eine Provision, sobald die Benutzer auf der Merchant-Website eine gewünschte Aktion durchführen. Dies kann eine nicht zu vernachläs-

sigende Einnahmequelle für Website-Betreiber darstellen. Es gibt beispielsweise einige Blogs, die sich ausschließlich über per Affiliate-Marketing ausgesteuerte Bannerwerbung finanzieren. Auch ist das Risiko für den Affiliate gering, da er weder eine Investition zu Beginn leisten muss, noch für die Teilnahme an Partnerprogrammen bezahlen muss. Der Affiliate muss allerdings, auch wenn er kein Geld mit der Einblendung von Merchant-Werbemitteln verdient, dieses beim Finanzamt anmelden, da er potenziell Gewinn erzielen kann. Mehr zum Thema Geld verdienen mittels Affiliate-Marketing lesen Sie in Kapitel 19, »Monetarisierung – Einnahmen mit der Website erzielen«.

Es muss nicht immer die Website sein

Klassischerweise werden die Werbemittel des Merchants auf der Website des Affiliates integriert. Es besteht darüber hinaus auch die Möglichkeit, Werbemittel in Newslettern oder über andere Kanäle zu integrieren. Gerade im E-Mail-Marketing kann ein Newsletter an eine passende Zielgruppe ausgesendet werden und hat das Potenzial für einen Affiliate, gute Erfolge zu erzielen.

Auch innerhalb der Suchmaschinenwerbung können Affiliates aktiv werden, sofern dieser Kanal nicht vom Merchant ausgeschlossen oder nur eingeschränkt erlaubt ist (in der Regel wird ausgeschlossen, den Markennamen als Keyword zu verwenden). Der Affiliate darf Anzeigen für eigene Websites schalten, auf denen die Merchant-Produkte beworben werden und einen Besucher per Klick zur Seite des Anbieters führen. Eine Direktverlinkung von Anzeigen zur Merchant-Website ist in den meisten Fällen untersagt.

- Das Affiliate-Netzwerk übernimmt die Organisation zwischen Merchant und Affiliate. Dies betrifft z. B. die Werbemittel, das Tracking und die Abwicklung der Provisionsvergütung. Für diese Leistungen zahlt der Merchant neben einer Einrichtungsgebühr in der Regel eine umsatzgebundene Provision.
- Der Benutzer merkt von diesem ganzen Ablauf im Normalfall nichts. Er besucht Websites und klickt bei Interesse auf Werbemittel. Er profitiert dann, wenn Werbemittel und Content optimal aufeinander abgestimmt sind und seinen Bedürfnissen entsprechen.

2.2.2 Affiliate-Netzwerke – die Unparteiischen

Kommen wir nun in unserem Eingangsbeispiel zu Peter bzw. zu den Affiliate-Netzwerken (die auch als *Affiliate Service Provider*, kurz ASP, bezeichnet werden). Man kann Affiliate-Marketing prinzipiell auch ohne ein zwischengeschaltetes Affiliate-

Netzwerk betreiben, in der Praxis greifen viele Merchants aber darauf zurück. Einer der Hauptgründe liegt darin, dass es eine Vielzahl an möglichen Affiliates gibt, die es vermeiden, an diversen einzelnen Partnerprogrammen teilzunehmen, da dies einen enormen Abwicklungsaufwand darstellen würde. Die Netzwerke hingegen fassen die Programme zusammen und ermöglichen die Abwicklung aus einer Hand. Sie vermitteln Affiliates und bewerben die einzelnen Programme innerhalb ihres Netzwerks. Vorteilhaft für die Affiliates ist also nicht nur eine Vielzahl an Partnerprogrammen, sondern auch der Service und ein zentraler Ansprechpartner für verschiedene Partnerprogramme.

Die andere Seite der Medaille sind allerdings die Kosten: Für die Infrastruktur, den Werbemittelaustausch, das Tracking und die Provisionsausschüttung haben die Affiliate-Netzwerke ihren Preis. Der liegt bei den kleineren Netzwerken bei etwa einigen hundert Euro. Die größeren Affiliate-Netzwerke veranschlagen eher eine Einrichtungsgebühr im Rahmen von 3.000–5.000 € für die Einrichtungsgebühr. Gelegentlich sind auch monatliche Fixgebühren fällig, die die Merchants aufbringen müssen. Weiterhin nehmen die Netzwerke üblicherweise eine umsatzabhängige Provision, die etwa 30 % der Affiliate-Provision ausmacht. Für Affiliates ist die Teilnahme in der Regel kostenlos.

Inzwischen haben sich größere Netzwerke, wie beispielsweise affilinet (*www.affili.net*) und zanox (*www.zanox.com/de/*) aus einer Vielzahl an Netzwerken etabliert. Es gibt aber auch Spezialnetzwerke, die sich primär mit einem bestimmten Thema befassen. Während die größeren Netzwerke eine breite Masse an PartnerWebsites bündeln, visieren die Spezialnetzwerke eine bestimmte Zielgruppe zu einem speziellen Thema an. Bei der Wahl eines Affiliate-Netzwerks sollten Sie unbedingt darauf achten, dass es zu Ihrem Thema passende Programme gibt, und genügend Zeit in die Auswahl investieren. Mit einer Vielzahl an passenden Affiliates erzielen Sie eine gewisse Reichweite. Jedoch sind einige Netzwerke inzwischen sehr wählerisch, was neue Anbieter betrifft.

Haben Sie ein Netzwerk ausgewählt, müssen Sie sich bei diesem anmelden bzw. bewerben, egal ob Sie als Merchant oder als Affiliate auftreten. Sobald Sie zugelassen wurden, heißt es als Affiliate, das entsprechende Partnerprogramm mit den passenden Werbemitteln auszuwählen und sich zu bewerben. Werden Sie für das Partnerprogramm freigeschaltet, müssen Sie den Werbemittel-Code in die Website implementieren. Damit ist die Vorbereitung abgeschlossen. Affiliates haben die Möglichkeit, sich bei verschiedenen Partnerprogrammen zu bewerben. Wir raten Ihnen dringend dazu, die Erfolgsstatistiken zu analysieren, Optimierungsmaßnahmen vorzunehmen (z. B. Werbemittel auszutauschen) und die Provisionsvergütung zu überprüfen.

Die Auszahlungsgrenze

Ein Großteil der Affiliate-Netzwerke arbeitet mit einer sogenannten *Auszahlungsgrenze*. Damit ist ein Betrag von beispielsweise 20 oder 50 € gemeint, der zunächst per Provision von einem Affiliate erzielt werden muss, bevor die Provision dann ausgezahlt wird. Provisionen aus verschiedenen Partnerprogrammen werden dabei zusammengezählt.

In Abbildung 2.31 sehen Sie die Top-Affiliate-Netzwerke 2011, die bei der jährlichen Umfrage von *100partnerprogramme.de* ermittelt wurde.

100 Die besten deutschsprachigen Affiliate-Netzwerke

Rang	Punkte	Anbieter	Merchants	deutschsprachige Partnerprogramme	davon exklusiv	angemeldete Affiliates	davon deutschsprachige Websites	Mitarbeiter	davon in Deutschland	Gründung	wichtige Merchants
1	2.236	**Zanox**	3.800	1.300	420	1.100.000	55%	650	42%	2000	T-Home (DE), Amazon (DE, FR, UK), Opodo (DE), VW Bank, ASOS
2	2.155	affilinet	2.300	1.600	300	500.000	75%	200	60%	1997	zalando.de, comdirect, bahn.de, DaWanda, ADAC
3	1.779	SuperClix	700	700	100	910.509	84%	12	92%	1997	jappy, mycare, moneygold, pixelx, pfotenshop
4	1.722	belboon-adbutler	1.400	1.300	450	250.000	85%	20	100%	2002	Starcar, GfK, Arlt.com Computer, E.Vita Energie
5	1.599	ADCELL	500	650	150	75.000	85%	14	100%	2003	
6	1.599	**TradeTracker**	2.500	252	1.200	400.000	15%	70	10%	2004	Thomas Cook, TUI, Conrad, Expedia, Hotels.com
7	1.490	TradeDoubler	1.900	450	50	1.000.000	20%	600	65%	1999	British Airways, TUI, iTunes, Apple Store, Sony, Hertz, HP
8	1.425	Commission Junction	3.000	400	20	330.000	5%	300	7%	2005	Avira, Adobe, Air France, Roxio, Symantec
9	1.405	affiliwelt.net	648	466		20.000	99%	11	100%	2001	
10	1.231	Webgains								2005	

Quelle: 100partnerprogramme.de Recherche

Abbildung 2.31 Top-Affiliate-Netzwerke (Quelle: 100partnerprogramme.de)

Ja nachdem, welches Affiliate-Netzwerk zum Einsatz kommt, können Merchants ihr Partnerprogramm genau beschreiben und interessierten Affiliates wichtige Informationen mitteilen. Eine beispielhafte Programmbeschreibung sehen Sie in Abbildung 2.32. So können Merchants die Vorteile ihres Angebots herausstellen, die Vergütungsweise erläutern, Informationen zu Tracking-Methode und Cookie-Laufzeit liefern, Werbemittel darstellen und gegebenenfalls Aktionen ankündigen. In diesem Beispiel wird eine Staffelung der Provision erläutert. Darüber hinaus hat der Werbetreibende Einschränkungen definiert, also Kriterien, die einige Websites von der Teilnahme am Partnerprogramm ausschließen.

Verzeichnisse von Partnerprogrammen

Neben den Affiliate-Netzwerken schlagen auch sogenannte Partnerprogramm-Verzeichnisse eine Brücke zwischen Affiliates und Merchants. Sie werden jedoch nicht operativ aktiv, sondern listen nur einzelne Programme auf, wie beispielsweise *www.100partnerprogramme.de* oder *www.affiliate.de*.

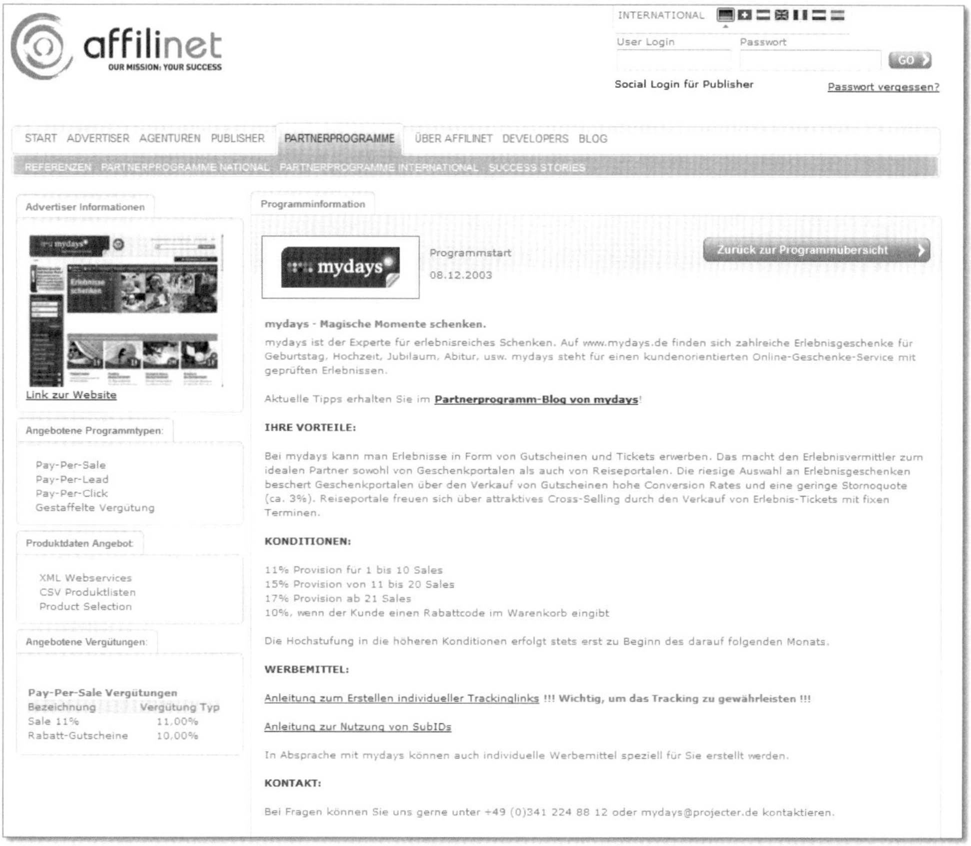

Abbildung 2.32 Beispiel für eine Partnerprogrammbeschreibung von mydays Österreich bei affilinet

Das älteste Partnerprogramm ist das von Amazon. Sie finden es über den Link *Partnerprogramm* am Ende der Amazon-Startseite oder können es über die URL *partnernet.amazon.de* aufrufen (siehe Abbildung 2.33).

Nach der kostenlosen Anmeldung können Sie sehr einfach Trackinglinks erzeugen und auf Ihrer Website integrieren. Amazon bietet diverse Werbemittel und auch die Möglichkeit, einen Shop mit ausgewählten Produkten zu integrieren, dessen Layout anpassbar ist. Sofern Benutzer einen Kauf bei Amazon tätigen, erhalten Sie eine Provision.

Auch der Suchmaschinenriese Google ist auf diesem Gebiet nicht untätig. Wenn Sie sich für das Werbeprogramm AdWords angemeldet haben und somit als Merchant auftreten, können Sie, wie in Abschnitt 2.1.8, »Bannermarketing mit dem Display-Netzwerk von Google«, beschrieben, über das sogenannte Display-Netzwerk Anzeigen auf anderen Websites buchen. Die Affiliates, die an diesem Programm teilnehmen möchten, verwenden dafür Google AdSense (*www.google.com/adsense*). Dafür registriert der Affiliate seine Website und legt Werbemittel fest, die auf seiner Internetpräsenz geschaltet werden können. Der Affiliate kann die Werbeeinblendungen bis zu einem gewissen Grad an das Layout seiner Seite anpassen. Technisch muss der Publisher einen Codeschnipsel auf seiner Website integrieren, über den Google dann passende Werbung ausliefert. Möglich ist auch die Implementierung der Google-Suche auf der Affiliate-Website. Die Suchergebnisse erhalten auch dort Anzeigen, von denen der Publisher profitiert, sobald sie von Besuchern angeklickt werden. Klicken Sie jedoch nie selbst auf derartige Anzeigen, da dies den Ausschluss aus dem Werbeprogramm zur Folge haben kann. Mehr zum Thema *AdSense* lesen Sie in unserem Kapitel 19, »Monetarisierung – Einnahmen mit der Website erzielen«.

Abbildung 2.33 Das Partnerprogramm von amazon.de

Juristisch betrachtet, gibt es in der Dreieckskonstellation zwischen Merchant, Affiliate und Netzwerk ein vertragliches Übereinkommen zwischen Advertiser und Netzwerk und eines zwischen Publisher und Netzwerk.

2.2.3 Werbemittel – wie kann geworben werden?

Wie schon beschrieben, stellt der Merchant dem Affiliate Werbemittel zur Verfügung. Diese können ganz unterschiedlicher Art sein. Generell lässt sich sagen, dass ein großer Pool an Werbemitteln für Affiliates attraktiver ist und sie das passendste Werbemittel für Ihre Website auswählen können. Besonders geläufige Werbemittel sind die im Folgenden beschriebenen, diese Liste ist jedoch nicht vollständig, da es noch eine Vielzahl an Sonderformaten und speziellen Werbemitteln gibt:

- **Banner**: Ein klassisches Werbemittel ist das Banner. Merchants können Banner in verschiedenen Varianten zur Verfügung stellen. Details zu Bannergrößen, -arten und -funktionen konnten Sie in Abschnitt 2.1, »Präsenz im Netz – gelungenes Bannermarketing«, lesen. Neben den Standardformaten können auch Sonderformate zum Einsatz kommen.
- **HTML-Textlinks**: Diese Textlinks sind vorformulierte Phrasen, die das beworbene Angebot beschreiben. Sie sind im Content der Affiliate-Website integriert und leiten den klickenden Besucher per Affiliate-Link auf die Merchant-Website.
- **Videos**: Auch Video-Ads können als Werbemittel innerhalb eines Affiliate-Programms verwendet werden.
- **Widgets**: Diese Applikationen bieten die Möglichkeit, vor der Weiterleitung zur Merchant-Website eine Interaktion vom Benutzer zu verlangen, beispielsweise eine Produktauswahl, wenn es sich um einen Online-Shop handelt.

Jedoch ist ein Partnerprogramm kein Selbstläufer, das – einmal aufgesetzt – nur Profit abwirft. Partnerprogramme und die Teilnahme an ihnen erfordern sowohl auf der Merchant- als auch auf der Affiliate-Seite unbedingt Betreuungs- und Controlling-Aufwand. Gerade werbetreibende Unternehmen sollten einen Mitarbeiter mit der Betreuung des Affiliate-Programms beauftragen.

Agenturen

Einige Unternehmen und Website-Betreiber übergeben das Affiliate-Marketing an spezielle Affiliate-Marketingagenturen. Denn allein mit der Anmeldung bei einem Affiliate-Netzwerk und dem Einstellen eines Partnerprogramms (als Merchant) ist es nicht getan. Agenturen entwickeln beispielsweise ein Partnerprogramm, pflegen und optimieren dieses, halten die Werbemittel auf dem aktuellen Stand und überprüfen die Einhaltung der Vereinbarungen durch die Affiliates. Sie pflegen den Kontakt zu den Publishern und werben neue, thematisch passende Affiliates. Darüber hinaus geben sie nach Überprüfung Provisionen frei, gleichen mögliche Dubletten ab und kontrollieren, ob möglicherweise Betrugsversuche vorliegen.

Sollten Sie keine Agentur für Ihr Affiliate-Marketing beschäftigen, legen wir Ihnen folgende Tipps ans Herz, die Sie bei der Betreuung berücksichtigen sollten:

- Werben Sie für Ihr Partnerprogramm beispielsweise über Pressemeldungen, Foren und Blogs und informieren sie entsprechend auf Ihrer eigenen Website.
- Sprechen Sie potenzielle Affiliates aktiv direkt an, und pflegen Sie den regelmäßigen und wenn möglich persönlichen Kontakt zu Ihren Partnern.
- Bieten Sie attraktive und transparente Vergütungsmodelle und einen professionellen und vielfältigen Pool an Werbemitteln, den Sie regelmäßig aktualisieren.
- Unterbreiten Sie gerade Ihren Top-Affiliates (in der Regel machen nur einige wenige Affiliates annähernd 90 % des Umsatzes aus) individuelle Konditionen.
- Kommunizieren Sie Ihren Partnern, welche Werbemittel besonders gut funktionieren.
- Beobachten Sie sowohl Ihre Wettbewerber als auch Ihre Statistiken regelmäßig, um eventuelle Betrugsversuche schnell aufzuspüren und gegen sie einzuschreiten.

2.2.4 Tracking – wie wird Erfolg gemessen?

Mithilfe von genauem Tracking kann der Erfolg eines Partnerprogramms gemessen werden. Das Ziel ist, Affiliates und Merchant sowie die Handlungen des Besuchers (bei Shops auch die Transaktion) exakt einander zuordnen zu können. Diese Erfolgsmessung ist also für alle Parteien des Affiliate-Marketings von Bedeutung, da daran auch die Provisionsvergütung geknüpft ist. In der Praxis existieren diverse Tracking-Methoden, die wir nun genauer unter die Lupe nehmen.

Das Cookie-Tracking

Das Cookie-Tracking ist ein sehr prominentes und häufig verwendetes Tracking-Verfahren. Das Cookie wird beim Besuch einer Website auf dem Rechner des Besuchers gespeichert (man spricht hier auch von *clientseitiger Speicherung*).

Die Textdatei (das Cookie) beinhaltet Informationen über den Besucher und dessen Verhalten. Hier werden im Affiliate-Marketing auch Informationen des Affiliates, z. B. die Affiliate-ID, gespeichert. Kauft der Besucher nun etwas auf der Merchant-Website oder führt er eine gewünschte Handlung aus, kann dies dem Affiliate zugeordnet werden. Ruft der Benutzer die Website zu einem späteren Zeitpunkt erneut auf, kann er mithilfe des gespeicherten Cookies identifiziert werden. Auf diese Weise können auch Käufe provisioniert werden, die zu einem späteren Zeitpunkt durchgeführt werden. Für Affiliates ist das ein klarer Pluspunkt, da viele Benutzer keine Spontankäufer sind und sich oftmals zunächst über diverse Quellen informieren, bevor sie ein Produkt letztendlich kaufen.

Cookies

Mit Cookies sind keine Kekse gemeint, sondern vielmehr eine Information, die bei einem Website-Besuch im Browser des Nutzers gespeichert wird. Man unterscheidet dabei Cookies, die für einen definierten Zeitraum (oftmals werden hier 30 Tage definiert) gespeichert werden, oder Cookies, die permanent gespeichert werden (was seltener der Fall ist, aber bei einer Lifetime-Provisionierung zur Anwendung kommt).

Cookies sind eine viel diskutierte Thematik, was beispielsweise den Datenschutz und den gläsernen Kunden betrifft. Sie können die Verwendung von Cookies an Ihrem Rechner überprüfen und ändern. In Mozilla Firefox gehen Sie dazu auf EINSTELLUNGEN • DATENSCHUTZ (Abbildung 2.34). In anderen Browsern funktioniert dies ähnlich. Dort können Sie beispielsweise den Speicherzeitraum ändern, Cookies akzeptieren oder ablehnen und Cookies löschen.

Die Möglichkeit für Benutzer, Cookies zu löschen, kann als nachteilig für das Tracking angesehen werden. Denn wenn Cookies gelöscht oder nicht akzeptiert werden, funktioniert das Tracking nicht. Jedoch akzeptiert ein Großteil der Internetnutzer in der Zwischenzeit Cookies.

Abbildung 2.34 Cookie-Einstellungen in Mozilla Firefox

Flash-Cookies

Flash-Cookies oder auch *Local Shared Objects* (LSO) funktionieren browserunabhängig, werden per Adobe Flash Player auf dem Benutzerrechner gesetzt und speichern entsprechende Informationen. Diese Cookies können also vom Benutzer nicht in der Cookie-Verwaltung des Browsers, wohl aber über den Adobe-Einstellungsmanager angepasst bzw. gelöscht werden.

Einige weitere Tracking-Methoden, die unter anderem auch Erwin Lammenett in seinen Publikationen beschreibt, erklären wir im Folgenden.

Das URL-Tracking

Diese Tracking-Vorgehensweise ist recht simpel. Die Affiliate-ID und gegebenenfalls weitere Parameter werden im HTML-Code hinterlegt. Beim Aufrufen der Website wird die ID (und weitere Parameter) Teil der URL, was wie folgt aussehen kann: *www.merchant-website.de?affiliate-ID=12345.*

Damit ist der erste Teil der URL die Zielseite des Merchants und der zweite Teil (ab dem Fragezeichen) die Zuweisung des Affiliates. Durch &-Zeichen können auch weitere Variablen übermittelt und ein Affiliate genau identifiziert werden. Während dieses Verfahren unabhängig von individuellen Browsereinstellungen ist, kann jedoch keine Aktion vergütet werden, die zu einem späteren Zeitpunkt durchgeführt wird.

Das Datenbank-Tracking

Bei dieser Tracking-Methode werden die einzelnen Parameter wie die Affiliate-ID und die Kunden-ID in einer Datenbank gespeichert. Weitere Käufe oder gewünschte Handlungen des Benutzers zu späteren Zeitpunkten können somit direkt zugeordnet und vergütet werden. Dieses Verfahren bietet sich also dann an, wenn absehbar ist, dass Benutzer ein Produkt oder Angebot nicht direkt beziehen oder wenn Lifetime-Provisionen angedacht sind. Für neue Affiliates, die an einem Partnerprogramm teilnehmen, kann dieses jedoch nachteilig sein, wenn Benutzer schon mit einer ID einem anderen Affiliate zugeordnet sind.

Das Session-Tracking

Besucht ein Nutzer eine Merchant-Website, wird bei diesem Verfahren automatisch eine *Session* (Sitzung) eröffnet und eine *Session-ID* angelegt.

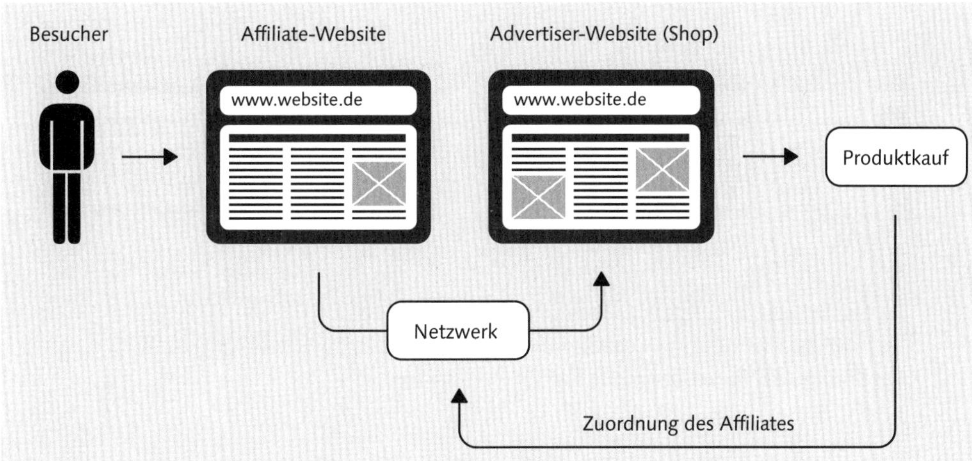

Abbildung 2.35 Session-Tracking bei einem Pay-per-Sale-Partnerprogramm

Technisch gesehen, kann diese Session-ID per GET-Methode über die URL oder POST-Methode über versteckte Formularfelder (*hidden-fields*) übermittelt werden. Transaktionen oder gewünschte Benutzerhandlungen werden dieser Session zugewiesen, ebenso wie der entsprechende Affiliate. Führt nun der Benutzer eine gewünschte Handlung durch (wie beispielsweise einen Produktkauf), kann dies dem entsprechenden Affiliate zugeordnet und vergütet werden (Abbildung 2.35).

Die Session ist in der Regel so lange aktiv, bis der Browser neu gestartet wird. Das bedeutet im Umkehrschluss aber auch, dass nur Aktionen vergütet werden, die direkt und innerhalb der Session getätigt werden. Dieses Tracking-Verfahren ist jedoch auch bei deaktivierten Cookies möglich.

Das Pixel-Tracking

Pixel-Tracking ist eine häufig von Affiliate-Netzwerken eingesetzte Tracking-Methode. Sie erfolgt über ein Pixel, das in den HTML-Code einer Website integriert wird und auch ohne JavaScript funktioniert. Dieser Code ist auch unter der Bezeichnung *Transaction-Tracking-Code* geläufig und wird üblicherweise auf der Danke-Seite nach einer Bestellung integriert (sofern es sich um einen Online-Shop handelt). Der Benutzer wird von dem Link auf der Affiliate-Website erst über einen Umweg über das Affiliate-Netzwerk zur Merchant-Website geleitet. Wenn er dort eine gewünschte Handlung (wie beispielsweise einen Produktkauf) ausführt, wird ein Cookie gesetzt, das entsprechende Informationen beinhaltet, die für die Provisionsvergütung notwendig sind (Abbildung 2.36). Die Umsetzung ist vergleichsweise simpel, da der Affiliate nur einen HTML-Schnipsel integrieren muss.

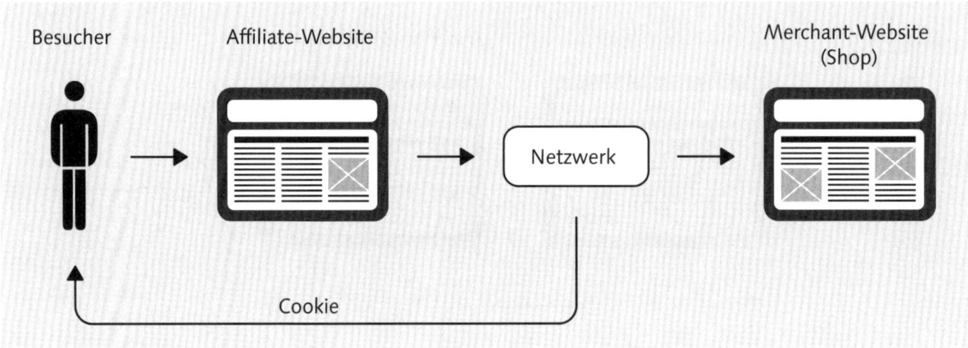

Abbildung 2.36 Funktionsweise von Pixel-Tracking

2.2.5 Vergütungsmodelle – ein Geschäft, das sich lohnt

Nachdem Sie nun wissen, wie das Tracking aussehen kann, widmen wir uns den verschiedenen Vergütungsmodellen. Wie Sie bereits erfahren, wird der Affiliate mit einer Provision belohnt, wenn ein Besucher eine bestimmte Handlung ausführt. Diese Provision wird in der Regel erst nach dieser Besucheraktion ausgeschüttet. Wie das Ganze im Detail aussehen kann, möchten wir Ihnen auf den folgenden Seiten vorstellen. In der Praxis haben sich verschiedene Modelle herausgebildet, die sich mehr oder auch weniger bewährt haben und unterschiedlich häufig verwendet werden.

Da wäre zunächst das *Pay-per-Lead-*(*PPL-*)Modell zu nennen, das recht häufig zum Einsatz kommt. Die gewünschte Benutzeraktion (aus diesem Grund wird zum Teil auch von *Pay-per-Action* gesprochen) kann hier beispielsweise eine Kontaktanfrage oder eine Newsletter-Registrierung sein. Das bedeutet, es wird jeweils eine Provision fällig, wenn ein Besucher auf einer Merchant-Seite Kontakt aufnimmt. Individuelle Details können Affiliates in den einzelnen Beschreibungen der jeweiligen Partnerprogramme lesen. Dieses Vergütungsmodell kommt oft dann zum Einsatz, wenn der Merchant ein Produkt mit hohem Beratungsbedarf (z. B. Versicherungen) oder ein Produkt im sehr hohen Preissegment anbietet.

Pay-per-Sale (*PPS*) oder auch *Pay-per-Order* (*PPO*) ist ein weiteres Vergütungsmodell, bei dem eine Provisionszahlung mit jedem Kauf anfällt, den ein Benutzer auf der Merchant-Website tätigt. Je nach Programm kann dabei eine feste Summe, ein variabler Anteil (z. B. eine prozentuale Vergütung des Warenkorbwertes) oder eine Mischung aus diesen Varianten infrage kommen. Erinnern Sie sich an das Beispiel in Abbildung 2.32, dort bietet der Merchant eine gestaffelte, prozentuale Pay-per-Sale-Provisionierung an. Per Cookie kann sichergestellt werden, dass auch Käufe, die zu einem späteren Zeitpunkt vom Benutzer getätigt werden, noch vergütet werden (in unserem Mydays-Beispiel wird eine Cookie-Laufzeit von 90 Tagen angegeben). Auch Cookie-Laufzeiten von 30 Tagen sind durchaus üblich. Für den Merchant ist dieses

Modell besonders interessant, da er nur dann den Affiliate vergüten muss, wenn er selbst etwas verkauft und damit auch Einnahmen generiert hat. So kann auch das *Pay-per-Period*, eine spezielle Vergütungsart, zum Einsatz kommen, die dem Affiliate alle Sales in einem definierten Zeitraum vergütet.

Ist eine Anmeldung der Besucher das Ziel des Merchants, so bietet sich *Pay-per-Sign-Up* an. Hier zielt der Werbetreibende darauf ab, dass sich Besucher beispielsweise zu einem Newsletter anmelden, sich für eine Community oder einen Online-Shop registrieren. Da die Hürde, die es für den Besucher zu überwinden gilt, deutlich geringer ist als beim Produktkauf, fallen hier die Provisionen auch vergleichsweise geringer aus.

Zu den weniger prominenten Vergütungsmodellen zählt das *Pay-per-Lifetime*. Ein besonderes Merkmal ist hier, dass es sich nicht um eine einmalige Provision handelt, sondern es können erneute Provisionen in einem bestimmten Zeitraum anfallen. Als Beispiel wäre hier ein Abo-Verkauf zu nennen, wo ein Affiliate so lange von der Provisionszahlung profitiert, wie das Abo des Kunden anhält. Für neue Affiliates ist so ein Vergütungsmodell dann weniger lohnenswert.

Einen Begriff, den Sie möglicherweise schon im Zusammenhang mit Suchmaschinenwerbung gehört haben, ist das *Pay-per-Click-*(*PPC-*)Modell. Hier fällt eine Vergütung an, wenn ein Besucher auf ein Werbemittel klickt und auf die Merchant-Website geleitet wird. Die reine Einblendung und der mögliche Image-Effekt müssen bei diesem Modell nicht bezahlt werden. Im Bereich Affiliate-Marketing kommt es heutzutage weniger zum Einsatz. Der Hauptgrund ist häufig der, dass Klickbetrug ausgeschlossen werden soll.

Neben den genannten Vergütungsmodellen existieren noch weitere, weniger etablierte Methoden, die wir im Rahmen dieses Buches jedoch nicht vollständig auflisten können. Dazu zählt die *Pay-per-View-*Methode (Bezahlung per 1.000 Einblendungen des Werbemittels). Diese wird insbesondere zur Stärkung der Markenbekanntheit und zu Imagezwecken eingesetzt. Jedoch ist der Sichtkontakt zwischen Benutzer und Werbemittel nicht nachweisbar. Sowohl das Pay-per-Click als auch das Pay-per-View sind vergleichsweise anfällig für Betrugsversuche. Legen Sie daher ein besonderes Augenmerk auf die Reportings dieser Vergütungsmodelle.

In der Praxis werden häufig mehrere Vergütungsmodelle in einem Partnerprogramm angeboten, wie z. B. Pay-per-Lead und Pay-per-Sale. Somit hat der Affiliate die Chance, zweimal eine Provision zu erhalten, nämlich dann, wenn ein Benutzer sich beispielsweise zunächst für einen Newsletter registriert und zudem einen Kauf tätigt. Merchants können ihre Affiliates motivieren, indem sie eine höhere Provisionssumme anbieten, wenn eine bestimmte Anzahl an Leads oder Sales erreicht wird.

Überlegen Sie sich als Merchant die Provisionshöhe sehr genau. Eine Reduzierung der Provision ist zwar jederzeit durch den Merchant möglich, jedoch kann dies die bestehenden Affiliates enorm verärgern, sodass sie aus dem Partnerprogramm aussteigen.

Wie Sie feststellen, gibt es eine ganze Reihe von Vergütungsmodellen im Affiliate-Marketing. Selbstverständlich ist auch eine Kombination von diversen Provisionsvarianten möglich und auch Bonus-Staffeln kommen zum Einsatz. Alle Modelle bringen Vor- und Nachteile mit sich und es ist kaum möglich, Pauschalaussagen zu treffen, da die Vergütung auf das individuelle Angebot abgestimmt sein muss. Dabei sollten Sie auch die Angebote anderer Partnerprogramme in Ihrer Branche beobachten und in Ihre Entscheidung einfließen lassen.

2.2.6 Gefahrenquellen

Im Zusammenhang mit dem Affiliate-Marketing gibt es auch verschiedene Gefahren, derer Sie sich bewusst sein sollten. Einige Stolperfallen möchten wir im Folgenden kurz anreißen:

Durch die einzelnen Vergütungsmodelle, die wir Ihnen in Abschnitt 2.2.5 vorgestellt haben, besteht zwar für die Affiliates die Möglichkeit, durch eine entsprechende Veröffentlichung von Werbemitteln Geld einzunehmen – ein Garant ist dies jedoch nicht, dessen sollten Sie sich bewusst sein.

Die Auswahl von unpassenden Affiliates und ein Umfeld, das thematisch nicht auf das Angebot abgestimmt ist, können wahre Conversion-Killer sein und damit nicht zu einer Win-Win-Situation führen, sondern möglicherweise sogar zu einem Image-Schaden für den Merchant. Beispielsweise wird Ihr Werbemittel auf Erotikseiten eingeblendet, was thematisch absolut nicht zu Ihrem Angebot passt. Leider ist in der Realität nicht immer genau nachvollziehbar, auf welchen Seiten ein Angebot beworben wird. Legen Sie daher von Beginn an besonderen Wert auf die Überprüfung von Affiliates (möglichst keine automatische Zustimmung von Affiliates) bzw. deren Veröffentlichung von Ihren Werbemitteln, und formulieren Sie die Teilnahmebedingungen zu Ihrem Partnerprogramm sehr genau.

Tipp

Überprüfen Sie neue Affiliates, die sich für Ihr Partnerprogramm bewerben. Passen die Website-Inhalte zu Ihrem Angebot? Gibt es ein Impressum und einen existierenden Geschäftssitz? Wirkt die Seite seriös? Im Zweifelsfall sollten Sie den Website-Betreiber direkt kontaktieren und Bedenken aus dem Weg räumen.

Kommen die Besucher tatsächlich von dieser oder womöglich einer anderen Website? Diese Kontrolle ist zugegebenermaßen nur schwer möglich, sodass die Gefahr besteht, dass die Herkunft des Traffics und die Werbemittelplatzierung nicht mehr nachvollziehbar sind.

Affiliates hingegen sind darauf angewiesen, dass die Merchant-Seite gute Leistungen erzielt, insbesondere wenn das Partnerprogramm auf Pay-per-Sale ausgelegt ist. Eine Weiterleitung von Traffic ist nur dann sinnvoll, wenn die Merchant-Seite sowohl conversionrate-optimiert (siehe dazu auch Kapitel 16, »Conversionrate-Optimierung – aus Besuchern Käufer machen«) als auch nutzerfreundlich (siehe Kapitel 15, »Usability – benutzerfreundliche Websites«) ist.

Darüber hinaus arbeiten Affiliate-Netzwerke zwar an einer transparenten Abwicklung der Vergütung und Ausschüttung der Provisionen, jedoch ist dies kaum überprüfbar. Es können sowohl auf Merchant- als auch auf Affiliate-Seite Schwachstellen genannt werden. Kontrollieren Sie regelmäßig Ihre Statistiken zu Ihrem Partnerprogramm und insbesondere die Übereinstimmung im Warenwirtschaftssystem, sofern Sie einen Online-Shop betreiben. Zielt Ihr Affiliate-Marketing auf die Generierung von Leads ab, überprüfen Sie, ob es sich um Fake- oder reale Kontakte handelt.

Zu den möglichen Gefahrenquellen zählt beispielsweise das sogenannte *Cookie Spreading* (auch als *Cookie Dropping*, *Cookie Spamming* und *Cookie Stuffing* bekannt). Dabei werden diese Cookies von Affiliates (mittels unsichtbarer IFrames) gesetzt, auch wenn der Nutzer das beworbene Angebot des Merchants gar nicht gesehen bzw. gekauft hat und eine Nutzerhandlung damit also vorgetäuscht wird (siehe Abbildung 2.37). Häufig haben diese Cookies eine lange Lebensdauer. Sollte der Besucher zu einem späteren Zeitpunkt das Merchant-Produkt beziehen, wird dies möglicherweise dem Affiliate zugeschrieben, obwohl hier keine Vermittlung stattfand. Nachteilig ist dies insbesondere für die Merchants, da sie Käufe vergüten, die ohnehin getätigt worden wären. Formulieren Sie daher die Verwendung von Cookies unmissverständlich in Ihrer Programmbeschreibung – damit können Sie Cookie Spreading natürlich nicht verhindern, Sie zeigen aber zumindest, dass Sie Ihr Partnerprogramm auch dahingehend genauestens beobachten.

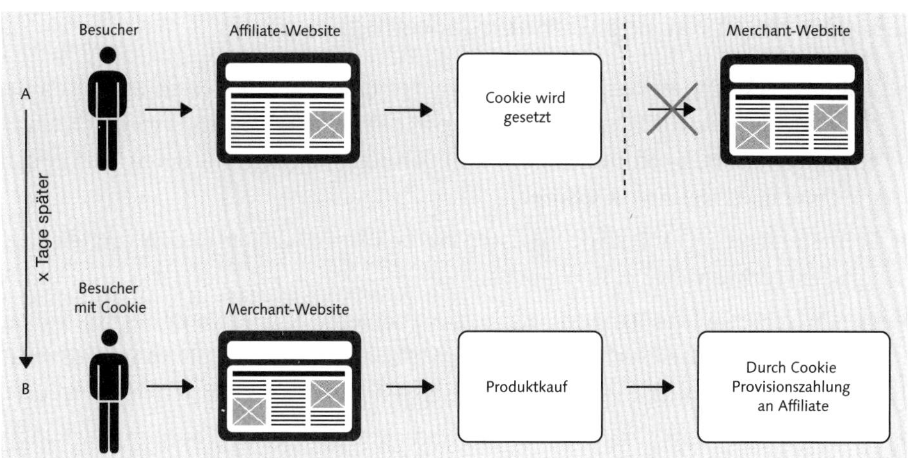

Abbildung 2.37 Cookie-Spreading

Doppelte Cookies bzw. Dubletten sind ein weiteres Problem: Hier kann es passieren, dass ein Besucher verschiedene Cookies von einem Partnerprogramm, aber verschiedenen Affiliates gespeichert hat. Der Grund dafür kann sein, dass das Programm bei mehreren Netzwerken eingestellt wurde. Dann wird eine Provisionsvergütung für die gleiche Handlung in den unterschiedlichen Netzwerken fällig. Üblicherweise erhält der Affiliate die Provision, dessen Cookie zuletzt gesetzt wurde (*last cookie wins*). Steuern Sie als Affiliate daher sehr genau ihre Partnerprogramme, und vermeiden Sie derartige Dubletten.

2.2.7 Marktentwicklung und -ausblick

Laut dem OVK Online Report 2011/02 entfallen in der Prognose für das Jahr 2011 auf das Affiliate-Marketing 377 Mio. €, was einem Zuwachs von 11 % entspricht. Dennoch ist der Anteil im Vergleich zum klassischen Online-Marketing und der Suchwortvermarktung nur ein geringer. Auf Basis dieser Zahlen kann aber von einer steigenden Tendenz ausgegangen werden, die sich in den vergangenen Jahren bewahrheitet hat.

Das Affiliate-Marketing stellt eine effektive Möglichkeit der Vermarktung dar, die recht risikoarm ist, da anfallende Kosten im direkten Zusammenhang mit den Erlösen stehen. Die Vorteile liegen auf der Hand: Die Vielzahl an Partnerprogrammen verschiedenster Themenbereiche ermöglicht eine gute Marktdurchdringung und eine recht zielgruppengenaue Ansprache potenzieller Kunden. Zudem ist die technische Implementierung relativ simpel. Wie schon kurz angerissen wurde, kann man davon ausgehen, dass sich das Affiliate-Marketing auch auf weitere Kanäle, wie z. B. das Social Media Marketing, etwa über Twitter und Facebook, ausweiten wird. Hier können Affiliates neue Wege beschreiten und Angebote veröffentlichen.

2.3 Online-Marketing (Bannermarketing) to go

- Online-Marketing ist der Oberbegriff für verschiedene Marketingaktivitäten im Internet. Oftmals wird Online-Marketing mit Bannermarketing gleichgesetzt, was genau genommen nicht richtig ist, weil Bannermarketing nur einen Teilbereich des Online-Marketings beschreibt.
- Bannermarketing zählt zu den ältesten Werbeformen im Netz und ist vergleichbar mit der Werbeanzeige in Printmedien.
- Es gibt verschiedene Bannerformate. Zum besseren Einsatz in der Praxis haben sich jedoch Standardwerbeformate etabliert. Darüber hinaus gibt es sowohl statische als auch animierte Banner. Letztere lassen mehr Gestaltungsspielraum zu.
- Neben dem häufig eingesetzten TKP-Abrechnungsmodell (Tausender-Kontakt-Preis) bestehen weitere leistungsabhängige Vergütungsmodelle, wie beispiels-

weise das sogenannte *Cost-per-Click* (*CPC*), wobei jeder Klick auf das Werbemittel abgerechnet wird.

- Die Aussteuerung von Werbebannern kann über AdServer vorgenommen werden, aber auch das Google-Werbeprogramm AdWords bietet Möglichkeiten, Werbebanner auf anderen Websites zu platzieren. Weiterhin haben sich Online-Media-Agenturen für die Organisation von Bannerkampagnen etabliert.
- Affiliate-Netzwerke sind eine weitere Alternative, um Werbemittel wie Banner auf anderen Websites zu platzieren. Sie übernehmen die Organisation, Vergütungsabwicklung und das Tracking von Bannerkampagnen zwischen Merchants und Affiliates.
- Für den Erfolg einer Bannermarketingkampagne spielt die Ausrichtung auf die Zielgruppe eine wichtige Rolle. Werden die Banner auf Websites integriert, die von der Zielgruppe besucht werden, und passen sie thematisch zu deren Interessengebiet? Diese Kriterien sollten bei der Auslieferung auf jeden Fall berücksichtigt werden.
- Per Klick auf ein Banner gelangt der Interessent auf eine Landing Page, die vom Werbetreibenden gut ausgewählt werden sollte. Werbemittel und Zielseite sollten immer aufeinander abgestimmt sein.
- Wichtige Kennzahlen innerhalb des Bannermarketings sind die Klickrate und letztlich auch die Conversionrate, die ein Banner erreicht. Als Werbetreibender sollten Sie derartige Kennzahlen stets im Auge behalten und analysieren, um eine Erfolgsmessung vornehmen zu können.

Wenn Sie sich nun entschlossen haben, Ihr Angebot via Bannerkampagne zu bewerben, soll unsere kurze Checkliste helfen, wichtige Fehler zu vermeiden und grundlegende Dinge zu berücksichtigen. Die Checkliste kann jedoch nur einige wichtige Punkte abklopfen und keine vollständige Überprüfung gewährleisten.

2.4 Checkliste Online-Marketing

Haben Sie sich genau überlegt, welches Bannerformat für Ihre Werbekampagne am geeignetsten ist? Richten Sie sich am besten nach den Standardformaten, die in der Praxis in der Regel angewendet werden.	
Haben Sie sowohl statische als auch dynamische Banner in Betracht gezogen? Es ist durchaus sinnvoll, die Entscheidung auf Grundlage von Testergebnissen zur Bannerleistung zu fällen.	
Ist Ihr Banner inhaltlich auf Ihre Zielgruppe abgestimmt?	

Tabelle 2.3 Checkliste für das Banner- und Affiliate-Marketing

Haben Sie eine geeignete Zielseite (Landing Page) für Ihre Werbebanner gewählt und sind Werbemittel und Landing Page aufeinander abgestimmt?	
Haben Sie verschiedene Auslieferungsmöglichkeiten für Ihre Banner in Betracht gezogen und die für Sie passendsten eruiert (z. B. Vermarkter, Affiliate-Netzwerke, Google AdWords)?	
Wenn Sie das Display-Netzwerk von Google verwenden: Haben Sie thematische Keywordcluster pro Anzeigengruppe gebildet?	
Haben Sie bei der Verwendung des Display-Netzwerks von Google nicht relevante Anzeigenplatzierungen durch ausschließende Keywords und Placements vermieden?	
Pflegen Sie Ihre Affiliate-Kontakte, um bestmögliche Werbeziele zu erreichen?	
Haben Sie ein passendes Abrechnungsmodell für die Bannerschaltung festgelegt?	
Bieten Sie Ihren Top-Affiliates besonders attraktive Konditionen?	
Besteht die Möglichkeit der Erfolgskontrolle durch genaues Tracking der Werbemittel, z. B. durch Messung der CTR?	
Haben Sie weitestgehend überprüft, in welchem Umfeld Ihre Werbebanner ausgeliefert werden, ob sie dem Betrachter einen Mehrwert bieten und auf dessen Bedürfnisse abgestimmt sind?	
Beobachten Sie die Leistungen Ihres Affiliate-Programms stetig und überprüfen Sie neue Affiliate-Bewerbungen, bevor Sie sie für Ihr Partnerprogramm zulassen?	
Aktualisieren Sie Ihre Werbemittel regelmäßig, z. B. bei neuen Sortimenten, Tarifen und Sonderaktionen?	
Optimieren Sie Ihre Werbemaßnahmen auf Grundlage der gemessenen Zahlen?	

Tabelle 2.3 Checkliste für das Banner- und Affiliate-Marketing (Forts.)

Kapitel 3
E-Mail- und Newsletter-Marketing – wirksame direkte Ansprache

»Enten legen ihre Eier in aller Stille. Hühner gackern dabei wie verrückt. Was ist die Folge? Alle Welt isst Hühnereier.«
– Henry Ford

In diesem Kapitel erfahren Sie, wie Sie E-Mail-Marketing zur direkten Kundenansprache nutzen können. Auf die inhaltliche Gestaltung und den zeitlichen Aspekt des Versendens von E-Mails wird ebenso eingegangen. Zudem lernen Sie mehr über die notwendigen technischen und rechtlichen Rahmenbedingungen beim E-Mail-Marketing. Das Kapitel endet mit einem Kurzüberblick »to go« und einer Checkliste.

Online-Marketing über E-Mails und Newsletter ist eine häufig genutzte Werbeform und gehört zu den Maßnahmen, die schon am längsten im Internet genutzt werden. Denken Sie z. B. an die Newsletter, die Sie regelmäßig erhalten, oder aber auch an die sogenannten *Spam-Mails*. Diese unerwünschte elektronische Post ist ebenfalls eine Form des E-Mail-Marketings, die leider für eine negative Wahrnehmung von E-Mails gesorgt hat. Trotzdem können Sie mit gut aufgesetzten E-Mail-Kampagnen und regelmäßigen Newslettern kostengünstig eine große und zielgerichtete Kundengruppe erreichen. Im »European Email Marketing Consumer Report« wurde analysiert, dass deutsche Internetnutzer insgesamt 1,6 Mrd. E-Mails pro Tag erhalten – eine unvorstellbare Menge. Wenn wir von 52 Mio. Internetnutzern in Deutschland ausgehen, dann entspricht dies im Durchschnitt 31 E-Mails für jeden Nutzer pro Tag. Die Studie fand auch heraus, dass Internetnutzer durchschnittlich sieben Newsletter abonniert haben. Die häufigsten Themen sind dabei Reiseinformationen, Stellenangebote und Gesundheit/Beauty. Wir zeigen Ihnen in diesem Kapitel, wie Sie E-Mail-Marketing erfolgreich für Ihre eigene Website einsetzen können und welche Aspekte Sie besonders beachten müssen.

3.1 E-Mail-Marketing zur direkten Kundenansprache

E-Mail-Marketing ist eine Form des *Direktmarketings*, weil Kunden direkt und persönlich angesprochen werden können. Dies geht z. B. nicht mit Bannern, Suchmaschinenmarketing oder Fernsehwerbung, wo zum Teil hohe Streuverluste an der

Tagesordnung sind. Zudem können Sie E-Mails individualisieren und auf spezielle Empfängergruppen ausrichten. Hierbei spricht man vom *Targeting*. E-Mails können also zielgerichtet an unterschiedliche Kundensegmente gesendet werden. Denken Sie z. B. an eine E-Mail-Kampagne, die sich nur an Frauen richtet oder an ein Mailing für Personen im Alter von 30 bis 50 Jahren.

3.1.1 Arten von E-Mail-Kampagnen

Bevor Sie mit dem E-Mail-Marketing starten, möchten wir Ihnen noch einen Überblick geben, welche verschiedenen Möglichkeiten es gibt, um mit E-Mails auf sich aufmerksam zu machen. Die bekannteste Form sind sicher regelmäßige Newsletter. Bestimmt bekommen Sie auch täglich oder wöchentlich E-Mails von demselben Anbieter, z. B. Newsletter mit aktuellen Nachrichten oder Produktempfehlungen. Diese Art des E-Mail-Marketings wird von sehr vielen Website-Betreibern eingesetzt, da es ein guter Weg ist, um Besucher länger an ein Internetangebot zu binden und viele regelmäßig wiederkehrende Besucher zu bekommen. E-Mail-Marketing ist hier ein Werkzeug zur Kundenbindung. Zudem ist es eine recht kostengünstige Methode, immer wieder auf sich aufmerksam zu machen.

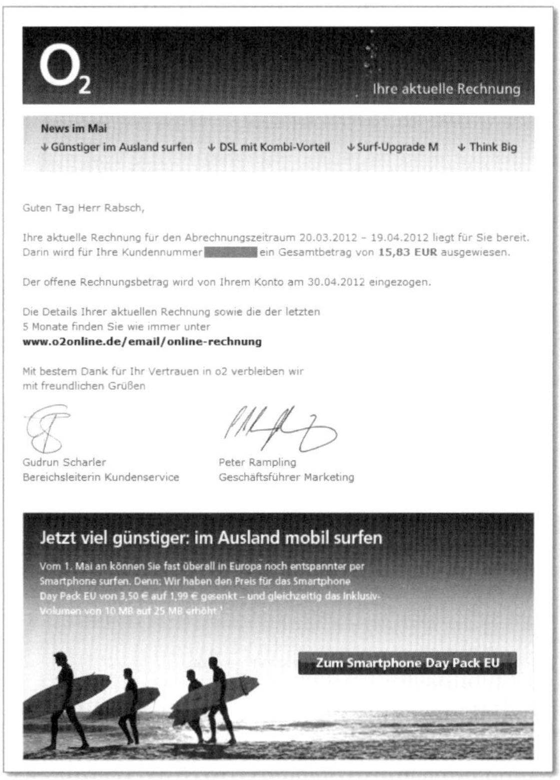

Abbildung 3.1 Rechnungs-Mailing von O2 mit Produktempfehlung

Eine andere Möglichkeit sind direkte Mailings an Ihre Bestandskunden. Oft haben diese eingewilligt, von Ihnen mit Informationen versorgt zu werden. Ein Beispiel sind regelmäßig per E-Mail versendete Rechnungen. Sie können diese E-Mails dazu nutzen, um weitere Angebote anzupreisen. In Abbildung 3.1 sehen Sie eine E-Mail des Mobilfunkanbieters O2 mit einer Produktempfehlung für weitere Tarifergänzungen. Sie können Ihre Bestandskunden auch mit einer Geburtstagsmail überraschen. Wenn Sie das Geburtsdatum in Ihrer Datenbank gespeichert haben, können Sie so eine individuelle E-Mail erstellen und z. B. dem Kunden ein besonderes Angebot unterbreiten oder einen Rabattgutschein erstellen.

Eine weitere Art von E-Mail-Kampagnen sind sogenannte *Stand-alone-Mailings*. Hierbei werden Sie mit Ihrem Angebot in einen bestehenden fremden E-Mail-Verteiler aufgenommen. In einer einmaligen Aktion bekommen die Empfänger ein Mailing allein zu Ihrem Angebot. In Abbildung 3.2 sehen Sie ein Stand-alone-Mailing im Newsletter des Bonusprogramms Miles & More. Hier wird allein die Aktion des Partners Europcar beworben. Solche Stand-alone-Mailings werden üblicherweise einmalig ausgehandelt und bezahlt. Der Preis richtet sich dabei meist nach der Anzahl der E-Mail-Empfänger und dem Wert der Empfängerzielgruppe für die Kampagne.

Abbildung 3.2 Stand-alone-Mailing für Europcar an Miles & More-Kunden

Besonders bei Jobbörsen hat sich das E-Mail-Marketing als wichtiges Instrument zur Kundenbindung entwickelt. Hier können Jobsuchende individuelle Erinnerungsmails einrichten. Suchen Sie z. B. bei *StepStone.de* eine Stelle im Marketing in München, bekommen Sie ein Fenster eingeblendet, um sich für den sogenannten Job-Agenten anzumelden. In Abbildung 3.3 sehen Sie, dass der Benutzer nur noch die E-Mail-Adresse eingeben muss, und schon kann das E-Mail-Marketing beginnen. Aus rechtlichen Gründen muss der Benutzer anschließend noch seine E-Mail-Adresse bestätigen. Die Job-Agent-Funktion schickt automatisch passende neue Jobangebote per E-Mail an den Benutzer. Dies ist für Jobsuchende ein sehr komfortabler Weg, um über neue Stellenangebote auf dem Laufenden gehalten zu werden, und für den Website-Betreiber eine gute Möglichkeit, immer wieder aktive Nutzer auf die Website zu lenken. Dieselbe nützliche Funktion finden Sie häufig auch bei Websites mit Immobilien- oder Gebrauchtwagenangeboten.

Abbildung 3.3 StepStone Job-Agent

E-Mail-Marketing hat sich darüber hinaus besonders bei Shopping-Clubs und Gutscheinportalen als wirksames Online-Marketinginstrument etabliert. Shopping-Clubs wie *brands4friends.de* (siehe Abbildung 3.4) oder *limango.de* setzen auf regelmäßige, meist sogar tägliche Mailings an ihre Nutzer, um auf laufende Aktionen hinzuweisen. Ähnlich nutzen auch die Gutscheinportale wie *Groupon.de* oder *DailyDeal.de* das E-Mail-Marketing. Shopping-Clubs und Gutscheinportale stellen kurzfristige Angebote für ihre Nutzer bereit. Da viele Internetnutzer meist täglich ihre E-Mails lesen, können mithilfe von Mailings hierbei schnell positive Effekte erzielt werden.

Abbildung 3.4 Kampagnen-Mail von brands4friends

Das Marktvolumen für E-Mail-Marketing lässt sich nur schwer bestimmen, da viele Mailings über eigene technische Lösungen abgewickelt werden. Wenn Sie aber in Ihre eigene Mailbox schauen, werden Sie sicher eine Vielzahl an E-Mails entdecken, die nicht nur von Ihren Freunden und Bekannten bzw. Kollegen und Geschäftspartnern stammen. Daran erkennen Sie, dass das Versenden von E-Mails ein weit verbreitetes Mittel ist, um neue Kunden zu gewinnen oder bestehende zu reaktivieren. Wir möchten Ihnen in den folgenden Schritten zeigen, wie Sie eine E-Mail-Kampagne für Ihre Website aufbauen. Wie Sie gesehen haben, gibt es viele verschiedene Möglichkeiten, das E-Mail-Marketing zu nutzen. Daher sollten Sie sich vorher genau überlegen, auf welche Weise Sie dieses Online-Marketinginstrument gezielt einsetzen möchten.

3.1.2 Auf- und Ausbau von E-Mail-Empfängern

Grundvoraussetzung für eine E-Mail-Kampagne ist eine möglichst vollständige Adressdatenbank mit E-Mail-Empfängern und zusätzlichen Informationen, wie z. B. über Alter und Geschlecht. Diese Informationen haben Sie eventuell schon in Ihrer Kunden- oder Mitgliederdatenbank. Falls die Zusatzinformationen nicht zur Verfügung stehen, können Sie nur unpersönliche Mailings verschicken. Sie können aber die Möglichkeit nutzen, die Daten später direkt vom Kunden abzufragen, beispielsweise durch ein Kundenprofil auf Ihrer Website, das der Nutzer selbst ändern kann. Je detaillierter die Daten in Ihrer Datenbank, desto besser können Sie Ihre Empfänger persönlich ansprechen.

Wenn Sie einen Newsletter anbieten, empfiehlt es sich, schon auf der Startseite einen Link zur Newsletter-Anmeldung zu setzen (Abbildung 3.5). Dieser Link sollte aber auch von anderen Unterseiten leicht erreichbar sein. Damit erhöhen Sie die Aufmerksamkeit für den Newsletter und können die Zahl der Abonnenten steigern. Wichtig ist hierbei die Gestaltung des Anmeldeformulars. Viele Nutzer fürchten sich inzwischen, persönliche Daten im Internet anzugeben. Daher sollten Sie ihnen diese Ängste nehmen, z. B. durch vertrauensbildende Maßnahmen. Dies können positiv wirkende Abbildungen sein, wie Auszeichnungen oder wichtige Prüfsiegel. Auch Abbildungen, die eine positive Grundstimmung erzeugen, z. B. von glücklichen Menschen, können hier das Vertrauen unterstützen. Informieren Sie den Nutzer zudem, was ihn erwartet. Hier kann z. B. auch ein Archiv helfen, in dem sich Nutzer bereits versendete Newsletter ansehen können und vorbereitet sind. Das Selektieren, welche Formularfelder wirklich gebraucht werden, hilft beim Abbau des grundsätzlichen Misstrauens der Nutzer. Wir raten Ihnen an dieser Stelle von Datensammelwut ab. Sicher ist es gut, viele Details von neuen Interessenten zu wissen und die Datenbank zu füllen. Wichtiger ist aber, dass Sie überhaupt an eine erste Kontaktinformation des potenziellen Kunden gelangen. In Kapitel 15, »Usability – benutzerfreundliche Websites«, erfahren Sie mehr zur optimalen Gestaltung von Formularen.

Das wichtigste Feld für die Newsletter-Anmeldung ist also logischerweise die E-Mail-Adresse. Eigentlich reicht schon diese Information. Weitere Daten sind sekundär, und Sie sollten genau überlegen, welche Angaben Sie zusätzlich abfragen wollen. Durch optionale Felder können Sie die Entscheidung über die Datenweitergabe dem Nutzer überlassen. Die Anrede und somit das Geschlecht ist eine wichtige zusätzliche Information, die Sie abfragen können. Insbesondere im Online-Shopping für Bekleidung ist dies wichtig, damit Sie spezielle Newsletter für Frauen und Männer erstellen können. Zusätzlich ist für eine persönliche Ansprache auch der Vor- und Nachname erforderlich. Weitere Felder sollten Sie aber vermeiden. Sollten Sie einen ausschließlich informativen Newsletter anbieten, reicht vielleicht auch schon allein die E-Mail-Adresse. In Abbildung 3.6 sehen Sie ein gut umgesetztes Anmeldeformular bei *otto.de*, bei dem nur die E-Mail-Adresse und die Auswahl des Newsletters abgefragt werden.

Positiv ist hierbei die Möglichkeit hervorzuheben, einen Beispiel-Newsletter anzusehen, damit der zukünftige E-Mail-Empfänger einen ersten Eindruck bekommt.

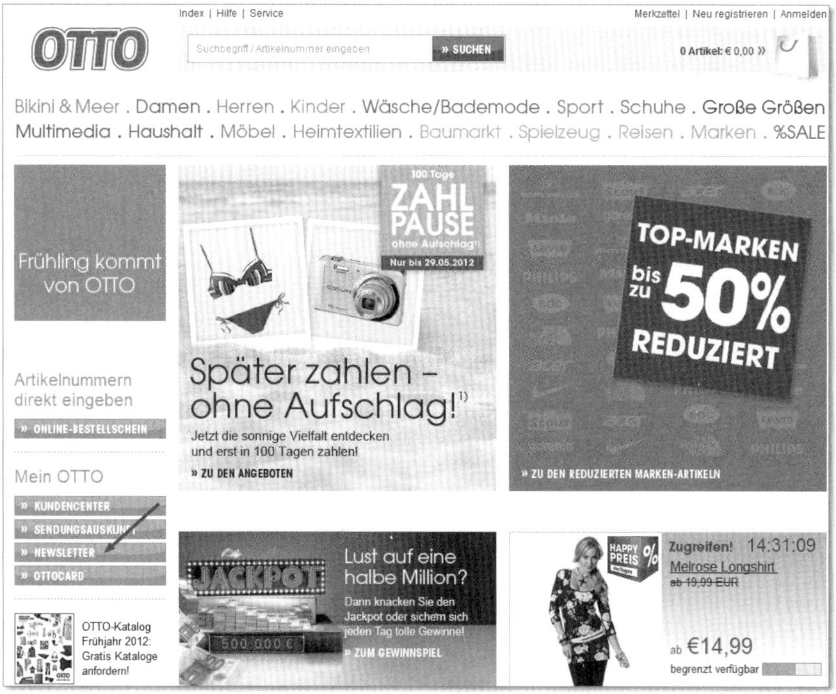

Abbildung 3.5 Newsletter-Verlinkung auf der Startseite von otto.de

Abbildung 3.6 Newsletter-Anmeldung bei otto.de

Sicherheit und Vertrauen wird mit dem Hinweis geboten, dass man sich jederzeit wieder vom Newsletter abmelden kann. Weiterhin ist es sinnvoll, den Newsletter in ein paar kurzen Sätzen zu beschreiben, damit der Nutzer erfährt, was ihn erwartet. Dort können Sie auch erwähnen, wie häufig der Newsletter verschickt wird. Sie können die Anmeldequote erhöhen, indem Sie Anreize (»*Incentives*«) vergeben, also z. B. Gutscheine für jede Neuanmeldung anbieten (Abbildung 3.7). Trotzdem sollten Sie aber dann die Qualität des Newsletters bieten, die der Kunde wünscht und erwartet. Ansonsten müssen Sie voraussichtlich mit hohen Abmelderaten rechnen.

Abbildung 3.7 Newsletter-Anmeldung mit Gutschein-Bonus bei zalando.de

3.1.3 Targeting – die richtige Zielgruppe per E-Mail erreichen

Wie bei anderen Marketingmaßnahmen ist die Zielgruppenfokussierung auch im E-Mail-Marketing von entscheidender Bedeutung. Sie sollten sich bei einer E-Mail-Kampagne also Gedanken über die Empfänger machen und E-Mails entsprechend anpassen. So ist es z. B. relativ leicht, unterschiedliche Newsletter für Frauen und Männer zu gestalten. Durch dieses sogenannte *Targeting* vermeiden Sie Streuverluste Ihrer Werbekampagne. Das heißt, dass Werbung nur an die Personen ausgeliefert wird, die sich auch potenziell dafür interessieren. Es ist wenig zielgerichtet, wenn Sie beispielsweise die neueste Kleiderkollektion an Männer versenden oder die besten Bohrmaschinen bei Frauen anpreisen – wobei Ausnahmen hier natürlich möglich sind. Diese E-Mails gehen an der Zielgruppe vorbei und sorgen für hohe Streuverluste. Außerdem strapazieren Sie mit irrelevanten Angeboten die Nerven der potenziellen Kunden, sodass die Gefahr besteht, dass sich Interessenten aus dem E-Mail-Verteiler austragen.

Selektieren Sie also Ihre Mailings nach bestimmten Zielgruppen, und erstellen Sie angepasste E-Mails. Kriterien für die Segmentierung der E-Mail-Empfänger sind z. B. Geschlecht, Alter, Neukunde vs. Bestandskunde oder die regionale Herkunft. Entscheiden Sie selbst, welche Kriterien am besten auf Ihre Kampagne zutreffen.

Planung einer E-Mail-Kampagne

An dieser Stelle möchten wir Ihnen Tipps für die Planung einer E-Mail-Kampagne geben. Eine gute Vorbereitung ist entscheidend für den Erfolg eines Mailings. Daher ist es am Anfang wichtig, die Ziele festzulegen, die erreicht werden sollen. Diese Ziele können Sie nach dem Versand kontrollieren, um den Erfolg oder Misserfolg festzustellen. Nach der Zielfestlegung können Sie einen Ablaufplan erstellen, der möglichst vollständig umfasst, wie Sie die Kampagne umsetzen werden.

1. Zielfestlegung und Budgetplanung

   Im ersten Schritt einer Kampagnenplanung steht die Zielfestlegung an. Die wichtigste Frage dabei ist, was mit der E-Mail-Kampagne erreicht werden soll. Sind es mehr Verkäufe, mehr Klicks auf die Website oder z. B. mehr Teilnehmer an einem Gewinnspiel? Wichtig ist hierbei, den aktuellen Ist-Zustand zu dokumentieren und quantitative Ziele festzulegen. Ein Ziel könnte beispielsweise sein, mit einem einmaligen (inklusive Zeitangabe) E-Mail-Newsletter die Seitenaufrufe um 10 % zu steigern. Zur Zielfestlegung gehört auch, zu entscheiden, welche Zielgruppe erreicht werden soll. Überlegen Sie sich also, wen Sie mit der Kampagne ansprechen möchten. Dies könnten z. B. alle E-Mail-Empfänger sein, die bisher noch nicht bei Ihnen bestellt haben, oder alle Geburtstagskinder eines Monats. Weiterhin sollten Sie festlegen, auf welchem Markt Sie aktiv werden möchten. Dies können regionale Märkte sein oder bestimmte Sortimente aus Ihrem Katalog. Die Zielfestlegung hilft Ihnen, am Ende der Kampagne die Wirksamkeit des Mailings zu beurteilen. Wichtig ist weiterhin, in welchem Zeitraum die Kampagne stattfinden soll. Planen Sie z. B. eine saisonale Kampagne oder ein regelmäßiges Mailing? Diese Frage ist vor allem für die spätere Umsetzung der Kampagne wichtig.

   Für den Start einer E-Mail-Kampagne benötigen Sie einen Budgetplan, der sich natürlich nach Ihren Zielvorgaben richtet. Fragen Sie sich selbst, welches Budget Sie zur Verfügung stellen möchten, um Ihre Ziele zu erreichen. Entscheidend ist auch, wofür die Ressourcen eingesetzt werden. Machen Sie also eine Kostenaufstellung für die E-Mail-Kampagne. Rechnen Sie die Zeit für die Kampagnen- und E-Mail-Erstellung mit ein. Ein individuell gestalteter Newsletter kann mitunter viel Zeit in Anspruch nehmen. Denken Sie z. B. an die inhaltliche, grafische und technische Konzeption einer E-Mail. Auch bei E-Mail-Kampagnen stellt sich die sogenannte *Make-or-Buy*-Frage: Möchten Sie die Kampagne selbst aufsetzen und durchführen oder dies einem spezialisierten Dienstleister überlassen? Da E-Mail-Marketing sehr individuell ist und von Website zu Website unterschiedlich sein kann, ist es schwer, eine Empfehlung auszusprechen. Prinzipiell kennen Sie sich sicher am besten mit Ihrem eigenen Produkt oder Angebot aus und können daher die inhaltliche Komponente übernehmen. Wenn Sie sich nicht um die technische Abwicklung kümmern möchten, können Sie einen Dienstleister in Anspruch nehmen, der den Versand des Mailings übernimmt.

2. Kampagnenplan

   Wenn Sie die Ziele der Kampagne festgelegt und einen Budgetplan aufgestellt haben, können Sie sich den Kampagnenplan überlegen. Wichtig ist hierbei, wie die Kampagne ablaufen soll. Gibt es einen bestimmten Zeitraum, in dem die Kampagne gestartet werden soll? Dann sollten Sie genug Vorlaufzeit einplanen, um die Kampagne vorzubereiten. Eventuell möchten Sie auch eine mehrstufige Kampagne aufsetzen, in der Sie E-Mail-Empfänger mehrmals aufeinander aufbauend ansprechen. Die geschieht z. B. bei E-Mail-Kursen, die aus mehreren Teilen oder Lektionen bestehen. So könnten Sie als Werbeagentur beispielsweise einen E-Mail-Kurs zum Thema Online-Marketing anbieten, in dem Sie parallel auch auf Ihre Dienstleistungen hinweisen können. Dieser wird dann z. B. in zehn Lektionen einmal pro Woche an Interessenten verschickt.

   Sobald Sie also den Ablaufplan festgelegt haben, können Sie auch die Vorbereitungszeit einkalkulieren. Erstellen Sie erstmalig eine E-Mail-Kampagne, ist sicher mit einem höheren Anfangsaufwand zu rechnen. Sobald Sie aber diese Vorbereitungen vorgenommen haben, geht jede weitere Kampagne einfacher von der Hand, da Sie meist nur noch inhaltliche Anpassungen vornehmen müssen. Aber auch hier kostet das inhaltliche Zusammenstellen und die grafische Gestaltung Zeit, die Sie einplanen sollten. Denken Sie auch an Ihr Zeitbudget für das Testen der E-Mail-Kampagne. Nichts ist ärgerlicher als eine fehlerhaft versendete E-Mail – sowohl für den Sender als auch für den Empfänger. Anders als bei anderen Online-Marketingmaßnahmen können Sie den Fehler nicht mehr rückgängig machen. Eine einmal versendete Mail können Sie nicht mehr zurückziehen.

   Planen Sie zudem die technische Umsetzung der Kampagne. Können Sie das Mailing eventuell selbst umsetzen, oder möchten Sie einen Dienstleister in Anspruch nehmen? Für eine einfache E-Mail-Kampagne oder einen regelmäßigen Newsletter benötigen Sie gar nicht so viel technisches Know-how, da es gute Software-Lösungen gibt. In Abschnitt 3.4, »Technische Aspekte des E-Mail-Marketings«, gehen wir genauer auf die technischen Aspekte ein und erklären, wie Sie eine Kampagne aufsetzen können. Wenn Sie die E-Mail-Kampagne lieber abgeben möchten, planen Sie die Einholung von Angeboten der Dienstleister und den Entscheidungsprozess in Ihren Zeitplan ein.

Die Basis der Kampagne sind die E-Mail-Empfänger. Kommen die Adressen alle aus Ihrer eigenen Datenbank, oder müssen Sie auf fremde E-Mail-Verteiler zurückgreifen? Ziehen Sie alternativ auch einen Adresskauf in Betracht, wenn keine andere Möglichkeit besteht. Ein bekannter Anbieter ist z. B. die Schober Group (*shop.schober.com*; Abbildung 3.8). Achten Sie hierbei aber auf die Seriosität der Anbieter. Für eine bessere Ansprache der Zielgruppe sollten Sie außerdem die Adressdatenbank selektieren, z. B. nach Geschlecht oder Alter.

Abbildung 3.8 Adressdatenbank der Schober Group

Sind Sie mit den grundlegenden Planungen weitestgehend vorangeschritten, können Sie sich an eine genaue Terminplanung machen. Legen Sie einen Ablaufplan fest, und terminieren Sie die einzelnen Schritte bis hin zu Versanddatum und -uhrzeit der Kampagne. Der richtige Zeitpunkt ist entscheidend für den Erfolg einer E-Mail-Kampagne. Daher gehen wir in Abschnitt 3.3, »Der richtige Moment – Versandfrequenz«, noch genauer darauf ein.

3. Erfolgskontrolle

Nehmen Sie sich Zeit für die Erfolgskontrolle der Kampagne. Damit können Sie abschließend bewerten, ob Sie Ihre Ziele erreicht haben und die Kampagne damit als Erfolg verbuchen können. Zudem können Sie mittels der Auswertungen sehen, was Sie zukünftig verbessern können. Wichtige Kennzahlen sind dabei die Öffnungsrate der E-Mails und die Response-Quote, die angibt, wie viele Reaktionen es pro versendete E-Mail gab. Insbesondere als Betreiber eines Online-Shops ist der Wert *Cost-per-Order* (CPO) wichtig, also wie viel Kosten eine Bestellung verursacht hat. Sie können dafür die Gesamtkosten der Kampagne durch die Gesamtzahl an Bestellungen dividieren. Durch die hohen Initialkosten rentiert sich daher eine E-Mail-Kampagne meist erst, wenn mehrere E-Mail-Kampagnen durchgeführt werden. Dadurch, dass aber das Versenden von E-Mails grundsätzlich kostenfrei ist, ist E-Mail-Marketing ein sehr günstiger Kanal, um Kunden zu erreichen. Sie sollten darum Zeit und Energie in eine gute Vorbereitung und Planung der Kampagnen investieren, um möglichst viel aus den E-Mails herauszubekommen. Die einzelnen Punkte der Umsetzung einer E-Mail-Kampagne möchten wir als Nächstes betrachten. Bestimmt das wichtigste Merkmal einer E-Mail ist der Inhalt. Mit den richtigen Worten und Bildern können Sie hierbei das Maximum aus den Mailings herausholen.

3.2 Die richtigen Worte – der Inhalt des Mailings

E-Mail-Kampagnen leben von dem Inhalt, den Sie dem Kunden präsentieren. Daher empfehlen wir, hierfür die nötige Energie aufzubringen. Abonnieren Sie andere Newsletter auch von themenfremden Websites, um Ideen und Anregungen für Ihr eigenes Mailing zu bekommen. Vorbilder sind dabei sicher Seiten, die E-Mails als Marketinginstrument stark nutzen, z. B. Online-Shops oder Gutscheinportale.

Der Inhalt einer E-Mail fängt schon mit dem Absender und der Betreffzeile an. Achten Sie bei der Absenderadresse auf eine seriöse Bezeichnung, z. B. Ihren Firmennamen (*newsletter@ihrshop.de*). Dies schafft Vertrauen bei den Nutzern, aber auch bei den E-Mail-Anbietern, die über Filtermechanismen Ihre E-Mail als vertrauenswürdig oder Spam einstufen und damit die Zustellung der E-Mail an den Empfänger beeinflussen können. Vermeiden Sie eine »Noreply«-Adresse, schließlich wollen Sie den Kontakt zum Kunden und ihm nicht sagen, dass die Kommunikation nur einseitig erfolgt. Die Betreffzeile sollte so gestaltet sein, dass sie zum Öffnen der E-Mail anregt. In Abbildung 3.9 sehen Sie eine Mailbox mit verschiedenen Newslettern, die an verschiedenen Tagen empfangen wurden. Hier sehen Sie, wie mit der Bezeichnung des Absenders und der Betreffzeile in der Praxis umgegangen wird. Sie finden in der Mailbox verschieden formulierte Betreffzeilen. Achten Sie bei Ihrer E-Mail-Kampagne auf aussagekräftige und nicht zu lange Betreffzeilen. Ihre E-Mail wird eine von vielen im Posteingang sein und sollte dementsprechend attraktiv formuliert sein. Den Absendernamen brauchen Sie nicht noch einmal in der Betreffzeile zu wiederholen, da dieser schon im Absenderfeld enthalten ist.

Von	Betreff	Empfangen am
▼ HEUTE		
Facebook	Du hast 7 Freunde, die diese Woche Geburtstag haben	So., 13.05.12 11:21
mycare Versandapotheke	11 EUR Gutschein + TV gewinnen	So., 13.05.12 08:18
Zalando Sport News	Ihr 10 Gutscheincode: OutdoorDE - Jetzt Outdoor und Beach Trends entdecken	So., 13.05.12 07:58
Newsticker	heise online News 13.05.2012	So., 13.05.12 07:58
Groupon	Autokino/ Weinseminar am Kudamm/ Flammkuchen-Menü/ Loxx/ Berliner Dom	So., 13.05.12 07:58
Groupon	Platzreifekurs/Magic Dinner/Mikrodermabrasion/Burger satt im Irish Pub	So., 13.05.12 07:58
▼ GESTERN		
GMX Magazin	Schmetterlinge im Bauch?	So., 13.05.12 07:58
Der Tag - SPIEGEL ONLINE	Newsletter vom 12.05.2012	So., 13.05.12 07:58
IKEA FAMILY Newsletter	Für dich gratis: 2 Eintrittskarten für die YOU	So., 13.05.12 07:58
Absolventa News	Deine persönlichen Absolventa News	So., 13.05.12 07:58
Amazon.de	Preissturz: 3 CDs kaufen, nur 2 zahlen	Sa., 12.05.12 07:49
▼ DONNERSTAG		
1&1	Aktion bis 31.05.: Mobil surfen mit doppelter Geschwindigkeit	Fr., 11.05.12 00:59
Miles & More Newsletter	Ihr aktueller Meilenstand im Mai	Fr., 11.05.12 00:59
ADZINE Redaktion	ADZINE KW 19 - Brand Protection in der Suchmaschinenwerbung / Shopsysteme und SEO	Fr., 11.05.12 00:58
▼ MITTWOCH		
Der Tag - SPIEGEL ONLINE	Newsletter vom 09.05.2012	Mi., 09.05.12 20:19
BUND e.V.	BUND-Newsletter: Dein Grün in der Stadt	Mi., 09.05.12 20:19
tripwolf	Die günstigsten Reiseländer in Südamerika	Mi., 09.05.12 20:19
▼ DIENSTAG		
bmw-berlin@niederlassung-newsletter.de	Aktueller Newsletter BMW Niederlassung Berlin	Di., 08.05.12 19:15
Zalando News	Entdecken Sie die Sommer-Trends bei Zalando!	Di., 08.05.12 19:15
StepStone	StepStone IT-Newsletter: Kündigung wie sag ich es dem Chef?	Di., 08.05.12 19:15
Onmeda Gesundheitsnewsletter	Gesundheit beginnt im Kopf!	Di., 08.05.12 19:14

Abbildung 3.9 Newsletter in der Mailbox

Als Nächstes sollten Sie sich die Ansprache des Empfängers überlegen. Wenn Sie einen guten Datenbestand mit Vornamen und Nachnamen der E-Mail-Empfänger haben, empfiehlt sich die persönliche Ansprache, da Sie dadurch eine höhere Aufmerksamkeit erzeugen. Überlegen Sie sich auch, ob Sie die Leser mit Du oder Sie ansprechen. Bei jungen Internet-Shops hat sich meist das »Du« eingebürgert. Für sensible Thematiken, wie den Newsletter einer Bank, oder bei E-Mails an einen hauptsächlich älteren Empfängerkreis sollten Sie die Nutzer mit »Sie« ansprechen. Passen Sie also Ihre E-Mail-Kommunikation an die gesamte Firmenkommunikation an (siehe Abbildung 3.10).

Abbildung 3.10 PayPal-Newsletter mit persönlicher Ansprache

Inhaltlich haben Sie bei der Gestaltung der E-Mails viele Möglichkeiten. Achten Sie auf prägnante, kurze Formulierungen und auf aussagekräftiges Bildmaterial. Meist bleibt nicht viel Zeit, den E-Mail-Empfänger zu einer Handlung zu bewegen, da E-Mails nur kurz überflogen und dann häufig gelöscht werden. Stellen Sie also einen Eye-Catcher, das Topangebot oder die Meldung des Tages an den Anfang einer E-Mail. Als wirksames Mittel haben sich auch Gutscheincodes in kommerziellen Newslettern erwiesen. Sie können damit gut arbeiten, um Kaufanreize zu schaffen. In einem ausgereiften Newsletter-System können Sie Gutscheine auch in verschiedenen Stufen anbieten, damit Sie die Kaufbereitschaft der Empfänger erkennen können. So können Sie beispielweise zuerst Gutscheine in Höhe von 6 % anbieten. Werden diese vom Kunden nicht eingelöst, gehen Sie höher auf 10 bis 12 %. Zusätzliche Kaufanreize können Sie zudem schaffen, indem Sie die Angebote zeitlich begrenzen (siehe Abbildung 3.11).

Abbildung 3.11 Zeitliche begrenzte Angebote im Newsletter von dress-for-less.de

Wir empfehlen zudem eine Personalisierung der E-Mails. Dies erreichen Sie durch die schon genannte individuelle Kundenansprache, aber auch der Inhalt einer E-Mail-Kampagne kann personalisiert gestaltet werden. So können Sie z. B. einen Newsletter auf Frauen oder Männer ausrichten. Wenn Sie noch tiefer in das E-Mail-Marketing einsteigen, können Sie sogar kundenindividuelle Newsletter versenden, in denen genau auf den Kunden zugeschnittene Informationen oder Angebote versendet werden. Dies benötigt natürlich eine ausgereifte Kundendatenbank und ein leistungsfähiges *CRM-System* (*Customer Relationship Management*). Wie dies funktioniert, können Sie z. B. bei *amazon.de* sehen, wenn Sie sich für den Newsletter-Service registrieren. Interessieren Sie sich z. B. für Fernseher und schauen sich bei Amazon verschiedene Produkte an, so bekommen Sie automatisch einige Tage später auf Sie zugeschnittene Angebote via E-Mail (siehe Abbildung 3.12). Dem Thema CRM widmen wir uns auch ausführlich in Kapitel 14, »Kundenbindung (CRM)«.

Abbildung 3.12 Kundenindividuelle E-Mails bei amazon.de

Geschäftliche E-Mails benötigen Herausgeberinformationen in Form eines Impressums. Vergessen Sie also nicht, diese Informationen hinzuzufügen. Sie können sich dabei an dem Impressum Ihrer Website orientieren. In Abbildung 3.13 sehen Sie das Impressum mit den üblichen Angaben in einer E-Mail der Deutschen Bank. Denken Sie an eine Abmeldefunktion vom Newsletter am Ende der E-Mail. Auch wenn Sie Abmeldungen vermeiden möchten, ist diese Funktion rechtlich so vorgesehen. Es zeugt von Vertrauen und Seriosität des Anbieters, dass man sich als Nutzer schnell wieder abmelden kann. Überzeugen Sie also mehr mit dem Inhalt und Wert einer E-Mail, um Abmeldungen zu verringern. Ebenso wie die Impressumspflicht gesetzlich geregelt ist, müssen Sie dem Nutzer auch die Möglichkeit geben, sich ohne Hindernisse wieder aus Ihrem E-Mail-Verteiler austragen zu können. Auf die rechtlichen Aspekte gehen wir im Einzelnen noch in Abschnitt 3.5, »Dos and Don'ts – juristische Aspekte«, näher ein.

Sie möchten in Zukunft diesen E-Mail InfoService nicht mehr in Anspruch nehmen?
Sie können sich jederzeit hier, aber natürlich auch in jeder weiteren E-Mail, die Sie von uns erhalten, abmelden:
Newsletter-Abmeldung

Deutsche Bank Privat- und Geschäftskunden AG
mit Sitz in Frankfurt am Main
Theodor-Heuss-Allee 72, 60486 Frankfurt
HRB Nr. 47 141, Amtsgericht Frankfurt am Main
Vorsitzender des Aufsichtsrates: Rainer Neske
Vorstand: Thomas Rodermann (Sprecher), Rainer Burmester, Roland Folz, Guido Heuveldop, Karl von Rohr
Umsatz ID Nr.: DE811907980

Abbildung 3.13 E-Mail-Ausschnitt mit Abmeldefunktion und Impressumsangaben im Newsletter der Deutschen Bank

Für den Erfolg einer E-Mail-Kampagne ist aber nicht nur der Inhalt entscheidend, sondern auch der Zustellungszeitpunkt und die Häufigkeit des Versands. Dieses Thema werden wir uns im nächsten Abschnitt anschauen.

3.3 Der richtige Moment – Versandfrequenz

Haben Sie schon überlegt, wann Sie die E-Mails für Ihre Kampagne versenden? Wir empfehlen Ihnen, sich hierzu gründliche Gedanken zu machen und sich in den Empfänger Ihrer Mails hineinzuversetzen. Wann ist er oder sie am ehesten bereit, die E-Mail zu lesen, ohne dass sie in der täglichen E-Mail-Flut sofort gelöscht wird? Überlegen Sie sich also den günstigsten Tag in der Woche und die beste Uhrzeit. Dies kann je nach Website und Anliegen sehr unterschiedlich sein. Wenn Sie z. B. einen Newsletter an Geschäftskunden verschicken, eignen sich normale Geschäftszeiten, aber nicht gleich um 8 Uhr morgens, da zu Arbeitsbeginn meist sehr viele E-Mails im Postkasten sind und Ihre E-Mail dadurch untergehen kann. Auch der Montag eignet sich nicht unbedingt zum Versenden von Werbe-Mails, weil dies meist der geschäftigste Tag der Woche ist. Abzuraten ist ebenso vom Samstag, da an diesem Wochentag das Internet weniger genutzt wird. Sollten Sie einen täglichen Newsletter versenden, können Sie dem Nutzer auch anbieten, selbst die Sendezeit festzulegen. Diese Option bietet z. B. der Newsletter von Spiegel Online (siehe Abbildung 3.14). Bei Nachrichten-Newslettern kommt hier noch das Thema Aktualität hinzu. Nutzer möchten aktuelle Meldungen zugeschickt bekommen und keine »Neuigkeiten«, die schon veraltet sind.

Denken Sie auch darüber nach, wie oft Sie einen Newsletter versenden möchten. Die übliche Spannweite reicht hier von täglich, zweimal pro Woche, wöchentlich, zweiwöchentlich, monatlich oder unregelmäßig bei Bedarf. Die Versandfrequenz hängt also von Ihrem individuellen Ziel und Angebot ab und lässt sich nicht pauschal beantworten. Täglich werden z. B. Nachrichten-Newsletter oder regelmäßige, kurzfristige Aktionsangebote von Shopping-Clubs versendet. Wöchentlich versenden meist Online-Shops ihre Newsletter mit aktuellen Angeboten. Ein monatlicher Versandrhythmus eignet sich z. B. für Vereinsaktivitäten. Überlegen Sie, was Sie Ihren Newsletter-Empfängern zumuten möchten und können, ohne dass die Abmelderaten steigen. Sinnvoll ist es, den Nutzer selbst entscheiden zu lassen. Hinzu kommen noch Sondermailings für bestimmte Aktionen, z. B. zum Geburtstag eines Kunden, zu Weihnachten oder zu speziellen Sonderangeboten, wie z. B. zum Schlussverkauf am Ende einer Saison. Wichtig ist, dass Sie nur dann Mailings versenden, wenn Sie auch etwas anzubieten oder zu sagen haben. Ansonsten wirkt das regelmäßige Anschreiben der Kunden eher lästig.

Abbildung 3.14 Festlegung der Sendezeit des Spiegel-Newsletters

3.4 Technische Aspekte des E-Mail-Marketings

Bei der technischen Umsetzung einer E-Mail-Kampagne stehen Sie vor einer *Make-or-Buy*-Frage. Sie sollten also abwägen, ob Sie die technischen Voraussetzungen selbst schaffen oder Dienstleister in Anspruch nehmen und diese bezahlen. Speziell bei großen Empfängergruppen mit mehr als 1.000 Adressen und regelmäßigem Versand bietet sich ein externer Anbieter an. Dies hat auch den Vorteil, dass diese Anbieter sich mit Spam-Blockern der E-Mail-Provider und Anti-Viren-Herstellern auskennen. Einige Anbieter haben sogar ein *Whitelisting* ihrer Mail-Server, sodass E-Mails von diesen Rechnern immer durch die Spam-Filter gelassen werden. Beim Whitelisting handelt es sich also um eine Positivliste vertrauenswürdiger E-Mail-Absender. In Abschnitt 3.4.2, »Newsletter-Versand«, gehen wir noch näher auf diese Möglichkeiten ein.

3.4.1 HTML vs. Text

Sie haben die Möglichkeit, E-Mails im Text- oder HTML-Format zu versenden. Im HTML-Format stehen Ihnen mehr Formatierungen und Gestaltungsmöglichkeiten zur Verfügung, und Sie können Bilder oder Grafiken integrieren. Sie können daher mehr Aufmerksamkeit auf sich ziehen als mit reinem Text, wie Sie am Newsletter von Ticket-Portal *eventim.de* in Abbildung 3.15 sehen können. Vor allem, wenn es um technische Themenfelder geht, sollten Sie aber auch eine Textversion des Newsletters bereitstellen, da in diesem Kundensegment teilweise keine bunten E-Mails erwünscht sind. Ein anderes Problem kann sein, dass das E-Mail-Programm keine HTML-Mails darstellen kann (z. B. bei älteren Mobiltelefonen) oder absichtlich nicht darstellt, weil diese als unerwünschte Werbung angesehen werden. Ein großer Vorteil von HTML-Newslettern ist die bessere Analysierbarkeit des Empfängerverhaltens, da Trackingpixel und -skripte hier integriert werden können. Darüber lassen sich z. B. Öffnungs- und Klickraten genau bestimmen.

Abbildung 3.15 Eventim-Newsletter im HTML-Format

Daher sollten Sie beim Aufsetzen Ihres Newsletters darauf achten, dass Sie beide Formate anbieten und der Benutzer selbst entscheiden kann, welche Variante er bevorzugt. In Abbildung 3.16 sehen Sie die Darstellung eines Newsletters im Textformat. Wir empfehlen Ihnen, vor dem Versand ausführlich zu testen, wie Ihre E-Mails dargestellt werden. Bevor Sie eine E-Mail-Kampagne versenden, sollten Sie also Ihre E-Mails intern mit eigenen E-Mail-Adressen testen, um zu prüfen, ob alles korrekt dargestellt wird. Nutzen Sie für die Testadressen gängige E-Mail-Anbieter wie GMX, web.de oder T-Online, um sicherzustellen, dass alle E-Mails über diese Anbieter ankommen und richtig dargestellt werden.

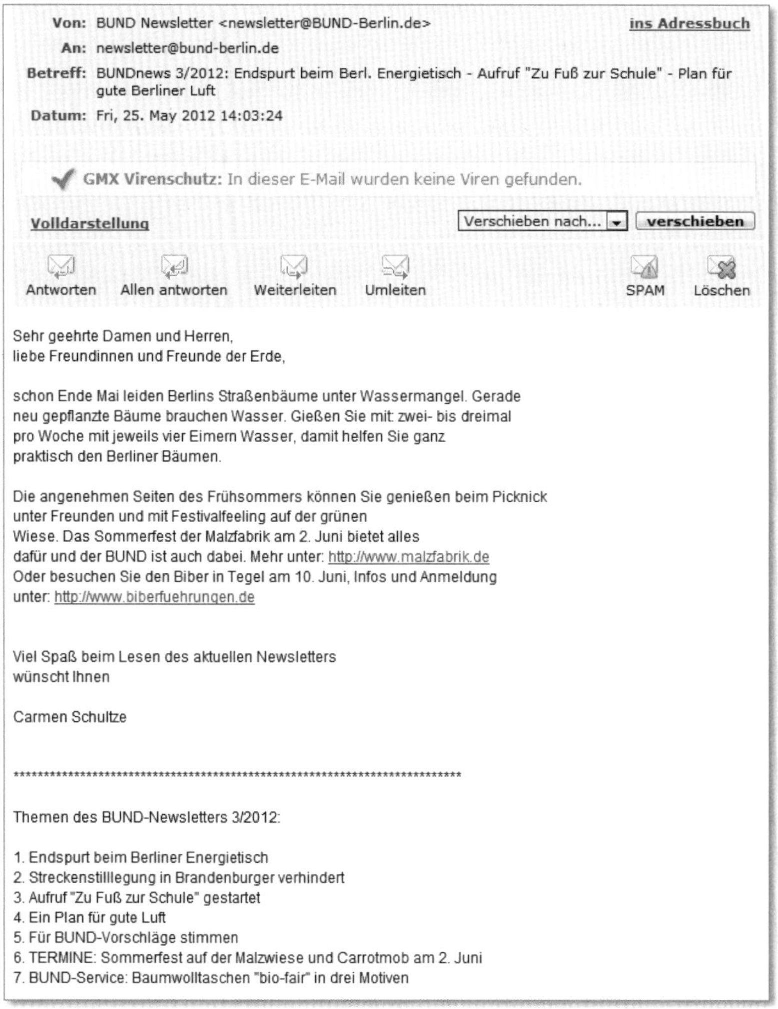
Von: BUND Newsletter <newsletter@BUND-Berlin.de> ins Adressbuch
An: newsletter@bund-berlin.de
Betreff: BUNDnews 3/2012: Endspurt beim Berl. Energietisch - Aufruf "Zu Fuß zur Schule" - Plan für gute Berliner Luft
Datum: Fri, 25. May 2012 14:03:24

GMX Virenschutz: In dieser E-Mail wurden keine Viren gefunden.

Volldarstellung | Verschieben nach... | verschieben

Antworten | Allen antworten | Weiterleiten | Umleiten | SPAM | Löschen

Sehr geehrte Damen und Herren,
liebe Freundinnen und Freunde der Erde,

schon Ende Mai leiden Berlins Straßenbäume unter Wassermangel. Gerade neu gepflanzte Bäume brauchen Wasser. Gießen Sie mit: zwei- bis dreimal pro Woche mit jeweils vier Eimern Wasser, damit helfen Sie ganz praktisch den Berliner Bäumen.

Die angenehmen Seiten des Frühsommers können Sie genießen beim Picknick unter Freunden und mit Festivalfeeling auf der grünen Wiese. Das Sommerfest der Malzfabrik am 2. Juni bietet alles dafür und der BUND ist auch dabei. Mehr unter: http://www.malzfabrik.de
Oder besuchen Sie den Biber in Tegel am 10. Juni, Infos und Anmeldung unter: http://www.biberfuehrungen.de

Viel Spaß beim Lesen des aktuellen Newsletters
wünscht Ihnen

Carmen Schultze

****

Themen des BUND-Newsletters 3/2012:

1. Endspurt beim Berliner Energietisch
2. Streckenstilllegung in Brandenburger verhindert
3. Aufruf "Zu Fuß zur Schule" gestartet
4. Ein Plan für gute Luft
5. Für BUND-Vorschläge stimmen
6. TERMINE: Sommerfest auf der Malzwiese und Carrotmob am 2. Juni
7. BUND-Service: Baumwolltaschen "bio-fair" in drei Motiven

Abbildung 3.16 Newsletter im Textformat

Nachdem Sie mit der inhaltlichen Gestaltung der E-Mail-Kampagne oder des Newsletters fertig sind, steht der Versand der E-Mails an. Dafür gibt es verschiedene technische Lösungen.

3.4.2 Newsletter-Versand

Beim Versenden von Newslettern muss entschieden werden, mit welchen technischen Lösungen man die E-Mails verschickt. Dies ist von der Größe des E-Mail-Verteilers abhängig. Haben Sie nur einen kleinen Empfängerkreis, können Sie E-Mails auch manuell über Ihr E-Mail Programm versenden. Haben Sie aber mehrere hunderttausend oder mehr als 1 Mio. Empfänger, dann wird der manuelle Versand unmöglich. Dafür gibt es professionelle Anbieter, wie z. B. eCircle (*www.ecircle.com/de/*) oder inxmail (*www.inxmail.de*), die den Versand übernehmen können. Eine gute Übersicht über die verschiedenen Anbieter für E-Mail-Marketing finden Sie unter: *www.absolit.de/anbieter.htm*

Professionelle E-Mail-Anbieter sorgen auch für eine hohe Zustellrate der versendeten E-Mails. Nachdem Sie Ihre E-Mail-Kampagne mit viel Mühe aufgesetzt haben, wäre es extrem ärgerlich, wenn E-Mails die Empfänger nicht erreichen, z. B. weil Adressen veraltet sind oder die E-Mails als Spam klassifiziert und somit ausgefiltert werden. Da das Spam-Aufkommen inzwischen sehr große Ausmaße angenommen hat, unternehmen E-Mail-Anbieter wie GMX, Google Mail oder T-Online große Anstrengungen, um diese E-Mails auszufiltern. Der »E-Mail Security Report« der Firma eleven geht von einem Spam-Anteil von 70 bis 75 % aller E-Mails aus (*www.eleven.de/eleven-security-reports.html*). In Abbildung 3.17 sehen Sie einen Spam-Report von GMX, der täglich an die eigene Adresse verschickt wird, damit auch fälschlich aussortierte Mails eingesehen werden können. In der Abbildung erkennt man, welche Filtermethoden eingesetzt werden. So können bestimmte Textmuster erkannt oder verschiedene Absenderadressen blockiert werden. Die Anbieter arbeiten mit sogenannten *Blacklists*, in denen Rechner-IP-Adressen oder E-Mail-Adressen aufgenommen werden, die sich als Spam-Versender hervorgetan haben.

Abbildung 3.17 GMX-Spam-Filter

Sie sollten also bei einer E-Mail-Kampagne immer die Zustellbarkeit testen. So können Sie sich z. B. Testadressen bei verschiedenen E-Mail-Anbietern anlegen, um den Empfang der E-Mails zu prüfen. Professionelle Mailing-Anbieter sorgen bei den E-Mail-Providern für ein *Whitelisting* ihrer eigenen Server, die die E-Mails versenden. Damit wird erreicht, dass E-Mails automatisch durch die Spam-Filter gelassen werden und mit höherer Wahrscheinlichkeit beim Empfänger ankommen. In diesem Zusammenhang hat sich die Certified Senders Alliance (*www.certified-senders.eu*) gebildet, ein Zusammenschluss aus verschiedenen großen E-Mail-Versendern, die sich gemeinsam für ein standardgemäßes E-Mail-Marketing einsetzen. E-Mail-Provider wie GMX oder web.de nehmen geprüfte Anbieter in die Positivliste auf und stellen die E-Mails den Empfängern zu, ohne dass die E-Mails in Spam-Filtern landen.

Als Alternative zum professionellen E-Mail-Marketing bietet sich ein eigener Newsletter-Versand an. Es gibt verschiedene, zum Teil kostenfreie Software-Angebote für den Eigenversand. Die meisten Lösungen setzen aber HTML-Kenntnisse voraus, damit die Inhalte individuell angepasst werden können. Hinzu kommt eine Datenbank mit den E-Mail-Adressen und zusätzlichen Informationen, wie Name und Geschlecht der Empfänger. Ein empfehlenswertes Tool für den eigenen E-Mail-Versand ist z. B. MailChimp (*www.mailchimp.com*; Abbildung 3.18). Bei Empfängerlisten mit bis zu 2.000 Adressen steht dieses Tool für bis zu 12.000 E-Mails pro Monat kostenlos zur Verfügung. Bei einem größeren Adressbestand und E-Mail-Volumen wird ein monatlicher Betrag fällig.

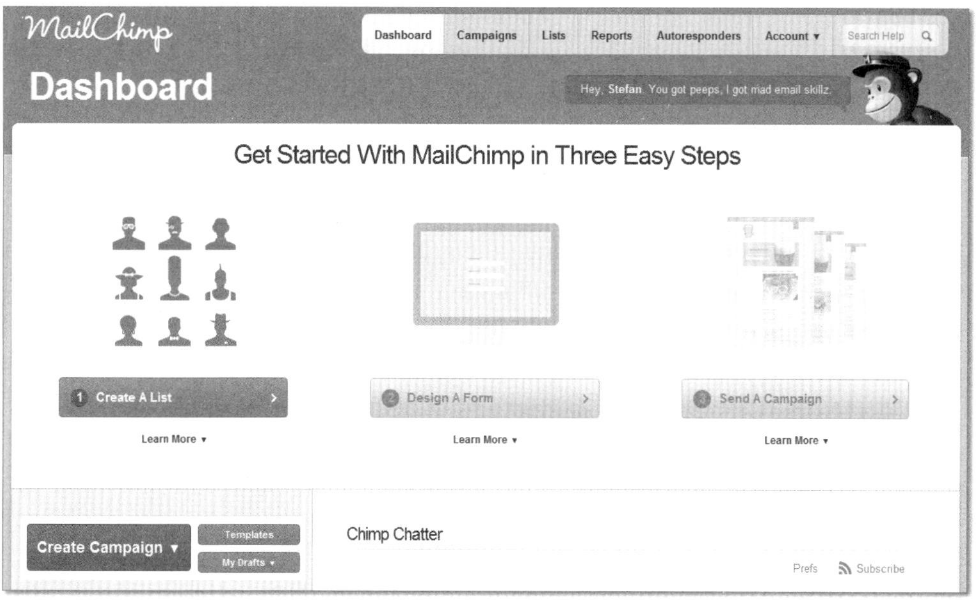

Abbildung 3.18 MailChimp im Einsatz

Bei MailChimp stehen Ihnen vielfältige Funktionen für das E-Mail-Marketing zur Verfügung. Sie können z. B. die Adressbestände pflegen, Kampagnen einrichten und Auswertungen einsehen. Für den Start einer Kampagne mit MailChimp stehen mehrere ausführliche Anleitungen zur Verfügung.

3.4.3 Erfolgskontrolle und Tracking-Möglichkeiten

Wie bei anderen Werbemaßnahmen lässt sich auch im E-Mail-Marketing die gute Messbarkeit des Online-Marketings nutzen. Speziell größere und regelmäßig versendete E-Mail-Kampagnen sollten hinsichtlich des Erfolgs analysiert werden. Als wichtige Kennzahlen dienen hier die Öffnungsrate und Klickraten. Die Öffnungsrate gibt dabei an, wie viel Prozent der Empfänger die E-Mail öffnen, also zu Gesicht bekommen. Durch verschiedene Klickraten kann ermittelt werden, wie häufig auf eine E-Mail geklickt wird. Hier können z. B. einzelne Klicks auf verschiedene Links in einer Mail exakt analysiert werden. Eine wichtige Kennzahl im E-Mail-Marketing ist zudem die Bouncerate, die angibt, wie viele E-Mails nicht ihr Ziel erreichen. Dabei wird zwischen *Hard-* und *Soft-Bounces* unterschieden. Unter die Hard-Bouncerate fallen alle E-Mails an Adressen, die nicht mehr existieren und deshalb vom Mail-Server abgelehnt werden. Hat Ihre harte Bouncerate einen hohen Wert, sollten Sie den E-Mail-Verteiler überarbeiten, da Sie offensichtlich viele veraltete E-Mail-Adressen in der Datenbank haben. Die Soft-Bounces beschreiben dagegen E-Mails, die z. B. wegen einer Urlaubsabwesenheit oder eines überfüllten Postfachs zurückgesendet werden. Zudem ist es wichtig, die Abmelderate im Auge zu behalten, die beschreibt, wie viele E-Mail-Empfänger sich aus der Liste austragen. Sollte der Wert hier sehr hoch sein oder kontinuierlich ansteigen, müssen Sie Ihre E-Mail-Kampagne hinsichtlich der Inhalte oder technischer Probleme genau analysieren.

Der schon genannte E-Mail-Marketingdienst MailChimp analysiert die Kennzahlen regelmäßig auf der Datenbasis von mehreren Millionen versandten E-Mails. In der Tabelle aus Abbildung 3.19 sehen Sie, nach Branchen sortiert, die Durchschnittswerte der Öffnungsraten, Klickraten, Bounce-Rates und Abmelderaten. Kennzahlen zu weiteren Branchen können Sie unter *mailchimp.com/resources/research/email-marketing-benchmarks-by-industry/* einsehen. Die Zahlen stammen überwiegend von kleineren Firmen, sind aber ein guter Anhaltspunkt für die Erfolgskennzahlen von E-Mail-Kampagnen. Die genannte *Abuse Complaint Rate* gibt hier an, wie häufig Missbrauchsbeschwerde eingereicht wurde. Einige Tools geben Nutzern die Möglichkeit, Datenmissbrauch zu melden, und werden an dieser Stelle als Kennzahl erfasst.

Average Email Campaign Stats of MailChimp Customers by Industry

Type of Company	Open Rate	Click Rate	Soft Bounce Rate	Hard Bounce Rate	Abuse Complaint Rate	Unsubscribe Rate
Agriculture and Food Services	23.94%	4.85%	0.97%	2.06%	0.10%	0.38%
Arts and Artists	17.53%	3.54%	1.58%	2.54%	0.08%	0.25%
Beauty and Personal Care	14.94%	2.65%	0.71%	1.54%	0.09%	0.28%
Business and Finance	15.47%	2.77%	2.10%	1.57%	0.04%	0.21%
Computers and Electronics	15.51%	2.97%	1.12%	1.71%	0.08%	0.30%
Construction	28.70%	8.01%	4.51%	5.81%	0.11%	0.35%
Consulting	16.32%	3.30%	2.50%	2.39%	0.03%	0.25%
Creative Services/Agency	24.64%	3.08%	1.34%	2.05%	0.06%	0.25%
eCommerce	14.98%	3.36%	0.74%	0.88%	0.08%	0.25%
Education and Training	16.64%	3.41%	1.42%	2.09%	0.06%	0.20%

Abbildung 3.19 E-Mail-Marketingkennzahlen nach Branchen (Quelle: MailChimp)

3.5 Dos and Don'ts – juristische Aspekte

Im E-Mail-Marketing sind einige juristische Aspekte zu berücksichtigen, damit Sie keinen Ärger bekommen. Grundsätzlich müssen Sie alle Anforderungen an den Datenschutz erfüllen. So dürfen keine fremden Personen an die Kundendaten gelangen, und Sie müssen den Missbrauch von Daten unterbinden. Adressdaten sind ein sehr sensibles Thema. Daher sollten Sie ein großes Augenmerk darauf legen, wo und wie Sie die Daten abspeichern.

§ 12 Telemediengesetz – Datenschutzgrundsätze

(1) Der Diensteanbieter darf personenbezogene Daten zur Bereitstellung von Telemedien nur erheben und verwenden, soweit dieses Gesetz oder eine andere Rechtsvorschrift, die sich ausdrücklich auf Telemedien bezieht, es erlaubt oder der Nutzer eingewilligt hat.

(2) Der Diensteanbieter darf für die Bereitstellung von Telemedien erhobene personenbezogene Daten für andere Zwecke nur verwenden, soweit dieses Gesetz oder eine andere Rechtsvorschrift, die sich ausdrücklich auf Telemedien bezieht, es erlaubt oder der Nutzer eingewilligt hat.

(3) Soweit nichts anderes bestimmt ist, sind die jeweils geltenden Vorschriften für den Schutz personenbezogener Daten anzuwenden, auch wenn die Daten nicht automatisiert verarbeitet werden.

Ein wichtiger Punkt dabei ist das sogenannte *Double-Opt-In-Verfahren* für die Gewinnung von E-Mail-Empfängern. Als Newsletter-Anbieter müssen Sie sicherstellen, dass Sie keine unerwünschten E-Mails zustellen. Dies kann aber geschehen, indem fremde Personen die E-Mail-Adresse einer anderen Person für Ihren Newsletter anmelden. Das Problem können Sie mit dem Double-Opt-In-Verfahren vermeiden. Dazu senden Sie an die neu eingetragene Adresse eine E-Mail, damit der Nutzer diese E-Mail bestätigt und somit verifiziert. Sie haben somit also eine doppelte Bestätigung und somit eine rechtliche Absicherung, dass sich der Nutzer die Zustellung von E-Mails wünscht. Als professioneller Anbieter sollten Sie dieses Verfahren nutzen, um sich vor Abmahnungen zu schützen. Sie sehen in Abbildung 3.20 beispielhaft, wie die Website *Groupon.de* das Verfahren umgesetzt hat. Im ersten Schritt gibt der Nutzer seine Daten in ein Formular ein, und dann wird er aufgefordert, seine E-Mails abzurufen.

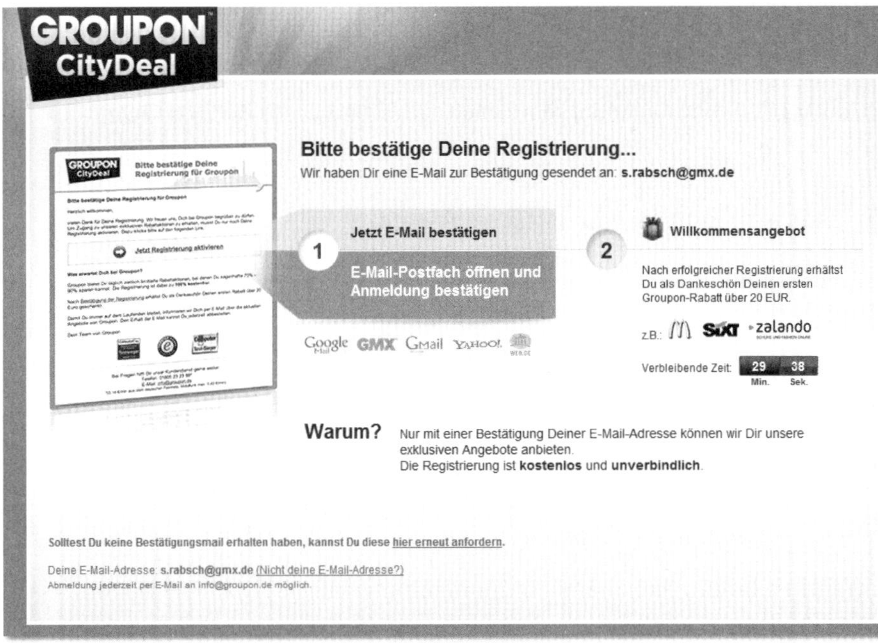

Abbildung 3.20 E-Mail-Bestätigung Schritt 1 bei Groupon

Der Nutzer bekommt eine E-Mail, die einen Aktivierungslink enthält. Durch den Klick auf diesen Link bestätigt der Nutzer, dass er dem Empfang von E-Mails zustimmt. Weisen Sie darauf hin, dass der Interessent auch seinen Spam-Ordner überprüfen sollte, da es häufig vorkommt, dass kommerzielle Mails als solche eingestuft werden. Im Beispiel von *Groupon.de* wird die Bestätigung sogar noch mit Sondergutscheinen belohnt und zeitlich befristet, damit die Nutzer den Empfang sofort bestätigen (Abbildung 3.21).

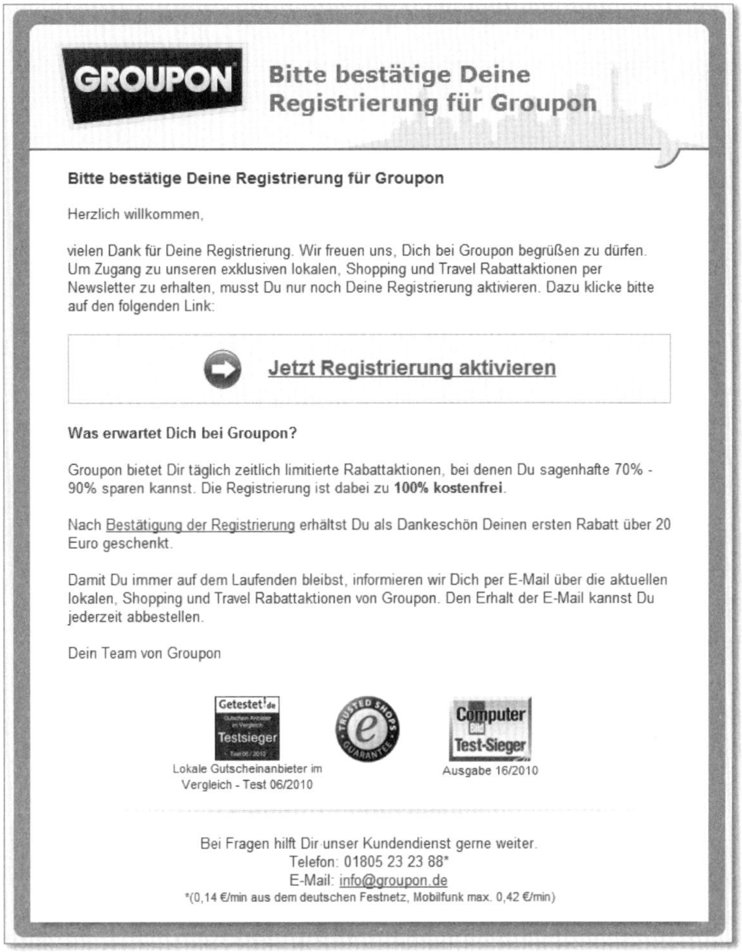

Abbildung 3.21 E-Mail-Bestätigung Schritt 2 bei Groupon

Ein weiterer juristischer Aspekt ist die Anbieterkennzeichnung im Internet. Dies wird in § 5 Telemediengesetz beschrieben. Die Anbieterkennzeichnung gilt auch für E-Mails. Das heißt, Ihre gewerbliche Mail muss ein Impressum beinhalten. Ähnlich wie Sie es auch aus dem Website-Impressum kennen, müssen Sie angeben, wer für die E-Mail verantwortlich ist.

§ 5 Telemediengesetz – allgemeine Informationspflichten

(1) Diensteanbieter haben für geschäftsmäßige, in der Regel gegen Entgelt angebotene Telemedien folgende Informationen leicht erkennbar, unmittelbar erreichbar und ständig verfügbar zu halten:

1. den Namen und die Anschrift, unter der sie niedergelassen sind, bei juristischen Personen zusätzlich die Rechtsform, den Vertretungsberechtigten und, sofern Angaben über das Kapital der Gesellschaft gemacht werden, das Stamm- oder Grundkapital sowie, wenn nicht alle in Geld zu leistenden Einlagen eingezahlt sind, der Gesamtbetrag der ausstehenden Einlagen,

2. Angaben, die eine schnelle elektronische Kontaktaufnahme und unmittelbare Kommunikation mit ihnen ermöglichen, einschließlich der Adresse der elektronischen Post,

3. soweit der Dienst im Rahmen einer Tätigkeit angeboten oder erbracht wird, die der behördlichen Zulassung bedarf, Angaben zur zuständigen Aufsichtsbehörde,

4. das Handelsregister, Vereinsregister, Partnerschaftsregister oder Genossenschaftsregister, in das sie eingetragen sind, und die entsprechende Registernummer,

5. soweit der Dienst in Ausübung eines Berufs im Sinne von Artikel 1 Buchstabe d der Richtlinie 89/48/EWG des Rates vom 21. Dezember 1988 über eine allgemeine Regelung zur Anerkennung der Hochschuldiplome, die eine mindestens dreijährige Berufsausbildung abschließen (ABl. EG Nr. L 19 S. 16), oder im Sinne von Artikel 1 Buchstabe f der Richtlinie 92/51/EWG des Rates vom 18. Juni 1992 über eine zweite allgemeine Regelung zur Anerkennung beruflicher Befähigungsnachweise in Ergänzung zur Richtlinie 89/48/EWG (ABl. EG Nr. L 209 S. 25, 1995 Nr. L 17 S. 20), zuletzt geändert durch die Richtlinie 97/38/EG der Kommission vom 20. Juni 1997 (ABl. EG Nr. L 184 S. 31), angeboten oder erbracht wird, Angaben über

a) die Kammer, welcher die Diensteanbieter angehören,

b) die gesetzliche Berufsbezeichnung und den Staat, in dem die Berufsbezeichnung verliehen worden ist,

c) die Bezeichnung der berufsrechtlichen Regelungen und dazu, wie diese zugänglich sind,

6. in Fällen, in denen sie eine Umsatzsteueridentifikationsnummer nach § 27a des Umsatzsteuergesetzes oder eine Wirtschafts-Identifikationsnummer nach § 139c der Abgabenordnung besitzen, die Angabe dieser Nummer,

7. bei Aktiengesellschaften, Kommanditgesellschaften auf Aktien und Gesellschaften mit beschränkter Haftung, die sich in Abwicklung oder Liquidation befinden, die Angabe hierüber.

(2) Weitergehende Informationspflichten nach anderen Rechtsvorschriften bleiben unberührt.

Je nach Rechtsform und Branche Ihres Unternehmens müssen Sie also Impressumsangaben in den versendeten E-Mails vornehmen. Für eine GmbH sieht ein Impressum folgendermaßen aus. Sie können sich unter der Adresse *www.net-and-law.de/de/netlaw/webimpressum/assistent.php* eine Vorlage für Ihr eigenes Impressum erstellen lassen.

Muster-Impressum für eine GmbH

Mustermann GmbH

Musterstraße 1

00000 Musterstadt

Telefon: +49 40 000000

Telefax: +49 40 000000

E-Mail: info@example.com

Internet: www.example.com

Vertretungsberechtigter Geschäftsführer: Max Mustermann

Registergericht: Amtsgericht Musterstadt

Registernummer: HR 0000

Umsatzsteuer-Identifikationsnummer gemäß § 27 a Umsatzsteuergesetz:
DE 0000000

Ein weiterer juristischer Aspekt ist die Abmeldemöglichkeit von einem Newsletter (engl. »unsubscribe«). Dies ist erforderlich, da Sie dazu verpflichtet sind, zu ermöglichen, dass sich der Nutzer selbst abmelden kann. Zusätzlich zu den gesetzlichen Regelungen gibt es noch die freiwillige Selbstverpflichtung der Mailing-Anbieter. So gibt es auf Initiative des Deutschen Dialogmarketing Verbands (DDV, *www.ddv.de*) den Ehrenkodex E-Mail Marketing. Damit verpflichten sich die unterzeichnenden Anbieter, die Regeln des Datenschutzes einzuhalten, die ordnungsgemäße Erhebung von E-Mail-Adressen durchzuführen und den Widerruf einer Zustellungserlaubnis zu ermöglichen. Außerdem wird eine Absenderkennzeichnung gefordert und die Adressweitergabe unterbunden. Der DDV führt weiterhin die sogenannte *Robinsonliste*, in der sich Privatpersonen eintragen können, um sich vor ungewollter Werbung zu schützen. Diese Liste besteht schon seit 1971 und umfasst inzwischen auch die E-Mail-Werbung. Die Liste funktioniert ähnlich wie der Aufkleber an Ihrem Postkasten: *»Bitte keine Werbung einwerfen«*. Seriöse Anbieter machen einen Adressabgleich mit der Robinsonliste und halten sich an die Vorgaben. Unter *www.ichhabediewahl.de* können Sie weitere Informationen zur Vorgehensweise einsehen und sich selbst in die Liste eintragen.

3.6 E-Mail- und Newsletter-Marketing to go

- E-Mail-Kommunikation ist eine der ersten Anwendungen im Internet gewesen und wird auch heute noch am häufigsten genutzt. Dadurch wurden E-Mails schnell als Marketinginstrument erkannt und gelten als älteste Online-Marketingmaßnahme.
- E-Mail-Marketing kann in verschiedenen Formen vorkommen. Am bekanntesten sind Newsletter, die regelmäßig versendet werden. Hinzu kommen Kampagnen-E-Mails und Sondermailings zu besonderen Anlässen.
- Eine Sonderform sind Stand-alone-Mailings, bei denen ein Werbetreibender sich in bestehende E-Mail-Verteiler einkauft und eine Kampagnen-E-Mail ausschließlich für ihn versandt wird.
- E-Mail-Marketing eignet sich besonders für kurzzeitige Aktionen und Angebote, da Internetnutzer häufig, zum Teil mehrmals täglich, ihre E-Mails abfragen. Zunutze machen sich dies vor allem Shopping-Clubs oder Gutscheinportale.
- Anmeldeformulare sollten möglichst einfach gehalten sein und nur die notwendigsten Daten abfragen. Damit erhöht sich die Anmelderate.
- Achten Sie bei der Erstellung von Werbe-E-Mails auf Ihre Zielgruppe. Bieten Sie möglichst gut auf die Personen abgestimmte Inhalte, und senden Sie die E-Mails auch nur an den passenden Empfängerkreis.
- Eine E-Mail-Kampagne bedarf guter Vorbereitung. Legen Sie Ziele fest, und bestimmen Sie das Kampagnenbudget. Erstellen Sie einen Zeitplan für das Mailing.
- Der Inhalt eines Mailings ist von besonderer Bedeutung. Von der Betreffzeile bis zur textlichen und grafischen Gestaltung müssen viele Punkte berücksichtigt werden. Dies umfasst auch die Angabe eines Impressums und einer Abmeldefunktion am Ende jeder E-Mail.
- Testen Sie die inhaltliche Darstellung der E-Mails mit verschiedenen E-Mail-Programmen und -Adressen. Stellen Sie damit sicher, dass alle E-Mails ordnungsgemäß beim Empfänger ankommen.
- Bieten Sie HTML- und Textversionen für die Empfänger an, damit die E-Mails auf allen Endgeräten angezeigt werden können.
- Nutzen Sie für den E-Mail-Versand spezialisierte Anbieter, die sicherstellen, dass Ihre E-Mails beim Empfänger ankommen und nicht unter Spam-Verdacht ausgefiltert werden.
- Messen Sie kontinuierlich den Erfolg der E-Mail-Kampagnen. Als Kennzahlen dienen hierbei die Öffnungsrate, Klickraten, Bounce-Rates und Abmelderaten.
- Achten Sie auf rechtliche Aspekte des E-Mail-Marketings. Schreiben Sie nur Personen an, von denen Sie eine Einverständniserklärung haben. Nutzen Sie dafür das Double-Opt-In-Verfahren.

3.7 Checkliste E-Mail- und Newsletter-Marketing

Ist Ihre Empfänger-Liste vollständig, und trifft sie auf Ihre Zielgruppe zu?	
Sind Ihre Empfängerdaten entsprechend segmentiert, damit Sie Ihre Mailings besser ausrichten und personalisieren können?	
Ist Ihre Empfängerliste so überschaubar, dass Sie den Versand selbst vornehmen können, oder sollten Sie zum Versand Ihres Mailings an eine umfangreiche Empfängerliste einen Dienstleister zu Hilfe nehmen?	
Bieten Sie den Interessenten Ihres Newsletters das Double-Opt-In-Verfahren, bei dem sich der entsprechende Nutzer für das Mailing verifizieren muss?	
Haben Sie eine für Sie passende Form des Mailings gewählt, z. B. Standalone- oder regelmäßige Mailings wie Newsletter berücksichtigt?	
Haben Sie wirklich etwas zu sagen, das heißt, bieten Sie Ihren Lesern tatsächlich interessante Inhalte mit dem Mailing?	
Welche Versandfrequenz und welcher Versandtag passen optimal zu Ihrer Zielgruppe? Testen Sie dieses genau aus.	
Bieten Sie Ihren Newsletter im Text- und im HTML-Format?	
Ist die Betreffzeile Ihres Mailings attraktiv formuliert, oder versinkt das Schreiben in überfüllten Posteingängen?	
Beinhaltet Ihr Mailing ein gesetzlich vorgeschriebenes Impressum und eine Möglichkeit zum Abbestellen?	
Messen Sie wichtige Kennzahlen Ihrer E-Mail-Kampagne, und passen Sie Ihre Maßnahmen in weiteren Mailings dahingehend an?	

Tabelle 3.1 Checkliste E-Mail- und Newsletter-Marketing

Kapitel 4
Social Media Marketing

»Man kann nicht nicht kommunizieren«
– Paul Watzlawick

In diesem Kapitel lernen Sie, was man unter dem Begriff soziale Medien versteht und welche großen Vertreter es am Markt gibt. Neben dem Blogmarketing lernen Sie Wege kennen, wie Sie Facebook und Twitter effektiv nutzen können. Sie erfahren mehr über das Netzwerk Google+ und die Unterschiede zu Facebook. Sie erhalten ein Bild von den Business-Netzwerken XING und LinkedIn sowie weiteren populären Communitys.

Gerade der Bereich Social Media ist äußerst dynamisch. Als wir diese zweite aktualisierte Ausgabe des Buches »Erfolgreiche Websites« erstellt haben, wurde besonders in diesem Kapitel deutlich, wie schnell sich die sozialen Medien entwickeln. Wie schon im Vorwort erwähnt, haben wir uns sehr bemüht, den aktuellsten Stand darzustellen und Entwicklungen aufzuzeigen. Wir empfehlen Ihnen aber zusätzlich, Neuerungen und Entwicklungen im Internet genau zu beobachten. Einen Schnellüberblick »to go« und eine Checkliste erhalten Sie am Ende des Kapitels.

4.1 Einstieg in Social Media – vom Monolog zum Dialog

Mit Beginn des Webs 2.0 kam es zu einigen Veränderungen bei der Nutzung des Internets. Waren die Nutzer zuvor eher passive Akteure der verschiedenen Angebote, können sie heute aktiv teilnehmen und das Geschehen im Netz beeinflussen. Aus den vormals passiven Konsumenten sind aktive Produzenten geworden. In diesem Zusammenhang wird häufig auch von *Prosumenten* gesprochen. Sie produzieren und erstellen Inhalte, indem sie Beiträge veröffentlichen, kommentieren, empfehlen, bewerten, Fragen stellen oder Antworten geben. Der sogenannte *User Generated Content* ist zum Teil sogar grundlegend für einige Websites. Als Paradebeispiel ist hier wohl die freie Enzyklopädie Wikipedia (*www.wikipedia.de*) zu nennen, deren Beiträge von Nutzern erstellt und bearbeitet werden können.

Soziale Netzwerke sind also Gemeinschaften, die es Nutzern über diverse Dienste ermöglichen, sich auszutauschen und miteinander zu kommunizieren. Charakteristisch für Social Networks sind Nutzerprofile, Freundeslisten, die Möglichkeit, Nachrichten zu empfangen und zu versenden, und diverse weitere Funktionen. Im Mittelpunkt stehen Kommunikation und Interaktion.

In dieses nutzeraktive Umfeld lässt sich der Bereich *Social Media Marketing (SMM)* einordnen, der zum Teil synonym mit der Bezeichnung *Social Media Optimization (SMO)* verwendet wird (wir sprechen im Folgenden jedoch von Social Media Marketing). Unternehmen können sich den direkten Dialog zunutze machen, denn ein transparentes Auftreten unterstützt die Vertrauensbildung der Kunden. Mit Aktivitäten im Social-Media-Bereich werden in der Regel Marketing-, Public-Relations-(PR-), Service-, Vertriebs- oder auch Human-Resources-(HR-)Ziele verfolgt. Sie sehen schon: Social Media ist nichts, was sich schnell nebenbei erledigen lässt. Es ist also eine falsche Annahme, dass die Aktivitäten in sozialen Netzwerken keine Kosten verursachen.

Welche Ausmaße der Bereich Social Media inzwischen annimmt, veranschaulicht ethority in dem inzwischen recht bekannten *Social Media Prisma* sehr gut (Abbildung 4.1).

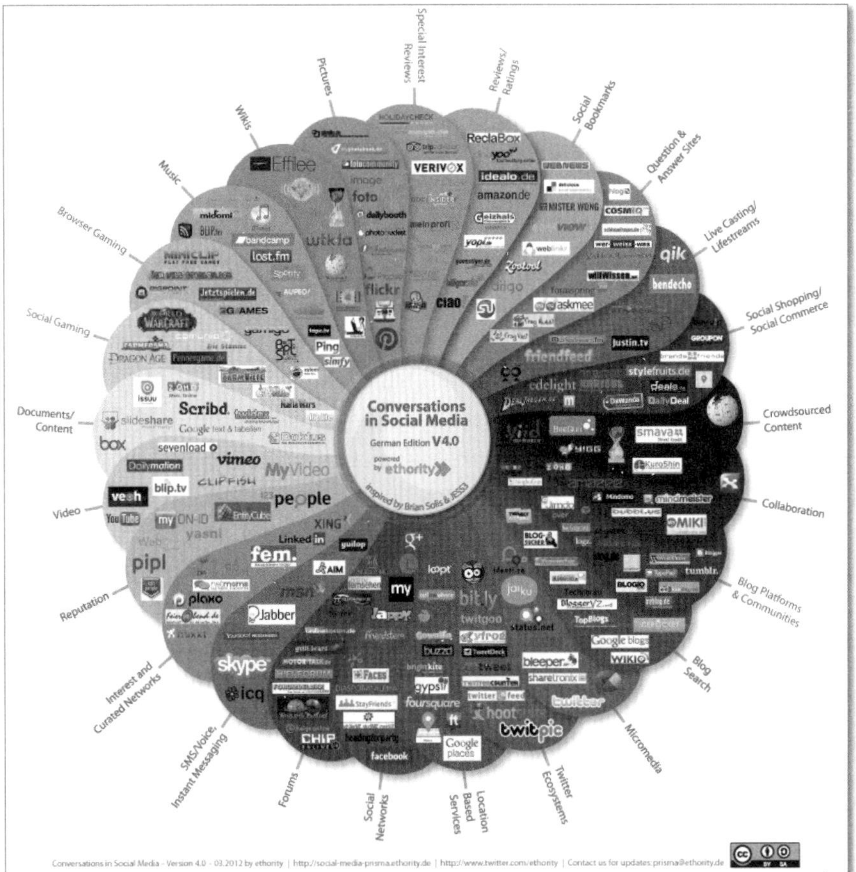

Abbildung 4.1 Das Social Media Prisma 4.0 (Quelle: www.ethority.de)

Bei diesem Umfeld ist es nicht verwunderlich, dass ein neues Berufsbild herangewachsen ist, nämlich das des Social Media Managers. Dieser kümmert sich rund um die Steuerung und Organisation des Auftritts eines Unternehmens in den sozialen Medien, angefangen bei der Strategie, die im Folgenden genauer beschrieben wird.

4.2 Social-Media-Strategie

Wie bei Ihrer Website ist auch bei den Aktivitäten in sozialen Medien eine durchdachte Strategie erforderlich. Ist der Entschluss gefasst, sich in diesem Umfeld zu betätigen, wollen Kosten und Ressourcen geplant und Ziele definiert sein. Leider vernachlässigen viele Akteure diesen Punkt nach wie vor. Jedoch sind planlose Aktionen hier nicht effizient. Zu einem erfolgreichen Auftritt im Bereich Social Media gehört eben doch mehr als nur die Spitze des Eisbergs, wie Sie sehr anschaulich in Abbildung 4.2 sehen.

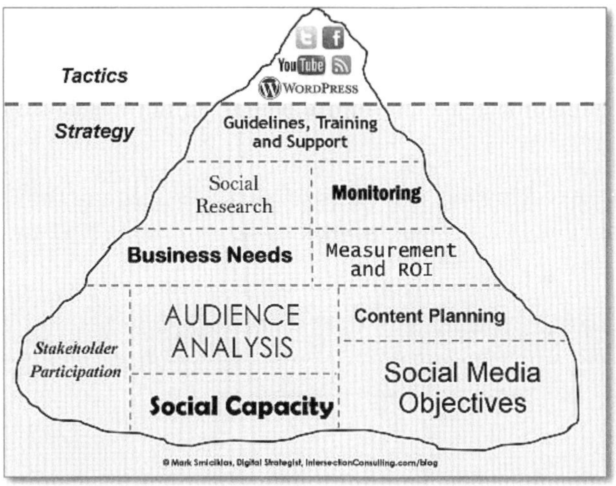

Abbildung 4.2 Der Social Media Eisberg (Quelle: www.intersectionconsulting.com)

Beantworten Sie also im Vorfeld für sich die Frage, ob ein Auftritt in sozialen Medien in Ihre Unternehmensstrategie und zu Ihrer Zielgruppe passt. Dies unterstreicht der POST-Ansatz von Charene Li und Josh Bernhoff, der besagt, dass vor allen anderen Dingen zunächst die Zielgruppe klar sein muss. POST setzt sich dabei zusammen aus

- P(eople)
- O(bjectives)
- S(trategy)
- T(echnology)

und beschreibt, dass erst nach der Zielgruppenanalyse Ziele, Strategie und Technologie ausgewählt werden.

Machen Sie sich auch ein Bild davon, ob Ihre Marktbegleiter und Wettbewerber bereits aktiv sind und wo sich Interessengruppen (*Stakeholder*) bewegen. Machen Sie sich die Vor- und Nachteile einer öffentlichen Kommunikation bewusst. Zu dem ersten Schritt, der Konzeptionsphase, gehören neben der Analyse, die SMARTe-Zielsetzung (Spezifisch, Messbar, Akzeptiert, Realistisch, Terminiert) und die Ressourcenplanung. Vergessen Sie nicht, in diesem Zusammenhang auch Kennzahlen (siehe dazu auch Abschnitt 4.7, »Social Media Monitoring und wichtige Kennzahlen«) festzulegen, an denen Sie Ihre Erfolge messen möchten.

Sind diese Themenfelder hinreichend beantwortet, können Sie mit den Vorbereitungen beginnen. Sie müssen Prozesse und Schnittstellen schaffen. Bereiten Sie alle Beteiligten vor, indem Sie z. B. Social Media Guidelines bereitstellen (siehe dazu Abschnitt 4.6.4, »Eine Fangemeinde aufbauen«). Klären Sie Verantwortungsbereiche und Ansprechpartner. Bei allen Aktivitäten kommt den Inhalten eine besondere Rolle zu: Überprüfen Sie regelmäßig, ob Sie Ihren Interessenten und Lesern einen wirklichen Mehrwert zur Verfügung stellen. Hier sollten Sie sich wertvollen Content statt reiner Marketinginhalte auf die Fahne schreiben, um nachhaltig erfolgreich zu sein.

Überprüfen Sie Ihre Ergebnisse regelmäßig, und arbeiten Sie an der Weiterentwicklung Ihrer Social-Media-Maßnahmen. Auch hier handelt es sich um einen Kreislauf und iterativen Prozess (Abbildung 4.3).

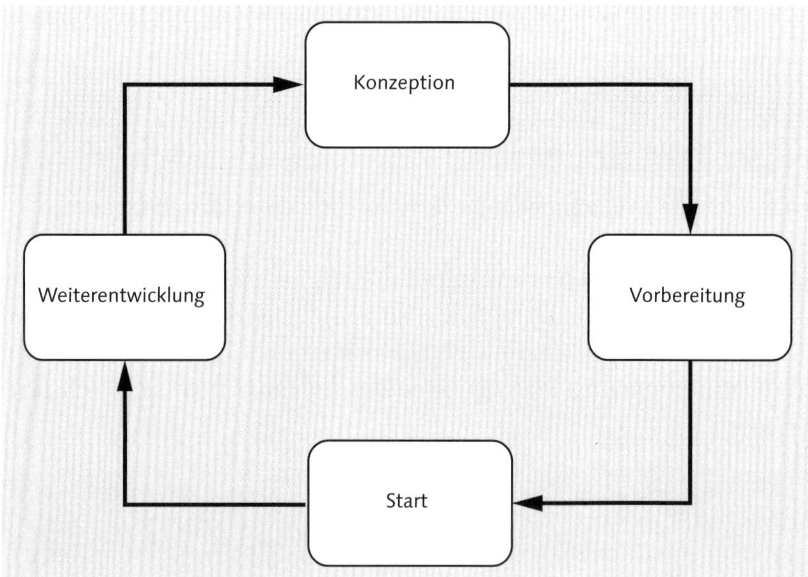

Abbildung 4.3 Social-Media-Strategie

Social-Media-Fehler, die es zu vermeiden gilt

- **Planlosigkeit**: Starten Sie Social Media Marketing nur mit einer durchdachten Strategie.
- **Nicht nachhaltig**: Sie werden nur erfolgreich sein können, wenn Sie in sozialen Medien authentisch auftreten und den Nutzern einen Mehrwert bieten. Mit reinen Marketingmeldungen werden Sie nicht weit kommen.
- **Unregelmäßigkeit**: Das Stichwort heißt hier Kontinuität. Treten Sie regelmäßig mit Interessenten in Kontakt, und lassen Sie diese Verbindungen nicht verkümmern.
- **Uneinheitlich**: Treten Sie als Unternehmen einheitlich in den sozialen Medien auf. Social Media Guidelines helfen dabei.
- **Unvorbereitet**: Wappnen Sie sich gegen negative Reaktionen mit einem ausgefeilten Krisenmanagement.

4.3 Logbücher im Web 2.0 – Blogs

Bestimmt haben Sie schon von sogenannten *Blogs* oder *Weblogs* gehört, denn von ihnen gibt es 173 Mio. im Web (nach Angaben von Statista, nach NM Incite Stand 2011) . Diese Wortkreation leitet sich von den Bezeichnungen *Web* (von World Wide Web) und *Log* (im Sinne von Logbuch) ab. Mit Blogs sind Websites gemeint, die analog zu Tagebüchern Beiträge des Autors (Bloggers) zu bestimmten Themenbereichen öffentlich anzeigen. In der Regel wird der aktuellste Blogpost als Erster angezeigt.

Bevor wir tiefer in die Thematik einsteigen, möchten wir Ihnen zunächst einige wichtige Begriffe im Zusammenhang mit Blogs erläutern.

Das kleine Blogger-Glossar

- **Das Blog**: Ein Blog oder Weblog bezeichnet ein digitales Tagebuch. Ein Autor, Blogger genannt, schreibt hier Beiträge (Blogposts), die in der Regel in umgedrehter chronologischer Reihenfolge (aktuellster Blogpost zu Beginn) angezeigt werden. Leser haben die Möglichkeit, diese Beiträge zu kommentieren.
- **Blogroll**: Ähnlich wie Ihre Browserlesezeichen beschreibt eine Blogroll die Auflistung beliebter anderer Blogs des Bloggers, die oftmals am rechten Seitenbereich aufgelistet werden.
- **Blogpost**: Ein Beitrag, der auf einem Blog veröffentlicht wird, wird als Blogpost bezeichnet.

- **Blogosphäre**: Jegliche Blogs, deren Blogger und die Blogposts bilden zusammen die sogenannte Blogosphäre.
- **Bloggen**: Bloggen beschreibt die Tätigkeit, einen Beitrag auf einem Blog zu veröffentlichen.
- **Trackback/Pingback**: Wird ein Blogpost oder ein Teil davon von einem anderen Blogger zitiert oder thematisiert, kann der ursprüngliche Blogger darüber per Trackback bzw. Pingback benachrichtigt werden.

Es gibt verschiedene Arten von Blogs, die sich sehr grob in öffentlich zugängliche Blogs und interne Blogs unterscheiden lassen. Während beispielsweise Unternehmensblogs (auch *Corporate Blogs* genannt) zu den öffentlichen Blogs zählen, gibt es auch Blogs, die nur für einen eingeschränkten Nutzerkreis gedacht sind, wie z. B. Mitarbeiterblogs. Bei beiden Arten gilt es aber, in einen Dialog zu treten. Interne Blogs können so beispielsweise zur Kommunikation innerhalb von Projekten eingesetzt werden; die Diskussion von Ideen gehört ebenso dazu, wie Mitarbeiterbindung und Teambildung. Öffentliche Blogs hingegen sind für jedermann zugänglich. In Abbildung 4.4 sehen Sie das Unternehmensblog der Daimer AG (*blog.daimler.de)*.

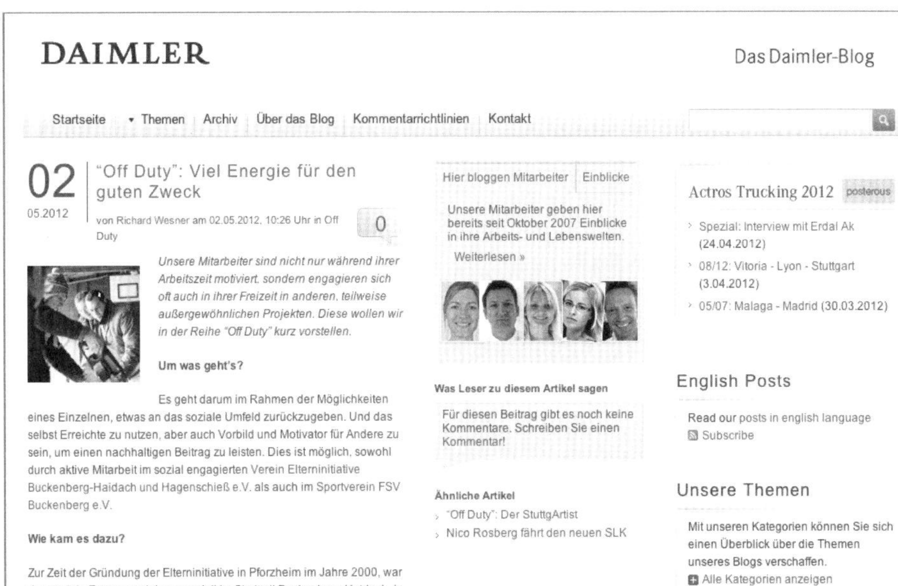

Abbildung 4.4 Das Daimler-Blog

Um in der vielfältigen Bloglandschaft spezielle Blogs zu finden, stellt Google unter *blogsearch.google.de* eine Blogsuche zur Verfügung. Eine ähnliche Suchfunktion bietet auch Icerocket (*www.icerocket.com*).

Warum aber sollten Sie eigentlich bloggen, denn zunächst einmal klingt eine weitere Website nach erhöhtem Arbeitsaufwand? Dies soll an dieser Stelle auch nicht abgestritten werden, denn die Pflege eines Blogs ist in der Tat mit Arbeit verbunden. Dennoch lohnt sich ein Blog in verschiedener Hinsicht. Zunächst einmal nutzen Sie die Möglichkeit, direkt und ohne Umschweife mit Interessenten und Kunden Ihres Angebots zu kommunizieren, und können dadurch eine engere Bindung zu ihnen aufbauen. Sie erhalten ein Stimmungsbild und ehrliches Feedback, auf das Sie reagieren können. Je nachdem, wie aktiv Ihre Konkurrenz bloggt, haben Sie die Möglichkeit, sich von Ihren Wettbewerbern abzuheben. Sie untermauern Ihre Rolle als Experte und richtiger Ansprechpartner, indem Sie Ihren Lesern informative Inhalte liefern. Auch Journalisten können Blogs in Ihre Recherche einbeziehen. Blogs können sich zudem anbieten, wenn Sie Ihren Markenauftritt unterstützen möchten. Da Sie einzigartige Inhalte erstellen, sind Ihre Beiträge auch für Suchmaschinen interessant. So können Sie Ihre Präsenz in den Suchergebnissen verbessern.

Originell – die Blog-Schokolade

Eine besondere Aktion, um mit Kunden zu interagieren, hat sich der Schokoladenhersteller Ritter Sport einfallen lassen. Innerhalb der Aktion »Ritter Sport Blog-Schokolade – von euch, mit euch, für euch!« konnten Schokoladenfans ihre Ideen für eine neue Schokokreation einbringen. »Von der Rezeptur über das Design bis hin zum Namen werden alle Entscheidungen zur Sondersorte von euch getroffen!«, so hieß es in dem Ritter-Sport-Blog.

Sind Sie nun auf den Geschmack gekommen, auch ein Blog aufzusetzen? Im Rahmen dieses Buches können wir Ihnen keine vollständige Anleitung an die Hand geben, wie Sie ein Blog im Detail erstellen. Wir möchten Sie jedoch auf eine etablierte Möglichkeit hinweisen, die WordPress (*de.wordpress.org* bzw. *www.wordpress.com*) anbietet und die in der Praxis häufig zum Einsatz kommt. Sie können die kostenfreie Websoftware herunterladen und mit sogenannten *Themes* ein Layout verwenden, das Ihren Vorstellungen entspricht. Empfehlenswert ist das Erstellen von einigen Beiträgen, bevor das Blog online geht. Das hat den Vorteil, dass Sie den Lesern sofort interessante Inhalte bieten und dass Sie sich selbst in die Handhabung des Blogs einarbeiten können.

4.4 Erfolgsfaktoren für das Blogmarketing

Sie haben bereits ein Blog, haben es aber bisher wenig genutzt? Dann sollten Sie die folgenden Tipps berücksichtigen, die im Zusammenhang mit Blogmarketing eine wichtige Rolle spielen.

Eine Grundvoraussetzung für ein erfolgreiches Blog ist eine gewisse Leserschaft. Wenn Sie mit Ihrem Blog aber gerade erst gestartet sind, so sollten Sie zunächst auf Ihr Logbuch aufmerksam machen. Eine Möglichkeit, dies zu tun, ist das Kommentieren in anderen themenrelevanten Blogs. Verwechseln Sie dies aber nicht mit Spam, und schreiben Sie sinnvolle und hilfreiche Kommentare. Oftmals besteht die Möglichkeit, einen Link zu Ihrem eigenen Blog zu setzen. Versuchen Sie, innerhalb der Blogosphäre Kontakte zu knüpfen, und ziehen Sie Gastbeiträge in anderen Blogs in Erwägung.

Nutzen Sie darüber hinaus alle weiteren Kommunikationskanäle, um auf Ihr Blog und dessen URL aufmerksam zu machen. Dies können Twitter-Meldungen, Hinweise in Newslettern und Mailings oder Ihrem Facebook-Profil, aber auch PR-Maßnahmen oder E-Mail-Signaturen sein. Verwenden Sie darüber hinaus auch die Möglichkeit von RSS-Feeds, die es Lesern erleichtert, von Ihren neuen Blogposts Kenntnis zu nehmen. Weiterhin können Sie »pingen«. Damit sind automatische Hinweise an verschiedene Websites gemeint, die über die Aktualisierung Ihres Blogs informieren. Einen solchen Service bietet beispielsweise Pingomatic (*pingomatic.com*). Insgesamt sind die Möglichkeiten zur Aufmerksamkeitssteigerung sehr vielfältig. Darüber hinaus können Sie mit suchmaschinenoptimierten Inhalten die Chance erhöhen, dass Ihre Beiträge auch in den Suchergebnissen von Google gut gelistet werden (mehr dazu lesen Sie in Kapitel 12, »Suchmaschinenoptimierung (SEO)«).

Und damit sind wir auch schon beim nächsten Punkt: dem Schreiben von Blogposts. Nachdem Sie das Interesse geweckt und Aufmerksamkeit erzeugt haben, sollten Sie diesen Erwartungen nun gerecht werden. Das A und O ist qualitativ hochwertiger und interessanter Inhalt. Bedenken Sie, dass Sie damit nicht nur Ihre Leser bedienen, sondern dass gute Inhalte z. B. auch von anderen Bloggern gerne verlinkt werden. Im Gegenzug dazu sollten Sie auch in Ihren Blogposts auf interessante Inhalte verweisen, sofern dies sinnvoll ist. Wichtig ist jedoch, dass Ihnen Ihre Zielgruppe immer vor Augen steht, denn mit ihr kommunizieren Sie. Seien Sie dabei so authentisch wie möglich. Stellen Sie sich beispielsweise vor, Sie sprechen mit Ihrem Nachbarn. Sprachlich sollten Sie also keine Fachtermini verwenden, die langer Erklärung bedürfen. Legen Sie sich inhaltlich auf einige Themen fest, die zu Ihrer Expertise zählen. Zum erfolgreichen Blogmarketing gehört auch das regelmäßige Veröffentlichen von neuen Posts. Experten sprechen hier von einem oder mehr Beiträgen pro Tag.

Schließlich sollten Sie Ihre Bemühungen im Bereich Blogmarketing laufend beobachten und analysieren. Für das sogenannte *Blogmonitoring* können Sie verschiedenste Tools einsetzen, je nachdem, welche Informationen Sie über Ihr Blog oder das Ihres Mitbewerbers erhalten möchten. Zwei hilfreiche Websites sind beispielsweise:

- **PubSub** (*www.pubsub.com*): Das Monitoring über PubSub wird Ihnen bequem per Feed zugespielt.

- **Technorati** (*technorati.com*): Technorati ist eine bekannte Suche speziell für Blogs, die auch nach der sogenannten *Authority* in einer Topliste aufgeführt werden.

4.4.1 Kommentare und Feedback

Wie schon kurz angerissen wurde, bietet die Kommunikation per Blog eine gute Möglichkeit, um eine ehrliche Rückmeldung der Interessenten und Kunden zu erhalten. Machen Sie sich aber bewusst, dass Sie nicht immer Lob ernten werden. Stehen Sie kritischen Kommentaren stets positiv gegenüber, denn Sie bieten Ihnen eine wertvolle Möglichkeit, Ihr Angebot zu verbessern.

Sowohl bei Kritik als auch bei neutralen oder positiven Rückmeldungen sollten Sie sich für das Feedback bedanken und stets professionell und höflich auftreten. Machen Sie Ihren Lesern deutlich, dass Sie sich wirklich für ihre Hinweise interessieren. Dementsprechend sollten Sie Fragen schnell und hinreichend beantworten. Zeigen Sie Verständnis, wenn Probleme aufgetreten sind. Diese sollten Sie selbstverständlich zu lösen versuchen. Bleiben Sie authentisch, und verwenden Sie auf keinen Fall Standardantworten oder Floskeln. Um auf unser Beispiel zurückzukommen: Denken Sie daran, wie Sie mit Ihrem Nachbarn sprechen würden. Letztendlich sollten Sie sich immer an einem realen Gespräch orientieren. Reagieren Sie auf Fragen und Hinweise in einer angemessenen, sachlichen und höflichen Art und Weise.

Netiquette

Mit dem Begriff Netiquette – zusammengesetzt aus den Wörtern Net (von Internet) und Etiquette – sind Verhaltensregeln gemeint, die sich auf das Verhalten innerhalb der Online-Kommunikation beziehen. Viele Communitys arbeiten mit einem eigenen Verhaltenscodex.

4.4.2 Foren vs. Blogs

Im Unterschied zu Blogs sind (Diskussions-)Foren zwar oftmals öffentlich zugänglich, das heißt, Nutzer können die entsprechenden Beiträge lesen; um eigene Beiträge zu verfassen, müssen sie sich in der Regel jedoch anmelden. Dadurch entsteht eine Gemeinschaft, der es ermöglicht wird, verschiedene Gespräche zu starten oder an bestehenden Diskussionen teilzunehmen. Dies steht im Gegensatz zu Blogs, wo es im Normalfall nur einen Blogger bzw. eine begrenzte Zahl an Autoren gibt. Durch die entstehende Dynamik in Foren kommen häufig Moderatoren ins Spiel, die die Diskussionen in gewissem Rahmen lenken. Bei Weblogs haben die Besucher neben dem Lesen auch die Möglichkeit, die Beiträge beispielsweise zu kommentieren.

4.5 Digitales Gezwitscher – Twitter

»Finde heraus, was es bei den Leuten und Organisationen, die Dich interessieren, Neues gibt.«

Das ist der Begrüßungstext auf der Website von *Twitter (www.twitter.com)*, einem Unternehmen, das sich zunehmender Beliebtheit erfreut. Werfen wir also einmal einen Blick hinter die Kulissen, um den Internetdienst näher kennenzulernen.

Twitter kann als sogenannter *Microblogging-Dienst* der Gruppe sozialer Netzwerke zugeordnet werden. Nutzer können Kurzmeldungen in einer Länge von maximal 140 Zeichen in Echtzeit veröffentlichen.

Ursprünglich als Forschungs- und Entwicklungsprojekt gestartet, wurde Twitter im März 2006 veröffentlicht. Die Podcasting-Firma *Odeo* in San Francisco, gegründet von Jack Dorsey, Biz Stone und Evan Williams, hatte den Dienst zunächst intern verwendet. Seit April 2007 agiert Twitter als eigenständiges Unternehmen und beschäftigt derzeit (Stand August 2011) etwa 600 Mitarbeiter.

Neuer Twitter-Standort in Deutschland

Im Frühjahr 2012 wurde bekannt gegeben, dass Twitter eine Unternehmens-Dependance in Deutschland errichten werde. Die Wahl fiel dabei auf die Hauptstadt Berlin. Geführt werden soll die Zweigstelle von Rowan Barnett, vormals Head of Community and Social Media bei *bild.de*.

Im Vergleich zum Vorjahr konnte Twitter im Januar 2012 mit einem Wachstum von gut 1 Mio. Besuchern aufwarten (siehe Abbildung 4.5), was die steigende Tendenz des Kurznachrichtendienstes untermauert. Jedoch muss hier bei der Betrachtung der Zahlen berücksichtigt werden, dass die Besucher auch passive Leser sind und nicht alle zwangsläufig aktiv Tweets verbreiten. Vielmehr informieren sich diese Nutzer über die täglich abgesetzten 340 Mio. Tweets pro Tag (Stand März 2012, nach Angaben auf *blog.de.twitter.com*; Abbildung 4.6).

Tweets pro Sekunde 2011 (TPS)

8.868 Tweets pro Sekunde erreichten die MTV Video Music Awards im Jahr 2011. Gefolgt von der Hinrichtung Troy Davis' im September mit 7.671 Tweets und der Frauen-Fußball-WM mit 7.196 Tweets. Eine Übersicht zu den Tweets pro Sekunde können Sie sich unter *yearinreview.twitter.com* ansehen.

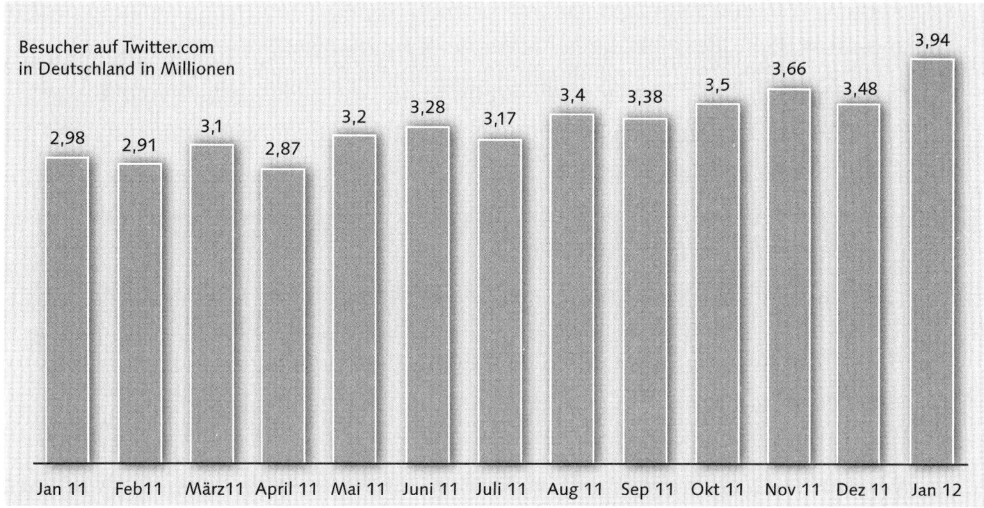

Abbildung 4.5 Das Twitter-Wachstum in Deutschland, ermittelt nach Angaben von Comscore

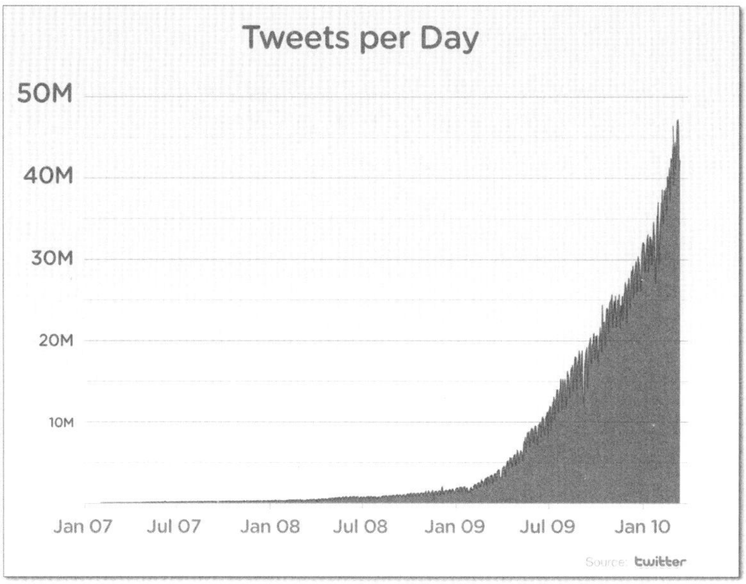

Abbildung 4.6 Entwicklung der Twitter-Nachrichten (Tweets) in Millionen pro Tag nach Angaben auf dem Twitter-Blog (blog.twitter.com)

Twitter steht inzwischen in 28 Sprachen zur Verfügung und arbeitet dazu mit mehreren tausend freiwilligen Übersetzern weltweit zusammen (eine Anmeldung dazu ist unter *translate.twttr.com* möglich).

Studienangaben zufolge liegt das Durchschnittsalter der Twitter-Nutzer bei 32 Jahren und damit über dem Alter der Nutzer anderer sozialer Netzwerke.

Die Anmeldung bei Twitter (*twitter.com/signup*) ist recht einfach und kostenlos. Unternehmer sollten einen Benutzernamen wählen, der möglichst kurz ist und das Unternehmen genau beschreibt.

Informationen im Profil hinterlegen

Gerade wenn Sie einen Unternehmens-Account anlegen, sollten Sie wichtige Informationen angeben. Sie können unter den Einstellungen ein Profilbild veröffentlichen (z. B. Ihr Logo) und unter Bio (für Biografie) thematische Schwerpunkte, Slogan etc. angeben.

Nutzer können aktiv oder passiv an Twitter teilnehmen (Abbildung 4.7). So können Sie, wie bereits erwähnt, Nachrichten nur konsumieren, indem Sie in dem Suchfeld nach interessanten Themen suchen und diesen folgen.

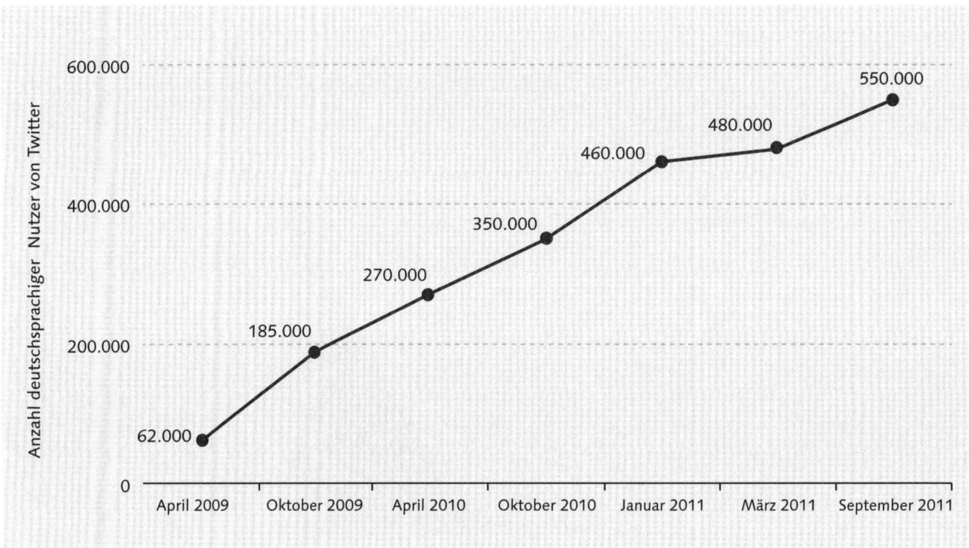

Abbildung 4.7 Entwicklung der aktiven deutschsprachigen Nutzer von Twitter

Wenn Sie beispielsweise den Begriff »online marketing« in den Suchschlitz eingeben, erhalten Sie aktuelle Meldungen von Twitter-Nutzern zu diesem Begriff (siehe Abbildung 4.8).

Abbildung 4.8 Suche nach »online marketing« bei Twitter

Sie haben aber auch die Möglichkeit, selbst Nachrichten zu schreiben, die sogenannten *Tweets* von 140 Zeichen Länge. In der Regel wird darin auf weiterführende Informationen verlinkt. Es besteht auch die Möglichkeit, Fotos und Videos in die Meldungen einzubeziehen.

Häufig werden in diesen Meldungen Kurz-URLs verwendet, also Links, die dem Zweck dienen, das Zeichenlimit nicht zu überschreiten. Möchten Sie beispielsweise eine lange URL twittern, so können Sie deren Zeichen mit verschiedenen Tools verkürzen. Dazu zählen beispielsweise *TinyURL* (*tinyurl.com*) oder *bitly* (*bitly.com*). Ganz im Sinne der Pull-Strategie entscheidet also der Nutzer selbst, welche Nachrichten er liest (bzw. wem er folgt) und wem er Nachrichten zur Verfügung stellt. Bevor wir tiefer in das Thema einsteigen, möchten wir Ihnen zunächst wichtige Begriffe im Zusammenhang mit Twitter erläutern.

Das kleine Twitter-Glossar

- **Follower**: Diese Bezeichnung stammt vom englischen Verb »to follow« ab, was »folgen« bedeutet. Mit Follower ist ein Leser oder die gesamte Leserschaft gemeint, die die Tweets eines Autors abonniert haben.
- **Hashtag**: Ist die englische Bezeichnung für das #-Zeichen. Bei Twitter wird mit diesem Zeichen ein Schlagwort markiert, z. B. `#Fußball`, und kann direkt im Tweet verwendet werden. Mit Hashtags können Nachrichten gruppiert werden. Per Klick auf ein Hashtag sieht der Nutzer alle Meldungen zu diesem Schlagwort.
- **ReTweet (RT)**: Bezeichnet das Wiederholen eines Tweets eines anderen Twitterers, um eine Meldung zu verbreiten; zur Weiterleitung muss der Nutzer auf das ReTweet-Symbol klicken, das bei den einzelnen Tweets angezeigt wird. In der Timeline wird ein ReTweet als solcher gekennzeichnet.
- **Timeline (TL)**: Ist die chronologische Liste der Tweets von Twitterern, denen man folgt.
- **Trending Topics**: Ist die Liste im rechten Seitenbereich der Twitter-Startseite, die bei Twitter beliebte Themen enthält.
- **Tweet** (auch *Update*): Als Tweets werden die Beiträge auf Twitter mit einer maximalen Länge von 140 Zeichen bezeichnet. Der Name hat seinen Ursprung im englischen Verb »to tweet«, das »zwitschern« bedeutet.
- **Twitterer**: Bezeichnet die Autoren von Beiträgen.
- **Twittern**: Nennt man das Schreiben von Kurznachrichten per Twitter.
- **Twitterwall**: Beschreibt eine »Wand« mit Tweets zu einem bestimmten Thema (Hashtag), die häufig bei Veranstaltungen eingesetzt wird, damit Teilnehmer und nicht anwesende Twitterer kommunizieren können.

Ein vollständiges Twitter-Glossar finden Sie auf Englisch unter:
support.twitter.com/entries/166337-the-twitter-glossary

Weitere Erläuterungen unter:
business.twitter.com/basics/glossary

Die Tweets sind mit einer Detailseite verknüpft, die weitere Informationen bereitstellt. Der Dienst beruht darauf, dass Leser Tweets abonnieren können; die Abonnenten werden dabei zu Followern. Der Autor kann entscheiden, ob nur seine Follower oder alle Nutzer seine Tweets lesen dürfen. Die Beiträge wiederum können von anderen Nutzern kommentiert werden, indem man an den Anfang des Kommentars ein `@twittername` schreibt. Steht dieses `@twittername` nicht am Anfang, sondern innerhalb eines Tweets, ist es eine Erwähnung, wie beispielsweise »Alles Gute zum Geburtstag, @twittername«. Darüber hinaus können Sie auch Direktnachrichten (DN) an Follower (aber nur an diese) versenden, die nur dem Sender und Empfänger zugänglich sind. Dazu klicken Sie auf den Link SEND A DIRECT MESSAGE, den Sie auf der Seite des Followers finden.

Eine weitere Funktion ist die Twitter-Suche unter *search.twitter.com* (Abbildung 4.9) . Um die Suche zu verfeinern, stehen hier, ähnlich wie bei Google, Suchoperatoren zur Verfügung, die mit Klick auf den Link OPERATOREN erklärt werden. Genauere Suchangaben können Sie in der erweiterten Twitter-Suche unter *search.twitter.com/advanced* angeben.

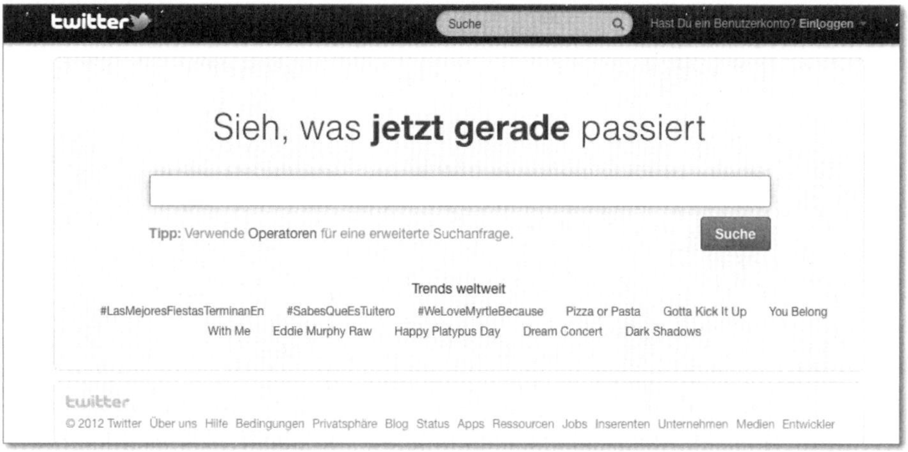

Abbildung 4.9 Die Twitter-Suche

Tweet-Suche mit Topsy.com

Unter *www.topsy.com* können Sie einen Suchbegriff eingeben und sich die entsprechenden Tweets zu diesem Keyword anzeigen lassen. Durch zeitliche Filter, einen E-Mail-Alert und eine grafische Darstellung, wie dieser Begriff erwähnt wurde, ist es ein hilfreiches Tool zur Beobachtung bestimmter Themen.

Verschiedene Tools unterstützen darüber hinaus die Handhabung von Twitter. In diesem Zusammenhang ist beispielsweise *TweetDeck* (*www.tweetdeck.com*) von Twitter zu nennen. Dieses kostenlose Tool ermöglicht es Nutzern, weitere Vernetzungen mit anderen Netzwerken, wie z. B. Facebook, vornehmen zu können und mehrere Twitter-Konten zu verwalten. Nutzer können mehrere Spalten persönlich konfigurieren, z. B. nach Suchbegriffen, Favoriten oder Hashtags (Abbildung 4.10). Das Absenden von Tweets ist jedoch nicht möglich.

Mit *Buffer* (*www.bufferapp.com*) können Meldungen automatisch über den Tag verteilt ausgeliefert werden. Twitter steht auch zur mobilen Verwendung per Handys zur Verfügung (*m.twitter.com*). Weiterhin kann per SMS getwittert werden. Dazu sind einige Angaben in den Einstellungen des Twitter-Accounts notwendig (dafür steht eine genaue Anleitung unter *support.twitter.com* zur Verfügung). Die SMS-Inhalte werden anschließend als Tweet in der entsprechenden Timeline veröffentlicht.

Abbildung 4.10 Mehrere Spalten anzeigen via TweetDeck (Quelle: Twitter Hilfe-Center)

Die allgemeine Funktionsweise ist nun klar, aber worüber wird eigentlich in 140 Zeichen getwittert? Twitter kann privat dazu genutzt werden, um mit Freunden und Bekannten in Echtzeit zu kommunizieren. Als Nutzer erhält man einen schnellen Überblick über die aktuellen Meldungen in seinem Netzwerk. Zu den beliebtesten Themen auf Twitter im Jahr 2011 zählten beispielsweise der Regimesturz in Ägypten, der Superbowl und das Erdbeben sowie der Tsunami in Japan. Weitere spannende Themen auf Twitter im Jahr 2011 sind unter *yearinreview.twitter.com/de/hottopics.html* aufgeführt.

Skurrile und interessante Tweets

Innerhalb der Vielzahl an Tweets lassen sich immer wieder besonders skurrile und kuriose Meldungen finden. So hat beispielsweise der Amerikaner Tommy Christopher (*twitter.com/tommyxtopher*) während seines eigenen Herzinfarkts getwittert. Nachdem er den Notarzt alarmiert hatte, teilte er seinen Followern mit, dass er aktuell einen Herzinfarkt erleide. Seine nächste Meldung sollte wohlmöglich die Wogen mit den Worten »Sanitäter denken, ich werde überleben« glätten.

Einen Grimme Online Award hingegen erhielt Florian Meimberg für seine *Tiny Tales* (*www.twitter.com/tiny_tales*). Eine Kostprobe seiner Kurzgeschichten liest sich so:

»Sie malte ein Minuszeichen vor die Umsatzprognose. Dann klappte sie das Flipchart wieder zu und schob ihren Putzwagen aus dem Konferenzraum.«

Wie Twitter noch zum Einsatz kommt, kann man unter *stories.twitter.com* nachlesen.

4.5.1 Twitter-Nutzung für Unternehmen

Inzwischen haben auch öffentliche Einrichtungen, Prominente, Politiker und Unternehmen Twitter als Kommunikationskanal für sich entdeckt. Letzteres wird auch als *Corporate Twitter* bezeichnet. Wie aber nutzen Sie diesen Kommunikationskanal für Ihr Unternehmen oder zugunsten Ihrer Website?

Einige Unternehmen nutzen Twitter bereits als Marketingkanal und können zum Teil mit einer beachtlichen Zahl an Followern aufwarten. Eine nach Followern sortierte Liste deutschsprachiger Marken auf Twitter sehen Sie in Abbildung 4.11.

Deutschsprachige Marken auf Twitter

Sortiert nach Followern

Nr.	Twittername	Tweets	Follower	Following	Listen	Updated
1	**twitter_de**	602	721487	75	3248	2012-05-26
2	**ProSieben**	19828	286891	28801	1998	2012-05-22
3	**zeitonline**	43184	151525	12	4529	2012-05-19
4	**sternde**	39882	138334	715	2550	2012-05-19
5	**RTLde**	4183	127468	1065	771	2012-05-19
6	**ntvde**	28202	122391	14863	2754	2012-05-19
7	**Lufthansa_DE**	2288	95547	719	2104	2012-05-19
8	**ZDF**	63758	93681	107	2900	2012-05-26
9	**eventimDE**	4379	84858	44921	668	2012-05-24
10	**SZ_TopNews**	28392	76436	80	2431	2012-05-19
11	**tazgezwitscher**	11875	73895	1085	2539	2012-05-25
12	**neon_magazin**	5613	72243	565	1452	2012-05-25
13	**weltonline**	40146	62359	34	2212	2012-05-26
14	**handelsblatt**	6080	60952	98	1576	2012-05-25
15	**titanic**	4973	56304	0	1926	2012-05-25
16	**GoogleDE**	231	48757	38	1226	2012-05-19
17	**greenpeace_de**	3815	44718	706	1576	2012-05-19
18	**hmdeutschland**	903	44507	29	247	2012-05-24
19	**swr3**	4281	41277	149	520	2012-05-25
20	**vodafone_de**	4228	41108	1367	699	2012-05-19
21	**DB_Info**	8098	41084	10	812	2012-05-19
22	**wuvonline**	8973	41010	23917	1642	2012-05-26
23	**DerWesten**	47549	38363	4097	1510	2012-05-25
24	**XING_de**	2405	36193	3875	1000	2012-05-19
25	**wiwo**	4839	36046	518	1309	2012-05-25
26	**tagesspiegel_de**	8820	34631	625	1228	2012-05-26
27	**ZDFneo**	5995	34462	88	648	2012-05-22
28	**MTV_Germany**	9973	33791	514	528	2012-05-19
29	**TUI_com**	374	33040	7934	435	2012-05-19
30	**Audi_Online**	1478	32833	438	840	2012-05-26

Abbildung 4.11 Deutschsprachige Marken auf Twitter, sortiert nach Followern (Quelle: www.stefan-borchert.de)

Das Unternehmen Lufthansa tritt beispielsweise mit einem gut gepflegten Twitter-Profil unter *www.twitter.com/lufthansa_DE* auf, wie Sie in Abbildung 4.12 sehen.

Abbildung 4.12 Das Twitter-Profil der Deutschen Lufthansa (Stand Mai 2012)

Noch immer verhält sich ein Teil der vertretenen Unternehmen jedoch eher nach dem Motto »Dabei sein ist alles« und hat noch keine Twitter-Strategie gefunden, die sich für das Unternehmen lohnt. Dabei sprechen die eingangs vorgestellten Marktzahlen für das Engagement innerhalb des Microblogging-Dienstes. Doch eine Anmeldung allein ohne anvisiertes Ziel und ohne eine entsprechende Strategie ist natürlich wenig zielführend. Überlegen Sie sich, wie Sie von dem direkten Kontakt mit den Interessenten Ihres Angebots und Ihrer Meldungen profitieren können. Streben Sie eine verbesserte Kundenbindung an, möchten Sie Ihr Markenimage verbessern, PR-Meldungen verbreiten oder über Produkteinführungen berichten? Vielleicht möchten Sie auch per Twitter nach neuen Mitarbeitern suchen oder einen Wettbewerb ausrufen? Einige Unternehmen nutzen den Kurznachrichtendienst auch, um die Zielgruppe in Produktentscheidungen einzubeziehen, und lassen diese beispielsweise über bestimmte Versionen oder Ausprägungen mitentscheiden.

Chancen durch den Einsatz von Twitter

Twitter ist ein Echtzeit-Kommunikationsinstrument. Das birgt per Definition zwei große Vorteile in sich: zum einen können Sie mit Kunden, Interessenten und Meinungsbildnern direkt in Kontakt treten. Zum anderen können Sie extrem schnell informieren und Inhalte verbreiten. Damit haben Sie die Möglichkeit, Twitter für unterschiedlichste Unternehmensziele einzusetzen. Das sind beispielsweise:

- Dialogaufbau und direkte Kundenbeziehungen
- Feedback-Kanal zur Angebotsoptimierung
- Kunden-Support und Servicelevel
- Imagepflege
- Schneller Informationskanal (z. B. Produktvorstellungen, Unternehmensnachrichten, Kooperationen, Events, Unternehmensstruktur etc.)
- Empfehlungsmarketing und Verbreitung von Inhalten

Beantworten Sie für sich die Frage, ob Sie über dieses Medium Ihre Zielgruppe erreichen und ob Twitter ein passendes Kommunikationsmittel innerhalb Ihrer Unternehmenskommunikation ist oder sein kann. Entscheiden Sie sich dafür, so sollten Sie Twitter konsequent zur Kommunikation nutzen. Anderenfalls sollten Sie es gar nicht einsetzen. Legen Sie konkrete Ziele für den Einsatz von Twitter fest, die auch beinhalten, wohin Follower geleitet werden (z. B. Website, Blog, Facebook-Auftritt, Video etc.).

Angenommen, Sie entschließen sich, über Tweets Produktinformationen zu verbreiten. Idealerweise werden Ihre Meldungen von den Lesern als so interessant eingestuft, dass Sie automatisch Follower gewinnen, die Ihre Informationen weiterverbreiten. Somit gewinnen Sie einerseits an Interessenten, andererseits an Reichweite. Doch die Angabe der Follower allein ist wenig aussagekräftig, was die Verbreitung der Tweets betrifft. Vielmehr müssen die Abonnenten die Tweets retweeten. Viele Twitter-Nutzer zählen aber zu der Gruppe der Konsumenten und leiten Informationen eher selten weiter.

Wir haben Ihnen einige wichtige Tipps (ohne eine Bedeutung der Reihenfolge) zusammengestellt, die Sie je nach Ihrem anvisierten Ziel bei Ihren Twitter-Aktivitäten berücksichtigen sollten:

- **Tipp 1**: Twittern bedeutet direkte Kommunikation und Austausch mit Interessenten und Kunden. Die goldene Regel lautet: Seien Sie informativ und unterhaltsam. Analog zu einem realen Gespräch sollten Sie freundlich auftreten, Fragen stellen und Antworten geben, wie es ein echter Dialog und guter Kundenservice erfordert. Warten Sie mit Ihren Antworten nicht zu lange; die Interessenten erwarten diese in der Regel innerhalb von wenigen Stunden, denn bedenken Sie: Twitter ist ein Echtzeitmedium. Stellen Sie sich selbst vor jedem Tweet die Frage: Ist die Meldung relevant oder Spam? Pressemitteilungen sind hier also fehl am Platz.

- **Tipp 2**: Seien Sie authentisch, emotional, und versuchen Sie, eine enge Bindung in einem transparenten Gespräch aufzubauen. Es kann hilfreich sein, wenn Sie Einblicke in das Unternehmen oder in spezielle Abläufe gewähren. Nähe bedeutet dabei jedoch auch Professionalität – ein gewisses Maß an Distanz ist durchaus sinnvoll.
- **Tipp 3**: Hören Sie genau zu, wenn über Sie berichtet wird. Wie ist das aktuelle Stimmungsbild, wo drückt der Schuh, welche Ideen gibt es? Hilfreich ist dabei die Twitter-Suchfunktion. Nutzen Sie die ehrlichen Meinungen, und reagieren Sie professionell auf Kritik. Ein Blick auf das Stimmungsbild des Wettbewerbers kann dabei selbstverständlich auch nicht schaden. Möglicherweise können Sie den ein oder anderen frustrierten Kunden für sich und Ihr Angebot gewinnen.
- **Tipp 4**: Aktualität ist eine Grundvoraussetzung. Wundern Sie sich nicht über mangelnde Reaktionen, wenn Ihr letzter Tweet mehrere Monate zurückliegt. Twittern Sie unbedingt regelmäßig, so wie Sie bestimmt auch regelmäßig zu Ihren Freunden Kontakt halten. Aber Ihre Freunde rufen Sie auch nicht bei jeder noch so irrelevanten Kleinigkeit an, oder? Übertragen Sie dies auch auf Ihre Twitter-Konversation, und achten Sie auf Mehrwert für die Leser.
- **Tipp 5**: Ihre Tweets werden nicht für alle Twitter-Nutzer interessant sein. Richten Sie Ihre Kommunikation an Ihre Zielgruppe, und folgen Sie den Interessenten. Vermeiden Sie sogenannte *Dead End Messages*, das heißt, bieten Sie Lesern nicht nur eine informative Schlagzeige, sondern z. B. auch eine URL, unter der weitere Informationen zu finden sind.
- **Tipp 6**: Binden Sie Ihre Tweets auch auf anderen Seiten ein, um weitere Follower zu akquirieren. Unter *twitter.com/about/resources* stellt Twitter entsprechende Widgets und Buttons zur Verfügung.
- **Tipp 7**: Gewöhnen Sie sich an, innerhalb Ihrer Tweets Hashtags zu verwenden. Dadurch steigern Sie die Möglichkeit, weitere Follower für sich zu gewinnen.
- **Tipp 8**: Bedanken Sie sich hin und wieder bei Ihren Lesern, denn sie sind die wichtigsten Akteure. So können Sie beispielsweise Gutschein-Codes posten, Tipps veröffentlichen oder auf aktuelle Aktionen verweisen.
- **Tipp 9**: Verwenden Sie klare Handlungsaufforderungen, wie beispielsweise die Bitte um Ratschläge, die Bitte um das Retweeten oder konkretes Fragenstellen. Interaktion ist bei Twitter der Schlüssel zum Erfolg.
- **Tipp 10**: Gestalten Sie Ihr Profil informativ, verwenden Sie Ihr Logo, Ihren Firmennamen, und unterstützen Sie Ihren Markenauftritt. Wählen Sie die angezeigten Verlinkungen gut, und überlegen Sie sich genau, ob Sie automatisierte Tweets verwenden möchten oder ob dies Ihre Leserschaft verärgern könnte.

Pay with a Tweet

Hinter diesem »sozialen Abrechnungsmodell« steckt der Gedanke, dass es für ein Unternehmen besonders profitabel sein kann, wenn Menschen über Produkte und Angebote sprechen und sie somit verbreiten.

Die »Währung« hinter diesem Modell ist also das soziale Engagement, um das Angebot zum Gesprächsthema zu machen. *Pay with a tweet* zielt darauf ab, dass Nutzer über ein Angebot twittern und dieses somit verbreiten. Im Gegenzug dazu erhalten sie beispielsweise einen freien Download. Weitere Informationen zu diesem Modell finden Sie unter *www.paywithatweet.com*.

4.5.2 Werbung schalten per Twitter – Promoted Products

Nicht zuletzt als Weg zur eigenen Finanzierung bietet Twitter verschiedene Werbemöglichkeiten. Diese sprechen zum einen sogenannte *Marketers* an, und seit Anfang 2012 auch kleinere Unternehmen, die *Small Businesses* (Abbildung 4.13). Twitter nimmt immer wieder Anpassungen und Neuerungen auf dem Werbegebiet vor, sodass sich hier eine genaue Beobachtung der Entwicklung lohnt.

Für Marketers stehen die *Promoted Products* zur Verfügung, das sind *Promoted Tweets, Promoted Accounts* und *Promoted Trends*, die wir Ihnen im Folgenden detaillierter vorstellen möchten. Anschließend gehen wir auf die Werbemöglichkeiten für kleinere Unternehmen ein.

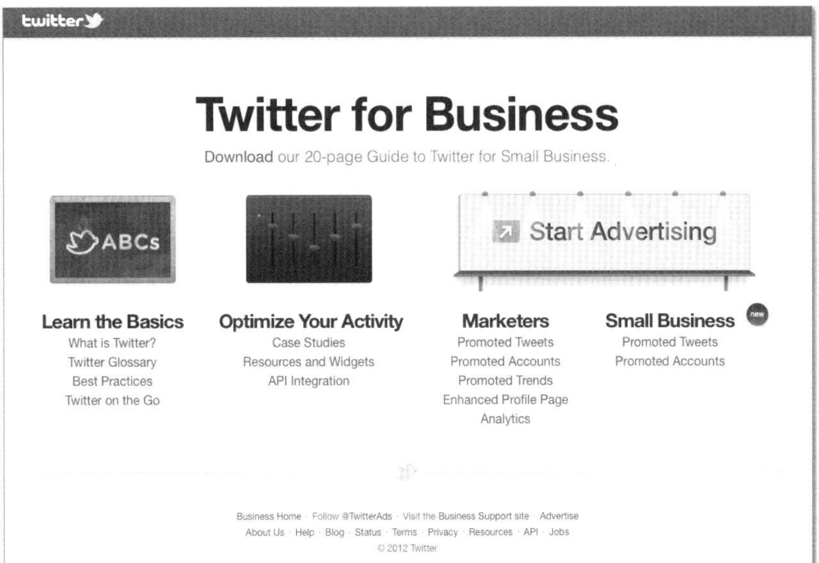

Abbildung 4.13 Werben mit Twitter (business.twitter.com)

Zunächst müssen sich Werbetreibende für die *Promoted Products* registrieren und neben Kontaktdaten unter anderem Angaben zum Unternehmen, zur Region und zum Monatsbudget übermitteln. Dann wählen Sie unter den folgenden verschiedenen Werbeoptionen.

Promoted Tweets

Werbetreibende haben mit den Promoted Tweets die Möglichkeit, sich an Twitter-Nutzer zu wenden, die noch keine Follower sind. Sie legen Keywords fest, bei denen die bezahlte Kurznachricht erscheinen soll. Die Promoted Tweets sind als solche gekennzeichnet und bieten die normalen Interaktionsmöglichkeiten (Abbildung 4.14). Sie erscheinen z. B. an oberster Stelle der Suchergebnisse bei entsprechender Suchanfrage und in den Timelines der Nutzer, die dem Produkt bzw. ähnlichen Seiten folgen.

Abbildung 4.14 Beispiel eines Promoted Tweets (Quelle: Twitter)

Twitter verspricht eine zielgerichtete Aussendung der bezahlten Tweets. Bezahlt wird nach dem sogenannten *Cost-per-Engagement-Modell* (CPE), das die Interaktion und Resonanz des Tweets berücksichtigt, z. B. anhand von Retweets oder Klicks. Aktuell sind die Promoted Tweets nur für ausgewählte Werbetreibende möglich.

Promoted Trends

Mit dieser Werbemöglichkeit können Advertiser Themenfelder anzeigen, die im Zusammenhang mit ihrem Angebot stehen und an der Spitze der Liste der *Trending Topics* erscheinen (Abbildung 4.15). Die zehn Trending Topics sind von den Promoted Trends, die als Anzeige gekennzeichnet sind, nicht betroffen. Im Grunde genommen sind Promoted Trends solche, »*die bereits beliebte Themen bei Twitter sind, es aber noch nicht von alleine in die Liste der Trends geschafft haben. Wenn ein Thema nicht bereits auf natürlichem Wege eine gewisse Beliebtheit bei Twitter erlangt hat, qualifiziert es sich auch nicht für einen Promoted Trend*«, so die Erklärung auf Twitter.

Klickt ein Interessent auf den Trend, der im Werbezeitraum für alle Nutzer sichtbar ist, wird er zur Unterhaltung zu diesem Thema geleitet, wo der entsprechende Promoted Tweet zu Beginn der Timeline angezeigt wird.

Abbildung 4.15 Beispiel für einen Promoted Trend (Quelle: Twitter)

Promoted Accounts

Mit den Promoted Accounts (siehe Abbildung 4.16) können sich Werbetreibende in die Liste »Who to follow« einkaufen, die der entsprechenden Zielgruppe angezeigt wird. Dabei schlägt Twitter Nutzern interessante Accounts vor. Diese werden im eingeloggten Zustand links neben der Timeline angezeigt, sofern es passende Promoted Accounts gibt. Auch hier werden die Vorschläge als Anzeige gekennzeichnet.

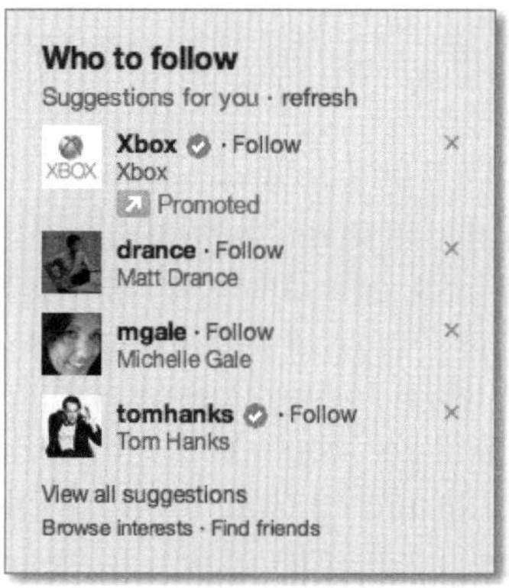

Abbildung 4.16 Beispiel auf twitter.com für die Ansicht von Promoted Accounts

Neu: Erweiterte Profil-Seiten (Enhanced Profile Pages)

Diese Seiten stehen aktuell nur einer ausgewählten Nutzergruppe zur Verfügung. Mit den erweiterten Profil-Seiten können weitere Inhalte, wie z. B. ein Banner auf dem Profil und ein gesponserter Tweet an erster Stelle der Timeline zur Verfügung gestellt werden (Abbildung 4.17).

Abbildung 4.17 Beispiel für ein erweitertes Profil (Quelle: Twitter)

Unter dem Link *Analytics* (*business.twitter.com/advertise/analytics*) können sich Werbetreibende entsprechende Auswertungen zu ihren Werbemaßnahmen ansehen. Angezeigt werden hier die Kennzahlen *Impressions*, *Retweets*, *Clicks*, *Replies* (Antworten) und *Follows*. Darüber hinaus haben Sie Zugriff auf Statistiken zu Ihren eigenen Tweets, Ihren Followern und Ihrer Reichweite.

Wie schon erwähnt, bietet Twitter seit Anfang 2012 auch Werbemöglichkeiten speziell für kleinere Unternehmen, die *Small Businesses* an. Diese müssen Mitglieder des Kleinunternehmerprogramms von American Express sein – die Entwicklung gilt es jedoch zu beobachten. Zu den Werbeoptionen zählen die *Promoted Accounts* und die *Promoted Tweets*. Bei ersteren werden anhand der aktuellen Follower des Unternehmens Personen mit ähnlichen Interessen angesprochen. Bei diesen Personen wird der Account des Werbetreibenden empfohlen. Bei den Promoted Tweets werden die besten Tweets des Unternehmens automatisch promoted. Bezahlt wird nur, wenn ein Nutzer mit einem solchen Tweet interagiert oder dem Account folgt. Der Werbetreibende legt ein Tageslimit fest und ebenso eine Kostengrenze pro neuem Follower (*Cost-per-Follower*) oder neuer Interaktion (*Cost-per-Engagement*). Zudem können geografische Angaben gemacht werden. Weitere Informationen dazu finden Sie unter *business.twitter.com/de/smallbiz/*.

Über die beschriebenen Werbeoptionen hinaus können Unternehmen auf Twitter weiterhin aktiv werden: Denkbar ist hier beispielsweise, Twitter als Vertriebskanal zu nutzen, wie es Dell mit seinem Outlet als Vorreiter gezeigt hat (*twitter.com/delloutlet*) . Auch Otto, die Lufthansa und zahlreiche weitere Unternehmen nutzen den Microblogging-Dienst, um Angebote anzupreisen. In der Praxis sieht man zunehmend auch Gewinnspiele via Twitter, deren Teilnahmebedingung beispielsweise das Folgen eines Accounts oder das Retweeten einer Meldung sein kann. Hier sind der Kreativität unter Einhaltung der Twitter-AGB nur wenig Grenzen gesetzt.

Je nachdem, welches Ziel Sie sich in Ihrer Social-Media-Strategie gesetzt haben, sollten Sie aber auch das allgemeine Stimmungsbild zu Ihrem Unternehmen und zu Ihrem Marktbereich genau beobachten und Ihre Maßnahmen hierauf abstimmen. Hierbei können Sie zahlreiche Tools unterstützen. Mit *Hootsuite* (*www.hootsuite.com*) können Sie sich ein individuelles Social-Media-Dashboard erstellen, bei dem Sie sich beispielsweise neben Ihrem Twitter-Account Ihr Facebook-Profil und weitere Accounts anzeigen lassen können. Somit können Sie beobachten, welche Nachrichten zu bestimmten Begriffen, die für Sie relevant sind, aktuell verbreitet werden. Welche Kennzahlen Sie dabei berücksichtigen, ist ebenfalls eng mit Ihrem individuellen Ziel verbunden. Oftmals spielen hier die Anzahl an Retweets oder Erwähnungen eine Rolle. Laufen Ihre Bemühungen auf einen Abverkauf hinaus, können Klicks, Anfragen etc. ausschlaggebend sein.

Twitter und Google

Wahrscheinlich konnten Sie es schon selbst beobachten: Die Ergebnisse in den Suchmaschinen werden immer »sozialer«. So werden beispielsweise auch Tweets in den Suchergebnissen angezeigt, und im Bereich der Suchmaschinenoptimierung wird den sozialen Medien eine zunehmende Bedeutung zugeschrieben. Mehr zum Einfluss von Social Media auf die Suchmaschinenergebnisse lesen Sie in Kapitel 12, »Suchmaschinenoptimierung (SEO)«. Auch vor diesem Hintergrund kann der Einsatz von Twitter positive Auswirkung auf ein Unternehmen haben.

Da das junge Unternehmen Twitter eifrig an neuen Funktionen und Erweiterungen arbeitet, lohnt es sich auf jeden Fall, wie bereits erwähnt, die Möglichkeiten im Auge zu behalten, auch wenn Sie zum aktuellen Zeitpunkt den Kurznachrichtendienst noch nicht in Ihre Werbeaktivitäten integrieren.

Schauen wir uns nun weitere Dienste und Möglichkeiten an, mit Ihrer Zielgruppe in Kontakt zu treten. Die Rede ist von Facebook und weiteren Communitys.

4.6 Facebook und Co. – Communitys

Er wurde vom US-amerikanischen *Time Magazine* zur Person des Jahres 2010 erklärt: der Multimillionär Mark Zuckerberg, Gründer und CEO von Facebook Inc. Der Grund: Er verbindet mit dem Online-Netzwerk über 840 Mio. Menschen (Stand 30.04.2012, Quelle: *allfacebook.de*) und bildet deren Interessen und soziale Beziehungen ab (Abbildung 4.18). »*He is both a product of his generation and an architect of it*«, war im Time Magazine zu lesen.

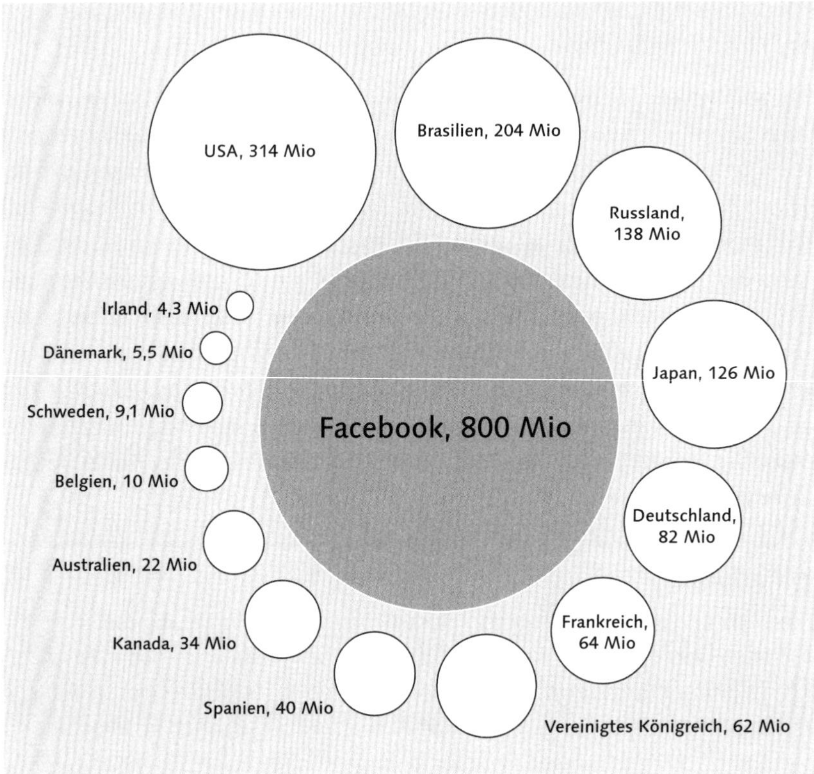

Abbildung 4.18 Facebook-Mitglieder im Vergleich zu Einwohnern verschiedener Länder (Quelle: royal.pingdom.com)

Communitys wie Facebook nehmen einen zunehmend bedeutenden Stellenwert im Alltag vieler Internetnutzer ein. Wir möchten auf den folgenden Seiten populäre Communitys kurz vorstellen und Ihnen einige Möglichkeiten aufzeigen, wie Sie als Website-Betreiber von diesen Online-Gemeinschaften profitieren können.

Aufgrund der Popularität von Facebook, werden wir uns bei der Vorstellung von einzelnen Marketingmaßnahmen ausschließlich auf dieses soziale Netzwerk konzentrieren. Sicherlich sind die Grundprinzipien aber auch in anderen Communitys anwendbar.

4.6.1 Entwicklung von Facebook

»Gefällt mir« denken sich über 22 Mio. Facebook-Nutzer in Deutschland, so die Angaben von *allfacebook.de* im Januar 2012. Mitglieder können z. B. Freunde finden, Nachrichten versenden, chatten und über ihre Pinnwand andere Mitglieder auf dem Laufenden halten. Wie Abbildung 4.19 zur Entwicklung der Nutzerzahlen zeigt, kann sich das soziale Netzwerk über mangelnden Zulauf nicht beklagen.

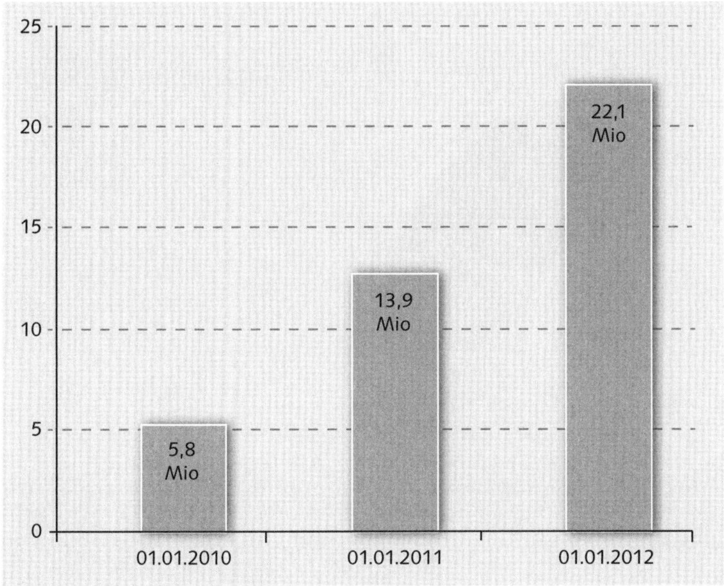

Abbildung 4.19 Aktive Nutzer von Facebook in Deutschland im Jahresvergleich 2010–2012 (Quelle: allfacebook.de)

Nachverfolgen lassen sich einschneidende Ereignisse in der Entwicklung Facebooks über die eigene Website unter *facebook.com/facebook*: Von der Unternehmensgründung bis heute sind dort wichtige Meilensteine verzeichnet.

Facebook in Zahlen

Facebook erfreut sich wachsender Beliebtheit, was aus den eigens veröffentlichten Zahlen (*newsroom.fb.com*) und denen von *allfacebook.de* hervorgeht:

- Über 900 Mio. monatlich aktive Nutzer (Stand März 2012) setzen das Netzwerk an die Spitze der Liste von sozialen Netzwerken.
- Über 125 Mrd. Freundschaftsverbindungen (Stand März 2012) bildet Facebook ab.
- Durchschnittlich hat jedes Mitglied 130 Freunde.
- Durchschnittlich werden im ersten Quartal 2012 3,2 Mrd. »Gefällt mir« und Kommentare auf Facebook pro Tag (!) generiert.
- Jeden Tag werden 300 Mio. Fotos auf Facebook eingestellt.
- Die Nutzung von Facebook auf mobilen Endgeräten beläuft sich im März 2012 auf 488 Mio.
- Das soziale Netzwerk erzielt 1,058 Mrd. US$ Umsatz im ersten Quartal 2012 und einen Gewinn von 205 Mio. US$.
- Im Mai 2012 ging Facebook an die Börse – der größte Internet-Börsengang bisher, der rückblickend jedoch nicht so vielversprechend verlief, wie erwartet.

Die Altersverteilung der deutschen Facebook-Nutzer zeigt Ihnen Abbildung 4.20.

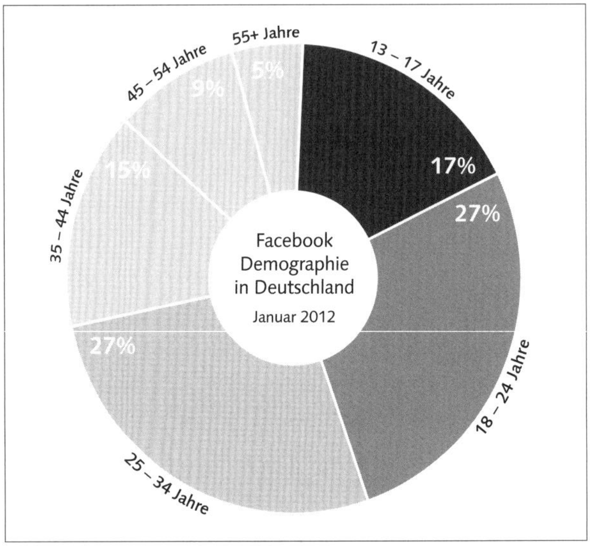

Abbildung 4.20 Altersverteilung der Facebook-Nutzer in Deutschland im Januar 2012 (Quelle: allfacebook.de)

Facebook-Funktionen

Das soziale Netzwerk ergänzt und optimiert laufend seine Funktionalitäten. Wir können im Rahmen dieses Buches nicht auf alle Funktionen eingehen und stellen daher nur einige beispielhaft vor. Wir empfehlen Ihnen, die aktuellen Entwicklungen zu verfolgen. Dabei helfen Ihnen unsere Literaturtipps am Ende des Buches und auch unsere Facebook-Seite zum Buch unter *www.facebook.com/Erfolgreiche.Websites*.

Neben dem Teilen von Informationen über die eigene Profilseite, das Verbinden mit Freunden und Kommentieren von Beiträgen gibt es noch eine Vielzahl weiterer Funktionen. Dazu zählen:

- **Die Timeline**: Meint die auch unter dem Begriff *Chronik* bekannte Darstellung einer Facebook-Seite. Hier werden wie in einem digitalen Tagebuch wichtige Ereignisse über Jahre hinweg dargestellt (mehr dazu lesen Sie in Abschnitt 4.6.2, »Facebook-Pages«).
- **Facebook-Mail (Facebook Messages)**: Seit Frühjahr 2012 bekommt jedes Facebook-Mitglied automatisch eine E-Mail-Adresse (z. B. *username@facebook.com*) und eine sogenannte *Vanity-URL* (z. B. *facebook.com/username*).
- **Facebook-Interessenliste**: Diese Funktion ermöglicht es Nutzern, Seiten, Personen und Inhalte für ein bestimmtes Thema in einer Interessenliste zu sammeln. Unter *www.facebook.com/addlist* kann beispielsweise eine neue Interessenliste angelegt werden, die auch zur Strukturierung von Inhalten dient.

- **Facebook Places**: »*Gib an, wo du dich befindest*«, heißt es auf der Seite *www.facebook.com/about/location*. Ist diese Funktion aktiviert, erscheint ein kleines Pin-Symbol im Profil, und es ist möglich, den eigenen Aufenthaltsort mitzuteilen.
- **Facebook-Videoanrufe**: In Kooperation mit Skype ist es Facebook-Nutzern möglich, über das Netzwerk Videoanrufe zu tätigen (*facebook.com/videocalling*).

Darüber hinaus gibt es noch zahlreiche weitere Funktionen, auf die wir hier nicht näher eingehen, wie beispielsweise die Facebook-Gesichtserkennung, den »Anhören-Button« zur Musikwiedergabe und zukünftig die Anzeige zur Bereitschaft der Organspende. Es ist davon auszugehen, dass auch in Zukunft noch diverse weitere Funktionen hinzukommen werden. Alles in allem läuft es unserer Einschätzung nach darauf hinaus, dass Besucher von Facebook möglichst wenig Anlass haben, die Seite wieder zu verlassen, da sie mailen, telefonieren, anhören, vernetzen und vieles mehr können. Wir möchten uns hier aber insbesondere den Themen und Funktionen widmen, die für Website-Betreiber interessant sind, da sie Marketingpotenzial mitbringen.

4.6.2 Facebook-Pages

Mit der kostenlosen Facebook-Page, die auch unter dem Namen *Facebook-Fanpage* oder *Facebook-Unternehmensprofil* bekannt ist, haben Unternehmen die Möglichkeit, Informationen über sich auf einer speziellen Seite im sozialen Netzwerk zu veröffentlichen, ähnlich wie die Facebook-Nutzerprofile.

> *»The new Pages helps businesses and organizations express their identity through features like cover photo and Page timeline. It also allows Pages to reach people on the web and mobile and respond to people in a quick, more personal way.«*

So ist es auf der Facebook-Seite *www.facebook.com/FacebookPages* zu lesen. Gemeint sind damit die März 2012 bereitgestellten Facebook-Seiten, die sowohl für Privatpersonen als auch für Unternehmen z. B. Coverfoto und eine Timeline beinhalten. Sie können eine neue Facebook-Page unter *www.facebook.com/about/pages* anlegen. Eine andere Variante ist der Besuch einer beliebigen Facebook-Seite: Über dem Zeitstrahl im rechten Seitenbereich finden Sie den Button SEITE ERSTELLEN.

Seitennamen vergeben

Unter *www.facebook.com/username* haben Sie die Möglichkeit, einen Namen für Ihre Facebook-Seite zu vergeben. So können Sie z. B. *www.facebook.com/ihrewebsite* anfordern. Beachten Sie, dass der Name möglichst einfach zu merken und zu schreiben sein sollte. Das erleichtert es nicht nur den Nutzern, sondern Sie können die URL dann z. B. auch gut für Werbekampagnen nutzen.

Die Facebook-Page von »Old Spice« sehen Sie in Abbildung 4.21.

Abbildung 4.21 Ausschnitt der Facebook-Seite von »Old Spice«

Mit dem großen Titelbild haben Sie als Unternehmer viele Gestaltungsspielräume und z. B. die Möglichkeit, Ihre Marke zu transportieren. Mini nutzt beispielsweise das Titelbild, um die Entwicklung des Autos von 1956 bis heute zu präsentieren (Abbildung 4.22).

Abbildung 4.22 Die Facebook-Seite von Mini

Das Titelbild ist nicht zu verwechseln mit dem sogenannten Profilbild. Im vorangegangenen Beispiel ist das der Bereich unten links, wo das Mini-Logo sichtbar ist. Empfehlenswert ist hier die Verwendung des Logos – denkbar ist ein inhaltlicher Bezug zwischen Profil- und Titelbild.

Dos and Don'ts beim Facebook-Titelbild

Obwohl das Titelbild bei den Facebook-Seiten kreativen Gestaltungsspielraum zulässt, gibt es auch einige unzulässige Dinge, die bis zur Sperrung der Seite führen können und daher zu berücksichtigen sind.

Zu den Don'ts zählen:

- Es dürfen keine Preise, Rabatte oder Kaufinformationen beinhaltet sein; ebenso sind Aufforderungen zum Kauf eines Produkts oder zum Bezug einer Dienstleistung unzulässig.
- Kontaktangaben
- Facebook-Elemente, wie beispielsweise der »Gefällt mir«-Button

Die Dos beziehen sich hauptsächlich auf die Bildgröße: Als Idealgröße gelten 851 x 315 Pixel (mindestens 399 Pixel breit).

Direkt unterhalb des Profilbildes ist der Infobereich angesiedelt. Hier haben Sie die Möglichkeit, Angaben wie den Link zu Ihrer Website zu platzieren. Nutzen Sie diese prominente Platzierung, z. B. für Kontaktangaben wie E-Mail oder Telefonnummer (Abbildung 4.23).

Abbildung 4.23 Der »Info-Bereich« auf der Facebook-Seite von Maggi

Abbildung 4.24 Auf der Facebook-Seite der New York Times können die Besucher bis in das 18. Jahrhundert reisen.

Auch die Timeline bietet Unternehmen eine gute Möglichkeit, sich seinen Facebook-Besuchern vorzustellen. So können Sie die Timeline nutzen, um Ihre Unternehmensgeschichte darzustellen. Denn sie beinhaltet nicht mehr nur Momentaufnahmen, sondern ist eher eine digitale Lebenslinie. Ein schönes Beispiel bietet die Facebook-Seite von der New York Times. Hier können Besucher in der Timeline bis in das 18. Jahrhundert reisen und sich alte Fotos oder Zeitungsartikel ansehen (Abbildung 4.24) . Möglich ist dies durch das Zurückdatieren von Einträgen in der Timeline (auch Hervorheben und Verbergen von Einträgen ist möglich).

Mit dem Befehl OBEN FIXIEREN, den Sie bei den eingetragenen Posts sehen, können Sie einen Beitrag, den Sie als besonders relevant einstufen, für eine Woche an erster Stelle in der Timeline fixieren.

Tipp: Posts hervorheben

Mit einem Klick auf das kleine Sternchen rechts oben bei einem Post, können Sie diesen auf Ihrer Timeline hervorheben. Dies ist beispielsweise bei Hinweisen auf Aktionen interessant, denn der Beitrag dehnt sich dann über beide Spalten der Timeline aus.

Wie bei den früheren Facebook-Seiten gibt es weiterhin einzelne Bereiche, die vormals als Tabs, heute als Apps bezeichnet werden. Im sichtbaren Bereich direkt unter dem Titelbild sind vier Apps zu sehen (die *Appsrow*). Sie können diese Apps bis zu einer Gesamtzahl von zwölf Apps erweitern. Dabei haben Sie die Möglichkeit, jeweils ein individuelles Miniaturbild anzugeben, was Ihnen wiederum etwas Werbespielraum bietet.

Tipp: Nutzen Sie Apps als Landing Page

Inzwischen ist es nicht mehr möglich, Nutzer, die auf einer Facebook-Unternehmensseite landen, durch Rabatte und besondere Vorteile dazu zu animieren, auf den »Gefällt mir«-Button zu klicken und Fan zu werden. Dennoch können Sie die einzelnen Bereiche (Apps) Ihrer Facebook-Seite auch als Landing Page verwenden, denn Sie haben jeweils eine andere URL und können so in verschiedenen Werbemaßnahmen genutzt werden.

In der Praxis werden diese Apps gerne verwendet, um Aktionen, das Team, die Netiquette oder das Impressum zu beschreiben (Abbildung 4.25). Das erste Foto-Tab kann nicht verschoben werden. Mit Klick auf ein App gelangt der Nutzer auf eine weitere, im neuen Fenster geöffnete Seite.

Abbildung 4.25 Die Appsrow auf der Facebook-Seite von Nutella

> **Nicht vergessen: Impressumspflicht**
>
> Es ist rechtlich festgelegt, dass eine Facebook-Seite ein Impressum haben muss, welches unmittelbar erreichbar und für Besucher leicht erkennbar ist. Legen Sie daher eine App »Impressum« an, oder verlinken Sie Ihr Impressum, sodass es von jedem Bereich Ihrer Facebook-Seite in zwei Klicks zu erreichen ist. Tipp: *Yourfans* bietet eine kostenlose Impressum-App an (*Yourfans.de*).

Ein weiteres Beispiel, wo eine Facebook-Seite Marketinganknüpfungspunkte bietet, ist die Nachrichten-Funktion. Unternehmen können die Funktion bei Bedarf aktivieren und deaktivieren. Im aktivierten Zustand ist es Besuchern der Seite möglich, sich per Direktnachricht an das Unternehmen zu wenden (Abbildung 4.26).

Die Facebook-Page kann für verschiedene Zwecke eingesetzt werden, beispielsweise um Kundenmeinungen einzuholen, um neue Produkte vorzustellen, spezielle Services zu bieten und die Kundenbindung zu erhöhen – und das mit vergleichsweise geringen Ressourcen. Mitglieder können über den »Gefällt mir«-Button ihr Interesse kundtun und erhalten Neuigkeiten des Unternehmens in ihrem News-Stream.

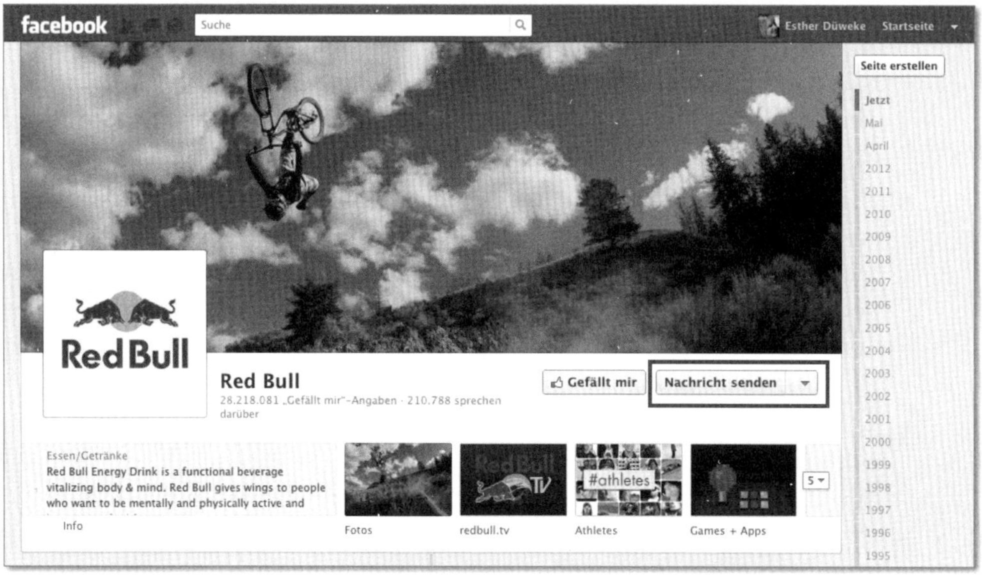

Abbildung 4.26 Auf der RedBull-Facebook-Seite ist es möglich, Nachrichten zu versenden.

Facebook-Pages und Suchmaschinen

Suchmaschinen können die Inhalte von Facebook-Seiten lesen. Das birgt für Unternehmer einige Chancen: So können Sie innerhalb Ihrer Facebook-Seite wichtige Informationen und auch Links hinterlegen und ein gutes Ranking in den Suchmaschinen forcieren. Achten Sie daher auf die Verwendung wichtiger Keywords im Seitennamen, im Infobereich und den einzelnen Apps. Auch Bildbeschreibungen sollten wichtige Schlüsselbegriffe beinhalten. Achten Sie darauf, Ihre Facebook-Seite auch von externen Websites, wie z. B. Ihrer Website, zu verlinken. Auch in den einzelnen Posts sind Links möglich. Bedingt durch eine bessere Position in den Suchergebnissen erhöhen Sie Ihre Reichweite. Zum anderen verknüpfen zunehmend Suchmaschinen die Inhalte von Facebook-Seiten mit den Suchergebnissen.

Hier sind einige hilfreiche Tipps, was Sie beim Anlegen Ihrer Facebook-Page beachten sollten:

- Verwenden Sie nicht Ihr privates Facebook-Profil, wenn Sie für Ihr Unternehmen werben und Informationen dazu veröffentlichen möchten. Sie sollten eine spezielle Facebook-Page anlegen, die Ihr Unternehmen repräsentiert und ein Schwerpunktthema behandelt. Sie werden aufgefordert, eine passende Kategorie zu wählen aus: Lokales Unternehmen oder Ort; Unternehmen, Organisa-

TION ODER INSTITUTION; MARKE ODER PRODUKT; KÜNSTLER, BAND ODER ÖFFENTLICHE PERSON; UNTERHALTUNG; GUTER ZWECK ODER GEMEINSCHAFT. Je nach Kategorie stehen Ihnen unterschiedliche Eingabefelder zur Verfügung, die dann im Infobereich angezeigt werden. Gerade Kontaktangaben und ein Link zu Ihrer Website eignen sich hier gut.

- Wie eingangs beschrieben, sollten Sie genau überlegen, wenn Sie den Seitennamen vergeben. Beachten Sie, dass der von Ihnen vergebene Name für die Facebook-Page im Nachhinein (ab einer Anzahl von 200 Fans) nicht mehr verändert werden kann, und verwenden Sie, soweit möglich und zulässig, wichtige Keywords im Namen. Sie sind ausschlaggebend dafür, dass Ihre Facebook-Page bei der Suchmaschinensuche gefunden wird.
- Achten Sie bei der Verwendung von Bildern auf professionelle Fotos, denn so möchten Sie auch wahrgenommen werden. Ändern Sie Ihr Titelbild in regelmäßigen Abständen, um eine gute Mischung aus Markentransport und Nutzerfokus zu schaffen.
- Bieten Sie den Besuchern Ihrer Facebook-Page hinreichende Informationen unter den einzelnen Apps, und verwenden Sie auch hier wichtige Keywords. Unter diesen Apps ist es Ihnen auch möglich, Links zu integrieren. Somit können Sie hier beispielsweise Ihre Website oder Ihren Twitter-Account verlinken.

Als Administrator einer Facebook-Seite steht Ihnen ein sogenannter Administratorenbereich zur Verfügung. Dieser Bereich klappt über dem Titelbild auf, wenn Sie auf den Button ADMINISTRATORENBEREICH klicken, der sich über der Timeline am rechten Seitenrand befindet. Hier sehen Sie beispielsweise neue Benachrichtigungen, direkte Nachrichten, neue »Gefällt mir«-Angaben, und Sie haben Zugriff auf Ihre Seiten-Statistiken. In diesen Statistiken sehen Sie, welche Auswirkungen Ihre Bemühungen bei Facebook hatten, denn Sie erhalten hier z. B. Angaben zur Reichweite, zu »Gefällr mir«-Angaben und zur Viralität.

Wir empfehlen Ihnen, sich die Statistiken regelmäßig anzusehen, denn Sie bekommen dann schnell ein Gefühl dafür, welche Themen bei Ihren Fans gefragt sind.

Sie haben nun einige Beispiele kennengelernt, wie Sie Ihre Facebook-Seite für Ihr Angebot auch aus Marketingsicht nutzen können. Im Folgenden möchten wir uns dem Aufbau einer Fangemeinde und dem inzwischen sehr populären »Gefällt mir«-Button widmen.

4.6.3 Der Facebook-Button »Gefällt mir«

Mit dem »Gefällt mir«-Button (engl. »I like«, ursprünglich »Awesome«) können Facebook-Mitglieder ihr Interesse zu jeglichem Thema zum Ausdruck bringen. Unternehmen und Website-Betreiber hingegen können so gegebenenfalls eine gewisse

Tendenz im Hinblick auf die Akzeptanz und die Beliebtheit ihres Angebots erhalten. Klickt ein Benutzer auf den »Gefällt mir«-Button, so wird automatisch ein Hinweis dazu in seinem Stream angezeigt und ein Profileintrag gemacht. Unter Umständen kann dies für den Website-Betreiber zu mehr Traffic führen, da das Netzwerk des Benutzers nun auch auf Ihr Angebot aufmerksam gemacht wird. Mit regelmäßigen Neuigkeiten und Aktualisierungen können Sie Ihre Interessenten an sich binden. Viele Marketingmaßnahmen bei Facebook zielen daher darauf ab, Nutzer dazu zu animieren, den »Gefällt mir«-Button zu klicken. Im Zusammenhang mit dem Thema Datenschutz wird der »Gefällt-mir«-Button oftmals kritisiert.

4.6.4 Eine Fangemeinde aufbauen

Wie können Werbetreibende Communitys nutzen? Um diese Frage zu beantworten, sollten Sie sich schon zu Beginn einige wichtige Aspekte klarmachen. Sie werden in sozialen Netzwerken nur erfolgreich sein können, wenn Sie interessante Inhalte zur Verfügung stellen, die die Menschen begeistern. Mit einfachen Werbeslogans werden Sie nicht weit kommen. Sie sollten eine enge und authentische Beziehung zu den Mitgliedern pflegen und diese unter Umständen auch incentivieren (das heißt, ihnen einen Anreiz geben). Machen Sie es den Interessenten so einfach wie möglich, Ihre Inhalte zu verbreiten, und tun Sie dies ebenfalls über die verschiedensten Kanäle. Communitys bieten im Allgemeinen die Möglichkeit, mit Interessenten und potenziellen Kunden in Kontakt zu treten und diese über Ihr Angebot zu informieren. Nutzen Sie diese transparente Art der Kommunikation. Wir zeigen Ihnen, wie das geht – am Beispiel des beliebten Netzwerks Facebook.

Facebook bietet verschiedene Möglichkeiten für Unternehmen, mit Kunden in Kontakt zu treten. Da Mitglieder kostenlos am sozialen Netzwerk teilnehmen können, kann es nur eine indirekte Monetarisierung für werbende Unternehmen geben. Einige Beispiele haben aber in der Praxis schon bewiesen, dass der Einsatz bei Facebook durchaus zu Umsatzsteigerungen führen kann.

Haben Sie nun Ihre Facebook-Page erstellt, ist zwar der Grundstein gelegt, jetzt geht es aber um echte Kommunikation.

Social Media Guidelines

Wie bereits eingangs erwähnt, bereiten Sie Ihre Mitarbeiter und alle Beteiligten mit *Social Media Guildelines* auf Aktivitäten in sozialen Medien vor. Diese Guidelines sind eine Hilfestellung im Umgang mit sozialen Medien und sollen den Beteiligten Sicherheit geben, sich zu involvieren. Inhaltlich sollte hier festgelegt werden, wo Verantwortlichkeiten (und Haftungen) liegen. Auch die Rechte an den einzelnen Accounts sollten klar definiert sein. Stellen Sie heraus, welche Inhalte zulässig sind und welche der Vertraulichkeit unterliegen. Gegebenenfalls sollten Sie beschreiben, an welchen Stellen es Abstimmungsbedarf gibt. Regeln Sie die Sprache (z. B. Duzen oder Siezen) sowie die Netiquette, und weisen Sie auf Urheberrecht und Datenschutz hin. Wenn mehrere Personen in den sozialen Medien agieren, legen viele Unternehmen eine Autorenkennzeichnung fest, insbesondere bei privaten Meinungen. Grundsätzlich sollten Sie darauf hinweisen, dass der private und berufliche Bereich zu trennen sind. Auch organisatorisch gibt es einiges zu regeln: angefangen beim Redaktionsplan bis hin zu den Verantwortlichkeiten am Wochenende können Sie klare Aussagen treffen. Vergessen Sie nicht, zudem festzulegen, wie mit kritischen Inhalten umgegangen werden soll.

Besonders kreativ haben beispielsweise die beiden Unternehmen Tchibo und der Verkehrsbund Rein-Ruhr (VRR) ihre Social Media Guidelines per Video umgesetzt. Eine Liste mit Social Media Guidelines verschiedener Unternehmen finden Sie im Blog von Christian Buggisch (*buggisch.wordpress.com*). Tipp: Unter *www.bitkom.org* können Sie Social Media Guidelines kostenlos downloaden.

Wie bei Twitter sollten Sie auch in Facebook darauf achten, authentisch und regelmäßig zu informieren. Gehen Sie auf Kommentare ein, und bewerten Sie Kritik als gute Hinweise, um Ihr Angebot zu verbessern. Nutzen Sie auch die Suche, um Seiten zu finden, auf denen über Sie gesprochen wird, und kommentieren Sie diese entsprechend.

Mit der sogenannten *Mention-Funktion* können Sie andere Seiten erwähnen. Wenn Sie in einem Beitrag ein *@zuerwähnendeSeite* schreiben, dann wird sowohl auf Ihrer als auch auf der verlinkten Seite der Beitrag erscheinen, und Sie erhöhen Ihre Reichweite. Voraussetzung ist, dass Sie selbst Fan von der Seite sind, die Sie erwähnen.

Vermeiden Sie formelle Formulierungen, und ziehen Sie die persönliche Ansprache von Fans vor. Zu den goldenen Regeln gehören neben dem Zuhören folgende Eigenschaften der Kommunikation: ehrliche, persönliche (mit gewissen Grenzen), freundlich respektvolle, reaktionsschnelle, konsequente, interessante, offene und vernetzte sowie transparente Kommunikation. Wenn Sie dies beherzigen, werden Sie Ihren Social-Media-Zielen mit großen Schritten entgegengehen. Bieten Sie den Besuchern Ihrer Facebook-Page interessante Inhalte, denn nur so werden sie Ihre Seite wieder besuchen und Fan werden.

Schaffen Sie Mehrwert

Nutzer werden Ihnen treu bleiben, wenn Sie Ihnen einen wirklichen Mehrwert bieten. Dazu können z. B. Erfahrungsberichte, Tipps, Checklisten, Videos, Infobroschüren, eBooks oder Best-Of-Listen beitragen.

Vermeiden Sie zu viele und uninteressante Posts ebenso wie Inhalte, die in gleicher Form auf Ihrer Website zu finden sind. Achten Sie besonders auf diese Punkte, wenn Sie automatische Updates verwenden. Arbeiten Sie vielmehr mit Inhalten, wie z. B. exklusiven Rabatten oder Umfragen, aber auch mit Gewinnspielen, Wettbewerben, besonderen Aktionen, auf die im Optimalfall von anderen Websites verlinkt wird und die die Interaktion mit Ihrer Facebook-Page unterstützen. Fans können somit zu Multiplikatoren Ihres Angebots werden, denn sie verbreiten Ihre Seite in ihren Netzwerken. Ziehen Sie Aufrufe in Erwägung, wie beispielsweise das Hochladen von Fotos, die die Nutzung Ihres Angebotes zeigen, oder auch das Teilen und Weiterleiten Ihrer Informationen.

Kreativ – der Rügenwalder Kundenbeirat

Nachdem der Wursthersteller Rügenwalder Mühle in 2011 Facebook-Fans als Wurstexperten und Wursttester in die Erstellung einer neuen Wurst mit einbezogen hat, ruft er in 2012 seine Fans auf, sich für einen Kundenbeirat zu bewerben. »Helft uns mit euren Wünschen, Ideen, Anregungen und eurer Kritik, damit wir auch in Zukunft nur die bestmöglichen Produkte für euch herstellen können«, heißt es auf der Facebook-Seite.

Seien Sie auf Kritik und negative Äußerungen vorbereitet. Diese verbreiten sich unter Umständen wie ein Lauffeuer (siehe Glossar *Shitstorm*) und können somit andere Nutzer beeinflussen und Imageschäden verursachen. Nehmen Sie daher Kritik besonders ernst und verstehen Sie sie als wertvolle Rückmeldung, die dazu beitragen kann, Ihr Angebot zu verbessern. Reagieren Sie auf negative Äußerungen schnell, aber durchdacht und stets sachlich und respektvoll. In der Regel bietet es sich an, öffentlich zu reagieren, da so auch Mitleser sehen, dass Sie Nutzer ernst nehmen und auf deren Anliegen eingehen. Auch wenn die Kritik sehr emotional und unsachlich geäußert wurde, versuchen Sie den Kern zu verstehen indem Sie direkt nachfragen.

Um eine Vielzahl an Facebook-Fans zu erreichen, sollten Sie auch über Ihre Website und weitere Kanäle auf Ihre Facebook-Page aufmerksam machen (Abbildung 4.27). Hier können Sie sowohl im Online- als auch im Offline-Bereich Hinweise platzieren. Einige Beispiele dafür sind Ihre Printmaterialien (Flyer, Broschüren, Plakate, Anzeigen, Visitenkarten usw.) wie auch Ihre E-Mail-Signatur, Links in Online-Profilen oder Newsletter.

Social Plugins

Mit den sogenannten *Social Plugins* stellt Facebook verschiedene Möglichkeiten zur Verfügung, wie Sie Ihre Facebook-Seite mit anderen Websites verknüpfen können.

Neben dem »Gefällt mir«-Button, dem »Senden«-Button, dem »Kommentar«-Plugin oder dem »Activity Feed« haben Sie einiges an Auswahl. Alle Social Plugins finden Sie unter *developers.facebook.com/docs/plugins/*.

Abbildung 4.27 McDonalds weist auf seiner Website prominent auf den eigenen Facebook-Auftritt hin.

Sprechen Sie Ihren engsten Umkreis direkt an und machen Sie Familie, Freunde, Bekannte und Mitarbeiter auf Ihre Facebook-Seite aufmerksam.

Neben all den Möglichkeiten, die eine Facebook-Unternehmensseite mit sich bringt, sollten Sie niemals vergessen, dass es sich nicht um eine reine Werbeseite handelt. Sonst werden Sie langfristig keine Fangemeinde aufbauen können. Es geht um Mehrwert und echte Kommunikation! Bieten Sie Ihren Besuchern interessante Informationen, Hilfestellungen oder Unterhaltsames. Wie in einem realen Gespräch können Sie hier auch Branchen-Informationen erwähnen und sich nicht nur auf Ihre eigenen Angebote beschränken.

Der Social-Media-Mix

Stimmen Sie Ihr Blog, Ihren Twitter-, Facebook- und YouTube-Account und alle Social-Media-Kanäle, die Sie verwenden, aufeinander ab. Achten Sie aber bei automatischen Vernetzungen weiterhin auf Mehrwert für die Leser, sonst werden Sie schnell als Spammer abgestempelt. Weisen Sie beidseitig auf Ihre Angebote hin.

Das heißt, verlinken Sie beispielsweise Ihre Facebook-Seite auch mit Ihrem YouTube-Channel, und erstellen Sie andersherum eine Facebook-App zu Ihrem YouTube-Channel.

Einige Unternehmen haben es geschafft, eine sehr große Fangemeinde aufzubauen. Sie sehen die Top-20-Firmen in Abbildung 4.28.

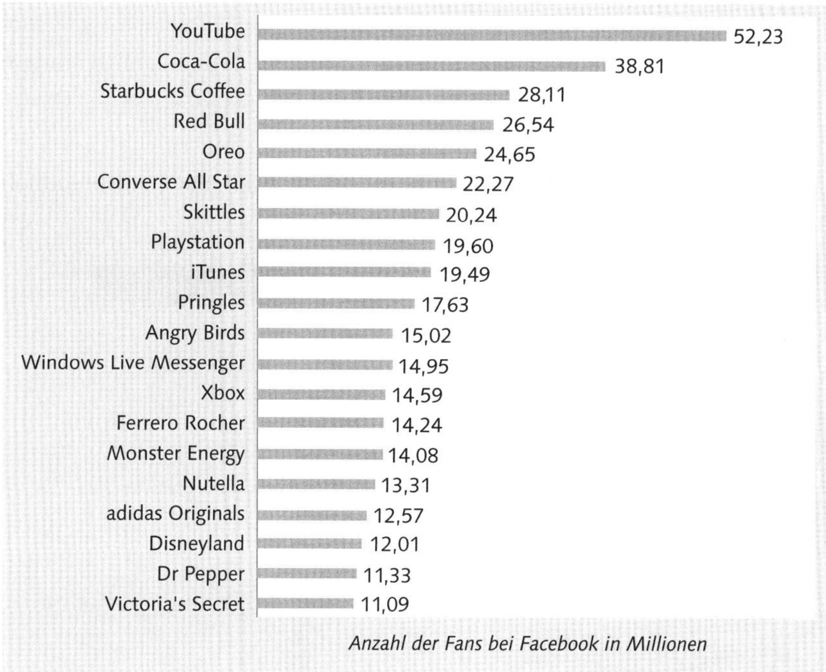

Abbildung 4.28 Firmen mit den meisten Fans bei Facebook (Quelle: Statista nach Fanpagelist, Stand Februar 2012)

Für Deutschland belegen laut Socialbakers (*www.socialbakers.com*) in der Kategorie »Brands« (Marken) die in Abbildung 4.29 genannten Firmen die Toppositionen (dabei bedeuten die weiteren Angaben: PTA = People which talk about, ER = Average Engagemnet Rate; RP = Average Response Rate):

#	Facebook page name	Fans	PTA	ER	RR	Score
1.	McDonald's Deutschland	1 585 762	34 734	0.160	40.000	72
2.	Lufthansa	1 103 080	26 870	0.144	40.625	76
3.	Lidl	1 042 787	26 000	N/A	N/A	N/A

Abbildung 4.29 Top-3-Brands bei Facebook (Quelle: Socialbakers.com)

Beachten Sie dabei, dass hier Qualität vor Quantität geht. Denn was hilft Ihnen eine riesige Anzahl an Fans, die aber nicht aktiv sind? Die reine Anzahl an Fans ist also keine gute Messgröße für den Erfolg in sozialen Medien. Vielmehr geht es hier um wirklich interessierte Nutzer. Mehr dazu lesen Sie in Abschnitt 4.7, »Social Media Monitoring und wichtige Kennzahlen«.

4.6.5 Facebook-Applikationen

Inzwischen gibt es zahlreiche Anwendungen, die sogenannten *Facebook-Applikationen*, die Sie als Teil Ihrer Facebook-Seite verwenden können und die Ihnen weitere Interaktionsoptionen bieten. Zu bekannten Anwendungen gehören beispielsweise Online-Shop-Integrationen, Spiele und Umfragen.

Die Facebook-Seite von Otto bietet Besuchern die Möglichkeit, direkt einzukaufen (Abbildung 4.30).

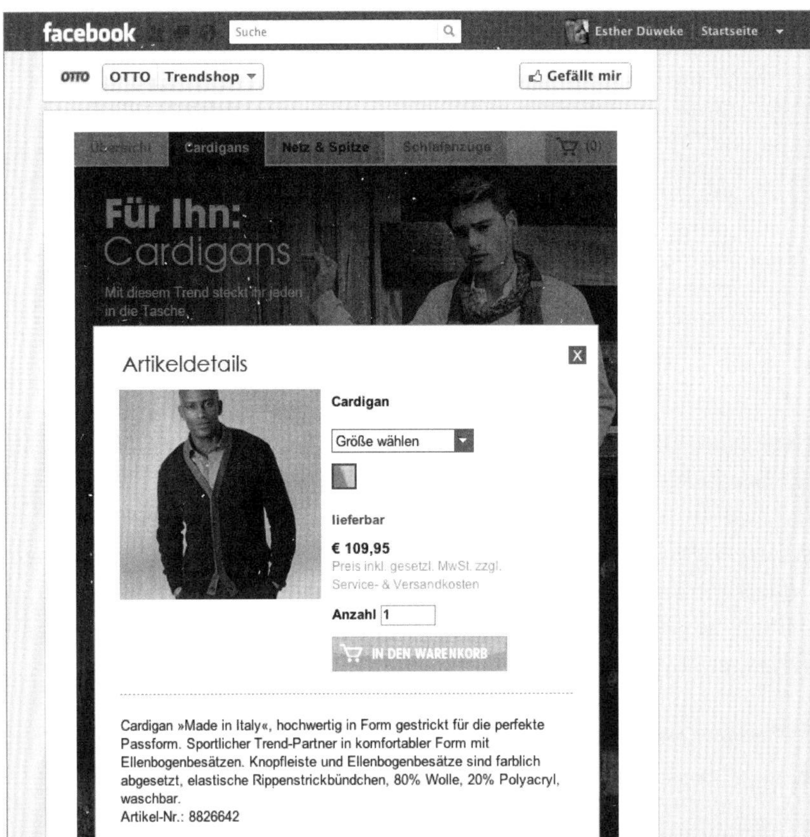

Abbildung 4.30 Shopping-Möglichkeit auf der Facebook-Seite von Otto

Hier sind diverse Anwendungen möglich. Pandora bietet beispielsweise eine Anwendung zur Gestaltung eines individuellen Armbands (Abbildung 4.31).

Abbildung 4.31 Facebook-Anwendung von Pandora

Derartige Angebote zählen zum Bereich *Social Shopping*, den wir im Rahmen dieses Buches zwar erwähnen, aber nicht näher besprechen können. Man kann davon ausgehen, dass Facebook hier zunehmend aktiv werden wird. So ist es beispielsweise denkbar – und wird zum Teil schon umgesetzt –, dass Freunde in den Entscheidungs- und Einkaufsprozess involviert werden sollen.

Besonders bekannte Apps im Gaming-Bereich sind z. B. das Spiel *Farmville* von Zynga. Bei vielen Spielen können sich Nutzer virtuelle Waren per Interaktion erarbeiten oder per barer Münze kaufen, wobei Facebook provisioniert wird.

Sie müssen aber nicht jede Anwendung selbst programmieren. In der Zwischenzeit haben sich einige Anbieter etabliert, die kostenfreie und kostenpflichtige Apps anbieten. Hier sind beispielsweise der iFrameWrapper (*www.facebookcom/iFrameWrapper*) oder 247 Grad (*www.facebook.com/247Grad*) zu nennen, die z. B. für die Weihnachtszeit eine Adventskalender-Anwendung anbieten. Eine gute Übersicht an Apps erhalten Sie unter *www.applosive.de*.

4.6.6 Facebook Ads (FAD)

Mit Facebook Ads können Werbetreibende, ähnlich wie bei Google AdWords, Werbeanzeigen im sozialen Netzwerk schalten. Damit hebt sich Facebook von anderen Communitys ab, die oftmals lediglich die Schaltung von Werbebannern ermöglichen.

Es sind verschiedene Anzeigenvarianten auf Facebook möglich. Allgemein lassen sich die sogenannten *Premium Ads* von den *Marketplace Ads* unterscheiden. Während erstere nur von Werbepartnern mit einem hohen regelmäßigen Budget über einen direkten Kontakt bei Facebook geschaltet werden können, können die Marketplace Ads von allen Werbetreibenden auf Facebook geschaltet werden.

Facebook Offers

Mit den Facebook-Angeboten (Facebook Offers) wurde eine Alternative zu der vormals unter dem Namen *Facebook Deals* bekannten Funktion geschaffen. Aktuell nur für große Werbepartner möglich, kann ähnlich wie ein Status-Update ein Angebot verbreitet werden, das im Stream der Nutzer erscheint.

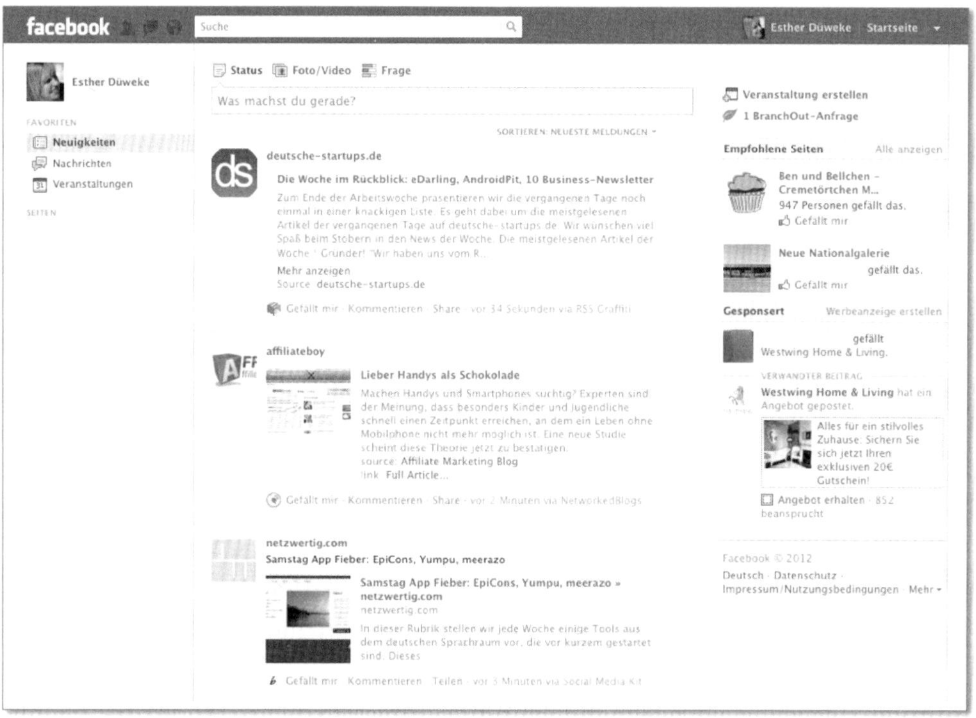

Abbildung 4.32 Marketplace Ads am rechten Seitenrand

Sie haben die Möglichkeit, sowohl Werbeanzeigen als auch gesponserte Meldungen zu schalten, wie Sie in Abbildung 4.32 sehen. Wie bei allen Werbemaßnahmen sollten Sie sich auch hier zunächst Gedanken dazu machen, was genau Sie bewerben möchten und mit welchem Ziel.

Während Sie mit den Werbeanzeigen, bestehend aus Bild und Text, eher klassisch werben, können Sie mit den gesponserten Meldungen Freunde Ihrer Fans ansprechen. Klickt jemand beispielsweise auf »Gefällt mir« für eine Seite, kann diese Meldung als gesponserte Meldung den Freunden des Klickenden angezeigt werden. Im Hilfebereich von Facebook unter *www.facebook.com/help/* werden die Details zu den Ausprägungen von Werbeanzeigen und gesponserten Meldungen genau beschrieben. Nicht allein durch den Börsengang von Facebook ist zu erwarten, dass in diesem Bereich weiterhin laufend getestet wird.

Um eine Facebook-Ad zu erstellen, sind drei Schritte notwendig, durch die Sie geführt werden, wenn Sie folgende URL aufrufen: *www.facebook.com/advertising/* und dann auf WERBEANZEIGE ERSTELLEN klicken. Alternativ erreichen Sie diese Seite auch im Administrationsbereich Ihrer Facebook-Seite unter PUBLIKUM ERWEITERN • WERBEANZEIGEN ERSTELLEN.

Zunächst sollten Sie die Inhalte Ihrer Werbeanzeige festlegen (siehe Abbildung 4.33).

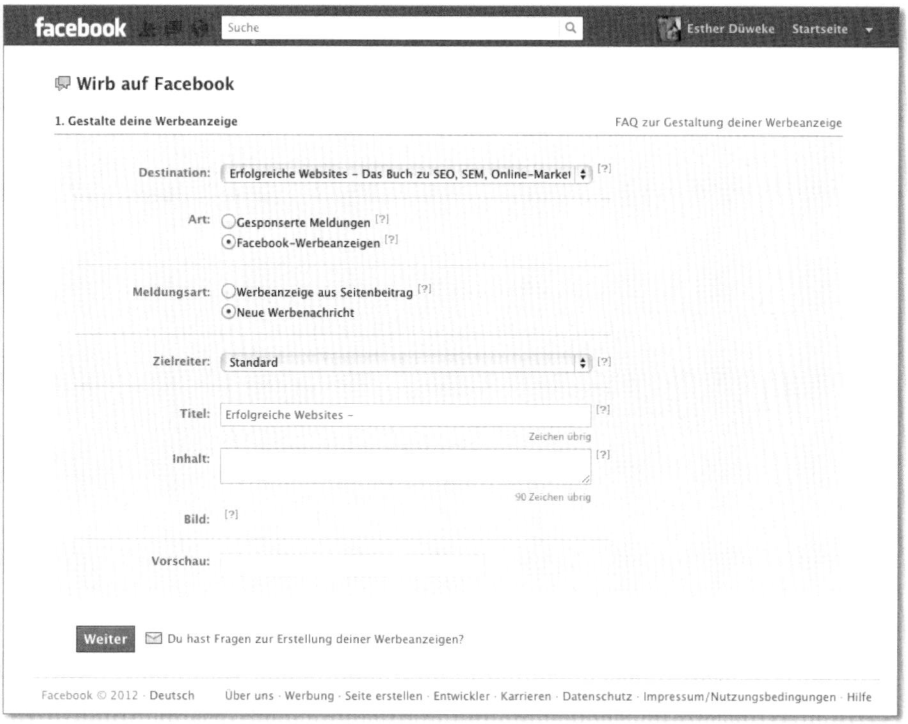

Abbildung 4.33 Im ersten Schritt gestalten Sie Ihre Facebook-Anzeige

Ähnlich wie bei Google AdWords gibt es hier eine Zeichenlimitierung von 25 Zeichen für den Titel und 90 Zeichen für den Text. Bei allen Werbeanzeigen ist ein Bild erforderlich. Wie bei den meisten Werbemaßnahmen sollten Sie hier darauf achten, eine passende Landing Page anzugeben und eine Handlungsaufforderung zu integrieren.

Im zweiten Schritt bestimmen Sie die Zielgruppe für Ihre Werbeanzeigen. Anhand verschiedenster Kriterien (wie Alter, Geschlecht, Interessen, Beziehungsstatus, Bildungsstand, Ort etc.) können Sie eine recht genaue Definition abgeben. Anders als bei Google AdWords, wo Advertiser Keywords festlegen, können Werbetreibende bei Facebook präzise Interessen angeben, um Streuverluste zu verringern. Am rechten Seitenrand wird Ihnen automatisch die geschätzte Reichweite angezeigt (siehe Abbildung 4.34).

Tipp: Diese Echtzeit-Informationen sind mitunter auch interessant, wenn Sie andere Kampagnen, wie z. B. ein Facebook-Gewinnspiel, planen.

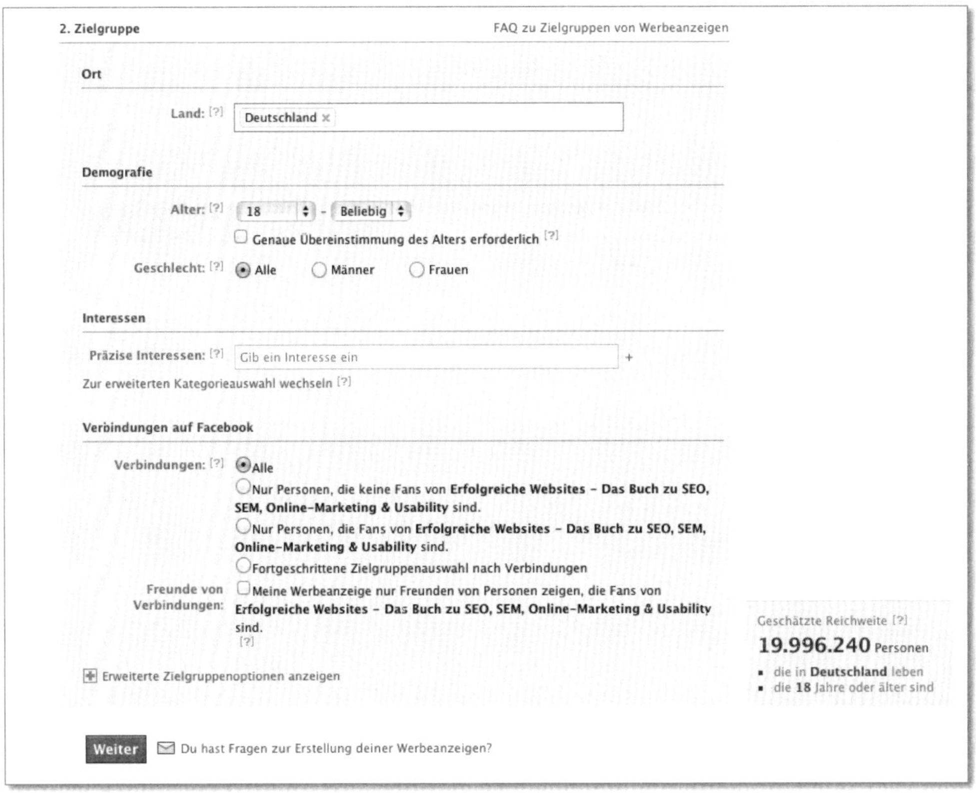

Abbildung 4.34 Legen Sie die Zielgruppe für Ihre FAD fest.

Zu guter Letzt müssen Sie noch das Budget bestimmen. Wenn Sie nicht das von Facebook vorgeschlagene Budget verwenden möchten, klicken Sie auf ANDERES GEBOT

VERWENDEN (FORTGESCHRITTEN). Dann haben Sie die Auswahl zwischen den Optionen CPM, CPC und Action-optimized CPM, wie Sie in Abbildung 4.35 sehen.

Action-optimized CPM

Mit dieser Bezahloption werden die Facebook-Anzeigen nur an Nutzer ausgeliefert, die mit hoher Wahrscheinlichkeit die Anzeige auch klicken. Kosten fallen an, wenn die Anzeige ausgeliefert wird, also nach Sichtkontakten.

Zudem bestimmen Sie in diesem Schritt Ihr Budget pro Tag oder pro Kampagnendauer. Zu guter Letzt können Sie Ihre Werbeanzeige nochmals überprüfen, bevor Sie die BESTELLUNG AUFGEBEN (wie der Button zur Aktivierung bezeichnet ist).

Abbildung 4.35 Festlegung des Budgets für Ihre Facebook Ads

Im sozialen Netzwerk werden diejenigen Anzeigen bevorzugt ausgeliefert, die das höchste Gebot aufweisen. Es handelt sich hier also um ein Auktionsverfahren. Kontrollieren Sie regelmäßig die Preise, und testen Sie Anzeigenpreise aus.

Für die Erfolgsmessung der FADs stehen Ihnen diverse Berichte und Statistiken zur Verfügung, anhand derer Sie Ihre Werbeanzeigen optimieren können.

Neu: Facebook Exchange

Unter dem Namen Facebook Exchange sollen künftig Werbeanzeigen auf dem sozialen Netzwerk via Auktionssystem versteigert werden, die Nutzer auf Basis Ihres Surfverhaltens ansprechen. Abgerechnet werden soll pro 1.000 Klicks auf eine Anzeige.

Wie schon erwähnt, beziehen wir uns hier ausschließlich auf Facebook. Die Schaltung von Werbung ist aber auch innerhalb anderer Communitys möglich. Unter *www.linkedin.com/advertising* erfahren Sie beispielsweise mehr zu den Werbemöglichkeiten auf LinkedIn.

4.6.7 Datenschutz

Neben der Timeline-Umstellung und den Anpassungen an Privatsphäre-Einstellungen bringen die Werbeeinblendungen Kritik im Zusammenhang mit der Einhaltung des Datenschutzes des Netzwerks mit sich: Zum einen soll die Werbung auf den Nutzer hin abgestimmt personalisiert ausgeliefert werden, zum anderen soll dennoch die Privatsphäre der Nutzer gewahrt bleiben.

Einige Datenschutzpannen waren der Auslöser für den Aufruf innerhalb des Netzwerks, sich am 31. Mai 2010 von Facebook abzumelden (auch bezeichnet als »Quit Facebook Day«; *www.quitfacebookday.com*), dem einige tausend Mitglieder nachkamen.

In der Zwischenzeit gibt es einige Möglichkeiten für Nutzer, die eigenen Daten besser zu schützen, anzufordern und einzusehen. Grundsätzlich sollte sich jeder Nutzer aber im Vorfeld bewusst machen, welche Informationen er von sich preisgibt und welche (auch langfristigen Folgen) das haben kann.

Angefangen von den Kontoeinstellungen lohnt sich auch eine Überprüfung via Profilvorschau.

Tipp: Profilvorschau und Preisgabe von Daten überprüfen

Auf Ihrem Profil haben Nutzer die Möglichkeit, sich das eigene Profil aus Sicht eines anderen Nutzers anzusehen. Dazu klicken Sie auf den Pfeil neben dem Button AKTIVITÄTENPROTOKOLL unterhalb Ihres Titelbildes. Sie können dann den Link ANZEIGEN AUS DER SICHT VON... wählen. Anschließend können Sie oberhalb Ihres Titelbildes den Namen eines Freundes oder den Link ÖFFENTLICHKEIT auswählen, um Ihre Timeline aus einer anderen Perspektive zu betrachten.

Einige Websites reagierten auf die Datenschutzdebatte und bieten seither eine Schaltfläche an, die Nutzer erst betätigen müssen, damit die Social-Media-Buttons aktiv sind und persönliche Daten an die Netzwerke übermittelt werden (Abbildung 4.36).

Abbildung 4.36 Bei www.imedo.de müssen Nutzer erst eine Schaltfläche bedienen, um die Social-Media-Buttons zu aktivieren.

Darüber hinaus lassen sich die persönlichen Daten downloaden (siehe Abbildung 4.37). Diese Seite erreichen Sie über den Link LADE EINE KOPIE DEINER FACEBOOK-DATEN HERUNTER, den Sie in Ihren Kontoeinstellungen finden. Alternativ können Sie persönliche Daten anfordern.

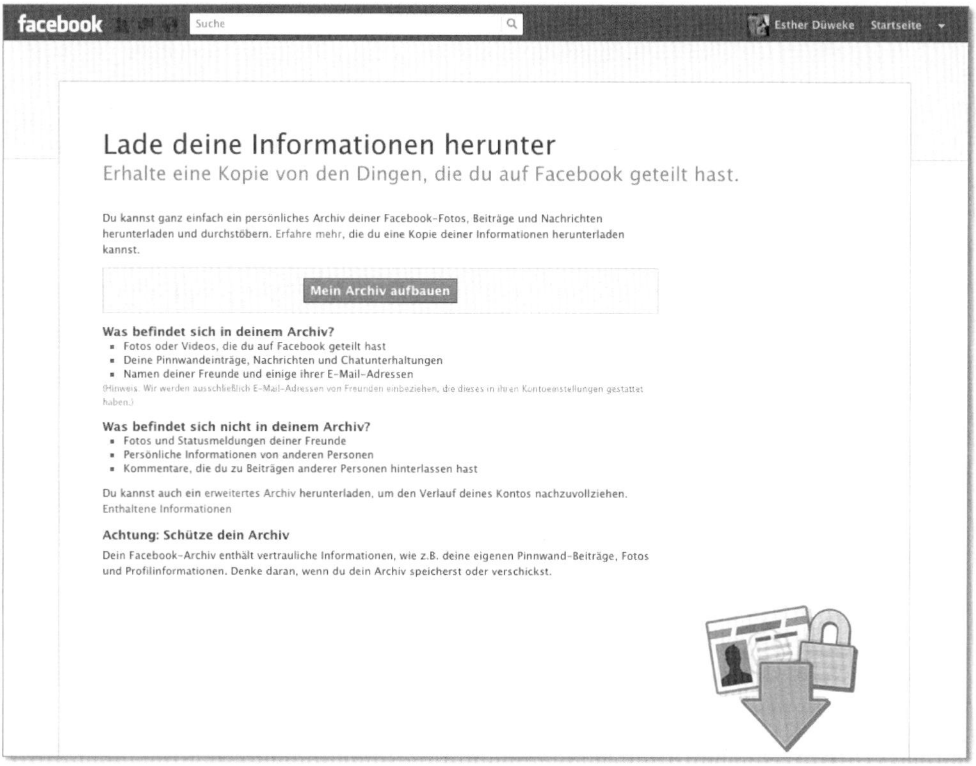

Abbildung 4.37 Downloadmöglichkeit der persönlichen Daten bei Facebook

Antrag auf Herausgabe persönlicher Daten

Sie haben die Möglichkeit, bei Facebook einen Antrag auf die Herausgabe persönlicher Daten zu stellen. Diese Option erreichen Sie unter: *www.facebook.com/help/contact/?id=166828260073047*. Zudem können Sie einen Verstoß gegen Urheber- oder Markenrechte melden (*www.facebook.com/help/contact/?id=208282075858952*).

Wir empfehlen Ihnen als Facebook-Nutzer – auch wenn es einige Mühe mit sich bringt, sich innerhalb der teilweise komplizierten Einstellungsmöglichkeiten zurechtzufinden –, die Standardeinstellungen genauestens zu überprüfen. Achten Sie sorgfältig darauf, welche Daten und Informationen Sie über sich preisgeben. Möchten Sie Ihren Account jedoch vollständig und dauerhaft löschen, können Sie dies unter *www.facebook.com/help/delete_account* tun.

4.7 Social Media Monitoring und wichtige Kennzahlen

Obwohl wir diesen Abschnitt erst nach den ausführlichen Erklärungen zu Marketingansätzen in sozialen Medien beschreiben, heißt das nicht, dass *Social Media Monitoring* erst im Anschluss an Maßnahmen angegangen werden sollte. Schon im Vorfeld auf soziale Aktivitäten ist es wichtig, sich ein Stimmungsbild zu verschaffen. Aber was bedeutet nun Social Media Monitoring?

Mit Social Media Monitoring ist das Ermitteln und Beobachten von Personen (die an Ihrem Unternehmen und Angeboten interessiert sind) und Gesprächen oder Themen (über Ihr Unternehmen oder Angebot) im Social Web gemeint. Daher ist es auch für die Erfolgsmessung geeignet. Im Folgenden möchten wir Ihnen einige Möglichkeiten des Social Media Monitorings und wichtige Kennzahlen zur Erfolgskontrolle in Bereich Social Media vorstellen.

Vorab sei gesagt, dass das Social Media Monitoring ein kontinuierlicher Prozess ist und auch so gehandhabt werden sollte. Machen Sie sich also regelmäßig, im besten Fall täglich, ein Bild davon, wie Sie im Netz wahrgenommen werden. Hier steht Ihnen eine Vielzahl an hilfreichen Tools zur Verfügung. Allen voran bietet schon die Suchmaschine Google wichtige Anhaltspunkte, denn hier können Sie im linken Seitenbereich die Suchergebnisse beispielsweise auf Blogs einschränken. Ein besonders einfaches und kostenfreies Tool ist zudem Google Alerts (*www.google.com/alerts*). Hier können Sie Schlüsselbegriffe oder Websites angeben und werden jeweils per E-Mail informiert, wenn neue Inhalte dazu gefunden werden. Keywords, die sich anbieten, sind hier z. B. der Unternehmensname, Produktbezeichnungen, aber auch die Konkurrenz. Unter der Vielzahl an weiteren Tools, die sich zum Monitoring anbieten, sind z. B. Social Mention (*www.socialmention.com*), HowSociable (*www.howsociable.com*) oder Socialseek (*www.socialseek.com*) zu nennen.

Empfehlenswert ist die Verwendung von verschiedenen Tools, die Sie parallel nutzen. So erhöhen Sie die Datengenauigkeit und haben Vergleichswerte. Um den Monitoring-Prozess zu vereinfachen, sind Dashboards empfehlenswert, die Ihnen einen guten Überblick über aktuelle Themen und Keywords in sozialen Medien liefern. Da wir nicht alle Social Media Dashboards hier erwähnen können, haben wir stellvertretend *Netvibes* (*www.netvibes.com*) herausgegriffen, möchten aber darauf hinweisen, dass es natürlich noch viele andere Anbieter gibt. Bei Netvibes können Sie sich nach individuellen Vorstellungen eine Übersicht anlegen, die Facebook, Twitter, News und weitere Widgets beinhaltet.

Wenn Sie nun denken, dass eine große Anzahl an Facebook-Fans oder ein riesiger Twitter-Follower-Stamm ein Erfolgsmerkmal sind, dann irren Sie sich. Hier ist nicht die Quantität entscheidend, sondern vielmehr die Qualität. Es geht um Dialog und Interaktion. Teilweise spricht man daher im Social-Media-Bereich auch von *Return on Influence* statt von Return on Invest.

Social-Media-Erfolgskennzahlen

Jeremiah Owayanf und John Lovett haben sogenannte *KPIs* (*Key Performance Indicators*) für den Social Media Bereich definiert, die da lauten:

- Share of Voice = Markenerwähnungen/(Gesamterwähnungen (Marke + Konkurrent A, B, C...n))
- Audience Engagement (Zielgruppenengagement) = (Anzahl der Kommentare + Shares + Links)/Anzahl der Views
- Conversation Reach (Diskussionsreichweite) = Summe aller Diskussionsteilnehmer/kalkulierte Diskussionsteilnehmer
- Active Advocates (aktive Markenfans) = Anzahl der aktiven Markenfans (letzte 30 Tage)/Summe aller Markenfans
- Advocate Influence (Einfluss der Markenfans) = einmaliger Einfluss von Markenfans/Summe aller Einflüsse von Markenfans
- Advocacy Impact (Markenfan-Effekt) = Anzahl aller von Markenfans initiierten Diskussionen/Summe der Markenfans
- Issue Resolution Rate (Lösungsrate) = Anzahl aller erfolgreich beantworteten Kundenanfragen/Anzahl aller Serviceanfragen

- Resolution Time (Bearbeitungsdauer) = Bearbeitungsdauer für eine Kundenanfrage/Summe aller Serviceanfragen
- Satisfaction Score (Zufriedenheits-Score) = Kundenfeedback (A, B, C ... n)/gesamtes Kundenfeedback
- Topic Trends = Anzahl aller spezifischen Trenderwähnungen/Anzahl aller Topic Trends
- Sentiment Ratio (Stimmungsbarometer) = (positive : neutrale : negative Markenerwähnungen)/Summe aller Markenerwähnungen
- Idea Impact (Ideeneffekt) = Summe aller positiven Kommentare, Erwähnungen, Teilungen, Likes/Summe aller Kampagnendiskussionen, Erwähnungen, Teilungen, Likes

4.8 Weitere bekannte Communitys und Netzwerke

Menschen sind ein soziales Umfeld gewohnt und möchten dementsprechend Kontakte pflegen. Neben Facebook existiert eine Vielzahl weiterer Communitys im Netz. Einige bekannte Plattformen möchten wir Ihnen im Folgenden kurz vorstellen. Die Communitys variieren in ihrer Zielgruppe, einzelnen Funktionen oder ihren Kernthemen. Natürlich gibt es auch hier Anknüpfungspunkte im Social Media Marketing, ähnlich zum vorgestellten Facebook-Marketing.

4.8.1 Google+

Seit dem Sommer 2011 bietet auch der Suchmaschinenriese Google mit Google+ (*plus.google.com*) ein soziales Netzwerk an. Unter dem Motto »*Teilen wie im richtigen Leben, neu erfunden für das Web*« können Nutzer sich auch hier ein Profil anlegen und sich mit anderen Nutzern austauschen. Vormals nur per Einladung möglich, kann sich inzwischen jeder anmelden – und das taten gerade in der Anfangsphase sehr viele Menschen, womit Google+ als das am schnellsten wachsende Netzwerk galt.

Das Wall Street Journal betitelte das soziale Google-Netzwerk im Februar 2012 als virtuelle Geisterstadt. Google selbst vermeldet 170 Mio. Menschen im April 2012. Zum Vergleich: am 30.04 konnte Facebook mit weltweit mehr als 840 Mio. Nutzern aufwarten.

Im April 2012 wurde eine Designanpassung vorgenommen. Seither gibt es eine Navigationsleiste am linken Seitenrand (die vom Nutzer individuell per Drag & Drop in der Reihenfolge verändert werden kann), die Nutzer auch von Facebook her kennen. Auch bei Google+ gibt es mittig den News-Stream und am rechten Seitenrand eine Chat-Funktion (Abbildung 4.38).

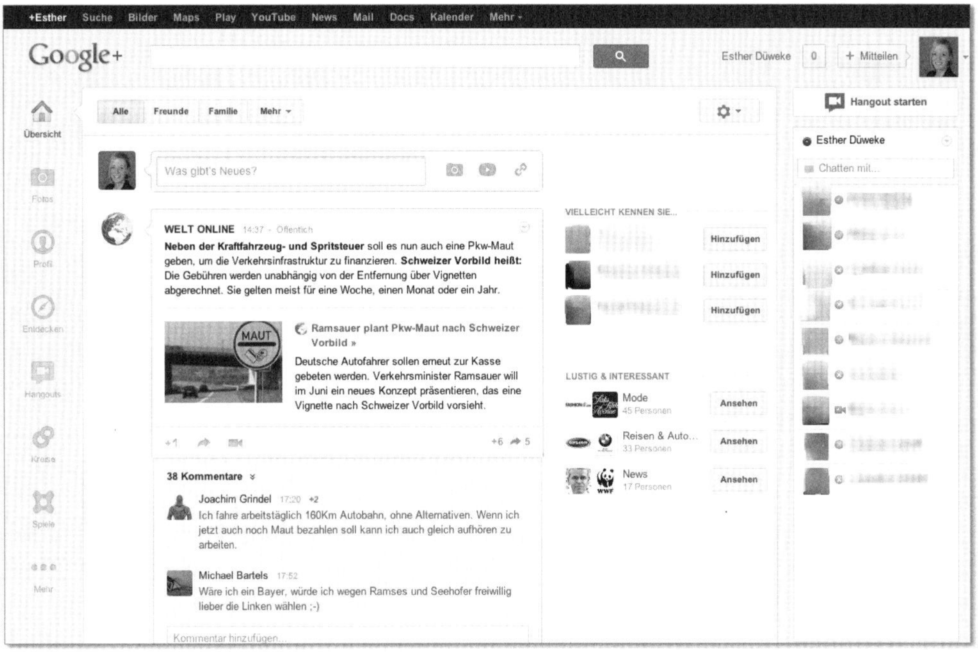

Abbildung 4.38 Die Google+-Startseite

Als Besonderheiten sind hier zum einen die *Kreise* zum anderen die sogenannten *Hangouts* zu nennen.

Kreise

Zur besseren Strukturierung können Nutzer ihre Freunde in Kreise (z. B. Familien, Bekannte, Freunde, Arbeitskollegen etc.) einteilen (Abbildung 4.39). Die Kreise, auch unter *Circles* bekannt, sind hier vergleichbar mit den Facebook-Listen.

Dabei bekommt ein zu einem Kreis hinzugefügter Nutzer aber keine Information, in welchen Kreis er einsortiert wurde. Es kann festgelegt werden, ob und welche Informationen den einzelnen Nutzern zugänglich gemacht werden.

Abbildung 4.39 Kreise in Google+ dienen der Strukturierung der Kontakte.

Hangouts

Mit den Hangouts ist die Video-Chat-Funktion bei Google+ gemeint. Hieran können bis zu neun Personen teilnehmen, die unter APPS dann auch die Möglichkeit haben, gemeinsam YouTube-Videos anzusehen. Weitere Informationen dazu finden Sie unter *www.google.com/+/learnmore/hangouts/*.

Der +1 Button

Der +1-Button von Google+ ermöglicht es Nutzern, mitzuteilen, dass ihnen etwas gefällt (Abbildung 4.40). Mit Klick auf +1 wird ein Vermerk im Nutzerprofil auf dem Tab »+1« gesetzt. Auch in den Suchergebnissen der Google-Suche wird der +1-Button angezeigt. »*+1 verfeinern außerdem die Google-Suche, denn so sehen Sie direkt unter den Suchergebnissen und Anzeigen, welche Seiten Ihre sozialen Verbindungen empfehlen*«, so Google.

Abbildung 4.40 Für eingeloggte Google+-Nutzer sind Empfehlungen von sozialen Kontakten auch in den Suchergebnissen sichtbar.

Natürlich ist das Netzwerk nicht nur für Privatpersonen nutzbar. Auch Unternehmen können hier aktiv werden. Einige Möglichkeiten stellen wir Ihnen im Folgenden vor.

Unternehmensseiten bei Google+

Unter *www.google.com/+/business/get-started* können Sie eine Unternehmensseite auf Google+ anlegen (Abbildung 4.41). Auch hier gibt es einige Analogien zu Facebook. Wählen Sie zunächst eine passende Kategorie aus LOKALES GESCHÄFT, PRODUKT ODER MARKE, UNTERNEHMEN, EINRICHTUNG ODER ORGANISATION, KUNST, SPORT ODER UNTERHALTUNG oder SONSTIGES. Hinterlegen Sie anschließend in Ihrem Unternehmensprofil alle für Kunden und Interessierte relevanten Informationen.

> **Tipp**
>
> Im Bereich INFO können Sie Links und für Sie relevante Inhalte (z. B. Ihre Website) hinterlegen. Andersherum gibt es auch ein Google+-Widget, das Sie auf Ihrer Website integrieren können, um eine gegenseitige Verlinkung zu erzielen. Achten Sie darauf, Ihr Google+-Profi auch in On- und Offline-Kanälen zu erwähnen. Unter *www.gplus.to* können Sie eine Kurz-URL für Ihr Profil anfordern, das Sie dann auch in Printvarianten verwenden können (z. B. gplus.to/Unternehmensname), da aktuell noch keine Vanity-URLs vergeben werden können.

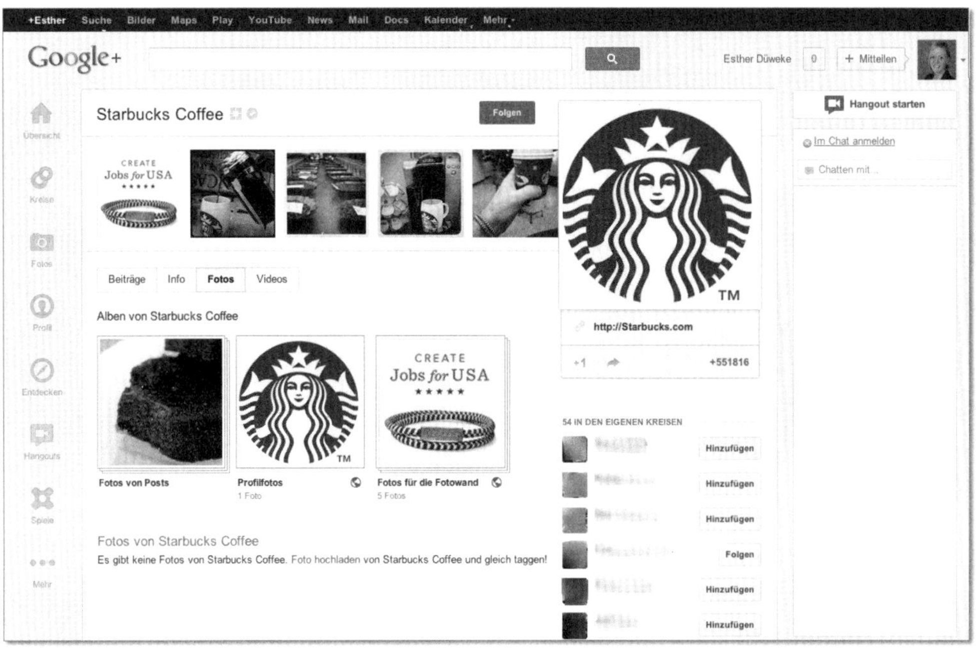

Abbildung 4.41 Das Unternehmensprofil von Starbucks auf Google+ (Stand 26.05.2012)

Auch hier gilt es – ähnlich wie bei Facebook –, in direkten Dialog mit Kunden und Interessenten zu treten. Die voreingestellten Kreise bei Unternehmensseiten belaufen sich auf KUNDEN, VIPS, TEAMMITGLIEDER und NUR FOLGEN, können aber bearbeitet werden. Denkbar ist hier beispielsweise ein Kreis für eine bestimmte Produktsparte. Damit haben Sie die Möglichkeit einer zielgruppengenauen Ansprache. Innerhalb der Kommunikation gelten die gleichen Regeln wie bei Facebook und allen anderen sozialen Medien. Bitte lesen Sie für den Aufbau einer Fangemeinde Abschnitt 4.6.4, »Eine Fangemeinde aufbauen«, erneut.

Eine weitere Möglichkeit für Unternehmen ist die Nutzung der Hangouts. »*Über diese Funktion können Sie mit nur einem Klick Video-Chats mit Kunden der Kollegen starten. So können Sie direktes Feedback zu Ihren Produkten erhalten, Kundenanfragen gezielt beantworten oder Ihre Kunden einfach nur besser kennen lernen*«, so ist bei Google zu lesen (Abbildung 4.42). Zurzeit wird diese Möglichkeit allerdings noch von wenigen Unternehmen genutzt, obwohl sie doch einen großen Spielraum und viele Chancen birgt und auch per Smartphone nutzbar ist.

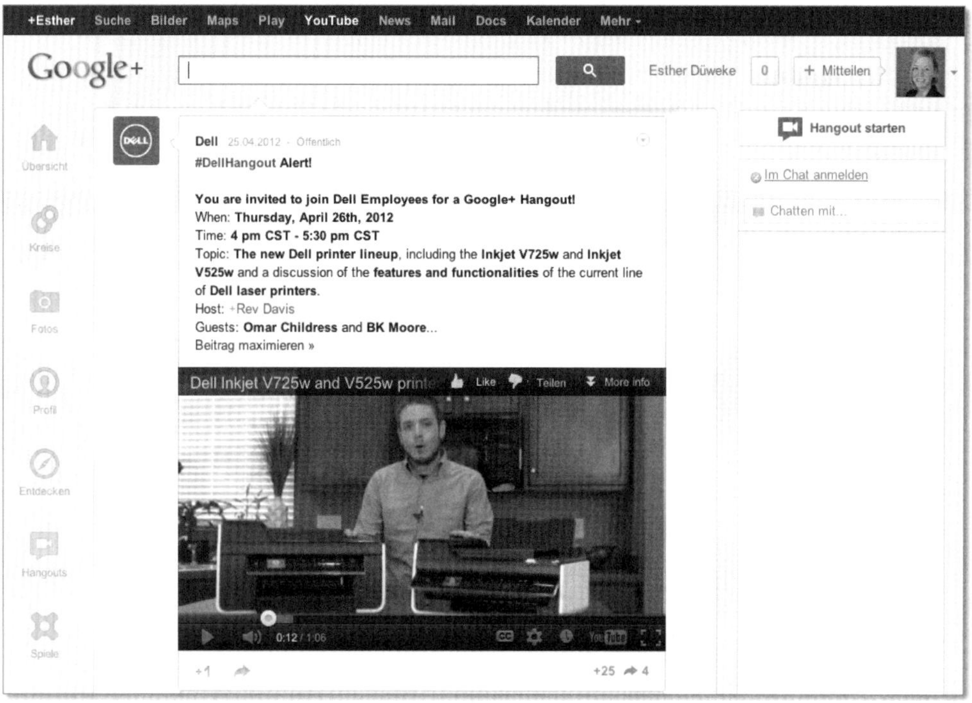

Abbildung 4.42 Einladung zu einem Dell-Hangout zur Produkterklärung

Kampf der Giganten

Mit Google+ und Facebook gibt es zwei große Akteure im Bereich Social Media, und die Frage ist klar: Wer wird das Rennen machen? Hier scheiden sich die Geister, und auch uns ist es nicht möglich, auf diese Frage eine klare Antwort zu geben. Dennoch möchten wir Ihnen einige Impulse und Ansätze zu dieser Frage nicht vorenthalten.

Facebook vs. Google+

Zunächst einmal ist auffällig, wie viele Analogien und Ähnlichkeiten die beiden großen Netzwerke Google+ und Facebook aufweisen. So steht beispielsweise der Facebook-Liste der Google-Kreis gegenüber, den Facebook-Video-Calls (durch die Kooperation mit Skype) die Google+-Hangouts, der Gegenpart von Facebook Places findet sich in Google+ Local. Auch in Aufbau und Design sind sich die beiden sozialen Netzwerke teilweise ähnlich.

Geht man von der aktuellen Situation aus, punktet Facebook klar mir einer sehr großen Nutzerzahl, an die sich Google+ erst mal herantasten muss. Bei Google+ können Nutzer auch Profilen folgen, wenn sie nicht befreundet sind, was eher an Twitter erinnert. Warum also sollten Facebook-Nutzer zu Google+ wechseln? Google+ muss nachziehen und setzt zum Teil an den Schwachstellen von Facebook an. So wird hier besonders auf Transparenz im Bereich Datenschutz Wert gelegt, der bei Facebook oftmals in der Kritik steht. Zudem sind Übersichtlichkeit und eine klare Struktur bei Google+ ausgeprägt. Auch hier musste Facebook in der Vergangenheit Kritik hinnehmen, z. B. im Zusammenhang mit der Umstellung auf die Timeline. Mit den Werbemöglichkeiten bietet Facebook Unternehmen eine attraktive Option, Nutzer zu erreichen, wohingegen bei Google+ derzeit keine Werbeschaltung möglich ist (wenn man einmal von den anderen Werbemöglichkeiten wie AdWords und AdSense von Google absieht). Mit dem Google-Prinzip *Search Plus Your World* werden zudem Informationen aus dem sozialen Netzwerk in den Suchergebnissen angezeigt. Und mit dieser enormen Reichweite der Suchmaschine bietet Google+ ein starkes Argument. Es wird also weiterhin ein Ringen auf dem Social-Media-Markt geben, und mit Sicherheit wird dieses spannend bleiben.

4.8.2 XING und LinkedIn – die Business-Netzwerke

Die beiden bekannten Stellvertreter für Business-Netzwerke XING und LinkedIn sind besonders auch für Unternehmen interessant. Sie können Unternehmensprofile anlegen, Veranstaltungen ankündigen und bewerben, Gruppen anlegen, Diskussionen leiten und nicht zuletzt auch Mitarbeiter suchen oder Stellenanzeigen aufgeben.

XING

XING (*www.xing.com/de/*) wird eher für geschäftliche Kontakte genutzt und bezeichnet sich selbst als Business-Netzwerk. Mitglieder können Kontakte knüpfen, Personen einander vorstellen, nach Mitgliedern oder Themen suchen und in Foren an

Diskussionen teilnehmen. Einige Funktionen sind jedoch nur mit einem kostenpflichtigen Premium-Account verwendbar.

LinkedIn

Das 2002 gegründete Netzwerk LinkedIn verzeichnet (Stand Februar 2012) nach eigenen Angaben über 150 Mio. Fach- und Führungskräfte weltweit, auf die DACH-Region Deutschland, Österreich und Schweiz entfallen über 2 Mio. Mitglieder. Kerngedanke dieses Online-Berufsnetzwerks ist der Austausch von Informationen und Fachwissen, z. B. in speziellen Gruppen oder mit Unternehmen. Neben Profilen von Privatpersonen können auch Unternehmen Seiten online stellen. Auch hier werden kostenpflichtige Premium-Profile angeboten.

4.8.3 Etablierte und neue Netzwerke

Im Bereich der Communities blühen regelmäßig neue digitale Gemeinschaften auf, andere verlagern ihre Schwerpunkte und tragen zur Dynamik des Marktes bei. Im Folgenden möchten wir Ihnen einige etablierte aber auch junge Communities und deren Besonderheiten in aller Kürze vorstellen.

Die VZnet-Netzwerke

Zu den VZnet-Netzwerken zählen Schüler-VZ (*www.schuelervz.net*), Studi-VZ (*www.studivz.net*) und Mein-VZ (*www.meinvz.net*). Alle sind der Verlagsgruppe Georg von Holtzbrinck zugehörig. Wie die einzelnen Namen vermuten lassen, richten sich die Communitys an unterschiedliche Zielgruppen: Schüler, Studenten und weitere Nutzer, die nicht genauer spezifiziert sind. Mitglieder haben die Möglichkeit, sich auszutauschen und beispielsweise Fotoalben zu erstellen. Den Start machte studivz.net, und die anderen beiden Netzwerke wurden einige Zeit später ins Leben gerufen. Wegen stark rückläufiger Nutzerzahlen spricht man in der Branche von einem Schrumpfen bis hin von einem Aussterben. Bei der Betrachtung der von der IVW (Informationsgemeinschaft zur Feststellung der Verbreitung von Werbeträgern e. V.; *www.ivw.de*) ausgewiesenen Zahlen, kann man für März 2012 53 Mio. Visits festhalten – in 2011 waren es noch 265,8 Mio. gewesen.

Im Juni 2012 wurde bekannt gegeben, dass die VZ-Netzwerke unter dem Namen Poolworks weitergeführt werden sollen. Der Schwerpunkt soll dabei auf dem umbenannten IDpool, vormals SchülerVZ liegen. Einer ungewissen Zukunft blicken StudiVZ und MeinVZ entgegen.

Wer-kennt-wen

Die 2006 gegründete Community Wer-kennt-wen (*www.wer-kennt-wen.de*) umfasst nach eigenen Angaben über 9,6 Mio. Mitglieder (Stand Februar 2012). Die Plattform schränkt ihren Nutzerkreis kaum ein und richtet sich an alle über 14-Jährigen. Nutzer können beispielsweise Personen mit gleichen Interessen oder Personen in ihrer Nähe finden. Seit 2011 gibt es auch das sogenannte *Vereinsheim*, eine Anlaufstelle für Mitglieder verschiedener Vereine.

MySpace

Vormals hauptsächlich mit dem Fokus auf Musik ist MySpace (*www.myspace.com*) heute eine Unterhaltungs-Community, deren Mitglieder sich beispielsweise auch für Videos interessieren und Online-Games spielen. Aufgrund rückläufiger Nutzerzahlen, die von 95 Mio. auf 63 Mio. im Jahr 2011 schrumpften, wurde Myspace 2011 an die Firma Specific Media, Kalifornien, verkauft.

Stayfriends

Der Schwerpunkt bei Stayfriends (*www.stayfriends.de*) liegt darauf, mit (ehemaligen) Schulfreunden und Klassenkameraden in Kontakt zu bleiben und beispielsweise Klassentreffen zu organisieren. Nach eigenen Angaben auf der Website sind mehr als 13 Mio. Mitglieder (Stand Mai 2012) angemeldet. Grundfunktionen sind innerhalb der Community kostenfrei nutzbar, während einige Funktionen nur mit der sogenannten Gold-Mitgliedschaft gegen Entgelt anwendbar sind.

Lokalisten

Das selbst als Freundeskreis-Netzwerk für Freunde und Freundesfreunde bezeichnete soziale Netzwerk Lokalisten (*www.lokalisten.de*) hat sich das Ziel gesetzt, dass jeder jeden kennt und dadurch alle offener und freundlicher zueinander sind. Im Februar 2012 kann das Netzwerk, das bereits im Mai 2005 gegründet wurde, mit 5,2 Mio. Nutzern aufwarten. Im Bereich EVENTS & KLEINANZEIGEN können sowohl reale Veranstaltungen als auch Kleinanzeigen veröffentlicht werden.

Pinterest

Ein recht neuer Vertreter unter den sozialen Medien ist das englischsprachige Pinterest (*www.pinterest.com*). Hier dreht sich alles um Bilder, die Nutzer bei Interesse (engl. »interest«) auf ihrer Pinnwand platzieren können (engl. »to pin«). Diese können dann von anderen Nutzern z. B. geteilt und kommentiert werden. Pinterest hat einen großen Anteil weiblicher Nutzer, die Bilder, Collagen und Videos pinnen, teilen, liken und anderen Nutzern folgen. Die Inhalte können an *Boards* sortiert werden. Obwohl Pinterest noch sehr jung ist, nimmt es bereits Rang 39 des Alexa Traffic Ranks (Stand Mai 2012) ein (Abbildung 4.43), und es lohnt sich, die weitere Entwicklung der sozialen Plattform zu beobachten. Schon heute kann es ein Weg sein, weitere Nutzer anzusprechen und gegebenenfalls auch Links zu platzieren. Inzwischen sind die ersten Unternehmen bei Pinterest vertreten, so beispielsweise myToys, wie Sie in Abbildung 4.44 sehen können.

Abbildung 4.43 Der Traffic Rank von Pinterest.com nach Alexa (Stand Mai 2012)

Abbildung 4.44 Die Boards von mytoys.de auf Pinterest

So.cl

Das soziale und im Mai 2012 von Microsoft bereitgestellte Netzwerk so.cl (*www.so.cl*) richtet sich insbesondere an Schüler und Studenten und soll dem Informationsaustausch dienen. Mit *Rich-Posts* können z. B. Artikel, Fotos. etc. mit Kommentaren versehen werden. Es bleibt abzuwarten, ob und wie das neue Netzwerk auf dem deutschen Markt angenommen wird.

Einen Überblick zur besseren Einordnung bietet die Auflistung der TOP 20 sozialen Netzwerke in Deutschland nach Angaben von ComScore, Stand September 2011 (Abbildung 4.45).

Comscore: Top 20 soziale Netzwerke Deutschland / September 2011				
Platz	Website	Un. Visitors*	vs. Sep. 2010	
		in Mio.	in Mio.	in %
1	Facebook.com	**37,641**	**11,322**	**43,0**
	VZ-Netzwerke	**8,026**	-8,231	-50,6
	(Einzeldaten und -platzierungen der drei VZs siehe unten)			
2	Wer-kennt-wen.de	**5,207**	-2,110	-28,8
3	MySpace	**4,835**	kein Vergl. mögl.	
4	Xing	**4,060**	-0,069	-1,7
5	Jappy	**3,745**	-0,646	-14,7
6	Stayfriends.de	**3,571**	-4,738	-57,0
7	MeinVZ.net	**3,449**	-2,942	-46,0
8	SchuelerVZ.net	**3,447**	-5,004	-59,2
9	Twitter.com	**3,376**	0,617	22,3
10	Windows Live Profile	**2,873**	-0,965	-25,1
11	Odnoklassniki	**2,307**	0,424	22,5
12	StudiVZ.net	**2,157**	-6,307	-74,5
13	Linkedin.com	**1,943**	0,633	48,3
14	Deviantart.com	**1,891**	kein Vergl. mögl.	
15	Tumblr.com	**1,752**	1,302	289,5
16	Nasza-Klasa.pl	**1,733**	0,546	45,9
17	Badoo.com	**1,292**	0,818	172,3
18	Steamcommunity.com	**1,201**	0,514	74,9
19	Vkontakte	**1,167**	0,338	40,8
20	Geschaut.com	**1,086**	kein Vergl. mögl.	
*Unique Visitors in Deutschland im September 2011				
Quelle: Comscore / Tabelle: MEEDIA				

Abbildung 4.45 Besucher sozialer Netzwerke nach Comscore

4.9 Social Media Marketing to go

- Nach dem Web-2.0-Gedanken umfasst das Thema Social Media Plattformen und Bereiche im Internet, die es Nutzern ermöglichen, sich untereinander auszutauschen und zu kommunizieren. Die von Nutzern erstellten Inhalte werden *User Generated Content* genannt.
- (Online-)Communitys sind Plattformen, auf denen sich Nutzer zu bestimmten Themenbereichen austauschen können. Communitys bieten dazu unterschiedli-

che Interaktions- und Kommunikationsmöglichkeiten (Chats, Foren, Direktnachrichten etc.).

- Eines der bekanntesten sozialen Netzwerke ist Facebook, welches in Deutschland ca. 22 Mio. aktive Nutzer (Stand 2012, Quelle: allfacebook.de) aufweist.
- Blogs (auch Weblogs) sind im Prinzip digitale Tagebücher. Hier veröffentlicht der Autor (Blogger) regelmäßig Beiträge zu einem bestimmten Themenfeld, die häufig in chronologischer Reihenfolge angezeigt werden und die von Lesern kommentiert werden können.
- Ein prominenter sogenannter Microblogging-Dienst ist Twitter. Hier kann ein Nutzer ebenfalls über Neuigkeiten in Echtzeit berichten, allerdings mit einer maximalen Länge von 140 Zeichen pro Beitrag.
- Social Media Marketing (SMM) bezeichnet Maßnahmen, die mit verschiedenen Social-Media-Diensten einhergehen und beispielsweise Marketing-, PR- und Vertriebsziele verfolgen oder auch zur Personalbeschaffung neuer Mitarbeiter genutzt werden.
- Für Werbetreibende und den Erfolg in sozialen Netzwerken ist es elementar, authentisch aufzutreten und wirklich zu kommunizieren (das heißt, Fragen zu stellen, Antworten zu geben, Emotionen zu zeigen etc.) und den direkten Kontakt zu Interessenten und Kunden zu nutzen.
- Ratsam ist es, das Stimmungsbild zum Unternehmen bzw. Angebot in sozialen Medien zu beobachten und gegebenenfalls entsprechend darauf zu reagieren.
- Als Werbetreibender sollten Sie unbedingt klare Ziele mit den Social-Media-Marketingmaßnahmen verfolgen und diese messen.

4.10 Checkliste Social Media Marketing

Nutzen Sie direkte Kommunikationsmöglichkeiten im Social-Media-Bereich mit bestehenden und potenziellen Kunden?	
Sind Social-Media-Plattformen für Ihre Zielgruppe relevant und, wenn ja, welche?	
Haben Sie genau in Erwägung gezogen, eine Facebook-Page, einen Twitter-Account o. Ä. anzulegen und zu nutzen?	
Betreiben Sie ein (Unternehmens-)Blog?	
Haben Sie eine Social-Media-Strategie mit genauen Zielen, die Sie verfolgen, und messen Sie die Zielerreichung?	

Tabelle 4.1 Checkliste für das Social Media Marketing

Haben Sie festgelegt, wer in Ihrem Unternehmen per Social Media kommuniziert, und Social Media Guidelines aufgesetzt?	
Nutzen Sie diese Kommunikationskanäle wirklich konsequent, haben Sie entsprechende Ressourcen eingeplant, und halten Sie die Accounts auf dem aktuellsten Stand?	
Sind Ihre Neuigkeiten für die Leser spannend, und bieten sie einen Mehrwert?	
Gehen Sie auf Fragen und Kritik angemessen ein?	
Kennen Sie das Social-Media-Stimmungsbild, z. B. auf Facebook, Twitter oder einzelnen Blogs, zu Ihrem Unternehmen, das heißt, überprüfen Sie, wie Nutzer über Sie sprechen?	
Wie aktiv sind Ihre Wettbewerber im Bereich Social Media, und wie kommen die Aktionen bei den Nutzern an?	
Berücksichtigen Sie die verschiedenen Werbemöglichkeiten, die die einzelnen Social-Media-Plattformen anbieten?	
Verknüpfen Sie Ihre Social-Media-Aktivitäten mit Ihrer Website, z. B. durch einen »Gefällt mir«-Button von Facebook?	

Tabelle 4.1 Checkliste für das Social Media Marketing (Forts.)

Kapitel 5
Online-PR – Presse- und Öffentlichkeitsarbeit im Internet

»Ein guter PR-Mann kann sogar mit Hilfe der Wahrheit überzeugen.«
– Wieslaw Brudzinski

Wenn Sie dieses Kapitel gelesen haben, wissen Sie um die Relevanz von Online-PR und sind sich zum einen bewusst, auf welche Art und Weise Sie wichtige Unternehmensmeldungen Journalisten zur Verfügung stellen, und zum anderen, wie Sie mit Meinungsbildnern in Kontakt treten. Sie erfahren beispielsweise, wie ein guter Online-Pressebereich aufgebaut ist, welche Inhalte nicht fehlen dürfen und wie Sie eine Pressemitteilung schreiben, damit Sie von Journalisten aufgegriffen und publiziert wird. Gegen Ende des Kapitels lesen Sie, wie die Bereiche Online-PR und Suchmaschinenoptimierung Hand in Hand gehen und wie Social-Media-Kanäle auch im Bereich der Online-PR ins Spiel kommen. Schließlich gibt es auch hier wieder einen Kurzüberblick »to go« und eine Checkliste am Ende des Kapitels.

Nachrichten werden zunehmend im Internet gelesen. So vermeldete der Spiegel (*www.spiegel.de*) im März 2011 die Ergebnisse einer jährlich durchgeführten Studie des Forschungsinstituts *Project for Excellence in Journalism* (PEJ), dass US-Bürger erstmalig Nachrichten häufiger aus dem Internet beziehen als aus Zeitungen. Der Kampf zwischen Druckerschwärze und Pixel ist nicht neu, jedoch zeigen verschiedene Untersuchungen, dass das Internet als Nachrichtenquelle immer häufiger genutzt wird. Während Verlage eine sinkende Leserzahl beklagen, freuen sich Online-Nachrichtenportale oftmals einer wachesenden Besucherzahl im Web. So verzeichnete beispielsweise die Website Zeit Online (*www.zeit.de*) nach Angaben der Allensbacher Computer- und Technik-Analysen, ACTA 2010 und ACTA 2011, einen Zuwachs der Nutzerreichweite pro Woche von 23 % im Vergleich zum Vorjahr 2010. Sueddeutsche.de kann sich über einen Zuwachs von 17 % gegenüber dem Vorjahr freuen, Welt.de über 15 % und Faz.net über 7 %, um nur einige zu nennen.

Einer der Gründe kann der zeitliche Vorsprung sein, den das World Wide Web mitbringt, denn bis eine Zeitungsnachricht gedruckt und ausgeliefert ist, gibt es im Netz schon die ersten Reaktionen auf die aktuellsten Meldungen. Denn im Internet ist die Kommunikation im Gegensatz zu den klassischen Medien bidirektional. Eine Nachricht wird also nicht mehr nur verbreitet und vom Empfänger aufgenommen, sondern vielmehr kann der Leser im Netz beispielsweise per Kommentar reagieren. Statt von einseitiger Nachrichtenverbreitung sprechen wir heute von einer Kombination aus Kommunikation und Interaktion. Damit eröffnen sich völlig neue Möglichkeiten – einerseits für die Leser, andererseits aber auch für Journalisten und Multiplikatoren von Meldungen. Im Folgenden möchten wir uns also die Auswirkungen und Chancen im Bereich Online-PR genauer ansehen. Dabei gehen wir auch auf fließende Übergänge zu den Bereichen Social Media und Suchmaschinenoptimierung ein.

5.1 Pressearbeit im Internet

Gerade, wenn Ihre Website und Ihr Unternehmen noch am Anfang stehen, möchten Sie möglichst schnell Ihre Reichweite vergrößern und effektive Pressearbeit leisten. Jedoch sind gerade dann oftmals die Ressourcen wie Zeit und Geld sehr knapp. Die Online-PR verspricht hier, eine effiziente und günstige Lösung zu sein und kann im Vergleich zu einigen teuren Werbekampagnen eine gute Möglichkeit sein, auf sich aufmerksam zu machen.

Mit dem Internet bieten sich innerhalb der Presse- und Öffentlichkeitsarbeit ganz neue Möglichkeiten. Blogs, Podcasts, RSS-Feeds und auch soziale Netzwerke wie Facebook und Twitter tragen ihren Teil dazu bei. Aber was ist eigentlich genau mit dem Begriff Online-PR gemeint? Online-PR bzw. *Online Relations* beschreibt Presse- und Öffentlichkeitsarbeit via Internet. Dazu gehören beispielsweise Suchmaschineneinträge, Newsletter, Webverzeichnisse und weitere Publikationen im Netz. Ziel ist es, Aufmerksamkeit bei der Zielgruppe zu erreichen, und die Positionierung des Unternehmens als kompetenter und vertrauenswürdiger Ansprechpartner im Marktumfeld.

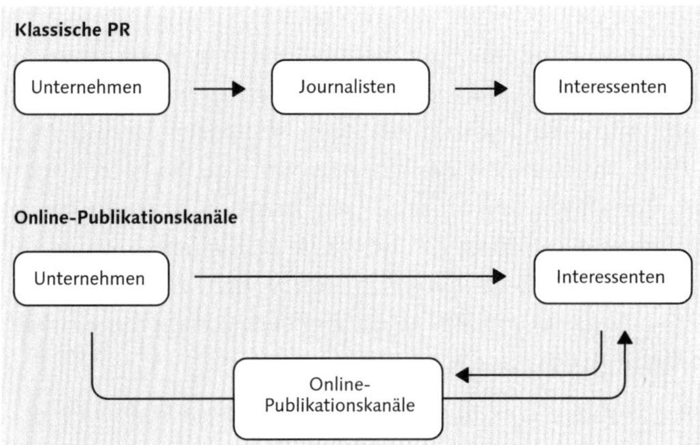

Abbildung 5.1 Klassische PR vs. Online-PR

Im Unterschied zur klassischen PR-Arbeit, die sich über Journalisten und Redaktionen an die Kunden richtet, bestehen bei der Online-PR ein direkter Kundenkontakt und eine direkte Kommunikation (Abbildung 5.1). Während bei der klassischen PR die Veröffentlichung nicht gewährleistet ist, so bietet das Internet als Distributionskanal direkte Publikationsmöglichkeiten, die sich sowohl an Medien als auch an die Zielgruppe richten können.

Somit zielt die Arbeit in der Online-PR darauf ab, relevante Inhalte zu erstellen und diese im Web zu publizieren. Mittlerweile haben sich diverse Dienste entwickelt, über die sich Informationen auch kostenlos verbreiten lassen (z. B. *www.openpr.de*). Über die verschiedenen Publikationskanäle haben Sie also die Möglichkeit, Ihre Meldungen gezielter zu verteilen und über Rückkanäle Feedback zu erhalten. Das Informieren per Tageszeitung wird abgelöst durch Online-Medien wie Nachrichtenportale, die ihre News auch aus Blogs, Portalen und Communitys erhalten.

Wie in vielen anderen Bereichen des Online-Marketings kann man auch hier fließende Übergänge von On- und Offline-PR beobachten. Denn Themen, über die offline berichtet wird, finden sich selbstverständlich – und durch den rasanten Charakter des Internets zum Teil auch schneller – im World Wide Web wieder. Geben Sie beispielsweise als Autor ein Interview für ein Printmagazin, wird es oftmals von Online-Medien aufgegriffen und umgekehrt.

Die unterschiedlichen Kanäle der Online-PR und wichtige Kriterien, die Sie bei der Umsetzung von Meldungen im Netz beachten sollten, möchten wir Ihnen auf den folgenden Seiten näherbringen. Sie können auch eine PR-Agentur damit beauftragen, die On- und Offline-Presse- und Kommunikationsarbeit für Sie zu übernehmen. Aber auch dann sollten Sie weiterlesen, denn Sie sollten wissen, welche Möglichkeiten Ihnen und Ihrer Agentur zur Verfügung stehen und wie Sie die Agentur am besten steuern.

Wie also suchen Menschen nach Informationen zu Unternehmen und Produkten, und wie erhalten sie diese? Für Sie als Website-Betreiber stellt sich also die Frage: Wie können Sie diese Nutzer erreichen und mit ausreichend Informationen versorgen?

Suchmaschinen

Wie Sie noch detaillierter in Kapitel 10, »Suchmaschinen – finden und gefunden werden«, erfahren werden, zählen diese zu besonders wichtigen Informationsquellen im Internet. Damit spielen sie eine bedeutende Rolle bei Ihrer Online-PR-Arbeit. Wie gehen Sie selbst vor, wenn Sie bestimmte Informationen benötigen? Richtig, in den meisten Fällen werden Sie »googeln«. Aus diesem Grund ist es elementar, dass Ihre Website in den Suchmaschinenergebnissen leicht zu finden ist. Suchmaschinenoptimierte Inhalte und deren entsprechende Verlinkungen spielen dabei eine wesentliche Rolle. Inhalte und Suchmaschinenoptimierung (SEO) auf der einen und Online-PR auf der anderen Seite sind also zwei Bereiche, die eng miteinander verbunden sind. So zielen SEO-Maßnahmen darauf ab, eine Website gut in den Suchmaschinenergebnissen zu listen. Aber auch PR-Maßnahmen können ein gutes Ranking unterstützen. Die beiden Bereiche gehen also Hand in Hand.

Suchmaschinen durchsuchen das Internet regelmäßig nach Neuigkeiten. Ihre Presseveröffentlichungen können also relevante Inhalte liefern, die von Suchmaschinen angezeigt werden.

Die Website und der Pressebereich

Der zweite, häufig eingeschlagene Weg, wenn Menschen (sowohl Interessenten als auch Journalisten) nach (Unternehmens-)Informationen suchen, führt über die Website. Stellen Sie den Suchenden daher wichtige Informationen entsprechend zur Verfügung. Viele Websites verwenden dafür einen speziellen Pressebereich, oft auch *Pressroom*, *Presselounge*, *Pressecenter* oder *Mediencenter* genannt. Gemeint ist damit ein Bereich Ihrer Website, der insbesondere die Zielgruppe Journalisten und Medienvertreter anspricht. Er sollte von der Startseite und optimalerweise jeder Unterseite aus verlinkt und einfach zu finden sein, damit kein Interessent lange suchen muss. Ziel ist es, Ihr Unternehmen mit hochwertigem und gegebenenfalls multimedialen Informationen und Materialien als kompetenten Ansprechpartner für Ihr Kerngebiet zu präsentieren. Da es gerade im Bereich Pressearbeit um Aktualität geht, sollte es selbstverständlich sein, dass ein Pressebereich immer auf dem aktuellen Stand gehalten ist und stetig mit relevanten Informationen befüllt wird.

Zugriffsbeschränkung des Pressebereichs

Einige Pressebereiche sind nicht öffentlich zugänglich und nur via Registrierung zu erreichen. Da vertrauliche oder sensible Daten aber nicht in den Pressebereich gehören, empfehlen wir, den Pressebereich einfach und schnell zugänglich zu machen, um die Chance einer Berichterstattung zu erhöhen. Denn wer steht schon gerne vor verschlossener Tür?

Wenn Sie einen Pressebereich erstellen möchten, sollten Sie immer daran denken, dass die Zeit von Journalisten knapp bemessen ist. Aus diesem Grund ist es sinnvoll, alle Informationen so gut aufbereitet und strukturiert wie möglich zur Verfügung zu stellen. Ansonsten laufen Sie Gefahr, dass sich ein Meinungsmacher aufgrund von Zeitmangel zur Recherche dazu entschließt, nicht über Ihr Unternehmen zu berichten.

Beginnen Sie damit, Ihr Unternehmen in einigen wenigen Sätzen kurz vorzustellen. Darüber hinaus sollten Sie einen Pool an Bildmaterial zur Verfügung stellen, der es Journalisten erleichtert, möglichst bildhaft über Sie zu berichten. Neben Fotos Ihrer Geschäftsführung, verschiedenen Produktbildern oder Screenshots Ihrer Website, sollten Sie auch Bilder in Aktion anbieten. Das können Büroaufnahmen sein oder auch Ihre Produkt im Einsatz. Stellen Sie professionelles Bildmaterial in verschiedenen Auflösungen bereit. Für die Veröffentlichung im Web sollten 72 dpi als grober Anhaltspunkt reichen, für Printveröffentlichung gehen Sie von etwa 300 dpi aus. Wenn Sie eine große Bildauswahl anbieten, machen Sie es Medienvertretern einfacher, wenn Sie einen

Überblick per sogenannten *Thumbnails* (das heißt Miniaturbilder) zeigen. Ziehen Sie bei einem großen Bildpool auch eine Bildersuche in Erwägung (Abbildung 5.2). Alle Bilder und Fotos sollten mit einem kurzen Beschreibungstext versehen sein. Hier können Sie den Journalisten auch Hinweise zur gewünschten Quellenangabe geben.

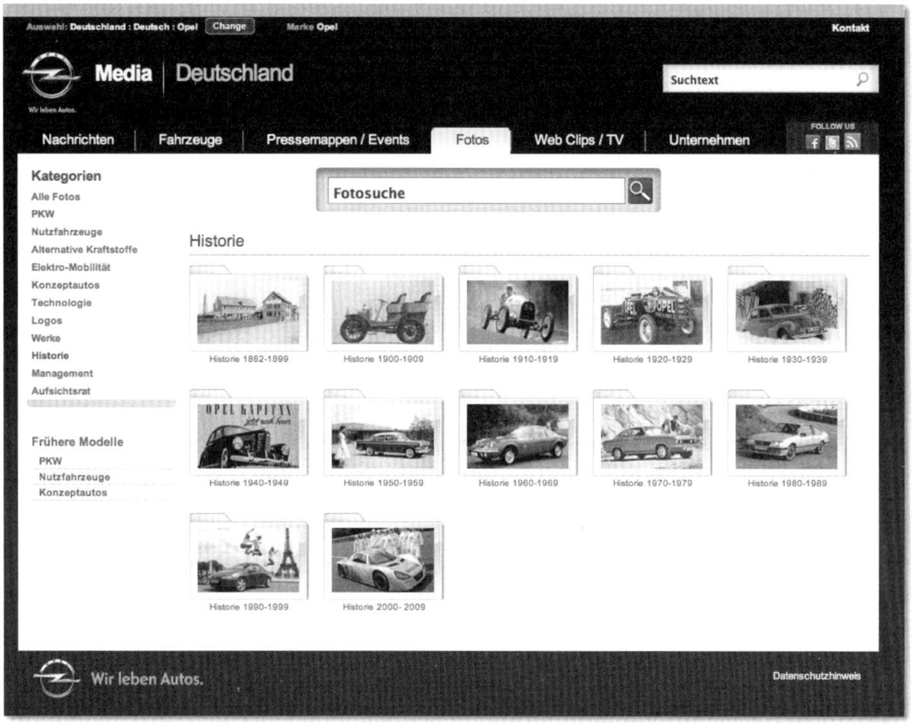

Abbildung 5.2 Die Fotoauswahl im Pressebereich von Opel Deutschland

Wichtiger Bestandteil eines Pressebereichs sind darüber hinaus Ihre Pressemitteilungen. Stellen Sie, beginnend mit der aktuellsten, eine Liste Ihrer Pressemitteilungen zur Verfügung. Wie bei Ihrem Bildmaterial sollte sowohl Überschrift als auch ein kurzer Beschreibungstext den Journalisten helfen, passende Meldungen schnell aufzufinden. Für lange zurückliegende Pressemitteilungen können Sie ein strukturiertes Archiv anlegen. Zur Zeitersparnis sollten diese Pressemitteilungen auch ohne .*pdf*-Download vollständig einsehbar sein, was aber das Anbieten der Pressemitteilung per .*pdf*- oder .*doc*-Dokument nicht ersetzen sollte. Ergänzen Sie Ihre Pressemitteilungen mit relevanten Hintergrundinformationen wie Interviews oder Studien, damit ein Journalist sich schnell in die Thematik einarbeiten kann und wichtige Infos zur Berichterstattung kurzerhand findet. Grundsätzlich können Sie Ihren Pressebereich mit sogenannten *Factsheets* (also einem Datenblatt) aus Zahlen und Fakten, Präsentationen, Fachartikeln und Interviews füllen. Denken Sie dabei neben Materialen für Printmedien auch an Video- und Audiodateien, wie beispielsweise Podcasts.

Ein weiterer elementarer Inhalt Ihres Pressebereichs ist die Angabe eines Pressekontakts für den Fall, dass ein Journalist oder Interessent die gewünschten Informationen nicht findet oder spezielle Fragen hat. Stellen Sie Ihren Pressesprecher oder Ansprechpartner möglichst mit Foto, Kurzbeschreibung und allen relevanten Kontaktmöglichkeiten vor. Hier dürfen E-Mail-Adresse, direkte Durchwahl, Fax- und Postadresse nicht fehlen. Anreichern können Sie die Angaben durch ein XING-Profil und Instant Messenger-Informationen.

Zum guten Ton gehört darüber hinaus eine Aufnahmemöglichkeit in Ihren Presseverteiler (auf den wir im Folgenden noch genauer eingehen). Per Formulareintrag sollten sich Journalisten selbstständig in Ihren Verteiler ein- und austragen können. Auch hier gilt: Halten Sie die Hemmschwelle und den Aufwand für Meinungsmacher möglichst niedrig, indem Sie nur wenige Informationen in Ihrem Formular abfragen. Besonders bequem ist es, wenn der Interessent die Form der Information selbst wählen kann, beispielsweise per HTML oder Textdatei. Zur bequemen Zustellungsart von Informationen zählt auch die Möglichkeit eines RSS-Feeds. Mehr dazu lesen Sie in Abschnitt 5.1.1, »Inhalte zur Verfügung stellen«.

Ein weiterer Bestandteil Ihres Pressebereichs kann auch ein sogenannter Pressespiegel sein. Hier präsentieren Sie On- und Offline-Publikationen zu Ihrem Unternehmen oder Ihrem Produkt in den Medien. Stellen Sie sicher, dass Ihnen jeweils die Nutzungsrechte für die Veröffentlichungen vorliegen. Wenn Ihr Unternehmen mit regelmäßigen und gegebenenfalls öffentlichen Veranstaltungen trumpfen kann, können Sie auch einen Terminkalender als Element im Pressebereich in Betracht ziehen.

Der Social Media Newsroom

In einem sogenannten *Social Media Newsroom* können Sie die einzelnen Social-Media-Kanäle in einem Überblick präsentieren. Das können z. B. das Unternehmensblog, die Facebook-Seite (*www.facebook.com*) zum Unternehmen, ein Videokanal, z. B. auf YouTube (*www.youtube.com*), mit entsprechenden Werbespots, Video-Interviews und Berichten, Unternehmens- und Produktbilder auf Fotoportalen wie Flickr (*www.flickr.com*) oder Pinterest (*www.pinterest.com*) Präsentationen beispielsweise auf Slideshare (*www.slideshare.net*), Diskussionsgruppen auf XING (*www.xing.com/de*) und natürlich ein Twitter-Account (*www.twitter.com*) sein. Denken Sie auch an diverse Bookmarking-Dienste. Der Social Media Newsroom sollte eine Anlaufstelle für Besucher sein, die auf der Suche nach verschieden Informationen, Diskussionen und Meinungen zu Ihrem Unternehmen sind. Eine Sharing-Funktion (Teilen von Inhalten) sowie ein RSS-Feed sind passende Ergänzungen. Wägen Sie aber gut ab, ob Sie auch *User Generated Content* zulassen möchten, es besteht die Gefahr, dass negative Stellungnahmen auf Ihrer Webpräsenz zu lesen sind. Über den Umgang mit negativen Äußerungen lesen Sie in Kapitel 4, »Social Media Marketing«.

Einen sehr umfassenden Pressebereich stellt beispielsweise Coca Cola Deutschland (*newsroom.coca-cola-gmbh.de/ccd/*) zur Verfügung. Von ihm können Sie sich in Abbildung 5.3 einen Eindruck machen.

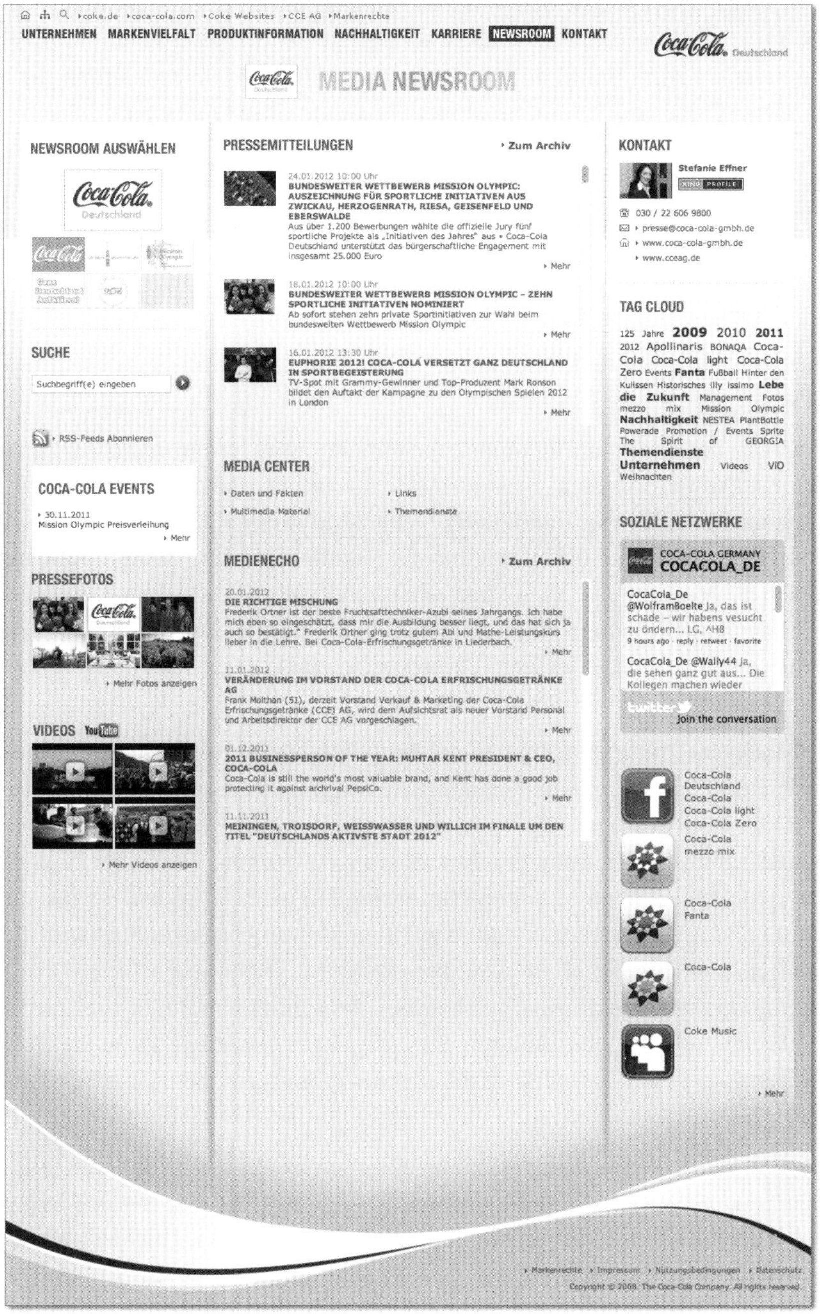

Abbildung 5.3 Der Pressebereich von Coca Cola Deutschland

Kataloge und Verzeichnisse

Außer in Suchmaschinen sollte Ihre Website auch in Webkatalogen und Webverzeichnissen vertreten sein, um Interessenten zu erreichen. Tragen Sie Ihre Website daher in Webkataloge, wie beispielsweise *www.dmoz.de*, ein, die thematisch gruppierte Websites auflisten. Darüber hinaus können auch Link- und Bookmark-Verzeichnisse sinnvoll sein. Derartige Verlinkungen zu Ihrer Website können auch wieder positive Effekte für Ihr Suchmaschinen-Ranking mit sich bringen.

5.1.1 Inhalte zur Verfügung stellen

Es gibt diverse Möglichkeiten, wie Sie darüber hinaus Unternehmensmeldungen aktiv verbreiten und zur Verfügung stellen können. Einige wichtige stellen wir in diesem Abschnitt vor.

Pressemitteilungen

Anknüpfend an die klassische PR, können Sie auch im Internet Pressemitteilungen verbreiten. Via Pressemitteilung, also journalistisch aufbereiteten Texten, übermitteln Sie standardgemäß relevante Unternehmensmeldungen an diverse Medien, damit diese sie publizieren, ohne dass für die Berichterstattung Kosten anfallen. Dabei werden die Meldungen, die im Normalfall in etwa eine DIN-A4-Seite umfassen, per E-Mail über einen Presseverteiler versandt. Sie erreichen mit dieser Methode sowohl Print- als auch Online-Medien. Verbreiten Sie Ihre Pressemitteilungen über verschiedenste Kanäle, wie beispielsweise Presseportale.

Bevor Sie jedoch eine Pressemitteilung verfassen, sollten Sie sich einige grundlegende Punkte bewusst machen: Zum einen erhalten die einzelnen Redaktionen täglich eine Vielzahl an Pressemitteilungen. Sie müssen also aus der Masse herausstechen und mit besonders interessanten und aktuellen Meldungen trumpfen, denn Sie konkurrieren mit zahlreichen weiteren Unternehmensmeldungen. Der Journalist hat die freie Auswahl und entscheidet, was und in welchem Umfang veröffentlicht wird. Zu den grundlegenden Fehlern gehört es, eine Pressmitteilung ohne ersichtlichen Grund und ohne eine wirkliche Meldung zu verschicken, das kann Ihrem Ruf in verschiedenen Redaktionen schaden. Informieren Sie ausgewählte Medien vielmehr über Umfrageergebnisse, Ihren Geschäftsbericht oder über innovative neue Angebote und Produkte.

Zum anderen stehen die Journalisten in der Regel unter Zeitdruck, denn auch ihr Medium verlangt Aktualität. Daraus ergibt sich, dass Sie Ihre Pressemitteilung so gut aufbereitet wie möglich zur Verfügung stellen sollten und dass sie nicht bereits in anderen Kanälen, wie beispielsweise Blogs, lesbar sein sollten. Ziel sollte es sein, eine Pressemittelung so anzubieten, dass sie ohne Anpassungen und weitere Arbeit des Journalisten publiziert werden könnte. Journalisten mögen neue, aktuelle, informative und gut aufbereitete Meldungen. Was Sie beachten sollten, damit Ihre Pressemitteilung nicht in der Flut an Meldungen untergeht, und wie Sie die Chance einer Publikation in relevanten Medien erhöhen, haben wir Ihnen in folgender Anleitung zusammengestellt.

Anleitung für eine gute Pressemitteilung

Bei Pressemitteilungen im Internet sind einige Besonderheiten zu berücksichtigen. Anders als bei der klassischen PR, bei der sich die Pressemitteilungen an Journalisten richten, erreichen die Pressemitteilungen im Netz sowohl Journalisten als auch Kunden. Das A und O einer guten Pressemitteilung sind dabei Mehrwert und Relevanz: Die Leser erwarten auf sie zugeschnittene transparente Informationen. Eine gute Pressemitteilung macht schon auf den ersten Blick einen strukturierten Eindruck. Der Leser kann durch entsprechende Formatierungen auch beim Scannen des Inhalts wesentliche Informationen erfassen. Die Struktur gleicht der einer umgekehrten Pyramide (auch nachzulesen in Kapitel 15, »Usability – benutzerfreundliche Websites«), das heißt, die wichtigste Information steht zu Beginn der Meldung; Hintergrund- und Zusatzinformationen folgen. Damit haben es Journalisten leichter, sollten Sie die Pressemitteilung aus Platzgründen kürzen müssen – sie reduzieren den Text am Ende ohne die eigentliche Kernaussage zu beeinflussen.

Nach einer »knackigen« Überschrift, die einerseits das Thema informativ umschreibt und andererseits zum Weiterlesen animiert, folgt üblicherweise ein kurzer *Leadtext* von wenigen Sätzen. Hier werden dann die sogenannten W-Fragen (Wer? Was? Warum? Wann? Wie? Wie viel?) beantwortet. Der Leser kennt nun die wichtigsten Fakten zum Sachverhalt.

Investieren Sie ausreichend Zeit in die Formulierung der ersten Sätze und lassen Sie – ohne dass es den Schreibstil beeinflusst, wichtige Keywords in Ihre Formulierungen einfließen. In Fach- und Presseportalen wird zum Teil Überschrift und Leadtext angezeigt.

Versehen Sie Überschriften und Text mit relevanten Keywords (Schlüsselbegriffen), damit Ihre Neuigkeit von Suchmaschinen besser gefunden wird (mehr dazu lesen Sie in Kapitel 12, »Suchmaschinenoptimierung (SEO))«. Übertreiben Sie die Keyword-Platzierung aber nicht, Lesbarkeit und Mehrwert für den Nutzer sollten immer im Vordergrund stehen. An passender Stelle sollte ein Link auf eine spezielle Zielseite (Landing Page) integriert werden, die den Leser mit weiteren Informationen versorgt.

Versuchen Sie, Ihren Schreibstil an das jeweilige Medium und deren Leserschaft anzupassen, und sehen Sie von Fachbegriffen ab. Bleiben Sie in jedem Fall informativ, und verwenden Sie eine klare, sachliche Sprache und kurze Sätze. Vermeiden Sie werbliche Formulierungen: Eine Pressemitteilung ist keine Werbekampagne. Gliedern Sie Ihren Text in Abschnitte, und fügen Sie Zwischenüberschriften ein. Erklären

Sie Abkürzungen, wenn Sie sich nicht vermeiden lassen, und beschreiben Sie schwierige Sachverhalte möglichst bildhaft und nachvollziehbar. Integrieren Sie an geeigneter Stelle ausdrucksstarke Zitate. Ergänzen Sie Ihre Meldung dann mit wichtigen Zusatzinformationen. Das können Produktinformationen, aber auch Zahlen, Daten und Fakten sein. Zum Schluss schließen Sie mit einem sogenannten *Abbinder* oder *Footer*, der Ihr Unternehmen in einigen kurzen Sätzen umschreibt.

Nicht fehlen darf darüber hinaus ein direkter Pressekontakt. Machen Sie es einem interessierten Journalisten so einfach wie möglich, Nachfragen zu stellen. Geben Sie daher Ihren Pressekontakt mit vollständigem Titel, Namen, Funktion, Position und gegebenenfalls Foto an. Dass alle möglichen Kontaktkanäle nicht fehlen dürfen, versteht sich von selbst.

Der Presseverteiler

Kontakte zu Journalisten und Medienvertretern sind das A und O in der Pressearbeit – egal, ob online oder offline. Mit einem Presseverteiler ist eine Auflistung von Journalisten relevanter Medien gemeint, und zwar ein direkter Ansprechpartner. Aber wie erstellt und führt man nun so einen wichtigen Presseverteiler?

Zum einen besteht die Möglichkeit, dass sich Journalisten selbst eintragen, wenn Sie, wie bereits geschrieben, ein entsprechendes Aufnahmeformular in Ihrem Pressebereich zur Verfügung stellen. Die andere Möglichkeit ist, dass Sie bzw. Ihr Pressesprecher den direkten Kontakt zu Journalisten suchen. Das kann einen Anruf in der jeweiligen Redaktion bedeuten, bei dem man sich den entsprechenden Journalisten nennen lässt oder sich bei ihm vorstellt und eine Aufnahme in den Presseverteiler vereinbart.

Entscheidend ist, dass der Presseverteiler immer auf dem aktuellen Stand gehalten wird, denn die Medienbranche ist schnell, und Ansprechpartner können rasant wechseln. Weiterhin sollten Sie Ihren Presseverteiler gut strukturieren. Dabei bietet sich beispielsweise die Aufteilung nach Ort und Fachmedium an.

Machen Sie sich den Stellenwert eines Presseverteilers deutlich: Sie investieren sehr viel Zeit in eine gut geschriebene Pressemitteilung und verspielen gegebenenfalls die Chance einer Publikation, wenn Sie Ihre Meldung an einen falschen Ansprechpartner oder an eine sehr allgemeine Info-Adresse senden. Das ist vergebene Liebesmüh.

Handeln Sie darüber hinaus nach dem Grundsatz »weniger ist mehr«, und senden Sie Ihre Pressemitteilung nur an relevante und gut ausgewählte Medien, die sich für Ihre Meldung potenziell interessieren. Wenn Sie Redaktionen mit für sie und ihre Leserschaft irrelevanten Meldungen überfluten, riskieren Sie, dass gar nicht mehr über Sie berichtet wird.

Pressemitteilungen 2.0 oder Social Media Release

Im Gegensatz zur klassischen Pressemitteilung, die Sie gerade näher kennengelernt haben, adressiert ein sogenannter Social Media Release Blogger und weitere Multiplikatoren. Neben der textlich aufbereiteten Meldung wird hier auch Bild-, Audio- und Videomaterial zur Verbreitung angeboten.

Online-Presseportale

Über derartige Portale können Sie Ihre Neuigkeiten zum Teil kostenlos direkt veröffentlichen. Man unterscheidet dabei kostenpflichtige und kostenlose Dienste. Erstere sind die bekannten Agenturen, wie beispielsweise die dpa (Deutsche Presse Agentur, *www.dpa.de*). Darüber hinaus existieren auch kostenfreie, meistens werbefinanzierte Portale. Yigg (*www.yigg.de*) verfolgt den Social-Media-Ansatz und bezeichnet sich als »*eine Nachrichten-Webseite, auf der die Benutzer selber Nachrichten einstellen, bewerten und kommentieren können. Die Community der Nutzer ist sozusagen das Redaktionsteam, das darüber entscheidet, welche Nachrichten den Lesern präsentiert werden sollen*«. Auch Google News (*news.google.com*) zählt zu den Nachrichtenportalen, die nach eigenen Angaben Meldungen aus mehr als 700 deutschsprachigen Nachrichtenquellen weltweit sammeln.

Zudem können sich sogenannte Artikelverzeichnisse lohnen. Hier können Sie (Fach-) Artikel veröffentlichen, die andere Websites wiederum verlinken können – Sie erhalten damit einen Backlink auf Ihre Website. Mehr zum Thema Online-Presseportale lesen Sie in Abschnitt 5.3, »Online-PR und Suchmaschinenoptimierung (SEO)«.

E-Mail-Newsletter

Per E-Mail können Sie in regelmäßigen Abständen Neuigkeiten an einen bestimmten Empfängerkreis richten. Damit erinnern Sie Medienvertreter in bestimmten Abständen an Ihr Unternehmen. Achten Sie aber darauf, dass Sie wirklich eine Neuigkeit mit Mehrwert mitzuteilen haben. Ist ein Journalist interessiert, sollte er per Direktlink z. B. in Ihren Pressebereich gelangen, wo er sehr einfach weitere Informationen zur Meldung findet. Mehr dazu lesen Sie auch in Kapitel 3, »E-Mail- und Newsletter-Marketing – wirksame direkte Ansprache«.

Podcasts

Einige Podcast-Empfehlungen stellen wir Ihnen in unseren Literaturtipps vor. Hören Sie doch mal rein, und entscheiden Sie, ob es auch für Sie sinnvoll sein könnte, Inhalte auf diese multimediale Art zur Verfügung zu stellen.

RSS-Feeds

Stellen Sie Ihren Interessenten Neuigkeiten per *RSS-Feed* (*Really Simple Syndication*) zur Verfügung. Stellen Sie sich einen RSS-Feed ähnlich wie einen Nachrichtenticker vor. Dabei abonniert ein Empfänger einen Feed (engl. »to feed«, dt. »füttern«) und erhält Neuigkeiten, ohne dabei regelmäßig die entsprechende Website aufrufen zu müssen. Diese Meldungen erhält er in seinem Feedreader, und er kann den angegebenen Link aufrufen, um die gesamte Nachricht zu lesen (siehe Abbildung 5.4).

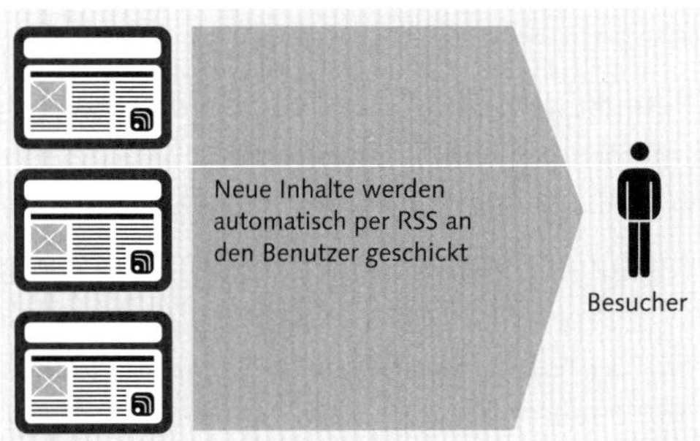

Abbildung 5.4 Prinzip von RSS-Feeds

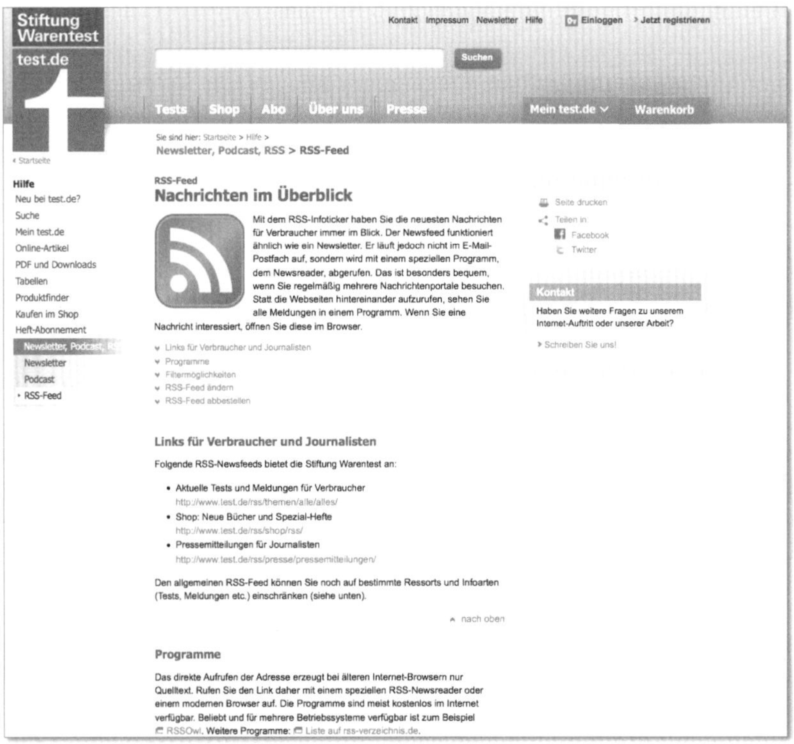

Abbildung 5.5 Nachrichten werden auf www.test.de auch via RSS für Verbraucher und Journalisten zur Verfügung gestellt.

RSS-Feeds können also ein Instrument sein, Journalisten mit relevanten Informationen zu versorgen. Hier können Sie verschiedene Info-Channels anbieten und dem Journalisten ermöglichen, die für ihn und sein Medium relevanten Informationen zu abonnieren. Vorbildlich ist in diesem Zusammenhang beispielsweise hier der RSS-Feed von Stiftung Warentest auf *www.test.de/hilfe/newsletter/rss/*, der in Abbildung 5. 5 zu sehen ist.

Sollten Sie sich entschließen, Ihren Nutzern einen RSS-Feed anzubieten, dann tragen Sie diesen auch in entsprechende RSS-Verzeichnisse ein.

Whitepaper

Ein sogenanntes *Whitepaper* ist eine Möglichkeit für Unternehmen, sich als Experte auf einem bestimmten Kerngebiet zu positionieren. Das etwa 10 bis 15 Seiten umfassende Schriftdokument befasst sich mit einem Spezialthema und vermittelt dem Leser Wissen zu diesem Bereich. Da Informationen und Wissen besonders im Internetzeitalter nur wenige Klicks entfernt sind, lohnt es sich bei der Erstellung eines Whitepapers, auf eine Kernfrage einzugehen, die Ihre Zielgruppe und nicht die breite Masse beschäftigt. Fragen Sie dazu ruhig Ihre Vertriebskollegen nach häufigen Kundenfragen, oder stellen Sie Fallstudien mit praxisnahen Tipps zur Verfügung. Im Optimalfall unterstützt dieses objektive Thema die Kaufentscheidung für Ihr Produkt, dann profitieren Sie zweifach.

Dabei glänzt der Autor mit Expertise und vermittelt möglichst objektiv und nicht werblich Know-how zu einer bestimmten Fachfrage. Dies kann durchaus mit Tipps und einer abschließenden Empfehlung abgerundet werden. Auch Glossare, Fakten und Hinweise für die Vertiefung in das Thema stellen einen Mehrwert für die Leser dar und machen ein gutes Whitepaper aus. Wichtig ist, dass im Unterschied zu einer Broschüre nicht ein spezielles Produkt im Mittelpunkt steht, denn ein werblicher Charakter wird schnell von der Leserschaft durchschaut und mit Vertrauensverlust bestraft. Denken Sie daran: Ein gutes, informatives Whitepaper birgt die Chance, empfohlen, verbreitet und verlinkt zu werden. Damit haben Sie gleich mehrere Fliegen mit einer Klappe geschlagen. Sie erhöhen Ihre Reichweite, ernten gegebenenfalls Backlinks und stärken das Vertrauen in Ihr Unternehmen. Zusätzlich dient ein Whitepaper auch der Leadgenerierung (also dem Gewinnen neuer Interessentenkontakte), wenn Sie beispielsweise einen Whitepaper-Download an eine E-Mail-Adressabfrage koppeln.

Sollten Sie sich für die Erstellung eines Whitepapers entscheiden, sollten Sie sich bereits im Vorfeld genau überlegen, welche Zielgruppe Sie ansprechen möchten, welchen Nutzen Sie transportieren wollen und wie Sie das Whitepaper für Ihre Interessenten zugänglich machen. Die Ankündigung in einem Newsletter, Fachbeiträge, in denen Sie das Whitepaper erwähnen und verlinken, oder aber der Einsatz von diversen Social-Media-Kanälen sind nur einige Beispiele.

5.1.2 Mit Interessenten in Kontakt treten

Nutzen Sie, wie eingangs beschrieben, die Möglichkeit im Internet, mit Ihren Interessenten direkt in Kontakt zu treten. Neben der Ansprache von Journalisten und Redakteuren sollten Sie auch Kontakt zu sogenannten *Influencern* (wörtlich übersetzt »Beeinflusser«, »Meinungsbildner«) und Bloggern suchen, die sich insbesondere im Web 2.0 und den sozialen Medien bewegen. Einige Möglichkeiten, wie Sie das tun können, sind im Folgenden aufgeführt.

Blogs

Wie Sie in Kapitel 4, »Social Media Marketing«, im Detail lesen können, gibt es die digitalen Tagebücher en masse im Internet und zu nahezu allen (Spezial-)Themen. Auch Unternehmen können auf diese Weise mit Lesern in Kontakt treten, indem sie ein Unternehmensblog erstellen, wie beispielsweise das Unternehmensblog der Daimler AG (*blog.daimler.de*). Wie Sie sich vielleicht schon denken können, gibt es auch Blogverzeichnisse, in die Sie Ihr Unternehmensblog eintragen können. Verknüpfen Sie Ihr Unternehmensblog auch mit Ihren Social-Media-Kanälen. Zudem ist nicht jede News gleich eine Pressemitteilung. Dennoch können Sie Interessenten über Unternehmensgeschehnisse auf Ihrem Unternehmensblog auf dem Laufenden halten.

Darüber hinaus können Sie via Blogposts und der Kommentarfunktion auch auf anderen Blogs aktiv werden und mit Interessengruppen kommunizieren. Schreiben Sie beispielsweise einen Fachartikel oder einen Gastbeitrag zu einem speziellen Kerngebiet und bieten diesen anderen themenrelevanten Blogs an; auch Interviews sind eine Variante. So können Sie sich zum einen als Experte positionieren und zum anderen oftmals auch auf Ihr Blog verlinken.

Online-Foren und Communitys

Mithilfe von Online-Foren und Communitys können Sie in direkten Kontakt mit Ihren Kunden treten. Erstellen Sie beispielsweise ein Forum, in dem Sie Produktfragen beantworten und somit einen besonderen Service für Ihre Kunden zur Verfügung stellen. Nutzen Sie zudem die Möglichkeit, über themenspezifische Communitys mit Ihren Interessenten zu kommunizieren. Dazu zählen auch Unternehmensprofile, z. B. auf Facebook, XING und Google+. Mehr zu fließenden Übergängen zwischen Social Media und Online-PR lesen Sie in Abschnitt 5.2, »PR-Arbeit in sozialen Netzwerken«.

Twitter

Den Microblogging-Dienst Twitter haben Sie schon auf den vorangegangenen Seiten näher kennengelernt. Auch dieser Dienst lässt sich selbstverständlich im Bereich Online-PR nutzen.

Newsgroups

Als Newsgroups werden digitale Gruppen bezeichnet, die dem Austausch von Nachrichten zu einem Themenfeld dienen. Auch dies bietet eine Gelegenheit, Ihre Meldungen einzubringen.

Es versteht sich von selbst, dass Sie auch in der Offline-Welt den Kontakt zu Journalisten und Multiplikatoren suchen sollten. Nutzen Sie Stammtische und PR-Treffs, und tauschen Sie sich mit Medienvertretern aus. Vielleicht ergeben sich so weitere Kontakte, die Sie direkt oder via Presseverteiler zukünftig ansprechen können.

5.1.3 Reputation Management, Markenauftritt und Online-Monitoring

Das sogenannte *Reputation Management*, auch als *Online Reputation Management* (*ORM*) bezeichnet, befasst sich mit allen Aktivitäten, die auf den Ruf einer Organisation oder Einzelperson abzielen. Der Ruf ist dabei das, was andere Personen Ihnen zusprechen, und ist dementsprechend fremdbestimmt. Zu beachten ist also, welche Suchmaschinenergebnisse erscheinen und wie positiv oder negativ die Meinungen und Diskussionen zu Ihrem Unternehmen in Foren und Blogs sind. Wie werden Sie wahrgenommen, und wie treten Sie auf? Weil das Internet sprichwörtlich nichts vergisst, sollten Sie Wert auf Ihr virtuelles Erscheinungsbild legen. Denn nach dem prominenten Zitat von Warren E. Buffet braucht es »*zwanzig Jahre, um einen guten Ruf aufzubauen, und fünf Minuten, ihn zu zerstören*«.

Entwickeln Sie ein System, mit dem Sie Ihren Ruf beobachten. Gute Werkzeuge bieten dabei Meldesysteme wie Google Alerts (*www.google.de/alerts*), Yahoo Alerts (*alerts.yahoo.com*) oder TweetBeep (*tweetbeep.com*). Das kostenfreie Tool *addictomatic.com* zeigt Ihnen nach Eingabe eines Suchbegriffs Ergebnisse aus Blogs, Twitter, Facebook und weiteren Quellen. Beim Online-Monitoring geht es um eine aktive und konstante Beobachtung zu Meinungs- und Stimmungsbildern im Zusammenhang mit Ihrem Unternehmen.

Darüber hinaus sollten Sie auch sogenannte *Clippings* im Auge behalten, also Publikationen zu Ihrem Unternehmen in Printmedien. Es gibt verschiedene Medienbeobachtungsdienstleister, die Ihnen in regelmäßigen Abständen Ihre Clippings zusenden. Auch Anlaufstellen für Drittmeinungen zu Ihrem Unternehmen wie Bewertungsportale oder Foren sollten Sie in Ihr Monitoring einbeziehen.

Schenken Sie den Meinungen über Ihre Website ausreichend Beachtung, und sehen Sie Feedback – auch negatives – als Hilfe an, da Sie dadurch wissen, wo Sie sich verbessern können. Die zweite Phase im ORM-Prozess ist die Interpretation. Erörtern Sie das, was über Sie gesagt wird, und reagieren Sie darauf. Es gilt, zu entscheiden, welche Meinungen eine große Relevanz haben und in welcher Art und Weise und ob bzw. wie reagiert werden sollte. Dies ist der dritte Prozessschritt. Seien Sie dabei ehrlich und transparent. Sie sollten sich und Ihren Internetauftritt klar positionieren. Achten Sie auf einen einheitlichen, klaren Markenauftritt und auf ein für Ihr Unternehmen vorteilhaftes Image.

Noch ein abschließender Tipp: Machen Sie es Ihren Nutzern so einfach wie möglich, Ihre Informationen zu verbreiten. Die klassischen PR-Kanäle sollten so gut wie möglich mit sozialen Netzwerken gekoppelt werden. Erstellen Sie auf die einzelnen Medien ausgerichtete Inhalte. Nutzen Sie die vielfältigen Chancen, die Ihnen Social Media und Online-PR bieten. Sie können damit direkt Ihr Unternehmensimage im Internet steuern und den Kontakt zu bestehenden und neuen Kunden herstellen.

5.2 PR-Arbeit in sozialen Netzwerken

Wie schon erwähnt, sind die Bereiche Social Media Marketing und Online-PR nicht vollständig voneinander abzugrenzen. Es bestehen vielmehr fließende Übergänge zwischen den beiden Bereichen. Bei Facebook, Twitter, Google+ und Co. handelt es sich um sogenannte Echtzeitmedien, in denen sich Nutzer informieren und austauschen. Warum sollten sie dort nicht auch über Ihr Unternehmen sprechen?

Hier können Sie anknüpfen und diesen Kommunikationskanal für den Erfolg Ihres Unternehmens nutzen. Posten Sie Meldungen mit Mehrwert auf Facebook und anderen sozialen Medien, treten Sie mit den Interessenten und natürlich auch Journalisten, Bloggern und Multiplikatoren in Kontakt. Beantworten Sie Fragen, und reagieren Sie auf Kritik. Und vor allem: Machen Sie diese mit interessanten Inhalten und Aktionen auf sich aufmerksam.

In Ihrem Unternehmen sollten Sie daher festlegen, wer genau für die Kommunikation in Social-Media-Kanälen zuständig ist. In der Praxis ist es oftmals der Fall, dass immer mal wieder der ein oder andere Mitarbeiter aus unterschiedlichen Abteilungen Meldungen in sozialen Netzwerken veröffentlicht – und das ohne interne Abstimmung. Dies ist oftmals der Grund dafür, dass weder regelmäßig noch einheitlich kommuniziert wird und Social-Media-Maßnahmen erfolglos bleiben. Wir empfehlen Ihnen daher, die Zuständigkeiten klar zu definieren. Arbeiten Sie mit sogenannten *Social Media Guidelines*, die den Mitarbeitern klar aufzeigen, was und wie innerhalb der Netzwerke kommuniziert wird. Der Bundesverband Digitale Wirtschaft (BVDW) stellt beispielsweise einen solchen Leitfaden zum Download zur Verfügung. Hier könnte z.B. aufgeführt sein, welche Unternehmenszahlen öffentlich kommuniziert werden und welche nicht nach außen gegeben werden sollen. Darüber hinaus sollten die PR-Verantwortlichen die sozialen Medien genau im Auge behalten und das Stimmungsbild zum Unternehmen kennen. Mehr zum Thema Social Media Monitoring lesen Sie in Kapitel 4, »Social Media Marketing«.

5.3 Online-PR und Suchmaschinenoptimierung (SEO)

Auch die beiden Arbeitsfelder Online-PR und Suchmaschinenoptimierung (SEO) sind nicht als eigenständige, parallele Arbeitswelten zu begreifen, sondern sollten im Idealfall aufeinander abgestimmt sein, um wirkungsvolle Effekte zu erzielen. Schlüpfen Sie gedanklich einfach einmal in die Rolle eines Journalisten: Würde sich ein Teil Ihrer Recherchearbeit nicht auch in Suchmaschinen abspielen? Allein deshalb ist es sinnvoll, die Präsenz eines Unternehmens für Suchmaschinen zu optimieren, denn Journalisten stoßen auch über Google und Co. auf Inhalte, die im Zusammenhang mit Ihrem Unternehmen stehen. Somit ist eine Voraussetzung für gute Online-PR und SEO-Arbeit also eine detaillierte Keyword-Recherche. (Wie Sie relevante Schlüsselbegriffe für Ihr Unternehmen identifizieren, lesen Sie in Abschnitt 10.5, »Keyword-Recherche – die richtigen Suchbegriffe finden«). Haben Sie wichtige Keywords analysiert, sollten diese, wie bereits beschrieben, auch in Ihre PR-Inhalte einfließen. Spicken Sie daher, wenn möglich, Ihre Inhalte wie Pressemitteilungen, Fachbeiträge und Whitepaper mit relevanten Suchbegriffen. Weiterhin sollten Sie an passenden Stellen auch Links zu Ihrer Website integrieren. Auch hier gibt es somit Überschneidungen zwischen Online-PR und SEO.

Konnte man früher einmal mit einer quantitativen Verwendung von Schlüsselbegriffen in Texten bei Suchmaschinen punkten, optimiert auch Google stetig die Bewertungskriterien für sein Ranking. Nicht zuletzt durch das sogenannte *Panda-Update* im Jahr 2011 (lesen Sie dazu Abschnitt 10.2.1, »Google«) sollten Website-Betreiber zunehmend auf Benutzerfreundlichkeit (Usability) und Mehrwert für die Leser setzen. Achten Sie daher vordergründig auf eine gute und qualitativ hochwertige Berichterstattung, und bringen Sie Links und Keywords nur dann an, wenn Sie passend und sinnvoll sind. Darüber hinaus gibt es diverse Möglichkeiten, wie Sie Online-PR und Suchmaschinenoptimierung im Zusammenspiel effektiv einsetzen können.

Ein Beispiel sind sogenannte *Linkbaits* (mehr dazu lesen Sie in Kapitel 12, »Suchmaschinenoptimierung (SEO)«). Wie der englische Begriff »bait« (Köder, Lockmittel) vermuten lässt, sind damit Inhalte gemeint, die so aufbereitet sind, dass Sie auf vielfache Verlinkung von anderen Websites und Multiplikatoren abzielen. Das können kreative Charity-Aktionen, viraler Content oder beispielsweise interessante Gewinnspiele sein. Der Online-PR-Anteil in einem Linkbait kann die Präsentation des Unternehmens, der Marke und des Images sein.

Ein weiterer Überschneidungspunkt von Suchmaschinenoptimierung und Online-PR ist die gezielte Platzierung von Meldungen in Presse- und Fachportalen. Wie Sie schon wissen, ist es sinnvoll, Inhalte mit relevanten Keywords und Links zu Ihrer Website zu versehen. Wenn Sie Ihre Beiträge und Pressemitteilungen nun in entsprechende Portale einstellen, generieren Sie sowohl eine größere Reichweite, steigende

Aufmerksamkeit zum Thema und gleichzeitig auch Backlinks zu Ihrer Website. In der Regel sind die Meldungen dauerhaft eingestellt.

Die Qualität von Presseportalen

Hier scheiden sich die Expertengeister: Während einige Experten nach wie vor darauf zählen, dass Suchmaschinen per se neue, aktuelle Inhalte befürworten, argumentieren andere, dass die Sichtbarkeit einiger Portale seit geraumer Zeit sinkt und derartige Backlinks nicht mehr den gewünschten Effekt mit sich bringen. Wir sind der Meinung, dass Backlinks aus Presseportalen in einem guten Mix mit anderen Linkbuilding-Maßnahmen (ein natürliches Linkprofil) durchaus sinnvoll, aber nicht als alleinige Handlungsweise effektiv sind. Versuchen Sie vielmehr, Links von diversen Autoritätsseiten (*authority sites*) zu generieren.

Zu berücksichtigen ist darüber hinaus das Thema *Unique Content*: Suchmaschinen lieben einzigartige Inhalte. Stellen Sie aber nun Ihre Pressemitteilung beispielsweise mithilfe verschiedener Tools in zahlreiche Presseportale ein, so bleibt der Inhalt jeweils identisch. Ratsamer wäre hier, jeweils individuelle Meldungen zu erstellen und diese nur in einzelne, gezielt ausgewählte Portale einzustellen.

5.4 Online-PR to go

Mit unserer Checkliste und der Online-PR to go möchten wir es besonders denjenigen Lesern unter Ihnen erleichtern, die sich innerhalb kürzester Zeit über wichtige Punkte auf dem Gebiet der Presse- und Kommunikationsarbeit im Netz informieren möchten. Fangen wir also direkt an.

5.4.1 Online-PR to go

Der Bereich Online-PR beschreibt die Presse- und Öffentlichkeitsarbeit via Internet. Hier stehen einige Dienste zur Verfügung, wie Neuigkeiten auf kostenfreien Wegen verbreitet werden können. Machen Sie es Kunden, Interessenten und auch Journalisten auf Ihrer Suche nach Informationen so einfach wie möglich: Bieten Sie ihnen beispielsweise eine »digitale Pressemappe« im Pressebereich Ihrer Website an, aber auch Kataloge und Verzeichnisse sind Optionen. Da viele Nutzer per Suchmaschine nach Informationen recherchieren, kann eine Zusammenarbeit zwischen Suchmaschinenoptimierung (SEO) und Online-PR sinnvoll sein. Eine weitere Überschneidung der Pressearbeit im Netz besteht zum Bereich Social Media. Treten Sie mit Kunden, Interessenten und Meinungsmachern in Kontakt. Dabei ist auch das Social Media Monitoring wichtig, über das Sie ein Stimmungsbild zu Ihrem Unternehmen bekommen.

5.5 Checkliste Online-PR

Nehmen Sie die folgende Checkliste zur Hand, um häufige und gravierende Stolpersteine im Bereich Online-PR zu vermeiden. Anstatt zu straucheln, sollten Sie so mit sicheren Schritten zu Ihrem PR-Ziel gelangen.

Stolperstein Nr. 1

Bevor Sie mit der PR-Arbeit im Web beginnen, sollten Sie sich klar darüber sein, welche Zielgruppe Sie über welche Medien mit welchem Ziel ansprechen möchten. Haben Sie diese Fragen für sich beantwortet, können Sie mit einer strukturierten und zielgerichteten Pressearbeit beginnen, ohne auf Zufallspublikationen hoffen zu müssen.

Stolperstein Nr. 2

Beschränken Sie Ihr Presseengagement im Internet nicht allein auf den klassischen Weg der Pressemitteilung. Sie ist zwar ein wichtiges Instrument, aber nur eines von vielen: Nutzen Sie darüber hinaus die Möglichkeiten des World Wide Webs, wie z. B. Newsletter, RSS-Feeds und Podcasts, um wichtige Informationen zur Verfügung zu stellen und zu verbreiten.

Stolperstein Nr. 3

In Anlehnung an den ersten Stolperstein, die PR-Strategie, sollten Sie auch bei der Auswahl der Kanäle, über die Sie kommunizieren, nachdenken. Überfluten Sie keine Redaktionen mit Ihren Pressemitteilungen, die weder zum Medium noch zur Leserschaft passen. Dann landet Ihre Nachricht mit großer Wahrscheinlichkeit schnell im Papierkorb; nicht zu vergessen, riskieren Sie Ihren guten Ruf. Wählen Sie also einige relevante Redaktionen gezielt aus, und versorgen Sie diese mit Ihrer gut aufbereiteten Pressemitteilung. Damit ist zwar eine Publikation nicht garantiert, und Sie sollten auch eine Absage sportlich nehmen. Jedoch führt das Motto »Qualität statt Quantität« durchaus eher zum Ziel.

Stolperstein Nr. 4

Tun Sie den Journalisten und sich selbst einen Gefallen, und bereiten Sie Ihre Pressemitteilung so auf, dass Sie ohne Weiteres direkt veröffentlicht werden könnte. Damit sparen Sie dem Journalisten Arbeitszeit und erhöhen für sich die Chance, Ihre Meldung in einem themenrelevanten Medium zu platzieren. Wie Sie eine gute Pressemitteilung schreiben, haben Sie in Abschnitt 5.1.1, »Inhalte zur Verfügung stellen«, bereits gelernt.

Stolperstein Nr. 5

Sie holen mit Ihrer Website keine Journalisten und Interessenten ab, denn Sie bieten keinen Pressebereich an. Damit laufen Sie Gefahr, dass Journalisten bei Ihrer Recherchearbeit all jene Infos, die Sie eigentlich haben, nicht finden. Bieten Sie daher einen strukturierten Pressebereich an, in dem der Interessierte neben den neuesten Pressemeldungen auch Hintergrundinformationen, Audio-, Video- und Bildmaterialen sowie eingebundene Social- Media-Profile schnell erreichen kann. Selbstverständlich darf der direkte Kontakt zu Ihrem Pressevertreter nicht fehlen, der für Nachfragen einfach über verschiedenste Wege zu erreichen ist.

Stolperstein Nr .6

Kommunikation hat sich in Zeiten von Facebook, Twitter und Co. verändert und spielt sich heutzutage auch in sozialen Medien ab. Natürlich tummeln sich auch hier Journalisten, Multiplikatoren und Meinungsmacher. Nutzen Sie soziale Medien, und treten Sie über Blogs, Foren und Communitys in direkten Kontakt mit Ihren (potenziellen) Kunden.

Stolperstein Nr. 7

On- und Offline-PR sind eng ineinander verzahnt, und trotz Internet ist der direkte Kontakt zu Journalisten nicht zu ersetzen. Greifen Sie zum Hörer, und kontaktieren Sie passende Redaktionen, besuchen Sie PR-Stammtische, und sprechen Sie auf Veranstaltungen Pressevertreter an. Dieses Netzwerk sollte sich auch in Ihrem gut gepflegten Presseverteiler wiederspiegeln, den Sie punktuell und gezielt mit relevanten Informationen versorgen.

Stolperstein Nr. 8

Sie platzieren zwar regelmäßig Beiträge in verschiedensten Medien, ohne aber die Reaktionen darauf zu verfolgen. Entwickeln Sie ein Monitoring, um das Meinungsbild zu Ihrem Unternehmen zu beobachten. Treten Sie mit Ihren Kunden in Kontakt, und reagieren Sie sowohl auf Lob als auch auf Fragen, Anregungen und Kritik. So werden Sie als kompetenter Anbieter wahrgenommen und stärken Ihr Unternehmens-Image.

Stolperstein Nr. 9

Formulieren Sie Ihre Berichte, Artikel und Pressemeldungen interessant, aber immer neutral. Kaufaufforderungen und Marketingsprache sind hier fehl am Platz. Glänzen Sie vielmehr mit Wissen, guter Recherchearbeit und raffinierten Formulierungen. Verkaufstexte werden von den Lesern dagegen schnell durchschaut, was zur Folge hat, dass Aufmerksamkeit und Interesse sinken.

Die Stolpersteine im Überblick

Haben Sie eine definierte Zielgruppe und eine präzise Kommunikationsabsicht?	
Schöpfen Sie alle für Sie sinnvollen Kanäle der Online-PR, wie z. B. RSS-Feeds, Newsletter, Blogs und Co. aus?	
Haben Sie einen gezielt ausgewählten Presseverteiler, und sprechen Sie tatsächlich nur relevante Medien an?	
Sind Ihre Pressemitteilungen so formuliert, dass sie unter Umständen direkt veröffentlicht werden könnten?	
Bieten Sie Journalisten einen gut strukturierten Pressebereich mit professionell aufbereiteten Informationen an?	
Treten Sie in Blogs, Foren und Communitys mit Multiplikatoren und Interessenten in Kontakt?	
Pflegen Sie einen engen, direkten und persönlichen Kontakt zu Pressevertretern?	
Haben Sie ein Monitoring eingeführt, über das sie Reaktionen auf Ihre Presseberichte regelmäßig überwachen, damit Sie entsprechend reagieren können?	
Sind Ihre Texte ansprechend, interessant und nicht zu marketinglastig formuliert?	

Tabelle 5.1 Checkliste zur Vermeidung von Stolpersteinen in der Öffentlichkeitsarbeit im Internet

Kapitel 6
Videomarketing

»Schau mir in die Augen, Kleines!«
– aus dem Film »Casablanca« von Michael Curtiz

In diesem Kapitel sehen wir uns an, wie Videos heutzutage im Internet genutzt werden und wie sie gezielt für Ihr Online-Marketing eingesetzt werden können. So erfahren Sie, welche Arten von Videos es gibt und was Sie bei der inhaltlichen Erstellung beachten sollten. Darüber hinaus erhalten Sie einen Überblick über große Videoportale im Internet, in die Sie Ihr Video einbinden können. Bei der Nutzung von Portalen und auch bei der Videointegration in Ihre eigene Website darf der Blick durch die SEO-Brille (Suchmaschinenoptimierung) nicht fehlen. Gegen Ende des Kapitels widmen wir uns zudem einzelnen Werbemöglichkeiten in Videoportalen am Beispiel des Marktführers YouTube. Mit einem Kurzüberblick »to go« und einer Checkliste für den eiligen Leser schließt das Kapitel.

Als der Tsunami 2004 in Indonesien wütete oder am 11. September 2001 Flugzeuge in das World Trade Center flogen, zückten einige Menschen ihr Handy, um den Moment per Video festzuhalten. Aber nicht nur Katastrophen bewegen Menschen dazu, bestimmte Situationen zu filmen. Auch skurrile oder witzige Augenblicke werden gerne festgehalten. Auf Konzerten leuchten statt der früheren Feuerzeugflämmchen nun die Handydisplays, und am nächsten Tag können sich Surfer einzelne Songs im Internet anschauen. So gibt es zunehmend mehr »Produzenten« und auch Konsumenten von Videos.

Weltweit schauen ca. 70 % der Internetnutzer Online-Videos. Bereits 11 % der Online-Nutzer sehen sich die Bewegtbilder auf mobilen Endgeräten an. Das ergab die Studie »How People Watch – A Global Nielsen Consumer Report« von Nielsen Media Resarch im Jahr 2010. Weitere Zahlen belegen, dass sich eine Vielzahl von Internetnutzern in Deutschland Videos im Web ansieht. Nach einer Online-Studie von ARD und ZDF ist der Prozentsatz für den Abruf von Videodateien in den letzen Jahren stetig angewachsen und erreichte im Jahr 2011 etwa 68 % (siehe Tabelle 6.1).

	2006	2007	2008	2009	2010	2011
Video (netto) gesamt	**28 %**	**45 %**	**55 %**	**62 %**	**65 %**	**68 %**
davon:						
Videoportale	–	34 %	51 %	52 %	58 %	58 %
Fernsehsendungen/ Videos zeitversetzt	10 %	10 %	14 %	21 %	23 %	29 %
live fernsehen im Internet	7 %	8 %	12 %	18 %	15 %	21 %
Videopodcasts	3 %	4 %	7 %	6 %	3 %	4 %

Tabelle 6.1 Ergebnis zweier ARD/ZDF-Onlinestudien für die Jahre 2006 bis 2011: 68 % der Onliner riefen im Jahr 2011 Videotheken im Internet ab.

So ist der Abruf von Videodateien im Internet in dieser neuen, aktualisierten Buchfassung weiter gestiegen. Von vormals 65 % im Jahr 2010 verzeichnen wir im Jahr 2011 bereits 68 %. Und auch der zeitliche Rahmen der Videonutzung ist beträchtlich. Laut Angaben von ComScore sahen Nutzer 2010 in Deutschland täglich im Schnitt 34 Minuten, wohingegen im Oktober 2011 bereits täglich 50 Minuten Videos im Internet angesehen wurden.

Der größte Anteil der Nutzung von Bewegtbildern liegt dabei auf Videoportalen, so die ARD/ZDF-Onlinestudie 2011 (Abbildung 6.1).

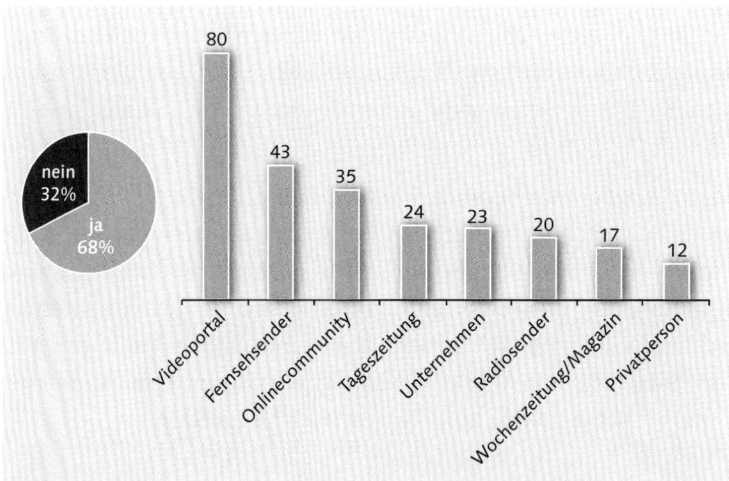

Abbildung 6.1 Nutzung von Bewegtbildern live/zeitversetzt im Internet 2011: Videoportale werden am stärksten genutzt (Quelle: ARD/ZDF-Onlinestudie 2011).

Ein Grund für diese Entwicklung liegt bei den immer besseren Endgeräten: Digitalkameras und Handys mit hochauflösenden Kameras, extrem schnelle Internetverbindungen und Flatrates zu geringen Kosten tragen ihren Teil dazu bei, dass zunehmend mehr Nutzer Videos in hoher Qualität erstellen (*User Generated Content, UGC*). Viele Nutzer sind dabei weniger an einer monetären Vergütung für das Einstellen von Videos interessiert, sondern werden eher durch Kommentare, Bewertungen und eine Vielzahl an Videoaufrufen angespornt.

Aktuell beläuft sich die Zahl der täglich abgerufenen Videos in Deutschland nach Angaben des Web-TV Monitors 2011 (*www.webtvmonitor.de*; erstellt von Goldmedia im Auftrag der Bayrischen Landeszentrale für neue Medien (BLM)) auf über 166 Mio. Lassen Sie sich diese Zahl ruhig auf der Zunge zergehen. Angenommen, die durchschnittliche Länge eines Videos beträgt eine Minute, so könnte man etwa 315 Jahre (!) ununterbrochen Videoinhalte abrufen. Videos zählen inzwischen zu extrem beliebten Webinhalten. Dabei gibt es Online-Videos schon seit den 1990er-Jahren. Durch den hohen Aufmerksamkeitsgrad, den Online-Videos bei Benutzern erreichen, werden sie zunehmend für Unternehmen und Website-Betreiber interessant, die sie als Kommunikationsmittel nutzen.

Immer weiter verschmelzen auch die Angebote für Fernsehen und Internet. Agierten die beiden Kanäle früher getrennt voneinander, so kann man eine zunehmende Verknüpfung gerade bei den großen Playern am Markt feststellen. Berichten zufolge dringen beispielsweise sowohl Google als auch Apple in diesen Markt ein und arbeiten an Lösungen, um beide Kanäle stärker zu verbrüdern. Auch beim Nutzerverhalten macht sich dies bemerkbar: So surft nahezu jeder zweite TV-Zuschauer (48 %) während des Fernsehens im Internet (nach einer Studie im Auftrag von BITKOM, Bundesverband Informationswirtschaft, Telekommunikation und neue Medien e. V.). Derzeit (noch) mit zweierlei Endgeräten, doch dies wird sich möglicherweise in Zukunft zugunsten eines Endgeräts ändern.

Wir möchten uns vor diesem Hintergrund in diesem Kapitel speziell dem Videomarketing widmen. Nachdem wir uns im ersten Abschnitt dem Videomarketing in seiner Bedeutung zuwenden, gehen wir anschließend auf das Erstellen von Videos ein. Im Folgenden schauen wir uns bekannte Videoportale genauer an, nehmen Videowerbung ebenso unter die Lupe wie Videos auf der eigenen Website und schließen mit einem Blick in die Zukunft ab.

Klappe, die erste: Und Action!

6.1 Bewegender Trend – Videomarketing

Videomarketing – das Wort ist in aller Munde, doch was verbirgt sich genau hinter diesem Begriff? Videomarketing (oder auch *Webvideomarketing*) meint das Präsentieren von Botschaften per Video auf der eigenen Website oder anderen Internetpräsenzen. Das Internet ist damit das Verbreitungsmedium für diese Botschaft, die unterschiedlichen Charakter haben kann. Damit ist Videomarketing ein spezieller Bereich des Online-Marketings.

Der Vorteil von Videos liegt auf der Hand: Zum einen können sie in ihrer multimedialen Art Emotionen transportieren, wie es per Text, Bild oder Audio allein nicht möglich wäre. Zum anderen sind sie für Website-Betreiber und Unternehmen besonders interessant, da sie komplexe Sachverhalte verständlich vermitteln und eine klare Markenbotschaft transportieren können. So kann der Einsatz von Videos das Image unterstützen und auch Kompetenz und Innovation vermitteln. Videos können also die Website-Besucher fesseln und die Verweildauer erhöhen. Werden sie für interessant erachtet, werden sie von Benutzern weitergeleitet und verbreitet, wodurch auch die Zuschauerzahl steigen kann. Sowohl Reichweite als auch Bekanntheit werden dadurch unterstützt. Dabei lassen sich verschiedene Videoarten unterscheiden. Häufig verwendet werden beispielsweise Produktvideos. Zuschauer sehen bei diesen Filmen das jeweilige Produkt im Einsatz und dessen Funktionsweise. Dies kann sich durchaus verkaufsunterstützend auswirken.

Darüber hinaus gibt es Videos, die die Handhabung eines Produkts veranschaulichen und Tipps geben. Neben Interessenten richten sich diese Filme auch an bestehende Kunden. Inhalte können zudem Problemlösungen und weitere Anwendungsfelder sein. Als Anbieter verbessern Sie mit derartigen Videos Ihren Service. Weitere Videoarten sind Imagefilme (siehe Abbildung 6.2) und auch sogenannte *Webisodes*. Mit Letzteren sind Serien im Web gemeint, die aus kurzen Einzelfolgen bestehen, die sich in einen Gesamtzusammenhang einfügen und zum Teil Interaktionen zulassen.

Zudem sind virale Kampagnen (mehr dazu lesen Sie in Kapitel 8, »Virales Marketing und Guerilla-Marketing im Internet«) sowie Wettbewerbe (Video-Contests) denkbar, die oftmals einen Traffic-Anstieg nach sich ziehen. Möchten Sie Ihre Besucheranzahl steigern oder Ihre Abverkäufe, möchten Sie Ihre Markenkommunikation unterstützen oder neue Produkte vorstellen? Je nachdem, welches Ziel Sie erreichen möchten, können die Videos verschiedenste Ausprägungen haben und an verschiedenen Stellen veröffentlicht werden.

Abbildung 6.2 Imagefilm der Daimler AG auf YouTube

Grundsätzlich sind Online-Videos auf allen Arten von Websites denkbar. So können beispielsweise Nachrichten-Websites mithilfe von Videos aktuelle Themen glaubwürdig präsentieren und Online-Shops ihre Produkte besonders greifbar darstellen. Online-Videos sollten auf die Website, das Angebot und selbstverständlich auf die Zielgruppe zugeschnitten sein. Für jeglichen Einsatz von Videos im Netz gilt, dass sie mit dem eigentlichen Website-Inhalt Hand in Hand gehen und dem Besucher einen Mehrwert bieten sollten.

Screencasts

Screencasts sind eine besondere Form von Videos: Sie zeigen, ähnlich wie eine Film-Gebrauchsanweisung, Abläufe und Anwendungen, z. B. von Software oder Produkten im Detail. Auch Installationsvorgänge können optimal per Screencast erläutert werden.

Natürlich hängt auch der Erfolg im Videomarketing direkt mit Ihren angestrebten Zielen zusammen. Grundsätzlich profitieren Sie aber dann, wenn die Inhalte optimal gefunden werden, die Reichweite also steigt, und auch die Verbreitung der Inhalte, z. B. durch Bewertungs- und Empfehlungsfunktionen, stattfindet. Wenn jedoch zu viel

Aufwand (auch monetärer Art) einem wenig besuchten und angesehenen Video gegenübersteht, dann ist Videomarketing fehlgeschlagen. Das kann an inhaltlich schlechten Videos liegen, die keinen Mehrwert bieten und nicht auf die Zielgruppe abgestimmt sind, oder daran, dass die Videos schlecht zu finden sind.

Wir gehen auf den folgenden Seiten näher auf die Konzeption und Präsentation von Videos ein. Darüber hinaus möchten wir in diesem Kapitel auch die Möglichkeiten vorstellen, innerhalb von Videos Werbung zu platzieren. Mehr dazu lesen Sie in Abschnitt 6.5, »Video-Ads«.

6.2 Videos erstellen

Wenn Sie entscheiden, dass Videomarketing für Sie eine sinnvolle Werbemöglichkeit ist, lautet die erste Frage, die Sie sich innerhalb Ihrer Videostrategie stellen müssen: Möchten Sie Ihr Video selbst hosten (das heißt für das Web speichern) oder das Hosting einem anderen Anbieter überlassen? In den meisten Fällen ist für das eigene Hosting eine Menge technischer Aufwand notwendig, sodass oftmals das ausgelagerte Hosting infrage kommt. Aus diesem Grund gehen wir an dieser Stelle nicht näher auf das eigene Hosting ein und konzentrieren uns mehr auf die inhaltliche Gestaltung von Videos.

Die zweite Frage, die Sie klären sollten, lautet: Wo möchten Sie Ihr Video präsentieren? Möchten Sie Ihre Videos ausschließlich auf Ihrer Website zeigen, oder auch auf anderen Websites?

Wenn Sie ein Video in die eigene Website integrieren, sollten Sie unbedingt Wert darauf legen, dass es in einem thematisch passenden Umfeld eingebettet wird. In der Praxis wird häufig der Fehler begangen, dass Videos auf der Startseite gezeigt werden, obwohl es Unterseiten gibt, die deutlich besser zum Inhalt passen würden. Auch wenn Sie eine optimale Seite gefunden haben, sollte das Video selbst nicht als »Anhang« an den Inhalt gesetzt werden, sondern in den passenden Inhalt einfließen. Wenn der Umfang Ihrer Videoinhalte größer ist, können Sie sich überlegen, eine Rubrik für Videoinhalte in Ihre Navigation aufzunehmen.

Entscheiden Sie sich für die Variante, Ihr Video auch auf anderen Websites zu zeigen, kommen Videoportale und auch soziale Netzwerke (z. B. Facebook etc.) hinzu (siehe Abbildung 6.3).

Dabei profitieren Sie von einer höheren Reichweite, einfach zu bedienenden Funktionen zum Empfehlen, Kommentieren, Weiterleiten, einem einfachen Upload – und das ohne weitere Kosten. Auf der anderen Seite sollten Sie sich aber bewusst machen, dass die Videos in diesem Fall nicht auf Ihrer Website angesehen werden, dass unter Umständen Werbung eingeblendet werden kann, dass, je nach Portal, möglicherweise Qualitätsverluste entstehen können und dass die Länge limitiert sein kann. Zudem erhalten Sie keinen »LinkJuice«, wenn Videos auf anderen Websites eingebettet werden. Springen Sie zu Abschnitt 6.4, »SEO und Videomarketing«, um zu erfahren, wie Sie Ihre Videos auch für Suchmaschinen gut auffindbar auf Videoportalen einstellen können.

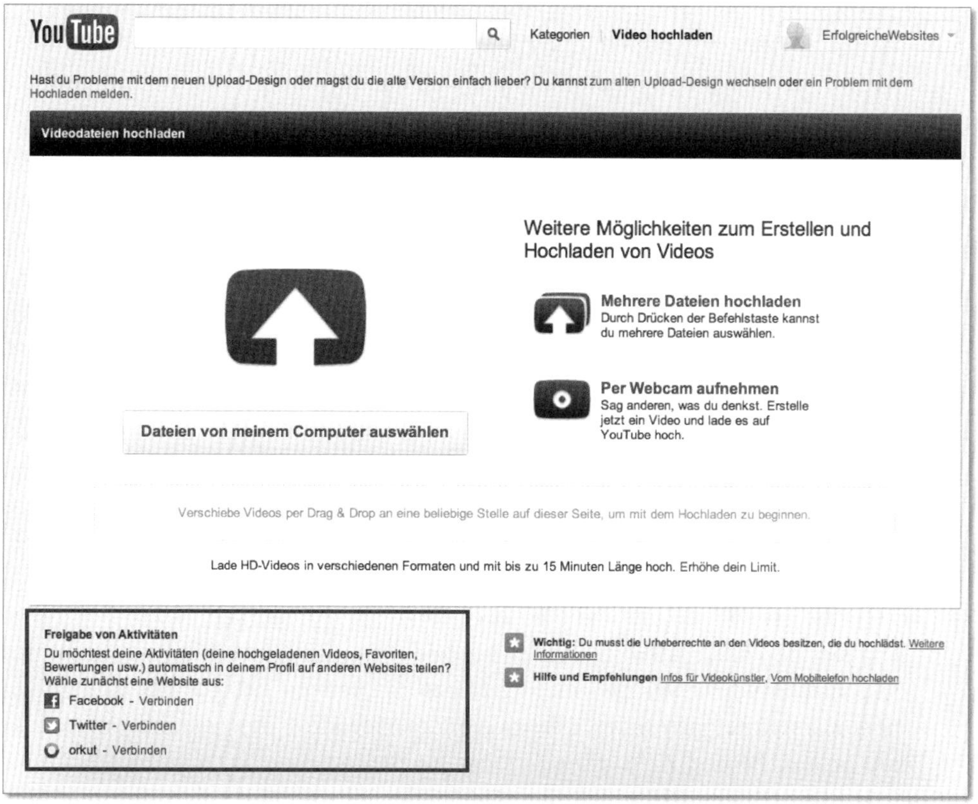

Abbildung 6.3 Bei YouTube können Sie Ihren Account direkt mit anderen Accounts wie von Facebook und Twitter verknüpfen.

Hinweis

Es gibt auch Dienstleister, die das Einstellen Ihres Videos auf verschiedensten Portalen übernehmen, z. B. Videocounter (*www.videocounter.com*).

Sollten Sie Ihr Video auf Ihrer eigenen Website und einem Videoportal integrieren, ist das sogenannter *Duplicate Content*, also doppelter Inhalt, auf den Suchmaschinen gar nicht gut reagieren. Achten Sie also unbedingt darauf, unterschiedliche Beschreibungen und Titel zu verwenden. Von Vorteil ist bei dieser doppelten Platzierung, dass Sie sowohl die Kontrolle über Ihr Video auf der eigenen Seite behalten und es den bestehenden Besuchern präsentieren können als auch ein großes Publikum auf den Portalen ansprechen.

Tipp

Stellen Sie kurze Trailer-ähnliche Videos in Videoportale ein, und zeigen Sie die vollständige Videoversion auf Ihrer Website.

Stellen Sie unbedingt sicher, dass Sie die Portal-Zuschauer nicht auf Ihre Website leiten und Ihnen dort das gleiche Video noch einmal präsentieren. Wenn Sie sich in die Lage des Benutzers versetzen, können Sie nachempfinden, dass dies frustrierend und ärgerlich sein kann. Besser ist es daher, wenn Sie eine spezielle *Landing Page* (Zielseite) entwickeln und den Portal-Zuschauer zu dieser leiten und ihn zu einer definierten Handlung führen. Die angegebene URL in Ihrem auf einem Portal eingebetteten Video sollte möglichst kurz und leicht zu merken sein, da man in Videos nicht auf Links klicken kann, sondern die URL per Hand eintippen muss. Bei dieser Vorgehensweise können Sie genau messen, wie viele Besucher von Ihrem Portal-Video zu Ihrer Landing Page gelangt sind.

Haben Sie all diese Fragen geklärt, so müssen Sie festlegen, wer Ihr Video erstellt. In vielen Fällen bietet es sich an, dieses einem Dienstleister zu überlassen. Je nachdem, welche Ansprüche Sie an das Video stellen, müssen die Kosten nicht in unermessliche Dimensionen steigen und sind auch für kleinere Unternehmen und Website-Betreiber bezahlbar. Inzwischen gibt es viele Anbieter, die auch schon für kleines Geld qualitativ hochwertige Videos erstellen. Sie kennen sich gut mit dem Equipment aus und bringen schon Erfahrungen im Videodreh mit. Formulieren Sie klar Ihre Ansprüche und Ziele, um ein hohes Investitionsrisiko zu minimieren. Daher unsere Empfehlung: Ziehen Sie einen Drittanbieter heran, und lassen Sie Ihre Videos erstellen.

Der Videoinhalt

So individuell Ihre Website und Ihre Ziele sein können, so vielfältig können auch Online-Videos in ihrem Inhalt sein. Für alle gilt jedoch: Achten Sie darauf, dass das eingebundene Video auf Ihrer Website zu dem Inhalt passt, der es umgibt. Sie können um das Video herum weitere Informationen ergänzen, indem Sie passende Artikel, Fragebögen etc. anbieten. Stellen Sie sicher, dass Ihr Video Ihr Marketingziel unterstützt.

Wenn Sie Ihr Markenimage verbessern möchten, dann sollte die Marke auch Kern des Videos sein. Möchten Sie hingegen den Zuschauer zu einem Kauf anregen, so können Sie Ihre Produkte multimedial vorführen (siehe Abbildung 6.4 und Abbildung 6.5).

Abbildung 6.4 Die Produktbeschreibung bei Baur umfasst auch ein Produktvideo.

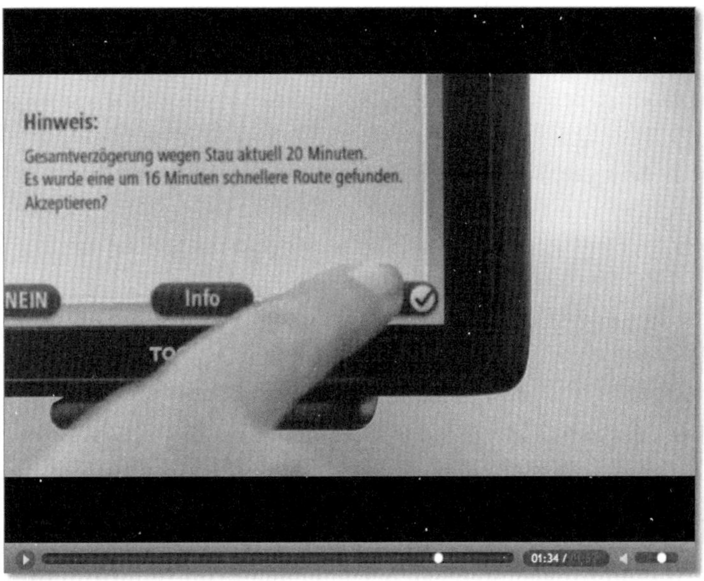

Abbildung 6.5 Produktvideo zum Navigationsgerät bei Baur

Trotz des virtuellen Raums können Sie so sehr reale Einkaufserlebnisse schaffen, Ihre Angebote in einer passenden Umgebung vorstellen und deren Vorteile herausarbeiten. In jedem Fall sollte ein Video den Zuschauern einen Mehrwert bieten. Das können beispielsweise zusätzliche Informationen sein oder auch ein witzig gestaltetes Video, das gerne weitergeleitet wird.

Wie Sie in Kapitel 15, »Usability – benutzerfreundliche Websites«, lesen können, gibt es die magische Zahl Sieben. Untersuchungen zufolge können sich Menschen bis zu sieben Dinge besonders gut merken. Aus diesem Grund haben wir die folgenden Tipps, die Sie bei der Erstellung eines Videos beachten sollten, auf sieben begrenzt. Sicherlich gibt es darüber hinaus noch weitere Aspekte, die Sie bei einem Video beachten sollten, die aber den Rahmen dieses Buches sprengen würden.

Sieben Dinge, die Sie bei Ihrem Video beachten sollten

- **Interessanter Inhalt**: Das ist das A & O eines Videos. Legen Sie Wert auf eine klare Struktur, in der die wichtigsten Informationen übermittelt werden. Sie können auch Texteinblendungen (sogenannte Bauchbinden) integrieren.
- **Videolänge**: Bedenken Sie, dass die Aufmerksamkeit der Zuschauer nach vier Minuten deutlich abnimmt. Setzen Sie Kernbotschaften daher möglichst an den Videoanfang.
- **Brand Awareness (Markenbekanntheit)**: Steigern Sie die Wahrnehmung Ihrer Marke, indem Sie sie im Video platzieren. Das kann im Vorspann, Abspann und innerhalb des Videos geschehen. Halten Sie Vor- und Abspann aber recht kurz.
- **Fürsprecher**: Ziehen Sie in Erwägung, sogenannte *Testimonials* in Ihr Video zu integrieren, beispielsweise Aussagen von zufriedenen Kunden. Dies kann die Glaubwürdigkeit unterstützen.
- **Optimale Wiedergabe**: Überprüfen Sie technische Aspekte. Ihr Video sollte schnell starten und möglichst nicht unterbrochen werden (z. B. durch Datenpufferung).
- **Tonqualität**: Neben den Bildern spielt der Ton die Musik. Stellen Sie sicher, dass Ihr Ton sauber aufgenommen wird und auch mit weniger guten Endgeräten leicht verständlich ist. Hintergrundmusik und -geräusche sollten im Hintergrund bleiben und Gesprochenes nicht übertönen.
- **Call-to-Action**: Stellen Sie eine klare Handlungsaufforderung (Call-to-Action) ans Ende Ihres Videos. Dies kann z. B. eine kurze und prägnante URL sein, die der Zuschauer aufrufen soll, damit er auf eine Landing Page gelangt. Stellen Sie heraus, was den Besucher erwartet, wenn er diese Seite aufruft. Auch Kommentare oder das Weiterleiten des Videos kann eine Handlungsaufforderung sein.

6.3 Videoportale und Hosting-Lösungen

Im Internet gibt es mittlerweile zahlreiche Videoportale. Die Nase vorn, was den Bekanntheitsgrad und die Reichweite anbelangt, hat das Videoportal *YouTube*. Wir werden uns als Erstes ansehen, was der Begriff Videoportal genau bedeutet, und schauen uns anschließend einige Portale detaillierter an.

Videoportale sind spezielle Websites, die den Nutzer aktiv oder passiv ansprechen. So können Besucher Videodateien hochladen (aktiv) oder sich Videos ansehen und somit konsumieren (passiv). Dies ist in der Regel nicht mit Kosten verbunden und technisch über einen eingebundenen Videoplayer möglich. Üblicherweise können Nutzer nach dem Web-2.0-Motto die Inhalte bewerten, kommentieren, weiterleiten und über Social-Media-Kanäle verbreiten.

Die Inhalte der Videoportale sind in vielen Fällen eine Mischung aus von Nutzern eingestellten Inhalten und Videos, die der Portalbetreiber selbst einstellt. So gibt es neben *User Generated Content* (*UGC*) auch TV-Sendungen oder Mitschnitte, die von den Sendern bzw. Portalen selbst eingestellt werden können.

Wie schon angekündigt, möchten wir nun auf einige Videoportale näher eingehen. Die vorgestellten Websites zählen zu sehr bekannten Portalen (dies trifft insbesondere auf YouTube zu), dennoch möchten wir nicht den Anspruch auf Vollständigkeit erheben. Viele Funktionen sind auch auf andere Videoportale übertragbar.

Nach einer ARD/ZDF-Onlinestudie haben 45 % der Onliner in einer Zeitspanne von vier Wochen das Videoportal YouTube genutzt, wohingegen sich der Anteil auf andere Videoportale im deutlich geringeren Prozentsatz abspielt (siehe Tabelle 6.2).

	Zeitraum von 4 Wochen	länger her	noch nie
YouTube	45 %	17 %	38 %
myvideo	11 %	17 %	72 %
Clipfish	8 %	17 %	75 %

Tabelle 6.2 Nutzung von Videotheken und Videoportalen 2010, eigene Darstellung in Anlehnung an eine ARD/ZDF-Onlinestudie

Wer aber steckt nun hinter dem Marktführer YouTube? Inzwischen wird das Portal als zweitgrößte Suchmaschine nach Google bezeichnet. Wir haben für Sie einen kurzen Steckbrief zusammengestellt.

Steckbrief YouTube

- Domain: *www.youtube.com*
- Gegründet: Februar 2005
- Eigentümer: Google Inc.
- Länder und Sprachen: 25 Länder und 43 Sprachen
- Besucher pro Monat: 800 Mio. (Stand Dezember 2011)
- Inhalte: Nutzergenerierte Inhalte (UGC), Film- und TV-Clips, Musikvideos
- Videoaufrufe: 3 Mrd. Videos pro Tag (Stand Dezember 2011)
- Besonderheit: YouTube wurde im Oktober 2006 für 1,31 Mrd. € (in Aktien) von Google gekauft. Das Videoportal führt die Liste der Videoportaie international an. Nach Angaben des offiziellen YouTube-Blogs werden pro Minute 72 Stunden Videoclips hochgeladen (Stand Mai 2012). Im Jahr 2011 wurde das Portal umgestaltet (redesignt), mehr dazu auf Seite 255.

Waren es 2011 noch 48 Stunden Videomaterial, das pro Minute auf YouTube hochgeladen wurde (siehe Abbildung 6.6), so vermeldet das Videoportal auf seinem offiziellen Blog im Mai 2012 bereits einen Anstieg auf 72 Stunden pro Minute. Um diesen Zuwachs möglichst anschaulich darzustellen, wurde die Website *www.onehourpersecond.com* ins Leben gerufen – ein Blick darauf lohnt sich!

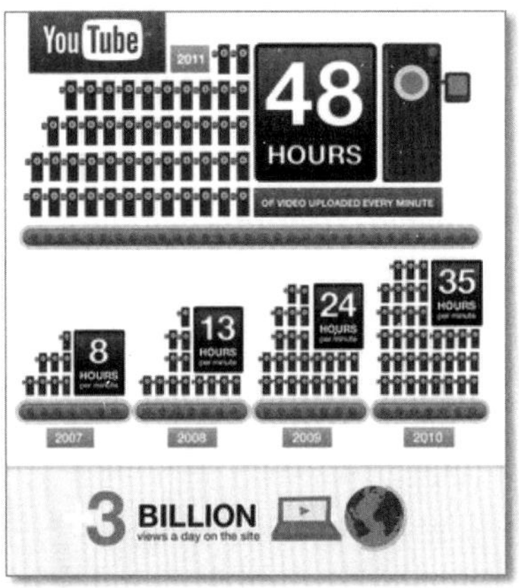

Abbildung 6.6 Entwicklung der Uploads bei YouTube bis 2010 (entnommen aus dem offiziellen YouTube-Blog)

Mitverantwortlich für diese Entwicklung ist unter anderem der technologische Fortschritt, z. B. bei Handys, die Ausweitung der zeitlichen Limitierung auf 15-Minuten-Clips (inzwischen ist es möglich, dieses Uploadlimit zu erhöhen) und die erhöhte

Datenmenge von 2 GB (YouTube-Partner können Videos auch ohne Längen- und Größenbeschränkungen einstellen).

Zuschauer eines YouTube-Videos haben unter anderem die Möglichkeit, das Video zu kommentieren, weiterzuleiten, auf anderen Websites einzubetten und mitzuteilen, ob sie es mögen oder nicht (mit einem Daumensymbol, das je nach Gefallen nach oben oder unten zeigt). Zudem können angemeldete Benutzer benachrichtigt werden, wenn neue Videos auf einem entsprechenden Kanal verfügbar sind. In Abbildung 6.7 sehen Sie als Beispiel ein Werbevideo der Hotelkette Ibis.

Abbildung 6.7 Clip vom Ibis-Hotel auf YouTube

Darüber hinaus können sich YouTube-Nutzer unter anderem einen eigenen Kanal anlegen und Favoriten verwalten. Den YouTube-Kanal von Porsche (*www.youtube.com/user/porsche*) sehen Sie beispielhaft in Abbildung 6.8.

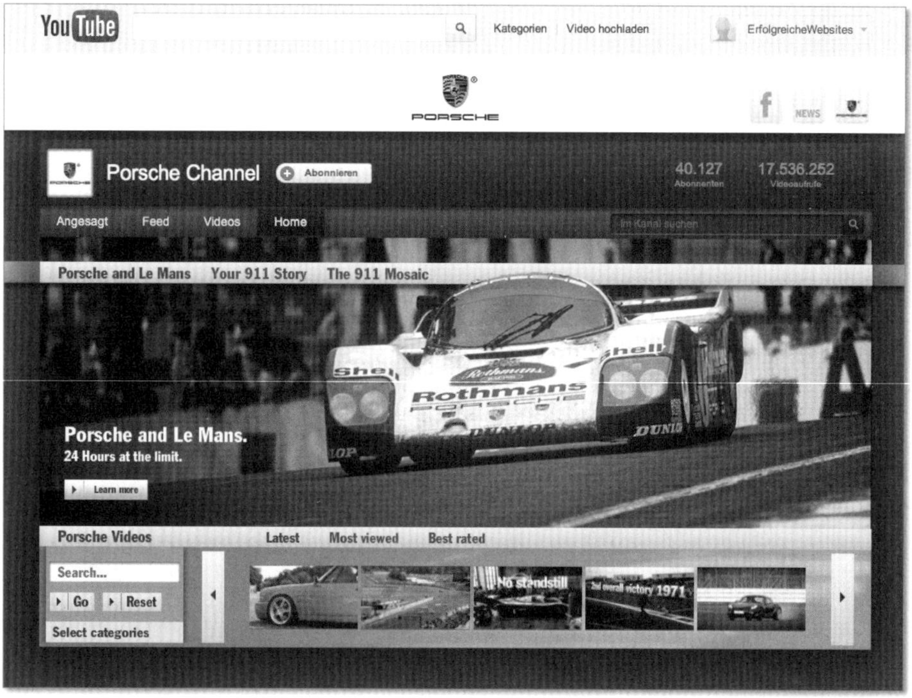

Abbildung 6.8 Der Brand-Channel von Porsche unterstützt die Markenkommunikation.

Tipp

Unter *youtube.com/editor* steht Ihnen der YouTube-Video-Editor zur Verfügung, mit dessen Hilfe Sie Ihre Videos schneiden, mit Musik untermalen und bearbeiten können.

Werbetreibende hingegen müssen sich im Zusammenhang mit dem Video-Upload einen Account bei YouTube anlegen. Da YouTube ein Angebot von Google Inc. ist, kann auch ein bestehendes Google-Konto verwendet werden. Unter Ihren Kontoeinstellungen gelangen Sie auch zu den sogenannten *YouTube Analytics* (vormals *YouTube Insights*, in Verbindung mit dem YouTube-Relaunch nun stark an das bekannte Tool Google Analytics angelehnt; Abbildung 6.9). Hier können Sie Statistiken zu Ihren Videos einsehen und herunterladen – zunächst in einem Überblick, aber auch in Detailberichten, wenn Sie auf die einzelnen *Widgets* klicken. Dazu zählen unter anderem die Aufrufe nach Zeit und Region, demografische Daten und Links, die auf das Video verweisen. So haben Sie eine recht gute Erfolgskontrolle, was Ihre Videos anbelangt. Neu ist zudem ein Datenfilter, mit dessen Hilfe Sie nach Inhalt, Standort und Datum Statistiken anzeigen lassen können.

Abbildung 6.9 Exemplarische Übersicht der YouTube Analytics in Ihrem Account

Je nach Videoportal bestehen unterschiedlich detaillierte Tracking-Möglichkeiten. Stellen Sie sicher, dass Sie alle für Sie relevanten Zahlen messen (wie z. B. Videoaufrufe oder auch das Teilen und Kommentieren), möglicherweise auch über ein unabhängiges Tracking-Tool. Nutzen Sie diese Zahlen, um Ihre Videos zu optimieren.

YouTube Redesign 2011

Im Jahr 2011 führte YouTube ein größeres Redesign, also eine Umgestaltung durch. Seitdem gibt es beispielsweise folgende funktionelle Änderungen:

Nutzer, die sich bei YouTube einloggen, gelangen zunächst auf ihre persönliche Startseite, die am linken Seitenrand eine schwarze, vertikale Navigationsleiste beinhaltet. Mit der Verknüpfung zu sozialen Netzwerken kann der Nutzer beispielsweise Inhalte von Freunden aus anderen Communitys wie Facebook und Google+ ansehen. Bis auf Google+ müssen alle weiteren Konten (z. B. Facebook, Twitter und Orkut) noch verbunden werden. Darüber hinaus erscheinen in der vertikalen Liste diejenigen Kanäle (Channels), die der Nutzer abonniert hat, mit den neusten Aktivitäten, wie z. B. neuen Videokommentaren. YouTube selbst liefert mit TRENDS und BELIEBTE VIDEOS weitere Vorschläge, die per Klick auf KANÄLE HINZUFÜGEN ebenfalls abonniert werden können.

Insgesamt soll dem Nutzer eine bessere Übersicht über Inhalte ermöglicht werden. Deutlich wird insbesondere die Vernetzung mit sozialen Netzwerken, aber auch die Vorbereitung auf eine zunehmende Verschmelzung von TV und Internet.

Auch Google TV soll durch YouTube neuen Schwung gewinnen. »*Kanäle werden die Stars auf YouTube – und alle Kanäle, die auf YouTube gut laufen, werden auch auf Fernsehgeräten großartig sein*«, so Shiva Rajaraman, Produktmanager bei YouTube gegenüber der FTD. Berichten zufolge investiert YouTube einige Mio. US$, um hochwertige Videos zu produzieren und attraktiver sowohl für Zuschauer als auch für Werbetreibende zu werden. Neben Fernsehern sind auch weitere Endgeräte wie Handys und Spielekonsolen für das Abspielen von YouTube-Inhalten von Interesse.

Tipp: YouTube, TestTube

Unter *www.youtube.com/testtube* haben Sie, wie der Name bereits vermuten lässt, die Möglichkeit, einige Funktionen auszuprobieren, an denen das Videoportal noch arbeitet. So können Sie beispielsweise eine KOMMENTARSUCHE, einen UNTERTITEL-EDITOR oder einen 3D VIDEO CREATOR testen und dem Portal Rückmeldung dazu geben.

Das zweite Videoportal, das wir Ihnen in aller Kürze vorstellen möchten, heißt *MyVideo*. Wichtige Eckdaten erfahren Sie aus dem kurzen Steckbrief.

Steckbrief MyVideo

- Domain: *www.myvideo.de*
- Gegründet: April 2006
- Eigentümer: SevenOne Intermedia GmbH, ProSiebenSat1
- Sprachen: aktuell in acht Sprachen verfügbar
- Besucher pro Monat: 7,69 Mio. (Quelle: AGOF internet Facts 2011-10)
- Videos: über 3,8 Mio.
- Inhalte: Videos aus den Bereichen Musik, Film, Themenwelten (z. B. Sport, Infotainment, Lifestyle etc.), Serien und auch Games
- Besonderheit: über 9.000 Uploads pro Tag und über 120 Mio. Videoviews pro Monat

Nutzern, die sich Clips bei MyVideo ansehen, stehen ähnliche Funktionen wie bei YouTube zur Verfügung. So kann das Video in andere Websites eingebettet und über verschiedene (Social-Media-)Kanäle weitergeleitet werden. Zuschauer können eine Bewertung per Sternchenabgabe vornehmen und Kommentare hinterlassen. Zudem kann ein Clip z. B. einer Favoritenliste hinzugefügt oder abonniert werden. Ein Beispiel für ein Video auf MyVideo sehen Sie in Abbildung 6.10.

Haben Sie die Werbeeinblendung entdeckt? Im unteren Bereich des Videoclips erscheint zeitweilig eine Werbeeinblendung. Mehr zu dieser Art von Werbung lesen Sie in Abschnitt 6.5, »Video-Ads«.

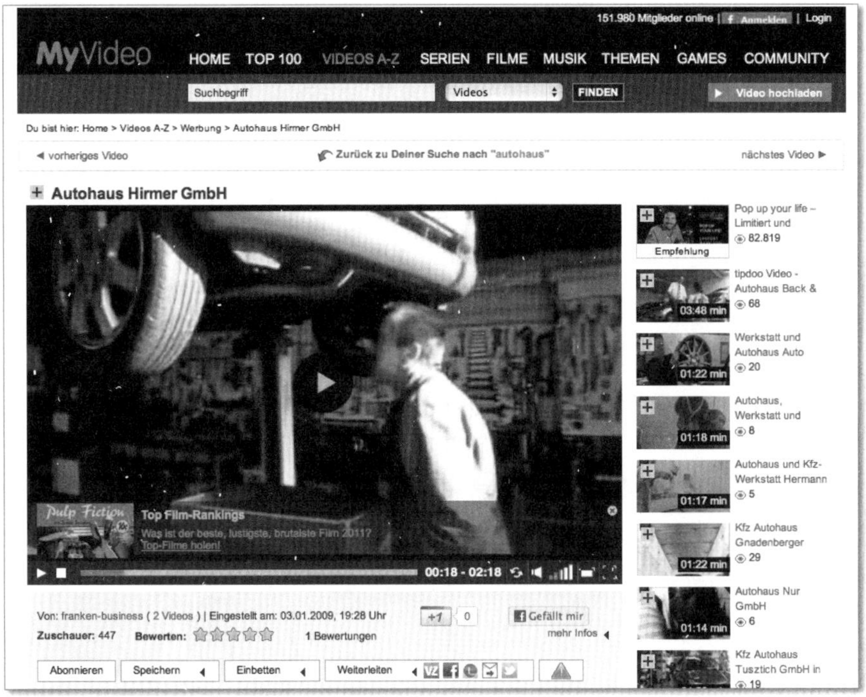

Abbildung 6.10 Beispiel-Video: Autohaus Hirmer GmbH auf MyVideo

Schauen wir uns zunächst noch ein drittes Videoportal an, nämlich *Clipfish*.

Steckbrief Clipfish

- Domain: *www.clipfish.de*
- Gegründet: Juni 2006
- Eigentümer: RTL interactive, RTL Group
- Sprachen: Deutsch
- Besucher pro Monat: 2,49 Mio. (nach Angaben der Clipfish-Mediadaten, AGOF internet facts August 2011)
- Inhalte: Musik, Comedy, Kino, News und Games
- Besonderheit: Seit 2007 werden durch die Kooperation mit Sony BMG Entertainment auch Musikvideos zur Verfügung gestellt. RTL strahlte zudem eine Sendung namens *Clipfish TV* aus, in der die besten Clips präsentiert wurden.

Nicht verwunderlich: Eine Bewertungs-, Empfehlungs- und Kommentarfunktion sowie weitere Funktionen sind auch in diesem Videoportal vorhanden (siehe Abbildung 6.11).

Abbildung 6.11 Video eines Hotels in Berlin auf Clipfish

Zu guter Letzt möchten wir noch auf ein spezielles Portal eingehen, bevor wir uns im Anschluss dem Zusammenhang von Suchmaschinenoptimierung und Videos widmen. Hier also unser Steckbrief zu *Sevenload*.

Steckbrief Sevenload

- Domain: *de.sevenload.com*
- Gegründet: April 2006
- Eigentümer: sevenload GmbH
- Besucher pro Monat: über 1,72 Mio. Unique User (nach Sevenload-Mediadaten, unter: *corporate.sevenload.com/pdf/sevenloadMediadaten2011.pdf*)
- Inhalte: elf Rubriken, darunter TV, Ratgeber/Wissen, Kids, Kino/Kultur, Gesellschaft/Soziales
- Besonderheit: Sevenload ist kein reines Videoportal, sondern nach eigener Aussage eine »Social Community für WebTV, Videos, Fotos und Freunde«. Seit Winter 2011 bietet Sevenload das Portal *Vilogo.tv* an, ein Nachhilfe-Videoportal.

In Abbildung 6.12 sehen Sie als Beispiel einen Clip eines Weinguts. Interaktionsmöglichkeiten (z. B. empfehlen, weiterleiten, bewerten etc.) sind für den Zuschauer zwar vorhanden, vergleichsweise aber etwas weniger prominent platziert.

Abbildung 6.12 Beispiel eines Weingut-Videos auf Sevenload

6.4 SEO und Videomarketing

Videos zählen ebenso wie Texte und Bilder zu Website-Inhalten, die von Suchmaschinen per *Crawling* »durchleuchtet« werden, um in deren Suchergebnissen wieder aufzutauchen. Wir möchten Ihnen im Folgenden einige Tipps an die Hand geben, damit Benutzer Ihre Videos finden, wenn sie auf Google oder Videoportalen suchen, und damit auch Websites gefunden werden, die Ihre Videos eingebettet haben. Unser Ziel ist dabei, dass möglichst viele Nutzer Ihre Videos sehen.

Videoportale haben in der Regel eine eigenständige interne Suche, um Besuchern passende Videoinhalte anzeigen zu können. Aus diesem Grund ist es elementar, dass Sie beim Einstellen Ihres Videos in ein Portal alle wichtigen Informationen angeben, mit denen Ihr Inhalt gefunden werden soll. So sollten Sie, wenn Sie nach einem Titel, einer Beschreibung des Videos oder Tags gefragt werden, wichtige Keywords verwenden – ähnlich, wie Sie es auch bei der Suchmaschinenoptimierung für Google tun würden, ohne dies zu übertreiben (siehe dazu Kapitel 12, »Suchmaschinenoptimierung (SEO)«). Innerhalb der Beschreibung können Sie auch Links setzen. Achten Sie aber darauf, dass die Beschreibung einmalig ist, und wiederholen Sie keine bereits veröffentlichten Inhalte (Duplicate Content).

Auch die Benennung der Videodatei gehört dazu. Bei der Wahl Ihres Videotitels sollten Sie neben Keywords auch bedenken, dass er ansprechend auf den Nutzer wirkt. Generell empfehlen wir Ihnen, alle Möglichkeiten, Ihr Video und die Videoinhalte zu beschreiben, zu nutzen, da diese Angaben von Suchmaschinen gelesen werden können. Bei YouTube haben Sie beispielsweise die Möglichkeit, Ihr Video mit einem Untertitel oder Anmerkungen zu versehen (Abbildung 6.13). Auch hier können wichtige Keywords und zum Teil auch Links zum Einsatz kommen.

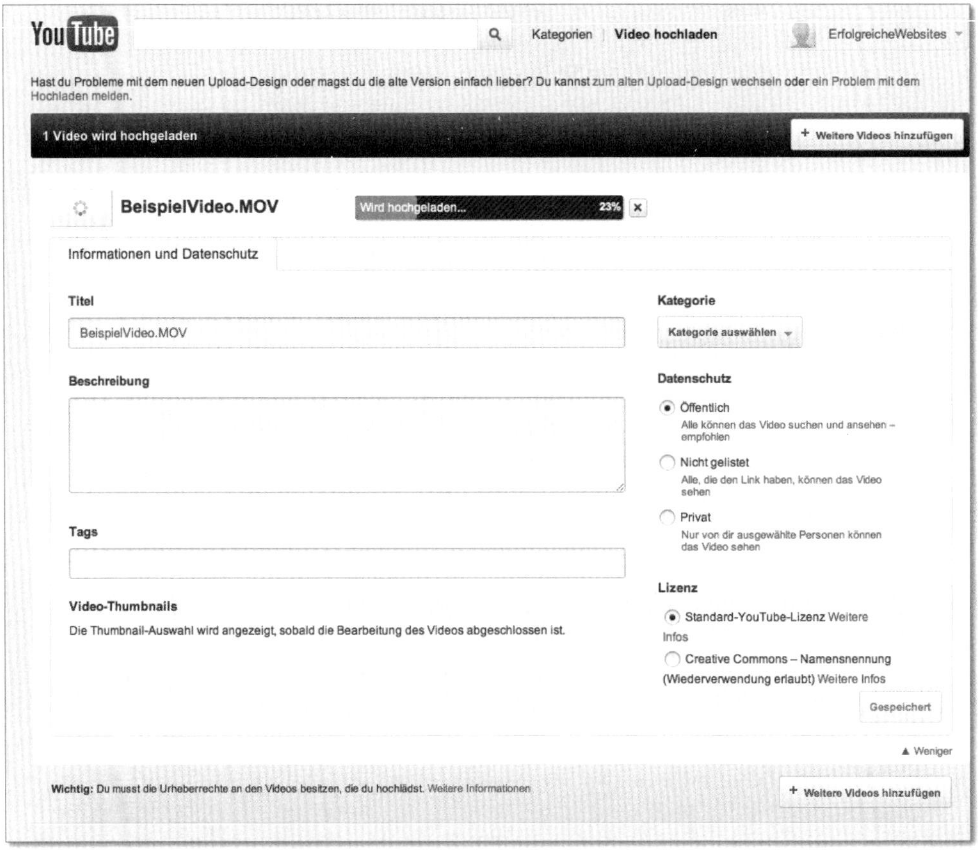

Abbildung 6.13 Beispiel für den Videoupload bei YouTube

Wie wir schon erwähnt haben, ist es wichtig, Videos in einen passenden Gesamtkontext einzubetten. Dies ist nicht nur für die Besucher sinnvoll, sondern auch für die Suchmaschinen, die die Videos dann besser einordnen können. Sie können auch Texte in Ihre Videos integrieren, z. B. Bildbeschriftungen, die Suchmaschinen (noch) leichter lesen können als das Video bzw. Bewegtbild an sich.

Bei der Wahl eines geeigneten Vorschaubildes sollten Sie darauf achten, dass dieses Bild in vielen Fällen das Erste ist, was Betrachter sehen. Suchen Sie daher ein zum Videoinhalt passendes Bild aus, da es die Klickraten deutlich beeinflussen kann.

Da viele Videoportale eine Community betreiben, ist es zudem sinnvoll, auch Ihr Profil dort auszufüllen bzw. einen Channel anzulegen. Auf diese Weise können Sie den Besuchern weitere Informationen zu Ihrem Angebot und Ihrer Marke bieten. Das Profil sollte zu Ihrem Gesamtauftritt passen. Auf dieser Seite können Sie wiederum weitere Links präsentieren.

Für Fortgeschrittene – die Video-Sitemap

Damit Ihr Video möglichst auch in den Google-Suchergebnissen erscheint, empfehlen wir Ihnen, eine Video-Sitemap anzulegen. Informationen dazu, wie das geht, erhalten Sie im Google Webmaster Support (*www.google.com/support/webmasters/bin/topic.py?hlrm=en&topic=10079*).

Alternativ haben Sie die Möglichkeit, ein mRSS (Media-RSS) zu verwenden: Dabei wird, wie bei einem üblichen RSS-Feed, eine Meldung an den Abonnenten geschickt, sobald es eine Aktualisierung gibt. Stellen Sie also ein neues Video ein, erfährt Google davon.

Sollten Sie Ihr Video auf der eigenen Website integrieren, sollten Sie ebenfalls darauf achten, Datei und URL mit wichtigen Keywords zu benennen und den Film in ein kontextrelevantes Umfeld einzubinden.

Wenn Sie diese Aspekte berücksichtigen, ist schon ein wichtiger Schritt getan, damit Ihre Videos gut von Interessenten gefunden werden. Zudem profitieren Sie bei Portalen wie YouTube von hoher Linkpopularität. Unterstützen Sie die Auffindbarkeit Ihrer Videoinhalte zudem mit Links von außen. Das bedeutet, dass Sie auch von anderen Websites auf Ihr Portal-Video verlinken können.

6.5 Video-Ads

Videomarketing können Sie sowohl betreiben, wenn Sie ein eigenes Video besitzen, als auch, indem Sie Werbung in der Umgebung von anderen Videos oder innerhalb von Videos platzieren. Erinnern Sie sich an das vorangegangene Beispiel von MyVideo (siehe Abbildung 6.10)? Im Folgenden möchten wir uns insbesondere auf das Videoportal YouTube beziehen. Informationen zu Werbemaßnahmen auf anderen Videoportalen finden Sie in deren jeweiligen Webauftritten.

Auch hier sollten Sie sich zu Beginn einer Kampagne im Klaren darüber sein, welches Ziel Sie erreichen möchten. Das kann beispielsweise Markenbekanntheit, die Einführung eines neuen Produkts oder auch der Abverkauf Ihres Angebots sein.

YouTube stellte dafür verschiedene Varianten der Werbemöglichkeiten zur Verfügung. Einige möchten wir Ihnen kurz vorstellen.

6.5.1 Gesponsorte Videos/TrueView

Beginnen wir damit, Ihr eigenes Video auf YouTube zu bewerben. Dafür stehen Ihnen z. B. die sogenannten gesponserten Videos zu Verfügung (*YouTube Promoted Videos*). Hier wird Ihr Video nach themenrelevanten Suchanfragen angezeigt (siehe Abbildung 6.14). Für die Schaltung müssen Sie Ihr YouTube-Konto mit Ihrem AdWords-Konto verknüpfen. Dafür stellt Google einen Leitfaden unter *www.google.de/ads/video/advertisers/guide.html* zur Verfügung.

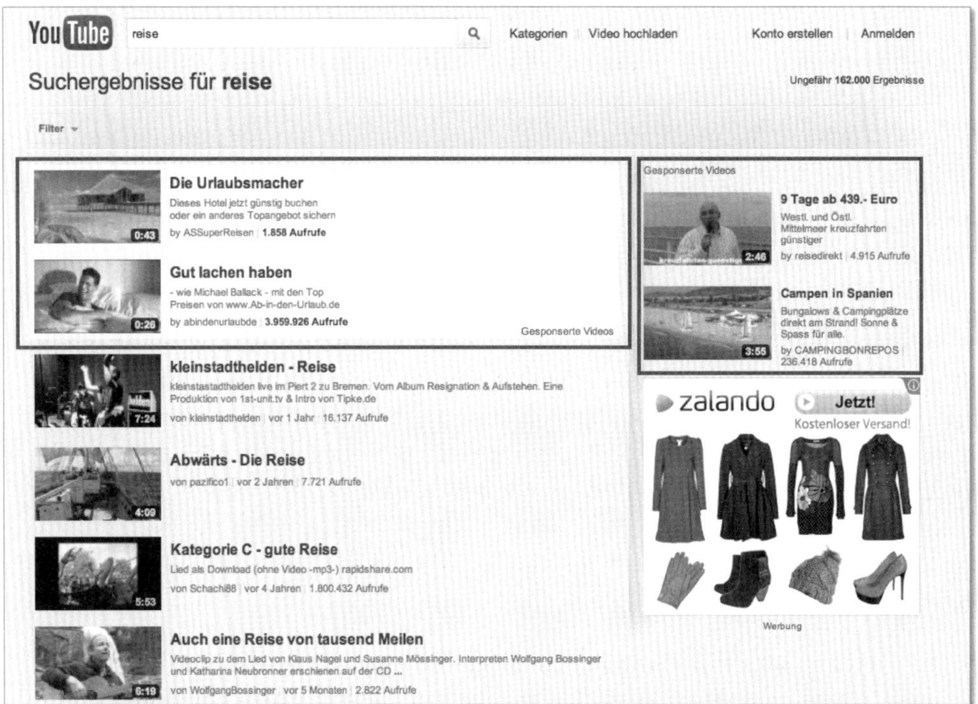

Abbildung 6.14 Beispiel für gesponserte Videos zum Suchbegriff »Reise«

Ende des Jahres 2011 hat YouTube auch hier einige Änderungen durchgeführt. Zum einen gibt es nun das *AdWords für Videos*, ein neues Videokampagnenverwaltungstool. Nach Angaben von YouTube erfolgt ab Anfang 2012 *»die gesamte Kampagnenverwaltung über Google AdWords für Videos, und gesponserte Videos kommen als neues*

TrueView-Videoanzeigenformat hinzu« (*www.youtube.com/yt/advertise/adwords.html*; Abbildung 6.15).

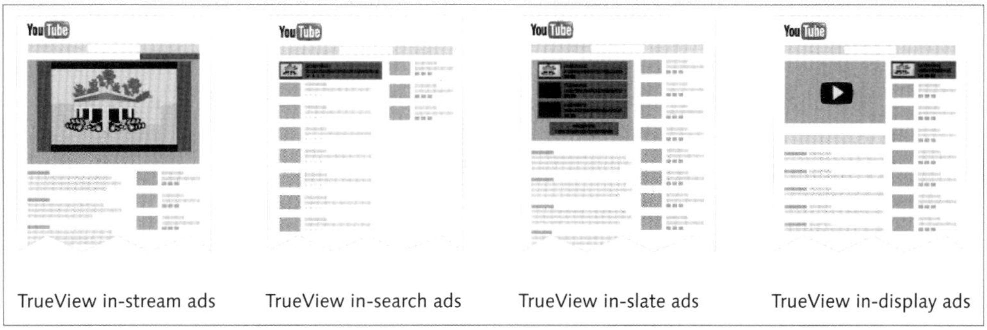

Abbildung 6.15 Die vier Varianten des Videowerbeformats TrueView

Das besondere an dem neuen Werbeformat ist, dass Betrachter die Anzeigen bei Desinteresse nach den ersten fünf Sekunden überspringen und direkt das gewählte Video ansehen können. Auch für den Werbetreibenden gibt es Neuerungen: So muss dieser nur für die Einblendung der Anzeige bezahlen, wenn ein Zuschauer die Anzeige vollständig bzw. länger als 30 Sekunden angesehen hat.

6.5.2 Homepage Ads

Eine weitere Möglichkeit, auf YouTube zu werben, stellen die Homepage Ads dar. Wie der Name schon sagt, erscheinen diese Anzeigen auf der Startseite des Videoportals (Abbildung 6.16).

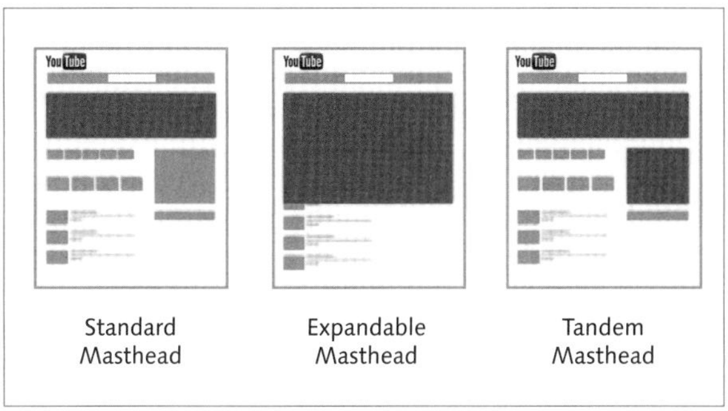

Abbildung 6.16 Werbemöglichkeiten auf der YouTube-Startseite

Details zu den einzelnen Formaten können Sie unter *www.youtube.com/yt/advertise/homepage-ads.html* nachlesen. Die Preise sind bei einem YouTube-Kundenbetreuer zu erfragen, man kann aber davon ausgehen, dass diese nicht ganz günstig sind.

6.5.3 In-Stream-Ads

Die sogenannten *In-Stream-Ads* sind ein Oberbegriff für Pre-Roll-Ads, Mid-Roll-Ads und Post-Roll-Ads.

- **Pre-Roll-Ads**: Dieses Werbeformat wird besonders häufig verwendet und wird vor dem eigentlichen Videoclip geschaltet. Zuschauer haben hier nicht die Möglichkeit, die Einblendung zu überspringen. Nutzer können es aber anklicken und werden dann auf die Website des Anbieters geleitet. Dieses Format weist einen hohen Aufmerksamkeitsgrad und hohen Branding-Effekt auf.
- **Mid-Roll-Ads**: Wie der Name vermuten lässt, werden bei diesem Werbeformat die Einblendungen während des laufenden Videoclips geschaltet.
- **Post-Roll-Ads**: Diese Werbevariante ist das Gegenstück zu den Pre-Roll-Ads, denn die Werbung wird nach dem Video gezeigt.

Zudem bietet YouTube auch *Mobile In-Stream-Ads* an, die vor einem Video auf der YouTube Android App zu sehen sind. Betrachter sehen eine 15-Sekunden-Anzeige vor Premium Partner Videos. Wird beispielsweise eine URL innerhalb der Anzeige angegeben, gelangen Nutzer mit einem Klick zur mobilen Website oder zum mobilen Channel.

Ein weiteres In-Stream-Format ist *Google:30s*, welches in der Pre-, Mid- oder Post-Roll-Variante bei besonders langen und kurzen Videos zu sehen ist.

Wie schon beschrieben, erfolgt die Buchung der Videoanzeigen ab 2012 vornehmlich über ein AdWords-Konto (Abbildung 6.17). Werfen wir also einen Blick in die Einstellungen: Sobald YouTube und Google-AdWords-Konto verbunden sind und Sie eine entsprechende Kampagne angelegt haben, können Sie Ihre Anzeige erstellen.

Die Videobesitzer werden an den Werbeeinnahmen beteiligt. Zum Schluss sei erwähnt, dass Videos auch im Affiliate-Marketing als Werbemittel eingesetzt werden können (mehr zum Thema Affiliate-Marketing lesen Sie in Kapitel 2, »Online-Marketing – Werben im Internet«, sowie in Kapitel 19, »Monetarisierung – Einnahmen mit der Website erzielen«).

Warum der Einsatz von Werbung bei YouTube sinnvoll sein kann, zeigt das Ergebnis einer Studie der GfK. Demnach steigert Werbung in Videoportalen den Abverkauf. Wie die ROI-Entwicklung (*Return on Invest*) bei dem Einsatz von 1 € in den einzelnen Kanälen aussieht, sehen Sie in Abbildung 6.18. Demnach erzielen Sie mit YouTube-Werbung 1,03 €. Nur der Einsatz von Suchmaschinenwerbung ist noch höher.

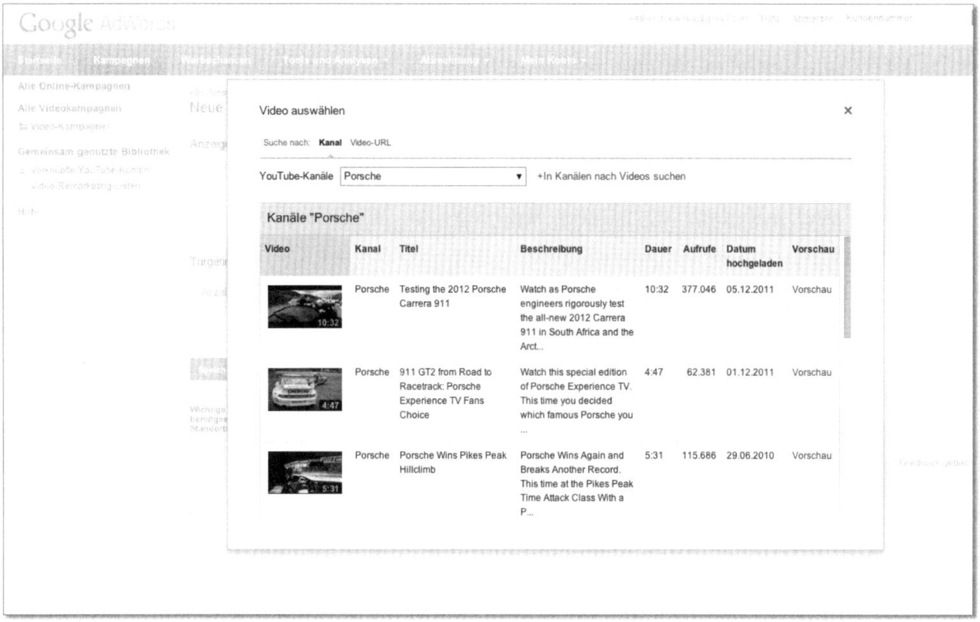

Abbildung 6.17 Videoanzeige auswählen im Google-AdWords-Konto

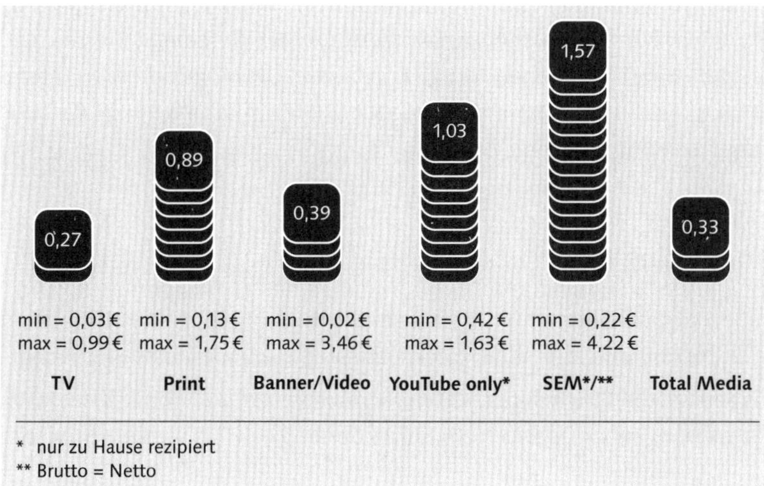

Abbildung 6.18 ROI verschiedener Medienkanäle: GfK-Ermittlung für den kurzfristigen Umsatz bei einem Werbeeinsatz von 1 €

6.6 Ausblick

Mit einem Blick in die Zukunft kann wohl festgehalten werden, dass es auf dem Gebiet des Videomarketings spannend bleibt. Neue Entwicklungen halten den Markt in ständiger Bewegung. Eine Vielzahl von Anbietern arbeitet an der (Weiter-)Entwicklung des interaktiven Fernsehens und kostenpflichtiger Webvideotheken. 3D-Formate sind auf dem Vormarsch und werden tendenziell auch auf das Internet übergreifen. Testweise werden bereits ganze Filme bei YouTube eingestellt und die Kooperationen großer Unternehmen auf dem Film- und Videomarkt lassen erahnen, dass hier das Ende der Fahnenstange noch nicht erreicht ist. Einen weiteren Verkaufskanal will YouTube mit seinem neuen *Merch Store* bieten. So sollen beispielsweise Musiker über Ihren Channel auch Ihre Songs und weitere Merchandising-Artikel verkaufen können.

Durch den technologischen Fortschritt und zunehmend mehr Endgeräte für Videos verschmelzen Bereiche wie Video und TV immer mehr und bringen neue Formate zum Vorschein. Medienberichten zufolge arbeitet Google beispielsweise an der Messung der Videoqualität, wie der Zuschauer sie sieht. Und auch der Medienriese Apple will mit einem geplanten Apple-Fernseher, der vermutlich mit der Spracherkennung *Siri* gesteuert werden können soll, den Markt revolutionieren.

Interaktivität rückt zunehmend in den Mittelpunkt. Das Internet profitiert im Vergleich zum TV von informationssuchenden Nutzern. Online-Werbevideos erreichen, wie Studien belegen, mindestens ebenbürtige Ergebnisse. Die Möglichkeit, zu interagieren, und genaue Mess- und Auswertungsmöglichkeiten sind nur einige Gründe, die für das Videomarketing sprechen.

6.7 Videomarketing to go

- Videos erfreuen sich im Internet einer wachsenden Beliebtheit. Nicht zuletzt sind verbesserte Endgeräte und schnellere Internetzugänge Gründe für diesen Trend.
- Per Video haben Sie die Möglichkeit, auf multimediale Art und Weise Informationen und Stimmungen zu übermitteln, und können dies für Marketingzwecke nutzen.
- Besonders interessante, skurrile oder emotionsweckende Videoinhalte haben zudem das Potenzial der viralen Verbreitung.
- Oftmals werden zur Erstellung von Videos für das Internet spezialisierte Dienstleister herangezogen, da viele Website-Betreiber nicht die notwendigen Ressourcen oder das entsprechende Know-how mitbringen.

- Die Videoinhalte können gänzlich unterschiedlich sein, je nachdem, welches Ziel angestrebt wird. Bei der Videolänge sollten Sie jedoch darauf achten, dass Sie nicht mit zu langen Videoinhalten die Aufmerksamkeit der Zuschauer verlieren.
- Grundsätzlich können Videos auf allen Arten von Websites eingebunden werden. Darüber hinaus bieten sich Videoplattformen wie beispielsweise YouTube oder MyVideo an.
- Mit sogenannten Video-Ads haben Werbetreibende verschiedene Möglichkeiten, ihre Angebote zu bewerben. Zudem können z. B. bei YouTube sogenannte Brand-Channels angelegt werden, die Informationen zu einer bestimmten Marke zeigen.

6.8 Checkliste Videomarketing

Bietet sich Videomarketing für Ihr Unternehmen bzw. Ihr Angebot an?	
Könnte ein Image-Film Ihr Unternehmensziel und Ihre Website unterstützen?	
Haben Sie die notwendigen Ressourcen, um ein qualitativ hochwertiges Video zu erstellen, oder sollten Sie dies einem Dienstleister überlassen?	
Ist Ihr Video in einer angemessenen Länge, ohne dass die Aufmerksamkeit der Zuschauer leidet?	
Haben Sie verschiedene Videoportale in Betracht gezogen, um Ihren Film zu verbreiten?	
Haben Sie bei der Einbindung Ihres Videos in bestimmte Videoportale an wichtige Aspekte der Suchmaschinenoptimierung gedacht?	
Nutzen Sie entsprechende Bewegtbildwerbung, sprich Video-Ads?	
Haben Sie einen informativen YouTube-Account angelegt (Brand-Channel)?	
Messen Sie wichtige Kennzahlen Ihrer Videomarketingaktivitäten, wie beispielsweise Klickraten und View Time?	

Tabelle 6.3 Checkliste für das Videomarketing

Kapitel 7
Mobile Marketing

»Innovation distinguishes between a leader and a follower.«
– Steve Jobs

7

In diesem Kapitel lernen Sie, wie Sie Mobile Marketing für Ihre Website und Ihr Unternehmen nutzen können. Wir zeigen Ihnen die rasante Entwicklung, die Sie nicht verpassen sollten. Sie bekommen einen Einblick in die Welt der mobilen Websites und Apps, der Grundlage für das Mobile Marketing ist. Zudem erklären wir Ihnen die Möglichkeiten der mobilen Werbung und des Mobile Commerce. Das Kapitel endet mit einem Kurzüberblick »to go« und einer Checkliste.

Das Internet wird heutzutage mehr und mehr mobil genutzt – nicht zuletzt durch neue, schnelle Breitbandtechniken wie UMTS, Internet-Flatrates der Mobilfunkanbieter sowie durch neue Smartphones, wie das iPhone von Apple und neue Android-Geräte. Möchten Sie Ihre Website auch auf das Handy bringen oder Kunden über mobile Anwendungen gewinnen? Wir werden Ihnen hier einen Einblick in das neue und sehr dynamische Umfeld des Mobile Marketings liefern. Mobile Marketing beschreibt dabei die gesamte Liste an Maßnahmen, wie Sie Ihr Angebot über mobile Endgeräte bekannter machen können. Dies kann durch die Entwicklung einer mobilfähigen Website oder einer mobilen Anwendung (kurz *App*) erfolgen, aber auch über mobile Anzeigenschaltung geschehen. Wir werden uns als Erstes das Wachstum der letzten Jahre anschauen, um dann darauf einzugehen, wie Sie das mobile Internet auch für Ihr Angebot optimal nutzen können.

7.1 Einstieg ins Mobile Marketing

Schauen wir also als Erstes auf die mobilen Nutzungszahlen, damit Sie die Relevanz von Mobile Marketing für Ihr Unternehmen besser einschätzen können. Der Mobilfunkmarkt unterliegt schnellen technischen Entwicklungen. Sicher wissen Sie selbst, wenn Sie ein Handy kaufen, dass dies bereits nach einem Jahr veraltet ist. Die Technikinnovation treibt diesen Markt an. Inzwischen gibt es mit über 100 Mio. Anschlüssen eine Sättigung an Mobilfunkverträgen in Deutschland, sodass rechnerisch jede Person mehr als ein Handy hat. Wegen der technischen Neuheiten werden aber immer wieder neue Handys angeschafft. Insbesondere das iPhone von Apple (siehe

Abbildung 7.1) hat die Entwicklung von mobilen Websites und Mobile Marketing angestoßen und wird inzwischen auch von den Smartphones mit Android-Betriebssystem, wie z. B. dem Samsung Galaxy S2/S3 (Abbildung 7.1), weiter vorangetrieben.

Abbildung 7.1 Apple iPhone und Samsung Galaxy S2 mit mobilen Anwendungen

Das Mobile Marketing wächst daher stark mit der Anzahl verkaufter Endgeräte, die die mobile Internetnutzung möglich machen. Dafür eignen sich besonders die neuen Smartphones mit großen Displays, die inzwischen überwiegend mit Touchscreens ausgestattet sind. Damit ist die Bedienung sehr einfach geworden. Zu den Smartphones gehören z. B. das iPhone von Apple, BlackBerrys oder Handys mit mobilen Betriebssystemen, wie Android von Google oder Windows Phone von Microsoft. 2011 wurden in Deutschland bereits 14,5 Mio. Smartphones verkauft, die damit einen großen Teil des gesamten Handy-Markts abdecken (siehe Abbildung 7.2). Für 2012 wird der Absatz sogar auf 18 Mio. geschätzt. Damit setzt sich der Siegeszug der Smartphones durch, und es kann von einer hohen Verbreitung in der Bevölkerung ausgegangen werden.

Definition »Smartphones«

Als Smartphones werden mobile Endgeräte bezeichnet, die über die Funktionalität eines normalen Handys hinausgehen. Durch die leistungsfähigeren und programmierbaren Smartphones können komplexere Anwendungen installiert werden, z. B. interaktive Spiele oder Internetbrowser zum mobilen Surfen. In letzter Zeit ging der Trend bei Smartphones hin zu immer größeren Displays, höherer Speicherfähigkeit und zu Touchscreens. Das Marktforschungsinstitut ComScore ermittelte für Dezember 2011, dass 37 % aller Mobilfunkgeräte Smartphones sind. In anderen europäischen Ländern wie Spanien und Großbritannien liegt ihr Anteil sogar schon bei 50 %. Neben den Smartphones gibt es noch die sogenannten *Feature-Phones*, die einen geringeren Leistungsumfang und ein kleineres Display haben und nur über einen abgespeckten mobilen Internetbrowser verfügen.

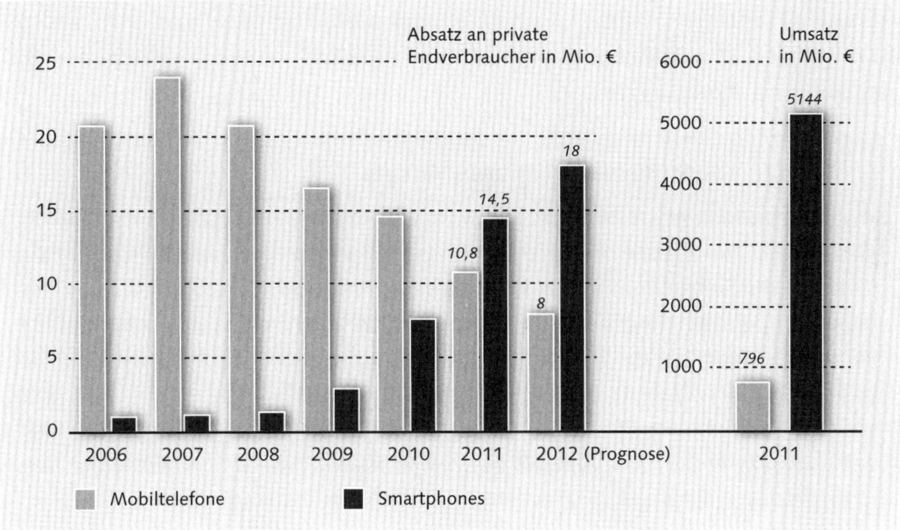

Abbildung 7.2 Smartphone-Verkaufszahlen in den Jahren 2006 bis 2012

Beim Mobile Marketing sollten Sie auch immer ein Auge auf die Verbreitung der einzelnen Handy-Fabrikate haben. Hier ist der Markt so schnell in Bewegung, dass man die Zahlen eigentlich jedes Vierteljahr aktualisieren muss. Schauen wir auf die Studie der Allensbach-Instituts, die 2011 veröffentlich wurde, so nutzen die meisten Personen Handys von Nokia (34 %), gefolgt von Samsung (16 %), Sony Ericsson (13 %), Motorola (8 %) und Apple (6 %). Besonders Apple und Samsung können dabei mit ihren beliebten Smartphones ein starkes Wachstum vorweisen und liefern damit einen großen Beitrag zur Entwicklung des Mobile Marketings.

Nach der Untersuchung des Branchenverbands BITKOM nutzen in Deutschland bereits 26 Mio. Menschen mobiles Internet. Das entspricht einem Anteil von 37 % der Bevölkerung über 14 Jahren. Auch die IVW (Informationsgemeinschaft zur Feststellung der Verbreitung von Werbeträgern e. V.) weist seit 2011 Zahlen zum Website-Besucheraufkommen über mobile Endgeräte aus. Damit können dann verlässliche Aussagen über die Nutzung der verschiedenen mobilen Angebote getroffen werden, und Anzeigenkunden können ihre Budgets besser für mobile Anzeigenschaltung planen. Einer der größten mobilen Anzeigenverkäufer – Gruner und Jahr – hat eine Reichweite der vermarkteten mobilen Webseiten von 6,3 Mio. Nutzern. Darunter fallen z. B. die mobilen Websites des Spiegel, n-tv und von Vodafone.

Seit Herbst 2010 analysiert auch die Arbeitsgemeinschaft Online-Forschung (AGOF) mobile Angebote. Innerhalb der »mobile facts«-Studie (*www.agof.de/index.1022.de.html*) wurde ermittelt, dass in Deutschland 17 Mio. Menschen mindestens einmal im Monat mobile Webseiten aufrufen. Im Gegensatz zur inzwischen gleichmäßigen Geschlechterverteilung im Web ist die mobile Internetwelt noch männerdominiert. Laut AGOF-Angaben sind 60 % der mobilen Nutzer männlich und nur 40 % weiblich. Dieses Verhältnis wird sich vermutlich aber genau wie in der übrigen Internetnutzung angleichen.

Studien zur mobilen Entwicklung des Internets

Wollen Sie noch weitere Einblicke in die Entwicklungen zum Thema Mobile haben, dann empfehlen wir Ihnen hier zwei nützliche Websites. Die Studie »Our Mobile Planet« von Google unter *www.ourmobileplanet.com/de/* zeigt interaktiv die mobile Internetnutzung für verschiedene Länder. Hier lassen sich Smartphone-Kennzahlen über Länder, Zeiträume und Nutzungsgewohnheiten hinweg vergleichen. Unter der Website »Mobile Life« (*discovermobilelife.com*) vom Marktforschungsunternehmen TNS können Sie ebenfalls interaktiv analysieren, wie und wann Mobiltelefone z. B. zum E-Mailen, Social Networking oder zum Internet-Surfen genutzt werden. Auch hier können Sie einzelne Länder vergleichen.

Nachdem Sie die beeindruckenden, stark wachsenden Zahlen gesehen haben, möchten Sie wahrscheinlich auch mit Ihrem Angebot mobil erreichbar sein. Prinzipiell haben Sie dafür zwei Möglichkeiten: Sie können Ihren Nutzern Ihre Website entweder als mobile Version anbieten oder sich für eine eigens programmierte mobile Anwendung entscheiden. Die mobilen Apps können interaktiver und funktioneller gestaltet sein, bedeuten aber auch größeren Aufwand bei der Entwicklung. Apps ähneln eher Programmen, die Sie auf Ihrem Computer installieren. Der Vorteil von Anwendungen ist, dass sie auf die Möglichkeiten eines Smartphones besser eingehen können, wie z. B. den Zugriff auf die Handy-Kamera, das Adressbuch oder GPS-Koordinaten. Über mobile App-Stores können zudem viele Nutzer direkt erreicht werden. Des Weiteren sind sie ein wichtiger Vertriebsweg für kostenpflichtige Apps, da die Anwendungen direkt heruntergeladen und bezahlt werden können. Mobile Webseiten müssen dagegen nicht vollständig neu programmiert werden. Sie können hier auf die Erfahrungen aus Ihrer bestehenden Website zurückgreifen. Trotzdem muss natürlich das Layout an die kleineren Smartphone-Displays angepasst werden, und funktionale Elemente wie die Sucheingabe oder Buttons müssen mobil zu bedienen sein. Die Entwicklung einer mobilen Website ist meist schneller als die einer App und kann plattformübergreifend, das heißt einheitlich für unterschiedliche Handy-Betriebssysteme, vorgenommen werden. Schauen Sie sich also verschiedene Angebote an, um einen Marktüberblick zu bekommen, und stellen Sie fest, was von Ihren Nutzern und Kunden gewünscht wird.

7.2 Mobile Websites

Mobile Websites werden genutzt, um Inhalte auch auf Mobiltelefonen und Smartphones zugänglich zu machen. Durch farbige und immer größere Displays eignen sich die Geräte inzwischen, um Inhalte, die Sie auch über normale Websites aufrufen, anwenderfreundlich darzustellen. Multitouch-Displays ermöglichen das Zoomen des Bildschirms, sodass einzelne Bereiche vergrößert dargestellt werden können.

Häufig aufgerufene mobile Websites sind die Angebote der Mobilfunkanbieter Vodafone und O2. Zu den beliebtesten mobilen Adressen gehören außerdem wetter.com, Spiegel mobil, BILDmobil und GMX bzw. web.de. Die Nutzerzahlen liegen hier bei über 1 Mio. Personen pro Monat. Vodafone bringt es sogar über seine Mobilfunkkundschaft auf über 2,6 Mio. Nutzer monatlich. In der Auswertung der AGOF-Studie *mobile facts* werden die Top 15 der »mobile-enabled« Websites angegeben, also die beliebtesten mobilfähigen Websites (siehe Abbildung 7.3). Allerdings werden nicht alle Websites von der AGOF erfasst. So können Sie sich sicher vorstellen, dass z. B. auch Amazon, Google oder Wikipedia hohe mobile Nutzerzahlen erzielen.

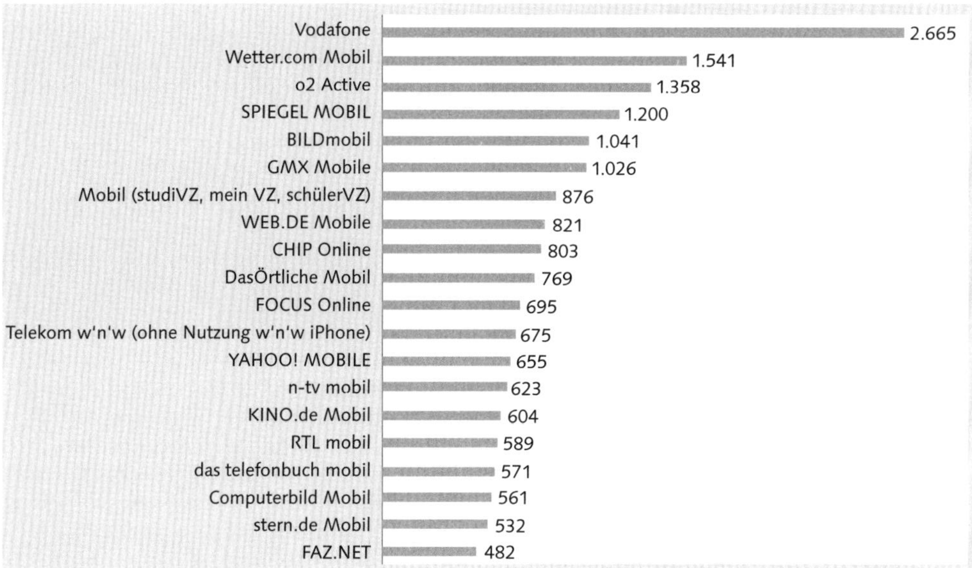

Abbildung 7.3 Häufig genutzte mobile Websites nach AGOF (in tausend Unique Mobile Usern)

Wenn Sie mit Ihrer Website für Ihre Interessenten und Kunden auch mobil erreichbar sein möchten, sollten Sie sich mit der Konzeption einer mobilen Website beschäftigen. Da die meisten mobilen Endgeräte, wie z. B. Smartphones, relativ kleine Displays haben, sollte ein angepasstes Layout gestaltet werden. Das ist einfach nachzuvollziehen, wenn Sie einen Blick auf Ihren Monitor und dann auf Ihr Handy-Display werfen. Sie müssen also Ihre Informationen verdichten und das Layout reduzieren. Durch das Aufkommen neuer, leistungsfähiger Handys und Smartphones wird in der mobilen Website-Entwicklung auf HTML5 gesetzt. Damit können komplexe mobile Websites erstellt werden. Achten Sie bei der Programmierung einer mobilen Website darauf, dass eine Erkennung des Endgeräts integriert ist. Somit können Sie für verschiedene Handys angepasste Versionen bereitstellen. Das Endgerät und den mobilen Browser können Sie am sogenannten *User-Agent* erkennen, der beim Aufruf einer Website übermittelt wird. Das iPhone 4 gibt sich beispielsweise über folgenden User-Agent zu erkennen:

```
Mozilla/5.0 (iPhone; U; CPU iPhone OS 4_0 like Mac OS X; en-us) AppleWebKit/
532.9 (KHTML, like Gecko) Version/4.0.5 Mobile/8A293 Safari/6531.22.7
```

Damit können Sie identifizieren, dass ein iPhone-Nutzer Ihre Seite aufruft, und können ihm die entsprechend angepasste Version der Website für sein Handy-Modell zur Verfügung stellen.

Abbildung 7.4 Mobile Website von bild.de

Zudem können Sie auch die Display-Auflösung abfragen und die mobile Website entsprechend gestalten. Mit sogenannten Smartphone-Emulatoren können Sie mobile Websites auf verschiedenen Handy-Modellen und mobilen Betriebssystemen testen, ohne alle Handy-Typen anschaffen zu müssen. Ein solcher Emulator ist z. B. MobileRunner (*www.mobilerunner.net*). Mit der kostenpflichtigen Version können Sie verschiedene mobile Websites auf diversen Handys anzeigen lassen und überprüfen. Einen iPhone-Emulator finden Sie unter *iphonetester.com*. Möchten Sie sich mobile Webseiten auf einem Computer ansehen, können Sie den Internetbrowser Firefox um die Erweiterung *User Agent Switcher* (*addons.mozilla.org/de/firefox/addon/user-agent-switcher/*) ergänzen. Damit haben Sie die Möglichkeit, der Website vorzugeben, dass Sie z. B. mit einem iPhone die Seite aufrufen. Korrekt programmierte Webseiten liefern Ihnen dann die mobile Website aus, und Sie können die für die mobile Darstellung optimierte Seite sehen, ohne das iPhone selbst zu nutzen.

Abbildung 7.5 Vorschau der Google-Website auf einem SonyEricsson-Handy

Werfen Sie außerdem einen Blick in Ihre Web-Analytics-Daten, die wir in Kapitel 18, »Web-Analytics – Websites unter die Lupe nehmen«, näher beschreiben. Hier werden meist auch mobile Endgeräte oder Browserversionen ermittelt, woran Sie erkennen können, wie viele Nutzer Ihre Website bereits mit Mobiltelefonen nutzen. Diese Nutzer können Sie optimaler bedienen, indem Sie für diese Personen Ihre Website in passender Form aufbereiten und ausliefern (siehe Abbildung 7.6).

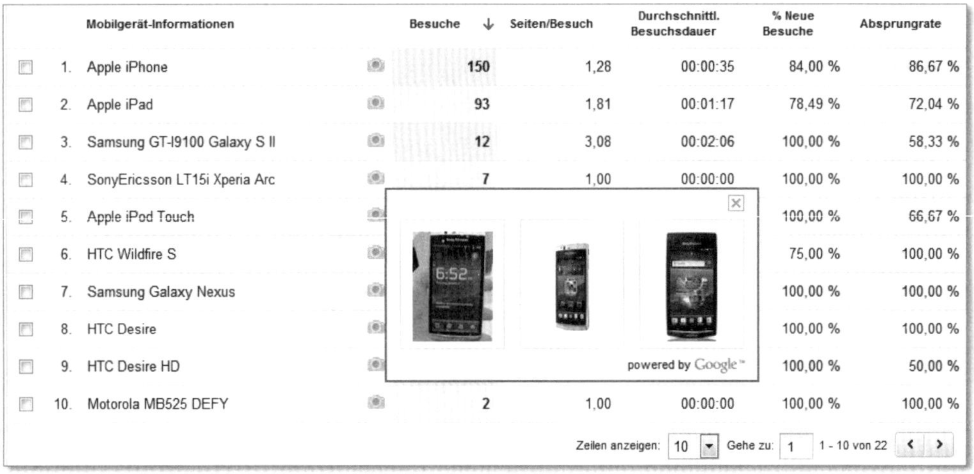

	Mobilgerät-Informationen	Besuche ↓	Seiten/Besuch	Durchschnittl. Besuchsdauer	% Neue Besuche	Absprungrate
1.	Apple iPhone	150	1,28	00:00:35	84,00 %	86,67 %
2.	Apple iPad	93	1,81	00:01:17	78,49 %	72,04 %
3.	Samsung GT-I9100 Galaxy S II	12	3,08	00:02:06	100,00 %	58,33 %
4.	SonyEricsson LT15i Xperia Arc	7	1,00	00:00:00	100,00 %	100,00 %
5.	Apple iPod Touch				100,00 %	66,67 %
6.	HTC Wildfire S				75,00 %	100,00 %
7.	Samsung Galaxy Nexus				100,00 %	100,00 %
8.	HTC Desire				100,00 %	100,00 %
9.	HTC Desire HD				100,00 %	50,00 %
10.	Motorola MB525 DEFY	2	1,00	00:00:00	100,00 %	100,00 %

Abbildung 7.6 Mobilgerätenutzung einer Website (in Google Analytics)

Seit Kurzem gibt es mit *.mobi* auch eine extra Domain-Endung für mobile Webseiten. Damit weisen Sie explizit darauf hin, dass es sich um eine handyfähige Version Ihrer Website handelt. Es ist aber technisch nicht erforderlich, dass Sie sich eine solche Domain einrichten. Eine mobile Website funktioniert auch mit anderen Domain-Endungen.

7.3 Mobile Apps

Mobile Apps haben sich insbesondere seit der verstärkten Nutzung des iPhones von Apple durchgesetzt. Apps sind mobile Anwendungen, die unkompliziert und schnell heruntergeladen werden können. Die Anwendungen werden in sogenannten App-Stores angeboten, wo man eine Übersicht aller verfügbaren Anwendungen bekommt. Die Apps stehen teilweise kostenlos und zum Teil kostenpflichtig zur Verfügung. Kostenpflichtig sind z. B. aufwendige Spiele oder komplexe Software. Im App-Store von Apple (siehe Abbildung 7.7) gibt es inzwischen über 500.000 mobile Anwendungen – von Spielen über Navigationssoftware bis hin zu interaktiven Nachrichtenmagazinen. Im Google Play Store (*play.google.com*) für Android-Smartphones wurden inzwischen über 600.000 Anwendungen hochgeladen.

Abbildung 7.7 Apples App-Store auf dem iPhone

Flurry, ein Anbieter für mobile Analysesysteme, hat ermittelt, dass Nutzer viele Anwendungen einmalig installieren und nur zwischen fünf bis zehn Apps regelmäßig genutzt werden. Wenn Sie also eine App entwickeln, sollte diese beim ersten Ausprobieren so viel Aufmerksamkeit erzeugen, dass die Nutzer die Anwendung gerne wieder aufrufen. Hierbei kommt Ihnen zugute, dass mit den neuen Smartphones und Tablet-PCs wie dem iPad Geräte zur Verfügung stehen, die eine hohe Interaktivität ermöglichen. Durch hochauflösende Touchscreens, Standortbestimmung via GPS oder digitale Kameras ergeben sich viele Möglichkeiten, um interaktive Apps zu entwickeln und Nutzer zu begeistern. Gute Beispiele sind hierbei mitreißende Spiele, multimediale Kochbücher oder virtuelle Shopping-Welten.

Aber nicht nur Apple bietet mobile Anwendungen an. So gibt es Apps auch für mobile Endgeräte anderer Firmen und Betriebssysteme. Als wichtige Systeme gelten hier Google Android, Microsoft und BlackBerry. Die Apps für diese Betriebssysteme müssen alle gesondert programmiert werden. Hier hat sich kein Standard (wie z. B. HTML, CSS und JavaScript im Word Wide Web) entwickelt. Daher sollten Sie immer individuell auf Ihre Kundschaft schauen und den Mobilfunkmarkt im Auge haben. Möchten Sie z. B. eine App für geschäftliche Anwendungen entwickeln, so sollten Sie diese eventuell auch für das BlackBerry-System anbieten, da diese Smartphones in der Geschäftswelt häufiger vorkommen. Möchten Sie dagegen multimediale Anwendungen anbieten, reicht eventuell die Konzentration auf das iPhone und gängige Android-Smartphones wie das Samsung Galaxy S2/S3.

Die aktuell beliebtesten Apps für das iPhone und Android sehen Sie über die App-Store-Downloadcharts und Nutzerbewertungen. Erste verlässliche Nutzerzahlen erhebt die AGOF in ihrer *mobile facts*-Studie. Hierbei werden aber nur an der Studie teilnehmende Apps gemessen. Da die Teilnahme kostenpflichtig ist und die unabhängige Analyse nicht für alle Anbieter erforderlich ist, sind nicht alle großen Apps in der Statistik vertreten. Sie bekommen aber einen guten Eindruck davon, welche mobilen Anwendungen häufig genutzt werden, und können über die absoluten Nutzerzahlen (Unique Mobile User) erkennen, welche Masse an Nutzern aktuell erreicht werden kann. So liegt z. B. die iPhone-App von TV Spielfilm bei über 900.000 Nutzern pro Monat, was für eine hohe Bekanntheit und Beliebtheit der Anwendung spricht (siehe Abbildung 7.8). Hier wird das hohe Potenzial von Mobile Marketing deutlich.

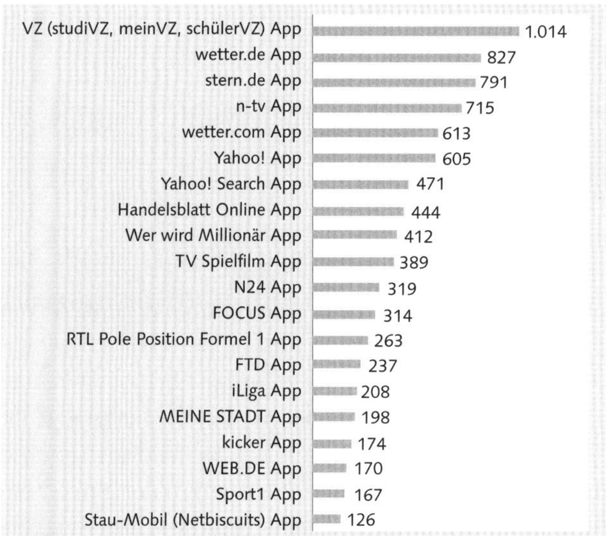

Abbildung 7.8 Häufig genutzte Apps nach AGOF (in tausend Unique Mobile Usern)

Die Entwicklung von mobilen Apps kann viel Zeit und Budget in Anspruch nehmen. Die Kosten für die Erstellung einer App sind daher – wie bei einer normalen Website – sehr individuell und abhängig davon, wie komplex die Anwendung gestaltet ist. Für eine App müssen Sie ein neues Produktdesign erstellen, das heißt, von der Konzeption bis zur Gestaltung und Programmierung muss alles neu entwickelt werden. Bei der App-Erstellung können Sie auf spezialisierte Dienstleister zurückgreifen.

Zur kontinuierlichen Weiterentwicklung der mobilen Anwendung sollten Sie zudem eigene Mitarbeiter einstellen oder anfangen, selbst zu programmieren. Zur iPhone-Entwicklung finden Sie inzwischen gute Bücher und Internetressourcen, wie z. B. *mobile360.de*. Eine gute Anlaufstelle sind auch die Webseiten der mobilen Betriebssysteme. Auf *developer.android.com* finden Sie Tutorials, Entwicklungsumgebungen und Beispiel-Apps für Android. Für Apples iOS ist *developer.apple.com/*

devcenter/ios/ die zentrale Anlaufstelle. Hier ist allerdings eine kostenpflichtige Registrierung notwendig.

Abbildung 7.9 iPhone-App der TV Spielfilm

7.4 Mobile Marketing im Einsatz

Außerhalb der mobilen Websites und Apps können Sie Mobile Marketing auch in weiteren Formen anwenden. Denken Sie z. B. als lokal ansässiges Unternehmen an die Werbeschaltung auf mobilen Endgeräten. Wenn Sie z. B. ein Restaurant in Hamburg betreiben, ist es sinnvoll, lokale Werbung zu schalten, die nur im Großraum Hamburg ausgeliefert wird. Mit mobiler Werbung können Sie Besucher auf Ihre Website leiten, auf eine mobile App verweisen oder durch die Telefonfunktion einen Anruf vermitteln, z. B. für eine Hotelbuchung.

7.4.1 Mobile Advertising – Anzeigenschaltung auf Mobiltelefonen und Tablets

Die Ausgaben im mobilen Marketing verzeichnen momentan die stärksten Wachstumsraten im digitalen Marketing. Experten wie Forrester Research und PricewaterhouseCoopers gehen von einem jährlichen Anstieg der Ausgaben von 30 bis 38 % aus. Mobile Online-Werbung können Sie über verschiedene Anbieter erstellen. So bietet Google mit dem Werbeprogramm AdWords auch mobile Anzeigenschaltung an. In Abbildung 7.10 können Sie sehen, wie Sie z. B. eine Google-AdWords-Kampagne nur auf Smartphones ausrichten. In den Kampagneneinstellungen wählen Sie unter

GERÄTE einfach MOBILTELEFONE MIT VOLLWERTIGEM INTERNETBROWSER aus und können zudem noch auf bestimmte Gerätemarken und Typen, wie iPhone oder Galaxy Nexus, einschränken. An dieser Stelle ist es außerdem möglich, auch die neuen Tablet-Computer (z. B. das Apple iPad) mit einer Kampagne direkt anzuvisieren. Wie Sie diese Kampagnen aufsetzen können, erklären wir ausführlich in Kapitel 11, »Suchmaschinenwerbung (SEA)«. Durch die Übernahme von AdMob (*www.admob.com*) durch Google im Mai 2010 steht ein weiteres mobiles Anzeigenprogramm des Suchmaschinenanbieters zur Verfügung. Während mit AdWords die bekannten Anzeigen in der mobilen Google-Suche ausgesteuert werden, können mit AdMob mobile Bannerkampagnen, z. B. in Nachrichtenseiten oder Handy-Spielen geschaltet werden (Abbildung 7.11). Informationen zu beiden Programmen finden Sie unter *www.google.de/ads/mobile/* und im offiziellen Blog *googlemobileads.blogspot.de*.

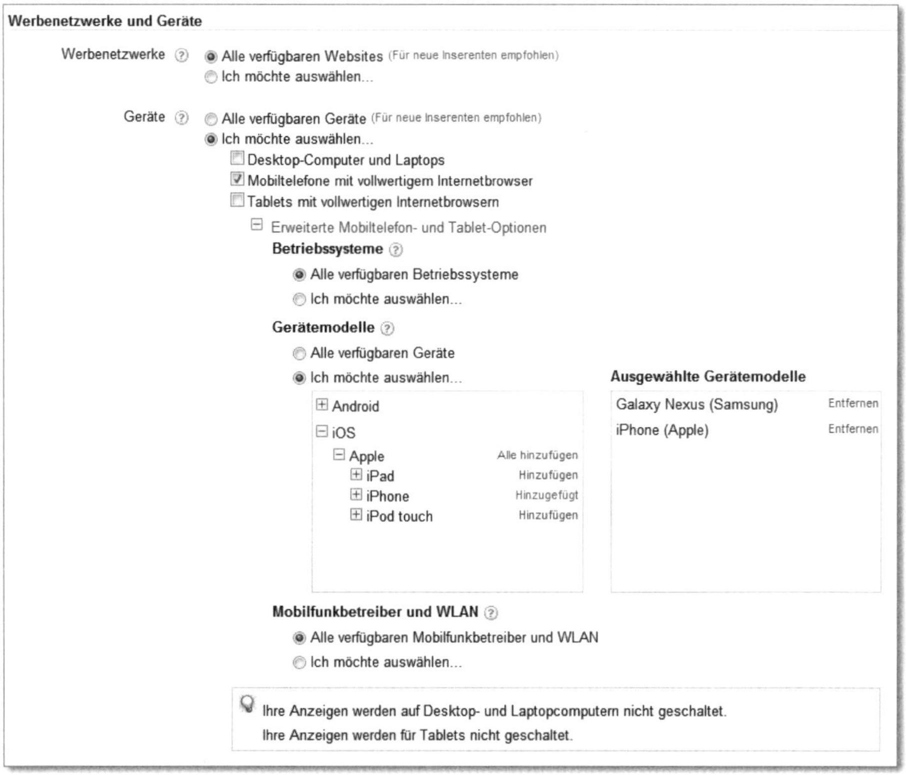

Abbildung 7.10 Targeting von Smartphones in einer Google-AdWords-Kampagne

Über große Vermarkter können ebenso mobile Kampagnen geschaltet werden, z. B. bei Gruner und Jahr (*ems.guj.de/mobile*). Bannerkampagnen werden mobil in der Regel nach dem TKP-Verfahren abgerechnet. Pro tausend Einblendungen zahlen Sie auf den bekannteren mobilen Webseiten Listenpreise von 30 bis 60 €. Die einzelnen

Tarife können Sie über die Website der AGOF (*mobilefacts.agof.de*) einsehen, die neben der Reichweitenmessung von Websites inzwischen auch mobile Angebote erfasst und damit die Kampagnenplanung vereinfacht.

Abbildung 7.11 Mobile Werbekampagnen auf N24-Website und -App

Möchten Sie mehr über die mobile Anzeigenschaltung erfahren, empfehlen wir Ihnen die Seite der Mobile Marketing Association (*mmaglobal.com*). Dort stehen Ihnen vielfältige Informationen zur Verfügung, wie z. B. Standards für mobile Bannerformate oder Fallstudien interessanter Mobile-Marketingkampagnen. Zusätzlich zur Werbung auf redaktionellen Portalen steht das sogenannte *In-Game Advertising* im mobilen Werbemarkt zur Verfügung. Wegen der häufigen Nutzung von Spielen auf mobilen Geräten werden diese gern als Werbefläche genutzt. Visieren Sie also eine eher jüngere gaming-affine Zielgruppe an, sollten Sie auch in Mobile-Games Werbung schalten. Schauen Sie sich z. B. die Download-Charts in den verschiedenen App-Stores an, so erkennt man schnell, dass hier vor allem viele kurzweilige Unterhaltungsspiele heruntergeladen werden. Umgekehrt können Sie als Spieleanbieter natürlich auch Werbung auf mobilen Portalen schalten, um Besucher auf Ihre Gaming-App zu holen. Da Handys auch zur Überbrückung von Pausenzeiten und zur schnellen Unterhaltung z. B. auf Bahnfahrten genutzt werden, eignet sich hier Werbung für mobile Spiele sehr gut.

Ein weiteres wichtiges Thema für das Mobile Marketing sind lokale Werbeanzeigen (*Local Ads*). Als Werbetreibender haben Sie damit die Möglichkeit, ganz zielgerichtet nur die Personen anzusprechen, die in Ihrer Nähe leben. Insbesondere für regionale Anbieter ist dies wichtig, damit Streuverluste reduziert werden können. Handys können über GPS ermitteln, wo Sie sich aufhalten, und diese Daten an Websites und Werbetreibende übermitteln. Natürlich sind hierbei immer Datenschutzgesichtspunkte zu berücksichtigen, da nicht jeder berechtigt ist, zu wissen, wo Sie sich gerade befinden. Google AdWords bietet z. B. die regionale Aussteuerung von Anzeigen an. Über Google Places können Sie sich einen lokalen Eintrag sichern, sodass Sie bei regionalen Suchen gefunden werden. Auf die lokale Suche gehen wir in Abschnitt 7.4.3, »Mobile und lokale Suche«, noch näher ein.

7.4.2 Mobile Commerce – mobiles Online-Shopping

Mobile Marketing kann auch innerhalb von Kaufprozessen eingesetzt werden. Dieses mobile Online-Shopping wird auch als *Mobile Commerce* (oder auch M-Commerce) bezeichnet. Beispielanwendungen können z. B. Auktionen sein, bei denen Sie unterwegs mitbieten, weil Sie gerade nicht zu Hause sind und das Auktionsende bald abläuft (Abbildung 7.12). Oder Sie möchten mit dem Handy Preise vergleichen, wenn Sie gerade auf Shoppingtour sind. Bankgeschäfte sind ein weiteres Beispiel für Mobile Commerce.

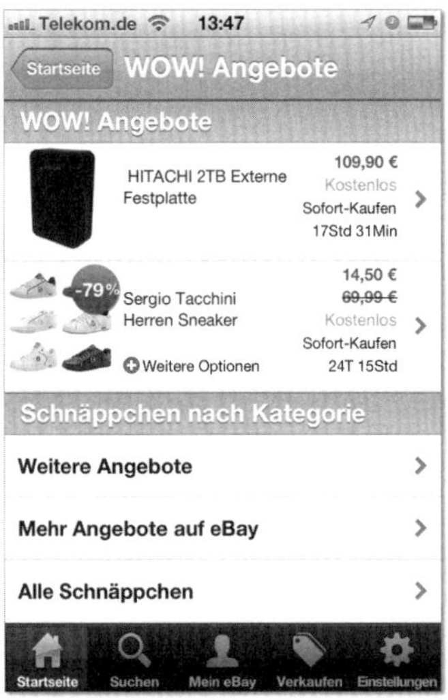

Abbildung 7.12 eBay iPhone App

Der Versandhändler OTTO ist ebenfalls in den Mobile Commerce eingestiegen und bietet seine Website als mobile Version an. Besuchen Sie die Adresse *m.otto.de*, sehen Sie die kompakte mobile Website mit Suchfunktion und aktuellen Angeboten (Abbildung 7.13).

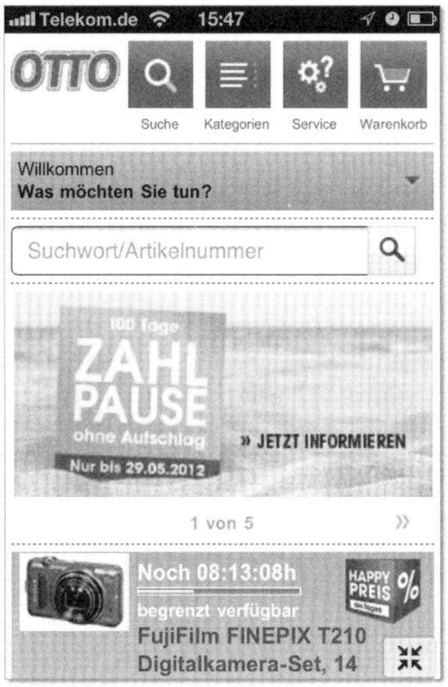

Abbildung 7.13 Mobile Shopping-Website von otto.de

Mobile Commerce können Sie auch über kostenpflichtige mobile Apps betreiben (Abbildung 7.14). Sie können z. B. Ihre Navigationssoftware als App verkaufen oder Online-Spiele gegen Bezahlung anbieten. Die App-Stores übernehmen den kompletten Vertrieb und die Zahlungsabwicklung. Allerdings wird dafür auch eine Provision vom Anbieter verlangt.

Abbildung 7.14 Kostenpflichtige Apps im Google Play Store

7.4.3 Mobile und lokale Suche

Durch die Standortbestimmung mittels GPS (*Global Positioning System*) können Mobiltelefone feststellen, wo Sie sich gerade aufhalten. Dies können sich mobile Websites und Anwendungen zunutze machen und lokal passende Inhalte anbieten. Wegen dieser Standortunabhängigkeit der Handys ist das Thema Mobile Marketing vor allem für die lokale Suche von großem Interesse. Die mobile Suche hat Google bereits im Juni 2005 in Deutschland veröffentlicht. Große Sprünge macht die mobile Suche aber erst, seitdem die Handys auch den Standort übermitteln können und damit lokalisierbar sind. Facebook entwickelt mit Places ebenfalls lokale Anwendungen (*www.facebook.com/places/*). Hier können Personen mitteilen, wo sie sich gerade aufhalten, und spezielle Vergünstigungen von lokalen Anbietern bekommen. Mehr zu Facebook und den Werbemöglichkeiten lesen Sie in Kapitel 4, »Social Media Marketing«.

Stellen Sie sich vor, Sie suchen in einer fremden Stadt ein nahe gelegenes Restaurant. Dann ist es wahrscheinlich, dass Sie in Ihrem Handy nach »Restaurant« suchen. Wenn Sie Google als Suchmaschine nutzen, wird automatisch Ihr Standort abgefragt, und Sie bekommen passende, lokale Ergebnisse angezeigt. In Abbildung 7.15 wird z. B. der Standort Berlin, Stadtteil Prenzlauer Berg, gewählt, weil das Handy genau dort geortet wird. Über Google Places bekommen Sie nun verschiedene Lokalitäten angezeigt, die in Ihrer Umgebung liegen.

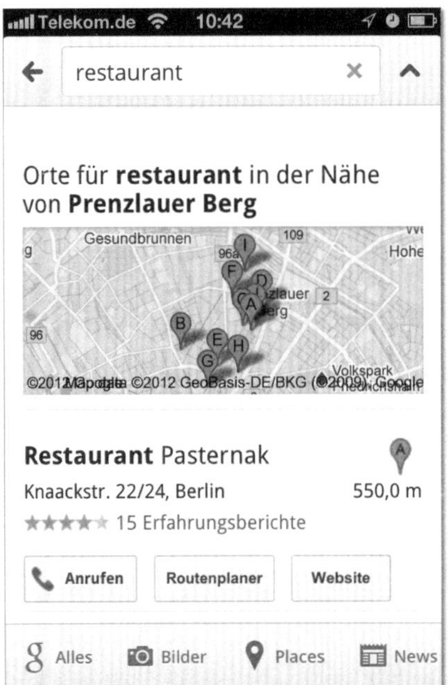

Abbildung 7.15 Mobile und lokale Google-Suche mit der Google-iPhone-App

Stationäre Anbieter, wie z. B. Restaurants, Hotels oder Supermärkte, sollten daher einen guten Google-Places-Eintrag vorweisen, um lokal gefunden zu werden. Unter *www.google.de/places/* können Sie Ihr eigenes Geschäft mit Adresse und Kontaktdaten eintragen (Abbildung 7.16). Zudem können Sie Bilder, Videos und Öffnungszeiten angeben, die in Ihrem Eintrag dann erscheinen. Wie Sie diese Einträge einrichten und optimieren, beschreiben wir in Kapitel 12, »Suchmaschinenoptimierung (SEO)«.

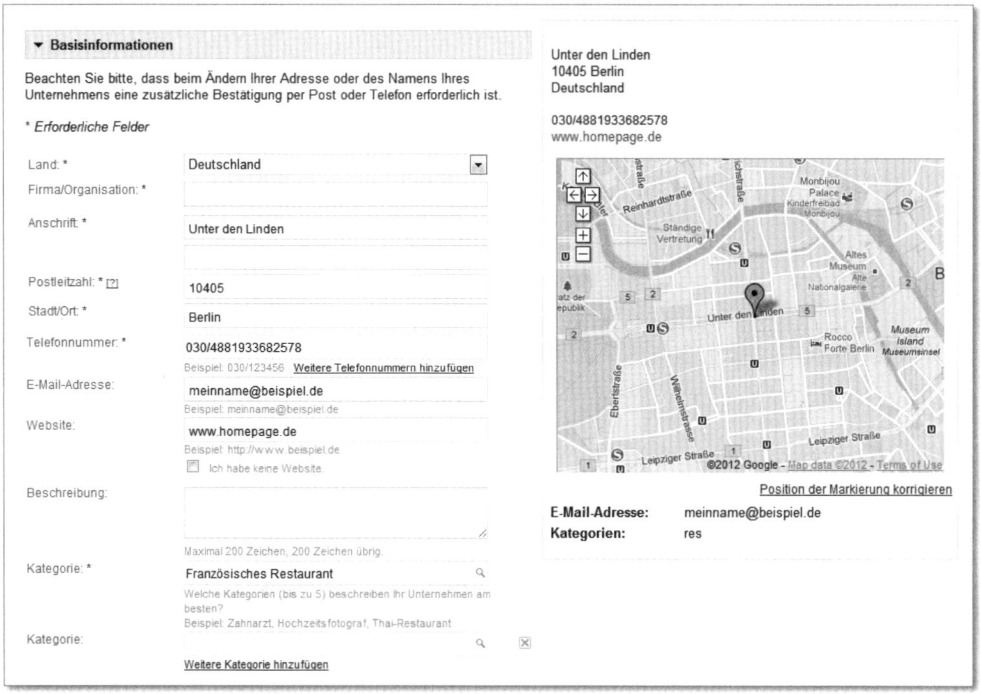

Abbildung 7.16 Hinzufügen eines Google-Places-Eintrags

Durch die neuen mobilen Suchmöglichkeiten sind Apps entstanden, die standortbezogen auf lokale Angebote hinweisen. Ein Beispiel für eine lokale Anwendung ist kaufDA (*www.kaufda.de*). Mit der mobilen Anwendung können Angebote lokaler Geschäfte in der Umgebung eingesehen werden (Abbildung 7.17). So können z. B. Prospekte nahe gelegener Händler direkt für suchende Personen angezeigt werden.

Lokale Anwendungen sind z. B. auch denkbar für »Freundefinder«, um zu schauen, wer sich in der Nähe aufhält und sich spontan auf einen Kaffee treffen möchte. Oder Sie erhalten passende Wohnungsangebote, wenn Sie in einer ansprechenden Gegend sind. Wie Sie sehen, sind durch die neuen Handy-Funktionen viele interaktive Anwendungsmöglichkeiten vorstellbar.

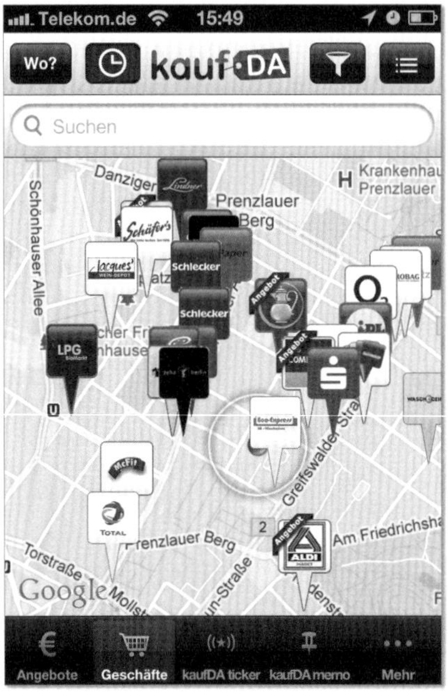

Abbildung 7.17 Lokale iPhone-App von kaufDA

7.4.4 Mobile Analytics – Messen und Analysieren des mobilen Internets

Ebenso wie bei normalen Websites ist im Mobile Marketing das Messen und Analysieren von großer Bedeutung. Ohne Zahlen werden Sie den Erfolg oder Misserfolg Ihrer mobilen Aktivitäten nicht ausreichend beurteilen können. In Kapitel 18, »Web-Analytics – Websites unter die Lupe nehmen«, gehen wir auf das Thema vertieft ein und erklären, was beim Analysieren von Websites zu beachten ist. Viele Punkte davon treffen auch auf mobile Anwendungen zu, z. B. Kennzahlen oder Analysemethoden. Auf die Besonderheiten im Bereich Mobile Analytics wollen wir im Folgenden näher eingehen.

Für mobile Websites und Apps gibt es spezielle Mobile-Analytics-Programme, die sich auf das Messen und Auswerten des mobilen Internets spezialisiert haben. Wichtige Messgrößen im Mobile Marketing sind Traffic-Quellen, das heißt, Informationen, woher Ihre mobilen Nutzer kommen, z. B. über andere Websites, Banner, Suchmaschinen oder die direkte Eingabe. Nützlich sind weiterhin Informationen darüber, welche mobilen Geräte (*Mobile Devices*) häufig genutzt werden. Damit können Sie feststellen, welche Handy-Modelle verstärkt vorkommen, und Ihre Website entsprechend testen und optimieren. Des Weiteren ist die Auswertung von mobilen Kampagnen von großer Bedeutung, damit Sie sehen können, welche Werbeaktion bei welchem Partner am besten läuft. Das Kampagnen-Tracking stellt Ihnen also

Informationen zur Verfügung, wie gut Ihre Marketingziele erreicht werden. Ein weiterer großer Bereich in Mobile Analytics ist die Auswertung des Nutzerverhaltens. Hierbei werden die Fragen geklärt, wie lange Nutzer Ihre mobile Anwendung durchschnittlich besucht haben, wie viele Seiten innerhalb eines Besuchs aufgerufen wurden und welche Aktionen auf der Website vorgenommen wurden.

Für das Analysieren mobiler Apps eignet sich z. B. die Software *Flurry* (*www.flurry.com*) . Flurry Analytics kann mit den mobilen Plattformen Apple iPhone, Google Android, BlackBerry und Java Mobile Edition zusammenarbeiten. Das Analytics-System achtet bei der Ausführung auf einem Handy auf eine sparsame Ressourcennutzung. Über die Oberfläche können Sie Nutzerzahlen und Nutzerverhalten analysieren (Abbildung 7. 18). Zudem wird die Verwendung der verschiedenen Versionen Ihrer App angezeigt und geprüft, mit welchen Geräten und Mobilfunknetzwerken auf die App zugegriffen wurde.

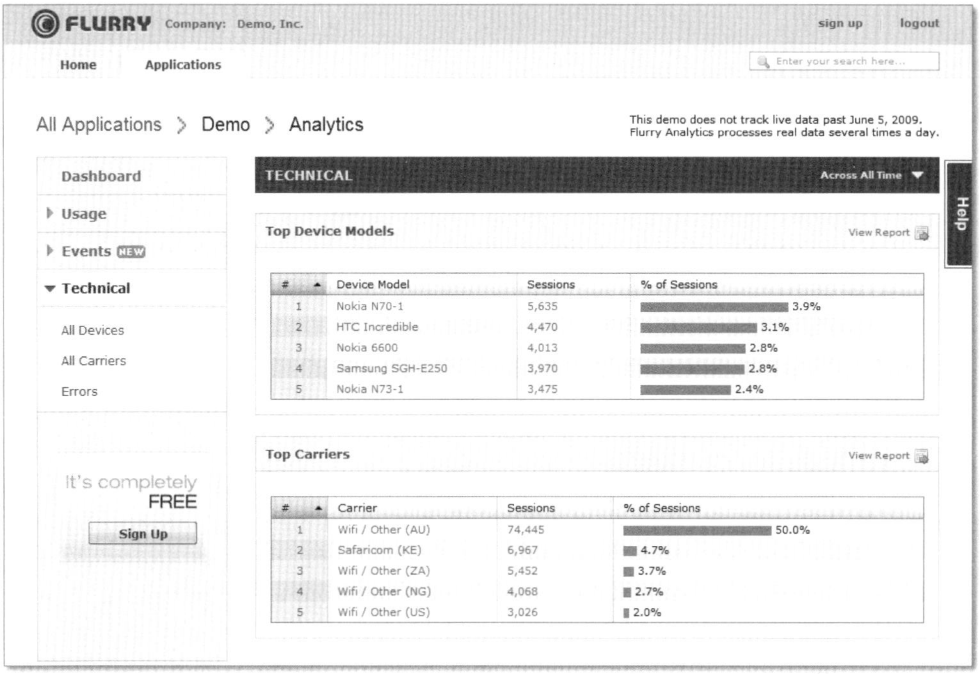

Abbildung 7.18 Flurry Analytics

Google Analytics ist ein häufig genutztes Webanalysetool und bietet inzwischen auch das Tracking mobiler Apps. Die Anleitung für die Integration in die verschiedenen Anwendungsplattformen, Apple iOS und Google Android, wird unter *developers.google.com/analytics/devguides/* näher beschrieben. Weitere Mobile-Analytics-Systeme sind PercentMobile (*percentmobile.com*) und Bango (*bango.com/mobile-analytics/*).

Der Markt der Mobile-Analytics-Anbieter ist aktuell stark in Bewegung. So gibt es viele verschiedene Systeme. Auch Firmenübernahmen sind im vollen Gange. Nokia hat den Analytics-Anbieter Motally gekauft (*www.motally.com*) und nutzt den Dienst für die eigene Software. Daher ist Motally auch nicht mehr frei verfügbar. Die großen Web-Analytics-Systeme wie Omniture, etracker oder Nedstat haben bereits mit der mobilen Webanalyse begonnen und werden sich in Zukunft verstärkt dem Mobile-Bereich widmen, um den Anschluss hier nicht zu verlieren. Besonders beim Tracking mobiler Apps muss noch viel Entwicklungsarbeit geleistet werden, da die Integration in die Anwendung noch nicht so einfach ist wie bei einer Website. Hinzu kommt, dass beim Tracking von Apps technische Ressourcen sparsam eingesetzt werden müssen, da Handys nicht so leistungsfähig wie normale Computer sind und weniger Speicherplatz zur Verfügung steht. Der Übergang von Web-Analytics zur kombinierten digitalen Analyse von Websites und mobilen Anwendungen ist im vollen Gange, dies wird z. B. deutlich in der Umbenennung der internationalen Web-Analytics Association in »Digital Analytics Association« (*www.digitalanalyticsassociation.org*). Auf deren Website finden Sie immer die neusten Entwicklungen, Veranstaltungen und Forschungsergebnisse für die Analyse von Websites und Apps.

Wie Sie in diesem Kapitel gesehen haben, steckt das Mobile Marketing mitten in einer starken Wachstumsphase. Wir empfehlen Ihnen, hier den Anschluss nicht zu verpassen. Eine mobilfähige Website gehört aufgrund der hohen Smartphone-Nutzung inzwischen fast zum Standardrepertoire einer erfolgreichen Website. Zusätzlich sollten Sie in Erwägung ziehen, inwieweit eine iPhone- oder Android-App zu Ihrem Angebot passt und von Nutzern gewünscht wird. Daher empfehlen wir Ihnen, jetzt im Mobile Marketing aktiv zu werden, falls Sie es nicht schon längst sind.

7.5 Mobile Marketing to go

- Die Internetnutzung erfolgt immer häufiger mobil durch die steigende Verbreitung von Smartphones. Schnelle Verbindungen und kostengünstige Flatrates führen hier zur starken mobilen Internetnutzung. Hinzu kommen regelmäßig neue leistungsfähigere Geräte, wie das iPhone von Apple oder verschiedene Smartphones mit dem Android Betriebssystem.
- Mobile Marketing kann über das Angebot einer mobilen Website oder über mobile Anwendungen (»Apps«) erreicht werden. Mobile Websites sind Internetseiten, die für Handys und Smartphones optimiert wurden. Mobile Apps sind spezielle Programme, die ein Anbieter erstellen lassen kann und die auf Smartphones genutzt werden können.
- Mobile Websites sollten so programmiert werden, dass sie erkennen, mit welchem Endgerät der Aufruf stattfindet. Somit können für unterschiedliche Handy-Typen und Display-Größen angepasste Versionen bereitgestellt werden.

- Mobile Apps können als Anwendung auf einem Smartphone installiert werden. Damit stehen umfangreiche Funktionen für Spiele, Navigationssoftware und interaktive Nachrichtenmagazine zur Verfügung.
- Smartphones werden mit den Betriebssystemen von Apple, Google, BlackBerry und Microsoft ausgestattet. Hier muss jeweils eine eigene App erstellt werden.
- Zum Mobile Marketing gehört auch die mobile Anzeigenschaltung (*Mobile Advertising*). Innerhalb von mobilen redaktionellen Angeboten oder in Spielen kann Werbung geschaltet werden, die zur eigenen Website oder App führt.
- *Mobile Commerce* beschreibt den mobilen Handel mit Waren. Online-Shops und Auktionsportale haben so die Möglichkeit, ihre angebotenen Produkte über Mobiltelefone zu verkaufen.
- Durch die Möglichkeit der Positionsbestimmung von Handys entstehen immer mehr lokal bezogene Angebote. So gibt es eine lokal angepasste Suchfunktion bei Google mit Suchergebnissen aus Ihrer Umgebung, und auch Facebook Places bietet Ansätze für lokales Marketing im Internet.
- Mit Mobile-Analytics-Systemen kann das mobile Nutzerverhalten gemessen und ausgewertet werden. Hierüber können Sie feststellen, mit welchen Mobilgeräten Ihr Angebot aufgerufen wird, welche Aktionen die Nutzer tätigen und wie effizient Marketingkampagnen wirken.

7.6 Checkliste Mobile Marketing

Ist Ihre Website für den mobilen Zugriff entsprechend optimiert und auf verschiedenen Endgeräten getestet worden?	
Besteht Bedarf an einer mobilen Anwendung, z. B. einer App für das iPhone?	
Haben Sie die notwendigen Ressourcen, um eine mobile App zu erstellen?	
Benötigen Sie einen Dienstleister zu Erstellung einer mobilen Anwendung?	
Möchten Sie eine kostenpflichtige App anbieten, um Software oder redaktionelle Inhalte zu vertreiben?	
Haben Sie die mobilen Werbemöglichkeiten in Betracht gezogen?	
Können Sie den Erfolg Ihrer mobilen Werbemaßnahmen entsprechend messen?	

Tabelle 7.1 Checkliste Mobile Marketing

Kapitel 8
Virales Marketing und Guerilla-Marketing im Internet

»Es gibt drei Arten von Werbung. Laute, lautere und unlautere.«
– Werner Mitsch

In diesem Kapitel erfahren Sie, wie Sie die Möglichkeiten zum Viralen Marketing selbst für Ihre Website nutzen können. Sie lernen verschiedene virale Marketingkampagnen kennen und können damit eigene Ideen entwickeln. Das spannende Guerilla-Marketing werden Sie ebenso über verschiedene Kampagnen kennenlernen und lernen, wie Sie diese Konzepte auf das Internet und für Ihre eigene Website umsetzen können. Besonders Eilige erhalten am Ende des Kapitels wie immer einen Kurzüberblick »to go«.

Virales Marketing und Guerilla-Marketing sind zwei alternative Marketingformen gegenüber klassischen Werbemaßnahmen. Virales Marketing beschreibt Kampagnen, die sich sehr schnell, ähnlich wie ein Virus verbreiten. Die Kampagnen bestehen meist aus aufmerksamkeitsstarken Internetvideos, die über E-Mail, Facebook oder Chat-Programme leicht weitergegeben werden können. Im Guerilla-Marketing werden eher unkonventionelle Kampagnen erstellt, die zumeist kostengünstig sind, trotzdem aber eine hohe Aufmerksamkeit erzeugen. Besonders das virale Marketing profitiert von den Möglichkeiten des Internets, wo Informationen leicht ausgetauscht werden und sich somit schnell verbreiten können.

8.1 Virales Marketing – Vorsicht Ansteckungsgefahr!

Lustige oder interessante Inhalte werden sehr gern im Internet getauscht. Im Web entstehen sogenannte *Netzwerkeffekte*, die dafür sorgen, dass der Wert einer Kampagne mit der Zahl der Empfänger exponentiell wächst. Eine Person kann eine Nachricht an mehrere Menschen weitergeben. Diese Empfänger können die Nachricht wiederum jeweils an mehrere Personen verbreiten. Dadurch kann eine schnelle, virale Verbreitung geschehen. Angenommen, Sie erzählen drei Personen von einem lustigen Videoclip, und diese drei Menschen leiten die Information jeweils wiederum an drei Personen weiter. So erfahren innerhalb kürzester Zeit zwölf Personen von dem Videoinhalt. Diese viralen Effekte kann man als Werbetreibender sehr gut für die eigenen Zwecke nutzen. Dabei spricht man von viralem Marketing, das auf Mundpropaganda abzielt. Dies wird auch als *Word-of-Mouth-Marketing* oder als *Empfehlungsmarketing* bezeichnet. Mit einer viralen Kampagne schaffen Sie also Inhalte, die sich über die Empfehlung anderer Personen schnell verbreiten. Im Internet werden dazu häufig kurze Videos genutzt, die durch hohen Unterhaltungswert oder kontroverse Themen eine enorme Aufmerksamkeit erzeugen.

Selbst zum Thema virales Marketing gibt es ein virales YouTube-Video, das sich schnell verbreitet hat und inzwischen über 4 Mio. Mal aufgerufen wurde. Das Video »Virales Marketing im Todesstern Stuttgart« (*www.youtube.com/watch?v=uF2djJcPO2A*) erklärt in einer synchronisierten Star-Wars-Szene in schönstem Schwäbisch: *»Von Print- oder TV-Kampagne kann hier überhaupt gar keine Rede mehr sein, wir leben ja nicht mehr im finsteren Mittelalter. Es haben sich heutzutage ganz neue Marketinginstrumente aufgetan. Virales Marketing heißt das neue Zauberwort.«*

8.1.1 Virale Marketingkampagnen

Wie können Sie dieses »neue Zauberwort« nun für sich anwenden? Grundlage für ein erfolgreiches virales Marketing ist eine kreative Kampagne. Damit Sie einen Eindruck bekommen, welche Ideen im viralen Marketing möglich sind, haben wir Ihnen einige gelungene Beispiele herausgesucht. Das Mobilfunkunternehmen T-Mobile setzt z. B. mit eigenen Videos auf YouTube verstärkt auf virales Marketing als Werbeinstrument. Unter dem Slogan »Life's for sharing« wurde ein eigener YouTube-Kanal eingerichtet, der Videos von verschiedenen Aktionen enthält (*www.youtube.com/user/lifesforsharing*). Virales Marketing passt sehr gut zu einem Mobilfunkbetreiber, da es sowohl in seinem Hauptgeschäft als auch beim viralen Marketing um das Austauschen von Informationen geht. Dabei setzt T-Mobile auf sogenannte *Flashmobs*, bei denen Menschenmassen aufeinander treffen und gemeinsam aktiv werden, z. B. durch Singen oder Tanzen. Diese Aktionen werden ausführlich vorbereitet und medial aufbereitet. Eines der bekanntesten Videos ist der T-Mobile Dance (*www.youtube.com/watch?v=VQ3d3KigPQM*) mit mehr als 34 Mio. Aufrufen (siehe Abbildung 8. 1). Dabei tanzten im Londoner Hauptbahnhof »Liverpool Street« mehrere hundert Menschen, aufgenommen von Kameras für einen T-Mobile Videospot.

Besonders innovativ zeigt sich Tipp-Ex mit einem interaktiven viralen Video, das ebenfalls mehrere Millionen Aufrufe auf YouTube erzeugte (*www.youtube.com/user/tippexperience*). Das Thema: Ein Jäger entdeckt einen Bären und soll diesen erschießen. Dann entscheidet er sich aber anders und greift zum Tipp-Ex-Roller, um die Geschichte umzuschreiben (siehe Abbildung 8.2). Nutzer können an dieser Stelle per Eingabe von Wörtern den weiteren Handlungsverlauf bestimmen. So können sie z. B. zusammen tanzen, spielen oder angeln. Die Umsetzung durch die Agentur Buzzman ist hervorragend gelungen und kam bei Internetnutzern und in den Medien sehr gut an. Dadurch gelang eine virale Verbreitung der Kampagne. Inzwischen gibt es eine Fortsetzung (*www.youtube.com/user/Tippexperience2*), in der Jäger und Bär Geburtstag feiern. Der Nutzer kann interaktiv verschiedene Jahre eingeben und somit die Feierlichkeiten im Mittelalter oder in der Zukunft erleben.

Abbildung 8.1 Virales Video: T-Mobile Dance

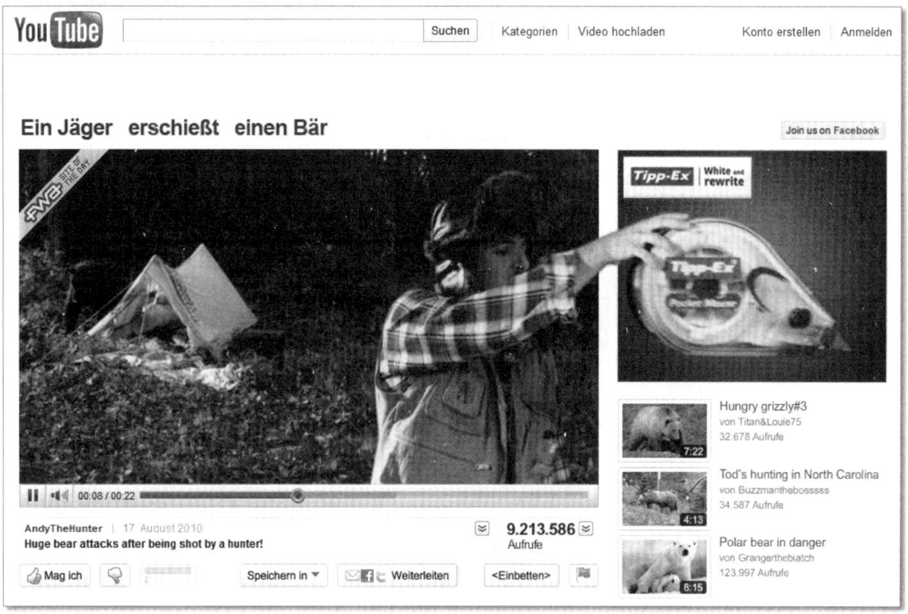

Abbildung 8.2 Interaktives virales Video von Tipp-Ex

Als kurioses virales Video wurde für die Baumarktkette OBI der »Hammerjongleur« umgesetzt (*www.dialog-solutions.de/projekte/26/obi-hammer-viral/*). Mit seinen Fähigkeiten kann der Akteur beim Jonglieren mit Hämmern Nägel in die Decke schlagen (siehe Abbildung 8.3). Das ganze Video macht trotz der professionellen Produktion durch die Agentur Dialog Solutions Group einen absichtlich amateurhaften Eindruck, um authentischer zu wirken. Über 8 Mio. Zuschauer sahen dieses virale Video.

Abbildung 8.3 Virales Video: Der OBI-Hammerjongleur

Populär sind auch sogenannte »*Office Lip-Dub*«-Videos. Vor allem von Mitarbeitern kreativer Werbeagenturen werden dabei Lieder einstudiert und im Playback innerhalb der eigenen Büroräume aufgenommen. Besonders Kreativagenturen und junge Unternehmen können so auf sich aufmerksam machen und sich als interessanter Arbeitgeber positionieren. Zwei bekannte Videos finden Sie unter *www.vimeo.com/173714* und *www.youtube.com/watch?v=o8DQKieBPNU* (siehe Abbildung 8.4).

Abbildung 8.4 Virales Video »Office Lip-Dub«

Weitere bekannte virale Marketingvideos sind z. B. die »Evian Roller Babies« (*www.youtube.com/watch?v=XQcVllWpwGs*) und die »Evolution«-Kampagne für echte Schönheit von Dove (*www.youtube.com/watch?v=sfAPT1_OTDg*). Beide Videos kommen auf mehrere Millionen Abrufe. Aber auch kleinere Firmen können virale Videos nutzen. In »Schwäbisch für Inder« (*www.youtube.com/watch?v=yj5_pSwJOAo*) wird eine indische Filmszene auf Schwäbisch witzig parodiert. Sie spielt auf das Problem mit fehlerhafter, ausländischer Technik an. Hinter der Aktion steckt das deutsche Klimatechnikunternehmen MEZ-Technik. Dieses virale Video wurde bereits über 1 Mio. Mal angeschaut.

Virales Marketing geschieht aber nicht nur über Videos, sondern kann z. B. auch für Online-Spiele genutzt werden. So haben sich die Spiele *FarmVille*, *BrainBuddies* oder *MafiaWars* insbesondere durch die Nutzung von Social Media viral verbreitet. Die Spiele laufen in den sozialen Netzwerken ab und hinterlassen Nachrichten auf der eigenen Profilseite. Somit sehen auch andere Nutzer die Meldung und kommen mit dem Spiel in Kontakt. Durch diese virale Streuung gibt es viele verschiedene Spiele mit mehreren Millionen Nutzern. Vielleicht kennen Sie noch das Spiel »Moorhuhnjagd« aus dem Jahr 1999 (*www.moorhuhn.de/*, siehe Abbildung 8.5). Es gilt als Vorläufer für virales Marketing mit Spielen. Dieses relativ einfach gehaltene, aber witzig umgesetzte Werbespiel für die Spirituosenmarke Johnnie Walker verbreitete sich sehr schnell im Web. Die hohen Nutzungszahlen und Weiterempfehlungen durch Spieler kamen dadurch zustande, dass das Spiel kostenlos heruntergeladen werden konnte, einfach zu verstehen war und man seine erreichte Punktzahl mit anderen vergleichen konnte.

Abbildung 8.5 Virales Spiel – die virtuelle Moorhuhnjagd

E-Mail-Anbieter machen sich das virale Marketing für eigene Zwecke zunutze. So schreibt der Anbieter Hotmail unter gesendete E-Mails von Nutzern folgenden Satz:

»P.S. Get your private, free email at Hotmail«. Damit nutzt Hotmail die eigene Kundschaft, um die Werbebotschaft viral zu verteilen. Auch BlackBerry-Smartphones machen sich mit einer zusätzlichen Zeile in gesendeten E-Mails bemerkbar: *»Von meinem drahtlosen BlackBerry®-Handheld gesendet«*. Dies ist eine sehr kostengünstige Alternative, um auf sein Angebot hinzuweisen. Ähnlich funktionieren auch Einladungen zur Registrierung via E-Mail, bei denen bereits registrierte Nutzer weitere Interessenten empfehlen können. Dieses Mittel nutzen z. B. soziale Netzwerke wie Facebook oder XING und Shopping-Clubs wie brands4friends.de, um neue Mitglieder zu gewinnen. Hierbei wird stark auf die hohe Wirkung des Empfehlungsmarketings gesetzt. Wenn Ihnen ein guter Bekannter etwas empfiehlt, werden Sie mit hoher Wahrscheinlichkeit einen Blick darauf werfen. Der Nutzer kann mit Sonderangeboten zusätzliche Anreize für die Weiterempfehlung bekommen.

Virale Kampagnen können auch eine ganze Geschichte umfassen, die in der Presse und in Blogs aufgefasst wird. So hat die Firma Mammut, ein Hersteller für Outdoor-Bekleidung, eine Meldung erfunden, bei der eine 85-jährige Dame mit ihrem Dackel den Mount Everest besteigen will, nachdem sie sich eine winterfeste Jacke gekauft hat (siehe Abbildung 8.6). Um die Sache noch authentischer zu gestalten, wurde für die Aktion eine passende Website erstellt (*www.mary-woodbridge.co.uk*), und über verschiedene Medien wurden entsprechende Berichte gestreut.

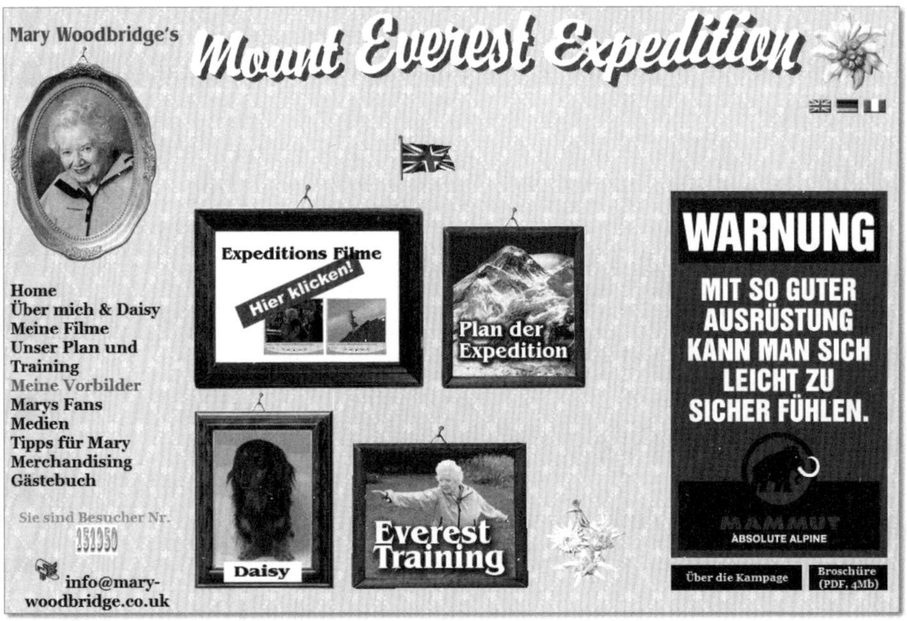

Abbildung 8.6 Virales Marketing: Mount Everest Expedition

Anhand der Beispiele haben Sie nun einen Eindruck, welche unterschiedlichen Aktionen im viralen Marketing möglich sind. Natürlich gibt es noch viele weitere Kampagnen. Begeben Sie sich einfach auf Recherche im Internet, und Sie werden noch mehr erstaunliche Videos und Aktionen entdecken. Ein Großteil der Kampagnen stammt dabei aus dem Vorreiterland USA. Inzwischen hat sich aber auch in Deutschland eine Viral-Marketing-Szene mit verschieden Agenturen etabliert.

8.1.2 Anreize zur viralen Infektion

Wie Sie gesehen haben, setzt virales Marketing sehr viel Kreativität voraus. In der Vorbereitungsphase einer Kampagne sollte also überlegt werden, welche Anreize geschaffen werden müssen, um eine hohe Aufmerksamkeit bei den Internetnutzern zu erreichen. Die Menschen müssen mit der Kampagne infiziert werden. Häufig erreichen Sie dies durch lustige oder kontroverse Themen. Klassische Werbebotschaften sind hier fehl am Platz. Wecken Sie Emotionen bei den Menschen. Was regt Leute besonders auf, was sind aktuelle Themen, oder was finden sie besonders amüsant? Sie brauchen für jede virale Marketingkampagne einen Aufhänger. Setzen Sie sich am besten mit anderen kreativen Menschen zusammen, und denken Sie sich Ideen z. B. in einem *Brainstorming* aus. In der Wahl der Mittel sind Sie dabei nicht beschränkt. Denken Sie z. B. an Bilder, Videos, Analysen, Gewinnspiele, Plakate oder Flyer.

Haben Sie sich eine gute Idee ausgedacht, geht es an die Umsetzung der Kampagne. Die meisten viralen Kampagnen brauchen einige Vorlaufzeit, um z. B. Videos zu produzieren, Websites aufzusetzen oder personelle Unterstützung für größere virale Aktionen zu finden. Eine gute Vorbereitung ist dabei entscheidend für einen gelungenen Start einer solchen Aktion. Da die meiste Aufmerksamkeit in den ersten zwei Wochen erzeugt wird, darf hier nichts falsch laufen. So muss z. B. die Website für die Kampagne fehlerfrei verfügbar sein, und Videos müssen in guter Qualität vorliegen. Zur Vorbereitung gehört auch die Planung der Verbreitung einer viralen Kampagne. So viral, wie eine Kampagne auch ist, sie muss am Anfang von einer Gruppe von Menschen losgetreten werden, um sich verbreiten zu können. Diese Phase bezeichnet man als *Seeding*. Die Saat muss also gelegt werden, bevor eine große Pflanze wachsen kann. Zum Seeding eignen sich z. B. bekannte Blogs, Twitter-Accounts oder sehr aktive Facebook-Nutzer. Sie treten also in Kontakt mit Personen, die selbst einen Leserkreis haben und Ihre Meldung persönlich verbreiten können. Wenn Sie diese Kontakte nicht alle selbst akquirieren möchten, können Sie auf Seeding-Agenturen zurückgreifen, die sich auf virales Marketing spezialisiert haben. Diese sorgen dann für eine möglichst hohe Streuung der Kampagne und verhelfen der Aktion damit zum Erfolg. Über die Online-Plattform *www.shareifyoulike.com* können Anbieter und Promoter von viralen Kampagnen in Kontakt treten.

8.2 Guerilla-Marketing – unkonventionell Aufmerksamkeit erregen

Haben Sie schon mal von Guerilla-Marketing gehört? Dieser alternative Bereich des Marketings beschreibt eher unkonventionelle Werbekampagnen, die kostengünstig umgesetzt werden können. Der Begriff *Guerilla-Marketing* wurde vom Marketingexperten Jay Conrad Levinson geprägt. In seinem Buch über »Guerilla Marketing im 21. Jahrhundert« beschreibt Levinson, wie man mit jedem Werbebudget kostengünstig auf sich aufmerksam machen kann. Entscheidend ist dabei die Kreativität der Aktionen. Unter der Adresse *www.gmarketing.com* finden Sie Levinsons lesenswerte Website mit vielen Artikeln und Interviews. Wir zeigen Ihnen auf den nächsten Seiten einige Guerilla-Marketingkampagnen und geben Ihnen Hinweise, wie Sie solche Maßnahmen auch für Ihre Website nutzen können.

8.2.1 Guerilla-Marketingkampagnen

Durch die recht offene Definition des Guerilla-Marketings sind die unterschiedlichsten Maßnahmen inbegriffen. Dies können sowohl Online-Aktionen sein, aber auch offline kann Guerilla-Marketing genutzt werden. Damit Sie einen tieferen Einblick in einzelne Aktionen bekommen, möchten wir Ihnen hier einige bekannte Kampagnen vorstellen. Nutzen Sie diese Aktionen als Ideengeber für eine eigene Guerilla-Kampagne. Ein häufig genutztes Instrument des Guerilla-Marketings sind Plakate und Aufkleber, die wahllos in Städten verteilt werden. Zumeist besteht dabei keine Erlaubnis für das Plakatieren, aber die Werbetreibenden nehmen bewusst die Gefahr von Bußgeldern auf sich. Diese fallen im Vergleich zu kostspieligen Plakatkampagnen meist eher gering aus. Vielleicht sind Ihnen auch schon derartige Aufkleber an Straßenampeln oder Verkehrsschildern aufgefallen. Auch diese können als Guerilla-Marketing verstanden werden und werden z. B. von Clubs oder neuen, trendigen Internetseiten als Promotion-Instrument genutzt.

Weitere beliebte Guerilla-Marketingaktionen finden z. B. an belebten Orten wie Straßenkreuzungen statt. Hier wird die immer wiederkehrende hohe Autofahrerdichte genutzt, um kostengünstig Werbung zu treiben. Mit Transparenten oder anderen aufmerksamkeitsstarken Mitteln werden Autofahrer und Passagiere stimuliert. Dies nutzen z. B. Radiosender, um auf sich aufmerksam zu machen und die Autofahrer zum Wechseln des Radiosenders zu animieren. Aber auch Werbung für neue Automodelle wäre hier gut vorstellbar. Inwieweit dies allerdings einen Eingriff in die Straßenverkehrsordnung darstellt, ist bisher nicht geklärt. Ähnlich funktionieren auch Autokolonnen, die mit Werbetransparenten ausgestattet sind (sogenannte *Billboard Vans*) und durch die belebtesten Straßen einer Stadt fahren. So wirbt z. B. Ikea für die Neueröffnung von Warenhäusern mit Billboard Vans (siehe Abbildung 8.7). Die Ausführung der Kampagne übernahm hier die Hamburger Firma promoductions (*www.*

promoductions.com), die sich auf Guerilla-Marketingaktionen spezialisiert hat. Mit wenig Aufwand wird hier hohe Aufmerksamkeit erzeugt. Dagegen hat sich z. B. Werbung auf einem Taxi schon so sehr etabliert, dass sie nur wenig wahrgenommen wird.

Abbildung 8.7 Billboard Vans einer Ikea-Kampagne

Billboard Vans sind eine Form der Außenwerbung, was im Marketing-Englisch als *Out-of-Home Media* bezeichnet wird. Einer der größten Anbieter auf diesem Gebiet ist das Unternehmen Ströer. Werfen Sie einen Blick auf die Website (*www.stroeer.de*), so sehen Sie verschiedene Möglichkeiten der Außenwerbung inklusive der entsprechenden Preise. Sie können also überlegen, ob Sie eine Guerilla-Marketingkampagne selbst durchführen möchten oder einen Dienstleister hinzunehmen, der Ihnen vor allem die organisatorischen Dinge abnimmt.

Bekannt sind Ihnen sicher die Werbezettel an Autos, die darauf hinweisen, dass Sie Ihr Auto gern an einen Händler verkaufen können. Hier wird mit geringem Mitteleinsatz eine recht große Aufmerksamkeit erzeugt. Dadurch, dass die Werbung am Auto angebracht ist, kommt man unweigerlich damit in Berührung, und wer weiß, vielleicht möchten Sie ja wirklich gerade Ihr Auto verkaufen. Nach demselben Prinzip werden Flyer für neu eröffnete Restaurants oder anstehende Veranstaltungen an Autos in der Umgebung geheftet. Will man hier schnell sehr viele Menschen oder Autos erreichen, werden große Parkplätze z. B. bei Supermärkten aufgesucht. Als Werbetreibender müssen Sie hierbei entscheiden, inwieweit solche Aktionen für Sie denkbar sind. Einmalige Aktionen können sich bei bestimmten Angeboten, wie z. B. der Hinweis auf neu eröffnete Clubs, sicher lohnen. Aber denken Sie daran, dass mit der Zeit Flyer ignoriert werden oder – noch schlimmer – Antipathie bei den Menschen erzeugt wird. Berücksichtigen Sie auch Streuverluste, die bei diesen Push-Marketingaktionen üblich sind.

Aus der eher alternativen Szene sind Graffitis bekannt. Diese werden auch im Guerilla-Marketing genutzt. Als Guerilla-Aktion Häuser zu besprühen, ist sicher der falsche Weg, da dies viel Ärger und Kosten mit sich bringt. Solche Aktionen werden nur in sehr anonymisierter Form durchgeführt, wo der Absender nicht klar zu erkennen ist. Daher eignet sich dies nicht für richtige Marketingmaßnahmen. Um Graffiti trotzdem für Marketingzwecke nutzen zu können, ist das sogenannte *Reverse Graffiti* entstanden. Hier wird auch gesprüht, aber mit einem Hochdruckreiniger. Über Schablonen erreicht man, dass z. B. Fußwege in bestimmten Mustern gereinigt werden und so Logos oder Sprüche auf dem Gehweg entstehen. Anstatt mit Graffitis Wege zu verschmutzen, wird eine Reinigung durchgeführt. Dies soll vor der Illegalität bewahren, ist aber rechtlich noch nicht abschließend beurteilt. Die Graffitis haben auch den Vorteil, dass sie nach einer bestimmten Zeit durch die tägliche Verschmutzung wieder verschwinden. Reverse Graffiti ist auch unter dem Begriff *Street-Branding* bekannt. Das Unternehmen Nike hat in Österreich eine solche Street-Branding-Aktion zur Fußballeuropameisterschaft vor den eigenen Geschäften unternommen und auf die eigene Fußball-Website hingewiesen (siehe Abbildung 8.8). Dies ist eine Aktion, die sicher die richtige Zielgruppe erreicht und keine negativen Auswirkungen hat.

Abbildung 8.8 Reverse-Graffiti-Aktion von Nike

Auch das Mode-Label Armed Angels hat eine solche Reverse-Graffiti-Aktion in Berlin durchgeführt. Auf Fußwegen wurde das einprägsame Logo eines Engels mit Pfeil und Bogen freigesprüht (siehe Abbildung 8.9). Damit wurde viel Aufmerksamkeit für die Marke erzeugt, die sich selbst als ökologische und nachhaltige Modemarke präsentiert. Somit passt das Street-Branding sehr gut zum Unternehmen. Die Entstehung der Graffitis können Sie sich bei YouTube ansehen (*www.youtube.com/watch?v=SuBUSerDp1w*). Die Umweltorganisation Greenpeace setzt für bestimmte Aktionen ebenso auf das Reverse Graffiti und nutzt so das ökologische Marketinginstrument für seine Zwecke. Eine ähnliche Funktion übernimmt die Idee des *Snow Brandings*. Hierbei werden im Winter Botschaften auf Schneeflächen und schneebedeckte Autos gesprüht oder mit einer Form eingedruckt. Auch hier findet offensichtlich keine Sachbeschädigung statt, und mit einsetzendem Tauwetter ist alles wieder beseitigt.

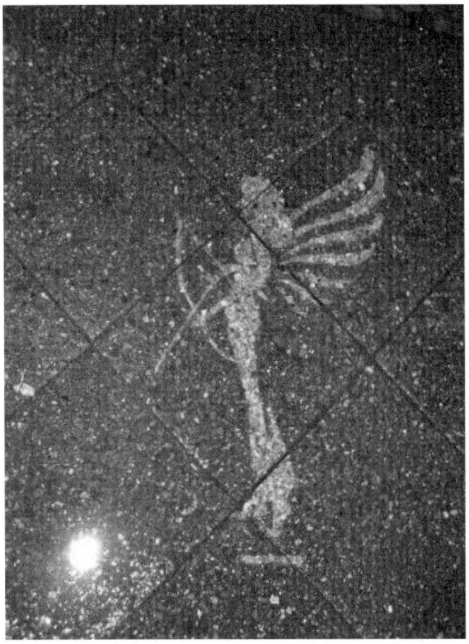

Abbildung 8.9 Reverse Graffiti der Marke »Armed Angels«

Eine weitere Guerilla-Marketingaktion sind Abrisszettel, die Sie von Wohnungssuchen oder Autoverkäufen auf schwarzen Brettern oder an Ampeln kennen. Wenn Sie hier kreativ werden, können Sie Abrisszettel auch für Ihre Zwecke nutzen. Da die meisten Menschen neugierig sind, werden solche Zettel oftmals wahrgenommen und angeschaut. Erreichen Sie dann die Aufmerksamkeit des Lesers, wird eventuell ein Hinweiszettel abgerissen und mitgenommen. So können Sie z. B. auf eine Website hinweisen, und der Interessent kann am Computer nachschauen, was es genau damit auf sich hat. Denken Sie hierbei nicht nur an rein kommerzielle Aktionen, sondern z. B. auch an Hinweise auf Bürgerbegehren oder neue Sportvereine.

Möchten Sie noch mehr Einblicke in Guerilla-Marketingaktionen bekommen, dann empfehlen wir Ihnen, einen Blick in das Blog der Autovermietung Sixt zu werfen (*www.sixtblog.de*). Hier werden immer wieder interessante, aufmerksamkeitsstarke Kampagnen beschrieben, die Sixt durchführt. Zusammen mit der Werbeagentur Jung von Matt werden dabei kreative und mutige Ideen geschmiedet und in das aktuelle Tagesgeschehen integriert. Eine kontroverse Aktion war der Auftritt bei den Protesten gegen den Castor-Transport. Hier gesellten sich Personen unter die Demonstranten mit einem Transparent und dem Protest-Slogan »Stoppt teure Transporte! Mietet Van & Truck von Sixt.« (siehe Abbildung 8.10). Diese Aktion passt natürlich inhaltlich sehr gut zur Thematik, erzeugt aber auch Gegenreaktionen. Trotzdem dürfte die Markenbekanntheit von Sixt weiter gestiegen sein.

Abbildung 8.10 Guerilla-Marketing von Sixt

Sie haben nun einen Einblick in die verschiedenen Möglichkeiten des Guerilla-Marketings bekommen. Sicher werden auch in der Zukunft noch neue, spannende Ideen für Kampagnen entstehen. Entscheiden Sie für sich selbst, inwieweit Sie dieses Marketinginstrument einsetzen möchten. Im nächsten Abschnitt werden wir darauf eingehen, wie Sie Guerilla-Marketing im Internet einsetzen können, um Ihre Website erfolgreich zu machen.

8.2.2 Guerilla-Marketing im Netz

Viele Guerilla-Marketingaktionen leisten einen Beitrag zur Steigerung der Markenbekanntheit. Davon profitiert natürlich auch Ihre Website. Sie können Guerilla-Marketing aber auch direkt zur Steigerung des Erfolgs Ihrer Website einsetzen. Wir zeigen Ihnen hier einige Möglichkeiten für Aktionen, die Sie durchführen können. Wichtig ist dabei, zu erwähnen, dass sich Guerilla-Marketing nicht für alle Zwecke gleich gut und erfolgversprechend nutzen lässt. Viele geplante Guerilla-Marketingaktionen verlaufen im Sand, ohne dass man wieder von ihnen hört. Ein Großteil der Kampagnen wird auch nicht öffentlich, da es sich meist um relativ kleine Zielgruppen handelt. Wie schon zuvor erwähnt, können Sie Guerilla-Marketing einsetzen, um Ihre

Website offline – also in der realen Welt – zu bewerben und mehr Besucher auf Ihre Website zu bekommen. Ein Beispiel dafür ist das Reverse Graffiti von Nike (siehe Abbildung 8.8), das auf die Aktionswebsite zur Europameisterschaft hinwies. Sie können auch Flyer, Abrisszettel oder Plakate nutzen, um Ihre Website bekannt zu machen. Solche Aktionen sollten aber sehr gut auf den Unternehmenszweck und die Zielgruppe abgestimmt werden.

Guerilla-Marketing können Sie weiterhin nutzen, um günstige Werbebotschaften in Foren, Communitys oder Social Networks unterzubringen. Natürlich müssen Sie sich an die Regeln der jeweiligen Website-Betreiber halten. Dies muss aber nicht zulasten der Kreativität gehen. Sie können z. B. Diskussionen zu Ihrem Thema in Foren anstoßen, indem Sie kontroverse Fragen aufwerfen. Eine bekannte Fragen-Community ist *gutefrage.net* (siehe Abbildung 8.11). Schauen Sie sich hier zu Ihrem Thema um, und Sie werden verschiedene Möglichkeiten kennenlernen, wie Sie geschickt auf Ihr Angebot hinweisen können. Wie schon erwähnt, sollten Sie es dabei aber nicht übertreiben, da Sie sonst schnell negativ auffallen und gegebenenfalls mit Konsequenzen rechnen müssen. Sie können z. B. auch Ihre eigene Facebook-Fanpage nutzen, um Guerilla-Marketing zu betreiben (siehe dazu Kapitel 4, »Social Media Marketing«). Haben Sie hier schon eine breite Leserschaft gefunden, lassen sich interessante Inhalte leicht verbreiten. Ihre Leser können die Inhalte unkompliziert an ihre Freunde weiterempfehlen. So entsteht bei guten Kampagnen schnell ein Lauffeuer – ohne große Werbebudgets.

Abbildung 8.11 Fragen stellen auf gutefrage.net

Eine weitere Alternative für Guerilla-Kampagnen sind kostengünstige, virale Videos, die Sie schon im ersten Teil dieses Kapitels kennengelernt haben. Im Guerilla-Marketing geht es aber nicht um aufwendig produzierte Hochglanzvideos, sondern um kurze Videos mit Aha-Effekt. Bekanntes Beispiel dafür ist die amerikanische Firma Blendtec, die Küchenmixer produziert. In vielen kleinen Filmen werden alle möglichen Dinge zerkleinert, so z. B. ein iPhone (Abbildung 8.12). Schauen Sie selbst unter *willitblend.com* nach. Da diese Aktion sehr gut aufgegriffen wurde, entstanden immer mehr Videos von Blendtec.

Abbildung 8.12 Guerilla-Marketing mit Videos

Als Guerilla-Marketingkampagnen gelten auch sogenannte *Linkbaits* in der Suchmaschinenoptimierung. Dies sind Aktionen, durch die Backlinks auf die eigene Website generiert werden. Die Links helfen Ihnen in der Suchmaschinenoptimierung, da die Algorithmen der Suchmaschinen Links als Empfehlung ansehen. Die deutsche Übersetzung für Linkbait ist »Linkköder«. Sie versuchen also, Personen anzulocken, die zu Ihrer Website verlinken, indem Sie z. B. spannende Inhalte anbieten oder Gewinnspiele veranstalten. Ohne hohe Kosten und mit einem guten Konzept können Sie hier sehr viel erreichen. Besonders gute Linkbait-Aktionen erzielen dabei auch einen viralen Effekt, sodass die Aktion weitergetragen wird und sich die Teilnehmer vervielfachen. Ein sehr gutes Beispiel hat die Singlebörse mingle2 aufgesetzt. Unter *mingle2.com/dating/unicorn* befinden sich, optisch ansprechend gestaltet, zehn Gründe, warum Sie eine Verabredung mit einem Einhorn haben sollten (siehe Abbildung 8.13). So entstand ein lustiger Comicstreifen, der häufig weitergegeben und verlinkt wurde.

Abbildung 8.13 Linkbait mingle2 – Einhorn-Dating

Sie haben nun einen guten Überblick über virales Marketing und Guerilla-Marketing erhalten. Weitere Beispiele finden Sie auch bei einer intensiveren Recherche im Internet. Sicher werden Sie nicht alle Aktionen eins zu eins auf Ihr Unternehmen oder Ihre Website übertragen können. Bei diesen Marketingformen geht es insbesondere um Einzigartigkeit und Kreativität. Daher sind pauschale Ratschläge hier kaum möglich. Aber Sie haben bestimmt ein paar Ideen bekommen, wie Sie diese neuen Marketingformen für sich nutzen können. Da die Aktionen sehr individuell sind und auch viel Einfallsreichtum und Vorbereitungszeit verlangen, empfehlen wir Ihnen, sich mit einer Gruppe von kreativen Personen aus Ihrem Umkreis zusammenzusetzen und gemeinsam spannende Ideen zu entwickeln.

8.3 Virales Marketing und Guerilla-Marketing to go

- Virales Marketing ist durch eine schnelle Verbreitung im Internet gekennzeichnet. Mit aufmerksamkeitserregenden Inhalten und Aktionen können durch die virale Weiterempfehlung sehr viele Menschen erreicht werden.
- Virale Marketingkampagnen sind durch kreative Ideen geprägt. So müssen Anreize durch lustige oder kontroverse Themen geschaffen werden, um eine hohe Aufmerksamkeit zu erreichen.
- Im viralen Marketing werden häufig kurze Videos eingesetzt, die sich leicht über YouTube, Facebook und Co. verbreiten lassen. Wenn Ihre Ideen es dann schaffen, von den ersten Personen empfohlen und weitergegeben zu werden, kann eine Welle der Aufmerksamkeit für Ihre Inhalte entstehen.
- Auch Spiele können virale Effekte erzielen, indem sie leicht verständlich eine große Zielgruppe ansprechen und auf den Social Networks integriert werden. Ein Vorreiter war das bekannte Spiel »Moorhuhnjagd«.
- Guerilla-Marketing setzt dagegen auf eher unkonventionelle und kostengünstige Maßnahmen. Hierbei können aber auch virale Effekte entstehen. Begründer des Guerilla-Marketings ist Jay C. Levinson.
- Mit kostengünstigen Mitteln wie Plakaten, Transparenten und Flyern kann Aufmerksamkeit auf das eigene Unternehmen gelenkt werden. Über die eher selten zu sehenden Reverse Graffitis kann Werbung in ganz neuer Form entstehen. Der Kreativität sind im Guerilla-Marketing nur wenige Grenzen gesetzt.
- Guerilla-Marketing kann im Internet z. B. über Social Networks und Communitys betrieben werden. Kurze, kostengünstige Videos können ebenfalls für das Guerilla-Marketing genutzt werden.
- Für die Suchmaschinenoptimierung eignen sich Linkbaits als Guerilla-Marketing. Mit ungewöhnlichen Aktionen und Inhalten können auf diese Weise viele Empfehlungen in Form von Verlinkungen entstehen, die dem eigenen Ranking in Suchmaschinen helfen.

Kapitel 9
Crossmedia-Marketing

»Die Werbung ist die höchste Kunstform des 20. Jahrhunderts.«
– Marshall McLuhan

9

In diesem Kapitel erfahren Sie, wie Sie medienübergreifende Werbekampagnen nutzen können, um möglichst effektiv für sich zu werben. Sie lernen, die Offline- und Online-Werbemaßnahmen zusammenzuführen, und wir stellen zur Anregung einige große Werbekampagnen vor. Im Abschnitt zu Crossmedia-Publishing zeigen wir Ihnen die Möglichkeiten zum medienübergreifenden Veröffentlichen von Nachrichten. Das Kapitel endet mit einem Kurzüberblick »to go« und einer Checkliste.

Sie haben bereits einige Maßnahmen zur Bewerbung Ihrer Website kennengelernt. Natürlich können Sie eine Website nicht nur online bewerben, sondern auch andere, ergänzende Medien nutzen. In diesem Kapitel möchten wir Ihnen zeigen, wie Sie außerhalb des Internets auf sich aufmerksam machen können und wie Sie medienübergreifende Kampagnen aufbauen. Hierfür hat sich der Begriff *Crossmedia-Marketing* etabliert. Damit ist umfassendes und abgestimmtes Marketing in verschiedenen Medien gemeint. Als Medien außerhalb des Internets gelten z. B. TV, Radio, Zeitungen und Zeitschriften. Weiterhin stehen die Bereiche Außenwerbung (»*Out-of-Home*«), mobile Geräte (z. B. Smartphones oder Tablets) und Veranstaltungen als Marketinginstrumente zur Verfügung. Sie sehen, es gibt viele Möglichkeiten, auf sich aufmerksam zu machen. Die verschiedenen Medienkanäle werden als Instrumente des Crossmedia-Marketings beschrieben (siehe Abbildung 9.1). Die Werbung in unterschiedlichen Medien beeinflusst sich gegenseitig und kann so insgesamt eine höhere Wirkung erzielen.

Crossmedia-Marketing wird immer häufiger genutzt, da sich Zielgruppen in verschiedenen Medien bewegen. Sie hören Radio, schauen Fernsehen, lesen Zeitungen und surfen online im Internet oder auf dem Handy.

In diesem Buch beschreiben wir zwar hauptsächlich die Online-Kanäle zum Bewerben einer Website, trotzdem sollten die Möglichkeiten, die aus dem klassischen Marketing stammen, nicht außer Acht gelassen werden.

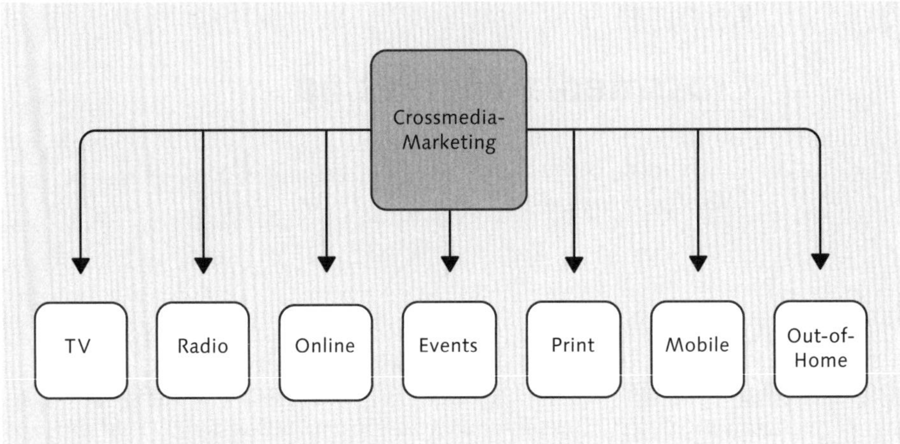

Abbildung 9.1 Instrumente des Crossmedia-Marketings

Maßnahmen des klassischen Marketings

Marketinginstrumente können sehr vielfältiger Natur sein. Die Maßnahmen des Online-Marketings beschreiben wir Ihnen vollständig in diesem Buch. Weitere Maßnahmen des klassischen Marketings, die wir leider aus Rücksicht auf den Buchumfang nicht näher beschreiben können, sind:

- TV-, Radio- und Kinowerbung
- Anzeigenschaltung in Printmedien, z. B. Zeitungen und Zeitschriften
- Plakatwerbung und weitere Außenwerbung (*Out-of-Home-Media*)
- postalische Mailings, Prospekte und Kataloge
- Warenproben, Werbegeschenke und Gewinnspiele
- Messen und Promotion-Aktionen (*Eventmarketing*)
- Produktplatzierung und Verkaufsförderung (*Product-Placement*)
- Werbung am Verkaufsort (*Point-of-Sale-Marketing*)
- Mundpropaganda (*Word-of-Mouth-Marketing*)
- Presse- und Öffentlichkeitsarbeit (*Public Relations*)

Teilweise werden die Medien sogar parallel genutzt. So verwenden Menschen vor dem Fernseher auch parallel das Internet auf ihrem Notebook oder Smartphone. Dies konnte nachgewiesen werden, da sofort nach der Einblendung einer Internetadresse im TV, die Zugriffszahlen auf die genannte Website ansteigen. Eine andere parallele Mediennutzung ist vorstellbar, wenn Sie durch eine Stadt gehen, Werbeplakate entdecken und dann die Website des Unternehmens auf Ihrem Smartphone aufrufen.

9.1 Aufbau einer Crossmedia-Kampagne

Wenn Sie eine Crossmedia-Kampagne erstellen, sollten Sie sich im Vorfeld Gedanken über den Aufbau machen, um größtmögliche medienübergreifende Effekte zu erzielen. Dabei kommt es besonders auf abgestimmte Inhalte und die zeitliche Medienplanung an. Die inhaltliche Abstimmung betrifft besonders die gestalterische und redaktionelle Verknüpfung der einzelnen Kommunikationsmittel einer crossmedialen Kampagne. Die inhaltliche Verbindung kann durch einheitliche Slogans und Bildmaterial (sogenannte *Key Visuals*) erreicht werden. Werbeslogans und Bildmotive sollten einheitlich in allen Medien und Anzeigen verwendet werden, um einen hohen Wiederkennungswert zu schaffen. Zudem wird häufig mit sogenannten *Testimonials* geworben. Testimonials sind meist bekannte Personen, die für ein Unternehmen mit ihrem Namen und Gesicht werben. Dadurch soll ein Image-Transfer zur Marke hergestellt und die crossmediale Wiedererkennung sichergestellt werden, da Gesichter von Menschen besser wahrgenommen werden als austauschbare Werbeslogans. Denken Sie z. B. an Michael Ballack für den Reiseanbieter *ab-in-den-urlaub.de*, das Kind vom Zwieback-Hersteller Brandt oder an Boris Becker, der den Spruch *»Ich bin drin.«* für die Firma AOL prägte. Die grafische Gestaltung crossmedialer Kampagnen sollte möglichst einheitlich sein. Hier empfiehlt sich ein *Corporate Design*, das identische Logos, Schrifttypen, Farben und Formen umfasst.

Der zeitliche Aspekt betrifft die Kampagnenplanung. Sie sollten festlegen, wann welche Einzelmaßnahmen beginnen und wie lange diese andauern. Dies muss abgestimmt werden, um die Werbewirkung zu erhöhen. Legen Sie also zu Beginn einen optimalen Termin für den Kampagnenstart fest, an dem Sie mit voller Kraft loslegen, um einen hohen Werbedruck aufzubauen. Planen Sie genau, wann Sie in welchen Medien werben wollen. Die Anzeigenpreise variieren in einigen Medien zum Teil deutlich im Jahresverlauf. So ist z. B. die Vorweihnachtszeit in der TV-Werbung der teuerste Zeitraum. Die zeitliche Verknüpfung der Kampagne können Sie auch in mehreren Wellen vornehmen. So können Sie z. B. zuerst TV-Werbung schalten und nach einiger Zeit Printanzeigen buchen, um die Personen wieder in den Kontakt mit Ihrer Marke zu bringen. Legen Sie auch ein Kampagnenende fest, da viel gesehene Werbekampagnen im Laufe der Zeit auch Antipathie hervorrufen können oder abstumpfen. Ein längerer Zeitraum als drei bis sechs Monate ist daher für eine groß angelegte Crossmedia-Kampagne nicht anzuraten.

Die Firmen-Website oder begleitende Microsites müssen zum Kampagnenstart bereitstehen. Online- und Offline-Kampagnen sollten ebenfalls gut vorbereitet sein, da diese häufig viel Vorlaufzeit in Anspruch nehmen. Für den Internetauftritt sollten Sie auf eine kurze und einprägsame URL achten. Damit erhöht sich die Wahrscheinlichkeit, dass Interessenten Ihre Website finden und aufrufen. Die Website selbst sollte zur Interaktion anregen und das Kampagnenziel bestmöglich unterstützen.

Führen Sie z. B. ein neues Automodell ein, so ist Ihr Ziel, dass Interessenten Informationsmaterial anfragen oder eine Probefahrt buchen. Stellen Sie also sicher, dass Nutzer, die auf Ihre Website kommen, alles leicht finden, was sie benötigen. In Kapitel 15, »Usability – benutzerfreundliche Websites«, erfahren Sie, wie Sie eine Website möglichst benutzerfreundlich aufbauen können. Sorgen Sie bei der Erstellung der Website zudem dafür, dass Ihr Webserver ein hohes Besucheraufkommen aushält, sobald die Kampagne startet.

Integrieren Sie in den Aufbau einer Crossmedia-Kampagne so weit wie möglich die neuen Social-Media-Komponenten. Beziehen Sie also Ihre Facebook-Page, den Twitter-Account und Profile auf Google+ oder Pinterest mit ein. Das firmeneigene Blog kann zusätzlich genutzt werden. Inzwischen gibt es spezielle Blogkampagnen, die Sie als Werbemaßnahme mit aufnehmen können.

9.2 Crossmedial werben – offline und online verbinden

Sie erreichen die höchste Effektivität, wenn Sie die Kampagnen in den verschiedenen Medien genau aufeinander abstimmen. Studien haben gezeigt, dass sich die einzelnen Marketingkanäle in ihrer Wirksamkeit gegenseitig unterstützen. Sie können sich sicher vorstellen, das, wenn Sie eine großangelegte Plakatkampagne erstellt haben, auch viele Personen nach Ihrem Firmennamen im Internet suchen. Eventuell tippen die Interessenten die URL in den Browser ein. Wahrscheinlicher ist aber, dass Begriffe in die Suchmaschine Google eingegeben werden. Sie sollten also dafür sorgen, dass Sie zu relevanten Suchbegriffen gefunden werden.

Über Crossmedia-Marketing soll, wie gesagt, die Werbewirksamkeit der einzelnen Medien durch aufeinander abgestimmte Kampagnen verstärkt werden. Die Gründe für den Einsatz von Crossmedia-Marketing sind daher sehr vielfältig. Es sollen neue Zielgruppen erschlossen werden, die nur einzelne Medien nutzen. Reine »Onliner« erreichen Sie z. B. nicht mit Printanzeigen. Neue Kunden sollen über crossmediales Marketing gewonnen und bestehende Kunden sollen dauerhaft an das Unternehmen gebunden werden. Ein weiteres Ziel können schnelle Umsätze und die Stärkung der Markenbekanntheit sein. Der Werbedruck wird durch Mehrfachkontakte verstärkt, und damit wird die Werbeerinnerung erhöht. Durch die massive Nutzung verschiedener Medien bei einer Crossmedia-Kampagne können natürlich sehr hohe Kosten entstehen. Daher eignen sich großflächige Crossmedia-Kampagnen vor allem für Produkteinführungen oder Aktionen, bei denen schnell ein hoher Umsatz oder eine hohe Bekanntheit einer Marke erreicht werden sollen.

Ein aktuelles Beispiel ist die Einführung der Versicherungsmarke ERGO. Diese entstand durch die Zusammenlegung der Marken Hamburg-Mannheimer und Victoria

Versicherungen. Daher musste eine neue Marke aufgebaut und schnell bekannt gemacht werden. Dazu wurde im Juli 2010 eine groß angelegte Crossmedia-Kampagne mit Plakaten, TV-, Print- und Online-Werbung gestartet. Diese Kampagne schauen wir uns in Abschnitt 9.3.2, »Crossmedia-Marketing zur Einführung der Marke ERGO«, noch näher an. Eine der größten Plakatkampagnen in Deutschland wurde im Februar 2007 zur Einführung des Toyota Auris gestartet. Über 200.000 Plakate wurden deutschlandweit verteilt. Unter dem Slogan »Augen auf Auris« wurde so eine hohe Aufmerksamkeit bei Autofahrern erzeugt. Um diese Aufmerksamkeit auch auf die Website – mit zusätzlichen Informationen und der Möglichkeit zur Anmeldung einer Probefahrt – zu lenken, wurde die Adresse der Website *auris.de* auf jedem Plakat oben links angegeben (siehe Abbildung 9.2). Dadurch wurden die massenhaften Plakate auch zur Promotion der Website genutzt.

Abbildung 9.2 Toyota-Auris-Plakatkampagne mit Website-Hinweis

Achten Sie bei Printanzeigen und Plakaten also immer auf die Nennung Ihrer Website. Sie erleichtern damit dem potenziellen Kunden die Auffindbarkeit Ihrer Seite. Auch in TV- oder Radio-Spots können Sie Ihre Website nennen. Achten Sie besonders bei Radiowerbung auf eine leicht verständliche und einfach zu merkende Internetadresse. Für eine bessere Messbarkeit der Offline-Kampagnen werden häufig spezielle URLs verwendet, die die Nutzer aufrufen sollen, z. B. *online-shop.de/tv* oder *online-shop.de/aktion*. Dadurch kann im Nachhinein über ein Web-Analytics-System (mehr dazu in Kapitel 18, »Web-Analytics – Websites unter die Lupe nehmen«) gemessen werden, wie oft diese Adresse aufgerufen wurde. Da viele Nutzer ihren Besuch im Netz aber über Google beginnen, werden Sie vor allem eine Steigerung in den Weiterleitungen aus Suchmaschinen bemerken. Auch diese Zugriffe können Sie genau protokollieren.

In Printanzeigen können Sie sehr gut mit Rabattcodes arbeiten, um die Effektivität Ihrer Werbemaßnahmen zu prüfen. Schauen Sie am Ende einfach auf die Zahl der eingelösten Gutscheine mit dem abgedruckten Code, und Sie werden den Erfolg besser beurteilen können. Vor allem für den mobilen Bereich wurden sogenannte *QR-Codes* entwickelt, die Sie mit dem Handy abfotografieren können und durch die Sie dann auf eine mobile Website oder Anwendung weitergeleitet werden. QR steht dabei für »Quick Response«, also schnelle Antwort. Vielleicht haben Sie einen solchen zweidimensionalen Barcode schon einmal in einer Zeitung oder auf einem Plakat gesehen. Sie können den QR-Code weiterhin nutzen, indem Sie ihn auf Ihrer Website platzieren, wo Handynutzer diesen abscannen können, um auf ein mobiles Angebot zu gelangen (siehe Abbildung 9.3). Darüber können z. B. mobile Apps heruntergeladen werden.

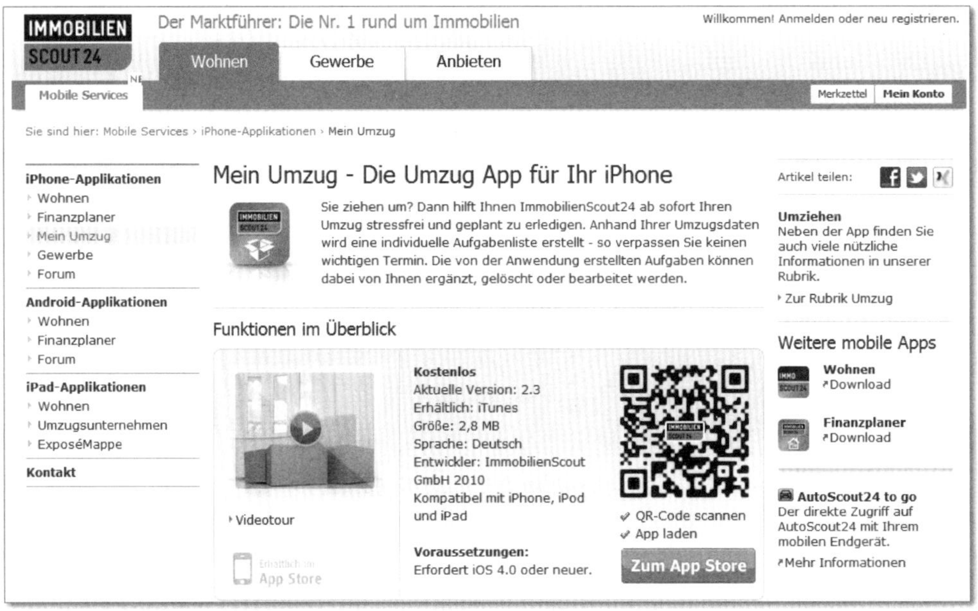

Abbildung 9.3 QR-Code zum App-Download auf der Website immobilienscout24.de

Die Wirkung von kombinierter crossmedialer Werbung wurde vom BVDW (Bundesverband Digitale Wirtschaft) untersucht. Hierzu wurde der Einfluss von Suchmaschinenmarketing auf die Markenbekanntheit in Verbindung mit TV-Werbung analysiert. Es konnte eindeutig festgestellt werden, dass die Markenbekanntheit steigt, wenn zusätzlich zur TV-Werbung auch Suchmaschinenwerbung und -optimierung vorgenommen wird. In der Studie konnte die Bekanntheit der Marke um 42 % gesteigert werden, wie Sie Abbildung 9.4 entnehmen können. Daher gibt der BVDW auch die Empfehlung: »*TV-Werbung: Niemals ohne Suche!*«

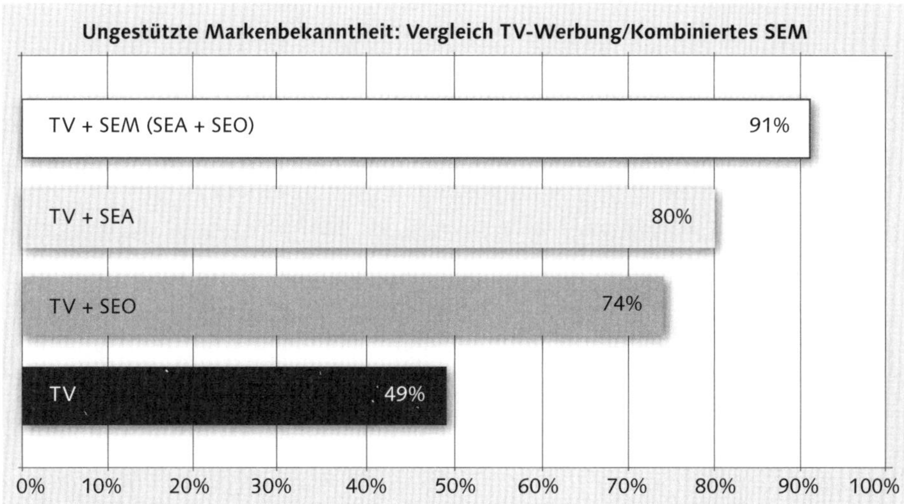

Abbildung 9.4 Wirkung von TV-Werbung in Kombination mit Suchmaschinenmarketing

Von einer hohen Markenbekanntheit profitieren auch die Online-Marketingkanäle. So erhöhen sich Klickraten auf Banner und Werbeanzeigen, wenn ein bekanntes Unternehmen wirbt. Die Verbraucher haben hierbei ein höheres Vertrauen in den Werbetreibenden. Zudem steigen bei wachsender Markenbekanntheit auch die Anfragen in Suchmaschinen für den Markenbegriff, wie Sie in Abbildung 9.5 für den Begriff »facebook« sehen. Diese Analyse können Sie mit Google Insights for Search (*www.google.com/insights/search/*) auch für Ihren eigenen Markenbegriff oder Wettbewerber vornehmen.

Google Zeitgeist – was wird gesucht?

Weitere häufig gesuchte Begriffe finden Sie im Google Zeitgeist (*www.googlezeitgeist.com/de/*). Hier stellt Google jährlich eine Auswertung der am meisten nachgefragten Suchbegriffe für verschiedene Länder und Themengebiete vor. Zu den Aufsteigerbegriffen gehörten 2011 in Deutschland das Spiel »Minecraft«, der »Ehec«-Erreger und das angekündigte Apple Smartphone »iPhone 5«.

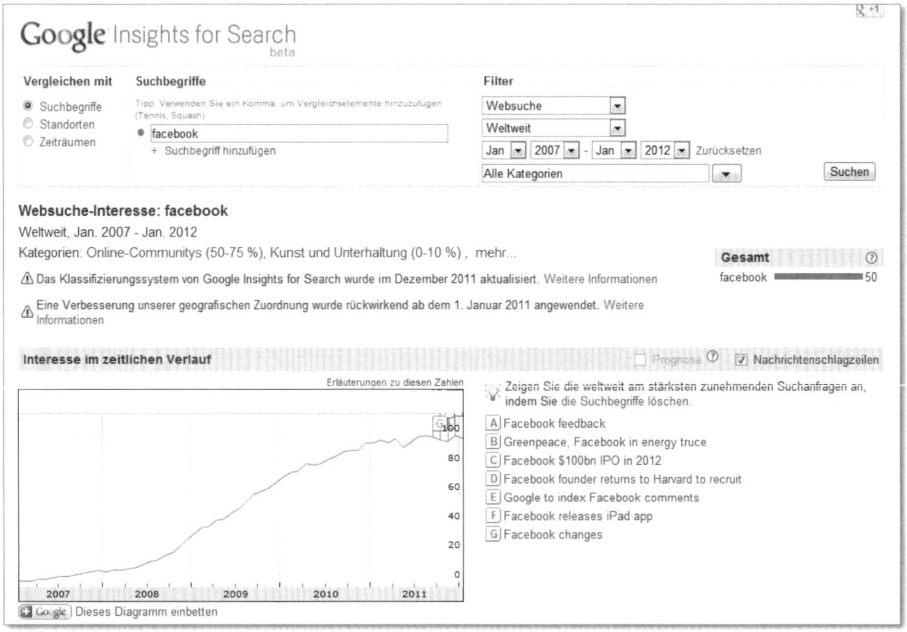

Abbildung 9.5 Entwicklung der weltweiten Suchanfragen zum Begriff »facebook«

Auch die Suchmaschinenoptimierung profitiert von hoher Markenbekanntheit, da starke Marken-Websites von den Suchmaschinen im Ranking bevorzugt werden. Eine hohe Bekanntheit führt in der Regel auch zu höheren Conversionrates. Das heißt, dass Nutzer z. B. schneller einen Kauf tätigen, da sie der Website vertrauen und sich bei einer Bestellung und der Eingabe von Kreditkartendaten nicht unsicher fühlen müssen. Weitere Informationen zur Interaktion von Suchmaschinenmarketing mit anderen Werbemaßnahmen finden Sie in der Google-Studie »Full Value of Search« (*www.full-value-of-search.de*).

Wenn Sie verschiedene Vertriebswege zum Verkaufen Ihrer Produkte nutzen, können Sie Crossmedia-Marketing anwenden, um auf die unterschiedlichen Bezugsmöglichkeiten hinzuweisen. So kann ein stationärer Händler in seinem Geschäft auf den Online-Shop hinweisen oder umgekehrt online auf der Website auf lokale Filialen hinweisen. Katalogversender wie der Otto-Versand können z. B. auf ihren Websites auf den Katalog verweisen und im Katalog wiederum die Online-Bestellmöglichkeit präsentieren. Der Kunde kann also auswählen, welche Variante er bevorzugt. Da es sich hierbei um verschiedene Distributionskanäle handelt, wird diese Marketingform häufig als *Cross-Channel-Marketing* bezeichnet. Ein gutes Beispiel liefert Ikea: Auf der Website und im Online-Shop *ikea.de* gibt es einen Hinweis auf die Einrichtungshäuser, und es ist möglich, die Verfügbarkeit der Produkte abzufragen (siehe Abbildung 9.6).

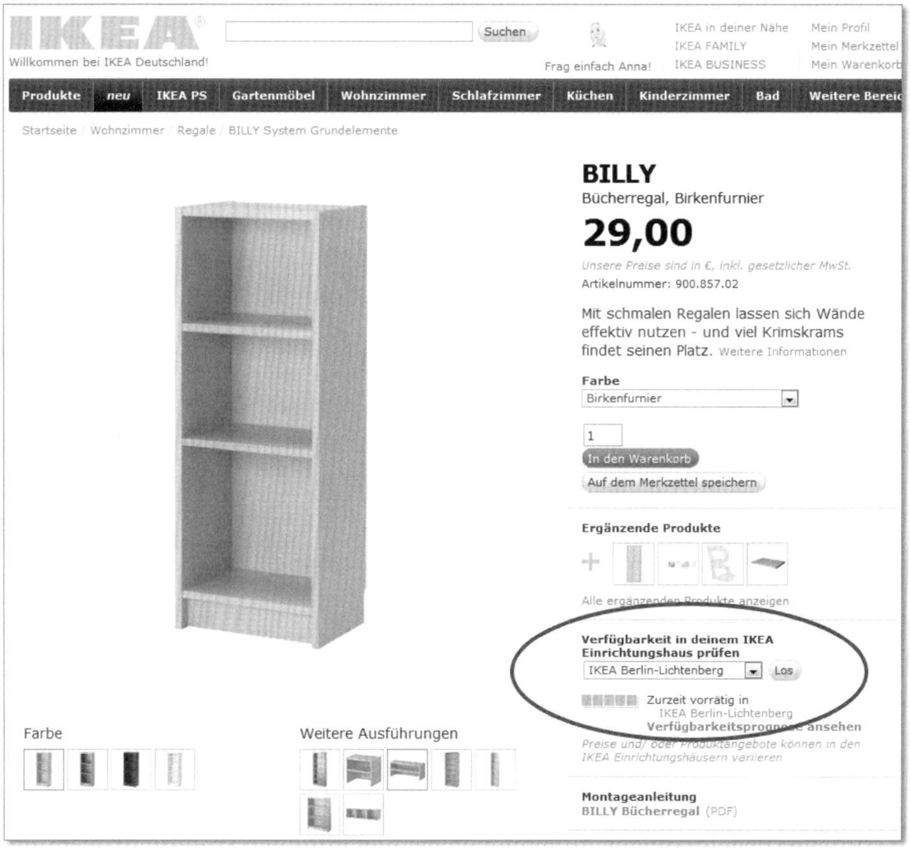

Abbildung 9.6 Cross-Channel-Marketing auf ikea.de

Die crossmediale Wirkung spielt im Marketing eine große Rolle, da sie eine große Effektivität der Kampagnen für die Werbetreibenden bedeutet. Wir wollen Ihnen im nächsten Abschnitt einige Beispiele großer Crossmedia-Kampagnen genauer vorstellen, damit Sie einen praktischen Einblick in die verschiedenen Werbemöglichkeiten bekommen.

9.3 Von Profis lernen – crossmediale Werbekampagnen

Schauen wir uns also drei Beispiele aus der Praxis genauer an. An diesen drei Kampagnen sieht man sehr gut, wie die einzelnen Marketingkanäle verbunden werden. Insbesondere groß angelegte Werbekampagnen setzen auf einheitliches Crossmedia-Marketing. Sie können dies z. B. bei neuen Kampagnen von Automobilherstellern oder Finanzprodukten der Banken sehen. Einen Überblick über neue Kampagnen finden Sie z. B. beim Marketingportal HORIZONT.NET (*www.horizont.net*) unter der Rubrik »Kreation«.

9.3.1 Crossmedia-Marketing bei ab-in-den-urlaub.de

Schauen wir uns also die erste Crossmedia-Kampagne im Detail an. *ab-in-den-urlaub.de* ist eine der größten deutschen Websites für die Online-Reisebuchung. Sie wirbt auf allen Marketingkanälen und nutzt dafür den Fußballer Michael Ballack als *Testimonial*. Mit seinem bekannten Gesicht ist er Werbebotschafter für das Unternehmen. Dadurch wird ein positiver Imagetransfer geschaffen. Die Bekanntheit des Testimonials und die Sympathien für ihn sollen somit auf das Reiseportal übertragen werden. Im Crossmedia-Marketing lassen sich Testimonials sehr gut einsetzen, da sie medienübergreifend z. B. auf Plakaten und in TV-Spots genutzt werden können. *ab-in-den-urlaub.de* schaltet ebenso Fernsehwerbung mit dem Fußballstar, wie Sie in Abbildung 9.7 sehen.

Abbildung 9.7 TV-Spot von ab-in-den-urlaub.de

Wenn Sie selbst diesen TV-Spot gesehen haben, werden Sie – Reiselust vorausgesetzt – die Website von *ab-in-den-urlaub.de* aufsuchen. Wahrscheinlich tippen Sie die Adresse in Google ein, da es sich um eine längere URL handelt. Sie sehen als Nächstes die Google-Suchergebnisseite zum Begriff »ab in den urlaub« (siehe Abbildung 9.8).

Zu einer guten Crossmedia-Kampagne gehört, dass der Werbetreibende in den Suchergebnissen zu relevanten Begriffen gefunden wird. Dies sind vor allem der Firmenname und der Domain-Name mit den Zusätzen »www.« oder ».de«. Denken Sie auch an Falschschreibungen, die durch das Vertippen auf der Tastatur oder durch Missverstehen des Markennamens zustande kommen können. Stellen Sie also sicher, dass

Sie vor einem großen Kampagnenstart mit Fernsehwerbung oder Plakaten gut gefunden werden. Dies erreichen Sie über gezielte Suchmaschinenwerbung (SEA) oder Suchmaschinenoptimierung (SEO), die wir in den Kapiteln 11 und 12 detailliert beschreiben. Sie können damit kostspielige Kampagnen noch besser ausnutzen, indem Sie die Interessenten bedienen und mit den nötigen Informationen und Angeboten versorgen.

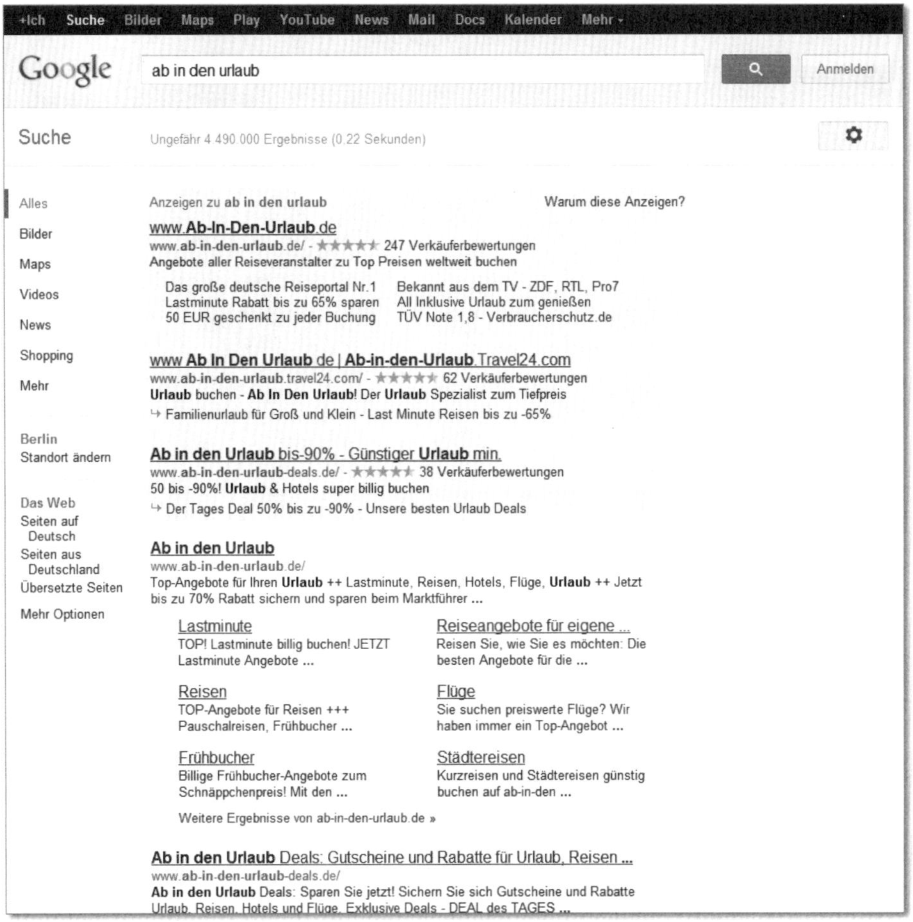

Abbildung 9.8 Google-Suchergebnisseite zum Begriff »ab in den urlaub«

Wenn Sie fündig geworden sind, klicken Sie nun auf die optimierte AdWords-Suchanzeige oder auf die darunterliegenden natürlichen Suchergebnisse. Und wen sehen Sie nach dem Klick? Richtig: Michael Ballack (siehe Abbildung 9.9). Über das bekannte Testimonial wird hier die crossmediale Wirkung und der Wiedererkennungswert genutzt. Der Nutzer fühlt sich auf der richtigen Seite angekommen und hat ein gewisses Grundvertrauen aufgebaut, sodass eine Reisebuchung sehr viel wahrscheinlicher wird.

Abbildung 9.9 Die Website von ab-in-den-urlaub.de

Auch in anderen digitalen Marketingkanälen und auf Plakaten wird passend geworben. So werden z. B. auch Werbebanner an das Kampagnenmotiv angepasst und im Layout einheitlich gestaltet (siehe Abbildung 9.10).

Abbildung 9.10 Werbebanner von ab-in-den-urlaub.de

Das Unternehmen ab-in-den-urlaub.de verbindet daher sehr gut die Website als ihr Hauptmedium mit klassischen und digitalen Werbemaßnahmen, die aufeinander abgestimmt sind. Durch eine sympathische Person als kampagnenverknüpfendes Testimonial wird zusätzlich ein positives Marken-Image aufgebaut.

9.3.2 Crossmedia-Marketing zur Einführung der Marke ERGO

Eine weitere bekannte Crossmedia-Kampagne ist die bereits erwähnte Einführung der Versicherungsmarke ERGO. Diese ist 2010 aus den zwei Unternehmen Hamburg-Mannheimer und Victoria Versicherungen hervorgegangen. Die Aufgabe war nun, diese neue Marke schnell bekannt zu machen. Unter dem Slogan »Versichern heißt verstehen.« wurden verschiedene Kampagnenmotive erstellt und crossmedial verbreitet. In Abbildung 9.11 sehen Sie eine Printanzeige aus der Frankfurter Allgemeinen Zeitung (FAZ). Auch hier sehen Sie den Hinweis auf die Website.

9

Abbildung 9.11 ERGO-Kampagne zur Markeneinführung

Das gleiche Motiv wurde auch großflächig plakativ genutzt, z. B. auf einem Megaposter am Potsdamer Platz in Berlin (siehe Abbildung 9.12). Ergänzend wurde ein TV-Spot geschaltet, mit dem unter anderem auch multimedial mittels Videomarketing geworben wurde. Mit sogenannten *Pre-Roll-Ads* wurde z. B. vor Videobeiträgen auf Spiegel Online mit Spots für die neue Marke geworben. Mehr zu den verschiedenen Möglichkeiten des Videomarketings erfahren Sie in Kapitel 6, »Videomarketing«.

Abbildung 9.12 ERGO-Plakat am Potsdamer Platz in Berlin (Quelle: ERGO AG)

Wenn wir uns die zugehörige Website *www.ergo.de* anschauen, können wir feststellen, dass auch diese konsequent das Kampagnenmotiv und den Slogan aufgreift (siehe Abbildung 9.13). Die Website gibt nun die Möglichkeit, tiefgründiger zu informieren und gegebenenfalls eine Versicherung abzuschließen.

Abbildung 9.13 ERGO-Website

Damit hat die Versicherung ERGO eine komplette Crossmedia-Kampagne erstellt und konnte innerhalb eines Jahres eine Markenbekanntheit von 63 % erreichen. Dies ergab eine Untersuchung des Marktforschungsinstituts YouGovPsychonomics. Konnten zu Jahresbeginn nur wenige Menschen diese Marke einordnen, so kannte nach der Kampagne bereits über die Hälfte der Personen die Marke ERGO.

9.3.3 Crossmedia-Kampagne zum 50-jährigen Jubiläum von Saturn

Eine weitere Crossmedia-Kampagne, die wir uns genauer anschauen werden, ist die Werbung des Elektronikfachmarkts Saturn zum 50-jährigen Jubiläum des Unternehmens. Saturn ist werbemäßig vor allem mit dem Slogan »Geiz ist geil!« in Erscheinung getreten, der viel diskutiert wurde. Die neue Kampagne hat nun den Slogan »Geil ist geil!« mit entsprechender musikalischer Untermalung. Auch bei Saturn wird in der neuen Kampagne mit einem Testimonial geworben. Hier tritt der amerikanische Boxkampfmoderator Michael Buffer als Marktschreier auf (siehe Abbildung 9.14).

Abbildung 9.14 Crossmediale Werbekampagne »Geil ist Geil« von Saturn

Die groß angelegte Kampagne fand nicht nur in TV- und Radio-Spots statt, sondern auch in Printanzeigen, auf Plakaten, online und am *Point-of-Sale*. Point-of-Sale meint dabei die stationären Elektronikmärkte, also den Ort des Produktverkaufs. Saturn nimmt hierbei die konsequente crossmediale Verknüpfung der einzelnen Marketingkanäle ernst und hat die Werbemaßnahmen entsprechend angepasst. Dies spiegelt sich online z. B. in der Suchmaschinenwerbung wider, wie Sie in Abbildung 9.15 sehen. Suchen Sie in Google nach »saturn«, erscheint der entsprechende Werbeslogan auch in der AdWords-Anzeige. Personen, die aufgrund von Fernsehwerbung danach gesucht haben, fühlen sich sofort abgeholt und werden die Anzeige vermutlich anklicken. Noch konsequenter wäre es, auch das organische Suchmaschinenergebnis, das Sie in der zweiten Markierung sehen, an den Werbeslogan anzupassen. Die Einträge dazwischen stammen aus Google Places und könnten ebenso optimiert werden.

Abbildung 9.15 Google-Suchergebnisseite zu »saturn«

Wenn Sie nun durch Anklicken der Anzeige oder des Suchergebnisses die Website *www.saturn.de* aufsuchen, werden Sie feststellen, dass Sie auch hier wieder auf das Testimonial stoßen und rechts oben das Jubiläumslogo erkennen (siehe Abbildung 9.16). Sie sehen also, dass hier der crossmediale Ansatz vollständig umgesetzt wurde. Ähnliche Motive befinden sich auch auf Plakaten, in Printanzeigen und auf Werbebannern im Internet.

Die Beispiele von ab-in-den-urlaub.de, ERGO und Saturn für gelungenes Crossmedia-Marketing können Sie als Anregung für eigene Kampagnen nehmen. Denken Sie also bei der nächsten Kampagnengestaltung an die crossmediale Wirkung von Werbung, und stimmen Sie die einzelnen Maßnahmen in den verschiedenen Medien ab. Sicher werden Sie so noch mehr aus dem Marketing herausholen, und Ihre Website wird dann auch von allen klassischen Werbemaßnahmen profitieren.

Abbildung 9.16 Website saturn.de

9.4 Crossmedia-Publishing

Wenn Sie redaktionelle Inhalte veröffentlichen, können Sie Crossmedia-Marketing nutzen, um die Artikel und Meldungen in mehreren Medien gleichzeitig zu publizieren. Bei einigen Verlagen und Redaktionen wird daher crossmedial gearbeitet. Es gibt eine gemeinsame Redaktion für alle Medien. Man spricht dabei von *Crossmedia-Publishing*. Zu fast jeder Zeitung und Zeitschrift gehört inzwischen ein Internetauftritt. Viele Verlage sind dazu übergegangen, die Inhalte aus den Printversionen auch in das Internet zu übertragen. Hinzu kam in den letzten Jahren die Bereitstellung für mobile Endgeräte als neues Medium. So können sich Verlage also überlegen, welches Medium sie auf welche Art bedienen wollen. Hierbei spielt es natürlich eine Rolle, wie Sie mit den verschiedenen Angeboten Einnahmen erwirtschaften können. So besteht z. B. die Möglichkeit, Inhalte kostenpflichtig anzubieten.

Schauen wir uns als Beispiel die Zeitung »Die Welt« an. Die Zeitung erscheint täglich von Montag bis Sonntag und zusätzlich auch montags bis freitags in einem kleineren Format als »Welt kompakt«. Zusätzlich steht ein umfangreiches Internetangebot unter *www.welt.de* zur Verfügung, und auch mobile Versionen der »Welt« werden angeboten (siehe Abbildung 9.17). So steht mit *m.welt.de* zusätzlich eine Variante für Handys und Smartphones zur Verfügung. Abgerundet wird das Medienangebot von mobilen Apps für das iPhone, iPad und Android-Tablets.

Abbildung 9.17 Crossmedia-Publishing bei der Zeitung »Die Welt«

Damit steht eine Vielzahl an Medien zur Verfügung, die entsprechend bedient werden können und Marketingpotenzial beinhalten. Als Verlag stehen Sie nun vor der Überlegung, welche Inhalte Sie für die einzelnen Kanäle jeweils nutzen und aufbereiten möchten. Hier beginnt das Crossmedia-Publishing, komplex zu werden. Möchten Sie z. B. alle Inhalte aus der kostenpflichtigen Tageszeitung auch auf der Internetseite anbieten – und das kostenlos? Welche Inhalte sollen in den mobilen Versionen angeboten werden? Lange Leitartikel eignen sich wegen der kleineren Displays dafür eher weniger. Möchten Sie sogenannte *ePaper*-Ausgaben der gedruckten Zeitung für Internetnutzer zur Verfügung stellen? Sie sehen: Hier ist ein durchdachtes Konzept für das Publishing erforderlich. Wichtig ist dies auch für den Aufbau Ihrer Redaktion. Schreibt ein Redakteur nur für die Zeitung oder die Website? Oder wird die Redaktion zusammengelegt und schreibt dann für alle Medien?

Sollten Sie sich für eine crossmediale Strategie entscheiden, ist die medientypische Aufbereitung zu beachten. Jedes Medium hat eigene Anforderungen an die inhaltliche und technische Gestaltung. In digitalen Publikationen wird im Gegensatz zu gedruckten Zeitungen z. B. sehr viel mit Zwischenüberschriften gearbeitet, um den Online-Lesern bessere Orientierung zu bieten. In Online-Publikationen kommen Verlinkungen hinzu, die in Printmedien nicht genutzt werden können. Zusätzlich muss die technische Verarbeitung von Bildern beachtet und passend zum jeweiligen Medium aufbereitet werden. So können Sie z. B. für mobile Geräte nur kleine Bilder nutzen – im Gegensatz zu Zeitschriften, wo Bildmaterial in sehr großer Auflösung zur Verfügung stehen muss.

Die mobile Aufbereitung der Inhalte stellt eine weitere Herausforderung dar. Hier sollten Sie sich ein Konzept überlegen, wie Sie die Inhalte nutzergerecht aufbereiten. Wie schon erwähnt wurde, sind hier sehr lange Artikel und großformatige Bilder zu vermeiden. Wichtig ist weiterhin ein gutes Navigationskonzept, wie Leser zu den gewünschten Inhalten gelangen. Im Gegensatz zu einer Zeitung, die meist linear, von vorne bis hinten gelesen wird, gibt es online und mobil keine gewohnte Leserichtung.

Haben Sie ein durchdachtes Konzept für das Crossmedia-Publishing, können Sie Ihre Inhalte medienübergreifend anbieten und können so mehr Leser erreichen. Für die crossmediale Veröffentlichung von Inhalten gibt es verschiedene technische Lösungen diverser Anbieter, die Sie bei der Arbeit unterstützen. Zusätzlich können sich Synergieeffekte für Ihre Redaktion ergeben, indem gleichzeitig für verschiedene Medien geschrieben wird und nicht für jedes Medium eine einzelne Redaktion aufgebaut werden muss. Dadurch reduziert sich z. B. die Recherchearbeit für neue Artikel.

Häufig spricht man hierbei von der *Konvergenz der Medien*. Dies beschreibt die technische oder inhaltliche Annäherung der einzelnen Medien, die sich immer mehr angleichen. Inzwischen gibt es sogar TV-Formate der Printmedien und Zeitschriften zu Fernsehsendungen. Sie sehen, die Medien wachsen immer mehr zusammen. Dies zeigt sich auch an der Entwicklung des Internet-TVs, bei dem Sie Internetangebote auch auf dem Fernseher nutzen können. Viele spannende Entwicklungen erwarten uns also im Crossmedia-Bereich.

9.5 Crossmedia-Marketing to go

- Crossmedia-Marketing beschreibt die medienübergreifende Abstimmung von Marketingkampagnen. Mit einem inhaltlich und grafisch einheitlichen Konzept wird so die Werbewirkung erhöht.
- Crossmedia-Marketing umfasst dabei sowohl die klassischen Marketingkanäle als auch neue Instrumente wie Online- und Mobile Marketing.
- Der Aufbau einer crossmedialen Kampagne besteht dabei aus identischen Slogans und Bildmaterial. Zudem werden häufig Testimonials als medienübergreifende Werbebotschafter eingesetzt.
- Crossmedia-Kampagnen werden zeitlich optimal aufeinander abgestimmt, um größtmögliche Werbeeffekte zu erzielen.
- Die Website oder speziell angelegte Microsites sollen die Crossmedia-Kampagne bestmöglich unterstützen und zur Interaktion mit dem Kunden aufrufen. Alle Werbemittel sollten die Website-Adresse beinhalten.
- Mit Crossmedia-Marketing kann die Online-Werbung mit der klassischen Werbung optimal verbunden werden. So unterstützen sich beide Kanäle gegenseitig und sorgen für eine höhere Werbewirkung.
- Suchmaschinenmarketing, sowohl SEA als auch SEO, sollte in die Crossmedia-Kampagne integriert werden, da viele Interessenten, animiert durch die Kampagne, auch in Suchmaschinen nach Markennamen und Slogans suchen.

- Zweidimensionale QR-Codes bieten eine einfache Möglichkeit, eine Verknüpfung von Print- und Online-Medien zu mobilen Endgeräten herzustellen.
- Über Cross-Channel-Marketing kann der Kauf von Produkten über verschiedene Kanäle stattfinden und beworben werden. So lassen sich Käufe je nach Kundenbedürfnis über Katalog, Online-Shop oder eine Filiale abwickeln.
- Mittels Crossmedia-Publishing haben Verlage die Möglichkeit, für verschiedene Medien zu publizieren. Damit können Inhalte sowohl für Printmedien als auch für Internet und Handy zur Verfügung gestellt werden. Die Inhalte müssen dabei mediengerecht aufbereitet werden.

9.6 Checkliste Crossmedia-Marketing

Haben Sie die Ziele der Crossmedia-Kampagne klar definiert?	
Gibt es einen gut geplanten Zeitplan für die Kampagne?	
Sind die Werbemittel inhaltlich und gestalterisch angepasst?	
Verwenden Sie ein einheitliches Corporate Design?	
Haben Sie Ihre Inhalte für die einzelnen Medien entsprechend aufbereitet?	
Gibt es eine angepasste Website für die Crossmedia-Kampagne?	
Wurde an die Integration aller relevanten Medien gedacht?	
Haben Sie auch die Marketingmöglichkeiten im Social-Media-Bereich berücksichtigt?	
Haben Sie die Auffindbarkeit in Suchmaschinen – sowohl in den organischen als auch bezahlten Suchergebnissen – berücksichtigt?	
Gibt es einen Kampagnenslogan oder ein Testimonial?	

Tabelle 9.1 Checkliste Crossmedia-Marketing

Kapitel 10

Suchmaschinen – finden und gefunden werden

»Ich hatte den verrückten Einfall, das gesamte Web auf meinen Computer herunterzuladen. Ich ließ meinen Doktorvater wissen, dass es nur eine Woche dauern würde. Nach ungefähr einem Jahr besaß ich einen kleinen Teil davon.«
– Google-Gründer Larry Page

In diesem Kapitel lernen Sie die Welt der Suchmaschinen im Internet genau kennen. Wir stellen Ihnen die bekanntesten Anbieter vor und werfen auch einen Blick auf Alternativen. Sie erfahren zudem, wie Suchmaschinen im Hintergrund arbeiten und wie Menschen die Suche im Internet nutzen. Mit diesem Grundwissen können Sie dann tiefer in die Nutzung von Suchbegriffen einsteigen. Am Ende finden Sie wie immer einen Kurzüberblick »to go«.

Suchmaschinen wie Google und Co. haben sich als Einstieg zum Surfen im Internet etabliert. Daher haben viele Internetnutzer eine Suchmaschine ihrer Wahl auch als Startseite ihres Browsers festgelegt. Laut einer Studie des Marktforschungsunternehmens ComScore (*www.comscore.com*) wurden im Jahr 2009 weltweit täglich mehr als 4 Mrd. Suchanfragen gestellt, also 2,9 Mio. Eingaben von Suchbegriffen pro Minute. Für Deutschland liegt die Zahl bei 180 Mio. Suchanfragen pro Tag. Durch diese hohe Reichweite ist es für eine erfolgreiche Website sehr wichtig, auch in Suchmaschinen präsent zu sein und zu passenden Suchbegriffen gut gefunden zu werden. Wir nehmen Sie in diesem Kapitel mit in die Welt der Suchmaschinen und geben Ihnen einen Einblick in ihre Funktionsweise. In den beiden darauffolgenden Kapiteln werden wir Ihnen Anleitungen geben, wie Sie von der hohen Nutzung der Suchmaschinen selbst profitieren können.

10.1 Suchmaschinen, Webkataloge und Metasuchmaschinen

Beim Surfen im Internet stellt sich häufig die Frage, wie Sie an gewünschte Informationen oder Angebote gelangen. In den Anfangszeiten des Internets geschah dies meist über Webkataloge, also Verzeichnisse, in denen die verschiedenen Websites redaktionell in Kategorien einsortiert wurden. Ein prominentes Beispiel dafür ist der Dienst Yahoo. Ein weiterer bekannter Webkatalog ist das Open Directory Project DMOZ (*www.dmoz.de*). DMOZ ist ein von ehrenamtlichen Editoren gepflegter Webkatalog, in dem man zu allen Kategorien Websites findet.

Häufig wurden früher Informationsportale als Startseite genutzt, wie z. B. T-Online, und man navigierte von dort auf weiter verlinkte Webseiten. Im Laufe der Zeit nahm die Zahl der Internetseiten aber so rasant zu, dass die Gesamtheit der Inhalte nicht mehr über Webkataloge zu erfassen war. Darum entwickelten sich recht schnell Suchmaschinen für das Internet. Suchmaschinen erstellen automatisiert einen mit Schlagworten versehenen Index an Internetseiten und bewerten die Relevanz der Website nach einer Reihe unterschiedlicher Faktoren. Die populärste Suchmaschine ist derzeit Google, die wir in Abschnitt 10.2.1, »Google«, näher beschreiben.

Neben den Suchmaschinen haben sich auch sogenannte Metasuchmaschinen entwickelt, die die Ergebnisse verschiedener Suchmaschinen zu einem Ergebnis zusammenfassen. Beispiel hierfür sind MetaCrawler (*www.metacrawler.com)* oder MetaGer (*meta.rrzn.uni-hannover.de*), ein Projekt des regionalen Rechenzentrums Niedersachsen. Die Nachfolgerversion steht seit 2005 als Metager2 (*metager2.de*) zur Verfügung und wird vom Verein SUMA-EV betrieben.

Für die Informationsbeschaffung im Internet konnten sich insbesondere die Suchmaschinen gegen Webkataloge und Metasuchmaschinen durchsetzen. Die Vorteile aus schnellen Ergebnissen in Kombination mit hoher Qualität und Quantität konnte viele Internetnutzer überzeugen. Vielfach sind Suchmaschinen daher der Einstieg zum Surfen im Netz geworden. Daraus ergibt sich eine so hohe Popularität der Suchmaschinen, dass Sie als Website-Betreiber immer ein Auge auf die Entwicklungen des Suchmaschinenmarktes haben sollten. Die Studie *internet facts* der Arbeitsgemeinschaft Online Forschung (AGOF) bestätigte im Januar 2012, dass die Recherche in Suchmaschinen die am zweithäufigsten genutzte Anwendung im Internet ist. Auf Platz eins stehen die privaten E-Mails. In absoluten Zahlen bedeutet dies für Deutschland, dass 41,4 Mio. Menschen regelmäßig Suchmaschinen nutzen.

10.2 Welche Suchmaschinen gibt es?

Der Suchmaschinenmarkt wird aktuell von Google dominiert. Der erst relativ spät gestartete Dienst hat Konkurrenten wie Yahoo und Microsoft auf die hinteren Plätze verdrängt. Yahoo und Microsoft mit der Suchmaschine Bing sind die beiden meistgenutzten Verfolger. Neben den drei bekannten Suchmaschinen gibt es noch weitere Wettbewerber, die aber zum Teil von den großen Suchmaschinen mit Ergebnissen beliefert werden. WebHits (*www.webhits.de*), ein Anbieter für Webstatistiken, ermittelt regelmäßig die Marktanteile für Suchmaschinen (siehe Abbildung 10.1). Die Zahlen für Januar 2012: Google liegt in Deutschland mit großem Vorsprung bei 83,8 %, gefolgt von Bing mit 4,6 % und Yahoo mit einem Marktanteil von 3,4 %. Die T-Online-Suche ist in Deutschland die viertgrößte Suchmaschine (3,1 %).

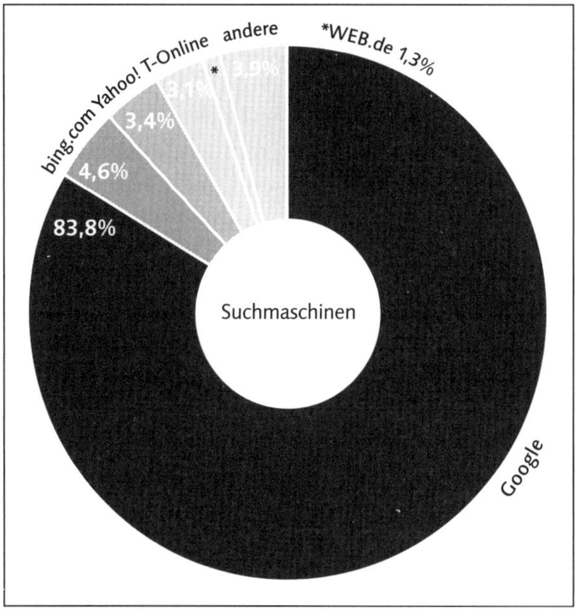

Abbildung 10.1 Marktanteile der Suchmaschinen (Quelle: WebHits)

Für den Vorreitermarkt USA wurden im Oktober 2011 vom Marktforschungsinstitut *Experian Hitwise* (*www.hitwise.com/us/about-us/press-center/press-releases/bing-powered-share-of-searches-at-29-percent/*) die in Tabelle 10.1 aufgeführten Marktanteile für Suchmaschinen erhoben. Sie erkennen daran recht deutlich, dass in den USA die Marktführerschaft von Google nicht so hoch ist wie in Deutschland. Yahoo und Bing haben in den USA beide einen deutlich höheren Marktanteil als hierzulande. Da Yahoo die Suchergebnisse von Bing ausliefert, kann der Marktanteil der von Bing ausgeführten Suchen auf 28,6 % zusammengefasst werden.

Suchmaschine	Marktanteil USA
www.google.com	65,4 %
search.yahoo.com	15,4 %
www.bing.com	13,2 %

Tabelle 10.1 Marktanteil der Suchmaschinen in den USA

International gibt es aber noch weitere relevante Suchmaschinen, wie *Baidu* (*www.baidu.com*) in China oder *Yandex* (*www.yandex.ru*) in Russland, die dort jeweils den größten Marktanteil haben. Baidu, die in China auch eine Suche für MP3-Musikdateien anbietet, erreicht dort einen Marktanteil von 63 %. Von 2004 bis 2006 hielt auch Google einen Anteil von 2,6 % an Baidu. Yandex, der bereits 1997 gegründete Marktführer in Russland, hat einen Anteil von über 60 % am russischen Suchmaschinenmarkt (nach den Statistiken des Dienstes *LiveInternet.ru*).

Auf die drei für Deutschland und Europa relevantesten Suchmaschinen – Google, Yahoo und Bing – wollen wir hier weiter eingehen und Sie mit den Besonderheiten vertraut machen. Sind Sie mit Ihrer Website auch in anderen Ländern aktiv, sollten Sie immer ein Auge auf die lokalen Marktanteile der Suchmaschinen haben, damit Sie alle Möglichkeiten erfolgreich nutzen können.

10.2.1 Google

Google (*www.google.de*), aktuell die führende Suchmaschine weltweit und auch in Deutschland, wurde im September 1998 von Larry Page und Sergey Brin gegründet (Abbildung 10.2). Das Unternehmen ging aus einem Forschungsprojekt der beiden Stanford-Studenten zu neuen Suchtechnologien für das Internet hervor. Was einmal klein anfing, hat sich zu einer gigantischen Größe entwickelt: Das als Google Inc. in einer Garage gestartete Unternehmen ist inzwischen börsennotiert und zählt zu den umsatzstärksten Firmen weltweit.

Abbildung 10.2 Die Google-Startseite von 1998

Beide Gründer standen Anfang 2012 im Alter von 38 Jahren auf Platz 24 der Liste der reichsten Menschen der Welt, so die Angaben des US-amerikanischen Wirtschaftsmagazins Forbes (*www.forbes.com/wealth/billionaires*). Aktuell hat Google weltweit mehr als 32.000 Mitarbeiter und machte im Jahr 2011 einen Umsatz von 37,9 Mrd. US$, bei einem Gewinn von 9,7 Mrd. US$. Page und Brin haben gemeinsam 57,7 Mio. Google-Aktien, was bei einem Börsenkurs von 620 Dollar pro Aktie einem Gegenwert von etwa 35,8 Mrd. US$ entspricht. Der Ausgabepreis, als Google im August 2004 an die Börse ging, lag noch bei 85 US$. Insgesamt gibt es 312 Mio. Google-Aktien. Damit ist Google Inc. an der Börse aktuell mehr wert als solch große Unternehmen wie IBM, Intel oder HP. Die Haupteinnahmequelle des Unternehmens ist das Werbeprogramm *AdWords*, das Google im Oktober 2000 startete. Werbetreibende Kunden können unter anderem auf den Suchergebnisseiten kleine Textanzeigen schalten und auf ihre Website verweisen. Seit Oktober 2002 ist Google AdWords auch in Deutschland verfügbar. Weitere Informationen zum AdWords-Anzeigensystem und dazu, wie Sie dieses selbst nutzen können, finden Sie in Kapitel 11, »Suchmaschinenwerbung (SEM)«.

Abbildung 10.3 Die Google.de-Startseite 2012

Google, das seinen Hauptsitz in Mountain View (Kalifornien) hat und an vielen Standorten weltweit vertreten ist, verfolgt das Ziel, die Informationen der Welt zu organisieren und allgemein nutzbar und zugänglich zu machen. Zu Google gehört auch die bekannte Videoplattform *YouTube* (mehr dazu in Kapitel 6, »Videomarketing«), die Foto-Software *Picasa* und die Blogplattform *Blogger*. Weltweites Kartenmaterial und Satellitenaufnahmen stellt das Unternehmen mit *Google Earth* und

Google Maps kostenlos zur Verfügung. Inzwischen werden sogar hochauflösende Straßenansichten mit *Google Street View* angeboten, die aber stark in die Kritik geraten sind. Auch das Projekt *Google Books*, bei dem möglichst viele Bücher digitalisiert und öffentlich zugänglich gemacht werden sollen, ist ein umstrittenes Projekt des Unternehmens. Google veröffentlichte im September 2008 außerdem einen eigenen Webbrowser namens *Chrome* und Ende 2009 das auf Linux basierende Betriebssystem *Chrome OS* für Netbooks. Das Betriebssystem *Android* für mobile Endgeräte wie Smartphones und Tablet PCs wurde im Oktober 2008 von der Open Handset Alliance vorgestellt. Google gehört zu den stärksten Mitgliedern der Open Handset Alliance und übernimmt die federführende Verantwortung in der Weiterentwicklung des mobilen Betriebssystems.

Abbildung 10.4 Google-Suchergebnisseite zum Begriff »New York«

Die Suchergebnisse werden in Form einer sortierten Liste ausgeben. Diese ist standardmäßig auf zehn Ergebnisse voreingestellt. Hinzu kommen zum Suchbegriff passende Werbeanzeigen aus dem Google-AdWords-Programm. Die Suchergebnisseiten entwickeln sich immer weiter und unterliegen einer gewissen Evolution. So kommen häufig sogenannte *Universal-Search-Einblendungen* zum Vorschein, die z. B. Bilder, Videos, aktuelle Nachrichten und Landkarten zeigen. Solch eine Suchergebnisseite mit Universal-Search-Einblendungen sieht man, wenn man nach einem aktuellen Thema sucht. Ein Beispiel für eine Suchergebnisseite (engl. *Search Engine Result Page, SERP*) zum Begriff »New York« sehen Sie in Abbildung 10.4.

Seit Mai 2010 ist die Oberfläche von Google in einem neuen Design verfügbar. Die größte Änderung besteht in der neuen linken Spalte, in der die zum Suchbegriff passenden Kategorien, wie z. B. SHOPPING, BILDER oder NEWS erscheinen. Mit einem Klick darauf können Sie sich die Suchergebnisse aus der Produktsuche, Bildersuche oder Google News anzeigen lassen. Die Suchergebnisseiten werden auch weiterhin optisch überarbeitet. So kam 2011 am oberen Rand eine schwarze Leiste hinzu, die stärker auf die verschiedenen Google-Dienste und das soziale Netzwerk Google+ hinweist. Außerdem finden Sie hier die Anmeldefunktion, mit der Sie sich bei Google registrieren können. Sobald Sie eingeloggt sind, erhalten Sie personalisierte Suchergebnisse. Google versucht aus Ihrem Nutzerverhalten, die für Sie relevantesten Ergebnisse weiter oben anzuzeigen. Verfügen Sie zudem über ein Google+-Profil, sehen Sie Suchergebnisse höher positioniert, die von Ihren Kontakten empfohlen wurden.

Mit *Google Instant* steht seit September 2010 eine Funktion zur Verfügung, die schon während der Eingabe eines Begriffs Suchergebnisse liefert. In Abbildung 10.5 sehen Sie die Eingabe der ersten Buchstaben »piz«. Google schließt daraus, dass Sie nach »Pizza« suchen wollen, und liefert erste Suchergebnisse von Pizza-Lieferdiensten. Mehr über diese neue Funktion inklusive eines Videos, wie die Instant-Suche funktioniert, finden Sie unter *www.google.de/instant/*.

Google hat mit einem Marktanteil von über 80 % in Deutschland quasi eine Monopolstellung erreicht. Durch die herausragende Stellung hat es das Unternehmen sogar mit dem Verb »googeln« seit 2004 in den Duden geschafft. Bei der Arbeit mit Suchmaschinen geht damit kein Weg an Google vorbei. Aufgrund dieser starken Verbreitung gehen wir in diesem Buch besonders auf Google ein, speziell in den Kapiteln zu Suchmaschinenwerbung und -optimierung. Trotzdem sollten Sie auch die anderen Suchmaschinen im Auge behalten, da sich sonst schnell eine starke Abhängigkeit von Google ergeben kann.

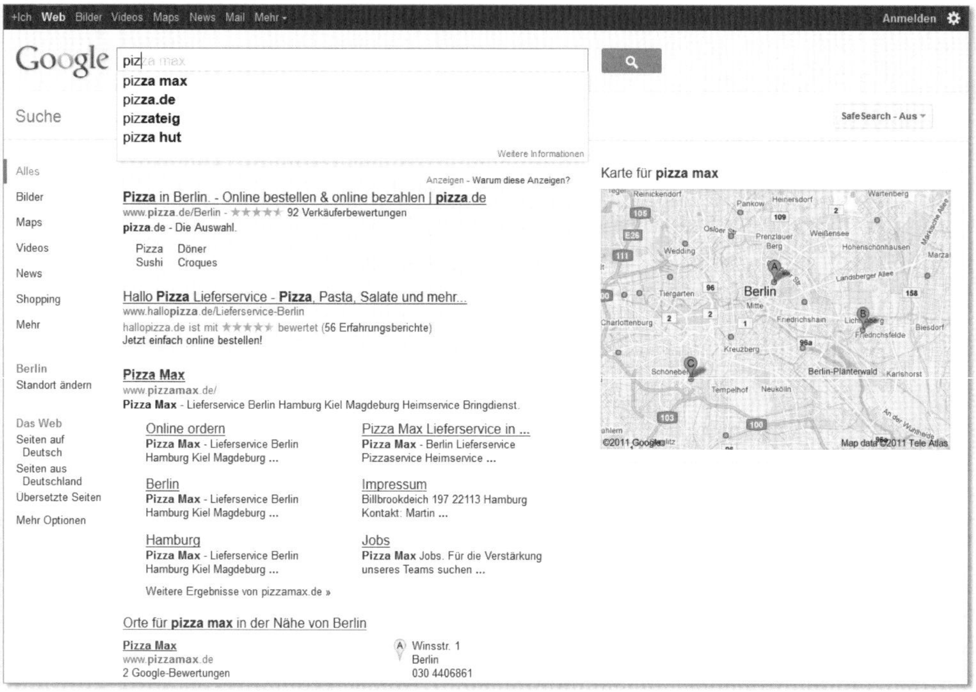

Abbildung 10.5 Die Google Instant-Funktion

> **Google in der Diskussion**
>
> Wer sich eingehender mit dem Suchmaschinengigant Google auseinandersetzen möchte, dem seien zwei Bücher empfohlen, zum einen »Die Google-Falle« von Gerald Reischl und zum anderen »Was würde Google tun?« von Jeff Jarvis. Reischl warnt in seinem Buch vor der Macht des Unternehmens, insbesondere was die Datenbestände anbelangt. Das Buch von Jeff Jarvis ist eher ein Gegenpol zu Reischls Sichtweise der Google-Falle. Jarvis beschreibt, wie man von den Erfolgsstrategien Googles profitieren kann. Empfehlenswert ist es daher, beide Bücher zu lesen, um sich selbst eine Meinung zu bilden.

10.2.2 Yahoo

Yahoo (*www.yahoo.de*), anfangs als universitärer Webkatalog gestartet, ist in einigen Ländern (z. B. den USA) noch stärker vertreten als in Deutschland. Hierzulande ist der Marktanteil in den einstelligen Bereich abgerutscht. Durch die geringe Nutzerschaft ist auch die Konkurrenz für Suchmaschinenwerbung und -optimierung vergleichsweise gering, sodass sich zielgerichtete Kampagnen hier lohnen können, wenn auch nicht die große Masse an Nutzern erreicht werden kann.

Abbildung 10.6 Die Yahoo.de-Startseite

Unter der Internetadresse *yahoo.de* präsentiert sich Yahoo derzeit als Informationsportal mit aktuellen Nachrichten, Wetter- und Finanzinformationen (Abbildung 10.6). Zudem wird *Yahoo Mail* eingebunden, ein beliebter, kostenloser E-Mail-Service. Die Suchfunktion erreicht man über den ganz oben platzierten Suchschlitz oder über den direkten Link zur Yahoo-Suche (*de.search.yahoo.com*, siehe Abbildung 10.7).

10

Abbildung 10.7 Die Startseite der Yahoo-Suche

Yahoo wurde im März 1995 von zwei Studenten der amerikanischen Stanford-Universität als ein Verzeichnis von empfohlenen Websites gegründet. Hervorgegangen ist Yahoo aus dem im April 1994 gestarteten Internetverzeichnis »Jerry and David's Guide to the World Wide Web«. Jerry Yang und David Filo starteten damit einen der erfolgreichsten Webkataloge und bauten die Seite zu einer Suchmaschine aus. Yahoo ist die Abkürzung für »*Yet Another Hierarchical Officious Oracle*«, was so viel bedeutet wie »Noch so ein hierarchisches, übereifriges Orakel«. Das Unternehmen hat seinen Hauptsitz in Sunnyvale, Kalifornien, und ist in 41 Ländern mit insgesamt 21 Sprachversionen vertreten. Mit der Ausrichtung als Informationsportal wird aktuell stark an der Personalisierung der Inhalte gearbeitet. Wenn Sie sich ein Benutzerkonto anlegen und weitere Informationen zu Ihrer Person angeben, bekommen Sie eine auf Ihre Bedürfnisse zugeschnittene persönliche Yahoo-Seite zu sehen. Zu Yahoo gehört der beliebte Fotodienst *Flickr* (*www.flickr.com*), auf dem Sie Ihre Fotosammlung hochladen und anderen Benutzern freigeben können.

2009 ging Yahoo mit Microsoft eine strategische Kooperation im Bereich der Suche ein. Die Suchtechnologie wird seitdem von Microsoft weiterentwickelt und von beiden Unternehmen gemeinsam genutzt. Yahoos Suchergebnisse werden seit August 2011 von Microsofts Suchmaschine Bing ausgeliefert. Im Gegenzug vermarktet Yahoo die Anzeigenschaltung auf den Suchergebnisseiten.

10.2.3 Bing

Die Suchmaschine *Bing* (*www.bing.de*) von Microsoft ist erst im Juni 2009 gestartet, ist aber der direkte Nachfolger der Suchmaschine Microsoft *Live Search*. Bing bietet ebenso wie Google weitere Suchbereiche wie Bilder, Videos, Karten und Produkte. Die Produktsuche wird in Deutschland über das Portal *ciao.de* angeboten. Die Startseite präsentiert sich ähnlich wie andere Suchmaschinen minimalistisch mit einem Suchfeld (siehe Abbildung 10.8). Optisch aufgewertet wird die Startseite durch täglich wechselnde Hintergrundbilder.

Abbildung 10.8 Die Bing-Startseite

Bing präsentierte sich zum Start als »Entscheidungsmaschine«. Sie soll dem Benutzer nützliche Antworten liefern, nicht nur reine Suchergebnisse. Insbesondere in den USA bekommt man für einige Suchbegriffe unterschiedlich aufgebaute Ergebnisseiten. In Abbildung 10.9 finden Sie eine Suchergebnisseite für Reiseanfragen. Am Beispiel des Suchbegriffs »New York« sehen Sie, dass die Ergebnisseite mit weiteren Informationen angereichert wird. Die offizielle Webseite der Stadt, Wetterinformationen, Sehenswürdigkeiten und eine Bildergalerie werden prominent angezeigt. Seit März 2010 bietet Bing auch eine Echtzeitsuche an, indem es den Kurznachrichtendienst *Twitter* einbindet. Hier werden die Kurznachrichten zu einem aktuellen Thema gesammelt und zusammengefasst. Auf das Thema Twitter gehen wir in Kapitel 4, »Social Media Marketing«, näher ein.

Die drei großen Suchmaschinen kennen Sie nun genauer. Es gibt aber auch noch weitere, von denen Sie vielleicht schon gehört haben und die Sie eventuell auch genutzt haben. Einige Suchmaschinen versuchen sich mit ganz neuen oder alternativen Konzepten zu etablieren. Wir stellen Ihnen hier zehn ausgewählte Suchmaschinen kurz vor und empfehlen Ihnen, einen Blick auf die Alternativen zu Google und Co. zu werfen.

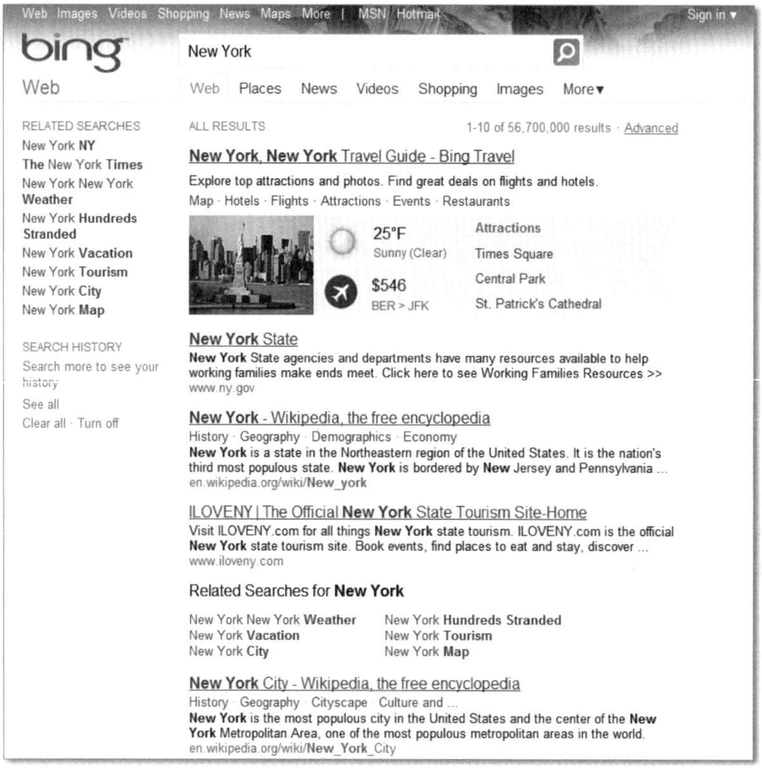

Abbildung 10.9 Bing-Suchergebnisseite für Reiseanfragen

Zehn alternative Suchmaschinen zu Google, Yahoo und Bing

- **T-Online Suche** (*suche.t-online.de*)
  Durch die hohe Reichweite von T-Online wird auch dessen Suchmaschine häufig genutzt. Sie hat sich in Deutschland nach Google, Bing und Yahoo als Nummer vier und damit als größte der kleinen Suchmaschinen etabliert. Viele Suchergebnisse werden von Google geliefert und durch eigene Ergebnisse angereichert.
- **Ask.com** (*de.ask.com*)
  Ask wurde 1996 unter dem Namen Ask Jeeves gegründet. Nutzer sollten ganze Fragen in die Suchmaschine eingeben können und passende Antworten bekommen, was sich aber nie durchsetzte. 2006 fand die Umbenennung in Ask.com statt. In den USA ist sie die viertgrößte Suchmaschine. Seit 2006 gibt es auch eine deutsche Version mit einer Vorschaufunktion für Suchergebnisse.
- **AltaVista** (*de.altavista.com*)
  AltaVista entstand 1995 als Forschungsprojekt und war eine der ersten Volltextsuchmaschinen. Bis 1999 war es die bekannteste Suchmaschine. 2003 wurde AltaVista

von Overture übernommen, einer Tochterfirma von Yahoo. AltaVista hat heutzutage nur noch eine geringe Reichweite.

- **Fireball** (*www.fireball.de*)
  Die Suchmaschine Fireball entstand 1996 an der Technischen Universität Berlin. 1999 wurde sie für 120 Mio. € an Lycos Europe verkauft. Durch die Auflösung des Unternehmens Lycos wurde Fireball 2009 selbstständig und positioniert sich mit hoher Benutzerfreundlichkeit und einem eigenen Suchindex für Deutschland.
- **Excite** (*www.excite.de*)
  Im Jahr 1995 ging Excite online, das – wie Google – auch in Stanford gegründet wurde. Excite präsentiert sich zurzeit als Webportal. Die Suche liefert Ergebnisse aus den eigenen Inhalten. Bei Auswahl der Websuche erscheinen Ergebnisse von Ask.com, da Excite 2004 von Ask.com übernommen wurde.
- **Blekko** (*blekko.com*)
  Blekko ist ein neues Suchmaschinenprojekt aus dem Silicon Valley und wurde erst im November 2010 gestartet. Eine Besonderheit sind die sogenannten *Slashtags*, die hinter einen Suchbegriff angefügt werden können, um Suchergebnisse besser zu filtern, z. B. »diabetes /health«. Bisher gibt es nur einen geringen Anteil deutscher Seiten in Blekkos Suchindex.
- **Ecosia** (*www.ecosia.org*)
  Ecosia ist eine neue deutsche Suchmaschine mit ökologischem Hintergrund. 80 % der Einnahmen durch Klicks auf Anzeigen werden an ein Regenwaldprojekt des WWF gespendet. Die Suchergebnisse und Werbeanzeigen werden von Bing und Yahoo geliefert.
- **Exalead** (*www.exalead.com/search/*)
  Exalead wurde in Frankreich gegründet und ging mit der ersten Version ihrer Suchmaschine 2004 online. Der Suchindex ist sehr groß und beträgt aktuell 16 Mrd. Seiten. Suchergebnisse werden mit einem Vorschaubild ergänzt und können durch Filtermöglichkeiten eingeschränkt werden.
- **WolframAlpha** (*www.wolframalpha.com*)
  WolframAlpha startete mit großer Aufmerksamkeit im Mai 2009. Sie ist aber eher eine wissenschaftliche Suchmaschine, die Suchbegriffe algorithmisch bewertet und entsprechende Suchergebnisse präsentiert. Suchen Sie z. B. nach »planet«, werden Ihnen alle Planeten mit den passenden Zusatzinformationen geliefert. In der Praxis konnte sich WolframAlpha allerdings nicht durchsetzen.
- **Yasni** (*www.yasni.de*)
  Yasni ist eine Suchmaschine, die öffentlich zugängliche Informationen zu einer Person zusammenstellt. Durch die gute Auffindbarkeit in großen Suchmaschinen wie Google bekommen Personensuchmaschinen viele Besucher. Eine weitere bekannte Personensuchmaschine ist *123people* (*www.123people.de*). Suchen Sie doch einmal nach Ihrem Namen. Sie werden erstaunt sein, was das Internet alles über Sie weiß.

10.3 Wie Suchmaschinen arbeiten

Suchmaschinen arbeiten nach einem komplexen Prozess, der in mehreren Schritten abläuft. Zuerst müssen Webseiten im Internet gefunden werden. Dann werden sie analysiert, bewertet und in einen Katalog aufgenommen. Der Katalog wird auch als *Index* bezeichnet. Damit steht eine große Datenbank an Webseiten zur Verfügung. Die eigentliche Suche wird vom Benutzer der Suchmaschine angestoßen. Die Suchmaschine arbeitet dann in einem sehr schnellen Prozess, durchsucht den Katalog, wählt relevante Ergebnisse aus, erstellt eine Sortierung (Ranking) und zeigt die Suchergebnisse sortiert an. Den gesamten Prozess sehen Sie in Abbildung 10.10.

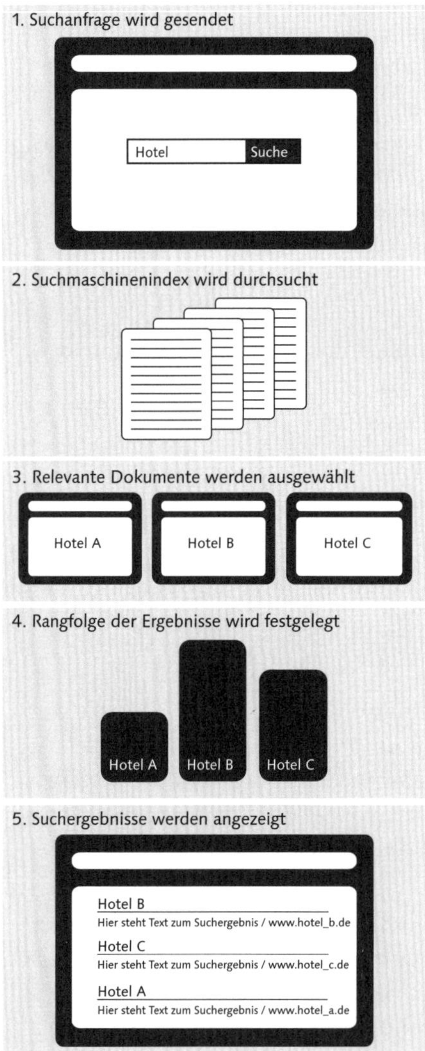

Abbildung 10.10 Die Arbeitsweise von Suchmaschinen

Auf die Schritte, wie das sogenannte *Crawling* und die *Indexierung* geschieht, werden wir im Folgenden eingehen, und wir werden auch einen Blick auf die Erstellung des Rankings werfen.

10.3.1 Crawling und Indexierung

Suchmaschinen arbeiten mit Programmen, die *Crawler* oder *Robots* genannt werden, um das Internet zu durchsuchen. Diese Crawler durchsuchen die Weiten des World Wide Web und erstellen einen Katalog aller Webseiten. Die Crawler folgen dabei den Verlinkungen auf einer Seite. Pro Tag werden so von den großen Suchmaschinen Millionen von Websites durchsucht. Sie erkennen den Besuch eines Crawlers auf Ihrer Webseite über den Blick in die Logfiles Ihres Webservers. Ihr technischer Ansprechpartner für den Webserver kann Ihnen diese Daten sicher zur Verfügung stellen. Sie sehen dann z. B. folgende Zeilen für den Besuch des Crawlers der Suchmaschine Google mit dem Namen »*Googlebot*«:


```
66.249.72.20 - - [06/Jan/2012:02:52:20 +0100] "GET /tag/spiegel/ HTTP/1.1"
404 6977 "-" "Mozilla/5.0 (compatible; Googlebot/2.1; +http://www.google.com/
bot.html)"
```

Den Crawler der Suchmaschine Bing (»*Bingbot*«) erkennen Sie an folgendem Eintrag:

```
207.46.13.49 - - [06/Jan/2012:04:16:34 +0100] "GET /tag/berlin/ HTTP/1.1" 200
9473 "-" "Mozilla/5.0 (compatible; bingbot/2.0; +http://www.bing.com/bingbot.
htm)"
```

Nach dem Crawlen werden die einzelnen Seiten analysiert und nach verschiedenen Kriterien bewertet. Die Seiten werden dann in den Katalog der Suchmaschine aufgenommen. Dieser wird üblicherweise als *Suchmaschinenindex* bezeichnet. Welche Websites wie oft gecrawlt werden und wie viele Unterseiten von jeder Website abgerufen werden, bestimmen die Algorithmen der Suchmaschinen. Generell kann man sagen: Je bekannter Ihre Website im Internet ist, desto öfter kommen die Suchmaschinen-Crawler auf Ihrer Website vorbei und nehmen auch mehr Unterseiten Ihrer Domain in den Index auf. Der gesamte Crawling-Prozess beginnt mit einer Liste von Internetadressen. Beim Durchsuchen dieser Websites erkennen die Suchprogramme Links auf jeder Seite und fügen diese zu einer Liste der zu crawlenden Seiten hinzu. Jede gecrawlte Seite wird von dem Suchmaschinen-Robot in eine Datenbank kopiert. Somit entsteht ein Index aller Wörter, die auf der Webseite vorkommen, und der Index verzeichnet auch, an welcher Stelle diese Wörter vorkommen. Der Prozess des Crawlings und der Indexierung kann ganz schnell erfolgen oder aber bei größeren Webseiten auch einige Tage in Anspruch nehmen.

10.3.2 Ranking-Kriterien für Suchmaschinen

Sobald ein Nutzer nun eine Suchanfrage eingibt, durchsucht die Suchmaschine den Index nach übereinstimmenden Seiten und zeigt dem Nutzer die relevantesten Ergebnisse an. Bei Google wird die Relevanz durch mehr als 200 Faktoren bestimmt. Die ersten Suchmaschinen arbeiteten als Volltextsuchmaschinen und analysierten den Text einer Webseite. Anhand der Inhalte wurde eine Rangfolge der Webseiten erstellt. Dies geschah z. B. aufgrund der Häufigkeit der Suchbegriffe auf der Seite. Im Laufe der Zeit genügte dieses einzelne Kriterium aber nicht mehr, da immer mehr Webseiten entstanden und durch gezieltes Ändern der Texte das Ranking von Webseitenbetreibern leicht beeinflusst werden konnte.

Suchmaschinenanbieter mussten sich also immer mehr Gedanken über die Relevanz der Suchergebnisse machen. 1997 kamen die späteren Google-Gründer Larry Page und Sergey Brin auf die Idee, Webseiten anhand ihrer Verlinkungen im Internet zu bewerten. Ähnlich wie auch bei Fachbüchern die Zitierungen werden Verlinkungen auf Webseiten als Empfehlungskriterium angenommen. Page und Brin forschten zu diesem Thema an der Universität in Stanford und entwickelten daraus die Kennzahl *PageRank*, die später auch patentiert wurde. Der PageRank hat einen Wert von 0 bis 10 und errechnet sich aus einer Formel, die die einzelnen Links von anderen Webseiten zusammenfasst.

Der Google-PageRank

Unter dem Titel »The Anatomy of a Large-Scale Hypertextual Web Search Engine« publizierten Larry Page und Sergey Brin ihre Forschungsergebnisse dazu, wie eine Suchmaschine im Internet aufgebaut sein muss. Diese Publikation können Sie auch heute noch auf den Seiten der Universität Stanford unter der Adresse *infolab.stanford.edu/~backrub/google.html* abrufen. In der Publikation finden Sie auch die patentierte Berechnung der PageRank-Formel. Die Bezeichnung PageRank stammt vom Erfinder Larry Page, nicht wie öfter falsch angenommen, von dem englischen Begriff »page« für »Seite«.

Der PageRank (*PR*) einer Seite *A* berechnet sich nach folgender Formel:

$$PR(A) = (1-d) + d\,(PR(T1)/C(T1) + \ldots + PR(Tn)/C(Tn))$$

T1 bis *Tn* sind die Webseiten, die auf Seite *A* verlinken. Der PageRank der einzelnen linkgebenden Seiten wird durch die Anzahl der ausgehenden Links *C* der Seite dividiert. Mit dem Standardwert 0,85 für den Dämpfungsfaktor *d* ergibt sich damit der PageRank einer Seite.

Sie können sich den PageRank als ganzzahligen Wert von 0 bis 10 einer Webseite mit Tools anzeigen lassen, z. B. mit Erweiterungen für Ihren Internetbrowser. Sie können dafür das Add-On *SearchStatus* (*www.quirk.biz/searchstatus/*) für den Mozilla Firefox nutzen bzw. *AEVITA Web Ranking* (*www.aevita.com/webranking/*) für den Internet Explorer von Microsoft. Oder Sie nutzen Online-Tools zum Abfragen der PageRank-Werte, z. B. unter *tools.sistrix.de/pr/*.

Beachten Sie aber, dass der angezeigte PageRank-Wert nur ein von Google nach außen kommunizierter Wert ist, der zudem nur unregelmäßig aktualisiert wird. Intern werden viel genauere und aktuelle Zahlen verarbeitet. Einen PageRank von 10 erreichen nur die wenigsten Seiten, z. B. *unesco.org*. Deutsche Webseiten findet man erst ab einem PageRank von 9, darunter viele Seiten öffentlicher Einrichtungen wie *bundesregierung.de*, *dfg.de* (Deutsche Forschungsgemeinschaft) und *bmbf.de* (Bundesministerium für Bildung und Forschung). Aber auch einige Unternehmen wie *mister-wong.de* und *infopark.de* haben es in die Liste geschafft.

Aus der Grundlagenforschung und der Entwicklung des PageRanks als Kriterium für die Relevanz einer Webseite im Internet entstand die Suchmaschine Google. Aber auch viele andere moderne Suchmaschinen verwenden die Verlinkungen als Ranking-Kriterium. Seitdem können die Ranking-Kriterien in On-Page- und Off-Page-Faktoren unterschieden werden. On-Page-Faktoren sind alle Einflussfaktoren auf Ihrer Webseite, z. B. Inhalte, interne Navigationsstrukturen oder der HTML-Quellcode. Zu den Off-Page-Faktoren gehört alles, was sich außerhalb Ihrer Webseite abspielt. Das sind insbesondere externe Verlinkungen. Auch die Ladegeschwindigkeit spielt eine Rolle für die Bewertung einer Webseite. In Kapitel 12, »Suchmaschinenoptimierung (SEO)«, gehen wir näher darauf ein.

Sicher wissen Sie selbst, dass nichts schlimmer ist, als auf das Laden einer Webseite zu warten. Sparen Sie deswegen nicht an Ihrem Webserver, und sorgen Sie für schnelle Ladezeiten Ihrer Website. Bei sehr großen Webseiten mit einem internetbasierten Geschäftsmodell ist dies enorm wichtig, da langsame Seiten meist Umsatzeinbußen mit sich bringen. Die Ladegeschwindigkeit wird als Ranking-Kriterium ebenfalls erfasst. Des Weiteren ist auch die Klickhäufigkeit auf Suchergebnisse entscheidend. Dieser Faktor wird als CTR (*Click-Through-Rate*) bezeichnet und beschreibt, wie oft Nutzer auf ein bestimmtes Suchergebnis im Verhältnis zu den Einblendungen klicken.

Neu hinzugekommen ist auch die sogenannte *Social Search*. Hiermit ist gemeint, dass Benutzer ihre Suchergebnisse bewerten können und damit individuell angepasste Suchergebnisseiten erhalten. Diese individuellen Bewertungen können auch für die unpersonalisierten Ergebnisse als Ranking-Kriterium zu Hilfe genommen werden, da hier eine große Masse an Nutzern fast demokratisch über verschiedene Webseiten abstimmt. Die Bewertung von Webseiten kann z. B. über soziale Netzwerke, wie Facebook, Google+ oder Twitter stattfinden.

Die Ranking-Kriterien der Suchmaschinen unterliegen ständigen Änderungen, um sich den Entwicklungen des Internets anzupassen und den Nutzern noch bessere Suchergebnisse zu liefern. Google hat z. B. bekannt gegeben, dass es jährlich zwischen 300 und 400 Änderungen am Algorithmus gibt. Dies sind natürlich auch viele kleinere Änderungen und Korrekturen. Diese verschiedenen Ranking-Kriterien sind sehr wichtig für die Suchmaschinenoptimierung Ihrer Website. Wir werden in Kapitel 12, »Suchmaschinenoptimierung (SEO)«, noch genauer auf die einzelnen On-Page- und Off-Page-Ranking-Kriterien eingehen und Ihnen Tipps geben, wie Sie die einzelnen Faktoren für Ihre Website verbessern können.

10.4 Das Suchverhalten – wie Menschen Suchmaschinen nutzen

Nachdem Sie nun wissen, wie die Suchmaschinen arbeiten, ist es natürlich interessant, zu wissen, wie die Menschen suchen, wenn sie vor ihren Computern sitzen. Dieser Suchprozess findet in mehreren Schritten statt. Zuerst muss sich der Nutzer natürlich für eine der Suchmaschinen entscheiden. Dann kann er oder sie mit der Suche beginnen. Hierfür sind vor allem die Suchbegriffe – auch *Keywords* genannt – ausschlaggebend, die von Internetnutzern eingegeben werden. Wir werden im Buch die Bezeichnung Suchbegriff und Keyword synonym nutzen. Der letzte Schritt im Suchprozess ist dann das Auswählen eines oder mehrerer Suchergebnisse, die die Suchanfrage ausgeliefert hat.

10.4.1 Suchbegriffe eingeben

Sobald ein Internetnutzer eine Suchmaschine aufgerufen hat, kann er mit dem Eingeben von Suchbegriffen beginnen. Einige Suchmaschinen, wie z. B. Google, bieten seit Kurzem auch Vorschläge für Suchbegriffe an, wenn mit dem Eintippen begonnen wird. Bei Google wird die Funktion als *Google Suggest* bezeichnet. Häufig gesuchte Begriffe werden somit als Erleichterung vorgegeben und können per Mausklick schnell ausgewählt werden. In Abbildung 10.11 sehen Sie, welche Vorschläge *google.de* für Suchbegriffe beim Eintippen von »reise« ausgibt. Solch eine Vorschlagsfunktion verändert natürlich das Suchverhalten der Nutzer, da sie häufig gesuchte Begriffe direkt vorgeschlagen bekommen und diese sofort auswählen, ohne den Suchbegriff weiter einzugeben. Häufig gesuchte Begriffe bekommen dadurch noch mehr Anfragen, selten gesuchte Begriffe werden dagegen noch weniger abgefragt.

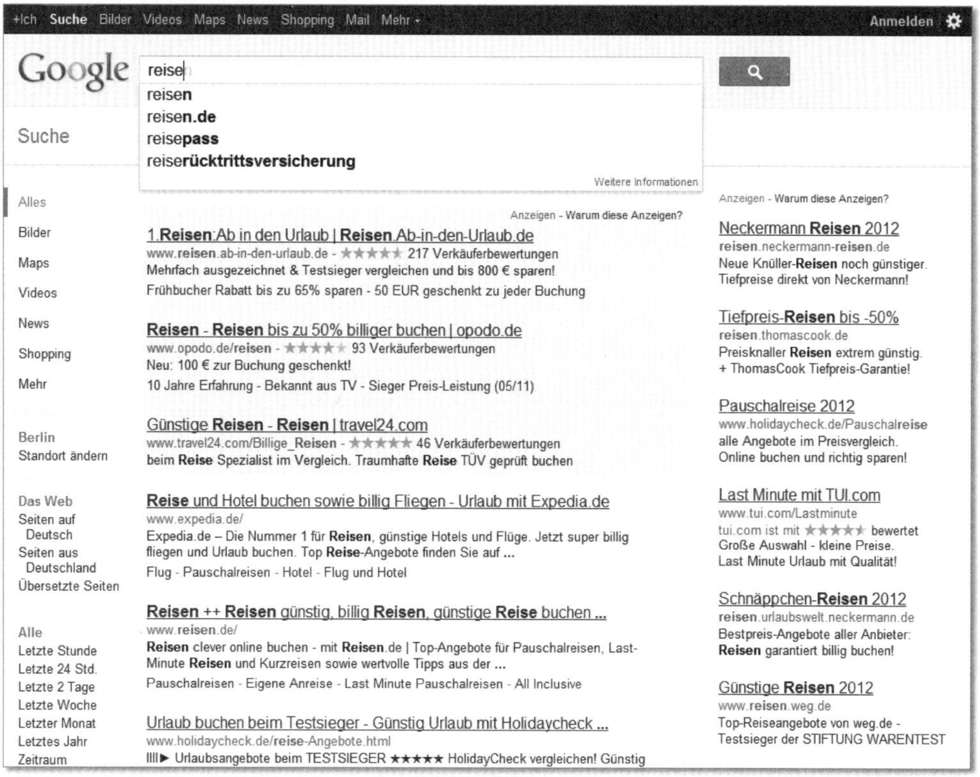

Abbildung 10.11 Vorschläge zum Suchbegriff »reise« bei google.de

Da viele Ergebnisse mit nur einem Suchbegriff zu ungenau sind, geht die Tendenz inzwischen zu Mehrwortkombinationen, indem die Suchenden Begriffe kombinieren, um passendere Suchergebnisse zu finden. Hier findet ein Lernprozess der Suchenden statt, die mit der Zeit feststellen, dass mit mehr kombinierten Suchbegriffen bessere Ergebnisse zu finden sind. Insbesondere Zweiwortkombinationen stellen eine häufig genutzte Variante dar, z. B. die Kombination eines Suchbegriffs mit einem regionalen Zusatz wie »Zahnarzt Berlin«. Das Marktforschungsunternehmen *Experian Hitwise* (*www.hitwise.com*) hat das Vorkommen der Mehrwortkombinationen zu verschiedenen Zeitpunkten untersucht und ist dabei zu dem Ergebnis gekommen, dass die meisten Suchanfragen aktuell aus einem Wort bestehen (28,6 %). Am zweithäufigsten wird mit einer Kombination aus zwei Wörtern gesucht (23,5 %) und am dritthäufigsten mit Dreiwortkombinationen (18,8 %; Tabelle 10.2).

Anzahl Wörter	April 2012	Januar 2011	Januar 2010	Januar 2009	Januar 2008
1	28,63 %	23,39 %	23,67 %	20,29 %	20,96 %
2	23,46 %	23,59 %	22,99 %	23,65 %	24,91 %
3	18,79 %	19,99 %	20,33 %	21,92 %	22,03 %
4	12,44 %	13,71 %	14,04 %	14,89 %	14,54 %
5	7,27 %	8,28 %	8,32 %	8,68 %	8,20 %
6	3,96 %	4,62 %	4,57 %	4,65 %	4,32 %
7	2,19 %	2,58 %	2,50 %	2,49 %	2,23 %
8 und mehr	3,26 %	3,85 %	3,58 %	3,43 %	2,81 %

Tabelle 10.2 Anteil der Mehrwortkombinationen bei Suchanfragen (Quelle: Experian Hitwise)

Spaß mit Google Suggest

Über die Google-Suggest-Funktion, die häufig gesuchte Begriffe bei Eintippen eines Wortes vorschlägt, lässt sich tief in die Suchgewohnheiten der Internetnutzer blicken. Geben Sie z. B. eine bekannte Person oder einen Firmennamen und das Verb »ist« in die Suchmaschine ein, so bekommen Sie teils abstruse Vorschläge für Suchbegriffe. Für Bill Clinton wird beispielsweise vorgeschlagen »Bill Clinton ist an der Weltfinanzkrise schuld«, für Apple »Apple ist Schrott« oder für Google selbst: »*Google ist ne Missgeburt*«.

Die Suchmaschine Bing hat die meistgesuchten Begriffe für das Jahr 2011 ausgewertet. Die Auflistung sehen Sie in Tabelle 10.3. Zu den Top 3 der Suchbegriffe zählen »Facebook«, »YouTube« und »eBay«. Einen schönen Überblick über sehr häufig gesuchte Begriffe finden Sie z. B. auch bei *Google Zeitgeist* (*www.googlezeitgeist.com/de*). Im Jahr 2011 sind in Deutschland die Suchanfragen für die Begriffe »Minecraft«, »Ehec« und »Iphone 5« am schnellsten angewachsen. Daran erkennt man sehr schnell, was die breite Masse interessiert. Inzwischen kann man häufige Suchanfragen auch auf ganz aktueller Basis finden. Die Informationen dafür liefert *Google Hot Searches* (*www.google.com/trends/hottrends*), bisher aber leider nur für die USA. Damit erkennt man sehr gut, was die Menschen aktuell interessiert, z. B. am 28. Mai 2012 in den USA (siehe Abbildung 10.12).

Platz	Suchbegriff
1	Facebook
2	YouTube
3	eBay
4	Jappy
5	Bild
6	GMX
7	Wer kennt wen
8	Spiegel
9	Amazon
10	Routenplaner

Tabelle 10.3 Top 10 der Suchbegriffe 2011 (Quelle: Bing)

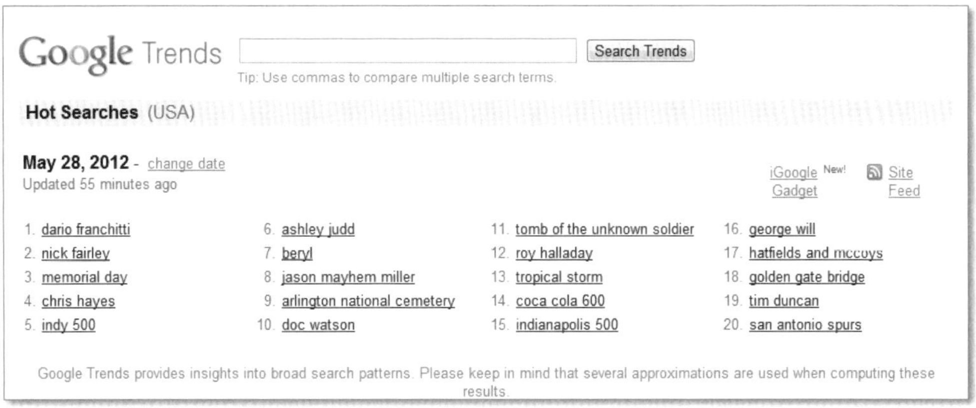

Abbildung 10.12 Google Hot Searches in den USA

Weiterhin unterliegt das Suchverhalten saisonalen Schwankungen. Es gibt Begriffe, die nur in einem bestimmten Zeitraum verstärkt gesucht werden, z. B. Geschenke zur Vorweihnachtszeit. Sie können sich den Verlauf von Suchanfragen für saisonale Begriffe über den Service *Google Trends* (*www.google.de/trends*) anzeigen lassen (z. B. den Verlauf der Suchanfrage »Geschenke« mit weihnachtlichen Höhepunkten, siehe Abbildung 10.13).

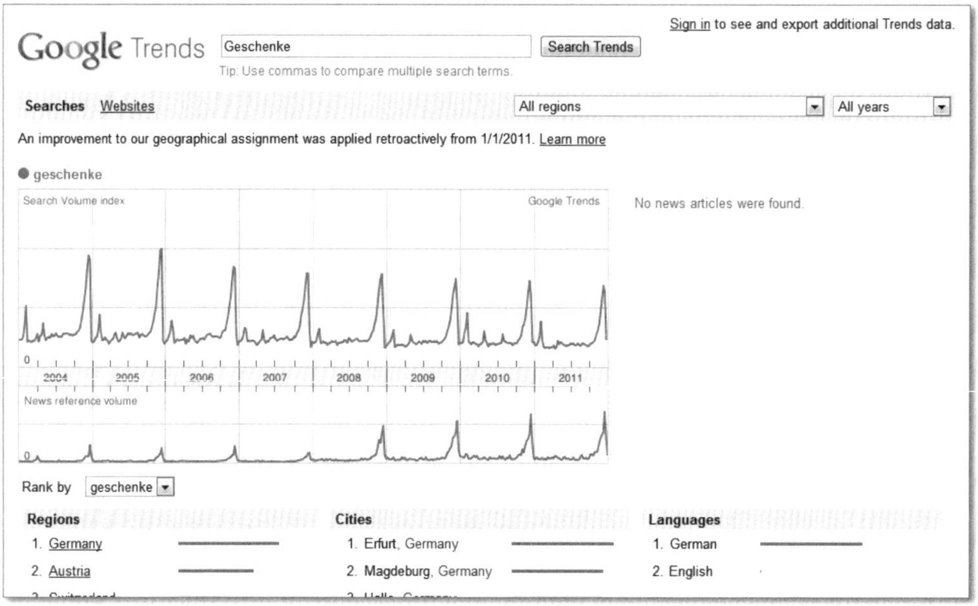

Abbildung 10.13 Google-Trends-Auswertung für »geschenke«

Noch detailliertere Informationen für den Verlauf von saisonalen Suchbegriffen bietet das Tool *Google Insights for Search* (*www.google.com/insights/search/*), mit dem Sie nach Regionen, Zeiträumen und Branchen filtern können. Zusätzlich können Sie die Daten zur weiteren Bearbeitung exportieren. Die eingegebenen Suchbegriffe sind die Basis für die erfolgreiche Arbeit mit Suchmaschinen. Daher sollten Sie diesem Thema besondere Aufmerksamkeit widmen. In Kapitel 10.5, »Keyword-Recherche – die richtigen Suchbegriffe finden«, gehen wir weiter auf die Analyse der Suchbegriffe ein.

Erfolgreicher suchen

Die Suchmaschinen bieten die Möglichkeit, Suchen mittels sogenannter Operatoren zu verfeinern. Hier geben wir Ihnen ein paar Tipps, wie Sie bei der Internetsuche erfolgreicher sind und genauer suchen können:

- Exakte Suche: Wollen Sie eine bestimmte Wortgruppe oder einen Satz suchen, der genau so auch auf einer Website vorkommt, so umschließen Sie die Suche mit Anführungszeichen, z. B.: »`Aller Anfang ist schwer`«
- Ausschließende Suche: Wollen Sie bestimmte Suchbegriffe ausschließen, um irrelevante Ergebnisse auszufiltern, so können Sie den Suchoperator – verwenden, z. B.: `Schimmel - Pferd`

- Suche nach Inhalt auf einer Website: Wollen Sie auf einer bestimmten Website nach spezifischen Inhalten suchen, so können Sie den `site`-Operator nutzen, z. B.: `site:spiegel.de Hochwasser`
- Erweiterte Suche: Google und Bing bieten erweiterte Suchmöglichkeiten an. Damit können Sie noch genauer nach bestimmten Inhalten suchen. Sie können z. B. das Veröffentlichungsdatum auf das letzte Jahr einschränken, die Sprache auswählen oder bestimmte Dateitypen angeben, z. B. PDF-Dateien. Bei Google finden Sie diese Optionen in der linken Spalte der Suchergebnisse unter MEHR OPTIONEN • ERWEITERTE SUCHE (siehe Abbildung 10.14). In Bing finden Sie die Filtermöglichkeiten auch in der linken Spalte der Suchergebnisse unter dem Link ERWEITERT.

Abbildung 10.14 Erweiterte Suche von Google

10.4.2 Die Auswahl des Suchergebnisses

Wie wählen nun die Benutzer ein Suchergebnis aus? Dazu gibt es eine Reihe von Untersuchungen, die das Klickverhalten, aber auch den Verlauf des Auges beobachten (sogenanntes *Eye-Tracking*). Besonders wichtig ist dabei die erste Suchergebnisseite, die ein Nutzer nach Eingabe eines Suchbegriffs erhält. Die Suchmaschinenbetreiber legen hier großen Wert auf schnelle und zum Suchbegriff relevante Suchergebnisse und Anzeigen. Eine typische Eye-Tracking-Studie der Suchergebnisseite von Google sehen Sie in Abbildung 10.15. Je dunkler die Farbe, desto länger blieben die Augen des Nutzers auf der jeweiligen Stelle der Seite. Man erkennt daran sehr gut, dass insbesondere die ersten beiden Suchergebnisse erhöhte Aufmerksamkeit der Nutzer bekommen. In diesem Zusammenhang spricht man auch oft vom Goldenen Dreieck (*Golden Triangle*), das heißt, die Aufmerksamkeit bewegt sich bei Suchergebnisseiten in einer Dreiecksform. Google weist in seiner Studie »Full Value of Search« (*www.full-value-of-search.de*) auch auf die erhöhte Aufmerksamkeit für die Textanzeigen in der rechten Spalte hin – insbesondere bei kommerziellen Suchanfragen (siehe Abbildung 10.15, rechte Seite). Natürlich ist diese Aussage im Interesse von Googles Anzeigenprogramm AdWords und ist daher mit Vorsicht zu genießen.

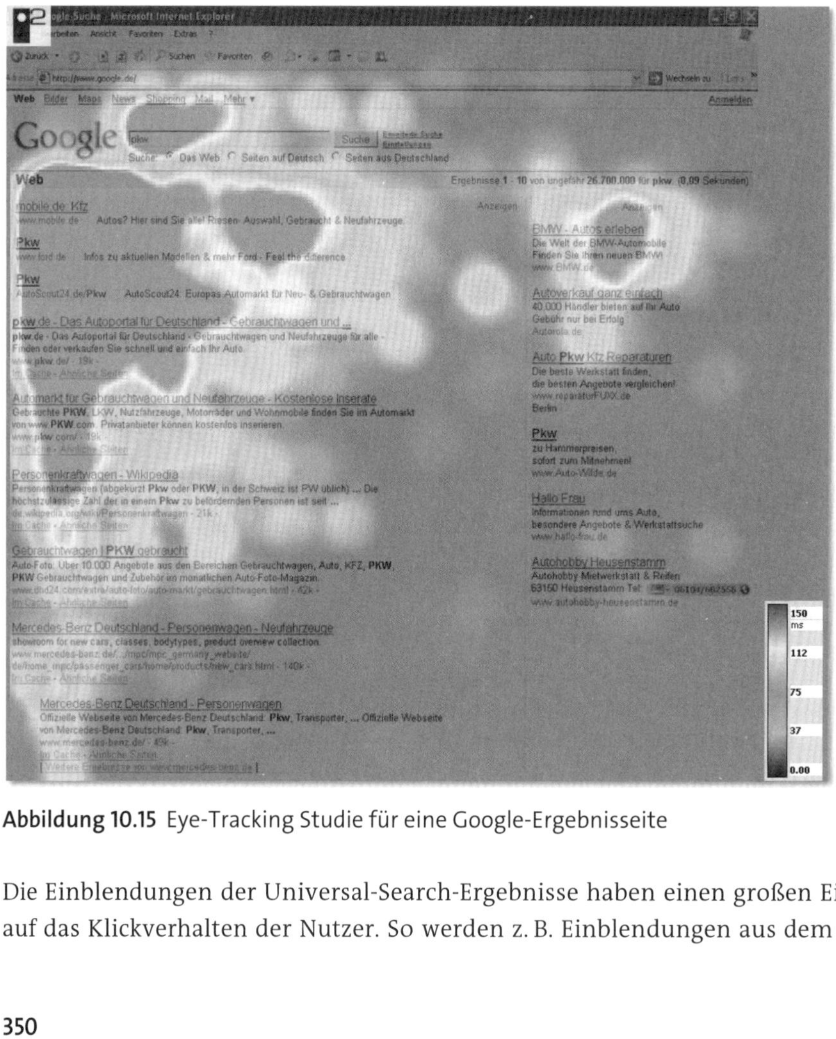

Abbildung 10.15 Eye-Tracking Studie für eine Google-Ergebnisseite

Die Einblendungen der Universal-Search-Ergebnisse haben einen großen Einfluss auf das Klickverhalten der Nutzer. So werden z. B. Einblendungen aus dem News-

Bereich und der Bildersuche häufig angeklickt, weil sie aufmerksamkeitserregende Bilder enthalten, die den Nutzer zum Klicken anregen. Damit ergibt sich in den Eye-Tracking-Studien ein F-Profil bei den Bewegungen der Augen. Weiterhin ist wichtig zu wissen, dass insbesondere der ersten Suchergebnisseite viel Aufmerksamkeit geschenkt wird. Mit den Standardeinstellungen werden zehn Suchergebnisse angezeigt. Nur ein geringer Anteil der Suchenden schaut sich auch folgende Suchergebnisse an. Die erste Suchergebnisseite hat laut Google-Studie »Full Value of Search« einen Anteil von 87 % der insgesamt aufgerufenen Ergebnisseiten (siehe Abbildung 10.16).

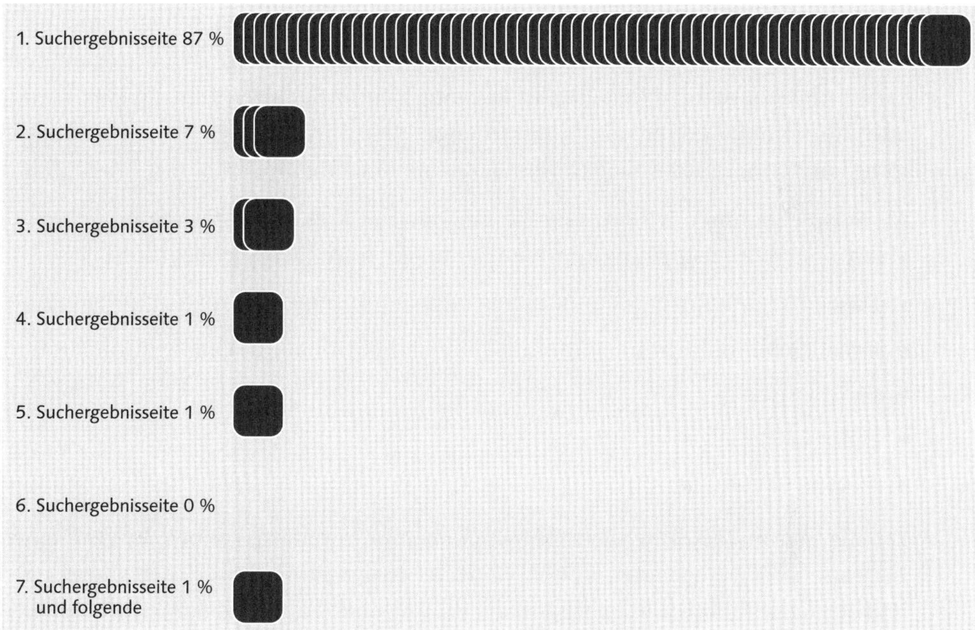

Abbildung 10.16 Anteil betrachteter Suchergebnisseiten (Quelle: Google)

Daran erkennen Sie deutlich, dass die erste Suchergebnisseite enorm wichtig ist und dort vor allem die ersten Platzierungen von hoher Bedeutung sind. Da es aber nicht möglich ist, mit allen Suchbegriffen ganz vorn zu stehen, ist es wichtig, die für Sie richtigen Begriffe zu finden. Dies geschieht anhand einer ausführlichen Keyword-Recherche.

10.5 Keyword-Recherche – die richtigen Suchbegriffe finden

Um bei Suchmaschinen gut gefunden zu werden, müssen Sie geeignete Suchbegriffe finden, nach denen Ihre Kunden und Website-Nutzer auch suchen. Diese Arbeit wird meist als *Keyword-Recherche* bezeichnet. Wir geben Ihnen hier eine Anleitung, wie Sie die richtigen Suchbegriffe finden, um mit Ihrer Website in Suchmaschinen erfolgreich vertreten zu sein. Die Keyword-Recherche bildet die Grundlage für die beiden folgenden Kapitel (Kapitel 11, »Suchmaschinenwerbung (SEM)«, und Kapitel 12, »Suchmaschinenoptimierung (SEO)«). Je genauer Sie die Keyword-Recherche vornehmen, desto besser werden auch die Ergebnisse sein. Daher lohnt es sich, hier ausreichend Zeit zu investieren.

10.5.1 Die Keyword-Auswahl

Im ersten Schritt sollten Sie ein einfaches Brainstorming der möglichen Suchbegriffe und Themen vornehmen. Schauen Sie sich an, was Sie Kunden anbieten möchten, und versetzen Sie sich in die suchende Person. Mit welchen Begriffen würde ein Nutzer Ihr Angebot suchen? Erstellen Sie also eine Liste an Suchbegriffen, und denken Sie auch an Kombinationen, also zusammengesetzte Suchbegriffe. Für das Brainstorming können Sie auch Kollegen oder Bekannte hinzunehmen.

Als Beispiel nehmen wir an, dass Sie ein Hotel in Kiel an der Ostsee betreiben. In einem ersten Brainstorming kommen Sie auf die folgenden Suchbegriffe:

- Hotel
- Hotel Kiel
- Hotel Ostsee
- Unterkunft Kiel
- 4-Sterne-Hotel

Um die Liste an möglichen Suchbegriffen noch zu erweitern, können Sie auch einen Blick auf Mitbewerberseiten werfen. Googeln Sie doch einfach mal nach »hotel kiel«, und schauen Sie sich die Ergebnisse an. Bestimmt kommen Sie dann noch auf weitere Keywords:

- Übernachtung
- Wellness-Hotel
- Tagungshotel
- Familienhotel
- Sporthotel

Die Liste an gesammelten Suchbegriffen, die Ihr Angebot beschreibt, können Sie nun noch kombinieren, z. B. mit dem Ort, und dann zusammenstellen. Sie bekommen für unser Beispiel also die Liste aus Tabelle 10.4 mit 24 thematisch passenden Suchbegriffen. Haben Sie eine große Liste an Keywords, die Sie kombinieren wollen, sollten Sie mit Excel-Tabellen arbeiten oder auf weitere Tools zurückgreifen, die wir in Kapitel 11,

»Suchmaschinenwerbung (SEM)«, vorstellen. Damit können Sie die Arbeit weitestgehend automatisieren und erhalten eine Liste aller möglichen Kombinationen.

Keywords	Kombination mit »Kiel«	Kombination mit »Ostsee«
Hotel	Hotel Kiel	Hotel Ostsee
Unterkunft	Unterkunft Kiel	Unterkunft Ostsee
4-Sterne-Hotel	4-Sterne-Hotel Kiel	4-Sterne-Hotel Ostsee
Übernachtung	Übernachtung Kiel	Übernachtung Ostsee
Wellness-Hotel	Wellness-Hotel Kiel	Wellness-Hotel Ostsee
Tagungshotel	Tagungshotel Kiel	Tagungshotel Ostsee
Familienhotel	Familienhotel Kiel	Familienhotel Ostsee
Sporthotel	Sporthotel Kiel	Sporthotel Ostsee

Tabelle 10.4 Suchbegriffe zum Thema »Hotel Kiel«

Diese Liste an Keywords müssen Sie jetzt noch bewerten, um zu entscheiden, ob Sie damit gefunden werden möchten. Für eine erste einfache Analyse der Keywords können Sie diese selbst in Google suchen und schauen, welche Ergebnisse die Suchmaschine liefert. Sie sehen dann, wie viele Suchergebnisse es gibt und welche Konkurrenten erscheinen. Sie sehen auch, welche Anzeigen bei Google geschaltet werden und ob es Universal-Search-Einblendungen, z. B. Kartenausschnitte, gibt. Wichtig ist jetzt noch, zu wissen, wie oft monatlich nach diesen Begriffen gesucht wird. Als nützliches Werkzeug hat sich dafür das Google Keyword-Tool erwiesen, das Sie unter der Adresse *adwords.google.de/select/KeywordToolExternal* finden (siehe Abbildung 10.17).

Abbildung 10.17 Das Google Keyword-Tool

Wenn Sie nicht mit einem Google-Benutzerkonto angemeldet sind, müssen Sie aus Sicherheitsgründen am Anfang einen Code eingeben. Achten Sie dann darauf, dass STANDORTE und SPRACHEN auf DEUTSCHLAND bzw. DEUTSCH eingestellt sind, damit Sie die auf Deutschland bezogenen Ergebnisse erhalten. Im Keyword-Tool können Sie die Liste Ihrer gesammelten Keywords eingeben. Jeder Suchbegriff kommt dabei in eine Zeile in dem Textfeld WORT ODER WORTGRUPPE. Nach dem Klicken auf SUCHEN bekommen Sie die Liste Ihrer eingegebenen Suchbegriffe und zusätzliche Vorschläge für ähnliche Begriffe. Unter Spalten können Sie sich noch weitere Daten zu den Suchbegriffen anzeigen lassen. Durch einen Klick auf die Spaltenüberschrift MONATLICHE LOKALE SUCHANFRAGEN erhalten Sie die Sortierung nach den für das voreingestellte Land am häufigsten gesuchten Begriffen. Sie sehen nun zu bestimmten Keywords das globale Suchvolumen, das lokale Suchvolumen für das eingestellte Land und eine Wettbewerbsangabe für das Schalten einer Anzeige über das AdWords-Programm (Abbildung 10.18).

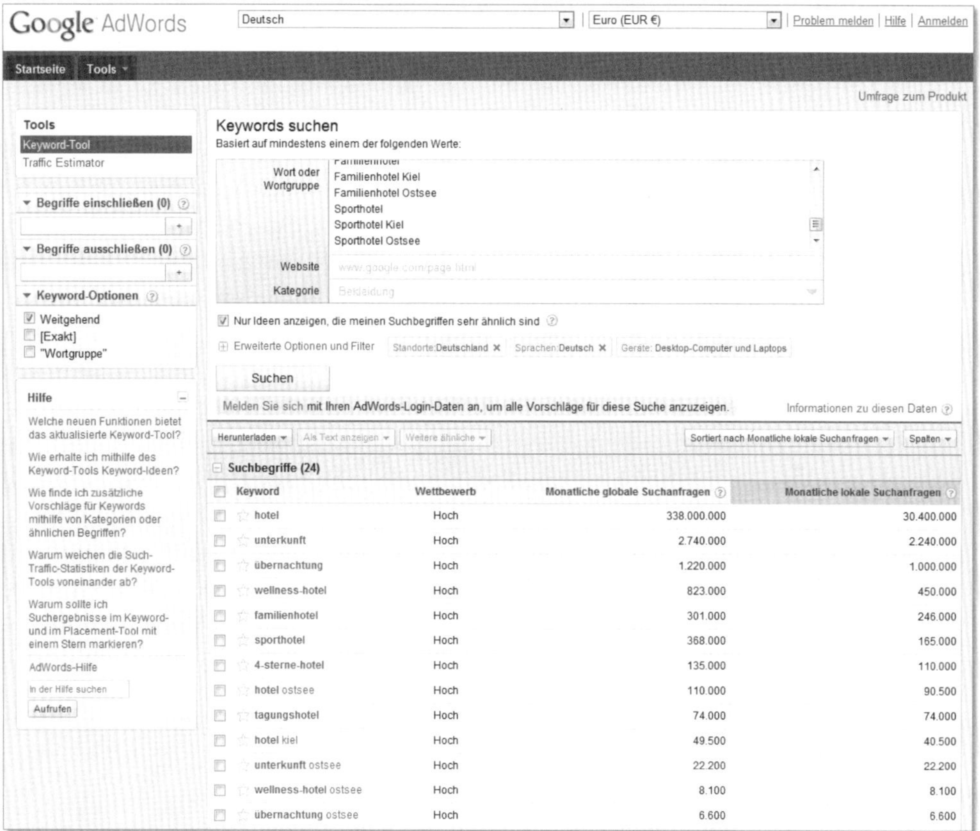

Abbildung 10.18 Ergebnisse im Google Keyword-Tool

An erster Stelle steht der Suchbegriff »hotel« mit mehreren Millionen Suchanfragen pro Monat. Dieser sehr hohe Wert kommt dadurch zustande, dass auch alle Suchkombinationen mit »hotel« dazu gezählt werden, also z. B. auch die Suche nach »Hotel Berlin«, »Wellness-Hotels« oder »günstige Hotels«. Um diese Verzerrung der Ergebnisse einzuschränken, setzen Sie in der linken Spalte unter KEYWORD-OPTIONEN den Haken bei [EXAKT]. Die Auswahl geschieht dann automatisch und der Wert für das Suchvolumen der einzelnen Keywords wird erneut berechnet. Mehr zu den verschiedenen Keyword-Optionen lesen Sie in Kapitel 11, »Suchmaschinenwerbung (SEM)«.

Damit haben Sie jetzt eine gute Ausgangsbasis an Daten und können diese für weitere Analysen über die Funktion herunterladen, z. B. in Microsoft Excel exportieren. Wir empfehlen Ihnen, sich mit einem Google-Benutzerkonto anzumelden, damit Sie alle Suchvorschläge einsehen und mehr als 100 Ergebnisse herunterladen können. Mit dieser Liste können Sie nun weiterarbeiten. Das Keyword-Tool bietet Ihnen standardmäßig weitere Vorschläge für thematisch passende Keywords. Diese große Liste an Suchbegriffen sollten Sie jetzt für Ihre Webseite bewerten. Im ersten Schritt können Sie die einzelnen Suchbegriffe auf ihre Relevanz für die Website hin untersuchen. Zum Beispiel wird Ihnen von Google auch der Suchbegriff »gardasee hotel« vorgeschlagen, der offensichtlich nicht zu Ihrer Webseite passt. Gehen Sie also durch die Liste, und löschen Sie alle irrelevanten Keywords. Im nächsten Schritt schauen Sie sich die Liste absteigend sortiert nach den monatlichen lokalen Suchanfragen an. Sie werden sehen, dass manche Begriffe sehr selten, andere sehr häufig gesucht werden. Sie bekommen anhand dieser Daten ein gutes Gespür dafür, wie Menschen suchen. Das beste Vorgehen ist daher, für jeden Suchbegriff zu überlegen, ob Internetnutzer mit diesem Suchbegriff genau Ihr Angebot suchen. Diese sogenannte *Suchintention* sollten Sie immer im Auge behalten. Bei den viel gesuchten Begriffen wie »hotel« können Sie z. B. davon ausgehen, dass nur sehr wenige Suchende genau Ihr Hotel finden möchten. Wir empfehlen Ihnen daher, die sehr häufig gesuchten Keywords genau zu überdenken. Dies hat auch den Hintergrund, dass der Wettbewerb für diese Suchbegriffe sehr groß ist und kleine Webseiten zu diesen Begriffen weniger oft gefunden werden. Im Zusammenhang mit der Suchintention sollten Sie auch an die Konversionsrate (*Conversionrate*) denken, das heißt, mit welchen Suchbegriffen kommen Besucher auf Ihre Seite, die in unserem Beispiel dann auch ein Hotelzimmer buchen oder eine Buchungsanfrage stellen.

10.5.2 Die Long-Tail-Theorie

Wichtig für die Keyword-Recherche ist die sogenannte *Long-Tail-Theorie*, die besagt, dass auch mit Nischenprodukten hohe Umsätze erreicht werden können. Als Beispiel dafür dient der Musik- und Buchmarkt. Man muss nicht unbedingt die Topseller verkaufen, um viel Umsatz zu generieren, sondern man kann auch über ein sehr breites Angebot von wenig gefragten Titeln einen höheren Umsatz erzeugen. Dieser Long-Tail-Ansatz basiert auf den wissenschaftlichen Arbeiten von Malcom Gladwell, die er 2000 in dem Buch »The Tipping Point: How Little Things Can Make a Big Difference« veröffentlichte. Chris Anderson – Chefredakteur des bekannten Wired Magazins – verhalf dem Konzept 2004 zu großer Bekanntheit, indem er unter dem Titel »The Long Tail« eine Analyse des Nischenansatzes anhand des amerikanischen Online-Musikdienstes *Rhapsody.com* veröffentlichte (*www.wired.com/wired/archive/12.10/tail.html*). Insbesondere im Internet bei digitalen Gütern und ohne regionale Bindung ist dieses Konzept von Vorteil, da der Aufwand für ein hohes Angebotsspektrum viel geringer ist als z. B. bei einem lokalen Buch- oder Plattenladen. Dieses Prinzip können Sie für Ihre anvisierten Suchbegriffe verwenden. Jeder Suchbegriff hat, wie Sie gesehen haben, ein bestimmtes Suchvolumen, und es gibt einzelne Begriffe mit sehr hohen Werten. Dies sind die Topseller. Aber es gibt auch eine extrem große Breite an weiteren Suchbegriffen, die teilweise nur geringes Suchvolumen aufweisen. Schaffen Sie es aber, unter vielen von diesen Begriffen gefunden zu werden, so können Sie die gleichen oder höhere Ergebnisse erzielen als mit der Konzentration auf ein einziges Top-Keyword. Für unser Beispiel wären »Hotel« und »Hotel Kiel« die Topsuchbegriffe mit dem höchsten Suchvolumen. Aber rechnen Sie sich einmal die Summe der Suchvolumen der restlichen Keywords Ihrer Liste aus. Sie werden dann sehen, dass das Suchvolumen viel größer ist, als das der Top-Keywords (siehe Abbildung 10.19). Zudem haben Sie mit den Long-Tail-Keywords eine viel größere Chance bei den Suchmaschinen, aufgrund des geringeren Wettbewerbs, weiter oben angezeigt zu werden.

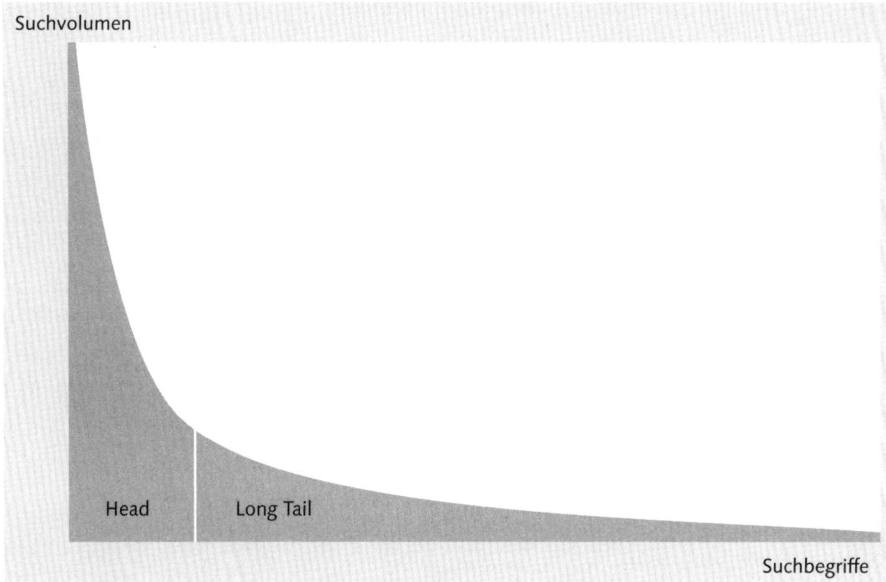

Abbildung 10.19 Der Long Tail bei Suchbegriffen

Sie haben jetzt also eine gute Auswahl der wichtigen Keywords für Ihre zukünftige Präsenz in den Suchmaschinen und wissen nun, mit welchen Begriffen Ihre Webseite gefunden werden soll.

10.6 Aufnahme in Suchmaschinen

Was müssen Sie also tun, um in den Suchmaschinen gefunden zu werden? Ihre Website muss als Erstes in den wichtigsten Suchmaschinen aufgenommen sein. Sie können dies für Ihre Seite prüfen, indem Sie eine Suchabfrage mit dem Befehl `site:ihredomain.de` starten. Daraufhin sollten Sie einzelne Seiten Ihrer Website sehen, die von der jeweiligen Suchmaschine erfasst sind. Für die Abfrage der Domain spiegel.de erscheinen in der Suchmaschine Bing 842.000 Ergebnisse (siehe Abbildung 10.20).

Abbildung 10.20 »site:«-Abfrage in Bing für die Domain spiegel.de

Ist Ihre Seite noch nicht in einer der Suchmaschinen vorhanden, sollten Sie Ihre Website bei den Suchmaschinen anmelden. Der beste Weg, um die Website aufnehmen zu lassen, besteht darin, von anderen Internetseiten Verlinkungen auf Ihre Seite zu bekommen. Dadurch erkennen die Suchmaschinenbetreiber, dass Ihre Seite neu verfügbar ist, und nehmen sie in ihren Suchindex mit auf. Sollten Sie auf die Schnelle aber keine Links zu Ihrer Website bekommen, können Sie diese manuell bei den Suchmaschinen anmelden. Dies erreichen Sie über verschiedene Formulare der Suchmaschinenbetreiber unter folgenden Adressen:

- Google: *www.google.de/addurl/* (siehe Abbildung 10.21)
- Bing und Yahoo: *www.bing.com/webmaster/SubmitSitePage.aspx*

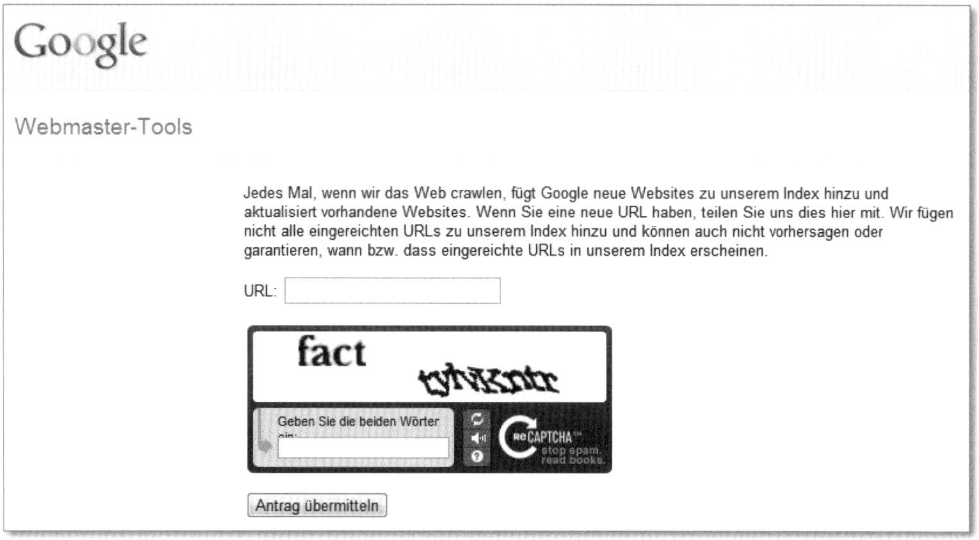

Abbildung 10.21 Google-Formular zum Anmelden Ihrer Webseite

Die Aufnahme in seriöse Suchmaschinen ist grundsätzlich nicht mit Kosten verbunden. Einige Suchmaschinen boten in der Vergangenheit auch die bezahlte Aufnahme unter der Bezeichnung *Paid Inclusion* an. Der Vorteil ist dabei zumeist, dass eine schnellere Aufnahme stattfindet und Seiten häufiger gecrawlt werden. Solche Paid Inclusions wurden z. B. von Yahoo und Mirago angeboten. Ein höheres Ranking gegen Bezahlung wird von seriösen Suchmaschinenbetreibern nicht angeboten. Also lassen Sie die Finger von dubiosen Angeboten, die Ihnen eine Aufnahme in Suchmaschinen versprechen. Dies betrifft aber nur die normalen Suchergebnisse, die auch als *organische Suche* bezeichnet werden. Wollen Sie zusätzlich auch im Anzeigenbereich der Suchergebnisseiten gefunden werden, müssen Sie dafür Klickpreise bezahlen. Dies wird als Suchmaschinenwerbung oder auch *Paid Search* bezeichnet. Wir gehen auf die verschiedenen Möglichkeiten der Anzeigenschaltung in Suchmaschinen in Kapitel 11, »Suchmaschinenwerbung (SEM)«, näher ein.

Jetzt kennen Sie die Funktionsweise von Suchmaschinen und wissen, welche Suchmaschinen es aktuell gibt und welche Suchbegriffe für Ihre Webseite interessant sind. Soll Ihre Seite nun auch noch in Google und Co. zu den anvisierten Suchbegriffen möglichst weit oben gefunden werden, lesen Sie die folgenden beiden Kapitel. In Kapitel 11, »Suchmaschinenwerbung (SEM)«, lernen Sie, wie Sie Anzeigen für bestimmte Suchbegriffe schalten und wie Sie diese optimieren können. In Kapitel 12, »Suchmaschinenoptimierung (SEO)«, geben wir Ihnen Antwort auf die Frage, wie Sie in den Suchergebnissen besser gefunden werden.

10.7 Suchmaschinen to go

- Suchmaschinen werden von der Mehrheit der Internetnutzer als Einstiegspunkt zum Surfen im Internet genutzt. Google hat dabei in Deutschland einen Marktanteil von über 90 %, gefolgt von Bing und Yahoo.
- Suchmaschinen durchsuchen mit ihren Crawlern das Internet und indexieren Webseiten für ihren Gesamtkatalog an Seiten. Die meisten Suchmaschinen funktionieren als Volltextsuchmaschinen und analysieren somit den gesamten Inhalt einer Website.
- Suchmaschinen unterliegen ständiger Weiterentwicklung. So wurden in den letzten Monaten die Suchergebnisseiten immer weiter ausgebaut und mit Zusatzinformationen und -funktionen ausgestattet. Außer den Suchergebnissen finden Sie auch Anzeigen, aktuelle Nachrichten, Bilder, Produkte und lokale Ergebnisse auf den Ergebnisseiten der Suchmaschinen.
- Durch die starke Nutzung von Suchmaschinen und somit ihrer hohen Reichweite, allen voran bei Google, sind sie ein wichtiger Online-Marketingkanal, um Internetnutzer für das eigene Angebot zu erreichen.
- Die höchste Aufmerksamkeit erreichen Sie im oberen Drittel der ersten Seite der Suchergebnisse.
- Alle großen Suchmaschinen bieten dem Webmaster an, seine Website anzumelden und Informationen zum Status der Website über eigene Tools abzufragen.

Kapitel 11
Suchmaschinenwerbung (SEM)

»Das ist das Hauptproblem in der Werbung:
Sie ist nicht zielgerichtet.«
– Eric Schmidt, CEO von Google

In diesem Kapitel lernen Sie die Vor- und Nachteile von Suchmaschinenwerbung kennen. Wir stellen Ihnen die größten Marktplayer vor und zeigen Ihnen von Grund auf, wie Sie eine Google-AdWords-Kampagne aufsetzen. Wir gehen auf Optimierungsmaßnahmen ein, ziehen eine Grenze zwischen Google AdWords und Google AdSense, zeigen Ihnen auch die Arbeit mit dem AdWords Editor und geben abschließende Empfehlungen. Die Möglichkeiten der Werbeschaltung im Google Display-Netzwerk finden Sie in Kapitel 2, »Online-Marketing – Werben im Internet«. Das Kapitel endet mit einem Kurzüberblick »to go« und einer Checkliste.

Haben Sie sich auch schon einmal darüber geärgert, dass Werbeprospekte Ihren Briefkasten verstopfen? Überspringen Sie die Anzeigen in Ihrer Tageszeitung? Schimpfen Sie über Werbeblöcke, die Ihren Lieblingsfilm im Fernsehen unterbrechen? Tagtäglich werden wir mit Werbung konfrontiert, die uns in vielen Situationen als lästig erscheint – wir schmeißen Prospekte in den Müll, blättern weiter und schalten um. Wäre es nicht viel besser, Angebote und Informationen zu erhalten, wenn wir gerade danach suchen?

Nehmen wir einmal an, Sie möchten einen Urlaub buchen. Sie wälzen Kataloge, fragen Freunde und Bekannte nach verschiedenen Reisezielen, lassen sich im Reisebüro beraten und haben die Qual der Wahl bei der Vielzahl der Angebote. Wahrscheinlich suchen Sie auch im Internet, denn das tun sehr viele Menschen: Schätzungen zufolge beliefen sich die Suchanfragen bei Google in Deutschland im Dezember 2009 auf 4,2 Mrd.

Tipp: Wonach hat die Welt gesucht

Unter *www.googlezeitgeist.com/de/* können Sie sich die Topsuchanfragen bei Google, gefiltert nach Jahr und Land, ansehen und bekommen eine Einschätzung, was die Welt bewegt.

Sie haben daher eine ganz andere Ausgangssituation als bei klassischer Werbung, und die Überzeugungsarbeit, die Sie als Werbetreibender leisten müssen, fällt unter Umständen geringer aus, da der Benutzer schon auf der Suche nach einer Lösung für sein Bedürfnis ist (Abbildung 11.1).

In der Online-Branche wird hier häufig auch von Suchmaschinenmarketing (*Search Engine Marketing*, SEM) gesprochen, was bei genauerem Hinsehen nicht ganz richtig ist, aber in der Praxis sehr häufig so verwendet wird. Denn Suchmaschinenmarketing umfasst sowohl die Suchmaschinenoptimierung (*Search Engine Optimization*, SEO; siehe dazu Kapitel 12) als auch die Suchmaschinenwerbung (*Search Engine Advertising*, SEA). Vergleichen Sie dazu Abbildung 11.2.

Abbildung 11.1 Klassisches Marketing im Vergleich zu Suchmaschinenwerbung

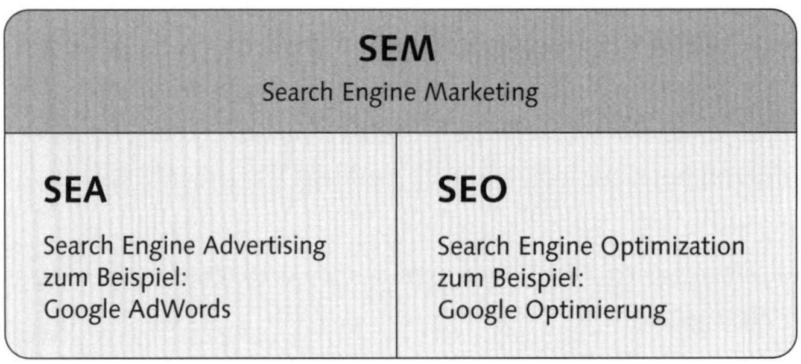

Abbildung 11.2 Begriffsverwendung in Sachen Suchmaschinenwerbung

Da das Abrechnungssystem der bezahlten Anzeigen auf Klicks beruht (mehr dazu in 11.2.8, »Die Kosten«), wird hier zum Teil ebenfalls von Pay-per-Click-Marketing (*PPC-*

Marketing, oder auch *PPC-Advertising*) gesprochen. *Keyword-Advertising* ist ein weiterer Begriff, der hier oftmals Verwendung findet, ebenso wie *Sponsored Links*, *Sponsored Listing* und *Paid Listing*.

Aber was verbirgt sich hinter dem System mit den vielen Namen? Schauen wir uns eine Suchergebnisseite (eine sogenannte SERP, das heißt *Search Engine Result Page*) von Google einmal näher an (siehe Abbildung 11.3).

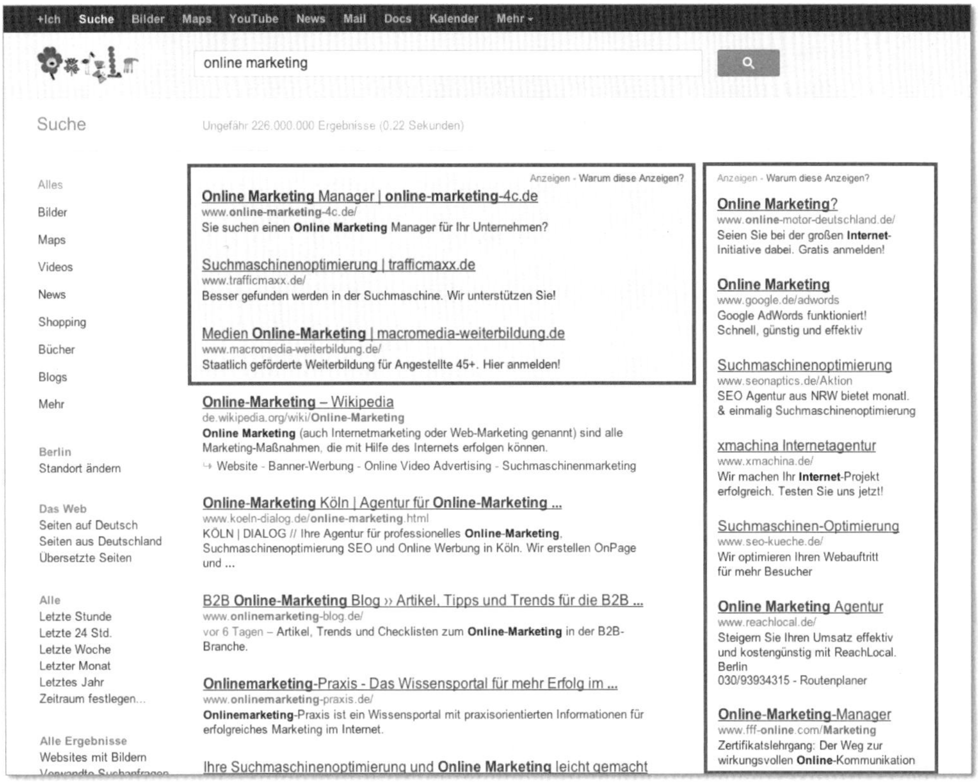

Abbildung 11.3 Organischer und bezahlter Bereich (hier umrandet) der Suchergebnisseite von Google.de

Die Ergebnisse der Suchmaschine gliedern sich in zwei Arten: Zum einen in die organischen Suchergebnisse. Sie befinden sich mittig und sind standardmäßig die ersten zehn Treffer, die Google zum eingegebenen Suchbegriff anzeigt.

Zum anderen werden die bezahlten Anzeigen ausgeliefert, die sich am rechten Seitenrand befinden. Bis zu drei Anzeigen können auchDv auf den Toppositionen noch über den organischen Suchergebnissen platziert werden. Seit Ende des Jahres 2011 liefert Google auch Anzeigen unterhalb der Suchergebnisse aus und experimentiert so mit weiteren Anzeigenplatzierungen (Abbildung 11.4). Diese bezahlten Werbeinblendungen werden leicht gelb hinterlegt dargestellt und mit dem Hinweis »Anzeigen« gekennzeichnet.

Abbildung 11.4 Eine Neuerung aus 2011: Google liefert auch Anzeigen unterhalb der organischen Suchergebnisse aus, wie in diesem Beispiel mit der Suchanfrage »Paris«.

Der Großteil der Internetnutzer, und das belegen zahlreiche Studien, schaut sich nur die erste Ergebnisseite der Suchmaschine an. Das werden Sie sicherlich selbst kennen.

Google selbst arbeitet stetig am Erscheinungsbild der Google-Suchergebnisseite und nimmt regelmäßig Veränderungen vor, die es sich lohnt, genauestens zu beobachten. So existiert beispielsweise seit Frühjahr 2010 eine Navigation im linken Seitenbereich, über die Benutzer beispielsweise nach Bildern, Videos, Nachrichten, Zeiträumen oder Standorten suchen können. Zudem wird die Suche zunehmend mit dem sozialen Netzwerk *Google+* verknüpft. Diese Sucheinstellungen werden passend zur Suchanfrage eingeblendet und können je nach Eingabe variieren. Ziel ist es laut Google, die Suche schneller und flexibler zu gestalten. Kritische Beobachter sind der Meinung, dass sich Google mit den Veränderungen an seinem Mitstreiter *Bing* von

Microsoft orientiert, der ebenfalls eine linke Seitennavigation anbietet. Mehr zu den SERPs und der sogenannten »Google Universal Search« erfahren Sie in Kapitel 10, »Suchmaschinen – finden und gefunden werden«.

Google Instant

Mit *Google Instant* wurde eine weitere Neuerung der Suchmaschine im Herbst 2010 bekannt gegeben. Damit ist die sofortige Aktualisierung der Suchergebnisse und der Werbeanzeigen gemeint, die schon bei der Eingabe einzelner Buchstaben oder Zeichen in die Eingabemaske geschieht. Der Suchalgorithmus vervollständigt auf Grundlage der häufigsten Suchergebnisse die Suchanfrage des Nutzers und liefert dementsprechend organische und bezahlte Suchergebnisse aus. Der Nutzer muss nicht mehr die [↵]-Taste oder den Such-Button betätigen und soll damit schneller zu passenden Suchergebnissen kommen. Weitere Informationen lesen Sie unter *www.google.de/instant/*.

11

Dass Google regelmäßig mit Neuerungen aufwartet, beweist einmal mehr die Tatsache, dass seit Sommer 2010 auch Werbeanzeigen innerhalb der Bildersuche angezeigt werden, wie Sie in Abbildung 11.5 sehen können.

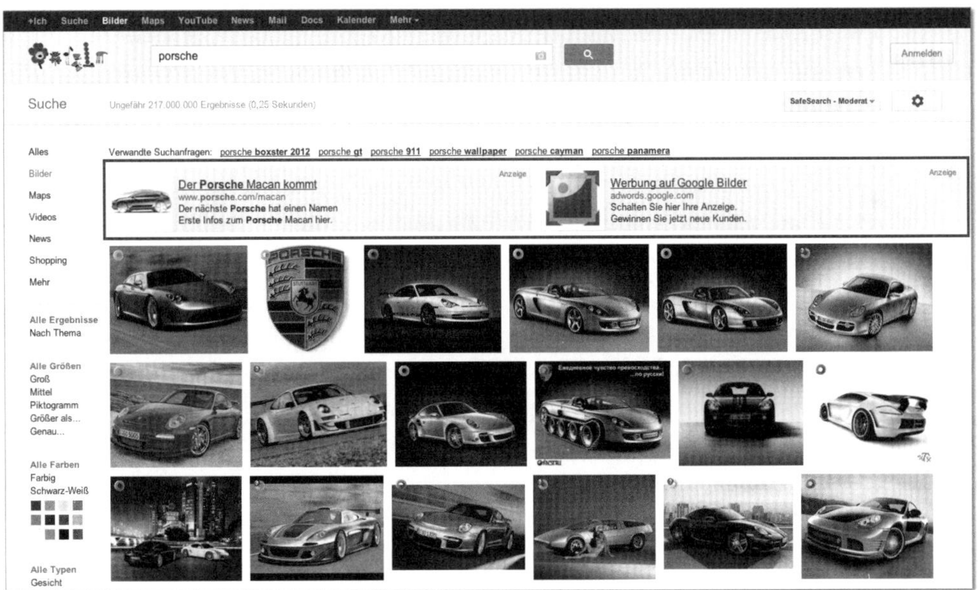

Abbildung 11.5 Anzeigenschaltung innerhalb der Google-Bildersuche, hier am Beispiel zur Suchanfrage »Porsche«

Kleine Geschichte der Suchmaschinenwerbung

Analog zu den üblichen Anzeigen aus dem Printbereich wurde 1994 die Bannerwerbung im World Wide Web eingeführt: Das Online-Magazin HotWired.com zeigte das erste Werbebanner von AT&T zu einem stolzen monatlichen Preis von 30.000 US$ (so *www.cpc-consulting.net*). Auch das Abrechnungsverfahren nach dem Tausender-Kontakt-Preis (TKP) lehnt sich an Offline-Maßnahmen aus der nichtdigitalen Welt an.

Vier Jahre später, 1998, brachte die Produktsuchmaschine GoTo.com eine Alternative zum Bannermarketing ins Spiel: So wurde es Werbetreibenden ermöglicht, für definierte Suchanfragen Einträge in den Ergebnissen der Suchmaschine zu platzieren. Dies basierte auf einem Auktionsverfahren. Erstmalig wurde hier Werbung anhand eines Informationsbedürfnisses eingeblendet. Die sogenannte kontextbezogene Werbung nahm ihren Lauf.

Unter dem Namen Overture legte GoTo.com seinen Fokus im Jahr 2001 auf die Werbevermittlung. Das Unternehmen wurde 2003 von seinem Kunden Yahoo für 1,7 Mrd. US$ aufgekauft. Seit 2005 ist es unter dem Namen *Yahoo! Search Marketing* bekannt.

Google hingegen war bis zur Einführung seines Werbeprogramms AdWords im Herbst 2000 eine werbefreie Suchmaschine. Drei Jahre später wurde AdSense (siehe Abschnitt 11.3, »AdWords vs. AdSense«) gestartet, ein System, das es Werbetreibenden ermöglicht, Anzeigen auf der eigenen Website einzublenden und an den Erlösen beteiligt zu werden.

Die früher unter dem Namen Ask Jeeves bekannte Suchmaschine bietet seit 2005 als Ask.com das Ask sponsored Listing an. Auch das Microsoft AdCenter von MSN.com muss hier erwähnt werden, ebenso wie Miva und 7search.com.

Die Relevanz der kontextbezogenen Werbung gewann an Bedeutung: So tätigten verschiedene Suchmaschinen wie Google mit DoubleClick und Yahoo mit Right Media in den letzten Jahren diverse Investitionen in Werbevermarkter. Während die organischen Ergebnisse zunächst im Vordergrund standen und die Werbeanzeigen eher der Finanzierung dienten, entwickeln sich die Suchmaschinen zunehmend in Richtung Werbebühne.

Dass das Thema Suchmaschinenwerbung immer mehr an Bedeutung gewinnt, lässt sich anhand der deutschlandweiten Werbeausgaben ableiten.

Laut des Online-Vermarkterkreises (OVK) im Bundesverband Digitale Wirtschaft (BVDW) ist der Online-Werbemarkt 2011 auf 6,23 Mrd. € Online-Bruttowerbevolumen prognostiziert worden und somit auf dem guten Weg, eine 70%ige Steigerung im

Vergleich zu 2008 zu erreichen. Auf die Suchmaschinenwerbung gehen schätzungsweise 2,0 Mrd. € zurück (siehe Abbildung 11.6).

Google nimmt dabei keinen unbedeutenden Stellenwert ein. Seine Haupteinnahmequelle und verantwortlich für etwa 96 % der Umsätze in 2011 (nach *investor.google.com/financial/tables.html*) ist das im Oktober 2000 mit 350 Kunden eingeführte Programm *Google AdWords*.

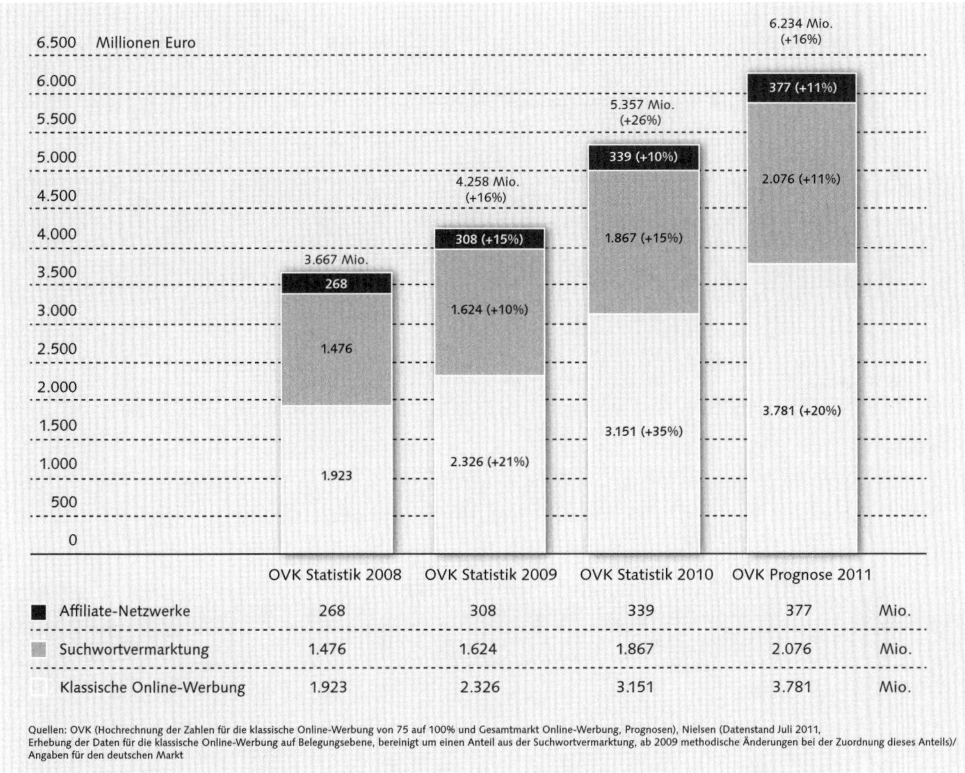

Abbildung 11.6 Der deutsche Online-Werbemarkt im Überblick (Quelle: OVK-Report 2011/02)

Im vierten Quartal 2011 belief sich der Gewinn von Google auf 2,71 Mrd. US$ bei einem Umsatz von 10,58 Mrd. US$ (Abbildung 11.7). Knapp 7,3 Mrd. US$ wurden dabei über die eigenen Seiten erwirtschaftet (Abbildung 11.8).

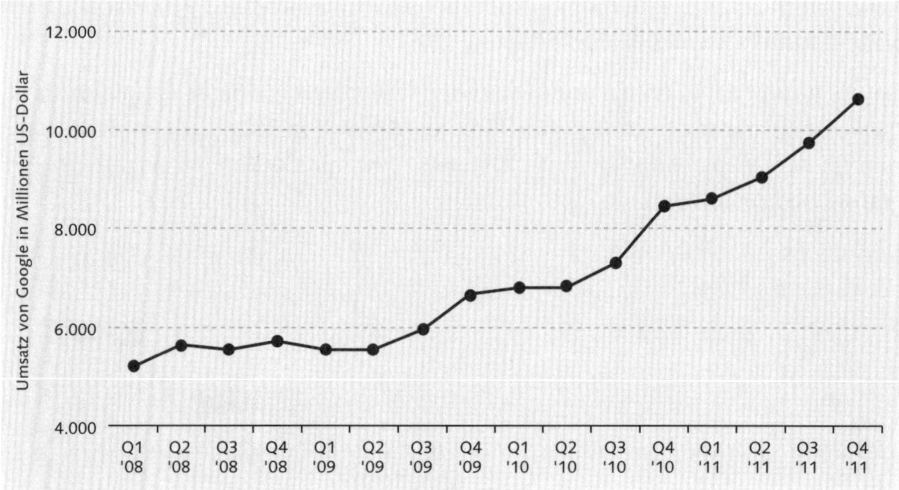

Abbildung 11.7 Umsatzentwicklung von Google in den Jahren 2008–2011 (Quelle: Statista)

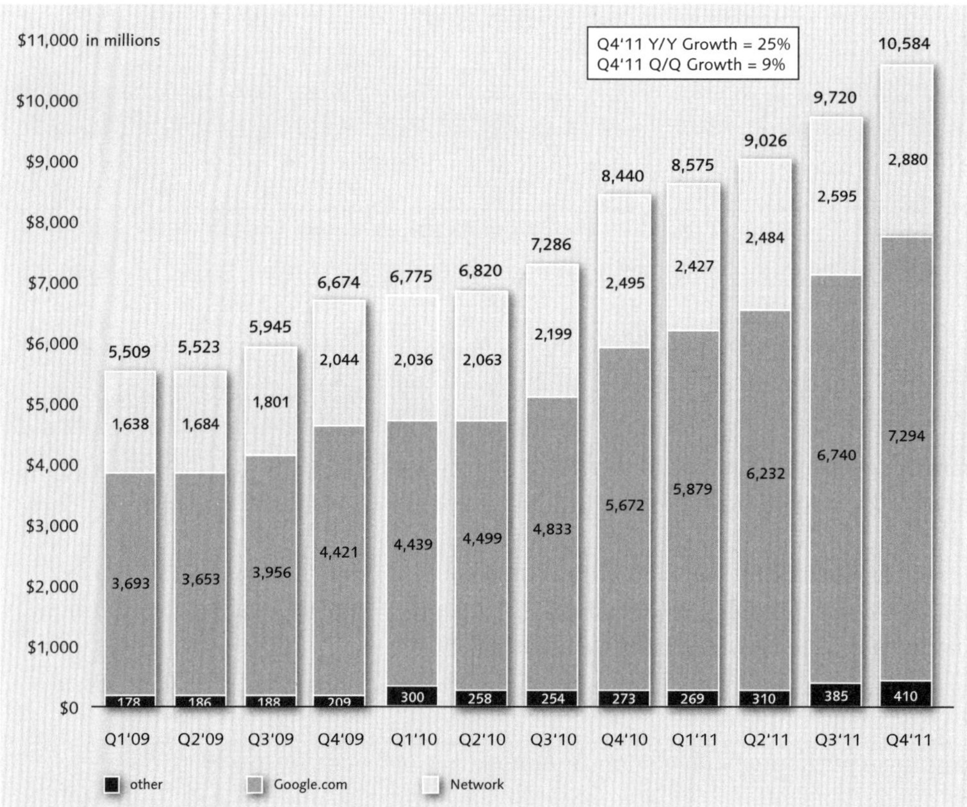

Abbildung 11.8 Umsatzentwicklung nach Angaben von Google

Auch andere Suchmaschinen bieten PPC-Programme. Die bekanntesten neben Google AdWords sind, wie beschrieben: Microsoft AdCenter, Yahoo Search Marketing und Ask.com mit Sponsored Links (siehe Abbildung 11.9).

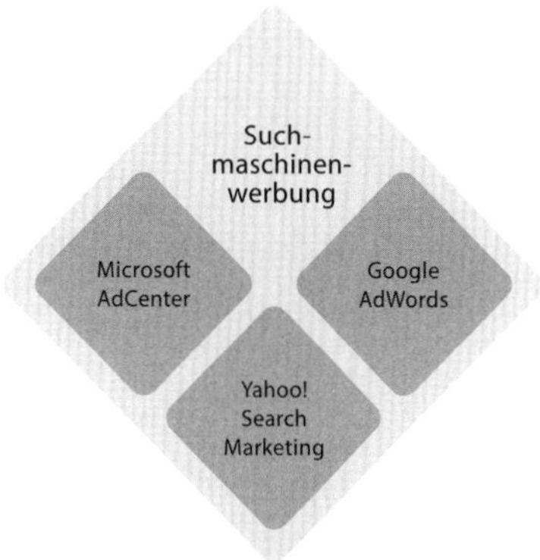

Abbildung 11.9 Google, Yahoo und Microsoft dominieren die Suchmaschinenwerbung.

Auch andere Unternehmen haben diese Art von Werbung als wichtige Einnahmequelle erkannt: Zu erwähnen ist an dieser Stelle das 2004 gegründete soziale Netzwerk *Facebook*. Obwohl es sich hier nicht um eine klassische Suchmaschine handelt, sollen Ihnen die *Facebook Ads* nicht vorenthalten werden. Hier können beispielsweise Bild- und Textanzeigen innerhalb des Netzwerks angezeigt und Veranstaltungen oder die eigene Website beworben werden. Mehr dazu lesen Sie in Kapitel 4, »Social Media Marketing«.

Aber wenden wir uns nun wieder der Spitze der Marktführerschaft in der Suchmaschinenwerbung zu: Die folgenden Seiten befassen sich ausschließlich mit Google AdWords. Sie lernen die Vor- und Nachteile kennen, erfahren, wie AdWords-Kampagnen strukturiert sind, wie Sie Suchbegriffe definieren und attraktive Anzeigentexte schreiben. Sie werden lernen, wie die Platzierung der Anzeigen funktioniert und warum die Relevanz eine wichtige Rolle spielt. Wir werden Ihnen hilfreiche Tools vorstellen und Ihnen Testmöglichkeiten und Optimierungshilfen an die Hand geben, damit Sie mehr aus Ihrer Website herausholen.

Sie haben bereits Erfahrungen mit Suchmaschinenwerbung gesammelt und selbst Kampagnen aufgesetzt und betreut? Dann können Sie die folgenden Seiten überspringen und bei Abschnitt 11.2.9, »Leistungsmessung und Optimierung«, wieder einsteigen. Dort werden Sie hilfreiche Tipps zur Optimierung Ihrer Kampagnen finden. Auch innerhalb der Benutzeroberfläche und der verschiedenen Funktionalitäten nimmt Google regelmäßig Anpassungen vor. Wenn Ihre Aktivitäten im Bereich AdWords zeitlich schon etwas zurückliegen, können Sie im Folgenden mehr über die Handhabung der aktuellen Benutzeroberfläche erfahren.

11.1 Vor- und Nachteile

Was ist nun das Besondere an Suchmaschinenwerbung und speziell an Google AdWords? Auf den nächsten Seiten skizzieren wir Ihnen die Vor- und Nachteile der Suchmaschinenwerbung bei Google AdWords.

11.1.1 Die Vorteile

Die Vorteile kann man sich am besten klarmachen, wenn man unterschiedliche Werbemöglichkeiten vergleicht. Nehmen wir einmal eine klassische Printanzeige.

Der Preis

Verglichen mit einer Printanzeige, für die man oftmals fünfstellige Beträge investieren muss (TV- und Radiowerbung liegt in einem ähnlichen oder auch höheren Preissegment), können Sie bei AdWords schon für wenig Geld Anzeigen schalten. Es gibt weder Druck- noch Versandkosten, keinen Mindestumsatz und nur eine relativ geringe, einmalige Aktivierungsgebühr von 5 € in Deutschland. Für Ihre AdWords-Anzeige zahlen Sie im Unterschied zu Print, TV oder Radio per Klick, das heißt nur, wenn ein interessierter Benutzer auf Ihre Anzeige geklickt hat und zu Ihrer Zielseite weitergeleitet wurde. Auf diese Weise kann man auch ohne großes Budget eine Werbekampagne starten.

Die Reichweite

Nahezu 90 % der deutschen Internetnutzer verwenden Google als Suchmaschine. Durch das unendliche Themenspektrum sind Werbetreibenden keine Grenzen gesetzt, und sie können für annähernd alles werben. Die Auswahl eines Mediums für Printanzeigen dürfte da schon schwieriger sein.

Die Schnelligkeit

Im Unterschied zu einer Printanzeige, die einiger Vorlaufzeit bedarf, können Sie Ihre AdWords-Anzeigen direkt schalten, nachdem Sie sie bei Google im Werbeprogramm angelegt haben.

Die Flexibilität

Anders als bei Printanzeigen können Sie jederzeit Anpassungen an den AdWords-Einstellungen vornehmen, verschiedene Anzeigen parallel schalten und mehr aus Ihrer Kampagne herausholen.

Der Kontakt zur Zielgruppe

Sind Sie sich bei Ihrer Printanzeige sicher, dass die Leser sie sehen? Mit AdWords halten Sie die Streuverluste sehr gering. Ihre Anzeige wird zielgenau ausgeliefert, wenn eine entsprechende Suchanfrage gestellt wurde. Dies geschieht mithilfe von Keywords (Schlüsselbegriffen), die Sie festlegen können. Angenommen, Sie verkaufen Fußballschuhe über Ihren Online-Shop und legen »Fußballschuh« als Keyword fest. Ihre Anzeige wird bei Google dann angezeigt, wenn ein Benutzer nach »Fußballschuh« sucht. Mit verschiedenen Einstellungen können Sie Ihre Anzeigen speziell auf Ihre Zielgruppe ausrichten (z. B. nach Regionen, Orten und Sprachen) und auch bestimmte Tageszeiten der Anzeigenauslieferung bestimmen. So können Sie durch eine genaue Ausrichtung auf Ihre Zielgruppe unnötige Kosten vermeiden.

Der Traffic

Neben den Werbeeffekten und der direkten Kundenansprache ist AdWords auch eine interessante Möglichkeit, schnell und mit guter Messbarkeit mehr Besucher (Traffic) auf die eigene Website zu leiten.

Die Messbarkeit

Der große Vorteil bei allen Online-Marketingmaßnahmen besteht in der Messbarkeit der Werbeaktivitäten. Auch bei AdWords kann man sehr genau nachvollziehen, wie oft welche Anzeige angesehen bzw. angeklickt wurde. Sie können sich jederzeit Berichte zu Ihren Kampagnen ansehen. Zudem können Sie mit dem sogenannten Conversion-Tracking die Erreichung Ihrer Kampagnenziele genau nachvollziehen und haben eine enorme Transparenz.

Die Prognose

Mit verschiedenen Tools, die wir Ihnen im Folgenden noch vorstellen werden, können Sie die Häufigkeit der Suchanfragen, die Kosten der Anzeigenschaltung, die Mitbewerber und weitere Einzelheiten recht gut im Vorfeld prognostizieren. Bei Printanzeigen gehen die Kenntnisse oftmals nicht über die Reichweite des Mediums und die Zielgruppe hinaus.

Die Kostenkontrolle

Sie selbst bestimmen per Tagesbudget, wie viel Sie für die Schaltung Ihrer Anzeigen ausgeben möchten, und können den Maximalpreis pro Klick für die einzelnen Keywords festlegen. Ist das Budget für einen Tag verbraucht, werden Ihre Anzeigen nicht mehr geschaltet. So ist es auch kleinen und mittleren Unternehmen möglich, diesen Werbekanal zu nutzen.

AdWords stellt also einen recht günstigen Weg dar, um Zielgruppen zu erreichen und Kunden anzusprechen. Sowohl im Vergleich zu Offline-Werbemaßnahmen bietet Google AdWords diverse Vorteile als auch gegenüber verschiedenen anderen Online-Werbekanälen.

Die Kombination von TV-Werbung und Suchmaschinenwerbung wirkt sich positiv auf die Markenbekanntheit aus

In einer Studie der Fachgruppe SEM des Bundesverbands Digitale Wirtschaft (BVDW) e. V. mit mehreren Kooperationspartnern im Januar 2010 stellte sich heraus, dass Suchmaschinenwerbung die Wirkung einer TV-Kampagne wesentlich verstärkt. Die Ergebnisse beziehen sich auf die Markenparameter Image, Relevanz und Weiterempfehlung. Von einer TV-Kampagne, die nicht von einer Suchkampagne begleitet wird, profitiert der im Internet werbende Konkurrent hinsichtlich der Bekanntheit.

11.1.2 Die Nachteile

Natürlich gibt es auch eine Kehrseite der Medaille: Das AdWords-System hat einige Grenzen, die Ihnen an dieser Stelle nicht vorenthalten werden sollen.

Die Produkte

Erwähnenswert sind z. B. Produkte, die sich mit dem Distributionskanal Internet schwertun, obwohl der Bedarf nach diesen Produkten vorhanden ist. Oder haben Sie schon einmal Mineralwasser oder Brötchen über das Internet bestellt?

Die Bekanntheit

Der Vorteil, dass AdWords dann Anzeigen ausliefert, wenn Benutzer danach suchen, stellt gleichzeitig auch eine Grenze dar: Benutzer suchen nur Produkte, die sie kennen. Woher sollten sie sonst wissen, dass sie existieren? Neue Produkte werden also erst gesucht, wenn sie bereits bekannt sind und Menschen von ihnen gehört oder gelesen haben. Viele Marketingexperten starten daher zunächst mit einer Branding-Kampagne bei der Markteinführung eines neuen Produkts.

Die Kenntnisse und Abhängigkeiten

Laut Google gestaltet sich das Erstellen einer AdWords-Kampagne schnell und einfach. Dennoch sollten Sie sich als Advertiser schon im Vorfeld über die Kampagnenziele, die Keyword-Auswahl und die Werbeaussage der Anzeigen Gedanken machen. Denn die Anzeigenposition ist unter anderem von der Klickrate abhängig und diese wiederum von der Attraktivität der Anzeige und der Relevanz der Keywords. Viele

Faktoren bestimmen hier den Erfolg. Besonders eine zu breit gefächerte Zielgruppe kann unnötige Kosten verursachen. Schnell ist viel Budget ausgegeben worden, ohne dass die gewünschten Effekte eintreten. Lesen Sie daher weiter, und lernen Sie, wie Sie erfolgreiche AdWords-Kampagnen aufsetzen.

Die Keyword-Auswahl

Einige beliebte Keywords haben einen recht teuren Klickpreis. Besonders Schlüsselbegriffe aus dem Versicherungs- und Finanzbereich zählen zu den teuren Keywords. In der Vergangenheit waren beispielsweise der Begriff *Detektei* oder Mehrwort-Kombinationen wie *Detektei Berlin* besonders kostspielig, ebenso wie beispielsweise das Keyword *Risiko Lebensversicherungen*.

Die Analyse und Optimierung

Manche Kampagnen brauchen viel Optimierung, bevor sie sich als erfolgreich entpuppen. Machen Sie sich mit dem Gedanken vertraut, dass Sie nicht nur Kampagneneinstellungen, sondern eventuell auch die Usability (lesen Sie dazu Kapitel 15, »Usability – benutzerfreundliche Websites«) oder die Struktur Ihrer Website verbessern müssen. Sie sollten sich unbedingt auf die Analyse verschiedener Kennzahlen einstellen, um mehr aus Ihrer Kampagne herauszuholen.

Der Zeitaufwand

Anzeigen, die zu selten geklickt werden, werden von Google nicht mehr ausgeliefert und müssen optimiert werden. Die Kontrolle und Optimierung von AdWords-Kampagnen kann sehr zeitintensiv sein.

Das Display-Netzwerk (vormals Content-Werbenetzwerk)

Über das AdSense-Programm von Google können Ihre Anzeigen nicht nur auf der Suchergebnisseite, sondern auch auf anderen Websites (den sogenannten Display-Partnern) geschaltet werden. Die Aussteuerung erfolgt über das Display-Partnernetzwerk, wo unter Umständen nur niedrige Klickraten erreicht werden. Mehr dazu lesen Sie in Kapitel 2, »Online-Marketing – Werben im Internet«.

Das Conversion-Tracking

Über das Google Conversion-Tracking (siehe Abschnitt 11.2.9, »Leistungsmessung und Optimierung«) lässt sich eine definierte Handlung des Benutzers (z. B. ein Kauf) recht gut nachvollziehen. Einige Benutzer setzen sich aber gerne Lesezeichen. Nehmen wir an, ein Benutzer gelangt über eine AdWords-Anzeige auf Ihre Zielseite, führt aber nicht gleich die gewünschte Handlung (in unserem Beispiel also einen Kauf) aus, sondern merkt sich die Webseite per Lesezeichen (*Bookmark*). Kehrt er nun nach mehreren Tagen wieder auf Ihre Website zurück, kann Google dies nur Ihrer Kampagne zuordnen, wenn es innerhalb von 30 Tagen geschieht. Auch das Analysetool Google Analytics (siehe Kapitel 18, »Web-Analytics – Websites unter die Lupe nehmen«) stößt hier an seine Grenzen. In solchen Fällen ist der Einsatz von kostenpflichtigen Analysetools empfehlenswert.

Der Klickbetrug

Eine weitere Problematik, die auch alle anderen nach Klicks abgerechneten Werbemaßnahmen betrifft, stellt der Klickbetrug (*Click Fraud*) dar: Hiermit sind vorsätzlich getätigte Klicks z. B. der Konkurrenz gemeint, um die Kosten des Werbenden in die Höhe zu treiben oder um die eigene Anzeigenposition zu verbessern. Diese Klicks können manuell getätigt oder durch automatische Tools ausgeführt werden. Als Werbender haben Sie nur wenige Möglichkeiten, Klickbetrug zu erkennen und zu vermeiden. In Deutschland ist die Klickbetrugrate Untersuchungen zufolge aber deutlich geringer als in den USA. Google versucht Klickbetrug mit Filter- und Monitoringtechniken sowie einem Mitarbeiterteam so gut wie möglich zu erkennen und herauszufiltern und stellt die dadurch verursachten Kosten den Werbetreibenden nicht in Rechnung.

Sie sind neugierig geworden, und wollen Sie mehr über Google AdWords erfahren? Dann lesen Sie weiter! An dieser Stelle sei allerdings darauf hingewiesen, dass das Thema Suchmaschinenwerbung und Google AdWords ganze Bücher füllen könnte. Auf den folgenden Seiten ist das gesamte Spektrum auf die wichtigsten Punkte komprimiert worden. Am Ende des Buches finden Sie ausgewählte Literatur- und Surftipps, mit denen Sie das Thema Suchmaschinenwerbung bei Bedarf noch weiter vertiefen können.

11.2 Suchmaschinenwerbung mit Google AdWords

Wie sehen nun die ersten Schritte aus, wenn Sie sich zu Suchmaschinenmarketing mit Google AdWords entschlossen haben? Machen wir uns dazu noch einmal den Ablauf klar: Ein Benutzer hat ein Informationsinteresse oder eine Kaufabsicht und gibt eine Suchanfrage in die Eingabemaske von Google ein (siehe Schritt 1 in Abbildung 11.10). Das AdWords-System liefert auf diese Anfrage passende Anzeigen aus, die dem Benutzer am rechten Seitenrand, auf den Toppositionen über den ersten Suchergebnissen oder darunter erscheinen (siehe Schritt 2). Ist die Anzeige interessant für den Suchenden, klickt er darauf und landet auf einer Webseite des Werbetreibenden, der sogenannten Landing Page (siehe Schritt 3).

Sie sehen, innerhalb der Werbekampagne gibt es einige Schritte, die Sie definieren und optimieren können: Sie legen die Suchbegriffe (Keywords) fest, für die Ihre

Anzeigen erscheinen sollen, erstellen die Anzeigen, leiten den Benutzer auf Ihre Landing Page und steuern nicht zuletzt weitestgehend die Kosten Ihrer Kampagne. Das hört sich erst mal sehr kompliziert an. Wir werden hier die einzelnen Schritte besprechen. Außerdem werden Sie einige Tipps finden, um Anfängerfehler von Beginn an zu vermeiden.

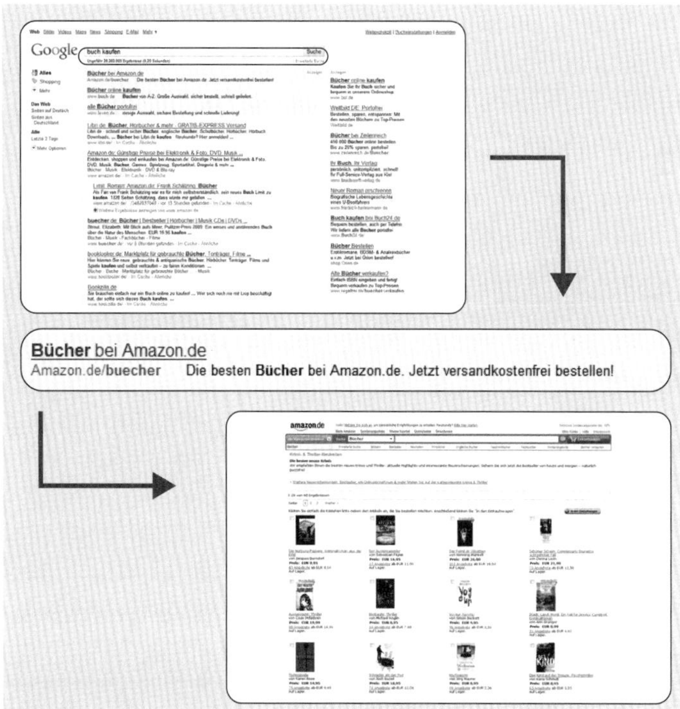

Abbildung 11.10 Klickpfad über Google-AdWords-Anzeigen

> **Neu: Die Google AdWords Community**
>
> Seit Frühjahr 2012 bietet Google mit der AdWords Community (*www.de.adwords-community.com*) eine Plattform zum thematischen Austausch, mit einem AdWords-Wiki und Expertenrat. Nutzer können Einträge und Beiträge bewerten. Auf der Suche nach AdWords-Antworten werden Sie hier vielleicht fündig.

11.2.1 Das AdWords-Konto bei Google

Ihre erste Handlung als Google-Advertiser besteht darin, ein AdWords-Konto zu eröffnen. Dazu rufen Sie in Ihrem Browser die Seite *adwords.google.de* auf. Alternativ können Sie auch auf der Google-Startseite am unteren Seitenrand auf den Link WER-

BEN MIT GOOGLE klicken. Sie gelangen auf eine Webseite, die Ihnen die Programme *AdWords, AdWords Express* und *AdSense* anzeigt. Hier wählen Sie ADWORDS.

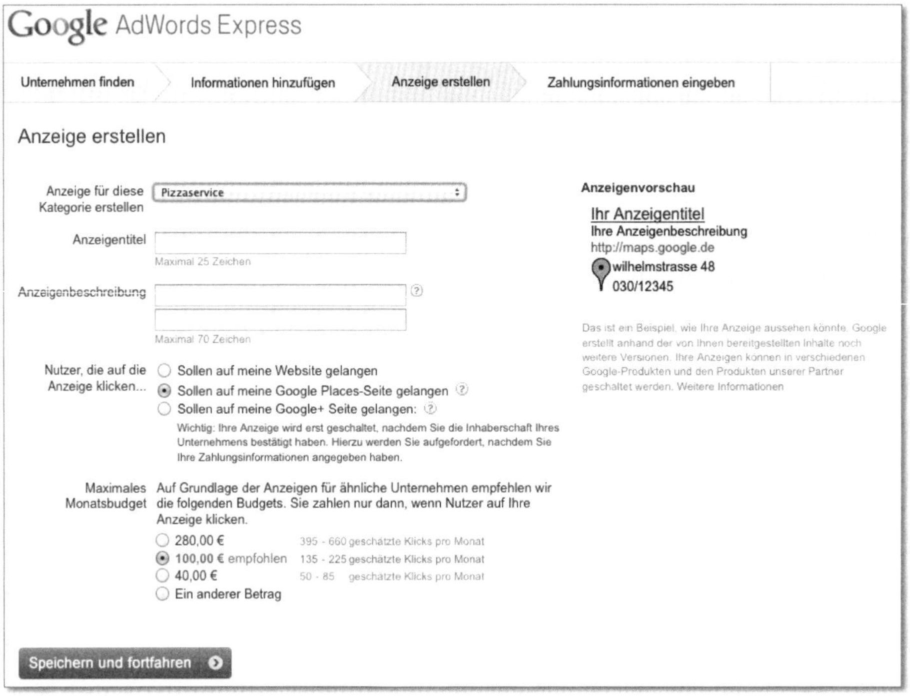

Abbildung 11.11 Simpel gehaltene Eingabemaske für Anzeigen in Google AdWords Express

AdWords Express

»Lokale Online-Werbung leicht gemacht«, lautet die Devise des im Oktober 2011 eingeführten AdWords Express. Unternehmen, die lokal ihre Angebote bewerben wollen, können dies in der Google-Suche und auf Google Maps (auch mobil) tun. Gerechtfertigt wird der Name »Express« dadurch, dass keine Keywords recherchiert werden und nur Minimaleinstellungen vorgenommen werden müssen (siehe Abbildung 11.11). Im Unterschied zu den herkömmlichen AdWords-Anzeigen werden die Express-Anzeigen nur eingeblendet, wenn ein regionaler Bezug besteht. So muss die Suchanfrage einen Ortsbezug, wie beispielsweise einen Stadtnamen, passend zum Werbetreibenden aufweisen, oder der Suchende muss sich im Radius von 25 km vom Advertiser-Standort (der anhand des Google-Places-Eintrags festgemacht wird) befinden.

So kann beispielsweise ein Restaurantbetreiber sehr genau in seinem Einzugsgebiet werben. Werbetreibende, die bereits ein AdWords-Konto besitzen, kommen nicht in den Express-Genuss, da es sich hier im Prinzip nur um eine vereinfachte Eingabemaske vor dem ursprünglichen AdWords-System handelt. Jedoch können Advertiser bei AdWords Express auch keine eigenen Optimierungen vornehmen und müssen dabei auf Google vertrauen. Weitere Informationen zu AdWords Express lesen Sie unter *www.google.de/adwords/express/*.

Nun können Sie sich ein AdWords-Konto anlegen oder in ein vorhandenes Konto einloggen (siehe Abbildung 11.12).

Sie werden dann aufgefordert, folgende drei Schritte zu tun:

1. Nutzernamen und Passwort für Ihr Konto festlegen
2. Zeitzone und Währung angeben
3. Konto bestätigen

Wenn Sie Nutzernamen und Passwort angeben, werden Sie gefragt, ob Sie bereits ein Google-Konto besitzen. In diesem Fall können Sie die bestehenden Login-Daten verwenden und müssen sich nicht für verschiedene Google-Dienste verschiedene Zugangsdaten merken. Andernfalls bestimmen Sie E-Mail-Adresse und Passwort neu. Seit Sommer 2010 bietet Google auch das sogenannte *Multiple Sign-In* bzw. eine Mehrfachanmeldung in bis zu zehn Google-Konten an. Dies kann hilfreich sein, wenn Sie beispielsweise im gleichen Browser Ihr Google-Mail und Ihr Google-AdWords-Konto verwenden. Nähere Details zu dieser Einstellung entnehmen Sie bitte der Google-Hilfe.

Anschließend legen Sie die Zeitzone und die Währung fest, die für Ihr Konto gelten sollen.

Häufige Fehler vermeiden: Zeitzone und Währung festlegen

Bedenken Sie bei der Festlegung der Zeitzone und der Währung: Beide Angaben können im Nachhinein nicht mehr geändert werden. Alle Kosten Ihrer Kampagnen werden nur in der von Ihnen angegebenen Währung erhoben und akzeptiert. Die Zeitzonenangabe ist insbesondere für die Berichterstellung wichtig.

Abbildung 11.12 Startseite von Google AdWords

Wenn Sie ein neues Konto erstellt haben, müssen Sie dieses noch bestätigen, indem Sie auf den Link in der E-Mail klicken, die Google Ihnen zusendet. Danach können Sie sich jederzeit mit Ihren Benutzerdaten in Ihrem AdWords-Konto anmelden. Der erste Schritt ist geschafft, Sie sind jetzt im Besitz eines AdWords-Kontos.

Mobiler Zugriff auf Ihr AdWords-Konto

Seit Frühjahr 2010 bietet Google auch die Möglichkeit, per Smartphone auf das AdWords-Konto zuzugreifen. Unter *adwords.google.com/dashboard/Dashboard* können Sie einen Blick auf das Dashboard werfen. Es bietet sich an, in der Desktop-Version ein passendes Dashboard, Benachrichtigungen und Filter anzulegen und sie dann mobil zu verwenden (Abbildung 11.13).

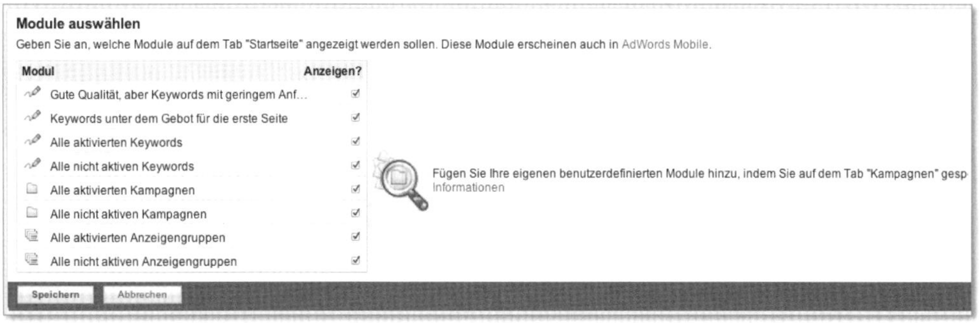

Abbildung 11.13 AdWords-Dashboard anpassen und mobil verwenden

Anfängern sei empfohlen, sich zunächst einmal in dem AdWords-Konto zu orientieren. Wie Sie anhand der Abbildung 11.14 erkennen können, haben Sie über verschiedene Reiter die Möglichkeit, im Konto zu navigieren.

11

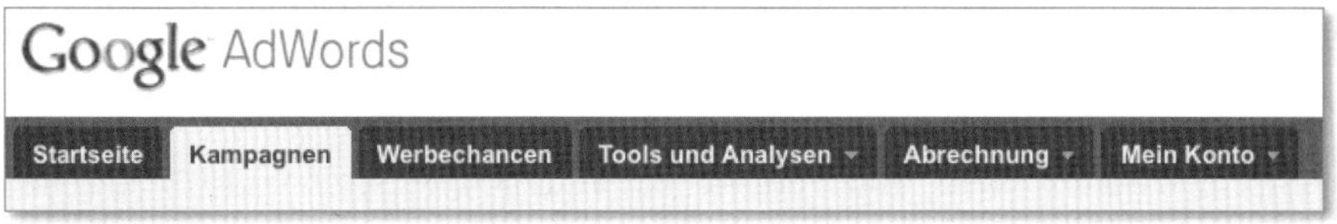

Abbildung 11.14 Hauptnavigation im AdWords-Konto

Das Konto ist noch nicht aktiv. Das bedeutet, es werden noch keine Anzeigen geschaltet, bis Sie Zahlungsinformationen übermittelt haben. Die Zahlungsmöglichkeiten sind abhängig von der gewählten Währung und dem Land der Rechnungsadresse. Wenn Sie Euro als Währung gewählt haben und in Deutschland Ihr AdWords-Konto besitzen, können Sie zwischen Vorauszahlung und Nachzahlung wählen. Innerhalb der einzelnen Zahlungsvarianten können Sie jederzeit wechseln. Sie haben aber nicht die Möglichkeit, von einer Vorauszahlungsoption zur Nachzahlung zu wechseln oder umgekehrt. Auf der Website *adwords.google.com/select/AfpoFinder* können Sie sich die möglichen Varianten anzeigen lassen.

Wenn Sie sofort loslegen, beinhaltet Ihr Konto zunächst eine Anzeigengruppe mit einer Anzeige und Keywords. Wahrscheinlich kribbelt es schon in Ihren Fingern, und Sie möchten sofort Ihre erste Kampagne anlegen und Anzeigen schalten. Es ist jedoch sinnvoll, sich erst einmal die Struktur des AdWords-Kontos klarzumachen. Haben Sie sich diese Struktur eingeprägt, können Sie Ebene für Ebene durchgehen und entsprechende Einstellungen durchführen.

11.2.2 Die Kontostruktur

Das AdWords-Konto von Google ist hierarchisch aufgebaut. Nehmen wir zum Vergleich eine Stadt, beispielsweise Berlin. Die Hauptstadt lässt sich in verschiedene Stadtteile unterteilen; jeder Stadtteil wiederum beinhaltet verschiedene Wohnblocks. Ähnlich ist auch ein AdWords-Konto in verschiedene Ebenen aufgeteilt: Die oberste Hierarchie ist das Konto selbst, analog zu unserem Beispiel wäre das die Stadt Berlin. Auf dieser Ebene loggen Sie sich mit Ihrer E-Mail-Adresse und Ihrem Passwort ein und können Zahlungsinformationen einsehen. Um bei unserem Beispiel zu bleiben: Auch in der realen Welt melden Sie sich beim Bürgeramt Ihrer Stadt an.

Kontozugriff

Sie haben die Möglichkeit, weitere Nutzer für Ihr AdWords-Konto freizuschalten und ihnen verschiedene Rechte zuzuweisen. Hilfreich ist in diesem Zusammenhang das *Änderungsprotokoll*, das Sie unter dem Reiter TOOLS UND ANALYSEN finden. Hier können Sie sich alle Änderungen anzeigen lassen und sehen zudem Datum, Uhrzeit und Nutzer.

Die einzelnen Kampagnen sind vergleichbar mit den verschiedenen Stadtteilen unserer exemplarischen Stadt. Wenn Sie beispielsweise einen Online-Shop betreiben, können Sie so für jede Produktsparte eine eigene Kampagne anlegen. Sie sollten Wert darauf legen, Ihr Konto von Beginn an möglichst übersichtlich aufzubauen, da spätere Auswertungen dann wesentlich besser nachvollzogen werden können. Auf Kampagnenebene legen Sie zudem die Ausrichtung auf die Zielgruppe fest, indem Sie die geografische Ausrichtung und die Spracheinstellungen bestimmen. Dies kann pro Produktsparte variieren, daher würde es auf Kontoebene wenig Sinn machen. Sie können hier auch das Budget bestimmen, das Sie für die einzelnen Kampagnen anlegen möchten. Wie Sie später noch im Detail lesen werden, stellen Sie auf Kampagnenebene auch die Verteilungseinstellungen und das Enddatum ein.

Kommen wir zu den Wohnblocks: Diese entsprechen in dem AdWords-Konto den einzelnen Anzeigengruppen. Die Ebene der Anzeigengruppen beinhaltet, wie der Name schon sagt, die Anzeigen. Eine Anzeigengruppe muss mindestens eine Anzeige beinhalten, unbedingt empfehlenswert sind mehrere Anzeigen. Ebenso befinden sich hier die Keywords, also die Schlüsselbegriffe, für die Ihre Anzeigen erscheinen sollen, und gegebenenfalls auch Placements (Webseiten, auf denen Ihre Anzeige erscheint; dazu folgt mehr in Abschnitt 11.2.4, »Die Werbenetzwerke«).

Neu: Erweiterte Account-Limitierungen

Im März 2012 hat Google die Limitierungen für die AdWords-Accounts erweitert. Konkret heißt das, dass nun bis zu 10.000 aktive und pausierte Kampagnen in einem Konto angelegt werden können. Jede Kampagne kann nun bis zu 20.000 Anzeigengruppen und die wiederum bis zu 5.000 Keywords beinhalten. Insgesamt kann das Limit bis auf 3 Mio. Keywords und 4 Mio. Anzeigen (aktiv und pausiert) ausgereizt werden.

Abbildung 11.15 zeigt die AdWords-Kontostruktur noch einmal auf einen Blick.

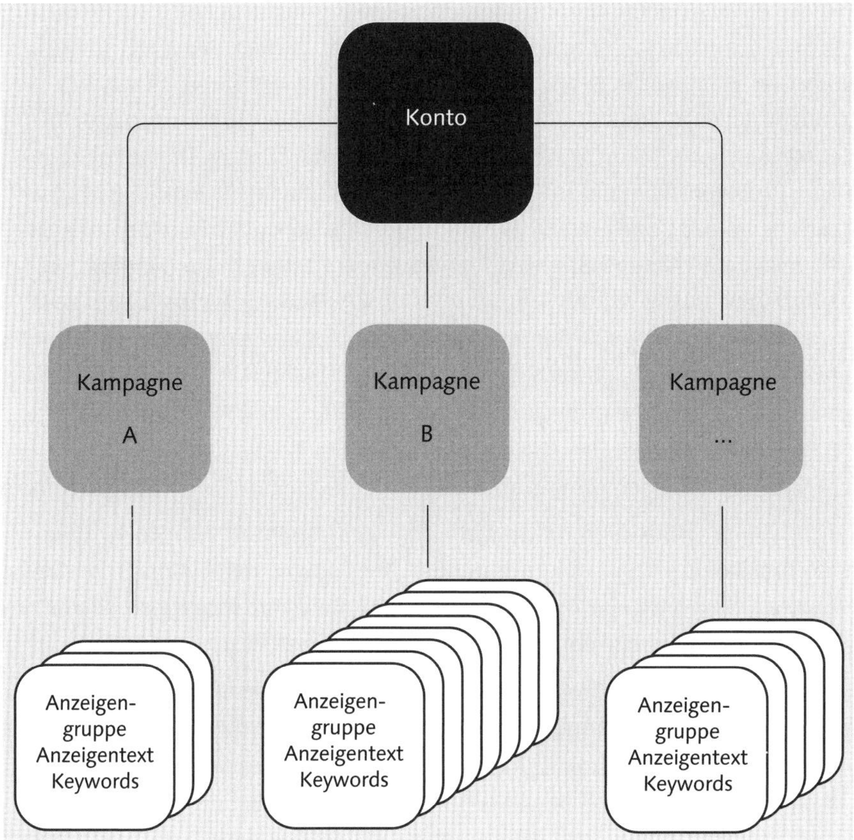

Abbildung 11.15 Die Kontostruktur bei Google AdWords

Sie haben auch die Möglichkeit, mit dem sogenannten *Kundencenter* (auch als *MCC* bezeichnet für *My Client Center*) verschiedene Konten zu verwalten (daher wird auch die Bezeichnung *Verwaltungskonto* verwendet). Dieses Rahmenkonto wird häufig von Agenturen eingesetzt, die verschiedene AdWords-Konten betreuen.

Häufige Fehler vermeiden: Klare Kontostruktur schaffen

Warum ist nun eine durchdachte Kontostruktur so wichtig? Die Kontostruktur hat zwei grundlegende Ziele: Zum einen können Sie so viel besser Ihre Zielgruppe passend ansprechen, zum anderen erleichtert Ihnen eine gute Kontostruktur die Handhabung und Optimierung Ihres Accounts. Verglichen mit der Offline-Welt würde kein Warenhaus alle Angebote zusammen auf einer Ebene präsentieren. So sind Kaufhäuser in Ebenen und Abteilungen strukturiert.

Achten Sie daher auch bei AdWords unbedingt von Beginn an auf eine klare Konto- und Kampagnenstruktur. Machen Sie sich schon im Vorfeld Gedanken über Ihr gewünschtes Ziel und die Zielgruppe, die Sie ansprechen möchten. Oft ist es hilfreich, wenn Sie sich schon vorab eine Struktur überlegen und sie zunächst auf Papier bringen, bevor Sie im AdWords-Konto aktiv werden. Google empfiehlt Betreibern von Webshops, die verschiedenen Kampagnen anhand des individuellen Produktsortiments anzulegen. Wenn Sie z. B. Computer verkaufen, dann sollten Sie eine Kampagne für Notebooks anlegen, eine weitere Kampagne für Monitore, eine dritte für Zubehör usw. Achten Sie auf eine sinnvolle Benennung der Kampagnen. Die einzelnen Kampagnen sollten aus verschiedenen Anzeigengruppen bestehen, die ebenfalls thematisch sortiert sind. Versuchen Sie, Ihre Kontostruktur so klar wie möglich zu halten und Anzeigengruppen mit wenigen, aber sehr zielgenauen Keywords und Anzeigentexten zu erstellen. Weniger ist manchmal mehr.

Unter dem Reiter Mein Konto können Sie die Kontoeinstellungen bearbeiten. Wenn Sie Ihre Login-Daten ändern möchten, die Sprache der Benutzeroberfläche anpassen oder beispielsweise die Einstellungen zu Benachrichtigungen bearbeiten möchten, die Sie von Google erhalten, dann sind Sie hier richtig.

Google-Dienste verknüpfen: Google AdWords und Google Analytics

Wenn Sie Ihr AdWords-Konto mit Ihrem Google-Analytics-Konto verbinden möchten, dann können Sie das über den Reiter Tools und Analysen tun (Abbildung 11.16), wenn Sie im Auswahlmenü auf Google Analytics klicken (mehr zu Google Analytics lesen Sie in Kapitel 18, »Web-Analytics – Websites unter die Lupe nehmen«).

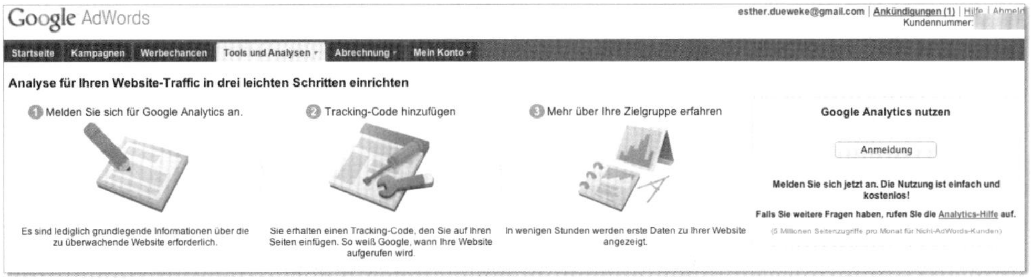

Abbildung 11.16 Die Google-Dienste AdWords und Analytics verknüpfen

11.2.3 Die Kampagne

Sie möchten nun endlich Ihre erste Google-AdWords-Kampagne schalten? Wir führen Sie nun durch die einzelnen Schritte, die zum Anlegen einer AdWords-Kampagne notwendig sind. Diese sind prinzipiell an den Suchprozess eines Benutzers angelehnt, wie Sie in Abbildung 11.17 sehen können.

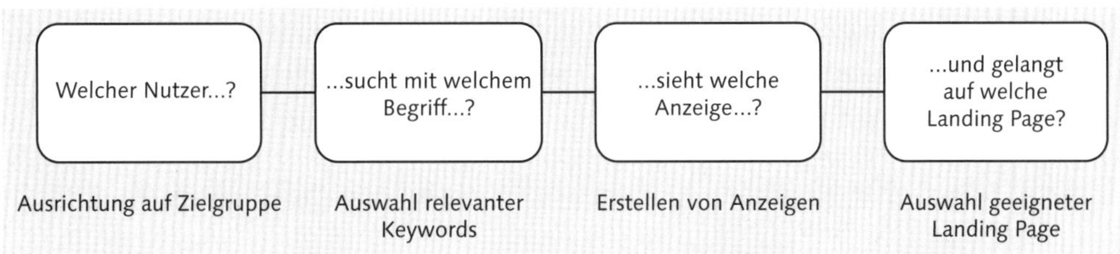

Abbildung 11.17 Wesentliche Schritte, um eine AdWords-Kampagne aufzusetzen

Die Schritte lauten:

- die Ausrichtung auf die Zielgruppe
- die Auswahl relevanter Keywords
- das Erstellen von Anzeigen
- das Festlegen einer geeigneten Landing Page (die per Klick auf eine Anzeige erreicht wird)
- und schließlich die Bestimmung des Budgets

Wenn Sie ihr AdWords-Konto neu angelegt haben, finden Sie unter dem Reiter KAMPAGNEN einen Button ERSTE KAMPAGNE ERSTELLEN. Andernfalls können Sie unter dem gleichen Reiter auf +NEUE KAMPAGNE klicken, sollten Sie schon ein bestehendes AdWords-Konto haben. Sie werden dann aufgefordert, zunächst einen Kampagnennamen zu vergeben. Geben Sie einen möglichst eindeutigen Namen ein, damit Sie bei verschiedenen Kampagnen nicht den Überblick verlieren. Dann beginnen Sie mit der Ausrichtung auf Ihre Zielgruppe. AdWords bietet Ihnen eine Vielzahl an Möglichkeiten, um ein umfangreiches *Targeting*, das heißt eine genaue Zielgruppenansprache, vorzunehmen. Dies erreichen Sie beispielsweise über die geografische Ausrichtung Ihrer Kampagne und die Spracheinstellungen, die wir Ihnen im Folgenden näher erklären.

Ausrichtung auf die Zielgruppe

In welchen Ländern oder Orten möchten Sie mit Ihren Anzeigen Benutzer erreichen, und welche Sprache sprechen Ihre potenziellen Kunden? Je genauer Sie Ihre Zielgruppe definieren und die Einstellungen an Ihre Ziele anpassen, desto eher vermeiden Sie unnötige Kosten.

Die Ortsauswahl

Für die Ausrichtung Ihrer Kampagne auf bestimmte Orte haben Sie viele Möglichkeiten: So können Sie direkt Länder, Gebiete, Regionen und Städte auswählen und auch benutzerdefinierte Gebiete festlegen und alles miteinander kombinieren. Das bedeutet, dass Sie Ihre Anzeigen z. B. in Mexiko, in der Stadt Barcelona sowie auf den Kanarischen Inseln schalten können (Abbildung 11.18). Hier gibt Google schon erste Anhaltspunkte zur Reichweite und bietet unter dem Link IN DER NÄHE noch weitere Ortsvorschläge an.

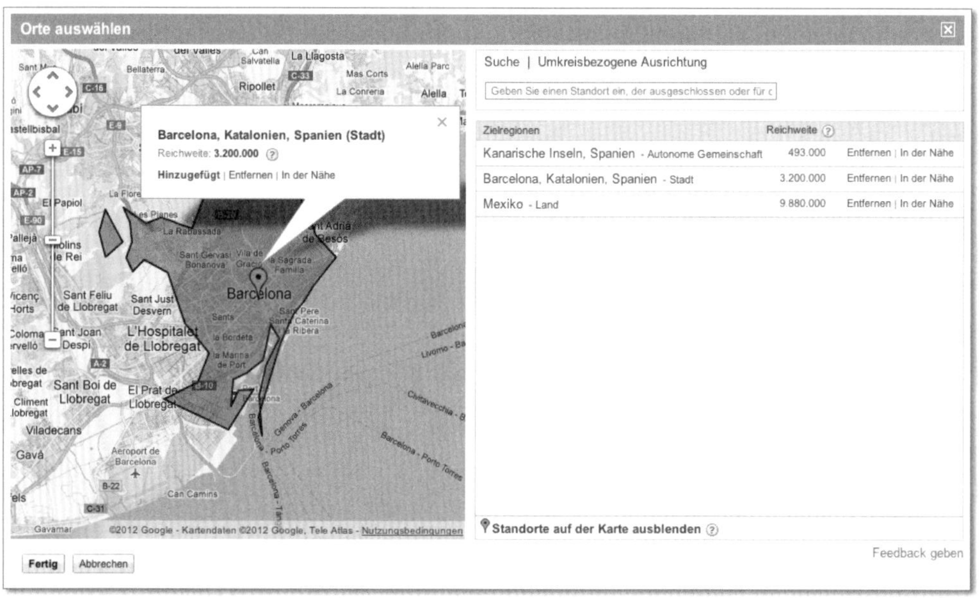

Abbildung 11.18 Kampagneneinstellungen: Orte auswählen

Wenn Sie beispielsweise einen Pizza-Service betreiben und Ihre Pizzen nur innerhalb einer bestimmten Stadt wie Hamburg ausliefern, dann sollten Sie Ihre Einstellungen so anpassen, dass Ihre AdWords-Anzeigen auch nur in Hamburg angezeigt werden. Sie können auch einen Umkreis um ein Zielgebiet definieren, wie in Abbildung 11.19 beispielhaft der Radius 30 km um Hamburg. Wenn Sie z. B. Ihre Pizzen nicht weiter als 30 km von Ihrem Standort ausliefern, können Sie dies bei den Einstellungen berücksichtigen.

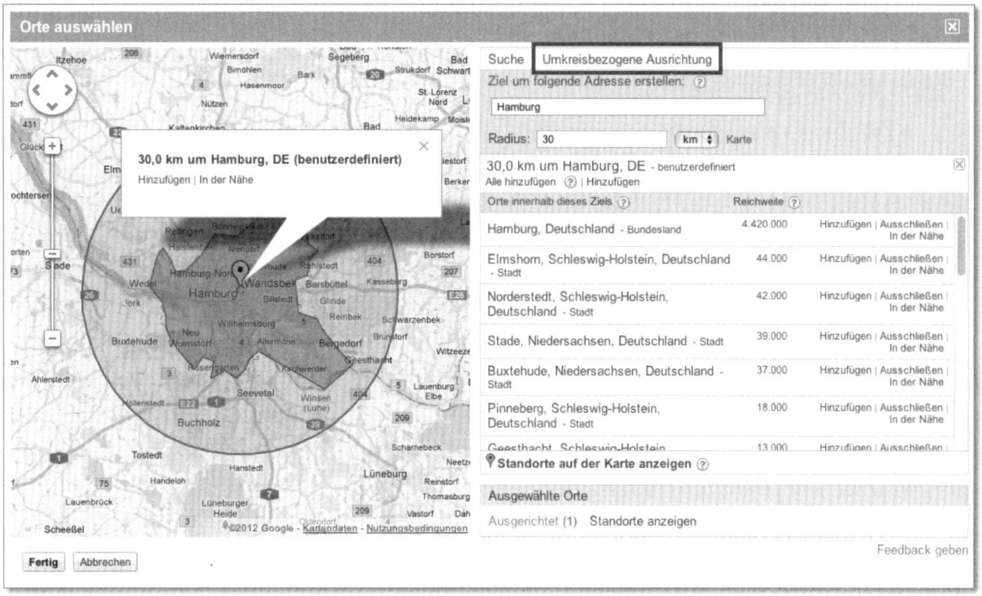

Abbildung 11.19 Ortsauswahl Hamburg per Umkreis

So können Sie sehr genau bestimmen, wo Ihre Anzeigen geschaltet werden sollen oder nicht. Da Sie auch hier Streuverluste und unnötige Kosten vermeiden können, sollten Sie die Einstellungen mit Bedacht wählen.

Wie Sie sehen, können Sie Anzeigen nur für einen bestimmten geografischen Radius schalten (Google Geo-Targeting). Möglich ist diese genaue Ansprache der Zielgruppe über die IP-Adresse. Wie Ihre Nummer auf Ihrem Personalausweis, so besitzt jeder Computer eine eindeutige Nummer, die Aufschluss über seinen Standort gibt. Daher sind Rückschlüsse auf die Region möglich, und Anzeigen können entsprechend eingeblendet werden. In den USA sind die IP-Adressen so gerastert, dass die Aussteuerung sogar bis auf Straßenzüge oder Stadtteile genau möglich ist.

Tipp: Wie ist meine IP

Unter der Website »Wie ist meine IP« (*www.wieistmeineip.de*) können Sie Ihre eigene IP-Adresse nachsehen. Zudem werden Ihnen Ihr Betriebssystem, Ihr Browser, Ihr Land und Provider angezeigt.

Mit den erweiterten Standortoptionen bietet Google seit Frühjahr 2012 folgende Auswahlmöglichkeiten, um Nutzer zu erreichen:

- NUTZER IN MEINER ZIELREGION BZW. DIE DANACH SUCHEN ODER SEITEN DAZU BETRACHTEN (EMPFOHLEN)
- NUTZER IN MEINER ZIELREGION
- NUTZER, DIE NACH MEINER ZIELREGION SUCHEN ODER SEITEN DAZU BETRACHTEN

Seit Ende des Jahres 2010 bietet Google den sogenannten *Global Market Finder* (*translate.google.com/globalmarketfinder/index.html?locale=de*) an. Mit diesem Tool können Werbetreibende das Marktpotenzial Ihres Produkts in anderen Ländern prüfen. Nach Eingabe von Keywords schätzt Google das Potenzial für die einzelnen Länder. Sie erreichen das Tool auch über die Website *Google Werbeprogramme. Weltweite Werbung* (*www.google.com/adwords/globaladvertiser/index.html*), auf der Sie auch Informationen zu Rahmenbedingungen (wie beispielsweise Zahlungsmöglichkeiten) in anderen Ländern finden.

Die Sprachauswahl

Je nachdem, wie die Spracheinstellung der Google-Benutzeroberfläche gesetzt ist, kann das AdWords-System erkennen, wo Anzeigen geschaltet werden (Abbildung 11. 20). Befindet sich, so die Google-Erklärung, ein Spanisch sprechender Nutzer in den USA, hat aber die Sprache der Benutzeroberfläche von Englisch auf Spanisch umgestellt, kann er auf Spanisch ausgerichtete Anzeigen sehen.

Google gibt dafür folgendes Beispiel in seiner Hilfe: »Angenommen, Sie verkaufen Kaffeebohnen online und möchten Ihre Anzeigen auf Spanisch sprechende Kunden ausrichten. Sie richten eine AdWords-Kampagne ein, die auf die spanische Sprache ausgerichtet ist und spanische Anzeigen und Keywords enthält. Wenn die Spracheinstellungen der Google-Benutzeroberfläche auf Spanisch festgelegt sind, werden Ihre Anzeigen für Kaffeebohnen geschaltet, sobald Ihre Spanisch sprechenden Kunden nach Ihren Keywords suchen.«

Bedenken Sie bei der Ausrichtung auf Sprachen, dass Ihre Anzeigen nicht übersetzt werden und in der jeweiligen Sprache formuliert sein müssen.

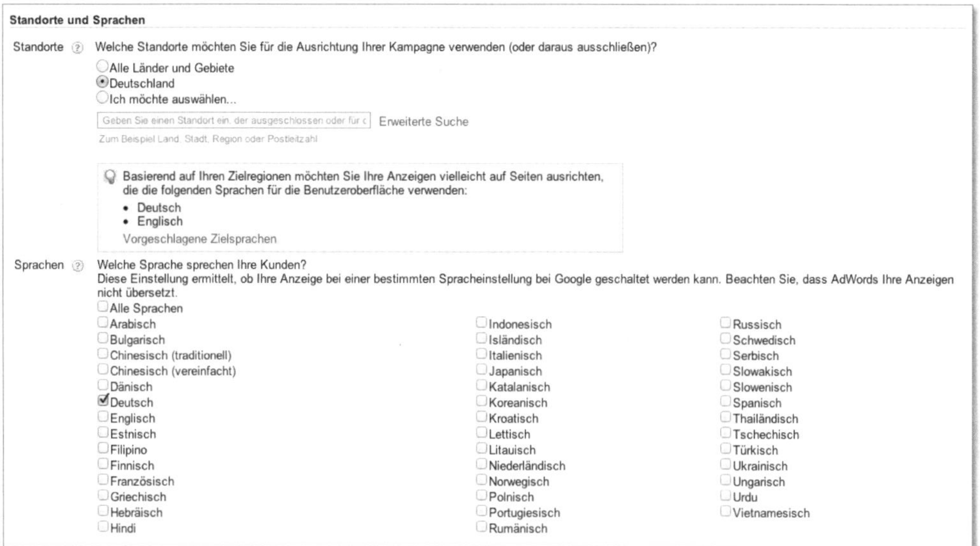

Abbildung 11.20 Sprachauswahl im Google-AdWords-Konto

11.2.4 Die Werbenetzwerke

Sie können bei Ihren Kampagneneinstellungen zwischen dem Such-Werbenetzwerk und dem Display-Netzwerk auswählen. Ersteres schließt die Google-Seiten mit ein.

Das Such-Werbenetzwerk schließt zum einen die bereits bekannten Suchergebnisseiten von Google ein. Wie Sie schon am Kapitelbeginn lesen konnten, werden AdWords-Anzeigen innerhalb von Google-Suchergebnisseiten am rechten Seitenrand, auf den ersten drei Topergebnissen über und auch unterhalb der organischen Suchergebnisse angezeigt. Gibt also ein Benutzer die Suchanfrage »blaue Sandalen« ein, veröffentlicht das AdWords-System passende Textanzeigen. Zu den Google Seiten zählen beispielsweise die Domains *google.de* und *google.com*. Die Google-Seiten sind immer bei der Kampagnenschaltung inbegriffen und lassen sich nicht ausschließen.

Darüber hinaus bietet Google Websites an, die Suche kostenlos einzubinden. Auf diesen Ergebnisseiten können somit auch Werbeanzeigen ausgeliefert werden. Prominente Beispiele sind die Websites von *www.aol.de* oder *www.t-online.de*. Im Such-Werbenetzwerk haben Sie nicht die Möglichkeit, einzelne Seiten auszuschließen, wohl aber im Display-Netzwerk. Zudem können Ihre AdWords-Anzeigen auch bei Google-Diensten, wie beispielsweise Google Maps, Google Produktsuche und Google Groups, angezeigt werden.

Zusammenfassend beinhaltet das Google Such-Werbenetzwerk also die Google-Suche, weitere Websites, die die Suche integriert haben, und andere Google-Dienste.

Das Google Display-Netzwerk bietet die Möglichkeit, Werbeanzeigen auf anderen Websites auszuliefern. Google steuert dabei die Anzeigen thematisch passend zur Publisher-Website aus. Zudem haben Advertiser hier die Möglichkeit, sogenannte *Placements* (also die Websites, die die Anzeigen einblenden) auszuwählen. Im Unterschied zum Such-Werbenetzwerk können im Display-Netzwerk auch Banner und weitere Formate eingeblendet werden, die im Such-Werbenetzwerk nicht möglich sind.

Neu: Eigener Reiter für Display-Werbung

Im März 2012 kündigte Google an, einen eigenen Reiter DISPLAY-WERBUNG im AdWords-Konto einzuführen. Über diesen Bereich soll es zukünftig möglich sein, Display-Kampagnen besser und zielgenauer auszurichten und anzupassen.

Weitere Details zur Werbeschaltung auf anderen Websites mithilfe des Google Display-Netzwerks, lesen Sie in Kapitel 2, »Online-Marketing – Werben im Internet«. Wir fokussieren uns im Folgenden auf die Webeschaltung im Google Such-Werbenetzwerk.

11.2.5 Die Keywords

Bevor wir uns den Anzeigen und Anzeigengruppen widmen, schauen wir uns zunächst die Keywords an. Wie bereits beschrieben wurde, legen Sie innerhalb Ihrer AdWords-Kampagne Keywords, also Schlüsselbegriffe, fest, zu denen Ihre Anzeigen erscheinen sollen. Im Folgenden werden diese beiden Bezeichnungen synonym verwendet.

Die richtige Auswahl der Keywords ist daher von großer Bedeutung und kann auch einige Zeit in Anspruch nehmen. Da Google AdWords auf dem CPC-Modell (Cost-per-Click-Modell) basiert, zahlen Sie als Advertiser jedes Mal, wenn ein Benutzer auf Ihre Anzeige klickt. Ihre Keyword-Auswahl sollte also bedacht sein, denn Sie hat Einfluss auf die entstehenden Kosten.

Google hingegen verdient enorme Summen durch das Werbeprogramm AdWords. Besonders die Themenbereiche Versicherungen, Darlehen, Hypotheken, Rechtsanwälte, Kredite und Juristen sind lukrative Themen für Google. Laut Gerald Reischls Veröffentlichung »Die Google-Falle« verdient der Suchmaschinengigant durchschnittlich 5 US$ bei einem Klick auf eine Anzeige zum Thema Lebensversicherung.

Im Folgenden werden Sie erfahren, wie Sie relevante Keywords ermitteln, welche hilfreichen Tools Sie für Ihre Keyword-Recherche verwenden können, welche Keyword-Optionen Sie einstellen können und welche Richtlinien Sie beachten sollten.

Die Keyword-Recherche

Sie wissen nun, dass Keywords grundlegend wichtig für Ihre AdWords-Kampagne sind. Mit gut ausgewählten Keywords erreichen Sie Ihre potenziellen Kunden und können Einfluss auf die anfallenden Kosten nehmen. Aber wie identifizieren Sie diese Keywords? Dazu gibt es verschiedene Vorgehensweisen. Einige erläutern wir im Folgenden.

Keywords sammeln

Im ersten Schritt werden Keywords gesammelt, mit denen Benutzer nach Ihrem Angebot suchen könnten. Im zweiten Schritt sollte diese Sammlung bereinigt werden, um wirklich nur die relevanten und zielgerichteten Keywords zu verwenden.

Keywords zu identifizieren, kann über ganz verschiedene Wege passieren. Wir stellen Ihnen einige effektive Möglichkeiten vor. Einen ersten Überblick können Sie sich hier verschaffen:

Auf einen Blick

- Kundensicht
- Blogs und Foren
- Wikipedia und Lexika
- Kundengespräche
- Metatags
- indirekte Keywords
- ausschließende Keywords
- Keyword-Tool
- Freundes- und Bekanntenkreis
- Twitter und Facebook
- die eigene Website und Werbematerialien
- Google-Suche
- Konkurrenten-Websites und -Metatags
- Synonyme
- Webanalyse

Als oberstes Gebot gilt hier, sich in Ihre Kunden hineinzuversetzen. Was, denken Sie, könnten ihre Suchfragen sein? Mit welchen Begriffen suchen Benutzer nach Ihren Produkten bzw. Dienstleistungen? Seien Sie dabei möglichst kreativ, und orientieren Sie sich an Ihrer angelegten Kampagnenstruktur. Das bedeutet, dass Sie pro Anzeigengruppe eine eigene Keyword-Liste erstellen sollten. Verkaufen Sie beispielsweise Computer, dann sollten Sie eine Keyword-Liste für Ihre Anzeigengruppe »Notebooks« anlegen und eine gesonderte Liste für Ihre Anzeigengruppe »Monitore« (siehe dazu auch den Abschnitt »Sammlung bereinigen und strukturieren« in Abschnitt 11.2.5). Vergessen Sie aber nicht, möglichst Begriffe zu sammeln, die ein Suchender in der Suchmaschine Google eingeben würde.

Sie sollten auch in Ihrem Freundes- und Bekanntenkreis fragen. Oftmals kommen hier Suchbegriffe zum Vorschein, an die Sie womöglich noch gar nicht gedacht haben. Auch Blogs und Foren oder der Kurznachrichtendienst Twitter können hilfreiche Informationen liefern (mehr zu Twitter erfahren Sie in Kapitel 4, »Social Media Marketing«). Welche Ausdrücke kommen in Tweets zu Ihrem Thema vor? Wie wird in Diskussionsforen über Ihr Produkt oder Ihre Dienstleistung gesprochen? Welche weiteren Begriffe werden auf thematisch relevanten Websites verwendet? Selbstverständlich bietet auch Facebook eine weitere Quelle, zusätzliche Keywords zu recherchieren. Darüber hinaus kann auch ein Blick in Wikipedia oder Lexika hilfreich sein. Natürlich können Sie auch aus Ihren Kundengesprächen wichtige Informationen ziehen.

Notieren Sie sich alle Ideen in einer Keyword-Liste. Stellen Sie weitere Begriffe zusammen, indem Sie sich Ihre Produkte und Dienstleistungen, Ihre Website und Ihre Werbematerialien genau ansehen. Oft kommt es vor, dass wichtige Keywords vergessen werden und man durch Betriebsblindheit den Wald vor lauter Bäumen nicht sieht.

Darüber hinaus kann die Google-Suche aufschlussreich sein: Wenn Sie in das Eingabefeld der Suche bei Google einen Begriff eingeben, werden Ihnen schon beim Tippen dieses Begriffs weitere Vorschläge angezeigt. Diese Möglichkeit, die Sie in Kapitel 10, » Suchmaschinen – finden und gefunden werden«, schon kennengelernt haben, trägt den Namen *Google Suggest* (siehe Abbildung 11.21).

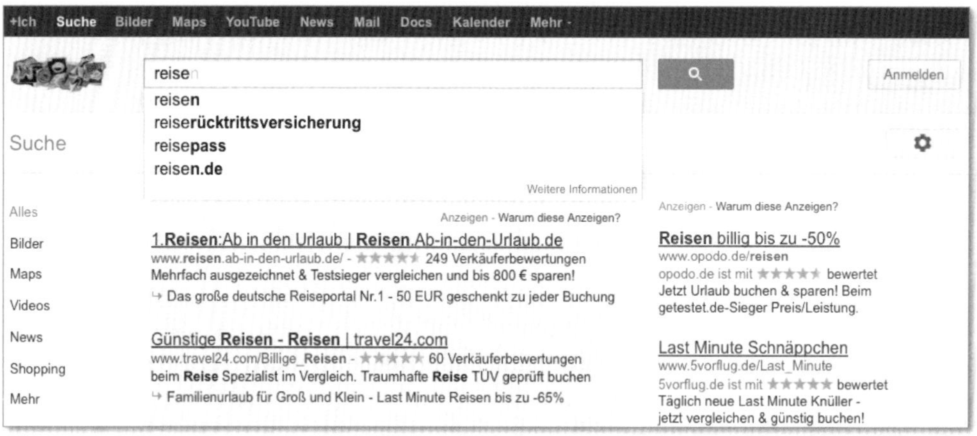

Abbildung 11.21 Google Suggest zeigt Ihnen beim Eingeben Ihrer Suchanfrage ähnliche Begriffe an.

Kuriositäten

Was Google-Nutzer suchen und was innerhalb von Google Suggest vorgeschlagen wird, kann dabei schon zum Schmunzeln führen, wie das Beispiel aus Abbildung 11. 22 zeigt.

Zudem gibt es auch sogenannte *Eastereggs*, die in der Suche versteckt sind: Gaben Nutzer im Frühjahr 2011 beispielsweise »Do a Barrel Roll« als Suchanfrage ein, so drehte sich das Browserfenster um 360 Grad, wie ein Flugzeug beim Looping. Im Dezember 2011 konnte man sich Schnee nach Hause holen, indem man »Let it snow« in die Google-Suche eingab.

Abbildung 11.22 Kuriose Google-Suggest-Vorschläge

Zusätzlich finden Sie unter den organischen Suchbegriffen noch verwandte Suchanfragen (siehe Abbildung 11.23). Hier können Sie weitere Ideen für Ihre Keyword-Liste sammeln. Achten Sie aber darauf, dass die Begriffe auch zu Ihrem Angebot passen.

Abbildung 11.23 Verwandte Suchbegriffe werden Ihnen unter den organischen Suchergebnissen angezeigt.

Google Wonder Wheel (Wunderrad) abgeschaltet

Im Zuge des Redesigns seiner Suchergebnisseite hat der Suchmaschinengigant das *Google Wonder Wheel*, eine Funktion, mit der Begriffsassoziationen zu einer Suchanfrage in Form einer Mindmap visualisiert werden konnten, im Sommer 2011 deaktiviert. Von einer Wiederaufnahme der Funktion ist bisher nichts bekannt.

Darüber hinaus können Sie von Ihren Konkurrenten lernen: Sehen Sie sich deren Anzeigentexte genauer an, und identifizieren Sie Suchbegriffe. Auch die Konkurrenten-Websites und Quelltexte können aufschlussreich sein.

Tipp: Metatags einer Webseite

Empfehlenswert sind auch die Informationen, die Sie aus den Metatags einer Website ziehen können. Die sehen Sie, indem Sie die rechte Maustaste drücken und den Seitenquelltext aufrufen. Dort finden Sie eine Zeile, die mit `<meta name="keywords"` anfängt und Ihnen wichtige Keywords der entsprechenden Website anzeigt. Mehr zu Metatags erfahren Sie in Kapitel 12, »Suchmaschinenoptimierung (SEO)«.

Je nachdem, welches Ziel Sie mit Ihrer AdWords-Kampagne verfolgen, können Sie Ihre Keyword-Liste auch mit sogenannten *indirekten Keywords* erweitern. Diese Keywords beziehen sich nicht direkt auf Ihr Produkt oder Ihre Dienstleistung, sondern bewerben Randangebote, wie beispielsweise Ihren Newsletter oder Gratis-E-Books. Mithilfe der indirekten Keywords haben Sie die Möglichkeit, mit zumeist günstigeren Begriffen potenziell interessierte Zielgruppen anzusprechen und die Bekanntheit Ihres Angebots zu erhöhen.

Mit Synonymen und Mehrwortkombinationen die Keyword-Liste erweitern

Als Nächstes sollten Sie Ihre gesammelten Begriffe durch Synonyme, andere Ausdrucksweisen und auch Mehrwortkombinationen erweitern. Hier kommen auch Singular- und Pluralformen sowie lokale Ergänzungen wie Städtenamen infrage. Auch alternative Schreibweisen und Falschschreibweisen können hier in Betracht gezogen werden.

Es gibt zahlreiche kostenlose Tools, die Sie zu Hilfe nehmen können. Einige haben wir Ihnen hier willkürlich zusammengestellt:

- *www.openthesaurus.de*: Dieses Tool ist spezialisiert auf Synonyme und Assoziationen.
- *www.semager.de*: In der semantischen Suchmaschine gibt es am oberen Seitenrand den Link VERWANDTE WÖRTER FINDEN.

- *www.woerterbuch.info*: Hier haben Sie unter dem Suchschlitz die Möglichkeit, einen Checkbutton für Synonyme auszuwählen.
- *metager.de/asso.html*: Der *Web-Assoziator* zeigt Ihnen verwandte Begriffe an.
- *services.canoo.com*: Klicken Sie auf den Link WORTBILDUNG unter dem Suchschlitz.
- *www.ranking-check.de*: Navigieren Sie zur KEYWORD-DATENBANK in der oberen Navigation. Ranking-Check bietet auch den *Google AdWords Wrapper*, den wir uns auf den folgenden Seiten noch genauer ansehen werden.
- *www.dwds.de*: Steht für das *Digitale Wörterbuch der deutschen Sprache des 20. Jahrhunderts* und zeigt z. B. in seinem DWDS-Wortprofil weitere Begriffe zu einer Suchanfrage an.
- *www.kwmap.com*: Die Keyword-Map zeigt Ihnen mit englischer Benutzeroberfläche relevante Themen, Keywords, Websites und mehr.
- *www.woxikon.de*: Über die Navigation können Sie sich auch Synonyme für eingegebene Begriffe anzeigen lassen.
- *www.google.com/insights/search*: Hier können Sie sich beispielsweise darüber informieren, ob es saisonale und regionale Suchmuster für Keywords gibt. Dies kann für Ihre Einstellungen auf Zielregionen interessant sein. Auf den folgenden Seiten zeigen wir Ihnen dieses Tool noch genauer.

Tipp: Übersetzungstools

In verschiedenen Übersetzungstools, wie beispielsweise *www.leo.org*, können Sie Keywords in eine Sprache übersetzen und wieder zurückübersetzen lassen. Auf diese Weise werden Ihnen zum Teil weitere Vorschläge angezeigt.

Ein kleiner Hinweis am Rande: Sollten Sie schon eine aktive AdWords-Kampagne besitzen, dann schauen Sie sich unter dem Reiter KEYWORDS und dem Befehl SUCHBEGRIFFE ANZEIGEN, die Schlüsselwörter an, mit denen Benutzer auf Ihre Website gelangt sind.

Webanalyse

Auch Daten aus der Webanalyse können bei Ihrer Keyword-Recherche unterstützen. Viele Analysetools und auch eigene Logfile-Auswertungen geben Ihnen die Suchbegriffe an, die Nutzer zu Ihrer Website führten.

Das Keyword-Tool

Das wohl bekannteste Tool in Zusammenhang mit der Keyword-Recherche ist das *Google Keyword-Tool*. Wir nennen es hier bewusst zum Schluss, da auch die vorherigen Vorgehensweisen gute Quellen sind, Keywords zu identifizieren, und nicht außer Acht gelassen werden sollten. Dennoch ist das Keyword-Tool von Google besonders hilfreich für Google-Advertiser. Sie haben einen kurzen Einblick in das Tool schon im vorigen Kapitel bekommen. Wir werden Ihnen die Handhabung im Hinblick auf Suchmaschinenwerbung im Folgenden detaillierter erläutern.

Sie können das Keyword-Tool über mehrere Wege erreichen. Sollten Sie nicht in Ihrem AdWords-Konto eingeloggt sein, können Sie diese URL aufrufen: *adwords.google.de/select/KeywordToolExternal*. Auch über die Login-Seite von AdWords ist das Tool erreichbar, wenn Sie in dem Abschnitt SIE ERSTELLEN IHRE ANZEIGEN auf den Textlink KEYWORD-IDEEN ABRUFEN klicken. Bei diesen beiden Wegen werden Ihre Kampagneneinstellungen, wie beispielsweise Zielregionen und -sprachen, nicht berücksichtigt und müssen von Hand eingestellt werden.

Sollten Sie in Ihrem AdWords-Konto eingeloggt sein, finden Sie das Keyword-Tool zum einen unter dem Reiter WERBECHANCEN oder dem Reiter TOOLS UND ANALYSEN (Abbildung 11.24). Alternativ können Sie in einer bestehenden Kampagne über den Reiter KEYWORDS das Tool erreichen, wenn Sie auf KEYWORDS HINZUFÜGEN klicken.

Der Vorteil bei dieser Vorgehensweise besteht darin, dass das Tool Ihre Kampagneneinstellungen und -leistungen automatisch berücksichtigt und Sie weitere Vorschläge zu Ihren bisherigen Keywords anfordern können. Genießen Sie diese Variante aber mit Vorsicht, wenn Sie ein sehr umfangreiches AdWords-Konto mit verschiedensten Kampagneneinstellungen haben.

Hier können Sie nun entweder Ihre zuvor zusammengestellten Keywords eingeben, Kategorien oder Websites eintragen. Bei Letzterem werden Ihnen Keywords vorgeschlagen, die zum Inhalt der angegebenen Website passen. Eine Kombination ist ebenfalls möglich, um detailliertere Ergebnisse zu erzielen. Im eingeloggten Zustand haben Sie die Möglichkeit, auch eine entsprechende Kampagne bzw. Anzeigengruppe auszuwählen, für die die weiteren Keywords gedacht sind.

Unter dem Link ERWEITERTE OPTIONEN UND FILTER können Sie Länder- und Spracheinstellungen angeben, verschiedene Filter (z. B. Ideen und Statistiken für mobile Endgeräte anzeigen) einstellen und Vorschläge für diverse Endgeräte anzeigen lassen.

Am linken Seitenrand können Sie Begriffe eingeben, die bei der Suche eingeschlossen oder ausgeschlossen werden sollen. Darüber hinaus werden Ihnen verschiedene Kategorien angezeigt. Darunter können Sie auch die Keyword-Optionen (WEITGEHEND, »WORTGRUPPE« und [EXAKT]) angeben (siehe Abbildung 11.25), die wir uns auf den folgenden Seiten noch ausführlicher ansehen werden.

Abbildung 11.24 Google Keyword-Tool im Konto

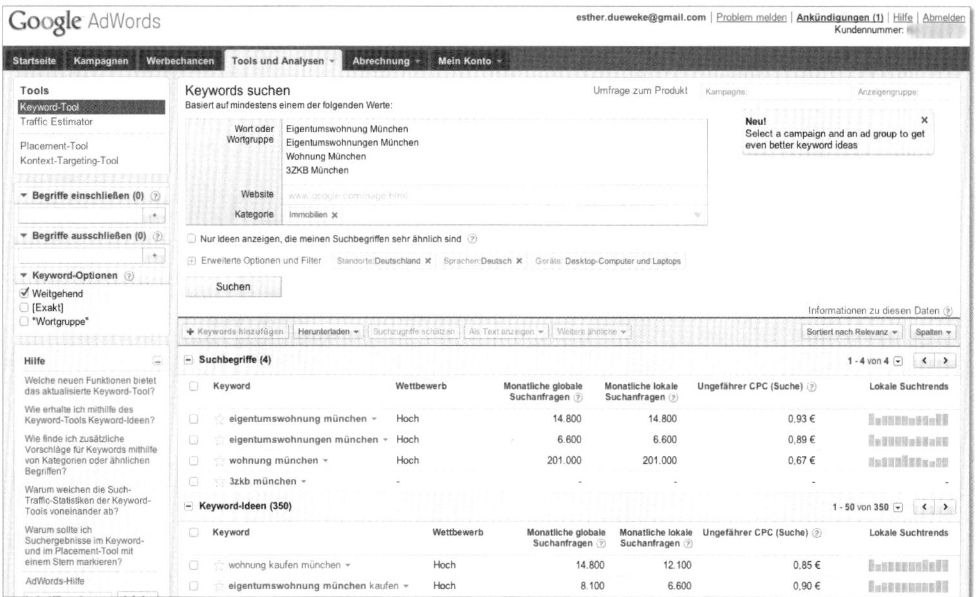

Abbildung 11.25 Ergebnisse aus dem Keyword-Tool zum Themenbereich »Wohnung München«

Ihnen werden nun Keywords und verschiedene zugehörige Daten angezeigt, die Sie über die Auswahl SPALTEN anpassen können. So sehen Sie beispielsweise das monatliche globale und lokale Suchvolumen der einzelnen Keywords sowie lokale Suchtrends und den Wettbewerb, je nachdem, welche Suchfilter Sie sich anzeigen lassen möchten. Das erleichtert Ihnen die Entscheidung, ob die Keywords für Ihre Kampagne interessant sind. Zudem können Sie über das Pfeilsymbol, das Ihnen hinter den einzelnen Keywords angezeigt wird, den Begriff z. B. in der Google-Suche oder in dem Tool *Google Insights for Search* anzeigen lassen (siehe Abbildung 11.26).

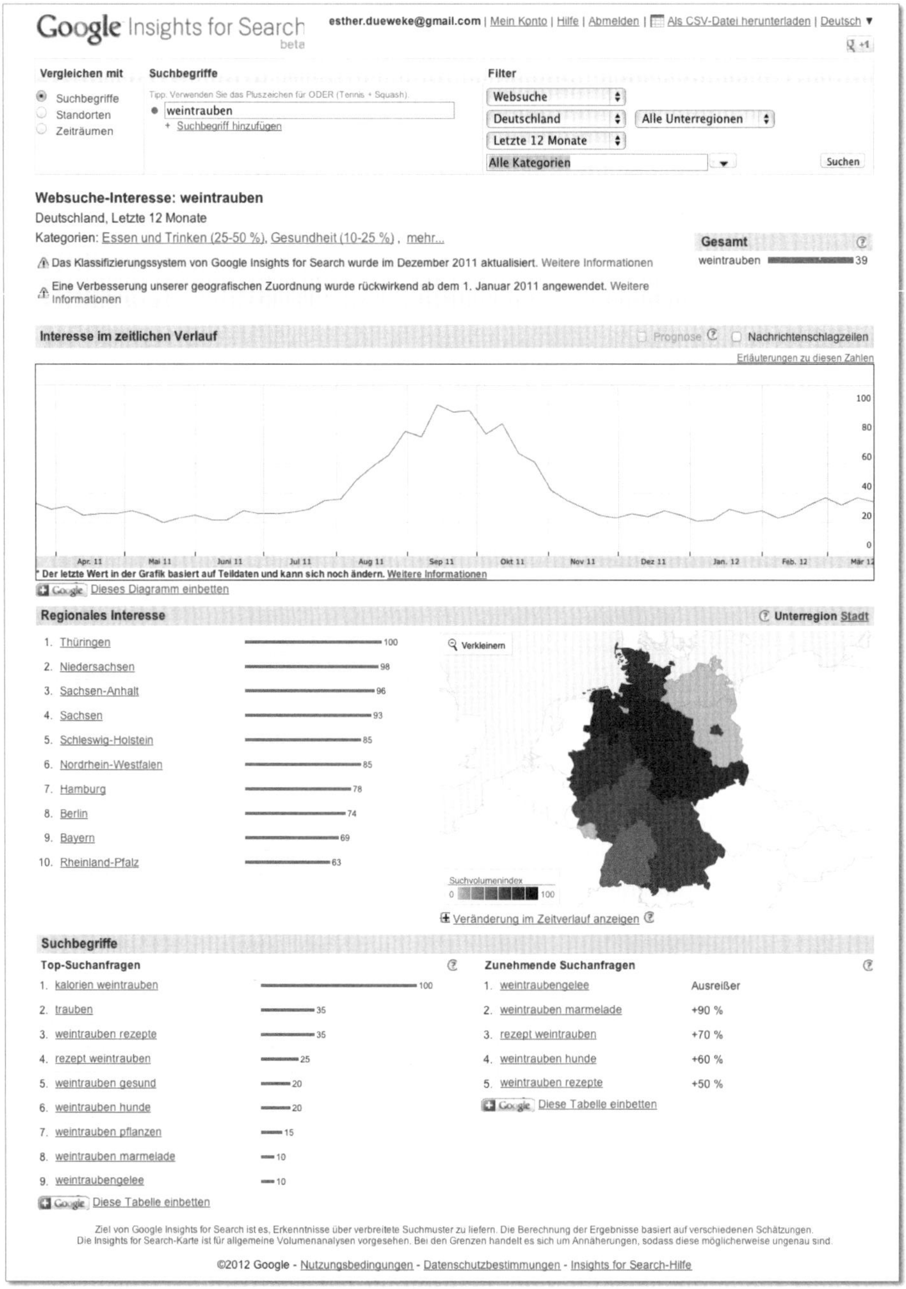

Abbildung 11.26 Zeitliches und regionales Interesse für »Weintrauben« nach Google Insights For Search

Sie sehen dann in einem neuen Browserfenster einen zeitlichen Verlauf über das Suchinteresse des jeweiligen Keywords. Darüber hinaus können Sie sich auch das regionale Suchvolumen anzeigen lassen. Dies kann unter Umständen für die Ausrichtung Ihrer Kampagne auf Zielregionen wichtig sein.

Zudem werden Ihnen auch Begriffe angezeigt, die mit Ihrer Anfrage in Verbindung stehen. In dem Beispiel »Weintrauben« sind das Begriffe wie beispielsweise »Kalorien Weintrauben«, »Trauben«, »Weintrauben Rezepte« und »Weintrauben gesund«.

Wenn Sie sich entschieden haben, welche Keywords Sie verwenden möchten, wählen Sie diese am Zeilenanfang im Keyword-Tool aus und klicken auf KEYWORDS HINZUFÜGEN, um sie einer bestehenden Kampagne zuzuweisen. Sie haben auch die Möglichkeit, sich die Keyword-Liste herunterzuladen (den entsprechenden Link finden Sie in der obersten Menüleiste).

Sammlung bereinigen und strukturieren

Sie haben nun vermutlich eine relativ lange Liste mit Keywords zusammengestellt. Jetzt gilt es, diese zu strukturieren und bei Bedarf zu bereinigen. Rufen Sie sich in Erinnerung, dass Sie Kosten sparen, wenn Sie möglichst zielgenaue Keywords verwenden. Gehen Sie also dahingehend noch einmal Ihre Keyword-Sammlung durch, und streichen Sie diejenigen Keywords, die nicht genau zu Ihrem Angebot passen. Während des Brainstormings und der Zusammenstellung der Keyword-Liste schleichen sich oftmals Wörter ein, die bei genauerem Hinsehen nicht zu den Produkten und Dienstleistungen passen. Einwort-Keywords sind in den meisten Fällen zu weit gefasst und verursachen vermutlich zu hohe Kosten.

Haben Sie beispielsweise das Keyword »Gitarre« gewählt, so sprechen Sie möglicherweise Benutzer an, die nach Gitarrenunterricht oder Gitarrenmusik suchen oder vielleicht eine Gitarre kaufen möchten. Die Zielgruppe ist zwar groß, aber Sie werden nicht alle Bedürfnisse befriedigen können. Sie haben also eine große Reichweite, aber die Chance, Ihr Werbeziel zu erreichen (z. B. einen Kauf oder eine Kontaktanfrage) ist gering (Abbildung 11.27).

Auch Ihre Anzeigenleistung kann darunter leiden, da Sie wahrscheinlich viele Impressions (Werbeeinblendungen), aber wenig Klicks erzielen werden. Verwenden Sie daher lieber Keywords, die aus mehreren Wörtern bestehen. Sie sollten kurze, aber sehr genau auf Ihre Zielgruppe abgestimmte Keyword-Listen anstreben.

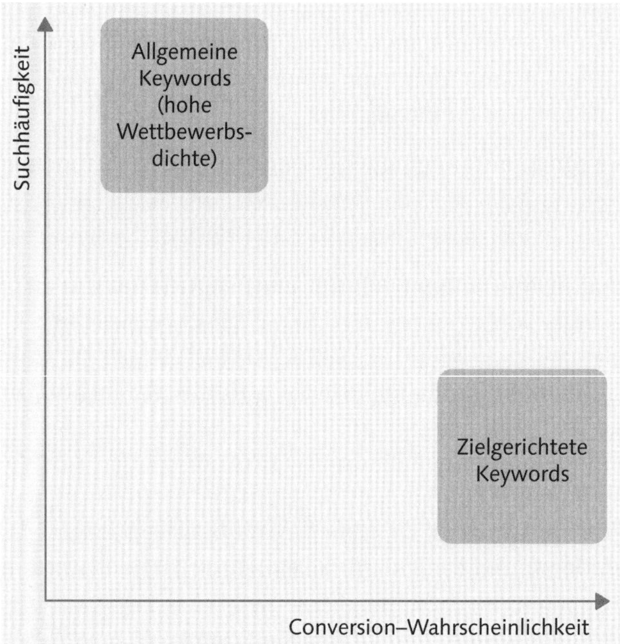

Abbildung 11.27 Wählen Sie passende Keywords, um eine gute Conversionrate zu erzielen.

Es ist empfehlenswert, von Beginn an auch Ihre Keyword-Liste thematisch zu strukturieren. Machen wir uns dies an einem Beispiel klar. Nehmen wir an, Sie verkaufen Pullover, und Sie haben sich die Begriffe »Pullover«, »Pulli«, »Sweatshirt« und »Hoody« als Keywords überlegt. Darüber hinaus haben Sie die Keywords »rot«, »blau« und »weiß« identifiziert sowie »kaufen«, »bestellen« und »shop«. Sie merken bereits an dieser Stelle, dass sich innerhalb Ihrer Keyword-Liste Themenbereiche herauskristallisieren, die Sie miteinander kombinieren können. Somit können Sie auch die Mehrwortkombinationen »Pulli blau kaufen« als Keyword verwenden. Es gibt einige Tools, mit denen Sie automatisch Keywords miteinander kombinieren können. Eines davon finden Sie unter dem Namen *Google AdWords Wrapper* auf der Seite *www.ranking-check.de* (Abbildung 11.28).

Neben dem Tool unter *www.combinewords.com* hilft Ihnen auch der AdWords Editor (siehe Abschnitt 11.2.12, »Der AdWords Editor«) mit dem sogenannten *Keyword-Multiplikator* dabei, Keyword-Listen miteinander zu kombinieren (Sie gelangen zum Keyword-Multiplikator, indem Sie unter dem Reiter KEYWORDS am Ende des Fensters auf KEYWORD-MANAGER und dann auf KEYWORD-MULTIPLIKATOR klicken). Solche Mehrwortkombinationen haben in der Regel kein sehr hohes Suchvolumen. Sie sind aber sehr speziell, und die Wahrscheinlichkeit einer Conversion ist höher.

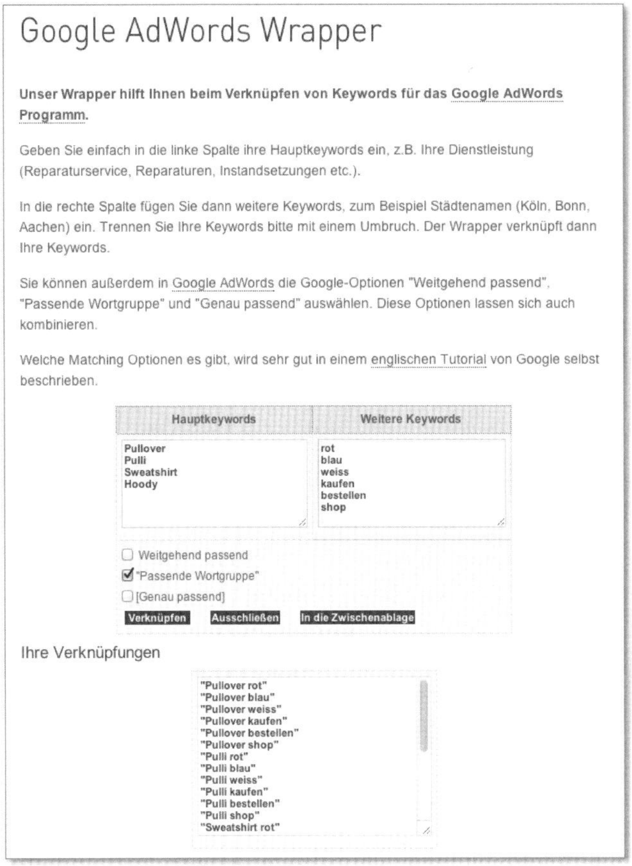

Abbildung 11.28 Der Google AdWords Wrapper von ranking-check.de

Hinweis: Auf sinnvolle Kombinationen achten

Mit den vorgestellten Tools ist es recht einfach und wenig zeitintensiv, Keyword-Listen miteinander zu kombinieren. Bedenken Sie aber, dass Mehrfachkombinationen, die kaum gesucht werden, das Konto nur künstlich ausdehnen, was die Bearbeitung und Optimierung verkompliziert und den Überblick erschwert. Verwenden Sie daher nur Keyword-Kombinationen, die wirklich zu Ihrem Angebot passen und Sinn ergeben.

Nach dem **Long-Tail-Prinzip** (was übersetzt so viel wie »langer Schwanz« bedeutet), das Sie schon in Kapitel 10, »Suchmaschinen – finden und gefunden werden«, kennengelernt haben, verändert sich das Kaufverhalten von den Massenmärkten in Richtung Nischenmärkte. Demnach können Unternehmen mit einer Vielzahl an

Nischenprodukten durchaus erfolgreich sein. Viele Nischenprodukte erzeugen zunächst keinen riesigen Umsatz, können aber langfristig sehr lukrativ sein, nach dem Motto: »Kleinvieh macht auch Mist«.

Wie wir schon im vorangegangenen Kapitel beschrieben haben, ist die Verwendung von Mehrwortkombinationen durchaus sinnvoll, denn viele Studien belegen, dass sich das Suchverhalten der Nutzer immer mehr in Richtung Mehrwort-Suchanfragen entwickelt und spezifischer wird.

Haben Sie vielleicht schon einmal nach einem Produktnamen, beispielsweise einem Handymodell mit genauer Klassifikation gesucht? Die Suchanfragen in diesem Bereich werden wohl vergleichsweise überschaubar sein, dennoch kann man davon ausgehen, dass derart Suchende ein konkretes Kauf- bzw. Informationsbedürfnis haben. Als Werbetreibender profitieren Sie hier einerseits von einer günstigen Wettbewerbssituation, denn gerade Long-Tail-Begriffe sind in der Regel nicht stark umkämpft, und andererseits von einer hohen Kaufwahrscheinlichkeit.

Wir haben Ihnen nun eine Vielzahl an Tools und Möglichkeiten vorgestellt, mit denen Sie Ihre Keyword-Recherche bewerkstelligen können. Gerade Anfängern im AdWords-Bereich sei aber empfohlen, sich nicht im Detail zu verlieren. So können Sie zunächst mit einem Teilbereich beginnen und mit den gewonnenen Erfahrungen Ihre Keyword-Liste verfeinern.

Die vier Keyword-Optionen

Google AdWords bietet Ihnen vier sogenannte *Keyword-Optionen*, mit denen Sie festlegen können, wie genau Ihr Keyword mit der Suchanfrage eines Benutzers in Google übereinstimmen muss, damit eine Anzeigenschaltung ausgelöst wird. Möchten Sie in Ihrem AdWords-Konto Keywords hinzufügen, so achten Sie auf einen sinnvollen Einsatz der Keyword-Optionen.

Bedenken Sie hierbei, dass die Einstellungen der Keyword-Optionen wesentliche Auswirkungen auf Ihre Anzeigenschaltung haben. Diese beeinflusst wiederum die Klicks, die Klickrate, den Klickpreis, die Anzeigenposition und möglichweise auch die Conversionrate. Darum sollten Sie sich gut überlegen, welche Keyword-Option für Sie am sinnvollsten ist.

Weitgehend passende Keywords (Broad Match)

Dies ist die Standardeinstellung bei Google AdWords. Das heißt, wenn Sie keine anderen Einstellungen vornehmen, sind Ihre Keywords als weitgehend passend definiert. Eine Anzeigenschaltung wird auch ausgelöst, wenn Ihr Keyword weitgehend mit der Suchanfrage eines Benutzers übereinstimmt. »Weitgehend« meint hier, dass sowohl der Singular als auch der Plural des Keywords möglich sind, Synonyme und andere

Varianten des Keywords in Frage kommen und auch Ergänzungen sowie Änderungen in der Wortabfolge.

Empfehlenswert sind in der Regel Keywords, die aus mehreren Wörtern bestehen, da sie schon genauer beschreiben, was das Angebot beinhaltet. So sollten Sie, wenn Sie Reiseführer über Frankreich verkaufen, nicht nur das Wort *Frankreich* als Keyword festlegen. Ihre Anzeigen könnten dann bei weitgehend passender Einstellung auch angezeigt werden, wenn Benutzer z. B. nach »Politik in Frankreich«, »Käse Frankreich« oder »Schauspieler aus Frankreich« suchen.

Nehmen wir das Keyword *Reiseführer Frankreich*, das Sie beispielsweise für Ihre Kampagne festgelegt haben. Auch die Suchanfragen »Reiseführer für Frankreich«, »Reiseführer Frankreich kaufen«, »Frankreich Reiseführer«, »Ich suche Reiseführer Frankreich«, »Reiseführer Frankreich und Bretagne«, »Reiseführer«, »Reiseplanung Frankreich« und ähnliche können eine Anzeigenschaltung auslösen. Folgende Vor- und Nachteile dieser Keyword-Option sollten Ihnen bewusst sein:

Vorteilhaft ist, dass Ihre Anzeigen auch bei Varianten und Synonymen Ihres Keywords geschaltet werden können, an die Sie bei Ihrer Keyword-Recherche möglicherweise nicht gedacht haben, die aber durchaus relevant sind. Ihr Rechercheaufwand ist daher vermutlich geringer. Durch die vermehrte Anzeigenschaltung erzielen Sie zahlreiche Impressions und unter Umständen auch mehr Klicks.

Sie sollten aber auch folgende, nachteilige Punkte bedenken: Sie gehen ein erhöhtes Risiko ein, mehr für Ihre Anzeigen zahlen zu müssen. Bei dieser Keyword-Option kann unter Umständen auch der Begriff »Frankreich« oder »Frankreich Urlaub« eine Anzeigenschaltung auslösen. Die Klickpreise für die Thematik *Urlaub* können ganz anders aussehen, nämlich teurer, als das Thema *Reiseführer*. Google kann hier aber nicht unterscheiden.

Zudem kann bei der weitgehend passenden Einstellung für Ihr Keyword *Reiseführer Frankreich* unter Umständen auch bei der Suchanfrage »Reiseführer Italien« Ihre Anzeige ausgelöst werden, was in Fachkreisen unter dem Namen *Expanded Broad Match* bzw. *Extended Broad Match* bekannt ist.

Die Keyword-Option »weitgehend passend« liefert Ihnen mit hoher Wahrscheinlichkeit mehr Impressions und möglicherweise auch mehr Klicks. Die Benutzer, die auf Ihre Landing Page kommen, sind aber deutlich weniger zielgerichtet. Somit fallen für Sie unnötige Klickkosten an, da Sie höhere Streuverluste in Kauf nehmen müssen.

Möglicherweise fallen auch keine oder weniger Klicks an. Bleiben wir bei unserem Beispiel *Reiseführer Frankreich*. Benutzer, die gezielt nach einem Reiseführer suchen, werden wohl weniger auf eine Anzeige für Urlaub klicken. Wenn nicht geklickt wird, fallen für Sie auch keine Klickkosten an. Bedenken Sie aber, dass die CTR (Click-Through-Rate) bei exakten Übereinstimmungen in die Berechnung des Qualitätsfaktors einfließt. AdWords schaltet Anzeigen nicht mehr, die für eine Variation eines Keywords angezeigt wurden und eine niedrige CTR haben. Somit können unnötig viele, aber auch wenige Klicks nachteilig für Ihre Kampagne sein.

Ihre Anzeigentexte können nicht mehr so genau mit der Suchanfrage übereinstimmen, wenn Sie eine Vielzahl an Keyword-Varianten zulassen. Dies kann sich beträchtlich auf die Klickrate auswirken, denn Benutzer klicken eher auf Anzeigen, die gut zu ihrer Suchanfrage passen.

Die Konkurrenz schläft nicht. Seien Sie sich also nicht zu sicher, dass Ihre Anzeigen bei der Vielzahl an Möglichkeiten immer geschaltet werden. Stehen andere Advertiser mit genaueren oder besser passenden Keywords zur Verfügung, werden diese Anzeigen vom AdWords-System geschaltet. Darüber hinaus sind die Daten zur Auswertung weniger genau, als wenn Sie die einzelnen Varianten selbst als Keywords definiert hätten.

Der Broad Match Modifier

Mit dem *Broad Match Modifier* (zu Deutsch: Modifizierer für weitgehend passende Keywords) haben Werbetreibende die Möglichkeit, die Auslieferung Ihrer weitgehend passenden Keywords besser anzupassen. Die sehr weitgefassten Broad-Match-Keywords können auch Anzeigen bei weniger gut passenden Suchanfragen auslösen. Die Lösung soll nun der Broad Match Modifier liefern: Mit einem Pluszeichen versehen, wird aus dem Schlüsselbegriff ein modifiziert weitgehend passendes Keyword. Das bedeutet, dass Synonyme und weitere Begriffe nicht mehr vom AdWords-System verwendet werden, wohl aber weiterhin Falschschreibweisen, Abkürzungen, Ein- und Mehrzahl, Wortstamm und Akronyme. Verwenden Sie beispielsweise das Keyword *+Hose bestellen*, so ist der Begriff »Hose« modifiziert weitgehend passend.

»Hosen bestellen« würde somit eine Anzeigenschaltung auslösen (Singular und Pluralformen sind ja weiterhin zulässig) ebenso »Hose kaufen« (denn bestellen ist nicht mit einem Pluszeichen versehen, wodurch weiterhin auch Synonyme verwendet werden können). Die Suchanfrage »Shorts bestellen« würde nicht zu einer Anzeigenschaltung führen.

Passende Keywords (Phrase Match)

Wenn Sie sich dafür entscheiden, Ihre Keywords etwas genauer zu bestimmen, können Sie die Keyword-Option »PASSENDE WORTGRUPPE« verwenden. Dazu setzen Sie einfach Anführungszeichen um Ihre Keywords. Das AdWords-System erkennt dann, dass eine Anzeigenschaltung nur ausgelöst werden soll, wenn Ihr Keyword genau in der Reihenfolge gesucht wird. Egal ist dabei, ob davor oder danach noch weitere Wörter eingegeben werden. Synonyme und Varianten des Keywords werden bei dieser

Einstellung nicht mehr zugelassen. In unserem Beispiel *Reiseführer Frankreich* würde hier also eine Anzeigenschaltung ausgelöst, wenn Benutzer nach »Reiseführer Frankreich 2010« oder »neuer Reiseführer Frankreich« suchen, nicht aber, wenn die Suchanfrage »Bücher Frankreich« oder »Frankreich Urlaub« lautet.

Mit dieser Keyword-Option können Sie also Ihre Anzeigenschaltung besser kontrollieren. Sie müssen sich aber bewusst machen, dass Sie bei der Keyword-Recherche mehr Vorarbeit leisten müssen, um möglichst viele relevante Suchanfragen abzudecken. Sie müssen daher Pluralformen, Synonyme und Falschschreibungen selbst definieren. Die höhere Zeitinvestition kann sich aber durchaus auszahlen.

Genau passende Keywords (Exact Match)

Wie der Name vermuten lässt, stellen Sie mit der Keyword-Option »genau passend« sicher, dass Ihre Anzeigen nur ausgeliefert werden, wenn Ihre Keywords mit der Suchanfrage exakt übereinstimmen. Wenn Sie diese Option wählen möchten, dann setzen Sie Ihr Keyword in eckige Klammern. Auf Ihrer Tastatur müssen Sie dazu [AltGr]+[8] bzw. [AltGr]+[9] drücken.

Die Eingrenzung ist die genaueste. Wenn Sie also Ihr Keyword mit *[Reiseführer Frankreich]* definieren, können Sie sicher sein, dass Ihre Anzeige nur ausgeliefert wird, wenn jemand genau nach »Reiseführer Frankreich« sucht. Die Reihenfolge der Wörter muss exakt übereinstimmen, davor und danach dürfen keine weiteren Begriffe stehen. Schreibfehler, Ergänzungen oder Auslassungen lösen keine Anzeigenschaltung aus. Wichtig zu wissen: Das AdWords-System ignoriert, wie bei allen Keyword-Optionen, die Groß- und Kleinschreibung.

Sie erhalten mit dieser Keyword-Option im Vergleich zu den anderen die wenigsten Impressions, können sich aber sicher sein, dass Sie sehr zielgerichtet Benutzer erreichen. Darüber hinaus können Sie Ihre Anzeigentexte deutlich besser auf Ihre Keywords abstimmen und höhere Klickraten erzielen.

Google kündigt Anpassungen an

Ab Mitte Mai 2012 »*werden für Keywords mit den Übereinstimmungstypen ›Passende Wortgruppe‹ und ›Genau passend‹ nahe Varianten zur Übereinstimmung*« mit einem Keyword und damit zur Anzeigenschaltung führen, so ist es auf dem offiziellen AdWords-Blog zu lesen. Leicht unterschiedliche Suchanfragen, wie z. B. »Rinderleder« und »Rindsleder« können dann eine Anzeigenschaltung auslösen.

Ausschließende Keywords (Negative Match)

Sie können auch verhindern, dass Ihre Anzeigen für bestimmte Begriffe geschaltet werden. Machen Sie sich also Gedanken darüber, wann Ihre Anzeigen nicht geschaltet werden sollen. Für diese Einstellung verwenden Sie das Minuszeichen vor Ihrem Keyword. Wenn Sie beispielsweise Reiseführer für Frankreich verkaufen, dann können Sie Begriffe wie »Roman« und »Comic« ausschließen. Auch andere Länder wie »Spanien«, »Türkei« etc. machen Sinn, wenn sich Ihr Angebot ausschließlich auf Frankreich bezieht. Gleiches gilt für die Begriffe »ausleihen« und »Verleih«. Das Ausschließen von Marken und Produkten kann ebenso sinnvoll sein, um nur die Benutzer anzusprechen, die nach Alternativen suchen. Wörter wie »gratis«, »umsonst« und »kostenlos« sollten Sie ausschließen, wenn Sie Ihre Waren verkaufen – diese Suchenden können Sie nicht bedienen.

Kennen Sie sogenannte *Teekesselchen*? Das sind Wörter mit der gleichen Bezeichnung, aber einer unterschiedlichen Bedeutung, wie z. B. der »Käfer«. Er kann einerseits ein Tier oder auch ein Auto bezeichnen. Das gleiche Prinzip sollten Sie auch bei Ihren ausschließenden Keywords berücksichtigen. Gibt es Begriffe, die vielleicht etwas völlig anderes meinen könnten? In unserem angeführten Beispiel sollten Sie als Autoverkäufer z. B. die Wörter »Tier« und »Insekt« ausschließen, da sie nicht in Verbindung mit Ihrem Angebot, dem Auto, stehen. Zudem ist es ratsam, Suchanfragen zu Ihren gesammelten Keywords zu machen. Produkte und Dienstleistungen, die dann beworben werden, aber nicht zu Ihrem Angebot passen, sollten Sie in Ihrer AdWords-Kampagne als ausschließende Keywords eingeben.

Haben Sie bereits eine Google-AdWords-Kampagne, können Sie mit dem Befehl SUCHBEGRIFFE ANZEIGEN unter dem Tab KEYWORDS herauslesen, mit welchen Suchanfragen Benutzer Ihre Anzeigen gesehen haben (Abbildung 11.29). Diese Informationen können Sie sowohl zum Hinzufügen als auch zum Ausschließen von Keywords verwenden.

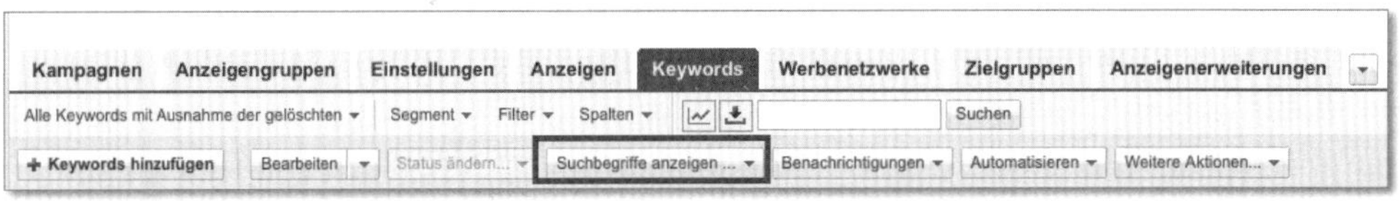

Abbildung 11.29 Suchbegriffe anzeigen im AdWords-Konto

Ausschließende Keywords sind sowohl bei weitgehend passenden (Broad Match) als auch bei passenden (Phrase Match) Keywords möglich. Sie kommen nicht bei exakten Keywords (Exact Match) zum Tragen, da diese per Definition keine Zusätze erlauben. Die ausschließenden Keywords können selbst wieder als weitgehend passend, passend oder exakt definiert werden.

Das Motto sollte lauten: keine Kampagne ohne ausschließende Keywords. Durch ausschließende Keywords können Sie unnötige Anzeigenschaltungen vermeiden. Sie ersparen sich Klicks von einer Zielgruppe, die Sie nicht bedienen können, und können somit die Qualität Ihrer Kampagne deutlich steigern. Sie sollten daher gezielt ausschließende Keywords festlegen.

Eselsbrücke für die Keyword-Optionen

Wenn Sie sich die verschiedenen Keyword-Optionen nur schlecht merken können, hier eine kleine Eselsbrücke: Je mehr Sie das Keyword mithilfe von Satzzeichen (Anführungszeichen, eckige Klammern) eingrenzen, desto genauer ist Ihr Keyword definiert. Wenn Sie gar kein Satzzeichen verwenden, ist die Anzeigenschaltung auch möglich, wenn das Keyword in Singular- oder Pluralform gesucht wird, wenn Synonyme oder andere Varianten als Suchanfrage eingegeben werden oder bei unterschiedlicher Reihenfolge der Wörter. Grenzen Sie Ihr Keyword mit Anführungszeichen ein, dann ist es schon etwas genauer definiert, das heißt, Ihre Anzeigen werden dann geschaltet, wenn Ihr Keyword in gleicher Reihenfolge gesucht wird – davor und danach können weitere Begriffe stehen. Ihr Keyword ist am exaktesten festgelegt, wenn Sie es mithilfe von eckigen Klammern kennzeichnen. Eine Anzeige wird nur geschaltet, wenn Ihr Schlüsselbegriff buchstabengenau so gesucht wird.

- *Reiseführer Frankreich* = weitgehend passend, Broad Match
- *"Reiseführer Frankreich"* = passend, Phrase Match
- [*Reiseführer Frankreich*] = genau passend, Exakt Match

In Abbildung 11.30 sehen Sie noch einmal auf einen Blick, wie sich die Keyword-Optionen auf die gewünschte Zielgruppe auswirken.

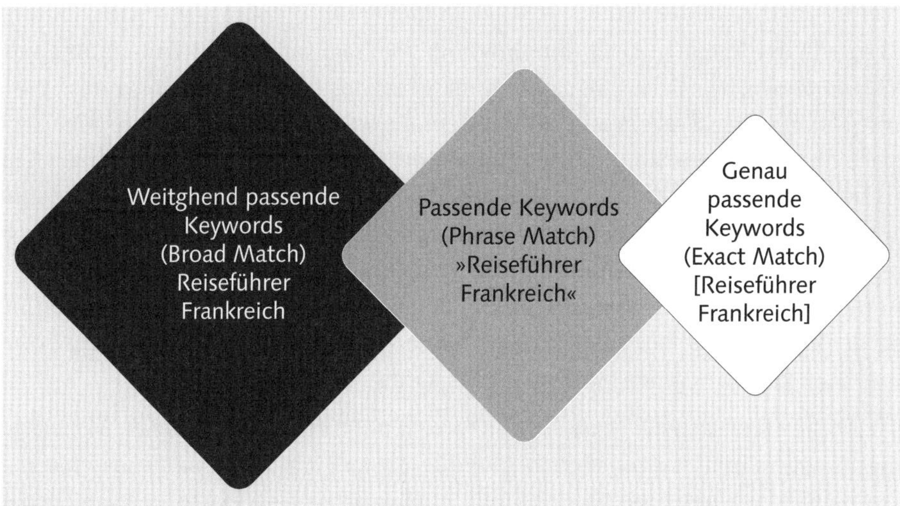

Abbildung 11.30 Auswirkungen der Keyword-Optionen auf die Zielgruppenansprache

Wenn Sie sich nicht sicher sind, welche Keyword-Option für Sie am geeignetsten ist, dann sei Ihnen empfohlen, alle Keyword-Optionen auszuprobieren. Anhand der jeweiligen Klickraten können Sie ablesen, welche Einstellungen für Sie am sinnvollsten sind.

Falschschreibweisen

Viele Benutzer vertippen sich bei ihrer Suchanfrage, anderen scheint die Schreibweise auch weniger wichtig zu sein, wird doch von Google mit *Meinten Sie* auch die vermeintlich richtige Schreibweise angezeigt. Daher kann es für Sie als Google-AdWords-Advertiser sinnvoll sein, absichtlich auch Falschschreibweisen als Keyword festzulegen und sich nicht auf die Keyword-Option »WEITGEHEND PASSEND« zu verlassen.

Wenn Sie beispielsweise die Falschschreibweise *Reisführer* statt *Reiseführer* als Keyword festlegen, dann ist die Übereinstimmung mit der fehlerhaften Suchanfrage höher als bei dem weitgehend passenden Keyword *Reiseführer*. Hier ist aber oftmals der Einzelfall zu betrachten, denn die unterschiedlichen Schreibweisen können sich auf die Klickrate auswirken. Dann kann man z. B. mit einer Anzeigengruppe nur für Falschschreibweisen arbeiten.

Gesetze und Richtlinien

Wir haben Ihnen in den vorangegangenen Abschnitten gezeigt, wie Sie eine Keyword-Liste zusammenstellen und strukturieren. Außerdem haben Sie gelernt, welche Keyword-Optionen Ihnen zur Verfügung stehen. Es gibt nun noch rechtliche Aspekte in Verbindung mit Keywords, die Sie kennen sollten.

Es kam in der Vergangenheit immer wieder die Frage auf, ob die Verwendung von Markennamen, beispielsweise die der Konkurrenz, als Keyword rechtlich zulässig sei. Darf also beispielsweise *Pepsi Cola* mit dem Keyword *Coca Cola* werben, oder liegt hier eine Markenverletzung oder ein Wettbewerbsverstoß vor? In der Vergangenheit entschieden hier die Gerichte unterschiedlich. Seit dem 14. September 2010 ist es nun nach den neuen Markenrichtlinien von Google für Europa, die auf der Entscheidung des Europäischen Gerichtshofes (EuGH) basieren, möglich, Markennamen als Keywords zu verwenden, auch wenn es nicht der eigene Markenname ist. Bedenken Sie bei der Keyword-Option »WEITGEHEND PASSEND«, dass das AdWords-System eventuell auch konkurrierende Marken nennen kann.

Sollten Sie nun feststellen, dass ein Konkurrent mit Ihrem Markennamen wirbt (also sogenanntes *Brand Bidding* betreibt), können Sie sich mit einer Markenbeschwerde an Google wenden. Sollten Sie sich hinsichtlich juristischer Aspekte unsicher bei der

Verwendung bestimmter Keywords sein, empfehlen wir Ihnen, den Expertenrat eines Anwalts einzuholen, der sich auf Suchmaschinenmarketing spezialisiert hat.

Strukturierung der Kampagne

Angenommen, Sie haben eine Liste mit für Ihr Angebot relevanten Keywords zusammengestellt. Es wäre nun nicht ratsam, eine Anzeigengruppe zu erstellen und die komplette Keyword-Liste dort zu hinterlegen. Denn ein auf die Suchanfrage abgestimmter Anzeigentext ist enorm wichtig und wirkt sich auf Ihre Klickrate und den Qualitätsfaktor aus. Wenn Sie alle Keywords in eine Anzeigengruppe legen, wird sich dies nicht unbedingt vorteilhaft auf Ihre Kampagnenergebnisse auswirken. Wir empfehlen Ihnen daher das sogenannte *Siloing*: Unterteilen Sie Ihre zusammengestellte Keyword-Liste in unterschiedliche Themenwelten bzw. Silos.

Wie wir schon am Beispiel eines Computerhändlers erwähnt haben, sollten Sie, wenn Sie beispielsweise im Immobilienbereich tätig sind, eine Anzeigengruppe für Ihre Wohnungsangebote, eine für Ihre Häuser und noch eine weitere für Ihre Angebote rund um den Umzug anlegen (Abbildung 11.31). Betreiben Sie einen Online-Shop, so können Sie sich gut an Ihren Produktsparten orientieren. Für Ihre Anzeigengruppe zum Thema Wohnung können Sie nun viel passendere Anzeigentexte entwickeln.

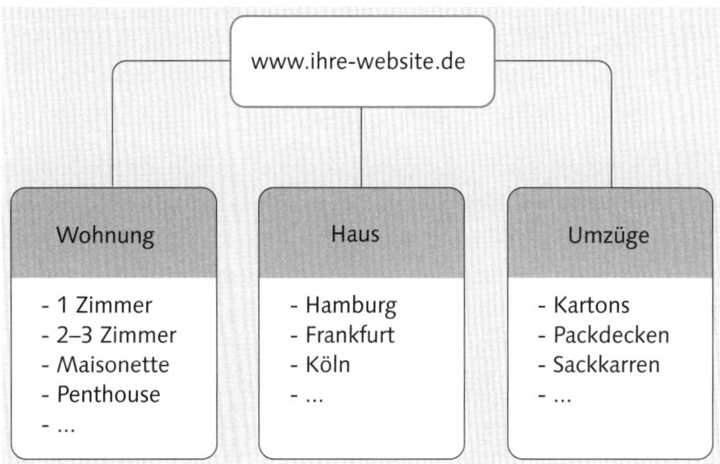

Abbildung 11.31 Siloing – strukturieren Sie Ihre Kampagne nach Themenwelten Ihrer Website.

Dies mag vielleicht auf den ersten Blick sehr zeitaufwendig aussehen, aber bedenken Sie, dass eine gute Kampagnenstruktur Ihre Kosten gering halten kann. So können Sie verschiedene Optimierungsmaßnahmen an den einzelnen Anzeigengruppen vornehmen und viel zielgerichteter agieren.

Kontostruktur: Kampagnen nach Zielen strukturieren

Auch auf Kampagnenebene sollten Sie sich die Struktur genau überlegen. So können Sie beispielsweise eine Kampagne mit dem Ziel »Branding« anlegen, eine weitere mit dem Ziel des Abverkaufs und wieder eine weitere, die sich auf bestimmte Aktionen, saisonale Ereignisse oder bestimmte Länder bezieht. Wir empfehlen dringend, eine eigenständige Kampagne anzulegen, wenn Sie das Goolge Display-Netzwerk verwenden möchten (mehr dazu erfahren Sie in Kapitel 2 »Online-Marketing – Werben im Internet«).

Schauen wir uns im Folgenden an, wie Sie ansprechende Anzeigentexte formulieren und welche Anzeigenformate zur Verfügung stehen.

11.2.6 Die Anzeigen

Der nächste Schritt auf dem Weg zu Ihrer AdWords-Kampagne besteht in der Formulierung Ihrer Anzeigentexte. Damit Ihre Kampagne geschaltet werden kann, genügt bereits eine einzige Anzeige. Es ist aber empfehlenswert, gleich mehrere Anzeigentexte für Ihre Werbebotschaft zu formulieren. Die klassische Anzeigenvariante ist die Textanzeige. Weitere mögliche Anzeigenformate erklären wir Ihnen auf den folgenden Seiten.

Die Textanzeige

Textanzeigen können sowohl im Such- (und damit auch bei Google Maps) als auch im Display-Netzwerk verwendet werden. Wenn Sie in Ihrem AdWords-Konto auf Neue Anzeige klicken (Kampagnen • Anzeigen • Neue Anzeige) und die Auswahl Textanzeige wählen, gelangen Sie zu einer Eingabemaske für Ihre Textanzeige (siehe Abbildung 11.32).

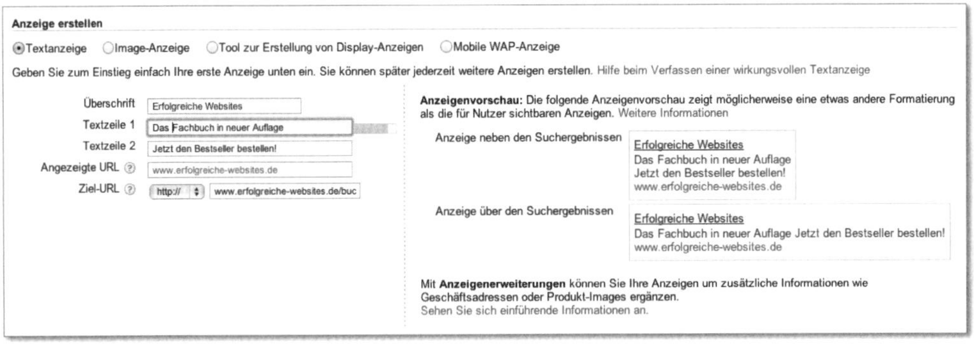

Abbildung 11.32 Eingabemaske für Textanzeigen im Google AdWords-Konto

Wie Sie sehen, besteht eine Textanzeige üblicherweise aus vier Zeilen: einer Überschrift, zwei beschreibenden Textzeilen und einer sogenannten Anzeigen-URL bzw. angezeigten URL (Anzeigenerweiterungen lernen Sie noch im Folgenden kennen). Alle Zeilen haben eine Buchstabenbegrenzung. So darf die Überschrift bei deutschsprachigen Anzeigen aus maximal 25 Zeichen bestehen, die beiden folgenden Textzeilen dürfen nicht länger als jeweils 35 Zeichen sein, und die Anzeigen-URL darf die Begrenzung von 35 Zeichen nicht überschreiten. Die Zeichenbegrenzung kann je nach ausgewählter Sprache variieren.

Praktischerweise zeigt Ihnen die Eingabemaske direkt bei der Erstellung der Anzeigentexte einen Balken neben dem Eingabefeld an, der sich mit jedem weiteren Buchstaben füllt und Ihnen somit zeigt, wie viele Zeichen Sie noch eingeben können. Darüber hinaus wird Ihnen die Anzeige, wie Sie sie gerade eingegeben haben, direkt daneben als Vorschau angezeigt. Zusätzlich zu diesen vier Eingaben legen Sie noch die Ziel-URL fest. Sie darf die Anzahl von 1.024 Zeichen nicht überschreiten.

Häufige Fehler vermeiden: Relevante Ziel-URLs angeben

Achten Sie bei der Angabe von Ziel-URLs darauf, dass Sie dem Benutzer möglichst das liefern, was er sucht. Angenommen, Sie verkaufen Schuhe und Ihre Anzeige wird für das Keyword *schwarze Gummistiefel* ausgeliefert. Ein Benutzer klickt auf Ihre Anzeige. Was denken Sie, wird er auf der Zielseite erwarten? Richtig, schwarze Gummistiefel.

Leiten Sie den Suchenden hingegen auf die Startseite Ihres Online-Shops, wird er zu Recht verärgert sein. Er hat schließlich schon deutlich gemacht, was er sucht, und ist nun gezwungen, sich durch Ihren Shop zu klicken, bis er die schwarzen Stiefel gefunden hat. Nicht verwunderlich ist daher, dass viele Benutzer an dieser Stelle die Website wieder verlassen. Vermeiden Sie hier den häufigen Fehler, und stellen Sie unbedingt sicher, dass Sie eine passende Zielseite auswählen. Denken Sie immer an einen roten Faden zwischen Suchanfrage, Anzeige und Landing Page. In manchen Fällen, z. B. bei sehr relevanten Keywords in Ihrer Kampagne, kann es sinnvoll sein, eigens für diese Keywords sogenannte Landing Pages, also Zielseiten zu erstellen. Mehr zu diesem Thema erfahren Sie in Kapitel 16, »Conversionrate-Optimierung – aus Besuchern Käufer machen«.

Anzeigen- und Ziel-URL

Was ist nun der Unterschied zwischen der Anzeigen- und der Ziel-URL? Während die Anzeigen-URL, wie der Name vermuten lässt, direkt in der Anzeige zu sehen ist, legen Sie mit der Ziel-URL fest, auf welche Website die Benutzer gelangen, wenn sie auf Ihre

Anzeige klicken. Ziel-URL und Anzeigen-URL müssen nicht exakt übereinstimmen. Die Anzeigen-URL muss noch nicht einmal real existieren.

Übereinstimmung von Domain- und Zieladresse

Die Bezeichnung URL bedeutet *Uniform Ressource Locator* und ist die Adresse für eine bestimmte Website. Sie setzt sich in der Regel aus der Subdomain (*www*), der Domain (*ihr-webshop*) und der Top Level Domain (.de) zusammen und sieht beispielsweise so aus: *www.ihr-webshop.de*. Als Ziel-URL in Ihrem AdWords-Konto können Sie existierende Websites angeben, die genauer auf Ihr Angebot leiten, beispielsweise: *www.ihr-webshop.de/angebot*. Derartige Ziel-URLs sehen zum Teil sehr kryptisch aus oder sind extrem lang (z. B. *www.ihr-webshop-de/angebot/kampagne_mai2012.html?id=98765*). Aus diesem Grund können Sie im AdWords-Werbeprogramm Anzeigen-URLs angeben, die beispielsweise so aussehen: *www.ihr-webshop.de/kampagne2012*. Sie dürfen zwar eine andere Subdomain verwenden, die Domain und Top Level Domain müssen aber gleich sein.

Warum ist das sinnvoll? Stellen Sie sich vor, Sie betreiben einen Online-Shop und verkaufen Sommerkleider. Sie möchten Ihren potenziellen Kundinnen deutlich machen, dass sie mit dem Kick auf die Anzeige direkt auf die Sommerkleider und nicht auf die Startseite Ihres Online-Shops gelangen, denn Sie wissen, dass das Ihre Kundinnen abschrecken könnte. Daher wählen Sie als Anzeigen-URL z. B.: *www.ihr-webshop.de/sommerkleider*, auch wenn diese URL in Ihrem Online-Shop nicht existiert. Derartige URLs werden auch *sprechende URLs* genannt. Als Ziel-URL geben Sie die tatsächliche Website-URL an, die die Klickenden direkt zu den Sommerkleidern leitet. Diese Ziel-URL kann beispielsweise so aussehen: *www.ihr-webshop.de/mode/damen/produkt 12345/detail*.

Google hat für die Ziel-URLs einige *Richtlinien* festgelegt, die zu berücksichtigen sind: So müssen die Inhalte der Zielseite verfügbar sein, die Seite darf sich nicht im Aufbau oder Umbau befinden, denn Sie können sicher nachvollziehen, dass derartige Zielseiten für die Benutzer nicht zufriedenstellend sind. Die Zielseite sollte zur Anzeige passende Inhalte liefern. Ebenso muss die Zielseite voll funktionsfähig sein, aber das sollten Sie auch aus eigenem Interesse sicherstellen, da Sie sonst für Klicks bezahlen müssen, die Ihnen keinen Wert generieren.

Die Zielseite muss in einem Browserfenster geöffnet werden können, ohne dass andere Programme, wie beispielsweise der Adobe Acrobat Reader, verwendet werden müssen. PDF-Dokumente können aber dennoch auf der Zielseite angegeben werden. Darüber hinaus muss der Benutzer über den ZURÜCK-Button des Browsers wieder auf die Ausgangsseite gelangen können. Sogenannte Pop-Up- und Pop-Under-Fenster (weitere Browserfenster, die sich über oder unter dem bereits geöffneten Browserfenster öffnen) sind nicht erlaubt. Diese Vorgaben werden von Google automatisch geprüft. Ihre Anzeigen werden nicht geschaltet, sollten Sie sich nicht an diese Richtlinien halten.

Wenn Sie sich eingehender mit den Richtlinien von Google AdWords zu Ziel-URLs auseinandersetzen möchten, können Sie diese beispielsweise unter HILFE in Ihrem AdWords-Konto nachlesen.

Veränderte Reihenfolge

Google experimentiert laufend an der Darstellung der Anzeigen und seiner Elemente. Zu beobachten ist, dass die Reihenfolge der Textanzeige variieren kann: So gibt ein Werbetreibender zunächst Anzeigentitel, zwei Textzeilen, eine Anzeigen-URL und eine Ziel-URL im Konto an. Ausgegeben werden kann jedoch z. B. eine veränderte Reihenfolge, nämlich: Titel, Anzeigen-URL und schließlich erst die beiden Textzeilen.

Texten für Anzeigen

Wie Sie bereits im vorigen Abschnitt erfahren haben, sind die Anzeigentexte auf eine gewisse Zeichenanzahl beschränkt. In Deutschland stehen Ihnen also nur maximal 95 Zeichen zur Verfügung, um Ihre Werbebotschaft so gut wie möglich zu kommunizieren und Ihre Anzeige so attraktiv zu gestalten, dass Suchende darauf klicken. Falls Sie bisher noch keine Anzeigentexte formuliert haben, werden Sie mit hoher Wahrscheinlichkeit noch vor dem Problem stehen, dass Sie sich einen Anzeigentext überlegt haben, dieser aber um nur wenige Zeichen die Begrenzung überschreitet. Ihnen bleibt dann nichts anderes übrig, als sich neue Formulierungen zu überlegen. Sie sollten also so präzise wie möglich Ihre Anzeigentexte gestalten. »Kurz und knackig« lautet dabei die Devise.

Sie haben also mit wenig Platz zu kämpfen und müssen innerhalb von Sekundenbruchteilen die Aufmerksamkeit der Suchenden auf Ihre Anzeige ziehen. In Abbildung 11.33 sehen Sie Werbeanzeigen für die Suchanfrage »Kühlschrank«.

Sie sehen, einige Anzeigen fallen eher ins Auge, weil sie das Keyword *Kühlschrank* beinhalten, das zudem noch fett dargestellt ist. Wie schaffen Sie es nun, mit Ihren Anzeigen möglichst viel Aufmerksamkeit zu erzielen? Dieser Frage widmen wir uns auf den nächsten Seiten.

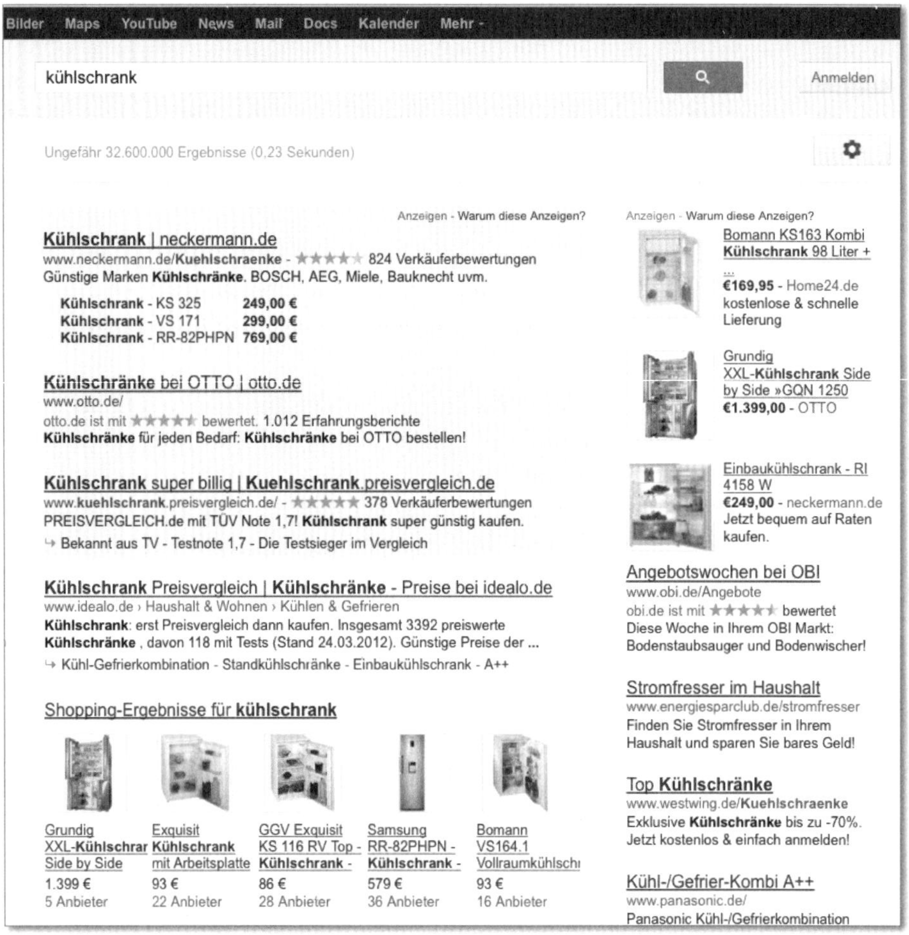

Abbildung 11.33 Suchanfrage »Kühlschrank« am 24.03.2012

Der Anzeigentitel

Im Vergleich zu den beschreibenden Textzeilen wird der Anzeigentitel Untersuchungen zufolge um ein Vielfaches mehr gelesen. Er wird wie ein Link blau und unterstrichen dargestellt. Mit einem guten Titel können Sie also mehr Aufmerksamkeit erreichen und damit Ihre potenzielle Zielgruppe besser ansprechen. Bedenken Sie, dass Sie mit Ihrer Anzeige sowohl gegen die organischen Suchergebnisse als auch – sofern vorhanden – gegen die Anzeigen Ihrer Konkurrenz antreten und um die Aufmerksamkeit des Benutzers buhlen. Überlegen Sie sich daher den Anzeigentitel sehr genau; er kann der Weg zu Ihrem nächsten Kunden sein. Bieten Sie einen Titel, der seinem Suchbedürfnis entspricht, indem Sie das Keyword aufgreifen.

Wie Sie noch in detaillierterer Form in den folgenden Abschnitten erfahren werden, stellt Google im Anzeigentext enthaltene Keywords fett dar. Das erhöht die Aufmerksamkeit bei den Suchenden enorm. Stellen Sie daher wenn möglich Ihr Keyword an den Titelanfang. Zudem haben Sie die Option, Ihr Keyword automatisch in Ihren Anzeigentext zu integrieren. Auf die sogenannte *Dynamic Keyword Insertion* gehen wir noch genauer ein.

Wie Sie in Abbildung 11.34 sehen, schafft es *Check24.de* auf Platz eins in den Toppositionen über den organischen Suchergebnissen. Hier ist das Keyword *Autoversicherung* jeweils im Titel enthalten und fett dargestellt.

Anders hingegen schaltet *sparkasse.de* hier eine Anzeige zur Rentenversicherung, die keinen direkten Bezug zur Suchanfrage erkennen lässt. Dies wird sich wahrscheinlich in der Klickrate bemerkbar machen.

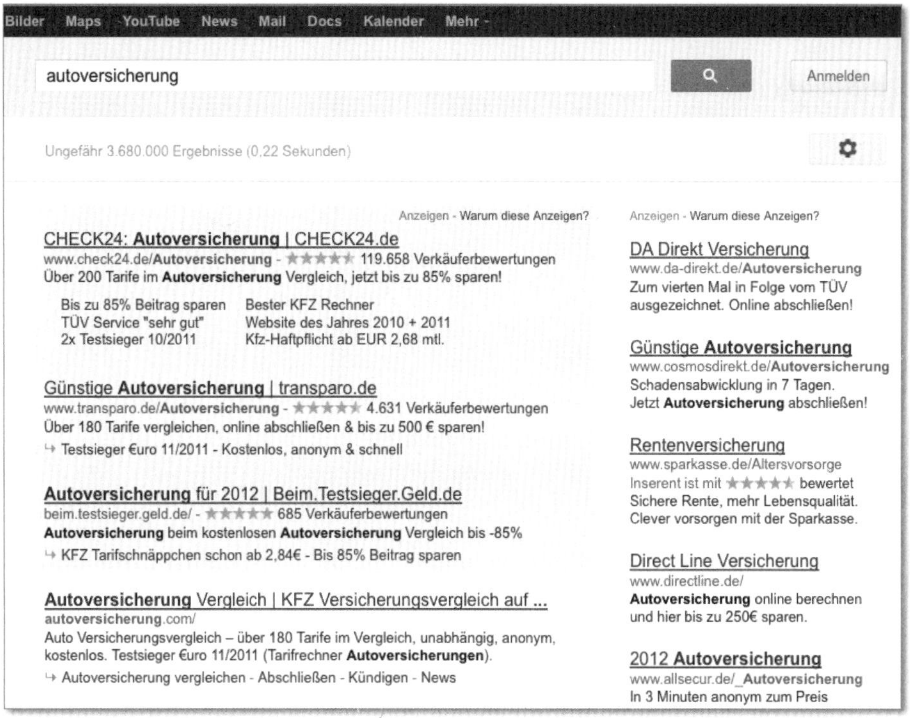

Abbildung 11.34 Suchergebnisse für das Keyword »Autoversicherung« am 24.03.2012

Überlegen Sie sich eine klare Werbebotschaft. Je nachdem, was Sie mit Ihrer Anzeige erreichen möchten, können Anzeigentitel beispielsweise wie folgt formuliert sein:

- Daten und Fakten (z. B. Auszeichnungen)
- provokante Anzeigentitel (z. B. »Deprimiert?«)
- Versprechen und Garantien (z. B. »Waschbrettbauch in 6 Wochen«)
- Warnungen (z. B. »Vorsicht vor Billigwaschmittel«)
- Aufforderungen (z. B. »Jetzt Traummann finden«)

Längere Anzeigentitel/Domain im Anzeigentitel

Eine Neuerung aus dem Jahr 2011 ist die Einblendung der Domain bei ausgewählten Anzeigen im Titel, vermeldet das offizielle Google AdWords Blog (*adwords.blogspot.com*). Wie Sie in der Abbildung 11.35 sehen, wird die Domain (jedoch ohne Pfade oder »www«) mit Trennstrich hinter dem Anzeigentitel angefügt. Dabei besteht eine Zeichenbegrenzung von 68 Zeichen.

Eine weitere Veränderung ist ein verlängerter Anzeigentitel für Anzeigen auf den Toppositionen – ebenso nur bei ausgewählten Anzeigen. Dabei wird die erste Textzeile oder Teile der Anzeige mit einem Bindestrich hinter dem Titel angezeigt (siehe Abbildung 11.36). Google versucht dabei eigenständige oder abgeschlossene Textphrasen zu erkennen.

Abbildung 11.35 Domain-Ergänzung im Anzeigentitel
(Quelle: offizielles Google-AdWords-Blog adwords.blogspot.com)

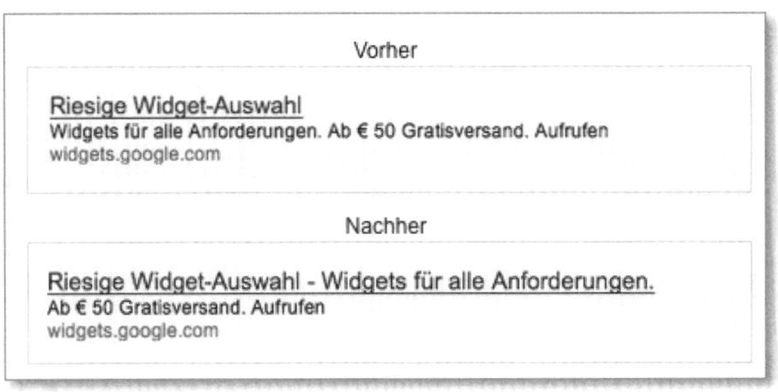

Abbildung 11.36 Erste Textzeile im Anzeigentitel
(Quelle: offizielles Google-AdWords-Blog adwords.blogspot.com)

Der Anzeigentext

Ist ein Keyword im Anzeigentext enthalten, werden Sie sehr wahrscheinlich eine bessere Klickrate erreichen. Machen wir uns die logische Konsequenz einmal deutlich: Ein Benutzer gibt beispielsweise in der Suchmaschine die Suchanfrage »Immobilien

München« ein. Nehmen wir einmal an, dass Sie in der Immobilienbranche tätig sind und für dieses Keyword AdWords-Anzeigen schalten. Ein Benutzer wird wohl eher auf eine Anzeige klicken, deren Text auch *Immobilien München* enthält, als auf eine Anzeige, die beispielsweise *Eigentumswohnungen und mehr* verspricht. Versuchen Sie somit eine direkte Verbindung zwischen Suchanfrage und Ihrer Anzeige zu schaffen. Verwenden Sie nun Ihre Keywords im Anzeigentext, profitieren Sie nicht nur durch erhöhte Aufmerksamkeit (denn die Begriffe werden fett dargestellt), sondern wahrscheinlich auch von einer höheren Klickrate. Um den Faden weiterzuspinnen: Die Klickrate wiederum fließt in den Qualitätsfaktor (siehe Abschnitt 11.2.8, »Die Kosten«) ein. Der Qualitätsfaktor ist mitverantwortlich für die Anzeigenposition. Zudem spielt die Klickrate auch eine Rolle, wenn es um die Klickpreise geht. Hier können Sie also Ihre Kosten senken (Abbildung 11.37).

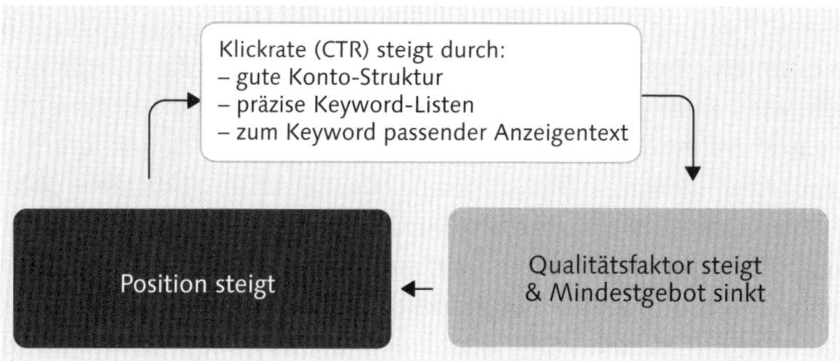

Abbildung 11.37 Einfluss des Anzeigentextes auf die Klickrate und den Kampagnenerfolg (eigene Darstellung in Anlehnung an Optimierungstipps von Google)

Es lohnt sich also, Zeit in die Formulierungen der Anzeigentexte zu investieren, denn selbst kleine Veränderungen im Anzeigentext können große Wirkung zeigen. Bedenken Sie bei der Verwendung von (Produkt-)Namen, dass unbekannte Namen, Marken und Domains weniger gesucht werden. Hier ist es sinnvoller, den Schwerpunkt auf den Produktnutzen zu legen und spezielle Angebote oder Verkaufsargumente (wie Rabatte, Aktionen etc.) zu benennen. Auch Preise können erwähnt werden. Versuchen Sie, dem Benutzer möglichst viele Informationen zu Ihrem Angebot zur Verfügung zu stellen. So können Sie Ihre Zielgruppe schon mit dem Anzeigentext genauer einkreisen: Suchende, die mit einem Preis, der im Anzeigentext angegeben ist, nicht einverstanden sind oder Gratisprodukte suchen, werden nicht auf Ihre Anzeige klicken.

Gute AdWords-Anzeigen beinhalten neben dem Zusammenhang mit der Suchanfrage oftmals in der ersten Textzeile ein Produktversprechen bzw. Produktvorteile (zum Teil auch mit Zahlen belegt, wie »50 % Rabatt« etc.) und in der zweiten Textzeile eine Handlungsaufforderung, die auch als »Call-to-Action« bezeichnet wird. Diese Aufforderung kann beispielsweise durch die Wörter *kaufen*, *bestellen*, *anmelden*, *suchen*, *informieren* oder ähnliche ausgedrückt werden, die z. B. mit einem Ausrufezeichen noch verstärkt werden. Bei der Formulierung der Anzeige sollten Sie neben der Zeichenbeschränkung darauf achten, dass die dritte Textzeile nicht in die Anzeigen-URL übergeht bzw. diese einleitet, z. B. »*Kaufen Sie jetzt bei:*« »*www.Anzeigen-URL.de*«. Nicht zuletzt weil die Darstellung der Anzeige variieren kann und dann die Gefahr besteht, dass Ihre Anzeige wenig sinnvoll formuliert ist.

Die Anzeigen-URL

Die letzte Zeile Ihrer Textanzeige besteht aus Ihrer Anzeigen-URL. Den Unterschied zwischen Anzeigen- und Ziel-URL haben Sie bereits kennengelernt. Die Anzeigen-URL ist also nicht zwangsläufig die Seite, auf die der Benutzer nach dem Klick geleitet wird, sondern diejenige, die innerhalb Ihrer Anzeige zu sehen ist.

Nach dem Anzeigentitel ist die Anzeigen-URL die Zeile, die die meiste Aufmerksamkeit der Benutzer auf sich zieht. Auch hier gilt: Wählen Sie die Anzeigen-URL mit Bedacht. Wenn es Ihnen möglich ist, sollten Sie auch in der Anzeigen-URL Ihr Keyword verwenden. Wie bereits gesagt, erlaubt es Google, die Anzeigen-URL in veränderter Form anzugeben. Besonders wichtig: Geben Sie eine Ziel-URL an, die den Benutzer direkt auf das Angebot, die Dienstleistung oder die Information führt, die er über seine Suchanfrage deutlich gemacht hat. Damit bietet Ihnen Google die Chance, den Suchenden die Unsicherheit zu nehmen, auf die Anzeige zu klicken. Zudem können Sie die Anzeigen-URL nutzen, um Sonderaktionen aufzugreifen, z. B. mit *www.ihre-website.de/gewinnspiel*. In Abbildung 11.38 sehen Sie die Google-Ergebnisse zu der Suchanfrage »Anzug maßgeschneidert«.

Wie Sie auf den Toppositionen sehen, enthält die Anzeige von *massschneiderhaus.de* das Keyword vollständig im Anzeigentitel und ist dadurch fett markiert. *itailor.de* ergänzt die Anzeigen-URL mit »massanzug«, *youtailor.de* mit »Massanzug-designen«. Letzterer leitet den klickenden Besucher auf die Website *youtailor.de/massanzug*, die die Angebote zum Thema individueller Herrenanzug präsentiert. In den Anzeigentexten von *itailor.de* und *massschneiderhaus.de* werden Vorzüge des Angebots, wie z. B. Qualität, Preisangabe und ein Probeanzug herausgestellt. Diese Anzeigen passen gut zur Suchanfrage und sind daher insgesamt gelungen. Bei den Anzeigen am rechten Seitenrand fällt die Werbeeinblendung von *Gucci.com* auf, dessen Text weder das Keyword aufgreift, noch ein Zusammenhang zu Maßanzügen aufzeigt. Dies wird sich unter Umständen im Klickverhalten der Nutzer widerspiegeln.

Seit 2011 können die Anzeigen-URLs Umlaute enthalten und Domains in den Anzeigen-URLs werden seither nun ausschließlich in Kleinschreibweise dargestellt (auch wenn Advertiser sie mit Großbuchstaben im AdWords-Konto angegeben haben). Dies gilt allerdings nur für die Domain-Bezeichnung, nicht für URL-Pfade. Zudem werden jeweils Subdomains (also *www.*) automatisch ergänzt.

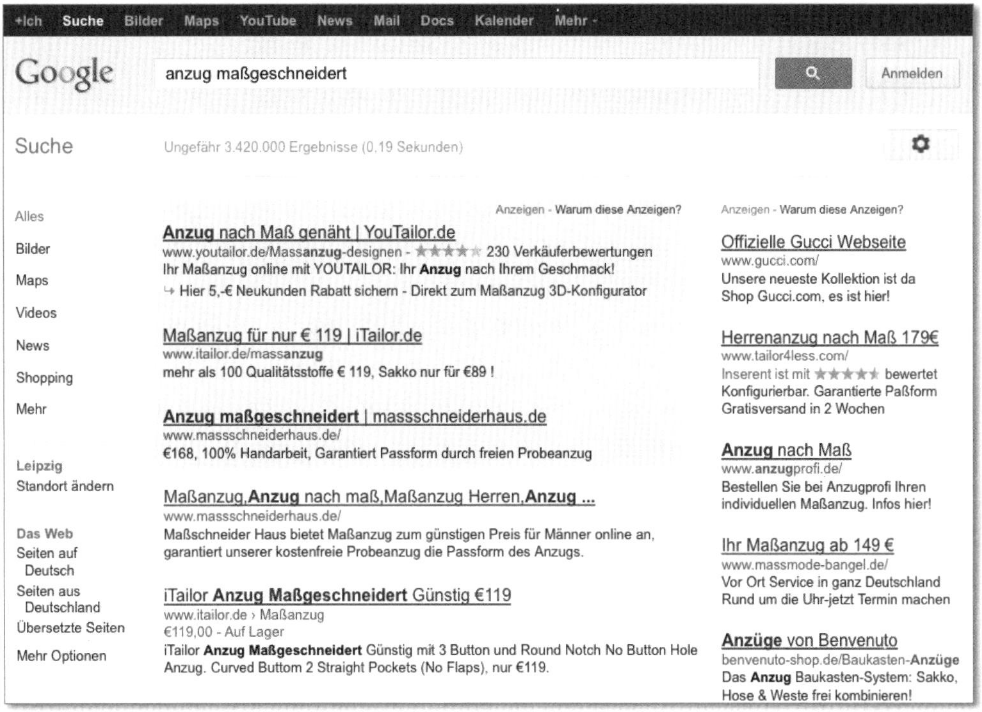

Abbildung 11.38 AdWords-Anzeigen zur Suchanfrage »Anzug maßgeschneidert« vom 24. 03.2012

Dynamische Suchanzeigen

Seit Ende 2011 stellt Google mit seinen sogenannten *dynamischen Suchanzeigen* eine weitere Werbevariante zur Verfügung, die zusätzlich zu den normalen Anzeigen ausgeliefert werden. Das Google-System analysiert dabei Ihre Website und deren Inhalt und erstellt eine dynamische Anzeige, wenn eine Suchanfrage gestellt wird, die zu Ihrem Angebot passt. Als Werbetreibender können Sie Bereiche Ihrer Website für dynamische Anzeigen angeben und auch ausschließen. Die Anzeige wird generiert aus der Suchanfrage und themenrelevantem Text Ihrer Website. Weitere Details können Sie der Google-Hilfe entnehmen.

Google-Richtlinien zum Anzeigeninhalt

Google hat einige Richtlinien aufgestellt, die bei dem Verfassen von Textanzeigen eingehalten werden müssen. Die folgenden Punkte sind nur ein Auszug dieser Richtlinien. In der AdWords-Hilfe können Sie die Richtlinien vollständig nachlesen (*support.google.com/adwordspolicy/bin/static.py?hl=de&page=guide.cs&guide=1316546*).

Als Faustregel gilt: »*Der Anzeigentext muss relevant, klar und genau sein und eine Beschreibung der angebotenen Produkte und Services beinhalten.*«

- Verwenden Sie korrekte Grammatik und Rechtschreibung sowie logische Inhalte. Eine Ausnahme stellen hier besonders häufige Falschschreibweisen oder Varianten von Schreibweisen dar.
- Satzzeichen dürfen nicht unnötig wiederholt werden. Ebenso sind Ausrufezeichen im Anzeigentitel nicht erlaubt. Es darf nur ein Ausrufezeichen innerhalb des gesamten Anzeigentextes enthalten sein.
- Nicht erlaubt sind unnötige Wiederholungen von Wörtern oder Wortgruppen.
- Zeichen wie Buchstaben, Zahlen und Symbole dürfen nur in ihrer allgemeinen Bedeutung verwendet werden. Beispielsweise wäre *2 S jetzt* für *Tu es jetzt* unzulässig.
- Seien Sie sparsam bei der Verwendung von Großschreibung. Übermäßige Großschreibung, wie beispielsweise *GRATIS*, ist unzulässig.
- Akzeptiert werden vergleichende Werbeaussagen wie »Günstiger als« oder »Besser als« nur, wenn diese auf der Zielseite entsprechend belegt werden. Dies kann beispielsweise durch Testergebnisse geschehen.
- Preisangaben oder Vergünstigungen, die im Anzeigentext erwähnt werden, müssen auf der Zielseite mit maximal zwei Klicks angezeigt werden.
- Bei der Verwendung von Superlativen, wie beispielsweise Nummer 1, muss dies auf der Zielseite von unabhängigen Dritten bestätigt werden. Kundenstimmen zählen nicht dazu.
- Beschimpfungen und Diskriminierungen sind nachvollziehbarerweise untersagt.

Darüber hinaus sind alle Inhalte verboten, die gewaltverherrlichend, anzüglich und/oder pornografisch sind. Glückspiel, Waffen, Prostitution sind thematisch ebenso verboten wie Tabak-, Alkohol und Drogenkonsum.

Abgelehnte Anzeigen

Beachten Sie, dass AdWords-Anzeigen von Google auf die Einhaltung der Google-Richtlinien geprüft werden. Sollten Ihre Anzeigentexte nicht den Vorgaben entsprechen, lehnt Google die Anzeigen ab. Sie können diese Anzeigen aufrufen, verbessern und in einem zweiten Versuch schalten.

Gehen Sie dazu auf KAMPAGNEN • ALLE ONLINE KAMPAGNEN • ANZEIGEN, und klicken Sie über der Statistiktabelle auf FILTER. Hier können Sie einen neuen FILTER ERSTELLEN (Abbildung 11.39). Im Menü können Sie dann FREIGABESTATUS wählen und ein Häkchen bei ABGELEHNT setzen (alle anderen Häkchen entfernen). Mit FILTER SPEICHERN können Sie sich diesen Vorgang beim nächsten Aufruf sparen und den Filter wiederverwenden. Mit Klick auf ANWENDEN werden Ihnen die abgelehnten Anzeigen dargestellt.

Abbildung 11.39 Filter erstellen, um abgelehnte Anzeigen zu überprüfen

Wenn Sie den Grund für die Ablehnung erfahren möchten, klicken Sie auf das Sprechblasensymbol in der Spalte STATUS. Mit dem Stiftsymbol neben der Anzeige können Sie diese überarbeiten, danach müssen Sie auf SPEICHERN klicken. Die Statusanzeige ändert sich, und ÜBERPRÜFUNG STEHT AUS wird angezeigt, bis die Anzeige von Google freigegeben oder erneut abgelehnt wird.

Anzeigenschaltung

Das AdWords-System bietet Ihnen zwei Varianten, wie Ihre Anzeigen ausgeliefert werden sollen: leistungsabhängig oder leistungsunabhängig. Diese Einstellung finden Sie unter KAMPAGNEN • EINSTELLUNGEN • ANZEIGENSCHALTUNG: ANZEIGENROTATION, FREQUENCY CAPPING. Mit der Anzeigenrotation legen Sie fest, wie Ihre Anzeigen geschaltet werden sollen (siehe Abbildung 11.40). Bei der leistungsabhängigen Variante können Sie wählen, ob auf Klicks oder Conversions optimierte Anzeigen bevorzugt geschaltet werden sollen. Wählen sie die leistungsunabhängige Anzeigenrotation, so werden Ihre Werbeanzeigen möglichst im gleichen Verhältnis ausgeliefert.

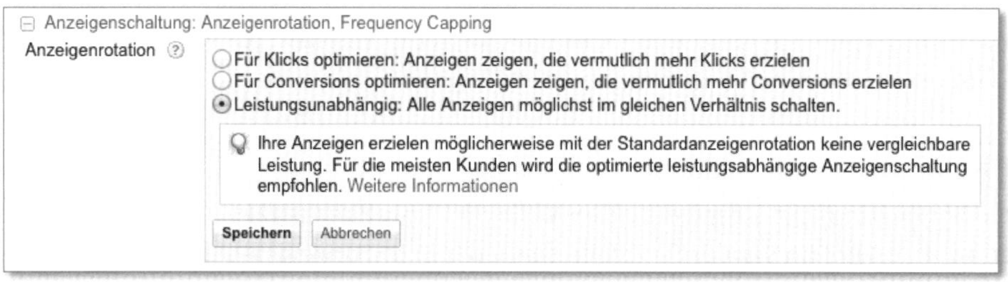

Abbildung 11.40 Einstellung der Anzeigenrotation im AdWords-Konto

Tipp: Split-Testing

Bei der Formulierung der Anzeigentexte ist Kreativität gefragt. Schauen Sie sich ruhig die Anzeigen Ihrer Konkurrenten an, und lernen Sie von ihnen. Auch hier gilt: testen, testen, testen. Mit der Einstellung der Anzeigenschaltung LEISTUNGSUNABHÄNGIG werden die Anzeigen gleich verteilt geschaltet, und Sie können ein sogenanntes *Split-Testing* durchführen: Schalten Sie beispielsweise pro Anzeigengruppe zwei unterschiedliche Anzeigen.

Über die genaue Auswertung im Google-AdWords-Konto können Sie schnell die Leistung der Anzeigen vergleichen. So ist es möglich, Ihre Anzeigen sukzessive zu verbessern. Sie sollten sich Ihre Testergebnisse notieren. Möglich ist auch die Schaltung von weiteren alternativen Anzeigentexten. Dies macht aber die Auswertung komplexer.

Beginnen Sie bei Ihren Tests zunächst mit größeren, inhaltlichen Unterschieden. Sie können dann immer detaillierter werden. So hat sich gezeigt, dass sogar die Kommasetzung innerhalb eines Anzeigentextes die Leistung um ein Vielfaches steigern kann.

Vorsicht: Bei jeder noch so kleinen Änderung am Anzeigentext werden die bisherigen Leistungswerte auf null zurückgesetzt. Das bedeutet, Sie verlieren die Informationen über die bisherige Leistung der Anzeigentexte. Gleiches passiert auch bei Änderungen über den AdWords Editor (siehe Abschnitt 11.2.12, »Der AdWords Editor«).

Aufmerksamkeit durch hervorgehobene Keywords

Beachten Sie bei der Erstellung Ihrer Textanzeigen, dass das AdWords-System im Text enthaltene Keywords fett darstellt. Wird beispielsweise das Keyword *roter Blumentopf* bei Google gesucht und Ihr Anzeigentext enthält genau dieses Keyword *roter Blumentopf*, dann werden diese beiden Begriffe fett angezeigt. Dies funktioniert in der Regel nur bei exakter Übereinstimmung, nicht etwa bei *rote Blume* oder *blauer Blumentopf*. Es sei aber an dieser Stelle erwähnt, dass Google an dieser Funktion arbeitet und immer häufiger auch ähnliche Formen des Keywords fett hervorgehoben werden. Diese für den Benutzer nicht sichtbare grammatikalische Analyse nennt man auch *Word-Stemming*, und sie ist eine sehr empfehlenswerte Möglichkeit, mehr Aufmerksamkeit zu erzeugen (siehe Abbildung 11.41).

Platzhalter (Dynamic Keyword Insertion)

Sie können in Ihren Anzeigentexten Variablen bzw. Platzhalter einfügen, und zwar sowohl im Titel und in den Textzeilen als auch in der Anzeigen-URL. In Fachkreisen wird hier auch von *Dynamic Keyword Insertion (DKI)* gesprochen. Diese Platzhalter werden mit geschweiften Klammern gekennzeichnet. Wenn Sie Windows benutzen, rufen Sie die geschweiften Klammern auf Ihrer Tastatur mit `AltGr`+`7` bzw. `AltGr`+`0` auf. Der Vorteil von Platzhaltern besteht darin, dass das AdWords-System hier in Echtzeit das Keyword einsetzt, das die Schaltung der Anzeige ausgelöst hat. Sie verwenden den Keyword-Platzhalter, indem Sie beispielsweise die Überschrift Ihrer Anzeige mit `{KeyWord:(Alternativbegriff)}` festlegen. Definieren Sie, wie in Abbildung 11.42, für die Überschrift `{Keyword:Netbook}`, dann wird das System zunächst versuchen, das Keyword einzusetzen, das die Anzeigenschaltung auslöst. Sollte dies nicht den Google-Vorgaben entsprechen und länger als 25 Zeichen sein, dann wird der alternative Text, in diesem Fall *Netbook* angezeigt.

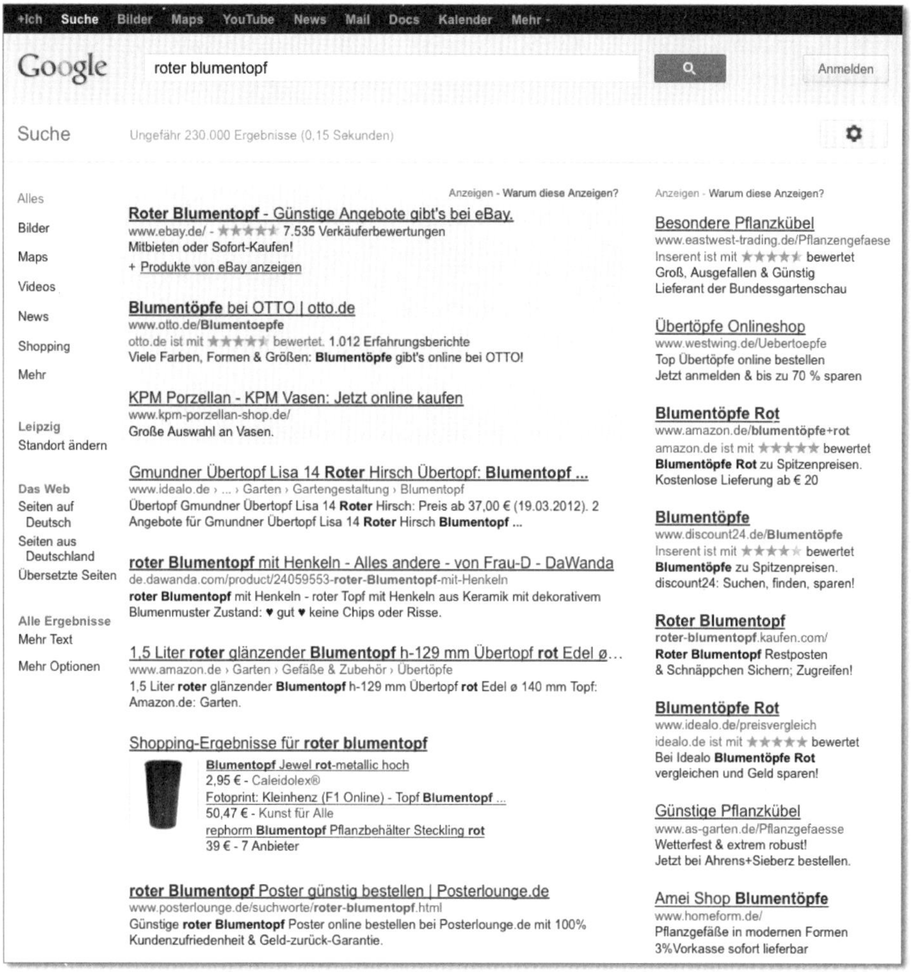

Abbildung 11.41 Mehr Aufmerksamkeit durch hervorgehobene Keywords erzeugen

Abbildung 11.42 Beispiel für Platzhalter beim Anlegen einer AdWords-Textanzeige

Der AdWords-Platzhalter besteht also aus drei Elementen: der geschweiften Klammer, der Bezeichnung `KeyWord` und einem alternativen Text. Beachten Sie, dass die

Dynamic Keyword Insertion nur funktioniert, wenn Sie diese Elemente richtig verwenden. Je nachdem, wie Sie den Befehl `Keyword` schreiben, wird auch Ihr Schlüsselwort integriert, das heißt:

- `{keyword: }` Alles wird kleingeschrieben.
- `{Keyword: }` Das erste Wort beginnt mit einem Großbuchstaben.
- `{KeyWord: }` Die Wörter beginnen mit Großbuchstaben.

Darüber hinaus funktionieren auch `{KEYWord: }` (hier wird das gesamte erste Wort und der erste Buchstabe aller weiteren Wörter großgeschrieben) und `{KEYWORD: }`, wobei die letzte Variante bedeutet, dass alle Wörter des Suchbegriffs mit einem Großbuchstaben beginnen.

Vor und nach dem Platzhalter können Sie weitere Wörter verwenden, in unserem Beispiel also `{KeyWord:Netbook} kaufen`. Sie sollten dabei aber darauf achten, dass es immer zu sinnvollen und grammatikalisch richtigen Varianten kommt, denn sonst ist die Wahrscheinlichkeit für einen Klick auf die Anzeige gefährdet. Auch in der Anzeigen-URL ist die Verwendung eines Platzhalters möglich. So können Sie beispielsweise das Keyword nach Ihrer Domain anzeigen: `www.ihre-seite.de/{keyword:keyword}`.

Sie können beispielsweise eine Anzeigengruppe anlegen, die Sie »Platzhalter« nennen. In dieser Anzeigengruppe werden die Keywords hinterlegt, für die Ihre Anzeigen geschaltet werden sollen. In den Textanzeigen, die dieser Anzeigengruppe zugeordnet sind, arbeiten Sie dann mit den beschriebenen Platzhaltern.

Platzhalter richtig verwenden und häufige Fehler vermeiden

Viele AdWords-Anfänger kennen die effektive Funktion von Platzhaltern nicht, andere begehen unnötige Fehler. Hier sind einige Tipps, wie Sie Platzhalter richtig verwenden und Fehler vermeiden:

Achten Sie darauf, dass Sie den Platzhalter in Ihrer Anzeige richtig angeben. Schleichen sich an dieser Stelle Fehler ein, wie z. B. Leerzeichen an der falschen Stelle, dann funktioniert der Platzhalter nicht mehr. Benutzer sehen dann einen kryptisch anmutenden Anzeigentext. Verwenden Sie die Platzhalter nur bei einer sehr gut ausgewählten Keyword-Liste. Andernfalls können Kombinationen in Ihrem Anzeigentext erscheinen, die keinen Sinn ergeben (wie Sie in Abbildung 11.43 sehen). Vielleicht landet dann auch Ihre Anzeige auf einer Hitliste mit den besten Fehlgriffen, was Sie sicherlich vermeiden wollen. Wenn Sie eine Keyword-Liste verwenden, die sehr groß ist und viele weitgehend passende Keywords umfasst, sollten Sie eine extra Anzeigengruppe für Platzhalter anlegen. Zudem sollten Sie sicherstellen, dass Sie bei der Verwendung von Platzhaltern bei weitgehend passender Keyword-Option eine sinnvolle Zielseite anzeigen können.

Andernfalls sind die Nutzer enttäuscht und verlassen Ihre Website sofort wieder – und Sie bezahlen für unnötige Klicks. Bei Einwort-Keywords sollten Sie darauf achten, dass Sie zusätzlich noch einen Alternativtext angeben, z. B. `{Keyword:Bücher} Online-Shop`. Lautet die Suchanfrage »Buch« wird als Anzeigen-Überschrift »Buch Online-Shop« ausgegeben.

Der Vorteil der Dynamic Keyword Insertion ist, dass die Suchanfrage dann direkt in Ihrer Textanzeige erscheint und zudem noch fett mehr hervorgehoben wird. Dies kann sich positiv auf die Klickraten Ihrer Anzeigen auswirken. Sie sollten dennoch vorsichtig mit dieser sehr effektiven Möglichkeit umgehen. Da die Dynamic Keyword Insertion sowohl in der Überschrift als auch in den Textzeilen der Anzeige sehr flexibel ist, sollten Sie darauf achten, dass in jedem Fall sinnvolle Anzeigentexte entstehen. Es gibt immer wieder Beispiele von wenig durchdachter Verwendung von Platzhaltern. Wir haben Ihnen in Abbildung 11.43 einige »lustige« Beispiele zusammengestellt.

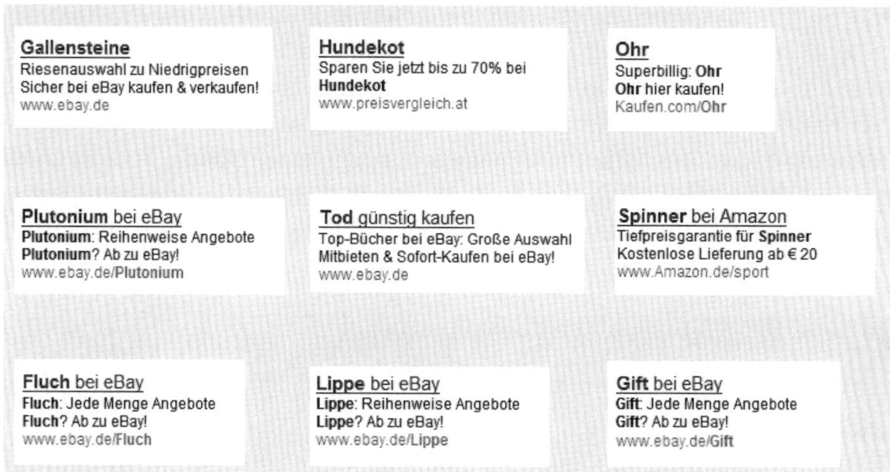

Abbildung 11.43 Zusammenstellung von »lustigen« AdWords-Anzeigen, vom 15.05.2010

Die Anzeigenformate

Neben den beschriebenen Textanzeigen bietet das AdWords-System weitere Anzeigenformate. Obwohl diese für das Display-Netzwerk und nicht für das Such-Werbenetzwerk gelten, möchten wir sie hier kurz vorstellen (mehr zur Werbeschaltung auf anderen Websites mithilfe von AdWords erfahren Sie im Kapitel 2 »Online-Marketing – Werben im Internet«):

- Image-Anzeigen
- Rich-Media-Anzeigen
- Videoanzeigen
- Mobile-Anzeigen

Image-Anzeigen

Image-Anzeigen entsprechen der bekannten Bannerwerbung. Auch derartige Formate können Sie in Ihre AdWords-Kampagne integrieren. So ist es möglich, dass Sie statische oder animierte Image-Anzeigen einbinden. Dazu steht Ihnen das Google Display-Netzwerk zur Verfügung. Das bedeutet, dass Ihre Werbemittel auf anderen Websites integriert werden können. Wenn Sie sich jetzt schon überlegen, auch Image-Anzeigen in Ihre Kampagne einzubinden, dann sollten Sie als Erstes überprüfen, ob Sie bei den Kampagneneinstellungen auch ein Häkchen bei dem Display-Netzwerk gesetzt haben. Innerhalb des Such-Werbenetzwerks sind Image-Anzeigen nicht möglich.

Der Vorteil von Image-Anzeigen liegt darin, dass Sie zum einen mit Grafiken die Aufmerksamkeit der Benutzer auf Ihr Werbemittel lenken können. Zum anderen können Sie mit dem AdWords-System Ihre Kampagne sehr genau auf Ihre Zielgruppe ausrichten.

Wenn Sie sich an die bereits beschriebene Kontostruktur erinnern, sind Anzeigen den einzelnen Anzeigengruppen zugeordnet. Klicken Sie zum Integrieren von Image-Anzeigen daher auf das Tab ANZEIGEN Ihrer Anzeigengruppe, und wählen Sie unter NEUE ANZEIGE das Format IMAGE-ANZEIGE aus. An dieser Stelle können Sie bestehende Images hochladen und müssen nur noch einen Namen, eine URL und eine Ziel-URL festlegen (Abbildung 11.44). Die möglichen Formate werden an dieser Stelle aufgelistet. Einige davon kennen Sie schon aus Kapitel 2, »Online-Marketing – Werben im Internet«.

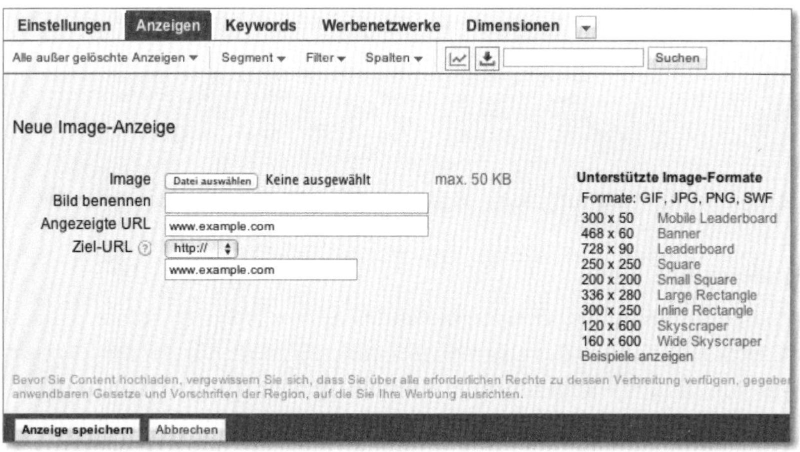

Abbildung 11.44 Neue Image-Anzeige einstellen

Hier muss aber bedacht werden, dass einige Pixel jedes Formats für die Anzeigen-URL vorgesehen sind und daher nicht der komplette Bereich für die Bildanzeige zur

Verfügung steht. Bilder können in den Formaten JPG, GIF, SWF und PNG auch animiert (GIF und Flash-Dateien) sein. Bei der Farbwahl sollten Sie unbedingt RGB-Farben verwenden. Ihre Bilder dürfen die Größe von 50 KB nicht überschreiten.

Sie können auch Flash-animierte Bilder integrieren. Hier gelten die bereits erwähnten Angaben. Zusätzlich sollten Sie darauf achten, dass Sie eine Flash-Version von 4 bis 10 verwenden. Über die `clickTAG`-Variable können Sie sicherstellen, dass die richtige Zielseite aufgerufen wird. Pro Anzeigengruppe besteht ein Limit von 50 Image-Anzeigen.

Sinnvolles Benennen von Image-Anzeigen

Achten Sie darauf, dass Sie Ihre Image-Anzeigen sinnvoll benennen. Schnell stehen Sie vor der Situation, dass Sie einen Bericht analysieren möchten und die Werbemittel nicht mehr identifizieren können. Dabei sollte die Benennung nicht zu lang sein (maximal 50 Zeichen), Kampagne und Anzeigengruppe enthalten und das Image beschreiben.

Google bietet Advertisern, die noch über keine bestehenden Image-Anzeigen verfügen, die Möglichkeit, Images zu erstellen. Dazu können Sie das *Tool zur Erstellung von Display-Anzeigen* (KAMPAGNEN • ANZEIGEN • NEUE ANZEIGE • TOOL ZUR ERSTELLUNG VON DISPLAY-ANZEIGEN) verwenden, das über zahlreiche Vorlagen verfügt (Abbildung 11.45).

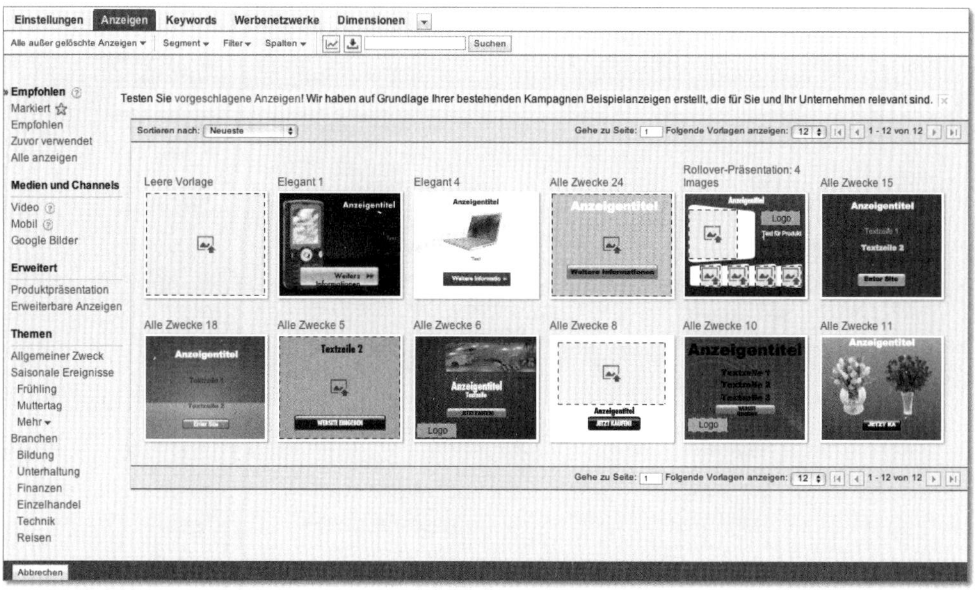

Abbildung 11.45 Das Tool zur Erstellung von Display-Anzeigen

Image-Anzeigen können unter Umständen weniger gute Klickraten als beispielsweise Textanzeigen liefern, da sie von Benutzern oftmals als Werbung ausgeblendet werden (sogenannte *Bannerblindness*).

An dieser Stelle sei aber darauf hingewiesen, dass Google entscheidet, ob die Anzeige ausgeliefert wird oder nicht. Hält das Programm eine Textanzeige zum Thema für relevanter, wird diese angezeigt. Oftmals konkurrieren Anzeigen um einen Werbeplatz.

Tipp: View-through-Conversion-Tracking

Zur Erfolgsbewertung Ihrer Image-Anzeigen bietet sich unter anderem das sogenannte View-through-Conversion-Tracking an. Sie erreichen die Informationen über den Reiter KAMPAGNEN, indem Sie die Spaltenansicht anpassen und VIEW-THROUGH-CONV. auswählen (Abbildung 11.46). Hier werden die Conversions gemessen, die innerhalb eines Monats erreicht werden, wenn Benutzer eine Anzeige zunächst zwar gesehen, aber nicht geklickt haben und die Conversion auf der beworbenen Seite zu einem späteren Zeitpunkt erfolgte. Hat beispielsweise ein Benutzer eine Website besucht, auf der Ihre Image-Anzeige geschaltet wird, wird dies per Cookie registriert. Wenn dieser Benutzer einige Tage später (aber innerhalb eines Monats) dann eine Conversion auf Ihrer Seite durchführt, wird dies Ihrer Image-Anzeige zugeschrieben, was Aussagen zur Effizienz dieser Image-Anzeige zulässt. Mehr zum Thema Erfolgsmessung lesen Sie in Abschnitt 11.2.9, »Leistungsmessung und Optimierung«.

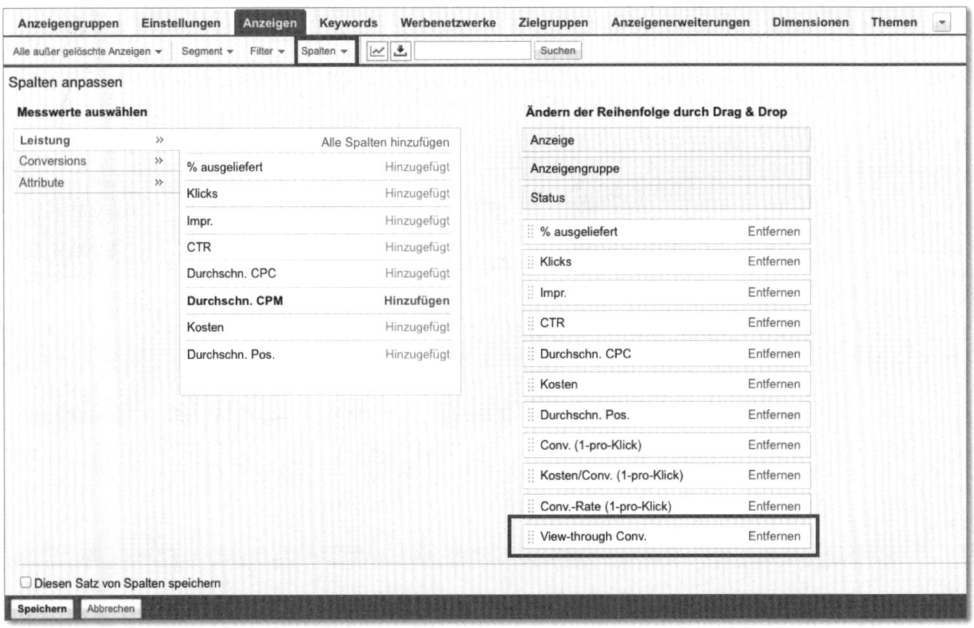

Abbildung 11.46 View-through-Conversions anzeigen im AdWords-Konto

Rich-Media-Display-Anzeigen

Rich-Media-Display-Anzeigen sind ebenfalls nur im Display-Netzwerk von Google möglich. Website-Betreiber müssen ihrerseits dieses Anzeigenformat (Größen und Formate) für ihre Website zulassen. Unter Rich-Media-Display-Anzeigen versteht man animierte Flash-Anzeigen sowie Anzeigen, die Text und animierte oder Videoinhalte kombinieren, um mit dem Benutzer zu interagieren (Abbildung 11.47). Sie können auch hier eine placementbezogene Ausrichtung oder eine keywordbezogene Ausrichtung festlegen. Darüber hinaus können Sie auch die geografische Ausrichtung und die Ausrichtung auf Sprachen bestimmen, damit Ihre Anzeigen nur Ihrer Zielgruppe angezeigt werden. Wählen Sie dann zwischen dem CPC-Preismodell und dem CPM-Preismodell (die Preismodelle lernen Sie im Detail in Abschnitt 11.2.8, »Die Kosten«, kennen). Auch für dieses Format ist das *Tool zur Erstellung von Display-Anzeigen* ein gutes Hilfsmittel, stellt es doch eine Vielzahl an Vorlagen zur Verfügung.

Abbildung 11.47 Beispiel einer Rich-Media-Anzeige von Nestlé »KitKat«: Hier öffnet sich ein Video innerhalb einer animierten Anzeige.

Videoanzeigen

Videoanzeigen werden wie auch Image-Anzeigen nur im Google Display-Netzwerk geschaltet, unter der Voraussetzung, dass die Webseitenbetreiber dieses Format zugelassen haben. Zusätzlich können Ihre Videoanzeigen auch bei der Google-Tochter YouTube geschaltet werden. Google stellt Ihnen zwei Tools für die Verwendung von Videoanzeigen zur Verfügung: zum einen das *Tool zur Erstellung von Display-Anzeigen*, zum anderen das sogenannte *AdWords for Video*.

Bei Ersterem stehen Ihnen diverse Vorlagen für Ihre Videoanzeigen zur Verfügung. Auch bei dem Preismodell können Sie wählen: Möchten Sie eine Abrechnung nach dem CPC-Modell (Cost-per-Click), ist das in der keywordbezogenen Anzeigenausrichtung möglich. Haben Sie sich für eine placementbezogene Ausrichtung entschieden, haben Sie nun die Option, sich zwischen dem CPC- oder dem CPM-Modell (Cost per 1. 000 Impressions) zu entscheiden. Von Vorteil bei dem CPC-Modell ist die Tatsache, dass Ihnen nur die Klicks in Rechnung gestellt werden, die den Benutzer auch auf Ihre Website leiten. Das bedeutet, dass beispielsweise Klicks auf die Startsequenz keine Kosten verursachen. Bei der Variante des CPM-Preismodells hingegen bezahlen Sie die Impressions (Sichtkontakte) Ihres Werbemittels und nicht für die Wiedergabe Ihres Werbemittels.

Genau wie bei den Image-Anzeigen klicken Sie zum Erstellen einer Videoanzeige auf das Tab ANZEIGEN und dann auf NEUE ANZEIGE und VIDEO-ANZEIGE. Anschließend haben Sie die Auswahl zwischen verschiedenen Arten von Videoanzeigen, die wir uns noch detaillierter ansehen (Abbildung 11.48).

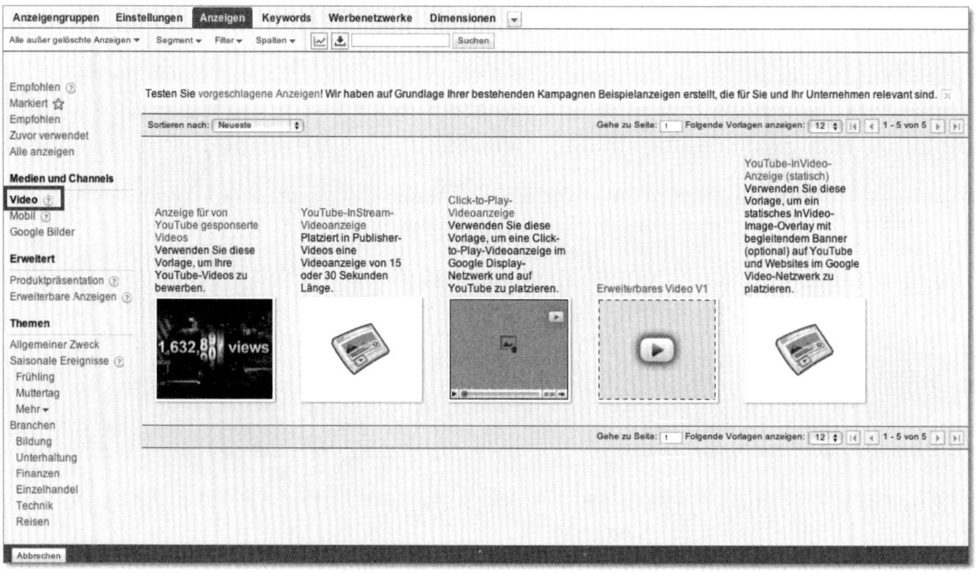

Abbildung 11.48 Neue Video-Anzeige anlegen

Bei der Erstellung der Videoanzeigen werden Ihnen die verfügbaren Dateiformate und -größen angegeben. Weitere Spezifikationen werden in der AdWords-Hilfe beschrieben.

Sie haben die Möglichkeit, sich gezielt Websites herauszusuchen, auf denen Ihr Video integriert werden soll (placementbezogene Ausrichtung), oder Sie steuern die Anzeigen mithilfe von Keywords auf relevante Websites aus (keywordbezogene

Ausrichtung). Wie bei allen anderen Anzeigenformaten sollten Sie auch bei den Kampagneneinstellungen darauf achten, dass Ihre Anzeigen nur dort geschaltet werden, wo Sie, wie Google sagt, »*geschäftlich tätig*« sind.

Tipp: Gestaltung von Videoanzeigen

Obwohl Ihre Videoanzeige eine Länge von maximal 4 Minuten erreichen darf, sollten Sie sich möglichst kurz fassen. In der Regel sehen sich Benutzer nur knapp die erste Minute an. Stellen Sie also Ihre wichtigste Botschaft an den Anfang Ihres Videos, um sicherzugehen, dass der Zuschauer sie aufnimmt. Google empfiehlt eine Videolänge von etwa 30 Sekunden mit der Kernbotschaft in den ersten 10 Sekunden.

Denken Sie an *Infotainment* (Information + Entertainment): Ihr Videoinhalt sollte sowohl unterhaltsam als auch informativ sein. Eventuelle musikalische Untermalung sollte die Stimmen auf keinen Fall übertönen. Es reicht nicht aus, ein attraktives Startbild zu zeigen. Das gesamte Video sollte qualitativ hochwertig sein, um Zuschauer nicht zu enttäuschen.

Mit *AdWords for Video* (dieses Tool erreichen Sie unter: *adwords.google.com/video*) können Sie schnell und vereinfacht Videoanzeigen erstellen, und es werden Ihnen erweiterte Leistungs- und Interaktionsdaten zur Verfügung gestellt. Mit diesem Kampagnenverwaltungstool für Ihre Videoanzeigen können Sie das *Cost-per-View-* (*CPV-*)Abrechnungsmodell wählen. Hierbei bezahlen Sie nur dann, wenn ein Nutzer Ihr Video ansieht. Ihre Anzeigen erscheinen auf YouTube oder im Google Display-Netzwerk. Kampagnen können hier ausschließlich sogenannte *TrueView-Videoformate* beinhalten. Diese stehen Ihnen in den folgenden Spezifikationen zur Verfügung:

- **In-Stream**: Videoinhalte vor Videos, die vom Nutzer übersprungen werden können
- **In-Slate**: Anzeige vor Videos mit einer Länge > 10 Minuten, wobei der Nutzer zwischen drei Anzeigen oder Werbepausen im Video wählt
- **In-Search**: Video auf YouTube neben den Suchergebnissen
- **In-Display**: Dazu zählen z. B. Overlay-Anzeigen oder Click-to-Play-Anzeigen.

Weitere Informationen zu den einzelnen Videoformaten bietet die Google-Hilfe.

Um eine Videokampagne im Tool AdWords for Video anzulegen, gehen Sie ähnlich wie bei einer herkömmlichen AdWords-Kampagne vor: Zunächst legen Sie eine neue Kampagne an und wählen entsprechende Sprach-, Budget- und Auslieferungseinstellungen. Um die Videoanzeigen möglichst zielgerichtet auf eine Betrachtergruppe auszurichten, können Sie unter dem Reiter TARGETING demografische Daten, Themen, Interessen und Keywords für die YouTube-Suche angeben. Unter dem Reiter ANZEIGEN können Sie dann Ihre Videoanzeigen einstellen, wie Sie beispielhaft in Abbildung 11.49 sehen.

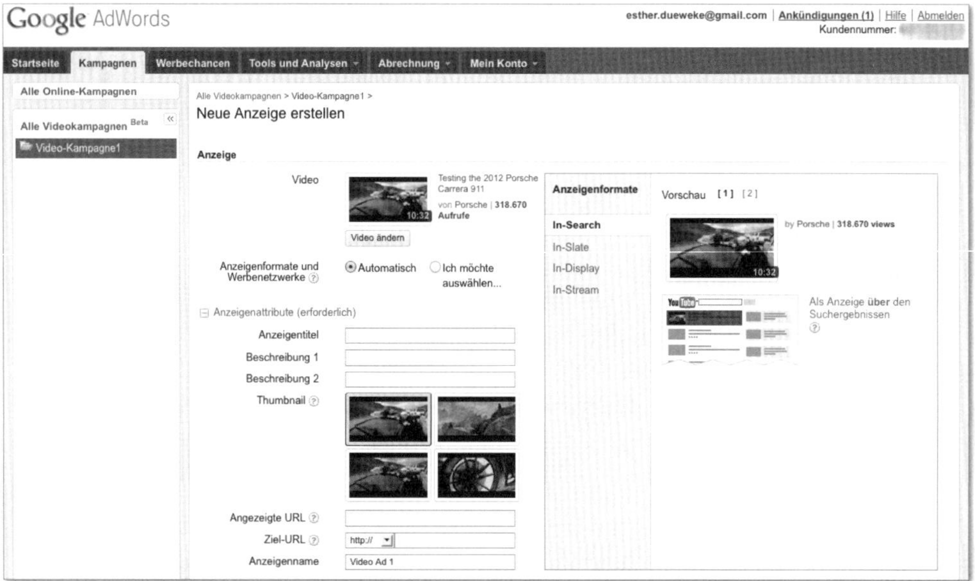

Abbildung 11.49 Videoanzeige anlegen mit AdWords for Video

Mobile-Anzeigen (Mobile Ads)

Laut Angaben von Google sind Smartphone-Nutzer die am stärksten wachsende Internetnutzergruppe. 74 % der Online-Käufer in Deutschland suchen mit ihrem Smartphone online nach Angeboten – die Hälfte von ihnen kauft letztlich auch. Daher wurden die mobilen Ads von Google, wie der Name schon vermuten lässt, für Mobiltelefone entwickelt. Im Vergleich zu den anderen bereits vorgestellten Anzeigenformaten sind die Mobile Ads nur etwas kleiner – das versteht sich auch von selbst, ist doch das Handydisplay um einiges kleiner als ein Monitor. Für mobile Endgeräte können Sie Text- oder Image-Anzeigen verwenden.

Zunächst empfehlen wir, eine eigenständige Kampagne für mobile Anzeigen anzulegen, um Ausrichtung und Optimierung genauer vornehmen zu können. In den Einstellungen können Sie unter WERBENETZWERKE UND GERÄTE dann MOBILTELEFONE MIT VOLLWERTIGEM INTERNETBROWSER auswählen. Klicken Sie danach unter dem Reiter ANZEIGEN • NEUE ANZEIGE • MOBILE WAP-ANZEIGE, erstellen Sie mindestens ein Mobile Ad, und speichern Sie dieses (Abbildung 11.50).

Abbildung 11.50 Eingabemaske für eine neue mobile WAP-Anzeige im AdWords-Konto

WAP-Anzeigen können als Text oder Image ausgeliefert werden und leiten den Nutzer auf eine mobile Website.

Für Textanzeigen stehen Ihnen bei den Mobile-Anzeigen zwei Zeilen, die Überschrift und die Beschreibung, mit maximal 12–18 Zeichen (sprachenabhängig) zur Verfügung. Die dritte Zeile stellt die angezeigte URL mit einem Zeichenlimit von 20 Zeichen dar. Die Ziel-URL ist die Seite, die die Nutzer sehen, sobald sie auf die mobile Anzeige geklickt haben. Auch hier sind Anzeigenerweiterungen möglich, auf die wir noch genauer eingehen werden.

Sie können sogenannte *Click-to-Call-Anzeigen* verwenden und es Nutzern somit ermöglichen, direkt mit Ihnen in Kontakt zu treten. Schalten Sie als Restaurantbetreiber beispielsweise mobile Anzeigen und fügen diesen eine Telefonnummer hinzu, können interessierte Nutzer direkt bei Ihnen anrufen, um eine Reservierung abzugeben. Laut Google-Angaben erreichen Click-to-Call-Anzeigen eine durchschnittlich 6–8 % höhere Klickrate. Die Telefonnummer erscheint dabei als zusätzliche Zeile unterhalb Ihrer mobilen Anzeige (Abbildung 11.51). Um diese Einstellung vorzunehmen, wählen Sie die Option KUNDEN PER CLICK-TO-CALL MIT DER TELEFONNUMMER MEINES UNTERNEHMENS VERBINDEN, und geben Sie Ihren Unternehmensnamen und die Rufnummer an.

Mobile Ads werden dem Benutzer angezeigt, wenn er die Google-Suchmaschine verwendet oder mit seinem Handy auf Websites surft. Das sind Websites, die speziell für die Darstellung auf mobilen Geräten entwickelt wurden und Google-Anzeigen integrieren. Image-Anzeigen können in diesem Fall auch nur im Display-Netzwerk angezeigt werden. In der Suche werden maximal zwei mobile Anzeigen oberhalb und bis zu drei mobile Anzeigen unterhalb der Ergebnisse angezeigt.

Abbildung 11.51 Beispiel für die Darstellung von Mobile Ads

Weitere Informationen zu mobilen Anzeigen liefert die Website *google.de/adwords/getmobilized/*.

Anzeigenerweiterungen

Bei der Anzeigenerweiterung handelt es sich um zusätzliche Informationen bei einer Textanzeige, wie beispielsweise eine Adresse oder Telefonnummer (Standorterweiterungen und Telefonerweiterungen), Seitenlinks zu den sogenannten *Ad Sitelinks* oder Produkterweiterungen (Bilder und Empfehlungen). Inzwischen können Sie auch eine Profilerweiterung einrichten, das heißt Empfehlungen für Ihre *Google+*-Seite (sofern Sie eine besitzen) mit Ihren Anzeigen verbinden. Die Anzeigenerweiterungen können zumeist nur im Google Such-Werbenetzwerk ausgeliefert werden, Profilerweiterungen sind beispielsweise auch im Google Display-Netzwerk möglich.

Um Ihre Anzeigen entsprechend zu erweitern, wählen Sie in Ihrem AdWords-Konto unter KAMPAGNE • EINSTELLUNGEN • ANZEIGENERWEITERUNGEN die entsprechend gewünschte Erweiterungsvariante (siehe Abbildung 11.52).

Abbildung 11.52 Auswahl der Anzeigenerweiterung im AdWords-Konto

- **Standorterweiterungen**: Bei der Standorterweiterung ist die Verknüpfung eines Google-Places-Kontos mit der AdWords-Kampagne erforderlich (siehe Abbildung 11.53). Mit Google Places können Sie einen kostenlosen Google-Maps-Eintrag erstellen, in dem Sie Adresse, Öffnungszeiten und Fotos Ihres Unternehmens anzeigen können. Anzeigen mit Standorterweiterung werden dann ausgeliefert, wenn erkennbar ist, dass ein Suchender sich in der Zielregion befindet und sein Suchbegriff einen regionalen Bezug aufweist. Sucht beispielsweise ein Nutzer nach »Frisör Frankfurt« und Ihre Anzeige ist darauf ausgerichtet, so wird die erweiterte Anzeige ausgeliefert. Dies gilt für das Such-Werbenetzwerk, Google Maps, *m.google.de* und Websites im Display-Netzwerk für mobilen Content.

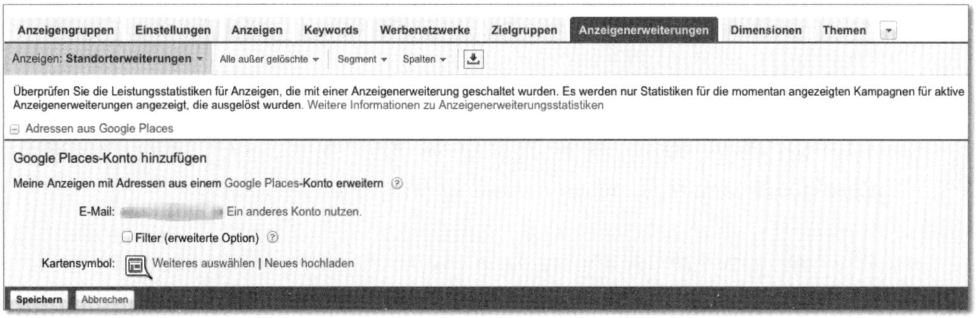

Abbildung 11.53 Hinzufügen von Standorterweiterungen im Google AdWords-Konto

Ihre Anzeige sieht dann etwa so aus wie das Beispiel in Abbildung 11.54.

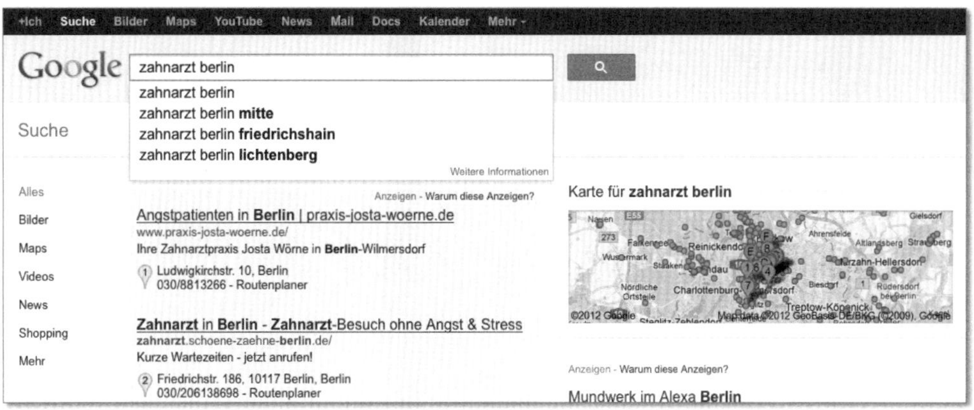

Abbildung 11.54 Beispiel Anzeigen mit Standorterweiterung bei dem Suchbegriff »Zahnarzt Berlin« (Suchergebnis vom 25.03.2012)

- **Telefonerweiterungen**: Mithilfe von Telefonerweiterungen haben Nutzer die Möglichkeit, die geschäftlich hinterlegte Telefonnummer unterhalb der Textanzeige direkt anzurufen (auch als *Click-to-Call* bezeichnet). Dies gilt für Benutzer, die beispielsweise die Google-Suche, Google Maps für Handys oder die Google Mobile App nutzen. Die Telefonerweiterung ist nicht sichtbar, wenn auf Desktop-PCs oder Laptops gesucht wird, jedoch ist sie unabhängig vom Standort des Benutzers. In Ihrem Konto sieht die Eingabemaske dafür so aus, wie in Abbildung 11.55 gezeigt.

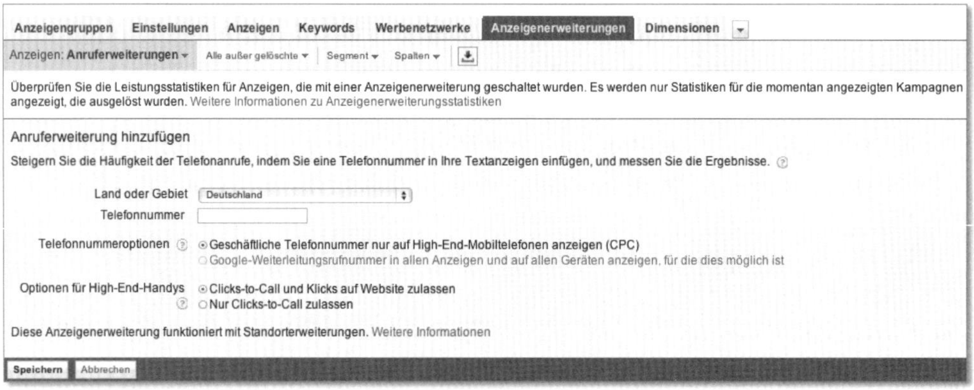

Abbildung 11.55 Eingabemaske zur Einstellung der Telefonerweiterung

Ihre erweiterte Anzeige könnte dann so aussehen wie in dem Beispiel aus Abbildung 11.56.

Abbildung 11.56 Beispiel einer Telefonerweiterung (Quelle: Google InSide AdWords)

- **Ad Sitelinks**: Sie können Ihrer Textanzeige mehrere Seitenlinks hinzufügen, die unterhalb Ihrer Anzeige, zusätzlich zur Ziel-URL ergänzt werden (siehe Abbildung 11.57).

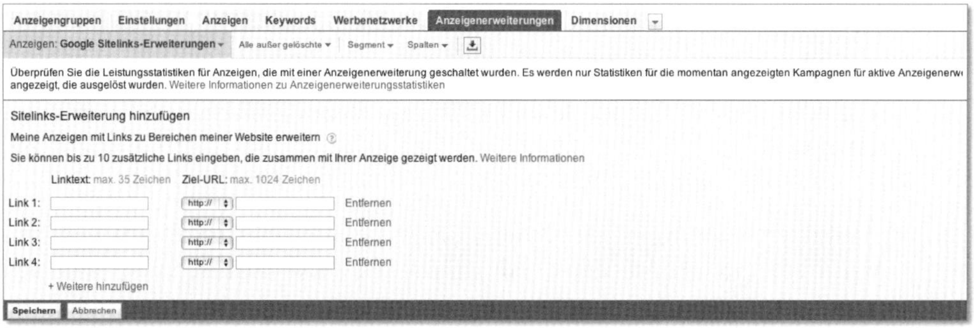

Abbildung 11.57 Sitelinks-Erweiterung hinzufügen

Ihre erweiterte Anzeige könnte dann so, wie das Beispiel aus Abbildung 11.58 zeigt, aussehen.

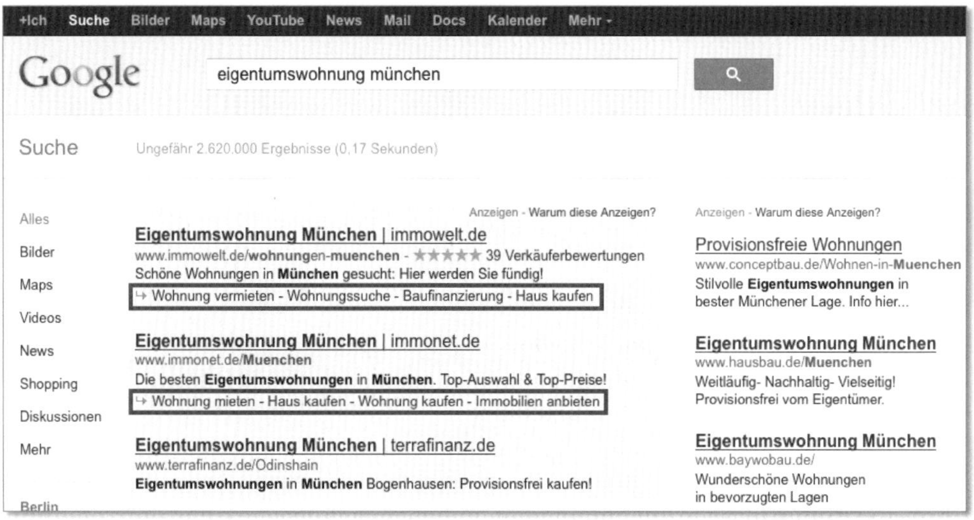

Abbildung 11.58 Beispiel für AdSitelinks bei der Suchanfrage »Eigentumswohnung München« (Suchabfrage vom 25.03.2012)

Für die Sitelinks gilt ein Limit von zehn Ergänzungen. Die Anzeigen werden dabei ober- und unterhalb der organischen Suchergebnisse angezeigt. Je nach Endgerät werden bei Desktop-PCs und Tablets bis zu sechs Sitelinks angezeigt, bei mobilen Endgeräten können zwei Sitelinks angezeigt werden.

Mit dieser Anzeigenerweiterung können Sie Suchenden weitere wichtige Themenbereiche Ihrer Website bzw. Ihres Angebots anzeigen und Ihnen die Navigation dorthin ersparen, da sie direkt auf den Sitelink klicken können. Achten Sie darauf, dass die jeweilige Bezeichnung der Sitelinks möglichst kurz (damit mehrere Links angezeigt werden können) und aussagekräftig formuliert ist.

Eingebettete Sitelinks

Zum Teil sind auch sogenannte *eingebettete Sitelinks* auf den Toppositionen zu sehen. Hier verlinkt Google Teile aus dem Anzeigentext, die so auch als Sitelink hinterlegt sind.

- **Produkterweiterungen**: Mit dieser Anzeigenerweiterung können Sie beispielsweise ein Produktbild, den Produktpreis, die Produktbezeichnung und den Namen Ihres Geschäfts ergänzen und somit die Aufmerksamkeit der Suchenden und das Klickverhalten beeinflussen. Dabei verwalten Sie Ihre Anzeigen im AdWords-Konto, die Produktinformationen hingegen in einem sogenannten *Google-Merchant-Center-Konto* (Abbildung 11.59). Wenn Sie die beiden Konten miteinander verknüpfen, wird die Anzeigenerweiterung im AdWords-Konto angezeigt. Zurzeit können Sie nur in Deutschland, Frankreich, in den USA und dem Vereinigten Königreich Anzeigen mit Produkterweiterungen schalten.

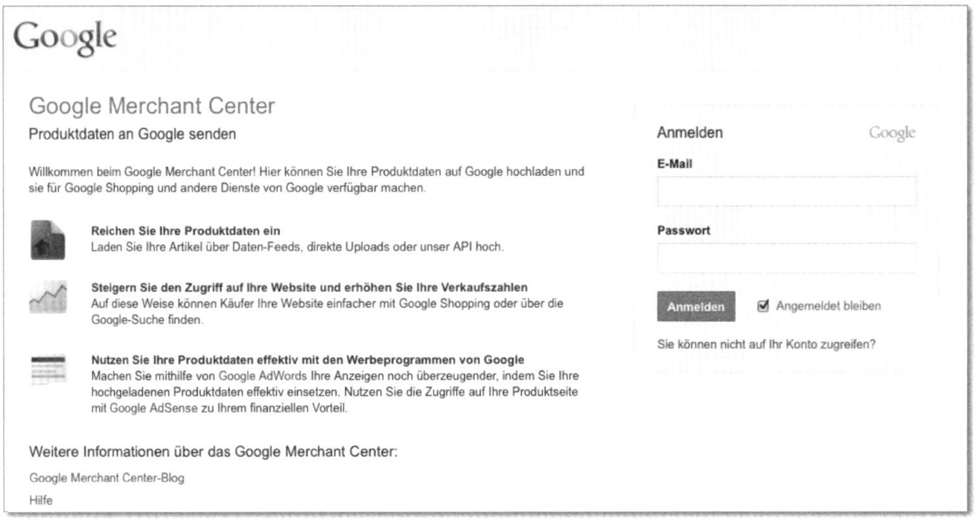

Abbildung 11.59 Das Google-Merchant-Center-Konto: Hier hinterlegen Sie Produktinformationen für die Produkterweiterung Ihrer AdWords-Anzeige.

Man unterscheidet hier zwei Arten von Anzeigen:

- Produkterweiterungen, die Textanzeigen mit weiteren Produktangaben ergänzen
- Anzeigen mit Produktinformationen, die ein eigenständiges Format darstellen

Anzeigen mit Verkäuferbewertungen

Vielleicht haben Sie schon Anzeigen bemerkt, die besonders durch die enthaltenen gelben Sterne ins Auge springen. Anzeigen mit sogenannten *Verkäuferbewertungen* sind sehr aufmerksamkeitsstark. Die Sterne stammen laut Google aus *»Erfahrungsberichten von Kunden in Google Shopping, die wiederum aus zahlreichen Quellen im Internet stammen, beispielsweise Reseller Ratings, Bizrate, Review-Center.com und Viewpoints«*. Damit diese Sterne von Google ausgeliefert werden, müssen Sie einige Kriterien erfüllen. So muss z. B. eine Mindestzahl von 30 Erfahrungsberichten vorhanden sein, die von unterschiedlichen Nutzern stammen. Google Shopping muss zudem ihr Unternehmen mit vier bis fünf Sternen bewerten. Ab 2013 soll die Google Produktsuche in Deutschland auf Google Shopping mit kostenpflichtigen Product Listing Ads umgestellt werden.

Profilerweiterung

Im Zuge der Einführung des sozialen Google-Netzwerks *Google+* können Sie auch im Bereich AdWords von sozialen Nutzeraktivitäten profitieren. Mit sogenannten Profilerweiterungen haben Sie die Möglichkeit, Ihre Google+-Seite mit Ihren AdWords-Kampagen zu verknüpfen (Abbildung 11.60). Gibt ein Nutzer ein +1, sprich eine Empfehlung, für Ihre Google+-Seite, kann diese auch in Ihrer Anzeige erscheinen und umgekehrt. Haben beispielsweise fünf Nutzer ein +1 für Ihre Anzeige abgegeben, so haben Sie auch fünf soziale Empfehlungen auf Ihrer Google+ Seite.

Dazu muss Ihr Google+ Profil mit Ihrer Website verknüpft sein. Klicks auf den +1-Button werden vom AdWords-System nicht berechnet. Details dazu entnehmen Sie bitte der Google-Hilfe.

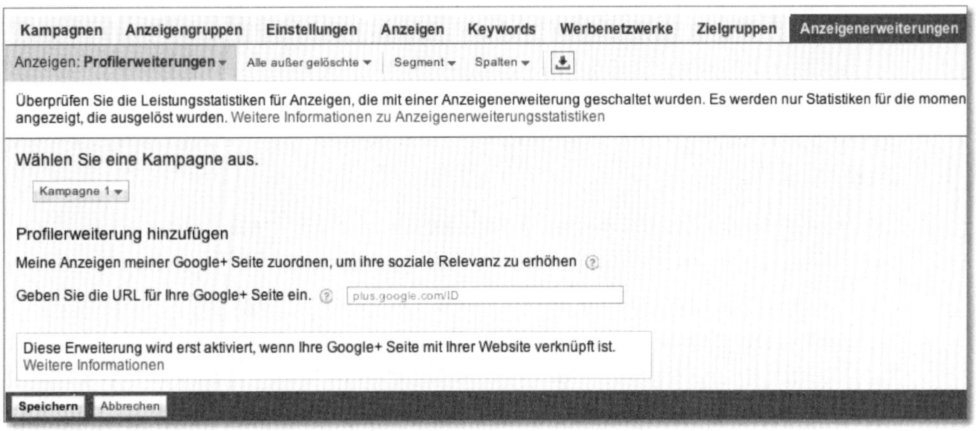

Abbildung 11.60 Profilerweiterung: Anzeigen einer Google+-Seite zuordnen

Sie haben nun schon viele wichtige Elemente für Ihre Kampagne kennengelernt. Sie wissen nun, wie das AdWords-Konto aufgebaut ist, wie Sie Ihre Zielgruppe ansprechen, welche Anzeigenformate Ihnen zur Verfügung stehen, wie Sie attraktive Textanzeigen gestalten, Ihre Kampagne strukturieren sollten und wie Sie relevante Keywords festlegen. Ihnen fehlen nur noch wenige Einstellungen, um Ihre Kampagne starten zu können. Das sind zum einen das Festlegen passender Zielseiten und zum anderen die Einstellungen zu Ihrem Budget, um die Kosten im Blick zu behalten. Beginnen wir mit Ersterem.

11.2.7 Die richtige Landing Page

Eine sogenannte *Landing Page* ist die Seite, auf der der Nutzer nach dem Klick auf Ihre Anzeige landet. Im Falle von AdWords-Anzeigen legen Sie diese Landing Page mit der Angabe der Ziel-URL fest. Google betont, dass die Landing Page dem Suchenden einen Mehrwert verschaffen soll. Wie wir schon bei den Richtlinien zur Ziel-URL angerissen haben (siehe Abschnitt 11.2.6, »Die Anzeigen«), muss die Landing Page einen klaren Bezug zu Ihrer Anzeige herstellen. Google lässt daher die Qualität der Landing Page seit Mitte 2006 in den Qualitätsfaktor einfließen. Der AdWords-Spider (AdsBot) untersucht die Landing Page dazu auf unterschiedliche Kriterien, die nicht vollständig öffentlich kommuniziert werden. Die Ladezeit der Zielseite ist hingegen ein bekanntes Kriterium. Sie sollte möglichst gering sein, denn das schont die Nerven der Suchenden.

Aber nicht nur die Suchmaschine sollte ein Interesse an einer passenden Landing Page haben. Auch Sie kommen Ihrem Werbeziel ein Stück näher, wenn Sie eine gute Ziel-URL angeben. Aber welche Kriterien sollte eine gute Landing Page nun erfüllen? Da das Thema Landing Page ein weites Feld ist und immer der konkrete Fall (denn die Werbeziele können ganz unterschiedlich sein) gesondert zu betrachten ist, werden wir Ihnen im Folgenden einige Tipps an die Hand geben, um eine gute Landing Page auszuwählen bzw. neu zu erstellen. Darüber hinaus bietet Kapitel 16, »Conversionrate-Optimierung – aus Besuchern Käufer machen«, weitere Informationen zum Thema Landing Page.

Wie wir schon mehrfach erwähnt haben, sollten Sie nicht den Fehler begehen und Ihrem Besucher zumuten, sich selbst durch Ihre Website zu klicken. Vielmehr sollten Sie sein Suchbedürfnis stillen und ihm auf der Landing Page das anzeigen, was er sucht. Das können also ganz unterschiedliche Elemente sein. Sucht der Benutzer ein Produkt, das Sie in Ihrem Produktportfolio anbieten, sollten Sie ihn direkt auf diese Produktdetailseite leiten. Spannen Sie einen roten Faden aus Keyword, Anzeigentext und Landing Page. Stellen Sie den Produktnutzen klar in den Vordergrund. Wichtig ist dabei, dass Sie Ihr Alleinstellungsmerkmal, auch *USP* (*Unique Selling Proposition*) genannt, klar hervorheben. Sie haben dazu nur wenige Sekunden Zeit, denn schon mit einem Klick kann Ihr potenzieller Kunde Ihre Seite verlassen und vielleicht sogar zur Konkurrenz wandern. Holen Sie Ihre Zielgruppe sowohl emotional als auch rational ab.

Darüber hinaus sollten Sie Ihrem potenziellen Kunden alle wichtigen Informationen *above the fold* anzeigen. Diese Bezeichnung hat ihren Ursprung im klassischen Printbereich und meint »über dem Falz«. Wird beispielsweise eine Zeitung ausgelegt, wird deutlich, dass nur der obere Bereich der Titelseite sichtbar ist. Übertragen auf den Online-Bereich, ist hier der sichtbare Bereich des Monitors gemeint. *Below the fold* ist also der Teil einer Webseite, der erst mit dem Scrollen sichtbar wird (siehe Abbildung 11.61). Daher ist es ratsam, die wichtigsten Elemente im oberen, sichtbaren Seitenbereich zu präsentieren, da sonst die Möglichkeit besteht, dass Benutzer sie nicht sehen.

Abbildung 11.61 »Above the fold« und »below the fold« – sichtbarer und erst durch Scrollen sichtbarer Bereich einer Webseite

Durch die unterschiedlichen Monitorgrößen kann der sichtbare Bereich von Benutzer zu Benutzer unterschiedlich sein. Wählen Sie daher eine entsprechende Größe, um dem Großteil der Benutzer gerecht zu werden. Für die Überprüfung stellt Google unter *browsersize.googlelabs.com/* ein hilfreiches Tool zur Verfügung.

Ihre Landing Page sollte genau durchdacht sein. Benutzer entscheiden innerhalb von Sekunden, ob ihnen die Webseite einen Mehrwert verschafft oder ob sie die Seite wieder verlassen. Ihre Aufgabe als Advertiser besteht nun darin, den Mehrwert Ihres Angebots so zu präsentieren, dass dem Suchenden der Nutzen bewusst wird. Wiederholen Sie daher versprochene Angebote auf der Landing Page (siehe dazu auch die Google-Richtlinien), und vermeiden Sie möglichst Werbung auf Ihrer Landing Page, die den Benutzer ablenkt. Durch die überzeugende Darstellung der Vorteile soll dann die gewünschte Handlung durchgeführt, also eine Conversion generiert werden. Dabei sollten sowohl psychologische Aspekte als auch Kriterien aus dem Bereich Usability berücksichtigt werden. Eine Landing Page muss also vielen Anforderungen gerecht werden. Verglichen mit einem Produktkauf in einem realen Geschäft, wo der Interessent das Produkt anfassen kann, eine Beratung erhält und gegebenenfalls zur Kasse begleitet wird, muss eine Landing Page alle diese Aufgaben übernehmen.

In der Online-Branche gehen die Expertenmeinungen auseinander, was die Kernelemente einer Landing Page betrifft. Je nachdem, welches Werbeziel Sie verfolgen, können diese Kriterien ganz unterschiedlich sein. Jede Landing Page ist anders gestaltet, und das Zusammenspiel der einzelnen Elemente führt zu verschiedenen Benutzerreaktionen. Allgemeingültige Faustregeln sind hier nicht möglich. Bei einigen Elementen scheint aber größtenteils Einigkeit zu bestehen.

Die sieben Elemente einer Landing Page

- Headline
- Leadtext
- Fließtext
- Heroshot
- Aufzählung
- Trust-Element
- Call-to-Action

Wir möchten an dieser Stelle aber darauf hinweisen, dass eine Landing Page immer im Gesamtbild und auch im Zusammenhang mit Ihrem Werbeziel betrachtet werden muss. Weitere Informationen zu den Themen Landing Page und Conversion-Optimierung lesen Sie in Kapitel 16, »Conversionrate-Optimierung – aus Besuchern Käufer machen«.

Neben den angesprochenen Elementen sollten Sie zudem einige Punkte aus dem Bereich der Suchmaschinenoptimierung beachten. Ausführlich können Sie sich dazu in Kapitel 12, »Suchmaschinenoptimierung (SEO)«, informieren. An dieser Stelle seien nur einige Hinweise angebracht, die Sie bei Ihrer Landing Page berücksichtigen sollten. Um den Zusammenhang zur Suchanfrage und Ihrer Anzeige herzustellen, sollten Sie unbedingt darauf achten, dass das Keyword sowohl in der Überschrift als auch im Text Ihrer Landing Page integriert ist. Stellen Sie den Content Ihrer Landing Page so dar, dass er von den AdsBots problemlos gelesen werden kann.

Legen Sie Wert auf einen sauberen HTML-Code. Markieren Sie beispielsweise Überschriften mit den entsprechenden Parametern `<h1>`, `<h2>` etc. und verwenden Sie bei der Integration von Bildern einen relevanten `alt`- und Titel-Text.

Schließen Sie den Google Robot nicht von Ihrer Seite aus. Dies können Sie überprüfen, indem Sie schauen, ob der Quelltext Ihrer Landing Page folgende Zeile enthält:


```
User-agent: AdsBot-Google Disallow: /
```

Ist dies der Fall, kann der Google-Bot Ihre Seite nicht analysieren. Sie sollten diese Zeile daher entfernen.

Verwenden Sie sprechende URLs für Ihre Landing Page, in der Sie möglichst das Keyword oder den Kundennutzen angeben, beispielsweise *www.ihre-website.de/newsletter-anfordern.*

Auch im Titel der Seite macht das Keyword Sinn. Viele Benutzer verfahren bei ihrer Suche nach dem sogenannten *Tabbed Browsing*. Dabei öffnen sie mehrere Zielseiten von Suchergebnissen und Anzeigen per rechter Maustaste in einem neuen Tab. Ihre Landing Page steht dann im direkten Vergleich mit Ihren Wettbewerbern. Geringe Ladezeiten und das Keyword im Seitentitel können dann von Vorteil sein.

Fehlerseiten

Fehlerseiten (auch *404-Seite* genannt) sind immer ärgerlich – sowohl für den Benutzer als auch für den Werbetreibenden, der für Anzeigen bezahlt, die Besucher dann auf eine Fehlerseite leiten. Sie sollten Nutzer also immer auf eine passende Landing Page leiten, denn auch Google mag Fehlerseiten nicht. Sie sind jedoch nicht gänzlich auszuschließen. Versuchen Sie dennoch auch mit einer Fehlerseite, die Besucher aufzufangen, und bieten Sie Ihnen Möglichkeiten, zum Produktangebot zu gelangen oder einfach weiterzunavigieren. Wichtig ist dabei die Kommunikation, warum die eigentliche Seite nicht angezeigt werden kann, und die Optionen, die ein Besucher nun hat. Dies kann z. B. eine Suchmaske sein, weiterführende Links oder eine Kontakt- bzw. Hilfeangabe. Denkbar sind an dieser Stelle auch Bestseller oder besonders beliebte Seiten Ihrer Website.

Obwohl die Berücksichtigung der Qualität einer Landing Page im Qualitätsfaktor durchaus plausibel und nachvollziehbar scheint, darf nicht außer Acht gelassen werden, welchen enormen Einfluss Google damit auf die Darstellung von Inhalten im gesamten Internet nimmt. Grundsätzlich kann ein Benutzer selbst entscheiden, wie relevant eine Website für ihn ist oder eben nicht ist, indem er sie einfach mit einem Klick wieder verlässt. Für Sie als Advertiser muss das Ziel sein, eine möglichst gute Conversionrate und damit Ihre Werbeziele zu erreichen. Auch hier sollten Sie testen, testen und nochmals testen. Wir stellen Ihnen einige Testverfahren in Kapitel 17, »Testverfahren«, vor.

11.2.8 Die Kosten

Sie haben nun die meisten wichtigen Einstellungen für Ihre AdWords-Kampagne vorgenommen und stehen kurz davor, die Werbeanzeigen starten zu können. Ihnen fehlt lediglich die Einstellung zu Ihrem Budget.

Im Werbeprogramm Google AdWords haben Sie die Möglichkeit, Ihr Budget zu begrenzen und können dadurch Schreckenssituationen beim Anblick Ihrer Rechnung vermeiden. Ihnen stehen verschiedene Abrechnungsmodelle zur Verfügung: zum einen das CPC-Modell (Cost-per-Click), darüber hinaus das CPM-Modell (Cost-per-Mille) und zu guter Letzt das CPA-Modell (Cost-per-Acquisition). Wir gehen auf den folgenden Seiten näher auf diese Preismodelle ein und erläutern Ihnen die einzelnen Funktionsweisen. Wir beginnen mit dem CPC-Modell.

Zunächst müssen Sie den maximalen Klickpreis für Ihre Keywords festlegen, den das System auf keinen Fall überschreitet. Dazu legen Sie auf Anzeigengruppenebene Ihr Standardgebot fest (siehe Abbildung 11.62). Dieser Betrag wird dann für alle Keywords der Anzeigengruppe übernommen.

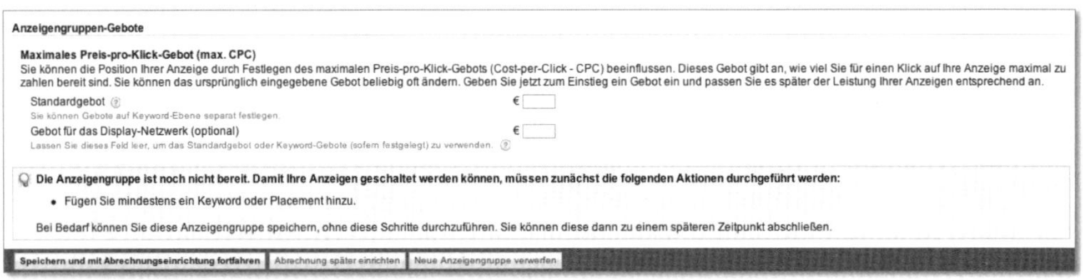

Abbildung 11.62 Standardgebot für eine Anzeigengruppe festlegen

Wenn Sie für Ihre Keywords unterschiedliche Beträge festlegen möchten, müssen Sie bei den Gebotseinstellungen in Ihrem AdWords-Konto unter KAMPAGNEN • EINSTELLUNGEN die Option ICH LEGE MEINE GEBOTE FÜR KLICKS MANUELL FEST. wählen (siehe Abbildung 11.63).

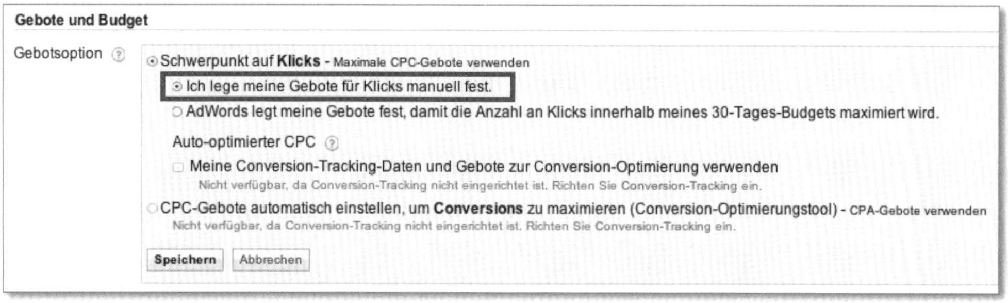

Abbildung 11.63 Die Option »Ich lege meine Gebote für Klicks manuell fest.« im AdWords-Konto

Der Gebotssimulator

Sollten Sie bereits über eine bestehende AdWords-Kampagne verfügen, bietet Ihnen der Google *Gebotssimulator* bei der Festlegung des maximalen Klickpreises Hilfe.

Mit dem Tool wird Ihnen ein Schätzwert angezeigt, wie viele Klicks und Impressions Sie erzielen, wenn Sie Ihr Gebot erhöhen oder senken. Dies berechnet das AdWords-System auf Grundlage der erhobenen Daten der letzten sieben Tage. Der Gebotssimulator kann nur für Kampagnen im Such-Werbenetzwerk, nicht aber für das Display-Netzwerk verwendet werden.

Klicken Sie zur Ansicht des Gebotssimulators auf den Reiter KEYWORDS und dann auf das Symbol, das Ihnen hinter der Angabe zum maximalen CPC angezeigt wird (dies ist ein kleiner Graph). Sie erhalten dann die geschätzten Klicks, Impressions und Kosten für verschiedene maximale CPC-Werte. Google garantiert aber nicht für das tatsächliche Eintreten dieser Werte.

Um eins vorweg zu nehmen: Diesen Preis müssen Sie nicht für jeden Klick bezahlen, er ist Ihre individuell festgelegte Obergrenze, die Sie für einen Klick zu bezahlen bereit sind (daher auch die Bezeichnung »maximaler CPC«).

Angenommen, Sie legen für Ihr Keyword *Blumenstrauss Versand* einen maximalen CPC von 0,50 € fest. Ein Mitbewerber, der das gleiche Keyword verwendet, gibt seinen CPC mit 0,26 € an. Aus Ihrer Perspektive hätte es auch gereicht, 0,27 € zu bieten, um Ihren Konkurrenten zu überbieten und Ihre Anzeigenposition zu halten. Der sogenannte *AdWords Discounter* analysiert die Gebote der Mitbewerber und reduziert Ihr Gebot auf das Mindestmaß, das notwendig ist, um Ihre Position zu halten. So zahlen Sie auch tatsächlich nur 0,27 €. Erhöht nun Ihr Mitbewerber seinen CPC auf 0,53 €, so überbietet er Ihr Klickgebot und verdrängt Ihre Anzeige weiter nach unten, da Sie als Zahlungsgrenze 0,50 € festgelegt haben.

Wäre der Klickpreis allein für die Anzeigenposition verantwortlich, würde die Platzierung auf einem reinen Auktionsverfahren basieren. Die Qualität der Anzeige sowie die Relevanz zur Suchanfrage wären dabei nicht berücksichtigt. Sie können sich schon denken, dass dies nicht im Interesse Googles liegt und daher das Klickgebot nicht der einzige Faktor für die Ermittlung der Anzeigenposition ist.

Der CPC für ein Keyword hängt von vielen unterschiedlichen Faktoren ab. Es lässt sich also schwer sagen, in welchem Kostenrahmen sich Keywords bewegen. Die Kosten können zwischen wenigen Cents und vielen Euros liegen. Damit Sie aber ein grobes Gefühl dafür bekommen, zeigen wir Ihnen im Folgenden einige Beispiel-Keywords und deren Klickpreise (ermittelt im Google Keyword-Tool) – allerdings mit dem Hinweis, dass diese sich jederzeit ändern können:

- [risikolebensversicherung] ungefährer CPC (Suche) 29,27 €
- [lebensversicherung verkaufen] ungefährer CPC (Suche) 4,04 €
- [hauskauf kredit] ungefährer CPC (Suche) 4,02 €
- [all inklusive urlaub] ungefährer CPC (Suche) 0,92 €
- [urlaub vergleich] ungefährer CPC (Suche) 0,91 €
- [hauskauf tipps] ungefährer CPC (Suche) 0,57 €
- [kauf eigentumswohnung] ungefährer CPC (Suche) 0,38 €
- [reiseführer frankreich] ungefährer CPC (Suche) 0,33 €

(Quelle: Google Keyword-Tool, Stand 25.03.2012)

Wordstream hat in diesem Zusammenhang eine Infografik veröffentlicht, die die teuersten AdWords-Keywords veranschaulicht (Abbildung 11.64).

Platz 1 lässt sich langfristig nicht erkaufen

Natürlich sind die obersten Positionen im bezahlten Bereich der Suchergebnisseite von Google enorm begehrt. Immer wieder gibt es Advertiser, die versuchen, mit einem besonders hohen Klickpreis den ersten Platz mit ihrer Anzeige zu halten, was auch als *Ego Bidding* bezeichnet wird. Dieses regelmäßige Erhöhen der Gebote ohne Rücksicht auf wirtschaftliche Verluste kann aber nicht lange gut gehen. Für Google ist die Relevanz einer Anzeige extrem wichtig. Wenn eine gut positionierte Anzeige nur sehr selten angeklickt wird, kann sie ihre Position nicht lange halten.

Daher werden wir Ihnen im Folgenden erläutern, wie der tatsächliche Klickpreis ermittelt wird und in welchem Zusammenhang die Positionierung der Anzeige steht. Wir möchten darüber hinaus die Frage beantworten, warum Relevanz so wichtig ist und was sich hinter dem sogenannten Qualitätsfaktor verbirgt.

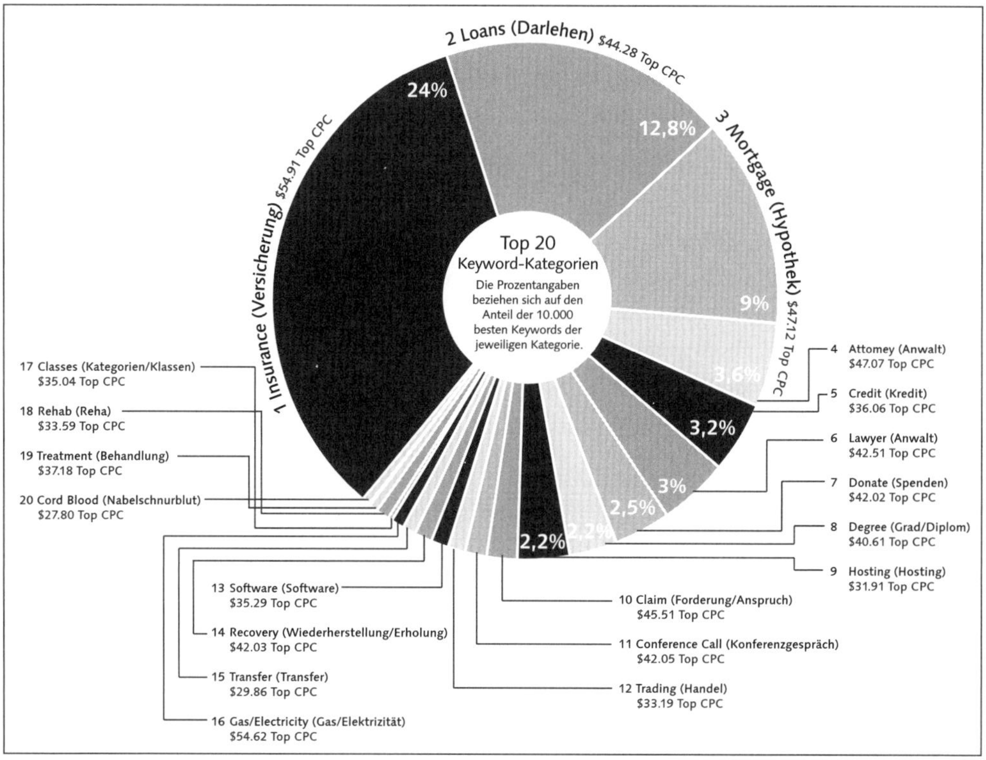

Abbildung 11.64 Infografik (Ausschnitt) zu den teuersten AdWords–Keywords (Quelle: Eigene Darstellung in Anlehnung an www.wordstream.com)

Die Berechnung des Klickpreises

Um sicherzustellen, dass ein Mehrwert für den Suchenden geschaffen wird, kommt zu dem beschriebenen Auktionsprinzip der sogenannte Qualitätsfaktor ins Spiel. Was aber ist der Qualitätsfaktor?

Der Qualitätsfaktor

Bis 2005 errechnete sich die Platzierung der Anzeigen einerseits aus dem Klickpreis und andererseits aus der Klickrate. Im Umkehrschluss bedeutete dies, dass durch die Erhöhung der Klickpreise oder die Optimierung der Klickrate eine bessere Anzeigenposition erreicht werden konnte:

Klickpreis × Klickrate = Anzeigenposition.

So konnte man für reine Werbeseiten recht günstig Besucher generieren und von den Werbeeinnahmen profitieren.

Auf die Qualität und Relevanz zur Suchanfrage wurde kaum Wert gelegt, was nicht im Interesse Googles sein konnte. Denn nur dann, wenn Benutzern ein positives Sucherlebnis geschaffen und auf den Zielseiten ihr Suchbedürfnis befriedigt wird, werden sie die Suchmaschine wieder verwenden. Nur so können wiederum Werbeplätze verkauft und Umsatz generiert werden. Weil also unter anderem auch die Zielseiten berücksichtigt werden sollten, führte Google den Qualitätsfaktor ein.

An dieser Stelle sei erwähnt, dass es sich nicht um einen Qualitätsfaktor handelt, sondern um mehrere. Denn Qualitätsfaktoren werden sowohl im Such- als auch im Display-Netzwerk ermittelt und verwendet und kommen auch bei unterschiedlichen Anzeigentypen (z. B. Mobile-Anzeigen) ins Spiel. Daher setzen sich die Qualitätsfaktoren aus verschiedenen Kriterien zusammen, die unterschiedlich stark mit einfließen. Wie Sie sehen, ist das Prinzip äußerst dynamisch. Wir schauen uns die Qualitätsfaktoren zur Positionsermittlung sowie für das Gebot der ersten Seite genauer an (Abbildung 11.65).

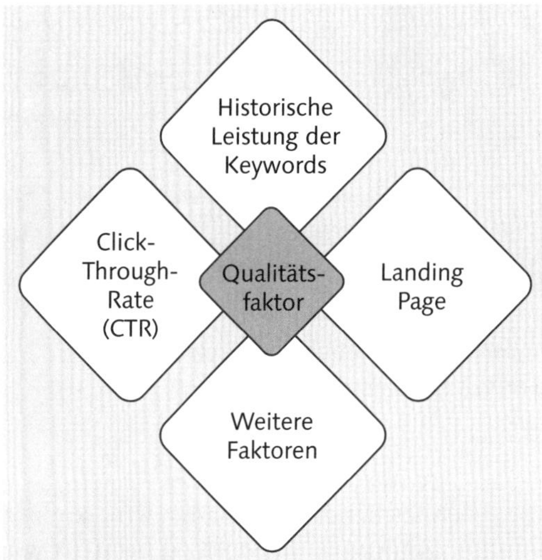

Abbildung 11.65 Kriterien für den Qualitätsfaktor

Der **Qualitätsfaktor** (*Quality Score*) setzt sich aus verschiedenen Faktoren zusammen, die vom Google AdWords-System ermittelt werden (siehe auch Abbildung 11.65) . Welche das sind und wie stark die einzelnen Faktoren berücksichtigt werden, wird von Google nicht vollständig kommuniziert. Zudem wurden die Faktoren seit der Einführung weiter verfeinert. Bekannt sind z. B. folgende Komponenten:

- **Die Click-through-Rate (CTR)**: Eine hohe CTR ist ein Hinweis auf einen guten Anzeigentext und einen Zusammenhang zur gestellten Suchanfrage. Sie fließt daher in den Qualitätsfaktor mit ein – Experten schätzen dieses Kriterium als recht hoch ein. Jedoch berücksichtigt Google, dass Anzeigen auf hohen Positionen häufiger angeklickt werden, und reguliert dies, indem die Anzeigen eine höhere Klickrate aufweisen müssen.

- **Die historische Leistung der Keywords**: Als Zeichen für Qualität berücksichtigt Google auch die bisherige Leistung der Keywords. Dabei werden besonders die letzten Klicks der Vergangenheit berücksichtigt. Das bringt den Vorteil mit sich, dass sich negativ auswirkende Einstellungen nicht so schnell gravierend auswirken, wenn die Performance vorher gut war.
- **Die Landing Page**: Google berücksichtigt auch die Qualität der Zielseite, indem die Robots die Inhalte analysieren. Sie sollten daher darauf achten, dass der Content für die Robots lesbar ist und relevante Inhalte zur Suchanfrage präsentiert (und z. B. das entsprechende Keyword enthält). Darüber hinaus wurde bekannt und bestätigt, dass auch die Ladegeschwindigkeit der Zielseite einen Einfluss auf den Qualitätsfaktor hat. Dies ist durchaus nachvollziehbar, denn Sie haben sich sicherlich selbst schon einmal über sehr langsam aufbauende Webseiten geärgert.

Außerdem fließt die Leistung des gesamten AdWords-Kontos mit ein, die anhand der Klickrate für Anzeigen und Keyword berechnet wird. Einfluss hat auch die Leistung des Kontos in der geografischen Region der Anzeigenschaltung. Insgesamt ist die Relevanz der Keywords auf die Anzeigen und auf die Suchanfrage entscheidend. Achten Sie daher unbedingt auf ein optimales Zusammenspiel von Keyword, Anzeigengruppe und Anzeige sowie Zielseite. Weitere Faktoren werden von Google nicht bekannt gegeben und lassen daher Spielraum für Spekulationen.

Hinweis: Historische Leistung

Erst beim Löschen eines Keywords oder Anzeigentextes wird auch die historische Leistung selbiger nicht mehr berücksichtigt. Pausieren Sie hingegen Keyword oder Anzeigentext, bleibt die Historie erhalten.

Der Qualitätsfaktor in Ihrem AdWords-Konto

In Ihrem AdWords-Konto wird Ihnen der Qualitätsfaktor in Kennzahlen von eins bis zehn angegeben, wobei zehn dem bestmöglichen Wert entspricht.

Sie können sich den Qualitätsfaktor in Ihrem Konto anzeigen lassen, indem Sie die entsprechende Kampagne auswählen, auf den Reiter KEYWORDS klicken und unter SPALTEN ANPASSEN ein Häkchen bei QUAL.-FAKTOR setzen (siehe Abbildung 11.66).

Außerdem können Sie ebenfalls unter dem Reiter KEYWORDS innerhalb der Spalte STATUS mit der Maus auf die Sprechblase gehen. Es erscheinen Informationen zu

Ihrem Keyword und im Besonderen zu dessen Qualitätsfaktor (siehe Abbildung 11.67).

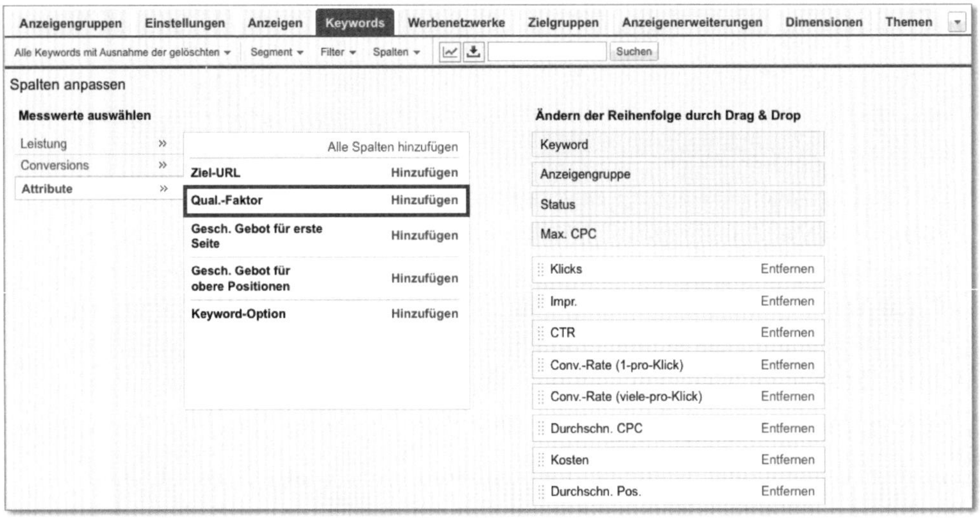

Abbildung 11.66 Spalten anpassen, um den Qualitätsfaktor anzuzeigen

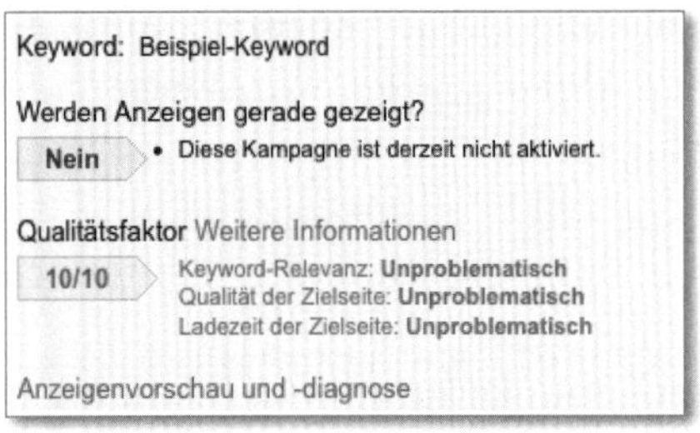

Abbildung 11.67 Informationen zum Qualitätsfaktor eines Keywords über die Sprechblase

Der Zusammenhang zwischen Klickpreis und Qualitätsfaktor

Sie haben nun kennengelernt, was der maximale Klickpreis und der Qualitätsfaktor sind. Kommen wir zurück zur Ausgangsfrage, und schauen wir uns den Zusammenhang der beiden Kennzahlen an. Diese beiden Werte werden benötigt, um die sogenannte *Rangwertziffer* zu ermitteln. Die höchste Rangwertziffer entspricht der Anzeigenposition eins. Nach dieser Rangwertziffer werden die Anzeigen positioniert. Zur Ermittlung werden der maximale CPC und der Qualitätsfaktor multipliziert:

maximaler CPC × Qualitätsfaktor = Rangwertziffer

Schauen wir uns dies in Tabelle 11.1 an einem fiktiven Beispiel an.

Werbetreibender (Advertiser)	Maximaler CPC	Qualitätsfaktor	Rangwertziffer	Anzeigenrang
A	1,00 €	1	1,00 (= 1,00 × 1)	3
B	0,70 €	3	2,10 (=0,70 × 3)	1
C	0,50 €	4	2,00 (= 0,50 × 4)	2
D	0,30 €	2	0,60 (=0,30 × 2)	4

Tabelle 11.1 Beispiel für die Berechnung der Rangwertziffer

Sie sehen, dass Advertiser A sein maximales Klickgebot mit 1,00 € festgelegt hat. Multipliziert mit dem vom AdWords-System ermittelten Qualitätsfaktor von 1, ergibt sich eine Rangwertziffer von 1. Seine Mitbewerber B und C erreichen durch bessere Qualitätsfaktoren aber eine höhere Rangwertziffer, wodurch die Anzeige von Werber A nur auf dritter Position landet, obwohl sein Klickpreis höher ist (vergleichen Sie auch Abbildung 11.68).

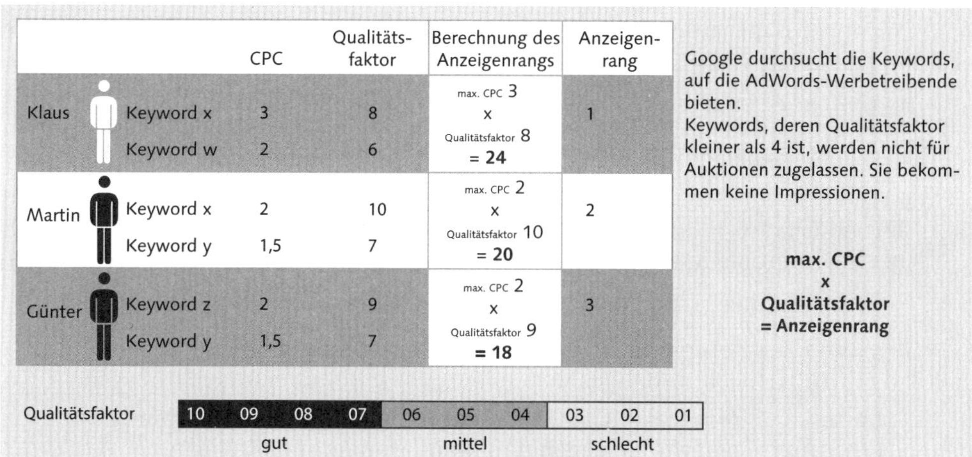

Abbildung 11.68 Ausschnitt aus einer Infografik zum Anzeigenrang (Quelle: Eigene Darstellung in Anlehnung an www.pulpmedia.at)

Sie sehen also, dass der maximale CPC nicht allein ausschlaggebend für die Anzeigenposition ist, sondern dass der Qualitätsfaktor eine bedeutende Rolle spielt. So kann ein höherer Qualitätsfaktor die Kosten bei gleichbleibender Position senken. Zudem kann ein höherer Qualitätsfaktor zu einer besseren Positionierung der Anzeige führen, was sich positiv auf die Klickraten auswirken kann, denn Anzeigen auf den oberen Positionen werden erfahrungsgemäß häufiger angeklickt. Eine höhere Klickrate kann unter Umständen auch zu mehr Conversions führen.

Drängeln um den besten Platz: Keyword-Jamming

Diese Berechnungsweise ermöglicht es Mitbewerbern, den Klickpreis taktisch in die Höhe zu treiben, was unter der Bezeichnung *Keyword-Jamming* bekannt ist. Dabei setzt ein Advertiser seinen maximalen Klickpreis derart in die Höhe, dass er nur knapp unter dem seines Konkurrenten liegt. Bezweckt wird dabei, dass der Genötigte nun für jeden Klick seinen vollen maximalen CPC bezahlen muss.

Der unter Druck gesetzte Werbetreibende kann seinen maximalen CPC dann aber so reduzieren, dass er wieder unter dem Mitbewerber liegt. Dieser muss dann das nur für das Jamming erhöhte Klickgebot für jeden Klick bezahlen. Es ist daher unbedingt ratsam, die Kampagnen, Gebote und Platzierungen genauestens zu beobachten.

Anzeigen, die einen sehr geringen Qualitätsfaktor aufweisen, werden unter Umständen gar nicht angezeigt. Der Meistbietende gelangt nicht automatisch auf den ersten Anzeigenrang.

Ermittlung des effektiven Klickpreises

Sie wissen nun, nach welcher Formel der Anzeigenrang bestimmt wird. Aber wie viel müssen Sie nun tatsächlich für Ihre Anzeigenklicks bezahlen? Um den sogenannten *effektiven CPC* zu ermitteln, wenden Sie folgende Formel an:

Rangwertziffer des Nachfolgers / eigener Qualitätsfaktor + 0,01 €
= effektiver CPC

Das Addieren von 0,01 € ist notwendig, um Ihren Konkurrenten zu überbieten. Ist das Mindestgebot für ein Keyword allerdings höher als der effektive CPC, wird dieser Betrag berechnet.

Für unser Beispiel ergibt sich der effektive CPC aus Tabelle 11.2.

Werbetreibender (Advertiser)	Maximaler CPC	Qualitätsfaktor	Rangwertziffer	Anzeigenrang	Effektiver CPC
B	0,70 €	3	2,10	1	0,676 = (2,00/3 + 0,01)
C	0,50 €	4	2,00	2	0,26 = (1,00/4 + 0,01)
A	1,00 €	1	1,00	3	0,61 = (0,6/1 + 0,01)
D	0,30 €	2	0,60	4	Mindestgebot

Tabelle 11.2 Der effektive CPC

Der letzte Advertiser hat per Definition keinen Nachfolger, die Formel lässt sich daher nicht anwenden. Er bezahlt das für das jeweilige Keyword festgelegte Mindestgebot.

Das Gebot für die erste Seite

Das Mindestgebot wurde abgelöst durch das *Gebot für die erste Seite (auch First Page Bid)*. Das ist ein Schätzwert, der angibt, welchen Betrag der Werbetreibende für ein (exaktes) Keyword bezahlen muss, damit es eine Anzeigenschaltung auf der ersten Suchergebnisseite auslöst. Die angegebenen Werte basieren auf dem Qualitätsfaktor und der Mitbewerbersituation.

Bieten Sie dennoch nur so viel, wie Sie zu zahlen bereit sind – der First Page Bid ist keine Garantie für eine Anzeigenposition. Diese wird, wie gehabt, aus Qualitätsfaktor und maximalem CPC berechnet.

An diesem Beispiel wird ersichtlich, dass der Qualitätsfaktor einen wesentlichen Einfluss auf den Klickpreis hat und somit ein gutes Werkzeug ist, um Kosten zu reduzieren. Denn viel geklickte Anzeigen sind für Google ein Zeichen für Relevanz zur Suchanfrage. Sie werden daher mit einer guten Position und einem günstigeren Klickpreis belohnt.

Advertiser C bezahlt für seine Anzeige auf der zweiten Position deutlich weniger als Advertiser A für die dritte Anzeigenposition. C wird für seinen höheren Qualitätsfaktor von Google belohnt.

Andersherum: Erhöht beispielsweise Advertiser A seinen Qualitätsfaktor von 1 auf 5, ergibt sich für ihn einerseits eine Rangwertziffer von 5, also der höchste Anzeigenrang im Vergleich zu seinen Wettbewerbern. Andererseits reduziert sich sein Klickpreis von vormals 0,61 € auf 0,43 € (siehe Tabelle 11.3).

Werbetreibender (Advertiser)	Maximaler CPC	Qualitätsfaktor	Rangwertziffer	Anzeigenrang	Effektiver CPC
B	0,70 €	3	2,10	2	0,676 = (2,00/3 + 0,01)
C	0,50 €	4	2,00	3	0,16 = (0,60/4 + 0,01)
A	1,00 €	5	5,00	1	0,43 = (2,10/5 + 0,01)
D	0,30 €	2	0,60	4	Mindestgebot

Tabelle 11.3 Advertiser A erhöht seinen Qualitätsfaktor von 1 auf 5.

In der Abbildung 11.69 ist ein weiteres Beispiel grafisch dargestellt.

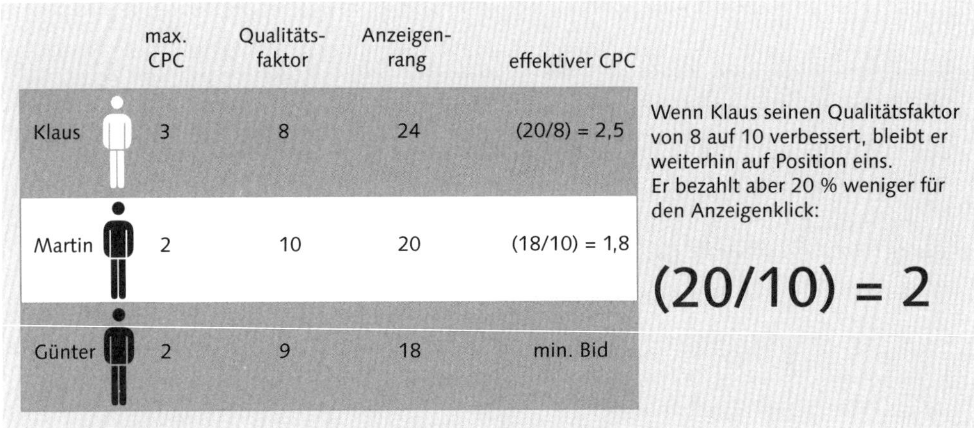

Abbildung 11.69 Ausschnitt aus einer Infografik zum effektiven CPC (Quelle: Eigene Darstellung in Anlehnung www.pulpmedia.at)

Bei diesem Rechenbeispiel ist zu berücksichtigen, dass in der Realität oftmals viel mehr Advertiser miteinander konkurrieren. Zudem können sich Klickgebote ändern und Kampagnen neu gestartet oder pausiert werden. Auch die Klickrate (CTR) ändert sich, was, wie Sie wissen, wiederum Einfluss auf den Qualitätsfaktor hat. Das gesamte Konstrukt ist also in der Realität sehr viel flexibler.

Smart Pricing

Mit *Smart Pricing* wird eine Funktion im AdWords-System bezeichnet, die Klickpreise automatisch anpasst. Sollte die laufende Datenanalyse von Google zeigen, dass ein Klick voraussichtlich keine Conversion hervorrufen wird, senkt Google automatisch die Kosten.

Der *auto-optimierte CPC* ist eine Einstellung, mit der die maximalen CPC-Gebote automatisch erhöht (maximal um 30 %) oder gesenkt (ohne Beschränkung) werden, mit dem Ziel, mehr Conversions und einen geringen CPA zu erreichen. Voraussetzung für diese Funktion ist das Conversion-Tracking. Die entsprechenden Einstellungen nehmen Sie ebenfalls unter den Kampagneneinstellungen unter GEBOTE UND BUDGET vor (Abbildung 11.70).

Wie eingangs erwähnt, gibt es neben dem CPC-Preismodell bei AdWords auch die Abrechnungsverfahren nach dem CPM- oder CPA-Modell. Auch diese beiden Verfahren wollen wir kurz ansprechen.

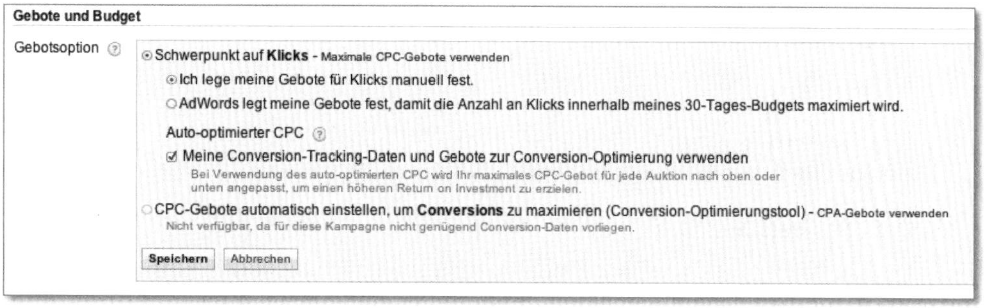

Abbildung 11.70 Festlegen des Auto-optimierten CPC im Google AdWords-Konto

Das CPM-Preismodell

CPM steht hier für *Cost-per-Mille* und ist analog zu dem *Tausender-Kontakt-Preis* (*TKP*) zu verstehen. Hier fallen Kosten pro tausend Werbeeinblendungen an. Die Klicks auf die Werbeeinblendungen werden dabei nicht berücksichtigt. Im Google-Suchnetzwerk steht dieses Abrechnungsmodell nicht zur Verfügung, sondern nur im Display-Netzwerk (achten Sie daher auf die Auswahl Ihrer Werbenetzwerke, wenn Sie dieses Abrechnungsmodell verwenden möchten). Sie erreichen diese Einstellungsoption in Ihrem AdWords-Konto, indem Sie die entsprechende Kampagne auswählen und auf den Reiter EINSTELLUNGEN klicken. Unter dem Abschnitt GEBOTE UND BUDGET können Sie dann die Gebotsoption auswählen (siehe Abbildung 11.71).

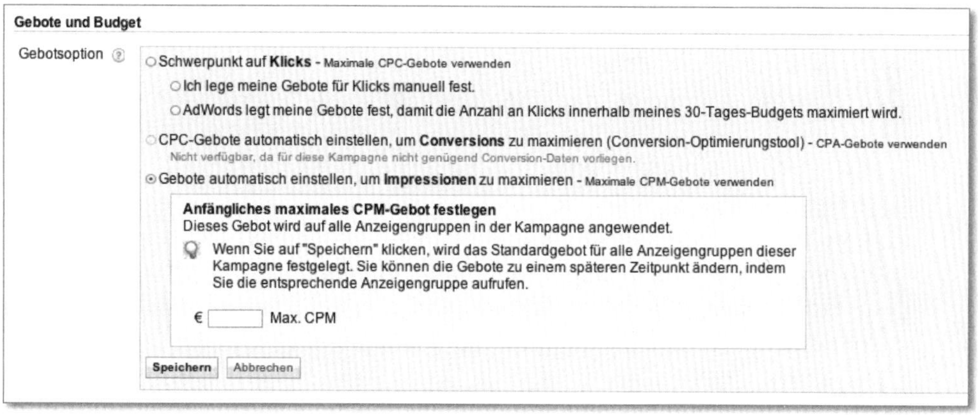

Abbildung 11.71 CPM-Gebot festlegen

Wie wir schon im Zusammenhang mit den Werbenetzwerken in Abschnitt 11.2.4, »Die Werbenetzwerke«, erläutert haben, können das Display-Netzwerk und das CPM-Abrechnungsmodell durchaus sinnvoll sein, wenn Sie ein neues Produkt einführen oder einen Namen bekannter machen möchten. Der CPM wird mit folgender Formel berechnet:

CPM = Kosten der Schaltung / Reichweite × 1000

Im Gegensatz zum CPC-Preismodell, wo der Mindestbetrag bei 0,01 € liegt, verlangt Google einen minimalen Betrag von 0,20 € beim CPM-Modell.

Das CPA-Preismodell

Die Kennzahl beschreibt Ihre Einnahmen gegengerechnet zu den Kosten, die Ihnen durch AdWords-Werbung entstehen und ist damit eine wichtige Bewertungskennzahl für Ihre Kampagnenleistung. Belaufen sich beispielsweise Ihre monatlichen Kosten bei AdWords auf 450 €, und erzielen Sie in diesem Zeitraum neun Conversions (z. B. Produktkäufe), dann haben Sie für eine Conversion 50 € bezahlt. Die Formel für den CPA (*Cost-per-Acquisition*, also Kosten pro Akquise), der auch als CPO (*Cost-per-Order*, also Kosten pro Bestellung) bezeichnet wird, lautet daher:

CPA = Gesamtkosten / Conversions

Wenn Sie ein kostspieliges Produkt verkaufen, kann sich dieser CPA für Sie bereits lohnen, das hängt von Ihrem Angebot ab.

Das Conversion-Optimierungstool

Wenn Sie mit Ihrer Kampagne im letzten Monat mindestens 15 Conversions erreicht haben, steht Ihnen das Conversion-Optimierungstool zur Verfügung. Das Tool ist darauf ausgerichtet, mehr Besucher zu konvertieren (z. B. zu Käufern zu machen), ohne dabei einen festgelegten CPA (Cost-per-Aquisition, Preis pro Aquisition) zu überschreiten (Abbildung 11.72). Als Werbetreibender müssen Sie also den CPA ermitteln, der für Sie noch wirtschaftlich ist (sogenannter Break-even-Point). Das AdWords-System berechnet dann das passende CPC-Gebot automatisch, was für Sie eine Zeitersparnis bedeutet, da Sie hier nicht selbst Hand anlegen müssen. So werden je nach Conversion-Wahrscheinlichkeit Gebote erhöht bzw. reduziert. Conversions werden von Google allerdings nicht garantiert. Da das AdWords-System auf bestehende Daten für die Berechnung zurückgreift, kommt das Conversion-Optimierungstool für neue Kampagnen zunächst nicht in Betracht. Seit Mai 2010 haben Werbetreibende auch die Möglichkeit, einen durchschnittlichen CPA (bzw. Ziel-CPA-Gebote) anzugeben.

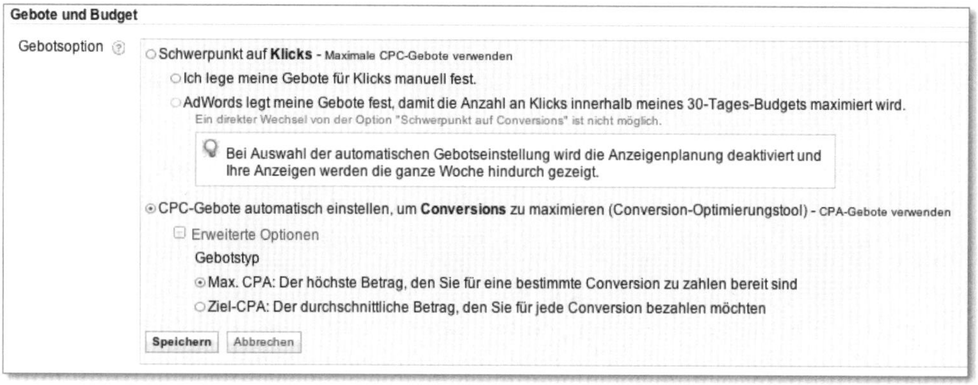

Abbildung 11.72 Conversions optimieren mit dem Conversion-Optimierungstool

Bis Mai 2011 hatte man noch die Möglichkeit, Positionsgebote zu sogenannten Wunschpositionen seiner Werbeanzeige abzugeben. Diese Funktion wurde eingestellt. Alternativ können Sie *automatisierte Regeln* (siehe Tipp unter 11.2.11, »Bid Management«) verwenden und vorgeben, dass das Gebot angepasst werden soll, wenn eine bestimmte Position nicht erreicht wird.

Obere Position im Vergleich zu anderen

Um die Frage zu beantworten, ob Anzeigen am rechten Seitenrand oder ober- bzw. unterhalb der Suchergebnisse bessere Leistungen erzielen, können Sie folgendes Berichtssegment heranziehen: Unter dem Bereich SEGMENT im Dropdown-Menü können Sie auf die Funktion OBERE POSITION IM VERGLEICH ZU ANDEREN klicken. Anhand der ausgegebenen Leistungswerte können Sie Ihre Kampagne optimieren. Tendenziell funktionieren Anzeigen auf den Toppositionen über den Suchergebnissen sehr gut.

Das Tagesbudget

Mit dem Tagesbudget legen Sie fest, wie viel Sie pro Tag für Ihre AdWords-Anzeigen ausgeben möchten. Das Werbeprogramm schaltet Ihre Anzeigen so lange, bis Ihr Tagesbudget aufgebraucht ist. Mit den Einstellungen zur Anzeigenauslieferung können Sie festlegen, wie dieser Verbrauch gehandhabt werden soll: Sie können bei der sogenannten Schaltungsmethode zwischen den Optionen STANDARD und BESCHLEUNIGTE ANZEIGENSCHALTUNG wählen. Ihr Tagesbudget wird in beiden Fällen eingehalten.

Mit der Standardeinstellung legen Sie fest, dass Ihre Anzeigen gleichmäßig über den Tag hinweg verteilt ausgeliefert werden. Sie verhindern damit, dass Ihr Budget schon in den Morgenstunden vollständig aufgebraucht wird und Ihre Anzeigen für den restlichen Tag nicht mehr zu sehen sind.

Die alternative Einstellung, die BESCHLEUNIGTE ANZEIGENSCHALTUNG, stellt sicher, dass die Anzeigen im Rahmen Ihres Tagesbudgets so schnell wie möglich ausgeliefert werden. Ihr Tagesbudget wird damit, soweit es möglich ist, ausgeschöpft.

Sie erreichen diese Einstellung in Ihrem AdWords-Konto, indem Sie Ihre entsprechende Kampagne auswählen, auf den Reiter EINSTELLUNGEN klicken und unter GEBOTE UND BUDGET im Abschnitt SCHALTUNGSMETHODE die für Sie geeignete Variante auswählen (siehe Abbildung 11.73).

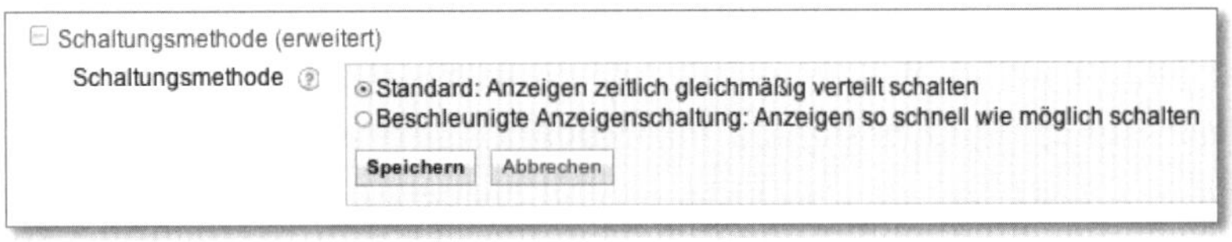

Abbildung 11.73 Schaltungsmethoden für Ihre Anzeigen

Sie haben bereits festgestellt, dass das AdWords-System alles andere als starr ist und besonders flexibel auf diverse Einstellungen reagiert. Das System versucht daher, schlechte Tage auszugleichen, an denen möglicherweise nicht so viele Klicks generiert werden und das Tagesbudget nicht komplett ausgeschöpft wird. Dazu werden möglicherweise an anderen Tagen um bis zu 20 % mehr Anzeigen ausgeliefert, als Ihr Tagesbudget erlauben würde. Der fällige Betrag für einen Abrechnungszeitraum wird aber nie überschritten. Das bedeutet: Wenn Sie Ihre Kampagnen für den kompletten Monat März (entspricht 31 Tagen) schalten und ein Tagesbudget von 15 € angesetzt haben, dann wird der Betrag 465 € (also 31 × 15 €) nicht überschreiten.

Die *monatliche Belastungsgrenze* ist ein Wert, der von Google nicht überschritten wird. Nehmen wir an, Sie verwenden ein Tagesbudget von 20 € für einen Monat. Google multipliziert dies mit dem Wert 30,4 (unter der Berücksichtigung, dass es Monate mit 30 und mit 31 Tagen gibt) und erhält den Wert 608 €. Sollten in einem Kalendermonat jedoch 615 € Kosten anfallen, wird Ihnen nur die monatliche Belastungsgrenze in Rechnung gestellt, sofern sich das Budget im Verlauf des Monats nicht geändert hat. Sollte dies der Fall sein, dann wird keine monatliche Belastungsgrenze berechnet, das Tageslimit besteht aber weiterhin.

Google schlägt Ihnen in Ihrem AdWords-Konto ein Budget für Ihre Kampagne vor. Dies können Sie unter EINSTELLUNGEN • GEBOTE UND BUDGET • BEARBEITEN • EMPFOHLENES TAGESBUDGET ANZEIGEN einsehen.

Sie müssen diesen Betrag nicht zwangsläufig übernehmen – er ist eher als Richtwert zu verstehen, an dem Sie sich orientieren können. Vielmehr sollten Sie Ihre eigene Budgetgrenze einstellen. Sind Sie sich unsicher bei der Höhe des Betrags, empfehlen wir Ihnen eine Testphase. Stellen Sie Ihr Tagesbudget ein, und analysieren Sie nach einem gewissen Zeitraum die Leistungen Ihrer Kampagne. Entscheiden Sie dann, welche Optimierungsmaßnahmen (mehr dazu lesen Sie auch im folgenden Abschnitt) sinnvoll sein könnten, und entscheiden Sie, ob Anpassungen an Ihrem Tagesbudget notwendig sind.

Mit der *automatischen Gebotseinstellung* reicht es aus, ein Tagesbudget festzulegen, anhand dessen Google dann die höchstmögliche Anzahl der zu erreichenden Klicks berechnet und automatisch die CPC-Gebote anpasst. Sie nehmen diese Einstellung vor, indem Sie unter EINSTELLUNGEN • GEBOTE UND BUDGET Ihrer Kampagne die Option CPC-GEBOTE AUTOMATISCH EINSTELLEN, UM DIE KLICKANZAHL FÜR IHR BUDGET ZU MAXIMIEREN auswählen.

Der Traffic Estimator

Mit dem *Traffic Estimator* stellt Google Ihnen ein Tool zur Verfügung (siehe Abbildung 11.74), mit dessen Hilfe Sie Schätzungen über die Suchvolumina und Kosten von Keywords erhalten, die sich aber nur auf das Such-Werbenetzwerk beziehen. Sie können diese Schätzungen bei der Festlegung Ihres Budgets berücksichtigen.

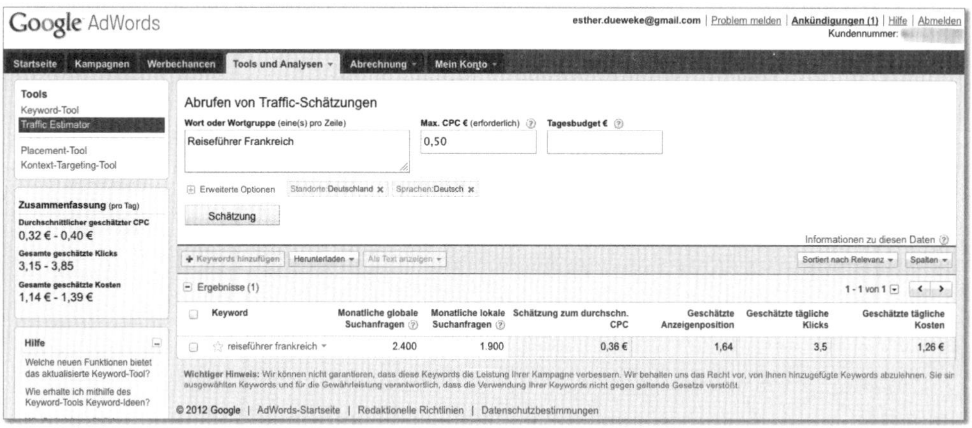

Abbildung 11.74 Schätzungen zum Keyword »Reiseführer Frankreich«

Start- und Enddatum sowie Anzeigenplanung festlegen

Neben dem Tagesbudget müssen Sie dem AdWords-System noch mitteilen, wie lange Sie Ihre Kampagne schalten möchten. Dazu legen Sie ein Start- und ein Enddatum bei den Kampageneinstellungen fest (siehe Abbildung 11.75).

Abbildung 11.75 Eingabemaske für das Start- und Enddatum Ihrer Kampagne

Zudem können Sie Ihre Anzeigen auch nur zu bestimmten Tages- oder Nachtzeiten ausliefern lassen. Diese Einstellung nehmen Sie ebenfalls in Ihrem AdWords-Konto unter den Kampagneneinstellungen vor. Klicken Sie dann auf ANZEIGENPLANUNG. Ein weiteres Fenster wird geöffnet, indem Sie die gewünschten Zeiten einstellen können (siehe Abbildung 11.76).

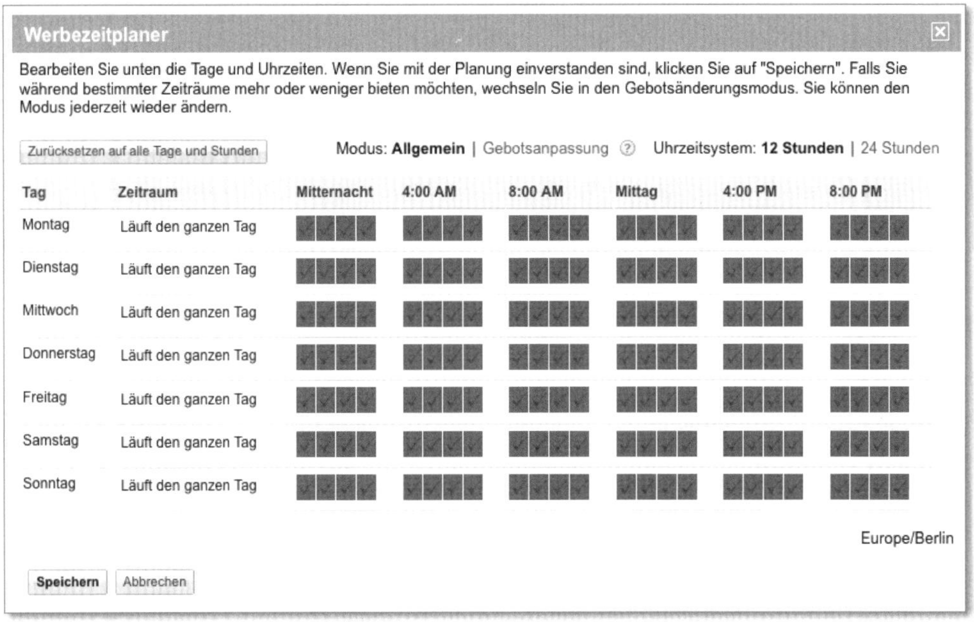

Abbildung 11.76 Der Werbezeitplaner zur Einstellung der Anzeigenplanung

Mit der folgenden Checkliste können Sie noch einmal überprüfen, ob Sie die wichtigsten Einstellungen vorgenommen haben, um Ihre AdWords-Kampagne nun zu aktivieren.

Checkliste, bevor Sie Ihre Kampagne aktivieren. Haben Sie ...

... einen eindeutigen Kampagnennamen vergeben?

... die gewünschten Werbenetzwerke aktiviert?

... das Start- und Enddatum der Kampagne festgelegt?

... ein Tagesbudget bestimmt?

... die Sprach- und regionale Ausrichtung auf Ihre Zielgruppe abgestimmt?

... die Anzeigenauslieferung nach Ihren Wünschen eingestellt?

... Ihre Kampagne in sinnvolle Anzeigengruppen unterteilt?

... ausschließende Keywords ergänzt und Keyword-Optionen überprüft?

... gegebenenfalls Kategorien und Websites für Kampagnen ausgeschlossen?

... auf Keywords abgestimmte Anzeigen(variationen) formuliert?

... gegebenenfalls bei Textanzeigen mit Platzhaltern gearbeitet und Richtlinien eingehalten?

... relevante Landing Pages festgelegt, die die vorgegebenen Richtlinien einhalten?

... gegebenenfalls das Conversion-Tracking aktiviert?

... ein entsprechendes Abrechnungsmodell gewählt und Höchstwerte festgelegt?

Wenn Sie alle Punkte überprüft haben, ist es nun Zeit, Ihre Kampagne zu aktivieren. Falls Sie Ihr AdWords-Konto neu angelegt haben, müssen Sie noch die Informationen zur Zahlungsweise übermitteln. Zudem wird Ihre Umsatzsteuer-Identifikationsnummer abgefragt.

Tipp: Google-Startguthaben

Für Neukunden hält Google aktuell ein Startguthaben bereit. Sie können sich unter der URL *www.adwords-starthilfe.de* registrieren und erhalten einen Gutscheincode per E-Mail zugeschickt, mit dem Sie Ihr Startguthaben einlösen können.

Ändern Sie anschließend den Status der Kampagne auf AKTIV. Nach kurzer Zeit werden Ihre Anzeigen geschaltet. Sie sind nun aktiver Google-AdWords-Advertiser. Gratulation!

11.2.9 Leistungsmessung und Optimierung

Einer der größten Vorteile, die das Online-Marketing mit sich bringt, ist die präzise Messbarkeit der Werbemaßnahmen. Wie bereits zu Beginn angesprochen wurde, haben Sie auch bei AdWords eine gute Leistungskontrolle: So werden Ihnen wichtige Kennzahlen bereits in Ihrem Konto angezeigt. Einige dieser Kennzahlen haben wir schon näher erläutert. Weitere Hinweise zu der Bedeutung der Messdaten finden Sie auch in unserem Glossar am Ende des Buches. Diese Kennzahlen sollten Sie dazu verwenden, Maßnahmen zu definieren, die Ihre Kampagnenleistung verbessern und die Kosten senken.

Regelmäßige Überprüfung

Um Ihre AdWords-Kampagne steuern zu können, ist eine regelmäßige Überprüfung notwendig. Wenn Sie sich in Ihrem AdWords-Konto anmelden, sollten Sie einige Dinge stetig kontrollieren. Zunächst zeigt Google Ihnen gegebenenfalls Benachrichtigungen auf der Startseite an, die Ihr Konto betreffen. Darüber hinaus sollten Sie natürlich die Kampagnenleistung überprüfen. Stellen Sie einen Zeitraum ein, der nicht zu groß ist, damit Sie ein gutes Gefühl für die aktuelle Leistung erhalten – empfehlenswert ist hier ein Zeitrahmen bis zu einem Monat. Schauen Sie sich dann Ihre Keywords und Ihre Anzeigen an. Bei den Keywords sollten Sie insbesondere die CTR, die Anzeigenposition, den Keyword-Status und den Qualitätsfaktor unter die Lupe nehmen. Bei den Anzeigen hingegen spielt insbesondere die CTR eine wichtige Rolle. Wenn Sie das Conversion-Tracking verwenden (mehr dazu im folgenden Abschnitt), sollten Sie sich zusätzlich Ihre Conversion-Leistung ansehen. Nehmen Sie anschließen entsprechende Justierungen vor.

Conversion und Conversion-Tracking

Von großer Bedeutung für die Erfolgsmessung Ihrer AdWords-Kampagne sind die Kennzahlen *Conversion* und *Conversionrate*.

Eine Conversion tritt dann ein, wenn ein Benutzer Ihrer Website eine gewünschte Handlung durchführt und beispielsweise Ihr Produkt bestellt. Die sogenannte Conversionrate beschreibt das Verhältnis der konvertierten Benutzer zu allen Benutzern der Website, in unserem Beispiel also alle Käufer im Verhältnis zu allen Besuchern.

Das Schöne daran ist: Sie bestimmen selbst, wie die Conversion definiert ist. Das kann sowohl eine Anmeldung, eine Anfrage, ein Download oder ein Kauf sein – je nachdem, auf welches Ziel Ihre Werbekampagne ausgelegt ist (lesen Sie dazu auch Kapitel 16, »Conversionrate-Optimierung – aus Besuchern Käufer machen«).

Denken Sie beispielsweise an ein Autorennen: Wenn Sie messen möchten, welche Fahrzeuge das Ziel erreichen, müssen Sie zunächst wissen, wie viele Fahrer am Rennen teilnehmen, und eine Ziellinie ziehen, die das Streckenende signalisiert. Auch in

Ihrer AdWords-Kampagne können Sie mit dem sogenannten *Conversion-Tracking* Ziele definieren und somit Kampagnenerfolge messen. Sollten Sie kein Conversion-Tracking verwenden, können Sie (je nach Ziel Ihrer Kampagne) nur schwer bis gar nicht beurteilen, ob Ihre Werbekampagne überhaupt erfolgreich ist.

Sie haben mit dem Conversion-Tracking eine Messkontrolle, die Sie sowohl im Such- als auch im Display-Netzwerk anwenden können. Dafür müssen Sie oder Ihr Webmaster einen minimalen technischen Eingriff vornehmen: Damit Ihre Conversion gemessen werden kann, müssen Sie einen kleinen Codeschnipsel auf der Seite einbauen, auf der der Benutzer das Ziel erreicht hat und somit die von Ihnen festgelegte Ziellinie überschritten hat. Möchten Sie beispielsweise messen, wie viele Benutzer sich für Ihren Newsletter, den Sie mit Ihren AdWords-Anzeigen bewerben, angemeldet haben, dann integrieren Sie den Codeschnipsel auf der Seite, die dem Benutzer anzeigt, dass seine Newsletter-Anmeldung erfolgreich war.

Sie haben auch die Möglichkeit, mehrere Conversions parallel zu messen, also beispielsweise zum einen Verkäufe und zum anderen Newsletter-Anmeldungen. Für diese Art von Tracking werden zwei Codeschnipsel benötigt, die auf den entsprechenden Bestätigungsseiten integriert werden müssen.

Den entsprechenden Codeschnipsel können Sie sich sehr einfach von Google anzeigen lassen, indem Sie sich in Ihrem AdWords-Konto anmelden, auf den Reiter TOOLS UND ANALYSEN klicken, im Menü CONVERSIONS auswählen und dann auf NEW CONVERSION klicken (Abbildung 11.77).

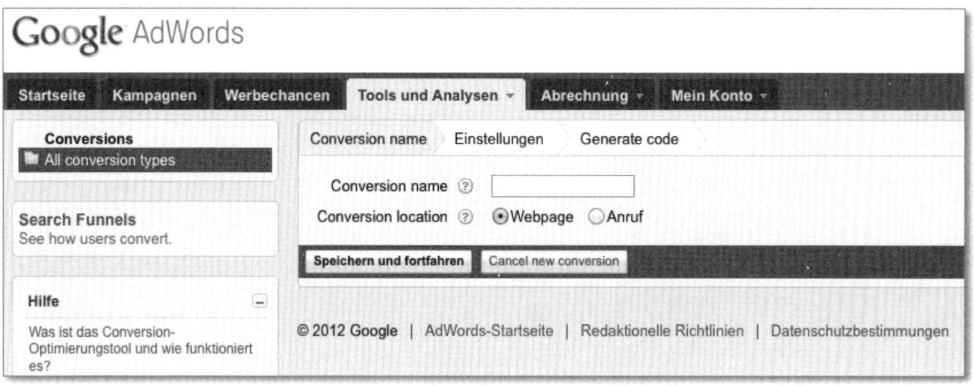

Abbildung 11.77 Einrichten des Conversion-Trackings im AdWords-Konto

Google bietet Ihnen unter *adwords.google.com/support* eine ausführliche Hilfestellung, was bei der Integration des Codeschnipsels berücksichtigt werden sollte.

Nachdem der Codeschnipsel integriert ist, bekommen Sie, so Google, schon nach ca. einer Stunde, nachdem ein Benutzer eine Conversion durchgeführt hat, diese in Ihrem Konto angezeigt.

Das Conversion-Tracking funktioniert aufgrund eines Cookies, das zunächst bei einem Klick auf Ihre Anzeige gesetzt wird. Dem Benutzer, der dann auf Ihrer Landing Page beispielsweise eine Newsletter-Anmeldung vornimmt, wird eine Conversion zugeschrieben, da das Cookie ausgelesen wird.

Es ist jedoch sinnvoll, das Conversion-Tracking zunächst einmal zu testen, damit Sie sichergehen, dass Sie auf Grundlage dieser und anderer Kennzahlen Optimierungsmaßnahmen definieren können. Das Conversion-Tracking kann jederzeit gestoppt werden – Sie können ganz einfach den Codeschnipsel wieder entfernen.

Nutzer über Conversion-Tracking informieren

Mit dem sogenannten *Google-Site-Stats-Feld* können Sie Ihre Benutzer darüber in Kenntnis setzen, dass Sie ein Conversion-Tracking verwenden. Es ist auf der Bestätigungsseite nach einer Conversion zu sehen und informiert beispielsweise über die Verwendung von Cookies und die Handhabung der persönlichen Daten.

Sie können nun also die erreichten Conversions und die Conversionrate in Ihrem Konto einsehen. Aber was bedeutet dies für Ihren wirtschaftlichen Kampagnenerfolg? Dazu erläutern wir Ihnen im Folgenden die ROI-Berechnung.

ROI-Berechnung

Um herauszufinden, ob Ihre Kampagne erfolgreich ist oder nicht, müssen Sie Ihre Ausgaben für Ihre Kampagne den Einnahmen gegenüberstellen, die Sie durch die Kampagne erzielen. Dieser Wert wird als *ROI* (*Return on Investment*) bezeichnet.

Mit folgender Formel wird der ROI berechnet:

ROI = (Umsatz – Kosten) / Kosten

Haben Sie beispielsweise in einem bestimmten Zeitraum 1.000 € über Ihre AdWords-Anzeigen eingenommen und im gleichen Zeitraum 700 € für Ihre AdWords-Kampagne ausgegeben, lautet die Rechnung:

ROI = (1000€ – 700€) / 700€

ROI = 300€ / 700€

ROI = 0,43

Multiplizieren Sie dieses Ergebnis mit 100, dann erhalten Sie als ROI die Prozentzahl von 43 %.

Eine weitere Kennzahl zur Erfolgsbeurteilung Ihrer AdWords-Kampagne ist der *ROAS* (*Return on Ad Spending*), der mit »Umsatz durch Werbekosten« berechnet wird (beim ROI dividiert man den Gewinn durch die Kosten, siehe oben).

Eine andere Kennzahl ist der *CPA* (*Cost-per-Acquisition*), den wir schon kurz beschrieben haben. Sie sollten sich im Vorfeld einer Kampagne überlegen, wie viel Sie für eine Conversion ausgeben können, um wirtschaftlich zu agieren. Hier müssen natürlich Margen berücksichtigt werden. Es ist daher gut nachvollziehbar, dass ein CPA für ein hochpreisiges Angebot anders aussehen wird als für ein Angebot im Niedrigpreissegment.

Sie fragen sich nun, warum Sie sich die Conversion-Kennzahlen ansehen und sich mit der ROI-Berechnung und CPA-Festlegung beschäftigen sollten? Ganz einfach: Auf Grundlage dieser Zahlen können Sie Entscheidungen hinsichtlich der Optimierung Ihrer Kampagnen treffen, die nicht auf einem Bauchgefühl basieren. So können Sie Ihren wirtschaftlichen Erfolg steigern.

Schauen Sie sich daher Ihren Conversion-Prozess sehr genau an. Die gewünschte Handlung eines Benutzers steht erst am Ende eines Prozesses und ist mit einem Trichter vergleichbar. Aus diesem Grund werden viele Analysen zum Conversion-Prozess in Trichterform dargestellt. So geschieht das auch in dem Tool *Google Analytics*, zu dem Sie in Kapitel 18, »Web-Analytics – Websites unter die Lupe nehmen«, mehr erfahren.

Betreiben Sie beispielsweise einen Online-Shop und bewerben Sie Ihre Produkte mit AdWords, so steht Ihre Conversion, nämlich der Produktkauf, am Trichterende. Der Benutzer durchläuft zunächst einen Prozess, der z. B. darin besteht, eine Suchanfrage zu stellen, Ihre AdWords-Anzeige anzuklicken, auf Ihre Landing Page zu gelangen, ein Produkt auszuwählen, es in den Warenkorb zu legen, alle Zahlungs- und Lieferinformationen anzugeben, um letztendlich das gewünschte Produkt zu erwerben. Abbildung 11.78 zeigt beispielhaft einen Conversion-Prozess (oder auch *Path to Conversion*, also Conversion-Pfad genannt) für einen Produktkauf, hier exemplarisch ausgehend von der Startseite.

Abbildung 11.78 Conversion-Trichter für einen Online-Shop

Wenn Sie den Conversion-Trichter optimieren möchten, sollten Sie sich die Stellen im Prozess ansehen, an denen die meisten Interessenten abspringen. Ihr Ziel sollte es sein, diese Absprungraten zu verringern und mehr Besucher zu konvertieren.

Im folgenden Abschnitt werden wir näher auf das Thema Optimierung dieses Prozesses eingehen und Ihnen wichtige Stellschrauben innerhalb von AdWords erläutern, damit Sie die Leistung Ihrer Kampagnen verbessern können. Darüber hinaus erfahren Sie mehr zum Thema Conversion-Optimierung in Kapitel 16, »Conversionrate-Optimierung – aus Besuchern Käufer machen«.

Verschiedene Stellschrauben zur Kampagnenoptimierung

Stellen Sie sich vor, Sie sind Fußballspieler, und Ihr Trainer ist mit Ihrer aktuellen Gesamtleistung bisher nicht zufrieden. Höchstwahrscheinlich wird er also Ihren Trainingsplan nicht allein auf eine Konditionsverbesserung abändern. Sie werden auch Muskelaufbau und Dribbelübungen machen müssen.

Vergleichbar hierzu gibt es auch bei Ihrer AdWords-Kampagne verschiedene Stellschrauben, wie Sie Ihre Kampagnenleistungen verbessern können. Diese Stellschrauben sind im Wesentlichen die Keywords, die Anzeigen und die Landing Page, wie Sie in Abbildung 11.79 sehen können.

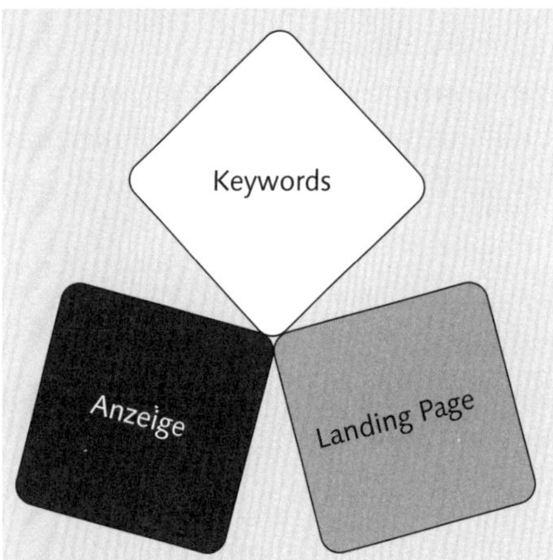

Abbildung 11.79 Die wesentlichen Stellschrauben bei der Kampagnenoptimierung

Dies ist auch nachvollziehbar, denn genau diese Elemente sind grundlegend für eine positive Benutzererfahrung. Das Keyword muss mit der Suchanfrage übereinstimmen, damit Ihre Anzeige geschaltet wird. Die Anzeige selbst muss wiederum attraktiv formuliert sein und den Suchenden zum Klicken bringen. Die Landing Page hat daraufhin die Aufgabe, dem Benutzer das Angebot so zu präsentieren, dass dieser überzeugt ist und eine gewünschte Handlung durchführt.

Sie sehen, hier ist Fein-Tuning an vielen Stellen gefragt. Sicherlich ist jede Kampagne individuell zu analysieren und zu optimieren. Es würde daher den Rahmen dieses Buches sprengen, auf die Vielzahl der Optimierungsmöglichkeiten detailliert einzugehen. Wir haben uns daher auf die grundlegenden Möglichkeiten beschränkt und empfehlen Ihnen bei weiterem Bedarf hinsichtlich der Kampagnenoptimierung unsere Literaturtipps im Anhang. Im Folgenden zeigen wir Ihnen einige bewährte Tipps, wie Sie mit den einzelnen Stellschrauben Ihre Kampagne justieren können.

Die Keywords

Überprüfen Sie Ihre Keyword-Liste genau. Sie ist ausschlaggebend für den Kontakt mit potenziellen Kunden, denn Ihre Anzeigen werden vom AdWords-System auf die Suchanfrage hin abgestimmt ausgeliefert. Ein häufiger Fehler ist hier die Auswahl von zu allgemeinen Begriffen. Gehen Sie daher Ihre Keyword-Liste noch einmal genau durch, und versuchen Sie, sich in die Lage des Suchenden zu versetzen. Sind Sie sicher, dass Sie das Bedürfnis des Suchenden mit Ihrem Angebot stillen können? Grenzen Sie Ihre Keyword-Liste enger ein, und vergessen Sie nicht, Ihrer Kampagne auch ausschließende Keywords hinzuzufügen.

Ein anderes Problem können zu kurze Keyword-Listen sein. Erinnern Sie sich noch einmal an die vielen Möglichkeiten der Keyword-Recherche, und bauen Sie Ihre Liste weiter aus. Google schlägt Ihnen in Ihrem AdWords-Konto auch weitere Keywords vor, die Sie problemlos direkt in Ihre Kampagne übernehmen können. Vergessen Sie dabei nicht, dass auch Long-Tail-Begriffe (siehe Abschnitt 11.2.5, »Die Keywords«) möglicherweise lukrativ sein können.

Eine weitere lohnende Überprüfung können die Keyword-Optionen sein. Rufen Sie sich die möglichen Auswirkungen in Erinnerung: Verwenden Sie die Keyword-Option »weitgehend passend«, erreichen Sie wahrscheinlich mehr Besucher, aber nicht so zielgereichtet, wie es wahrscheinlich bei den Optionen »passend« oder »exakt« der Fall wäre. Allerdings ist hier der Personenkreis, der angesprochen wird, deutlich geringer. Diese Optimierung Ihrer Keywords kann positive Auswirkungen auf deren Qualitätsfaktor haben. Sprechen Sie eine zu große Benutzergruppe an, laufen Sie Gefahr, dass Ihr Budget durch nicht zielgerichtete Klicks schnell verbraucht ist.

Darüber hinaus ist, wie Sie bereits wissen, die Struktur Ihres Kontos wichtig. Sortieren Sie also Ihre Keyword-Listen und Anzeigengruppen, und strukturieren Sie sie derart, dass Sie für die Keywords in jeder einzelnen Anzeigengruppe auf das Keyword abgestimmte Texte formulieren können.

Achten Sie darauf, dass Ihre Keywords nicht mehrfach in Ihrem Konto verwendet werden. Sie konkurrieren dann miteinander, und wie auch bei der natürlichen Auslese gewinnt das stärkere Keyword, also das mit der besseren Leistung. Vermeiden Sie doppelte Keywords in Ihrem Konto, um Kosten nicht in die Höhe zu treiben und die Anzeigenposition nicht zu verschlechtern.

Tipp: Mit dem AdWords Editor nach doppelten Keywords suchen

In der obersten Menüleiste des AdWords Editors können Sie unter Tools • Identische Keywords nach Duplikaten suchen. Weitere Informationen zum AdWords Editor lesen Sie in Abschnitt 11.2.12, »Der AdWords Editor«).

Unterteilen Sie Ihre Anzeigengruppen genau, und bedenken Sie das Siloing (siehe Abschnitt 11.2.5, »Die Keywords«). Oftmals bringen Anzeigengruppen mit wenigen, aber präzise ausgewählten Keywords die besten Ergebnisse, da hier sehr gut abgestimmte Anzeigentexte erstellt werden können.

Einen ähnlichen Ansatz hat die sogenannte *Peel-and-Stick-Methode*: Hier empfiehlt Perry Marshall, Keywords mit äußerst guter Leistung in eine gesonderte Anzeigengruppe zu schieben. Dadurch können einerseits genaue Textanzeigen und Zielseiten festgelegt werden, und die Klickrate leidet andererseits nicht unter der Leistung schlechterer Keywords.

Die Anzeige

Sollten Sie feststellen, dass Ihre Anzeigen schlechte Klickraten aufweisen, lesen Sie erneut den Abschnitt zur Erstellung von AdWords-Textanzeigen (siehe Abschnitt 11. 2.6, »Die Anzeigen«). Hier können oftmals schon einzelne Zeichen und Buchstaben enorme Auswirkungen auf die Klickrate haben. Heben Sie Ihre Anzeigen von denen Ihrer Mitbewerber ab, indem Sie Keywords und eine konkrete Handlungsaufforderung integrieren. Benennen Sie Sonderaktionen oder Rabatte, und sortieren Sie Ihre Keywords in Anzeigengruppen, zu denen Sie passende Anzeigentexte formulieren können.

Formulieren Sie daher unbedingt verschiedene Varianten von Textanzeigen, und lassen Sie sie im Split-Testing gegeneinander antreten.

Tipp: Tool zu AdWords-Kampagnentests

Mit diesem Tool (auch *AdWords Campaign Experiments*, kurz *ACE*) das Sie in den Kampagneneinstellungen finden, können Sie Tests innerhalb Ihrer Kampagnen durchführen. Sie haben die Möglichkeit, Tests im Bereich Keywords, Gebote, Anzeigengruppen und Placements durchzuführen. Nehmen wir an, Sie möchten herausfinden, ob die Erhöhung Ihres Gebots für bestimmte Keywords zu besseren Leistungen führt, so können Sie für die gleichen Keywords parallel Ihr ursprüngliches und Ihr erhöhtes Gebot verwenden. Stellen Sie fest, dass Sie mit Ihrer Annahme richtig lagen, und erhöhte Gebote besser funktionieren, können Sie diese für alle Keywords übernehmen.

Wenn Sie eine bestehende Anzeige verändern, und sei es nur durch ein einziges Zeichen, löscht Google die bisherigen Leistungsdaten dieser Anzeige. Die Statistik wird auch gelöscht, wenn Sie Ihre Anzeigen in eine andere Anzeigengruppe verschieben. Daher empfehlen wir Ihnen, wenn Sie Änderungen ausprobieren möchten, eine weitere Anzeige zu erstellen, und nicht eine bestehende Anzeige zu überarbeiten. Da beide Varianten geschaltet werden, können Sie bestimmen, welche Anzeige die besseren Leistungen erzielt. Lassen Sie den Test laufen, bis Sie statistisch relevante Leistungsdaten gesammelt haben.

Manchmal lässt es sich nicht vermeiden, Änderungen an den Anzeigentexten vorzunehmen. Stellen Sie sich danach auf einen leicht schwankenden Qualitätsfaktor ein – dieser Wert sollte sich aber schnell wieder einpendeln. Sie sollten diese Schwankungen eher in Kauf nehmen, als einem Kunden falsche oder schlechte Anzeigentexte zu liefern.

Versuchen Sie, bei der Formulierung Ihr Angebot so präzise wie möglich zu präsentieren. Spannen Sie den roten Faden zu der Suchanfrage, indem Sie Keyword-Platzhalter (*Dynamic Keyword Insertion*, siehe Abschnitt 11.2.6, »Die Anzeigen«) richtig verwenden.

Tipp: Das Anzeigen-Vorschau-Tool

Versuchen Sie, zu vermeiden, selbst auf Ihre eigenen Anzeigen zu klicken. Natürlich möchten Sie sehen, wie Ihre Anzeige Ihren Kunden präsentiert wird. Beachten Sie aber, dass Sie dadurch Impressions generieren und Ihre Klickrate negativ beeinflussen.

Dies kann wiederum den Qualitätsfaktor und weiterhin auch Ihre Anzeigenposition senken. Es ist daher Vorsicht geboten. Aus diesem Grund stellt Google seinen Advertisern das Anzeigen-Vorschau-Tool zur Verfügung (siehe Abbildung 11.80). Unter der URL *adwords.google.de/select/AdTargetingPreviewTool* können Sie Ihre Anzeigen testen, ohne dass Sie die Messwerte beeinflussen.

Wenn Sie mit diesem Tool die Auslieferung überprüfen, werden Leistungsdaten Ihrer Kampagnen nicht verändert.

Zudem verändert Google seine Suche immer mehr in Richtung Personalisierung. War eine Anzeige für Sie schon einmal nicht interessant, kann es sein, dass Google sie Ihnen weniger bis gar nicht anzeigt, da Sie ja offensichtlich nicht relevant für Sie ist. In dem Anzeigen-Vorschau-Tool werden derartige Auslieferungskriterien nicht berücksichtigt.

Abbildung 11.80 Das Google-Anzeigen-Vorschau-Tool

Die Landing Page

Grundlegend wichtig ist die richtige Auswahl der Landing Page. Leiten Sie den Benutzer auf die Seite, die ihm das Angebot präsentiert, das am besten zu seiner Suchanfrage passt. Überprüfen Sie darüber hinaus auch die Leistung Ihrer Landing Page. Die Kennzahlen *Bouncerate* und *Verweildauer* können hier die ersten aufschlussreichen Daten liefern.

Stellen Sie sich selbst die Frage: Wird Ihr Angebot ansprechend präsentiert? Holen Sie den Benutzer mit seiner entsprechenden Anfrage mithilfe Ihrer Landing Page ab? Berücksichtigen Sie die Grundelemente einer Landing Page? Mit verschiedenen Tools können Sie die Seite sehr genau analysieren. Dies sind beispielsweise Mouse-Tracking-Tools, die die Bewegung der Maus durch den Benutzer festhalten. Heatmaps sind eine weitere Möglichkeit, die Elemente einer Zielseite zu überprüfen. Hier wird farblich markiert, welche Bereiche einer Webseite besonders stark angeklickt werden und welche nicht. Weitere Testverfahren stellen wir Ihnen in Kapitel 17, »Testverfahren«, detaillierter vor.

Testen Sie unterschiedliche Elemente Ihrer Landing Page, wie beispielsweise verschiedene Formulierungen, Farben, Grafiken und Bilder, oder die Anordnungen der einzelnen Elemente. Auch wenn Sie am liebsten alles auf einmal testen möchten: Testen Sie nacheinander, sonst erhalten Sie keine eindeutigen Ergebnisse.

Mit dem *Google Website Optimierungstool* haben Sie die Möglichkeit, verschiedene Varianten von Landing Pages zu testen. Hier müssen Sie oder Ihr Webmaster ein spezielles Pixel in Ihre Website integrieren. Dann werden die verschiedenen Testvarianten unterschiedlichen Nutzern gezeigt (z. B. A/B-Test oder multivariater Test). Sie erhalten anschließend einen genauen Bericht zu den Leistungen der einzelnen Varianten. Auch dazu lesen Sie mehr in Kapitel 17, »Testverfahren«.

Neben den drei Hauptstellschrauben können Sie auch Ihre Konto- und Kampagneneinstellungen anpassen. Überprüfen Sie daher, wann und wie Ihre Anzeigen ausgeliefert werden. Wie Sie bereits wissen, haben Sie bei AdWords die Möglichkeit, Ihre Anzeigen nur zu bestimmten Tages- und Nachtzeiten auszuliefern oder sich auf bestimmte Wochentage zu beschränken. Stellen Sie beispielsweise fest, dass Sie Conversions nur am Tag erzielen, dann können Sie festlegen, dass Ihre Anzeigen nicht in der Nacht ausgeliefert werden.

Darüber hinaus können Sie auch die Anzeigenschaltung, wie Sie wissen, gleichmäßig oder anfrageabhängig vornehmen. Auch hier sollten Sie experimentieren, wie Sie die besten Ergebnisse erzielen. Ebenfalls kann es sinnvoll sein, die geografische Ausrichtung Ihrer Kampagne anzupassen. Schalten Sie Ihre Anzeigen wirklich nur dort, wo Sie Kundenbedürfnisse befriedigen können. Sie haben bei AdWords die Möglichkeit, den Auslieferungskreis sehr genau zu bestimmen.

Erhöhen Sie nicht zwangsläufig Ihre maximalen Gebote, wenn Sie mit der Leistung Ihrer Kampagne nicht zufrieden sind. Versuchen Sie zunächst, die Relevanzkette (Suchanfrage, Ihre Keywords, Ihre Anzeige, Ihre Landing Page) zu verbessern. Erst dann sollten Sie langsam das Budget anpassen.

Darüber hinaus spielen auch die Werbenetzwerke eine wichtige Rolle. Wie wir bereits beschrieben haben, sollten Sie für das Such- und das Display-Netzwerk jeweils eigenständige Kampagnen anlegen.

Für das Display-Netzwerk gilt außerdem: Wenn Sie noch mehr potenzielle Kunden per Display-Netzwerk ansprechen möchten, richten Sie Ihre Kampagne nach Ihrem anvisierten Werbeziel aus. Das bedeutet, dass Sie zielgerichtet Placements verwenden sollten, wenn Sie Ihre Marke bekannt machen möchten und ein Branding-Ziel verfolgen (placementbezogene Ausrichtung). Sind hingegen direkte Reaktionen der Benutzer angestrebt, bietet sich eher die Auswahl von zielgerichteten Keywords an (keywordbezogene Ausrichtung). Die Anzeigen im Display-Netzwerk werden von Google so ausgeliefert, dass sie zum Inhalt der publizierenden Website passen. Hier sind präzise Keyword-Listen besonders wichtig, damit Ihre Werbung nur dort erscheint, wo sie potenzielle Interessenten ansprechen kann.

Nutzen Sie zur Optimierung Ihrer Kampagnen im Display-Netzwerk die Leistungsdaten Ihrer Placements. Eine Möglichkeit besteht darin, die entsprechende Kampagne und den gewünschten Zeitraum auszuwählen und dann unter dem Reiter WERBENETZWERKE die einzelnen Leistungsdaten der Placements zu analysieren. Sie können sich dort die vollständigen URLs ansehen und die Daten auch herunterladen. Bei

Unterseiten (z. B. Kategorien von Websites) stößt AdWords hier jedoch teilweise an seine Grenzen.

So können Sie überprüfen, auf welchen Websites Ihre Anzeigen ausgeliefert wurden. Stellen Sie dabei fest, dass Google Ihre Anzeigen auf Websites schaltet, die für Sie nicht relevant sind, sollten Sie diese Placements ausschließen. Dazu kann auch das Ausschließen von Websites und Kategorien hilfreich sein.

Berichte

In Ihrem AdWords-Konto haben Sie die Möglichkeit, sich eine Reihe von Berichten anzeigen zu lassen, diese in verschiedenen Formaten zu exportieren oder sie sich beispielsweise per E-Mail zusenden zu lassen.

Unter dem Reiter KAMPAGNEN können Sie über die diversen Spalten-, Segment- und Filtereinstellungen die gewünschten Daten anzeigen lassen. Mit Klick auf das kleine Pfeil-Symbol auf Höhe der Filtereinstellungen, können Sie die Tabelle als Bericht herunterladen. Sie wird automatisch gespeichert und kann über den Link BERICHTE am linken Seitenrand wieder aufgerufen werden. Sie haben die Möglichkeit, diese Daten per E-Mail in bestimmten zeitlichen Abständen zu verschicken. Zur Optimierung Ihrer Kampagne kann das Analysieren Ihrer Leistungsberichte sehr hilfreich sein. Welcher Bericht die meiste Aussagekraft für Ihre Optimierungsmaßnahmen hat, lässt sich pauschal nicht sagen. Dies hängt von Ihren Werbezielen und den bisher erreichten Kampagnenleistungen ab. Versuchen Sie mithilfe von Berichten Schwachstellen zu identifizieren.

Such-Trichter-Analyse

Wie Sie sicher selbst an Ihrem eigenen Suchverhalten feststellen können, ist nicht zwangsläufig immer der Suchbegriff, den Sie als ersten verwendet haben, auch derjenige, über den Sie dann beispielsweise eine Bestellung abschließen.

Oftmals sieht der Prozess so aus, dass Sie Ihre Suche immer weiter verfeinern. So kann es beispielsweise sein, dass Sie bei einer Reisebuchung zunächst *Reise Spanien* als Suchanfrage eingeben. Danach stellen Sie fest, dass Ihnen sowohl Auto- als auch Schiffs- und Flugreisen angeboten werden. Sie grenzen Ihre Suche also weiter ein, suchen nach *Flugreise Spanien* und erhalten in der Ergebnisliste verschiedene Fluggesellschaften, die Reisen nach Spanien anbieten. Auch diese Suchergebnisse sind für Sie noch nicht treffend genug. Sie geben daher das Keyword *Pauschalurlaub Spanien Flug* ein. Dieses Spielchen geht noch eine Weile so weiter, da Sie nun noch verschiedene Anbieter vergleichen und Empfehlungen zu einzelnen Angeboten lesen. Erst danach – und möglicherweise sogar erst einige Tage später – haben Sie sich für ein Angebot entschieden und buchen schließlich Ihre Reise.

Wie beispielsweise bei einem Fußballspiel nicht der Torschütze allein für einen Erfolg verantwortlich ist, sondern auch alle Mitspieler, die beim Aufbauspiel und beim Passen beteiligt sind, damit ein Tor geschossen werden kann, sind auch hier die vorherigen Suchanfragen nicht zu ignorieren (siehe Abbildung 11.81).

Abbildung 11.81 Beispielhafte Conversion-Kette bei einer Urlaubsbuchung

Im Durchschnitt, so eine von Google veröffentlichte Erhebung, wird zwölfmal gesucht, bevor eine Reise gebucht wird (siehe Abbildung 11.82). Für Advertiser war zunächst nicht ersichtlich, wie der Suchprozess aussah, und sie konnten die Conversion nur der letzten Suchanfrage bzw. dem letzten geklickten Keyword zuordnen (Abbildung 11.83). In vielen Fällen ist das letzte Keyword eine Marke, was zur falschen Bewertung von Marken-Keywords führte, da vorausgegangene Keywords nicht berücksichtigt und möglicherweise sogar gelöscht oder pausiert wurden.

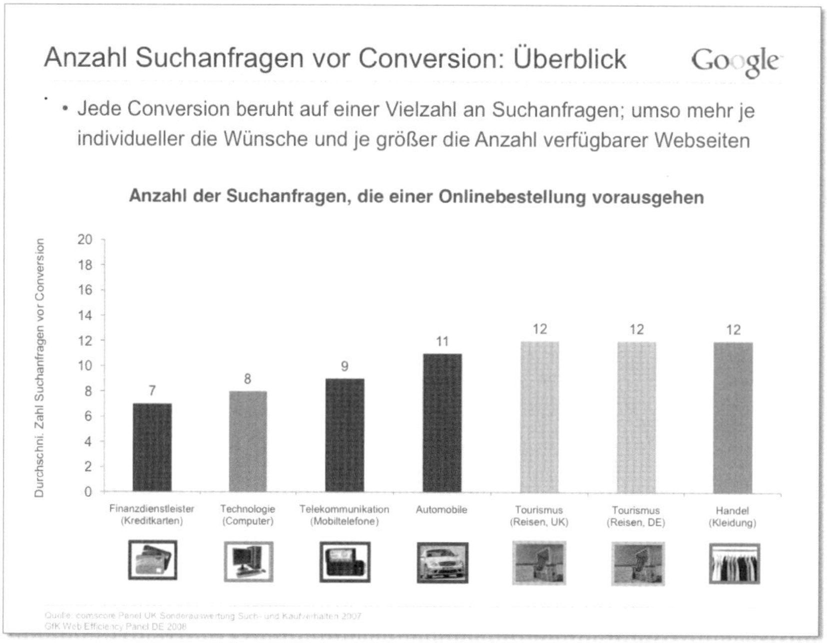

Abbildung 11.82 Anzahl der Suchanfragen vor einer Conversion

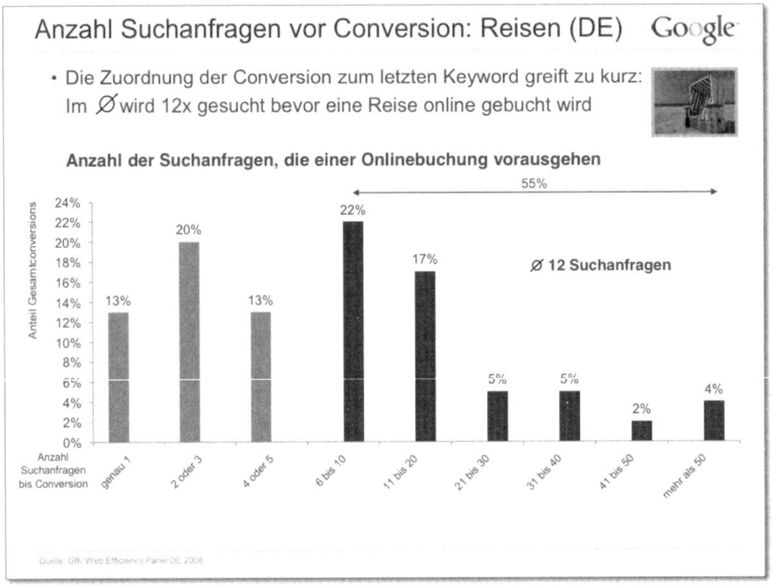

Abbildung 11.83 Anzahl der Suchanfragen bis zur Conversion

Seit einiger Zeit können Sie diesen sogenannten *Such-Trichter* (*Search Funnel)* auch in Ihrem AdWords-Konto einsehen und dadurch Ihre Keywords besser bewerten. Unter dem Reiter TOOLS UND ANALYSEN im folgenden Auswahlmenü CONVERSIONS finden Sie anschließend im linken Seitenbereich den Link Search Funnels bzw. SUCHTRICHTER. (siehe Abbildung 11.84).

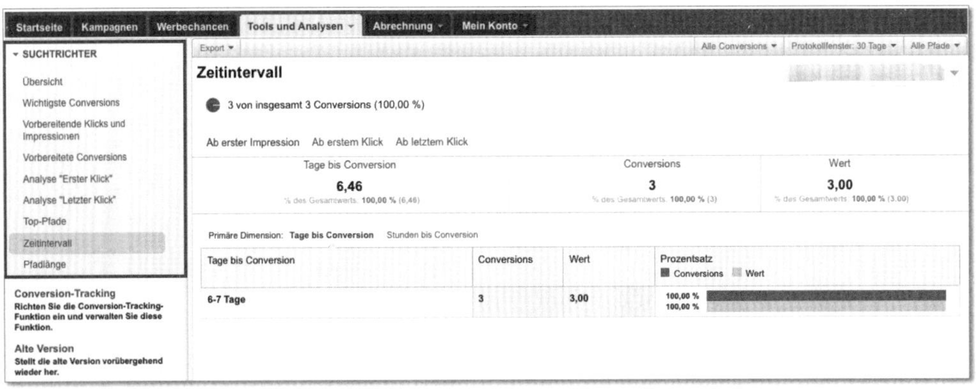

Abbildung 11.84 Such-Trichter-Auswertung, hier die Ansicht »Zeitintervall«

Mit der Auswahl TOP-PFADE im linken Seitenbereich können Sie sich die Wege ansehen, die Ihre Nutzer in den häufigsten Fällen bis zur Conversion durchlaufen sind (das AdWords Conversion-Tracking ist hier vorausgesetzt).

Diese speziellen Berichte können Sie bei der Optimierung Ihrer AdWords-Kampagnen unterstützen. Es ist jedoch zu berücksichtigen, dass sowohl organische Suchergebnisse als auch andere Werbemittel (Banner, TV-Spots etc.) zu diesem Kaufverhalten beitragen können.

AdWords-Labels

Seit Mai 2012 bietet AdWords die sogenannten *Labels* an. Damit soll eine bessere Organisation und Strukturierung im Konto möglich sein. Sie können beispielsweise Ihre wichtigsten Suchbegriffe unter dem Tab KEYWORDS mit einem Label versehen und anschließend danach filtern. Mehr zu der Label-Funktion lesen Sie beispielsweise im offiziellen AdWords-Blog unter *adwords-de.blogspot.de*.

11.2.10 Zehn Optimierungsmaßnahmen

Im Folgenden haben wir Ihnen zehn Maßnahmen zusammengestellt, die bei verschiedenen Schwachstellen helfen können. Sie werden feststellen, dass viele Maßnahmen und Resultate eng zusammenhängen und daher nicht immer als Einzelmaßnahme betrachtet werden können. Unsere Tipps erheben nicht den Anspruch auf Vollständigkeit und müssen je nach Werbeziel und Individualfall betrachtet und angepasst werden.

1. Ich habe den Überblick verloren und weiß nicht, wo ich anfangen soll, zu optimieren

Viele Werbetreibende legen zunächst keinen großen Wert auf eine übersichtliche Kampagnenstruktur und legen nur eine Kampagne an, die alle Keywords beinhaltet. Sie können somit weder eine genaue Ausrichtung auf die Zielgruppe vornehmen (geografische und sprachliche Ausrichtung) noch das Budget für verschiedene Angebote unterschiedlich wählen. Darüber hinaus können die Anzeigentexte nicht exakt auf die Keywords abgestimmt werden, was sich negativ auf die Anzeigenleistung auswirken kann. Achten Sie daher auf eine sortierte Kampagnenstruktur, und legen Sie getrennte Kampagnen für das Such- und das Display-Netzwerk an. Separate Kampagnen nach Themenwelten, Saisonalitäten, lokalen Ausrichtungen und Marken können ebenso sinnvoll sein. So können Sie präzise Optimierungsmaßnahmen flexibel für einzelne Anzeigengruppen vornehmen.

2. Ich weiß nicht, welche Daten ich zur Definition von Optimierungsmaßnahmen verwenden soll

Bedenken Sie, dass beispielsweise zweistellige Klickzahlen noch nicht aussagekräftig genug sind, um Maßnahmen zur Optimierung zu definieren. Sie müssen kein Statistik-Ass sein, um nachvollziehen zu können, dass 30 Klicks auf eine Anzeige noch nicht zur Bewertung von deren Effizienz ausreichen. Hier ist ein wenig Geduld gefragt, bis statistisch relevante Daten vorhanden sind. Erst dann sollten Sie Schlüsse daraus ziehen. Um die Klickrate zu erhöhen, überprüfen Sie z. B. Ihre Keyword-Listen und die Formulierung Ihrer Anzeigentexte. Sie sollten sowohl die Daten in Ihrem AdWords-Konto analysieren als auch die Chance nutzen, sich gezielte Berichte anzeigen zu lassen. Wichtig ist, dass Sie in regelmäßigen Abständen die Leistung Ihrer Kampagnen überprüfen. Rufen Sie sich den »roten Faden« ins Gedächtnis, das heißt die Abstimmung von Keyword-Auswahl über Anzeigen bis hin zur Landing Page, und optimieren Sie an den einzelnen Stellschrauben.

3. Ich habe zu wenige Klicks

In diesem Fall gibt es verschiedene Ansatzpunkte: Überprüfen Sie Ihre Keyword-Optionen, und fügen Sie Ihren Kampagnen weitere Keywords und im Display-Netzwerk auch Placements hinzu. Es kann auch sinnvoll sein, weitere Bereiche Ihres Angebots einzubeziehen, die Sie bisher noch nicht als Keyword verwendet haben.

Verwenden Sie Ihre Keywords eine Zeit lang in der Option »weitgehend passend« (Broad Match). Analysieren Sie danach die Suchanfragen, und fügen Sie diejenigen Keywords in der Option »passend« bzw. »exakt« Ihrer Kampagne hinzu, die viele Klicks erzielt haben. Während Sie diesen Keywords eigene Gebote zuweisen können, dienen die anderen Schlüsselbegriffe dazu, weitere relevante Keywords zu identifizieren.

Es kann empfehlenswert sein, die besten Keywords in eine gesonderte Anzeigengruppe zu verlagern und dieser einen höheren maximalen CPC zuzuweisen. Zudem schlägt Google Ihnen im AdWords-Konto weitere Keywords vor. Erweitern Sie Ihre Keyword-Liste mit einer erneuten Keyword-Recherche. Sie sollten auch das Display-Netzwerk in Betracht ziehen und entsprechende Placements auswählen. Kontrollieren Sie Ihre sprachliche und geografische Kampagnenausrichtung sowie die Anzeigenauslieferung. Testen Sie verschiedene Anzeigenformate. Bevor Sie Ihr Tagesbudget erhöhen, sollten Sie immer erst versuchen, Ihren Qualitätsfaktor zu verbessern.

4. Ich habe zu viele Klicks (aber wenige Conversions)

Wenn Sie mit zu vielen Klicks zu kämpfen haben, ist Ihre Keyword-Liste wahrscheinlich nicht präzise genug. Überprüfen Sie Ihre Schlüsselbegriffe. Einwort-Kombinationen sollten Sie möglichst nicht verwenden, da sie sich oftmals nicht präzise genug auf Ihr Angebot beziehen. Ebenso sollten Sie Ihre Keyword-Optionen kontrollieren. Verwenden Sie ausschließende Keywords bzw. ausschließende Placements. Das ist besonders wichtig, wenn Ihre Keyword-Liste viele weitgehend passende (Broad

Match) Keywords beinhaltet. Zudem kann eine schlechte Conversionrate auch durch eine unpassende Landing Page hervorgerufen werden. Schauen Sie sich in diesem Fall Kapitel 16, »Conversionrate-Optimierung – aus Besuchern Käufer machen«, an.

5. Meine CTR ist schlecht

Kontrollieren Sie Ihre Anzeigentexte: Ist Ihr Keyword im Titel oder im Anzeigentext enthalten (z. B. durch die Verwendung von Platzhaltern)? Haben Sie besondere Merkmale zu Ihrem Produkt sowie Rabatte und Sonderleistungen hervorgehoben? Haben Sie eine konkrete Handlungsaufforderung formuliert und die Richtlinien von Google berücksichtigt? Sie sollten verschiedene Varianten verfassen und sie gegeneinander testen. Dafür ist die leistungsunabhängige Anzeigenschaltung notwendig. So werden die Anzeigen gleichmäßig ausgeliefert, und Sie können anhand der Kennzahlen sehen, welche Anzeige bessere Klickraten erzielt. Schon minimale Änderungen können Ihre Klickrate beeinflussen. Überarbeiten Sie auch Ihre Display-Anzeigen.

Wie Sie wissen, beschreibt die CTR das Verhältnis von Klicks und Impressions. Sie können die Impressions beeinflussen, indem Sie ausschließende Keywords verwenden. Damit werden Ihre Anzeigen nur dann angezeigt, wenn sie zu Ihrem Angebot passen. Überprüfen Sie die Auswahl von Keywords und Placements, um Ihre Anzeigen möglichst zielgerichtet auszuliefern.

Kontrollieren Sie die Größe Ihrer Anzeigengruppe: Sind zu viele Keywords einer Anzeigengruppe zugeordnet und nur recht wenige Anzeigentexte formuliert, kann kaum eine gute Klickrate erzielt werden, da die Anzeigentexte in den wenigsten Fällen genau zu den Keywords passen. Arbeiten Sie an der Verbesserung Ihrer CTR, um Ihren Qualitätsfaktor zu verbessern und damit Ihre Kosten auf Dauer zu senken.

6. Ich weiß nicht, welchen maximalen CPC ich festlegen soll

Möchten Sie sehr kurzfristig eine bessere Anzeigenposition erreichen, kann es sinnvoll sein, Ihr maximales CPC-Gebot eher höher anzusetzen. Gerade bei neu angelegten Keywords in Ihrem AdWords-Konto kann zunächst ein höherer CPC und damit eine höhere Anzeigenposition eine positive Wirkung haben. Denn weiter oben präsentierte Anzeigen werden erfahrungsgemäß häufiger von suchenden Benutzern angeklickt. So bauen Sie eine gute Klickrate auf (die bei neuen Keywords noch nicht vorhanden sein kann) und beeinflussen wiederum den Qualitätsfaktor positiv. Dies hat zur Folge, dass Sie Ihre Kosten wieder senken können. Bei sehr leistungsstarken Keywords kann es durchaus ratsam sein, den CPC zu erhöhen. Es sollte aber immer das Ziel sein, einen guten Qualitätsfaktor, also relevante Anzeigen, zu erreichen, anstatt regelmäßig das Gebot zu erhöhen.

7. Ich möchte meine Kosten senken

Dies ist wohl ein Wunsch, den alle Advertiser hegen. Wie Sie schon gelesen haben, werden die Kosten Ihrer Kampagne von der Relevanz beeinflusst, die durch den Qualitätsfaktor ausgedrückt wird. Versuchen Sie daher, Ihren Qualitätsfaktor zu verbessern, um Ihre Kosten zu senken bzw. einen besseren ROI zu erzielen. Der Qualitätsfaktor hat Einfluss auf die Klickpreise und somit auf Ihre Gesamtkosten.

Sie sollten aber nicht nur die Relevanz erhöhen, sondern auch solche Klicks vermeiden, die nicht zielführend sind und Kosten, aber keine Conversions verursachen. Dies erreichen Sie beispielsweise durch das ausschließen von Keywords und Placements und eine präzise Keyword-Liste sowie abgestimmte Anzeigentexte. Überprüfen Sie die Leistung Ihrer Kampagnen regelmäßig. Sollten Sie bereits genügend Conversions erzielt haben, sollten Sie das Conversion-Optimierungstool ausprobieren, um den CPA zu senken.

8. Ich erreiche mit meiner Kampagne nur sehr wenige Conversions

Ebenso wie das Senken der Kosten sollte eine hohe Conversionrate und damit ein guter ROI das Ziel eines jeden Werbetreibenden sein. Eine Möglichkeit kann sein, die Wahl Ihrer Landing Page zu überprüfen. Leiten Sie den Suchenden direkt zu Ihrem Angebot, und präsentieren Sie dieses benutzerfreundlich und attraktiv? Haben Sie einen roten Faden gespannt zwischen Suchanfragen, Anzeige und Landing Page? Gehen Sie den gesamten Verkaufszyklus einmal durch, und überprüfen Sie Ihre Keyword-Liste. Ist diese präzise auf Ihr Angebot abgestimmt, und beinhaltet sie ausschließende Suchbegriffe? Sind Ihre Anzeigentexte ansprechend formuliert, beinhalten sie optimalerweise das Keyword sowie Preise und weitere Vorteile? Haben Sie die verschiedenen Anzeigenerweiterungen in Erwägung gezogen? Lesen Sie zur Vertiefung Kapitel 16, »Conversionrate-Optimierung – aus Besuchern Käufer machen«, um Anregungen zur Verbesserung Ihrer Landing Page zu erhalten. Dort erfahren Sie auch mehr zum Website-Optimierungstool, um Ihre Landing Page verbessern zu können. Prüfen Sie Layout und Usability Ihrer Landing Page.

Es kann sinnvoll sein, das Gebot für Keywords mit guter Leistung zu erhöhen und es für Keywords mit schlechter Leistung zu senken. Zu guter Letzt sollten Sie Ihr Conversion-Tracking überprüfen. Manchmal ist die Ursache des Problems auch ein technisches. Berücksichtigen Sie auch Benutzer, die möglicherweise Cookies deaktivieren und bei denen eine Conversion-Messung nicht möglich ist.

9. Ich möchte den Qualitätsfaktor verbessern

Wie Sie in Abschnitt 11.2.8, »Die Kosten«, gesehen haben, setzt sich der Qualitätsfaktor aus verschiedenen Kriterien zusammen, von denen aber nicht alle bekannt sind.

Die bekannten Faktoren sind aber verbesserungsfähig. Dies sind zum einen die CTR (Verbesserungsvorschlag siehe oben), die Landing Page und die historische Leistung der Keywords. Überprüfen Sie zudem die Ladezeit Ihrer Landing Page. Insgesamt sollten Sie die Relevanz Ihrer Anzeigen und Ihrer Landing Page zur Suchanfrage verbessern. Anzeigen und Keywords mit schlechtem Qualitätsfaktor sollten gelöscht werden.

10. Ich weiß nicht, wie ich meine Kampagne für das Display-Netzwerk optimieren soll

Kampagnen im Google Display-Netzwerk werden häufig vernachlässigt. Achten Sie darauf, die Leistungen regelmäßig zu kontrollieren, und schließen Sie Keywords und Placements aus, die nicht zielgerichtet sind. Überprüfen Sie Placements nach Kategorien und manuell hinzugefügte Placements.

Wichtig bei allen Maßnahmen zur Optimierung Ihrer Kampagne ist die konsequente Leistungsüberprüfung. Bedenken Sie, dass Sie mit der Optimierung nie wirklich fertig sein werden. Eine Leistungsoptimierung Ihrer Kampagne ist ein ständiger Kreislauf, und viele Nebenbedingungen können den aktuellen Status Ihrer Kampagne schnell verändern (z. B. das Wettbewerbsumfeld, aktuelle Ereignisse und damit veränderte Suchanfragen und vieles mehr). Optimieren Sie Ihre Kampagne Schritt für Schritt, und nehmen Sie nicht zu viele Veränderungen auf einmal vor, denn nur so können Sie feststellen, ob eine Optimierungsmaßnahme erfolgreich war oder nicht. Wir gehen auf das Thema in Kapitel 17, »Testverfahren«, noch genauer ein.

11.2.11 Bid Management

Sie haben inzwischen einen Eindruck davon gewonnen, wie viele Optimierungsmaßnahmen und individuelle Anpassungen an einer AdWords-Kampagne vorgenommen werden können, um möglichst gute Ergebnisse zu erzielen. Advertiser mit vielen unterschiedlichen Kampagnen und hohen Werbebudgets stehen oftmals vor der Aufgabe, diesen Anpassungen gerecht zu werden. Das manuelle Drehen an den unterschiedlichen Stellschrauben scheint oft nicht möglich. Daher bieten sogenannte *Bid Management Tools* eine automatische Optimierung an. Dabei wird der *Bid* (das Gebot) für Keywords, Anzeigengruppen, Kampagnen mit dem Ziel angepasst, einen größtmöglichen wirtschaftlichen Erfolg zu erzielen.

Tipp: Automatisierte Regeln

Mit der Funktion *automatisierte Regeln* (automated rules) können Sie Vorgaben zur automatischen Anpassung Ihrer Kampagnen machen und sich manuellen Optimierungsaufwand sparen. Beispielsweise können Sie festlegen, dass Keywords mit schlechten Leistungswerten automatisch pausiert werden sollen. Weitere mögliche Vorgaben sehen Sie in Abbildung 11.85.

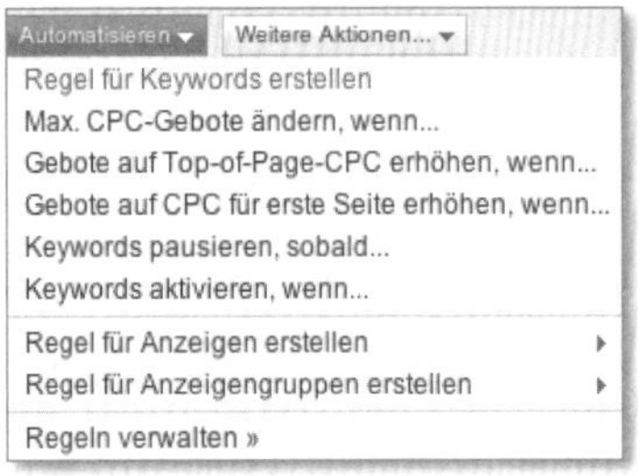

Abbildung 11.85 Festlegen von automatisierten Regeln im AdWords-Konto

Eine geeignete Agentur finden

Sollte Ihnen die Kampagnenoptimierung zu komplex erscheinen, müssen Sie nicht sofort das Handtuch werfen. Es gibt zahlreiche Agenturen und Dienstleister, die auf die Erstellung und Optimierung von AdWords-Kampagnen spezialisiert sind. Sie haben dann die Qual der Wahl. Schauen Sie sich die Referenzen, die Mitarbeiter und deren Ausbildung genau an, bevor Sie sich entscheiden. Google bietet ein Zertifizierungsprogramm an, an dem sowohl Einzelpersonen als auch Agenturen teilnehmen können. Hier müssen in regelmäßigen Abständen Fachprüfungen abgelegt werden. Erst dann dürfen sich die Dienstleister oder Agenturen mit einem Zertifizierungssiegel von Google schmücken. Mit der Google Partnersuche soll es Unternehmen erleichtert werden, eine geeignete Agentur zu finden. Damit ist ein Verzeichnis gemeint, das zertifizierte Agenturen auflistet und das von dem Bundesverband Digitale Wirtschaft e. V. unterstützt wird. Mehr dazu finden Sie unter *www.google.de/intl/de/adwords/agenturen/bvdw/*.

11.2.12 Der AdWords Editor

Mit dem *AdWords Editor* stellt Google Ihnen ein kostenfreies Tool zur Verfügung, das es Ihnen ermöglicht, auch offline an Ihren Kampagnen zu arbeiten. Unter *www.google.com/intl/de/adwordseditor* können Sie das Tool herunterladen und installieren. Es funktioniert für Mac und PC. Als Nächstes laden Sie Ihre AdWords-Kampagnen herunter. Nun können Sie sie offline bearbeiten und danach Ihre Änderungen wieder hochladen. Die Online-Bearbeitung ist weiterhin möglich. Wenn Sie dann mit dem AdWords Editor arbeiten möchten, laden Sie einfach den aktuellen Stand Ihrer Online-Kampagnen herunter.

Sie fragen sich, welche Vorteile das hat? Ein Hauptunterschied ist das Offline-Bearbeiten der Kampagnen. Grundsätzlich steht das Tool jedem zur Verfügung, es empfiehlt sich aber besonders zur Verwaltung mehrerer Konten (über MEIN KUNDENCENTER) oder bei einer enormen Anzahl an Keywords bzw. Placements. Dies ist z. B. für Agenturen empfehlenswert, die mehrere Kunden im Bereich AdWords betreuen. Sie können Ihren Änderungen Kommentare hinzufügen, damit auch andere Bearbeiter wichtige Informationen zu Bearbeitungsschritten sehen. So haben Sie auch später einen guten Überblick darüber, wer die Änderungen durchgeführt hat und zu welchem Zeitpunkt dies geschehen ist. Zudem können Sie im Menü unter DATEI die Option ÄNDERUNGEN ZUR GEMEINSAMEN VERWENDUNG EXPORTIEREN wählen und somit anderen Bearbeitern Ihre Änderungsvorschläge weiterleiten.

Besonders vorteilhaft ist das schnelle Durchführen von umfangreichen Änderungen: Wenn Sie online in Ihrem AdWords-Konto beispielsweise eine Vielzahl an Keywords bearbeiten, kann die Datenübertragung einige Zeit in Anspruch nehmen, bevor Sie weiterarbeiten können. Mit dem AdWords Editor laden Sie Ihre Änderungen nach der Bearbeitung hoch.

Generell können Sie alle Bearbeitungen (das heißt das Hinzufügen, Bearbeiten, Pausieren und Löschen) auf den verschiedenen Kontoebenen auch offline vornehmen (Abbildung 11.86). Mit umfangreichen Sucheinstellungen können Sie benutzerdefinierte Ansichten einstellen.

Unter der sogenannten Bulk-Bearbeitung versteht man das gleichzeitige Vornehmen von Änderungen an verschiedenen ausgewählten Elementen. So können Sie z. B. mit dem Befehl ERWEITERTE ÄNDERUNGEN AN URLS oder ERWEITERTE GEBOTSÄNDERUNGEN für alle ausgewählten Elemente die gleichen Änderungen vornehmen. Auch die bekannte Funktion SUCHEN UND ERSETZEN ist möglich. Unter TOOLS im Menü können Sie beispielsweise auch nach identischen Keywords suchen.

Darüber hinaus können Sie ganze Kampagnen oder nur Teile davon kopieren und wunderbar als Vorlage verwenden. Auch die Funktion Drag & Drop ist mit dem AdWords Editor möglich: So können Sie Elemente in der Baumstruktur des Kontos ganz einfach an eine andere Position verschieben.

Tipp: Kampagnenentwurf

Mit dem AdWords Editor können Sie eine Kampagne auf Probe erstellen, das heißt, sie ist zunächst nur im Editor sichtbar. Sie können auch einer bestehenden Kampagne den Status KAMPAGNENENTWURF zuweisen. Erst zu dem Zeitpunkt, wenn Sie den Status auf AKTIV ändern, werden die Inhalte hochgeladen.

Mit dem sogenannten *Keyword-Manager* können Sie weitere Keywords für Ihre Kampagnen finden. So können Sie weitere themenrelevante Begriffe identifizieren und deren voraussichtliches Suchvolumen und die Wettbewerbsdichte anzeigen lassen (*Keyword-Erweiterung*). Weiterhin kann das Tool auf Grundlage Ihrer Website-URL weitere Keywords ausgeben. Diese Keywords stellen relevante Suchanfragen dar, die im letzten Jahr von Benutzern eingegeben wurden (*suchbasierte Keywords*). Zudem können Sie Kombinationen von Keywords erstellen: Geben Sie beispielsweise in die erste Liste verschiedene Adjektive ein und in die zweite Liste verschiedene Produkte, kombiniert das Tool alle möglichen Varianten, und Sie haben eine neue Keyword-Liste mit Mehrwortkombinationen (*Keyword-Multiplikator*).

Das *Keyword-Gruppierungstool* (Sie erreichen es über die Menüleiste unter TOOLS) können Sie verwenden, wenn Sie Ihre Keyword-Liste in Gruppen verwandter Begriffe strukturieren möchten. Ein weiterer Vorteil ist die Überprüfung Ihrer Änderungen. Wenn Sie im Menü unter KONTO auf ÄNDERUNGEN ÜBERPRÜFEN klicken, werden Ihnen Fehler oder Probleme bei Ihren Änderungen angezeigt. Sie haben dann die Möglichkeit, Korrekturen vorzunehmen und Ihre Änderungen erneut hochzuladen.

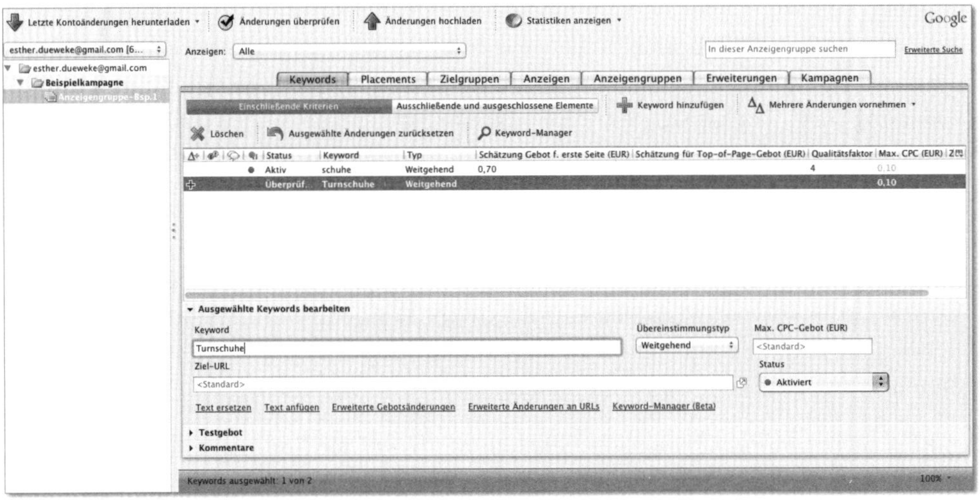

Abbildung 11.86 Mit dem AdWords Editor können Sie Ihre Kampagnen offline bearbeiten.

Einen entscheidenden Vorteil bietet die Funktion der Sicherheitskopien. So können Sie von jedem Status quo Ihrer Bearbeitung Sicherungen erstellen. Sollte sich herausstellen, dass eine umfangreiche Bearbeitung Ihrer Kampagnen nicht zum gewünschten Erfolg führt, sondern im Zweifelsfall die Kampagnenleistung sogar negativ beeinflusst, können Sie mit der Sicherungskopie den gewünschten (alten) Stand wieder aufrufen und in Ihrem Konto hochladen. Der alte Stand ist damit wiederhergestellt.

Sie können Statistiken zu Ihrer Kampagnenleistung anzeigen lassen (DATEN • STATISTIKEN) oder auch herunterladen. Sie haben zudem die Möglichkeit, die Statistiken zu sortieren. Lassen Sie sich beispielsweise alle Keywords anzeigen, die inaktiv sind, und erhöhen Sie dann beispielsweise ganz einfach für all diese Keywords das Gebot (sofern Sie dies für die richtige Optimierungsstrategie halten).

Es gibt eine Reihe von sogenannten Shortcuts, die Ihnen das Arbeiten mit dem AdWords Editor erleichtern, da Sie anstelle der Menüauswahl eine bestimmte Tastenkombination verwenden können. Eine Auflistung der Shortcuts finden Sie unter *www.google.com/support/adwordseditor* unter WINDOWS SCHNELLHILFE oder MAC SCHNELLHILFE. Sie erreichen die Schnellhilfen über den Pfad TOOLS UND NAVIGATION • TOOLS ZUR BEARBEITUNG.

11.3 AdWords vs. AdSense

Sie haben nun erfahren, wie Sie mit dem Werbeprogramm Google AdWords effektive Kampagnen schalten können. An einigen Stellen haben wir dabei schon das zweite Werbeprogramm, nämlich Google AdSense, erwähnt. Wir möchten Ihnen im Folgenden den Unterschied zwischen den beiden Werbeprogrammen näher erläutern. Weitere Informationen zu AdSense finden Sie darüber hinaus in Kapitel 19, »Monetarisierung – Einnahmen mit der Website erzielen«.

Bei Google AdWords haben Sie die Möglichkeit, Ihre Anzeigen auch auf anderen Websites zu integrieren. Und hier kommt AdSense ins Spiel, denn es stellt sozusagen den Gegenpart dar: Hier haben Sie als Website-Betreiber die Möglichkeit, die AdWords-Anzeigen zu platzieren, und werden an jedem Klick beteiligt, den ein Nutzer auf eine Anzeige tätigt. Das Programm analysiert dabei den Inhalt Ihrer Website und wählt automatisch die Anzeigen aus, die zum Content Ihrer Site passen. Somit präsentieren Sie Ihrer Zielgruppe themenrelevante Anzeigen beispielsweise als Text- oder Image-Anzeige. Sie können die Anzeigendarstellung an die Darstellung Ihrer Website anpassen und z. B. die Farben oder die Größe der Anzeigenblöcke bearbeiten. Zudem können Sie Anzeigen Ihrer Konkurrenten verweigern. Durch die redaktionellen Richtlinien im AdWords-Programm werden nur Anzeigen geschaltet, die diesen Vorgaben entsprechen. Sie als Publisher der Werbeanzeigen werden monatlich an den Klickeinnahmen beteiligt. Um an dem AdSense-Werbeprogramm teilnehmen zu können, müssen Sie sich mit Ihrer Website bewerben, wobei keine Kosten auf Sie zukommen. Darüber hinaus müssen Sie einen Code in Ihre Website integrieren, damit Werbeanzeigen geschaltet werden können.

In Abbildung 11.87 sehen Sie die wesentlichen Unterschiede der beiden Werbeprogramme noch einmal auf einen Blick.

Im Mai 2010 legte Google seine Werbeeinnahmen durch AdSense erstmals offen. Demnach fließen durch die Werbeprogramme *AdSense for Content* und *AdSense for Search* keine unwesentlichen Beträge an Google. Bei Ersterem, also bei der Aussteuerung von Werbeanzeigen passend zum Content der Seite, beläuft sich die Summe auf ein Drittel der Einnahmen wohingegen, der Publisher 68 % erhält. Bei der Integration der Google-Suche auf anderen Websites und der zu den Suchbegriffen passend ausgelieferten Werbung (AdSense for Search) schlägt Google mit 49 % ebenfalls wenig zurückhaltend zu.

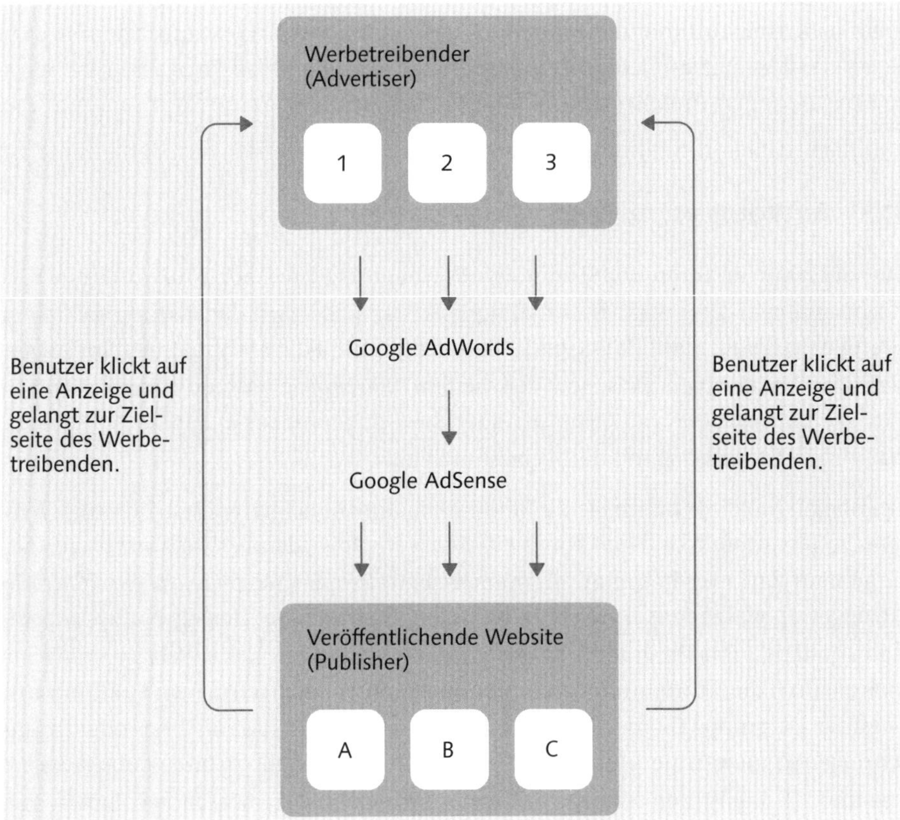

Abbildung 11.87 Der Zusammenhang der Werbeprogramme Google AdWords und Google AdSense

11.4 Empfehlung

Das AdWords-Werbeprogramm von Google ist eine effektive Möglichkeit, eine Zielgruppe in dem Moment anzusprechen, wenn sie ein konkretes Suchbedürfnis hat. Bei dem richtigen Einsatz ist AdWords eine besonders transparente und im Vergleich zu anderen Werbemedien durchaus kostengünstige Möglichkeit, potenzielle Kunden zu erreichen.

Wir empfehlen Ihnen als AdWords-Anfänger, zunächst kleinere Bereiche Ihres Angebots zu bewerben, um Erfahrungen sammeln zu können und Ihre Kosten gering zu halten. Wichtig sind vor allem die konsequente Beobachtung der Kampagnenleistung sowie das Testen von diversen Optimierungsmaßnahmen. Letztendlich gewinnen Sie die größte Erkenntnis, wenn Sie testen, testen, testen. Google gibt Ihnen einige sehr hilfreiche Tools an die Hand, um Ihre Kampagnenleistung zu verbessern. Sie sollten aber niemals Ihr eigentliches Werbeziel aus den Augen verlieren.

Tipps zur Vertiefung in das Thema

Wie eingangs beschrieben, ist das Thema Google AdWords sehr komplex und kann allein ganze Bücher füllen. Wir haben Ihnen in diesem Kapitel die grundlegenden Punkte nähergebracht, die Sie zum Aufsetzen und Optimieren einer AdWords-Kampagne wissen sollten. Sollten Sie darüber hinaus mehr Informationsbedarf haben, dann empfehlen wir die angegebenen Quellen am Ende des Buches.

11.5 Suchmaschinenwerbung (SEM) to go

- Die großen Suchmaschinen bieten zusätzlich zu den sogenannten organischen Suchergebnissen auch die Möglichkeit, Werbeanzeigen zu schalten. Diese erscheinen am rechten Seitenrand und zum Teil auch auf den Toppositionen über oder auch unterhalb der Suchergebnisse. Die Anzeigenbereiche sind leicht farblich hinterlegt und mit »Anzeige« beschriftet. Das Werbeprogramm des Marktführers Google heißt Google AdWords, die folgenden Hinweise beziehen sich daher auf Google AdWords.
- Auch wenn die Bezeichnung SEM (Search Engine Marketing), die auch die Suchmaschinenoptimierung (SEO) umfasst, weit verbreitet ist, wird die Suchmaschinenwerbung, also die Anzeigenschaltung bei den Suchergebnissen, korrekterweise als SEA (Search Engine Advertising) bezeichnet.
- Im Vergleich zu anderen Marketingmöglichkeiten im Internet bieten Anzeigen mithilfe von Keywords geringe Streuverluste und erreichen den Nutzer genau in dem Moment, in dem er etwas sucht.
- Grundlegend beim Keyword-Advertising ist die Recherche nach relevanten und zum Angebot passenden Suchbegriffen. Eine gute Recherchequelle ist dabei das Google Keyword-Tool. Darüber hinaus existieren noch zahlreiche weitere Hilfsmittel und Tools, die herangezogen werden können.
- Werbetreibende legen für ihre Anzeigen bestimmte Keywords fest und erstellen dazu passende Anzeigen, um ihre Werbebotschaft zu übermitteln. Diese Anzeigen bestehen aus vier Zeilen: dem Anzeigentitel, dem Anzeigentext und schließlich der Anzeigen-URL. Zusätzlich wird eine Ziel-URL festgelegt, die den Nutzer, der eine Anzeige anklickt, auf die Website des Werbetreibenden leitet. Zudem sind verschiedene Anzeigenerweiterungen möglich.
- Von großer Bedeutung ist die Relevanz zwischen Suchanfrage, Anzeige und Landing Page. Google bewertet die Anzeigen mit dem sogenannten Qualitätsfaktor

(*Quality Score*), der auch ausschlaggebend für die Positionierung der Anzeige ist und in die Kostenberechnung einfließt.

- Suchmaschinenwerbung ist auch unter dem Begriff CPC-Marketing bekannt, da der Werbende erst dann bezahlt, wenn eine Anzeige angeklickt wird (Cost-per-Click). Sie haben die Möglichkeit, ein Tagesbudget festzulegen, das von dem Werbesystem nicht überschritten wird und Ihnen damit Kostenkontrolle gewährleistet. Da die Qualität einer Anzeige besonders wichtig ist, wird die Anzeigenposition nicht allein über den Klickpreis bestimmt. Das bedeutet: Anzeigenpositionen lassen sich durch Geld allein nicht kaufen.
- Im Werbesystem werden Ihnen Kennzahlen, z. B. die Conversionrate, zur genauen Leistungskontrolle ausgewiesen. So ist es möglich und auch unbedingt empfehlenswert, die Kampagnen regelmäßig zu überprüfen und Feinjustierungen vorzunehmen.
- Neben den Textanzeigen können Sie weitere Werbeformate, wie z. B. Image-Anzeigen, Videoanzeigen oder mobile Anzeigen auf anderen Websites im sogenannten Display-Netzwerk (früher unter dem Namen Content-Netzwerk bekannt) aussteuern.
- Einige Unternehmen beschäftigen spezielle Online-Marketingagenturen für die Organisation von Suchmaschinenwerbung. Grundsätzlich kann sich aber jeder Website-Betreiber ein Werbekonto erstellen und Anzeigen schalten.

11.6 Checkliste Suchmaschinenwerbung (SEM)

Haben Sie eine detaillierte Keyword-Recherche durchgeführt und Schlüsselwörter identifiziert, die zu Ihrem Angebot passen? Berücksichtigen Sie Keyword-Optionen wie Broad, Phrase und Exact Match?	
Ergänzen Sie regelmäßig Ihre Keyword-Liste um neue, relevante Begriffe?	
Haben Sie ausschließende Keywords (*Negatives*) festgelegt?	
Ist Ihr AdWords-Konto sinnvoll strukturiert und in verschiedene Anzeigengruppen unterteilt?	
Haben Sie Ihre Länder-, Sprach- und Budgeteinstellungen überprüft? Passt die Reichweite zu Ihrem Unternehmen? Ist das eingestellte Budget ausreichend?	
Haben Sie die Einstellungen zur Anzeigenauslieferung überprüft?	

Tabelle 11.4 SEM-Checkliste

Haben Sie für jede Anzeigengruppe mindestens zwei Anzeigen formuliert, die eine attraktive Werbebotschaft transportieren?	
Haben Sie an sinnvollen Stellen innerhalb Ihrer Anzeigen mit der *Dynamic Keyword Insertion* gearbeitet?	
Haben Sie passende Landing Pages ausgewählt, die ebenfalls das entsprechende Keyword bzw. Angebot enthalten?	
Haben Sie auch das Display-Netzwerk für Ihre Kampagne in Betracht gezogen und Keywords für das Display-Netzwerk in einer eigenen Kampagne angelegt?	
Haben Sie Websites identifiziert, die im Display-Netzwerk gute und weniger gute Ergebnisse erzielen, und entsprechende Anpassungen vorgenommen?	
Haben Sie zur Erfolgskontrolle Ihrer Anzeigen Conversion-Ziele definiert und einen Conversion-Code in die entsprechenden Websites integriert?	
Überprüfen Sie in regelmäßigen Abständen die Ergebnisse Ihrer Anzeigen, und nehmen Sie entsprechende Optimierungsmaßnahmen vor?	
Nehmen Sie Maßnahmen vor, um den Qualitätsfaktor zu erhöhen?	

Tabelle 11.4 SEM-Checkliste (Forts.)

Kapitel 12
Suchmaschinenoptimierung (SEO)

»Die Position des Suchergebnisses ist das wichtigste Kriterium für den Klick: In den Untersuchungsszenarien erfolgen 45 % der Klicks auf den oberen organischen Suchergebnissen, vier von zehn Klicks gehen auf die oberen, linken Anzeigen.«
– BVDW Eye-Tracking-Studie

In diesem Kapitel lernen Sie, wie Sie in Suchmaschinen besser gefunden werden. Wir räumen mit den Mythen zum Thema SEO auf, erklären die Ranking-Faktoren und Maßnahmen, um höhere Positionen in Suchmaschinen, allen voran in Google, zu erhalten. Zudem gehen wir auf die zu beachtenden Aspekte bei einem möglichen Website-Relaunch und Domain-Umzug ein. SEO-Verbote und -Gebote bilden den Abschluss des Kapitels, gefolgt von einem Kurzüberblick »to go« und einer Checkliste.

In der Suchmaschinenoptimierung (Abkürzung *SEO* für *Search Engine Optimization*) geht es darum, möglichst gut in den natürlichen (organischen) Ergebnissen der Suchmaschinen gefunden zu werden. Im Englischen werden für SEO auch die Begriffe *Organic* oder *Natural Search* verwendet. Die Positionierung im Anzeigenbereich der Suchmaschinen wird dagegen als *SEA* oder *SEM* (Search Engine Advertising/Marketing) bezeichnet. Diesen Bereich des Online-Marketings beschreiben wir in Kapitel 11, »Suchmaschinenwerbung (SEM)«, näher. Die Suchmaschinenoptimierung basiert auf der vorangehenden Keyword-Recherche für Ihre Website, die wir in Abschnitt 10.5, »Keyword-Recherche – die richtigen Suchbegriffe finden«, erklärt haben. Um im SEO-Bereich erfolgreich zu sein, ist diese Analyse der relevanten Suchbegriffe sehr wichtig. Für welche Begriffe möchten Sie mit Ihrer Website möglichst gut positioniert sein? Die Keyword-Recherche steht also am Anfang der Suchmaschinenoptimierung. Danach geht es an die Optimierung des Website-Rankings in Suchmaschinen.

Man unterscheidet bei der Suchmaschinenoptimierung zwischen On-Page- und Off-Page-Optimierung. Dies betrifft die verschiedenen Kriterien, nach denen die Suchmaschinen die Suchergebnisse bewerten. In die On-Page-Optimierung fällt alles, was Sie auf der Website selbst ändern können. Die Off-Page-Optimierung beschäftigt sich mit allen externen Faktoren, die außerhalb der Website stattfinden. Dies sind insbesondere externe Verlinkungen. Im Bereich der Suchmaschinenoptimierung gibt es leider immer noch viel Unwissenheit, da auch die Suchmaschinenbetreiber ein großes Geheimnis um das Ranking der Suchergebnisse machen. Dadurch kommen immer wieder Mythen rund um die Suchmaschinenoptimierung auf. Diese sehen wir uns zunächst an, um etwas mehr Licht ins Dunkel zu bringen.

12.1 Zehn Mythen über die Suchmaschinenoptimierung

Sicher haben Sie schon einiges über Suchmaschinenoptimierung gehört und gelesen. Im Internet kursieren sehr viele Tipps, die über Internetforen und Blogs diskutiert werden. Daher wollen wir an dieser Stelle auf die Mythen über die Suchmaschinenoptimierung eingehen, die immer wieder im Netz oder in Gesprächen auftauchen. Wir möchten Sie damit für ein Thema sensibilisieren, das durchaus komplex, aber keine Hexerei, sondern solides Handwerk ist und ein wenig technisches sowie betriebswirtschaftliches Denken erfordert. Das Ranking einer Webseite wird von vielen verschiedenen Faktoren beeinflusst. Google selbst gibt eine Zahl von über 200 Faktoren an, die als *Signale* einer Webseite bezeichnet werden. Sie können sich also nicht nur auf einen Faktor verlassen, um damit große Erfolge zu erzielen. Es gilt, an verschiedenen Stellen zu optimieren, die wir Ihnen im Folgenden vorstellen werden. Zuerst schauen wir uns aber die immer wieder aufkommenden Mythen zur Suchmaschinenoptimierung an.

Mythos 1: Ein hoher PageRank ist das Maß der Dinge bei SEO!

Häufig wird angenommen, dass der PageRank ein Maß für das Besucheraufkommen oder das gute Ranking einer Website in Suchmaschinen ist. Der PageRank ist ein Indikator für die Verlinkung einer Website im Internet. Er beschreibt also, wie viele Links Sie gesammelt haben und wie gut diese sind. Quantität und Qualität der Verlinkungen zu einer Website bestimmen somit den PageRank. Dieser beeinflusst aber nicht direkt die Besucheranzahl auf Ihrer Homepage. Oder schauen Sie beim Surfen im Netz jeweils auf den PageRank der von Ihnen besuchten Seite? Zudem wird der PageRank nur ganzzahlig von 0 bis 10 ausgewiesen und ist damit viel zu ungenau, um richtige Aussagen zu treffen. Weitere Informationen zum PageRank, dazu, wie Sie ihn anzeigen lassen können, und zu seiner Berechnung finden Sie in Kapitel 10, »Suchmaschinen – finden und gefunden werden«.

Mythos 2: Die wichtigen Suchbegriffe müssen in die Meta-Keywords geschrieben werden!

Die Annahme, dass wichtige Suchbegriffe in das Meta-Tag "`keywords`" geschrieben werden müssen, um besser zu ranken, ist veraltet, aber immer noch häufig zu lesen und zu hören. Zu Anfangszeiten der Suchmaschinen, war dies eine gute Methode, um bessere Positionen zu erreichen. Dies wurde aber schnell missbraucht, indem sehr viele Begriffe verwendet oder unpassende Keywords angegeben wurden. Daher haben die meisten Suchmaschinenbetreiber entschieden, die Meta-Keywords nicht mehr auszuwerten. Verschwenden Sie also keine Zeit daran. Trotzdem können Sie aber der Vollständigkeit halber die Meta-Keywords passend für jede Webseite mit drei bis zehn zutreffenden Begriffen ausfüllen.

Mythos 3: Die Website sollte bei möglichst vielen Suchmaschinen angemeldet werden!

Auch dies ist ein Mythos, der eher aus den Anfangstagen der Suchmaschinen kommt. Bitte nutzen Sie keine Angebote, die Ihre Website bei vielen Suchmaschinen anmelden. Wie Sie schon gesehen haben, gibt es nur wenige Suchmaschinen, die wirklich relevant sind. Nur auf diese Suchmaschinen sollten Sie sich konzentrieren. Gute Suchmaschinen nehmen Ihre Website automatisch auf, ohne dass eine Anmeldung nötig ist.

Mythos 4: Suchmaschinenoptimierung ist kostenlos!

Dadurch, dass die natürlichen Suchergebnisse in Suchmaschinen kostenlos angeboten werden, entsteht oft der Eindruck, Suchmaschinenoptimierung sei kostenlos. Zwar können viele Maßnahmen der Suchmaschinenoptimierung selbst vorgenommen werden, aber auch dies kostet Sie Zeit. Die Beratung durch externe Spezialisten oder die suchmaschinenfreundliche Programmierung der Website ist häufig zeitaufwendig. Daher kostet SEO vor allem Personalressourcen, die natürlich nicht kostenlos sind. Im Vergleich zu anderen Online-Marketingmaßnahmen ist SEO aber ein sehr kostengünstiger Kanal, mit dem Sie langfristig für viele Besucher auf Ihrer Website sorgen können. Überlegen Sie sich also, wie viel Zeit und Geld Sie in die Suchmaschinenoptimierung investieren möchten.

Mythos 5: Suchmaschinenoptimierung macht man am Anfang bei der Erstellung der Website!

Suchmaschinenoptimierung ist ein kontinuierlicher Prozess, mit dem man nie ganz fertig wird. Sie kennen es sicher selbst, dass man in vielen Dingen immer Verbesserungen vornehmen kann, z. B. bei der täglichen Arbeit, am eigenen Haus oder am Design einer Website. Ähnlich verhält es sich auch in der Suchmaschinenoptimierung. Hier kommt hinzu, dass es ständig neue Entwicklungen an einer Website gibt und dass auch die Suchmaschinenalgorithmen ständig weiterentwickelt werden. Ständige Änderungen an der Website, der Wettbewerb mit anderen Websites und der sich kontinuierlich entwickelnde Suchmaschinenalgorithmus machen SEO zu einem stetigen und dynamischen Prozess, der kein Ende hat, wenn Sie eine kontinuierliche Verbesserung Ihrer Positionen in Google und Co. erreichen wollen.

Mythos 6: »Wir bringen Sie in Google auf Platz 1!«

Falsche Versprechen für Positionierungen finden Sie wahrscheinlich häufiger in Broschüren von unseriösen Suchmaschinenoptimierern oder Online-Agenturen. Lassen Sie sich hier nicht verwirren. Diese Versprechen sind in der Realität meist nicht umsetzbar. Außerdem sollten Sie nachfragen, zu welchem Suchbegriff eine Platz-1-Positionierung möglich ist. Da alle Website-Betreiber diese Position anstreben, sind viele Suchbegriffe stark umkämpft. Hier einen ersten Platz zu erreichen, ist oft sehr schwierig. Bietet Ihnen ein Dienstleister trotzdem diese Positionierung an, ist es wahrscheinlich, dass mit nicht zu empfehlenden Methoden gearbeitet wird, die das Vertrauen von Google und anderen Suchmaschinen in Ihre Website nachhaltig beeinträchtigen können.

Mythos 7: »Content is King!«

Häufig findet man die Aussage »Content is King«, wenn es um Suchmaschinenoptimierung geht. Sicher sind die Inhalte einer Website sehr wichtig für Ihre Nutzer und auch für die Suchmaschinen. In der Suchmaschinenoptimierung gibt es aber noch weitere wichtige Punkte, die nicht vernachlässigt werden sollten. Die Suchmaschinen haben in ihren Algorithmen mehrere Faktoren, die sie zur Berechnung der Positionen nutzen. Wenn Sie sich also nur auf einen Faktor verlassen, wie z. B. guten Inhalt, werden Sie keine hohen Positionen erreichen. Wichtig sind ebenso eine suchmaschinenfreundliche Website und gute Verlinkungen im Netz zu Ihren Inhalten.

Mythos 8: Weiße Schrift auf weißem Hintergrund!

Für die Suchmaschinenoptimierung brauchen Sie eine Menge an Text. Manchmal wollen Sie aber eine Seite nicht mit Text vollstopfen. Was also tun? Oft kommt dann die Idee auf, den Text zu verstecken, z. B. mit weißem oder hellgrauem Text auf weißem Hintergrund. Lassen Sie die Finger davon! Versteckte Texte verstoßen gegen die Richtlinien der Suchmaschinen und helfen Ihnen nicht. Für den Algorithmus einer Suchmaschine ist es relativ einfach, die Textfarbe mit der Hintergrundfarbe abzugleichen, und wenn dann ein Mitarbeiter von Google auf Ihre Seite schaut, müssen Sie mit zum Teil fatalen Konsequenzen leben.

Mythos 9: Bezahlte Keyword-Werbung führt auch zu einem besseren Ranking!

Immer noch weit verbreitet ist die Annahme, dass man sich über eine Bezahlung bessere Rankings in den organischen Suchergebnissen erkaufen kann. Dies ist aber nicht der Fall. Auch die Korrelation eines besseren Rankings mit einem hohen Budget in der Keyword-Werbung über Googles AdWords-Programm kann als Mythos bezeichnet werden, was auch von Google so bestätigt wird. Wenn Sie Fälle entdecken, in denen hohe AdWords-Budgets mit guten organischen Ergebnissen zusammenhängen, ist dies meist der Fall, weil Suchmaschinenoptimierung betrieben wird.

Mythos 10: Für ein gutes Ranking brauche ich sehr viele Links!

Wenn Sie sich schon etwas intensiver mit der Suchmaschinenoptimierung beschäftigt haben, werden Sie gehört haben, dass Links sehr wichtig für die Suchmaschinenoptimierung sind. Eingehende Links sind ein wichtiger Faktor. Aber achten Sie nicht ausschließlich auf die Anzahl der Links. Wichtiger ist die Qualität. Schauen Sie z. B. besser auf die Anzahl der Links von verschiedenen Domains. Die Gesamtzahl an Links ist nicht richtig vergleichbar mit der Konkurrenz, da Links auf einer Domain hundert- bis tausendfach vorkommen können, z. B. durch die Integration eines Links im Footer-Bereich oder als fester Link in der Navigationsspalte (*Sidebar*).

Sie sehen, es gibt viele verschiedene Aspekte, die SEO komplex erscheinen lassen. Achten Sie bei Maßnahmen für die Suchmaschinenoptimierung Ihrer Website auf Ihr Bauchgefühl, und versetzen Sie sich in die Position eines Suchmaschinenbetreibers, wenn Sie die unterschiedlichen Maßnahmen und Aussagen bewerten. Sicher wollen Sie selbst ungern hintergangen werden, Gleiches gilt für die Suchmaschinen. Nutzen Sie also Ihren gesunden Menschenverstand für das Thema SEO, und Sie werden von einer kontinuierlich steigenden Besucherzahl profitieren.

12.2 SEO-Ranking-Faktoren – wie komme ich auf Platz 1?

Lassen wir die Mythen hinter uns, und gehen wir nun an die handfeste Optimierung Ihrer Website, um bessere Positionierungen und damit mehr Besucher für Ihre Website zu erreichen. Wir wollen Ihnen als Erstes die Grundprinzipien der Suchmaschinenoptimierung näherbringen und auf einige Eigenheiten im Google-Ranking eingehen, da Google für Sie die wichtigste Rolle unter den Suchmaschinen einnehmen wird. Über SEO-Tools wie Sistrix (*www.sistrix.de*) oder Searchmetrics (*www.searchmetrics.com*) können Sie das Ranking einzelner Websites in der Suchmaschine Google einsehen (Abbildung 12.1). In den Tools gibt es Übersichten, welche Websites am besten in Google gefunden werden. Diese Websites können Sie als Beispiele für gute Suchmaschinenoptimierung ansehen und für eigene Ideen nutzen. Besonders Wikipedia gilt als Best Practice für die Suchmaschinenoptimierung.

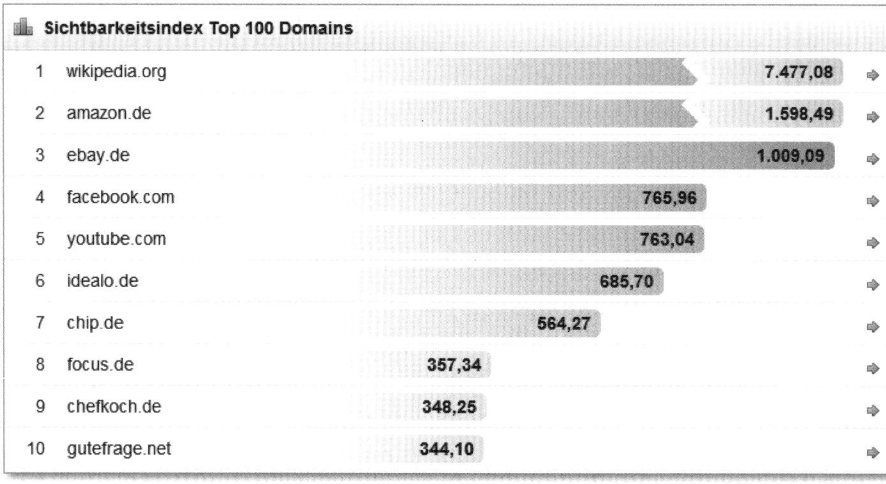

Abbildung 12.1 Top 10 der meistgefundenen Websites in *Google.de* (Stand Mai 2012, Quelle: Sistrix Toolbox)

Ein solch hohes Niveau an Auffindbarkeit in Google lässt sich nicht mit einem Schlag erreichen. In den folgenden Abschnitten erklären wir Ihnen, wie Sie Schritt für Schritt Ihr eigenes Ranking für Ihre Website verbessern können und damit immer besser in Google gefunden werden.

12.2.1 Die Grundprinzipien für ein besseres Ranking in Suchmaschinen

In Kapitel 10, »Suchmaschinen – finden und gefunden werden«, haben wir schon die grundlegende Arbeitsweise der Suchmaschinen beschrieben. Das Ranking in Suchmaschinen wird durch verschiedenste Faktoren bestimmt. Diese Faktoren werden auch als Ranking-Signale bezeichnet. Allgemein werden diese in On-Page- und Off-Page-Faktoren unterschieden. Als On-Page-Faktor bezeichnet man alle jene, die auf der eigenen Website beeinflusst werden können. Sie können hier z. B. an Texte, Bilder, HTML-Quellcode und vieles mehr denken. Die Off-Page-Faktoren dagegen bezeichnen alle jene, die außerhalb Ihrer Website stattfinden. Dies sind vor allem Verlinkungen von anderen Websites zu Ihrer. Diese grundlegenden Faktoren sind bei den meisten Suchmaschinen ähnlich, sodass Sie mit Optimierungsmaßnahmen bei allen Suchmaschinenanbietern besser gefunden werden.

Doch welche Ranking-Faktoren sind nun am wichtigsten? SEOmoz, ein auf SEO spezialisiertes Unternehmen, erhebt alle zwei Jahre eine Studie, in der Experten die einzelnen SEO-Faktoren bewerten (*www.seomoz.org/article/search-ranking-factors*). Damit wird eine Gewichtung der wichtigsten Faktoren für die Suchmaschinenoptimierung vorgenommen. In Abbildung 12.2 sehen Sie die Auswertung der Studie zu den aus Expertensicht wichtigsten Metriken zur Bestimmung des Suchergebnisalgorithmus.

Auf den Plätzen 1 und 2 stehen die Verlinkungsmetriken für eine einzelne Seite und die Verlinkung der gesamten Website. Sie sehen daran, dass Verlinkungen ausschlaggebend für ein gutes Ranking sind. Weiteres wichtiges Element ist die richtige Keyword-Nutzung auf Seiten- und Domain-Ebene. Danach folgen Ranking-Signale aus dem Social-Media-Bereich und der Einfluss einer starken Marke auf das Suchmaschinen-Ranking.

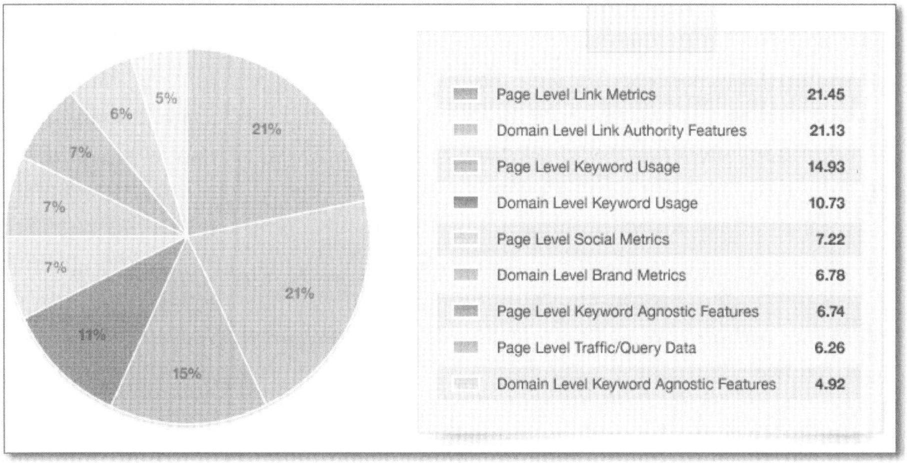

Abbildung 12.2 SEOmoz Ranking Factors 2011

Damit haben Sie einen ersten Eindruck, worauf es bei der Suchmaschinenoptimierung grundlegend ankommt. Es sei aber darauf hingewiesen, dass die Ranking-Faktoren ständigen Änderungen unterliegen und sich die Expertenmeinung im Lauf der Zeit ändern. Die Grundprinzipien werden sicher bestehen bleiben. Interessant bleibt zu beobachten, inwieweit die sozialen Ranking-Signale und der Einfluss von starken Marken weiter zunehmen und die Suchergebnisse zukünftig beeinflussen.

12.2.2 Die Besonderheiten im Ranking-Algorithmus von Google

Wie Sie schon wissen, geht es in der Suchmaschinenoptimierung in Europa vor allem um Google. Prinzipiell arbeiten die meisten Suchmaschinen aber nach ähnlichen Kriterien, sodass die Optimierungen an Ihrer Website z. B. auch für das Ranking in Bing helfen. Google hat aber ein paar Eigenheiten, die wir Ihnen hier aufzeigen wollen.

Der Google PageRank

In Abschnitt 10.3.2, »Ranking-Kriterien für Suchmaschinen«, haben wir Ihnen bereits den Google PageRank (PR) vorgestellt. Dies war und ist die Grundlage für die Suchmaschine Google, um Suchergebnisse zu bewerten. Die Theorie der Google-Gründer bewertet die Verlinkungen einer Website als Empfehlungen und erstellt darüber die

Reihenfolge der Suchergebnisse. Jeder Website wurde damit ein PageRank Wert von 0 bis 10 zugewiesen. Dieser ist auch öffentlich einsehbar. Daher wurde Suchmaschinenoptimierung häufig nur über diesen Wert beurteilt. Inzwischen wird in der professionellen Suchmaschinenoptimierung aber nicht mehr so stark auf den PageRank geachtet, da er nur noch eine geringe Aussagekraft über den SEO-Wert einer Website bietet.

Universal-Search-Ergebnisse

Eine weitere Eigenheit von Google – die man inzwischen auch bei Bing findet – sind die sogenannten *Universal-Search-Ergebnisse*, also zusätzliche Einblendungen zu den regulären zehn Suchergebnissen. Denken Sie z. B. an Landkarteneinblendungen, Bilder, Videos und aktuelle News-Ergebnisse. Zusätzlich erscheinen auch immer mehr auf die Suchanfrage angepasste Infoboxen (sogenannte *One-Boxes*), z. B. bei Begriffen zum Thema Wetter, Finanzen, Sportergebnissen, Kinoprogramm oder Flugplänen. Diese zusätzlichen Ergebnisse beeinflussen die Suchmaschinenoptimierung, da Google hier prominente Platzierungen anderweitig vergibt und zumeist auf eigene Angebote, wie z. B. Google News oder Google Finance, verweist (Abbildung 12.3).

Abbildung 12.3 Google One-Box für Aktienkurse

Änderungen am Google-Algorithmus

Der Suchmaschinen-Algorithmus ist bei Google nicht in Stein gemeißelt. Die Grundkonzeption aus On-Page- und Off-Page-Signalen bleibt zwar weiterhin bestehen, aber mit der Zeit werden die Algorithmen immer mehr verfeinert. Dies folgt aus der ständigen Weiterentwicklung in der Website-Programmierung und -gestaltung, dem ständigen Bemühen von Google, dem Nutzer das beste Suchergebnis zu bieten, und letztlich auch aus den teilweise negativ zu bewertenden SEO-Maßnahmen mancher Website-Betreiber, die häufig zu einem besseren Ranking einer Seite führen, die aber aus Nutzersicht nicht die besseren Ergebnisse darstellt. So muss Google regelmäßig mit kleineren und größeren Änderungen am Algorithmus nachsteuern. Der Suchmaschinenbetreiber gibt an, dass jährlich mehr als 400 Änderungen vorgenommen werden.

Das Google-Panda-Update

Häufig wird über die großen Google-Updates wie Panda und Pinguin gesprochen, da diese öffentlichkeitwirksam von Google verkündet werden und teils größere negative Auswirkungen für einzelne Websites haben. Diese großen Updates sind aber nur ein kleiner Teil der gesamten Änderungen, die Google an seinem Algorithmus vornimmt. Beim Google-Panda-Update, welches am 12. August 2011 Deutschland erreichte, wurden vor allem Websites heruntergestuft, die eine schlechte Nutzererfahrung für den Suchenden enthielten (Abbildung 12.4). Sicher haben Sie selbst auch schon einmal erlebt, dass Sie mit den Suchresultaten nicht zufrieden waren. Achten Sie bei Ihren SEO-Aktivitäten also auch auf die Bedürfnisse der Suchenden. Werden diese nicht erfüllt, erkennen Sie das z. B. an hohen Abbruchraten (*Bounce Rates*) von über 60 %.

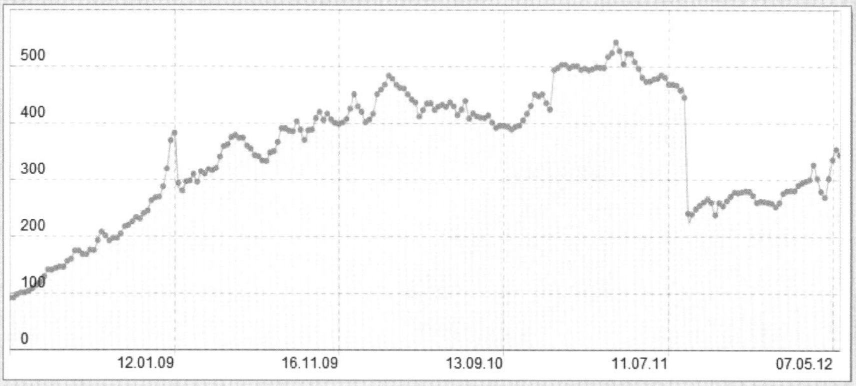

Abbildung 12.4 Ranking-Verluste einer Website durch das Panda-Update (Quelle: Sistrix Toolbox)

Eine weitere wichtige Google-Änderung war das Pinguin-Update am 24. April 2012. Hier wurden vor allem Websites abgestraft, die SEO übertrieben haben. Dieses Update hatte aber weit geringere Ausmaße als das Panda-Update und betraf eher kleinere Anbieter, die ihre Website massiv überoptimiert hatten. Sie sehen also, dass Google in seinen Algorithmusänderungen bislang vor allem auf die Nutzererfahrung setzte. Daher sollten Sie bei allen SEO-Maßnahmen überlegen, welche Seite Sie zu einem Suchbegriff anbieten und Sie selbst mit dem Suchergebnis zufrieden wären. Machen Sie also für Ihre Website den Test, klicken Sie häufiger auf die Suchergebnisse, bei denen Ihre Website erscheint, und beurteilen Sie unvoreingenommen das Resultat. Damit können Sie Ihre eigene Website und auch andere gut bewerten. Mittel- bis langfristig werden Websites mit schlechter Nutzererfahrung in Google keine vorderen Plätze mehr erreichen.

12.2.3 SEO und Social Media

Die Suchmaschinenoptimierung wird zunehmend von dem Bereich Social Media beeinflusst, da Suchmaschinenanbieter die Signale von sozialen Netzwerken sehr gut für das Ranking von Webseiten nutzen können. Beispielsweise können über Facebook Nutzer mit »Like«- bzw. »Gefällt mir«-Buttons Websites oder einzelne Artikel bewerten. Gleiches gilt auch für Twitter oder das neue Netzwerk Google+ (*plus.google.com*). Durch die hohen Nutzungszahlen von Social Networks entsteht eine große Masse an Nutzern, die fast demokratisch über Websites abstimmen können. Dies ist ein Vorteil gegenüber der Bewertung von Verlinkungen als Ranking-Signal, weil es viel weniger Menschen gibt, die mit einer Website andere Seiten verlinken können. Nach einer Auswertung des SEO-Analysetools Sistrix (*www.sistrix.de/news/1013-nutzung-sozialer-netzwerke.html*; Abbildung 12.5) werden die meisten sozialen Bewertungen (»*Social Votes*«) über Facebook abgegeben (79 %), gefolgt von Twitter (20 %) und Google+ (1 %).

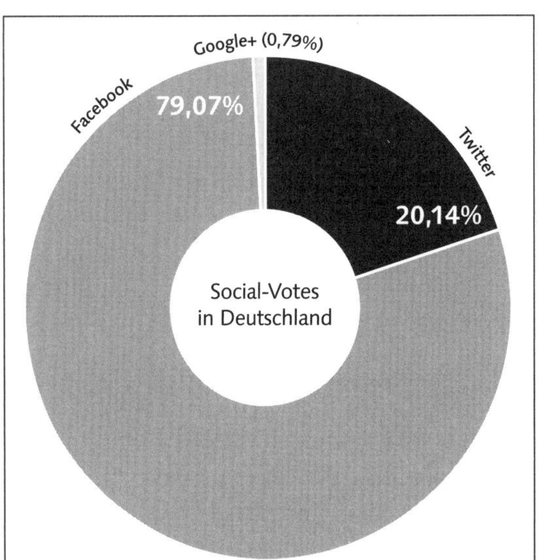

Abbildung 12.5 Social-Votes in Deutschland (Quelle: Sistrix, Stand Januar 2012)

Inwieweit die verschiedenen Social Votes auch in den Suchmaschinenalgorithmus einfließen, ist noch nicht eindeutig geklärt. Da in der Suchmaschinenoptimierung besonders auf Google geachtet wird, sollte die Entwicklung von Google+ besonders aufmerksam verfolgt werden. Sobald Sie bei Google mit einem Nutzerkonto angemeldet sind und eine Suche ausführen, werden Ihre Suchergebnisse personalisiert. Wenn Sie zudem auch noch ein Google+-Profil mit weiteren Kontakten angelegt haben, erscheinen in Ihren Suchresultaten von Google+-Freunden empfohlene Webseiten. Daher sollten Sie die Chance der sozialen Medien nutzen und z. B. Buttons zum Empfehlen auf Ihrer Website integrieren. In Kapitel 4, »Social Media Marketing«, wird erklärt, wie Sie diese Buttons nutzen können und wie Sie Profile und Seiten in den verschiedenen Social Networks anlegen können.

12.3 Die suchmaschinenfreundliche Website

In diesem Abschnitt schauen wir uns Ihre Website als Ganzes an und geben Ihnen Optimierungsvorschläge. Damit schaffen Sie eine gute Basis für eine suchmaschinenfreundliche Website. Wie Sie einzelne Seiten für bestimmte Suchbegriffe optimieren, erklären wir Ihnen danach in Abschnitt 12.4, »Einzelne Webseiten optimieren«. Wir empfehlen Ihnen, die folgenden Grundlagen umzusetzen und zu beachten, damit Sie eine gute Basis schaffen, um Ihre Website erfolgreich in Suchmaschinen zu platzieren.

12.3.1 Name und Alter der Domain

Wenn Sie schon eine Website haben, verfügen Sie sicher auch über einen Domain-Namen wie *www.hotel-zur-see.de* oder *www.zahnarzt-peter-meier.de*. Wenn Sie eine neue Website aufsetzen wollen, empfehlen wir Ihnen, einen möglichst kurzen, aussagekräftigen Domain-Namen zu wählen. Sollten Sie aber bereits eine Domain besitzen, unter der Ihre Website schon länger gefunden wird, raten wir Ihnen von einem Wechsel des Domain-Namens ab. Wie bei einer neuen Adresse durch einen Umzug muss man sich diese einprägen und anderen bekannt geben. Ähnliches gilt auch für Suchmaschinen. Sollten Sie trotzdem eine Änderung des Domain-Namens vornehmen wollen, z. B. weil sich der Name Ihrer Firma geändert hat, beachten Sie bitte die Hinweise in Abschnitt 12.7.2, »SEO-konformer Domain-Umzug«.

Wenn Sie einen Domain-Namen wählen, der aus mehreren Wörtern besteht, können Sie die Wörter am besten mit Bindestrichen trennen. Damit erhöhen Sie die Lesbarkeit des Domain-Namens, und auch Suchmaschinen können so die Wörter besser trennen. Aus der vorangehenden Keyword-Recherche (siehe Abschnitt 10.5, »Keyword-Recherche – die richtigen Suchbegriffe finden«) kennen Sie die für Ihre Website relevanten Suchbegriffe. Mit passenden Keywords können Sie zudem Ihren Domain-

Namen sinnvoll ergänzen, z. B. um einen Ortszusatz *www.hotel-zur-see-kiel.de*. Dies hilft Ihnen bei der Suchmaschinenoptimierung für das Keyword »Kiel«.

Wenn Sie einen Domain-Namen wählen, müssen Sie sich für eine *Top Level Domain* (*TLD*) entscheiden. Damit sind die Endungen einer URL gemeint, wie z. B. ».*com*« oder ».*de*«. Bei einer Website, die an deutsche Besucher gerichtet ist, sollten Sie sich für die deutsche Top Level Domain ».*de*« entscheiden. Leider sind Sie bei den .*de*-Domains sehr eingeschränkt in der Auswahl, da mittlerweile schon über 14 Mio. .*de*-Adressen vergeben sind. Sie können die Verfügbarkeit von deutschen Domain-Namen bei der DENIC (*www.denic.de*) abfragen, der zuständigen Registrierungsstelle für .*de*-Domains. Im Internet stehen auch einige Tools zur Verfügung, mit denen Sie die Verfügbarkeit von Domain-Namen unter verschiedenen Top Level Domains abfragen können, z. B. unter der Adresse *www.checkdomain.de/domains/suchen/* (siehe Abbildung 12.6).

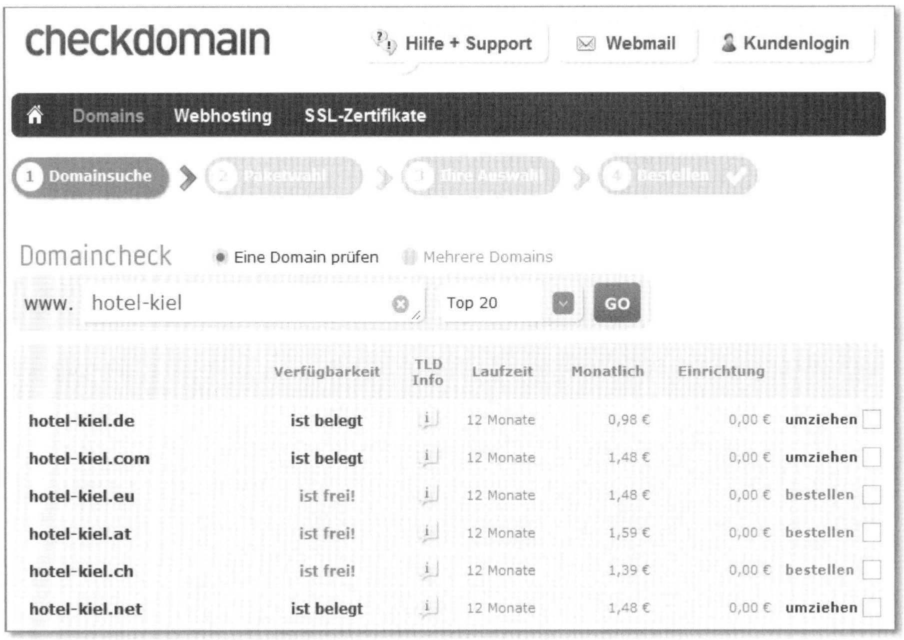

Abbildung 12.6 Recherche nach freien Domains

Wenn Ihr gewünschter Domain-Name noch nicht registriert ist, wie es in Abbildung 12.7 der Fall ist, dann haben Sie Glück und können zuschlagen. Sollte Ihr Wunschname aber bereits registriert sein, bleibt Ihnen immer noch die Möglichkeit, den Domain-Namen dem aktuellen Inhaber der Domain abzukaufen. Tippen Sie den Domain-Namen einfach in den Browser ein, und schauen Sie sich die erscheinende Website an. Häufig stehen Seiten auch direkt zum Verkauf oder werden nicht weiter verwendet. Der Kaufpreis kann aber sehr unterschiedlich sein, von (wenigen) hundert Euro bis zu mehreren zehn- oder hunderttausend Euro bei sehr gefragten Domain-Namen. Daher sollten Sie vorher gut überlegen, wie wichtig der spezifische Domain-Name ist. Falls auch ein Kauf nicht infrage kommt, können Sie Ergänzungen des Domain-Namens probieren, also z. B. den bereits oben genannten Ortszusatz oder einen Kategoriebegriff wie »Hotel« oder »Zahnarzt«.

Abbildung 12.7 DENIC-Domain-Abfrage

Wenn Sie im Ausland tätig sind, empfehlen wir Ihnen den Domain-Namen mit der jeweils passenden länderspezifischen Top Level Domain (*country-code TLD, ccTLD*) zu nehmen. Also für Österreich *.at*, für die Schweiz *.ch*, für die Niederlande *.nl* etc. Damit ist in den lokalen Suchmaschinen eine höhere Positionierung möglich als mit landesfremden Domain-Endungen. In Tabelle 12.1 sehen Sie eine Liste der zehn Top Level Domains mit den meisten registrierten Domains Ende April 2012. Die aktuellen Zahlen finden Sie auf den Seiten der DENIC unter *www.denic.de/hintergrund/statistiken/internationale-domainstatistik.html*.

Top Level Domain	Anzahl Domains
.com	102.924.497
.de (Deutschland)	15.017.412
.net	14.741.216

Tabelle 12.1 Anzahl registrierter Domains (Stand April 2012)

Top Level Domain	Anzahl Domains
.uk (Großbritannien)	10.090.319
.org	9.956.282
.info	8.265.260
.nl (Niederlande)	4.921.066
.eu (Europäische Union)	3.600.954
.cn (China)	3.360.360
.biz	2.235.495

Tabelle 12.1 Anzahl registrierter Domains (Stand April 2012) (Forts.)

Sie sehen daran, dass der deutsche Domain-Markt weltweit der zweitgrößte nach den *.com*-Domains ist. Die Schweizer Top Level Domain *.ch* verfügt über 1,7 Mio. Domains, die österreichische TLD *.at* über 1,1 Mio. Domains.

Für die Suchmaschinenoptimierung ist zudem das Alter einer Domain wichtig. Es ist dabei kein direkter Faktor für ein besseres Ranking. Aber es kann davon ausgegangen werden, dass länger bestehende Webseiten schon mehrere externe Verlinkungen bekommen haben und sich damit einen Vertrauensfaktor bei den Suchmaschinen aufgebaut haben. Dieses Vertrauen wirkt sich positiv auf das Ranking aus. Sie können sich das Alter einer Domain über den Service Wayback-Machine unter *www.archive.org* ansehen. In Abbildung 12.8 finden Sie die Auswertung für die Domain *spiegel.de*. Sie erkennen daran, dass es die ersten Webseiten unter *www.spiegel.de* bereits Ende 1996 gab und die Domain daher ein sehr hohes Alter aufweist. In mehr als 15 Jahren konnte sich die Domain *spiegel.de* somit ein großes Vertrauen bei den Suchmaschinen aufbauen. Daher empfehlen wir Ihnen, wenn Sie schon etwas länger eine Website und einen eigenen Domain-Namen haben, diesen beizubehalten.

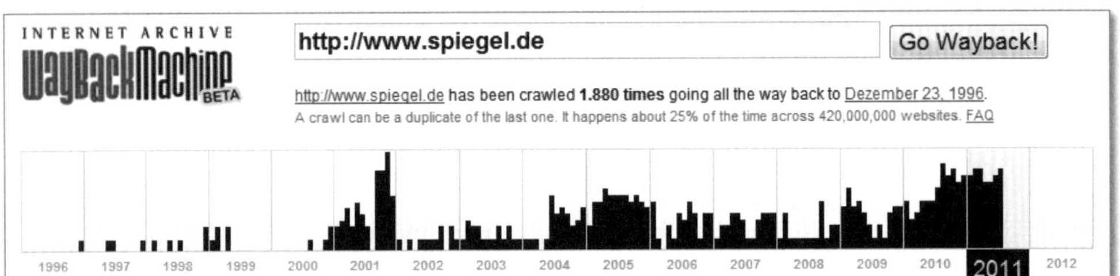

Abbildung 12.8 Domain-Alter von spiegel.de via Wayback-Machine

12.3.2 Die Website bei Suchmaschinen registrieren

Es ist besonders wichtig, dass Sie Ihre Website bei den großen Suchmaschinenbetreibern registrieren und sich als Inhaber der Seite verifizieren. Damit stehen Ihnen viele Informationen zur Verfügung, die die Suchmaschine zu Ihrer Seite kennt und berücksichtigt. Dies umfasst z. B. interne und externe Links. Aber auch Fehler auf der Seite finden Sie schnell mit diesen Tools. Achten Sie aber auf den SEO-Mythos Nummer 3: Massenhaftes Registrieren bei Suchmaschinen macht keinen Sinn. Sie finden die Tools der beiden großen Suchmaschinen Google und Bing zum Registrieren Ihrer Website unter den folgenden Adressen. Dort können Sie sich mit einem neuen oder bereits bestehenden Nutzerkonto von Google bzw. Microsoft anmelden.

- Google Webmaster-Tools: *www.google.com/webmasters/tools*
- Bing Webmaster Center: *www.bing.com/toolbox/webmasters*

Wir empfehlen Ihnen auf jeden Fall die Registrierung Ihrer Website in den Google Webmaster-Tools, da Google, wie Sie schon gesehen haben, am weitaus häufigsten genutzt wird und für die Suchmaschinenoptimierung am wichtigsten ist. Sollten Sie noch etwas mehr Zeit mit Ihrer Website verbringen wollen, ist auch die Registrierung bei Bing ratsam, weil Sie dort noch weitere Informationen zu Ihrer Website finden. Fangen wir also mit der Registrierung bei Google an. Im Folgenden beziehen wir uns insbesondere auf die Webmaster-Tools des Marktführers. Wenn Sie dort schon Seiten registriert haben, sieht Ihr Bildschirm nach erfolgreichem Login so aus wie in Abbildung 12.9, ansonsten haben Sie unter WEBSITES bisher keine Seiten eingetragen.

Abbildung 12.9 Startseite der Google Webmaster-Tools

Sie können nun die URL Ihrer Website eintragen und mit dem Button Website hinzufügen in die Webmaster-Tools aufnehmen lassen. In dem erscheinenden Feld geben Sie dann die Adresse Ihrer Website ein, also z. B. *www.ihrewebsite.de*, und klicken auf Weiter. Sie müssen sich nun als Website-Inhaber authentifizieren und haben eine empfohlene und drei alternative Methoden, wie Sie diese Überprüfung vornehmen können:

- Eine HTML-Datei auf Ihren Server hochladen
- Einen Meta-Tag zur Startseite Ihrer Website hinzufügen
- Google Analytics-Konto verwenden
- DNS-Datensatz zu Ihrer Domain-Konfiguration hinzufügen

Wählen Sie die Methode aus, die für Sie oder Ihren Webmaster am einfachsten umzusetzen ist. Sollten Sie einen FTP-Zugang zu Ihrer Website haben, wählen Sie HTML-Datei hochladen. Dies ist für gewöhnlich die einfachste Methode und wird daher von Google empfohlen. Bei der Methode Meta-Tag fügen Sie ein HTML-Meta-Tag in den Quellcode Ihrer Website ein. Die Methode DNS-Datensatz hinzufügen erfordert Änderungen in der Konfiguration des Webservers und ist damit nur für professionelle Webentwickler umsetzbar. Bei Auswahl der Methode HTML-Datei hochladen bekommen Sie die einzelnen, vorzunehmenden Schritte angezeigt und können dann, wenn Sie alle Schritte erfolgreich durchgeführt haben, auf Bestätigen klicken (siehe Abbildung 12.10). Damit haben Sie sich als Website-Inhaber authentifiziert und können sich Detailinformationen zu Ihrer Website anzeigen lassen oder Einstellungen vornehmen.

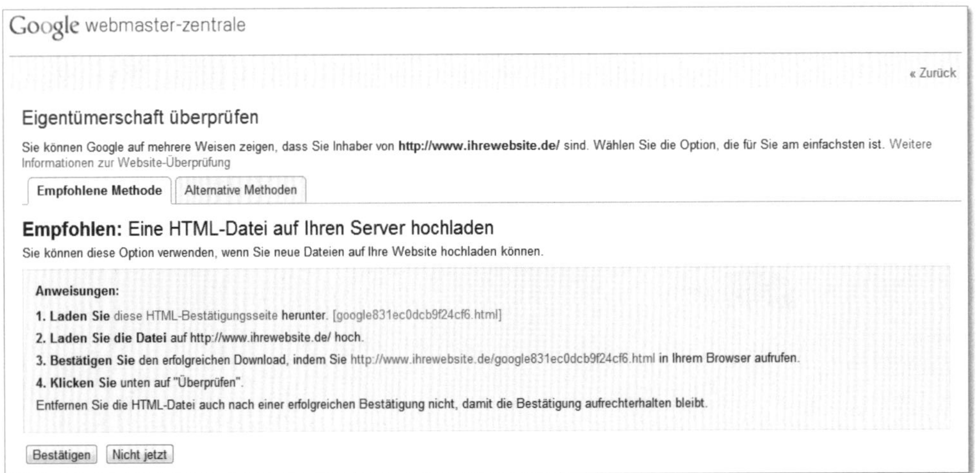

Abbildung 12.10 Bestätigung der Eigentümerschaft in den Webmaster-Tools

Wenn Sie eine der anderen Überprüfungsmethoden vorgenommen haben, können Sie die Eigentümerschaft Ihrer Website genauso gegenüber Google bestätigen. Die authentifizierte Website taucht dann in der Liste der Websites in Ihren Google Webmaster-Tools auf. Wählen Sie jetzt Ihre verifizierte Website in der Übersicht aus, um die Informationen abzurufen, die Google Ihnen bereitstellt. Sie sehen dann eine Übersicht (engl. *Dashboard*) mit den wichtigsten Daten und in der linken Spalte weitere Menüpunkte mit vielen zusätzlichen Funktionen, wie z. B. Auswertungen zum Crawler-Zugriff und fehlerhafte URLs (siehe Abbildung 12.11). Die Funktionen in den Webmaster-Tools werden von Google laufend erweitert, um den Website-Betreibern möglichst umfangreiche Informationen zu geben, wie sie die Seite suchmaschinengerecht aufbauen und Probleme erkennen können. Aufgrund der Vielzahl an Websites im Internet müssen die Suchmaschinenbetreiber hier tätig werden, damit sie mehr Einfluss auf die Suchmaschinenfreundlichkeit von Webseiten bekommen. Dadurch wird das Internet für die Suchmaschinen-Crawler besser durchsuchbar, es können mehr Seiten indexiert werden und immer die relevantesten Ergebnisse angezeigt werden.

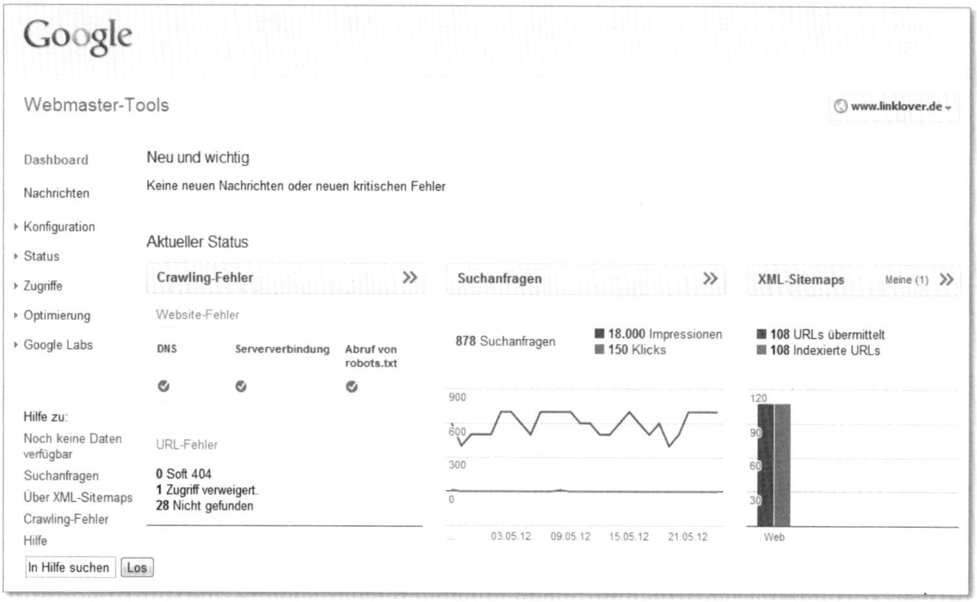

Abbildung 12.11 Dashboard der Google Webmaster-Tools

Wenn Ihre Website schon etwas länger besteht, sehen Sie an dieser Stelle die Suchanfragen, die zu Ihrer Website führten, Crawling-Fehler, die beim Aufrufen der URLs durch den Suchmaschinen-Robot auftreten und Informationen zur eventuell vorhandenen XML-Sitemap. Mit einem Klick auf die Pfeile der einzelnen Bereiche gelangen Sie auf die detaillierten Analysen. Diese Informationen helfen Ihnen insbesondere dann, wenn Sie einzelne Webseiten auf bestimmte Keywords hin optimieren oder Ihre Backlinks analysieren möchten. Ähnliche Informationen erhalten Sie auch in den Werkzeugen, die Bing für Webmaster anbietet. Einen Einblick in das Bing Webmaster-Center erhalten Sie in Abbildung 12.12. Neben dem DASHBOARD gibt es Informationsbereiche zum Crawling Ihrer Website durch den Bingbot (CRAWL), zur Indexierung Ihrer Seiten (INDEX) und zum Besucheraufkommen zu Ihrer Website über Bing (VERKEHR).

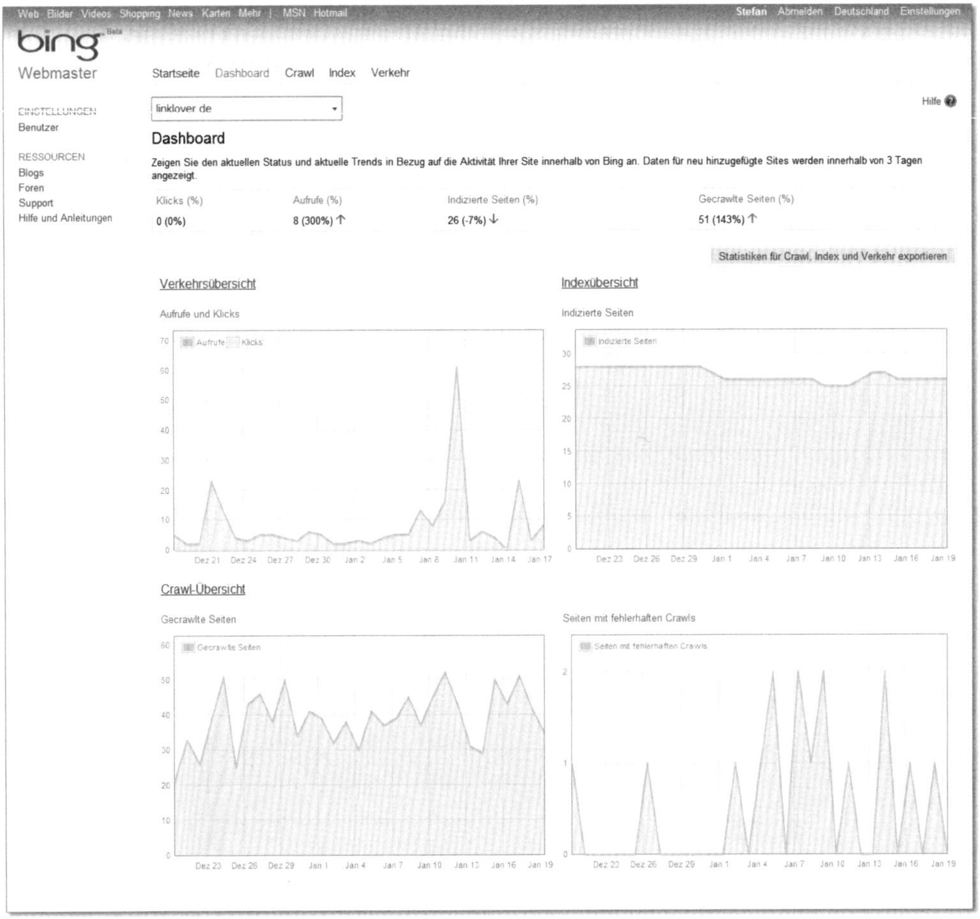

Abbildung 12.12 Webmaster-Center von Bing

Sie sehen, dass im Wesentlichen ähnliche Informationen angeboten werden, wie in den Google Webmaster-Tools. Im Webmaster-Center von Bing finden Sie unter INDEX • INDEX-EXPLORER zusätzlich Informationen, wie Ihre Website von Bing indexiert wird (Abbildung 12.13). Dazu wird eine Baumstruktur Ihrer Website abgebildet mit der Sie eine gute Übersicht Ihrer Seite bekommen. So können Sie z. B. Seiten finden, die fehlerhaft gecrawlt werden, oder sehen, wann eine URL zuletzt von Bing durchsucht wurde.

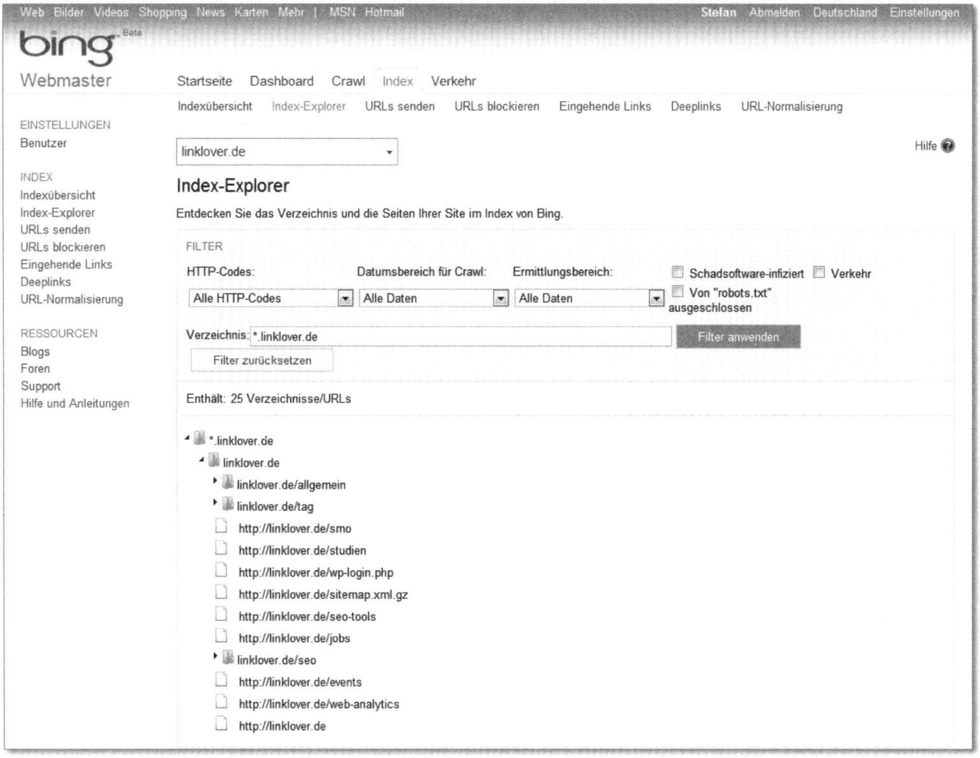

Abbildung 12.13 Index-Explorer in Webmaster-Center von Bing

Wir empfehlen Ihnen die intensive Nutzung der angebotenen Tools von Google und Bing. Diese werden kostenlos angeboten und bieten Ihnen viele gute Informationen für die Optimierung Ihrer Website. Sie können in den Tools auch einen Antrag auf Entfernung bestimmter URLs aus dem Index der jeweiligen Suchmaschinen stellen. Beide Programme bieten Ihnen zudem Informationen zum Crawling Ihrer Website. Sie bekommen Informationen dazu, wie oft Ihre Website von der Suchmaschine durchsucht wird. Haben Sie immer ein Auge auf diese Zahlen, da diese die Grundlage für eine erfolgreiche Aufnahme von Seiten in den Suchmaschinen darstellen. Je nach Abhängigkeit und Höhe des Suchmaschinen-Traffics empfehlen wir Ihnen, einmal wöchentlich oder einmal monatlich in diese Daten zu schauen, damit Sie Fehler schnell bemerken und reagieren können. Leider gibt es bisher keine bzw. sehr wenige automatisierte Nachrichten über Fehler. In den Google Webmaster-Tools finden sich nur selten Meldungen. Dies soll zukünftig aber ausgebaut werden. Sollten Sie Fehler auf Ihrer Website über die Webmaster-Tools entdecken, lohnt es sich, einen prüfenden Blick darauf zu werfen und Korrekturen vorzunehmen. Zumeist handelt es sich dabei aber um sehr technische Aspekte. Ihr Webmaster sollte damit zurechtkommen und die nötigen Änderungen vornehmen können. Eine kontinuierlich steigende

Dauer beim Herunterladen von Webseiten weist z. B. auf einen langsamen Webserver oder eine zu komplexe Programmierung der Website hin. Hier sollten Sie auf jeden Fall reagieren und Gegenmaßnahmen ergreifen.

12.3.3 Informationsarchitektur – Strukturen schaffen

Suchmaschinenoptimierung bedeutet auch, eine klare Informationsarchitektur für die Website zu schaffen. Schon in der Konzeptionsphase überlegen Sie sich die Kategorisierung und Hierarchieebenen der Website. Wir werden Ihnen an dieser Stelle zeigen, was bei der Konzeption der Website aus Suchmaschinensicht beachtet werden muss.

Die Navigationsstruktur und Konzeption der Website

Am Anfang der Entstehung einer Website sollte immer ein gutes Konzept der gesamten Inhalte stehen. Eine klare Struktur hilft dabei sowohl den Besuchern als auch den Suchmaschinen bei der Bewertung Ihrer Website. Eine gute Struktur sorgt zudem für eine gute Usability der Website. In Abschnitt 15.5.2, »Methoden zur Website-Strukturierung«, finden Sie weitere Tipps für eine gute Struktur Ihrer Website. Überlegen Sie sich, welche Inhalte auf welchen Seiten erscheinen sollen. Bei der Strukturierung Ihrer Site können Sie am besten mit einer Baumstruktur wie in Abbildung 12.14 arbeiten.

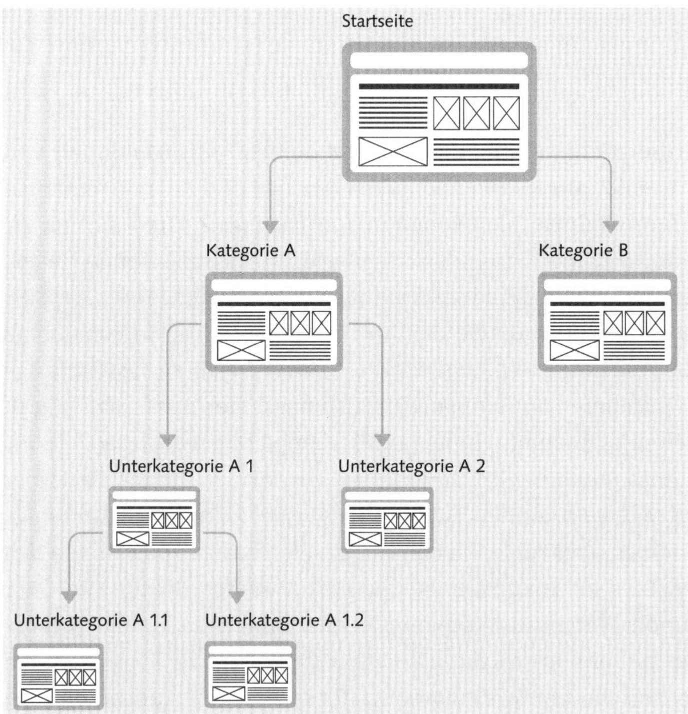

Abbildung 12.14 Baumstruktur einer Website

Eine Unterseite sollte immer nur ein bestimmtes Thema umfassen. Vermeiden Sie deshalb, möglichst viele Themen in einer einzelnen Seite unterzubringen.

Die Startseite (Homepage)

Der Startseite – oft auch als *Homepage* bezeichnet – sollten Sie besondere Aufmerksamkeit schenken. Diese kann zum einen der Einstiegspunkt für Ihre Besucher sein, ist aber auch meistens der Einstiegspunkt für die Suchmaschinen-Crawler, die Ihre Website analysieren. Zudem erhält die Startseite für gewöhnlich die meisten Links von anderen Seiten und ist somit aus SEO-Sicht die stärkste Seite Ihrer Website. Wir empfehlen Ihnen daher, die Startseite für die wichtigsten Suchbegriffe zu optimieren, die Ihre Website thematisch umfasst. Wenn wir das Beispiel des Hotels in Kiel wieder aufgreifen, sollte die Startseite also auf den Suchbegriff »Hotel Kiel« hin optimiert werden, da dies das Hauptthema Ihrer gesamten Website ist. Wie Sie dies machen können, erklären wir in Abschnitt 12.4, »Einzelne Webseiten optimieren«. Von der Startseite sollten Sie alle Oberkategorien verlinken, z. B. durch die Navigation. Verlinken Sie auch wichtige Unterkategorien oder sehr wichtige Unterseiten, damit diese dann direkt von der Stärke der Startseite profitieren und selbst an Stärke gewinnen (siehe Abbildung 12.15).

12

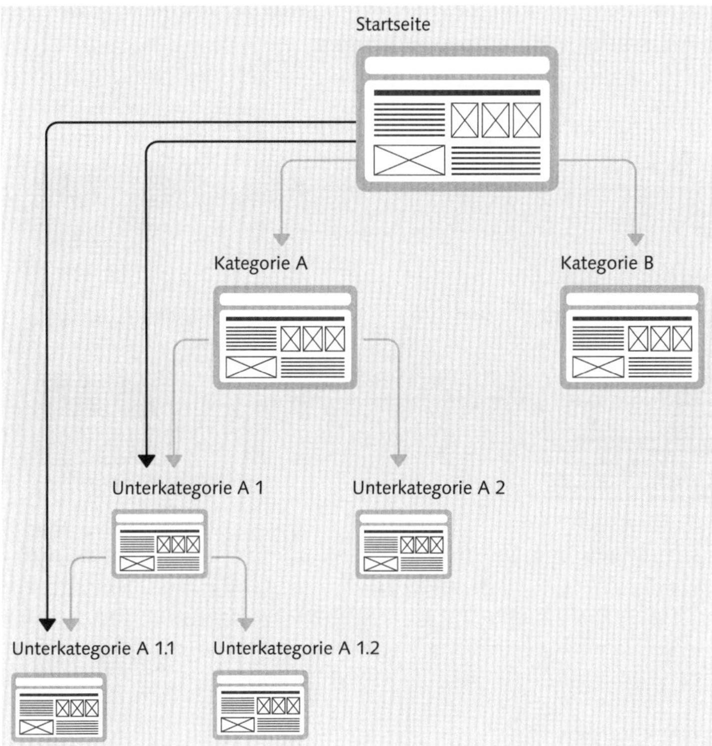

Abbildung 12.15 Baumstruktur mit Deeplinks auf Unterseiten

Stellen Sie sicher, dass Ihre Startseite von jeder Unterseite aus einen Link bekommt. Am besten können Sie dies über die Verlinkung des Logos auf die Startseite erreichen. Damit erhält die Startseite viele interne Links und wird damit noch stärker.

Die URL-Struktur der Website

Wenn Sie eine Website neu aufsetzen, machen Sie sich unbedingt Gedanken über die URL-Struktur. Auch hier gilt: In der Kürze liegt die Würze. Achten Sie also auf möglichst kurze URLs. Wir empfehlen für die Website eine hierarchische URL-Struktur, die sich an die Kategorisierung Ihrer Website anlehnt. Achten Sie auch auf die Integration des Kategorienamens und passender Stichwörter in die URL. Gute Beispiele für Sites, die diese Richtlinien umgesetzt haben, sind onmeda.de (Beispiel: *www.onmeda.de/symptome/atemnot.html*) und focus.de (Beispiel: *www.focus.de/finanzen/versicherungen/*).

Interne Linkstruktur

Achten Sie beim Setzen von internen Links auf Ihrer Seite darauf, dass der PageRank bzw. die Linkstärke durch die internen Links weitergegeben wird. Häufig wird hier von *PageRank-Vererbung* gesprochen. Das bedeutet, dass z. B. bei drei internen Links auf der Seite der PageRank der Seite zu jeweils einem Drittel auf die drei Unterseiten verteilt wird, wie in Abbildung 12.16 veranschaulicht ist.

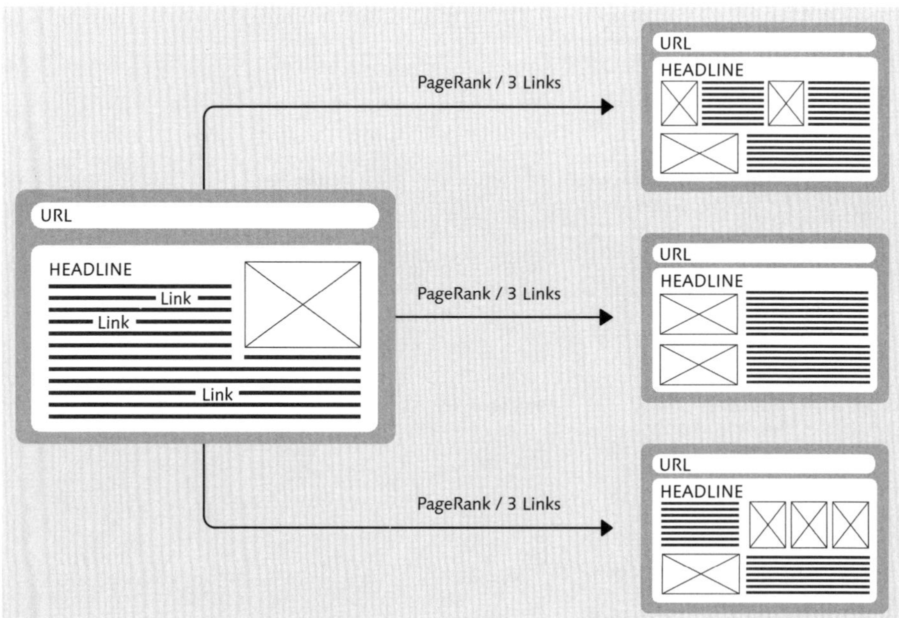

Abbildung 12.16 PageRank-Vererbung

12.3.4 Technische Voraussetzungen schaffen

Grundlegend für die Suchmaschinenoptimierung Ihrer Website ist, dass Sie die Website Suchmaschinen-Crawlern zugänglich machen. Dies wird im Englischen als *Crawlability* bezeichnet. Ähnlich wie die *Accessibility* den Zugang aus Benutzersicht beschreibt, ist auch die Crawlability zu verstehen. Die schönste Website nutzt nichts, wenn die Crawler der Suchmaschinen nicht darauf zugreifen können und Sie damit in Google und Co. nicht gefunden werden. Außerdem dürfen Sie den Such-Robots keine Barrieren in den Weg legen. Barrieren können für die Crawler z. B. durch den Einsatz von Flash oder durch neue Technologien wie AJAX entstehen. Diese verhindern, dass Suchmaschinen Ihre Inhalte einlesen und auswerten können. Zudem können auch Links nicht weiterverfolgt werden, sodass Unterseiten gar nicht erst gefunden werden.

Wie gut Ihre Website gecrawlt wird, sehen Sie in den bereits vorgestellten Google Webmaster-Tools. Sie finden die detaillierte Auswertung unter DIAGNOSE • CRAWLING-STATISTIKEN. Dort wird die Aktivität des Crawlers *Googlebot* der letzten 90 Tage angezeigt. Sie sehen hier, wie viele Seiten Ihrer Website pro Tag gecrawlt, also durchsucht werden, und wie viele Kilobytes an Daten heruntergeladen werden (siehe Abbildung 12.17).

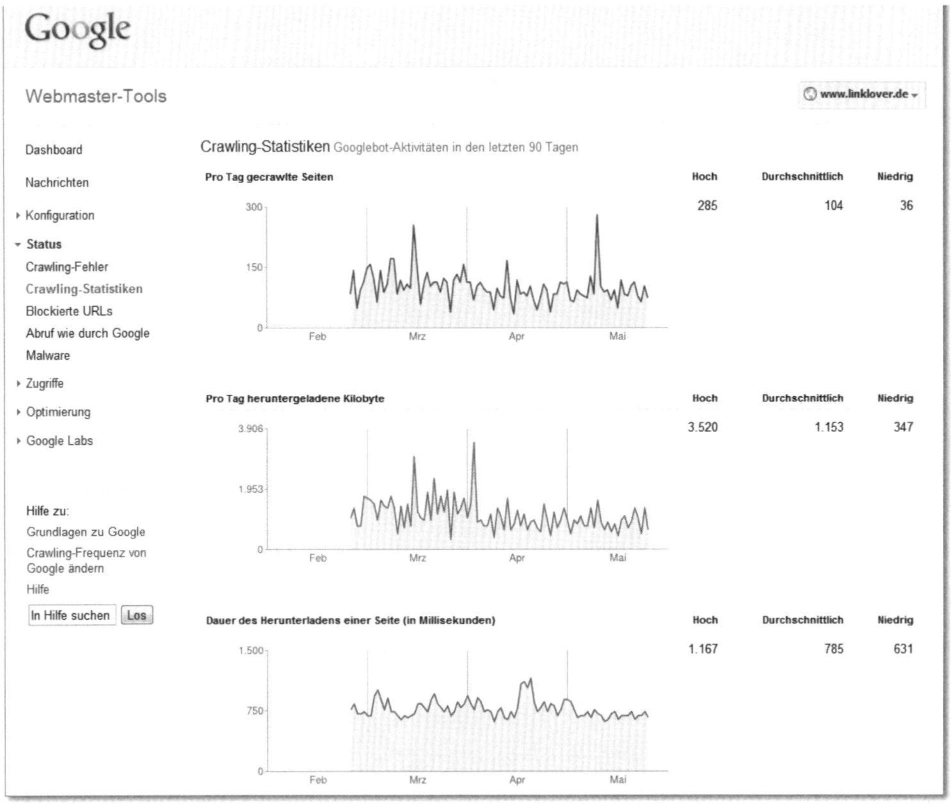

Abbildung 12.17 Google-Crawling-Statistiken

Sehr aufschlussreich ist auch die Dauer für das Herunterladen einer Seite. Sollten Sie hier negative Entwicklungen erkennen, also kontinuierlich steigende Ladezeiten, sollten Sie mit Ihrem technischen Ansprechpartner für die Website oder den Webserver-Betreibern sprechen.

Der richtige Webserver kann Ihnen zu einer besseren Crawling-Rate verhelfen. Wenn Sie eine Website mit vielen Besuchern haben, sollten Sie sich bei Ihrem Webhoster informieren, welche Maßnahmen notwendig sind, um eine schnelle Auslieferung Ihrer Webseiten zu garantieren. Für kleinere Websites mit weniger als 100.000 Besuchern pro Monat reichen aber in der Regel die normalen Webhosting-Angebote.

Achten Sie auf einen sauberen HTML-Quellcode Ihrer Website. Das Crawling und die Auslieferung einer Website geht viel schneller, wenn Sie schlanken HTML-Code erstellen. So können z. B. CSS-Angaben und JavaScript-Elemente in externe Dateien ausgelagert werden, und im Webseitenquellcode kann darauf verwiesen werden. Sie sollten außerdem valides und gültiges HTML verwenden, das fehlerfrei ausgelesen werden kann. Mit dem *Markup Validation Service* des World Wide Web Consortium (W3C) können Sie unter der Adresse *validator.w3.org* den Quellcode Ihrer Website testen lassen und bekommen anschließend HTML-Fehler sowie Verbesserungsvorschläge angezeigt (siehe Abbildung 12.18).

Abbildung 12.18 HTML-Markup-Validierung vom W3C

Nutzen Sie auch die bekannten HTML-Tags zur Strukturierung Ihrer Website. Insbesondere den Überschriften-Markups `<h1>` bis `<h3>` sollten Sie große Aufmerksamkeit schenken, da diese starke Aussagekraft für eine Suchmaschine haben und das Thema der Seite bestimmen. Verzichten Sie beim Seitenlayout auf die Nutzung der veralteten Frame-Technologie. Die Suchmaschinen werden es Ihnen danken und Sie mit besseren Rankings belohnen. Auch Seitenlayouts, die auf HTML-Tabellen beruhen, sollten der Vergangenheit angehören. Nutzen Sie zur Strukturierung der Seite `div`-

Elemente und CSS-Angaben. Bilder sollten durch Suchmaschinen auffindbar und auswertbar sein. Denken Sie daher an die Vergabe von sprechenden Dateinamen (z. B. »*wellness-sauna-bereich.jpg*«) und an das `alt`-Attribut im HTML-Code. Damit geben Sie Informationen über das Bild weiter, und diese können somit auch in der Bildersuche besser gefunden werden.

12.4 Einzelne Webseiten optimieren

Widmen wir uns nun der Optimierung von einzelnen Seiten Ihrer Website. Wir gehen dabei auf die Optimierung der Inhalte auf der Seite ein und zeigen, wie man die Meta-Angaben richtig verwendet und die URL, unter der die Seite zu finden ist, richtig benennt.

12.4.1 Die Wahl des passenden Suchbegriffs für eine Webseite

Fragen Sie sich als Erstes, wenn Sie eine einzelne Webseite optimieren, mit welchen Suchbegriffen diese gefunden werden soll. Was ist das zentrale Thema der Webseite? Daher beginnt die Optimierungsarbeit mit einer ausführlichen Keyword-Recherche, auf die wir schon in Kapitel 10, »Suchmaschinen – finden und gefunden werden«, und Kapitel 11, »Suchmaschinenwerbung (SEM)«, näher eingegangen sind. Mit diesen Informationen haben Sie sich wahrscheinlich schon eine gute Keyword-Liste für Ihre Website zusammengestellt. Sie brauchen jetzt aber noch die Zuweisung von Keywords zu einzelnen Unterseiten Ihrer Website.

In Abschnitt 12.3, »Die suchmaschinenfreundliche Website«, haben Sie sich die Struktur der Webseite überlegt. Sie kennen daher die einzelnen Seiten, die Sie auf Ihrer Website anbieten. Zu jeder Unterseite können Sie jetzt eine Liste anlegen, die die entsprechenden Suchbegriffe enthält. Wir empfehlen Ihnen, für jede Unterseite ein Haupt-Keyword festzulegen und weitere Keywords dazuzunehmen, z. B. Synonyme oder die Singular- bzw. Pluralform des Suchbegriffs (Tabelle 12.2). Welches das Haupt-Keyword ist, können Sie aus dem zuvor recherchierten Suchvolumen ablesen. Wir empfehlen Ihnen auch, pro Unterseite nicht mehr als drei Keywords auszuwählen. Falls Sie weitere Keywords anvisieren wollen, können Sie überlegen, ob Sie weitere für den Suchbegriff optimierte Unterseiten anlegen.

Webseite	Haupt-Keyword	Weitere Keywords
Startseite	Hotel Kiel	Unterkunft Kiel, Zimmer Kiel
Wellness-Angebot	Wellness Kiel	Massage(n) Kiel, Sauna Kiel

Tabelle 12.2 Zuordnung von Keywords zu Unterseiten

Webseite	Haupt-Keyword	Weitere Keywords
Konferenzen	Konferenzhotel Kiel	Tagungshotel Kiel, Seminarraum Kiel
Restaurant	Restaurant Kiel	Gaststätte Kiel

Tabelle 12.2 Zuordnung von Keywords zu Unterseiten (Forts.)

Sie erkennen, dass Sie nicht für jede Seite ein Keyword zuweisen müssen, weil einige Unterseiten, wie z. B. Ihre Kontaktseite oder das Impressum nicht suchmaschinenrelevant sind. Für die Startseite Ihrer Website sollten Sie, wie schon erwähnt, das für Sie wichtigste Keyword auswählen, da Sie mit der Startseite die höchsten Erfolgschancen haben, gute Rankings in den Suchmaschinen zu erzielen. Dies liegt daran, dass es die stärkste Seite Ihrer gesamten Website ist, weil auf diese meist von allen Unterseiten verlinkt wird und sie auch von anderen Websites die meisten Links erhält.

12.4.2 Inhalte optimieren

Nachdem Sie jetzt eine Sammlung an Suchbegriffen für Ihre einzelnen Unterseiten festgelegt haben, können Sie mit dem Optimieren der Inhalte beginnen. Wichtig ist, dass sich die Webseite mit dem Begriff beschäftigen muss, also thematisch relevant ist. Nehmen wir uns als Beispiel das Wellness-Angebot eines Hotels. Wir haben dazu die passenden Suchbegriffe »Wellness Kiel«, »Massage(n) Kiel« und »Sauna Kiel« ausgewählt. Diese Begriffe können Sie in das Keyword-Tool von Google (*adwords.google.com/select/KeywordToolExternal*) eingeben, um die einzelnen Suchbegriffe besser bewerten zu können (siehe Abbildung 12.19).

Sie sehen in der Auswertung, dass besonders häufig nach »massage kiel« gesucht wird, gefolgt von »wellness kiel« und »sauna kiel«. Auf der Zielseite können Sie nun Ihr Wellness-Angebot genau beschreiben. Dies fängt mit der Hauptüberschrift einer Website an, die in HTML als `<h1>` markiert wird. Ihre Suchbegriffe sollten Sie in die Überschrift mit aufnehmen, z. B.:

```
<h1>Wellness in Kiel mit Massagen & Sauna</h1>
```

Danach folgt der Inhalt, in dem Sie Ihre ausgewählten Suchbegriffe häufig genug verwenden sollten. Eine optimierte Seite enthält den Suchbegriff bei einer Textlänge von 100 Wörtern ca. drei- bis fünfmal. Man spricht dabei von der Keyword-Dichte (*Keyword Density*), die etwa 3 % betragen sollte. Dies ist aber keine festgelegte Zahl der Suchmaschinenbetreiber, sondern ein üblicher Richtwert, nach dem Inhalte optimiert werden. Denken Sie beim Schreiben darüber hinaus an Synonyme und an

Begriffe, die vom Keyword-Tool vorgeschlagen werden. In unserem Beispiel wären das z. B. Begriffe wie »Thermalbad« oder »Ayurveda«.

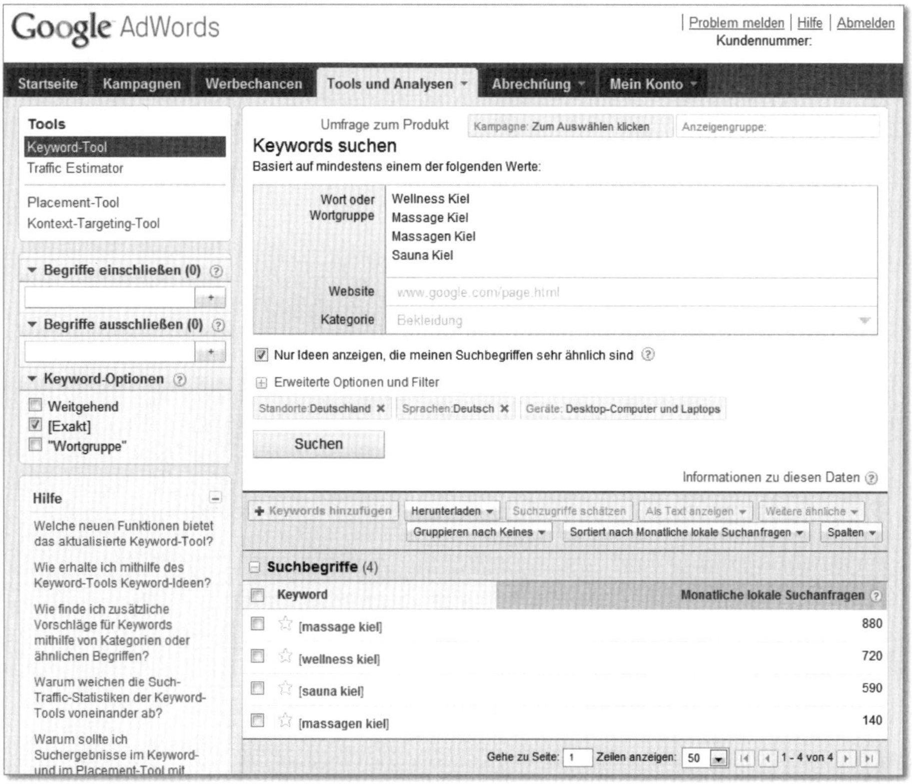

Abbildung 12.19 Auswertung von Suchbegriffen mit dem Keyword-Tool

Zu einer perfekt optimierten Webseite gehören auch Bilder. Wir empfehlen Ihnen, die Bilddatei unter dem passenden Suchbegriff abzuspeichern, also z. B. »*wellness-kiel.jpg*« oder »*sauna-kiel.png*«. Wenn Sie das Bild nun in die Webseite integrieren, können Sie ein `alt`-Attribut für das Bild vergeben. Diese Angabe soll das Bild textlich beschreiben und wird angezeigt, wenn das Bild nicht geladen wird. Zudem ist es eine Hilfe für Menschen mit Sehbehinderung, da es zur barrierefreien Internetnutzung beiträgt. Beschreiben Sie daher das Bild mit den von Ihnen ausgewählten Suchbegriffen:

```
<img src="images/sauna-kiel.png" alt="Sauna in Kiel" />
```

Aus diesen verschiedenen Empfehlungen zum Aufbau des Inhalts entsteht eine perfekt optimierte Webseite, die in Abbildung 12.20 abstrakt dargestellt ist. Nehmen Sie dies als Vorlage für alle suchmaschinenrelevanten Webseiten, die Sie neu erstellen.

Hinweis: Doppelte Inhalte vermeiden!

Ein häufiges Problem auf Websites sind doppelt oder mehrfach vorhandene gleiche Inhalte. Dies wird auch als *Duplicate Content* bezeichnet und meint im Speziellen, dass unter verschiedenen URLs die gleichen Inhalte zu finden sind. Dies sollten Sie unbedingt vermeiden, da Suchmaschinen damit große Probleme haben, die richtige URL auszuwählen. Häufig entsteht dieser Duplicate Content z. B. durch Druckversionen oder Seiten mit Paginierung.

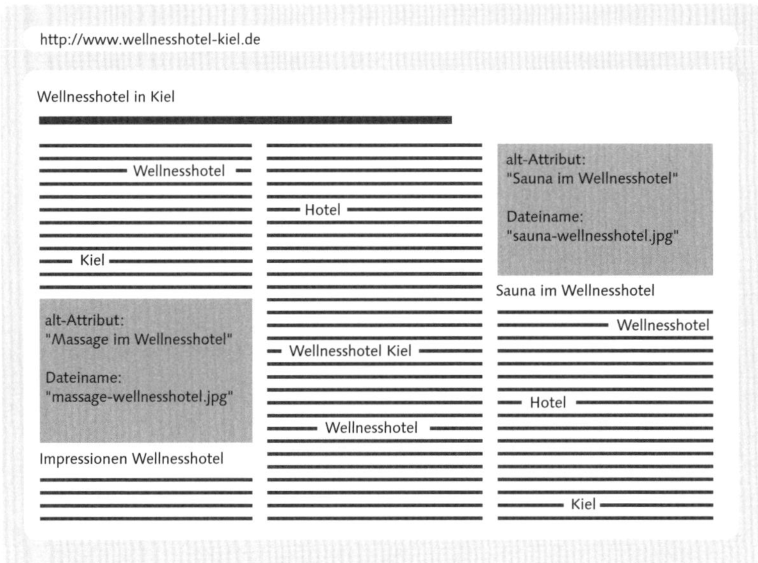

Abbildung 12.20 Die perfekt optimierte Webseite

12.4.3 Meta-Angaben optimieren

Sehr wichtig für die Suchmaschinenoptimierung einzelner Seiten sind die sogenannten Meta-Angaben auf den Webseiten. Diese sehen Sie nicht direkt auf der Seite, sondern im HTML-Quellcode der Seite. Den Quellcode einer Webseite können Sie in Ihrem Internetbrowser einsehen, wenn Sie mit der rechten Maustaste auf eine Webseite klicken und im Mozilla Firefox QUELLTEXT ANZEIGEN wählen bzw. im Microsoft Internet Explorer QUELLCODE ANZEIGEN wählen. In einem sich neu öffnenden Fenster sehen Sie nun den HTML-Quellcode Ihrer Seite, der wiedergibt, wie Ihre Seite aufgebaut ist. Die Meta-Angaben finden Sie nun zwischen den HTML-Tags `<head>` und `</head>`. Ein Ausschnitt aus dem Quellcode der Seite *www.tagesschau.de* sieht wie folgt aus:

```
<head>
<meta http-equiv="content-type" content="text/html; charset=iso-8859-1" />
<title>Aktuelle Nachrichten - Inland Ausland Wirtschaft Kultur Sport - ARD
Tagesschau</title>
<meta name="description" content="tagesschau.de - die erste Adresse für Nach-
richten und Information: An 365 Tagen im Jahr rund um die Uhr aktualisiert
bietet tagesschau.de die wichtigsten Nachrichten des Tages und zusätzliche
Informationen in Text, Bild, Audio und Video, sowie umfassende Berichte und
Hintergründe zu aktuellen Themen." />
<meta name="keywords" content="Nachrichten, Inland, Ausland, Wirtschaft, Sport,
Kultur Reportage, Bericht, News, Tagesthemen, Aktuell, Neu, Neuigkeiten,
Hintergrund, Hintergrund, Information, Politik, Innenpolitik, Aussenpolitik,
Video, Audio" />
<meta http-equiv="Language" content="de" />
<meta name="language" content="de" />
<meta name="viewport" content="width=800" />
<meta name="robots" content="index,follow" />
</head>
```


Sehr wichtige Meta-Angaben für die Suchmaschinenoptimierung sind das `<title>`-Tag, das Meta-Tag `"description"` und das Meta-Tag `"robots"`. Sie sehen, dass wir das Meta-Tag `"keywords"` nicht zu den wichtigen Meta-Angaben zählen. Diese Keyword-Angaben wurden früher häufig missbraucht und werden deshalb von den Suchmaschinenbetreibern weitgehend ignoriert. Häufig herrscht aber noch die Meinung vor, dass man mit diesem Meta-Tag Suchmaschinenoptimierung betreiben könne. Wenden wir uns also den drei wichtigen Meta-Angaben zu.

Das <title>-Tag

Besonderen Wert sollten Sie auf das `<title>`-Tag legen. Im Beispiel von *tagesschau.de* sieht dieses wie folgt aus.

```
<title>Aktuelle Nachrichten - Inland Ausland Wirtschaft Kultur Sport - ARD
Tagesschau</title>
```

Das `<title>`-Tag wird in Ihrem Internetbowser in der oberen Fensterleiste angezeigt und wird auch für Lesezeichen (Bookmarks) genutzt. Für die Suchmaschinenoptimierung ist dieses Tag wichtig, weil es für die Darstellung der Suchergebnisse verwendet wird. In Abbildung 12.21 sehen Sie die Suchanfrage bei *google.de* für den Begriff »Nachrichten«. Als erstes Ergebnis erscheint dort *tagesschau.de*. Sie finden in der blauen Überschrift des Suchergebnisses das `<title>`-Tag wieder. Dieses kann von den Nutzern angeklickt werden, um zur Tagesschau-Website zu gelangen. Sie sehen daran, dass das `<title>`-Tag wichtige Informationen zum Inhalt Ihrer Webseite beinhalten sollte, sodass Benutzer auf Anhieb wissen, was sie auf der Seite erwartet. Ein gutes `<title>`-Tag erhöht somit die Klickrate auf Ergebnisse. Zudem ist das `<title>`-Tag aber auch ein wichtiger Ranking-Faktor. Das heißt, wenn Sie z.B. zum Begriff »Nachrichten« gefunden werden möchten, sollten Sie dieses Keyword auch im `<title>`-Tag der Seite unterbringen. Dieses Vorgehen sehen Sie in Abbildung 12.21 am Beispiel von *tagesschau.de*, *spiegel.de* und anderen Nachrichtenseiten. Die Länge des `<title>`-Tags sollte den Wert von 70 Zeichen nicht überschreiten, aber auch nicht zu kurz sein. Google zeigt in den Suchergebnissen nur die ersten 65 Zeichen des `<title>`-Tags und schneidet alles Weitere ab. Achten Sie also für jede Unterseite Ihrer Website auf ein individuelles, mit passenden Stichwörtern versehenes und nicht zu langes `<title>`-Tag. Wenn Sie einen bekannten Markennamen haben, können Sie diesen auch an das Ende des `<title>`-Tags setzen. Mit der größeren Bekanntheit eines Markennamens erhöhen Sie die Klickrate auf das Suchergebnis, da Benutzer schneller darauf klicken als auf eine vollkommen unbekannte Seite.

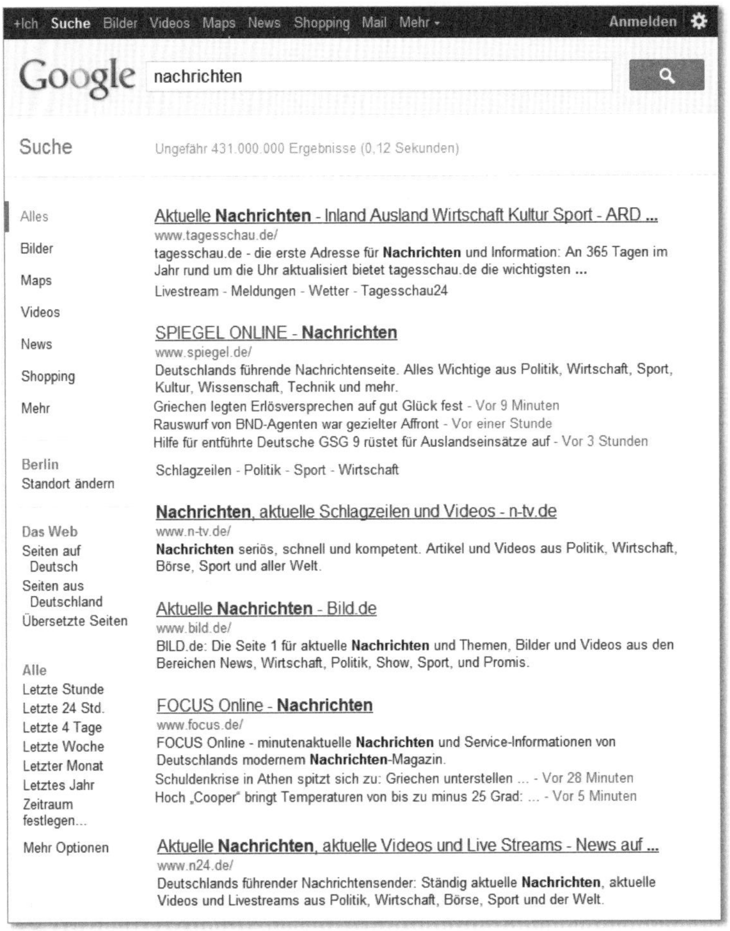

Abbildung 12.21 Google-Suchergebnis zu »Nachrichten«

Die Meta-Description

Ähnlich wie das `<title>`-Tag ist auch das Meta-Tag `"description"` wichtig für die Suchmaschinenoptimierung der Seite. Im Beispiel von *tagesschau.de* ist es wie folgt aufgebaut.

```
<meta name="description" content="tagesschau.de - die erste Adresse für Nachrichten und Information: An 365 Tagen im Jahr rund um die Uhr aktualisiert bietet tagesschau.de die wichtigsten Nachrichten des Tages und zusätzliche Informationen in Text, Bild, Audio und Video, sowie umfassende Berichte und Hintergründe zu aktuellen Themen." />
```

Sie sehen also einen kurzen Beschreibungstext zu der Seite. Dieser wird häufig auch in den Suchergebnissen als sogenanntes *Snippet*, also ein Ausschnitt aus der Ergebnisseite, verwendet. In Abbildung 12.22 sehen Sie, dass der Inhalt der Meta-Description ebenfalls für die Darstellung des Suchergebnisses benutzt wird.

Abbildung 12.22 HTML-Verbesserungen in den Google Webmaster-Tools

Unterhalb der blauen, unterstrichenen Ergebnisüberschrift finden Sie zwei Zeilen Text. Dies ist das Snippet der Zielseite. Achten Sie deshalb auf einen informativen Text, der die Webseite beschreibt und die wichtigsten Begriffe enthält. Im Beispiel sehen Sie, dass bei Google das gesuchte Wort »Nachrichten« im Snippet fett markiert wird, wodurch es mehr Aufmerksamkeit erhält und das Suchergebnis von Nutzern somit eher angeklickt wird. Die Länge der Meta-Description können Sie auf 155 Zeichen optimieren. Diese Anzahl an Zeichen wird von Google für die Darstellung des Snippets verwendet. Sie können aber auch noch etwas mehr Text hinzufügen, da Google den passenden Textteil selbst auswählt und dem Benutzer anzeigt.

Tipp: Vermeiden Sie Fehler in <title>-Tags und Meta-Descriptions

Beachten Sie, dass `<title>`-Tags und Meta-Descriptions nicht mehrfach für einzelne Seiten vergeben werden. Ein häufiger Fehler vieler Website-Betreiber ist, dass dieses `<title>`-Tag gar nicht vergeben wird oder für alle Seiten den gleichen Inhalt hat. Über die Google Webmaster-Tools können Sie unter OPTIMIERUNG • HTML-VERBESSERUNGEN (siehe Abbildung 12.22) sehen, ob es Probleme bei den Meta-Beschreibungen oder den `<title>`-Tags gibt.

Die `<title>`-Tags und Meta-Descriptions der Seiten ändern Sie im Quellcode Ihrer Website. Je nachdem, wie Ihre Website programmiert ist, können Sie dies in einem HTML-Editor (z. B. Dreamweaver), im Content-Management-System (CMS) oder in der Online-Shop-Software entsprechend anpassen.

Das »robots«-Meta-Tag

Für die Suchmaschinenoptimierung ist das Meta-Tag `"robots"` von besonderer Bedeutung, da dieses angibt, wie die Suchmaschinen-Robots mit der Webseite umgehen sollen. Über dieses Meta-Tag können Sie angeben, ob eine Webseite in den Index der Suchmaschinen aufgenommen werden soll. Insbesondere große Websites, die über mehr als 1.000 Unterseiten verfügen, sollten auf dieses Meta-Tag Wert legen. Die Homepage von *tagesschau.de* weist folgendes `"robots"`-Meta-Tag auf.

```
<meta name="robots" content="index,follow" />
```

Mit dem Wert `index` geben Sie an, dass die Seite von Suchmaschinen indexiert werden soll. Soll dies nicht geschehen, geben Sie an dieser Stelle `noindex` an. Dies empfiehlt sich z. B. für Druckvarianten von Webseiten oder für interne Suchergebnisseiten, die nicht in den Index der Suchmaschinen gelangen sollen. Damit können Sie sehr gezielt steuern, welche Seiten von den Suchmaschinen aufgenommen werden sollen und welche nicht. Die zweite Angabe kann auf `follow` oder `nofollow` gesetzt werden und bezieht sich auf die Bewertung der Links auf der Webseite. `follow` ist dabei der Standardwert, der Links, wie gewohnt, bewertet. Mit `nofollow` können Sie dagegen alle Links auf der Seite entwerten, das heißt, die Links auf der Seite werden von Suchmaschinen nicht in die Berechnung des Rankings aufgenommen.

Das Canonical-Tag

Das sogenannte *Canonical-Tag* ist eine weitere Meta-Angabe im Quellcode einer Website. Darüber ist es möglich, Inhalte für Suchmaschinen zusammenzuführen. Das Canonical-Tag wird vor allem für die Behandlung von doppelten Inhalten genutzt, indem dem Suchmaschinen-Crawler mitgeteilt wird, wo sich der Originalinhalt befindet. Dies kann z. B. bei Druckversionen der Fall sein. Wenn Sie auf Ihrer Website eine Druckfunktion anbieten und darüber eine weitere URL des Artikels erzeugt wird, sollten Sie eine Canonical-Angabe einführen. Ist die URL der Printversion z. B.

```
http://www.nachrichtenmagazin.de/2012/aktienkurse-gehen-in-die-hoehe.php?ver-
sion=print
```

dann sollte die Website im HTML-Code folgende Canonical-Angabe enthalten, um den Suchmaschinen-Crawler drauf hinzuweisen, dass es sich um dieselben Inhalte handelt:

```
<link rel="canonical" href=" http://www.nachrichtenmagazin.de/2012/
aktienkurse-gehen-in-die-hoehe.php"/>
```

Damit haben Sie eine gute Möglichkeit, *Duplicate Content* zu vermeiden, zudem werden auch Verlinkungen zu beiden URLs zusammengeführt und stärken das Ranking der richtigen Version des Inhalts. Wollen Sie z. B. einen Domain-Umzug durchführen, können Sie diese Canonical-Angabe auch dazu nutzen, von der alten Website auf eine neue Domain zu verweisen und damit die korrekte Indexierung sicherzustellen und die Linkstärke auf die neue Website zu übertragen.

Weitere SEO-Meta-Tags

In der HTML-Spezifikation stehen noch weitere Meta-Tags zur Verfügung. Sie können z. B. die Sprache Ihrer Website über das Meta-Tag "`language`" angeben, um eindeutig festzulegen, welche Sprache Sie verwenden.

```
<meta name="language" content="de" />
```

Eine spezielle Meta-Angabe ausschließlich für Google ist die Anweisung, ab wann eine Seite nicht mehr indexiert werden soll. Sinnvoll ist der Einsatz aber nur bei temporären Internetseiten, die nach einem bestimmten Zeitraum nicht mehr auffindbar sein sollen, z. B. Seiten für Gewinnspiele oder zeitlich begrenzte Sonderangebote.

```
<meta name="GOOGLEBOT" content="unavailable_after: 09-Jul-2013 14:00:00 GMT"/>
```

12.4.4 Optimierung der URL – Datei- und Verzeichnisbenennung

Ihre optimierte Webseite finden Sie immer unter einer bestimmten URL, die Sie im Internetbrowser sehen. Wenn Sie die Möglichkeit haben, diese URL für Unterseiten selbst festzulegen, wählen Sie am besten eine kurze Bezeichnung, die auch den wichtigsten beschreibenden Begriff enthält. Schauen wir uns einige Beispiele für URLs von Unterseiten an. Wir beginnen mit einem Beispiel von *tagesschau.de*, das zwar das Themengebiet enthält, aber das Thema selbst nicht beschreibt.

www.tagesschau.de/inland/atomkraft146.html

Spiegel Online baut die URL-Struktur nach Kategorien auf, z. B. Politik und Ausland. Für die konkrete Unterseite fehlt aber ein Suchbegriff.

www.spiegel.de/politik/ausland/0,1518,695010,00.html

Besser macht es die Berliner Morgenpost. In der folgenden URL sehen Sie, dass die komplette Überschrift des Artikels als URL genutzt wird und auch die Kategorie »Berlin« enthalten ist. Die Trennung der Wörter mit Bindestrichen ist dabei eine gute Lösung für die Suchmaschinen, um die Begriffe deutlicher voneinander trennen zu können.

www.morgenpost.de/berlin/article1308928/Was-die-Berliner-an-ihrer-Stadt-lieben.html

Achten Sie bei der Vergabe von URLs also auf eine möglichst kurze Benennung, eine geringe Verzeichnistiefe, und integrieren Sie Suchbegriffe. Vermeiden Sie Umlaute und Sonderzeichen in den URLs. Wenn Sie Umlaute verwenden wollen, sollten Sie diese in der Form »ae«, »oe« und »ue« benutzen. Von Vorteil sind Suchbegriffe in der URL zusätzlich für die Anzeige in den Ergebnisseiten der Suchmaschinen. Oft wird hier der gesuchte Begriff oder ein Synonym fettgedruckt in der URL dargestellt, wie Sie in Abbildung 12.23 für die Suche nach »Berliner Stadtplan« sehen. Damit wird der Suchbegriff noch einmal hervorgehoben und regt zum Klicken auf das Suchergebnis an. Den gleichen Effekt können Sie auch bei den bezahlten Anzeigen nutzen. Details dazu lesen Sie in Kapitel 11, »Suchmaschinenwerbung (SEM)«.

Kurze und eindeutige URLs haben den Vorteil, dass sie eher im Netz verlinkt werden. Zudem werden häufig URLs als Linktexte verwendet und geben somit den Suchmaschinen einen weiteren Hinweis auf den Inhalt der Seite, wodurch sie das Ranking zu dem Suchbegriff verbessern.

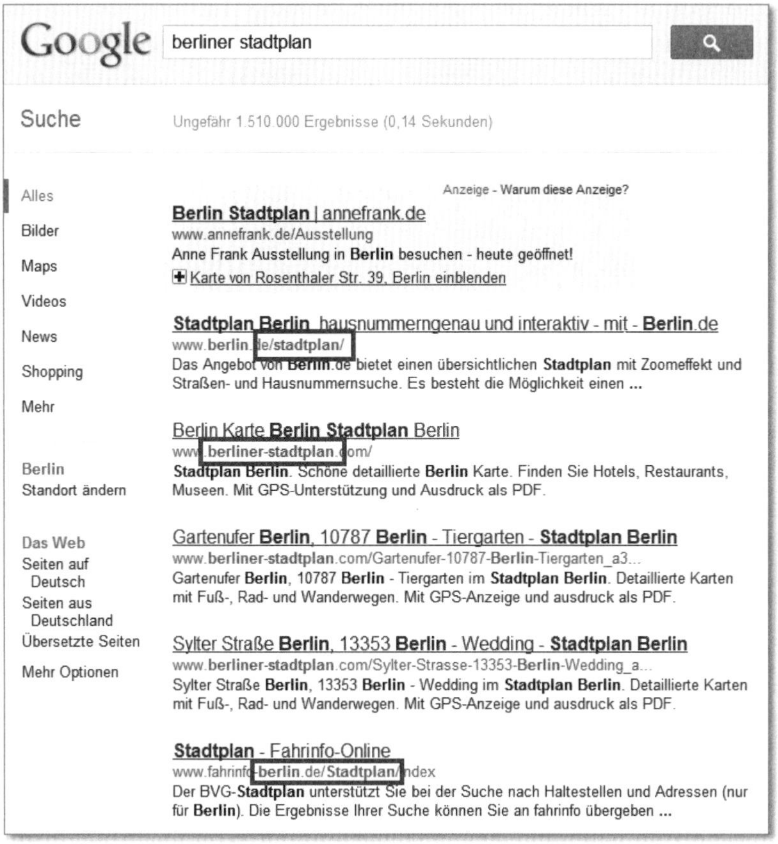

Abbildung 12.23 Fett markierte Begriffe in den URLs der Suchergebnisse

12.5 Verlinkungen im Netz – Off-Page-Optimierung

Die zweite wichtige Säule in der Suchmaschinenoptimierung neben dem suchmaschinenfreundlichen Aufbau der Website sind die Verlinkungen im Netz zu Ihrer Website. Dieser SEO-Bereich wird als *Off-Page-Optimierung* bezeichnet. Wir werden Ihnen hier zeigen, wie gut Ihre Website in diesem Bereich bereits aufgestellt ist und wie Sie Verlinkungen zu Ihrer Website weiter ausbauen können. Im HTML-Quellcode Ihrer Website finden Sie die Links in folgendem Format dargestellt, als Beispiel ein Link zu Spiegel Online:

```
<a href="http://www.spiegel.de/">Spiegel Online</a>
```

Das HTML-Tag `<a>` steht für *Anchor* (Anker) und das zugehörige Attribut `href` bedeutet *hypertext reference*, nach dem die Verlinkungsadresse folgt.

Aber was bringen Backlinks genau? Backlinks sind Verlinkungen anderer Websites zu Ihrer eigenen Seite. Jeder Link entspricht einer Empfehlung. Links gehen daher stark in die Bewertung der Suchergebnisse ein. Dabei sollten Sie aber beachten, dass nicht jeder Link von jeder Website gleich viel wert ist. Ein Link von einer großen Website, die vertrauenswürdig und themenrelevant ist, ist viel mehr wert als hundert Links von kleinen, unbekannten Websites. Große, vertrauenswürdige Websites sind z. B. *spiegel.de* oder Websites von Universitäten. Diese unterschiedlichen Linkprofile sind in Abbildung 12.24 dargestellt. Website 2 erhält weniger Links als Website 1, dafür aber von größeren Websites, und gewinnt demnach auch mehr Vertrauen aufseiten der Suchmaschinen.

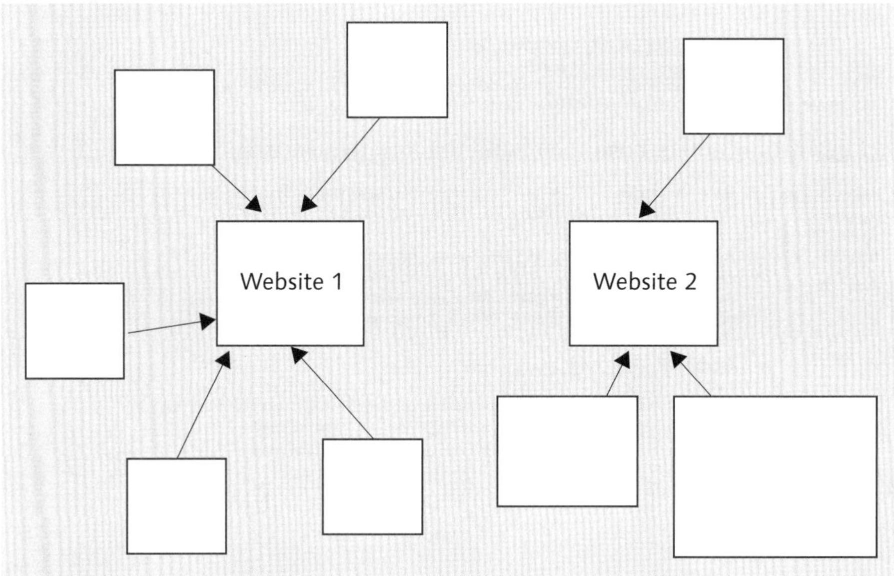

Abbildung 12.24 Unterschiedliche Linkprofile

12.5.1 Linkpopularität – wie viele Links habe ich?

Am Anfang ist es wichtig, zu wissen, über wie viele Links Sie schon verfügen. Diese Zahl wird als *Linkpopularität* bezeichnet. In diesem Zusammenhang werden verschiedene Linkpopularitäten unterschieden. Die *generelle Linkpopularität* ist die Anzahl aller externen Links zu Ihrer Seite. Die *Host-Popularität* ist die Anzahl an Links von verschiedenen Hosts, also z. B. von verschiedenen Subdomains. Die *Domain-Popularität* zählt nur die Links von verschiedenen Domains, die *IP-Popularität* die Anzahl an Links von verschiedenen IPs, also Webserver-Adressen. Da sich aber viele Websites häufig eine IP-Adresse teilen, wird zusätzlich noch die *Class-C-Popularität* betrachtet, die die Anzahl an Links aus verschiedenen Rechnernetzen angibt. In Abbildung 12.25 sehen Sie die Verteilung der verschiedenen Popularitäten. Die Linkpopularität nimmt daher je nach einschränkender Definition der Kennzahl ab. Dies ist auch leicht vorstellbar, da man z. B. von einer Domain mehrere Links bekommen kann und somit die Linkpopularität größer ist als die Domain-Popularität. Wenn Sie in das Thema gerade erst einsteigen, achten Sie vor allem auf die Link- und Domain-Popularität. Als fortgeschrittener Leser sollten Sie aber auch die anderen Kennzahlen kennen und im Auge behalten.

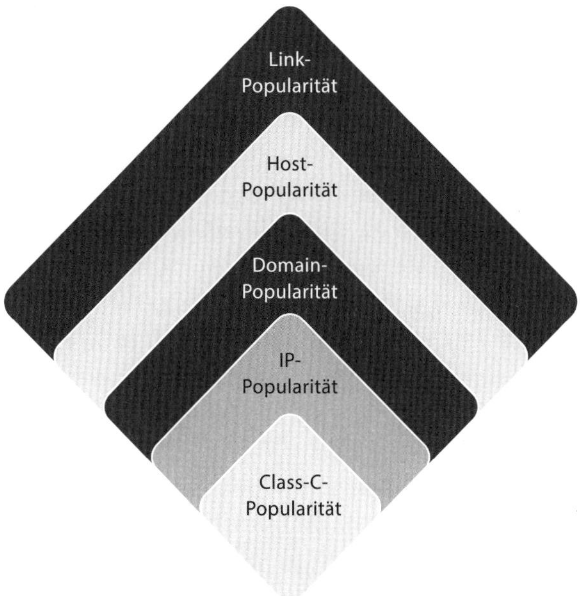

Abbildung 12.25 Unterschiedliche Linkpopularitäten

Die Anzahl Ihrer Links können Sie mit verschiedenen Tools abfragen. Einige wollen wir Ihnen hier vorstellen. Durch unterschiedliche Technologien können die Zahlen aber stark variieren.

Wichtige Backlink-Tools

- **Links in Google Webmaster-Tools**
  Dies ist wohl die beste Quelle für Ihre Backlinks. Sie können in den Webmaster-Tools die komplette Liste der externen Links, die Google für Ihre Website findet, ansehen und herunterladen. Sie finden dies in den Webmaster-Tools unter ZUGRIFFE • LINKS ZU IHRER WEBSITE. Der Nachteil ist, dass Sie die Daten natürlich nur für Ihre eigene Site bekommen und nicht die Links für andere Websites sehen.

- **link:-Abfrage in Google**
  Geben Sie als Suchanfrage bei Google Folgendes ein: `link:ihrewebsite.de`
  Als Ergebnis bekommen Sie dann eine Auswahl der auf Sie verweisenden Websites. Dies ist eine schnelle Methode, um Backlinks zu finden. Anzumerken ist hierbei aber, dass nur eine kleine Auswahl der gesamten Links angezeigt wird. Sie können diese Abfrage aber für jede beliebige Website machen.
- **Blekko** (*blekko.com*)
  Die Suchmaschine Blekko liefert für Websites SEO-Hintergrundinformationen mit dem Zusatz »`/seo`« (z. B.: `zeit.de /seo`). Sie können sich bei Blekko registrieren und erhalten dann zu allen Domains weitergehende Informationen und auch eingehende Links. Unter dem Punkt INBOUND LINKS sehen Sie die Backlinks, die Blekko zu einer ganzen Website und zu einer bestimmten URL gefunden hat.
- **SISTRIX, Searchmetrics, SEOlytics, XOVI etc.**
  Im Bereich der Suchmaschinenoptimierung haben sich einige umfassende Tools entwickelt, die auch über Analysefunktionen für Backlinks verfügen. Diese Tools sind kostenpflichtig, aber lohnen sich bei intensiver Nutzung.
- **OpenSiteExplorer** (*www.opensiteexplorer.org*)
  Mit dem OpenSiteExplorer der Firma SEOmoz können Sie beliebige Websites auf Backlinks überprüfen. In der kostenlosen Version wird Ihnen aber auch hier nur eine Auswahl der Backlinks angezeigt.
- **LinkDiagnosis** (*www.linkdiagnosis.com*)
  Ein weiteres nützliches Tool zum Finden von Backlinks ist LinkDiagnosis. Die kostenlose Software bietet die Möglichkeit, die Backlinks übersichtlich angezeigt zu bekommen und zu exportieren.

Die erwähnte SISTRIX Toolbox (*www.sistrix.de*) gibt Ihnen einen Einblick in die unterschiedlichen Linkpopularitäten. In Abbildung 12.26 sehen Sie die verschiedenen Linkpopularitäten für die Domain *spiegel.de*, in der Sie auch die absteigende Anzahl der Werte erkennen. Spiegel Online verfügt über eine sehr hohe Domain-Popularität. 98. 598 unterschiedliche Domains verweisen auf die Website *spiegel.de*.

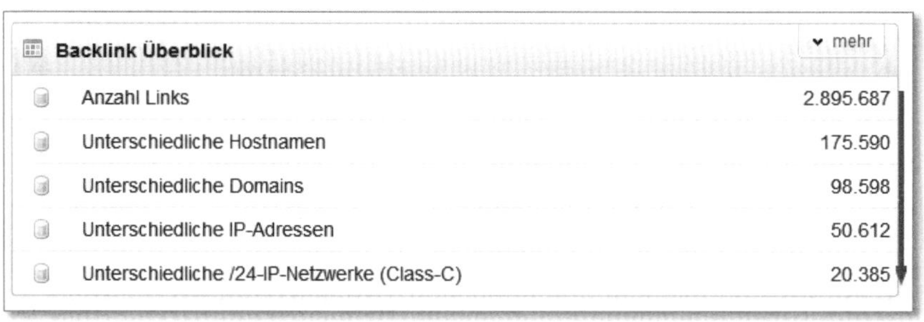

Backlink Überblick (mehr)

Anzahl Links	2.895.687
Unterschiedliche Hostnamen	175.590
Unterschiedliche Domains	98.598
Unterschiedliche IP-Adressen	50.612
Unterschiedliche /24-IP-Netzwerke (Class-C)	20.385

Abbildung 12.26 Backlink-Kennzahlen für die Domain spiegel.de (Quelle: SISTRIX Toolbox)

Eine natürliche Backlink-Struktur bildet die sogenannte *Linkpyramide*. Diese Pyramide ergibt sich aus der Anzahl der Links zu einer Website und deren PageRank-Werten. In Abbildung 12.27 sehen Sie diese typische Verteilung, bei der die meisten Links von ungerankten Seiten kommen und bei der mit steigendem PageRank die Anzahl der Links abnimmt. Die Natürlichkeit der Backlink-Struktur ergibt sich aus der unterschiedlichen Qualität der Websites im Internet. Die Linkpyramide zeigt also auch ein Abbild des Internets, da es z. B. mehr Seiten mit einen PageRank von 6 gibt als Websites mit einem PageRank von 7. Daher sollte auch die Linkpyramide Ihrer Website natürlich aussehen, wobei die Pyramide in den meisten Fällen noch viel flacher ausfällt, als in der Abbildung gezeigt, da Sie viel mehr Links mit geringem PageRank haben werden als Links mit hohem PageRank.

Abbildung 12.27 Linkpyramide nach PageRank

Daran erkennen Sie, dass es Websites gibt, die viele gute Links bekommen, und dass damit eine Liste an empfohlenen Websites entsteht. Weltweit gibt es nur etwas mehr als ein Dutzend Websites mit einem PageRank von 10, z. B. *google.com*, *cnn.com* und *facebook.com*. Die Auswertung der Linkpyramide für Ihre eigene Website oder die Ihrer Wettbewerber können Sie mit den kostenpflichtigen SEO-Tools, wie etwa SISTRIX oder Searchmetrics, vornehmen. Sie erhalten damit die Werte der Linkpyramide und haben zum Vergleich auch die Angabe mit Durchschnittswerten anderer Websites. In Abbildung 12.28 sehen Sie diese Auswertung für die Domain *welt.de*. Damit bekommen Sie ein gutes Gefühl dafür, wie Sie im Vergleich zu anderen Websites aufgestellt sind. Um diese Linkpyramide nun zu erhalten, sollten Sie auch weiterhin auf eine normale Verteilung der Links achten. Darum bringt es Ihnen nichts, nur Links mit einem PageRank 5 hinterherzulaufen. Auch die Basis Ihrer Linkpyramide muss stimmen.

Vergleich mit Normalwerten

PR	welt.de	Durchschnitt
PR8	0,0%	0,0%
PR7	0,2%	0,2%
PR6	1,3%	0,7%
PR5	5,3%	1,9%
PR4	9,3%	3,8%
PR3	15,9%	6,0%
PR2	12,7%	6,8%
PR1	7,1%	6,2%
PR0	8,0%	10,0%
Ohne PR	40,3%	64,6%

Abbildung 12.28 Linkpyramide mit Beispiel- und Durchschnittswerten

12.5.2 Der Wert eines Links

Jetzt wissen Sie, wie Sie die Anzahl Ihrer Links und die von Wettbewerbern ermitteln können. Da es aber nicht nur auf die Quantität, sondern auch auf die Qualität ankommt, wollen wir uns in diesem Abschnitt mit dem Wert eines Links beschäftigen. Hier spielen viele verschiedene Punkte eine Rolle. Die wichtigsten Aspekte in der Linkbewertung wollen wir Ihnen hier erklären. Da sich die Suchmaschinenalgorithmen aber häufig ändern, kann es sein, dass mit der Zeit neue Faktoren hinzukommen oder sich bisherige anders gewichten.

PageRank bzw. Linkpopularität der linkgebenden Seite

Die Qualität eines Backlinks, den Sie für Ihre Website bekommen, hängt maßgeblich von der Linkpopularität ab. Im Google-Sprachgebrauch wird dies als PageRank bezeichnet. Sie können also den Linkwert höher ansehen, wenn er von einer Seite kommt, die selber häufig verlinkt ist. Das heißt, dass ein Link von *spiegel.de* aufgrund der vielen Verlinkungen mehr wert ist als einer von einer kleinen privaten Homepage.

Nofollow-Links

Links können über das Attribut `rel=«nofollow«` im HTML-Quellcode entwertet werden. Dies sorgt dafür, dass kein PageRank bzw. keine Linkpower von dem Link weitergegeben wird. Im HTML-Code des Links sehen Sie dies wie folgt:

```
<a href="http://www.spiegel.de/" rel="nofollow">Spiegel Online</a>
```

Verschiedene SEO-Tools, wie z. B. das Firefox-Add-on SearchStatus oder die SEOmoz Toolbar zeigen die Nofollow-Links farblich hinterlegt auf der Website an, damit müssen Sie nicht erst den Quellcode der Seite aufrufen (Abbildung 12.29). Ist bei einem Link kein `rel`-Attribut angegeben, so ist der Wert standardmäßig auf `follow` gesetzt und gibt damit PageRank an Ihre Website weiter. Der Wert `rel=«nofollow«` wurde 2005 von Google eingeführt, um Linkspam zu bekämpfen. Auch andere Suchmaschinen nutzen diesen Standard. Die Möglichkeit, Links zu entwerten, kann auch für eine gesamte HTML-Seite angegeben werden, ohne dies in allen Links wiederholen zu müssen. Dies erreichen Sie über das folgende Meta-Tag:

```
<meta name="robots" content="nofollow" />
```

Häufig finden Sie solche Nofollow-Links in Blogkommentaren oder in Foren und Communitys, wo Nutzer eigenständig Links setzen können. Damit schützen sich die Website-Betreiber vor übermäßiger Linksetzung zu SEO-Zwecken.

Abbildung 12.29 Links mit Nofollow-Markierung

Anzahl der Links auf einer Seite

Einen wichtigen Einfluss auf den Wert eines Links nimmt die Anzahl der Links auf der linkgebenden Seite ein. Sie teilen sich immer die Linkstärke mit allen Links, die sich auf der Website befinden. Stellen Sie sich z. B. eine Linkliste vor, die mehrere hundert Online-Shops auflistet oder im Gegensatz dazu einen speziellen Artikel mit nur einem einzigen Link. Angenommen, die Liste und der Artikel haben die gleiche Verlinkungsstärke, dann wird Ihnen der Artikellink mehr bringen, da Sie die Linkpower zu 100 % auf sich ziehen.

Der Linktext

Besonderes Augenmerk sollten Sie auf den Linktext legen, der auch als Anchor-Text bezeichnet wird. Dies ist der Text, der für den Nutzer des Links sichtbar ist. In unserem Beispiel ist dies »Spiegel Online«. Im HTML-Code finden Sie den Linktext zwischen dem öffnenden und schließenden `<a>`-Tag:

```
<a href="http://www.spiegel.de/">Spiegel Online</a>
```

Dieser Linktext gibt eine zusätzliche Information über den Inhalt der Website weiter. In unserem Beispiel sieht die Suchmaschine, dass es sich bei dem Link um Spiegel Online handelt. Dieser Linktext wird im Algorithmus der Suchmaschinen verwendet und lässt Ihre Seite zum Begriff des Linktexts besser auffinden. Daher können Sie versuchen, einen möglichst treffenden Linktext zu finden, mit Begriffen, nach denen Ihre Nutzer suchen. Im Beispiel wäre das also möglicherweise: »`Nachrichten bei Spiegel Online`«. Achten Sie also darauf, wie Sie verlinkt werden. Natürlich sollten Sie nicht mit zu eindeutigen Linktexten übertreiben. Behalten Sie also eine natürliche Linktextverteilung im Auge, und arbeiten Sie mit Variationen der Linktexte.

Linkposition auf der Website

Ein zunehmend wichtigere Rolle spielt die Linkposition, also wo sich der Link innerhalb einer Website befindet. Eine Seite hat verschiedene Bereiche, wo sich der Link befinden kann. Im Allgemeinen gibt es auf Websites einen Header- und Footer-Bereich, also die Kopf- und Fußzeile einer Seite. Hinzu kommen der Navigationsbereich, der die Struktur der Website enthält, und der Content-Bereich mit den eigentlichen Inhalten. Häufig finden Sie zusätzlich eine Sidebar, dies ist meist eine Spalte mit Zusatzinformationen, die rechts angeordnet ist. In all diesen Bereichen können sich Links befinden. Nach einer Studie von SEOmoz (siehe Abbildung 12.30) übergeben Links aus dem Content-Bereich mehr Wert als Verlinkungen aus dem Footer-Bereich oder einer Sidebar.

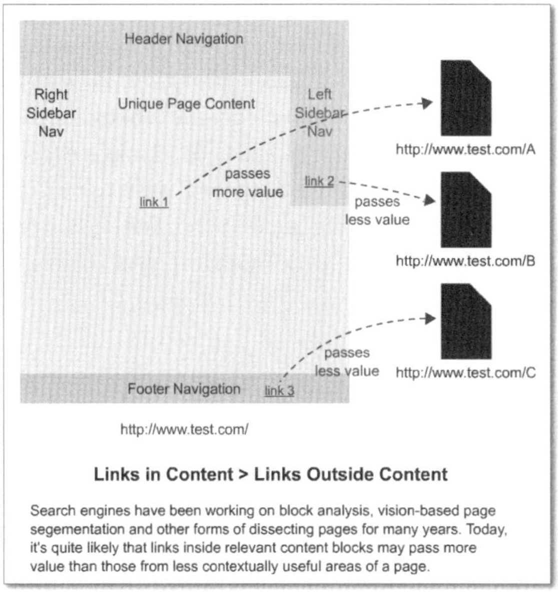

Abbildung 12.30 Linkpositionen innerhalb einer Webseite (Quelle: SEOmoz)

Nicht nur die Position des Links spielt eine Rolle, sondern auch die Verlinkung innerhalb der Website. Auf einer Website gibt es wichtigere und unwichtigere Seiten, die mehr oder weniger gut verlinkt sind. Damit erzeugt ein Link mehr Wert, je mehr die Unterseite, von der er stammt, selbst verlinkt ist. Häufig ist die Startseite am besten verlinkt, danach folgen z. B. Kategorie- oder Rubrikenseiten aus der Navigation mit guter interner Verlinkung.

Linkdarstellung

Um Links zu verstecken, aber trotzdem Linkpower weiterzugeben, wird oft versucht, weiße oder hellgraue Schrift auf weißem Hintergrund zu positionieren. Davon ist aber strengstens abzuraten, da dies Suchmaschinen erkennen können und sogar negativ bewerten. Auch die Idee, die Schrift der Linktexte in minimaler, fast nicht mehr erkennbarer Schriftgröße darzustellen, führt zu den gleichen negativen Effekten. Stellen Sie Ihre Links also immer natürlich so wie alle anderen Links dar, um die Linkstärke zu bewahren.

Indexierung des Links

Damit ein Backlink auf das Ranking Ihrer Website Wirkung zeigen kann, ist es notwendig, dass der Link von Suchmaschinen gefunden werden kann. Eine Verlinkung aus einem geschlossenen Forum, auf das nur mit Passwort zugegriffen werden kann, ist z. B. für Suchmaschinen nicht einsehbar und erzeugt damit keinen SEO-Wert. Achten Sie daher darauf, dass die Seiten, von denen der Backlink kommt, auch von Google und Co. indexiert wird. Sie können dies mit der `site`-Abfrage in den Suchmaschinen prüfen, indem Sie die genaue URL, von der der Link stammt, mit `site:linkgebende-url` in die Suchabfrage eingeben und schauen, ob die entsprechende Webseite auftaucht. Erscheint die Seite, so ist die Wertigkeit des Links gegeben. Erscheint die Seite dagegen nicht, so können Sie davon ausgehen, dass keine Linkpower auf Ihre Seite übertragen wird. Bei ganz neuen oder kleineren Seiten kann die Indexierung aber einige Zeit in Anspruch nehmen, und die Indexierung ist daher erst später prüfbar.

Thematische Relevanz

Bei der thematischen Relevanz eines Links, also ob die Verlinkung von einer thematisch ähnlichen Website zu Ihnen kommen sollte, gibt es unterschiedliche Meinungen. Einige Experten sagen, dass das thematische Umfeld keine wichtige Rolle spielt und die Links daher auch von verschiedensten Seiten kommen können und Ihren Wert beibehalten. Diese Annahme kommt daher, weil Suchmaschinen noch nicht 100%ig eine Seite einem Thema semantisch zuordnen können. Gehen wir allerdings von einer natürlichen Linkverteilung aus, so ist anzuraten, möglichst nur Links aus einem thematisch ähnlichen Umfeld zu bekommen. Häufig wird in diesem Zusammenhang auch von *Bad Neighborhood* gesprochen, also einer schlechten Nachbarschaft. Damit werden Links beschrieben, die sich in einem schlechten Umfeld befinden. Sie können sich sicher vorstellen, dass ein Link zu Ihrer Website, der neben »Poker«- und »Viagra«-Links steht, ein schlechtes Signal sendet. Die Links zu diesen Themen werden meist unnatürlich aufgebaut und können damit auch dem Wert Ihres Links schaden oder aber auch negative Auswirkungen haben, sodass sie z. B. an Ranking verlieren.

Sie haben nun einen Überblick, anhand welcher Kriterien Sie einen Link zu Ihrer Website bewerten können. Oftmals kommt hier die Frage auf, wie sich ein Link monetär bewerten lässt. In einigen Blogs finden sich Ansätze zur preislichen Bewertung. Letztlich ist das System aber so komplex und von verschiedensten Faktoren abhängig, dass diese Bewertung sinnlos und nicht aussagefähig ist. Wir empfehlen Ihnen, einen Backlink nach obigen Kriterien zu bewerten und z. B. als »sehr gut«, »gut«, »neutral«, »schlecht« zu klassifizieren oder mit einer Skala von 0 bis 10 zu arbeiten. Damit haben sie die Möglichkeit, Ihre einzelnen Verlinkungen besser zu beurteilen.

12.5.3 Der Linkaufbau – wie bekomme ich Links?

Nachdem Sie jetzt wissen, wie Backlink-Strukturen im Internet aussehen, und die Qualität eines Links einschätzen können, möchten Sie sicher auch wissen, wie Sie zu neuen Links für Ihre Website kommen. Leider ist der Linkaufbau (*Linkbuilding*) ein langer und kontinuierlicher Weg, den Sie gehen müssen – aber es lohnt sich. Die besten Quellen für Links sind Seiten, die selbst stark verlinkt sind und thematisch zu Ihrer Internetseite passen. Es gibt sehr verschiedene Wege, um an gute Links zu kommen. Sie sollten sich aber noch einmal in Erinnerung rufen, dass der Linkaufbau ein kontinuierlicher Prozess ist, der Woche für Woche neu bearbeitet werden muss. Wir haben Ihnen hier einige Aktionen zusammengestellt, die Sie recht leicht durchführen können, um gute Links aufzubauen.

Linkaufbau-Aktion 1: Gute, verlinkbare Inhalte schaffen

Die wichtigste Aktion ist das Bereitstellen guter Inhalte auf der Website, die gern verlinkt werden. Nicht umsonst erhalten z. B. große Nachrichtenportale oder gute Rezept- und Ratgeberseiten viele Links. Dies ist die natürlichste Verlinkungsform, da die Links von allein gesetzt werden. Überlegen Sie daher, welche Inhalte Sie passend zu Ihrem Thema anbieten können. Gut geeignet sind z. B. Leitfäden, Top-10-Listen oder aktuelle Nachrichten.

Linkaufbau-Aktion 2: Partner, Kunden und Lieferanten verlinken lassen

Sicher haben Sie, wenn Sie eine geschäftliche Website betreiben, auch gute Beziehungen zu Partnern, Lieferanten und Kunden. Nutzen Sie diese Kontakte, und bitten Sie diese, auf den eigenen Webseiten einen Link zu Ihrer Site zu setzen. Sehr passend geht das z. B. über die Seiten zu Referenzen des Anbieters oder über Herstellerlinks, die auf Ihren Online-Shop hinweisen.

Linkaufbau-Aktion 3: Verzeichnisse, Webkataloge und Social Bookmarks

Im Internet finden Sie viele Verzeichnisse, die Webseiten auflisten und sammeln. Oft können Sie hier Ihre Website kostenlos eintragen. Achten Sie aber auf die Qualität der Verzeichnisse oder Webkataloge. Beispiele für große, bekannte Verzeichnisse sind DMOZ (*www.dmoz.de*), das Yahoo Directory (*dir.yahoo.com*) und bellnet (*www.bellnet.de*). Wir empfehlen Ihnen einen Eintrag im DMOZ-Verzeichnis (siehe Abbildung 12.31, da dieses regelmäßig aktualisiert und auch von Google genutzt wird. Suchen Sie sich einfach die passende Kategorie aus, und fügen Sie Ihre Website mit ein paar weitergehenden Informationen hinzu. Der Eintrag wird dann von den Editoren des DMOZ-Verzeichnisses geprüft und freigegeben.

Suchen Sie auch nach weiteren Verzeichnissen und Webkatalogen, die zu Ihrem Angebot passen. Seien Sie aber auf der Hut vor vielen unseriösen Webkatalogen, die keinen Wert für Sie haben. Sie erkennen diese meist an schlechten Layouts, geringem oder keinem PageRank, massiven Werbeeinblendungen und der Pflicht, einen Backlink auf den Webkatalog selbst zu setzen.

Abbildung 12.31 DMOZ – Open Directory Project (www.dmoz.de)

Abbildung 12.32 Social Bookmarks bei zeit.de

Nutzen Sie auch die Möglichkeit von Social-Bookmarking-Diensten, wie z. B. Delicious (*www.delicious.com*) oder Mister-Wong (*www.mister-wong.de*), bei denen man auf seine Website hinweisen kann. Sie können auch Ihre Nutzer auf diese Bookmarking-Dienste aufmerksam machen, indem Sie mit Buttons darauf hinweisen (Abbildung 12.32).

Im Internet finden Sie Listen der bekanntesten Bookmarking-Dienste. Schauen Sie nach passenden Angeboten, und tragen Sie Ihre Website ein. Achten Sie aber auf Klasse statt Masse. Vielfach werden Ihnen massenweise Backlinks angeboten – im Hunderter- oder Tausenderpaket. Hiervon raten wir aber stark ab, da Sie schon gelesen haben, dass es auf qualitative Links von verschiedenen Websites ankommt.

Linkaufbau-Aktion 4: Thematisch passende Linkpartner finden

Welche anderen Webseiten beschäftigen sich mit Ihrem Thema? Diese Seiten sind die perfekten Linkpartner für Sie. Aber wie finden Sie diese? Eigentlich ist das ganz einfach. Suchen Sie nach Ihrem Thema bei Google. Durch den Algorithmus treffen Sie auf den ersten Positionen Seiten an, die Google als relevant zu dem Suchbegriff einstuft. Schauen Sie sich also die ersten 50 Ergebnisse an, und überlegen Sie, wie Sie eine Partnerschaft mit diesen Seiten bekommen können. Sie können z. B. Ihre Website empfehlen lassen, Gewinnspiele anbieten oder sich als Lieferant bzw. Händler mit einem Link zu Ihrer Website auflisten lassen. Wahrscheinlich werden Sie unter den Seiten auch einige Seiten finden, die als Konkurrenten angesehen werden können. Diese können Sie natürlich ausschließen. Andere Seiten können Sie am besten via E-Mail oder Telefon kontaktieren. Nutzen Sie auch Ihre bestehenden Kontakte, da dies eine Linkkooperation vereinfacht. Überlegen Sie, was Sie im Gegenzug bieten können. Hier eignet sich das Tauschen von Links oder das Anbieten von interessanten Inhalten. Vermeiden Sie möglichst das Kaufen oder Mieten von Links. Dies verstößt gegen die Richtlinien der Suchmaschinen, da Sie damit versuchen, Ihr Ranking zu manipulieren. Allzu offensichtliches Mieten von Links kann Sie auch schnell ins Abseits bei den Suchmaschinen führen, sodass Sie viele Ihrer guten Positionen verlieren.

Linkaufbau-Aktion 5: Seiten, die über Sie oder Ihr Thema schreiben

Sollten Sie schon einen bekannteren Namen im Internet haben oder bereits über einen Markennamen verfügen, wird bestimmt auch über Sie berichtet, z. B. auf Nachrichtenseiten oder in Blogs. Sie finden diese Seiten recht leicht über die Abfragen in Suchmaschinen. In Yahoo können Sie Folgendes eingeben: `ihrefirma -linkdomain:www.ihrewebsite.de`

Sie finden damit Webseiten, die den Begriff »ihrefirma« enthalten, aber bisher nicht auf Ihre Website verlinken. Diese Seiten sollten Sie, wenn es passend ist, freundlich um eine Verlinkung bitten.

Hilfreich ist auch die Recherche nach Ihrem Markennamen in Google News (*news.google.de*) und der Google Blogsuche (*blogsearch.google.de*). Sie finden damit aktuelle Nachrichten und Blogartikel zu Ihrem Thema. Allerdings müssen Sie die Überprüfung, ob Ihre Seite verlinkt ist oder nicht, von Hand vornehmen. Empfehlenswert ist zudem das Einrichten von Google Alerts (*www.google.de/alerts*) auf den eigenen Namen oder das wichtigste Thema (siehe Abbildung 12.33). Damit bekommen Sie automatisch per E-Mail eine Meldung, wenn zu dem angegebenen Begriff eine Nachricht veröffentlicht wird. Falls es thematisch passt, können Sie den Redakteur kontaktieren und um eine Verlinkung bitten.

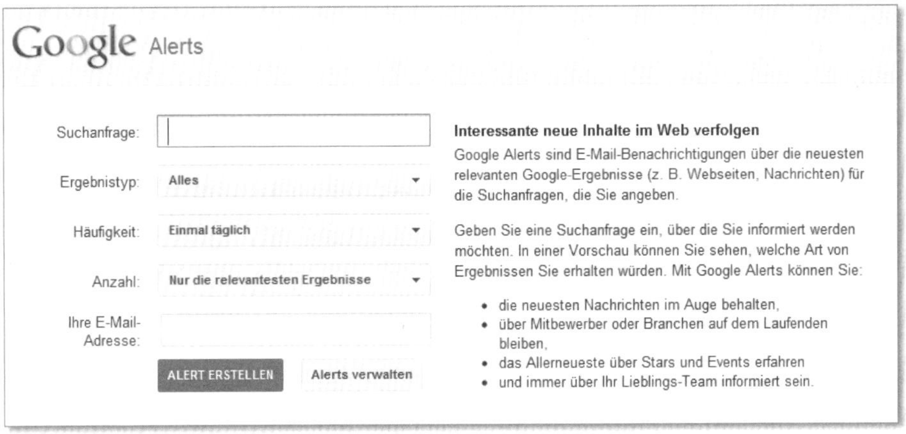

Abbildung 12.33 Google Alerts einrichten

Linkaufbau-Aktion 6: Links reparieren

Häufig führen alte Links ins Leere, z. B. wenn Sie die Website-Struktur geändert haben. Die fehlerhaften Links (»tote Links«) führen dann zu nicht mehr vorhandenen Seiten und helfen Ihnen auch nicht mehr, Ihre Linkpopularität zu steigern. Daher sollten Sie diese Links aufspüren und ändern lassen. Falls eine Änderung nicht möglich ist, lassen sich Weiterleitungen auf die neue URL oder auf die Startseite anlegen. Tote Links finden Sie in den Google Webmaster-Tools über DIAGNOSE • CRAWLING-FEHLER.

Linkaufbau-Aktion 7: Linkbaits

Linkbaits (»Linkköder«) sind Aktionen, die für verstärkte, natürliche Links sorgen. Sie legen also einen Köder aus, um viele Links zu angeln. Hierbei gilt es, bei Website-Betreibern und Bloggern Aufmerksamkeit zu erregen. Inzwischen gibt es viele solcher Linkbait-Aktionen, sodass Sie im Vorfeld Ideen sammeln sollten und eine gute Planung voranstellen müssen. Im besten Fall erzielen Sie mit Ihrem Linkbait einen sogenannten *viralen Effekt*, sodass noch mehr Menschen z. B. durch Mund-zu-Mund-Propaganda von der Aktion erfahren.

Als Anregung für Ihren eigenen Linkbait wollen wir Ihnen hier einige Aktionen vorstellen. Ein Beispiel für einen Linkbait zur Steigerung von Aufmerksamkeit und Backlinks ist das Gesundheitskostenplakat des Online-Portals *imedo.de*. In Abbildung 12. 34 sehen Sie das Plakat in Miniatur mit sehr hoher Informationsdichte zu den Kosten des Gesundheitswesens. Sicher möchten auch Sie wissen, wohin Ihre monatlichen Krankenkassenbeiträge fließen. Unter der Adresse *www.imedo.de/artikel/gesundheitswesen* finden Sie eine interaktive Version des Plakats. Die hohe Aufmerksamkeit der Aktion sorgte dafür, dass eine weitere Auflage mit aktualisiertem Zahlenmaterial erstellt wurde und auch in gedruckter Version zur Verfügung steht. Durch die sehr gut recherchierten Informationen wurde auch im Internet darüber berichtet und auf das Plakat verlinkt, z. B. von Krankenkassen, Wikipedia, Nachrichtenportalen und Gesundheitsblogs. Erstellen Sie also für Ihren Linkbait möglichst interessante oder aufmerksamkeitserregende Inhalte. Denkbar ist hier auch das Anbieten von kurzweiligen Online-Spielen, z. B. die bekannte Moorhuhnjagd.

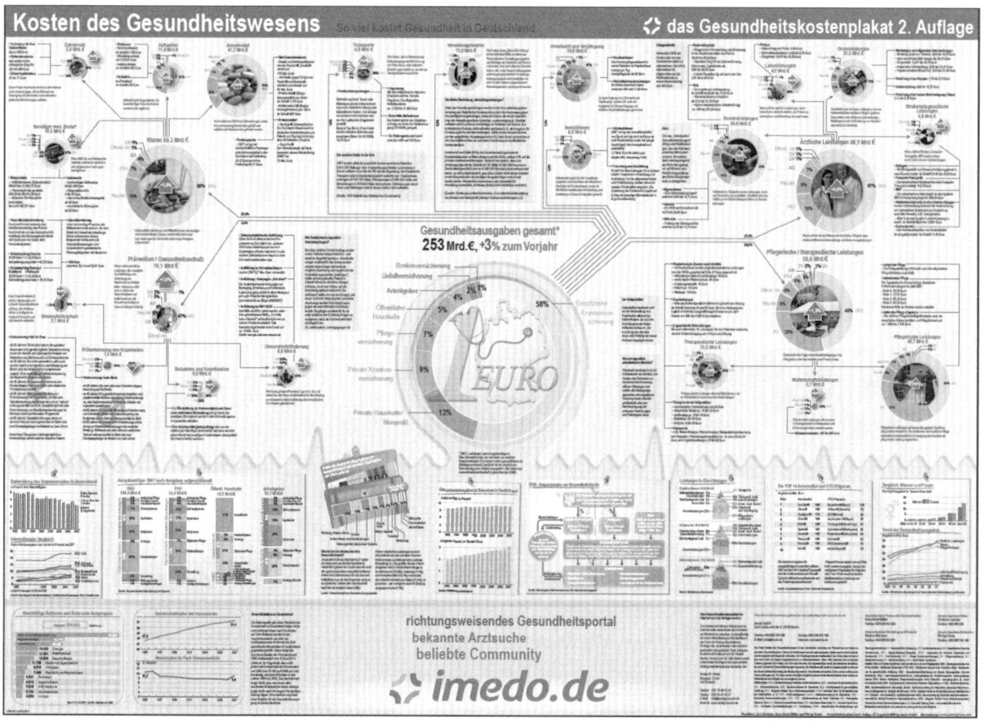

Abbildung 12.34 Linkbait »Kosten des Gesundheitswesens«

Eine zweite Möglichkeit für Linkbaits sind Charity-Aktionen. Beispiele gibt es hier viele für den ökologischen und sozialen Bereich. Einige Unternehmen fordern dazu auf, einen Button auf dem eigenen Blog oder der eigenen Homepage zu setzen, um damit eine Charity-Aktion zu unterstützen. Die Buttons zeigen dann auf die Webseiten der Unternehmen, und die Unternehmen unterstützen im Gegenzug eine Wohltätigkeitsorganisation wie den WWF, Greenpeace oder soziale Projekte. Als Beispiel können Sie sich die Aktion »Mach's grün!« von kaufDA (*www.kaufda.de/umwelt/co2-neutral/*) anschauen, bei der Sie als Bloginhaber Ihr Blog mit dem Setzen eines Buttons CO2-neutral machen können (siehe Abbildung 12.35).

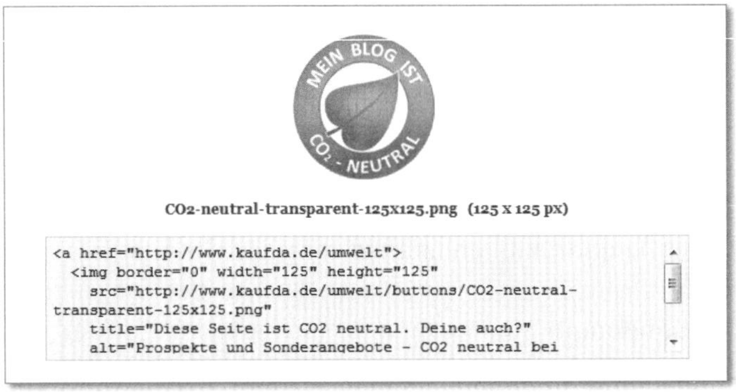

Abbildung 12.35 Button für die Aktion »Mach's grün!« von kaufDA.de

Ähnlich ist auch die Aktion »Gimahhot rettet das Klima« (*www.gimahhot.de/klimaschutz*) aufgebaut, bei der für jeden gesetzten Button 10 € an den WWF gespendet werden. Aber auch die Charitys selbst können aktiv werden. Der Verein »Aktion Deutschland Hilft« (*www.aktion-deutschland-hilft.de*) stellte z. B. ein Freundeskreisband und Buttons für Websites zur Verfügung und lässt sich darüber von anderen Webseiten verlinken (siehe Abbildung 12.36).

Abbildung 12.36 Linkbait Freundschaftsband

Ein dritter Ansatz für gute Linkbaits sind Gewinnspiele. Regen Sie die Leute im Netz an, über Sie zu berichten. Jeder Beitrag nimmt dann an einer Verlosung teil. Im optimalen Fall schlagen Sie also mit Linkbait-Aktionen immer zwei Fliegen mit einer Klappe. Sie erreichen erhöhte Aufmerksamkeit für Ihre Website und sorgen gleichzeitig für weitere Links auf Ihre Website und somit für eine bessere Suchmaschinenoptimierung. Wichtig für einen erfolgreichen Linkbait ist eine gute Pressearbeit und Aktivität im Bereich Social Media wie Facebook oder Twitter, um die Reichweite der Aktion zu steigern. Wie Sie Social Media richtig für solche Aktionen nutzen können, lesen Sie in Kapitel 4, »Social Media Marketing«.

12.5.4 Gute und schlechte Links

Jetzt kennen Sie viele gute Methoden, um an Backlinks für Ihre Website zu gelangen. Sie haben auch gesehen, dass dies ein mühsamer Weg ist. Aber die Mühe lohnt sich! Wir warnen an dieser Stelle davor, sich den Weg zu vereinfachen und sich die Mühen zu ersparen. Ein schneller Weg wäre z. B., das Angebot an Backlinks bei eBay zu prüfen (siehe Abbildung 12.37).

12

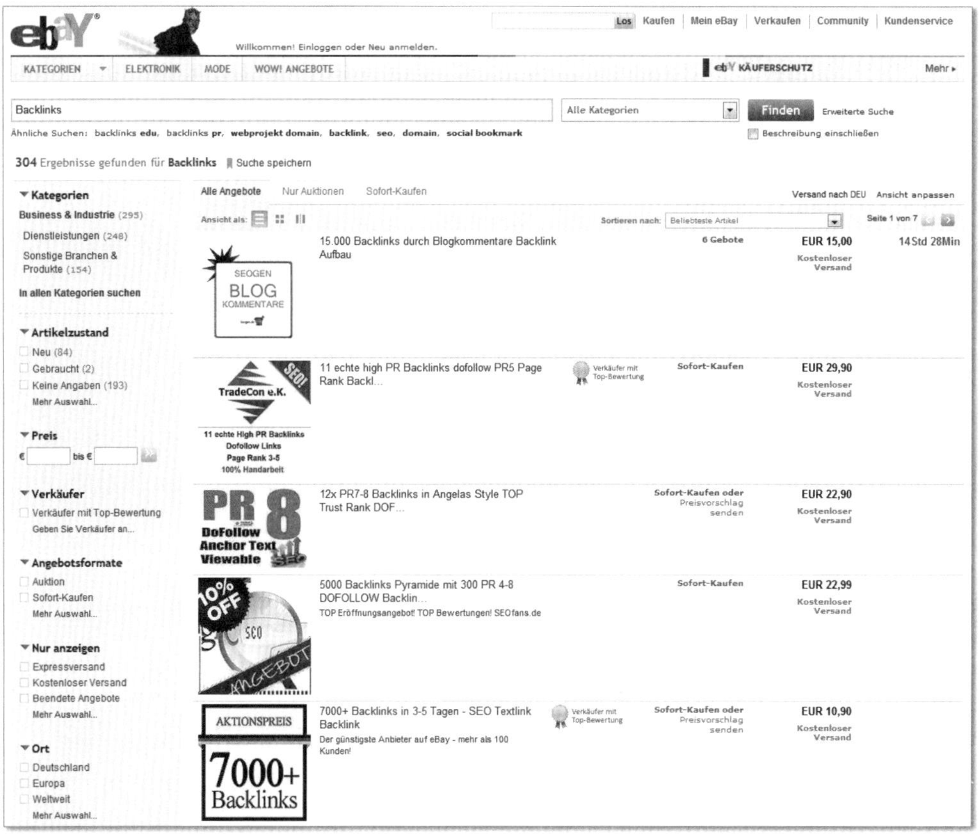

Abbildung 12.37 Backlink-Angebot bei eBay

Sie sehen dort Links, die Ihnen paketweise angeboten werden. Davon ist abzuraten, weil die Links meist eine geringe Qualität haben, teilweise auf irrelevanten Seiten gesetzt werden und für ein unnatürliches Linkwachstum sorgen. Hinzuweisen ist an dieser Stelle auch noch einmal auf die Google-Richtlinien für Webmaster (*support.google.com/webmasters/bin/answer.py?hl=de&answer=35769*). In diesen Richtlinien wird auf die Gestaltung und den Content von Websites eingegangen, zudem wird das Augenmerk auf die technische Umsetzung und Qualitätsansprüche gelenkt. Nehmen Sie sich die Zeit, und werfen Sie einen Blick in das Dokument, um die Regeln der Suchmaschinenbetreiber besser zu verstehen.

Erwähnt seien hier auch Linkmarktplätze, bei denen Sie Links für ein bestimmtes Thema einkaufen können. Bekannte Vertreter sind teliad (*www.teliad.de*), TextLinkAds (*www.text-link-ads.com*) und LinkLift (*www.linklift.de*). Auf den Marktplätzen kommen Linksuchende (»Advertiser«) mit potenziellen Linkgebern (»Publisher«) zusammen und können eine Kooperation vereinbaren. Meist handelt es sich dabei um eine thematisch geordnete Datenbank an Websites, aus denen man nach verschiedenen Kriterien auswählen kann. Bei der Preisgestaltung haben sich auf den Marktplätzen monatliche Beträge in Höhe von wenigen bis zu mehreren 100 € durchgesetzt. Die Buchung und Linksetzung geschieht in der Regel recht unkompliziert. Natürlich ist dies eine schnelle Methode, um an teilweise auch recht gute Links zu kommen. Google kommuniziert aber klar in seinen Richtlinien, dass gekaufte Links nicht zulässig sind. Im schlimmsten Fall heißt das, dass Sie aus dem Google-Index für eine gewisse Zeit ausgeschlossen werden. Dieses sollten Sie unbedingt vermeiden. Die Sichtbarkeit bei Google kann für einen gewissen Zeitraum bis auf null zurückgehen. Dies sehen Sie gut in Abbildung 12.38 mit einer Abstrafungszeit von mehreren Wochen für eine ungenannte Website.

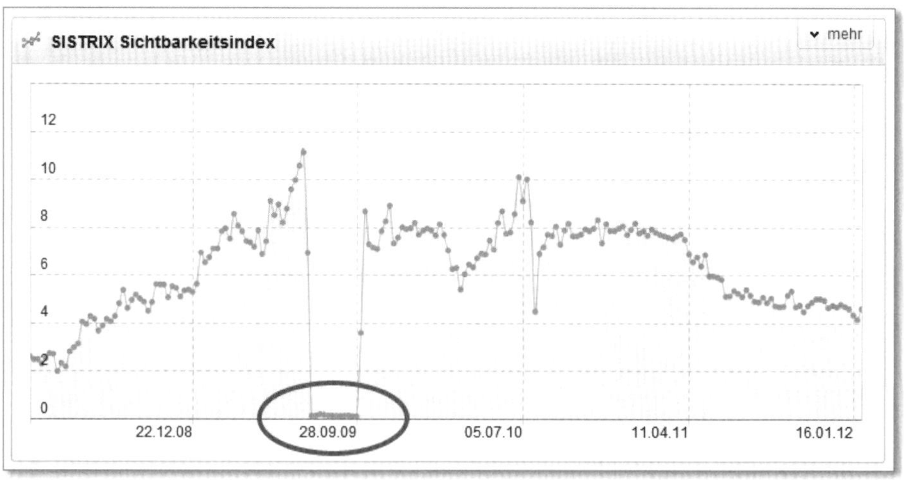

Abbildung 12.38 Google-Sichtbarkeit einer Domain mit Abstrafung

Trotzdem soll an dieser Stelle auch erwähnt werden, dass es beim Kaufen oder Mieten von Links nicht um eine rechtlich verbotene Handlung geht. Die einzige »Bestrafung« kann von den Suchmaschinenbetreibern selbst ausgehen und dafür sorgen, dass Ihre Website in den Suchmaschinen nicht mehr auffindbar ist. Daher können Sie auf eigene Verantwortung auch einiges ausprobieren. Vom massenweisen Eintragen in Webkatalogen und Bookmarking-Diensten raten wir an dieser Stelle ab. Sie haben dadurch keine Vorteile. Warnen wollen wir Sie auch vor Links aus dem Ausland. Einzelne Links sind sicherlich nicht schädlich, aber Massen von ausländischen Links können Ihrem Linkprofil schaden und Ihre Rankings nachhaltig beeinträchtigen.

12.6 Weitere Optimierungsmaßnahmen

Die Suchmaschinen bieten heutzutage zusätzliche Möglichkeiten an, mit denen Sie gefunden werden können und über die übliche Ergebnisdarstellung hinausgehen. Dies betrifft z. B. Bilder, Videos, Nachrichten, Blogartikel und Produkte. Sollten Ihnen hier passende Angebote zur Verfügung stehen, lohnt sich eine Optimierung dieser Inhalte.

12.6.1 Lokale Suche

Wenn Sie ein lokales Geschäft oder ein Filialnetz haben, dann können Sie dies in die lokale Suche der Suchmaschinen eintragen. In Google Maps sehen Sie dann Ihren Standort mit der Angabe weiterer Informationen, Ihrer Webadresse und Bildern. Weiterhin lohnt sich dieser Eintrag, da bei einer lokalen Suchanfrage, z. B. nach »Zahnarzt Berlin«, auch gleich eine Karte mit Zahnärzten in der Nähe von Berlin angezeigt wird (siehe Abbildung 12.39). Zudem haben Sie in der lokalen Suche auch die Möglichkeit, Werbeanzeigen zu schalten. Wenn Sie lokal aktiv sind, lohnt sich diese Investition. Wie Sie die Anzeigen buchen können, erfahren Sie in Kapitel 11, »Suchmaschinenwerbung (SEM)«.

Ihren Eintrag bekommen Sie über das Programm *Google Places* (früher *Google Branchencenter*) unter der Adresse *www.google.com/local/add/login*. Dieser Eintrag ist kostenfrei, und Sie sollten diese Möglichkeit nutzen, da Sie damit die Informationen, die Google über Ihr Unternehmen anzeigt, selbst bestimmen können (siehe Abbildung 12.40). Zur Verifikation Ihrer Angaben schickt Google Ihnen eine Karte, oder Sie nehmen die Verifikation per Telefon vor.

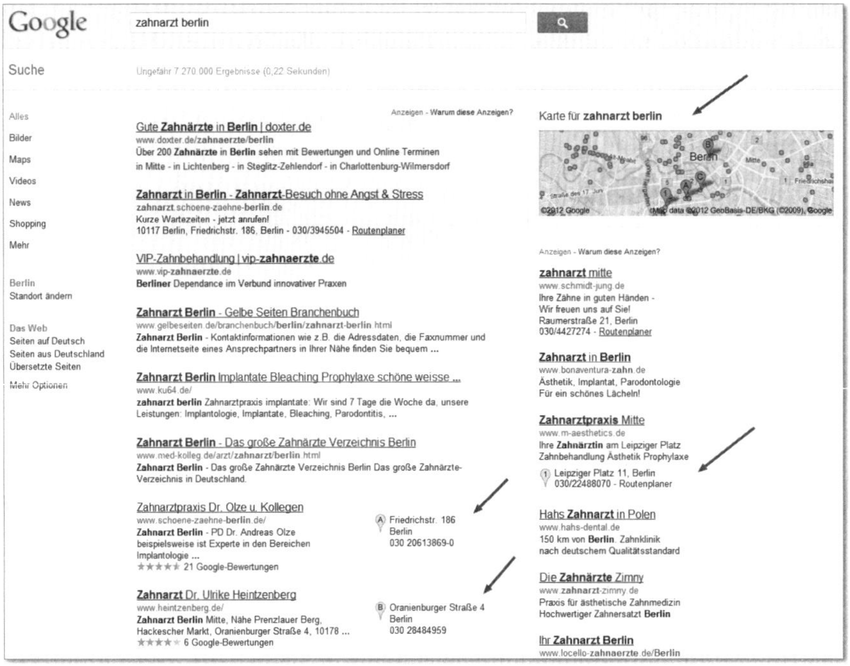

Abbildung 12.39 Google-Suchergebnisseite mit lokalen Integrationen

Abbildung 12.40 Google Places

Ihren Eintrag sollten Sie ganz bewusst vornehmen und die Angaben genau überdenken. Wie würde ein Kunde lokal nach Ihrem Angebot suchen? Bleiben wir bei unserem Beispiel »Zahnarzt Berlin«, oder wäre es vielleicht besser, einen Stadtteil auszuwählen, wie z. B. »Zahnarzt Prenzlauer Berg, Berlin«? Versetzen Sie sich also in die Lage des Suchenden. Bei Benutzern, die in Ihrer direkten Nähe nach Ihnen suchen, ist die Wahrscheinlichkeit höher, dass Sie Ihre Kunden oder – hier am Beispiel des Zahnarztes – Ihre Patienten werden. Außerdem haben Sie den Vorteil, dass Sie nicht mit mehreren hundert Angeboten in den Suchergebnissen konkurrieren, sondern mit deutlich weniger Angeboten in Ihrem Ortsteil. Geben Sie also die passenden Informationen in Google Places ein. In Abbildung 12.41 sehen Sie optimierte lokale Einträge für den Begriff »Lasik Berlin«.

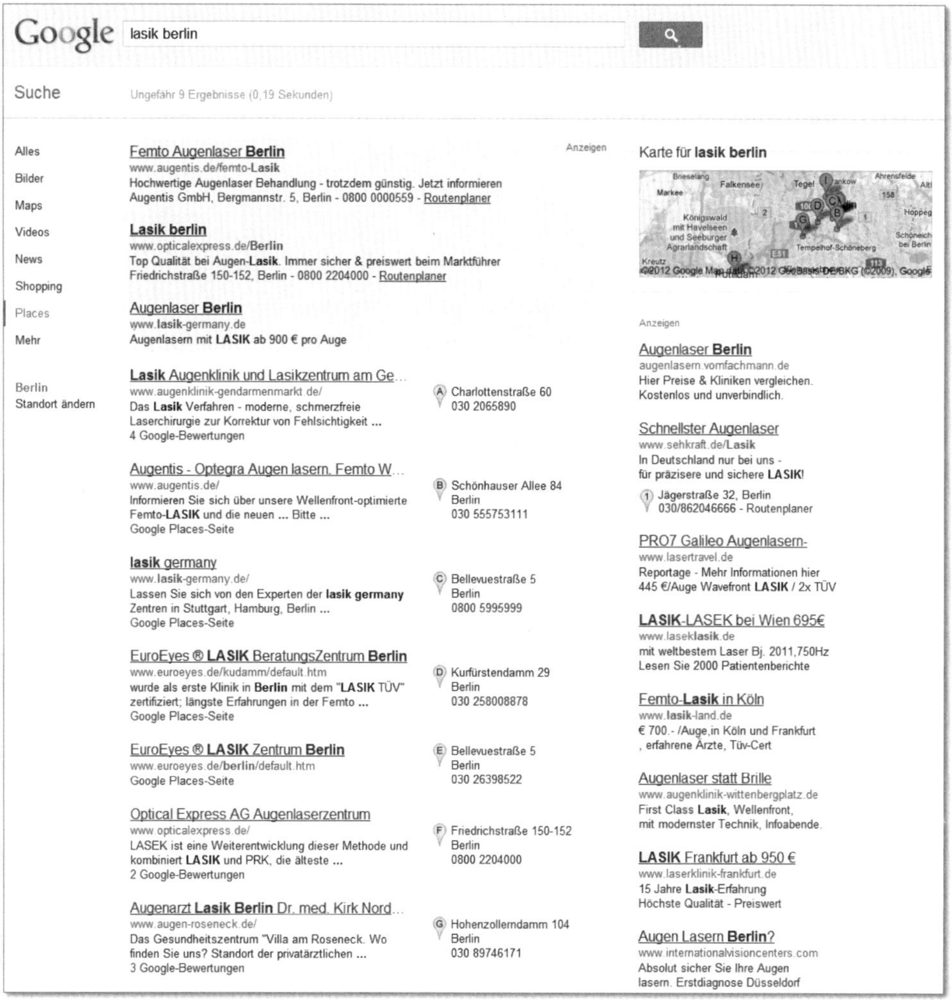

Abbildung 12.41 Lokal optimierte Suchergebnisse

12.6.2 Bildersuche

Auch für visuelle Inhalte bieten die Suchmaschinen spezielle Funktionen an. Sie können z. B. gezielt nach Bildern suchen. Sollten Sie eigenes Bildmaterial zur Verfügung haben, können Sie dies auch den Suchmaschinen zur Verfügung stellen und darüber Besucher auf Ihre Website bekommen. Gerade über die veränderte Darstellung der Suchmaschinenergebnisse bei *google.de* werden die Kategorien wie Bilder- und Videosuche deutlicher. In der linken Spalte der Suchergebnisseite sehen Sie passende Suchfilter aus den verschiedenen Kategorien. So können Besucher gezielt nach Bildern oder Videos suchen. In Abbildung 12.42 sehen Sie die Ergebnisseite der Bildersuche für den Begriff »Gardasee«.

Abbildung 12.42 Google-Suchergebnisseite für Bilder

12.6.3 Produktsuche

Wenn Sie einen Online-Shop haben und Produkte über das Internet verkaufen, empfiehlt sich auch Google Shopping (siehe Abbildung 12.43). Sie können hier Ihren Warenkatalog übermitteln und zusätzlich Besucher auf Ihr Angebot hinweisen. Nutzer haben hier den Vorteil, Produkte und Preise in verschiedenen Online-Shops vergleichen zu können. Händler können über das Google Merchant-Center Produktdaten im CSV- oder XML-Format hochladen und werden dann in der Produktsuche angezeigt. Bisher waren diese Einträge kostenlos. Im Mai 2012 kündigte Google allerdings die Einführung eines kostenpflichtigen Systems an, welches zuerst in den USA umgesetzt wird und 2013 dann auch in Deutschland Anwendung finden soll.

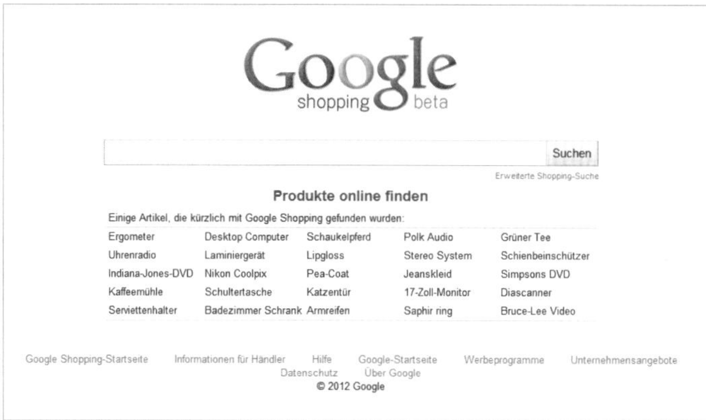

Abbildung 12.43 Google Shopping

Die Ergebnisse der Produktsuche finden Sie auch, wenn Sie in Google nach Begriffen suchen, die eine gewisse Kaufabsicht des Nutzers erkennen lassen. In Abbildung 12.44 sehen Sie ein Beispiel für den Suchbegriff »jacken kaufen«.

Abbildung 12.44 Shopping-Einblendungen in den Suchergebnisseiten

Drei Produkte von verschiedenen Online-Shops und eine Produktabbildung werden Ihnen hier angezeigt. Wenn Sie also in Google Shopping gelistet sind, gewinnen Sie gezielt zusätzliche Klicks auf Ihr Angebot von Kunden, die Interesse an diesem Produkt haben. Jetzt müssen Sie diese nur noch überzeugen, das Produkt zu kaufen, und schon haben Sie weiteren Umsatz mit Ihrem Shop gemacht. Leider stehen in Deutschland bei Yahoo und Bing noch keine eigenen Produktsuchen zur Verfügung. Hier wird die Produktsuche über Partner vorgenommen. Bei Yahoo übernimmt dies *Nextag.de*, bei Bing wird *Ciao.de* eingebunden. Bei beiden Anbietern können Sie auch direkt Produkte hochladen.

12.6.4 News und Blogs

Wenn Sie über ein redaktionelles Angebot verfügen, empfiehlt sich die Nutzung von Nachrichten-Suchmaschinen und Blogsuchen. Eine der wichtigsten Suchmaschinen im Nachrichtenbereich ist Google News (siehe Abbildung 12.45). Hier werden aktuelle Artikel aus allen Themengebieten gesammelt. Durch den Klick auf einen Artikel gelangen Besucher direkt auf die Website des Nachrichtenanbieters.

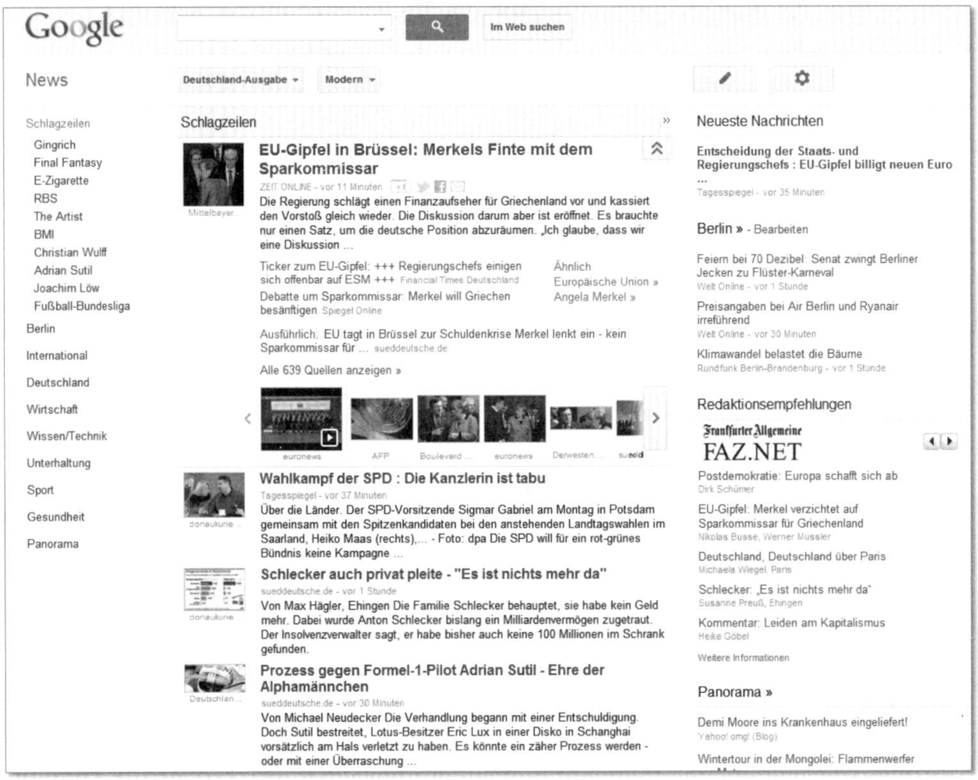

Abbildung 12.45 Google-News-Startseite

Um in die Google News aufgenommen zu werden, müssen Sie einige technische und organisatorische Voraussetzungen erfüllen:

- Die Artikel-URLs müssen eindeutig und dauerhaft auffindbar sein. So sollte also jeweils ein Artikel unter einer eigenen URL liegen. Diese URL muss dann auch dauerhaft diesen Artikel beinhalten und darf nicht wechseln.
- Die URL sollte eine mindestens dreistellige Zahl beinhalten. Es sollte aber auch keine Jahreszahl, wie z. B. 2012, vorkommen. Daher empfehlen wir fünfstellige IDs. Wenn Sie eine XML-News-Sitemap nutzen, können Sie auf die IDs verzichten.
- Bei Artikeln, die nur mit Registrierung oder gegen Bezahlung aufrufbar sind, müssen Sie beachten, dass die Google-News-Crawler Ihre Inhalte trotzdem lesen können. Zudem können Sie für Leser, die über Google News kommen, die Artikel freigeben, damit die Besucher nicht von der kostenpflichtigen Registrierung abgeschreckt werden.
- Artikel-Überschriften sollten Sie eindeutig formulieren und auch im `<title>`-Tag und in der `<h1>`- oder `<h2>`-Überschrift verwenden.

Eine weitere optionale, aber vor allem für große Nachrichtenseiten empfehlenswerte Anforderung ist das Einreichen einer News-Sitemap. Dies ist eine XML-Datei, die Ihre Nachrichtenartikel enthält. Sie haben damit den Vorteil, dass die Artikel schneller aufgefunden und in die News-Suche aufgenommen werden können. Vor allem im schnelllebigen Nachrichtengeschäft ist dies von Vorteil. Zudem können Sie weitere Meta-Daten übergeben. Wie die XML-Datei programmiert werden muss, ist bei Google genau unter *support.google.com/news/publisher/bin/answer.py?hl=de&answer=74288* beschrieben. In die XML-Datei brauchen Sie nur die Artikel der letzten zwei Tage aufzunehmen. Alle älteren Artikel bleiben 30 Tage in den Google News gelistet. Ein Nachrichtenartikel in der XML-News-Sitemap hat dann z. B. folgenden Eintrag:

```
<?xml version="1.0" encoding="UTF-8"?>
<urlset xmlns="http://www.sitemaps.org/schemas/sitemap/0.9"
xmlns:news="http://www.google.com/schemas/sitemap-news/0.9">
 <url> <loc>http://www.example.org/business/article55.html</loc>
 <news:news>
 <news:publication>
 <news:name>The Example Times</news:name>
 <news:language>en</news:language>
 </news:publication>
 <news:access>Subscription</news:access>
 <news:genres>PressRelease, Blog</news:genres>
 <news:publication_date>2008-12-23</news:publication_date>
 <news:title>Companies A, B in Merger Talks</news:title>
 <news:keywords>business, merger, acquisition, A, B</news:keywords>
 <news:stock_tickers>NASDAQ:A, NASDAQ:B</news:stock_tickers>
```

```
  </news:news>
 </url>
</urlset>
```

Wenn Sie die News-Sitemap erstellt haben, können Sie diese über die Google Webmaster-Tools einreichen. Dort können Sie auch einstellen, dass es sich um eine News-Sitemap handelt. Mit der Abfrage `site:website.de` in Google News können Sie abfragen, welche Artikel von einer Website aufgenommen wurden. So bekommen Sie einen guten Überblick, wie andere Websites und Nachrichtenportale die News-Suche von Google nutzen. *welt.de*, *sueddeutsche.de*, *focus.de*, *bild.de* und *rp-online.de* sind deutsche Websites, die sehr gut in Google News vertreten sind.

Ein weiterer Vorteil ergibt sich aus der Integration der Nachrichten in die normale Websuche bei Google, was als *Universal Search* bezeichnet wird. Wenn Sie nach einem aktuellen Thema suchen, z. B. nach dem Dauerbrenner-Thema »Formel 1«, sehen Sie auch Suchergebnisse aus Google News – wie in Abbildung 12.46. Sie können sich sicher vorstellen, dass hier sehr viele Klicks auf die Nachrichten zustande kommen.

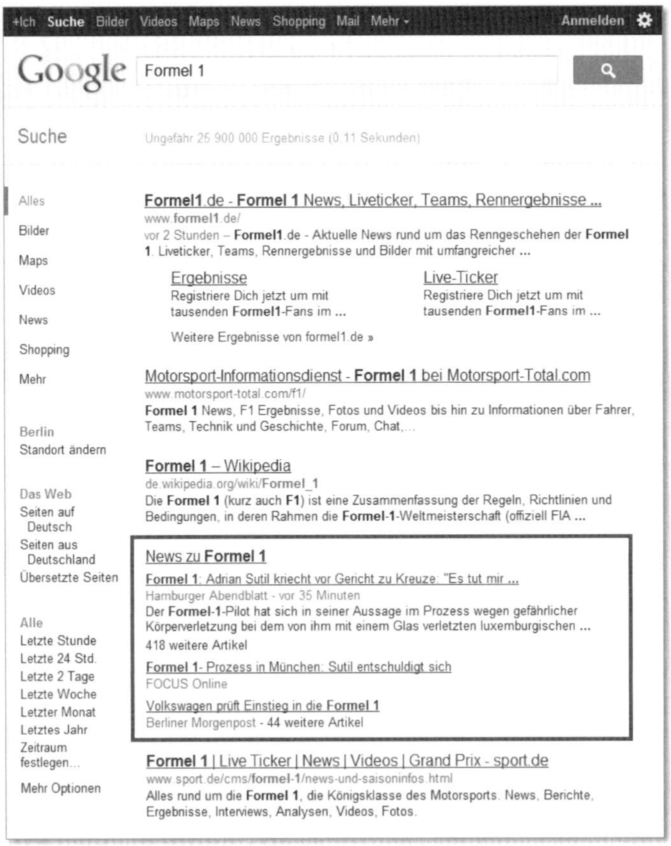

Abbildung 12.46 News-Einblendungen in der Google-Suche

Wenn Sie ein Blog betreiben, empfiehlt sich zudem die Aufnahme in die Google Blogsuche (*www.google.de/blogsearch*). Dies geschieht meist automatisch, da die meisten Blogs auch einen RSS-Feed der Artikel anbieten. Ein RSS-Feed fasst die Artikel Ihres Blogs zusammen und stellt diese in einem Standardformat der Allgemeinheit zur Verfügung. Diesen RSS-Feed nutzt auch Google für die Blogsuche. Ob Ihr Blog bereits auffindbar ist, können Sie mit der Abfrage `site:ihrblog.de` prüfen.

12.7 Website-Relaunch und Domain-Umzug

Ein wichtiger Punkt, der auch zum Thema Suchmaschinenoptimierung gehört, sind Website-Relaunches und Domain-Umzüge. Beide Fälle können im Leben einer Website auftreten und haben für die Suchmaschinenoptimierung Konsequenzen. Auf beide Fälle wollen wir im Folgenden näher eingehen. Was gibt es also bei einem Relaunch der Website zu beachten?

12.7.1 SEO-konformer Website-Relaunch

Ein Relaunch oder Redesign einer Website bedeutet aus Nutzer- und Suchmaschinensicht immer eine große Umstellung. Daher müssen viele Punkte beachtet werden, um keine Besucher zu verlieren. Wir wollen daher einige Problemfälle betrachten und Lösungsmöglichkeiten aufzeigen.

Problemfall 1: Änderung der URL-Struktur

Eines der größten Probleme beim Relaunch stellt die Änderung der URL-Struktur dar. Wir empfehlen Ihnen, die URL-Struktur möglichst nicht zu ändern, da dies Konsequenzen für Ihr Ranking hat. Alte Inhalte wären nicht mehr unter der gleichen Adresse aufrufbar, und bestehende Links zeigen danach auf tote oder falsche Seiten. Lässt sich die URL-Änderung nicht vermeiden, sollten Sie auf Weiterleitungen zurückgreifen. Mit sogenannten *301-Redirects* können Sie jede alte URL auf eine neue URL umleiten. Dies ist nötig, damit Sie gewonnen Rankings nicht verlieren.

Problemfall 2: Änderung der internen Linkstruktur

Die interne Verlinkung Ihrer Webseiten untereinander ist ein sehr wichtiger Punkt in der Suchmaschinenoptimierung. Die Suchmaschinen-Crawler können sich damit zum einen durch Ihre Seite bewegen und zum anderen erkennen, welche Seiten am wichtigsten sind. Achten Sie daher auf Ihr bestehendes Verlinkungskonzept, und bilden Sie es so gut wie möglich auch auf der neuen Website ab.

Problemfall 3: Löschen von alten Seiten

Häufig kommt es vor, dass mit dem Relaunch alte Seiten gelöscht werden oder einfach nicht beachtet oder umgezogen werden. Schlecht ist das insbesondere für Seiten mit wertvollen Backlinks und Seiten mit gutem Ranking. Verschaffen Sie sich vor dem Relaunch einen Überblick über die meistbesuchten URLs Ihrer Website und die URLs mit den meisten Backlinks. Die bestbesuchten Seiten Ihrer Website finden Sie über Ihr eingesetztes Web-Analytics-Tool, z. B. Google Analytics, oder über die Auswertung Ihrer Server-Statistiken. Häufig werden die Seiten, auf denen ein Besucher als Erstes auf Ihrer Website landet, als Einstiegsseiten bezeichnet. In Google Analytics finden Sie diese unter CONTENT • WEBSITE-CONTENT • ZIELSEITEN. In Abbildung 12.47 sehen Sie eine Auswertung dazu.

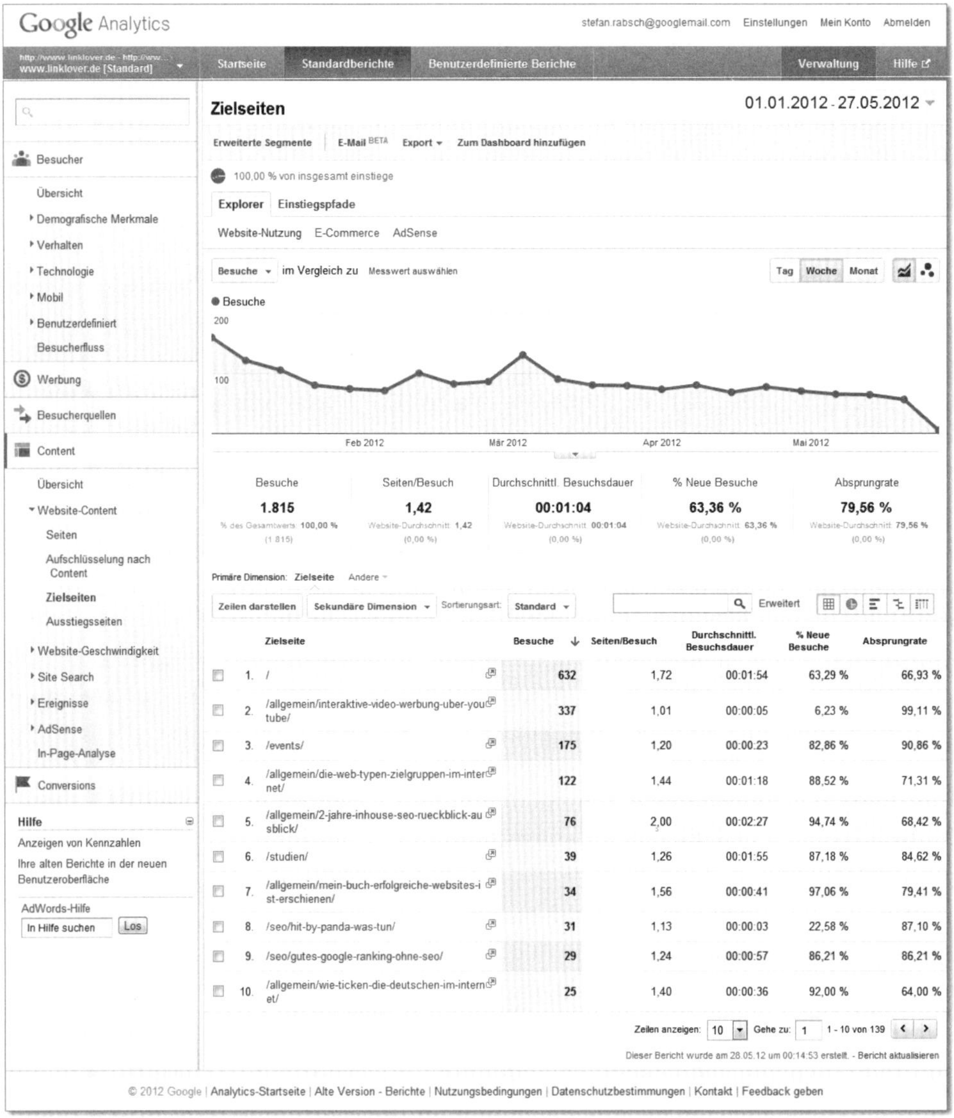

	Zielseite	Besuche	Seiten/Besuch	Durchschnittl. Besuchsdauer	% Neue Besuche	Absprungrate
1.	/	632	1,72	00:01:54	63,29 %	66,93 %
2.	/allgemein/interaktive-video-werbung-uber-youtube/	337	1,01	00:00:05	6,23 %	99,11 %
3.	/events/	175	1,20	00:00:23	82,86 %	90,86 %
4.	/allgemein/die-web-typen-zielgruppen-im-internet/	122	1,44	00:01:18	88,52 %	71,31 %
5.	/allgemein/2-jahre-inhouse-seo-rueckblick-ausblick/	76	2,00	00:02:27	94,74 %	68,42 %
6.	/studien/	39	1,26	00:01:55	87,18 %	84,62 %
7.	/allgemein/mein-buch-erfolgreiche-websites-ist-erschienen/	34	1,56	00:00:41	97,06 %	79,41 %
8.	/seo/hit-by-panda-was-tun/	31	1,13	00:00:03	22,58 %	87,10 %
9.	/seo/gutes-google-ranking-ohne-seo/	29	1,24	00:00:57	86,21 %	86,21 %
10.	/allgemein/wie-ticken-die-deutschen-im-internet/	25	1,40	00:00:36	92,00 %	64,00 %

Abbildung 12.47 Einstiegsseiten (Zielseiten) in Google Analytics

Legen Sie also besonderes Augenmerk auf die häufig aufgerufenen Einstiegsseiten, und sorgen Sie dafür, dass diese auch nach dem Relaunch aufrufbar sind. Klicken Sie sich zudem durch Ihre neue Seite, um »tote« Links zu finden und diese korrigieren zu können. Sollte das Löschen der wichtigen URLs trotzdem nötig sein, können Sie Weiterleitungen auf die neue oder eine andere passende Seite anlegen.

Und welches sind Ihre am besten verlinkten Seiten? Dies können Sie mithilfe verschiedener SEO-Tools ermitteln. Teilweise sind diese Tools allerdings kostenpflichtig. Einen kleinen Einblick bekommen Sie mit dem OpenSiteExplorer (*www.opensiteexplorer.org*). Geben Sie einfach Ihre Domain ein, und schauen Sie sich die Ergebnisse unter TOP PAGES an. Abbildung 12.48 zeigt die Ergebnisse für *www.bild.de*.

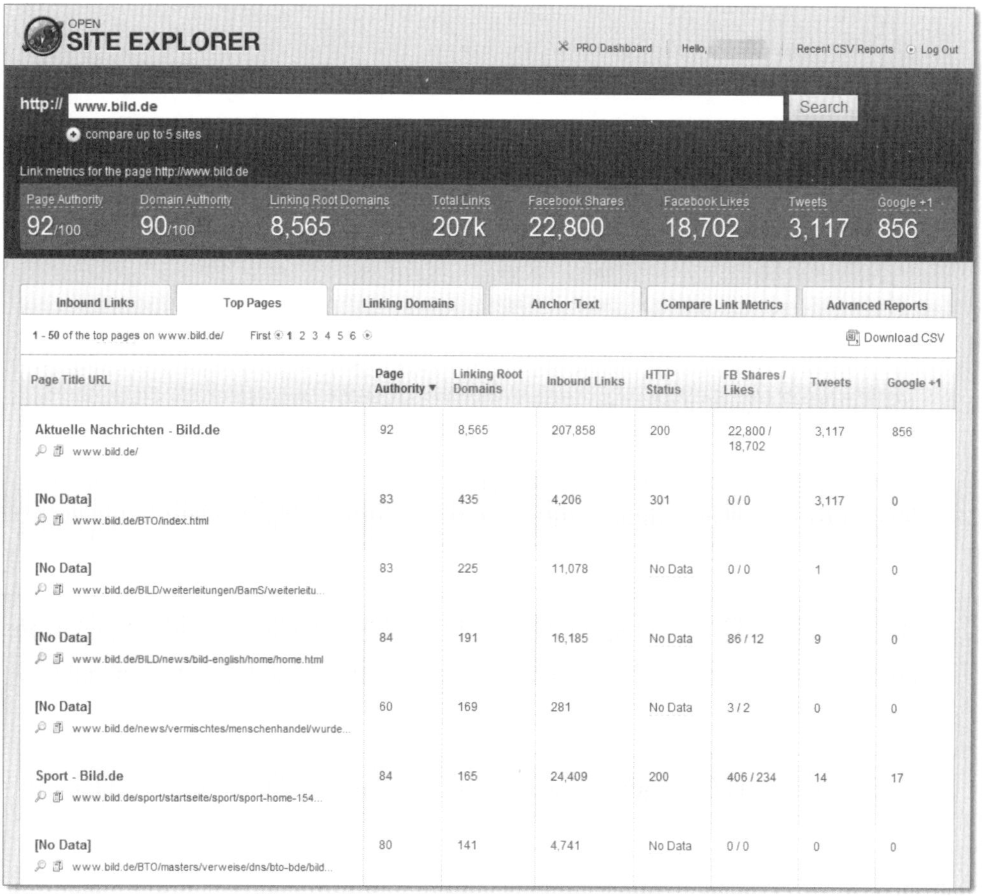

Abbildung 12.48 Analyse der meistverlinkten Seiten mit OpenSiteExplorer

Im kostenpflichtigen SISTRIX-Tool sieht die Analyse ähnlich aus (siehe Abbildung 12.49). Anhand der angegebenen Liste können Sie nun sehen, welche URLs häufig verlinkt wurden, und können sicherstellen, dass diese Seiten bestehen bleiben oder eine

Weiterleitung nach dem Relaunch bekommen. Am sichersten ist es, sich nach dem Relaunch die Liste noch einmal vorzunehmen und die verschiedenen URLs durchzuklicken, um zu testen, ob die richtigen Inhalte erscheinen. Somit stellen Sie sicher, dass Ihnen keine Backlinks verloren gehen.

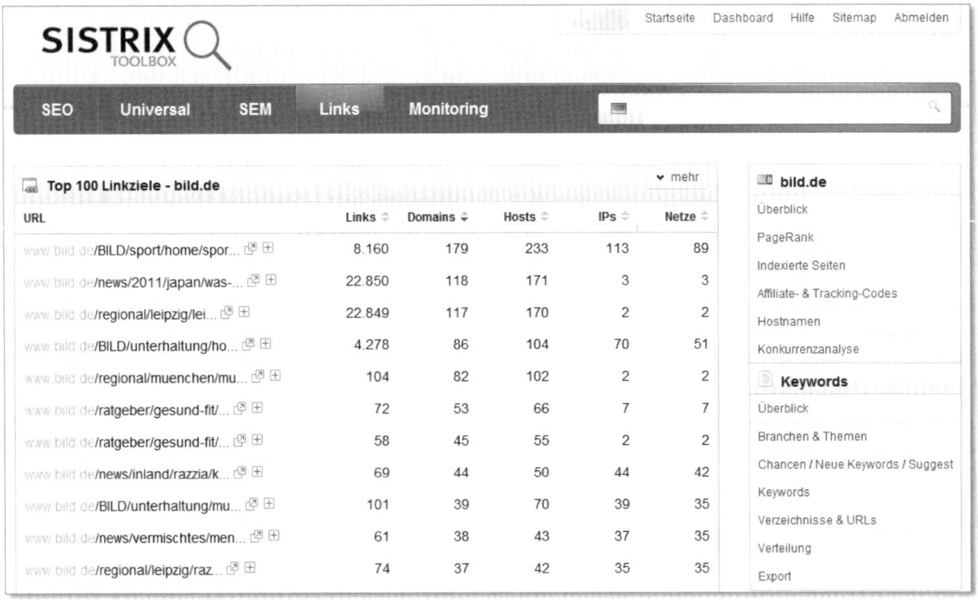

Abbildung 12.49 Toplinkziele auf bild.de (Quelle: SISTRIX Toolbox)

Problemfall 4: Wechsel des Webhostings

Eventuell wollen Sie mit dem Relaunch der Website auch das Webhosting ändern, also den Server wechseln, auf dem Ihre Webseiten liegen. Dies ist häufig der Fall, wenn der Server zu klein geworden ist in Bezug auf Speicherplatz oder Geschwindigkeit der Seitenauslieferung. Außerdem können technische Anforderungen einen Wechsel des Webhostings nötig machen. Ein solcher Wechsel bringt immer technische Probleme mit sich. Daher ist es ratsam, sich professionelle Unterstützung zu holen oder zu schauen, ob Sie beim gleichen Webhosting-Anbieter bleiben und einen größeren Server anfordern können.

Problemfall 5: Neue technische Systeme

Mit einem Relaunch geht oft einher, dass neue technische Systeme im Hintergrund verwendet werden, z. B. ein neues Content-Management-System (CMS) oder eine neue Shop-Software. Bei einem Wechsel solcher Systeme tauchen meist Probleme auf, da sie auf verschiedenen Konzepten beruhen und möglicherweise unterschiedlich programmiert sind. Sichtbar wird das z. B. an einer geänderten URL-Struktur. Besonders der Wechsel auf eine komplett in Flash erstellte Seite sollte gut überlegt sein, da Suchmaschinen diese in der Regel nicht auswerten können. Damit verschenken Sie das Potenzial der Suchmaschinenoptimierung.

Haben Sie auch ein Augenmerk auf Ihre Navigation. Achten Sie darauf, dass die Suchmaschinen-Robots über Ihre Navigationslinks auf die Unterseiten Ihrer Website gelangen können. Häufig kommen bei größeren Websites und Online-Shops Ajax- und JavaScript-Navigationen zum Einsatz. Sorgen Sie dafür, dass die Links trotzdem im HTML-Code als <a>-Tags gekennzeichnet sind. Nur damit stellen Sie sicher, dass die Crawler Ihre internen Links finden und weiter verfolgen.

Problemfall 6: Änderung des Domain-Namens

Öfter kommt es vor, dass mit dem Relaunch einer Website auch der Domain-Name wechselt. Solch eine Änderung sollte natürlich im Vorherein gut überlegt sein, da sich Nutzer und auch die Suchmaschinen an den Domain-Namen gewöhnt haben. Sollte der Domain-Wechsel aber dennoch gewünscht sein, müssen Sie einige Punkte aus SEO-Sicht beachten, um Ihre Website weiterhin in den Suchmaschinen gut zu präsentieren. Im folgenden Abschnitt erklären wir Ihnen die notwendigen Schritte.

Um die beschriebenen Probleme, die mit einem Relaunch einer Website zusammenhängen können, zu verhindern, empfehlen wir Ihnen, die einzelnen Punkte so früh wie möglich zu berücksichtigen. Natürlich ergeben sich aus einem Relaunch auch Chancen für eine nutzer- und suchmaschinenfreundlichere Website, z. B. in einer verbesserten Navigationsstruktur. Wenn also ein Relaunch ansteht, dann nutzen Sie gleich die Gelegenheit für die weitere Suchmaschinenoptimierung der Website.

12.7.2 SEO-konformer Domain-Umzug

Obwohl wir davon abraten, den Domain-Namen Ihrer Website zu wechseln, kann es trotzdem notwendig werden, einen Wechsel vorzunehmen, beispielsweise wenn sich der Firmenname ändert. Wenn dies der Fall ist, sollten Sie einige wichtige Punkte beachten, damit Sie weiterhin gut in den Suchmaschinen zu finden sind und keine Besucherverluste hinnehmen müssen. Sollten Sie im Rahmen des Domain-Umzugs auch ein Redesign Ihrer Seite vornehmen, empfehlen wir Ihnen, zuerst den Domain-Umzug durchzuführen und erst danach das Redesign der Website vorzunehmen. Sie vermeiden es so, Ihre Nutzer zu verwirren, und können auch auf Fehler besser reagieren, als wenn Sie beides, Domain-Umzug und Redesign, in einem Schritt angehen.

Für den suchmaschinenkonformen Domain-Umzug sollten Sie folgende Schritte beachten:

1. Zuerst sollten Sie auf der neuen Domain alle Inhalte bereitstellen. Am besten in der gleichen URL-Struktur, wie die Website auch unter der alten Domain aufgebaut war. Sorgen Sie zudem dafür, dass alle internen Links auf die neue Domain zeigen.
2. Ihre alte und neue Domain sollten Sie in den Google Webmaster-Tools registrieren und verifizieren. Dieses haben Sie wahrscheinlich schon für Ihre bestehende Seite vorgenommen. Richten Sie dies auch für die neue Domain ein. In Abschnitt 12.3.2, »Die Website bei Suchmaschinen registrieren«, können Sie noch einmal nachlesen, wie Sie die Verifikation auf unterschiedliche Weise vornehmen können.
3. Legen Sie Weiterleitungen von Ihrer alten Domain auf die neue Domain und Unterseiten an. Diese Weiterleitungen nennen sich *301-Redirects* und geben dem Server an, dass die URL permanent umgezogen ist. Jede alte URL sollte einen eigenen Redirect auf die entsprechende neue URL bekommen, damit Sie die Rankings übernehmen können. Ihr technischer Ansprechpartner kann Ihnen diese 301-Weiterleitungen anlegen. Testen Sie die Weiterleitungen ausführlich mit verschiedenen URLs Ihrer alten Domain.
4. In den Google Webmaster-Tools können Sie dann den Domain-Umzug angeben. Die Funktion finden Sie unter WEBSITE-KONFIGURATION • ADRESSÄNDERUNG. In Abbildung 12.50 sehen Sie das entsprechende Formular.
5. Für große, komplexe Websites empfiehlt sich auch der Einsatz einer XML-Sitemap für die neue Domain. Damit können Suchmaschinen die neuen URLs noch schneller durchsuchen.
6. Schauen Sie nun regelmäßig auf Ihre Rankings in Suchmaschinen, und werfen Sie einen Blick in den Bereich DIAGNOSE der Google Webmaster-Tools. Dort sehen Sie, ob Probleme mit der neuen Domain auftreten.

Lassen Sie auch externe Verlinkungen auf Ihre alte Domain ändern. Kontaktieren Sie einfach Ihre Linkgeber, und bitten Sie um die Änderung des Links auf die neue Domain. Einen aus Suchmaschinensicht erfolgreichen Domain-Umzug hat die Website der Zeitschrift »Apotheken Umschau« vorgenommen. Hier wurde von der alten Adresse *gesundheitpro.de* auf *apotheken-umschau.de* gewechselt. In der Auswertung zur Sichtbarkeit der Domain in der Suchmaschine *google.de* mit der SISTRIX Toolbox erkennen Sie den erfolgreichen Domain-Wechsel (Abbildung 12.51). Die Website konnte damit die guten Rankings auf die neue Domain übertragen.

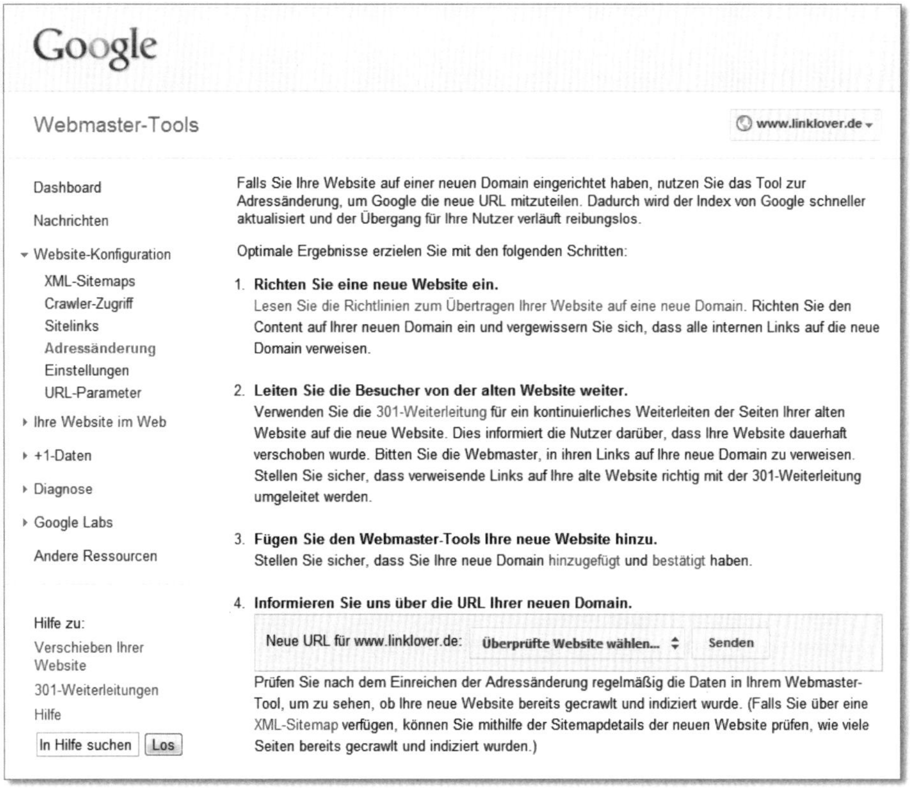

Abbildung 12.50 Website-Adressänderung in den Google Webmaster-Tools

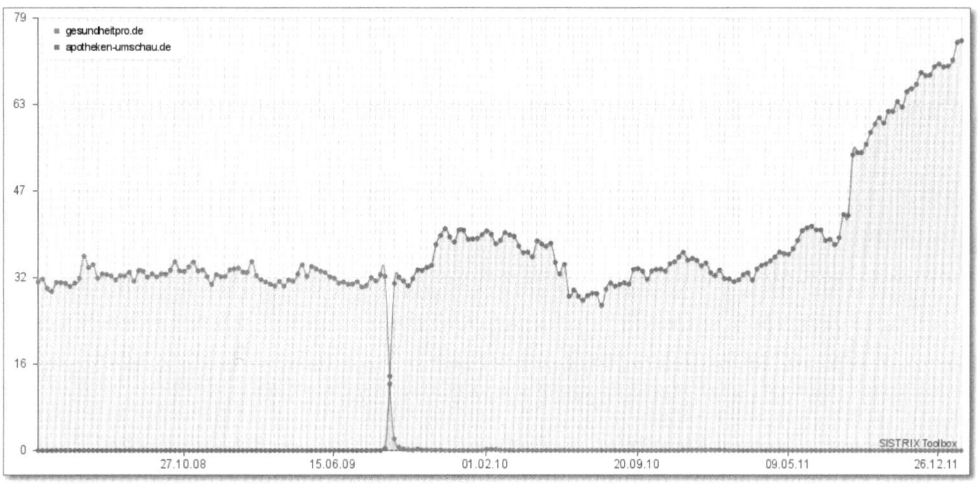

Abbildung 12.51 Sichtbarkeit in Google nach einem Domain-Umzug (Quelle: SISTRIX Toolbox)

12.7.3 Checkliste SEO-konformer Relaunch und Domain-Umzug

Bleibt die URL-Struktur erhalten, das heißt, sind die gleichen Inhalte unter derselben URL wieder auffindbar? Falls das nicht möglich ist: Wurden entsprechende Weiterleitungen eingerichtet?	
Sind alle Inhalte für Suchmaschinen-Crawler noch auffindbar und indexierbar? Checken Sie die *robots.txt* und das Meta-Tag "`robots`" auf den wichtigsten Einstiegsseiten.	
Haben Sie das Auftreten von doppelten Inhalten auf verschiedenen URLs vermieden?	
Überprüfen Sie alle Links auf Ihrer Website auf Funktionstüchtigkeit.	
Nutzen Sie XML-Sitemaps? Dann prüfen und aktualisieren Sie diese für die neue Website.	
Ist Ihre 404-Fehlerseite nutzerfreundlich gestaltet? Im Zuge eines Relaunches können Fehler auftreten. Die Fehlerseite sollte aber nützliche Hinweise zur weiteren Navigation bieten.	
Sind alle Tracking-Pixel weiterhin auf der Website, damit das Web-Analytics-System auch künftig funktioniert?	

12.8 Gebote und Verbote

Zu guter Letzt wollen wir noch auf die Gebote und Verbote in der Suchmaschinenoptimierung eingehen. Durch viel Unwissenheit entsteht auch eine gewisse Unsicherheit. Wenn Sie die Gebote und Verbote beachten, so befinden Sie sich auf der sicheren Seite und können von einem nachhaltigen Besucherstrom aus Suchmaschinen profitieren.

12.8.1 Suchmaschinen-Richtlinien

Wenn Sie mit der Suchmaschinenoptimierung beginnen, sollten Sie sich zuerst die Richtlinien für Webmaster durchlesen. Alle großen Suchmaschinenanbieter verfügen über solche Leitfäden. Die Richtlinien für Google finden Sie unter *support.google.com/webmasters/bin/answer.py?hl=de&answer=35769* (Abbildung 12.52).

Es werden sowohl Richtlinien zu Gestaltung und zum Inhalt von Websites als auch zur Technik gegeben. Ebenso wichtig sind die Qualitätsrichtlinien, nach denen sich Webmaster richten müssen. Damit möchte Google die Qualität der eigenen Suchergebnisse sicherstellen und nur Websites auflisten, die diesen Kriterien entsprechen.

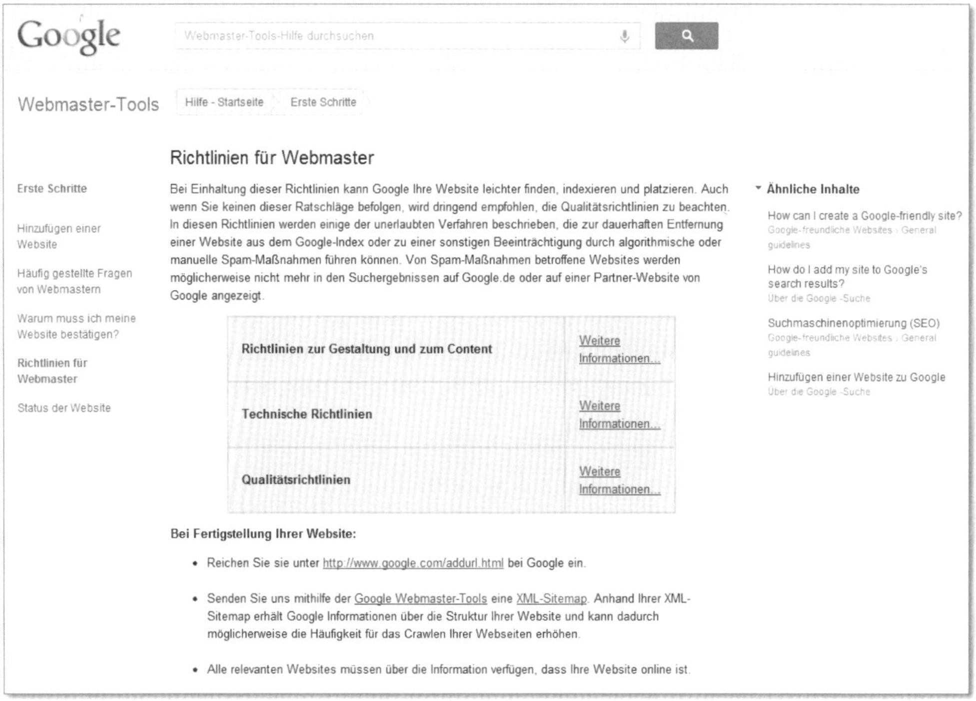

Abbildung 12.52 Googles Richtlinien für Webmaster

12.8.2 Black-Hat- vs. White-Hat-SEO

Wenn Sie schon etwas tiefer in die SEO-Materie eingestiegen sind und regelmäßig Blogs und Foren zum Thema lesen, ist Ihnen sicher schon einmal der Begriff *Black-Hat-SEO* untergekommen. Black-Hat-SEO bezeichnet Methoden der Suchmaschinenoptimierung, die gegen die Richtlinien der Suchmaschinen verstoßen. Alle sauberen Methoden werden dagegen als *White-Hat-SEO* bezeichnet. Da es wie immer auch eine Grauzone gibt, taucht auch der Begriff *Grey-Hat-SEO* häufiger auf. Sicher sind Sie jetzt gespannt auf die dunklen Methoden der Suchmaschinenoptimierung. Seien Sie aber noch einmal ausdrücklich vor diesen Methoden gewarnt. Häufig sind diese kurzfristig erfolgreich. Mittelfristig werden Sie damit aber in größere Probleme geraten. Daher werden wir auch nicht tiefer auf dieses Gebiet eingehen, da wir Sie vor schlechten Erfahrungen bewahren wollen.

Die häufigsten Black-Hat-Methoden sind das *Cloaking* und großflächiges automatisiertes Linkbuilding. Cloaking (von »to cloak« – »verhüllen«) bezeichnet das Irreführen des Suchmaschinen-Crawlers, indem diesem andere Inhalte geboten werden als normalen Benutzern, die die Seite ansehen. Dies kann aufgrund des *User-Agents*, den ein Webbrowser als Erkennung übermittelt, relativ einfach programmiert werden. Kommt der Crawler *Googlebot* auf die Webseite, bekommt dieser andere Inhalte zu sehen, als wenn normale Webbrowser die Webseite aufrufen. Suchmaschinen können diese Manipulationsversuche erkennen, indem sie die Webseite ohne ihren speziellen User-Agent besuchen. Unterscheidet sich dann das Ergebnis, droht Ihnen der Ausschluss aus den Suchergebnissen.

Automatisierter Linkaufbau ist entstanden, weil externe Verlinkungen immer wichtiger wurden für das Ranking in Google und Co. Wenn Sie als Website-Betreiber keine Zeit und Muße für das manuelle Sammeln von Links haben, behelfen Sie sich natürlich mit automatischen Methoden. So können automatisiert hundertfach Artikel mit Backlinks erstellt werden oder Blogkommentare und Foren automatisch befüllt werden. Hierbei können Sie aber schnell in das Visier der Suchmaschinenbetreiber geraten. Daher raten wir Ihnen, die Finger davon zu lassen, wenn Sie nicht mit den Konsequenzen rechnen wollen.

12.8.3 Verbote

Als Verbote gelten also alle Maßnahmen, die gegen die Richtlinien der Suchmaschinenbetreiber verstoßen. Einige spezielle Maßnahmen, die massive Auswirkungen haben, haben wir Ihnen als Black-Hat-Methoden beschrieben. Hiervon sollten Sie für Ihre Website Abstand nehmen. Weitere ähnliche Methoden wollen wir Ihnen hier vorstellen. Sie sind ebenfalls nicht zur Nachahmung gedacht und sollten vermieden werden.

Keyword-Stuffing

Das *Keyword-Stuffing* bezeichnet die Überoptimierung der Keyword-Dichte. Hierbei werden wichtige Suchbegriffe so häufig in einem Text und auf der gesamten Webseite genutzt, dass es als Manipulation der Suchergebnisse angesehen wird.

Versteckte Links und Texte

Über versteckte Links und Texte können ebenfalls Suchergebnisse manipuliert werden. Sie können z. B. viel mehr Text in den HTML-Code Ihrer Website schreiben, als Sie wirklich anzeigen. Dadurch täuschen Sie Inhalte vor, die Sie dem Nutzer gar nicht anbieten. Gleiches gilt für Links. Sie könnten z. B. Links an dubiose Websites von Ihrer Website verkaufen. Damit Nutzer diese Links nicht sehen müssen, können Sie diese verstecken, indem Sie z. B. die Schriftfarbe der Hintergrundfarbe anpassen. Auch diese Methoden sind für die Suchmaschinenbetreiber aber leicht zu erkennen und nicht zu empfehlen.

Übermäßiges Linkbuilding

Versuchen Sie nicht krampfhaft, mit allen möglichen und unmöglichen Methoden Links zu sammeln. Besonders von automatisiertem Linkbuilding, wie es im vorigen

Abschnitt beschrieben wurde, raten wir ab. Behalten Sie also Ihr gutes Bauchgefühl beim Linkaufbau. Versetzen Sie sich in die Lage eines Suchmaschinenbetreibers, und versuchen Sie die Links aus dessen Sichtweise zu bewerten. Somit werden Sie schnell erkennen, was gute und was schlechte Links sind.

Wir hoffen, Ihnen damit einige gute Hinweise zum Umgang mit Suchmaschinen gegeben zu haben. Begeben Sie sich an die Suchmaschinenoptimierung für Ihre Website. Mit den richtigen Maßnahmen werden Sie lange vom Erfolg profitieren und können sich bald über die ersten guten Rankings und langfristig an einem hohen Besucheraufkommen durch Suchmaschinennutzer freuen.

12.9 Suchmaschinenoptimierung (SEO) to go

- Suchmaschinenoptimierung (SEO) teilt sich in die Bereiche On-Page-Optimierung und Off-Page-Optimierung. Der Begriff On-Page beschreibt alle Optimierungsmaßnahmen direkt auf Ihrer Website. Off-Page-Optimierung dagegen bezeichnet alle Maßnahmen, die außerhalb Ihrer eigenen Website stattfinden.
- Grundlegend für die Arbeit in der Suchmaschinenoptimierung ist die Keyword-Recherche. Hierbei werden passende Suchbegriffe recherchiert und analysiert, damit Sie im Folgeschritt auf die richtigen Keywords optimieren können.
- Die Bewertung von Keywords erfolgt anhand des monatlichen Suchvolumens, der Conversionrate und der Wettbewerbsintensität des Suchbegriffs. Wichtige Hilfsmittel sind das Google Keyword-Tool und eigene Web-Analytics-Systeme.
- Wichtig ist eine grundlegende Optimierung Ihrer gesamten Website. Dies bezieht sich vor allem auf die Informationsarchitektur und Navigationsstruktur der Website. Dazu gehört auch eine passende URL-Struktur der Seite. Arbeiten Sie hier von Anfang an ein gutes und klares Konzept aus.
- Wenn die Struktur der gesamten Seite steht, können Sie beginnen, einzelne Seiten zu optimieren. Wählen Sie den passenden Suchbegriff und bis zu zwei weitere ähnliche Begriffe, und bringen Sie diese im Text und in Überschriften unter. Achten Sie auch auf das `<title>`-Tag und das Meta-Tag `"description"`. Diese sollten ebenfalls sinnvoll mit den Suchbegriffen gefüllt werden.
- In der Off-Page-Optimierung machen Sie Ihre Website im Internet bekannt. Links von anderen Webseiten können als Empfehlung für Ihre Website dienen.
- Überlegen Sie sich, wie Sie Verlinkungen zu Ihrer Website bekommen können. Denken Sie z. B. an Lieferanten, Kunden, Kooperationspartner oder Presseartikel. Zudem können Sie mit interessanten Inhalten Aufmerksamkeit und Links auf sich ziehen.
- Vermeiden Sie SEO-Methoden, die als Spam angesehen werden oder gegen die Richtlinien der Suchmaschinen verstoßen.

12.10 Checkliste Suchmaschinenoptimierung (SEO)

Ist Ihre Website bereits in Google auffindbar (`site:`-Abfrage)?	
Haben Sie Ihre Website in den Google Webmaster-Tools angemeldet?	
Haben Sie eine suchmaschinenfreundliche Informationsarchitektur und URL-Struktur?	
Vermeiden Sie Session-IDs in URLs?	
Sind wichtige Unterseiten und die Startseite gut innerhalb Ihrer Website verlinkt?	
Sind Meta-Informationen wie das `<title>`-Tag und das Meta-Tag `"description"` optimal hinsichtlich Eindeutigkeit, Länge und Keywords gewählt?	
Nutzen Sie Textlinks für die Navigation?	
Nutzen Sie die passenden Suchbegriffe auf Ihrer Website häufig genug (Keyword-Dichte) und in wichtigen HTML-Tags, wie z. B. Überschriften?	
Sind Bilder auf Ihrer Website mit passenden `alt`-Attributen versehen?	
Bieten Sie qualitative Inhalte und Service-Angebote auf Ihrer Website?	
Sind alle Links auf Ihrer Website funktionstüchtig? Vermeiden Sie »tote« Links.	
Haben Sie eine Strategie erarbeitet, wie Sie mehr Aufmerksamkeit und Links im Internet zu Ihrer Website bekommen?	

Kapitel 13
Zielgruppen und Targeting

»Es ist wichtig, Menschen in ihrer eigenen Sprache anzusprechen.«
– Lee Iacocca (amerikanischer Automobil-Manager)

In diesem Kapitel erfahren Sie, wie Sie Ihre Website-Besucher näher kennenlernen und in Gruppen einteilen können. Im zweiten Schritt lernen Sie die verschiedenen Targeting-Methoden kennen, um Ihre gewünschte Zielgruppe genau zu erreichen. Bei wenig Zeit erhalten Sie am Ende des Kapitels in einem Kurzüberblick to go und einer Checkliste eine Übersicht.

In den vorangegangenen Kapiteln haben wir Ihnen verschiedene Wege gezeigt, wie Sie durch Online-Marketing und die Auffindbarkeit in Suchmaschinen Besucher auf Ihre Website lenken. Sicher wird es Sie interessieren, welche Typen von Benutzern Ihre Website aufsuchen, um die verschiedenen Bedürfnisse der Besucher zu befriedigen. Wir möchten Ihnen in diesem Kapitel beschreiben, wie Sie Ihre Website-Nutzer analysieren und in Zielgruppen aufteilen können. Dabei werden wir auch näher darauf eingehen, wie Sie das Online-Marketing über Targeting-Methoden optimieren können, um zielgerichtet die Nutzer anzusprechen, die Sie auch als potenzielle Kunden haben möchten.

13.1 Welche Besucher sind auf der Website?

Durch vielfältige Methoden haben Sie die Möglichkeit, mehr über Ihre Besucher zu erfahren. In erster Linie werden dafür Web-Analytics-Systeme genutzt, die die Aufrufe der Website analysieren. Mehr über die Webanalysemethoden erfahren Sie in Kapitel 18, »Web-Analytics – Websites unter die Lupe nehmen«. Damit werden wertvolle Informationen erhoben, um Ihre Nutzerschaft besser einschätzen zu können. Ein weiteres Mittel der klassischen Marktforschung, um mehr über Ihre Besucher herauszufinden, sind Befragungen, die Sie z. B. online oder persönlich durchführen können.

Da Nutzer unterschiedliche Bedürfnisse haben, ist es wichtig, diese in Gruppen zu segmentieren, um besser auf die einzelnen Anforderungen eingehen zu können. Als

Kriterien für eine Segmentierung werden verschiedene Eigenschaften der Benutzer herangezogen. Hierzu zählen folgende Bereiche:

- geografische Herkunft und Sprache der Nutzer
- technische Ausstattung (z. B. mobile Benutzer)
- Nutzerverhalten (z. B. neue vs. wiederkehrende Besucher und Intensität der Website-Nutzung)
- soziodemografische Daten (z. B. Geschlecht, Familienstand und Alter)

Schauen wir uns also einige Kriterien für die Segmentierung Ihrer Nutzer genauer an. Wir werden im Folgenden speziell mit den Daten aus dem kostenfreien Tool *Google Analytics* arbeiten. Die gleichen Informationen können Sie aber auch mit anderen Webanalysesystemen abfragen.

13.1.1 Geografische Herkunft und Sprache der Nutzer

Woher kommen also die Nutzer, die Ihre Website besuchen? Das kann die Frage sein, aus welchem Land oder aber aus welcher Stadt die Nutzer kommen. Mit vielen Webanalysesystemen können Sie bis auf Städteebene detailliert herausfinden, woher die meisten Nutzer stammen. Sie finden diese Auswertung in Google Analytics unter BESUCHER • DEMOGRAFISCHE MERKMALE • KARTEN-OVERLAY. Dort können Sie in der Weltkarte auf das gewünschte Land klicken. Durch einen weiteren Klick auf STADT erhalten Sie Detailinformationen zur Entwicklung des Besucheraufkommens aus den verschiedenen Städten (siehe Abbildung 13.1).

Wenn Sie die regionale Herkunft interessiert, möchten Sie wahrscheinlich auch die Sprache der Nutzer kennen, die Ihre Website aufsuchen. Leider können Sie diese Information nicht so einfach abfragen. Sie können natürlich schauen, aus welchen Ländern die Nutzer kommen, und dann Rückschlüsse auf die Sprache ziehen, die aber recht ungenau ausfallen. Denken Sie z. B. an Länder wie die Schweiz, wo mehrere Sprachen gesprochen werden, oder die USA mit einem hohen spanisch sprechenden Anteil der Bevölkerung. Als Hilfsmittel kann die Spracheinstellung im Browser herangezogen werden. Diese können Sie mit Ihrem Web-Analytics-Tool herausfinden. In Google Analytics finden Sie die Auswertung unter BESUCHER • DEMOGRAFISCHE MERKMALE • SPRACHE (siehe Abbildung 13.2). Da deutsche Nutzer aber teilweise Webbrowser in englischer Sprache nutzen, werden auch hier die Daten verzerrt.

Damit haben Sie die Möglichkeit, Ihre Besucher in Regionen oder nach Sprachen einzuteilen. Stellen Sie z. B. fest, dass viele türkisch sprechende Personen Ihre Website aufrufen, können Sie diesen Nutzern eventuell eine eigene Sprachversion der Website zur Verfügung stellen.

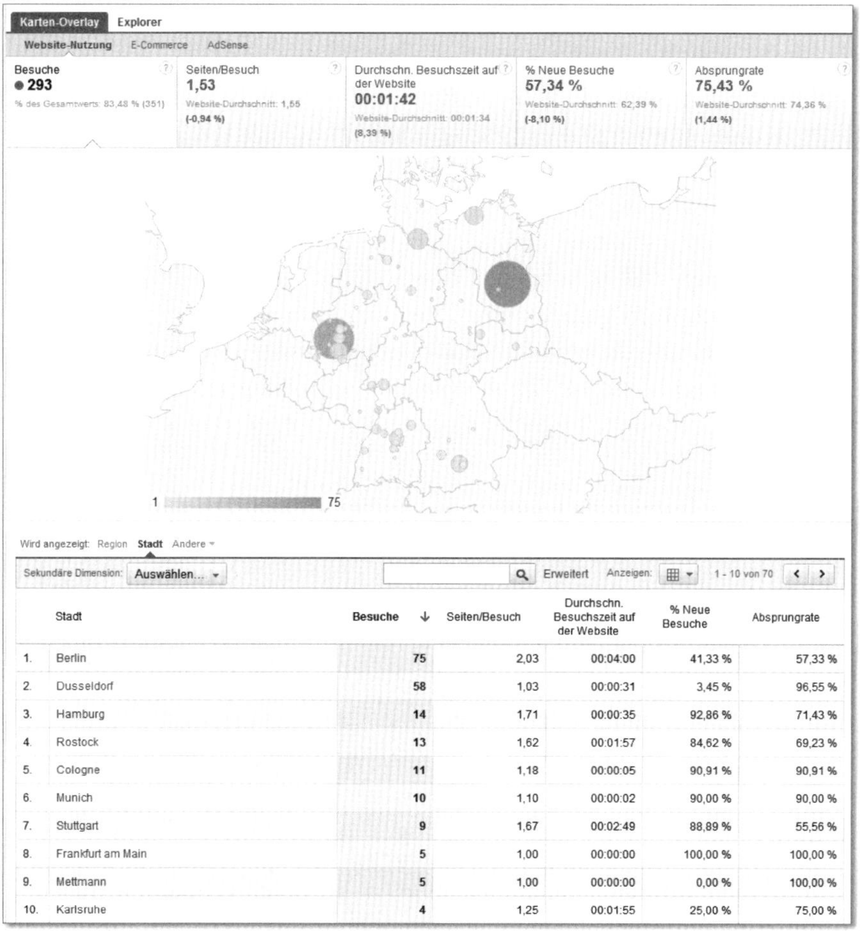

Abbildung 13.1 Regionale Analyse in Google Analytics

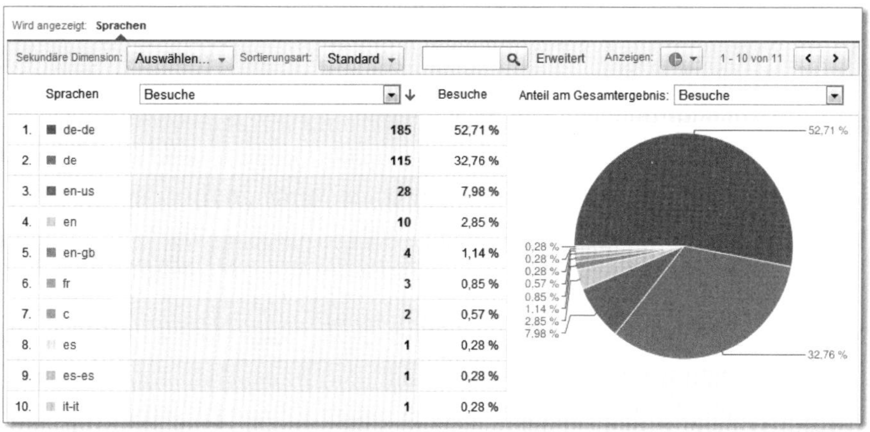

Abbildung 13.2 Browsersprachen der Website-Nutzer

13.1.2 Technische Ausstattung

Sie können Ihre Nutzer weiterhin nach ihrer technischen Ausstattung segmentieren. Besonders wichtig ist dies, um mobile Besucher von normalen Internetsurfern zu unterscheiden. Sie können sich Betriebssysteme, Browsernutzung und Bildschirmauflösungen Ihrer Besucher in Google Analytics unter BESUCHER • TECHNOLOGIE anzeigen lassen. In Abbildung 13.3 sehen Sie die Auswertung der Betriebssysteme der Nutzer einer Website. Es fällt auf, dass auch mobile Betriebssysteme, wie iPhone und Android, auftauchen. Die Website wird offensichtlich auch mobil verwendet. Die Nutzung durch mobile Endgeräte können Sie sich zudem separat unter BESUCHER • MOBIL • GERÄTE anzeigen lassen. Als Website-Betreiber sollten Sie in diesem Fall also testen, wie Ihre Website auf häufig genutzten mobilen Endgeräten angezeigt wird, und gegebenenfalls überlegen, eine für Mobilgeräte optimierte Website anzubieten.

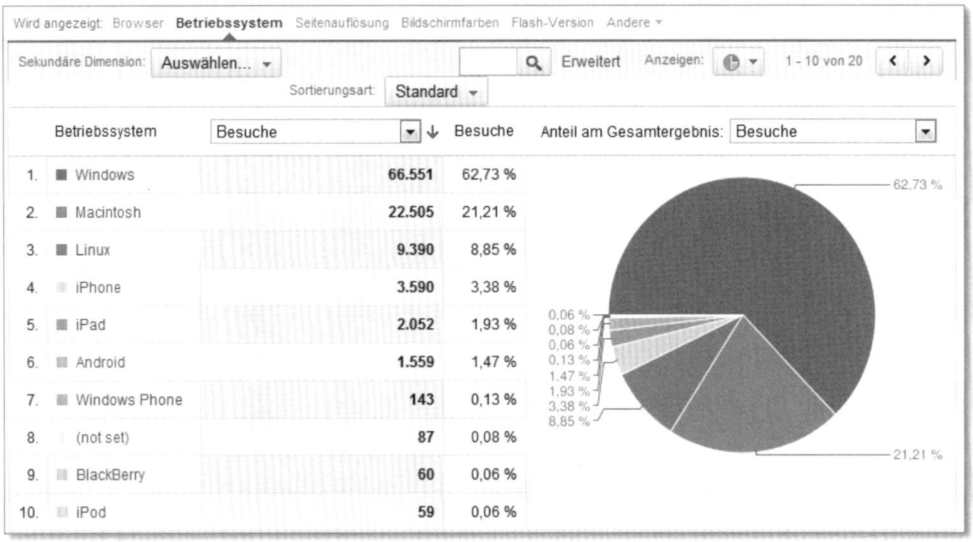

Abbildung 13.3 Betriebssysteme der Website-Nutzer

Hinsichtlich technischer Aspekte könnten Sie ebenfalls analysieren, mit welcher Bandbreite die Besucher surfen und welchen Telekommunikationsanbieter die Nutzer verwenden. Durch die inzwischen weite Verbreitung von schnellen DSL-Netzen steht diese Fragestellung allerdings nicht mehr im Vordergrund. Sollten Sie viele Nutzer mit langsamen Internetverbindungen haben, weil z. B. viele Ihrer Besucher aus ländlichen Regionen stammen, sollten Sie Ihre Website auf möglichst geringe Ladezeiten hin optimieren.

13.1.3 Nutzerverhalten

Eine entscheidende Frage ist das Verhältnis zwischen neuen und wiederkehrenden Besuchern. Wiederkehrende Benutzer werden im Englischen als *Returning Visitor* bezeichnet. Wenn Sie Google Analytics auf Ihrer Website eingerichtet haben, können Sie diese Werte unter BESUCHER • VERHALTEN • NEU UND WIEDERKEHREND abfragen. Sie erhalten dann eine Auswertung über die prozentuale Aufteilung der beiden Besuchertypen (siehe Abbildung 13.4). Es gibt dabei keinen Optimalwert, den Sie erreichen sollten. Wichtiger ist, die Tendenz zu erkennen, in welche Richtung sich dieser Wert auf Ihrer Website bewegt. Ein hoher Wert bei den wiederkehrenden Besuchern spricht dabei für Ihr Angebot. Nutzer suchen Ihre Website demnach gerne regelmäßig auf. Trotzdem kann auch ein ansteigender Wert an neuen Besuchern ein gutes Zeichen sein. Starten Sie z. B. eine Werbekampagne, steigt automatisch die Zahl der neuen Besucher, da nun viele Personen erstmals in den Kontakt mit Ihrer Seite kommen. Wenn Sie eine hohe Anzahl an neuen Benutzern haben, ist es wichtig, zu überlegen, wie Sie diese zu wiederkehrenden Nutzern machen können (mehr dazu erfahren Sie in Kapitel 14, »Kundenbindung (CRM)«).

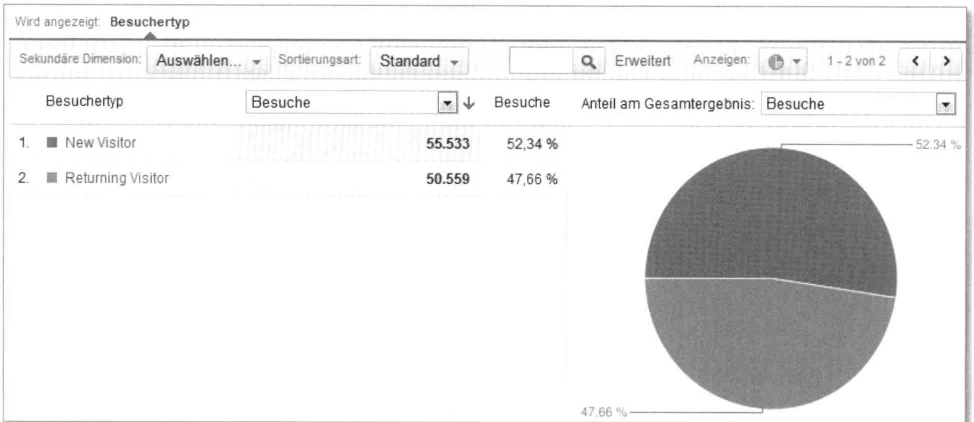

Abbildung 13.4 Anteil neuer und wiederkehrender Nutzer einer Website

Ein wichtiges Kriterium, nach dem Sie Ihre Nutzer segmentieren können, ist die Intensität der Nutzung. So werden Sie wahre »Power-User« identifizieren, die sich lange auf Ihrer Website aufhalten, und Nutzer, die Ihre Website schnell wieder verlassen. Die Segmentierung können Sie über die Kennzahlen zur Verweildauer oder zur Anzahl der Seitenrufe vornehmen. Die Verweildauer (oder auch *Besuchszeit* oder *Time-on-Site*) wird in Sekunden angegeben und misst die Zeit, wie lange ein Nutzer Ihre Website besucht hat. Sie ist ein guter Indikator dafür, wie interessant Nutzer Ihre Seite finden. In Google Analytics finden Sie die Entwicklung der Kennzahl unter BESUCHER • ÜBERSICHT • DURCHSCHN. BESUCHSZEIT AUF DER WESBITE. Ein ebenso guter Indikator ist die durchschnittliche Anzahl von Seitenaufrufen während eines Website-Besuchs. Den Trend dieser Kennzahl für Ihre Website können Sie unter BESUCHER • ÜBERSICHT • SEITEN/BESUCH finden. Darüber können Sie nun die Besucher segmentieren, indem Sie bestimmte Bereiche festlegen, z. B. *Heavy-User* mit mehr als zehn Seiten pro Besuch, und die Nutzer darüber in Gruppen klassifizieren. Google Analytics nimmt diese Segmentierung für Sie vor, wie Sie in Abbildung 13.5 sehen. Diese Auswertung finden Sie in Google Analytics unter BESUCHER • VERHALTEN • INTERESSE • BESUCHSDAUER. Wie Sie bemerken, ist die Verweildauer der meisten Besucher auf dieser Website recht kurz. Hier finden die Nutzer nicht die gewünschten Informationen oder werden nicht auf der Seite gehalten.

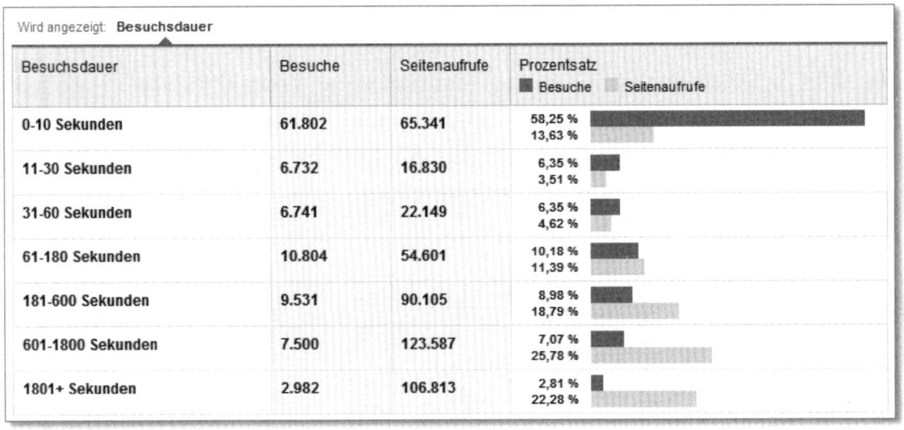

Wird angezeigt: **Besuchsdauer**

Besuchsdauer	Besuche	Seitenaufrufe	Prozentsatz (Besuche / Seitenaufrufe)
0-10 Sekunden	61.802	65.341	58,25 % / 13,63 %
11-30 Sekunden	6.732	16.830	6,35 % / 3,51 %
31-60 Sekunden	6.741	22.149	6,35 % / 4,62 %
61-180 Sekunden	10.804	54.601	10,18 % / 11,39 %
181-600 Sekunden	9.531	90.105	8,98 % / 18,79 %
601-1800 Sekunden	7.500	123.587	7,07 % / 25,78 %
1801+ Sekunden	2.982	106.813	2,81 % / 22,28 %

Abbildung 13.5 Verweildauer auf einer Website

In diesem Zusammenhang spricht man auch von Absprung- oder Abbruchraten (*Bouncerate*). Sie sollten die Benutzergruppe der *Bouncer* kontinuierlich beobachten. Die nötigen Zahlen dazu finden Sie unter BESUCHER • ÜBERSICHT • ABSPRUNGRATE. Diese Zahl sollten Sie im Auge behalten und überlegen, wie Sie diesen Wert reduzieren können. Weitere Informationen über Ihre Besucher bekommen Sie zudem, wenn Sie sich den Traffic der Website im Tagesverlauf anschauen. Die Auswertung für eine andere Website im Analysetool Webtrekk (*www.webtrekk.de*) zeigt, wie sich das Besucheraufkommen im Verlauf eines Tages verhält (siehe Abbildung 13.6).

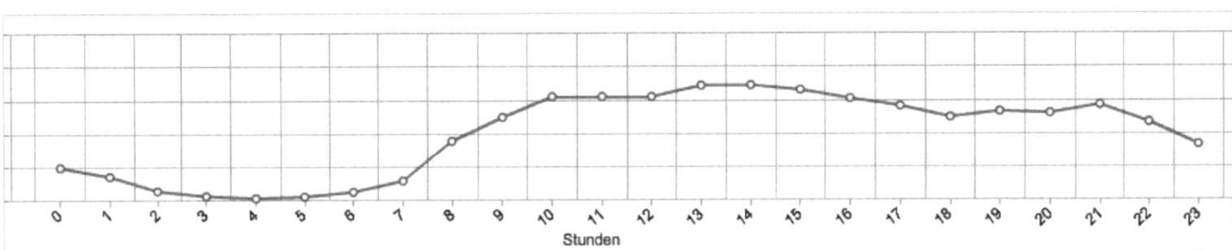

Abbildung 13.6 Besucheraufkommen während eines Tages

Die Besucherzahl der Beispiel-Website ist tagsüber ziemlich konstant. Ab acht Uhr morgens steigt der Traffic an und nimmt erst ab zehn Uhr abends wieder ab. Sie können daraus ablesen, dass Besucher sowohl zu gewöhnlichen Arbeitszeiten als auch nach Feierabend diese Seite nutzen. Ergeben sich daraus eventuell verschiedene Nutzergruppen? Diese Analyse finden Sie in Webtrekk unter BESUCHER • ZEIT • STUNDEN und in Google Analytics, indem Sie auf der BESUCHERÜBERSICHT beim Zeitintervall STÜNDLICH auswählen.

13.1.4 Soziodemografische Daten

Sicher interessieren Sie auch die soziodemografischen Daten Ihrer Nutzer. Dazu gehören z. B. Alter, Geschlecht, Familienstand und Nettoeinkommen. Leider können Sie diese Informationen nicht einfach über ein Web-Analytics-System ausfindig machen, da diese Daten technisch nicht erfasst werden. Einige dieser Informationen können Sie eventuell über die eigene Mitglieder- oder Kundendatenbank abfragen. Hier sind Sie aber auf Nutzer beschränkt, die diese Daten preisgeben. In einer Kundendatenbank werden oftmals auch nur die Daten von Käufern erfasst. Nichtkäufer oder nicht eingeloggte Nutzer entgehen Ihnen also somit in Ihrer Besucherstatistik. Dies kann die Daten unter Umständen deutlich verzerren. Als ersten Ansatz können Sie die Daten des Dienstes *Alexa.com* nutzen. Auf der Website des Anbieters können Sie unter SITE INFO eine Domain eingeben und bekommen wichtige Kennzahlen zu der Website angezeigt. Unter dem Reiter AUDIENCE finden Sie die Analyse soziodemografischer Daten am Beispiel der Deutschen Bahn (siehe Abbildung 13.7).

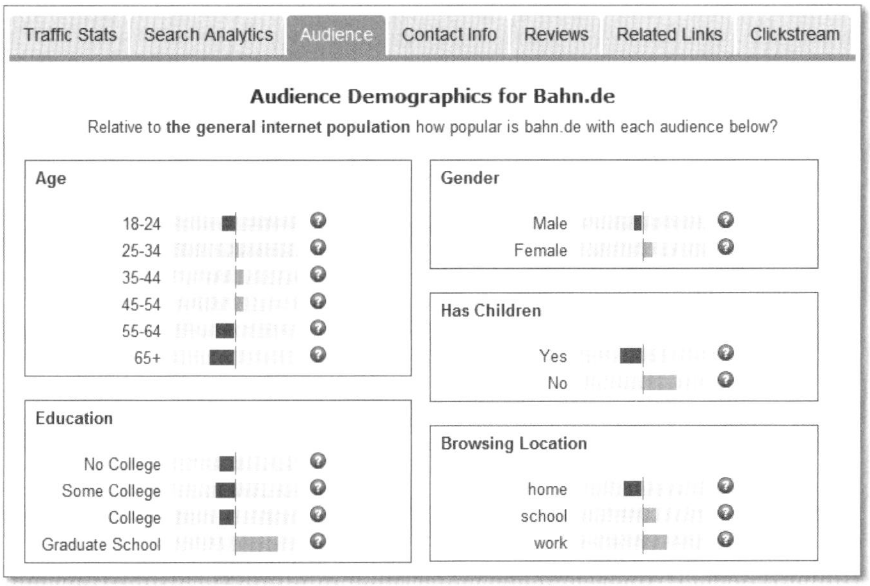

Abbildung 13.7 Soziodemografische Daten aus Alexa für bahn.de

Sie sehen in der Auswertung die Abweichung der einzelnen Merkmale zur gesamten Internetnutzerschaft. Es lässt sich also feststellen, dass der *bahn.de* Nutzer eher weiblich ist und keine Kinder hat. Allerdings sind auch die Daten von Alexa mit Vorsicht zu genießen, da die Erhebungsmethode eher technikaffine Menschen umfasst.

Eine andere Methode sind Online-Panels, also Untersuchungen von größeren Nutzergruppen mit höherer statistischer Relevanz. Spezialisierte Anbieter sind in diesem Zusammenhang z. B. ComScore (*www.comscore.com/ger/*), Nielsen (*de.nielsen.com*) und die GfK (*www.gfk.com*). Diese Marktforschungsinstitute beobachten das Internetnutzerverhalten und geben Studien heraus, die Sie meist kostenpflichtig anfordern können. Betreiben Sie eine sehr große Website, können diese Informationen aber durchaus lohnenswert sein, da Sie nicht nur Ihre eigenen Website Kennzahlen bekommen, sondern auch Vergleiche mit dem Wettbewerb vornehmen können.

Eine weitere Methode zur Erhebung von Nutzerdaten sind Befragungen, die Sie auch selbst durchführen können. Damit haben Sie die Möglichkeit, Informationen zu erhalten, die Sie nicht über ein Web-Analytics-Tool herausfinden können. Daher empfiehlt es sich, in regelmäßigen Abständen Befragungen auf der Website oder persönlich durchzuführen. Ein empfehlenswertes und einfach zu bedienendes Online-Umfragetool ist SurveyMonkey (*de.surveymonkey.com*). Sie können hier eine Befragung erstellen und den Besuchern Ihrer Website einblenden. Die Umfrage kann individuell zusammengestellt und ausführlich analysiert werden. Überlegen Sie sich also sinnvolle Fragestellungen, und führen Sie die Befragung in regelmäßigen Abständen durch. In Kombination mit den Web-Analytics-Daten können Sie sich so ein detailliertes Bild von Ihren Website-Besuchern machen.

Sie kennen nun verschiedene Methoden, wie Sie erfahren, welche Besucher Ihre Website aufrufen. Eine allgemeine Marketingerkenntnis besagt, dass es günstiger ist, einen Kunden zu halten, als einen neuen zu gewinnen. Daher ist es wichtig, die Besucher, die Sie jetzt näher kennen, auf der Website zu halten oder ihnen Anreize zum Wiederkehren zu schaffen. Nicht alle Besucher der Website sind gleich, und Ihre Besucher haben daher unterschiedlichen Wert für Sie. Aus diesem Grund werden wir uns als Nächstes anschauen, welche Besucher besonders wertvoll für Sie sind und wie Sie diese sinnvoll gruppieren. Hierbei spricht man oft von Zielgruppen.

13.2 Zielgruppen – Typologie der Website-Besucher

Wie Sie gesehen haben, befinden sich auf der Website ganz unterschiedliche Besucher. Um die jeweiligen Gruppen optimal zu bedienen, empfiehlt sich eine Segmentierung in Zielgruppen. Wichtig ist dabei der Wert der Website-Besucher. Wenn Sie z. B. einen Online-Shop betreiben, sind besonders Käufer für Ihr Unternehmen von hohem Wert. Sie können also Käufer und Nichtkäufer unterscheiden. Die Zielgruppe der Käufer können Sie nun genau analysieren. Wer sind die Käufer? Woher kommen diese Besucher? Wie haben sie sich auf der Website verhalten?

Besonders wichtig für die Segmentierung der Besuchergruppen ist die Absicht, mit der ein Nutzer auf Ihre Website kommt. Im Englischen wird dies als *User Intent* bezeichnet. Sie müssen sich also die Frage stellen, was Nutzer wollen, und können so Zielgruppen bilden. Daraus werden häufig Zielgruppentypologien entwickelt, in denen die Nutzer aufgrund ihrer Eigenschaften in bestimmte Gruppen eingeteilt werden. Die gesamte deutsche Internetnutzerschaft wird z. B. in der Studie »Communication Networks« von Focus Medialine typisiert (*www.medialine.de*). Somit ergeben sich verschiedene Webtypen, die Sie in Abbildung 13.8 sehen. Sie können also überlegen, welche dieser Typen Sie ansprechen möchten, und eine ähnliche Typologie für Ihre eigene Website erstellen.

Abbildung 13.8 Webtypen (Quelle: Focus Medialine)

Als Betreiber eines Forums oder einer Community sind besonders aktive Nutzer wertvoll, die mit Beiträgen und häufiger Interaktion zum Leben in der Community beitragen. Sie können diese Personen über die Anzahl der Seitenaufrufe oder die Verweildauer auf der Website klassifizieren. Zudem können Sie diese Nutzeraktivität auf der Website selbst anzeigen und somit andere Benutzer zu mehr Aktionen anregen, da dadurch ein Wettbewerb unter den Nutzern entsteht. Dies wird z. B. auf der Rezeptseite *www.chefkoch.de* genutzt, um Anreize für neue Beiträge zu schaffen (siehe Abbildung 13.9). Hierbei werden Punkte für verschiedene Aktionen auf der Website vergeben, und je nach Punktestand steigt man in der Hierarchie vom »Tellerwäscher« bis zum »Sternekoch« auf. Dieses Verfahren ist auch als *Scoring-Modell* bekannt.

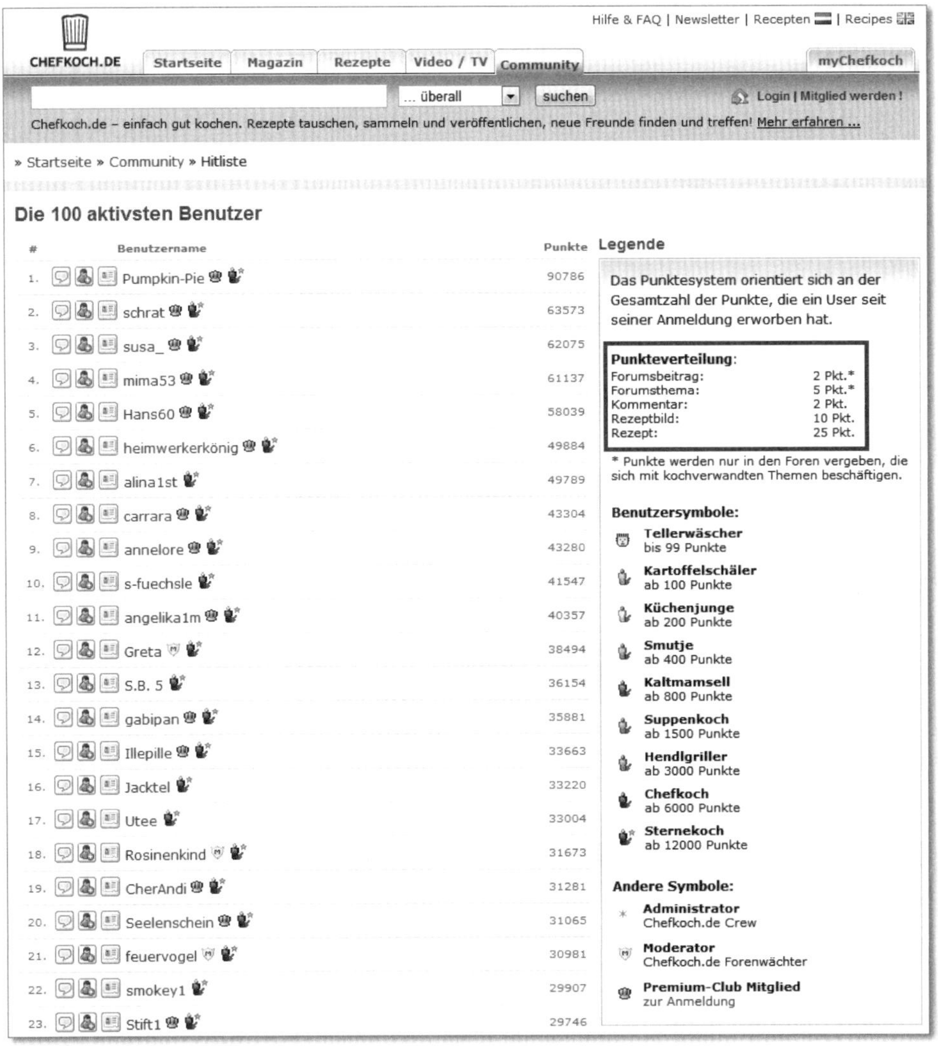

Abbildung 13.9 Punktesystem für Nutzer bei chefkoch.de

Über solche Systematiken ergibt sich ein bestimmter Kundenwert für jeden Nutzer. Als Fachbegriff hat sich dafür der *Customer Lifetime Value* (CLV) gebildet. Dieser gibt an, welchen (monetären) Wert ein Kunde oder Nutzer auf Ihrer Website hat. Damit können z. B. Online-Shops sehr genau den Wert eines Kunden einschätzen, indem sie schauen, wie häufig Käufe wiederholt und welche Warenkorbumsätze erzielt werden.

Neben dem Scoring-Modell und der Customer-Lifetime-Analyse gibt es die *ABC-Kundenanalyse*. Bei dieser werden Kunden oder Website-Besucher in drei Gruppen aufgeteilt. So gibt es A-, B- und C-Kunden. A-Kunden haben den größten Wert für Ihr Unternehmen. A-Kunden sind die oberen 20 % der Besucher nach Kundenwert. C-Kunden sind die unteren 20 %. Alle Besucher dazwischen sind B-Kunden. Die prozentualen Abgrenzungen können Sie für Ihre ABC-Einteilung der Website-Besucher aber selbst anpassen.

Besondere Beachtung sollten Sie auch mobilen Nutzern schenken. Diese bilden ein weiteres wichtiges Segment in Ihrer Zielgruppen-Typologie. Diese Nutzer müssen anders bedient werden als normale Website-Besucher. Zudem können Sie einen hohen Kundenwert haben, da mobile Nutzer in der Regel jüngeres und kaufkräftiges Publikum darstellen. Eine weitere Gruppe, die Sie nicht vergessen dürfen, sind die sogenannten *Bouncer* auf Ihrer Website, die nur eine einzige Seite aufrufen und diese dann sofort wieder verlassen. Diese Nutzer sind nicht besonders wertvoll und gehören damit nicht zu Ihrer gewünschten Zielgruppe. Trotzdem zählen diese Nutzer mit in die Typologie Ihrer Website-Nutzer. Verwenden Sie das ABC-Modell zur Segmentierung Ihrer Besucher, so können Sie die Bouncer als C-Kunden filtern.

Aus den verschiedenen erwähnten Kriterien können Sie nun eine eigene Typologie Ihrer Benutzer, z. B. ähnlich der Focus-Medialine-Studie, erstellen oder eines der verschiedenen Kundenbewertungsmodelle, z. B. Einteilung in ABC-Kunden, anwenden. Damit bekommen Sie eine gute Übersicht darüber, wer Ihre Website besucht, und erhalten unterschiedliche Zielgruppen. Mit der Vergabe von Kundenwerten können Sie entscheiden, welche Benutzer zu Ihrem Unternehmensziel beitragen. Diesen Nutzern sollten Sie erhöhte Aufmerksamkeit schenken.

13.3 Targeting – gewünschte Besucher erreichen

Über den Kundenwert können Sie nicht nur bestehende Kunden einschätzen, sondern auch Rückschlüsse auf neue potenzielle Kunden ziehen. Sie können beispielsweise erkennen, woher Ihre besonders wertvollen Nutzer kamen, und dort mehr Werbung betreiben, um gerade diese Zielgruppen anzusprechen. Sie versuchen also, nur gewünschte Besucher zu gewinnen. Dies erreichen Sie über das sogenannte *Targeting* von Zielgruppen.

Die Vorteile des Targetings ergeben sich aus der Minimierung von Streuverlusten durch auf die Nutzer zugeschnittene Werbung. Hierbei erhöhen sich die Klickraten und Conversion-Ziele, wie z. B. der Kauf von Produkten. Zudem wird die Effizienz Ihrer Werbekampagnen maximiert, da Sie weniger Budget für irrelevante Werbung ausgeben. Außerdem schaffen Sie mit guten Targeting-Methoden generell eine größere Akzeptanz gegenüber Werbung, da diese meist nicht mehr als lästig empfunden wird, wenn sie eine sinnvolle Ergänzung darstellt.

Das Targeting von Zielgruppen kann manuell und automatisiert über verschiedene Methoden erfolgen. Wie Sie Werbung auf Websites zielgruppenorientiert manuell und automatisiert einblenden können, beschreiben wir in den nächsten beiden Abschnitten.

13.3.1 Manuelles Targeting

Gewünschte Nutzer erhalten Sie z. B. über eine gezielte *Mediaplanung*, wenn Sie Bannerwerbung schalten. Mediaplanung bezeichnet das Vorgehen, wie intensiv und selektiv auf welchen Websites oder anderen Medien geworben wird. Im Vorfeld einer Werbekampagne wird also ein Mediaplan erstellt. Werben Sie nur auf Seiten, die auch Ihrer Zielgruppe entsprechen. Damit wird sich die Kundenqualität automatisch verbessern, da hier die Wahrscheinlichkeit höher ist, die richtigen Personen anzutreffen. Zu diesem Zweck stellen Websites und Vermarkter ihre Mediadaten zur Verfügung, mit denen sie nachweisen, welche Nutzergruppen sich auf der Website befinden. Stellen Sie sich vor, Sie sind verantwortlich für die Website des Automobilherstellers Porsche. Sie haben sehr viele Besucher auf Ihrer Internetseite, aber nur wenige interessieren sich für den Kauf der Autos. Sie betreiben auch Online-Marketing, aber die Benutzer halten sich immer noch stark zurück. Hier sollten Sie einen Blick auf die Traffic-Quellen werfen, woher Ihre Besucher kommen. Werben Sie auf den richtigen Seiten für Ihre anvisierte Zielgruppe? Wenn Sie nun den Entschluss fassen, andere Webseiten für die Werbung auszuwählen, schauen Sie in die Mediadaten verschiedener Websites und vergleichen die Angaben zu Nutzerstruktur mit den Daten Ihrer gewünschten Zielgruppe. Im genannten Fall der Automarke werden Sie z. B. bei *manager-magazin.de* fündig, denn da gibt es Personen im passenden Alter und mit entsprechendem Haushaltsnettoeinkommen (siehe Abbildung 13.10).

Mit dem Google AdPlanner (*www.google.com/adplanner/*) können Sie verschiedene Websites auf Ihre Zielgruppen und Nutzeraufkommen hin überprüfen. Außerdem können Sie auch direkt nach Zielgruppen suchen. In unserem Beispiel definieren wir also als Zielgruppe Personen aus Deutschland mit dem Interesse an der Marke Porsche. Daraufhin erscheint eine Ergebnisliste mit potenziellen Websites, die Nutzer ebenfalls aufrufen, und passende Websites aus dem *Google Display-Netzwerk* (Abbildung 13.11). Diese könnten Sie nun direkt über das AdPlanner-Tool von Google buchen.

Ähnliche Werkzeuge zur Mediaplanung bieten auch die AGOF (*www.agof.de*), IVW (*www.ivw.de*) und andere Marktforschungsinstitute an.

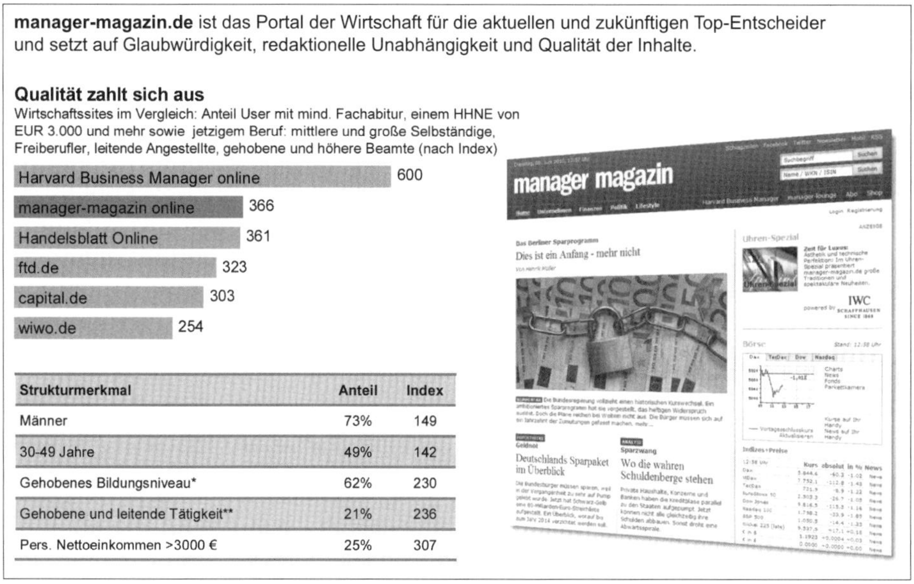

manager-magazin.de ist das Portal der Wirtschaft für die aktuellen und zukünftigen Top-Entscheider und setzt auf Glaubwürdigkeit, redaktionelle Unabhängigkeit und Qualität der Inhalte.

Qualität zahlt sich aus

Wirtschaftssites im Vergleich: Anteil User mit mind. Fachabitur, einem HHNE von EUR 3.000 und mehr sowie jetzigem Beruf: mittlere und große Selbständige, Freiberufler, leitende Angestellte, gehobene und höhere Beamte (nach Index)

Strukturmerkmal	Anteil	Index
Männer	73%	149
30-49 Jahre	49%	142
Gehobenes Bildungsniveau*	62%	230
Gehobene und leitende Tätigkeit**	21%	236
Pers. Nettoeinkommen >3000 €	25%	307

Abbildung 13.10 Mediadaten von manager-magazin.de

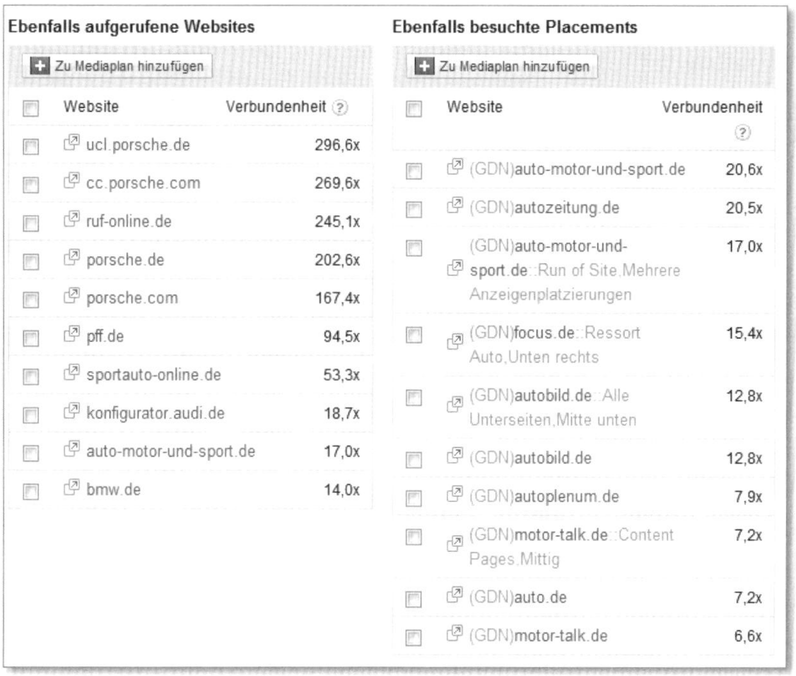

Ebenfalls aufgerufene Websites

Zu Mediaplan hinzufügen

Website	Verbundenheit
ucl.porsche.de	296,6x
cc.porsche.com	269,6x
ruf-online.de	245,1x
porsche.de	202,6x
porsche.com	167,4x
pff.de	94,5x
sportauto-online.de	53,3x
konfigurator.audi.de	18,7x
auto-motor-und-sport.de	17,0x
bmw.de	14,0x

Ebenfalls besuchte Placements

Zu Mediaplan hinzufügen

Website	Verbundenheit
(GDN)auto-motor-und-sport.de	20,6x
(GDN)autozeitung.de	20,5x
(GDN)auto-motor-und-sport.de::Run of Site,Mehrere Anzeigenplatzierungen	17,0x
(GDN)focus.de::Ressort Auto,Unten rechts	15,4x
(GDN)autobild.de::Alle Unterseiten,Mitte unten	12,8x
(GDN)autobild.de	12,8x
(GDN)autoplenum.de	7,9x
(GDN)motor-talk.de::Content Pages,Mittig	7,2x
(GDN)auto.de	7,2x
(GDN)motor-talk.de	6,6x

Abbildung 13.11 Google AdPlanner

Wie wir schon erwähnt haben, nutzen Besucher das Internet und Ihre Website zu unterschiedlichen Tageszeiten. Dies können Sie sich im Targeting zunutze machen, da Sie häufig die Möglichkeit haben, Kampagnen zeitlich einzustellen. Sie können also z. B. überlegen, ob Sie nur morgens oder nur abends Anzeigen schalten möchten, damit Sie die richtigen Zielgruppen erreichen. Zudem haben Sie die Möglichkeit, thematisches und regionales Targeting durchzuführen. Sie können also bestimmte Websites oder einzelne Rubriken mit Werbung belegen, die Ihr Thema umfassen. Im regionalen Targeting können Sie Anzeigen auf lokalen Medien schalten und erreichen so Ihre regionale Zielgruppe. Viele große Tageszeitungen gibt es nur in bestimmten Städten, wie z. B. das Hamburger Abendblatt (*www.abendblatt.de*) oder den Berliner Tagesspiegel (*www.tagesspiegel.de*). Diese Medien sollten Sie also vorrangig für Werbung in Betracht ziehen, wenn Sie ein regionaler Anbieter sind. Manuelles Targeting sollten Sie auch beim E-Mail-Marketing vornehmen. Dies erreichen Sie am besten durch Selektion Ihrer E-Mail-Empfänger. Unterscheiden Sie also E-Mail-Kampagnen z. B. nach Geschlecht oder Alter. Auch hier können Sie ein regionales Targeting vornehmen, wenn Sie über entsprechende Adressangaben verfügen.

Sie kennen nun verschiedene Möglichkeiten, wie Sie Ihre Zielgruppe noch effizienter ansprechen können. Das manuelle Targeting kann aber viel Aufwand bedeuten, daher wurden Methoden für automatisiertes Targeting entwickelt, die wir Ihnen im nächsten Schritt vorstellen möchten.

13.3.2 Automatisiertes Targeting

Da im Online-Marketing sehr zahlenbasiert und technisch gearbeitet wird, entstanden neue Targeting-Methoden, die noch mehr Effizienz als manuelles Targeting versprechen. Die verschiedenen Methoden, wie Sie automatisch die richtigen Zielgruppen erreichen, sind Geo-Targeting, semantisches Targeting, Social Targeting, Predictive Targeting und Re-Targeting. Alle diese Methoden werden von großen Werbetreibenden eingesetzt, aber stehen auch kleineren Advertisern zur Verfügung. Insbesondere das Re-Targeting über das Programm *Google Remarketing* und Social Targeting via *Facebook Ads* sind inzwischen weit verbreitet. Schauen wir uns also die einzelnen Methoden genauer an.

Geo-Targeting

Benutzer lassen sich anhand der IP-Adresse ihres Computers automatisiert lokalisieren. Diese Information kann bis auf Stadtgrenzen genau angeben, von wo Sie eine Website aufrufen. Dadurch können Anzeigen regional passend ausgeliefert werden. Dies ist besonders wichtig bei lokalen Angeboten, wie z. B. großen Freizeitbädern.

Befindet sich dieses in Hamburg, ist es nicht sinnvoll, es in München zu bewerben. Daher lohnt es sich, die Anzeigen regional auszurichten. Die Lokalisierung eines Nutzers kann auch über die GPS-Koordinaten des Handys oder über WLAN-Netze erfolgen. Diese Informationen sind genauer als die IP-Adresse. Viele Werbeprogramme, wie z. B. Google AdWords, und Vermarkter bieten das automatisierte Geo-Targeting bereits an.

Semantisches Targeting

Mittels *semantischen Targetings* kann Werbung thematisch passend zum Inhalt einer Website ausgeliefert werden. Durch die thematische Ähnlichkeit von Inhalt und Werbeanzeige kann eine Anzeigenschaltung zu höherer Effizienz führen. Benutzern werden z. B. in Reiseberichten passende Anzeigen für eine Hotelreservierung angezeigt. Das bekannteste Beispiel sind die kontextsensitiven Anzeigen im Google Display-Werbenetzwerk. Über dieses kann inhaltlich passende Werbung mittels thematischer Begriffe ausgesteuert werden. Stellen Sie sich z. B. einen Reisebericht über Mallorca vor, der passend dazu Anzeigen enthält, die auf Hotels auf Mallorca hinweisen. Werbetreibende können diese Anzeigen über Google AdWords einbuchen. Website-Betreiber können diese Werbeform über das Google-AdSense-Programm in ihre Website integrieren, um darüber Einnahmen zu erzielen. Aber auch in der Suchmaschinenwerbung (*SEM*) wird semantisches Targeting verwendet. Hierbei werden Anzeigen zu bestimmten Suchbegriffen geschaltet. Die Anzeigen erscheinen nur, wenn Personen nach den entsprechenden Begriffen suchen. Damit entsteht auch ein semantisches Targeting.

Social Targeting

Beim *Social Targeting* wird mit den selbst hinterlegten Daten eines Nutzers gearbeitet. dies geschieht vor allem in Social Networks, wo Nutzer viele Daten von sich preisgeben, wie z. B. Alter, Geschlecht, Familienstand oder Interessen. So kann personalisierte Werbung erstellt werden, die meist zielgenau auf den Nutzer zutrifft und damit eine hohe Klickwahrscheinlichkeit hat. Der Vorteil liegt darin, dass keine mathematisch und technisch komplexen Berechnungen stattfinden müssen. Zudem kann eine Kampagne in Echtzeit an neue Zielgruppen angepasst werden. Als Vorreiter gelten hier die *Facebook Ads*, die an die Nutzerinteressen angepasst auf Facebook eingeblendet werden. Haben Sie also »Online-Marketing« in Ihren Interessen angegeben, bekommen Sie, wie Sie in Abbildung 13.12 sehen, die passende Werbung angezeigt. In Abschnitt 4.6.6, »Facebook Ads (FAD)«, erklären wir Ihnen, wie Sie solche Facebook Ads selbst erstellen können.

Abbildung 13.12 Personalisierte Facebook-Anzeigen

Predictive Behavioral Targeting

Das *Predictive Behavioral Targeting* funktioniert auf Grundlage von gesammelten Nutzerdaten, indem bestimmte Profile für Nutzergruppen erstellt werden und dazu passende Werbung ausgeliefert wird. Es werden Interessengebiete von Nutzergruppen erkannt und mit soziodemografischen Daten wie Alter, Geschlecht und Einkommen aus Befragungen angereichert. Mittels statistischer Modelle und Algorithmen können somit Verhaltensmuster erkannt werden. Es können also bestimmte Zielgruppen gebildet werden, die ein übereinstimmendes Nutzerprofil haben. Dadurch lässt sich das Nutzerverhalten einer Person tendenziell voraussagen, und es können passende Angebote ausgeliefert werden. Bekannte Software-Anbieter auf diesem Gebiet sind z. B. die Firmen nugg.ad (*www.nugg.ad*) und AudienceScience (*www.audiencescience.de*).

Re-Targeting

Noch einen Schritt weiter geht das sogenannte *Re-Targeting*. Hierbei werden Nutzer, die bereits auf Ihrer Website waren und diese wieder verlassen haben, zur Rückkehr aufgefordert. Es werden also Werbebanner auf Folge-Websites eingeblendet, die noch einmal auf das Angebot hinweisen. Dies nutzen vor allem Online-Shops, wenn sich Besucher nur Produkte angeschaut, aber nicht gekauft haben. Über eine Datenbank wird dann identifiziert, welche Produkte angesehen wurden. Daraufhin können dieselben und ähnliche Produkte in Form von Bannern eingeblendet werden (Abbildung 13.13). Es entsteht somit ein individuelles Werbemittel, was eine höhere Klick- und Kaufwahrscheinlichkeit aufweist als unspezifische Banner an gleicher Stelle. Als Spezialist auf diesem Gebiet hat sich die Firma Criteo (*www.criteo.com*) etabliert. Auch Google bietet inzwischen in seinem Werbeprogramm AdWords das Re-Targeting von Zielegruppen an. Bei Google wird diese Targeting-Methode als *Remarketing* bezeichnet.

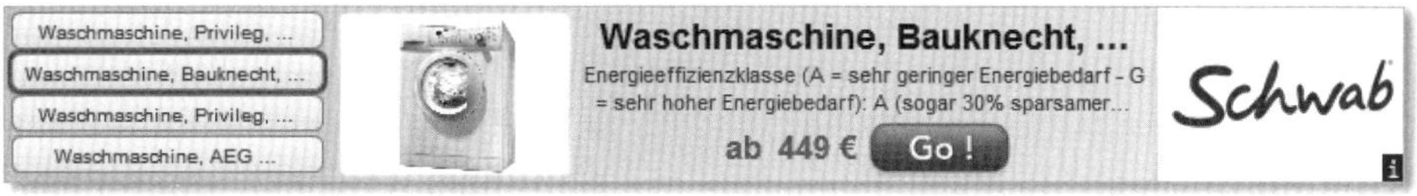

Abbildung 13.13 Individuelles Re-Targeting-Banner

Sie kennen nun diverse Möglichkeiten, wie Sie qualitativ hochwertige Nutzer auf Ihre Website leiten und ermitteln können, welche Zielgruppen auf Ihrer Website vertreten sind. Sie können nun mit Maßnahmen zur Kundenbindung Besucher auf Ihrer Website halten oder zum Wiederkehren animieren. Die verschiedenen Möglichkeiten dafür beschreiben wir im nächsten Kapitel.

13.4 Zielgruppen und Targeting to go

- Zielgruppen sind die unterschiedlichen Nutzer, die Sie auf Ihrer Website haben möchten und mit Werbemaßnahmen gezielt ansprechen. Zielgruppen entstehen durch die Segmentierung der Kunden oder Besucher anhand verschiedener Kriterien.
- Kriterien für die Zielgruppensegmentierung sind die geografische Herkunft und Sprache der Nutzer, ihre technische Ausstattung, das Nutzerverhalten und soziodemografische Daten.
- Mobile Nutzer, die über Smartphones und Tablet-PCs im Internet unterwegs sind, sind eine spezielle Zielgruppe auf Ihrer Website und sollten gesondert von den anderen Website-Besuchern behandelt werden, die mit stationären Computern und Laptops im Internet surfen.
- Unterscheiden Sie Ihre Nutzergruppe nach neuen und wiederkehrenden Besuchern. Daran erkennen Sie, wie hoch der Anteil an Nutzern ist, die Ihre Website wiederholt aufsuchen. Dies spricht für die Qualität Ihrer Website.
- Soziodemografische Daten wie Alter und Geschlecht sind technisch nur schwer zu erfassen. Um diese Informationen über Ihre Website-Nutzer zu erhalten, eignen sich Online-Panels und Befragungen auf der Website.
- Nutzertypologien dienen der Segmentierung der Besucher und verdeutlichen die gemeinsamen Kriterien, die auf sie zutreffen.
- Über Scoring-Modelle, Customer Lifetime Value und ABC-Kundenanalysen können Nutzer anhand Ihres Kundenwerts in Zielgruppen eingeteilt werden.
- Über manuelles und automatisiertes Targeting von Online-Maßnahmen erreichen Sie die gewünschten Zielgruppen.

- Manuelles Targeting geschieht über geschickte Mediaplanung, geografische und zeitliche Planung von Kampagnen und über thematische oder regionale Einschränkung von Online-Werbung.
- Im E-Mail-Marketing kann Targeting verwendet werden, um die Empfänger eines Mailings segmentiert, z. B. abhängig vom Geschlecht, zu erreichen.
- Automatisiertes Targeting umfasst das ortsabhängige Geo-Targeting, semantisches Targeting, Social Targeting, Predictive Behavioral Targeting und Re-Targeting. Damit stehen umfassende technische Möglichkeiten zur Verfügung, um Zielgruppen optimal und effizient zu erreichen.

13.5 Checkliste Zielgruppen und Targeting

Haben Sie die Besucher Ihrer Website aufgrund von Web-Analytics-Daten schon genauer analysiert?	
Wissen Sie, woher Ihre Besucher stammen und welche Sprache sie sprechen?	
Kennen Sie den Anteil mobiler Nutzer auf Ihrer Website?	
Haben Sie einen Überblick darüber, wie viele neue und wie viele wiederkehrende Besucher auf Ihrer Website sind?	
Wissen Sie, wie intensiv Ihre Website hinsichtlich Verweildauer und Seitenaufrufen genutzt wird?	
Können Sie Ihre Nutzer hinsichtlich soziodemografischer Daten wie Alter und Geschlecht unterscheiden?	
Wenn Sie eine große Website betreiben: Haben Sie Informationen aus Online-Panels zu den Benutzern Ihrer und fremder Websites?	
Haben Sie schon eine Befragung Ihrer Nutzer vorgenommen?	
Kennen Sie alle Absichten und Erwartungen Ihrer Nutzer?	
Haben Sie Ihre Website-Besucher schon in Zielgruppen segmentiert und eine Typologie der Nutzer erstellt?	
Ermitteln Sie einen Kundenwert z. B. auf Basis eines Scoring-Modells, dem Customer Lifetime Value oder der ABC-Kundenanalyse?	
Richten Sie Ihr Marketing auf die Zielgruppen passend aus, z. B. durch eine individuelle Mediaplanung oder zeitliches und regionales Targeting?	
Haben Sie oder Ihre Dienstleister an die Methoden des automatisierten Targetings gedacht, z. B. Geo-Targeting, Social Targeting und Re-Targeting?	

Tabelle 13.1 Checkliste zu Zielgruppen und Targeting

Kapitel 14
Kundenbindung (CRM)

»Wir sehen unsere Kunden wie die geladenen Gäste einer Party, auf der wir die Gastgeber sind.«
– Jeff Bezos (Amazon-Gründer)

In diesem Kapitel erfahren Sie, wie Sie kundenorientierte Inhalte und Mehrwerte für Ihre Website schaffen. Sie lernen die Methoden der elektronischen Kundenbindung (E-CRM) kennen, und wir zeigen Ihnen zusätzliche Möglichkeiten, wie z. B. Social Media, Newsletter und Re-Targeting, um Kunden an Ihre Website und Ihr Unternehmen zu binden. Damit bekommen Sie das Rüstzeug, damit Besucher häufiger zu Ihrer Website zurückkehren. Am Ende finden Sie wie immer einen Kurzüberblick »to go« und eine Checkliste.

Neben den Online-Marketingmaßnahmen, die Internetnutzer auf Ihre Website bringen, hat die Kundenbindung eine besondere Bedeutung. Nachdem Benutzer das erste Mal Kontakt mit Ihrer Website hatten, sollten diese zu weiteren Besuchen und Interaktion mit der Internetseite angeregt werden. Dieser Prozess wird als *Customer Relationship Management* (*CRM*) bezeichnet. Eine gute Kundenbeziehung steht dabei im Mittelpunkt. Hier spielt das Sprichwort »Der Kunde ist König« eine besondere Rolle. Das Kundenbeziehungsmanagement ist vor allem deshalb von besonderer Bedeutung, da es leichter und effizienter ist, einen bestehenden Kunden zu halten, als einen neuen Kunden zu gewinnen.

14.1 Kundenorientierte Inhalte und Mehrwerte schaffen

Kundenbindung erreichen Sie am einfachsten durch gute Inhalte auf Ihrer Website. Bieten Sie den Nutzern, was sie erwarten, und sie werden wiederkommen. Dies ist natürlich leichter gesagt, als getan. Schenken Sie der Kundenbindung erhöhte Aufmerksamkeit, da die nächste Website nur einen Klick entfernt ist und Internetnutzer schnell von Seite zu Seite springen.

Sie können eine hohe Kundenbindung auf der Website erreichen, wenn Sie auf die einzelnen Zielgruppen eingehen und sie entsprechend ihrer Erwartungen bedienen. Gehen Sie also auf die Wünsche der Nutzer intensiv ein, und überlegen Sie, wie Sie diese Personen optimal durch Ihre Website führen. Dies schaffen Sie insbesondere durch eine übersichtliche und benutzerfreundliche Seitengestaltung. Mittels interessanter, aktueller oder unterhaltsamer Inhalte können Sie die Aufmerksamkeit der Nutzer gewinnen, damit sie länger auf der Website verweilen. Denken Sie zudem an Mehrwerte, die Ihre Website liefern kann, z. B. über zusätzliche Tools. Es geht also in der Kundenbindung darum, Nutzer möglichst lange auf der Website zu halten oder Anreize für wiederholte Besuche zu schaffen.

Schauen wir uns als Beispiel Wetter-Websites wie *wetter.com* oder *wetter.de* an. Diese können sich über hohe Nutzerzahlen freuen und gehören damit zu den größeren Websites im Netz. Leider weisen diese Websites große Abbruchraten und eine kurze Verweildauer der Besucher auf, weil Nutzer schnell die Information finden, die sie suchen – nämlich die aktuelle Wettervorhersage. Wie Sie in Abbildung 14.1 sehen, werden die Websites daher mit vielen Werbeflächen belegt, um von dem Besucheraufkommen zu profitieren. Die Kundenerwartung wird durch das Anzeigen des aktuellen Wetters und einer Vorhersage erfüllt. Dies macht einen wiederholten Besuch der Website sehr wahrscheinlich. Es ist aber schwer, die Nutzer länger auf der Website zu halten. Sie sollten als Mittel zur Kundenbindung daher Mehrwerte für die Nutzer bieten. Im Beispiel funktioniert dies durch Wetterwarnungen, Videos und Vorhersagen für einen längeren Zeitraum.

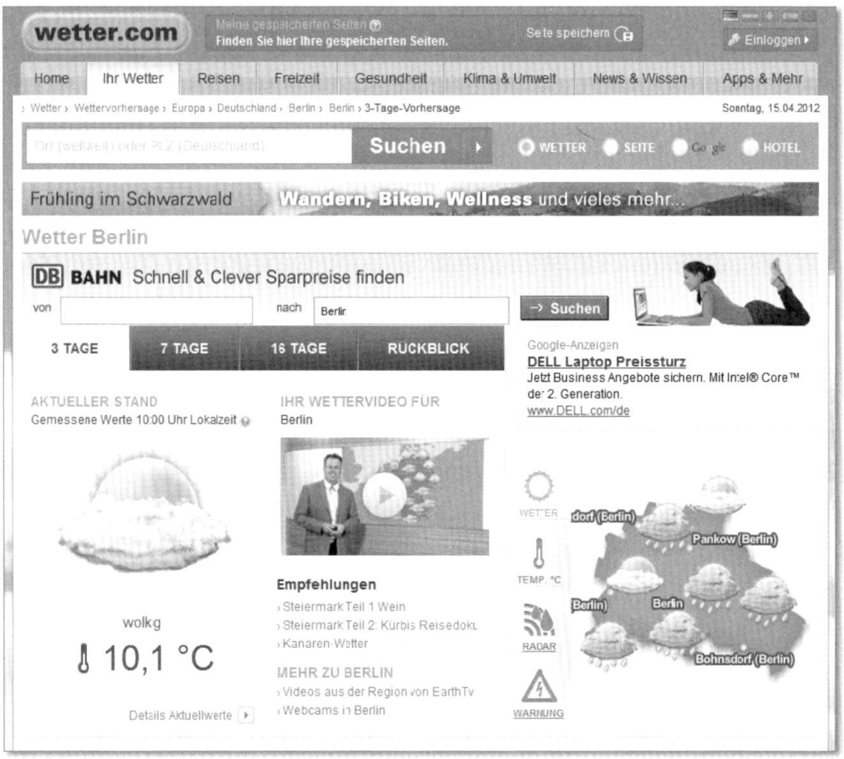

Abbildung 14.1 Die Website wetter.com

Für eine optimale Kundenbindung auf Ihrer Website sollte die Nutzerführung sehr gut durchdacht sein. Schauen Sie sich über Ihr Web-Analytics-Tool die Einstiegs- und Ausstiegsseiten Ihrer Website an. Auf den meistgenutzten Einstiegsseiten sollten Sie weiterführende Elemente einbauen, damit die Nutzer zum Weiterklicken animiert werden. Sie sehen eine gute Lösung auf der Seite von *ImmobilenScout24.de* (siehe Abbildung 14.2), die innerhalb der Suchfunktion in der rechten Spalte Alternativen zum Suchergebnis anbietet. Nutzer finden am rechten Seitenrand Wohnungsangebote für benachbarte Regionen und unter EMPFOHLENE SUCHEN ähnliche Suchvorgänge. Diese Funktion hilft Besuchern beim weiteren Navigieren, falls sie in den Suchergebnissen nicht fündig geworden sind.

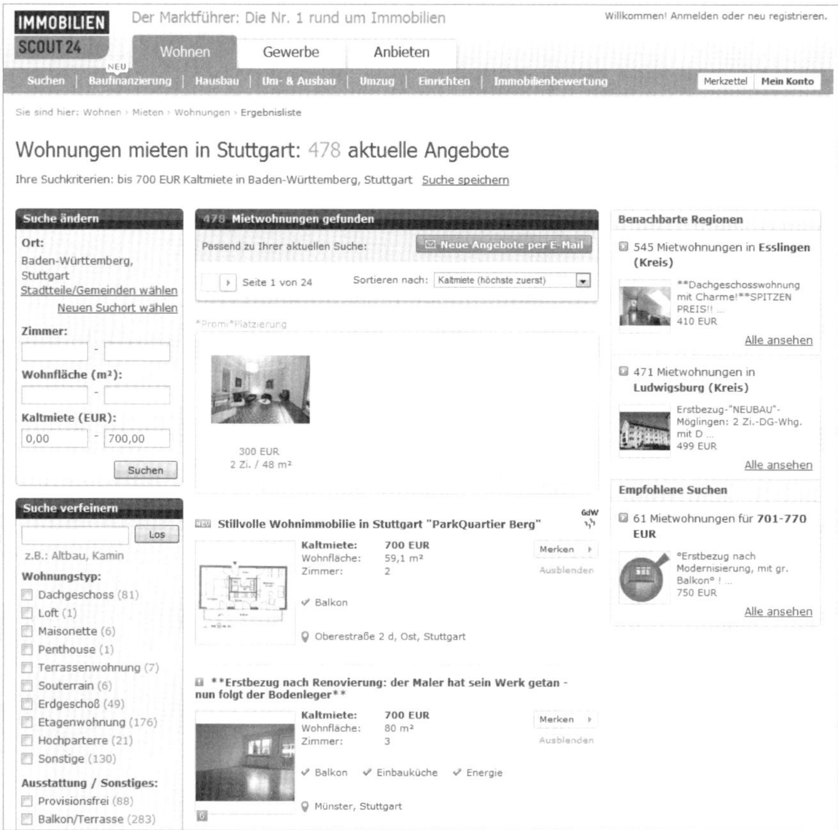

Abbildung 14.2 Weiterführende Inhalte bei ImmobilienScout24

Häufige Ausstiegsseiten sollten Sie ebenso betrachten. Wie können Sie hier die Nutzer vom Abbruch des Website-Besuchs abhalten? Oftmals wird in Online-Shops der Website-Besuch auf Produktdetailseiten abgebrochen, da z. B. Produkte nicht mehr in der richtigen Größe verfügbar sind oder bei genauerem Hinsehen doch nicht den Erwartungen entsprechen. Daher müssen hier Anreize geschaffen werden, um die

Personen trotzdem weiterhin auf der Website zu halten. Im Online-Shop der Modemarke Hugo Boss (*store-de.hugoboss.com*) sehen Sie zwei Ansatzmöglichkeiten dafür (siehe Abbildung 14.3). Zum einen werden weitere Produktempfehlungen gegeben, zum anderen gibt es eine Auflistung der zuletzt angesehenen Artikel. Damit wird das Interesse des Nutzers geweckt, weitere Seiten im Online-Shop zu besuchen und eventuell passendere Produkte zu finden.

Abbildung 14.3 Produktdetailseite im Online-Shop von Hugo Boss

Ein heißer Kandidat für hohe Abbruchraten sind die Ergebnisseiten der internen Suche. Viele Websites bieten dem Nutzer eine Suchfunktion auf der Website an, um Inhalte leichter aufzufinden. Nur wenige Website-Betreiber schauen sich aber selbst die Ergebnisse genau an, die ihre Suche ausliefert. Sie werden wahrscheinlich sicher selbst schon öfter die Erfahrung gemacht haben, dass Sie nicht das Richtige über die Suchfunktion einer Website gefunden haben. Über Web-Analytics-Tools und Logfiles können Sie die Begriffe finden, nach denen Ihre Nutzer häufig suchen. Schauen Sie also als Website-Betreiber, was viele Nutzer interessiert, und bieten Sie die passenden Suchergebnisse an. Denken Sie hierbei auch an mögliche Falschschreibweisen. Eine Lösung bei zu vielen Suchergebnissen ist die Möglichkeit, die Liste z. B. nach einem bestimmten Thema filtern zu können, wie Sie in Abbildung 14.4 sehen. Achten Sie in der internen Suche zudem auf Begriffe, die Personen suchen könnten, obwohl sie direkt nichts mit Ihren Inhalten zu tun haben. Bei einer Website wie *sueddeutsche.de* könnten dies z. B. die Begriffe »Redaktion« oder »Werbung schalten« sein. Überlegen Sie sich, welche Absicht der Nutzer hat, und geben Sie ihm das gewünschte Ergebnis. Wenn Sie hier tiefer in die Materie einsteigen, können Sie sich annähernd vorstellen, wie komplex Suchmaschinen, wie z. B. Google, aufgebaut sind.

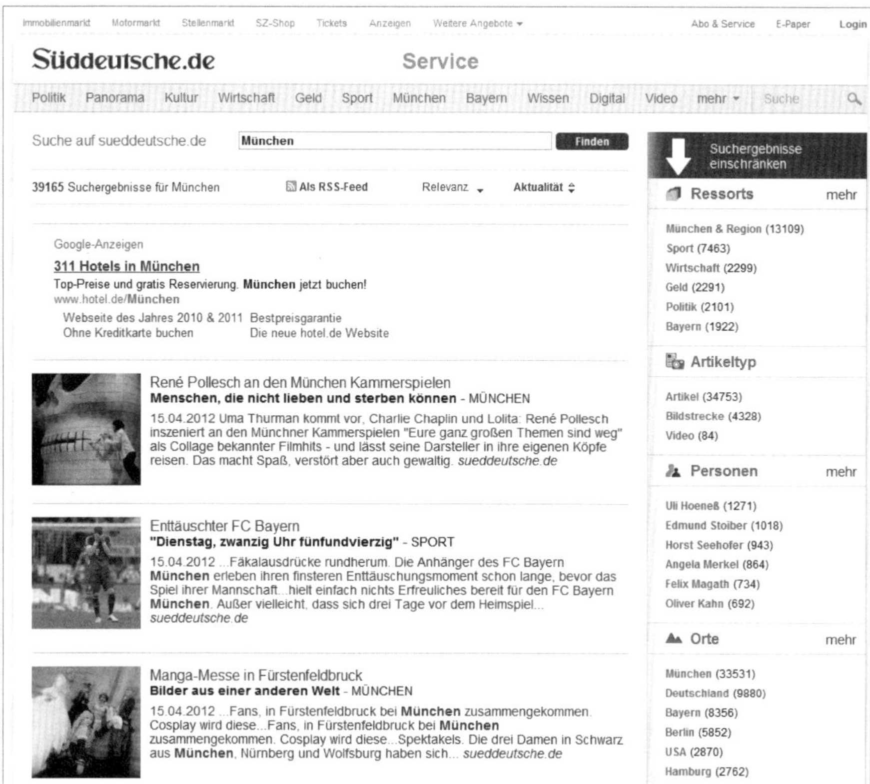

Abbildung 14.4 Interne Suchergebnisse bei sueddeutsche.de

Sie haben nun einige Möglichkeiten kennengelernt, wie Sie eine hohe Kundenbindung über den Aufbau Ihrer Website erreichen können. Mehr zum benutzerfreundlichen Aufbau von Websites erfahren Sie in Kapitel 15, »Usability – benutzerfreundliche Websites«.

14.2 Elektronische Kundenbindung (E-CRM)

Für die Kundenbindung stehen im Online-Marketing noch weitere Instrumente zur Verfügung. So können Sie mit technischen Maßnahmen dafür sorgen, dass Kunden länger auf Ihrer Website verbleiben oder wiederkommen. Um eine kundenindividuelle Ansprache vorzunehmen, wird das Customer Relationship Management automatisiert. Dieses bezeichnet man als E-CRM, also elektronisches Kundenbeziehungsmanagement. Das Ziel ist es dabei, nicht mehr auf Zielgruppen, sondern auf einzelne Zielpersonen einzugehen. Dies wird als *One-to-One-Marketing* bezeichnet. Jeder Kunde soll individuell angesprochen werden, und seine Erwartungen sollen bestmöglich erfüllt werden. Vorreiter für die Umsetzung von umfassenden E-CRM-Maßnahmen ist der Anbieter Amazon, den wir uns im Folgenden genauer anschauen werden. Die Startseite von *amazon.de* wird, wenn Sie angemeldet sind, komplett auf Sie zugeschnitten, wie Sie in Abbildung 14.5 sehen.

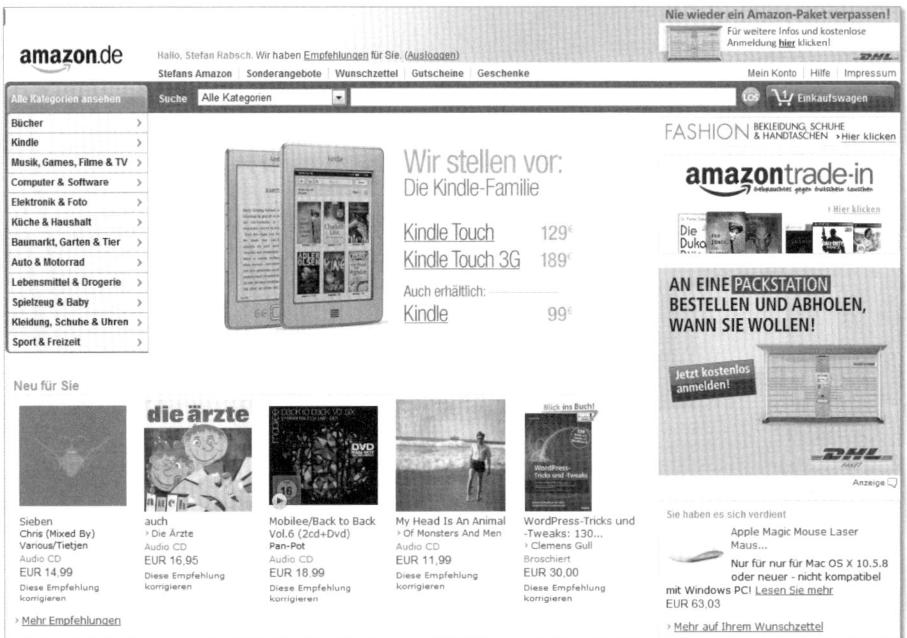

Abbildung 14.5 Personalisierte Startseite auf amazon.de

Dafür nutzt Amazon ein komplexes CRM-System und eine umfassende Kundendatenbank. Es wird aufgezeichnet, welche Produkte Sie sich innerhalb Ihres Besuches ansehen, welche Produkte schon gekauft wurden und welche auf Ihrem Wunschzettel stehen. Kundendaten werden also kontinuierlich gesammelt und ständig analysiert. Dadurch ist es möglich, in Echtzeit die Website anzupassen, und es entsteht ein individuelles Targeting des Kunden für eine größtmögliche Effizienz der Website. Auf Produktdetailseiten werden zusätzlich verschiedene alternative oder ergänzende Produkte angeboten. So wird mithilfe der Kunden- und Produktdatenbank untersucht, welche Produkte häufig zusammen gekauft werden (siehe Abbildung 14.6).

Abbildung 14.6 Produktempfehlungen auf Grundlage der Kundendatenbank

Im selben Zug werden Produktpakete zusammengestellt, die man kombiniert mit einem Klick in den virtuellen Einkaufswagen legen kann. Damit erreicht Amazon zudem ein *Cross-Selling* von Produkten, bei dem ergänzende Artikel verkauft werden, die beim Kunden nicht im Vordergrund seines Kaufwunschs standen (siehe Abbildung 14.7). Schauen Sie sich eine Produktseite bei Amazon genauer an, werden Ihnen noch mehr solcher Elemente auffallen, die den Abverkauf von Artikeln unterstützen.

Abbildung 14.7 Produktpakete bei Amazon

Bei solchen E-CRM-Maßnahmen ist die Performance-Analyse von entscheidender Bedeutung, also die Auswertung, welche Aktionen und Produktkombinationen den meisten Umsatz bringen. So werden die Klicks und Käufe der Nutzer ständig analysiert. Bewirkt eine Einblendung oder ein Produkt keine Reaktion beim Benutzer, wird es beim nächsten Seitenaufruf sofort ausgetauscht. Damit werden die zur Verfügung stehenden Flächen auf der Website optimal genutzt. Auf der Amazon-Startseite bekommen Sie zudem zum Teil eine Box mit Artikeln aus Ihrem Wunschzettel angezeigt. Mit der Überschrift »Sie haben es sich verdient« wird Aufmerksamkeit beim Benutzer erregt und ein passendes, gewünschtes Produkt angezeigt (siehe Abbildung 14.8). Damit erhöht sich die Wahrscheinlichkeit einer Bestellung.

Abbildung 14.8 Produktempfehlung aus dem eigenen Wunschzettel

Abbildung 14.9 Kundenindividuelle E-Mail von Amazon mit passenden Produktempfehlungen

Amazon verfolgt somit auf der Website eine konsequente Kundenbindung mit ständig angepassten Angeboten für den Nutzer. Durch technische Systeme entsteht somit automatisiert ein One-to-One-Marketing, was Sie sonst nur von einer guten Beratung in einem lokalen Geschäft kennen, in dem Sie Stammkunde sind. Die CRM-Maßnahmen von Amazon beschränken sich nicht nur auf die Website, sondern werden auch im E-Mail-Marketing genutzt. Haben Sie sich für den Newsletter-Service bei Amazon angemeldet, bekommen Sie individuelle E-Mails mit aktuellen Angeboten zugesendet. Schauen Sie sich nun bestimmte Produktgruppen auf der Amazon-Website genauer an, erhalten Sie nach einigen Tagen eine entsprechende E-Mail, die genau diese Produkte enthält. In Abbildung 14.9 sehen Sie die Reaktion per E-Mail, wenn Sie zuvor nach Bohrmaschinen von Bosch gesucht haben. Damit erhalten Sie ein individuelles Angebot zur passenden Zeit, und ein Kauf wird wahrscheinlicher stattfinden als ohne diese E-Mail.

Solche umfassenden CRM-Lösungen, wie Amazon sie einsetzt, erfordern sehr viel Entwicklungsarbeit und kommen daher nicht für jeden Website-Betreiber infrage. Neue Shop-Systeme, wie z. B. Magento, xt:Commerce oder Intershop, enthalten aber bereits solche Funktionalitäten und sollten daher entsprechend eingesetzt oder in Erwägung gezogen werden.

14.3 Weitere Instrumente der Kundenbindung

Für die Kundenbindung stehen Ihnen noch weitere Maßnahmen zur Verfügung, die Sie für Ihre Website einsetzen können. Dies sind insbesondere Maßnahmen, mit denen Sie dauerhaft eine Kundenbeziehung aufbauen und Nutzer zum wiederholten Website-Besuch anregen können. Einige lohnenswerte Maßnahmen, die Sie für Ihre Website zusätzlich anbieten können, möchten wir Ihnen an dieser Stelle kurz beschreiben.

14.3.1 Blogs, Foren und Social Media

Mit eigenen Blogs und Foren können Sie zur Kundenbindung beitragen, indem Sie in einen Dialog mit den Nutzern treten oder ihnen eine Plattform zum Austausch mit anderen Kunden geben. Vor allem Hilfeforen sind hier bei technischen Themen beliebt. Gehen Sie dabei intensiv auf die Fragen der Kunden ein, so kann eine hohe Bindung an das Unternehmen und die Website erfolgen. Ziehen Sie auch die Einführung und Betreuung eines eigenen Unternehmensblogs (*Corporate Blog*) in Erwägung. Sie können darüber interessierte Nutzer mit Neuigkeiten versorgen und die Kommunikation mit ihnen aufnehmen. Mittels RSS-Feeds und E-Mail-Benachrichtigung können Sie die Interessenten über neue Meldungen informieren. Ein erfolgreich umgesetztes Unternehmensblog ist das FRoSTA-Blog des gleichnamigen Herstellers für Tiefkühlkost (*www.frostablog.de*; Abbildung 14.10). Hier wird über Neuigkeiten der Firma und des Produktsortiments berichtet und die Kommunikation mit dem Endkunden angeregt.

Abbildung 14.10 FRoSTA-Blog

Nutzen Sie zur Kundenkommunikation zusätzlich Social-Media-Dienste, wie z. B. Facebook oder Twitter. Mit dem Anlegen einer Facebook-Page oder eines Twitter-Accounts ist die Arbeit aber nicht getan. Planen Sie kontinuierlich ausreichend Zeit ein, um mit Ihren Kunden in Kontakt zu treten. Mehr über die Möglichkeiten des Social Media Marketings erfahren Sie in Kapitel 4, »Social Media Marketing«. Angeregte Diskussionen tragen ebenfalls zu häufigeren Besuchen bei.

14.3.2 Newsletter und Re-Targeting

Besonders Newsletter eignen sich für die Kundenbindung an eine Website. Durch den regelmäßigen Versand werden die Empfänger immer wieder auf das eigene Angebot hingewiesen. Der Newsletter sollte dabei immer einen Mehrwert für den Kunden darstellen, damit er nicht Gefahr läuft, abbestellt zu werden. Dies kann z. B. durch Sonderangebote und exklusive Inhalte erreicht werden. Einen rein informativen Newsletter bietet das IT-Nachrichtenportal heise online (*www.heise.de*) und ist in Abbildung 14.11 zu sehen. Hier werden Anreize geschaffen, damit Leser die Website häufig besuchen. Wie Sie Newsletter als Instrument des E-Mail-Marketings und als Kundenbindungsmaßnahme nutzen können, lesen Sie ausführlich in Kapitel 3, »E-Mail- und Newsletter-Marketing – wirksame direkte Ansprache«.

Abbildung 14.11 Newsletter des IT-Nachrichtenportals heise.de

In Kapitel 13, »Zielgruppen und Targeting«, haben wir verschiedene Targeting-Möglichkeiten angesprochen. Über das sogenannte *Re-Targeting*-Verfahren können Sie ebenfalls Kundenbindung erzeugen. Mit dieser Methode können Sie Nutzer identifizieren, die bereits Ihre Website aufgesucht haben, und zum wiederholten Besuch auffordern. Dies nutzen insbesondere Online-Shops, um Nichtkäufer zu einem Kauf zu bewegen.

14.3.3 Bonusprogramme

Bonusprogramme kennen Sie wahrscheinlich durch Anbieter wie Payback, DeutschlandCard oder Miles&More von Lufthansa. Viele Unternehmen nutzen diese Programme, um mehr Kundenbindung zu erreichen. Mit jeder Transaktion, z. B. einem Kauf im Supermarkt oder der Buchung eines Mietwagens, können Punkte gesammelt werden. Diese Punkte können anschließend in Prämien umgetauscht werden. Als Website-Betreiber haben Sie die Möglichkeit, sich den Bonusprogrammen anzuschließen. So können auch beim Online-Kauf Punkte gesammelt werden. Viele Online-Aktionspartner nehmen bereits an den Programmen von Payback und DeutschlandCard teil (siehe Abbildung 14.12).

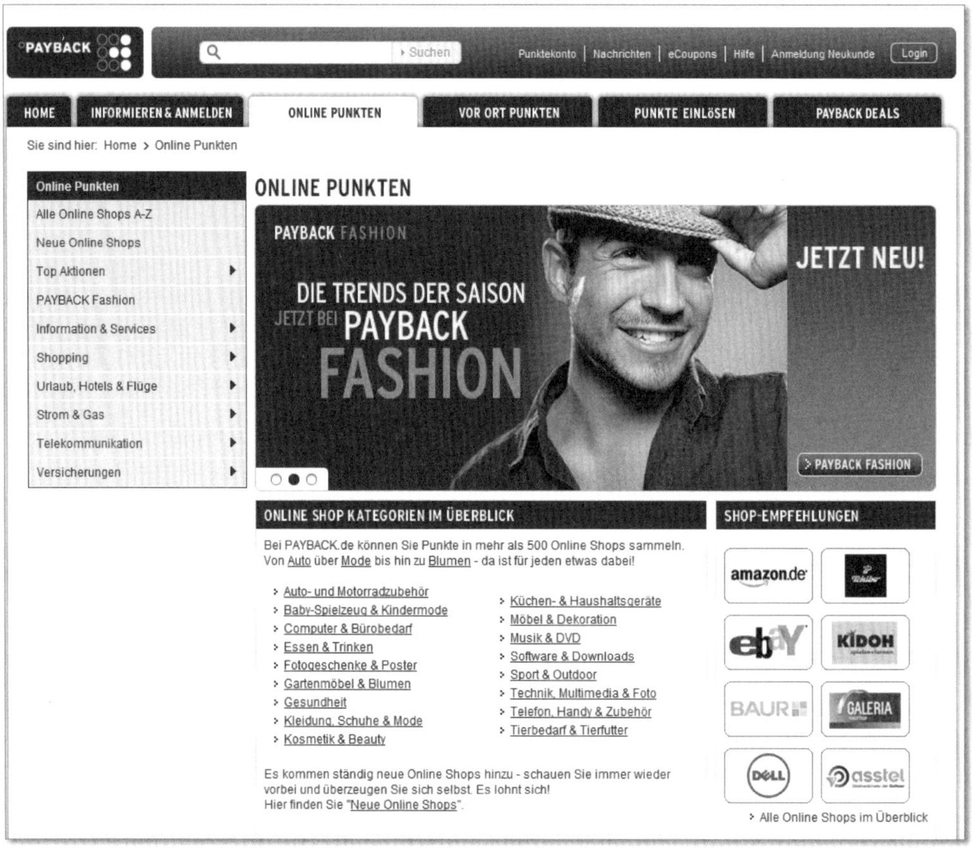

Abbildung 14.12 Online-Shops beim Bonusprogramm Payback

Überlegen Sie daher, ob Sie diese Bonusprogramme zur Kundenbindung oder zum Abverkauf für Ihr Unternehmen unterstützend einsetzen können. Sie haben zudem die Möglichkeit, ein eigenes Bonusprogramm nur für Ihr Angebot aufzubauen. Ein Beispiel für einen eigenen Kundenclub finden Sie bei Bambani, einem Shop für Kinderzubehör, unter *www.bambani.com/KundenClub/*. Die Erstellung eines eigenen Bonusprogramms erfordert aber relativ hohen Aufwand. Die Akzeptanz von großen Bonusprogrammen ist oftmals höher, da viele Partner integriert sind, bei denen Punkte gesammelt werden können. Entscheiden Sie selbst, ob Bonusprogramme für Sie ein gutes Instrument der Kundenbindung darstellen und welche Form am besten für Sie geeignet ist.

Sie haben nun einen Überblick darüber bekommen, welche Kundenbindungsmaßnahmen möglich sind, um Kunden auf der Website zu halten oder diese wieder auf die Seite zurückzubekommen. Dabei haben wir schon angesprochen, wie wichtig die Benutzerfreundlichkeit einer Website für die Zufriedenheit Ihrer Kunden ist. Im folgenden Kapitel möchten wir uns daher intensiver mit dem Thema Benutzerfreundlichkeit beschäftigen, die in Fachkreisen als *Usability* bezeichnet wird.

14.4 Kundenbindung (CRM) to go

- Mit Kundenbindung sind bei Websites das Halten von Nutzern auf der Website und Maßnahmen zur Rückgewinnung von Besuchern gemeint. Dies wird als *Customer Relationship Management* (CRM) bezeichnet.
- Sie halten Besucher auf der Website, indem Sie kundenorientierte Inhalte bieten und Mehrwerte für die Nutzer schaffen. Einstiegs- und Ausstiegsseiten sollten genau analysiert und auf niedrigere Abbruchraten hin optimiert werden.
- Bieten Sie Website-Nutzern eine komfortable Suchfunktion auf Ihrer Seite, damit Inhalte leicht gefunden werden können. Dabei sollten Sie der Qualität der Suchergebnisse besondere Aufmerksamkeit widmen.
- Elektronische Kundenbindung (E-CRM) erfolgt aufgrund von Kunden- und Nutzungsdaten. Hierbei wird mit technischen Mitteln ein One-to-One-Marketing erreicht. Jeder Kunde soll möglichst individuell angesprochen werden.
- E-CRM kann für das E-Mail-Marketing genutzt werden, um kundenindividuelle Mailings zu erstellen.
- Weitere Kundenbindungsmaßnahmen umfassen die Kommunikation mit Nutzern, z. B. über Blogs, Foren und Social-Media-Plattformen.
- Über regelmäßige Newsletter und Re-Targeting-Methoden können Nutzer gezielt angesprochen und auf die Website zurückgeholt werden.
- Bonusprogramme, wie Payback und DeutschlandCard, sind eine weitere Form der Kundenbindung. Kunden können Punkte sammeln und später gegen Prämien eintauschen. Dadurch findet eine Bindung an Unternehmen statt. Website-Betreiber haben die Möglichkeit, eigene Bonusprogramme aufzubauen oder sich den bekannten Anbietern anzuschließen.

14.5 Checkliste Kundenbindung (CRM)

Schaffen Sie Kundenbindung auf Ihrer Website durch interessante Inhalte und Mehrwerte für Nutzer?	
Erfüllen Sie Erwartungen der unterschiedlichen Zielgruppen auf der Website?	
Analysieren Sie kontinuierlich Abbruchraten und Verweildauer auf Ihrer Website?	
Optimieren Sie die Nutzerführung auf der Website?	
Untersuchen Sie häufige Einstiegs- und Ausstiegsseiten auf Optimierungspotenziale?	
Bieten Sie eine interne Suche an, und überprüfen Sie die Relevanz der Ergebnisse regelmäßig?	
Nutzen Sie bereits Methoden der elektronischen Kundenbindung, wie kundenindividuelle Websites, persönliche Produktempfehlungen oder maßgeschneiderte Newsletter?	
Betreiben Sie Kundenkommunikation über Blogs, Foren oder Social-Media-Kanäle wie Facebook und Twitter?	
Haben Sie regelmäßige Newsletter als Kundenbindungsmaßnahme in Erwägung gezogen?	
Nutzen Sie die Möglichkeiten des Re-Targetings, um Besucher zu Käufern zu machen?	
Stellen Bonusprogramme für Sie eine Alternative in der Kundenbindung dar? Wenn ja, nutzen Sie ein eigenes Kundenprogramm oder Anbieter wie Payback und DeutschlandCard?	

Tabelle 14.1 Checkliste zur Kundenbindung (CRM)

Kapitel 15
Usability – benutzerfreundliche Websites

»Mache die Dinge so einfach wie möglich –
aber nicht einfacher.«
– Albert Einstein

Die Speisekarte für dieses Kapitel: In diesem Kapitel servieren wir Ihnen als Aperitif die Bedeutung von Benutzerfreundlichkeit und Barrierefreiheit. Im Hauptgang erfahren Sie, welche Prinzipien Sie bei Ihrer Website berücksichtigen sollten, damit sie zu einer Wohlfühloase in der Internetwüste wird. Dazu reichen wir Ihnen wichtige Aspekte der Gestaltungslehre (Farblehre und Wahrnehmungsgesetze). Zum Nachtisch haben wir Ihnen neben wichtigen Geboten der Usability wie immer einen Kurzüberblick und eine Checkliste zusammengestellt. Guten Appetit!

Haben Sie ein Lieblingsrestaurant? Wenn Sie sich einmal genau überlegen, warum Sie so gerne dorthin gehen, kommen Ihnen wahrscheinlich Dinge in den Sinn wie: ausgezeichnetes Essen, tolle Atmosphäre und schnelle, freundliche Bedienung. Sie fühlen sich dort einfach gut aufgehoben.

Übertragen auf das World Wide Web, werden Sie das auch kennen. Welche Websites im Internet sind Ihre Lieblingsseiten, und welche Websites besuchen Sie besonders oft? Diese Online-Präsenzen bieten Ihnen Informationen oder Produkte – also einen Mehrwert – auf eine benutzerfreundliche Art und Weise: keine langen Ladezeiten und auch kein mühevolles Suchen, weil die Seiten gut strukturiert sind und Sie sich problemlos orientieren können. Sie fühlen sich auf diesen Websites wohl und kommen gerne zurück. Vielleicht haben Sie ein solches Phänomen auch schon bemerkt, wenn Sie im Web recherchiert haben: Eigentlich wollten Sie nur mal schnell etwas nachschauen, und plötzlich sind Sie ganz vertieft in die Inhalte. Hier funktioniert Usability erstklassig.

Damit auch Ihr Internetauftritt zur Lieblingsseite einer Vielzahl von Benutzern wird, sollten Sie genau dies anstreben: Die Besucher sollen den Aufenthalt auf Ihrer Website als angenehm empfinden. Im Fachjargon wird dieses Nutzungserlebnis als *User Experience* (*UX*) bezeichnet. Besucher sollen, ähnlich wie in ihrem Lieblingsrestaurant, mit Ihren Angeboten zuvorkommend »bedient« werden. Ihre Website sollte Ihr Angebot schnell und besonders (benutzer-)freundlich anbieten.

Um dieses Behagen hervorzurufen, sind im Restaurant verschiedene Dinge nötig: Sie sollten beispielsweise einen schnellen Überblick über die Speisekarte erhalten, Ihr Lieblingsgericht problemlos finden, das Essen muss wirklich gut sein, die Bedienung sollte schnell und freundlich sein, Ihre Fragen sollten beantwortet werden, und die Dekoration sollte angenehm und nicht überladen wirken.

Für ein Restaurant klingt das schön und gut, aber wie schaffen Sie das mit Ihrer Website? Wenn Sie das interessiert, sollten Sie unbedingt weiterlesen.

15.1 Benutzerfreundlichkeit (Usability)

Bevor Sie sich den ersten Happen zu Gemüte führen, gehen wir noch einmal einen Schritt zurück. Wie ist das Restaurant eigentlich zu Ihrem Lieblingsrestaurant geworden (wenn wir einmal davon absehen, dass es Ihnen vielleicht empfohlen wurde)? Bei der Vielzahl von Gaststätten und Lokalen steht der Restaurantbesitzer vor einer Herausforderung: Wenn sein Gasthaus schon von außen nichtssagend und unscheinbar aussieht, die Speisekarte nicht ansprechend ist und für Hungrige gar nicht erkennbar ist, dass hier ein ausgezeichneter Koch am Werk ist, werden die Gäste fernbleiben.

Ein ähnliches Szenario spielt sich im Internet ab: Benutzer, die auf einer Website landen und sich dort nicht wohlfühlen oder nicht das finden, was sie suchen, werden sehr schnell wieder verschwinden. In der Literatur unterscheiden sich die Zeitangaben diesbezüglich nur geringfügig. Festzuhalten ist, dass Benutzer innerhalb von wenigen (Bruchteilen von) Sekunden die Entscheidung fällen, auf einer Website zu bleiben oder diese wieder zu verlassen.

Der Anspruch, die Lieblingsseite vieler Benutzer zu werden, ist nicht nur eine »Frage der Höflichkeit«, wie es der amerikanische Usability-Experte Steve Krug bezeichnet, sondern Ihnen können potenzielle Kunden entgehen. Wie er in seinem Buch *Don't make me think* beschreibt, sollte Otto Normalbesucher keine Denkarbeit leisten müssen, um eine Website zu verstehen, denn »wenn etwas zu schwer zu benutzen ist, benutzt man es nicht«.

Nach der Marktstudie der AGOF (Arbeitsgemeinschaft Online Forschung) Stand Dezember 2011 ist der Einkauf im Internet schon fast Normalität: »*Für bereits 86,1 Prozent der Onliner zählt das Internet längst zur selbstverständlichen Bezugsquelle für den Kauf bzw. die Inanspruchnahme von kostenpflichtigen Dienstleistungen.*« Ein ansprechender und angenehmer Webauftritt ist für Sie also auch aus wirtschaftlicher Perspektive durchaus erstrebenswert. In der Betriebswirtschaft würde man so etwas als *Win-Win-Situation* bezeichnen: Der Benutzer profitiert, weil er einen Mehrwert durch

Ihre Website erhält und sich dort wohlfühlt bzw. sein Bedürfnis befriedigen kann, und Sie profitieren durch mehr Benutzer und gegebenenfalls auch erhöhte Einnahmen. Usability wird damit zu einem Erfolgsfaktor für Ihren Internetauftritt (Abbildung 15.1).

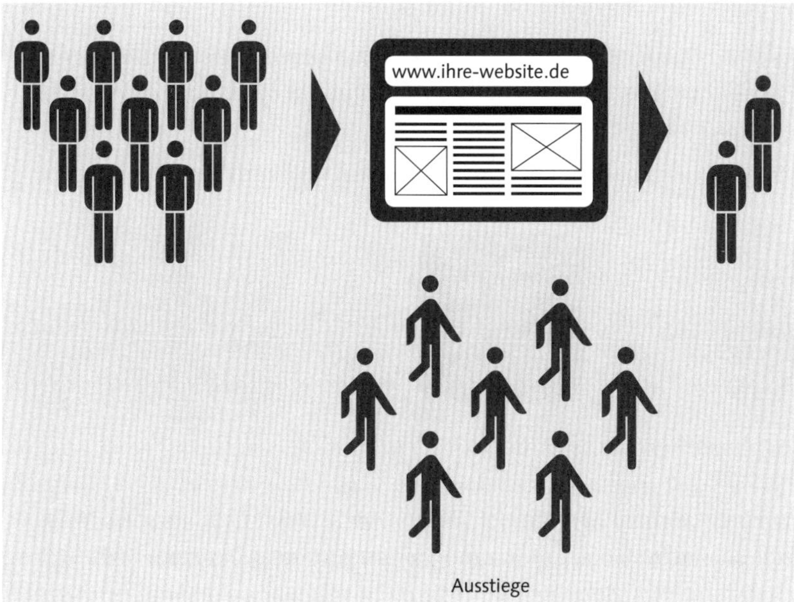

Abbildung 15.1 Usability ist ein Erfolgsfaktor, denn schlecht benutzbare Websites werden schnell wieder verlassen.

Was bedeutet aber nun Benutzerfreundlichkeit, auch *Usability* genannt? Usability wird mit Begriffen wie *Bedienbarkeit*, *Benutzbarkeit*, *Benutzerfreundlichkeit* und auch *Verwendbarkeit* übersetzt. In Deutschland wird mittlerweile zunehmend der Begriff *Usability* verwendet. Alle Bezeichnungen beziehen sich dabei auf den Dialog zwischen Mensch und Maschine, in diesem Fall der Website. Benutzer interagieren mit einer Website: Das Lesen der Inhalte, Scrollen auf der Seite, Klicken von Links oder Absenden von Suchanfragen verdeutlicht, dass Menschen eine Website »benutzen«. Das macht auch der Ausdruck Usability selbst schon deutlich: Usability setzt sich zusammen aus den Wörtern *to use* (benutzen) und *ability* (Möglichkeit), bezeichnet also die Möglichkeit, etwas zu benutzen. Das bedeutet andersherum: Eine Website, die nicht nutzbar ist, ist auch unbrauchbar und kann dementsprechend nicht zum Erfolg führen.

Machen Sie also Ihre Website »usable«, und schenken Sie Ihren Besuchern ein positives Surferlebnis, damit sie gerne zurückkehren und Ihre Kunden werden. Im Zusammenhang mit dem Begriff Usability wird oftmals auch die Bezeichnung *Ease of Use* verwendet, was so viel bedeutet wie *Bedienkomfort* oder eben auch *Benutzerfreundlichkeit*. Bei der Beschäftigung mit Usability steht also der Benutzer im Mittelpunkt.

Usability wurde auch von der Internationalen Standardisierungsorganisation (ISO) definiert. In der DIN EN ISO 9241, die vom Deutschen Institut für Normung (DIN) herausgegeben wurde, liest sich diese Definition so:

> *»Usability ist das Ausmaß, in dem ein Produkt durch bestimmte Benutzer in einem bestimmten Nutzungskontext genutzt werden kann, um bestimmte Ziele effektiv, effizient und zufriedenstellend zu erreichen.«*

Abbildung 15.2 soll den Zusammenhang noch einmal verdeutlichen.

Abbildung 15.2 Begriffserklärung Usability

Das klingt zunächst einmal nach grauer Theorie. Im Klartext bedeutet dies, Websites so klar verständlich und bedienbar wie möglich zu gestalten. Denn wie soll ein Besucher Ihr Angebot nutzen, wenn er Ihre Seite nicht versteht oder sie nur mit großer Mühe verwenden kann? Mark Pearrow, Autor verschiedener Usability-Bücher, sagte treffend:

> *»User centered design (UCD) is an keystone of good Website Usability«,*

was so viel bedeutet wie: »Anwenderbezogenes Design ist der Schlüssel zu einer guten Website-Usability.«

Die vielen Variablen innerhalb der Definition (bestimmte Benutzer, bestimmter Nutzungskontext und bestimmte Ziele) lassen schon erkennen, dass sich nur schwer Faustregeln festhalten lassen. Wie so oft gilt es, jeden Einzelfall individuell zu betrachten, ganz nach dem Motto »It depends« (sinngemäß: »Es kommt darauf an«) . Dennoch werden wir Ihnen im Folgenden einige Prinzipien erläutern, die auf den Großteil von Websites zutreffen und von vielen Usability-Tests belegt wurden.

Usability vs. User Experience

Wie wir bereits eingangs beschrieben haben, hängen die beiden Begriffe *Usability* und *User Experience* eng miteinander zusammen, sind aber nicht das Gleiche. Während Usability die Benutzbarkeit in einer Situation anspricht, meint die User Experience ein Nutzererlebnis, das sowohl gut als auch schlecht sein und sich auf Bereiche vor und nach der Nutzung beziehen kann. Neben der Usability spielen bei dem Nutzererlebnis auch die Aspekte *Look* und *Feel* eine wichtige Rolle. Somit nimmt die Usability nur einen Teil innerhalb der User Experience ein (siehe Abbildung 15.3).

Während mit dem Look vorrangig gestalterische Aspekte gemeint sind und diese sehr subjektiv wahrgenommen werden, ist mit Feel vor allem die Reaktion der Website auf eine Interaktion gemeint, also beispielsweise ein Hinweis oder eine Sanduhr, wenn Daten geladen werden.

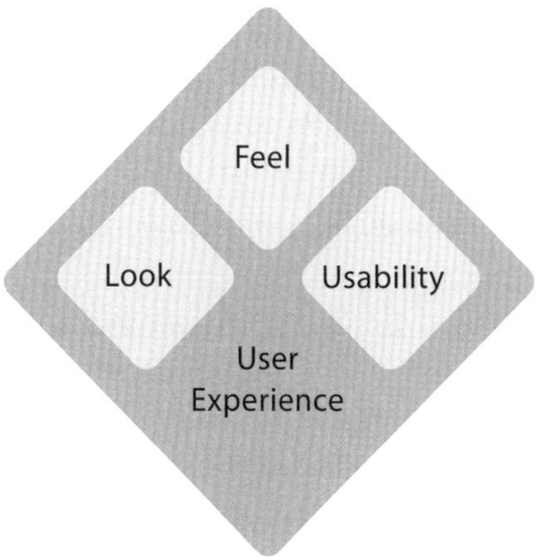

Abbildung 15.3 Teilbereiche der User Experience

Wahrscheinlich sind Sie jetzt hochmotiviert, die ersten Schritte zu unternehmen, um Ihre Website benutzerfreundlich zu gestalten. Wir müssen Ihnen aber gleich zu Beginn eine Illusion rauben: Sie können Usability trotz diverser Checklisten und Prüfverfahren für Ihre Website *nicht gewährleisten*. Sie sprechen mit Ihrem Internetauftritt eine riesige Zahl an Benutzern an, die ganz unterschiedlich sein können: So kann sowohl ein technisch versierter Teenager genauso gut Ihre Website besuchen wie Ihre achtzigjährige Großmutter. Auch die technischen Voraussetzungen können grundlegend unterschiedlich sein: Breitband-Internetverbindungen stehen beispielsweise sehr alten und langsamen Computern gegenüber. Denken Sie auch an behinderte oder körperlich beeinträchtigte Surfer – auch sie sollten Ihre Website bequem benutzen können (mehr dazu im folgenden Abschnitt).

Wie der Koch in Ihrem Lieblingsrestaurant stehen Sie nun vor einer Herausforderung: Es muss allen schmecken. Ob es Ihren Gästen schmeckt, finden Sie nur heraus, wenn Sie sie fragen (oder wenn Ihr Restaurant regelmäßig voll besetzt ist). Sie sollten daher Usability-Tests durchführen (lesen Sie dazu Kapitel 17, »Testverfahren«), um die Bedienbarkeit Ihrer Website zu verbessern. Konzentrieren Sie sich auf Ihre Gäste, dann wird Ihr Restaurant bzw. Ihre Website zum Erfolg.

15.2 Abgrenzung Barrierefreiheit (Accessibility)

Vielleicht können Sie sich noch an den letzten Stromausfall bei Ihnen zu Hause erinnern? Plötzlich ist es stockfinster, und Sie tappen sprichwörtlich im Dunkeln. In derartigen Situationen wird schnell bewusst, wie unbeholfen man ist, wenn man in seiner Sinneswahrnehmung eingeschränkt ist.

Hier setzt *Barrierefreiheit (Accessibility)* an, die sich damit beschäftigt, Anwendungen so zur Verfügung zu stellen, dass auch Menschen mit (körperlichen) Einschränkungen sie benutzen können. Dazu gehören beispielsweise blinde oder sehbehinderte Nutzer, taube und motorisch beeinträchtigte Surfer sowie Menschen, die Schwierigkeiten haben, sich zu konzentrieren. Gerade für sie ist der Computer eine Möglichkeit, sich zu integrieren und am gesellschaftlichen Leben teilzuhaben.

Behinderte Menschen in Deutschland

Wie viele Menschen genau betroffen sind, ist schwer zu sagen. Laut Angaben des Deutschen Blinden- und Sehbehindertenverbands e. V. (DBSV, *www.dbsv.org*) werden blinde und sehbehinderte Menschen in Deutschland gar nicht erfasst. Zu DDR-Zeiten wurden demnach auf Grundlage der Empfänger für Blindengeld jährlich Zahlen veröffentlicht. Im Zuge der Wiedervereinigung wurde diese Zahl auf ganz Deutschland hochgerechnet. Um auch die Sehbehinderten zu bestimmen, wurde mit Erfahrungswerten gerechnet. So nimmt man an, dass in Deutschland ca. 650. 000 Blinde und sehbehinderte Menschen leben. Andere Schätzwerte gehen sogar von der doppelten Anzahl aus. Wenn Sie sich jetzt bewusst machen, dass weitere Behinderungen hinzukommen, um die Gesamtzahl der behinderten Menschen zu bestimmen, stellen Sie fest, dass diese eine beachtliche Größe hat, die Sie als Website-Betreiber durchaus berücksichtigen sollten.

Machen Sie sich bewusst, dass Sie hier die Möglichkeit haben, mit zum Teil einfachen Anpassungen an Ihrer Website Menschen mit Behinderungen wesentlich zu helfen, da sie auf barrierefreie Websites angewiesen sind. Zudem bringt gerade diese Benutzergruppe ein hohes Kaufpotenzial mit. Von derartigen Verbesserungen werden jedoch all Ihre Besucher profitieren. So unterstützen Sie auch Benutzer, die eine Lese- oder Konzentrationsschwäche haben, veraltete Geräte verwenden, durch äußere Einflüsse (wie beispielsweise Lärm) beeinträchtigt werden oder übermüdet und nur schwer aufnahmefähig sind.

Das Gesundheitsportal *www.imedo.de* bietet seinen Nutzern beispielsweise verschiedene Möglichkeiten, die Inhalte der Website anzusehen, z. B. per Lupe oder mit erhöhtem Kontrast (siehe Abbildung 15.4).

Abbildung 15.4 Einstellungen zur Barrierefreiheit von www.imedo.de

Im Folgenden stellen wir Ihnen einige Möglichkeiten vor, wie Sie Ihre Website hinsichtlich der Barrierefreiheit optimieren können. Das muss nicht bedeuten, dass Sie Abstriche machen müssen, sondern es gilt, Ihre Inhalte allen Benutzern zugänglich zu machen. Wir können im Rahmen dieses Buches nicht auf alle Möglichkeiten detailliert eingehen, möchten Ihnen aber einige wichtige und wirkungsvolle Maßnahmen vorstellen. Sie sollten mit Ihrer Startseite und den frequentiertesten Webseiten beginnen und sich dann den untergeordneten Seiten widmen. Falls Sie keine Möglichkeit sehen, Ihre Seite anzupassen, können Sie anlog zu Newslettern eine reine Textversion Ihrer Website anbieten, was aber den Nachteil mit sich bringt, dass Sie sich um beide Versionen kümmern müssen.

15.2.1 Sieben Tipps, wie Sie die Barrierefreiheit Ihrer Website verbessern

Grundsätzlich sollten Sie den Inhalt Ihrer Website in eine Reihenfolge bringen, die auch beim Vorlesen per *Screenreader (Bildschirmlesesoftware)* sinnvoll und verständlich ist. Sollten Sie einmal die Möglichkeit haben, Ihre Website per Screenreader anzuhören, so nutzen Sie die Gelegenheit. Wenn man erst einmal erkannt hat, wie mühsam der Besuch einer Website für Nutzer mit eingeschränkten Sinnen sein kann, so sind die folgenden sieben Tipps wohlmöglich einfacher nachzuvollziehen.

Tipp 1: Bedienung

Gestalten Sie Ihre Inhalte so, dass sie per Tastatur und ohne Mausbedienung einfach zu erreichen sind. Integrieren Sie auf den einzelnen Webseiten einen Link, der zum Hauptinhalt führt, um eine bessere Orientierung innerhalb der Website zu ermöglichen. Bei Links sollten Sie generell darauf achten, dass Sie einen präzisen Linktext verwenden, der angibt, wohin die Verlinkung führt. Blinde Benutzer sind in der Regel auf Screenreader angewiesen und entscheiden nach den ersten gehörten Wörtern, ob sie einen Link verwenden oder zu einem anderen Seitenbereich wechseln.

Tipp 2: Text

Gerade bei Texten sollten Sie auf eine klare Struktur achten. Markieren Sie beispielsweise Überschriften und Tabellen mit den üblichen HTML-Codes, sprich, verwenden Sie ein `<h1>`-Tag für eine Überschrift erster Ordnung. Halten Sie Ihre Texte möglichst kurz, und formulieren Sie sie leicht verständlich. Bedenken Sie, dass Ihre Inhalte von Menschen mit unterschiedlicher Bildung, Intellekt und Erfahrung verstanden werden sollten. Bieten Sie eine einfache Möglichkeit, die Schriftgröße Ihrer Texte zu verändern. Achten Sie darüber hinaus darauf, dass Sie die Möglichkeit der Textvergrößerung nicht unterbinden, weil Sie feste Größen eingestellt haben.

Tipp 3: Bilder

Verwenden Sie `alt`-Texte für Bilder, damit sie von Screenreadern gelesen werden können. Dies ist auch aus Sicht der Suchmaschinenoptimierung sinnvoll. Diese `alt`-Texte werden immer dann dargestellt, wenn ein Bild nicht angezeigt werden kann oder dies vom Browser unterbunden wird. Achten Sie, wie bereits erwähnt, auch bei der Verlinkung von Bildern auf beschreibende Linktexte. Zum Beispiel könnte die Integration eines Bildes mit dem Brandenburger Tor wie folgt aussehen:

```
<img src="brandenburgertor.jpg" alt="Das Brandenburger Tor in Berlin"/>.
```

`alt`-Texte sollten nicht nur bei Bildern, sondern auch bei Symbolen oder Aufzählungszeichen Verwendung finden. Grundsätzlich ist Text aber Bildern vorzuziehen.

Sollten Sie eine Hintergrundfarbe oder ein Hintergrundbild innerhalb Ihrer Website verwenden, legen Sie ein besonderes Augenmerk auf ausreichend Kontrast. Wird jedoch die Lesbarkeit in Mitleidenschaft gezogen, raten wir Ihnen, Hintergrundbild oder -farbe wegzulassen.

Tipp 4: Farben

Generell sollten Sie beherzigen, keine Unterscheidungen aufgrund der Farbe darzustellen. (Farben-)Blinde Benutzer oder Menschen mit einer Rot-Grün-Sehschwäche können dies nicht wahrnehmen. Ergänzen Sie in solchen Fällen eindeutige Beschriftungen.

Tipp 5: Formulare

Gestalten Sie Ihre Formulare so, dass sie beim Vorlesen durch einen Screenreader durch eine logische Positionierung der Eingabefelder und der entsprechenden

Beschriftungen (z. B. »PLZ eingeben«) verständlich sind. Prüfen Sie das Springen zum nächsten Feld per [Tab]-Taste.

Tipp 6: Filme und Animationen

Dank verbesserter Technik können blinde und sehbehinderte Menschen nun auch Filme oder (Flash-)Animationen »sehen«. Dies funktioniert aber nur, wenn Sie für Videos inhaltsreiche Zusammenfassungen hinterlegen. Bei Flash benötigt jedes Element eine passende Beschreibung. Gehen Sie mit animierten Darstellungen jedoch sparsam um, und verwenden Sie diese nur, wenn sie für die Benutzer einen wesentlichen Mehrwert schaffen. Insbesondere Flimmern sollte vermieden werden. Bei Epileptikern können Flimmer-Effekte einen Anfall verursachen. Zudem empfinden die meisten Besucher Flimmern als störend, daher sollten Sie generell darauf verzichten.

Tipp 7: HTML und CSS

Content und dessen Formatierung (also HTML und CSS) sollten getrennt angelegt werden, da eingeschränkte Benutzer das CSS im Browser deaktivieren können, um sich eine für sie lesbare Seite anzeigen zu lassen. Überprüfen Sie im Allgemeinen, ob Ihre Seite auch für Behinderte zugänglich ist, die beispielsweise Scripts oder Applets deaktiviert haben, und stellen Sie die Inhalte per Text dar.

15.2.2 Hilfsmittel für Behinderte

Neben individuellen Einstellungen der Farbwiedergabe, der Helligkeit, des Kontrasts oder der Fenstergröße können auch größere Monitore sehbehinderten Menschen helfen, eine Website besser zu benutzen. Es gibt aber noch weitere Hilfsmittel, die bei der Benutzung von Websites unterstützen. Einige möchten wir kurz vorstellen.

Wie wir schon knapp angerissen haben, sind sogenannte Screenreader Programme zur Sprachausgabe von Websites. Der Text einer Website wird den Benutzern vorgelesen. Aktuell ist JAWS von Freedom Scientific (*www.freedomsci.de*) ein weitverbreitetes und viel genutztes Screenreader-Programm.

Mit der sogenannten *Braille-Zeile* ist ein spezielles Endgerät gemeint, das den Bildschirmtext in der Blindenschrift Braille wiedergibt. Oftmals wird bei der Verwendung die Braille-Zeile mit einem Screenreader kombiniert, da die Inhalte so gehört und getastet und somit besser aufgenommen werden können.

Menschen, deren Sehkraft eingeschränkt ist, nutzen bestimmte Einstellungen des Betriebssystems oder auch spezielle Programme, die z. B. Bildschirminhalte deutlich vergrößern. Auch Großschrifttastaturen, also Tastaturen, deren Beschriftung wesentlich größer dargestellt ist, können die Bedienung des Computers vereinfachen.

Weitere Details zu Computerhilfen für blinde und sehbehinderte Menschen finden Sie beispielsweise unter *www.incobs.de*.

15.2.3 Gesetze

Seit 1994 ist in Artikel 3 des Grundgesetzes Folgendes verankert:

> *»[...] Niemand darf wegen seiner Behinderung benachteiligt werden.«*

Zudem hält das Gesetz zur Gleichstellung behinderter Menschen bzw. das Behindertengleichstellungsgesetz (BGG) in seinem §4 Barrierefreiheit Folgendes fest:

> *»Barrierefrei sind [...] Systeme der Informationsverarbeitung, akustische und visuelle Informationsquellen und Kommunikationseinrichtungen, sowie andere gestaltete Lebensbereiche, wenn sie für behinderte Menschen in der allgemein üblichen Weise, ohne besondere Erschwernisse und grundsätzlich ohne fremde Hilfe zugänglich und nutzbar sind.«*

2002 gab das Bundesministerium der Justiz die »Verordnung zur Schaffung barrierefreier Informationstechnik nach dem Behindertengleichstellungsgesetz«, auch BITV (Barrierefreie Informationstechnik-Verordnung) genannt, heraus. Aktuell sind Websites der Behörden der Bundesverwaltung zur Einhaltung dieser Verordnung verpflichtet, bei allen anderen Websites ist die Umsetzung freiwillig. Seit dem 22. September 2011 ist die BITV 2.0 in Kraft und ersetzt die bisherige Regelung. Im Detail können Sie die Verordnung unter *www.bitvtest.de/infothek/artikel/lesen/bitv-20.html* nachlesen. Folgende, hier auszugsweise zitierte Anforderungen der Priorität I wurden festgelegt:

- Für jeden Nichttext-Inhalt sind Alternativen in Textform bereitzustellen, die an die Bedürfnisse der Nutzerinnen und Nutzer angepasst werden können.
- Für zeitgesteuerte Medien sind Alternativen bereitzustellen.
- Inhalte sind so zu gestalten, dass sie ohne Informations- oder Strukturverlust in unterschiedlicher Weise präsentiert werden können.
- Nutzerinnen und Nutzern ist die Wahrnehmung des Inhalts und die Unterscheidung zwischen Vorder- und Hintergrund so weit wie möglich zu erleichtern.
- Für die gesamte Funktionalität ist Zugänglichkeit über die Tastatur sicherzustellen.
- Den Nutzerinnen und Nutzern ist ausreichend Zeit zu geben, um Inhalte zu lesen und zu verwenden.
- Inhalte sind so zu gestalten, dass keine epileptischen Anfälle ausgelöst werden.
- Der Nutzerin oder dem Nutzer sind Orientierungs- und Navigationshilfen sowie Hilfen zum Auffinden von Inhalten zur Verfügung zu stellen.

- Texte sind lesbar und verständlich zu gestalten.
- Webseiten sind so zu gestalten, dass Aufbau und Benutzung vorhersehbar sind.
- Zur Fehlervermeidung und -korrektur sind unterstützende Funktionen für die Eingabe bereitzustellen.
- Die Kompatibilität mit Benutzeragenten, einschließlich assistiver Technologien, ist sicherzustellen.

Um Barrieren abzubauen, wurde vom *World Wide Web Consortium* (W3C) (*www.w3.org)* eine Initiative namens Web Accessibility Initiative (WAI) ins Leben gerufen. Und falls Sie jetzt denken, »Es reicht mit den Begriffen und Abkürzungen« – falsch gedacht. Denn die WAI präsentierte im Jahr 1999 die sogenannten WCAG, die Web Content Accessibility Guidelines 1.0, die Sie in englischer Sprache unter folgender URL nachlesen können: *www.w3.org/TR/WCAG10*.

Die aktuelle Version, nämlich die WCAG 2.0, wurde Ende 2008 herausgegeben, da insbesondere technische Aspekte überholt waren (*www.w3.org/TR/WCAG20*). Demnach sollen Websites nach dem POUR-Prinzip gestaltet sein:

- P – perceivable: wahrnehmbar
- O – operable: bedienbar
- U – understandable: verständlich
- R – robust: robust

Die vier Prinzipien beziehen sich auf die Richtlinien der WCAG 2.0, die Sie in deutscher Übersetzung unter *www.w3.org/Translations/WCAG20-de/* im Detail lesen können.

15.2.4 Zertifikate

Im Bereich Barrierefreiheit werden regelmäßig besonders gute Websites ausgezeichnet. So haben beispielsweise die Initiative Aktion Mensch und die Stiftung Digitale Chancen 2003 den *BIENE-Award* (BIENE ist die Abkürzung für »Barrierefreies Internet eröffnet neue Einsichten«) ins Leben gerufen. Hier werden jährlich die besten barrierefreien Internetangebote ausgezeichnet (*www.biene-award.de*). Aktuell legt die Biene, wie auf der Website zu entnehmen ist, jedoch eine »Flugpause« ein, um die »Konzeption des nächsten Wettbewerbs (...) grundsätzlich zu überdenken«.

Weiterhin gibt es von der DIN CERTCO, der Zertifizierungsorganisation des Deutschen Instituts für Normung e. V. (DIN) ein Prüfsiegel. Besonders der BVDW (Bundesverband Digitale Wirtschaft e. V.) bemängelte jedoch, dass die Prüfkriterien aufgrund der schnelllebigen Veränderung von Websites regelmäßig angepasst werden müssen.

BIK, ein Gemeinschaftsprojekt der DIAS GmbH mit verschiedenen Blinden- und Sehbehindertenverbänden, bietet den sogenannten BITV-Test (*www.bitvtest.de*), der in 50 Prüfschritten die Barrierefreiheit testet und Teil des Zertifizierungsprogramms der DIN CERTCO ist.

15.3 Usability – der Benutzer steht im Fokus

Sie wissen nun um die Wichtigkeit von Usability und Accessibility und was genau unter diesen Begriffen zu verstehen ist. Die Benutzer Ihrer Website, deren Wünsche und Erwartungen stehen im Mittelpunkt. Wer aber sind die Besucher, wie verhalten sie sich und was erwarten sie von Ihrem Webauftritt?

Um diese Fragen zu klären, schauen wir uns noch einmal die Definition von Usability genauer an. Darin heißt es: bestimmte Benutzer, bestimmter Nutzungskontext und bestimmte Ziele effektiv, effizient und zufriedenstellend erreichen.

15.3.1 Bestimmte Benutzer

Wir haben es bereits schon einmal angerissen: Bei der Benutzergruppe Ihrer Website handelt es sich um eine heterogene Gruppe. Ihre Benutzer können ganz unterschiedlichen Altersklassen angehören, unterschiedliche Erfahrungen und Vorkenntnisse mit dem Web mitbringen und körperlich beeinträchtigt sein. Je genauer Sie Ihre Zielgruppe kennen, desto besser können Sie sich auf sie einstellen und sie optimal »bedienen«.

Obwohl es 2011 ca. 50 Mio. Internetnutzer in Deutschland gab (die Zahlen schwanken je nach Marktforschungsunternehmen zwischen 46,5 Mio. (Nielsen) und 52,7 Mio. (TNS Infratest) und hängen von der Definition »Onliner« ab) kommen immer wieder Internetanfänger hinzu. Bedenken Sie im Hinblick auf Ihre Website, dass sie sowohl für erfahrene Benutzer als auch für Neulinge im Internet klar und einfach zu bedienen sein muss.

Der Suchmaschinengigant Google hat diesen Punkt in seine Unternehmensphilosophie aufgenommen, die Sie unter *www.google.com/corporate/today.html* nachlesen können. Bei Google heißt das: *»Focus on the user and all else will follow.«* Sinngemäß bedeutet das so viel wie: »Konzentriere dich auf den Benutzer, der Rest kommt von allein.«

15.3.2 Bestimmter Nutzungskontext

Im Zusammenhang mit dem Nutzungskontext sind zwei Aspekte zu berücksichtigen:

1. Was ist die Zielsetzung der Website?
2. In welcher Situation besucht ein Benutzer die Website – bzw. salopp ausgedrückt: Wie ist der Benutzer drauf?

Um Ersterem gerecht zu werden, muss der Benutzer auf Anhieb erkennen können, was der Kern einer Website ist. Gute Websites ziehen die Benutzer schon beim ersten Anblick an. Denken Sie also bei der Gestaltung Ihrer Website daran: Für den ersten Eindruck gibt es keine zweite Chance. Insbesondere wenn der Einstieg auf Ihre Website eine Suchmaschine war (ein Benutzer also beispielsweise bei Google eine Suchanfrage gestellt hat und Ihre Website eines der Suchergebnisse war), entscheiden die Benutzer innerhalb weniger Sekunden, ob sie auf der Website bleiben oder sie wieder verlassen. Stellen Sie also den Nutzen Ihres Angebots heraus. Ihre Aufgabe als Website-Betreiber ist es, Ihren Internetauftritt so einfach und klar verständlich wie möglich zu gestalten. Wie schon der Nobelpreisträger für Literatur George Bernard Shaw sagte:

> *»Bildung kann man dadurch beweisen, dass man die kompliziertesten Dinge auf einfache Art zu erläutern versteht.«*

Wird Usability berücksichtigt und gut umgesetzt, fällt dies nicht (negativ) auf, ist sie hingegen schlecht, wird dies bemängelt. Obwohl Usability immer erlebt wird, werden meistens nur schlechte Umsetzungen wahrgenommen.

Der zweite Aspekt im Zusammenhang mit dem Nutzungskontext ist die Situation, in der die Benutzer auf Ihre Website treffen. Die Gegebenheiten, unter denen die Benutzer im Web unterwegs sind, können sehr vielfältig und sehr unterschiedlich sein. Das Verhalten der Benutzer ist sowohl situations- als auch tagesformabhängig. Zeitdruck und auch das Vertrauen in eine Website können eine wichtige Rolle spielen. Das kennen Sie sicherlich von sich selbst: Manchmal stehen Sie unter Zeitdruck, ein anderes Mal surfen Sie eher zum Zeitvertreib, mal sind Sie gut gelaunt, ein anderes Mal schlecht drauf.

In den meisten Fällen sind die Benutzer in Eile und haben weder Zeit noch Muße, lange Ladezeiten in Kauf zu nehmen oder mehrfach auf Websites zu suchen, bis sie eine Lösung ihres Problems gefunden haben. Mit wenigen Klicks können sie eine andere Website aufrufen, auf der sie freundlicher empfangen und besser bedient werden. Bei der Masse an Websites im Internet (aktuell sind das immerhin einige Milliarden) ist das eine ernst zu nehmende Angelegenheit, die Sie sich als Website-Betreiber zu Herzen nehmen sollten.

Nach dem Usability-Experten Jakob Nielsen ist der Zurück-Button das Navigationselement, das vom Benutzer am zweithäufigsten geklickt wird (nach dem Klicken von Hypertext-Links). Bei dieser Sicherheit – nämlich mit sehr wenig Aufwand schnell wieder zum Ausgangspunkt zurückzukehren – fackeln die Benutzer nicht lange, wenn eine Website nicht dem entspricht, was sie suchen und erwarteten. Sie wägen nicht lange das Für und Wider ab, sie entscheiden sich für die erstbeste Möglichkeit.

Satisficing – die erstbeste Option

Seien Sie ehrlich: Wie oft haben Sie bereits eine Gebrauchsanleitung vollständig gelesen? Das werden die wenigsten von Ihnen mit einem klaren »Das mache ich immer« beantworten. Haben Sie sich beispielsweise eine neue Digitalkamera gekauft, möchten Sie gleich drauflosknipsen und nicht erst alle Einstellungen zur Belichtung und Fokussierung lesen. Das Phänomen, von dem hier die Rede ist, kennen Sie möglicherweise unter dem Begriff »trial and error« (Versuch und Irrtum). Viele Menschen möchten Dinge direkt ausprobieren und »benutzen«, ganz nach dem Motto »learning by doing«.

Viele Benutzer verhalten sich im Internet ähnlich und möchten ihre Ansprüche zufriedenstellend erfüllt wissen. Sie überfliegen Websites und wählen nicht zwangsläufig die beste Option, sondern die erstbeste Option. Einerseits geht das viel schneller, als verschiedene Möglichkeiten zunächst zu überdenken und abzuwägen, zum anderen ist es auch überhaupt kein Problem, falls man mit seiner Annahme falschliegt: Ein Klick, und man ist wieder in der Ausgangssituation.

Das bedeutet nicht, dass Benutzer grundsätzlich alles ausprobieren, um an ihr Ziel zu kommen. Neben den Benutzern, die Ihre Website wieder verlassen, wenn sie nicht »funktioniert«, gibt es auch diejenigen, die den Fehler bei sich suchen. Sie versuchen sich weiter auf Ihrer Website, weil sie keine Alternative kennen oder den Aufwand einer erneuten Suche meiden möchten. Meistens ist dies mit einer steigenden Frustration verbunden.

Einige Benutzer geben nach wie vor komplette URLs in das Suchfeld von Suchmaschinen ein. Nicht etwa, weil das so gedacht ist, sondern vielmehr, weil es funktioniert und sie auch auf diese Weise zu ihrem Ziel kommen. Nach Steve Krug wollen Menschen nicht zwangsläufig wissen, *wie* sie zu ihrem Ziel kommen, sie wollen vor allem, *dass* sie zu ihrem Ziel kommen. Steigen Sie beispielsweise in Ihr Auto, um von A nach B zu fahren, dann möchten Sie primär in B ankommen und nicht unbedingt wissen, wie Ihr Auto funktioniert. Wenn Sie bequem B erreichen, werden Sie auch bei der nächsten Fahrt mit dem Auto fahren (oder dies zumindest in Erwägung ziehen). Benutzer, die auf Ihrer Website landen, bringen zunächst ein gewisses Maß an Interesse mit; sie haben meistens eine positive Grundstimmung. Enttäuschen Sie sie nicht durch schwer bedienbare und undurchdringliche Websites – oder gehen Sie noch in Restaurants, in denen Sie schon ein Haar in der Suppe gefunden haben?

Die Erwartungshaltung an eine Website hängt aber auch von den Zielen ab, die ein Benutzer erreichen möchte, und kann daher sehr unterschiedlich sein. Angenommen, Sie stehen unter Zeitdruck und brauchen schnell bestimmte Informationen von einer Website. Dann kann ein Flash-Intro, also eine Animation per Flash, die beim Aufrufen einer Website angezeigt wird, eher negativ wirken. Vielleicht haben Sie selbst solch eine Situation schon erlebt. Surfen Sie allerdings im Web, um unterhalten zu werden, so kann ein derartiges Intro auch imponieren.

15.3.3 Bestimmte Ziele effektiv, effizient und zufriedenstellend erreichen

Im Folgenden möchten wir Ihnen die drei Eigenschaften der Definition, wie Ziele erreicht werden sollen, näher erläutern.

Effektivität

Zunächst ist die Rede von Effektivität. Für den Benutzer steht die Frage »Kann ich mit dieser Website mein Ziel erreichen?« im Mittelpunkt. Es gilt, den Benutzer bei seiner Zielerreichung optimal zu unterstützen. Betreiben Sie beispielsweise einen Online-Shop, so können diverse Hilfestellungen, wie die Angabe einer Service-Telefonnummer oder ein Link zu häufig gestellten Fragen, hilfreich sein. Helfen Sie Ihrem potenziellen Kunden so präzise und umfassend wie möglich. Such- und Sortiermöglichkeiten können ein Beispiel dafür sein. Bei einer Suchfunktion können Suchvorschläge unterstützen.

Effizienz

Zusätzlich zur effektiven Zielerreichung, soll ein Ziel auch effizient erreicht werden. Dabei ist der Aufwand gemeint, den ein Benutzer aufbringen muss, um sein Bedürfnis zu befriedigen. Muss ein Interessent sehr lange warten, bis sich Elemente oder sogar die gesamte Website aufgebaut haben, oder verirrt er sich innerhalb einer unübersichtlichen Navigation, dann kann von Effizienz keine Rede sein.

Die 3-Klick-Regel

Organisatorisch würde das bedeuten, dass Websites eine möglichst flache Struktur aufweisen müssen (darauf gehen wir im Folgenden noch näher ein). Flache Strukturen bedeuten wiederum, dass von einem einzelnen Ausgangspunkt viele Auswahlmöglichkeiten bestehen. Es gilt also, dem Benutzer nicht möglichst viele Mausklicks abzunehmen, sondern möglichst viel Denkarbeit.

Vielleicht haben Sie schon mal von der sogenannten *3-Klick-Regel* gehört, die besagt, dass Benutzer maximal dreimal klicken sollten, um das zu finden, wonach sie suchen. Andernfalls würden sie die Website enttäuscht wieder verlassen.

Wie wir bereits beschrieben haben, sollten Sie versuchen, dem Benutzer ein positives Erlebnis zu verschaffen. Wenn Ihnen eine Website gefällt und Sie sich dort wohlfühlen und Ihr Ziel erreichen, werden Sie wahrscheinlich nicht die Klicks zählen, die Sie zur Zielerreichung benötigt haben. Die 3-Klick-Regel beschreibt also einen wichtigen Sachverhalt, unserer Meinung nach geht es aber vielmehr darum, dass dem Benutzer die Klicks leichtfallen, und nicht um die Quantität der Klicks. Sollten die Benutzer hingegen bei den einzelnen Aktionen unsicher sein, auf Seiten gelangen, die sie nicht erreichen wollten, oder Inhalte sehen, die sie nicht erwartet haben oder die sie nicht interessieren, dann werden sie die Website aller Wahrscheinlichkeit nach und ohne gute Erinnerung schnell verlassen.

Wir möchten das noch einmal an einem bildhaften Vergleich festmachen: Stellen Sie sich vor, Sie spazieren durch den Wald und benutzen einen Ihnen unbekannten Weg. Ständig stoßen Sie dort auf große Steine und dicke Baumstämme, die Ihnen den Weg versperren oder Ihren Spaziergang maßgeblich beeinträchtigen. Sie müssen die Steine umgehen und die Baumstämme überwinden, was Ihnen sehr viel Mühe bereitet. Wahrscheinlich werden Sie zunehmend daran denken, dass es besser gewesen wäre, einen alternativen Weg zu gehen. Sie sind sich jedoch schon sicher: Diese Route werden Sie nicht noch einmal laufen. Sofern Sie Ihr Ziel problemlos erreichen, ist es Ihnen lieber, einen Weg zu gehen, der weder Steine noch Baumstämme, also keinerlei Hindernisse hat, auch wenn dieser möglicherweise ein Stückchen länger ist.

So ist es auch im Web: Die Benutzer sollten das Gesuchte schnell und problemlos erreichen können. Wenn Sie als Website-Betreiber sowohl Usability als auch Accessibility und gelernte Konventionen (mehr dazu folgt in Abschnitt 15.4, »Konventionen«) berücksichtigen, so ebnen Sie Ihren Benutzern einen geraden Weg ohne Hindernisse. Fangen Sie also gleich an, Steine aus dem Weg zu räumen.

Zufriedenheit

Auch der dritte Aspekt der Definition – die Zufriedenheit der Nutzer – ist ausschlaggebend. Es stellt sich die Frage: Fühlt sich der Besucher auf der Website wohl? Wenn wir zurück an das Eingangsbeispiel eines Restaurantbesuchs denken, werden Sie das Lokal wohl nur ein zweites Mal aufsuchen, wenn Sie zufrieden waren. Dies ist sicherlich eine subjektive Wahrnehmung und kann daher von Benutzer zu Benutzer unterschiedlich sein. Jedoch gilt auch hier: Der Benutzer steht im Mittelpunkt.

Feature Creep

Achten Sie darauf, Ihre Website nicht mit zu vielen Funktionen zu überladen (in der Webentwicklung wird dies *Feature Creep* genannt). Nutzer sollten eine leicht verständliche, übersichtliche Website vorfinden und deren Hauptfunktionalität direkt erkennen.

Wir werden Ihnen in den nächsten Abschnitten einige Prinzipien vorstellen, die Sie hinsichtlich Usability, Barrierefreiheit und Konventionen berücksichtigen sollten. Viele Hinweise werden Ihnen sofort einleuchten. Wenn Sie aber mal genau darauf achten, werden Sie feststellen, dass selbst die plausibelsten Dinge auf vielen Websites nicht berücksichtigt werden. In solchen Fällen wird unnötig Potenzial verschenkt.

15.4 Konventionen

Sie wissen nun, dass Sie es mit einer Gruppe von Benutzern zu tun haben, die diverse Ansprüche an eine Website stellen und die unterschiedliche Erfahrungen und Grundvoraussetzungen mitbringen. Zudem sollten Sie berücksichtigen, dass Benutzer sich Dinge merken, sie erlernen und sie nach einer Weile sogar in erlernter Weise erwarten. Die Rede ist von sogenannten *Konventionen* (*Usage Patterns*). Konventionen sind wie ungeschriebene Gesetze und haben sich mit der Zeit entwickelt. Eine der bekanntesten Konventionen ist das Einkaufswagensymbol. Aber auch ein Briefsymbol wird als E-Mail-Funktion erkannt, während ein kleines Häuschen als »Home« bzw. »Startseite« bekannt ist. Logos werden beispielsweise an der oberen linken Website-Ecke erwartet.

Es gibt viele dieser Konventionen, die sich bisher unterschiedlich stark durchgesetzt haben. Allgemein kann man sagen, dass Elemente von größerer Bedeutung sind, wenn sie groß angezeigt werden, bzw. von geringerer Bedeutung, wenn sie kleiner dargestellt werden. Denken Sie an die Parallele zur Textdarstellung in der Tageszeitung: Es wird erwartet, dass der Name der Zeitung oben bzw. oben links steht. Darüber hinaus werden Schlagzeilen wesentlich größer dargestellt als der folgende Text.

Design vs. Funktion

Im Zusammenhang mit Konventionen gibt es oftmals Uneinigkeit: Es kommt vor, dass Webdesigner sich Konventionen widersetzen und etwas ganz Neues, Innovatives entwerfen, um ihrer kreativen Aufgabe gerecht zu werden. Bedenken Sie jedoch, dass Konventionen einfach sind. Und was einfach ist, wird sofort verstanden und gerne benutzt. Wer also gegen Konventionen verstößt, geht das Risiko ein, dass die

Art und Weise der Darstellung zwar neu und kreativ ist, aber nicht verstanden wird. Schon haben Sie Ihren Benutzern wieder einen Stein in den Weg oder ein Haar in die Suppe gelegt. Der Königsweg besteht also darin, Konventionen zu beachten, aber dennoch neue Webdesigns zu entwerfen. Sollten Sie jemals vor der Entscheidung für das eine oder das andere stehen, raten wir Ihnen dazu, sich für die Konventionen zu entscheiden. Denn Benutzer möchten, wie der Name schon sagt, etwas benutzen. Für sie sind Konventionen unheimlich hilfreich. Elemente müssen nicht lange gesucht werden, sie befinden sich dort, wo sie erwartet werden. Das verschafft eine gewisse Sicherheit und Vertrautheit. Werden Erwartungen bzw. erlernte Konventionen missachtet, bedeutet das für den Benutzer Denkarbeit und erneutes Lernen. Ist er dazu nicht bereit, besteht die Gefahr, dass er die Website verunsichert wieder verlässt.

Aus diesem Grund ist auch Konsistenz ein wichtiges Kriterium. So sollten beispielsweise Navigationselemente (die wir in Abschnitt 15.6, »Die Navigation«, noch detaillierter beschreiben) auf allen Seiten in gleicher Weise dargestellt werden. Eine Navigation wird horizontal im oberen Seitenbereich und vertikal am linken Seitenrand erwartet. Auch eine Suchfunktion sollte konstant an der gleichen Website-Position verwendet werden. Suchelemente werden ebenfalls im oberen Seitenbereich erwartet. Eine weitere Konvention sind Links. Benutzer haben gelernt, das Begriffe, die blau und unterstrichen dargestellt werden, Hypertext-Links sind. Wurde ein Link besucht, wird er als solcher gekennzeichnet (z. B. durch farbliche Änderung). Weitere Informationen zur Verwendung von Links und Buttons finden Sie in Abschnitt 15.8, »Buttons und Links«.

Um Ihnen die Relevanz von Konventionen zu veranschaulichen, sehen Sie in Abbildung 15.5 die gleiche Website, mit dem Unterschied, dass rechts einzelne Elemente anders positioniert bzw. anders dargestellt wurden als links. Welche Seite würde Ihnen auf Anhieb eher zusagen?

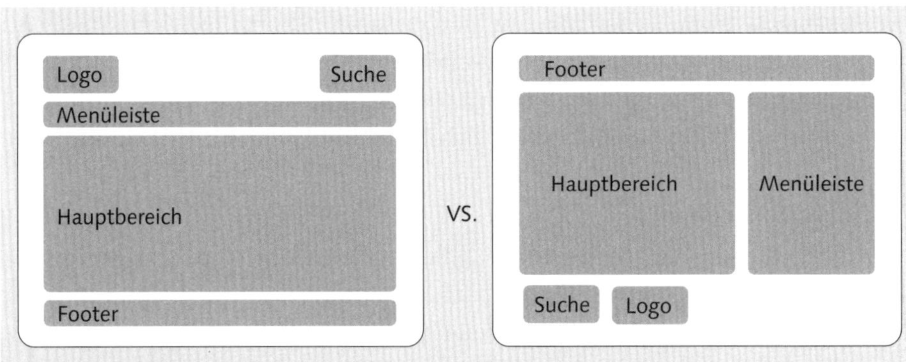

Abbildung 15.5 Welcher Website-Aufbau ist Ihnen geläufiger?

Wie Sie sehen, kann es unter Umständen sehr verwirrend sein, wenn erlernte Konventionen nicht eingehalten werden. Das kennen Sie vielleicht auch aus anderen Alltagssituationen. Wenn Sie beispielsweise in den Supermarkt gehen, nachdem dort Regale umgestellt und Produkte umsortiert wurden, müssen Sie sich zunächst zurechtfinden und neu orientieren. Sie haben sich daran gewöhnt, dass die Einkaufswagen am Eingang stehen und die Zigaretten an der Kasse zu kaufen sind. Ist dies plötzlich nicht mehr so, heißt es nachdenken. Ihr Ziel sollte es also sein, Websites erwartungskonform zu präsentieren.

15.5 Strukturierung der Website

Wenden wir uns also der Organisation Ihrer Website zu. In diesem Zusammenhang wird häufig der Begriff *Informationsarchitektur* (IA) verwendet. Nach Wikipedia bedeutet das:

> *»Die Informationsarchitektur befasst sich mit der Konzeption und Definition von für den Nutzer von Informationssystemen möglichen Interaktionen, der An- und Zuordnung und der Benennung der in dem System enthaltenen Informationseinheiten und Funktionen sowie der dazu erforderlichen Struktur von Informationssystemen, meist von Computersystemen.«*

Damit ist also gemeint, dass alle Informationen einer Website strukturiert und entsprechend benannt werden (was auch als *Labeling* bezeichnet wird). Sie kategorisieren also den Inhalt Ihrer Website in verschiedene Rubriken und vergeben entsprechende Bezeichnungen. Mit einer guten Informationsstruktur helfen Sie Ihren Benutzern, Inhalte problemlos zu finden und Ihre Website einfach zu benutzen. Eine gute Informationsstruktur ist damit wesentlicher Bestandteil auf dem Weg zum Website-Erfolg.

15.5.1 Website-Struktur ist nicht gleich Navigation

Während die Website-Struktur die Inhalte einer Website in logische Bereiche einteilt und das Verhältnis der Seiten zueinander bestimmt, ist die Navigation die Möglichkeit für die Benutzer, zu den einzelnen Bereichen zu gelangen bzw., wie der Name schon sagt, zu navigieren.

Sitemap

Wahrscheinlich sind Ihnen *Sitemaps* von Websites geläufig. Eine Sitemap stellt listenartig dar, welche Seiten eine Website beinhaltet. In Abbildung 15.6 sehen Sie einen Ausschnitt der Sitemap (bzw. Inhaltsübersicht) der Website *www.bundespraesident.de*.

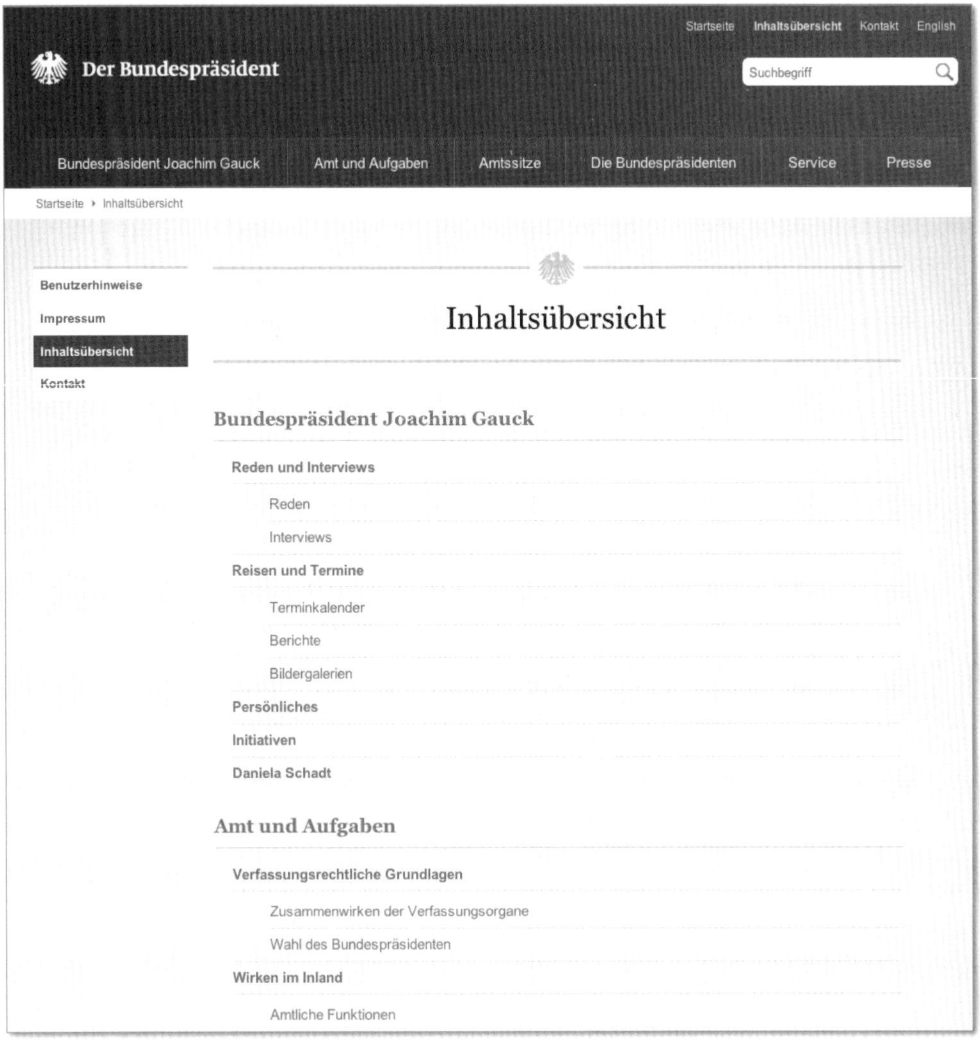

Abbildung 15.6 Sitemap der Website www.bundespraesident.de

Was ist aber nun der Unterschied zwischen einer Navigation und einer Sitemap? Nehmen wir einmal das Beispiel Impressum oder AGB. Diese beiden Webseiten werden wahrscheinlich in der Sitemap aufgeführt, müssen aber nicht zwangsläufig einen Platz in der Navigation einnehmen. AGB und Impressum können, wie im folgenden Beispiel von *www.lufthansa.de* beispielsweise auch im *Footer* (der Fußzeile) der Website angeordnet sein (siehe Abbildung 15.7).

Abbildung 15.7 Die Lufthansa-Startseite mit Impressum und AGB im Footer

15.5.2 Methoden zur Website-Strukturierung

Wir gehen in diesem Buch davon aus, dass Sie bereits eine Website besitzen. Sollten Sie aber die vorhandene Struktur nach dem Lesen dieses Kapitels für überarbeitungswürdig halten, möchten wir Ihnen einige Tipps zur Strukturierung nicht vorenthalten.

Es gibt verschiedene Herangehensweisen, wie Sie die Inhalte Ihrer Website strukturieren. Abzuraten ist von dem *Top-Down-Vorgehen*. Dabei wird mit der Konzeption der Startseite begonnen, und die einzelnen Themen werden dann verschiedenen Rubriken zugeordnet. In der Regel bleibt bei dieser Methode aber immer mal der ein oder andere Themenbereich übrig. Der wird dann oftmals notdürftig in die Navigation gepresst, was in den meisten Fällen zulasten der Usability geht. Aus diesem Grund möchten wir Ihnen einige Praktiken vorstellen, wie Sie eine gute Informationsstruktur erarbeiten.

Eine Methode ist das sogenannte *Card-Sorting*. Dabei werden alle Themen auf einzelne Karteikarten geschrieben. Danach werden zusammengehörige Inhalte auf einen Kartenstapel gelegt. Sie sehen schon sehr früh bestimmte Strukturen, die sich herauskristallisieren. Vergeben Sie dann für jeden Kartenstapel einen übergeordneten Begriff (Label). Die gleiche Vorgehensweise können Sie auch mit Anhängern Ihrer Zielgruppe durchführen, das heißt, Sie fordern Ihre Benutzer auf, Ihre Website-Inhalte in für die Benutzer verständliche und zusammengehörige Stapel zu sortieren. Mehr zu Usability-Tests lesen Sie in Kapitel 17, »Testverfahren«.

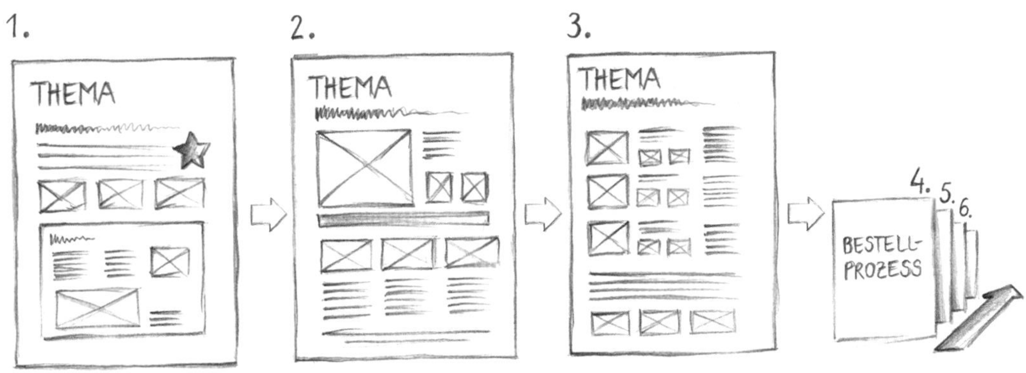

Abbildung 15.8 Beispiel für einen dynamischen Wireframe

Darüber hinaus können auch *Wireframes* (auch *Mockups* genannt) hilfreich sein. Ein Wireframe bezeichnet den Entwurf eines Designs, in diesem Fall Ihrer Website. Es handelt sich dabei zunächst um ein Modell, das heißt, es ist noch recht abstrakt und grafisch nicht vollendet. Statische Wireframes bieten sich bei einzelnen Webseiten an, während dynamische Wireframes das Navigieren von einer zu nächsten Webseite veranschaulichen. Sie bestehen dementsprechend aus mehreren Seiten, die miteinander zusammenhängen. In Abbildung 15.8 sehen Sie ein Beispiel für einen dynamischen Wireframe.

Rapid Prototyping

Unter *Rapid Prototyping* versteht man im Zusammenhang mit Websites die schnelle Erstellung eines Prototyps, der verschiedenen Stakeholdern (Interessenvertretern, wie z. B. Benutzern, Entwicklern, Designern) zur Abstimmung vorgelegt und anschließend entsprechend deren Wünschen angepasst wird. In iterativen Entwicklungsprozessen, die aus den drei sich wiederholenden Phasen Entwicklung – Abstimmung – Anpassung bestehen, können so die einzelnen Ansprüche schon früh integriert werden.

Nachdem Sie Ihre Website-Inhalte grob eingeteilt haben, sollten Sie die Feingliederung vornehmen. So können Sie beispielsweise nach Themen, Zielgruppen oder Lösungen sortieren, je nachdem, welcher Ansatz für Ihr spezielles Angebot am sinnvollsten ist.

Ein voller Werkzeugkoffer

Es gibt eine Vielzahl an hilfreichen Tools im Netz, die Ihnen bei der Erstellung eines Wireframes bzw. Mockups behilflich sein können. Dies sind beispielsweise *balsamiq.com*, *cacoo.com*, *pencil.evolus.vn* oder *hotgloo.com*, um Ihnen nur einige zu nennen. In einem späteren Entwicklungsstadium ist das Plugin unter *webnotes.net* hilfreich, mit dem man digitale Notizzettel auf ein Layout kleben kann. Für weitere Rückmeldungen zum Layout bietet *conceptfeedback.com* eine kostenfreie Möglichkeit, Designer zum Layout zu befragen.

Strukturebenen

Ähnlich wie die Organisationsstruktur in Unternehmen kann auch eine Website unterschiedliche Ebenen beinhalten. Abgesehen von ausgefallenen Strukturen spricht man dann von flachen oder tiefen Site-Strukturen. Bevorzugen Sie eher tiefe Site-Strukturen, so gibt es viele Unter- und Unterunter-Seiten. Für den Benutzer hat das die Konsequenz, dass er auf einer besuchten Website wenige Auswahlmöglichkeiten hat, aber diverse Ebenen (siehe Abbildung 15.9).

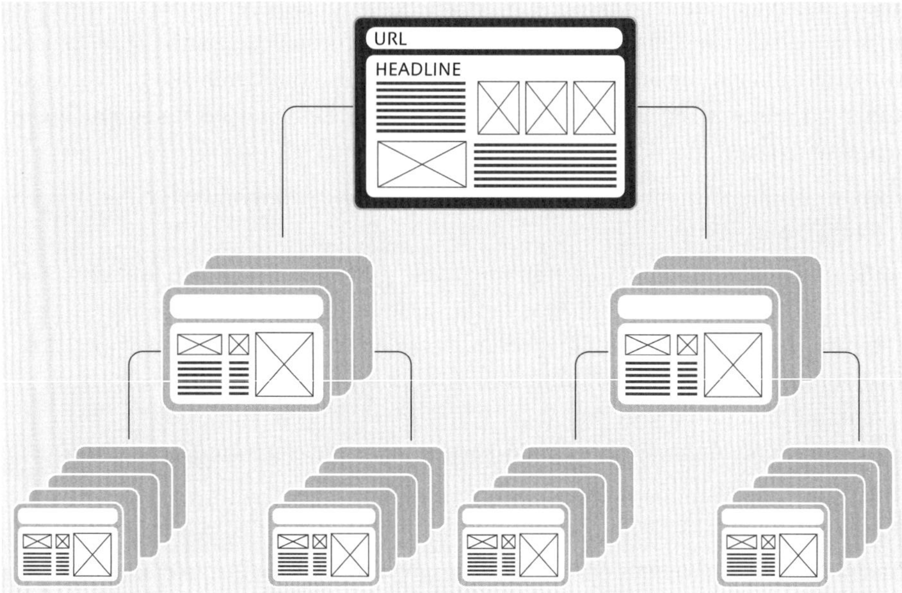

Abbildung 15.9 Beispiel für eine tiefe Website-Struktur

Andersherum hat ein Benutzer auf einer Website mit einer flachen Website-Struktur viele Auswahlmöglichkeiten und wenige Unterebenen (siehe Abbildung 15.10).

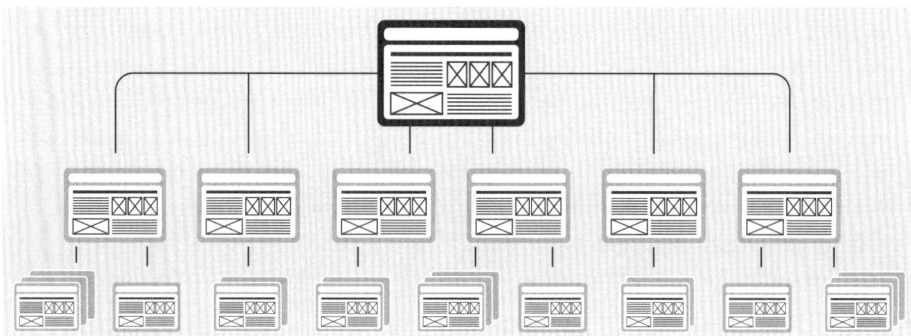

Abbildung 15.10 Beispiel einer flachen Website-Struktur

Bezüglich der Website-Strukturen gibt es keine allgemeingültigen Regeln, die einzuhalten sind. Solange der Benutzer problemlos die Inhalte der Website erreichen kann, ist alles denkbar. An dieser Stelle sei aber darauf hingewiesen, dass aus Gründen der Suchmaschinenoptimierung flache Hierarchien zu bevorzugen sind. Beim Crawlen taucht der Bot nicht gern in die Tiefen einer Website hinab.

Die magische Sieben

Machen wir einen Ausflug in die Welt des menschlichen Gehirns. Wir können und möchten hier keine medizinischen Erkenntnisse wiedergeben, sondern auf sehr vereinfachte Art und Weise das menschliche Gehirn beleuchten. Das menschliche Gehirn lässt sich in drei Bereiche einteilen: das Langzeitgedächtnis, das Kurzzeitgedächtnis und das sensorische Gedächtnis. Während Letzteres die Informationen der Sinnesorgane verarbeitet, werden im Langzeitgedächtnis Informationen abgespeichert, die zu einem späteren Zeitpunkt wieder abgerufen werden können. So können Sie sich beispielsweise an die Namen Ihrer früheren Klassenkameraden erinnern, auch wenn Sie sich über Jahre nicht gesehen haben. Mit dem Kurzzeitgedächtnis speichern wir – wie der Name schon sagt – Informationen nur kurz, also temporär ab. Können wir an bestimmte Dinge anknüpfen und halten wir diese für wichtig, dann werden sie ins Langzeitgedächtnis befördert.

Nach dem Psychologen George A. Miller (*»The Magical Number Seven, Plus or Minus Two: Some Limits on Our Capacity for Processing Information«)* können Menschen maximal sieben (plus/minus zwei) Informationen gleichzeitig aufnehmen, was auch als sogenannte *Millersche Zahl* bezeichnet wird. Bei allen Dingen, die darüber hinausgehen, wird es schwierig.

Sicherlich gibt es Menschen mit besonderer Gedächtnisleistung, wir sprechen hier aber von dem Gros der Menschen. Was hat das aber mit Ihrer Website zu tun? Sie sollten die magische Sieben bei der Strukturierung Ihrer Website im Hinterkopf haben. Versuchen Sie, dem Benutzer nicht mehr als sieben Auswahlmöglichkeiten innerhalb einer Navigation zu bieten (siehe Abbildung 15.11). In der Kürze der Zeit kann er den Überblick über seine Optionen nicht behalten und kann sich bei einer Vielzahl an Alternativen überfordert fühlen.

Abbildung 15.11 Görtz hält sich an sieben Auswahlmöglichkeiten.

Aber auch hier möchten wir darauf hinweisen, dass es sich bei der magischen Sieben nicht um eine Pauschalaussage handelt. Es gibt durchaus Websites, die mit mehr als sieben Strukturpunkten sehr gut funktionieren. Denn anders als in dem Versuch, müssen sich Besucher einer Website die Navigation beispielsweise nicht einprägen, wenn sie weiterhin immer sichtbar ist.

Tipp: Zu viele Auswahlmöglichkeiten vermeiden

Abgesehen von der magischen Sieben fällt es, wie Untersuchungen belegen, Menschen oftmals schwer, eine Entscheidung zu treffen, wenn Ihnen eine große Auswahl geboten wird. Ist die Auswahl hingegen kleiner, fallen die Entscheidungen in der Regel leichter. Auch hier spielen sicherlich noch andere Faktoren (wie Zeit, Stimmung etc.) eine Rolle, was eine Pauschalaussage nicht ermöglicht. Sie können diese Ergebnisse aber bei der Website-Gestaltung berücksichtigen und austesten.

15.5.3 Typen von Webseiten

Sie wissen nun, wie Sie Ihre Website strukturieren sollten. Bevor wir uns im Folgenden der Navigation widmen, also der Art und Weise, wie Benutzer die einzelnen strukturierten Bereiche Ihrer Website erreichen, schauen wir uns noch die verschiedenen Arten von Webseiten an. Es gibt sicherlich einige Ausnahmen, doch auf die meisten Websites treffen folgende drei Webseitentypen zu:

- die Homepage/Startseite
- die Kategorieseite
- die Detailseite

Die Menge an Kategorie- und Detailseiten hängt von der Informationsstruktur der Website ab. Je nachdem, wie viele Ebenen eine Website enthält, können diese ganz unterschiedlich sein. Sonderfälle bilden darüber hinaus Seiten, die Formulare beinhalten. Diese werden wir in Abschnitt 15.9, »Formulare« genauer beleuchten. Zusätzlich gibt es noch sogenannte *Landing Pages*. Diese »Landeseiten« schauen wir uns im Detail in Kapitel 16, »Conversionrate-Optimierung – aus Besuchern Käufer machen«, an.

Die Startseite (Homepage)

An die Homepage oder auch Startseite werden sehr viele Anforderungen gestellt. Zum einen soll sie die Zielgruppe ansprechen, sie abholen und den Kern der Seite vermitteln. Sie soll eine Botschaft transportieren, Lösungen, Angebote und den Gesamtzusammenhang aufzeigen, seriös und glaubhaft auftreten. Der Besucher muss die Hierarchie der Website erkennen können, sollte sich durch die Inhalte angesprochen fühlen und auch in andere Website-Bereiche eintauchen können. Aus der Sicht der Suchmaschinenoptimierung ist die Aufgabe der Homepage im Regelfall, mit der Marke (dem *Brand*) eine gute Positionierung in Suchmaschinen zu erreichen.

Sie merken, die Gestaltung einer Startseite ist ein komplexes Thema, bei dem oft Einschränkungen hingenommen oder Kompromisse gemacht werden müssen, um allem gerecht zu werden. Die Homepage hat insofern eine Sonderrolle inne. Auch eine Navigation auf der Startseite kann von der Navigation auf den Unterseiten abweichen. Eine unterschiedliche Darstellungsweise bedeutet aber nicht, dass sich die Bereiche inhaltlich unterscheiden sollten. Auch wenn die Navigation auf der Homepage eine andere ist, sollte die Struktur und Kennzeichnung dieselbe sein wie auf den restlichen Webseiten. In Abbildung 15.12 sehen Sie als Beispiel die Startseite des Online-Shops Trigema.

Abbildung 15.12 Die Startseite www.trigema.de

Die Kategorieseite

Die Kategorieseiten (oder Rubrikseiten) sind vergleichbar mit den Rubriken einer Zeitung. So ist beispielsweise Ihre Tageszeitung in unterschiedliche Rubriken (in der Verlagswelt »Bücher« genannt) eingeteilt. Auch Websites und besonders Webshops lassen sich im Regelfall in Kategorien einteilen. Aus SEO-Sicht wird bei Kategorieseiten angestrebt, mit bestimmten Keywords eine gute Suchmaschinenpositionierung zu erreichen. Dem Nutzer soll so eine bessere Orientierung ermöglicht werden. Er erhält einen besseren Überblick über das Angebot. Unterstützen Sie ihn dabei, diese Angebotsübersicht nach seinem Suchbedürfnis zu überblicken und zu filtern.

Abbildung 15.13 zeigt als Beispiel die Kategorieseite »Sportbekleidung« von *www.trigema.de* mit der Auswahl »Sportmode für Damen«.

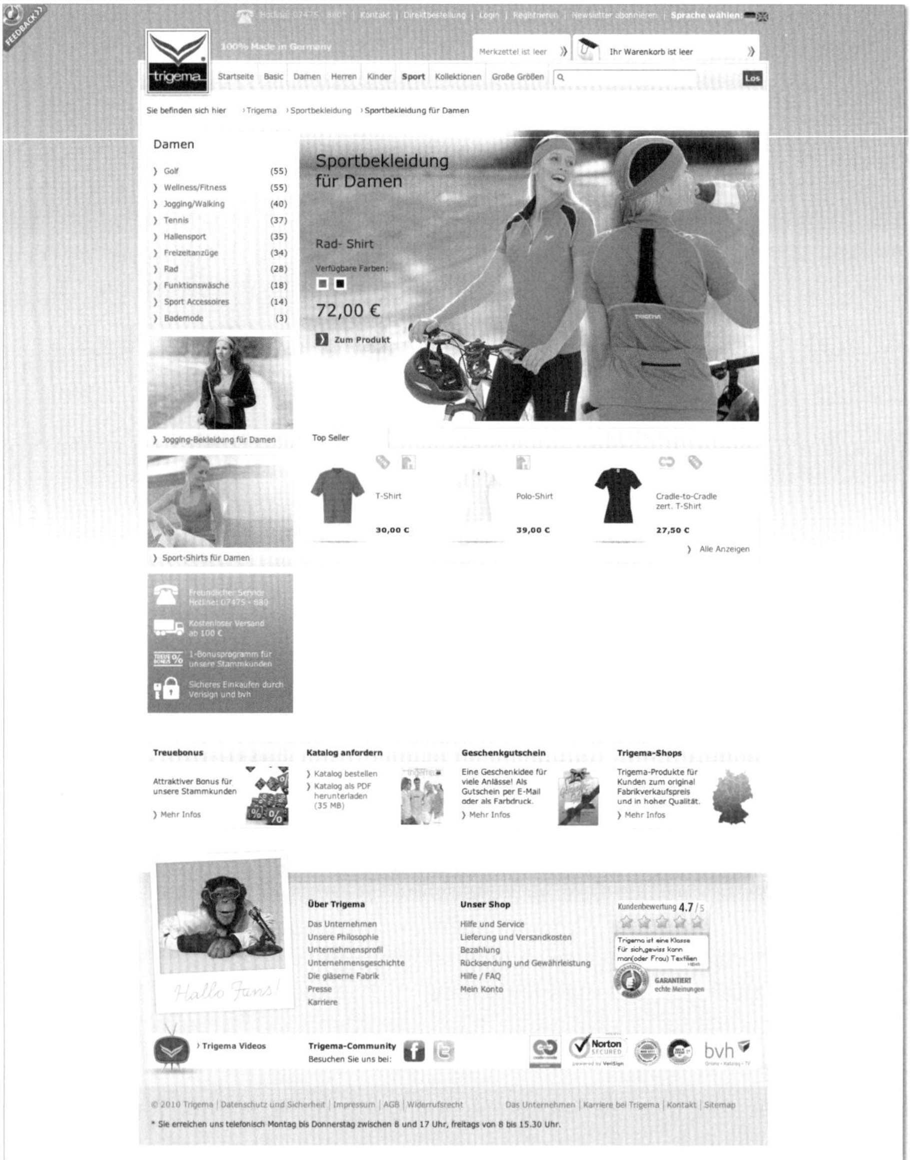

Abbildung 15.13 Kategorieseite Sportbekleidung Damen im Online-Shop von Trigema

Die Detailseite

Angelehnt an Online-Shops können Sie sich wahrscheinlich schon ausmalen, was mit einer Detailseite gemeint ist. Hier wird ein bestimmtes Produkt im Detail vorgestellt. Die Produktseite sollte den Informationsdurst des Nutzers zum Produkt stillen, das heißt, hier sollte er Antworten auf seine Fragen zum Produkt erhalten. Präsentieren Sie Ihr Angebot möglichst ansprechend, stellen Sie Vorteile heraus, und machen Sie es so greifbar wie möglich (z. B. durch verschiedene Bilder, Zoom-Möglichkeiten, Blickwinkel etc.). Vergessen Sie darüber hinaus nicht, eine Möglichkeit zum Kauf anzubieten. In unserem vorangegangenen Beispiel könnte dies eine Produkt-Detailseite sein, wie Sie sie beispielhaft in Abbildung 15.14 sehen.

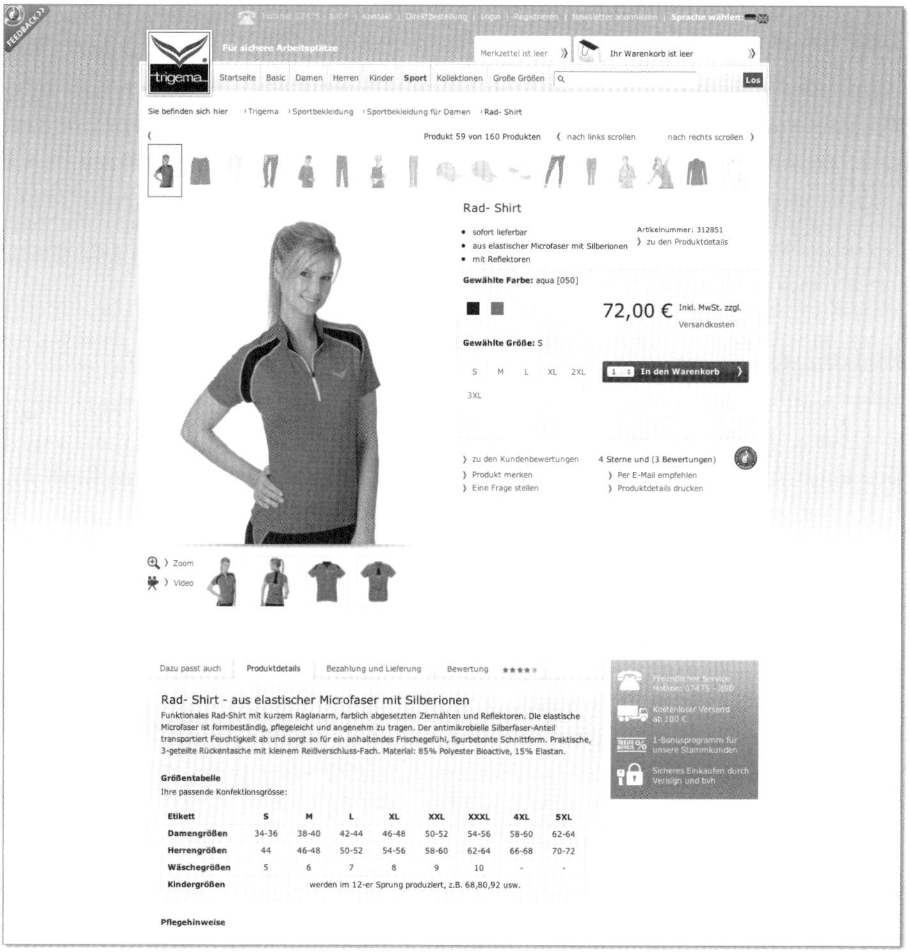

Abbildung 15.14 Produktdetailseite im Online-Shop von Trigema

Die Einteilung nach Kategorie- und Detailseiten entspricht nicht nur dem Aufbau von Online-Shops. Sie können diese auch auf andere Websites adaptieren. So ist beispielsweise eine Kategorieseite einer Informations-Website wie *www.zeit.de* der Bereich »Wirtschaft« (siehe Abbildung 15.15). Ein einzelner Artikel entspricht dann einer Detailseite.

Abbildung 15.15 Auswahl einer Kategorie auf www.zeit.de

15.5.4 Was darf nicht fehlen, was sollten Sie vermeiden?

Wenn wir wieder zurück an unser Lieblingsrestaurant denken, was sollte nun unbedingt auf der Speisekarte stehen? Wir betrachten im Folgenden insbesondere Websites, die Produkte verkaufen (E-Commerce), was aber nicht bedeutet, dass die meisten angesprochenen Aspekte nicht auch auf andere Websites anwendbar sind.

Beginnen wir mit den Gerichten, die auf keinen Fall fehlen dürfen, bevor wir uns diejenigen anschauen, die Sie besser nicht anbieten sollten.

Kontaktdaten und Impressum

Insbesondere dann, wenn Sie einen Webshop betreiben, sollten Sie Kontaktdaten gut sichtbar angeben, an die sich Ihre Besucher wenden können. Denken Sie an reale Geschäfte, wo (im Optimalfall) immer Verkaufspersonal zur Verfügung steht, um Fragen zu beantworten und im Kaufprozess behilflich zu sein. Idealerweise geben Sie mehrere Kontaktwege an, wie es beispielsweise bei Otto (*www.otto.de*) der Fall ist (Abbildung 15.16).

Mit wenigen Ausnahmen (bei diesbezüglicher Unsicherheit sollten Sie mit einem Juristen sprechen) sind alle Websites laut § 6 »Allgemeine Informationspflichten« des Teledienstgesetzes (TDG) dazu verpflichtet, »leicht erkennbar, unmittelbar erreichbar und ständig verfügbar« ein Impressum anzugeben. Wenn Sie einen derartigen Link in die Navigation oder in den Footer (Fußbereich Ihrer Website) integrieren, sollten Sie diese Vorgaben ausreichend erfüllen. Inhaltlich sind für das Impressum folgende Punkte vorgeschrieben:

- Name und Anschrift (bei juristischen Personen zusätzlich der Vertretungsberechtigte)
- Kontaktmöglichkeiten (Adresse und E-Mail)
- bei Tätigkeiten mit behördlicher Zulassung die zuständige Aufsichtsbehörde
- das Handels-, Vereins-, Partnerschafts- oder Genossenschaftsregister, in das Sie eingetragen sind, inklusive der entsprechenden Registernummer

- bei bestimmten Berufen die entsprechende Kammer, die gesetzliche Berufsbezeichnung und der Staat, der diese vergeben hat, sowie die Bezeichnungen der berufsrechtlichen Regelungen und deren Zugang
- gegebenenfalls Ihre Umsatzsteueridentifikationsnummer

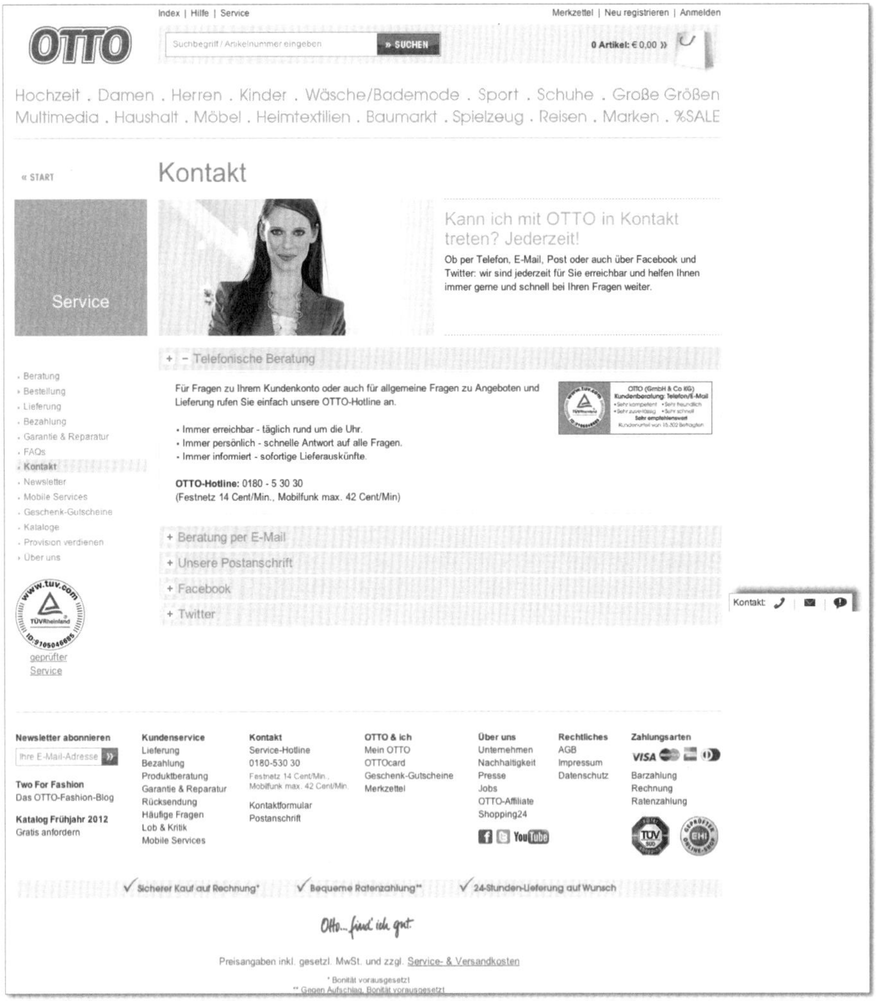

Abbildung 15.16 Kontaktmöglichkeiten bei otto.de

Wenn Sie Meinungsbildung beispielsweise durch Kommentare zulassen oder Geschäftsabschlüsse tätigen, müssen weitere Angaben gemacht werden. Wir empfehlen Ihnen, Ihr Impressum von einem Juristen überprüfen zu lassen. Verstöße können zu hohen Geldbußen führen. In Kapitel 3, » E-Mail- und Newsletter-Marketing – wirksame direkte Ansprache«, finden Sie zudem einen entsprechenden Auszug aus dem Telemediengesetz. Sollten Sie das Analysetool Google Analytics verwenden, muss dies ebenfalls im Impressum ausgewiesen sein. Google stellt dafür einen Hinweistext zur Verfügung. Diesen können Sie unter *www.google.com/intl/de_ALL/analytics/tos.html* finden.

Schnelle Hilfestellung finden Sie unter *www.net-and-law.de/de/netlaw/webimpressum/assistent.php*. Hier wird Ihnen nach der Angabe einiger Informationen ein Muster-Impressum vorgeschlagen.

Besser vermeiden: Jegliche Ablenkungen

Vermeiden Sie Dinge, die vom Wesentlichen ablenken. Wenn Sie jetzt dieses Buch in der Hand haben, dann sehen Sie selbstverständlich die Wörter auf der aufgeschlagenen Seite. Sie nehmen darüber hinaus aber noch sehr viel mehr wahr: Da sind z. B. Dinge in der Umgebung und Geräusche. Diese werden aber vom menschlichen Gehirn weitestgehend ausgeblendet. Bewegungen sind jedoch schwieriger auszublenden. Bei Bewegungen sind wir sehr schnell abgelenkt und schauen auf, um festzustellen, ob wir in irgendeiner Art reagieren müssen.

Online verhält es sich ähnlich. Sehen wir sich bewegende Elemente am Monitor, obwohl wir eigentlich konzentriert einen Text lesen möchten, so ist unsere Aufmerksamkeit eingeschränkt. Website-Betreiber machen sich diesen Effekt oft zunutze und verwenden gerade sich bewegende Elemente, um die Aufmerksamkeit der Besucher darauf zu lenken. Sie halten Ihren Besuchern Dinge sprichwörtlich unter die Nase, die sie unter Umständen nicht sehen möchten und die daher eher störend wirken.

Sogenannte *Pop-Ups*, also Elemente, die aufspringen bzw. »aufpoppen« und Teile des geöffneten Browserfensters überlagern, sind nur ein Beispiel dafür, was Benutzer oftmals als störend empfinden können. Vermeiden Sie sie so weit wie möglich, oder gehen Sie äußerst sparsam damit um. Viele Benutzer verwenden derweil *Pop-Up-Blocker*, um derartige Störungen von vornherein auszuschließen.

15.6 Die Navigation

Wie bereits gesagt wurde, ist die Informationsarchitektur das Grundgerüst einer Website. Die Navigation ermöglicht dem Besucher, die einzelnen Bereiche zu erreichen. Würde es keine Navigation geben, wüsste der Benutzer weder, wie vielfältig eine Website ist, noch wo er sich befindet. Viele Webseiten würden unentdeckt bleiben, wenn sie nicht mithilfe von Links verknüpft wären oder Benutzer möglicherweise die Webseite per URL aufriefen. Die Nutzer würden sich verloren fühlen, da sie sich räumlich nicht orientieren könnten und nicht wüssten, wo sie sind. Wenn die Zusammenhänge fehlen, bleibt den Besuchern oftmals nur der Zurück-Button übrig, der einer der meistgeklickten Links auf Websites ist. Auch *Lesezeichen* (*Bookmarks*) werden in solchen Situationen gerne zur Hilfe genommen. Eine gute Navigation kann also schon auf den ersten Blick Vertrauen schaffen. Sie sollte Hierarchieebenen leicht erkennen lassen und den Benutzern ein Gefühl für die Breite und Tiefe der Website vermitteln. Kernthemen sollten bereits innerhalb der Navigation deutlich werden.

Rufen Sie sich in Erinnerung, dass die Benutzer Ihrer Website oftmals in Eile sind und aufgrund dessen die Inhalte nicht lesen, sondern nur überfliegen. Je einfacher und verständlicher eine Navigation ist, desto besser lässt sie sich bedienen, was zur Zufriedenheit der Benutzer führt.

Sie kennen das vielleicht aus dem Urlaub: Sie sind in einem fremden Land angekommen, dessen Sprache Sie nicht beherrschen, und möchten zu Ihrem Hotel. Naheliegend sind zwei Möglichkeiten: Entweder Sie lesen Straßenschilder und machen sich allein auf den Weg, oder Sie fragen jemanden. Ähnlich verhält es sich im Internet: Benutzer, die eine fremde Website besuchen, können entweder per Navigation versuchen, ihr Ziel zu erreichen, oder sie verwenden Hilfen, wie beispielsweise eine Suchfunktion. Usability-Experte Jakob Nielsen unterscheidet zwischen *suchdominanten* und *linkdominanten* Benutzern. Die Gruppe der suchdominanten Benutzer präferiert das Verwenden der Suchfunktion auf einer Website. Die linkdominanten Besucher browsen selbst mithilfe von Links durch eine Website. Selbstverständlich gibt es auch Menschen, die sowohl das eine als auch das andere Verhalten aufweisen. Wir werden uns beide Möglichkeiten genauer anschauen und Ihnen Tipps aufzeigen, wie Sie eine gute Navigation und Suchfunktion anbieten können.

Eine Navigation hat grundsätzlich zwei Aufgaben: Sie soll dem Benutzer anzeigen, wo er sich innerhalb einer Website befindet und ihn darüber hinaus dabei unterstützen, das Gesuchte problemlos zu finden. Damit ist eine Navigation für den Benutzer für die Interaktion mit der Website ein wesentlicher Bestandteil. Bevor wir uns den Navigationsarten zuwenden, widmen wir uns noch kurz den Bezeichnungen der Navigation und der einzelnen Seitenbereiche.

Es ist elementar wichtig, dass sich die Benutzer unter den einzelnen Begriffen etwas vorstellen können. Verglichen mit der Offline-Welt wäre eine schlechte Navigationsbezeichnung wie ein Verkehrsschild, das Ihnen unbekannt ist und von dem Sie nicht wissen, was Sie damit anfangen sollen. So kann es schnell zu Unfällen kommen. Verwenden Sie daher bekannte Bezeichnungen bei Navigationsbereichen, und kreieren Sie keine neuen exotischen Ausdrücke, die erst beim zweiten Hinsehen einleuchten. Überlegen Sie sich, welche Bedeutungen (*Semantik*) die Begriffe in Ihrer Navigation noch haben können und was Benutzer darunter verstehen könnten. Beachten Sie, dass die Bezeichnungen in der Navigation in keinem weiteren Zusammenhang stehen, sondern alleine eine eindeutige Aussagekraft haben sollten.

15.6.1 Navigationsarten

Es werden verschiedene Arten von Navigationen unterschieden (beachten Sie, dass es in der Literatur keine einheitliche Begriffsbezeichnung für die verschiedenen Navigationsarten gibt):

- globale Navigation (auch Hauptnavigation, persistente Navigation)
- lokale Navigation
- Breadcrumb-Navigation (Brotkrumenpfade)
- Sonderfall: die Suchfunktion

Die globale Navigation

Die globale Navigation, die auch als *Hauptnavigation* oder *persistente Navigation* bezeichnet wird, ist eine Konstante, die sich auf jeder einzelnen Seite einer Website in gleicher Art und Positionierung befinden sollte. Ausnahmen können hier die Startseite oder auch Formulare und spezielle Landing Pages bilden.

Die Navigation zeigt an, dass sich der Benutzer noch auf derselben Seite befindet, und bietet ihm die Möglichkeit, sich zu orientieren.

Nach Steve Krug beinhaltet die globale Navigation fünf Elemente:

1. Zum einen beinhaltet sie eine *Website-Kennung*, beispielsweise ein Logo, das sich für gewöhnlich am linken oberen Seitenrand befindet.
2. Zudem sollte der Benutzer immer die Möglichkeit haben, *zurück* zum Start zu gehen. Oftmals wird dies durch die Verlinkung des Logos gelöst oder auch einen Home- bzw. Startseite-Button. In Fachkreisen herrscht Uneinigkeit darüber, welche der beiden Varianten die bessere ist. Viele Benutzer haben inzwischen gelernt, dass die Website-Kennung bzw. das Logo einer Seite mit der Startseite verlinkt ist. Unterscheidet sich die Startseite extrem von den restlichen Webseiten, dann macht zusätzlich auch ein Startseitenlink Sinn.
3. Drittens sollte eine *Suchfunktion* nicht fehlen. Wir haben die suchdominanten Benutzer bereits angesprochen und gehen im Folgenden noch genauer auf sie ein.
4. Als viertes Element sind die *Sektionen/Rubriken* zu nennen. Sie heißen zum Teil auch *Hauptsektionen* oder *primäre Navigation*. Damit sind die Kategorien gemeint, die Sie unter anderem bei der Website-Strukturierung festgelegt haben. In der Struktur der Website sind die Sektionen die erste Ebene. Sie sollten bei der Erarbeitung Ihrer Seitenstruktur die Sektionen nicht weniger berücksichtigen. Viele Besucher steigen über Suchmaschinen in Ihre Website ein und gelangen direkt auf eine Unterseite. Bieten Sie ihnen auch hier eine konsistente Navigation und optimale Orientierungshilfe.
5. Zu guter Letzt beinhaltet die globale Navigation die sogenannte *Hilfsnavigation* (auch *Utilitys* genannt). Damit sind Links gemeint, die dem Benutzer dabei helfen, die Website zu benutzen. Dazu gehören Links wie *Login*, *Datenschutz*, *Hilfe* o. Ä. Obwohl sie auch auf jeder Seite platziert sein sollten, ist die Gewichtung geringer, was meistens durch eine kleinere Darstellung zum Ausdruck gebracht wird. Von mehr als fünf Utilitys ist abzuraten.

In Abbildung 15.17 und Abbildung 15.18 sehen Sie als Beispiele die Umsetzung der globalen Navigation auf den Seiten *www.tchibo.de* und *www.conrad.de*.

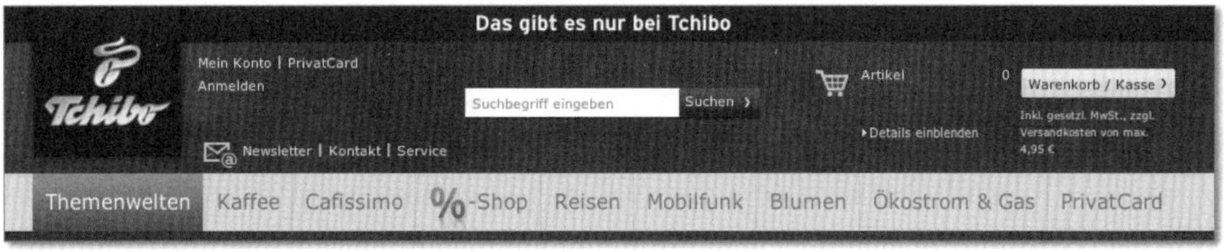

Abbildung 15.17 Die globale Navigation von Tchibo

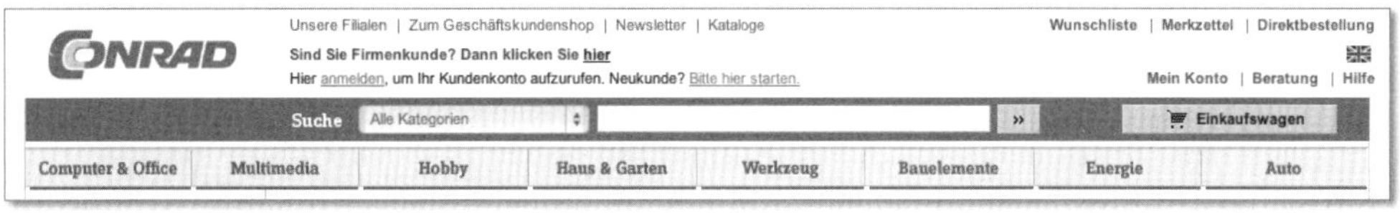

Abbildung 15.18 Die Website-Navigation bei Conrad

Eine interessante Lösung finden Sie auf der Website *techcrunch.com*. Hier bleibt die globale Navigation trotz Scrollens am oberen Seitenrand verankert und bietet damit den Nutzern einen festen Orientierungspunkt (Abbildung 15.19). Auch Facebook arbeitet beispielsweise mit einer fixen Navigation.

Abbildung 15.19 Die globale Navigation ist auf techcrunch.com fest am oberen Seitenrand verankert.

Die lokale Navigation

Die lokale Navigation befindet sich oftmals am linken Webseitenrand. Sie enthält die Webseiten, die zu einem bestimmten Bereich gehören. In dem folgenden Beispiel des Bundesministeriums für Finanzen sind alle Unterseiten zum Thema Steuern in der lokalen Navigation zu finden (siehe Abbildung 15.20). Wichtig ist, dass sich die zugehörige globale Navigation dabei nicht verändert, dass in diesem Beispiel also weiterhin der globale Navigationsbereich Wirtschaft und Verwaltung erhalten bleibt (und ausgewählt dargestellt wird).

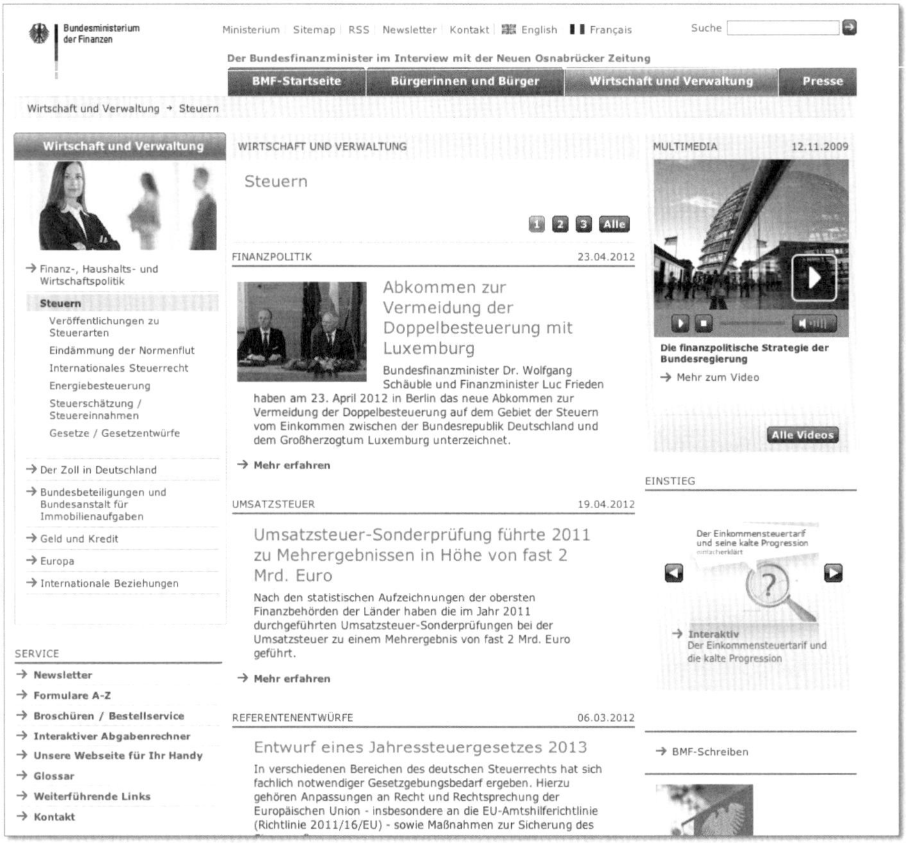

Abbildung 15.20 Lokale Navigation auf der Internetpräsenz des Bundesministeriums für Finanzen

Die Breadcrumb-Navigation

Erinnern Sie sich an das Märchen von Hänsel und Gretel? Die beiden Kinder wurden von ihren Eltern aus finanzieller Not im Wald ausgesetzt. Zuvor konnte der Junge aber die Pläne seiner Eltern belauschen und legte weiße Steine den Weg entlang, um zurück nach Hause zu finden. Das Vorhaben der Eltern ging nicht auf, weshalb sie einen erneuten Versuch unternahmen. Diesmal streute Hänsel Brotkrumen, die allerdings von Vögeln gefressen wurden. Daraufhin verlaufen sich die Geschwister im Wald und entdecken schließlich das Hexenhaus. Den Rest der Geschichte kennen Sie wahrscheinlich. Angelehnt an dieses Märchen ist die Bezeichnung *Breadcrumb* entstanden. Diese Art der Navigation zeigt dem Benutzer den Pfad von der Startseite zur aktuellen Seite an (Abbildung 15.21).

Abbildung 15.21 Breadcrumb-Navigation am Beispiel der Website www.zweirad-stadler.com

Wie Sie an dem Beispiel der Abbildung erkennen, wird die Breadcrumb-Navigation in Kombination mit der globalen Navigation verwendet. In der Regel wird der Brotkrumenpfad unterhalb der Hauptnavigation angezeigt. Es wird eine kleinere Schriftart verwendet, und die einzelnen Schritte werden mit dem Zeichen »>« voneinander getrennt. Zum Teil wird der Pfad mit dem Hinweis »Sie befinden sich hier« angereichert und/oder fett dargestellt. Es lässt sich darüber streiten, ob ein solcher Hinweis notwendig ist. Wichtig ist aber, dass dem Benutzer deutlich wird, wo bzw. auf welcher Seitenebene er sich im virtuellen Raum befindet. Heben Sie daher die aktuelle Seite beispielsweise farbig, fett oder mit Symbolen hervorgehoben ab.

Sonderfall: Die Suchfunktion

Für die suchdominanten Benutzer Ihrer Website ist eine Suchfunktion entscheidend. Wenn Sie sich mit der Suchfunktion auf Ihrer Website beschäftigen, sollten Sie immer im Hinterkopf haben, dass die Suchergebnisse elementar für den Produktverkauf bzw. den Kern Ihrer Website sind.

Die Suchfunktion ist also eine Ergänzung zum Navigieren per Menü und bietet sich insbesondere bei komplexen und umfangreichen Websites an. Sie ermöglicht es, auf direktem Wege beispielsweise eine Produktdetailseite aufzurufen. Bei kleineren Websites mit weniger Inhalten wird möglicherweise keine Suchfunktion benötigt. Das hängt aber von einer übersichtlichen Navigation ab, die dem Nutzer einfache Einstiegswege eröffnet.

Prinzipiell sollte eine Suchfunktion problemlos zu finden sein. Anstatt einen Menüpunkt *Suche* innerhalb der Navigation zu platzieren, sollten Sie ein offensichtliches Eingabefeld vorziehen, das auf jeder Webseite an gleicher Position zu finden ist. Etabliert haben sich die Positionen im oberen rechten – zum Teil auch oberen linken – Webseitenbereich. Eine gut funktionierende Suche kann das Vertrauen eines Benutzers in die Website unterstützen. »Gut« bedeutet dabei, dass die Suche schnell möglichst präzise Suchergebnisse ausgeben sollte. Die Funktionsweise einer Suche ist mittlerweile weitestgehend bekannt und muss in den meisten Fällen nicht näher erläutert werden. Für äußerst komplexe Websites können klare Tipps und Instruktionen dennoch hilfreich sein. Ihr Ziel sollte es sein, eine Suchfunktion zur Verfügung zu stellen, die so einfach wie möglich zu bedienen ist.

Im Allgemeinen besteht eine Suchfunktion lediglich aus einem Eingabefeld, das für alle Möglichkeiten genügend Zeichen aufnehmen können sollte. Achten Sie also auf eine ausreichende Größe des Eingabefeldes. Nach einer älteren Studie von Jakob Nielsen sind 27 Zeichen ideal. Zusätzlich befindet sich hinter dem Eingabefeld ein Button, dessen Bezeichnung beispielsweise *Suche* heißt. Das klingt erst mal einleuchtend, dennoch werden hier immer wieder Usability-Fehler begangen. Verwenden Sie also beispielsweise keine unklaren Bezeichnungen. Wenn ein Benutzer auf Ihre Website kommt und etwas suchen möchte, dann schwebt in seinem Kopf vermutlich das Wort »Suche«. Selbst wenn Sie nur geringfügig andere Formulierungen verwenden, gehen Sie das Risiko ein, dass Ihre Benutzer, wenn auch nur kurz, überlegen müssen.

Sie können den Benutzer bei seiner Suche unterstützen, indem Sie eine *Autosuggest*-Funktion integrieren. Sie kennen diese Funktion wahrscheinlich von der Google-Suche. Hier wird schon bei der Eingabe der ersten Buchstaben in das Suchfeld eine Vorschlagsliste angezeigt, die sich mit jedem weiteren eingegebenen Zeichen entsprechend verfeinert. Hilfreich ist hier zudem die Angabe der Treffer pro vorgeschlagenem Wort.

Idealerweise werden auch Rechtschreib- oder Tippfehler erkannt, und es werden Suchergebnisse (mit der richtigen Schreibweise) ausgeliefert. Sogenannte *phonetische Suchfunktionen* können dem Besucher die Suche erleichtern: Hier werden verschiedene Schreibweisen, Rechtschreibfehler und Mehrfachzuordnungen berücksichtigt.

Sollten Sie in Erwägung ziehen, Ihren Benutzern verschiedene Suchoptionen anzubieten, sollten Sie bedenken, dass Ihre Benutzer dann nachdenken müssen, welche

Suchoption sie verwenden. Für einen Großteil der Anwender von Suchfunktionen sind diverse Kategorien und Optionen überfordernd. Wenn Sie dennoch der Meinung sind, dass Benutzer Suchfilter angeben können sollten, kann ein Link *Erweiterte Suche* (zusätzlich zur Schnellsuche) eine mögliche Lösung sein.

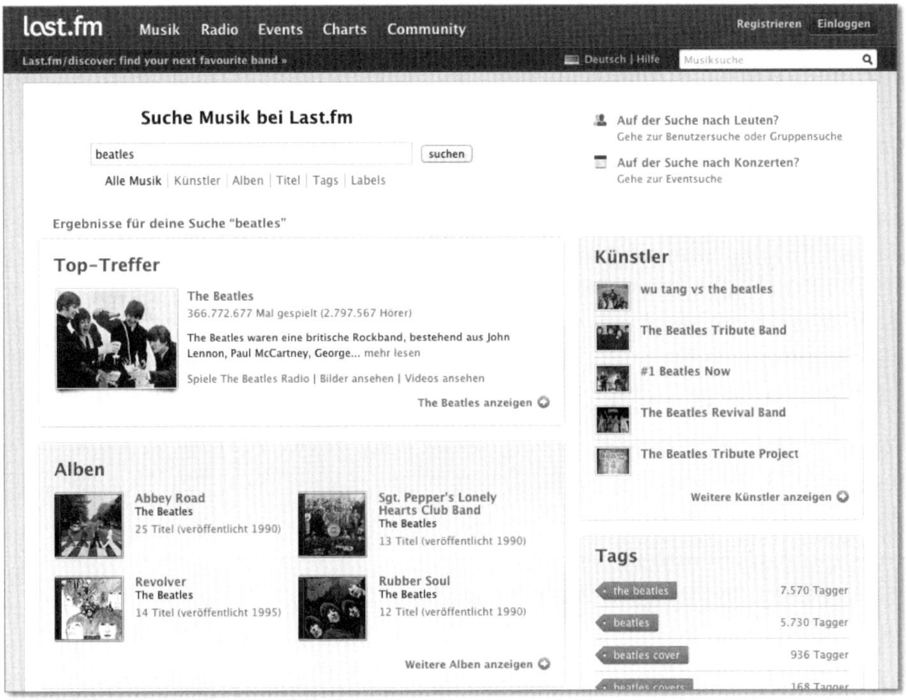

Abbildung 15.22 Verschiedene Suchmöglichkeiten bei *www.lastfm.de*

Die Website *www.lastfm.de* löst die Aufgabe mit einer Suchfunktion, die bei der Eingabe Suchvorschläge anbietet und zudem eine Musiksuche (nach Künstler, Alben etc. filterbar), eine Benutzer- oder Gruppensuche sowie eine Eventsuche anbietet (siehe Abbildung 15.22).

Für ein positives Nutzererlebnis ist die Funktionsweise der Suche elementar. Zum einen sollte die Suche möglichst schnell Ergebnisse liefern. Stellen Sie daher sicher, dass die Abfragen nicht zu lange dauern. Vorbildlich arbeitet auch hier die Google-Suche. So erhalten Sie beispielsweise bei der Suchanfrage »Schuhe« ungefähr 202. 000.000 Ergebnisse in 0,22 Sekunden (laut Angaben, die von Google unter dem Sucheingabefeld angezeigt werden, Stand 28.04.2012). Zum anderen zählt die Qualität der Suchergebnisse bzw. die Präzision der Suche. Geben Sie beispielsweise ein einzelnes Suchfeld an (ohne die Auswahlmöglichkeit weiterer Kategorien), so geht der Besucher davon aus, dass global und ohne Einschränkung gesucht wird. So sollte also das Suchen nach Begriffen genauso möglich sein wie das Suchen nach Artikelnummern (besonders relevant für Nachbestellungen), sofern es sich bei der Website um einen Online-Shop handelt. Dementsprechend sollten dann auch die Suchergebnisse aussehen. Das Paradebeispiel liefert der Online-Shop *amazon.de*.

Auch die Darstellung der Suchergebnisse ist entscheidend. Allgemein sollten diese so übersichtlich wie möglich präsentiert werden. Eine große Anzahl an Suchergebnissen ist wenig hilfreich, wenn sie nicht benutzerfreundlich aufbereitet wird. Das kann zum einen geschehen, indem die Ergebnisse in einer Liste angezeigt werden, deren beste Ergebnisse weiter oben stehen. Darüber hinaus gibt es auch die sogenannte Galeriedarstellung, die Sie in Abbildung 15.23 sehen. Verschiedene Filter- und Sortiermöglichkeiten helfen dem Benutzer, das für ihn beste Ergebnis schneller zu identifizieren. Zudem kann eine Auswahl an verschiedenen Darstellungen (z. B. Liste oder Galerie) und der Menge der Suchergebnisse (z. B. 24, 48, 96 oder 192 Ergebnisse pro Seite) hilfreich sein. Zeigen Sie dem Benutzer die Anzahl der Gesamttreffer an. Dies dient der Entscheidungsfindung, ob die Suche mit einer detaillierteren Suchabfrage neu ausgeführt wird oder ob die Suchergebnisse durchgesehen werden. Im eBay-Beispiel kann die Suche auch gespeichert werden.

Während die Gewichtung der Suchergebnisse per Liste eine Rolle spielt, wird die Aufmerksamkeit der Benutzer bei der Darstellung per Galerieansicht gleichmäßig auf die Suchergebnisse verteilt.

Analyse der Logfiles und »Best Bets«

Insbesondere die genaue *Logfile*-Analyse kann nützliche Ergebnisse für die Optimierung der internen Suche liefern. Logfiles sind Dateien, die Aktionen und Prozesse Ihrer Website wiedergeben – Ihr Webmaster kann Ihnen bei der Beschaffung dieser Daten sicherlich behilflich sein.

Mithilfe solcher Logfiles können Sie ermitteln, welche Suchanfragen die Benutzer Ihrer Website stellen. Filtern Sie insbesondere die Topsuchbegriffe heraus. Vielleicht können Sie temporäre Veränderungen feststellen und Ihr Angebot dahingehend anpassen? Wir empfehlen Ihnen, die eigene Suchfunktion auch selbst zu verwenden. Das ist eine weitere Möglichkeit, Fehlerquellen oder Schwachstellen zu identifizieren. Sollten Sie feststellen, dass wichtige Bereiche und Begriffe besonders häufig gesucht werden, so kann es sinnvoll sein, diese fest in der Navigation zu verankern, um das Nutzererlebnis zu optimieren.

Es kann auch sinnvoll sein, die Suchergebnisse zu optimieren. Auf Ihrer eigenen Website können Sie durchaus Einfluss darauf nehmen, was als Erstes angezeigt werden soll, was auch als *Best Bets* bezeichnet wird. Hoa Loranger und Jakob Nielsen empfehlen, eine Auflistung der besten Ergebnisse für verschiedene Suchabfragen zu hinterlegen. Wird eine solche Suchabfrage gestartet, erscheinen erst die Best Bets, dann die algorithmisch berechneten Ergebnisse.

Schauen Sie sich die Suchergebnisse für die häufigsten Suchanfragen an, und fügen Sie gegebenenfalls Spitzentreffer Ihrer Best-Bets-Liste hinzu.

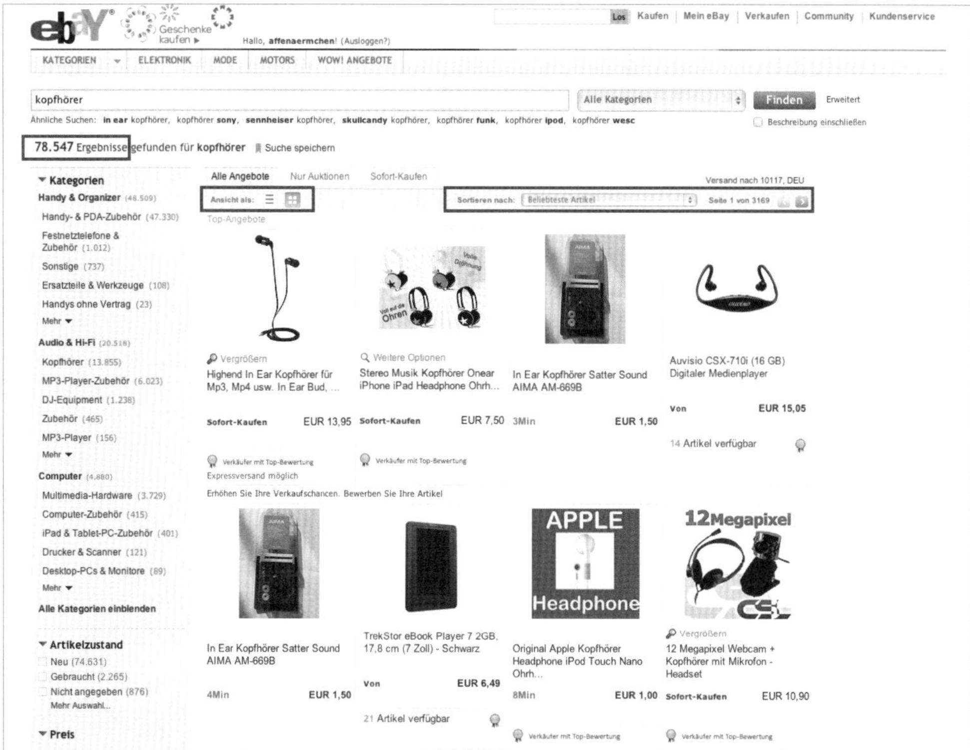

Abbildung 15.23 Beispiel für die Darstellung der Suchergebnisse zum Suchbegriff »Kopfhörer« bei eBay

Im Zusammenhang mit der Darstellung von vielen Suchergebnissen (oder Datenmengen) fällt oftmals auch das Wort *Paginierung*. Dabei werden die Informationen auf verschiedene Seiten aufgeteilt und mittels Seitennummerierung dargestellt. Benutzer können vor- und zurückblättern. Paginierung wird oftmals bei Online-Shops angewendet, um eine Vielzahl an Suchergebnissen darzustellen, die nicht auf eine Webseite passen bzw. extrem langes Scrollen mit sich bringen. Aus Sicht der Suchmaschinenoptimierung ist es dabei wichtig, dass auch die Unterseiten für die Suchmaschinen erreichbar sind.

Eine erfolglose Suche kann für den Besucher sehr unbefriedigend sein. Teilen Sie dem Suchenden mit, dass die Suchabfrage keine Treffer erzielen konnte, und bieten Sie ihm Hilfestellungen. Das können Tipps sein, wie eine erneute Suche aussehen kann. Zudem kann es auch sinnvoll sein, alternative Suchergebnisse anzuzeigen.

15.6.2 Navigationsstile

Neben den einzelnen Navigationsarten haben sich auch verschiedene Navigationsstile entwickelt, die wir Ihnen im Folgenden vorstellen möchten.

Listen-Navigation

Die wohl nächstliegende Form der Darstellung verschiedener Bereiche stellt eine Liste dar, die horizontal oder vertikal angeordnet sein kann. Unterbereiche, wie z. B. die lokale Navigation, werden kleiner dargestellt, um die verschiedenen Website-Ebenen bzw. die Tiefe der Website anzudeuten, wie Sie am Beispiel der Navigation bei Galeria Kaufhof sehen können (siehe Abbildung 15.24).

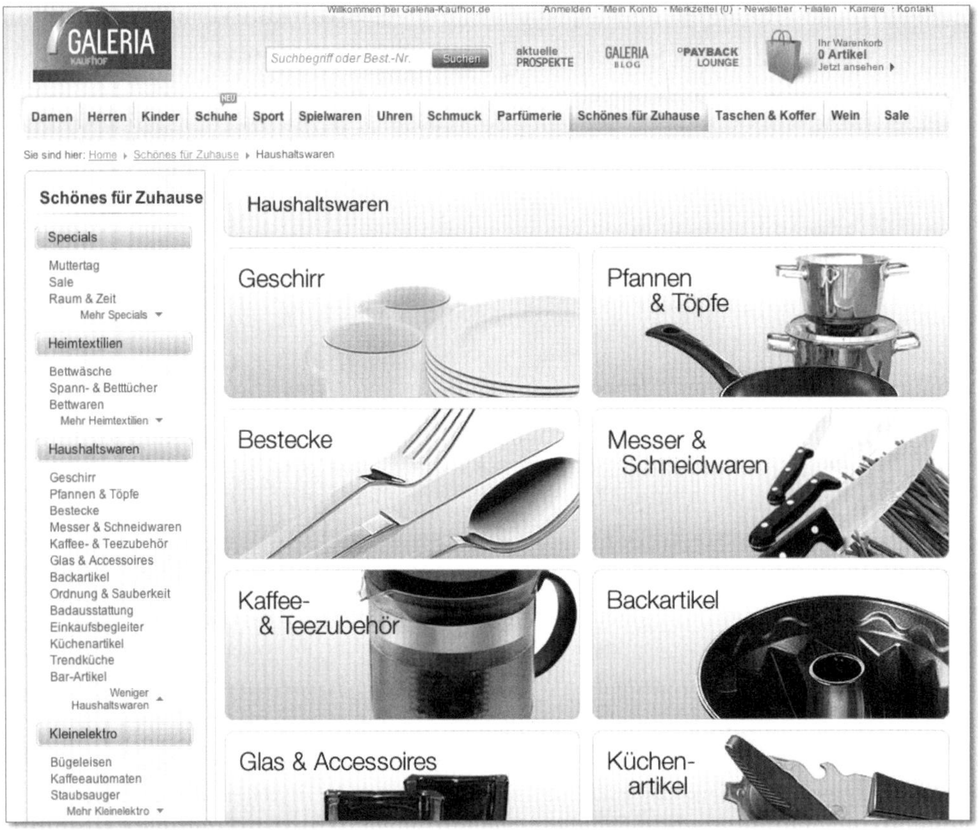

Abbildung 15.24 Listennavigation bei der Webpräsenz von Galeria Kaufhof

Auswahlmenüs, Dropdown-Menüs und Rollover-Menüs

Eine andere Darstellungsart sind Auswahlmenüs, die Sie wahrscheinlich von der Sprach- oder Länderauswahl her kennen (Abbildung 15.25).

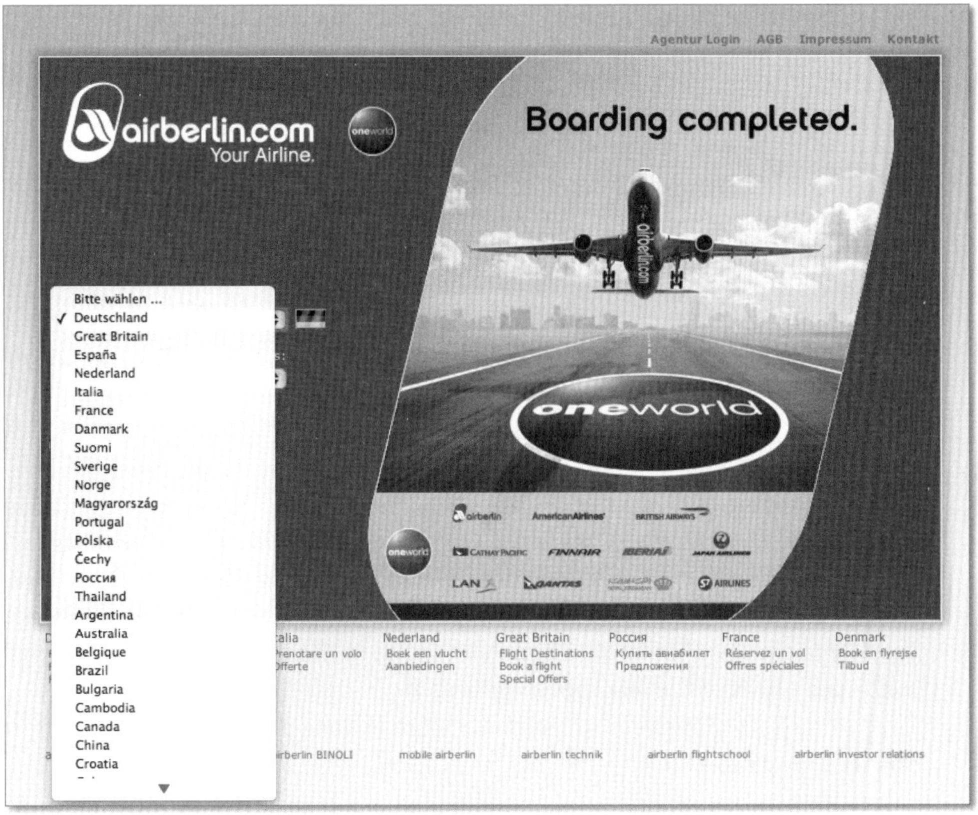

Abbildung 15.25 DropDown-Menü bei airberlin.de

Auswahlmenüs können auch angezeigt werden, wenn Sie mit der Maus über einzelne Elemente fahren oder auf diese klicken. Dann werden Ihnen weitere Auswahloptionen angezeigt, wie Sie in Abbildung 15.26 auf der Website von DHL sehen. Auswahlmenüs sind eine praktische Möglichkeit, um viele Inhalte platzsparend anzuzeigen.

Hier wird zudem eine weitere Funktion deutlich: die sogenannten *Tooltips*. Sie erscheinen, wenn Sie mit der Maus einige Zeit über einem Element verharren. Dann wird ein kleines Hinweisfenster angezeigt, das eine kurze Beschreibung beinhaltet. Bei der nächsten Mausbewegung verschwindet der Hinweis. Im DHL-Beispiel sehen Sie, dass sich ein weiteres Hinweisfenster geöffnet hat, mit der Beschriftung »Logistik«. Tooltips zählen nicht unbedingt zu Navigationsstilen, können aber durchaus hilfreich sein. Sie können via HTML, CSS oder JavaScript umgesetzt werden.

15

Abbildung 15.26 Dropdown-Menü bei DHL

Achten Sie bei der Verwendung von Dropdown-Menüs darauf, dass sie dem Benutzer deutlich werden, ohne dass er darüber nachdenken muss. Zudem sollten sie nicht gleich wieder verschwinden, bevor der Benutzer die Möglichkeit hatte, eine Auswahl zu treffen. Berücksichtigen Sie bei der Darstellung per Dropdown-Menü, dass die Unterbereiche für die Benutzer erst ersichtlich werden, wenn das Menü aufgeklappt ist. Scannt ein Besucher Ihre Website, kann er also noch nicht sehen, welche Themen sich noch auf den einzelnen Ebenen verbergen.

Registernavigation

Bei der Registernavigation werden verschiedene Reiter, angelehnt an die Offline-Welt, dargestellt. Sie kennen bestimmt Schubladen, die verschiedene Register enthalten und oftmals in Arztpraxen zu finden sind.

Auf Websites wird dieser Effekt aufgegriffen, indem Registerkarten angedeutet werden und Räumlichkeit vermitteln. Wichtig bei der Gestaltung von Registern ist die optische Hervorhebung des ausgewählten Reiters (Abbildung 15.27). Das kann z. B. durch eine andere Farbe geschehen, die von Rubrik zu Rubrik unterschiedlich ist. Bei jedem Wechsel des Benutzers in eine andere Rubrik bzw. einen anderen Themenbereich sollte der entsprechende Reiter bereits hervorgehoben sein.

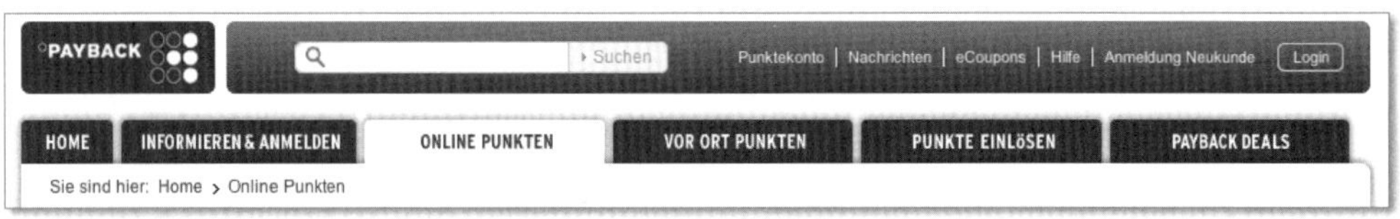

Abbildung 15.27 Registernavigation bei www.payback.de

Tagclouds

Tagclouds beinhalten eine Sammlung von Schlagworten, die in unterschiedlicher Größe und durcheinander dargestellt werden. Je nachdem, wie groß ein einzelner Begriff innerhalb der Schlagwortwolke dargestellt wird, desto beliebter oder bedeutender ist dieses Thema auf der jeweiligen Website. Ein Beispiel für eine Tagcloud zeigt Abbildung 15.28 anhand der Online-Präsenz des Handelsblattes (*www.handelsblatt.com*).

Abbildung 15.28 Beispiel für eine Tagcloud auf www.handelsblatt.com

Klappmenüs, Ziehharmonika bzw. Akkordeon

Als Klappmenü, Ziehharmonika oder auch Akkordeon bezeichnet man die hilfreiche Funktion von aufklappbaren Elementen. Wie Sie beispielsweise im Servicebereich des Versandhandels Otto (*www.otto.de*) unter FAQ sehen, können hier die Antworten zu einzelnen Bereichen per Klick auf- und zugeklappt werden. Das spart nicht nur Platz, sondern ist auch überschaubarer für den Benutzer. Voraussetzung und daher möglicher Nachteil ist, dass der Benutzer erst aktiv das Akkordeon aufklappen muss, um die Inhalte zu sehen. Ansonsten bleiben sie ihm verborgen. Aus Sicht der Suchmaschinenoptimierung kann der Einsatz von Klappmenüs kritisch sein, denn oftmals werden mit diesem Hilfsmittel viele Themenbereiche angesprochen. Dabei ist es schwierig, eine gewisse thematische Relevanz und Keyword-Dichte zu erreichen. Bedenken Sie zudem, dass die Klappfunktion nicht funktioniert, wenn Benutzer JavaScript deaktiviert haben. In diesem Fall werden alle Inhalte im aufgeklappten Zustand dargestellt. Den ersten Bereich des Akkordeons kann man bereits aufklappen.

Das hat den Vorteil, dass der Benutzer direkt sieht, dass ihn Inhalte hinter den Bereichen erwarten, auch wenn er ein Plus- oder Minuszeichen (zum Aufklappen des Menüs) zunächst nicht wahrnimmt (siehe Abbildung 15.29).

Abbildung 15.29 Klappmenü bei Otto

15.7 Texten für das Netz

Ein Zitat von Willi Brandt lautet: *»Die besten Reden sind die, die nicht gehalten werden. Die zweitbesten sind die scharfen, die drittbesten die kurzen.«* Der frühere Bundeskanzler beschreibt hier das, was wir allgemein unter der Redewendung »langer Rede kurzer Sinn« verstehen.

Überfordern Sie Ihre Benutzer nicht mit endlos langen Texten. Das Lesen am Monitor ist anstrengender als auf Papier. Zwar lesen nach einer Studie von eResult 60 % der Benutzer Texte häufiger am Bildschirm. Dennoch ist erwiesen, dass Menschen am Monitor langsamer lesen und zudem die Augen schneller ermüden. Darüber hinaus wissen Sie, dass die Benutzer es meistens eilig haben, Texte nur überfliegen (scannen) und innerhalb weniger Sekunden entscheiden, die Website möglicherweise wieder zu verlassen.

Die meisten Besucher »lesen« Websites also nicht, sondern überfliegen diese. Sie scannen die Inhalte und suchen nach der Lösung ihres Problems oder Bedürfnisses. Sie kennen das bestimmt vom »Zappen« im Fernsehen oder vom »Durchblättern« in Zeitschriften. Sie schalten rasant durch die einzelnen Kanäle oder überfliegen die Seiten von Magazinen. Sie stoppen erst, wenn Ihr Blick an etwas Interessantem haften bleibt. Und diesen Effekt gilt es, hervorzurufen: Fangen Sie das Interesse des Besuchers ein, indem Sie ihm interessante, spannende Angebote liefern. Beginnen Sie mit den wichtigsten Informationen, und gehen Sie dann ins Detail. Nicht jeder Besucher Ihrer Website wird die Inhalte komplett lesen. Sicherlich muss man in der Art eines Textes im Netz unterscheiden (z. B. Beitrag, Kommentar, Pressemitteilung etc.). Im Folgenden möchten wir Ihnen einige grundlegende Dinge mit auf den Weg geben.

Die umgekehrte Pyramide von Nielsen

Nach Jakob Nielsen sollte der Textaufbau der Form einer umgekehrten Pyramide ähneln. Das bedeutet, die Zusammenfassung mit den elementarsten Informationen, die sich zumeist im Schlussteil eines Textes wiederfinden, werden an den Anfang gesetzt, Detail- und Hintergrundinformationen folgen. Dahinter steht die Überlegung, dass Leser, auch wenn sie nur den Anfang eines Textes lesen, die wichtigsten Informationen aufnehmen können. Sie kennen dieses Prinzip bestimmt aus der Zeitung.

Exemplarisch sehen Sie dieses Pyramidenmodell in Abbildung 15.30.

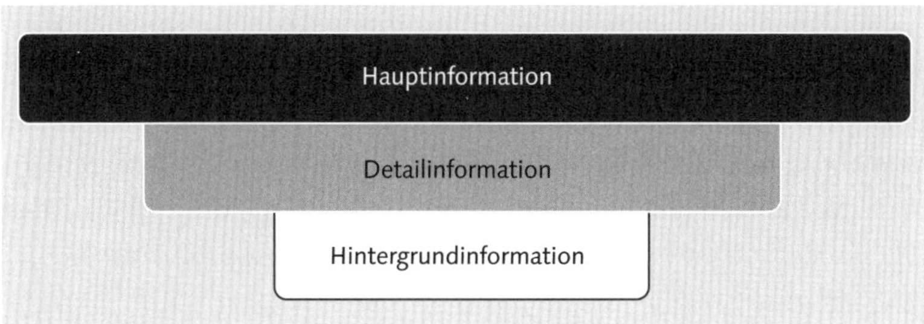

Abbildung 15.30 Pyramidenartiger Textaufbau nach Jakob Nielsen

Versuchen Sie, sich insgesamt möglichst kurz zu fassen und kurze Sätze zu formulieren. Strukturieren Sie Ihre Inhalte durch Zwischenüberschriften, und heben Sie wichtige Abschnitte hervor. Berücksichtigen Sie, dass es unterschiedliche Möglichkeiten gibt, wie Besucher in Ihre Website einsteigen. Inhalte sollten daher in sich geschlossen sein und sich nicht über verschiedene Seiten hinweg aufbauen. Versuchen Sie, den Benutzer abzuholen und anzusprechen, und vermeiden Sie passive Formulierungen. Vielmehr sollten Sie aktiv und so spannend wie möglich schreiben. Stellen

Sie Ihr Angebot klar und deutlich dar. Arbeiten Sie den Nutzen Ihres Angebots heraus, und übermitteln Sie Ihre Kernbotschaft. Alle Elemente der Webseite sollten dazu beitragen.

Dabei können Sie sich an den sieben Ws orientieren, eine Fragetechnik, die insbesondere von Journalisten angewandt wird (dies ist aber nicht bei jedem Inhalt notwendig). Beantworten Sie auf der Webseite,

- wer
- was
- wo
- wann
- wie und
- warum

verwenden sollte. Damit sollten Sie die Kernfragen der Interessenten beantwortet haben. Sie können das Ganze noch mit Referenzen oder Testsiegeln untermauern. Insgesamt sollte klar werden, was Ihr Angebot für den Benutzer persönlich bedeutet und worin seine individuellen Vorteile bestehen.

Stellen Sie sich einen direkten Dialog vor, indem Sie gleich zur Sache kommen. Vermeiden Sie überflüssige Beschreibungen, und entfernen Sie Füllwörter und Füllsätze, die keinen Mehrwert bieten. Konzentrieren Sie sich auf nützliche Informationen für Ihre Besucher. Halten Sie es beim Texten wie Arthur Schopenhauer (deutscher Philosoph, 1788–1860):

»Jedes überflüssige Wort wirkt seinem Zweck gerade entgegen.«

Dass Sie dabei die deutsche Rechtschreibung und auch die Regeln der Grammatik beachten, sollte nicht extra erwähnt werden müssen. Tippfehler wirken unseriös, Sie riskieren damit das Vertrauen Ihrer Besucher. Prüfen Sie Ihre Texte daher selbst, über ein Lektorat oder per Rechtschreibprüfung von Textverarbeitungsprogrammen.

Wie im wahren Leben sollten Sie Ihre Wortwahl Ihrem Gegenüber anpassen: So werden Sie beispielsweise mit Kleinkindern anders sprechen als mit Ihrem Chef. Die sprachliche Anpassung an Ihre Zielgruppe sollte aber in keinem Fall aufgesetzt wirken, da sonst schnell ein unglaubwürdiger Eindruck entsteht. Allgemein sollten Sie wenig Fach- und Fremdwörter verwenden und diese im Zweifelsfall erklären. Geben Sie sich nicht der Illusion hin, dass englische Bezeichnungen zwangsläufig verstanden werden. Eine Datenerhebung des Instituts für Demoskopie Allensbach im Jahr 2007 ergab, dass fast die Hälfte der Befragten Englisch »überhaupt nicht gut/gar nicht« verstehen.

Fordern Sie keine unnötige Denkarbeit von Ihren Besuchern, und bleiben Sie bei klaren, unmissverständlichen deutschen Bezeichnungen. Vermeiden Sie zudem zwei- und mehrdeutige Begriffe. Auch Fachbegriffe, die Ihnen vielleicht eindeutig vorkommen mögen, sind nicht jedem Besucher geläufig. Setzen Sie keine Vorkenntnisse voraus, sondern bieten Sie, wenn nötig, kleine Hinweise und Hilfestellungen. Ein Tipp: Wenn Ihre neunzigjährige Großmutter Ihre Webseite problemlos versteht, dann liegen Sie mit Ihren Formulierungen meistens richtig.

Im Allgemeinen sollten Bezeichnungen einheitlich verwendet werden. Verschiedene Schreibweisen, wie beispielsweise bei dem Begriff *E-Mail* (der manchmal auch als *email, eMail, Email* auftaucht) sollten Sie möglichst vermeiden. Bleiben Sie auch innerhalb Ihrer Formulierungen konstant, und bezeichnen Sie Ihre *Startseite* beispielsweise nicht abwechselnd auch als *Home, Homepage, Einstieg, Start* oder *Zuhause*.

Was die Seitenlänge anbelangt, gibt es sowohl für sehr kurze als auch für lange Webseiten *Best-Practise*-Beispiele (Musterbeispiele). Sollten Sie jedoch eine lange Webseite planen und vom Besucher viel Scrollen verlangen, können Links, die zum Anfang der Seite springen, hilfreich sein. Seitliches Scrollen sollten Sie eher vermeiden. Nach einer Studie von Jakob Nielsen im Frühjahr 2010 liegt 80 % der Aufmerksamkeit der Benutzer »above the fold« also im sichtbaren Bereich. Obwohl die Benutzer scrollen, liegt nur 20 % der Aufmerksamkeit »below the fold«, also unter dem sichtbaren Webseitenbereich. Je länger die Seite ist, desto wichtiger wird deren Strukturierung.

Sie sollten Ihren Besuchern also das Überfliegen der Inhalte so leicht wie möglich machen. Verwenden Sie daher Überschriften, Unterüberschriften und Absätze mit den dafür vorgesehenen HTML-Tags `<h1>` bis `<h6>`. An sinnvollen Stellen kann es sich auch anbieten, mit Auflistungen zu arbeiten. Listen können schneller erfasst werden als Text und werden von Besuchern gerne gelesen, da sie auf übersichtliche und prägnante Weise Informationen darstellen.

Wichtige Satzbausteine können fett hervorgehoben werden. Bilder und Grafiken sind ein gutes Mittel, um lange Texte auf Webseiten aufzulockern. Vergeben Sie jeweils Bildunterschriften, und verlinken Sie, sofern es sinnvoll ist, auch die integrierten Darstellungen. Vergessen Sie dabei nicht, auch Image-Tags zu vergeben, die das Bild oder die Grafik beschreiben. Dies ist sowohl für die Verwendung von Screenreadern als auch aus der Sicht der Suchmaschinenoptimierung wichtig.

Da das Lesen am Monitor für die Augen sehr anstrengend sein kann, drucken sich viele Besucher Webseitentexte aus. Bieten Sie daher eine Druckversion an, beispielsweise als PDF. Dabei ist es für den Benutzer hilfreich, die Dateigröße des PDFs zu kennen. Verlinken Sie auch eine kostenlose Version eines PDF-Readers. Alternativ können Sie auch HTML-Druckversionen anbieten.

Um dennoch ein angenehmes Lesen am Monitor zu ermöglichen, sollten Sie darauf achten, dass Sie Ihre Inhalte lesbar darstellen. Wählen Sie eine Schriftgröße, die auch ohne Lupe erkennbar ist und nur von wenigen Besuchern verändert werden muss, und stellen Sie sicher, dass die Schriftgröße ebenfalls veränderbar ist. Wenn Sie eine Schrift mit Serifen (mehr dazu finden Sie in Abschnitt 15.13.3, »Typografie«) verwenden, sollten Sie Ihre Texte etwas größer darstellen. Entscheiden Sie sich möglichst für eine websichere Schrift, die problemlos von unterschiedlichen Systemen dargestellt werden kann. Sie sollten darüber hinaus auf angenehme Kontraste achten und optimalerweise schwarze Schrift auf weißem Hintergrund verwenden. Von heller Schrift auf hellem Hintergrund ist eher abzuraten. Auch Hintergrundbilder können dazu führen, dass die Inhalte nur noch schlecht lesbar sind. Wählen Sie einen ausreichend großen Zeilenabstand, und berücksichtigen Sie, dass die Verwendung von Blocksatz zu unausgeglichenen Textbildern führen kann.

Zu guter Letzt noch einige Hinweise aus der Perspektive der Suchmaschinenoptimierung: Wie Sie in Abschnitt 12.4.2, »Inhalte optimieren«, im Detail lesen können, sollten Sie innerhalb Ihrer Texte wichtige Keywords verwenden. Streuen Sie diese sowohl in Überschriften, Zwischenüberschriften als auch im Text. Integrieren Sie wichtige Keywords auch im Title-Tag und der Meta-Description Ihrer Website. Steigen Sie in das Kapitel 12, »Suchmaschinenoptimierung (SEO)«, ein, wenn Sie Näheres dazu erfahren möchten.

15.8 Buttons und Links

Eine der Errungenschaften und Grundlage des World Wide Web sind die Links. Durch die Technik der Links müssen Sie nicht von Seite zu Seite blättern, sondern können gleich an inhaltlich relevanter Stelle in eine andere Website oder Webseite eintauchen.

Sie als Website-Betreiber müssen dabei eines im Auge behalten: Die Benutzer dürfen zu keiner Zeit orientierungslos durch Ihre Seite irren. In Abschnitt 15.6, »Die Navigation«, haben wir dieses Thema bereits angesprochen. Aber auch bei der Verwendung von Links und Buttons sollten Sie einige Hinweise beachten: Machen Sie Ihre Website nicht zu einem Ratespiel. Wenn Sie Links verwenden, sollten diese für den Nutzer auch erkennbar sein. Vielleicht denken Sie jetzt, das sei vollkommen logisch und es sei überflüssig, dies zu erwähnen. Leider kommt es jedoch immer noch häufig vor, dass Links nicht als solche gekennzeichnet werden.

Dabei ist es so einfach: Links sind blau und unterstrichen (oder zumindest eins von beidem). Daran haben sich die Benutzer inzwischen gewöhnt, und sie wissen, dass sie auf derartige Dinge klicken können und weitergeleitet werden. Andersherum sollten auch nur die Textpassagen als Link gekennzeichnet sein, die wirklich eine Verlinkung darstellen. Vermeiden Sie daher die Verwendung von blauer (und unterstrichener) Schrift. Um dem Benutzer eine Hilfe zu geben, welche Links er bereits besucht hat, werden diese Links in der Regel andersfarbig angezeigt. Bei einigen Seiten wird die Linkfarbe auch anhand des Corporate Designs gewählt, sodass Links auch nicht zwangsläufig blau dargestellt werden. Wichtig ist die einheitliche und deutliche Kennzeichnung von Links.

Achten Sie auch bei der Wahl der Linktexte darauf, dass dem Benutzer angezeigt wird, was ihn bei einem Klick auf den Link erwartet. Wählen Sie dabei aussagekräftige Formulierungen. »Hier klicken« ist wenig hilfreich für Ihre Benutzer. Es sollte auch nur so viel Text wie nötig als Linktext verwendet werden. Sehr lange Linktexte sind nicht besonders gut lesbar. Und auch hier sollten Sie Aspekte aus der Suchmaschinenoptimierung im Kopf haben: Im Linktext können und sollten wichtige Keywords verwendet werden.

Ähnlich verhält es sich mit Buttons: Auch diese sollten so dargestellt werden, dass sie offensichtlich klickbar sind und Benutzer nicht darüber nachdenken müssen. Es reicht nicht aus, dass sich der Mauszeiger (*Cursor*) von einem Pfeil in eine zeigende Hand verwandelt (Abbildung 15.31), wenn Sie ihn über den Begriff ziehen (*Rollover-* bzw. *Mouseover-Effekt*).

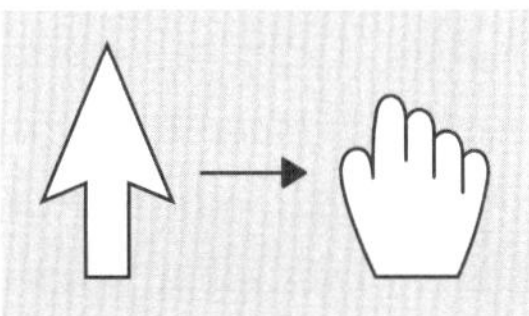

Abbildung 15.31 Der Cursor verändert sich, wenn Sie mit der Maus über ein klickbares Element fahren.

Vielmehr sollte offensichtlich dargestellt sein, dass es sich um ein klickbares Element handelt. Zudem sollten Sie auch anzeigen, ob dieses Element gerade aktiv oder inaktiv ist – beispielsweise durch unterschiedliche Farbgebung. Legen Sie Wert auf eine möglichst einheitliche Darstellung Ihrer Buttons, und seien Sie vorsichtig bei Positionsveränderungen.

Auch das Thema Konsistenz spielt bei Links und Buttons eine Rolle: Zeigen Sie dem Benutzer schon mit entsprechenden Beschriftungen, dass er auf der richtigen Zielseite gelandet ist. So sollte ein Link oder Button mit der Bezeichnung Produktdetails auch zu einer Seite führen, deren Überschrift »Produktdetails« lautet. So machen Sie dem Benutzer die Orientierung leichter: Er weiß, was passiert, wenn er auf einen Link/Button klickt, und dies wird bestätigt, wenn er auf der entsprechenden Zielseite landet. Arbeiten Sie mit Ankern, wenn der entsprechende Inhalt weiter unten auf einer langen Zielseite steht. So springt der Benutzer gleich zu dem für ihn relevanten Inhalt.

Gehen Sie sparsam mit Links um, die auf andere Seiten verweisen. Sie möchten Ihren Benutzern Ihre Angebote präsentieren und nicht die eines anderen Anbieters. Derartige Verweise können gut am Ende einer Webseite verwendet werden. Bei deren Betätigung sollte sich ein neues Browserfenster öffnen, damit die Benutzer immer noch die Möglichkeit haben, dieses zu schließen und auf Ihrer Seite zu verweilen.

Zusammenfassend kann man sagen: Die Verwendung von Links und Buttons sind kein Such- und Ratespiel. Zeigen Sie so offensichtlich wie möglich, was klickbar ist und wohin der Klick führt.

15.9 Formulare

Sie kennen das bestimmt aus dem Alltag: Formulare sind bürokratisch und machen nicht besonders viel Spaß. Am liebsten schiebt man sie zur Seite und vermeidet sie, wenn es möglich ist. Ähnlich verhält es sich auch im Internet.

Obwohl uns Formulare fast überall im Netz begegnen (z. B. bei Newsletter-Anmeldungen, Logins, Bestellungen etc.), sollten Sie sie nur dort einsetzen, wo es wirklich nötig ist, da sie oftmals einen unpersönlichen Charakter haben. Es ist besonders wichtig, dass Sie sich mit der Gestaltung von Formularen auseinandersetzen, sofern Sie welche auf Ihrer Website verwenden. Dies kann zwar sehr zeitaufwendig sein, aber die Mühe lohnt sich, wenn Sie bedenken, dass ausgefüllte (Bestell-)Formulare Ihnen auch einen wirtschaftlichen Erfolg bringen können. Denn gerade Formulare haben starken Einfluss auf Ihre Konversionsrate und somit auf Ihren Erfolg.

Das gesamte Thema Formulargestaltung ist recht komplex. Formulare müssen individuell und abgestimmt auf die jeweilige Zielgruppe gestaltet werden. Daher gehen wir an dieser Stelle nur auf die elementarsten Punkte ein, die Sie beachten sollten.

Zunächst einmal sollten Sie Ihre Formulare so kurz wie möglich halten. Vermeiden Sie jegliches Nebenrauschen, also alle Elemente, die den Benutzer vom Ausfüllen des Formulars ablenken könnten. Fragen Sie sich bei jedem Eingabefeld, ob Sie diese Informationen von Ihrem Benutzer wirklich benötigen oder ob Sie auch ohne sie auskommen oder diese gegebenenfalls zu einem späteren Zeitpunkt, beispielsweise auf einer Bestätigungsseite, abfragen können. So müssen Sie beispielsweise nicht verschiedene Kontaktmöglichkeiten eines Interessenten erfragen, wie beispielsweise eine Rufnummer und eine E-Mail-Adresse. Hier sollten Sie nicht beide Informationen als Pflichtangabe abfragen, sondern möglicherweise die Benutzer entscheiden lassen, auf welche Art und Weise sie kontaktiert werden möchten.

Vermeiden Sie zudem möglichst auch das Abfragen von Informationen, die Benutzer erst suchen müssen. Oder kennen Sie beispielsweise all Ihre Kundennummern auswendig? Wenn Sie zu viele Informationen abfragen, erhöhen Sie das Risiko, dass falsche Angaben gemacht werden oder die Absprungrate in die Höhe schnellt. In beiden Fällen ist Ihnen damit nicht geholfen.

Wie bei der Navigation sollten Sie auch hier Wert auf die Bezeichnung der Eingabefelder legen. Die Benutzer sollten sofort wissen, welche Informationen von ihnen verlangt werden. Sowohl kleine Symbole neben der Beschriftung als auch ein präziser Text, der angezeigt wird, wenn man mit dem Mauszeiger über ein Eingabefeld fährt, können Ihre Benutzer hier unterstützen.

Auch die Art und Weise, wie die Informationen einzugeben sind, sollte so eindeutig und einfach wie möglich sein. Denken Sie an einen persönlichen Dialog aus der Offline-Welt, und geben Sie, sofern nötig, Hilfestelllung zu den einzelnen Eingabefeldern. So können Sie kurze Erläuterungen beispielsweise zur Eingabe einer Telefonnummer oder eines Passwortes geben und erklären, welche Zeichen und Schreibweisen möglich und welche nötig sind. Sie kennen wahrscheinlich Beispiele für die Eingabe von Geburtsdaten, die so oder ähnlich aussehen: `[TT] [MM] [JJJJ]`. Stellen Sie derartige Hinweise unmittelbar in der Nähe des entsprechenden Eingabefeldes dar. Treiben Sie es aber mit Hinweisen nicht auf die Spitze, denn derartige Vorgaben können für die Benutzer auch lästig sein. Bei dem Auftragsformular von *www.my-hammer.de* sehen Sie beispielsweise die Hilfestellung zur Angabe der Auftragseckdaten. Zudem werden die Eingabefelder grün umrandet und mit einem grünen Häkchen versehen, wenn sie wie vorgesehen ausgefüllt wurden (siehe Abbildung 15.32).

Markieren Sie Pflichtfelder, also die Angaben, die Sie unumgänglich von den Benutzern benötigen. Gehen Sie mit Pflichtfeldern aber ebenfalls möglichst sparsam um. Ihre Benutzer werden sich bei den einzelnen Eingaben fragen, wofür Sie diese Informationen von ihnen benötigen.

Auch die Länge der Eingabefelder spielt eine Rolle. So sollten Sie schon bei der Formulargestaltung darauf achten, dass die Felder in etwa so lang sind, wie vermutlich die Eingaben der Benutzer sein werden (Eine Auswertung der bisher eingegebenen Daten kann dabei Aufschluss geben). Sowohl zu lange als auch zu kurze Eingabefelder können verwirrend sein, da sich die Benutzer fragen, was sie wohl zu viel oder zu wenig angegeben haben.

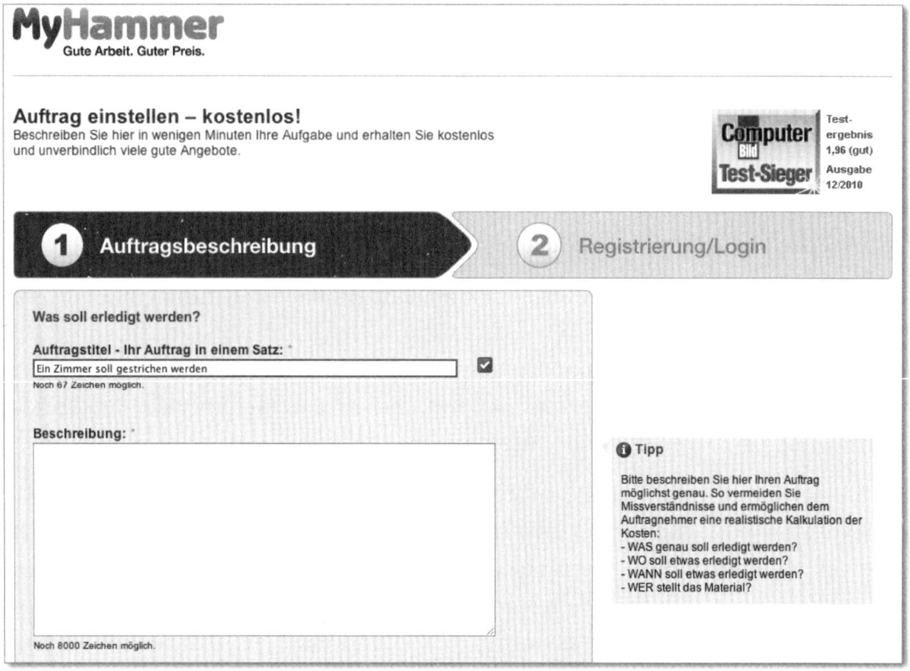

Abbildung 15.32 Das Auftragsformular bei www.my-hammer.de

Wenn Sie Ihren Benutzern eine Auswahl an Möglichkeiten innerhalb Ihres Formulars bereitstellen möchten (z. B. Ortsangaben, Jahreszahlen etc.), kann dies beispielsweise per Dropdown-Menü geschehen. Achten Sie aber darauf, Ihre Optionen alphabetisch oder in einer sinnvollen Art und Weise zu sortieren, damit Benutzer eine schnelle Auswahl treffen können. Wägen Sie das Für und Wider bei dieser Variante aber genau ab: Einerseits werden Sie als Website-Betreiber wahrscheinlich valide Daten erhalten. Andererseits sollten Sie aber bedenken, dass die Benutzer das Schreiben unterbrechen müssen und bei einer sehr umfangreichen Auswahl möglicherweise sogar das Scrollen nicht vermeiden können.

In einigen Fällen kann es sinnvoll sein, Formulare dynamisch zu gestalten. Das bedeutet, dass Angaben, die Benutzer während des Besuchs auf Ihrer Website gemacht haben, schon im Formular in den entsprechenden Eingabefeldern eingetragen sind. Das kann für die Benutzer erheblich den Aufwand verringern, muss aber individuell entschieden werden. Wir weisen Sie darauf hin, dass sogenannte Default-Werte, also die Angaben, die übernommen werden, wenn nichts anderes eingegeben wird, wohl überlegt sein sollten. Andernfalls können schnell Fehler auftreten.

Ähnlich wie in einem Verkaufs- oder Beratungsgespräch sollten Sie auch bei Formularen so gut wie möglich mit den Benutzern kommunizieren und ihnen Rückmeldung zu ihren Eingaben geben. Es gibt verschiedene Möglichkeiten, wie Sie Ihren

Benutzern signalisieren, dass ihre Eingabe korrekt war. Auch Twitter (siehe Abbildung 15.33) arbeitet hier mit grünen Häkchen, um den Nutzern eine korrekte Eingabe zu bestätigen. Denkbar sind zudem Anzeigen wie »OK« oder ähnliche.

Sollte es sich um eine fehlerhafte Eingabe handeln, so teilen Sie dies dem Benutzer auch mit. Die Fehlermeldungen sollten dabei zum einen deutlich machen, um welche Eingabe es sich im Formular handelt, und diese entsprechend hervorheben. Zum anderen sollten Fehlermeldungen so formuliert sein, dass sie den Fehler präzise beschreiben und auch Verbesserungsvorschläge beinhalten. Trennen Sie Fehlermeldungen auch in ihrer Darstellung vom restlichen Formularinhalt, indem Sie beispielsweise die Schriftfarbe Rot verwenden. Stellen Sie sicher, dass die korrekten Eingaben erhalten bleiben, sonst muten Sie Ihrem Benutzer doppelten Aufwand zu.

Mithilfe von Ajax oder JavaScript besteht die Möglichkeit, schon bei der Eingabe der Daten zu überprüfen, ob die Angaben valide sind. Der Benutzer erhält also schon sehr frühzeitig eine Rückmeldung vom System, wie Sie am Beispiel des Kurznachrichtendienstes Twitter (*www.twitter.com*) sehen können.

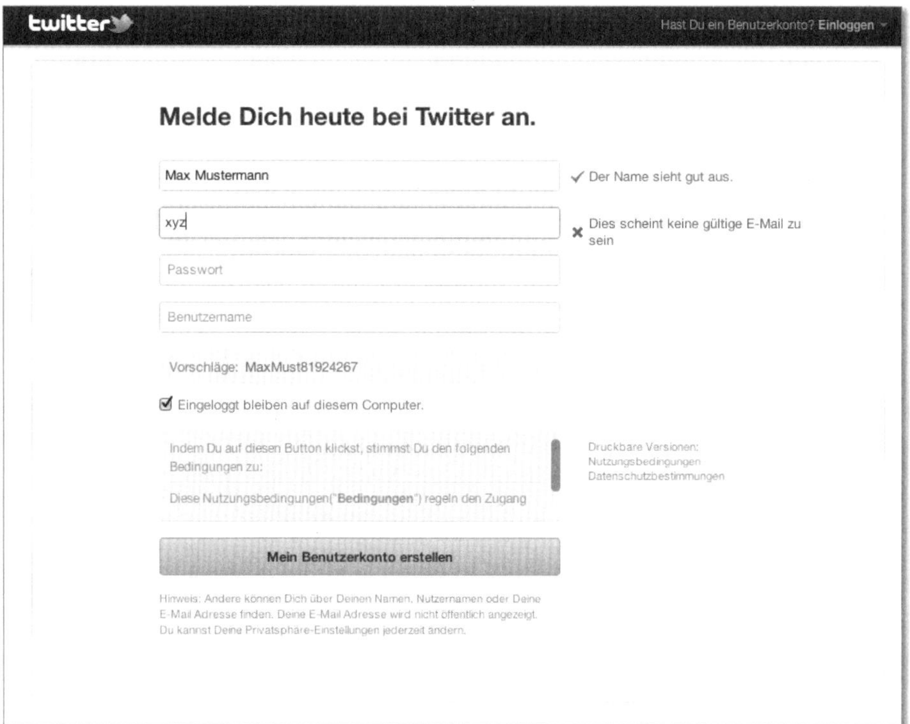

Abbildung 15.33 Anmeldeformular bei Twitter

Beachten Sie zudem, dass viele Surfer der Preisgabe von persönlichen Daten im Internet skeptisch gegenüberstehen. Je nachdem, um welche Art eines Formulars es sich handelt, muss zudem aus juristischen Gründen die Zustimmung zu AGB und Datenschutz von Benutzern eingeholt werden. Dies geschieht meist per Checkbox, also über ein Kästchen, das per Mausklick angehakt wird. Verstärken Sie aber noch zusätzlich das Vertrauen Ihrer Benutzer und Ihren seriösen Eindruck, indem Sie kurz erläutern, was mit den persönlichen Daten geschieht und wozu sie verwendet werden. So können Hinweise nach dem Motto »Ihre Daten werden nicht an Dritte weitergegeben« eine gewisse Sicherheit schaffen. Ebenfalls unterstützend kann die erneute Auflistung der Vorteile Ihres Angebotes im Formular sein, um Zweifeln des Users entgegenzuwirken, die beim Ausfüllen aufkommen können.

Captchas

Sogenannte *Captchas* haben Sie wahrscheinlich schon einmal beim Absenden von Formularen gesehen: Das sind die verschwommen bzw. verzogen dargestellten Buchstaben und Zeichen, die Sie entziffern und in ein Eingabefeld übertragen sollen (Abbildung 15.34). Sie dienen als Spam-Schutz und sollen verhindern, dass Formulare automatisiert von Programmen ausgefüllt werden. Bieten Sie Ihren Benutzern eine kurze Erklärung, warum sie sich mit diesem Zeichenrätsel auseinandersetzen sollen.

Abbildung 15.34 Beispiel eines Captchas beim Google Keyword-Tool

Beenden Sie Ihr Formular mit einer klaren Handlungsaufforderung, die aus einem Button mit eindeutiger Beschriftung besteht, z. B. »Absenden«. Auch hier kann es vorteilhaft sein, wenn dieser Button »above the fold«, also noch im sichtbaren Monitorbereich, liegt. Wir raten Ihnen aber davon ab, lange Formulare zusammenzuquetschen, beispielsweise durch verkürzte Eingabefelder oder durch Weglassen von wichtigen Hinweisen, nur damit das Formular vollständig zu sehen ist. In diesen Fällen raten wir Ihnen, Ihr Formular auf mehrere Seiten aufzusplitten. Zeigen Sie dann dem Benutzer an, welche und wie viele Schritte noch folgen bzw. an welcher Stelle des Ausfüllens er sich befindet. Was Sie wahrscheinlich intuitiv machen werden: Teilen Sie Ihr Formular in inhaltlich zusammengehörige Abschnitte ein, beispielsweise in Kontaktinformationen, Zahlungsinformationen usw., und gruppieren Sie diese Eingabefelder entsprechend.

Umstritten – der Reset-Button oder Reset-Link

Umstritten ist die Verwendung eines Reset-Buttons oder -Links, der das Löschen aller bisher getätigten Eingaben hervorruft und häufig in besonders langen Formularen Anwendung findet. Usability-Experte Jakob Nielsen, ein Gegner der Reset-Funktion, ist der Auffassung:

»The Web would be a happier place if virtually all Reset buttons were removed. This button almost never helps users, but often hurts them.«

Wir raten Ihnen dazu, sich genau zu überlegen, ob Sie einen derartigen Button oder Link benötigen, da Reset-Buttons oft mit dem eigentlichen Bestätigungs-Button des Formulars verwechselt werden und hohes Frustrationspotenzial bergen. Unserer Meinung nach kommen die meisten Formulare sehr gut ohne diese Funktion aus. Falls Sie dennoch ein Reset verwenden möchten, empfehlen wir Ihnen, den »Absenden«- und den »Reset«-Button möglichst weit entfernt voneinander zu positionieren und die Buttons auch in der Darstellung voneinander abzugrenzen. So können Sie beispielsweise für Ihren Formularabschluss einen Button und als Reset-Funktion einen weniger auffälligen Link verwenden.

Ist das Formular vollständig ausgefüllt, abgeschickt und alles in bester Ordnung, so vermitteln Sie dem Benutzer, was als Nächstes passiert. Dies können Erfolgsnachrichten wie »Vielen Dank, wir haben Ihre Bestellung erhalten« sein oder auch Hinweise, dass die Übermittlung der Daten einen Augenblick dauert, bevor es weitergeht. Andernfalls sind Benutzer oftmals irritiert und befürchten, dass ihre Eingaben nicht optimal verarbeitet wurden. Sie können sich schon vorstellen, was dann passiert? Genau, der beliebte »Zurück«-Button wird geklickt. Stellen Sie also sicher, dass Sie Ihren Benutzern, Kunden oder Interessenten jeweils deutlich machen, was als Nächstes passiert. Sprechen Sie sie, sofern Ihnen die entsprechenden Informationen vorliegen, dann persönlich an. Im gesamten Ablauf sollten Sie Ihren Benutzern zu jeder Zeit die Möglichkeit bieten, eine Beratung in Anspruch zu nehmen, beispielsweise durch die Angabe von Servicenummern. Wenn Sie beispielsweise einen Online-Shop betreiben, sollten Sie darauf achten, Informationen von Ihren Bestandskunden nicht mehrfach abzufragen. Eine gute Möglichkeit bietet hier eine Login-Lösung, bei der der Benutzer nur bei der ersten Bestellung seine kompletten Informationen eintragen muss, bei erneuten Bestellungen aber auf seine bereits getätigten Angaben zurückgreifen kann. Dies erspart Zeit und Mühe. Sie kennen diesen Vorgang vielleicht von Bestellungen bei dem Online-Shop von *amazon.de*. Hier haben Sie nach dem Login Zugriff auf Ihre persönlichen Daten und können diese jederzeit anpassen.

Zu guter Letzt möchten wir Ihnen noch ans Herz legen, Ihre Formulare und deren Funktionalität regelmäßig zu testen. So kann allein die Beschriftung oder die Reihenfolge der Eingabefelder schon die Conversionrate beeinflussen. Sowohl Nutzerbefragungen als auch Mouse-Tracking-Tools und weitere Testverfahren, die wir Ihnen in Kapitel 17, »Testverfahren«, detaillierter vorstellen werden, können besonders aufschlussreiche Ergebnisse liefern.

15.10 Bilder und Grafiken

Kennen Sie den Ausdruck »Bleiwüste«? Er stammt ursprünglich vom Druckverfahren Bleisatz und beschreibt einen schlecht leserlichen Text, der mit engen Zeilenabständen kaum strukturiert ist und keine Bildelemente enthält – eben eine Wüste aus Buchstaben. Und damit sind wir beim Thema, denn Bilder und Grafiken können Texte erheblich auflockern. Das sollten Sie sich bei der Gestaltung Ihrer Website zunutze machen. Denn Bilder übermitteln Informationen schneller als Text und transportieren zudem eine bestimmte Atmosphäre. Darüber hinaus prägen sich Bilder oftmals besser ein als Textinformationen. Bilder können auch Ihre Marke transportieren und unterstützen.

Auch komplexe Zusammenhänge und die Verwendung von Produkten kann mittels Bildern gut dargestellt werden. Produktdetails und Bilder, die Produkte im Einsatz zeigen, können das Produktverlangen verstärken (Abbildung 15.35). Dies können Sie sich besonders bei Online-Shops zunutze machen.

Gerade weil Bilder viel bewirken, kann die Bildauswahl aufwendig und schwierig sein, ist aber besonders wichtig. Achten Sie darauf, dass Sie realistische Bilder verwenden. Legen Sie Wert auf einen einheitlichen Stil. In der Regel sollten verschiedene Bildcharaktere nicht miteinander kombiniert werden, also beispielsweise Schwarzweißdarstellungen nicht mit farbigen Fotos zusammen verwendet werden. Auch bei der Verwendung von Bildern und Grafiken sollten Sie einige Punkte zugunsten der Usability berücksichtigen. Gerade in diesem Bereich ist es allerdings schwierig, allgemeingültige Aussagen zu treffen. Wir möchten im Folgenden aber auf einige elementare Aspekte näher eingehen.

Große Bilder verursachen unter Umständen lange Ladezeiten, und lange Ladezeiten sind gleichzusetzen mit langen Wartezeiten für den Benutzer. Vermeiden Sie diese Situation, indem Sie mit Grafikprogrammen die Bildgröße entsprechend anpassen. Für die Darstellung im Internet benötigen Sie nicht die hohen Auflösungen, die im Printbereich erforderlich sind.

Abbildung 15.35 Apple arbeitet geschickt mit dem Einsatz von Bildern.

Auch die Quantität des Einsatzes von Bildern spielt eine Rolle. Überladen Sie Ihre Webseiten nicht mit einer Bilderflut, die vom eigentlichen Inhalt Ihrer Seite ablenkt. Hintergrundbilder können ebenso Unruhestifter sein. Generell sollten Sie jeweils den Gesamteindruck Ihrer Webseite beurteilen und auch mögliche Werbeeinblendungen berücksichtigen, die dem Besucher noch zusätzlich angezeigt werden. Deshalb sollten Sie oder Ihr Webdesigner bei der Erstellung Ihrer Website möglichst auch keine sogenannten AdBlocker verwenden, also Programme, die Werbeeinblendungen unterbinden. Es gibt viele Studien zu dem Einsatz von Bildern auf Websites und deren unterschiedlicher Wirkung. Gespiegelte Bilder, verschiedene Bildpositionierungen oder unterschiedliche Bildausschnitte können beispielsweise die Benutzerhandlungen maßgeblich beeinflussen. So wurde in einer Eyetracking-Studie herausgefunden, dass Besucher einer Website in die Richtung schauen, in die die dargestellten Personen schauen (siehe Abbildung 15.36). Das bedeutet, wenn der Blick geradeaus gerichtet ist, schauen Nutzer die Personen direkt an. Ist der Blick der dargestellten Person in eine andere Richtung gewendet, so schauen die Nutzer ebenfalls auf diese Elemente. Somit können also Gesichter den Blickverlauf von Besuchern beeinflussen.

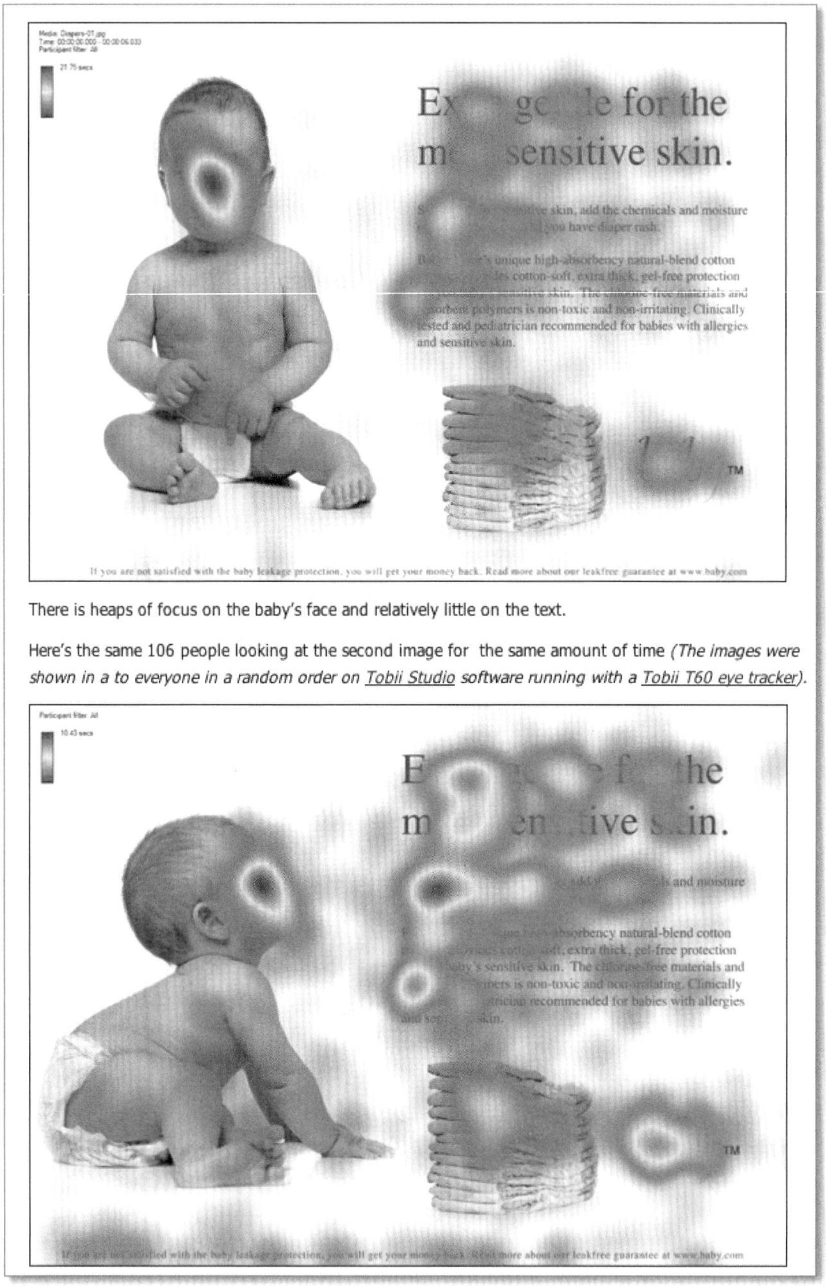

Abbildung 15.36 Eyetracking-Beispiel von usableworld.com.au

Hier empfehlen wir Ihnen, verschiedene Bilder zu testen, um die mit der besten Wirkung zu analysieren.

Bildunterschriften, besonders diejenigen, die Zusatzinformationen liefern, helfen Ihren Benutzern, die Thematik zu erfassen, ohne zwangsläufig den gesamten Content lesen zu müssen.

Einen Sonderfall stellen Webshops und deren Produktdarstellungen dar. Hier gilt es, dem Benutzer das Angebot im digitalen Raum so greifbar wie möglich zu machen. Denken Sie an ein Geschäft, in dem Sie die Waren mit verschiedenen Sinnen wahrnehmen können. Im Internet müssen Bilder einen Großteil dieser Gefühle und Wahrnehmungen transportieren. So kann es sinnvoll sein, Produktabbildungen aus verschiedenen Perspektiven und mit Zoom-Funktion zur Verfügung zu stellen.

Bei der Verwendung von Bildern und Grafiken möchten wir abschließend auf unsere Hinweise aus Sicht der Suchmaschinenoptimierung verweisen, die Sie in Abschnitt 15.15, »SEO und Usability«, finden.

15.11 Multimedia (Audio, Video)

Multimediale Anwendungen, wie der Einsatz von Audio- und Videodateien, können einer Website einen lebendigen Charakter verleihen. Inzwischen begegnen uns audiovisuelle Beiträge vermehrt beim Surfen im Netz und sind dabei unterschiedlich hilfreich für unsere Bedürfnisse. Auch hier variieren die Aussagen je nach Ziel der Webseite und angesprochener Zielgruppe und sind nicht allgemeingültig.

Sie als Website-Betreiber sollten sich also die Frage stellen: Wertet ein Video oder eine Audiodatei den Kern der Webseite auf, und unterstützt sie ein positives Nutzererlebnis? Dann sollten Sie den Einsatz näher in Betracht ziehen. Bestimmte Abläufe können per Video beispielsweise sehr gut erläutert werden und das Lesen von langen Texten ersparen. Verneinen Sie aber diese Frage, raten wir Ihnen, Ihre Website lieber ohne multimediale Anwendungen zu präsentieren.

Screencasts

Sogenannte *Screencasts* sind Filme, die Prozesse und Abläufe darstellen und beschreiben. Sie geben eine Anleitung und zeigen, wie beispielsweise eine Software zu benutzen ist. Im weitesten Sinne kann man sich darunter eine audiovisuelle Gebrauchsanweisung vorstellen.

Oftmals wird das von Adobe Systems entwickelte Format Flash Video verwendet. Wie bereits gesagt, stehen Benutzer aber häufig unter Zeitdruck, weshalb ihnen Flash-Intros negativ auffallen können. Zudem ist die Erstellung von multimedialen Inhalten unter Umständen auch sehr kostenintensiv, was aus wirtschaftlicher Sicht ebenfalls berücksichtigt werden sollte. Videos, die für das Internet erstellt werden, sollten kurze Clips sein, da die Aufmerksamkeit der Nutzer im interaktiven Web schnell abschweift. Bei der Auswahl entsprechender Video-Player kommen zudem Usability-Aspekte ins Spiel. Während Vimeo (*vimeo.com*) als schlanker Player gilt, bieten YouTube und andere Anbieter durchaus vielfältigere Funktionen.

Sie sind beim Surfen wahrscheinlich auch schon mal auf einer Website mit Hintergrundmusik gelandet. Meistens reagieren Benutzer genervt und suchen die Funktion, mit der sie den Sound ausstellen können. Überlegen Sie sich also wirklich gut, ob Sie Musik benötigen oder eher Ihre Benutzer damit belästigen, und bieten Sie eine offensichtliche Abschaltmöglichkeit an. Im Gegensatz dazu können Sounds gut dafür eingesetzt werden, wenn falsche Eingaben gemacht werden. Dann unterstützt Sound die Aufmerksamkeit der Benutzer. Wägen Sie hier gut ab. Wir empfehlen Ihnen, sich im Zweifelsfall gegen Musik zu entscheiden.

Produktvideos sind auch hier gesondert zu betrachten: Sie können den Kaufprozess unterstützen, da sie näher an das Erlebnis in einem realen Geschäft kommen, als es statische Websites ohne multimediale Anwendungen schaffen. Produktdetails können besser herausgestellt und in Aktion gezeigt werden.

15.12 Technische Aspekte

Sicherlich haben die Benutzer auch gewisse Erwartungen an die Websites, die sie besuchen. Vor allem möchten sie das Gesuchte schnell finden. Und »schnell« bedeutet in diesem Fall einerseits, dass die Seiten schnell geladen werden, und andererseits, dass die Nutzer sich gut orientieren können und in wenigen Schritten zu dem Gesuchten finden. Wenn weder das eine noch das andere funktioniert, verärgern Sie den Benutzer.

Stellen Sie sich vor, Sie sitzen in besagtem Lieblingsrestaurant und warten unglaublich lange auf Ihr Essen. Und wenn es dann endlich serviert wird, stellen Sie fest, dass der Kellner Ihnen das falsche Essen bringt. Sie sind natürlich doppelt frustriert. So ist es auch in der virtuellen Welt: Sollte Ihre Website sehr lange Ladezeiten haben und dem Benutzer dann nicht das liefern, was er erwartet hatte, verärgern Sie ihn gleich zweifach.

Auch für Google spielt die Ladezeit einer Website eine zunehmend wichtigere Rolle. Wenn Sie sich nicht sicher sind, wie Ihre Website bei der Beurteilung der Ladezeit abschneidet, können Sie das relativ einfach überprüfen.

Überprüfung der Ladezeit

Im Internet gibt es eine Reihe von kostenlosen Tools, mit denen Sie die Ladezeit Ihrer Website kontrollieren können. Wir haben Ihnen zwei Tools als Beispiele ausgewählt, die sich größtenteils in der Darstellung der Ergebnisse unterscheiden. Unter *www.gaijin.at/olsloadtime.php* können Sie Ihre Website-Ladegeschwindigkeit analysieren und erhalten unter Umständen auch Verbesserungsvorschläge. Eine weitere Möglichkeit, die Ladezeit einer Website zu testen bietet *Pingdom* unter *tools.pingdom.com*.

15.13 Designaspekte

Haben Sie dieses Buch aufgrund seines Aussehens gekauft? Die Beurteilung nach dem Aussehen kommt durchaus vor – auch bei Websites. In diesem Abschnitt nehmen wir Sie mit auf einen kurzen Ausflug in die Welt der Designer und Kreativen. Damit eine Website angenehm und harmonisch erscheint, müssen einige wichtige Gestaltungs- und Wahrnehmungsregeln berücksichtigt werden, die wir Ihnen im Folgenden näherbringen möchten. Sie werden danach kein Designexperte sein, aber Sie werden wichtige Grundprinzipien der Gestaltung kennen und können sich diese für Ihre Seite zunutze machen. Wenn Sie darüber hinaus mehr zum Thema (Web-)Design erfahren möchten, geben wir Ihnen in unseren Literaturtipps einige Empfehlungen. Beachten Sie bei allen Designregeln, dass sie zugunsten der Usability gebrochen werden können. Für alle hier gezeigten Beispiele gilt: Es gibt sicherlich Gegenbeispiele, wir sind hier aber von der breiten Masse ausgegangen.

Generell wurden mit der Entwicklung des Internets nicht alle Maximen des Designs über den Haufen geworfen, sondern eine Vielzahl ebenfalls verwendet. So bleibt ein Farbkreis auch im Web ein Farbkreis, und Gesetzmäßigkeiten aus Layoutgestaltung und Typografie werden weiterhin berücksichtigt. Unterschiede gibt es aber dennoch: Stellen Sie sich einmal vor, man könnte in einer aufgeschlagenen Zeitung Texte heranzoomen, scrollen und direkt zu anderen themenrelevanten Artikeln springen. Die Formate im Printbereich sind – im Gegensatz zum Web – aber starr. Nutzen Sie die Flexibilität im Web, um die Besucher bestmöglich zu bedienen. Das Design spielt auch eine besondere Rolle, wenn es um den Wiedererkennungswert und die Markenbildung geht. Achten Sie hier besonders auf einen einheitlichen Auftritt und eine konsequente Verwendung. Wir schildern Ihnen im Folgenden in aller Kürze Wahrnehmungsgesetze und empfehlen Ihnen, diese bei der Website-Gestaltung zu berücksichtigen, um Irritationen seitens Ihrer Besucher zu vermeiden. Ihr Einfluss und ihre Wirkung sollten nicht unterschätzt werden.

15.13.1 Die Wahrnehmungsgesetze

Figur und Grund

Dieses Wahrnehmungsgesetz beschreibt die Differenzierung von Wichtigem und Unwichtigem, in diesem Fall von Vordergrund und Hintergrund. Durch dieses Filtern tritt eine Figur hervor, die in der Regel geschlossen ist, während der die Figur umgebende Hintergrund keine Begrenzung hat und sich auch in Farbe und Helligkeit von der Figur unterscheidet (Abbildung 15.37).

Abbildung 15.37 Figur und Grund

Nähe

Nähe verbindet. Dieses Wahrnehmungsgesetz besagt, dass Elemente, die näher aneinander positioniert sind und geringe Abstände haben, als zusammengehörig wahrgenommen werden (Abbildung 15.38). Positionieren Sie also auf Ihrer Website inhaltlich zusammengehörige Elemente auch nah beieinander. Dies trifft beispielsweise sowohl bei Formularen als auch generell bei der Gruppierung von Elementen zu.

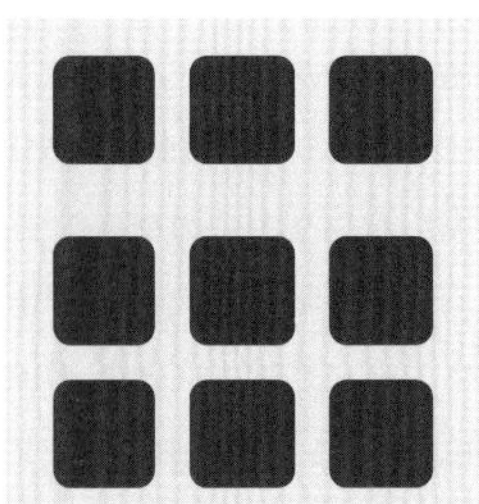

Abbildung 15.38 Gesetz der Nähe

Eine Zusammengehörigkeit lässt sich allein aus der Positionierung der einzelnen Wörter in der Brandeins-Navigation (*www.brandeins.de*) erkennen (Abbildung 15.39).

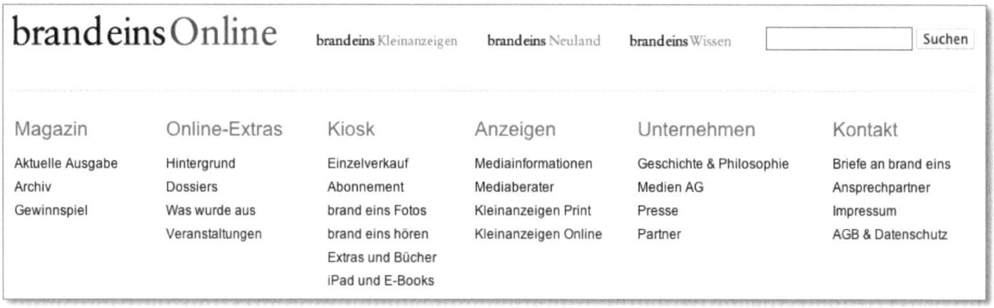

Abbildung 15.39 Durch Nähe und Abstand werden Zugehörigkeiten deutlich.

Ähnlichkeit

Nicht nur die Nähe, auch die Ähnlichkeit verbindet. So werden Elemente, die sich ähnlich sind (und dies kann sich sowohl auf die Größe, Form oder Farbe als auch auf die Helligkeit beziehen), ebenfalls als zusammengehörig wahrgenommen, wie Sie es in Abbildung 15.40 sehen. Achten Sie also bei Ihrer Website darauf, dass ähnliche Dinge auch in ähnlicher Art und Weise dargestellt werden.

Abbildung 15.40 Gesetz der Ähnlichkeit

Auf der Website von 1&1 (*www.1und1.de*) unterstützen die unterschiedlichen Boxenelemente die Strukturierung in Topangebot, Bestseller und weitere Angebote (Abbildung 15.41).

Abbildung 15.41 Darstellung der Handyauswahl bei 1&1

Geschlossenheit

Menschen ergänzen, wenn nötig, Dinge, um bevorzugt geschlossene Formen zu sehen, auch wenn diese gar nicht dargestellt werden. Dieses Phänomen ist auch unter dem Begriff *Gestaltschluss* oder *Gestaltzwang* geläufig. Das Gesetz der Geschlossenheit besagt, dass Linien, die eine geschlossene Form bilden, eher als zusammengehörig erfasst werden. Besonders in der Logogestaltung findet dieses Wahrnehmungsgesetz Anklang. Achten Sie bei Ihrer Website-Gestaltung also unbedingt auf eine ganzheitliche Betrachtung Ihrer Seite, da geschlossene Formen hinzuinterpretiert werden können. In Abbildung 15.42 können Sie gut erkennen, dass Elemente, die beispielsweise ein Quadrat umschließen, als eine Einheit erfasst werden.

Abbildung 15.42 Gesetz der Geschlossenheit

Prägnanz bzw. Einfachheit

Für dieses Wahrnehmungsgesetz wird auch die Bezeichnung *Gesetz der guten Gestalt* verwendet. Menschen bevorzugen Formen, die sich eindeutig vom Hintergrund abheben bzw. von anderen Formen unterscheiden. Dabei gilt es, Elemente so präzise und einfach darzustellen wie möglich. Menschen bevorzugen einfache Dinge. In Abbildung 15.43 werden Sie wahrscheinlich einen Kreis und ein Rechteck erkennen und keine zusammengehörige Figur. Wir versuchen, möglichst einfache Dinge wahrzunehmen. Eliminieren Sie auf Ihrer Website alles Überflüssige, und konzentrieren Sie sich auf das Wesentliche.

Abbildung 15.43 Gesetz der Prägnanz

Nehmen Sie auf der Seite der Berliner Verkehrsbetriebe (*www.bvg.de)* zwei rechteckige Bilder oder ein zusammenhängendes Bild wahr (Abbildung 15.44)?

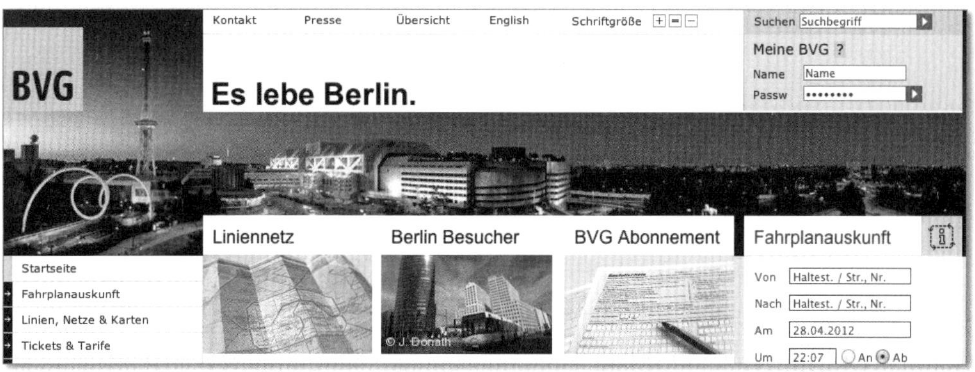

Abbildung 15.44 Die Website der Berliner Verkehrsbetriebe (BVG)

Fortsetzung

Menschen suchen beim Betrachten nach Linien, um sich an ihnen zu orientieren. Werden Linien erkannt, so werden diese auch fortgeführt. Eine Linie, die sich beispielsweise mit einer anderen Linie kreuzt, wird trotzdem weiterverfolgt (Abbildung 15.45). Berücksichtigen Sie bei Ihrer Website, dass eine Reihe von Elementen unterbewusst weitergeführt wird. Dieses Wahrnehmungsgesetz ist auch unter der Bezeichnung *Prinzip des guten Verlaufs* bekannt.

Abbildung 15.45 Gesetz der Fortsetzung

Folgen Ihre Augen auch dem Bogen, den die einzelnen Kontaktlinsen-Kategorien bei *linsenplatz.de* bilden (Abbildung 15.46)?

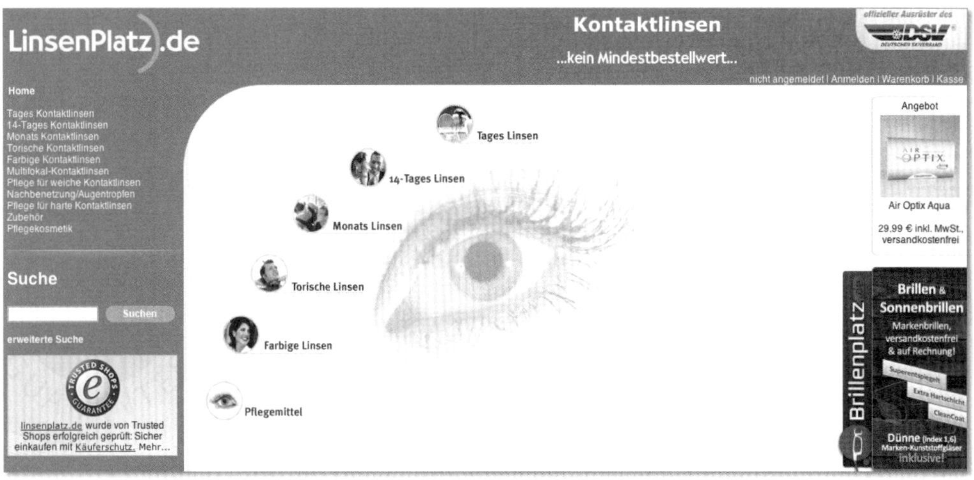

Abbildung 15.46 Die einzelnen Elemente bei LinsenPlatz bilden eine Linie.

Symmetrie

Wir empfinden Elemente, die symmetrisch dargestellt werden, eher als zusammengehörig als asymmetrische (Abbildung 15.47). Besonders gut funktioniert dieser Effekt bei achsensymmetrischer Anordnung von Elementen. Berücksichtigen Sie dieses Gesetz besonders bei Texten im Spaltenlayout.

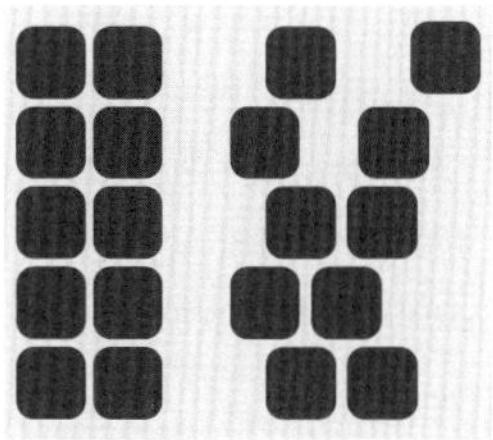

Abbildung 15.47 Gesetz der Symmetrie

Auf *www.gala.de* werden die einzelnen Artikelanleser symmetrisch platziert (Abbildung 15.48).

Abbildung 15.48 Symmetrische Anordnung der Elemente bei der Gala

Erfahrung

Das Erfahrungsgesetz beschreibt den Umstand, dass Menschen Fehlendes hinzufügen und dabei auf ihren Erfahrungsschatz zurückgreifen. Insbesondere bei Icons funktioniert dieser Effekt sehr gut. Eine extrem reduzierte Darstellung wird (bei guten Icons) dennoch vom Betrachter in ihrer Aussage verstanden (Abbildung 15.49).

Abbildung 15.49 Gesetz der Erfahrung

Weltbild verwendet dieses Gesetz beispielsweise, um die portofreie Lieferung im Zusammenhang mit einer Buchbestellung hervorzuheben (Abbildung 15.50).

Abbildung 15.50 Gesetz der Erfahrung bei www.weltbild.de

Gemeinsames Schicksal

Das Wahrnehmungsgesetz des gemeinsamen Schicksals sollten Sie besonders bei der Animation berücksichtigen, da es sich mit Bewegungen von Figuren befasst und daher auch den Namen *Gesetz der gemeinsamen Bewegung* trägt. Es besagt, dass Elemente, die sich ähnlich schnell in die gleiche Richtung bewegen, als Einheit aufgefasst werden.

15.13.2 Farben

Wir können in diesem Buch leider nicht das komplette Thema Farbenlehre behandeln, da es äußerst komplex ist. Wir möchten aber in diesem Abschnitt auf einige wichtige Aspekte näher eingehen. Die Wahrnehmung von Farbe ist natürlich sehr subjektiv und kann von Mensch zu Mensch unterschiedlich empfunden werden. Darum gibt es weder Richtig noch Falsch.

Sie kennen bestimmt den Ausdruck »Signalfarbe«. Ein häufiges Beispiel ist hier die Farbe Rot, die insbesondere Gefahr vermittelt. Farben haben also eine (subjektive) Wirkung und können Gefühle hervorrufen oder verstärken. Blau vermittelt in der Regel einen seriösen Eindruck und wirkt beruhigend, aber kalt. Gelb hingegen ist eine warme Farbe, die einen heiteren, möglicherweise aber auch nervösen Eindruck schaffen kann. Farben dienen also dazu, eine bestimmte Atmosphäre zu vermitteln. Sie sollten sich daher über die Farbwahl für Ihre Website im Vorfeld Gedanken machen. Auch die Quantität an Farbverwendung hat ihre Wirkung. So »brüllen« viele grelle Farben auf einer Website Sie eher an und haben Marktschreier-Qualitäten, während sehr wenige oder keine Farben zurückhaltend und leise »sprechen«. Mit Bedacht ausgewählte Farben sprechen klar und deutlich.

Farben können auch Kontraste verstärken. Besonders die sogenannten *Komplementärfarben* haben diese Wirkung. Sie liegen sich im Farbkreis gegenüber, beispielsweise Rot und Grün oder Blau und Orange. Diese Komplementärfarben begegnen Ihnen regelmäßig im Alltag, z. B. bei Ampeln.

Achten Sie bei der Verwendung von Farben für Text auf eine gute Lesbarkeit und auf eine möglichst einheitliche Verwendung der Farben. Grelle Farben oder schlechte Kontraste können für den Betrachter sehr anstrengend sein. Gerade bei Überschriften und Zwischenüberschriften bietet sich die Hervorhebung durch Farben an. Im Internet gibt es zahlreiche Tools, mit denen Sie die Verwendung von Farben, z. B. hinsichtlich ausreichender Kontraste, überprüfen können. Ein entsprechendes Tool ist beispielsweise der *Color Contrast Checker*, der Ihnen unter *webaim.org/resources/contrastchecker* zur Verfügung steht. Mit *www.vischeck.com* können Sie sich eine Simulation Ihrer Website anzeigen lassen, wie Menschen mit Sehschwächen bzw. eingeschränkter Farbwahrnehmung Ihre Seite betrachten.

15.13.3 Typografie

Ein weiterer Designaspekt der Website-Gestaltung betrifft die Typografie. Auch hier können wir aufgrund der Komplexität des Themas nur auf einzelne wichtige Punkte näher eingehen. Betonen möchten wir eine gewisse Konsistenz, was die Schriftart und die Schriftgröße anbelangt: Vermeiden Sie die Verwendung von zu vielen unterschiedlichen Schriftarten und -größen, da Sie sonst eine unangenehme Unruhe und möglicherweise einen unseriösen Eindruck bewirken.

Fonts (Schriftarten)

Mit der Schriftart (*Font*), die Sie innerhalb Ihrer Website verwenden, können Sie die Wirkung der Texte beeinflussen. Es kann Probleme verursachen, wenn Sie Schriftarten in Ihre Website einbetten, da diese von verschiedenen Browsern unterschiedlich angezeigt werden könnten. Halten Sie sich besser an die sogenannten *websicheren Schriften*. Das sind Schriftarten, die in HTML zur Verfügung stehen, standardmäßig bei den meisten Betriebssystemen installiert sind und dementsprechend identisch angezeigt werden.

Darüber hinaus gibt es die Möglichkeit des sogenannten *Image Replacements*. Hier gibt es wiederum einige Varianten. Im Grunde geht es aber darum, den üblichen HTML-Text durch eine Bilddatei zu ersetzen. So bleibt zwar die Darstellung unabhängig vom Browsertyp gleich, jedoch können Grafiken im Browser auch deaktiviert werden und längere Ladezeiten nach sich ziehen. Darüber hinaus kann diese Methode negative Auswirkungen aus SEO-Sicht haben. Das Image Replacement ist also mit Vorsicht zu genießen.

Schauen Sie sich daher einige websichere Schriften und deren Wirkung im Folgenden genauer an:

- Times: Diese Schriftart zählt zu den meistverwendeten Fonts überhaupt. Sie hat sogenannte Serifen, das sind kleine Striche an den Buchstabenenden. Times wird der Schriftklasse der Antiqua-Schriften zugeordnet und hat eine seriöse Ausstrahlung.
- Arial: Arial wird der Kategorie Sans-Serif-Schrift (auch Groteskschriftart) zugeordnet, weil sie keine Serifen enthält. Ihr Auftritt ist moderner und schlichter als der von Times. In der Lesbarkeit stehen sich die beiden Fonts aber in nichts nach. Unsere Empfehlung an dieser Stelle: Verwenden Sie bei kleinen Schriftgrößen eher die serifenlose Arial.
- `Courier`: Die Schriftart Courier stammt aus den Zeiten der Schreibmaschine und stellt alle Zeichen im gleichen Abstand voneinander dar. Die breite Schrift Courier wirkt zum Teil überholt.
- Verdana: Diese Schriftart wurde entwickelt, um eine optimale Darstellung am Bildschirm zu ermöglichen und eine gute Lesbarkeit zu gewährleisten. Die Optik wirkt klar und unaufdringlich.

Akzente setzen (Hervorhebungen)

Sie haben verschiedene Möglichkeiten, einzelne Passagen Ihrer Texte hervorzuheben. Sie verlieren jedoch Ihren Effekt, wenn Sie sie nicht sparsam einsetzen. Die trivialste ist wahrscheinlich die Fett-Darstellung. Verwenden Sie hier jedoch bevorzugt die *Bold*-Variante Ihrer Schriftart, die die fetten Buchstaben optimal darstellt, und klicken Sie nicht einfach auf den aus Textverarbeitungsprogrammen bekannten Fett-Button. Mit diesem werden die Buchstaben einfach nur dicker angezeigt, während die Bold-Variante auch Proportionen und Abstände berücksichtigt.

Achtung: Keine Unterstreichungen

Vermeiden Sie es, Textstellen durch Unterstreichung zu betonen. Benutzer gehen bei unterstrichenen Wörtern womöglich von einem Link aus und sind irritiert, wenn sie nicht weitergeleitet werden.

Innerhalb der Navigation Ihrer Website oder bei Einzelwörtern besteht auch die Möglichkeit, mit Versalien, also Großbuchstaben zu arbeiten. Es ist aber nicht ratsam, Versalien für einen längeren Text einzusetzen, da dies zulasten der Lesbarkeit geht.

Strukturierung

Wie wir schon mehrfach erwähnt haben, sind gut strukturierte Texte besonders wichtig. Arbeiten Sie daher mit Überschriften und Zwischenüberschriften. Verwenden Sie Absätze bei neuen inhaltlichen Aspekten, und machen Sie Ihren Benutzern das Erfassen der Webseite so leicht wie möglich. Sehr lange Texte können Benutzer davon abhalten, sich mit der Seite auseinanderzusetzen. Aufzählungslisten sind schneller zu erfassen als ausformulierter Text. Sie müssen nicht zwangsläufig mit *Bulletpoints* (Aufzählungspunkten) beginnen, sondern können auch durch kleine Symbole und Icons aufgelockert werden. Für einige Zusammenhänge bieten sich Tabellen an, eine andere Möglichkeit sind (Info- oder Hinweis-)Kästen, wie Sie sie aus diesem Buch hier kennen.

15.14 Komposition und Positionierung der Elemente

Nachdem Sie jetzt die unterschiedlichen Prinzipien der Wahrnehmung kennen, gehen wir nun in aller Kürze auf einzelne Kompositionselemente ein. Wie schon Albert Einstein sagte: *»Nichts kann existieren ohne Ordnung.«* Wenn Sie beim Arrangieren Ihrer Website-Objekte auf die folgenden Punkte achten, können Sie die Bedeutung einzelner Bereiche hervorheben, eine Hierarchie der Elemente hervorrufen, bestimmte Aspekte mehr oder weniger betonen und den Kern Ihrer Website deutlicher herausstellen. Der Benutzer sollte auf den ersten Blick erkennen, was er auf der Website tun kann. Wie Sie bereits in Abschnitt 15.6, »Die Navigation«, erfahren haben, unterstützen Sie dies beispielsweise durch eine klare, visuelle Hierarchie.

Wie Sie wissen, ist der erste Eindruck einer Website der entscheidende. Möchten Sie seriös auftreten, achten Sie darauf, den Benutzer nicht mit einer Reizüberflutung zu überfordern. Wählen Sie z. B. keine zu grellen Farben oder blinkenden Elemente, das hat Marktschreier-Qualität. Vermeiden Sie aber auch visuelle Überflutung bzw. *visuelles Rauschen* (*Visual Noise*) durch eine Fülle an Elementen und Informationen, die von der eigentlichen Aussage ablenken.

Legen Sie ein besonderes Augenmerk auf eine gewisse Konsistenz. Eine einheitliche Gestaltung untermauert Ihren (Marken-)Auftritt und unterstützt den Wiedererkennungswert. Zudem sollten Sie die Benutzer nicht durch Elemente irritieren, die beispielsweise ihre Position verändern oder gänzlich verschwinden. Vielmehr sollte es Ihr Ziel sein, dem Benutzer ein vertrautes Terrain zu bieten, in dem er sich zurechtfindet.

Das F-Muster

Nach Jakob Nielsen ähnelt der Blickverlauf von Benutzern einer Website dem Buchstaben »F« und verläuft also zunächst horizontal und schließlich vertikal (*F-shaped pattern*). Der Blickverlauf kann selbstverständlich variieren und besteht nicht zwangsläufig aus zwei waagerechten und einem vertikalen Blick. Es können durchaus auch E- oder L-Formen entstehen. Sicher ist jedoch, dass die Seite schnell überflogen wird. Zudem sollten Sie, wie schon angesprochen wurde, besonders wichtige Informationen an den Anfang Ihrer Seite stellen.

Linien

Wie Sie schon gelesen haben, sucht das menschliche Auge Linien in Bildern und Grafiken. Auch wenn diese nicht vorhanden sind, suchen wir Fluchtlinien zur Orientierung. Daher legen Grafiker im Gestaltungsprozess oft (Linien-)Raster an und richten einzelne Formen danach aus, um eine angenehme Bildkomposition zu schaffen.

Größe und Position

Wenn Sie einzelne Elemente größer als andere darstellen, werden sie vom Betrachter in der Regel als wichtiger eingestuft. Auch die Platzierung von Objekten auf der Website spielt eine Rolle und kann, wenn sie auffallend anders ist, an Bedeutung gewinnen.

Paper Prototyping

Zeichnen Sie die einzelnen Website-Elemente jeweils auf ein Stück Papier, oder drucken Sie Ihre Wireframes aus, und schneiden Sie die einzelnen Objekte aus. Dann probieren Sie durch Verschieben der Papiere in der Anordnung der Objekte herum, bis Sie eine zufriedenstellende Variante gefunden haben. Diese sogenannte *Paper-Prototyping*-Methode kann unter Umständen zeitsparender sein, als verschiedene Entwürfe am Computer zu erstellen, und ist besonders bei der Teamarbeit eine gute Möglichkeit zur Entwicklung einer Website.

Kontrast

Gegensätzlichkeit steigert den Kontrast. So können Elemente in vielerlei Hinsicht Kontrast erzeugen: beispielsweise in Farbigkeit (hell/dunkel), Größe (klein/groß), Nähe (nah/fern) und Form (rund/eckig). Websites, die mit Kontrasten arbeiten, können vom Betrachter oftmals besser überflogen werden.

Leserichtung und sichtbarer Bereich

In unserem Kulturkreis gehen wir von einer Leserichtung von links nach rechts aus. Berücksichtigen Sie diesen Verlauf bei der Positionierung Ihrer Website-Elemente. Wie Sie schon bei den Wahrnehmungsgesetzen der Nähe und Geschlossenheit (siehe Abschnitt 15.13.1, »Die Wahrnehmungsgesetze«) gelesen haben, sollten Sie Objekte, die zusammengehören, auch entsprechend anordnen.

Dabei sollten Sie die wichtigsten Objekte »above the fold« arrangieren. Damit ist aber nicht gemeint, dass Sie den sichtbaren Website-Bereich mit Informationen vollstopfen sollten (siehe den folgenden Abschnitt zu Whitespace und Simplicity).

Sie sollten bedenken, dass Ihre Nutzer unterschiedliche Bildschirmgrößen verwenden. Um einen größtmöglichen Teil der Betrachter zufriedenzustellen, sollten Sie von einer Bildschirmgröße von 1024 × 768 Pixel ausgehen. Um auf Nummer sicher zu gehen, können Sie bei der Website-Gestaltung auch die Größe 800 × 600 Pixel testen, denn nicht alle Nutzer öffnen Ihre Browserfenster vollständig. Bedenken Sie außerdem, dass Bilder die Leserichtung der Benutzer beeinflussen können. Google stellt unter *browsersize.googlelabs.com* ein hilfreiches Tool zur Überprüfung zur Verfügung.

Whitespace und Simplicity

Mit dem Begriff *Whitespace* (oder *Negative Space*) sind Leerräume bzw. Freiräume gemeint. Whitespace ist also das Nichtvorhandensein von Inhalten. Damit sind beispielsweise Bereiche zwischen Elementen auf einer Website gemeint, wie Zeilenabstände und Umrandungen. Websites, die nach dem Motto »Weniger ist mehr« mit viel Whitespace gestaltet werden, sollen einen minimalistisch schlichten, aber professionellen Eindruck vermitteln und den Benutzern ein einfacheres Scannen ermöglichen. Aber auch dann, wenn Sie kein Fan von Whitespace sind, sollten Ihre Seiten nicht überladen wirken und die Betrachter überfordern. Um Reizüberflutung und Unruhe zu vermeiden, sollten Sie Whitespace und Simplicity bei der Website-Gestaltung beherzigen. Zwischen den vielen aufdringlichen und überladenen Websites kann dies für Besucher durchaus »erholsam« sein. Sie sollten das Ganze aber auch nicht auf die Spitze treiben, sonst können Websites auch verlassen und freudlos aussehen.

Stellen Sie sich vor, Sie ziehen in eine sehr kleine Wohnung um. Wahrscheinlich werden Sie erst einmal alles aussortieren, was nicht unbedingt untergebracht werden muss. Zudem werden Sie die Wände vermutlich weiß oder sehr hell streichen, damit die Räume größer wirken. Ähnlich können Sie mit Ihrer Website verfahren. Finden Sie heraus, was den Kern Ihrer Seite wirklich transportiert, und entfernen Sie überflüssige Elemente. Der französische Autor Antoine de Saint-Exupéry war der Ansicht, *»Perfektion haben wir nicht dann erreicht, wenn man nichts mehr hinzufügen kann, son-*

dern wenn man nichts mehr weglassen kann.« Denken Sie mal an die Startseite der Suchmaschine Google, die sowohl Whitespace als auch Simplicity veranschaulicht.

Goldener Schnitt

Vielleicht können Sie sich noch an diesen Begriff aus dem Kunstunterricht erinnern. Der Goldene Schnitt, der auch als »göttliche Teilung« bezeichnet wird, beschreibt eine bestimmte Aufteilung von Flächen mit dem Ziel, einen möglichst ästhetisch ansprechenden (Bild-)Eindruck zu schaffen. Ein Bild wird dabei in rechteckiger Form dargestellt und die Breite annähernd in zwei Drittel zu einem Drittel aufgeteilt. Der genaue Wert liegt bei 61,8 % der Breite. Zur Berechnung dieses Proportionsgesetzes können Sie die Breite durch 1,62 (bzw. 1,61803...) teilen. Dazu können Sie auch diverse kostenfreie Tools im Netz verwenden. Wie Sie in Abbildung 15.51 sehen, ergeben sich mit dem Goldenen Schnitt immer ein Quadrat und ein Rechteck.

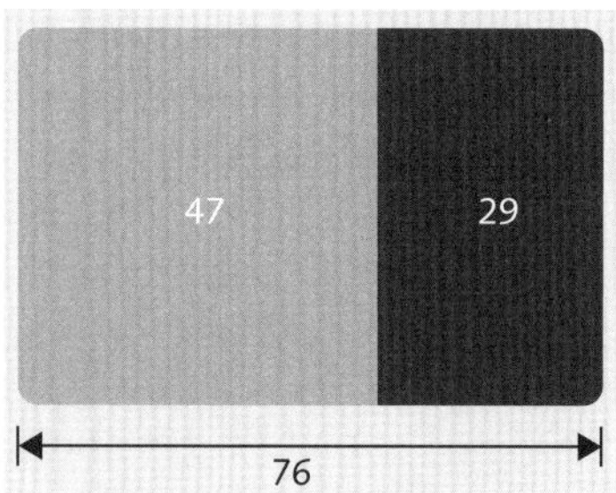

Abbildung 15.51 Beispiel für den Goldenen Schnitt (76 : 1,62 = 46,9)

In diesem Zusammenhang möchten wir auch die sogenannte *Drittelregel* kurz erwähnen. Hier wird die rechteckige Bildfläche sowohl horizontal als auch vertikal in Drittel geteilt. An den Schnittpunkten der Trennlinien sollten die Objekte platziert werden, die besondere Aufmerksamkeit erfordern (Abbildung 15.52).

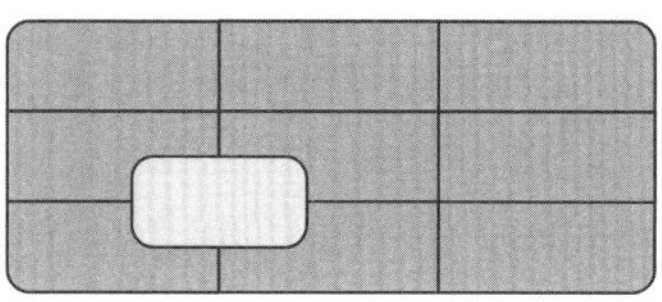

Abbildung 15.52 Die Drittelregel

Layouts

Man unterscheidet zwischen starren, dynamischen und elastischen Layouts. Starre oder auch feste Layouts verändern sich nicht in ihrer Ansicht, egal mit welcher Monitorgröße die Website betrachtet wird. Bei größeren Ausgabegeräten entsteht also viel Leerraum. Dynamische Layouts hingegen passen sich der Monitorgröße an. Unschön können hier aber Inhalte aussehen, die sich dadurch über die gesamte Website erstrecken und schlechter zu lesen sind. Elastische Layouts verändern sich proportional je nach Schriftgröße, das heißt, vergrößert oder verkleinert man den Text, vergrößert bzw. verkleinert man auch proportional alle anderen Elemente auf der Website. Machen Sie sich bei der Website-Gestaltung also auch Gedanken zu der Art des Layouts, und beziehen Sie verschiedene Browser, die einen Seitenzoom ermöglichen, in Ihre Überlegungen mit ein. Prüfen Sie zudem, ob der Text, den Sie verwenden, bei unterschiedlichen Seitenbreiten lesbar bleibt, denn zu breite Texte sind schlecht lesbar. Das ist auch der Grund, warum beispielsweise in Zeitungen mit Spalten gearbeitet wird. Mit etwa acht bis zwölf Wörtern pro Zeile sollten Sie ganz gut liegen.

Bedenken Sie, dass insbesondere lange Seiten, bei denen die Benutzer viel scrollen müssen, gut strukturiert werden müssen. Hier kann es in einigen Fällen sinnvoll sein, sogenannte *Toplinks* zu integrieren, über die der Leser wieder an den Seitenbeginn springen kann.

Wenn Sie als Website-Betreiber nicht die einzige Person sind, die Entscheidungen bezüglich des Webdesigns Ihres Online-Auftritts fällt, so haben Sie vielleicht schon festgestellt, dass eine Website oftmals die Ansprüche von verschiedenen Menschen und somit unterschiedlichen Positionen erfüllen muss. So treffen Designer, Entwickler, Marketingfachleute und Produktmanager ihre Entscheidungen aus unterschiedlichen Blickwickeln.

Wie wir schon mehrfach betont haben, gibt es kaum Pauschalaussagen, und der beste Weg ist meistens das Testen. Dennoch möchten wir im Folgenden noch den Zusammenhang zwischen Website-Design und Suchmaschinenoptimierung genauer beleuchten.

15.15 SEO und Usability

Suchmaschinenoptimierung und Usability sind keine gegensätzlichen Perspektiven. Wenn Sie sich anschauen, wie Besucher auf Ihre Seite gelangen, werden Sie wahrscheinlich feststellen, dass auch Suchmaschinen den Traffic zu Ihrer Internetpräsenz steuern. So wird ein Benutzer, der einen bestimmten Suchbegriff in eine Suchmaschine eingibt, zu Ihnen geleitet, wenn die Suchmaschine Ihre Website für ausreichend relevant für dieses Thema erachtet. Auf Ihrer Website sollte der Benutzer dann das entsprechende Suchwort wiederfinden. So ist es beispielsweise aus dem Usability-Blickwinkel wichtig, dem Benutzer das Gefühl zu geben, dass er auf der richtigen Website gelandet ist. Auch aus SEO-Sicht ist die Verwendung der entsprechenden Keywords auf der Website ausschlaggebend, da dadurch die Positionierung der Website bei der Suchmaschine beeinflusst werden kann.

Usability gewinnt an Bedeutung

Google optimiert mit mehreren hundert Updates pro Jahr seinen Algorithmus mit dem Ziel, unpassende Suchergebnisse zu erkennen und die Qualität der rankenden Websites zu verbessern. Mit dem im August 2011 in Deutschland ausgerollten sogenannten »Panda«-Update und auch mit dem »Pinguin«-Update im April 2012 sortiert Google schlechte Websites fleißig aus den Suchergebnissen aus. SEO-Experten können feststellen, dass gerade diejenigen Websites mit geringem Mehrwert für die Nutzer und mit einer Vielzahl an Links, die nur aus Gründen der Suchmaschinenoptimierung gesetzt wurden, als Verlierer aus einem Update hervorgehen. Gute, benutzbare Websites, die Nutzern qualitative und einmalige Inhalte zur Verfügung stellen, werden zunehmend mit besserer Positionierung belohnt. Auch ein Übermaß an Werbung auf Websites – besonders wenn sie *above the fold* positioniert ist – wird eher negativ von Google bewertet.

Sie sollten also darauf achten, dass Sie mit häufig nachgefragten Keywords innerhalb Ihrer Navigation, Ihrer Überschriften und Ihrer Texte arbeiten. So erfüllen Sie auch die Erwartungen der Besucher. Einem Nutzer sollte schnellstmöglich klar werden, was er auf dieser Seite tun kann und wo er für seine Bedürfnisse relevante Inhalte findet. Auch Bezeichnungen von Links sollten so eindeutig wie möglich gewählt werden. Versuchen Sie, auch wenn der vorgesehene Platz begrenzt ist, entsprechende Bezeichnungen zu verwenden und nicht auf Synonyme auszuweichen.

Themen und Produkte, die durchgehend relevant sind, sollten auch entsprechend fest in der Navigation enthalten sein. Verstecken Sie wichtige Themen nicht in untergeordneten Bereichen Ihrer Navigation. Sie sind sowohl für Ihre Benutzer als auch für Suchmaschinen schwerer zu finden. In solchen Fällen bieten Tagclouds (siehe den Abschnitt »Die Wahrnehmungsgesetze« in Abschnitt 15.6.2) eine gute Möglichkeit oder aber die Anzeige der frequentiertesten Bereiche, z. B. der meistgelesenen Artikel. Darüber hinaus kann es aber auch sinnvoll sein, vorübergehende Themen für kurze Zeit in die Navigation aufzunehmen. Gerade bei Events kann man für den Zeitraum mit einem erhöhten Suchvolumen rechnen. Sie sollten dann aber auch entsprechende Inhalte bieten, um Benutzer nicht zu verärgern. Die Tools *Google Trends* (*google.de/trends*) und *Google Insights for Search* (*google.com/insights/search*) bieten eine Möglichkeit, die Nachfrage zu zeitlicher Relevanz anzeigen zu lassen. Sie sollten schon bei der Entwicklung Ihrer Website darauf achten, dass Sie temporäre Navigationspunkte integrieren können und auch Erweiterungen Ihres Angebotes vornehmen können.

Abschließend möchten wir Ihnen noch drei beispielhafte Überschneidungspunkte von Design und SEO darstellen. Mit gutem Design können Sie Ihre Besucher (emotional) ansprechen. Gute Inhalte und gutes Design führen zu erhöhter Aufmerksamkeit, das Scrollen und das Browsen nehmen zu. Auch die Bereitschaft, die Seite weiterzuempfehlen, steigt. Aus Suchmaschinensicht profitieren Sie, da die Benutzer dann eher bereit sind, Ihre Website zu verlinken, teilzunehmen, Lesezeichen zu setzen usw.

Wenn Sie ausgezeichnete Grafiken erstellen und auf Ihrer Website integrieren, können Sie diese sehr gut als Linkbait verwenden. Sollte Ihre Website ein Forum oder eine Community sein, kann gutes Design anregen, an ihr teilzunehmen. Sie sollten Ihre Mitglieder mit Elementen versorgen, die sie auf Ihrer Website integrieren können, um auf Ihre eigene Website hinzuweisen.

15.16 Usability-Gebote

Wir haben Ihnen zum Ende dieses Kapitels einige wichtige Usability-Gebote zusammengestellt. Diese erheben weder den Anspruch auf Vollständigkeit noch sind sie Pauschalaussagen. Es ist jeweils individuell zu entscheiden, ob diese Gebote für Ihre Website sinnvoll sind. Sie geben aber zumindest eine Richtung vor und bieten Denkanstöße. Prüfen Sie Ihre Website, und merzen Sie schwerwiegende Usability-Fehler aus.

- **Gebot 1: Du sollst alle Benutzer ausreichend bedienen**
  Die Benutzer Ihrer Website können gänzlich unterschiedlich sein, diverse technische Voraussetzungen haben, körperlich eingeschränkt sein, unterschiedliche Erfahrungen mitbringen oder sich in besonderen Situationen befinden. Berücksichtigen Sie eine barrierefreie Gestaltung Ihrer Website (siehe Abschnitt 15.2, »Abgrenzung Barrierefreiheit (Accessibility)«), und machen Sie Ihre Inhalte einer möglichst breiten Besuchergruppe zugänglich.
- **Gebot 2: Du sollst eine einfache Orientierung ermöglichen**
  Bieten Sie Ihren Benutzern eine logische Seitenstruktur, innerhalb der sie sich orientieren können und wichtige Keywords wiederfinden. Achten Sie darauf, dass insbesondere die Navigation nicht von anderen Elementen überlagert wird und somit nicht verwendet werden kann. Verwenden Sie Ihre Struktur einheitlich, damit Benutzer auch auf Unterseiten wissen, dass sie noch auf Ihrer Website surfen. Die Benutzer müssen den Kern der Website schnell erfassen können. Ihnen muss klar werden, was sie auf der Seite tun können und wie sie zu weiteren Informationen gelangen. Gerade bei komplexen Websites sollten Sie eine leicht ersichtliche Suchfunktion anbieten. Verstecken Sie keine Inhalte durch leicht übersehbare Links. Links sollten klar als solche erkennbar sein (in der Regel blau und unterstrichen), und sie sollten ihre Farbe ändern, nachdem sie angeklickt wurden. Arbeiten Sie mit sprechenden Linktexten, und prüfen Sie Ihre verwendeten

Links, damit sie nicht ins Leere führen. Den Nutzern sollte jederzeit bewusst sein, wo sie sich befinden. Zeigen Sie ihnen die aktive Seite unterschiedlich zu den inaktiven Seiten an. Breadcrumbs (siehe Abschnitt 15.6.1, »Navigationsarten«) können insbesondere bei umfangreichen Websites ebenfalls als Orientierungshilfe dienen. Verlinken Sie Ihr Logo, denn viele Benutzer haben inzwischen gelernt, dass sie darüber zur Startseite gelangen. Halten Sie sich möglichst an erlernte Konventionen.

- **Gebot 3: Du sollst den Benutzern Inhalte optimal präsentieren**
  Stellen Sie Ihren USP (*Unique Selling Proposition*, Alleinstellungsmerkmal) in den Vordergrund, und heben Sie die Vorteile Ihres Angebots hervor. Fassen Sie sich dabei so präzise und knapp wie möglich, und vermeiden Sie Smalltalk und überflüssige Umschreibungen. Halten Sie Ihre Inhalte aktuell und kompakt. Strukturieren Sie Ihren Content, um ein einfaches Scannen der Seiten zu ermöglichen, und unterstützen Sie Ihre Aussagen durch eine einheitliche Bildsprache. Überprüfen Sie die Darstellung Ihrer Inhalte in gängigen Browsern, und machen Sie eine Qualitätssicherung. Benutzer sind schnell verärgert, wenn Inhalte nur mit bestimmten Programmen zugänglich sind oder wenn von ihnen zu viele Informationen abgefragt werden, bevor sie etwas tun können.
- **Gebot 4: Du sollst eine angenehme Atmosphäre schaffen**
  Visuelles Rauschen und Reizüberflutung sind zu vermeiden. Legen Sie hingegen Wert auf eine angenehme, unaufdringliche Atmosphäre. Farben sollten dezent und einheitlich verwendet werden. Berücksichtigen Sie bei der Gestaltung Ihrer Website bekannte Wahrnehmungsgesetze (siehe Abschnitt 15.13.1, »Die Wahrnehmungsgesetze«). Achten Sie auf ausreichend Whitespace und Simplicity.
- **Gebot 5: Du sollst den Benutzer nicht stören oder irritieren**
  Vermeiden Sie Pop-Up-Elemente, die das Browsen Ihrer Benutzer unterbrechen und erheblich stören. Besucher sind verärgert über Kontrollverluste, die entstehen, wenn sie Inhalte angezeigt bekommen, die sie nicht aufgerufen haben. Multimediale Inhalte sollten vom Benutzer selbst gesteuert werden können. Benutzer verbinden mit Pop-Ups größtenteils Werbung und schließen sie schnellstmöglich. Zudem erweitern viele Benutzer ihre Browser um Pop-Up-Blocker, sodass Inhalte nicht angezeigt werden. Vermeiden Sie bestmöglich jegliche irritierenden Elemente, die vom eigentlichen Inhalt ablenken. Das können bestimmte Farbkombinationen sein, die ein Flimmern hervorrufen, aber auch Elemente, die ihre Position verändern oder gänzlich verschwinden.
- **Gebot 6: Du sollst Benutzer nicht warten lassen**
  Überprüfen Sie die technischen Aspekte, und vermeiden Sie lange Ladezeiten, die beispielsweise durch die Verwendung von großen Bilddateien hervorgerufen werden können. Bei Downloads und multimedialen Inhalten sollten Sie daher die

Dateigröße und Abspiellänge angeben und Benutzer über Warte- bzw. Ladezeiten informieren.

- **Gebot 7: Du sollst deine Benutzer nicht aufdringlich ausfragen**
  Verlangen Sie Ihren Besuchern nur die Informationen ab, die Sie unbedingt benötigen. Formulare sollten so knapp wie möglich gehalten und gut strukturiert sein. Achten Sie auf eine präzise Bezeichnung und eine ausreichende Größe der Eingabefelder. Das Ausfüllen von Formularen sollte vollständig per Tastatur möglich sein, das heißt, Benutzer sollten [⇆]-Tasten zum Springen in das nächste Eingebfeld verwenden können und auch die [↵]-Taste zum Abschicken des Formulars. Geben Sie bei mehrseitigen Formularen auch die noch folgenden Schritte an (Details zu Formularen finden Sie in Abschnitt 15.9, »Formulare«).
- **Gebot 8: Du sollst mit dem Benutzer kommunizieren**
  Geben Sie Ihren Benutzern Rückmeldungen, wenn sie mit der Website interagieren. Zeigen Sie an, was als Nächstes passieren wird, und schaffen Sie möglichst positive Nutzererlebnisse. Zeigen Sie Fehlermeldungen bei falschen Eingaben an, die Hilfestellungen und Lösungsmöglichkeiten bieten.
- **Gebot 9: Du sollst Vertrauen schaffen**
  Zeigen Sie sich hilfsbereit. Benutzer sollten jederzeit eine einfache Möglichkeit haben, mit Ihnen Kontakt aufzunehmen. Dies gilt insbesondere bei Online-Shops. Treten Sie als Website-Betreiber nicht anonym auf, sondern schaffen Sie größtmögliche Transparenz.
- **Gebot 10: Du sollst deine Benutzer wieder bedienen**
  Einige Funktionen erleichtern es den Benutzern, Ihre Seite erneut aufzurufen. So können Sie Bookmarking-Möglichkeiten integrieren, Newsletter und RSS-Feeds anbieten. Halten Sie Ihre Benutzer auf dem Laufenden. Auch die Möglichkeit zur Weiterempfehlung sei hier erwähnt.

15.17 Usability to go

- Mit dem Begriff *Usability* ist so viel wie Bedienbarkeit und Benutzerfreundlichkeit gemeint. Bezieht sie sich auf Websites, spricht man daher von *Web Usability. User Experience* ist nicht mit Usability gleichzusetzen, denn sie bezeichnet das Nutzererlebnis.
- Usability trägt zum Website-Erfolg bei, denn wenn Websites nicht oder nur schwer nutzbar sind, reagieren die Besucher oftmals mit dem Verlassen einer Website.
- Accessibility (Barrierefreiheit) zielt darauf ab, dass Websites auch für Menschen mit (körperlichen) Einschränkungen nutzbar und zugänglich sein sollten.
- Nutzer haben mit dem Surfen im Netz einige Dinge gelernt – diese sind zu Konventionen geworden, die auch von den Surfern erwartet werden. So gehen viele

Benutzer davon aus, dass ein Logo in der oberen linken Ecke einer Webseite zu finden ist. Eine Missachtung von Konventionen kann zu Verwirrung führen.

- Die Strukturierung einer Website und die leichte Orientierung spielen eine große Rolle innerhalb der Web Usability. Der Nutzer sollte immer wissen, wo er sich gerade befindet und wie er zu gewünschten Informationen navigieren kann.
- Texte sollten für die Nutzer aufbereitet werden, damit sie schnell die gewünschten Informationen erhalten. So sollten Sie mit Überschriften, Zwischenüberschriften, Absätzen, Auflistungen und Farb- oder Fett-Markierungen arbeiten. Viele Besucher überfliegen eine Website nur und lesen nicht die Einzelheiten.
- Buttons und Links sollten als solche erkennbar dargestellt werden und eine klare Handlungsaufforderung beinhalten.
- Gute Formulare sind möglichst kurz gehalten und fragen nur die Informationen ab, die tatsächlich erforderlich sind.
- Bilder sollten mit Bedacht ausgewählt werden, da sie häufig große Aufmerksamkeit auf sich ziehen.
- Von großer Bedeutung ist eine schnelle Ladezeit, denn Besucher sind ungeduldig. Legen Sie hier also ein besonderes Augenmerk auf die Geschwindigkeit Ihrer Site.
- Berücksichtigen Sie verschiedene Gestaltungsgesetze, wählen Sie passende Farben und Schriften, und berücksichtigen Sie Whitespace (freie Flächen), sodass Sie eine stimmige Website zur Verfügung stellen.

15.18 Checkliste Usability

Halten Sie die im Web üblichen Konventionen ein?	
Gelangt der Besucher mit einem Klick auf Ihr Logo auf die Startseite?	
Bieten Sie eine übersichtliche Navigation, die Besuchern eine einfache Orientierung ermöglicht?	
Liefert Ihre Suche (sofern Sie eine Suchfunktion anbieten) entsprechende Suchergebnisse? Fehlermeldungen sollten im Allgemeinen den Fehler konkret beschreiben und eine wirkliche Hilfestellung bieten.	
Bieten Sie dem Besucher Rückmeldungen, das heißt, weiß er immer, was als Nächstes passieren wird?	
Sind Links und Buttons als solche erkennbar?	

Tabelle 15.1 Checkliste zur Usability

Setzen Sie multimediale Inhalte mit Bedacht ein, und vermeiden Sie weitestgehend Ton?	
Sind Ihre Texte für die Besucher entsprechend aufbereitet, das heißt, haben Sie eine angenehme Textstruktur mit Zwischenüberschriften, Absätzen und Hervorhebungen geschaffen, und verwenden Sie eine angemessene Textlänge?	
Wurden Ihre Texte auf korrekte Rechtschreibung überprüft?	
Nennen Sie Dinge beim Namen, und vermeiden Sie exotische Wortkreationen?	
Verwenden Sie Bezeichnungen einheitlich?	
Haben Sie grundlegende Gestaltungsgesetze berücksichtigt?	
Haben Sie angemessene Schriftgrößen und Kontraste gewählt?	
Sind Ihre Formulare kurz und knapp, und fragen Sie nur die nötigsten Informationen ab?	
Können Nutzer auf einfachem Wege Ihre Kontaktdaten einsehen?	
Ist Ihre 404-Fehlerseite entsprechend aufbereitet, sodass sie Nutzern Hilfestellungen gibt?	
Haben Sie Ihre Website in verschiedenen gängigen Browsern überprüft?	
Beinhaltet Ihr Impressum alle notwendigen Angaben?	
Ist Ihre Website auch für Menschen nutzbar, die in einer bestimmten Weise eingeschränkt sind?	

Tabelle 15.1 Checkliste zur Usability (Forts.)

Kapitel 16
Conversionrate-Optimierung – aus Besuchern Käufer machen

»Ich will niemanden verführen, ich will überzeugen.«
– Edith Cresson, französische Politikerin

In diesem Kapitel lernen Sie die Bedeutung und Relevanz von Begriffen wie Conversion, Conversionrate und Conversionrate-Optimierung kennen. Sie erfahren, was eine Landing Page ist, lernen wichtige Elemente dieser Landeseiten kennen, wissen um die Wichtigkeit von Vertrauens- und Überzeugungsarbeit im Internet und erfahren, was sich hinter dem Begriff Neuromarketing verbirgt. Ein Kurzüberblick und eine Checkliste am Ende des Kapitels helfen beim Memorieren.

Der Atem ist ruhig, der Blick fokussiert, der Bogen gespannt. Sportler beim Bogenschießen sind Konzentrationskünstler und haben genau ein Ziel vor Augen: Sie möchten wortwörtlich ins Schwarze treffen. Alle Ablenkung muss ausgeblendet werden. Das Einzige, was zählt, ist der Pfeil in der Mitte der Zielscheibe. Dieser Vergleich passt gut zu unserer Thematik. Sie als Website-Betreiber sind der Bogenschütze, die Besucher Ihrer Website entsprechen dem Pfeil, und das Ziel, das Sie mit Ihrer Website erreichen möchten, ist der Mittelpunkt der Zielscheibe, das Bull's Eye – ein Volltreffer. Genau darum geht es in diesem Kapitel: Wie schaffen Sie es, den Besucherstrom auf Ihrer Website so zu leiten, dass die Benutzer Ihr Website-Ziel erreichen? Die Antworten sind natürlich abhängig von den anvisierten Zielen und den verschiedenen Websites. Darum muss immer individuell betrachtet werden, welche Optimierungsmaßnahme im Einzelfall sinnvoll erscheint. Wir möchten Ihnen im Folgenden einige Maßnahmen vorstellen, die Sie auf jeden Fall in Betracht ziehen und überdenken sollten.

Wie die Sportler sich aufwärmen, so werden wir uns zum Aufwärmen zunächst die Begrifflichkeiten genauer ansehen und uns mit einem leichten Stretching dem Conversion-Optimierungsprozess widmen. Bei richtiger Pulsfrequenz schauen wir uns die Elemente einer Landing Page und den Entscheidungsprozess der Zielgruppe detaillierter an. Danach wenden wir uns der Disziplin der Landing-Page-Optimierung zu. Krempeln Sie also die Ärmel hoch, es wird möglicherweise schweißtreibend.

16.1 Begrifflichkeiten

Gerade im Online-Marketing wird eine Vielzahl von zumeist englischen Fachbegriffen verwendet. Einige leuchten sofort ein, bei anderen kann der Eindruck von »Fachchinesisch« entstehen. Damit keine Missverständnisse auftreten, möchten wir uns zunächst einige Begrifflichkeiten näher anschauen, bevor wir uns dann – Achtung, Fachbegriff – der *Conversion Rate Optimization (CRO)* widmen.

Conversion

Dieser Begriff tauchte bereits in einigen vorherigen Kapiteln auf, soll aber hier noch einmal genauer beleuchtet werden: Eine *Conversion* bezeichnet eine gewünschte, messbare Handlung, die von einem Benutzer durchgeführt wird. Angenommen, Sie möchten mit Ihrer Website erreichen, dass sich viele Besucher für Ihren Newsletter anmelden. Jeder Besucher, der sich nun in das Newsletter-Formular einträgt und dieses abschickt, tätigt eine Conversion bzw. konvertiert. Seine Wurzeln hat das Wort »Conversion« im Lateinischen. Es kommt von »convertere«, was »wenden« bedeutet. In der Religion wird das Wort Konversion ebenfalls verwendet und bedeutet dort den Übertritt zu einer anderen Konfession. Übertragen auf das Web, kann man von einem Übertritt eines Interessenten in die Gruppe der Käufer sprechen, sofern es sich um einen Online-Shop handelt. Es gilt also, wie die Kapitelüberschrift schon sagt, aus Besuchern Käufer zu machen.

Eine Conversion kann ganz unterschiedlicher Natur sein und wird von Ihnen als Website-Betreiber bestimmt. Sie hängt davon ab, was das Ziel Ihrer Website ist. Verkaufen Sie beispielsweise über Ihren Internetauftritt Wein, dann kann eine Conversion auch darin bestehen, dass ein interessierter Besucher Ihrer Website eine Bestellung abgibt. Sind Sie beispielsweise Betreiber einer Community, kann eine Conversion gänzlich anders aussehen und kann beispielsweise die Anmeldung zur Gemeinschaft sein. Auch Klicks auf Werbemittel können als Conversion angesehen werden.

Conversionrate (CR)

Die *Conversionrate* (zu Deutsch *Konversionsrate*) bezeichnet das Verhältnis von Besuchern auf Ihrer Website zu den Besuchern, die eine gewünschte Handlung ausführen, also eine Conversion tätigen. Ziehen wir nochmals das Beispiel von einem Produktverkauf heran, dann ist die Conversionrate das Verhältnis zwischen allen Besuchern auf Ihrer Website zu den Käufern auf Ihrer Website. Die Formel sieht also wie folgt aus:

$$\textit{Conversionrate} = \textit{Käufer} / \textit{Besucher}$$

Abbildung 16.1 veranschaulicht diese Begrifflichkeiten.

Abbildung 16.1 Begrifflichkeiten

Die Bestimmung der Conversionrate ist wichtig, um die Wirksamkeit von Werbemaßnahmen beurteilen zu können. Ob eine Conversionrate gut oder schlecht ist, hängt letztendlich damit zusammen, ob Sie als Website-Betreiber Ihre Ziele erreichen und wirtschaftlich profitabel agieren.

Länderspezifische Unterschiede

Während hierzulande Konversionsraten oftmals bis zu einer Größenordnung von 10 % verzeichnet werden, können sich einige Unternehmen in Amerika bereits über höhere zweistellige Konversionsraten freuen. So veröffentlichte das Unternehmen Nielsen (*www.nielsen.com/de/de.html*) im März 2010 die *Top 10 Online Retailers by Conversion Rate*, also die Verkaufsprofis gemessen an der Conversionrate. Demnach konnte sich der Nahrungslieferservice Schwan's (*www.schwans.com*) mit einer CR von 40,6 % an die Spitze der Top-Ten-Liste setzen. Zu berücksichtigen sind hier aber beispielsweise kulturelle Unterschiede, wie z. B. die Nutzung von Kreditkarten. Auch in Deutschland sind hohe Konversionsraten möglich.

Abhängig von der Branche, in der Sie tätig sind, und auch von der Art Ihres Website-Ziels bzw. Ihrer Conversion, können die Raten gänzlich unterschiedlich sein. So ist beispielsweise für die Anmeldung zu einem kostenlosen Newsletter eine höhere Conversionrate zu erwarten als für den Kauf eines Produkts im hohen Preissegment, da ein Nutzer hier eine weitaus höhere Hürde überwinden muss.

Der Conversion-Trichter (Conversion Funnel)

So wie sich die Art der Conversion unterscheiden kann, so kann auch der Weg, den ein Website-Besucher durch Ihre Website nimmt, um eine Conversion zu erreichen, unterschiedlicher Natur sein (dieser Weg ist auch unter dem Namen *Conversion-Pfad* oder *Customer Journey* bekannt). Dies hängt damit zusammen, dass die Besucher unterschiedliche Interessen verfolgen und diverses Grundwissen bei dem Besuch Ihrer Website mitbringen.

Für Website-Betreiber ist die Analyse des *Conversion-Trichters* (auf Neudeutsch *Conversion Funnel*) besonders interessant. In Abbildung 16.2 sehen Sie einen exemplarischen Conversion-Trichter, der den Weg von einer sogenannten *Landing Page* (siehe Abschnitt 16.4, »Die Landing Page«) bis zur Conversion beschreibt. Wie für einen Trichter üblich, wird dieser in vertikaler Richtung immer schmaler, denn auf dem Weg zu einer Conversion verringern sich üblicherweise die Besucher. Wie Sie es schaffen, dass viele Besucher konvertieren, möchten wir Ihnen auf den nächsten Seiten beschreiben.

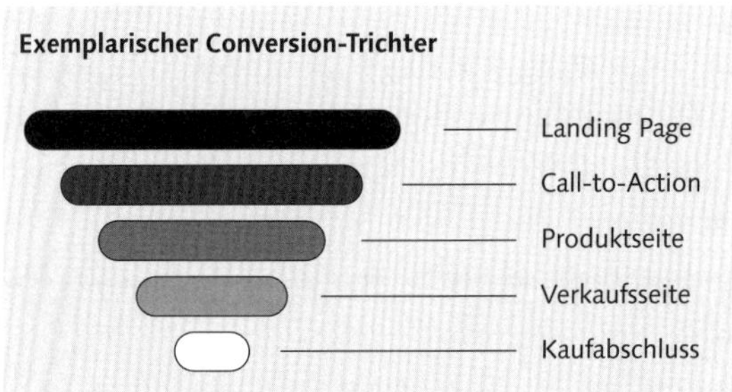

Abbildung 16.2 Beispiel Conversion-Trichter (Conversion Funnel)

In diesem beispielhaften Conversion-Trichter gelangen die Besucher zunächst auf eine Landing Page. Die interessierten Besucher folgen der Handlungsaufforderung dieser Seite (dem *Call-to-Action*) und erreichen somit eine Produktseite. Alle anderen Besucher, deren Interesse nicht angesprochen wurde, verlassen die Landing Page wieder. Die Besucher, die nach einem derartigen Produkt gesucht haben und dieses kaufen möchten, gelangen daraufhin auf die Verkaufsseite. Einige von diesen Besuchern sind von Ihrem Angebot überzeugt und tätigen dort eine Conversion.

Als Website-Betreiber können Sie sich also das Ziel setzen, jeden einzelnen dieser Schritte zu optimieren, das heißt die Conversionrate von einer Seite zur nächsten jeweils zu erhöhen.

Conversion Rate Optimization (CRO)

»Schon wieder ein Fremdwort!«, werden Sie jetzt vielleicht denken. Aber dieses sollten Sie sich besonders gut merken, denn es hat sich in letzter Zeit zunehmend in den Köpfen von Unternehmern und Website-Betreibern festgesetzt. Die Rede ist von der *Conversionrate-Optimierung*. Was das ist?

Die Conversionrate-Optimierung (Optimierung der Konversionsrate) befasst sich mit sämtlichen Maßnahmen, die die Conversionrate einer Website steigern. Wenn Sie sich die Formel der Conversionrate noch einmal ins Gedächtnis rufen, bedeutet das im Klartext, mehr Besucher zu konvertieren, sprich in vielen Fällen: aus Besuchern mehr Käufer zu machen. So zielen Maßnahmen darauf ab, die Abbruchrate im Kaufprozess (sofern die definierte Conversion ein Kauf ist) zu verringern. Anders ausgedrückt: Die Conversionrate-Optimierung befasst sich mit Maßnahmen, die bei gleichbleibendem Besucheraufkommen (Traffic) die Conversions steigern. In Abbildung 16.3 wird dieser Begriff nochmals auf einen Blick ersichtlich.

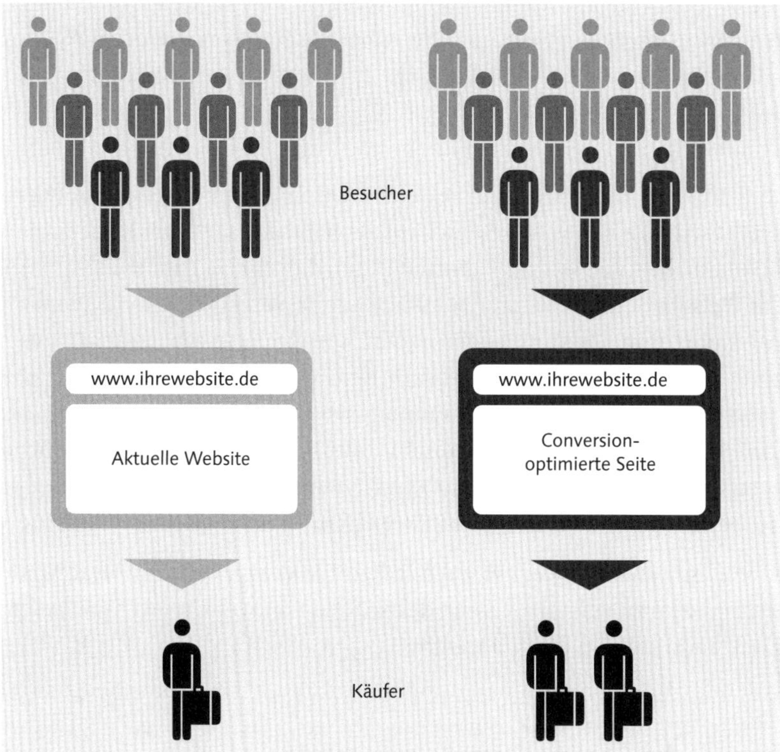

Abbildung 16.3 Conversionrate-Optimierung (CRO)

Die Conversionrate-Optimierung gewinnt zunehmend an Bedeutung, und viele Unternehmen erkennen das wirtschaftliche Potenzial, das in ihr steckt. CRO-Experte Tim Ash meint im Online-Magazin *Suchradar* (Ausgabe Juli 2010):

> *»I would not be surprised to see a ›Director of Landing Page Optimization‹, ›Chief Conversion Officer‹ or similar roles emerge within companies or interactive agencies.«*

Er bringt damit zum Ausdruck, dass es ihn nicht überraschen würde, in nächster Zeit neue Berufsfelder speziell für diesen Bereich zu entdecken. Erfolgreich werden also weniger die Websites und Unternehmen sein, deren Optimierungsstrategie rein auf eine Traffic-Steigerung abzielt, sondern vielmehr diejenigen, die auch an Ihrer Conversionrate arbeiten. Hat diese eine akzeptable Rate erreicht, kann durch gezielte Maßnahmen der Besucherstrom einer Website erhöht werden.

Google Conversion Professionals

Dass sich auch der Suchmaschinengigant Google mit der Conversion-Optimierung befasst, beweist sein Zertifizierungsprogramm *Google Conversion Professionals* (*www.google.de/gcp*). Hier erhalten ausgewiesene Experten in Sachen AdWords ROI (*Return on Investment*) und Website Conversions ein Zertifikat. Auf diese Weise bekommen Unternehmen eine Hilfestellung bei der Suche nach einem passenden Berater.

Im Zusammenhang mit der CRO sind verschiedene Themenbereiche involviert, denn es gilt, herauszufinden, was den Besucher davon abhält, ein Produkt zu kaufen bzw. eine Conversion durchzuführen. Experten gehen davon aus, dass etwa 97 % der Besucher einer Website den Internetauftritt wieder verlassen und keine Conversion tätigen – eine ernüchternde Zahl, die untermauert, wie viel Potenzial in der Conversionrate-Optimierung steckt. Hier geht es um eine übergeordnete Disziplin, die diverse Themenbereiche involviert. So kommen psychologische und technische Aspekte ins Spiel, die Usability (siehe Kapitel 15, »Usability – benutzerfreundliche Websites«) kann optimiert werden, ebenso wie die Funktionen einer Website oder beispielsweise die Ladegeschwindigkeit. Die Stellschrauben sind also sehr vielfältig.

Die CRO ist keine Aufgabe, die sich, einmal erledigt, für immer abhaken lässt. Stattdessen ist sie als Prozess zu verstehen, denn das Umfeld von Websites ist dynamisch, und äußere Umstände können sich verändern.

16.2 Warum ist die Conversionrate so wichtig?

Schauen wir uns zur Beantwortung dieser Frage eine (fiktive) Beispielrechnung an. Angenommen, Sie messen auf Ihrer Website einen Besucherstrom von 10.000 Besuchern pro Monat. Aktuell verzeichnen Sie eine Conversionrate von 1 %, das bedeutet, dass 100 Besucher in Ihrem Online-Shop etwas kaufen. Nehmen wir an, dass Sie mit Ihrer Website das Ziel verfolgen, Bücher zu verkaufen, und dass der durchschnittliche Warenkorb etwa 25 € beträgt. Dann nehmen Sie durch diese 100 Käufer 2.500 € ein.

Stellen Sie sich nun vor, Sie können durch verschiedene Optimierungsmaßnahmen Ihre Conversionrate auf 1,5 % erhöhen, also einen Anstieg von 0,5 % erzielen – wir wollen nicht überheblich sein. Damit ergibt sich ein Einnahmenanstieg von 1.250 € durch die Conversionrate-Optimierung, wie Sie in Tabelle 16.1 sehen.

	Vorher	Nachher
Besucher	10.000	10.000
Conversionsrate	1 %	1,5 %
Käufer	100	150
Ø Warenkorb	25 €	25 €
Einnahmen	2.500 €	3.750 €

Tabelle 16.1 Beispielrechnung für eine gesteigerte Conversionrate

An dieser sehr einfachen, aber deutlichen Beispielrechnung sehen Sie, dass eine Steigerung der Conversionrate wesentlichen Einfluss auf die Umsatzgenerierung Ihrer Website hat. In der Realität müssten Sie noch berücksichtigen, dass Sie gewonnene Kunden auch halten und zum Wiederkauf bewegen können.

Tipp: Conversionrate-Rechner

Unter *www.wsimarketing.de/convertcustomers.aspx* finden Sie einen Conversionrate-Rechner (Abbildung 16.4). Tragen Sie hier die Besucherzahl Ihrer Website ein, die Anzahl der Bestellungen und die durchschnittliche Bestellhöhe. Mit dem Bewegen eines Schiebereglers können Sie sehen, welchen Einfluss die Conversionrate auf Ihren Website-Erfolg hat. Einen ähnlichen Rechner in englischer Sprache finden Sie unter *www.bplans.com/business_calculators/conversionratecalculatorwindow.cfm*.

Abbildung 16.4 Der Conversionrate-Rechner (Quelle: wsimarketing.com)

»Ja«-Sager, »Nein«-Sager und »Vielleicht«-Sager

Geben Sie sich jedoch nicht der Illusion hin, dass eine Conversionrate von 100 % erreichbar wäre, dass also alle Besucher Ihrer Website genau die gewünschte Handlung ausführen würden. Die Besucher sind gänzlich unterschiedlich, und Sie werden es nicht jedem recht machen können. Für einige wird Ihr Produkt bzw. Angebot nicht infrage kommen (»Nein«-Sager), andere hingegen werden es beziehen (»Ja«-Sager). Es gibt aber noch einen dritten Teil von Besuchern, die der Experte Tim Ash als »Maybes« bezeichnet, also die »Jein«-Sager. Sie kommen als Käufer in Frage, sind aber noch nicht vollständig überzeugt. Und hier wird es interessant: Genau dieser Anteil an Interessenten ist die Stellschraube zu einer höheren Conversionrate.

In Anlehnung an die Darstellung in Tim Ashs Buch »Landing Page Optimization« sehen Sie in Abbildung 16.5 den Sachverhalt noch einmal verdeutlicht.

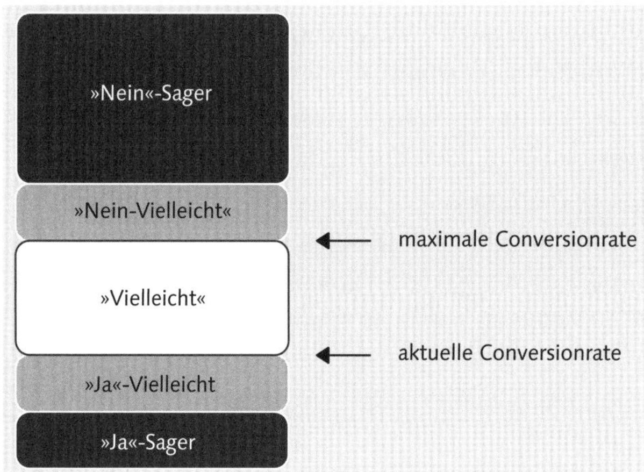

Abbildung 16.5 »Ja«-Sager, »Nein«-Sager und »Jein«-Sager nach Tim Ash

Das Ziel ist also die Überzeugung der Unentschlossenen, insbesondere der Gruppe »Ja-Vielleicht« und »Vielleicht«, um mit einer Website erfolgreich zu sein.

Oftmals ist die Conversionrate-Optimierung in Unternehmen und bei Website-Betreibern noch kein etablierter Prozess. Häufig werden große Budgets für Traffic-steigernde Maßnahmen freigegeben, aber die CRO-Optimierung kommt trotz ihres direkten Einflusses auf den Umsatz häufig zu kurz. Wie Sie nun wissen, ist jedoch deren Wichtigkeit nicht zu unterschätzen. Fangen Sie daher noch heute an zu optimieren.

16.3 Der Prozess der Conversionrate-Optimierung

Sie kennen nun die genaue Bedeutung der Fachbegriffe, und Ihnen ist auch die Relevanz der Conversionrate und ihrer Optimierung bewusst. Da wird es Ihnen sicherlich einleuchten, dass CRO kein Parallelprojekt ist, das man mal »ebenso nebenbei« abwickeln kann. Die Conversionrate-Optimierung ist, ähnlich wie die Usability-Optimierung (siehe Kapitel 15, »Usability – benutzerfreundliche Websites«) und der Einsatz der Testverfahren (siehe Kapitel 17, »Testverfahren«), ein wiederkehrender Prozess, mit dem Sie eigentlich nie fertig sind. Das hört sich möglicherweise nach Sisyphusarbeit an, aber wenn Sie bedenken, welchen Einfluss die CRO auf Ihren (monetären) Erfolg haben kann, so sollte dieser Punkt doch motivieren. Darum sollten Sie auch nicht zu lange mit der CRO warten. Aber wie fangen Sie nun an, Ihre Website zu verbessern, um erfolgreicher zu sein?

Wir schauen uns dazu zunächst den allgemeinen Conversionrate-Optimierungsprozess an. Im Anschluss gehen wir dann näher auf die Gestaltung einer Landing Page und deren Optimierung ein – immer mit dem Ziel, die Conversionrate zu steigern und insgesamt erfolgreicher zu sein.

16.3.1 Phasen im Conversionrate-Optimierungsprozess

1. Schwachstellen aufdecken

Um etwas zu verbessern, sollte man zunächst relevante Sachverhalte kennen bzw. analysieren. Und das ist auch schon das richtige Stichwort: der Conversionrate-Optimierung sollte in der Regel eine Website- und Besucheranalyse vorausgehen. Grundsätzlich ist es daher wichtig, dass Sie mit dem Besucherverhalten auf Ihrer Website vertraut sind. Sie sollten sich ein genaues Bild darüber verschaffen, wie die Conversions auf Ihrer Website entstehen, und sich über Ihre Zielgruppe so gut wie möglich im Klaren sein.

Versuchen Sie, Besucher zu segmentieren, die sich ähnlich verhalten, analysieren Sie die häufigsten Einstiegsseiten, und schauen Sie sich an, über welche Kanäle Sie die meisten Conversions erzielen. Überprüfen Sie auch die Webseiten, die eine vergleichsweise hohe Bouncerate aufweisen. Versuchen Sie möglichst viele Fragen zu klären: Was reizt die Besucher wohlmöglich an Ihrem Angebot, welche Fragen haben die Interessenten, wie seriös und glaubwürdig wirkt Ihr Angebot, und was ist Ihr bester Vertriebskanal?

Eine Kernfrage aber lautet: Was hält Interessenten von einer Kaufentscheidung ab? Hand aufs Herz: Wie oft haben Sie sich schon mit Ihren Kunden und Interessenten unterhalten? Fragebögen zur Kundenmeinung sind nur eine Möglichkeit, die hier Abhilfe schaffen kann. Mithilfe von Webanalysetools (siehe dazu auch Kapitel 18,

»Web-Analytics – Websites unter die Lupe nehmen«) können Sie das Verhalten von Benutzern auf Ihrer Website analysieren und auswerten. Schauen Sie sich Ihren Conversion-Trichter an, und analysieren Sie die Pfade Ihrer Website-Besucher. Wo springen die Besucher ab, und was sind kritische Stellen in Ihrem Conversion-Pfad? Zudem können Heatmaps und Clickmaps verschiedener Webseiten Optimierungspotenzial ans Tageslicht bringen. Die Schwierigkeit wird nicht darin bestehen, die Daten zusammenzutragen, sondern vielmehr darin, die Bedeutung der Daten und deren Zusammenhänge zu erkennen.

Angenommen, Sie betreiben einen Online-Shop und stellen in Ihrer Analysephase fest, dass kaum ein Besucher auf Ihren »Jetzt kaufen«-Button klickt. Der erste Schritt ist getan, Sie haben eine Schwachstelle aufgedeckt.

2. Gegenmaßnahmen überlegen

Doch das Erkennen von Schwachstellen ist noch nicht des Pudels Kern. Die Herausforderung liegt nun darin, eine Vermutung aufzustellen, warum Nutzer nicht bzw. nur wenig auf diesen Button klicken. Es könnte sein, dass der Button zu klein ist, die Farbe wenig auffällig, der Button nicht im sichtbaren Bereich der Seite positioniert ist, sondern *below the fold*, dass die Bezeichnung »Jetzt kaufen« nicht ansprechend genug ist und vieles mehr. Sie merken schon, es gibt vielfältige Möglichkeiten, und wir sprechen hier auch von Vermutungen, solange diese Hypothesen noch nicht mit messbaren Zahlen belegt werden können. Berücksichtigen Sie den Markt, in dem Sie agieren, und schauen Sie sich zudem Ihre Mitbewerber an. Lassen Sie Bedürfnisse aus anderen Perspektiven in Ihre Überlegungen einfließen. Auch Usability-Tests in denen Probanden ihre Schwierigkeiten mit einer Testaufgabe beschreiben, können hier hilfreich sein. Nun besteht die Schwierigkeit darin, die Vermutung herauszugreifen, die Ihnen am wahrscheinlichsten erscheint. Beispielsweise gehen Sie davon aus, dass die Positionierung des Buttons nicht optimal ist. Auf Grundlage dieser Annahme sollten Sie sich eine Optimierungsmaßnahme überlegen, die eine Steigerung von angenommenen × % hervorruft. In diesem Fall möchten Sie den schlecht sichtbaren Button beispielsweise »above the fold« platzieren.

3. An die Arbeit

Daraufhin folgt die Umsetzung der Optimierungsmaßnahme. Legen Sie dabei fest, was wie und wo verändert werden sollte. Berücksichtigen Sie dabei auch Auswirkungen auf andere Elemente und Webseiten.

4. Überprüfen

Es gilt nun, die Frage zu beantworten, ob die Optimierungsmaßnahmen erfolgreich sind. Daher macht es Sinn, schon vor der Umsetzung bzw. währenddessen (in Form von A/B-Tests und multivariaten Tests) die Maßnahmen zu evaluieren. (Mehr Informationen zu Testverfahren finden Sie in Kapitel 17, »Testverfahren«).

Fazit

Zusammenfassend und sehr plakativ ausgedrückt, lässt sich also der Prozess folgendermaßen festhalten:

Was ist nicht gut? → Was kann ich dagegen tun? → Etwas dagegen tun → Hat es geholfen?

Abbildung 16.6 zeigt den Prozess der Conversionrate-Optimierung auf einen Blick.

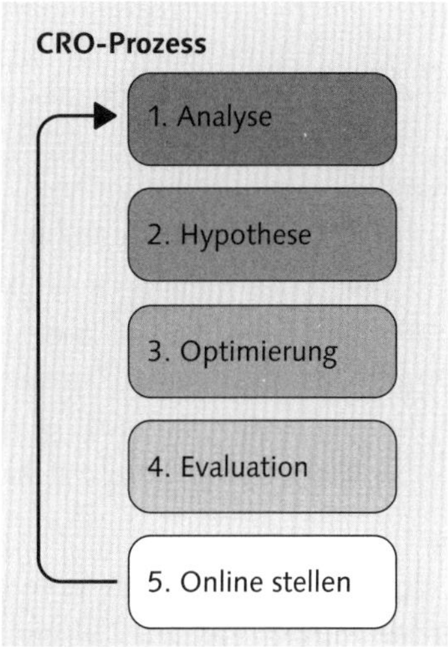

Abbildung 16.6 Der CRO-Prozess

16.3.2 LPO ist nicht gleich CRO

Um eins deutlich hervorzuheben: Die sogenannte *Landing-Page-Optimierung (LPO)* ist nicht dasselbe wie die *Conversionrate-Optimierung (CRO)*. Während die Landing-Page-Optimierung sich mit der Verbesserung einer einzelnen Seite – nämlich der Landing Page – befasst, bezieht sich die Conversionrate-Optimierung auf Maßnahmen, die die gesamte Website umfassen und das Ziel anstreben, die Conversionrate zu steigern.

Um etwas konkreter zu werden, möchten wir im Folgenden näher auf die Begrifflichkeit der Landing Page und auf deren Optimierung eingehen. Viele Maßnahmen der Landing-Page-Optimierung sind dabei auch auf andere Webseiten anwendbar.

16.4 Die Landing Page

Eine Landing Page oder zu Deutsch *Landeseite* ist die Seite, auf der ein Benutzer »landet«, wenn er beispielsweise einen Link, ein Werbemittel oder ein Suchergebnis anklickt. Das bedeutet, dass der Besucher auf eine spezielle Seite gelenkt wird, um eine bestimmte Benutzeraktion oder ein bestimmtes Ergebnis hervorzurufen. Wenn Sie an unser Eingangsbeispiel mit dem Bogenschützen denken, dann übernimmt die Landing Page sozusagen das Lenken des Pfeils auf die Zielscheibe, und zwar im besten Fall in deren Mittelpunkt. Die Landing Page ist also die Verbindung zwischen dem Zugang zur Website (z. B. ein Werbemittel) und der Conversion (siehe Abbildung 16.7). Somit ist die Landing Page von großer Bedeutung. Sie soll den Interessenten abholen und zur Conversion führen.

Wichtig ist daher ein konsistenter roter Faden, der einen Zusammenhang zwischen Zugang, Landing Page und tatsächlichem Abschluss herstellt. Ist kein Zusammenhang zwischen Zugang und Landing Page gegeben, kann das unter Umständen für den Besucher verwirrend sein, und er verlässt die Seite wieder. Geben Sie Ihren Interessenten daher das Gefühl, dass sie auf Ihrer Seite genau richtig sind. Ansonsten geben Sie möglicherweise viel Geld für eine (z. B. Banner- oder AdWords-)Kampagne aus, ohne jedoch Umsatz zu generieren. Hilfreich kann es besonders bei AdWords-Kampagnen sein, bestimmte Schlüsselwörter, die im Anzeigentext verwendet werden, auch auf der Landing Page zu verwenden, um die Zusammengehörigkeit zu unterstreichen.

Insbesondere bei Online-Shops wird das Ziel verfolgt, ein bestimmtes Produkt zu verkaufen. Daher steht in der Regel eben dieses Produkt im Mittelpunkt der Zielseite. Die Landing Page ist also mit einem Verkäufer in einem Geschäft vergleichbar. Er möchte dem Interessenten ein Produkt oder eine Dienstleistung näherbringen, dessen Vorteile aufzeigen und ihn zum Kauf bewegen. Jegliche Ablenkungen von der eigentlichen Handlungsaufforderung – das kann sogar die Navigation betreffen – sollten daher weitestgehend vermieden werden. Ein Verkäufer im Geschäft erwähnt ja auch nicht laufend, wo der nächste Ausgang ist.

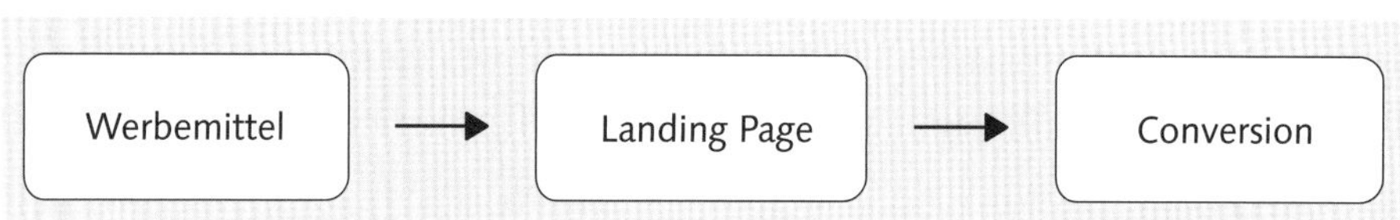

Abbildung 16.7 Eine Landing Page knüpft an den Zugang an und führt im Optimalfall zu einer Conversion.

Eine Landing Page kann eine bestehende Seite einer Website sein oder eine speziell für eine bestimmte Thematik erstellte Website. So gibt es beispielsweise Landing

Pages, die speziell für ein Gewinnspiel gestaltet wurden und daher auch nur temporär eingesetzt werden. Sie legen letztendlich fest, welche Seite eine Landing Page und somit ein Einstieg in Ihre Website ist. So kann sowohl eine Startseite, eine Suchergebnisseite, eine Kategorie- oder Detailseite als auch eine speziell entwickelte Landing Page zum Einsatz kommen. Letztere hat den enormen Vorteil, dass sie gezielt auf Besucherbedürfnisse abgestimmt werden kann. Wie wir bereits in Kapitel 11, »Suchmaschinenwerbung (SEM)«, erwähnt haben, liefern spezielle Landing Pages die besten Ergebnisse.

Die Startseite ist keine optimale Landing Page

Stellen Sie sich vor, Sie geben eine Zieladresse in Ihr Navigationsgerät ein. Aber anstatt Sie zu der eingegebenen Straße und Hausnummer zu navigieren, leitet Sie Ihr Navigationsgerät nur bis zum entsprechenden Ortsschild, und Sie müssen sich ab da selbst orientieren. Das ist frustrierend, und das ist es nicht minder im Internet.

Nehmen wir beispielsweise an, Sie erhalten einen Newsletter, in dem ein Produkt beworben wird, das Ihr Interesse weckt. Sie klicken auf den angegebenen Link in der E-Mail und landen auf der Startseite eines Ihnen unbekannten Online-Shops. Von dort aus müssen Sie sich, wenn Sie nicht schon abgeschreckt sind, selbst auf den Weg zu dem Produkt machen. Vielen Interessenten ist dies zu aufwendig, und sie verlassen die Website an dieser Stelle.

Besser als die eigentliche Startseite wäre in diesem Fall die entsprechende Produktdetailseite oder auch eine spezielle Landing Page. Hier besteht die Möglichkeit, den Interessenten abzuholen und seinen Erwartungen gerecht zu werden.

Wie in diesem Beispiel deutlich wird, bietet sich die Startseite in den meisten Fällen nicht als Landing Page an. Eine Ausnahme beispielsweise ist TV- oder Radiowerbung, innerhalb derer die Startseite angegeben bzw. genannt wird. Dennoch wird die Startseite in der Praxis auch im Netz oftmals als Landing Page verwendet. Auch Suchergebnisseiten oder Kategorieseiten sind keine besonders gute Wahl. Angenommen, Sie klicken auf ein Banner, das Jogging-Schuhe zum Aktionspreis bewirbt. Wenn Sie nun auf dieses Werbemittel klicken und auf die Kategorieseite »Sportschuhe« geleitet werden, so stehen Sie als Suchender vor der Herausforderung, unter Tennisschuhen, Fußballschuhen, Basketballschuhen und Laufschuhen die beworbenen Joggingschuhe zu finden. Auch auf der entsprechenden Produktdetailseite kann es sein, dass das Angebot mit dem Aktionspreis nicht ersichtlich wird. Aus diesem Grund ist es empfehlenswert, eine eigens für diese Aktion erstellte Landing Page zu verwenden. Diese Seiten werden zum Teil unter einer speziellen Domain gehostet. Sie sollte dem Interessenten genau die beworbenen Schuhe und entsprechenden Sonderkonditionen anbieten. Damit wirken Sie hohen Absprungraten zumeist entgegen. Landing Pages spielen also eine entscheidende Rolle für den Erfolg einer Kampagne.

Je nachdem, in welchem Gesamtkontext die Landing Page eingesetzt wird, kann auch deren Gestaltung gänzlich unterschiedlich sein. Grundsätzlich wird bei einer Landing Page versucht, den Erwartungen der Besucher gerecht zu werden. Dies ist kein leichtes Unterfangen, daher können sogenannte *Landing-Page-Tests* durchgeführt werden. Wir werden uns dem Thema Landing-Page-Optimierung in Abschnitt 16.7, »Landing-Page-Optimierung (LPO)«, widmen.

Benutzer können auf sehr verschiedenen Wegen auf eine Landing Page gelangen. Das kann, wie bereits erwähnt, beispielsweise eine Werbekampagne sein, in der diverse Werbemittel (beispielsweise Banner) zum Einsatz kommen. Darüber hinaus werden Landing Pages auch im Bereich der Suchmaschinenwerbung eingesetzt, bei den sogenannten Pay-Per-Click-Kampagnen (mehr zu diesem Thema lesen Sie in Kapitel 11, »Suchmaschinenwerbung (SEM)«). Denkbar sind ebenso Links in E-Mail-Kampagnen, Blogposts oder Pressemitteilungen. Abbildung 16.8 veranschaulicht diese Zugänge.

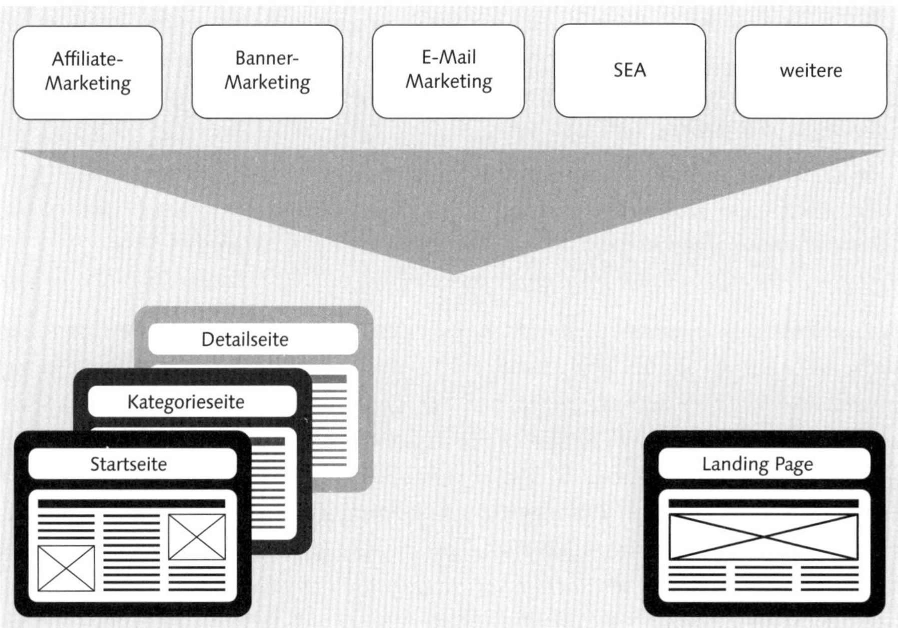

Abbildung 16.8 Zugänge zu einer Landing Page

Darüber hinaus kommen auch Offline-Zugänge in Frage, die Sie sicherlich auch schon gesehen haben. Das kann beispielsweise ein Plakat sein, auf dem eine Webadresse angezeigt wird, ebenso wie TV- oder Radiobeiträge und alle Arten von Printmedien, z. B. Flyer. Während die Zugänge bei Online-Medien gut nachzuvollziehen und transparent sind (über sogenannte *Referrer*), ist dies bei Offline-Zugängen deutlich schwieriger, da hier der Nutzer einen Medienbruch überwinden muss. Aus diesem Grund wird vorzugsweise mit leicht zu merkenden URLs gearbeitet. Zudem können Codes genannt werden, die dann auf der Landing Page von Nutzern eingegeben werden sollen. Auf diese Weise ist auch hier ein Tracking möglich. Mehr dazu lesen Sie in Kapitel 18, »Web-Analytics – Websites unter die Lupe nehmen«. Die Herausforderung besteht aber immer darin, die Interessenten mit einer Landing Page so abzuholen, dass sie eine Conversion durchführen.

Auch inhaltlich lassen sich verschiedene Arten von Landing Pages unterscheiden. Zum einen kann es insbesondere im E-Commerce um Produktverkauf oder bestimmte Dienstleistungen gehen, wie beispielsweise in Abbildung 16.9 zu sehen. Landing Pages können auch Gewinnspiele oder bestimmte Aktionen beinhalten (siehe Abbildung 16.10). Aber nicht nur Online-Shops verwenden Landing Pages. Auch Websites, bei denen es um Informationen, wie beispielsweise Communitys und Zeitungen geht, können Landing Pages verwenden.

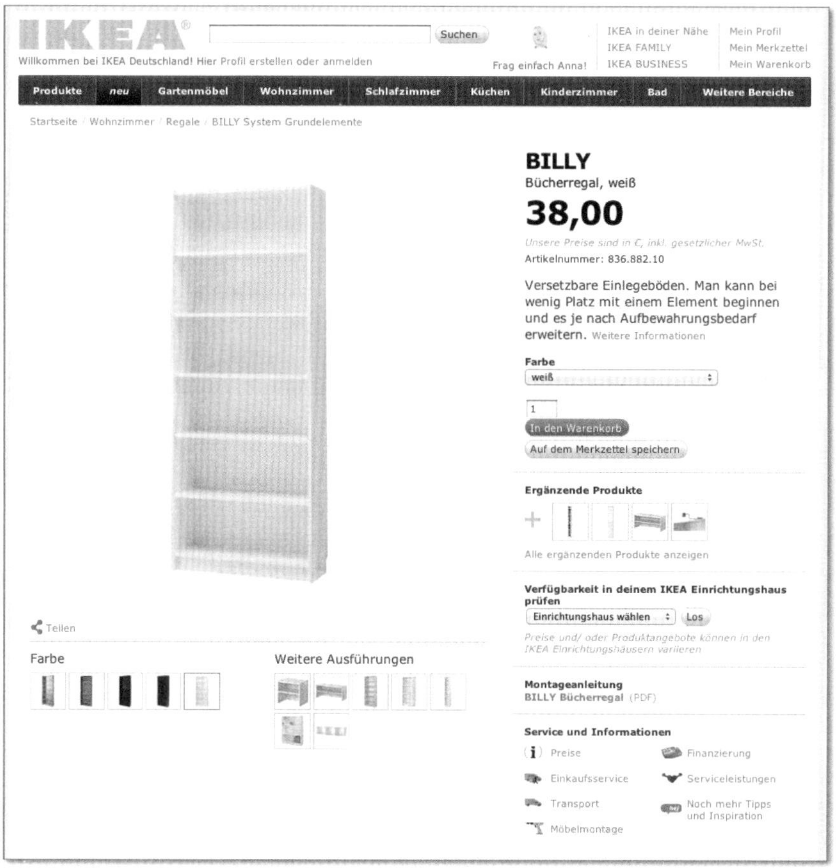

Abbildung 16.9 Beispiel für eine Produkt-Landing-Page von www.ikea.de

Abbildung 16.10 Landing Page zur Sonderaktion von Coca-Cola anlässlich der UEFA EURO 2012

Um Missverständnisse zu vermeiden, möchten wir kurz auf weitere Bezeichnungen eingehen, die häufig in Verbindung mit der Thematik Landing-Page-Optimierung verwendet werden, jedoch unterschiedliche Bedeutungen haben:

- **Microsite**: Eine sogenannte *Microsite* ist eine wenig komplexe Website. Sie wird in der Regel unter anderer Domain und parallel zu der Hauptwebsite geführt und kann gänzlich unterschiedlich strukturiert und gestaltet sein. Verglichen mit dem TV-Bereich, kann man sich eine Microsite wie eine Sondersendung zu einem Spezialthema vorstellen. Ähnlich wie Landing Pages, finden Microsites häufig Verwendung bei Produkteinführungen oder temporären Maßnahmen.
- **Brückenseite**: Die Brückenseite (auch *Doorway Page, Jump Page, Gateway Page, Bridge Page* oder *Satellitenseite* genannt) ist eine Zwischenseite, die aus Gründen

der Suchmaschinenoptimierung bestimmte Keywords enthält, um eine gute Auffindbarkeit bei Suchmaschinen zu erreichen. Besucher werden von dort auf die eigentliche Hauptseite weiterleitet. Je nachdem, wie die Brückenseiten gestaltet sind, können sie von Suchmaschinen ausgeschlossen werden. Mehr zu Manipulationsversuchen lesen Sie in Kapitel 12, »Suchmaschinenoptimierung (SEO)«.

- **Splash-Page**: Splash-Pages sind Ihnen wahrscheinlich auch schon einmal begegnet. Das sind diejenigen Websites, denen ein (Flash-) Intro vorausgeht, das Sie häufig mit dem Link »Skip Intro« überspringen können.

16.5 Elemente einer Landing Page

Welche Inhalte sind aber nun unverzichtbar für eine Landing Page? Leider ist dies allgemein nicht festzulegen, da es immer auf den Gesamtkontext und das individuelle Website-Ziel ankommt. Dennoch scheinen sich Experten bei einigen Elementen größtenteils einig zu sein. Wir möchten Ihnen im Folgenden sieben Kernelemente einer Landing Page vorstellen. Diese Elemente müssen nicht zwangsläufig Inhalt Ihrer Landing Page sein, aber Sie sollten sie bei der Erstellung Ihrer Landeseite in Betracht ziehen.

Sollten Sie sehr unterschiedliche Produkte oder Informationen anbieten, macht es in einigen Fällen Sinn, verschiedene Landing Pages zu erstellen. Nur so können Sie gezielt auf die Bedürfnisse und Erwartungen der Zielgruppe eingehen, wichtige Keywords integrieren und die Interessenten bestmöglich abholen. Eine klare Zieldefinition sollte am Anfang jeder Umsetzung stehen.

Darüber hinaus spielt selbstverständlich auch der Besucher der Landing Page eine bedeutende Rolle. Welche Erwartungen hat der Nutzer Ihrer Landing Page, und was ist seine Absicht? Möchte er sich nur umsehen und informieren, oder ist er tatsächlich auf der Suche nach einem speziellen Produkt und bringt eine Kaufabsicht mit? Wird er auf dem Weg zur Conversion abgelenkt oder unterbrochen? Mit einer guten Landing Page können Sie die Motivation Ihrer Interessenten unterstützen, ein Produkt zu beziehen bzw. eine Conversion durchzuführen.

16.5.1 Die sieben Elemente einer Landing Page

Im Folgenden betrachten wir eingehender einige Elemente, die eine Landing Page ausmachen können:

- Headline
- Fließtext
- Leadtext
- Call-to-Action
- Heroshot
- Aufzählung
- Trustelement

Headline

Die Überschrift (Headline) spielt eine entscheidende Rolle. Ihre Aufgabe ist es, dem Benutzer zu zeigen, dass er auf einer für ihn und sein Bedürfnis hilfreichen Seite gelandet ist. Darüber hinaus muss sie so formuliert sein, dass das Interesse des Benutzers zum Weiterlesen geweckt wird. Wie schaffen Sie es nun, dieses auch in der Zeitungsbranche bekannte Prinzip umzusetzen? Gute Headlines erwischen den Leser oft emotional. Er ist beispielsweise ergriffen, interessiert oder belustigt und somit angeregt, weiterzulesen. Eine gute Headline hat also das Ziel, das Interesse des Besuchers zu wecken und ihn auf der Website zu halten.

Wenn Sie eine Landing Page für eine AdWords-Kampagne gestalten, dann kann es sinnvoll sein, wie bei Ihrem Anzeigentext auch, das Keyword in der Headline aufzugreifen. Dies spannt den roten Faden von Anzeigentext zur Landing Page und schafft zudem einen Wiedererkennungswert. Stellen Sie möglichst schon mit der Headline den Kundennutzen explizit in den Vordergrund.

Heroshot

Der sogenannte *Heroshot* beschreibt ein Bildelement auf der Landing Page, das den Inhalt unterstützt. Da sich Menschen Bilder gut einprägen können, ist der Heroshot ein hilfreiches Element auf einer Landing Page. Der »Held«, der den Kundennutzen schafft, wird also bildhaft dargestellt. Ist Ihr Ziel beispielsweise, ein Produkt zu verkaufen, so präsentieren Sie es, ähnlich einem Schaufenster. In diesem Zusammenhang wird auch der Fachbegriff *Key Visual* verwendet. Je nach Werbeziel können dies auch Stimmungsbilder sein, Maskottchen bzw. Grafiken oder Abbildungen, mit denen sich die Betrachter identifizieren können. Wir gehen später noch genauer auf den Effekt der Zugehörigkeit ein, aber schon an dieser Stelle sei erwähnt, dass Menschen sich an anderen Menschen, besonders an erfolgreichen, attraktiven Personen, orientieren. Zeigt ein Heroshot also Personen, die bestimmte Produkte verwenden, kann dies verkaufsfördernd auswirken. Der Benutzer soll eine für ihn vorteilhafte Situation assoziieren, die durch das Angebot hervorgerufen wird. Heroshots können also das Verlangen nach dem Produkt oder Angebot steigern. Unser Tipp: verwenden Sie individuelle, authentische und professionelle Bilder, die den Nutzen Ihres Angebotes transportieren.

Heroshots können Benutzer auf emotionaler Ebene ansprechen und dienen zudem als *Eye-Catcher*, das heißt, sie ziehen die Aufmerksamkeit auf sich. Haben Sie schon mal ein Bild gesehen, bei dessen Betrachtung Sie dachten, »Ich kann nicht wegsehen.« oder »Diese Augen schauen mich direkt an.«? In diesem Fall sind die Heroshots sehr gut gewählt worden und entfalten ihre psychologische Wirkung. Betrachter erwidern den Blick von Personen. Studien haben gezeigt, dass Menschen dem Blickverlauf von Personen auf Bildern folgen. Schaut beispielsweise ein »Hero« zu dem angepriesenen Produkt, so werden auch die Blicke der Betrachter auf dieses Produkt gelenkt. Das können Sie sich bei der Auswahl Ihres Heroshots zunutze machen. Im folgenden Beispiel in Abbildung 16.11 führt der Blickverlauf der Frau den Betrachter auf das Anmeldeformular (also die gewünschte Conversion dieser Seite) des Markenshops *Brands4friends*.

Abbildung 16.11 Beispiel für einen Heroshot bei www.brands4friends.de

Unabhängig vom Inhalt des Heroshots ist der anzustrebende Effekt immer derselbe: Analog zu dem AIDA-Modell (siehe Kapitel 11, »Suchmaschinenwerbung (SEM)«) geht es darum, Aufmerksamkeit und Interesse zu wecken, im besten Fall auch das Verlangen zu steigern und den Betrachter zu einer Aktion zu (ver-)führen. Durch die psychologische Wirkung können Heroshots die Conversionrate maßgeblich unterstützen.

Stellen Sie sicher, dass Heroshot und weiterer Inhalt aufeinander abgestimmt sind. Achten Sie darauf, dass die Bildsprache in dem Prozess Zugang → Landing Page → Conversion einheitlich und aufeinander abgestimmt ist.

Fließtext

Der Benutzer möchte ein Problem lösen oder ein bestimmtes Bedürfnis befriedigen. Formulieren Sie Ihren Fließtext also aus der Perspektive des Suchenden. Nicht Ihr Angebot, sondern sein Mehrwert steht im Mittelpunkt. Arbeiten Sie den Kundennutzen klar heraus, und sprechen Sie beispielsweise nicht von »wir liefern«, sondern von »Sie profitieren«.

Einige Benutzer scannen Ihre Landing Page nach den Schlüsselbegriffen, die sie noch von der Suchanfrage und der Anzeige her im Kopf haben. Ein Benutzer, der auf eine Landing Page gelangt, schaut zunächst, ob er hier richtig ist. Findet er ein entsprechendes Keyword, kann er für sich abhaken, dass diese Seite zumindest einen Zusammenhang zu seinem Schlüsselbegriff hat. Aus diesem Grund ist es empfehlenswert, Keywords auch in den Fließtext zu integrieren und das Produktversprechen Ihrer Anzeige erneut aufzugreifen. Machen Sie es diesen Benutzern leicht, und heben Sie die Schlüsselbegriffe z. B. fett hervor. Kombinieren Sie die Keywords mit Ihren Verkaufsargumenten oder weiteren Begriffen wie *gratis*, *kostenlos* oder *unverbindlich*, wenn diese auf Ihr Angebot zutreffen.

Achten Sie darauf, den Benutzer mit dem Fließtext in Richtung Conversion zu steuern. Innerhalb des Fließtextes sollten alle Fragen des Benutzers beantwortet und jegliche Bedenken ausgeräumt werden. Dies ist elementar, um die Kaufentscheidung des Interessenten zu unterstützen. Beschreiben Sie wichtige Details, fragen Sie sich, was den Benutzer davon abhalten könnte, sich für Ihr Produkt zu entscheiden, und lassen Sie keine Zweifel zu. Bieten Sie dem Benutzer vielmehr bildhafte Beschreibungen Ihres Angebots, stellen Sie die Vorteile deutlich heraus, und zeigen Sie auf, dass Ihr Angebot seine Bedürfnisse befriedigt.

Stellen Sie die wichtigsten Informationen an den Anfang des Fließtextes, und beachten Sie, dass diese möglichst *above the fold* zu sehen sind. Achten Sie auf einen gut strukturierten Fließtext, der sowohl Überschriften als auch Teilüberschriften enthält. Die Sätze sollten kurz und prägnant sein. Ebenso sollte der gesamte Fließtext möglichst kurz sein. Versuchen Sie, ihn auf das Wesentliche zu verkürzen, denn verglichen mit Printmedien ist die Lesegeschwindigkeit im Web langsamer, und die Augen ermüden schneller. Vermeiden Sie Fremdwörter und Fachausdrücke, wenn Sie nicht sicher sind, dass jeder Leser sie versteht.

Aufzählung

Benutzer unterscheiden sich in der Art, wie sie eine Webseite betrachten: So lesen beispielsweise einige Benutzer Texte vollständig, andere wiederum gar nicht, und wieder ein anderer Teil scannt den Text. In diesem Zusammenhang werden zwei Fachbegriffe unterschieden. Das *Skimmen* beschreibt das Überfliegen einer Website und die Suche nach visuellen Anziehungspunkten. Das Scannen verläuft ähnlich, aber schon etwas genauer. So werden beispielsweise Bildunterschriften, fett markierte Passagen und Links wahrgenommen.

Fitts' Law

1954 formulierte Paul Fitts ein Gesetz, das die Zeit beschreibt, die benötigt wird, um ein Ziel, wie beispielsweise den Klick auf einen Button, zu erreichen. Sie wird berechnet mit der Funktion aus der Entfernung zum Ziel (Button) und der Größe des Ziels. Um die Mathematiker unter Ihnen zufriedenzustellen, zeigen wir hier die vielfach modifizierte Formel:

$T = a+b \log_2 (1+D/W)$

T (oder auch *MT*) bezeichnet die *Movement Time*, *a* beschreibt den zeitlichen Abschnitt, während *b* die dem Gerät anhaftende Geschwindigkeit beschreibt. *D* entspricht der Distance (Distanz) und *W* der Width (Breite).

Sie wecken das Interesse derjenigen Benutzer, die keinen Text lesen, mit dem Heroshot. Den Benutzern, die den Text vollständig lesen, bieten Sie mit dem Fließtext notwendige Informationen. Mit Aufzählungslisten können Sie sehr gut diejenigen Benutzer ansprechen, die Ihre Seite scannen (siehe Abbildung 16.12). Damit die Vorteile Ihres Angebotes dennoch in der Kürze der Zeit schnell ersichtlich werden, sollte die Aufzählungsliste nicht mehr als sieben Punkte beinhalten. Rufen Sie sich die magische Sieben aus Kapitel 15, »Usability – benutzerfreundliche Websites«, ins Gedächtnis, oder lesen Sie den entsprechenden Abschnitt erneut (Abschnitt 15.5.2, »Die magische Sieben«).

Abbildung 16.12 Fünf Vorteile werden in diesem Beispiel von »Ab in den Urlaub« am rechten Seitenrand präsentiert.

Zudem zeigen Sie mit Aufzählungen, dass Sie den Mehrwert Ihres Angebots auf den Punkt bringen können. Stellen Sie daher den Kundennutzen Ihres Angebotes in der lesefreundlichen Form einer Aufzählung dar. Der versprochene Mehrwert ist somit sehr prägnant auf einen Blick ersichtlich. Priorisieren Sie Ihre Aufzählung nach Wichtigkeit, und stellen Sie den größten Vorteil an den Anfang, den zweitgrößten an das Ende. Sie unterstreichen den Mehrwert, den Ihr Angebot verschafft, wenn Sie statt Bulletpoints (also Punkten als Aufzählungszeichen) Elemente verwenden, die mit Positivem assoziiert werden. Dies können beispielsweise grüne Häkchen (wie in Abbildung 16.12) oder Pluszeichen sein.

Leadtext

Wie bereits beschrieben, benötigt nicht jede Landing Page zwangsläufig einen Leadtext. Jedoch gerade bei erklärungsbedürftigen Produkten reicht eine Aufzählung unter Umständen nicht aus. Im Leadtext sollten weitere Angaben zum Angebot gemacht und dessen Vorteile benannt werden. Sie bedienen damit diejenigen Besucher, die Texte auf Webseiten lesen und nicht nur punktuell scannen. Der Leadtext sollte mögliche Fragen, die ein Interessent mitbringt, beantworten. Stellen Sie sich auch hier die Frage: Warum könnte ein Nutzer das Angebot nicht in Anspruch nehmen wollen? Mehr zum Texten im Netz erfahren Sie in Kapitel 15, »Usability – benutzerfreundliche Websites«. Im Unterschied zum Fließtext, der in der Regel eher kurz gehalten ist, kommt ein Leadtext insbesondere bei erklärungsbedürftigen Angeboten zum Einsatz.

Trust

Bedenken Sie, dass durchaus Benutzer auf Ihre Landing Page gelangen werden, die noch nie von Ihnen und Ihrem Angebot gehört haben. Zudem können sie durch die verschiedenen Wege zu Ihrer Website auch in tieferen Ebenen einsteigen und müssen nicht zwangsläufig über die Startseite zu Ihnen gekommen sein. In der fremden Umgebung muss der Besucher daher zunächst einmal Vertrauen gewinnen. Er fragt sich vermutlich, ob er an ein seriöses Angebot geraten ist, ob die Qualität des Angebots wirklich das hält, was es verspricht, ob der angegebene Preis berechtigt ist, ob seine Daten bei Ihnen sicher sind oder ob er eine zusätzliche Beratung in Anspruch nehmen kann. Verglichen mit der realen Welt, können Sie sich vorstellen, dass sich ein potenzieller Kunde plötzlich in der Elektroabteilung eines Kaufhauses wiederfindet, ohne dass er weiß, in welchem Geschäft er sich eigentlich befindet.

Mit den folgenden Elementen können Sie derartigen Zweifeln entgegenwirken und Ängste abbauen: Stellen Sie sich vor, und zeigen Sie, wer hinter Ihrem Angebot steckt. Dies kann beispielsweise durch einen Link »Über uns« gelöst werden. Auch ein Foto Ihrer Geschäftsführung mit Unterschrift kann Vertrauen schaffen. Geben Sie Kontaktdaten und – falls vorhanden – Ihre Servicetelefonnummer für mögliche Nachfragen an. In unserem Beispiel mit dem Kaufhaus würde auch ein Mitarbeiter Hilfe anbieten.

Präsentieren Sie Aussagen Dritter, da deren Glaubwürdigkeit enorm ist. Dies können Testimonials sein (also positive Kundenmeinungen zu Ihrem Unternehmen oder Angebot), ebenso wie Auszeichnungen und Siegel, wie beispielsweise das von Trusted Shops (*www.trustedshops.de*). Auch wenn Sie die Logos von Kreditinstituten oder der Presse implementieren, kann das die Conversionrate enorm steigern. Nennen Sie Testergebnisse und Studien oder Erwähnungen in Fachzeitschriften (z. B. von Stiftung Warentest), und geben Sie Referenzen an. Integrieren Sie Sicherheitsgarantien, geben Sie Ihre Datenschutzbestimmungen an, und erwähnen Sie Rückgaberechte (siehe Abbildung 16.13).

Abbildung 16.13 Vertrauensbildende Elemente auf www.misterspex.de

Wenn Sie die Möglichkeit haben, Ihre Landing Page zu personalisieren und somit direkt auf den Benutzer abzustimmen, sollten Sie dies nutzen. Insgesamt sollten Sie auf das Gesamterscheinungsbild Wert legen. Häufig werden Sie bei der Auswahl einer Landing Page auf eine bestehende Seite Ihrer Webseite zurückgreifen. Hier ist der Gestaltungsspielraum insofern begrenzt, als dass sich das Design an Ihrer gesamten Website orientiert. Die Landing Page muss aber nicht zwingend am Stil Ihrer Website orientiert sein. In manchen Fällen macht eine vom restlichen Webauftritt losgelöste Zielseite durchaus Sinn (wie eingangs bereits erwähnt wurde). Design und Inhalte sollten aber immer auf das Werbemittel abgestimmt sein und für einen guten ersten Eindruck sorgen. Für einen seriösen Auftritt sind Rechtschreibfehler ein absolutes Tabu. Lassen Sie also auch Ihre Landing Pages Korrektur lesen.

Werbung sollte, wenn überhaupt, nur äußerst gut bedacht auf einer Landing Page zum Einsatz kommen und auf keinen Fall störend wirken. Der seriöse und vertrauenserweckende Eindruck wird dadurch gegebenenfalls in Mitleidenschaft gezogen. Die werbenden Elemente sollten als solche gekennzeichnet sein. Wir empfehlen Ihnen jedoch, auf Werbung auf Ihrer Landing Page komplett zu verzichten.

Es ist ratsam, die sogenannten Trust-Elemente dort zu integrieren, wo möglicherweise Zweifel aufkommen könnten, denn dort ist ihre Wirkung besonders effektiv. Beinhaltet Ihre Landing Page beispielsweise ein Formular und werden Benutzerdaten abgefragt, sollten Sie genau dort mit Trust-Elementen arbeiten. Die Angst vor Datenmissbrauch ist eine Hemmschwelle, die der Benutzer zunächst überwinden muss. Daher sollten Sie nahe dem Eingabefeld hervorheben, dass die Dateneingabe sicher ist und Informationen beispielsweise nicht weitergegeben werden.

Call-to-Action (CTA)

Der sogenannte *Call-to-Action* beschreibt eine klare Handlungsaufforderung und ist das Zentrum Ihrer Landing Page. Analog zum AIDA-Modell (siehe Kapitel 11, »Suchmaschinenwerbung (SEA)«) entspricht der Call-to-Action dem letzten Schritt des theoretischen Ansatzes.

Eine gut strukturierte Zielseite führt den Blickverlauf des Benutzers zu der Anweisung, die ihm unmissverständlich zu verstehen gibt, was als Nächstes zu tun ist. Steve Krug bringt es mit dem Titel seines Buches auf den Punkt: »Don't make me think«.

Tipp: Der 5-Sekunden-Test

Die Website *fivesecondtest.com* ist eine gute Möglichkeit, herauszufinden, wie klar und unmissverständlich Ihre Landing Page bei Nutzern ankommt. Sie können einen Screenshot oder Entwurf Ihrer Landing Page sowie einige Fragen einstellen. Tester haben fünf Sekunden Zeit, Ihre Seite anzusehen und werden anschließend aufgefordert, die hinterlegten Fragen zu beantworten. Im Anschluss werden Ihnen die Daten zur Verfügung gestellt.

Abbildung 16.14 Der CTA-Button »Jetzt diese Sparvorteile nutzen« bei www.skype.com

Wie in einem realen Verkaufsgespräch haben Sie nun alle Vorzüge Ihres Angebots erläutert und möchten den Interessenten dazu bewegen, eine gewünschte Handlung zu tätigen (siehe Abbildung 16.14). Seien Sie dabei also so eindeutig wie möglich. Ausrufungszeichen unterstreichen die Aufforderung zusätzlich (Imperativ). Gestalten Sie Ihre Handlungsaufforderung auffällig, und machen Sie sie zu einem Blickfang (*Eye-Catcher*). Unabhängig von Ihrem Conversion-Ziel sollte der Call-to-Action beim Betrachten der Seite klar hervorgehoben sein. Von Animationen ist jedoch abzuraten, da derartige Darstellungen oftmals als Werbung wahrgenommen und vom Benutzer ausgeblendet werden. Platzieren Sie Ihren Call-to-Action möglichst im sichtbaren Bereich der Website, also *above the fold,* und wiederholen Sie die Handlungsaufforderung bei längeren Landing Pages.

Tipp: Der Second Call-to-Action

Es kann auch sinnvoll sein, mit einem sogenannten *Second Call-to-Action* zu arbeiten. Das bedeutet, dass ergänzend zu der primären Handlungsaufforderung, ein zweiter, aber weniger prominent dargestellter Call-to-Action eingesetzt wird (Abbildung 16.15). Nehmen wir einmal an, Sie vertreiben über Ihren Online-Shop Uhren.

Die Besucher, die sich noch nicht zu einem Kauf entschließen können, können mit einer Handlungsaufforderung bedient werden, die eine weniger große Hürde darstellt. Das kann z. B. die Anmeldung zu Ihrem regelmäßig erscheinenden Newsletter sein. So haben Sie zwar Ihr primäres Ziel (den Uhrenverkauf) nicht erreicht, den Interessenten aber dennoch an sich gebunden und können ihn zu einem späteren Zeitpunkt möglicherweise überzeugen und zum Kauf bewegen. Selbstverständlich ist eine sekundäre Handlungsaufforderung von der jeweiligen Website und dem anvisierten Ziel abhängig. Berücksichtigen Sie dabei aber, dass ein Second Call-to-Action auch eine Ablenkung vom primären Ziel darstellt.

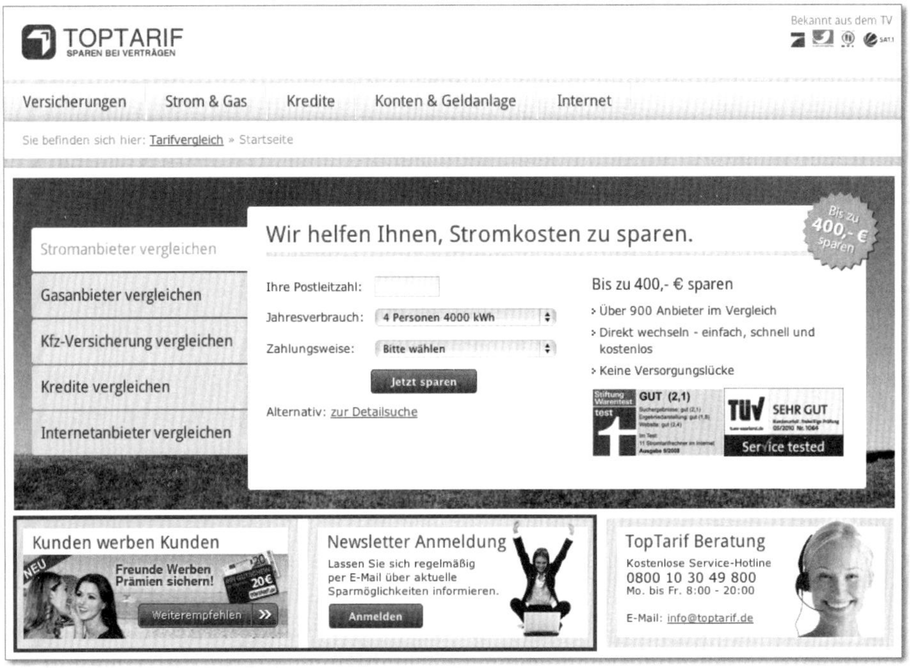

Abbildung 16.15 Beispiel für einen Second-CTA auf www.toptarif.de – die Newsletter-Anmeldung bzw. die Weiterempfehlung

Achten Sie darauf, dass Button- und Linktexte das beschreiben, was im nächsten Schritt passiert, und geben Sie Ihren potenziellen Kunden somit Sicherheit. Die richtige Wortwahl kann entscheidenden Einfluss auf die Conversionrate haben. Waren Sie möglicherweise bei Online-Käufen auch schon einmal verunsichert, ob Sie nun in dem aktuellen Schritt eine Bestellung abschließen oder ob noch ein weiterer Schritt im Bestellprozess folgt? Vermeiden Sie daher grundsätzlich Formulierungen wie »Hier klicken«. Dies ist für den Besucher nicht eindeutig. Achten Sie vielmehr darauf, dass Sie entsprechende Buttons und Links mit einem Call-to-Action versehen, wie beispielsweise »Jetzt kaufen!«.

Sie kennen nun sieben mögliche Elemente, die dazu beitragen können, Ihre Landing Page zu verbessern. Wie eingangs beschrieben, sind dies keine unbedingt notwendigen Elemente, jedoch werden viele von Experten empfohlen. So beispielsweise erkennen Sie wahrscheinlich einige Elemente wieder, die in der folgenden »Anatomie einer perfekten Landing Page« empfohlen werden (Abbildung 16.16).

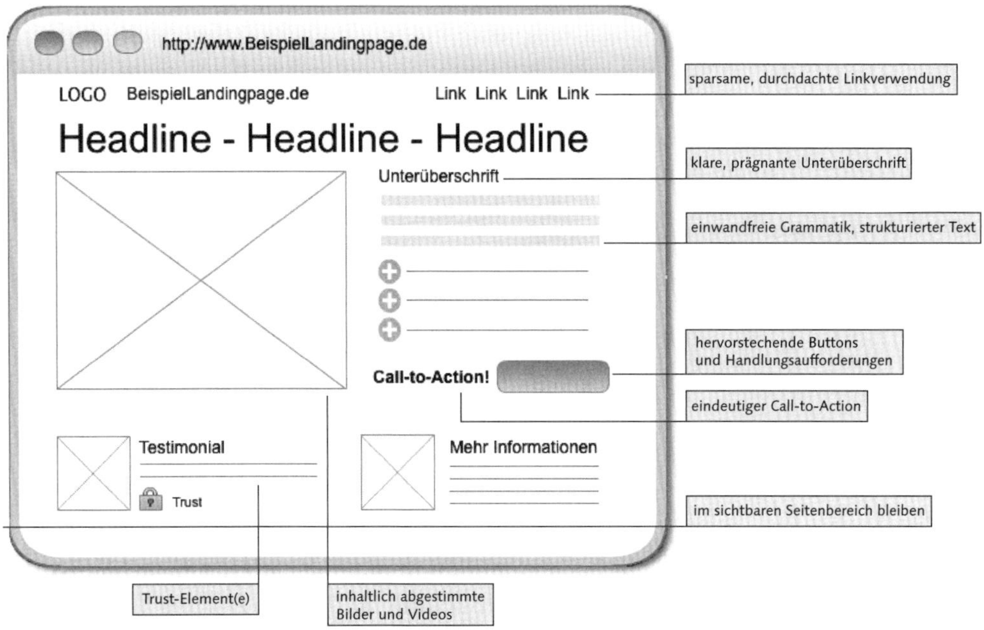

Abbildung 16.16 Die Anatomie einer perfekten Landing Page (Quelle: Eigene Darstellung in Anlehnung an www.formstack.com)

Weitere Anreize können den Benutzer zusätzlich dazu bewegen, eine Conversion durchzuführen. So können Sie beispielsweise bei einem Produktverkauf zum einen eine Knappheit (*Scarcity*) der Menge betonen (z. B. nur noch fünf Artikel auf Lager) oder andererseits eine zeitliche Limitierung unterstreichen (z. B. Aktion nur noch drei Tage). Äußerst geschickt wurde diese Knappheit bei dem Apple iPhone 4 ausgenutzt. Selbstverständlich führt eine Lieferzeit von mehreren Wochen nicht unbedingt zur Zufriedenheit der Kunden, dennoch impliziert der enorme Andrang auf das Smartphone, dass dieses Produkt einfach gut sein muss.

Das Kommunizieren von Erfolgen kann bei Benutzern den psychologischen Effekt hervorrufen, ebenfalls vom Produktnutzen profitieren zu wollen. Zugehörigkeit ist ein weiterer Aspekt, den Menschen anstreben. So können Menschen bewusst oder unbewusst beeinflusst werden, wenn sie sehen, was andere Menschen tun. Denken

Sie beispielsweise an den Online-Shop von Amazon, der Ihnen Produkte vorschlägt, die andere Kunden bereits gekauft haben. Bestseller sind ein weiteres Beispiel, da sie verdeutlichen, dass schon viele Menschen sich für dieses Produkt entschieden haben. Oder Communitys, die anzeigen, wie viele Mitglieder sich bereits angemeldet haben. Menschen möchten dazugehören. Stimulieren Sie also Ihre Besucher, zu konvertieren (siehe Abbildung 16.17).

Abbildung 16.17 Zeitliche Limitierung und Zugehörigkeit werden auf der linken Seite des Groupon-Angebots vermittelt.

Auch Zusatzangebote können Anreize schaffen, die zur gewünschten Handlung führen. Dazu gehören z. B. Rabatte oder der Erlass von Versandkosten oder Gratisbeigaben.

Wie Sie wahrscheinlich schon vermuten, gilt auch hier das Motto: testen, testen, testen. So können Sie hilfreiche Ergebnisse ermitteln, ob beispielsweise ein Link oder ein Button eine höhere Conversionrate erzielt, wie ein Call-to-Action-Button für Ihr Werbeziel aussehen sollte (Farbe, Größe, Form etc.) oder wie die Aufforderung zu formulieren ist.

16.5.2 Weitere relevante Aspekte für eine Landing Page

Neben den beschriebenen sieben Elementen sollten Sie noch einige weitere Hinweise bei der Gestaltung Ihrer Landing Page in Erwägung ziehen. Zunächst einmal gilt es, den Benutzer auf Ihrer Zielseite zu halten. Er muss sich auf Ihrer Landing Page gut aufgehoben fühlen und sollte zur Conversion geleitet werden. Sie haben bereits viel Energie dafür aufgebracht, den Benutzer auf Ihre Seite zu führen. Jetzt sollten Sie ihn nicht kurz vor dem Ziel (der Conversion) wieder verlieren.

Bieten Sie ihm daher so wenig Ablenkung und Ausstiegsmöglichkeiten wie möglich. Präsentieren Sie vielmehr die Lösung, nach der der Benutzer sucht. Eliminieren Sie alle Inhalte, die nicht zu der gewünschten Handlung führen, und zeigen Sie möglichst keine Werbung oder weitere Angebote aus Ihrem (Produkt-)Portfolio. Achten Sie darauf, dass Sie möglichst wenige Verlinkungen integrieren, die von der Website wegführen. Wenn es sich nicht vermeiden lässt, Links zu verwenden, dann sollten sich diese in einem neuen Tab oder Fenster öffnen, damit der Benutzer die Landing Page weiterhin geöffnet hat.

Überfordern Sie Ihre Interessenten nicht mit einer Vielzahl an Optionen und Informationen. Bei der Hauptnavigation gehen die Meinungen auseinander. Während einige Experten der Meinung sind, sie als Orientierungshilfe weiterhin anzuzeigen, argumentieren Gegenstimmen, sie biete zu viele Ausstiegsmöglichkeiten. Allgemeingültig lässt sich dies nicht festlegen, und Sie sollten hier testen, um eine für Sie passende Variante zu finden. Sie sollten die navigationslose Variante aber zumindest in Betracht ziehen, da gerade die Navigation einen aufmerksamskeitsstarken Bereich einnimmt, der wohlmöglich auch anders gut genutzt werden könnte.

Eine klare Struktur ist also ebenfalls elementar für eine Landing Page. Ein Benutzer urteilt innerhalb von wenigen Sekunden, ob die Seite für ihn interessant ist oder nicht. Neben der inhaltlichen Relevanz spielt auch die Anordnung der Elemente eine wichtige Rolle. Positionieren Sie alle Elemente so, dass sie den Benutzer zum Call-to-Action leiten. Wenn Sie sich nicht sicher sind, sortieren Sie zunächst Ihre Elemente. Stellen Sie sich dazu die Frage, welche Komponenten die Conversion gezielt unterstützen und für sie unabdingbar sind. Dies können bei einem Produktkauf beispielsweise ein Formular sowie ein Bestell-Button sein. Alle anderen Bestandteile werden unter Zusatzinformationen verbucht. Dazu zählen unter anderem die Trust-Elemente. Nun gilt es, die Bereiche so anzuordnen, dass ein klarer Lesefluss möglich wird. Der typische Blickverlauf eines Benutzers ähnelt nach Jakob Nielsen einem »F« *(F-Shaped Pattern)*, das heißt, der Benutzer wandert zunächst zweimal horizontal über die Seite, danach am linken Seitenrand vertikal entlang. Dieser Blickverlauf geschieht unbewusst, die Aufmerksamkeit liegt danach zumeist in der Mitte der Seite. Es kann daher sinnvoll sein, alle Conversion-Elemente zentral anzuordnen und alle unterstützenden Komponenten in die Seitenbereiche zu verlagern. Dies ist aber wieder individuell zu entscheiden und kann nicht als Standardlösung dienen.

Machen Sie es Ihren potenziellen Kunden so einfach wie möglich, und greifen Sie erlernte Konventionen auf. Beispielsweise haben sich Benutzer daran gewöhnt, dass Links im World Wide Web blau und unterstrichen dargestellt werden. Dies sollten Sie auch im Umkehrschluss beachten und nur Links derartig darstellen. Weitere Hinweise zu Konventionen lesen Sie in Kapitel 15, »Usability – benutzerfreundliche Websites«.

Abhängig von dem jeweiligen Werbeziel und Angebot kann auch die Länge einer Landing Page ganz unterschiedlich ausfallen. Nachvollziehbarerweise ist bei einem Standardprodukt weniger Überzeugungsarbeit nötig als bei einem komplizierten oder extrem kostspieligen Produkt. Eine Newsletter-Anmeldung wird also weniger Argumente benötigen als beispielsweise ein Versicherungsabschluss, wo die Landing Page zwangsläufig etwas länger ausfallen wird. Ihr Angebot sollte jedoch immer klar und schnell ersichtlich sein.

Es gibt *Best-Practise*-Beispiele (also Erfolgsbeispiele) für sehr conversion-starke lange wie auch kurze Landing Pages. Insbesondere in den USA sieht man häufiger sehr lange Landing Pages (die zum Teil auch als *Scrollpages* bezeichnet werden). Als Advertiser (Werbetreibender) müssen Sie den richtigen Umfang für Ihre Zielseite finden. Halten Sie sich an den Grundsatz: so viele Informationen wie nötig, aber so wenige wie möglich. Sollte sich herausstellen, dass Ihre Landing Page recht lang wird, sollten Sie, wie bereits erwähnt, Ihren Call-to-Action an verschiedenen Stellen wiederholen. Dies liegt darin begründet, dass ein Benutzer mit einer Kaufabsicht einen Bestell-Button immer vor Augen haben und ihn nicht suchen müssen sollte, wenn er dann genügend Informationen erhalten hat und zur Conversion bereit ist.

Exkurs: Darstellungsmöglichkeiten für Scrollpages

Inzwischen entdeckt man im Netz zum Teil sehr kreative Umsetzungen von langen Websites, die dem Nutzer anzeigen, dass er srcollen kann und soll. Einige Beispiele sehen Sie in den folgenden Abbildungen. Während *www.tchibo.de* als Orientierungshilfe die komplette Länge der Website am rechten Seitenrand anzeigt (Abbildung 16.18), verweist *www.rasselfisch.de* mit einem Pfeil auf die Möglichkeit zu scrollen (Abbildung 16.19).

Abbildung 16.18 Anzeige der Website-Länge am rechten Seitenbereich auf www.tchibo.de

Abbildung 16.19 Hinweis auf das Scrollen auf www.rasselfisch.de

Tipp: Kompatibilitäts-Browsercheck

Benutzer verwenden unterschiedliche Browser und deren Versionen. Daher sollten Sie Ihre Website in den verschiedenen gängigen Browsern testen und überprüfen, ob die Darstellung Ihren Vorstellungen entspricht und wichtige Elemente im sichtbaren Bereich dargestellt werden. Die meistgenutzten Browser sehen Sie in Abbildung 16.20 auf Grundlage von *www.webhits.de* oder in Ihrem Web-Analytics-System individuell für Ihre Website.

Google bietet unter *browsersize.googlelabs.com* ein hilfreiches Werkzeug, dass Ihnen angibt, wie viele Nutzer Website-Bereiche mit bzw. ohne Scrollen ansehen können (siehe Abbildung 16.21).

Ein weiterer technischer Hinweis bezieht sich auf die Verwendung von Flash-Animationen. Versuchen Sie, diese weitestgehend auf Ihrer Landing Page zu vermeiden, da bei diesem Dateiformat nicht sichergestellt ist, dass alle Besucher es problemlos darstellen können. Sie sollten auch deren Ladezeiten berücksichtigen und optimieren, denn kein Kunde wartet gerne.

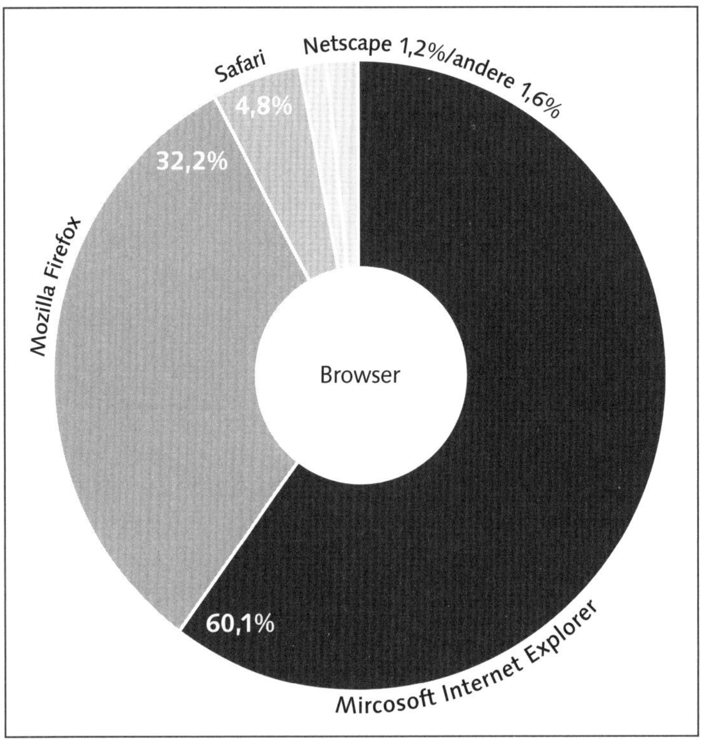

Abbildung 16.20 Browsernutzung, Stand April 2012 nach Angaben von webhits.de

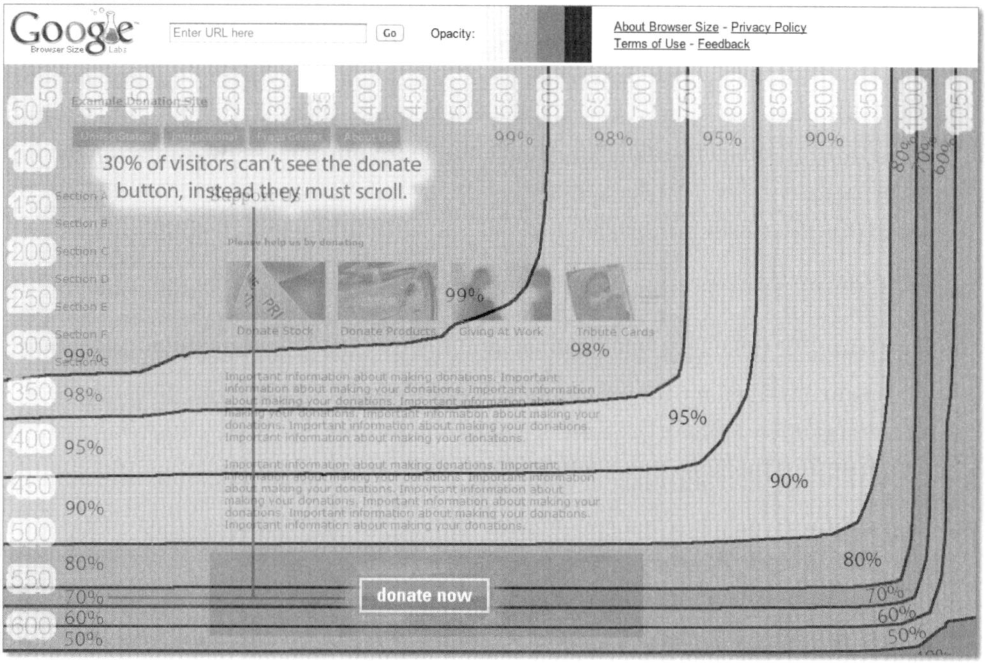

Abbildung 16.21 Mit dem Hilfswerkzeug Browsersize von Google können Website-Bereiche angezeigt werden, die mit und ohne Scrollen sichtbar sind.

16.5.3 Sonderfall: Formulare

Eine Besonderheit stellen Formulare dar. Viele Advertiser begehen hier den Fehler und fragen alle für sie wichtigen Informationen ab. Sie vergessen dabei, sich in die Lage des Benutzers zu versetzen. Die Eingabe benötigt eine gewisse Zeit, und der Benutzer ist oftmals ungeduldig. Höchstwahrscheinlich fragt er sich, warum er diese Angaben machen soll, und bricht im ungünstigsten Fall eine Conversion-Handlung ab. Stellen Sie sich also bei jedem Eingabefeld die Frage: »Brauche ich diese Informationen unbedingt?«. Nehmen wir einmal das Beispiel für ein Auswahlfeld »Herr« oder »Frau« innerhalb der Abfrage einer Anschrift. In den meisten Fällen lässt sich anhand des Vornamens genau erkennen, um welches Geschlecht es sich handelt. Wägen Sie selbst ab, ob Sie in den wenigen Fällen von Vornamen wie beispielsweise »Kim« eine Trefferquote von 50 % riskieren möchten oder Benutzer gegebenenfalls von vornherein durch viele Abfragen möglicherweise abschrecken.

Viele Benutzer sind äußerst sensibel, was ihre persönlichen Daten anbelangt. Sie fürchten beispielsweise den Missbrauch ihrer Zahlungsinformationen oder Spam. Geben Sie Ihren potenziellen Kunden daher vielmehr ein Gefühl von Sicherheit. Reduzieren Sie Ihre Formularabfragen auf das Allernötigste, und bieten Sie diverse

Zahlungsmöglichkeiten an. Überlegen Sie sich darüber hinaus die Verwendung von Pflichtfeldern gut. Studien zufolge sind Benutzer eher auf einer Folgeseite dazu bereit, weitere Angaben zu machen, als wenn diese Information als optionales Feld schon auf der Landing Page abgefragt wird. Liegt beispielsweise der Fall vor, dass sowohl die Angabe einer E-Mail als auch der kompletten Anschrift vonnöten ist, sollten Sie testen, auf der ersten Seite nur die E-Mail-Adresse und erst auf der Bestätigungsseite die Anschrift abzufragen.

Die Danke-Seite eines Formulars bietet sich im Übrigen hervorragend zum Upselling (also dem Anbieten von einer hochwertigeren Variante des Angebots) an. Hier können Sie auch Ihren Newsletter oder Gutscheine anpreisen und zum Weiterempfehlen anregen. Darüber hinaus kann die Zufriedenheit der Benutzer an dieser Stelle gut erfragt werden. Weitere Informationen zur Gestaltung von Formularen finden Sie in Kapitel 15, »Usability – benutzerfreundliche Websites«.

16.5.4 Selbstkontrolle

Sie haben inzwischen eine ganze Menge über wichtige Elemente einer Landing Page erfahren. Aber wie sieht es nun in der Praxis aus? Machen Sie einmal einen Selbsttest: Klicken Sie auf verschiedene Banner oder Werbeanzeigen, sehen Sie sich die entsprechenden Landing Pages an, und bewerten Sie diese für sich. Wie wir schon eingangs verdeutlicht haben, sind die beschriebenen Elemente keine unbedingte Notwendigkeit, und letztendlich spricht eine gute Conversionrate für eine gute Landing Page. Sie werden jedoch vermutlich erstaunt sein, wie viele Webseiten auch die grundlegenden Dinge einer Landing Page nicht berücksichtigen – und damit vorhandenes Potenzial nicht voll ausschöpfen.

16.5.5 Messung von Landing Pages

Bevor wir uns nun näher der Zielgruppe zuwenden, möchten wir noch kurz auf einige wichtige Kennzahlen eingehen, die mit Landing Pages im Zusammenhang stehen. Zunächst einmal ist die *Bouncerate* zu nennen. Die Bouncerate beschreibt, wie hoch der Anteil an Besuchern ist, die auf eine Webseite gelangen und sofort wieder gehen. »Sofort« meint dabei wenige Sekunden, sodass man davon ausgehen kann, dass die Besucher auch nicht lesen bzw. sich informieren. Sie sind also nicht interessiert an der Webseite und verlassen diese wieder. Damit ist die Bouncerate eine Absprungrate. Wie Sie sich schon denken können, ist eine hohe Bouncerate also ungünstig für Ihre Landing Page.

Im Gegensatz dazu ist eine hohe *Click-Through-Rate (CTR)* bei Landing Pages wünschenswert. Die Click-Through-Rate beschreibt die Klicks im Verhältnis zu den

Impressions. Damit gibt sie Auskunft über die Wirksamkeit Ihrer Landing Page, wenn Sie sich beispielsweise die CTR Ihres Call-to-Action-Buttons ansehen. Denn diejenigen Besucher, die auf den CTA-Button klicken, sind potenziell an Ihrem Angebot interessiert. Damit hat die Landing Page ihre Aufgabe erfüllt.

Zudem spielt die Ladezeit von Landing Pages, wie schon erwähnt, eine wichtige Rolle. Überprüfen Sie daher regelmäßig diesen Zeitfaktor. Sicherlich sind auch die Optik und Angaben zu Umsatz und ROI Kriterien für die Beurteilung einer Landing Page. Darüber hinaus können Sie Ihre Landing Page auch mithilfe von verschiedenen Testverfahren wie Eyetracking und Mousetracking überprüfen. Welche Testverfahren es gibt und wie sie üblicherweise verwendet werden, lesen Sie in detaillierter Form in Kapitel 17, »Testverfahren«.

16.6 Der Entscheidungsprozess der Zielgruppe

Sie haben nun viele wichtige Elemente und Aspekte kennengelernt, die Sie für Ihre Landing Page in Betracht ziehen sollten. Dennoch kommt es auf die Entscheidung des Benutzers an, ob er eine Conversion durchführt oder nicht. Im realen Leben kann ein Schaufenster noch so ansprechend gestaltet, das Personal noch so gut geschult und der Service erstklassig sein – die letztendliche Entscheidung trifft der Besucher.

Sie kennen das vielleicht von sich selbst: Wenn Sie einkaufen, dann wägen Sie das Für und Wider eines Produkts ab, bis Sie letztendlich eine Entscheidung für oder gegen das Angebot fällen. Manchmal geht das in Sekundenschnelle, und manchmal kann es schon ein Weilchen dauern. Nichts anderes geschieht im Internet. Benutzer durchlaufen einen Entscheidungsprozess, und Sie als Website-Betreiber können diesen Entscheidungsprozess mehr oder weniger stark beeinflussen.

Aus diesem Grund möchten wir uns in diesem Abschnitt den Entscheidungsprozess der Zielgruppe genauer ansehen und Ihnen wichtige Werkzeuge an die Hand geben, die Ihnen dabei helfen, die Entscheidung Ihrer potenziellen Kunden positiv zu beeinflussen.

16.6.1 Vertrauen schaffen und glaubwürdig sein

Für den ersten Eindruck gibt es sprichwörtlich keine zweite Chance. Das bedeutet, dass Nutzer eine Website wieder verlassen, wenn sie ihnen uninteressant oder unseriös erscheint. Sie als Website-Betreiber stehen nun vor der Herausforderung, dass Sie kurzweilig Aufmerksamkeit von Ihren potenziellen Kunden geschenkt bekommen und sich von anderen Angeboten abheben müssen. Innerhalb dieser kurzen Zeit müssen Sie sowohl das Interesse des potenziellen Kunden wecken als auch als der

Anbieter auftreten, der seine Bedürfnisse erfüllen kann – besonders dann, wenn er Ihre Website noch nicht kennt.

Zwei wesentliche Merkmale sind dabei Vertrauen und Glaubwürdigkeit. Hat ein Benutzer kein Vertrauen in eine Website oder erscheint sie ihm unglaubwürdig, wird er mit hoher Wahrscheinlichkeit keine Conversion durchführen. Laut dem Landing-Page-Experten Tim Ash haben Sie 15 Millisekunden Zeit, um Vertrauen zu vermitteln und eine hohe Abbruchrate zu vermeiden und so die Conversionrate positiv zu beeinflussen. So sollten Sie allen möglichen Befürchtungen, die ein Interessent mitbringt, mit überzeugenden Argumenten entgegentreten. Im besten Fall lassen Sie Ängste gar nicht erst entstehen, indem Sie beispielsweise schon im Vorfeld Angaben zu Transaktionen, Lieferungen und Rückgaberechten machen. Im World Wide Web haben Sie jedoch nicht die gleichen Möglichkeiten wie in einem realen Verkaufsgespräch. Wie schaffen Sie es also, Vertrauen aufzubauen und glaubwürdig aufzutreten?

Wenn Sie an mögliche Elemente einer Landing Page zurückdenken, haben wir Ihnen bereits im Abschnitt »Trust« in Abschnitt 16.5.1 einige Möglichkeiten aufgezeigt, Vertrauen zu schaffen. Insbesondere Empfehlungen anderer Kunden können sich positiv auf das Kaufverhalten auswirken. Fragen Sie Ihre Kunden daher aktiv danach, wie sie Ihren Service bewerten. Negative Aspekte sollten Sie umgehend ausbessern und positive Kundenmeinungen anderen Besuchern zugänglich machen. Derartige Aussagen stehen bei Interessenten hoch im Kurs. Sie verdeutlichen, welche Erfahrungen andere Personen in der gleichen Situation gemacht haben. Wenn diese Erfahrungen positiv sind, schafft das Vertrauen. Denn Menschen passen sich gerne an und orientieren sich an anderen vermeintlich erfolgreichen Personen – besonders wenn die Empfehlenden den Interessenten ähnlich sind. Wie im Bereich des Neuromarketings herausgefunden wurde (mehr dazu erfahren Sie in Abschnitt 16.6.3, »Neuromarketing«), kaufen Menschen eher von Verkäufern, die ihnen ähneln. Dies sollten Sie insbesondere bei der Auswahl Ihrer Heroshots beherzigen und diese auf Ihre Zielgruppe abstimmen.

Auch Institutionen können einen Beitrag zur Vertrauensbildung leisten: So sind die Meinungen von anderen Unternehmen für Website-Besucher interessant. Zeigen Sie also Ihre Referenzen. Zudem können auch Pressestimmen zur Vertrauensbildung beitragen. Preise und Auszeichnungen haben eine starke Wirkung. Im Prinzip leiht man sich an dieser Stelle die Akzeptanz von bekannten Marken und Institutionen. Haben Sie keine Scheu, sich mit Lorbeeren zu schmücken. In Abbildung 16.22 präsentiert der *Hotel Reservation Service HRS* im unteren Seitenbereich verschiedene Testsiegel und Auszeichnungen.

Abbildung 16.22 HRS arbeitet mit Trust-Elementen.

Es kann durchaus sinnvoll sein, diese Trustelemente *above the fold*, also im sichtbaren Seitenbereich zu platzieren, damit sie nicht übersehen werden.

Auch Marken können vertrauensbildend wirken und Ängste minimieren. Manche Benutzer tendieren dann dazu, eher ein Markenprodukt zu beziehen als ein unbekanntes, nach dem Motto: »Der gute Ruf muss ja irgendwoher rühren.« Aber nicht jeder Anbieter genießt einen hohen Bekanntheitsgrad und hat eine geläufige Marke. Marken müssen aufgebaut und gepflegt werden – keine Aufgabe, die von heute auf morgen zu erledigen ist.

Ebenso wie ein klarer Markenauftritt spielt auch ein ansprechendes Design eine entscheidende Rolle. In diesem Zusammenhang hat sich auch der Fachbegriff *Credibility Based Design* entwickelt, also Design, das die Glaubwürdigkeit unterstützt. Ein ansprechendes, klares und professionelles Design kann einen guten Eindruck hervorrufen. Denken Sie an Gottfried Kellers »Kleider machen Leute«. Einige Gestaltungsgrundlagen haben wir bereits in Kapitel 15, »Usability – benutzerfreundliche Websites«, beschrieben. Die Untersuchung *Aestetics and credibility in web site design* von David Robins und Jason Holmes hat gezeigt, dass die Ästhetik einer Seite das Vertrauen ihrer Besucher in ihre Glaubwürdigkeit beeinflusst. Wie ästhetisch eine Website ist, hängt dabei von dem subjektiven Empfinden der Betrachter ab und kann also von Person zu Person unterschiedlich sein. Versuchen Sie daher, Ihren Besuchern eine klare und übersichtliche Website zu präsentieren, und vermeiden Sie einen Überfluss an Elementen und Auswahlmöglichkeiten, die schnell überfordern. Stellen Sie sich immer die Frage: Unterstützt das Design meine Handlungsaufforderung? Wenn nicht, sollten Sie es dringend überarbeiten.

16.6.2 Überzeugung

Gehen wir noch einmal zurück zu unserem Beispiel mit dem Verkaufsgespräch in der realen Welt. Können Sie sich beispielsweise einen Autoverkäufer vorstellen, der nicht versucht, Sie zu dem Kauf eines Wagens zu bewegen? Dabei gilt es, überzeugende Argumente gezielt einzusetzen. Der wohl schon oft gehörte Ausspruch »Überzeugen Sie sich selbst« suggeriert schon, dass es an Überzeugung nicht mangeln darf. Auch in der Online-Welt und für Websites gilt die gleiche grundlegende Frage: Wie überzeugen Sie Ihre Kunden von Ihrem Angebot? Wenn Sie sich den Conversion-Prozess Ihrer Website anschauen, müssen Sie sich die Frage beantworten, welche Antworten ein Kunde zu welcher Zeit erwartet.

In diesem Zusammenhang hat sich auch der Fachausdruck *Persuasive Design* (*überzeugendes Design*) entwickelt. Falls Sie jetzt denken, Sie haben mit guter Usability schon Ihren Teil zur Überzeugungsarbeit geleistet, ist dies weit gefehlt. Im Unterschied zur Usability, die darauf abzielt, Dinge einfach und problemlos zu benutzen, geht es beim Persuasive Design darum, die Besucher zu bewegen, etwas überhaupt zu benutzen bzw. angestrebte Ziele umzusetzen. Angenommen, Sie haben einen Haufen dreckiges Geschirr in Ihrer Küche und Ihr Ziel ist sauberes Geschirr, dann geht es bildlich gesprochen bei der Usability darum, wie Sie nun einfach und bequem das Geschirr sauber bekommen, nachdem Sie sich entschlossen haben, es zu reinigen. Eine mögliche Lösung wäre hier z. B. ein Geschirrspüler. Beim Persuasive Design geht es aber darum, dass Geschirr überhaupt sauber zu bekommen, das heißt, sich selbst (oder auch andere) davon zu überzeugen, das Geschirr sauber zu machen.

Beim Persuasive Design von Websites gibt es nun verschiedene Ansätze. Da dieses Konzept noch in den Kinderschuhen steckt, lassen sich an dieser Stelle keine allgemeingültigen Tipps festhalten. Aber gehen Sie einmal von sich selbst aus. Wir bleiben einmal bei dem Beispiel mit dem dreckigen Geschirr. Wie lassen Sie sich nun dazu bewegen, das Geschirr sauber zu machen? Zum einen sind hier die *intrinsische* und die *extrinsische Motivation* zu nennen. Bei der intrinsischen Motivation treibt einen ein innerer Wille an. Beispielsweise sind Sie einfach genervt, wenn Sie das dreckige Geschirr sehen und Ihre Küche komische Gerüche annimmt. Bei der extrinsischen Motivation hingegen versprechen Sie sich eine Reaktion auf Ihre Handlung. Beispielsweise werden Sie belohnt, wenn Sie endlich abgewaschen haben, oder bestraft (in welcher Form auch immer), wenn Sie das Geschirr weiterhin dreckig lassen. Auch im Web können Sie mit intrinsischer und extrinsischer Motivation arbeiten. Im ersten Fall können Sie eine Handlung beispielsweise so angenehm wie möglich oder sogar spielerisch aufbereiten, dass sie nicht mehr als Aufgabe, sondern als Spaß verstanden wird. Zum zweiten Fall, der extrinsischen Motivation, gehören z. B. Anerkennung, Zugehörigkeit und Bestätigung. Beim Persuasive Design lautet das Motto also: Jedes Pixel soll überzeugen.

Weiterhin ist das *Prinzip der Gegenseitigkeit* zu nennen. Es beruht darauf, dass Beschenkte das Gefühl haben, etwas zurückgeben zu müssen. Dabei sind sie oftmals großzügig und überschreiten den Wert des eigentlichen Geschenks. So kann es sinnvoll sein, kostenlose Informationen oder einen kostenlosen Versand zu bieten. Die Kopplung an eine Mindestbestellmenge oder Ähnliches vernichtet jedoch diesen Gegenseitigkeitseffekt schnell.

16.6.3 Neuromarketing

Verschiedenste Fachbereiche beschäftigen sich schon seit Jahren mit der Überzeugungskraft. Sowohl Psychologen als auch Verhaltensökonomen und Neurowissenschaftler zählen zu diesen Fachkreisen. Obwohl der Begriff noch relativ neu ist, wird er schon viel diskutiert. Neuromarketing ist ein spezieller Bereich des Marketings, der sich damit beschäftigt, was potenzielle Kunden überzeugt, sich für oder gegen ein Produkt bzw. eine Dienstleistung zu entscheiden. Dabei wird insbesondere untersucht, welche Gehirnbereiche beim Anblick von verschiedenen Angeboten stimuliert werden. Hier wird eine Brücke zwischen den Gehirnaktivitäten und dem beobachtbaren Verhalten geschlagen. Es geht also darum, was im Entscheidungsprozess im Gehirn abläuft und wie man diese Abläufe beeinflussen kann. Diskussionen, auf die wir hier nicht weiter eingehen werden, entstehen dabei hinsichtlich der Manipulation von Menschen.

Bei den Untersuchungen im Neuromarketing kommen sogenannte »Hirnscanner« zum Einsatz, was die Kosten der Forschung oftmals in die Höhe treibt. Das im Fachjargon als *fMRT* (funktionale Magnet-Resonanz-Tomografie) bezeichnete Verfahren zeigt die Gehirnareale an, die in bestimmten Situationen beansprucht werden. Dies ist möglich, da die entsprechenden Hirnbereiche dann stärker durchblutet werden. Welche Emotionen bei der Testperson hervorgerufen werden, kann im Verlauf der Untersuchung nicht exakt festgestellt werden, wohl aber, wie stark ausgeprägt diese sind und ob sie positiv oder negativ sind.

Ein äußerst prominentes Experiment wurde vom Forscherteam McClure, Read, Tomlin, Cypert und Montague 2004 veröffentlicht. Dabei handelte es sich um einen Blindtest zwischen Coca-Cola und Pepsi. Ohne die Marke zu kennen, konnte man feststellen, dass Pepsi besser abschnitt. Als die Marke den Testpersonen bekannt gegeben wurde, wurden bei der Marke Coca-Cola deutlich mehr Gehirnregionen beansprucht als bei Pepsi. Dieses Beispiel macht die Diskrepanz zwischen Verstand und Verhalten deutlich. Hier setzt das Neuromarketing an.

Inzwischen konnten schon diverse wichtige Erkenntnisse gewonnen werden. Einige davon möchten wir kurz ansprechen, die Sie für die Konzeption einer Website und bei der Gestaltung einer Landing Page anwenden können bzw. die Sie im Hinterkopf haben sollten:

- **Menschliche Entscheidungen werden überwiegend unbewusst getroffen.** Nur ein kleiner Part geschieht bewusst. Laut Martin Lindstrom, dem Autor des Buches »Buyology: Warum wir kaufen, was wir kaufen«, erfolgen 85 % der Entscheidungen, die Menschen treffen, unbewusst. Das beschreiben auch Dirk Held und Christian Scheier in ihrem Buch »Wie Werbung wirkt. Erkenntnisse des Neuromarkting«: In einem Experiment konnte festgestellt werden, dass Amerikaner dreimal häufiger französischen Wein kaufen, wenn französische Hintergrundmusik gespielt wird. Wird hingegen deutsche Hintergrundmusik gespielt, wurde dreimal mehr deutscher Wein verkauft. Die Käufer konnten sich dabei nicht bewusst an die Hintergrundmusik erinnern. Viele Signale laufen also unbewusst ab, und Käufer können sie in den meisten Fällen nicht in Worte fassen.

  Eine weitere Untersuchung zeigte ähnliche Ergebnisse. So wurden Probanden befragt, ob sie durch die Warnhinweise auf Zigarettenschachteln abgeschreckt seien und weniger rauchen würden. Dies wurde zumeist bejaht. Die Gehirnscans konnten dies jedoch nicht bestätigen. Demzufolge regten die Warnhinweise ein Gehirnareal an, das auch als Suchtzentrum gilt und das Verlangen – in diesem Fall nach einer Zigarette – auslöst.
- **Menschen passen sich anderen Menschen an.** Sie können dieses Verhalten in Ihrem täglichen Umfeld beobachten. Die Lautstärke der Stimme passt sich an ein leise sprechendes Gegenüber an, der Gang wird langsamer, wenn man neben älteren Leuten geht. Wenn Sie dies lesen und Gäääähhnen müssen, können Sie die Spiegelneuronen, die dafür verantwortlich sind, selbst erleben. Auf das Kaufver-

halten bezogen bedeutet dies, dass Menschen sich daran orientieren, was andere schon gekauft haben.

- **Menschliche Entscheidungen sind emotional.** Salopp ausgedrückt, verkaufen Sie keine Produkte, sondern Gefühle. Insbesondere Marken werden oft an Gefühle gekoppelt. Untersuchungen belegen, dass beim Betrachten starker Marken die gleichen Gehirnregionen aktiviert werden wie bei dem Betrachten von religiösen Bildern. Oder achten Sie einmal darauf, auf welche Zeit viele (Deko-)Uhren in Geschäften gestellt sind. Oftmals ist es zehn Minuten nach zehn oder zehn vor zwei – weil die Zeiger einer analogen Uhr so mit einem lachenden Gesicht in Verbindung gebracht werden und positive Emotionen hervorrufen.
- **Sinneseindrücke beeinflussen Entscheidungen.** Einige Unternehmen machen sich diese Erkenntnis zunutze. So werden bestimmte Düfte (wie z. B. Vanille) eingesetzt, um das Kaufverhalten zu stimulieren (in diesem Fall das von Käuferinnen von Damenbekleidung). Das ist auch der Grund, warum in einigen Supermärkten Backautomaten zu finden sind. Nach Ergebnissen von Neurowissenschaftlern regt der Backduft Kunden an, mehr zu kaufen. Kommen Sinneseindrücke (sehen, hören, riechen, tasten, schmecken) gleichzeitig im Gehirn an, können sie sich gegenseitig beeinflussen und verstärken.

Abschließend lässt sich festhalten, dass das Neuromarketing das Potenzial mitbringt, gewisse Prozesse besser zu verstehen. Es wird aber nicht dazu führen, Maßnahmen zu entwickeln, die eine Person unweigerlich zu einem Kauf bewegen. Dazu ist das Gehirn viel zu komplex und sind die Menschen zu unterschiedlich.

16.6.4 Häufige Fehler vermeiden

Bevor wir uns verschiedenen Testverfahren widmen, möchten wir Ihnen zunächst noch häufige Fehler im Zusammenhang mit Landing Pages vorstellen, die es zu vermeiden gilt. Gehen Sie diese elementaren Aspekte durch, wenn Sie Ihre Landing Page bewerten, und stellen Sie sicher, dass Sie keinen dieser Fehler begehen. Manchmal steckt man sehr viel Arbeit in eine Landing Page und verliert sich in Details, sodass schließlich grundlegende Dinge vergessen werden. Mit diesen Punkten sollte das nicht mehr der Fall sein:

- **Sie haben keinen klaren Call-to-Action.** Zeigen Sie Ihren Besuchern, was sie tun können, um ihr Bedürfnis zu stillen. Alle Elemente Ihrer Landing Page sollten auf eine klare Handlungsaufforderung hinführen, die auch visuell hervorgehoben wird.
- **Sie erfüllen nicht die Erwartungen der Besucher.** Benutzer kommen mit einem bestimmten Anspruch auf Ihre Website. Treffen Sie mit Ihrem Angebot die Erwartungen der Suchenden, und ist Ihr Produkt relevant genug? Hier ist insbesondere

der rote Faden zwischen Suche, Werbemittel und Website ausschlaggebend. Innerhalb von Bruchteilen von Sekunden entscheiden sich Besucher, ob eine Seite für sie von Interesse ist, und verlassen diese gegebenenfalls wieder. Dies hat maßgeblichen Einfluss auf die Conversionrate. Verwenden Sie daher entsprechende Keywords auf der Landing Page.

- **Ihre Landing Page beinhaltet zu viele Ablenkungen und Auswahlmöglichkeiten.** Sie möchten mit Ihrer Website ein Ziel erreichen. Machen Sie sich erneut klar, welches das ist, und überprüfen Sie, ob es Elemente gibt, die nicht zu diesem Ziel führen. Überfordern Sie Ihre Besucher nicht mit zu vielen Entscheidungsmöglichkeiten. Machen Sie sich klar, dass jedes Pixel Ihrer Website dazu beiträgt, eine Conversion durchzuführen oder den Benutzer von eben dieser abhält. Konzentrieren Sie sich auf diejenigen Elemente, die zu einer Conversion hinführen, und eliminieren Sie alle weiteren.
- **Sie treten nicht glaubwürdig/vertrauenserweckend auf.** Was könnte Nutzer davon abhalten, Ihr Produkt zu kaufen bzw. auf Ihr Angebot einzugehen? Hier spielt besonders das Vertrauen eine große Rolle. Die sogenannte *Credibility* (Glaubwürdigkeit) schlägt sich oftmals in der Kennzahl der Abbruchrate nieder.
- **Sie kommunizieren nicht klar bzw. die Landing Page beinhaltet zu viel Text.** Inhalt und Gestaltung der Landing Page sollten klar und eindeutig den Kundennutzen und die Handlungsaufforderung übermitteln. Präsentieren Sie Produktvorteile und deren Mehrwert. Hier steht die Frage im Mittelpunkt: Welchen Wert hat das Produkt oder Angebot für den Nutzer, und wie lukrativ ist es? Dies ist das A und O für die Conversionrate-Optimierung. Vermitteln Sie mithilfe psychologischer Aspekte Dringlichkeit. Schreiben Sie keine Romane, sondern bringen Sie den Mehrwert kurz und prägnant auf den Punkt.
- **Sie fragen zu viele Informationen ab.** Dies bezieht sich auf Formulare. Fragen Sie wirklich nur die Informationen ab, die Sie zwangsläufig benötigen. Alles andere können Sie zu einem späteren Zeitpunkt erfragen, da es sich sonst negativ auf Ihre Conversionrate niederschlagen könnte. Überlegen Sie sich genau, ob eine Registrierung vor einem Kaufabschluss notwendig ist. In vielen Fällen kann eine optionale Registrierung positiven Einfluss auf die Conversionrate nehmen. Helfen Sie dem Nutzer, und füllen Sie bekannte Informationen im Formular bereits aus.
- **Sie halten Ihre Versprechen nicht.** Achten Sie darauf, dass Sie die Versprechen, die Sie innerhalb Ihres Werbemittels geben, auch auf der Landing Page einhalten. Der rote Faden sollte nicht durchtrennt werden.

Um Kunden zu halten, sollten Sie auch Wert darauf legen, was nach einer Conversion geschieht. Das beginnt mit einer »Danke-Seite«. Klickt ein Nutzer auf »Bestellung absenden«, sollte ihm umgehend mitgeteilt werden, dass seine Handlung erfolgreich war. Bedanken Sie sich bei Ihrem neu gewonnenen Kunden für das entgegengebrachte Vertrauen, und erläutern Sie, wie die nächsten Schritte aussehen. Informieren Sie ihn beispielsweise, wann die Lieferung voraussichtlich eintreffen wird und an wen er sich bei weiteren Fragen wenden kann. Kunden bewerten einen Kaufprozess bis zum Eintreffen der Ware oder dem Erhalt einer Dienstleistung. Die einzelnen Schritte sollten also genauestens überprüft werden. Denn nur zufriedene Kunden werden zu Stammkunden und empfehlen Sie gerne weiter.

16.7 Landing-Page-Optimierung (LPO)

Sie kennen nun die schwerwiegendsten Fehler einer Landing Page und wichtige überzeugende Elemente und Vorgehensweisen. In diesem Abschnitt möchten wir uns der Optimierung Ihrer Landing Page widmen, kurz gesagt der LPO. Die Bezeichnung Landing-Page-Optimierung bezieht sich auf die Effizienz der Landeseite. Wie gut eignet sie sich als Brücke zwischen Werbemittel und Ziel? Holt sie Besucher optimal ab, und leitet sie diese zu einem definierten Ziel?

Die Verbesserung Ihrer Landeseite ist ein iterativer Prozess, denn *die* funktionierende Landing Page gibt es nicht. Wie Sie vielleicht schon vermuten, kommt hier auch das Testen von Landing Pages ins Spiel. Testen Sie verschiedene Varianten von Landing Pages, um zu ermitteln, welche Seite die besten Ergebnisse hervorruft. Integrieren Sie die Landing-Page-Optimierung als festen Bestandteil in Ihre Arbeitsabläufe.

Wie gehen Sie dafür nun am besten vor? Wir haben Ihnen bereits einige wichtige Kennzahlen genannt, die mit Landing Pages in Verbindung stehen. Ermitteln Sie also die bestehenden Schwachstellen, indem Sie sich beispielsweise die Bouncerates und Click-Through-Rates (CTR) genauestens ansehen. Bouncerates sollten innerhalb einer Verbesserung also sinken, während die CTR ansteigen sollten. Dabei sollten Sie selbstverständlich auch die Conversionrate nicht außer Acht lassen. Die Verweildauer kann Auskunft darüber geben, wie interessant die Inhalte auf Ihrer Landing Page für die Benutzer sind. Eine hohe Verweildauer kann ein Indiz dafür sein, dass die Inhalte genau gelesen und angesehen werden (andersherum kann eine hohe Verweildauer auch bedeuten, dass Nutzer nicht die gewünschten Inhalte finden; dies würde sich dann auch in einer hohen Ausstiegsrate bemerkbar machen). Insbesondere bei Online-Shops spielen weitere Kennzahlen, wie die Anzahl an Leads und Sales sowie das Aufrufen des Warenkorbs, eine besondere Rolle. Welche Möglichkeiten es für die Analyse derartiger Kennzahlen gibt, lesen Sie in Kapitel 18, »Web-Analytics – Websites unter die Lupe nehmen«. Gerade bei Online-Shops sollten Sie Kaufprozesse so simpel wie möglich halten, einen klaren und kurzen Prozess anstreben und unnötige Schritte eliminieren.

Tipp: Landing Page Analyzer

Wenn Sie in wenigen Minuten einige Tipps zu Ihrer Landing Page erhalten möchten, können Sie das Tool *Landing Page Analyzer* (*visualwebsiteoptimizer.com/landing-page-analyzer/*) verwenden. Sie geben die entsprechende URL in die Eingabezeile ein und beantworten 21 Fragen. Anschließend erhalten Sie Hinweise zu den Aspekten Relevanz, Motivation, Call-to-Action, Ablenkung und Unterbrechung.

Vergessen Sie dabei nicht, immer den Gesamtkontext im Auge zu haben. Eine Landing Page stellt die Verknüpfung zwischen Werbemittel und Ziel dar. Eine isolierte Betrachtung wäre aus diesem Grund also wenig sinnvoll. In Kapitel 17, »Testverfahren«, stellen wir Ihnen Testmöglichkeiten vor, die Sie auch für Ihre Landing Pages verwenden können.

16.8 Conversionrate-Optimierung to go

- Die *Conversion Rate Optimization* (Optimierung der Konversionsrate, CRO) befasst sich mit sämtlichen Maßnahmen, die die Conversionrate einer Website steigern, ohne den Traffic zu steigern. Damit spielt sie eine wichtige Rolle für den Erfolg einer Website.
- Der CRO-Prozess ist ein Kreislauf, angefangen mit dem Aufdecken der Schwachstellen über die Umsetzung von Optimierungsmaßnahmen bis hin zu deren Überprüfung.
- Die Landing-Page-Optimierung ist nur ein Teilbereich der CRO, denn sie befasst sich ausschließlich mit der Verbesserung von Landing Pages, während sich die Conversionrate-Optimierung auf die gesamte Website bezieht.
- Die Landing Page beschreibt die Seite, auf die ein Nutzer gelangt, wenn er auf ein Werbemittel geklickt hat. Die Landing Page hat damit die Aufgabe, den Benutzer abzuholen und ihn zu einer definierten Handlung (der Conversion) hinzuführen. Ablenkungen und eine Vielzahl an Ausstiegsmöglichkeiten für den Nutzer sind daher zu vermeiden.
- In vielen Fällen ist es sinnvoll, spezielle Landing Pages anzulegen, denn es sollte ein roter Faden zwischen Nutzerbedürfnis, Werbemittel und Landing Page entstehen. Die Startseite einer Website ist damit keine gute Landing Page.
- Landing Pages können gänzlich unterschiedlich gestaltet sein, denn auch die Ziele von Werbemaßnahmen können sich deutlich unterscheiden. Einige Elemente werden häufig verwendet, hier muss aber individuell entschieden werden. Diese Elemente sind: Headline, Leadtext, Fließtext, Heroshot, Aufzählung, Trust-Element und Call-to-Action.

- Formulare sollten kurz und knapp gehalten sein (siehe Usability).
- Vertrauen, Relevanz, Überzeugung und Glaubwürdigkeit sind ausschlaggebende Kriterien für den Erfolg einer Landing Page.

16.9 Checkliste Conversionrate-Optimierung

Haben Sie eine passende, relevante Landing Page ausgewählt oder gegebenenfalls speziell für Ihre Werbemaßnahme erstellt?	
Haben Sie Wert auf einen roten Faden zwischen Benutzerbedürfnis, Werbemittel und Landing Page gelegt?	
Ist Ihre Landing Page klar und übersichtlich strukturiert, und bietet sie dem Besucher eine schnelle Orientierung?	
Stellen Sie den Kundennutzen und die Vorteile Ihres Angebots deutlich heraus?	
Beinhaltet Ihre Landing Page wichtige überzeugende Elemente, z. B. Siegel, Garantien, Referenzen?	
Fordern Sie Ihre Besucher mit einem klaren Call-to-Action zu einer Handlung auf, und stellen Sie sie nicht vor zu viele Handlungs- und Auswahlmöglichkeiten?	
Sind die wichtigsten Elemente und insbesondere der Call-to-Action im sichtbaren Bereich der Seite (»above the fold«) positioniert?	
Wiederholen Sie Ihre Handlungsaufforderung bei längeren Landing Pages im nichtsichtbaren Bereich der Seite (»below the fold«)?	
Haben Sie Ausstiegs- und Ablenkungsmöglichkeiten weitestgehend entfernt?	
Haben Sie sichergestellt, dass Ihre Landing Page keine unnötigen Werbeanzeigen enthält?	
Treten Sie glaubwürdig und vertrauensvoll auf? Stellen Sie sich die Frage: Was könnte einen Nutzer davon abhalten, zu konvertieren und beispielsweise ein Produkt zu kaufen?	
Fragen Sie bei Formularen wirklich nur die wichtigsten Informationen ab?	
Bieten Sie eine Danke-Seite nach durchgeführter Conversion, die weitere Schritte erläutert?	

Tabelle 16.2 Checkliste zur Conversionrate-Optimierung

Kapitel 17
Testverfahren

»Ihre Website wird in jedem Fall auf Usability getestet.
Wenn Sie es nicht selbst tun, dann tun es Ihre Kunden.«
– Jakob Nielsen (Usability-Experte)

In diesem Kapitel erfahren Sie, warum das Testen von Websites sinnvoll ist. Sie erhalten einen Überblick über verschiedene Testverfahren, sowohl über Expertentests als auch selbst durchgeführte Tests. Technische, inhaltliche und zeitliche Aspekte des Testens werden thematisiert. Am Ende des Kapitels erhalten Sie, wie in diesem Buch üblich, einen Kurzüberblick »to go« und eine Checkliste zum Website-Testing.

Mussten Sie schon das ein oder andere Mal mit verschiedenen Interessenvertretern (*Stakeholdern*) über die Gestaltung Ihrer Website diskutieren? Oder waren Sie schon einmal hin- und hergerissen, welches Layout oder welche Funktion für die Zielerreichung Ihrer Website das oder die bessere wäre? Mithilfe von Tests und soliden Daten lassen sich klare Aussagen zur Leistungsoptimierung treffen. Oftmals sind die Ergebnisse verblüffend und belehren uns eines Besseren, denn das Verhalten der Besucher lässt sich nicht mit Sicherheit voraussagen. Es bringt also nichts, sich in endlosen Diskussionen zu verlieren. Sie sollten nicht annehmen, dass Entwickler und Projektmanager wissen, was Benutzer wollen. Sie können sich ihres Fach- und Hintergrundwissens nicht entledigen und eine objektive Beurteilung einer Website abgeben – noch weniger, wenn sie an der Entwicklung der Site beteiligt waren. In diesem Zusammenhang spricht man auch von der sogenannten *Highest Paid Person's Opinion* (*HiPPO*). Die HiPPO, also die Meinung des Ranghöchsten, muss aber nicht die richtige sein – letztendlich entscheiden die Besucher der Website über deren Erfolg. Ihnen bleibt also nichts anderes übrig, als Ihre Website zu testen, um Schwachstellen aufzudecken.

Ohne Tests lassen sich keine Pauschalaussagen darüber treffen, was Besucher wollen, denn ihre Absichten, der Gesamtkontext, die Branche und die Websites ergeben ein äußerst dynamisches Umfeld. Lassen Sie besser Ihre Benutzer entscheiden, und fangen Sie an zu testen. So können Sie herausfinden, welche Bedürfnisse auf Kundenseite bestehen, und können Ihre Website dahingehend verbessern.

Bei der sogenannten *Website Optimization*, also der Leistungssteigerung Ihrer Website, können verschiedene Testverfahren zum Einsatz kommen. Diese können unterschiedlich umfangreich, aufwendig und kostspielig sein. Wir möchten Ihnen im Folgenden einige dieser Testmöglichkeiten vorstellen. Jedoch ist das Website-Testing ein weites Feld, und es gibt Experten, die sich allein darauf spezialisiert haben. Wir können im Rahmen dieses Buches leider nur auf einige Testverfahren eingehen, möchten Ihnen aber unsere Literaturtipps im Buchanhang ans Herz legen, sollten Sie Bedarf an weiterführenden Informationen haben.

Alle Testmethoden lassen sich in einen fortlaufenden Optimierungsprozess eingliedern. Wie Sie in Abbildung 17.1 sehen, ist die Optimierung einer Website ein Kreislauf – man ist quasi nie fertig und betreibt nie eine perfekte Website. Das geht schon deswegen nicht, weil sich diverse Nebenbedingungen und somit auch die Anforderungen an eine Website ändern können. Das können z. B. das Wetter sein sowie Feiertage, soziale, politische, wirtschaftliche und auch sportliche Ereignisse. Ebenso können Trends innerhalb der Branche und technologischer Fortschritt Einfluss auf das Benutzerverhalten haben.

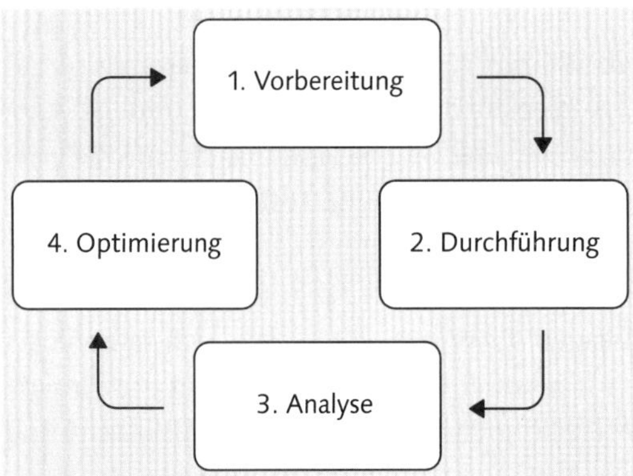

Abbildung 17.1 Der Test-Prozess: Vorbereitung, Durchführung, Analyse, Optimierung

Wie Sie sehen können, ist das hier dargestellte, sehr vereinfachte Vorgehen der Optimierung ein iterativer Prozess. Daher können Sie auch Ihre Website als einen dynamischen Schauplatz ansehen, der anhand verschiedener Testergebnisse laufend weiterentwickelt werden kann.

Wir werden uns in diesem Kapitel verschiedenen Testmethoden widmen sowie Besonderheiten und Schwierigkeiten aufzeigen. Jedoch schon zu Beginn möchten wir Ihnen Folgendes ans Herz legen: Es ist wichtig, dass Sie überhaupt testen! Oder fallen Ihnen auf Anhieb etablierte Produkte ein, die sich keiner Prüfung unterziehen mussten? Auch in anderen Branchen hat das Testen von Produkten einen festen Platz gefunden, um monetären Verlusten und Image-Schäden vorzubeugen.

Ein Hinweis noch, bevor es losgeht: Im Folgenden wird zum Teil der Begriff *User* verwendet. Er ist gleichzusetzen mit den *Benutzern* Ihrer Website, wird aber in Fachkreisen üblicherweise in der englischen Version verwendet.

17.1 Usability-Tests

Innerhalb von Usability-Tests soll überprüft werden, ob eine Website tatsächlich auf den Nutzer ausgerichtet und für ihn einfach nutzbar ist. Die wenigsten Benutzer sind bereit, sich lange mit einer Website zu befassen, die äußerst undurchsichtig und kompliziert zu benutzen ist. So stehen die Fragen im Raum: Kann sich der Besucher schnell orientieren, sind die Inhalte entsprechend aufbereitet, und weiß er sofort, was der Kern der Website ist?

Aussagekräftige Antworten auf diese Fragen bekommen Sie nur, wenn Sie Ihre Website entsprechend testen. Das Ziel der Tests ist es, Probleme in der Nutzbarkeit aufzudecken. Als positiver Effekt lässt sich an dieser Stelle festhalten, dass eine hohe Nutzerfreundlichkeit oftmals auch größere Kundentreue bedingt.

Grundsätzlich können User- und Expertentests unterschieden werden. Bei User-Tests wird das Verhalten der Benutzer auf einer Website beobachtet (dies kann auch mithilfe von A/B-Tests und multivariaten Tests geschehen, wie Sie in Abschnitt 17.2, »A/B-Tests«, und den folgenden lesen können), während bei Expertentests Spezialisten Schwachstellen aufdecken sollen. Wir werden in diesem Kapitel auf beide Varianten detailliert eingehen.

Beta-Tests vs. Usability-Tests

Sie kennen vielleicht sogenannte Beta-Tests einiger Unternehmen. Sie starten bei einer Produktveröffentlichung zunächst mit einer Beta-Version. Die Beta-Version ist eine noch unfertige (Neu)Entwicklung. Damit soll überprüft werden, ob die neue Anwendung bzw. das neue Produkt tadellos funktioniert bzw. ob und welche Probleme bei der Anwendung auftreten. Beta-Tests zielen insbesondere auf technische Aspekte ab. Neben dem Testen in der Entwicklungsphase mit ausgewählten Personen, hat sich auch eine öffentlich zugängliche Beta-Version inzwischen etabliert. Dabei wird die Entwicklung direkt den Endkunden zur Verfügung gestellt. Ein Beispiel dafür ist das *TestTube* von YouTube unter *www.youtube.com/testtube*, wo Nutzer nach Angaben von YouTube »*Funktionen, die noch nicht ganz ausgereift sind*«, ausprobieren und Rückmeldung dazu geben können.

Im Gegensatz dazu wird mit einem Usability-Test geprüft, wie einfach und intuitiv sich eine Website nutzen lässt – der Test ist daher insbesondere auf den Inhalt der Seite bezogen.

17.1.1 Expertentests

Wenn Sie den Entschluss gefasst haben, Ihre Seite zu testen, ist schon mal ein sehr wichtiger Schritt getan. Nun müssen Sie entscheiden, ob Sie Usability-Tests selbst durchführen möchten, oder für diesen Zweck Experten beauftragen. Oftmals ist dies eine Budgetfrage, jedoch müssen Tests nicht teuer sein, wie der Usability-Experte Jakob Nielsen betont. In beiden Fällen sollten Sie sich jedoch darauf einstellen, dass Ergebnisse frustrieren können. Man kann sich manchmal nicht vorstellen, welche Schwierigkeiten Nutzer mit einer Website haben, in dessen Erstellung sehr viel Zeit und Mühe geflossen sind. Aber sehen Sie es positiv: Nur wer Fehler erkennt, kann diese auch beheben.

Sollten Sie sich dafür entscheiden, die Aufgabe des Website-Testens in die Hände eines Experten zu legen, können Sie sich zunächst zurücklehnen und die Profis arbeiten lassen. Es haben sich hier verschiedene Methoden etabliert, auf zwei davon möchten wir im Folgenden näher eingehen.

Cognitive Walkthrough

Zunächst einmal ist der sogenannte *Cognitive Walkthrough* (kognitiver Durchgang) zu nennen. Hier versetzt sich der Experte in die Lage eines Benutzers, ähnlich wie ein Schauspieler, der sich in seine Rolle einfindet, und durchläuft gezielt definierte Handlungsabläufe. Dabei steht die Frage im Raum, ob der Nutzer diesen Weg auch gegangen wäre. Der Experte macht sich bei jedem Prozessschritt Notizen und vermerkt Schwachstellen (auch *Failure Stories* genannt), die aufseiten des Benutzers auftreten könnten (siehe Abbildung 17.2).

Abbildung 17.2 Funktionsweise des Cognitive Walkthrough

Beispiele für derartige Prozesse können Einkaufsprozesse sein oder das Ausfüllen von bestimmten Formularen, z. B. von Registrierungs- oder Buchungsformularen. Ein Charakteristikum des Cognitive Walkthrough ist also, dass das Augenmerk auf einen bestimmten Prozess und nicht auf die gesamte Anwendung gerichtet wird. Das Ziel dieser Methode ist, Schwachstellen zu ermitteln und Hilfestellung bei der Optimierung zu geben.

Gerade bei diesem Vorgehen ist die Auswahl eines geeigneten Fachmanns entscheidend für die Ergebnisse. Achten Sie darauf, dass Ihr Spezialist viel Weberfahrung, gute Menschenkenntnis und Empathie mitbringt sowie in gestaltungspsychologischen Erkenntnissen bewandert ist. Es ist empfehlenswert und in der Praxis bewährt, dass bis zu fünf Experten unabhängig voneinander einen Cognitive Walkthrough durchführen.

Heuristische Evaluation

Die zweite Methode, die wir Ihnen vorstellen möchten, ist die sogenannte *heuristische Evaluation*. Sie wurde 1990 von Rolf Molich und Jakob Nielsen entwickelt. Anhand verschiedener Aspekte, den Heuristiken, analysieren verschiedene Experten (empfohlen sind dabei drei bis fünf) unabhängig voneinander eine Website. Mithilfe dieser Methode sollen nach Nielsen drei Viertel aller Schwachstellen identifiziert werden können. Folgende Heuristiken (hier sinngemäß übersetzt) sind dabei festgelegt worden:

1. *Simple and natural dialogue* (einfacher und natürlicher Dialog)
2. *Speak the users' language* (die Sprache des Benutzers treffen)
3. *Minimize the users' memory load* (das Gedächtnis der Benutzer nicht über Gebühr beanspruchen)
4. *Consistency* (Konsistenz/Einheitlichkeit)
5. *Feedback* (Rückmeldung)
6. *Clearly marked exits* (klar gekennzeichnete Ausgänge)
7. *Shortcuts* (Tastenkürzel; das bedeutet: Erfahrene Benutzer sollten Shortcuts benutzen können, die weniger geübte Nutzer jedoch nicht irritieren dürfen.)
8. *Precise and constructive error messages* (präzise und konstruktive Fehlermeldungen)
9. *Prevent errors* (Fehlervermeidung)
10. *Help and documentation* (Hilfe und Dokumentation)

Anschließend werden die identifizierten Schwachstellen zusammengetragen, bewertet, priorisiert und im Optimalfall mit einem Lösungsvorschlag versehen.

Es gibt noch zahlreiche weitere Methoden, die in diesem Zusammenhang angewandt werden können. Einige stellen wir Ihnen am Ende dieses Kapitels in Abschnitt 17.6, »Weitere Testmöglichkeiten«, kurz dar. Da die Ergebnisse von Expertentests extrem abhängig von der Expertise der Fachleute sind, empfehlen wir Ihnen, eine Kombination aus Experten- und User-Tests durchzuführen. Prinzipiell können die Methoden aber einzeln angewendet werden.

17.1.2 User-Tests

User-Tests können ihrerseits nochmals unterschieden werden, und zwar in Tests, die in Testlabors durchgeführt werden (z. B. das Eyetracking, siehe Abschnitt 17.1.3, »Eyetracking«) oder in den eigenen vier Wänden. Bei Letzteren sollten Sie jedoch eine ruhige, ungestörte Atmosphäre gewährleisten. Der Ort ist abhängig vom Testumfang und der notwendigen Technik für den Test.

Schnell und einfach

Sie können zu jeder Zeit im Entwicklungsprozess einer Website schnell und einfach Tests durchführen. Obwohl sie vielleicht etwas rudimentär wirken, können sie doch elementare Schwachstellen entblößen. Sie kennen das vielleicht: Manchmal sieht man den Wald vor lauter Bäumen nicht. Dann kann es sinnvoll sein, die zu testende Website auszudrucken und einer beliebigen Person (diese ist möglichst im Entwicklungsprozess der Website nicht eingebunden) zu zeigen und sie zu fragen, ob sie den Kern der Seite erkennt.

Der Ablauf eines User-Tests lässt sich in folgende Phasen einteilen:

- Vorbereitungsphase
- Testphase
- Auswertungsphase
- Optimierungsphase

Die Vorbereitungsphase

Innerhalb der Vorbereitungsphase gilt es, Versuchspersonen zu akquirieren. Es ist wünschenswert, dass diese so gut wie möglich der anvisierten Zielgruppe der Website entsprechen. Jedoch ist dies kein Muss und wird zum Teil überbewertet. Wir empfehlen, eher mehrfach mit beliebigen Personen Tests durchzuführen, als nur einmalig zu testen und dafür mit äußerst sorgfältig ausgewählten Probanden. Damit schließen wir uns der Meinung vieler Experten an. Um elementare Fehler einer Website aufzudecken, reichen nach Jakob Nielsen und Steve Krug schon drei bis fünf Personen aus, was den Rekrutierungsaufwand recht gering halten sollte. Für Ihre Website können Sie also auch bedenkenlos Verwandte oder Bekannte fragen.

Nielsen fand heraus (nachzulesen unter *www.useit.com/alertbox/20000319.html*), dass Tests mit fünf Benutzern ca. 85 % aller Website-Probleme aufdeckten, während fünfzehn Benutzer annähernd alle Probleme identifizieren können. Die schwerwiegendsten Probleme werden üblicherweise von den ersten beiden Benutzern entdeckt, die weiteren Benutzer bestätigen diese in der Regel und finden weitere Schwachstellen. Wenn Sie Tests nur mit zwei Benutzern durchführen, wird oftmals die Hälfte der Schwachstellen erkannt.

User-Tests müssen nicht zwangsläufig teuer sein. Wie Sie in Abbildung 17.3 sehen können, machen Sie den größten Sprung zwischen null und einem Benutzer. Das bedeutet, dass jeder noch so kleine Test besser ist als gar keiner.

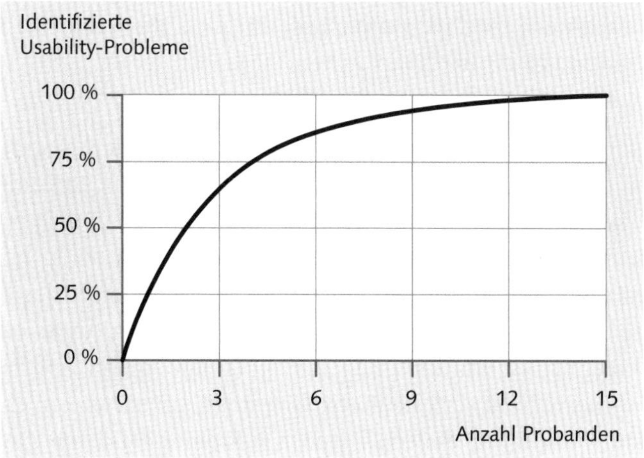

Abbildung 17.3 Anzahl der Testpersonen (eigene Darstellung in Anlehnung an Jakob Nielsen)

Weiterhin sollten Sie, um aussagekräftige Ergebnisse zu erhalten, jedoch Personen ausschließen, die an der Umsetzung der Website beteiligt waren. Wenn Sie den Testpersonen eine Aufwandsentschädigung bieten, verdeutlichen Sie die Wertschätzung ihrer Meinung. Sie können mit den ausgewählten Probanden schon vor der eigentlichen Testphase Gespräche führen, um den Kenntnisstand und Erfahrungen zum Thema bzw. zum Produkt zu erfragen. Auch die Auswahl eines Versuchsleiters muss nicht aufwendig sein. Ratsam ist es aber, eine geduldige Person auszuwählen, die sich während des Tests äußerst zurückhält. Dennoch gilt nach wie vor das Motto: Prinzipiell kann jeder Tests durchführen.

Auch der Ort, an dem Usability-Tests durchgeführt werden können, ist grundsätzlich frei wählbar. Achten Sie jedoch darauf, dass bereits vor dem Test genau festgelegt wird, was dem Probanden am Bildschirm gezeigt werden soll. Bereiten Sie den Test-Computer so vor, dass keine historisch gespeicherten Daten Einfluss auf den Test nehmen können, indem Sie beispielsweise entsprechende Cookies löschen und den Cache leeren. Es bietet sich an, den Testablauf per Videokamera zu filmen. So können Sie Reaktionen der Testpersonen im Nachgang analysieren. Denken Sie in der

Akquise-Phase daran, die Einwilligung der Probanden einzuholen, und schenken Sie der Kamera während des Tests keine Aufmerksamkeit.

Die Testphase

Die Testphase besteht darin, dass der Proband typische Aufgaben auf der Website erledigen soll, mit dem Ziel, Schwachstellen und Unklarheiten zu identifizieren. Diese Aufgaben können beispielsweise darin bestehen, Kontaktdaten herauszufinden, ein bestimmtes Produkt (sofern es sich um einen Online-Shop handelt) in den Warenkorb zu legen oder den Kern einer Seite zu beschreiben. Die Aufgaben können in ihrer Schwierigkeit zunehmen. Dies ist sinnvoll, damit sich die Testperson zunächst an die fremde Situation gewöhnen kann. Achten Sie jedoch darauf, nicht zu viele Vorgaben zu machen, damit der Tests nicht zu realitätsfern ausfällt.

Die Testperson wird aufgefordert, laut zu denken (auch bekannt unter dem Begriff *Thinking aloud*), das heißt, ihre Gedanken bei der Benutzung der Website zu kommentieren. Der Testleiter hat dabei die Aufgabe, den Probanden kontinuierlich zu ermutigen, seine Gedanken in Worte zu fassen. Dies ist unter anderem wichtig, um seine Handlungen nachvollziehen zu können. Der Vorteil von lautem Denken ist: Sie erfahren, was der Benutzer spontan denkt, erwartet, sucht, empfindet usw. Es ist nicht möglich, derartige Erkenntnisse im nachgelagerten Interview zu erörtern, da sie dann nicht mehr spontan sind und sich die Probanden unter Umständen auch weniger genau an die Situation erinnern. Greifen Sie jedoch auf keinen Fall in die Versuche der Probanden, die Aufgabe zu lösen, ein. Hilfestellungen sind ein absolutes Tabu.

Zudem kann auch das sogenannte *Teaching Back* angewandt werden. Dabei wird eine Gruppe von Testpersonen gleichmäßig aufgeteilt. Ein Teil hat zunächst die Aufgabe, sich die zu testende Website genau anzusehen, und soll anschließend dem zweiten Teil der Probanden erklären, was man auf der Seite tun kann. Anhand der Erklärungen erfahren Sie, ob und wie gut der Kern der Webseite erkannt wurde.

In der Regel sieht auch der Versuchsleiter die Website auf einem eigenen Bildschirm und sitzt der Testperson gegenüber. Zudem kann Test-Software zum Einsatz kommen, die den gesamten Testablauf auf dem Bildschirm per Video aufzeichnet. Hier gibt es zahlreiche kostenpflichtige, aber auch Freeware-Programme (z. B. CamStudio, *camstudio.org*), die das leisten. Diskussionen vor und innerhalb des Usability-Tests sind ausgeschlossen. Der Versuchsleiter beobachtet die Handlung des Probanden und macht sich optimalerweise Notizen. Das Beobachten und Protokollieren kann auch auf zwei Personen aufgeteilt werden. Stellen Sie sicher, dass allen Testpersonen die gleichen Aufgaben gestellt werden, und überfordern Sie die Probanden nicht mit zu vielen Aufgaben. Oftmals findet im Anschluss eine Nachbefragung statt, die sich inhaltlich auf das Produkt oder vergleichbare Produkte bezieht.

Die Auswertungsphase

Innerhalb der Auswertungsphase werden Notizen und Videodaten aller Testpersonen ausgewertet, die beobachteten Schwachstellen analysiert und idealerweise mit dem Entwickler bzw. Projektteam besprochen. Im Anschluss daran wird oftmals ein Gesamtbericht mit den gewonnenen Erkenntnissen erstellt. Häufig auftretende Probleme, die per User-Tests identifiziert werden können, sind z. B.:

- unübersichtliche Navigation und eine überladene Website
- unpräzise Bezeichnungen, die dazu führen, dass Testpersonen nicht das finden, was sie suchen
- Es wird nicht klar, welche Möglichkeiten der Benutzer mit der Seite hat.
- technische Defizite, die durch Falscheingaben der Testpersonen entstehen (z. B. Fehlermeldungen bei Formularen)

Insbesondere die ersten beiden Punkte können zu einem Orientierungsverlust der Benutzer führen und sollten unbedingt verbessert werden.

Sie sollten bei der Auswertungsphase jedoch berücksichtigen, dass Probanden eben auch nur Menschen sind und gänzlich unterschiedlich auf Situationen reagieren. So kann es beispielsweise sein, dass Versuchspersonen durch die ungewohnte Testsituation extrem aufgeregt sind. Vielleicht sind sie aber auch schüchtern oder desinteressiert. Es kann zudem der *Hawthorne-Effekt* eintreten, wonach Probanden ihr Verhalten ändern, wenn sie wissen, dass sie beobachtet werden. Hier sind vielfältige Verhaltensweisen möglich, und ein Test kann niemals alle Situationen abbilden.

Die Optimierungsphase

Anhand der Ergebnisse aus einem Usability-Test können nun Optimierungsmaßnahmen an der Website vorgenommen werden. Priorisieren Sie dafür die Schwachstellen, je nachdem, wie schwerwiegend sie sind. Zu diesen Problemen müssen anschließend entsprechende Lösungsvorschläge erarbeitet werden, und es muss festgelegt werden, welche davon sukzessive umzusetzen sind. Im Mittelpunkt sollte die Frage stehen: Was ist der Kern der Website, und was soll der Benutzer hier tun können? Achten Sie dabei darauf, dass es oftmals sinnvoller ist, Elemente zu reduzieren oder sogar zu entfernen, als Erklärungsversuche zu ergänzen. Kürzen Sie lange Schritte sinnvoll ab, und ersparen Sie Ihren Benutzern unnötige Arbeit. Denken Sie jedoch bei allen Veränderungen daran, dass diese auch Auswirkungen auf andere Seiten(-Bereiche) haben können.

Wie wir eingangs beschrieben haben, ist das Website-Testing ein Kreislauf. Sie sollten also nach Optimierungsarbeiten einen weiteren Test durchführen, der Ihre Maßnahmen im besten Fall bestätigt und gegebenenfalls bisher unentdeckte Schwachstellen ans Tageslicht bringt. Wie schon kurz angerissen, kann es in einigen Fällen sinnvoll sein, verschiedene Testmethoden miteinander zu kombinieren.

17.1.3 Eyetracking

Mit dem *Eyetracking* ist die Analyse der Blickbewegung gemeint. Sie wird auch als *Okulografie* bezeichnet. Wir bewegen die Augen unbewusst beim Betrachten einer Website. Der sogenannte *Scanpfad* (also der Blickverlauf der Augen) ist daher ein Indiz dafür, welche Seitenelemente höhere Bedeutung haben. Aufgrund der notwendigen Technik wird Eyetracking häufig in speziellen Labors durchgeführt. Dabei kommen spezielle Hilfsmittel und -geräte zum Einsatz, die die Blickbewegung der Betrachter bzw. der Testpersonen per Video aufnehmen. Diese Geräte werden *Eyetracker* genannt und können sowohl mobilen Charakter haben als auch externe Geräte sein. So können beispielsweise Helmkameras (auch *Head-mounted Eyetracker* genannt) zum Einsatz kommen, die auf dem Kopf des Probanden befestigt werden. Eine Kamera ist dabei auf die Pupillen der Testperson gerichtet und zeichnet den Blickverlauf auf.

Zu den externen Geräten, die auch als *Remote Eyetracker* bezeichnet werden, gehören frei stehende sowie installierte Kameras. Sie werden in der Regel neben oder unter dem Monitor angebracht oder können in den Bildschirm integriert sein. Einerseits ermöglicht dies eine sehr realistische Testsituation, andererseits sollten die Probanden dennoch darauf hingewiesen werden, sich nicht zu stark zu bewegen. Bei den externen Augenkameras werden die Augen der Testperson anvisiert und deren Blickverlauf verfolgt und aufgezeichnet (siehe Abbildung 17.4).

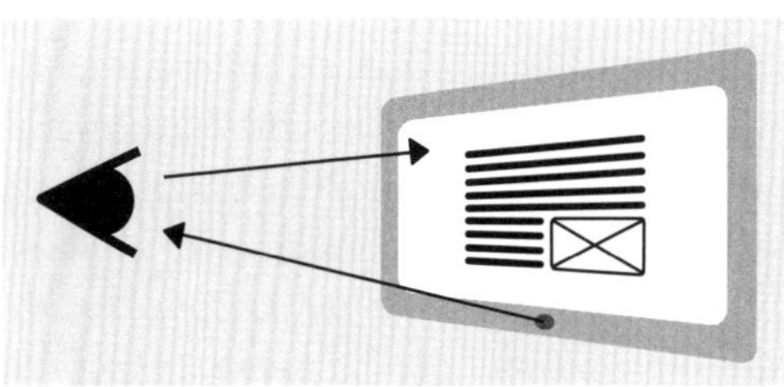

Abbildung 17.4 Prinzip des Eyetrackings

Je nachdem, welcher Eyetracker-Typ zur Anwendung kommt, kann eine annähernd realistische Situation erzeugt werden, die auch gewisse Bewegungsfreiheit zulässt. Dennoch empfiehlt es sich, auch hier dem Probanden z. B. in Vortests die Möglichkeit zu geben, sich zunächst mit der ungewohnten Situation anzufreunden.

Nach dem Einstellen und Kalibrieren der Eyetracker und gegebenenfalls einem Vortest beginnt die eigentliche Testphase. Ähnlich wie bei einem User-Test stellt ein Testleiter dem Probanden Aufgaben und beobachtet Aktionen und Reaktionen der Versuchsperson. Die dabei entstehenden Daten werden aufgezeichnet und analysiert.

Eyetracking mit Simulatoren

Da das Eyetracking durchaus seinen Preis haben kann, wurden mit der Zeit spezielle Programme entwickelt, die derartige Tests simulieren sollen. Wir sind der Meinung, dass solche Programme »echtes« Eyetracking nicht ersetzen können und allenfalls eine zusätzliche Möglichkeit bieten, eine Website zu analysieren. Das liegt beispielsweise schon allein daran, dass es nicht möglich ist, den Nutzerkontext zu berücksichtigen oder verschiedene Besuchertypen zu unterscheiden.

Unabhängig davon, welcher Eytracker-Typ zum Einsatz kommt, ist es mit den Aufzeichnungen des Blickverlaufs möglich, diese auf die Website zu übertragen. Innerhalb der Website-Optimierung besteht das Ziel darin, zu ermitteln, welche Seitenbereiche oder Elemente wie intensiv angesehen wurden und welche gar keine Beachtung fanden. Dabei sind die Kennzahlen Zeit und das fokussierte Element bzw. der fokussierte Bereich elementar. Deren Analyse gibt Aufschluss darüber, welche Bereiche und Inhalte für den Nutzer besonders interessant und wichtig sind und wie sich der Besucher orientiert. Die Ergebnisse werden in der Regel in einem Bericht dargestellt, der diejenigen Bereiche der Website farbig kennzeichnet, die besonders intensiv angesehen werden. Mithilfe einer derartigen Auswertung erhalten Sie Informationen darüber, was wahrgenommen wird (*Hot Spot Analysis*), woran der Blick der Testpersonen haften bleibt und was daher möglicherweise besonders interessant ist (*Area of Interest*) und wie der Blickverlauf (*Visual Guiding*) aussieht. Auf dieser Grundlage können Sie Ihre Website entsprechend modifizieren und versuchen, den Blickverlauf der Benutzer weitestgehend zu lenken, um Ihr Website-Ziel zu erreichen. Die Erkenntnisse können insbesondere schon in der frühen Entwicklungsphase von Websites sehr hilfreich sein. So können Sie bereits Layout- und Seitenentwürfe testen.

Obwohl das Eyetracking durch den Einsatz spezieller Technik (meistens in einem Labor) auch ein gewisses Budget erfordert, können die Ergebnisse äußerst aussagekräftig sein und sind aktuell durch andere Testverfahren nicht zu ermitteln (z. B. Blickverlauf, Fokussierung einzelner Elemente und Seitenbereiche etc.).

17.1.4 Mousetracking und Klick-Tracking

Ein weiteres Testverfahren stellt das Mousetracking dar. Dabei wird, wie der Name vermuten lässt, die Bewegung des Mauszeigers aufgezeichnet. Spezielle Untersuchungen haben ergeben, dass etwa ein Drittel der Internetnutzer die Maus beim Lesen einer Website mit bewegt. So kann man es sich in Tests zunutze machen, dass einige Benutzer ihre Aufmerksamkeit quasi mit dem Mauscursor anzeigen. Mousetracking lässt sich auf verschiedene Arten durchführen: Zum einen gibt es das sogenannte *Remote-Mousetracking*. Hier ist es notwendig, eine entsprechende Software auf dem Test-Rechner zu installieren. Dies kann aber auch ohne spezielle Software aufgenommen werden (*nichtreaktives Mousetracking*). Die dritte Variante ist die Durchführung von Mousetracking in einem speziellen Testlabor.

Werden insbesondere die Klicks per Maus auf einer Website untersucht, spricht man auch von *Klick-Tracking*. So können Sie beispielsweise Usability-Probleme identifizieren, da Sie sehen, ob und wo Benutzer klicken, obwohl ein Klick von Ihnen gar nicht angestrebt wurde.

Die Ergebnisse können in unterschiedlicher Form dargestellt werden. Oftmals kommen hier sogenannte *Heatmaps*, *Clickmaps* oder *Movementmaps* zum Einsatz.

Drei »Maps« im Vergleich: Heatmaps, Clickmaps und Movementmaps

Heatmaps: Stellen Sie sich eine Wärmebildkamera vor. Mit derartigen Kameras werden besonders warme Bereiche farbig hervorgehoben. Ähnlich funktioniert das Prinzip der Heatmaps. Sie zeigen in unterschiedlich farbigen Abstufungen, welche Bereiche einer Website besonders interessant für die Probanden bzw. Nutzer waren und welche weniger Beachtung fanden. Extrem hoch frequentierte Bereiche werden mit einem kräftigen Rotton dargestellt. Zahlreiche Anbieter, wie beispielsweise CrazyEgg (*www.crazyegg.com*), Clicktale (*www.clicktale.com*) oder der Attention-Wizard von SiteTuners (*attentionwizard.com*) bieten ihre Analysen unter anderem in Form von Heatmaps an.

Clickmaps: Eine Clickmap zeigt an, welche Elemente von Besuchern einer Website angeklickt wurden. Es können auch Elemente angezeigt werden, die nicht verlinkt sind, aber von den Besuchern angeklickt wurden, weil sie eine Verlinkung vermuteten. Auch Klickmaps können in Form einer Heatmap dargestellt werden.

Movementmaps: Innerhalb von Movementmaps werden die Bewegungen der Maus durch den Benutzer erfasst. Diese können nach dem gleichen Prinzip wie bei einer Heatmap dargestellt werden; eine andere Darstellungsweise sind Mausverläufe per Strichlinien.

Darüber hinaus gibt es z. B. die **Scrollingmaps** (z. B. von *www.m-pathy.com* oder *www.clicktale.com*). Diese Darstellungsweise zeigt an, inwiefern Besucher auf einer Website scrollen und wie weit.

Abbildung 17.5 zeigt ein Beispiel für eine Heatmap, die mit dem Webanalysetool Webtrekk (*www.webtrekk.de*) auf der Seite *knigge.de* aufgezeichnet wurde. Die Darstellung zeigt deutlich, dass der ZURÜCK-Button und auch das Eingabefeld vergleichsweise oft benutzt werden.

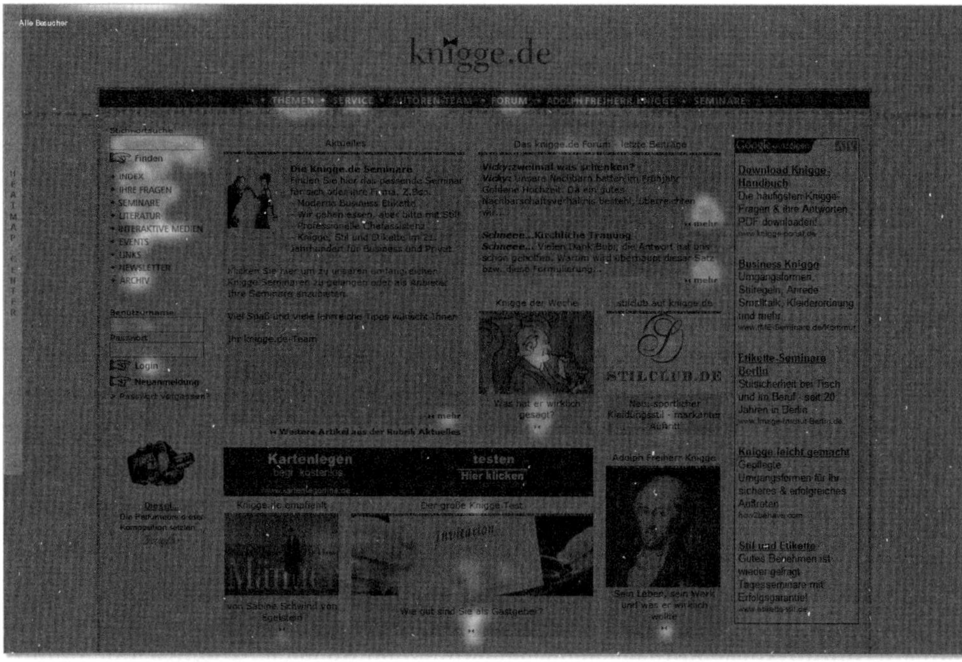

Abbildung 17.5 Heatmap von knigge.de

Speedy Gonzales – die schnellste Maus von Mexiko

Die Computermaus ist ein viel benutztes Eingabegerät und legt täglich einen weiten Weg zurück. Obwohl Sie selbst die Maus nur wenige Zentimeter bewegen, ist die Strecke am Monitor schon um einiges länger. Wenn Sie wissen möchten, wie lang die Wegstrecke ist, die Ihre Computermaus täglich zurücklegt, können Sie Tools wie das Mousotron (*www.pcwelt.de/downloads/tools_utilities/sonstiges/38684/mousotron*) verwenden.

17.2 A/B-Tests

Sogenannte *A/B-Tests* (zum Teil auch als *Split-Run-Tests* bezeichnet) haben das Ziel, zwischen zwei unterschiedlichen Varianten die bessere zu identifizieren. Der Name beruht auf der Aufteilung der Zielgruppe. Die gesamte Gruppe wird gleichmäßig unterteilt in eine Gruppe A und eine Gruppe B. Dementsprechend bekommt die erste

Gruppe eine Variable zu sehen, nämlich die Ausgangsversion, während die Gruppe B eine andere Variable, nämlich die zu testende Version, angezeigt bekommt. Schließlich wird analysiert, welche Variante besser funktioniert, das heißt, welche Version die besseren Ergebnisse erzielt (siehe Abbildung 17.6). Durch das Aufteilen der Zielgruppe und das zeitgleiche Testen werden Einflussfaktoren (z. B. Wetter, Feiertage, Events etc.) berücksichtigt, die bei einem Test, der nacheinander abliefe, die Ergebnisse beeinflussen würde. Anschließend kann die Gewinnerseite verwendet und ein neuer Test mit weiteren Optimierungsmaßnahmen gestartet werden.

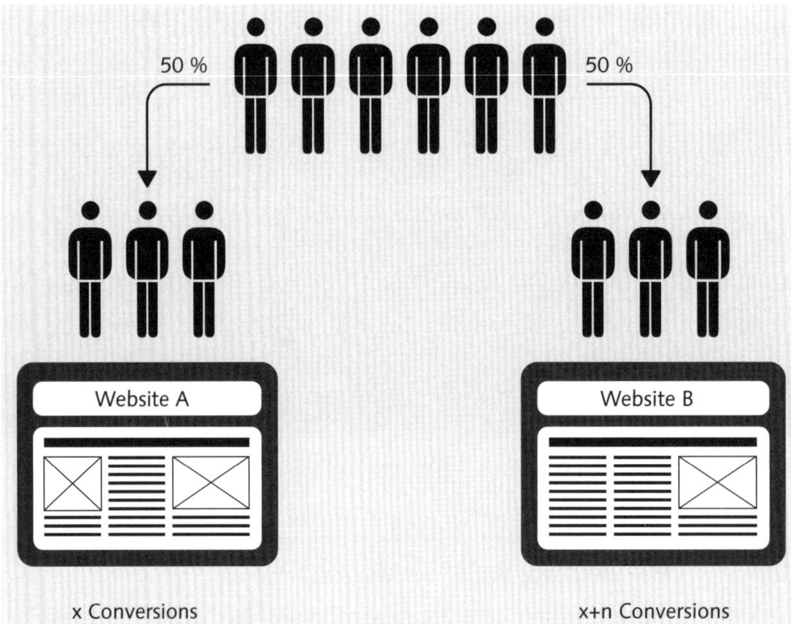

Abbildung 17.6 Exemplarische Funktionsweise eines A/B-Tests

Schauen wir uns dieses Verfahren an einem Beispiel an: Angenommen, Sie vertreiben Produkte über Ihre Website und möchten herausfinden, wie der Bestell-Button benannt werden sollte. In Ihrer Ausgangsversion heißt der Button »Absenden«. Sie erstellen eine zweite Version des Buttons und nennen ihn »Jetzt bestellen«. Innerhalb Ihres A/B-Tests wird nun der »Absenden«-Button an 50 % der Besucher dieser Webseite ausgeliefert. Die anderen 50 % sehen den »Jetzt bestellen«-Button. Wenn Sie nun die Bestelldaten innerhalb des Testzeitraums analysieren, können Sie feststellen, welche Variante besser funktioniert, und diese Variante nach abgeschlossenem Test für die gesamte Zielgruppe verwenden.

Wichtig: Nur ein Element testen

Damit Ihre Ergebnisse aussagekräftig bleiben, ist es grundlegend wichtig, dass Sie innerhalb eines A/B-Tests immer nur eine Variable testen. Sie können den Test auch um mehrere Varianten erweitern. Dann entsteht beispielsweise aus einem A/B-Test ein A/B/C/D-Test. Hier spricht man auch von *A/B/n-Tests*. Wie gesagt, ist es aber elementar, jeweils nur ein Element (hier könnten das beispielsweise vier verschiedene Varianten einer Webseitenüberschrift sein) gegeneinander zu testen, alle anderen Elemente der Webseite sollten aber bei allen vier Versionen identisch sein. Vergleichen Sie nicht Äpfel mit Birnen, sondern immer nur Äpfel mit Äpfeln und Birnen mit Birnen. Andernfalls sollten Sie sich für einen multivariaten Test entscheiden, den wir im Folgenden noch beschreiben werden.

Neben einzelnen Elementen können Sie auch eine komplett neue Version der gesamten Webseite gegen Ihre Ausgangsseite testen, beispielsweise eine Login-Seite mit völlig anderem Layout. Bei der Auswertung können Sie hier aber nur bestimmen, welche Seite die besseren Ergebnisse hervorgerufen hat – nämlich mehr Benutzer, die sich eingeloggt haben. Sie können keine Aussage darüber treffen, welches Element auf der Seite dafür ausschlaggebend war. Nachteilig können hier erhöhte Erstellungskosten für die neue Variante sein. Testen Sie hingegen einzelne Elemente in Ihrem Gesamtkontext, können Sie zwar nicht herausfinden, wie die Leistung dieses Elements in einem anderen Zusammenhang aussieht, aber Sie können die Leistung des Elements selbst analysieren.

Es kann sinnvoll sein, von groß nach klein zu testen. Das heißt: Sie beginnen Ihre Tests mit zwei völlig unterschiedlichen Webseiten. Sobald Sie die bessere Webseite identifizieren konnten (beispielsweise stellt sich heraus, dass Version B besser funktioniert), verfeinern Sie Ihre Tests. Sie verwenden nun als Ausgangsversion die Webseite B und testen ein einzelnes Element, beispielsweise ein Bild, wieder in zwei Varianten. Alles andere bleibt in Ihrem neuen Test gleich. In einem derartigen Testverlauf können Sie Ihre Webseite kontinuierlich verbessern.

Raten Sie mal!

Die Website *whichtestwon.com* stellt einen wöchentlichen A/B-Test vor und lädt Besucher ein, zu raten, welche Variante die besseren Ergebnisse erzielt.

Für alle Experten in Sachen Statistik unter Ihnen ist es selbstverständlich, dass zwei Faktoren entscheidend sind, um aussagekräftige und statistisch relevante Ergebnisse zu erhalten: der Traffic, der auf die Testseiten führt, und die Differenz der jeweiligen

Conversionrate. Die meisten Testtools berücksichtigen eine statistische Signifikanz. Sie können zusätzlich aber auch beispielsweise folgende Tools verwenden, um die Relevanz der Ergebnisse zu ermitteln: *visualwebsiteoptimizer.com/ab-split-significance-calculator* oder *www.splittester.com*. Dies kann auch hilfreich sein, wenn Sie ohne Tool manuell testen.

Ist der Traffic sehr gering oder sind die Conversionraten zu ähnlich, kann dies Auswirkungen auf die Testdauer haben. Klare Unterschiede werden sich schneller feststellen lassen als leichte Nuancen der Leistungssteigerung. Brechen Sie einen aktiven Test jedoch nicht zu früh ab. In diesem Fall können bestimmte Tools eine Hilfestellung sein, die die verbleibende voraussichtliche Testdauer errechnen. Eines dieser Tools ist unter *visualwebsiteoptimizer.com/ab-split-test-duration/* erreichbar oder als Excel-Tabelle unter *visualwebsiteoptimizer.com/split-testing-blog/ab-test-duration-calculator*. Auch Google bietet den sogenannten *Website Optimizer Duration Calculator* an (*www.google.com/analytics/siteopt/siteopt/help/calculator.html*).

Tipp: Kombinieren Sie Testverfahren

Kombinieren Sie verschiedene Testverfahren, wie beispielsweise das Mousetracking mit einem nachgelagertem A/B-Test. Mithilfe der Analyse des Blickverlaufs können Sie Schwachstellen ermitteln. Optimieren Sie diese, und prüfen Sie anschließend Ihre Maßnahmen per A/B-Test. Lassen Sie auch die Ergebnisse von Nutzerbefragungen mit in Ihre A/B-Tests einfließen.

17.3 Multivariate Tests

Im Gegensatz zu einem A/B-Test werden bei einem sogenannten *multivariaten Test* (*MVT*) mehrere Versionen von Elementen erstellt, die in Kombinationen diverse Seitenvarianten bilden. So können Sie beispielsweise für eine Webseite verschiedene Produktbilder, verschiedene Überschriften, verschiedene Button-Beschriftungen und verschiedene Farben testen. Abbildung 17.7 soll dies noch einmal verdeutlichen.

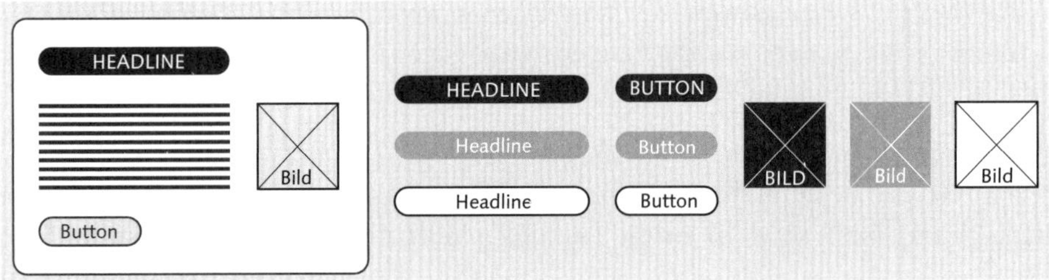

Abbildung 17.7 Verschiedene Testelemente in einem multivariaten Test

Kombinieren Sie diese Möglichkeiten nun miteinander, erhalten Sie eine Vielzahl an Website-Varianten (Abbildung 17.8).

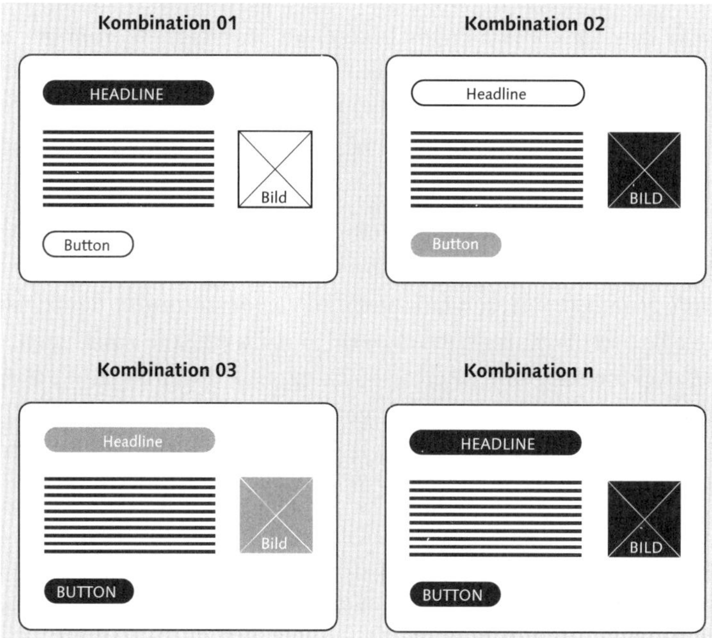

Abbildung 17.8 Der multivariate Test: Die Kombination verschiedener Variablen ergibt diverse Testvarianten.

Man unterscheidet dabei das *Full Factorial Design* und das *Fractional Factorial Design* (auch *Taguchi-Methode* genannt). Während beim *Full Factorial Design* alle möglichen Kombinationen getestet werden, werden beim *Fractional Factorial Design* nur einige der möglichen Kombinationen in den Test aufgenommen.

Je nach Methodik werden die einzelnen Kombinationen gegeneinander getestet, indem sie der Zielgruppe gleichmäßig verteilt angezeigt werden. So kann die beste Kombination der Elemente ermittelt werden. Dies ist aber nur möglich, wenn Sie sich im Vorfeld überlegt haben, wie das entsprechende Webseiten-Ziel definiert ist. Das können beispielsweise Verkäufe oder auch Button-Klicks etc. sein. Hier ist jeweils die Conversionrate entscheidend, also das Verhältnis von Besuchern insgesamt zu Besuchern, die eine gewünschte Handlung ausführen.

Sowohl bei einem A/B-Test als auch bei einem multivariaten Test sollte die Ausgangsvariante (Kontrollvariante) mit in den Test einbezogen werden. Andernfalls ist die Veränderung zur Ausgangslage nicht zu bewerten.

Der Gesamtzusammenhang

Ein multivariater Test erscheint nun äußerst komplex und im Vergleich zu einem A/B-Test vielleicht auch ein bisschen kompliziert. Außerdem befürchten Sie eine lange Testdauer, da für aussagekräftige Ergebnisse genug Besucheraufkommen auf den einzelnen Testvarianten vorhanden sein muss. Damit geben wir Ihnen recht. Dennoch lohnt es sich, in bestimmten Fällen einen multivariaten Test einem A/B Test vorzuziehen. Denn hier geht es um Abhängigkeiten, Zusammenhänge und den Gesamtkontext.

Angenommen, Sie führen einen A/B-Test durch mit dem Ergebnis, dass für Ihre Seite graue Schriftfarbe auf Buttons am besten funktioniert. In einem weiteren A/B-Test probieren Sie verschiedene Buttonfarben aus, und die Ergebnisse zeigen, dass Grau als Hintergrundfarbe die beste Wirkung hat. Was wäre nun die logische Konsequenz? Genau, graue Schrift auf einem grauen Button – das macht in Kombination aber wenig Sinn und würde voraussichtlich auch zu weniger guten Ergebnissen führen (eine anschauliche Erklärung dazu finden Sie von Henner Heistermann auf der Seite *www.shopstrategie.de*).

Mithilfe eines multivariaten Tests hätten Sie diese offensichtlich ungünstige Kombination schnell erkannt. Behalten Sie beim Testen also stets im Hinterkopf, dass auch ungünstige Kombinationen auftreten können. Spielen Sie diese daher vor dem Testen gedanklich durch, oder entscheiden Sie sich im Zweifelsfall für einen multivariaten Test. Insbesondere bei A/B-Tests und multivariaten Tests sollten Sie berücksichtigen, dass es einige unkontrollierbare Variablen gibt, auf die Sie keinen Einfluss nehmen können. So kann beispielsweise ein Konkurrent innerhalb Ihres Testzeitraums den Preis seines Angebots drastisch ändern. Das kann unter Umständen Auswirkungen auf Ihre Testergebnisse haben.

17.4 (Technische) Umsetzung von Tests

Sie kennen nun einige Testverfahren, aber wie genau sind sie anzuwenden? Wenn Sie sich entschließen, Expertentests durchzuführen, brauchen Sie sich keine Gedanken zu machen, denn die Spezialisten übernehmen die Tests. Anders verhält es sich, wenn Sie selbst Tests durchführen möchten. Wir haben bereits die Abläufe (Vorbereitung, Durchführung, Analyse und Optimierung) kurz angerissen. Jetzt möchten wir insbesondere auf einige technische Aspekte eingehen, die sich beispielsweise auf die Auslieferung der verschiedenen Testvarianten auf die Zielgruppe beziehen.

Es gibt zahlreiche Tools, die sich für das Testen von Websites anbieten, eines davon ist der *Visual Website Optimizer* (*visualwebsiteoptimizer.com*). Viele Tracking-Tools (mehr dazu erfahren Sie in Kapitel 18, »Web-Analytics – Websites unter die Lupe nehmen«) bieten ebenfalls das Abbilden von A/B-Tests und multivariaten Tests an. Wenn Sie also ein Analysetool verwenden, dann bringen Sie in Erfahrung, ob diese Möglichkeit besteht. Eine weitere bekannte Möglichkeit bietet zudem der kostenlose *Google Website Optimizer* (zu Deutsch das *Google Website-Optimierungstool*; *www.google.de/websiteoptimizer*). Darüber hinaus gibt es vielfältige kostenlose und kostenpflichtige Alternativen, die z. B. unter *www.whichtmvt.com* in einer Übersicht aufgelistet sind. Wir beschränken uns hier auf die Google-Lösung.

Google Website-Optimierungstool

Registrieren Sie sich zunächst für das Optimierungstool, oder melden Sie sich mit Ihrem bestehenden Google-Konto an (siehe Abbildung 17.9).

Abbildung 17.9 Das Website-Optimierungstool von Google

Um einen Test anzulegen, müssen Sie sich zunächst entscheiden, ob Sie einen A/B-Test oder einen multivariaten Test durchführen möchten. Entscheiden Sie sich beispielsweise für einen A/B-Test, zeigt Google Ihnen in einer kurzen Checkliste, was zu tun ist, nämlich die zu testenden Seiten auswählen bzw. Testversionen erstellen und eine Conversion-Seite definieren. Das ist die Webseite, die ein Besucher erreicht, wenn er die von Ihnen gewünschte Handlung ausgeführt hat. Angenommen, Sie möchten eine Website testen, auf der Besucher einen Download machen können, dann wäre die Bestätigungsseite, dass der Download erfolgreich war, Ihre Conversion-Seite. Google empfiehlt *»um die 100 Conversions pro Seitenvariante im Verlauf des Tests. Beispiel: Für einen Test mit drei Seitenvarianten sind normalerweise ungefähr 300 Conversions erforderlich, bevor Testergebnisse abgeleitet werden können«*.

Dann legen Sie Ihren Test an, indem Sie eine Benennung angeben und die Test-Seiten und die Conversion-Seite hinterlegen (siehe Abbildung 17.10).

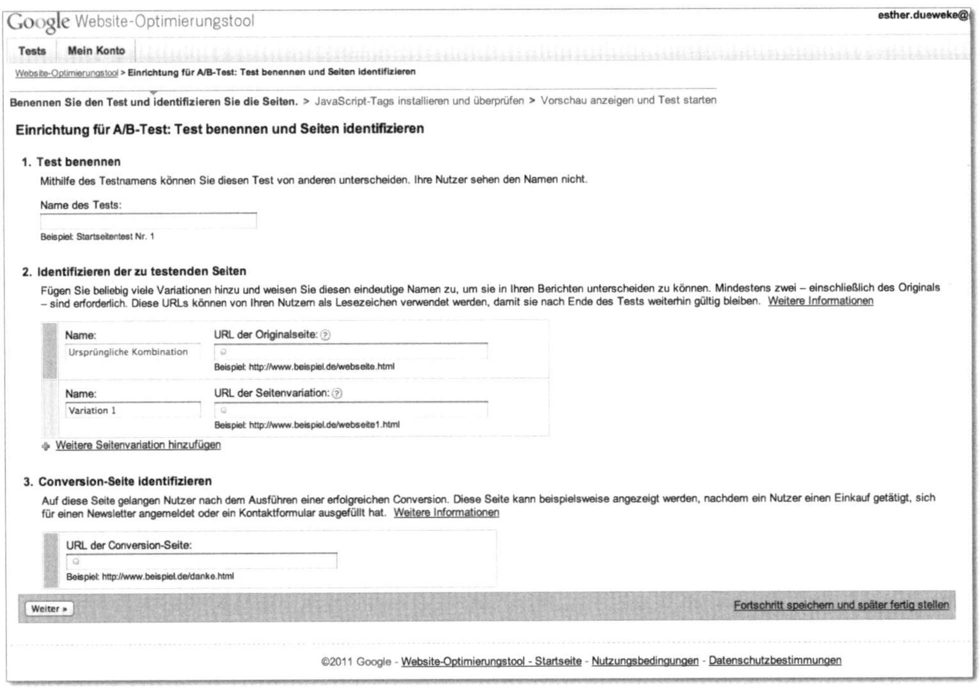

Abbildung 17.10 So legen Sie einen A/B-Test im Website-Optimizer an.

Das Tool übernimmt die Aussteuerung der Test-Varianten an die Zielgruppe. Dies geschieht per JavaScript-Code, der in den Quelltext der Testvarianten integriert werden muss. Ihr Webmaster kann Ihnen dabei mit Sicherheit behilflich sein. Zudem stellt Google eine Installationsanleitung zur Verfügung, die Sie unter *www.google.de/intl/de/websiteoptimizer/beginnersguide/installation.html* finden. Im letzten Schritt können Sie sich eine Vorschau des Tests anzeigen lassen und schließlich den Test starten.

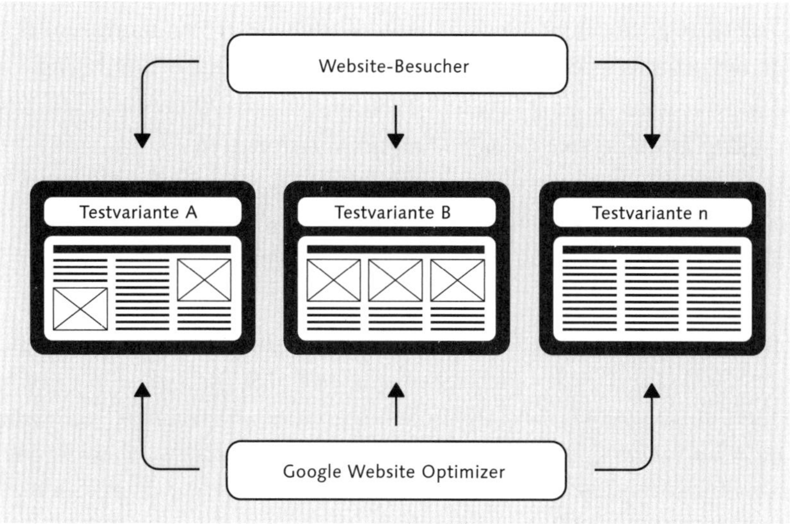

Abbildung 17.11 Funktionsweise des Google Website-Optimierungstools

Handelt es sich um einen A/B-Test, so wird einem Besucher dann eine der beiden (bei einem A/B/n-Test bzw. multivariaten Test eine der angelegten) Webseiten angezeigt (Abbildung 17.11). Cookies stellen sicher, dass dieser Nutzer auch bei einem Folgebesuch die entsprechende Seite angezeigt bekommt. Dies ist wichtig, da sonst die Gefahr besteht, Benutzer zu verwirren. Stellen Sie sich vor, Sie führen einen Test durch, der unterschiedliche Preisangaben eines Produkts beinhaltet. Ohne Cookies bestünde das Risiko, dass der gleiche Besucher sowohl die Variante A als auch bei einem Folgebesuch die Variante B und damit zwei unterschiedliche Preise für das gleiche Produkt zu sehen bekommt. Haben Benutzer allerdings JavaScript bzw. Cookies deaktiviert, kann dies nicht sichergestellt werden. Erfahrungsgemäß machen das aber die wenigsten Surfer.

Tipp: Das Google Website Optimizer Forum

Das englischsprachige Forum von Google (*www.google.com/support/forum/p/websiteoptimizer?hl=en*) bietet eine gute Hilfestellung für alle Fragen rund um das Website-Optimierungstool. Die vielfältigen Diskussionen sind in die Themen Technik, Testen und API unterteilt.

Das Website-Optimierungstool hält nun fest, welche Variante die besten Leistungen erzielt, und stellt Ihnen die Angaben in einem Bericht zur Verfügung. Hier sehen Sie unter anderem, wie hoch die Möglichkeit einer Variante ist, die Ausgangsversion zu übertreffen. Google stellt Ihnen in seiner Hilfe Informationen zur Verfügung, wie derartige Berichte zu interpretieren sind. Hier jedoch eine wichtige Randbemerkung: Der Google Website Optimizer stellt keine Daten in Echtzeit zur Verfügung und gibt Daten nur für den gesamten Testzeitraum, nicht aber für einen einzelnen Tag an.

Google Website Optimizer und Google Analytics verschmelzen

Das Websiteoptimierungstool soll im August 2012 in Google Analytics integriert und als eigenständiges Tool eingestellt werden. In Google Analytics soll es dann unter »Content Tests« mit gleichen Funktionalitäten zu finden sein.

Wir empfehlen Ihnen, Ihren Test nicht zu früh zu beenden und zunächst ausreichend Zahlenmaterial zu sammeln. Wie beschrieben, gibt es einige Tools, die Sie zu Hilfe nehmen können, um die Zeit bis zur statistischen Relevanz auszurechnen. Sollten die Ergebnisse nicht aussagekräftig sein, kann das verschiedene Gründe haben: Entweder haben zu wenige Menschen die Seite besucht, oder die Testvarianten waren zu ähnlich, um einen Unterschied feststellen zu können.

Haben Sie durch einen Test aber deutliche Ergebnisse erzielen können, geht es nun an die Optimierung der Website. In diesem Fall können Sie nun die bessere Variante als Ausgangsversion verwenden und weitere Tests durchführen.

Tipp: Vor-Testen mittels Landing-Page-Test

Manchmal bietet es sich an, parallel zum normalen Website-Betrieb einen Test zu fahren. Dies kann beispielsweise der Fall sein, wenn Sie größere Eingriffe an Ihrer Startseite vornehmen möchten. Dann kann es Sinn machen, die Startseite als Testseite »nachzubauen« und weitere Varianten zu erstellen. Statt des organischen Traffics, der weiterhin auf Ihre Startseite geleitet wird, können Sie nun bezahlten Traffic (beispielsweise über AdWords-Kampagnen) auf Ihre Test-Startseite und deren Varianten lenken. So läuft Ihre Website im Normalbetrieb, und Sie können parallel dazu überprüfen, welche Änderungen an Ihrer Startseite zu guten Ergebnissen führen. Sobald Sie aussagekräftige Testergebnisse erhalten, können Sie diese auf Ihrer eigentlichen Startseite umsetzen und haben damit das Risiko minimiert, dass die Änderungen möglicherweise negative Effekte nach sich ziehen. Weitere Informationen zu Landing-Page-Tests erhalten Sie in Kapitel 16, »Conversionrate-Optimierung – aus Besuchern Käufer machen«.

17.5 Die Qual der Wahl – die Auswahl und Laufzeit der Tests

Sie haben nun einige Vorgehensweisen und die Bedeutung des Testens kennengelernt. Im Folgenden möchten wir Ihnen einige Anhaltspunkte geben, welche Webseiten und -elemente getestet werden und wie lange die Tests durchgeführt werden sollten.

17.5.1 Testelemente und -seiten auswählen

Grundsätzlich kann jede Website getestet werden. Die Auswahl der zu testenden Webseiten hängt aber auch mit den Zielen zusammen, die Sie mit den Seiten erreichen möchten. Streben Sie beispielsweise eine hohe Abonnentenzahl für Ihren Newsletter an, so könnten Sie Ihr Registrierungsformular genauestens testen. In diesem Fall kämen die Eingabefelder, deren Beschriftung, die Auswahl der Pflichtangaben und vieles mehr in Betracht.

Schon im Entwicklungsprozess können die ersten Prototypen Tests durchlaufen. Dies können sowohl zunächst die Skizzen auf Papier oder beispielsweise die ersten HTML-Entwürfe sein. Das Ziel ist es, zu ermitteln, ob schon in diesem Stadium ersichtlich wird, was der Kern der Website ist.

Wie Sie im Testkreislauf am Anfang des Kapitels sehen konnten, geht einem Test eine Vorbereitung voraus. Dies können z. B. die Analyse bestimmter Kennzahlen oder auch die Ergebnisse aus vorangegangenen Tests sein. Es macht wenig Sinn, nur des Testens wegen zu testen. Ein Test ohne Annahme bzw. angestrebtes Ergebnis ist nicht zielführend und kann sowohl unnötig Zeit als auch Geld kosten. Zudem besteht die Gefahr, die Benutzer auf der Website zu verwirren, die (unbewusst) in den Test involviert sind. Spielen Sie nicht mit Ihren potenziellen Kunden, und bereiten Sie besser Ihre Tests sorgfältig vor. Analysieren Sie auf Basis von Kennzahlen Schwachstellen wie Ausstiege oder Abbrüche oder eine insgesamt schlechte Leistung hinsichtlich Ihrer gewünschten Conversion. Hier lohnt es sich, den sogenannten *Conversion Funnel* genau anzusehen, also den Weg, den Benutzer gehen oder gehen sollten, um eine gewünschte Handlung zu tätigen. Die direkte Messbarkeit derartiger Kennzahlen ist einer der großen Vorteile von Online-Medien im Vergleich zu klassischen Medien. Sie können natürlich auch Ergebnisse aus der klassischen Marktforschung hinzuziehen.

Sicherlich muss individuell entschieden werden, welche Webseiten getestet werden sollten. Abhängig vom jeweiligen Ziel ist auch der Traffic der Webseite entscheidend. Eine Webseite, die sich gut zum Testen anbietet, hat eine Kombination aus hohem Traffic und schlechter Leistung. Legen Sie insbesondere Wert auf Ihre Vertriebskanäle: Schauen Sie sich Ihre gut besuchten Landing Pages an – ebenso wie die Seiten mit den höchsten Abbruchraten.

Während es sich anbietet, umfangreiche Modifikationen bei Webseiten zu testen, die schlechte Leistung erzielen, kann es bei Webseiten mit guter Leistung sinnvoll sein, einzelne Elemente zu testen. Letztere können z. B. verschiedene (Produkt-)Bilder,

Überschriften, Layouts oder Buttons sein. Sie können zudem verschiedene Produktvarianten testen (beispielsweise eine Standard- und eine Premium-Version), Testimonials anzeigen oder die Argumentation verändern, warum Ihr Produkt verwendet werden sollte. Auch sogenannte *USPs* (*Unique Selling Propositions*, Alleinstellungsmerkmale), beispielsweise der Fokus auf Qualität oder einen besonders günstigen Preis, können ebenso getestet werden wie spezielle Anreize, z. B. Garantien. Testen Sie verschiedene Preise und Argumente, warum ein Nutzer sofort reagieren sollte (z. B. »Nur noch zwei Stück verfügbar«).

Die Anzahl an Testversionen

Ein weiteres hilfreiches Tool zeigt Ihnen entweder die Anzahl an Testversionen oder auch (wie die bereits erwähnten Tools) die Länge des Tests an. Der sogenannte *Landing Page Calculator* ist unter *www.marketo.com/b2b-marketing-resources/best-practices/landing-pages/landing-page-calculator.php* zu erreichen und fragt zunächst die Anzahl der Conversions ab, um dann eine entsprechende Berechnung zu starten.

Gerade Elemente, die direkten Einfluss auf die Conversion haben, bieten sich für Tests an. So können bereits kleine Änderungen an einem *Call-To-Action*-Button (ein Button mit einer Handlungsaufforderung, wie beispielsweise »Jetzt kaufen«) große Wirkung zeigen. Dem Testen sind keine Grenzen gesetzt.

17.5.2 Wann, wenn nicht jetzt?

Nehmen Sie diese Überschrift als Motto. Wenn Sie eine Website umsetzen, bietet es sich an, schon im Entwicklungsprozess Tests (zeitlich) einzuplanen. In der Praxis werden Tests allerdings häufig gar nicht oder erst nach der Umsetzung angedacht. Jedoch zahlt sich frühes Testen langfristig aus: Schwachstellen, die in einem sehr frühen Entwicklungsstadium erkannt wurden, können oftmals mit wesentlich weniger Aufwand verbessert werden als Probleme, die erst erkannt werden, wenn eine Website bereits online ist. Um dann Schwachpunkte auszubessern, kann sich der Zeitaufwand schon enorm erhöhen. Das ist auch der Grund, warum sich Tests innerhalb des Entwicklungsprozesses lohnen: Obwohl sie zunächst die Umsetzung einer Website verlängern und Kosten verursachen, werden aufwendigere Verbesserungen im Nachhinein zum Teil vermieden, und Ihnen bleiben viel höhere Kosten erspart. Wir empfehlen daher ein iteratives und kontinuierliches Test-Vorgehen, das Abbildung 17.12 noch einmal visualisiert wird.

So können Sie schon mit einem kleinen Test innerhalb der Konzeptionsphase mehr erreichen als mit einem umfangreicheren Test nach der Umsetzung einer Website. Im übertragenen Sinne bieten Sie Ihren Besuchern in jeder Iterationsphase einen neuen bzw. überarbeiteten Webseitenvorschlag an und stellen fest, ob diese Ihren Vorschlag annehmen oder nicht.

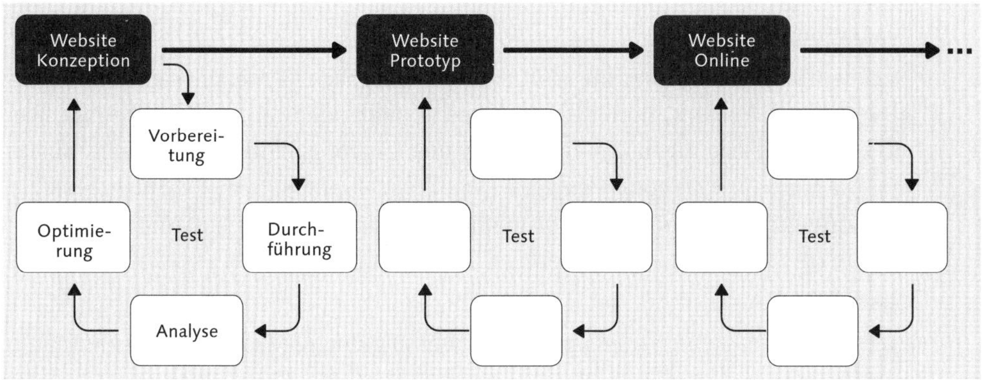

Abbildung 17.12 Iteratives Testen

17.6 Weitere Testmöglichkeiten

Abschließend möchten wir Ihnen noch einige weitere Testmethoden kurz und in zufälliger Reihenfolge vorstellen, ohne den Anspruch auf Vollständigkeit zu erheben. Wir können in diesem Rahmen nicht näher auf die einzelnen Verfahren eingehen und verweisen an dieser Stelle nochmals auf unsere Literaturtipps zu diesem Thema im Anhang.

Befragungen/Interviews

Bei Befragungen werden, wie der Name schon sagt, Testpersonen zur Website befragt. Dies kann sowohl direkt als auch per Telefon oder Videokonferenz geschehen. Sie sollten aber berücksichtigen, dass die Angaben nicht zwangsläufig mit dem tatsächlichen Verhalten auf der Website übereinstimmen müssen. Zudem können beispielsweise Schwachstellen innerhalb der Bedienung oder die Aufnahme von Informationen mit Befragungen nur schwer ermittelt werden. Befragungen stellen daher eine wichtige Methode dar, die aber besonders in Kombination mit anderen Testverfahren wirksam ist, z. B. innerhalb der Nachbesprechung eines Usability-Tests.

Fokusgruppe

Innerhalb einer sogenannten Fokusgruppe, die in der Regel aus bis zu zehn Probanden und einem Moderator besteht, werden unter anderem Erwartungen an die Website diskutiert. Dieses Verfahren kommt oftmals in der Entwicklungsphase einer

Website zum Einsatz. Nachteilig ist, dass nicht ermittelt wird, wie die Personen tatsächlich eine Website verwenden.

Evaluation/Fragebögen

Nachdem sie mit einer Website gearbeitet haben, erhalten Probanden einen Fragebogen, können an einer Online-Befragung teilnehmen oder werden direkt befragt. Hier gilt es zu berücksichtigen, dass Antworten auf Fragebögen oftmals zu positiv ausfallen. Wie auch die Befragung kann eine Evaluation einen Usability-Test nicht ersetzen und bietet sich daher insbesondere in Kombination mit anderen Methoden an.

Checklisten

Im Internet stehen zahlreiche (zum Teil sehr allgemein gehaltene) Checklisten zur Verfügung, mit denen eine Website überprüft werden kann. Checklisten können sowohl von Laien als auch von Experten verwendet werden.

Online-Panels

Bei Online-Panels (z. B. *rapidusertests.com*) registrieren sich Probanden auf einer entsprechenden Website und stimmen der Teilnahme an Testverfahren zu. Testpersonen erhalten oftmals einen Anreiz (*Incentive*), um an einem Online-Panel teilzunehmen. Sie führen dann Tests und eine anschließende Bewertung per Formular selbstständig durch. Der Aufwand für den Anbieter der zu testenden Website ist entsprechend gering, jedoch sind Personen, die an Online-Panels teilnehmen, oftmals sehr computer- und internetaffin, bilden also nur eine ganz bestimmte Nutzergruppe ab.

Tagebuchmethode

Wie bei einem persönlichen Tagebuch schreiben Probanden bei dieser Methode einen täglichen Bericht über Ihre Nutzung einer Website und deren Schwierigkeiten. Wichtig ist dabei, dass wirklich regelmäßig und zeitnah in festen Abständen protokolliert wird.

Online-Usability-Test

Bei Online-Usability-Tests kann die Testperson ebenfalls von zu Hause aus eine Website testen. Im Unterschied zum Online-Panel ist sie jedoch mit dem Testleiter (telefonisch und per Internet) verbunden, der die Aktionen mitverfolgen kann. Dem geringem Testaufwand stehen jedoch technische Voraussetzungen gegenüber sowie der Nachteil, dass nicht alle Schwachstellen einer Website mit dieser Methodik aufgedeckt werden können.

Card Sorting

Das *Card Sorting* (siehe auch Kapitel 15, »Usability – benutzerfreundliche Websites«) kommt insbesondere dann zum Einsatz, wenn die Struktur einer Website überprüft werden soll. Testpersonen werden gebeten, Begriffe auf Karteikarten in eine für sie verständliche Struktur zu sortieren. Sie können die Struktur auch testen, indem Sie die Website-Struktur in Kartenstapeln darstellen und Probanden bitten, einen entsprechenden Bereich auszuwählen, hinter dem sich ihrer Meinung nach ein bestimmter Begriff verbirgt.

Logfile-Analyse

Bei der Logfile-Analyse werden Traffic-Daten des Servers ausgewertet. Zahlreiche Analysetools können Sie hier unterstützen. Somit können Sie beispielsweise Ein- und Ausstiegsseiten, Verweildauer, Bouncerates, Traffic und weitere Kennzahlen analysieren und die Schwachstellen optimieren. Mehr dazu erfahren Sie auch in Kapitel 18, »Web-Analytics – Websites unter die Lupe nehmen«.

17.7 Testverfahren to go

- Mithilfe von Tests können Sie erfahren, welche Bedürfnisse Ihre Nutzer haben. So müssen Sie Ihre Entscheidungen nicht mit Mutmaßungen begründen oder aus dem Bauch heraus fällen.
- Der Testprozess ist ein Kreislauf, der aus der Vorbereitung, Durchführung, Analyse und Optimierung besteht.
- Tests sollten von Beginn an in die Arbeit mit Ihrer Website eingeplant werden.
- Einige Tests können Sie selbst mit zum Teil geringem Aufwand durchführen, andere sollten Sie eher Experten überlassen. Wichtig ist jedoch, dass Sie überhaupt testen.
- Zu bekannten User-Tests zählen neben Befragungen beispielsweise das Mouse- und das Klick-Tracking. Beim Mousetracking werden Mausbewegungen des Nutzers analysiert, beim Klick-Tracking das Klickverhalten.
- Bei einem sogenannten A/B-Test werden zwei verschiedene Elemente oder Websites einer Besuchergruppe gezeigt. Die Hälfte sieht Version A, die andere Hälfte sieht Version B. So kann bei gleichen Rahmenbedingungen festgestellt werden, welche Version zu besseren Ergebnissen führt.
- Eine weitere Möglichkeit bieten multivariate Tests. Dabei werden mehrere Versionen von Elementen erstellt, die in Kombination diverse Seitenvarianten bilden.
- Ein kostenloses Tool zur Umsetzung von A/B- oder multivariaten Tests bietet der Google Website Optimizer bzw. das Google Website-Optimierungstool.

- Tests sollten nicht zu früh beendet werden, damit Sie statistisch relevante Ergebnisse erhalten.
- Nehmen Sie keine Veränderungen an laufenden Tests vor.
- Testen Sie bei A/B-Tests immer gegen eine aktuelle Version (das heißt, Version A ist der Status quo, Version B ist eine neue Variante).
- Testen Sie iterativ, das heißt, werten Sie einen abgeschlossenen Test aus, nehmen Sie entsprechende Änderungen vor, und testen Sie erneut.

17.8 Checkliste Testverfahren

Ist die Durchführung von Tests in Ihre Arbeitsabläufe integriert?	
Haben Sie anhand Ihrer Website-Analyse festgelegt, welche Schwachstellen Sie testen und verbessern möchten?	
Haben Sie ein klares Testziel definiert?	
Haben Sie sich für ein angemessenes Testverfahren entschieden?	
Können Sie den Test selbst durchführen, oder bietet sich ein Test durch Experten an? Auch eine Kombination aus verschiedenen Varianten ist denkbar.	
Haben Sie Ihren User-Test ausreichend vorbereitet (Probanden akquiriert, Aufgaben entwickelt, technische Vorbereitungen getroffen)?	
Greifen Sie während der Testphase nicht in den User-Test ein?	
Haben Sie Ihre Testergebnisse ausgewertet und entsprechende Optimierungsmaßnahmen vorgenommen?	
Führen Sie nach der Umsetzung von Optimierungsmaßnahmen erneut Tests durch?	
Haben Sie eine Kontrollgruppe festgelegt (bei einem A/B-Test z. B. die Ausgangsseite A)?	
Testen Sie nur eine Variante, um aussagekräftige Ergebnisse zu erhalten?	
Haben Sie sichergestellt, dass ein aktiver Test nicht verändert wird?	
Konnten in der Testlaufzeit ausreichend Daten gesammelt werden, um ein statistisch relevantes Ergebnis zu erhalten?	
Werten Sie die Ergebnisse aus, und gleichen Sie diese mit Ihrem Test-Ziel ab?	

Tabelle 17.1 Checkliste zum Thema Testen

Kapitel 18
Web-Analytics – Websites unter die Lupe nehmen

»80 % of the time you/we are wrong about what a customer wants/ expects from our site experience.«
– Avinash Kaushik (Digital Marketing Evangelist)

In diesem Kapitel lernen Sie, wie Sie Websites genau analysieren können und welche Kennzahlen von besonderer Bedeutung sind. Sie erfahren, welche Tools es gibt, und bekommen einen Einblick in das häufig eingesetzte Webanalysesystem Google Analytics. Außerdem lernen Sie die Auswertung des Website-Besucherverhaltens kennen und bekommen eine Einführung in die Wettbewerbsanalyse. Für fortgeschrittene Leser werfen wir noch einen Blick auf tiefer gehende Aspekte der Website-Optimierung und der Klickketten-Analyse. Am Ende des Kapitels folgt wie immer ein Kurzüberblick »to go« und eine Checkliste.

Um eine erfolgreiche Website aufzubauen, ist es unerlässlich, Ziele festzulegen, mit denen Sie den Erfolg messen und bewerten können. Beim Messen der Ziele helfen Ihnen besonders die Web-Analytics-Methoden und -Werkzeuge. Aber nicht nur das Messen von Erfolg, sondern auch die Nutzung der Daten für die Optimierung Ihrer Website steht beim Thema Web-Analytics auf der Agenda. So können Sie z. B. das Klickverhalten Ihrer Website-Benutzer analysieren oder Abbruchraten kontrollieren. Analog zum Begriff Web-Analytics werden die Bezeichnungen *Web-Controlling* oder *Webanalyse* im deutschen Sprachgebrauch genutzt. Mit Web-Analytics-Methoden können Sie Besucher und Kunden besser verstehen, Online-Marketingmaßnahmen effizienter gestalten und die Website-Usability optimieren. Hinzu kommt die Wettbewerbsanalyse: Es ist natürlich gut zu wissen, wo Sie selbst mit Ihrer Website stehen, noch wichtiger ist aber meist der Vergleich mit dem Wettbewerb. Auch hier gibt es Möglichkeiten und Tools, um einen Vergleich mit anderen Websites herzustellen. Auf diese gehen wir in Abschnitt 18.4, »Wettbewerbsanalyse – wie gut sind andere?«, näher ein. Die Grundlage für das Arbeiten im Web-Analytics-Bereich stellen Zahlen dar. Es gibt eine ganze Reihe unterschiedlicher Kennzahlen, die wir als Erstes näher erklären werden. Zusammenfassend halten wir fest, dass Sie mit Web-Analytics insbesondere folgende wichtige Fragen klären:

- Wie viele Nutzer besuchen meine Website?
- Wie verhalten sich Besucher auf der Website?
- Erreiche ich meine Marketingziele effektiv und effizient?
- Wo sind Schwachstellen auf der Website, die es sich lohnt, zu optimieren?
- Wie steht meine Website im Vergleich zu Mitbewerbern da?

18.1 Wichtige Kennzahlen

Sie erkennen, dass es bei der Webanalyse um viele Zahlen geht, die wir Ihnen hier vorstellen wollen. Die Kennzahlen werden meist einheitlich verwendet, können aber in den verschiedenen Tools unterschiedlich benannt sein, da sich zum Teil andere Begriffe in Deutschland gegenüber den USA etabliert haben. *Traffic* ist ein gängiger und häufig benutzter Begriff für das Besucheraufkommen auf einer Website. Diesen Begriff verwenden wir auch in diesem Buch sehr oft. Die wichtigsten Kennzahlen für das Besucheraufkommen haben wir an dieser Stelle zusammengefasst.

Wichtige Kennzahlen zum Besucheraufkommen

- **Page Impression (Seitenaufruf)**
  Die Kennzahl Page Impression (PI), auch *Page View* genannt, bezeichnet einen Seitenaufruf durch einen Nutzer. Darüber lässt sich ermitteln, wie viele einzelne Seiten die Benutzer auf Ihrer Website abrufen. Insbesondere für werbefinanzierte Websites ist die Kennzahl wichtig, da mit jedem Seitenaufruf mehr Werbung ausgespielt werden kann.
- **Visit (Besuch)**
  Als Visit wird der Besuch einer Website bezeichnet. Üblicherweise endet ein Visit nach 30 Minuten Inaktivität, das heißt, wenn eine halbe Stunde lang keine weitere Seite mehr aufgerufen wird. So kann beispielsweise ein Besucher mehrere Besuche an einem Tag absolvieren. Die Anzahl an Visits gibt also an, wie häufig eine Website aufgesucht wird und ist damit wohl die wichtigste Kennzahl zur Bewertung des Besucheraufkommens.
- **Visitor (Besucher)**
  Ein Visitor ist ein Besucher einer Website. Der *Unique Visitor* ist ein eindeutig identifizierter Besucher innerhalb eines bestimmten Zeitraums, häufig innerhalb eines Monats. Die Kennzahl Visitor zählt zu den wichtigsten Zahlen im Online-Marketing und beschreibt die Reichweite einer Website. So können Sie z. B. ermitteln, welchen Anteil der Internetnutzer Sie mit Ihrem Angebot bedienen.

Wahrscheinlich werden Ihnen bei intensiver Beschäftigung mit dem Thema Web-Analytics noch weitere Kennzahlen, wie *Bouncerate*, *Conversionrate*, *Click-Through-Rate* (*CTR*) und *Verweildauer* auffallen. Diese Kennzahlen nutzen wir auch in diesem Buch, und wir beschreiben die einzelnen Begriffe in den entsprechenden Abschnitten. In unserem Glossar am Ende des Buches können Sie jederzeit Fachbegriffe nachschlagen. Die Conversionrate besprechen wir ausführlich in Kapitel 16, »Conversionrate-Optimierung – aus Besuchern Käufer machen«.

Der große Vorteil bei Online-Medien ist die genaue Messbarkeit über Web-Analytics-Systeme. So können z. B. Werbekampagnen online viel genauer gesteuert und analysiert werden, als beispielsweise Anzeigen in Zeitschriften. Machen Sie sich daher diese Eigenschaft zunutze, und messen Sie Ihren Erfolg! Aber berücksichtigen Sie: Kennzahlen können bei der Messung mit unterschiedlichen Tools abweichen. Dies kann z. B. durch unterschiedliche Positionen des Trackingpixels im HTML-Code Ihrer Website oder durch verschiedene Messmethoden vorkommen. Web-Analytics-Kennzahlen sind zudem von verschiedenen Einflussfaktoren anhängig. Das kann z. B. das Wetter sein, das die Internetnutzung stark beeinflusst oder auch Urlaubszeiten und Feiertage. Zudem gibt es große Ereignisse wie eine Fußball-Weltmeisterschaft, die das Internetnutzungsverhalten stark bestimmen. Beachten Sie diese Einflüsse, wenn Sie z. B. Daten aus verschiedenen Jahren oder Monaten vergleichen. Hinzu kommt, dass Zusammenhänge in den Kennzahlen bestehen. So steigen z. B. die Page Impressions einer Website, wenn die Visit-Zahlen steigen. Betrachten Sie daher besser relative Zahlen statt absoluter Werte. Es ist also nicht nur wichtig, die Gesamtzahl der Seitenaufrufe zu kennen, sondern auch die Anzahl der Seitenaufrufe pro Website-Besuch (PI/Visit).

18.2 Webanalysetools im Einsatz

Grundlage für die Arbeit im Bereich Web-Analytics sind diverse Tools und Programme. Zu jeder Website gehört auch ein Web-Analytics-System, das den Traffic messen und analysieren kann. Die meisten bekannten Tools arbeiten bei der Erfassung von Website-Aufrufen mit sogenannten *Trackingpixeln* und *JavaScript-Logging*. Über eine kleine integrierte Bilddatei, die der Nutzer automatisch mit der Seite aufruft, wird der Besuch erfasst. Zudem werden über JavaScript-Codes weitere Daten des Nutzers ermittelt. Außerdem kommen Cookies zum Einsatz, die auf den Rechnern der Nutzer gespeichert werden und später wieder ausgelesen werden können. Zusätzlich zu diesen häufig verwendeten Methoden können Sie sich auch die Logfiles Ihres Webservers anschauen und analysieren. Dies wird als *Logfile-Analyse* bezeichnet. Dabei wird jeder einzelne Seitenabruf protokolliert und täglich abgespeichert.

18.2.1 Anbieter und Unterschiede

Für den Bereich Web-Analytics gibt es inzwischen mehrere spezialisierte Software-Anbieter. Das bekannteste und meistgenutzte Tool ist hierbei Google Analytics. Durch ihre kostenlose Nutzung, unkomplizierte Installation und einfache Bedienung hat sich die Analyse-Software schnell verbreitet. Aber auch andere Anbieter spielen eine wichtige Rolle. Besonders große Websites und Online-Shops setzen auf komplexe und kostenpflichtige Systeme. Die Hauptgründe für den Einsatz eines kostenpflichtigen Web-Analytics-Systems liegen in der Echtzeitanalyse, einem Rohdaten-Export oder besseren Segmentierungsmöglichkeiten der Website-Besucher. Mit einer Echtzeitanalyse können Sie nachverfolgen, was gerade aktuell auf Ihrer Website geschieht, wie viele Nutzer momentan Ihre Seiten aufsuchen und welche Online-Marketingkampagnen aktuell erfolgreich für Sie laufen. Auch Klickketten und Konversionsraten können mit spezialisierten Tools zum Teil detaillierter ausgewertet werden Nicht zuletzt kann auch der Grund sein, dass Sie Ihre Daten auf einem deutschen Server speichern möchten, der den strengen Datenschutzbestimmungen Deutschlands unterliegt.

Wir haben Ihnen einen kurzen Überblick zusammengestellt, der aber aufgrund der schnellen Marktentwicklung keinen Anspruch auf Vollständigkeit erhebt. Sie bekommen damit aber einen Einblick in die verschiedenen Angebote. Die Preise für kostenpflichtige Tools sind meist von der Anzahl an Seitenaufrufen (Page Impressions) abhängig und bewegen sich zwischen 100 bis zu mehr als 100.000 € pro Jahr für große Websites mit mehr als 10 Mio. Seitenaufrufen pro Monat.

Bekannte Web-Analytics-Anbieter

- **Google Analytics** (*www.google.de/analytics*)
  Das aktuell meistgenutzte Webanalysetool wird vom Suchmaschinenriesen Google kostenlos angeboten und bietet eine einfache Installation und Nutzeroberfläche. In Deutschland steht das Tool seit einiger Zeit wegen Datenschutzbedenken in der Kritik. Seit 2011 steht für große Websites auch eine kostenpflichtige Premium-Version zur Verfügung mit erweiterten Analysemöglichkeiten und besserem Kunden-Support.
- **Adobe SiteCatalyst, ehemals Omniture** (*www.omniture.de*)
  Omniture ist ein häufig genutztes System, vor allem für große Websites. Seit dem Kauf durch die Firma Adobe wird das Produkt als *Adobe Online SiteCatalyst* angeboten.
- **Webtrekk** (*www.webtrekk.de*)
  Webtrekk ist ein Angebot eines Webanalyseunternehmens aus Berlin, das insbesondere große deutsche Websites und Online-Shops analysiert. Die Software positioniert sich als Web-Analytics-Data-Warehouse, mit der das Nutzerverhalten detailliert analysiert werden kann.

- **Piwik** (*de.piwik.org*)
  Das Web-Analytics-System Piwik wurde als Open-Source-Projekt aufgebaut. Da es auch kostenlos zu nutzen ist, positioniert sich die Software als Alternative zu Google Analytics.
- Weitere Anbieter sind beispielsweise **Nedstat** (*www.nedstat.de*), **econda** (*www.econda.de*), **etracker** (*www.etracker.com/de/*), **CoreMetrics** (*www.coremetrics.de*) und **Webtrends** (*www.webtrends.com*).

Der Markt der Webanalysetools ist ständig in Bewegung, und es kündigt sich in den kommenden Jahren eine Konsolidierungsphase an, die bereits 2010 mit der Übernahme von Omniture durch Adobe und von Nedstat durch das Marktforschungsunternehmen ComScore begann. Schaut man sich die Nutzung der verschiedenen Tools auf den Top 1.000 der deutschen Domains an, die unter *www.idealobserver.com/tools/web-analyse* veröffentlicht wird, ergibt sich ein guter Einblick in die Marktverteilung (Abbildung 18.1). Sie sehen recht deutlich, dass Google Analytics auch auf den deutschen Top-Domains sehr gut vertreten ist und dass die großen, kostenpflichtigen Tools wie Site Catalyst von Omniture oder etracker erst mit Abstand auf Platz zwei und drei folgen. *IVW* ist kein eigenes Web-Analytics-System, misst aber das Nutzerverhalten verschiedener Websites, um diese vergleichen zu können und in Studien auszuwerten.

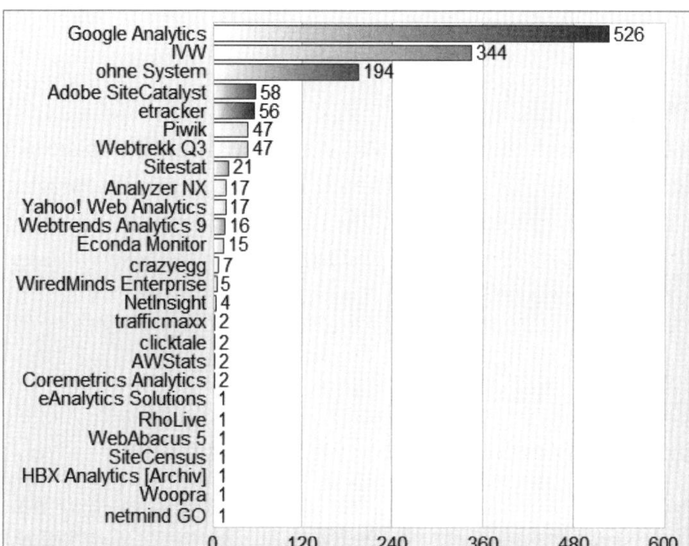

Abbildung 18.1 Web-Analytics-Systeme der Top 1.000 der .de-Domains (Quelle: IdealObserver.com)

Viele große Websites setzen mehrere Webanalysetools gleichzeitig ein, um eine bessere Vergleichsmöglichkeit zu bekommen. Besonders bei Geschäftsmodellen, die stark von der Website und deren Reichweite abhängen, z. B. Online-Shops, ist dies auch zu empfehlen. Ansonsten kann es bei Ausfall des Tracking-Systems passieren, dass Sie Ihre Online-Marketingaktivitäten quasi im Blindflug vornehmen müssen. Trotzdem sei darauf hingewiesen, dass mehrere Trackingpixel die Ladegeschwindigkeit einer Website verlangsamen. Daher sollten Sie nur wirklich notwendige Tracking-Tools einsetzen.

Tipp

Welche Website welches Web-Analytics-Tool einsetzt, können Sie unter *www.ideal-observer.com/tools/web-analyse/wer-nutzt-welches-tool/web-analytics-nach-url* abfragen.

18.2.2 Google Analytics einrichten

Die Einrichtung von Web-Analytics-Werkzeugen geht in den meisten Fällen recht einfach und unproblematisch. Wir zeigen Ihnen an dieser Stelle beispielhaft die Einrichtung des weit verbreiteten Google Analytics. Falls Sie selbst noch kein Analysetool verwenden, empfehlen wir Ihnen, sich ebenfalls bei dem kostenfreien Tool zu registrieren. Sie können die Einrichtung Schritt für Schritt mit unserem folgenden Leitfaden vornehmen.

Google-Konto erstellen

Sollten Sie noch kein Google-Konto mit einer E-Mail-Adresse haben, richten Sie sich einfach ein neues Konto ein. Mehr als eine bestehende E-Mail-Adresse, ein Passwort und das Akzeptieren der Nutzungsbedingungen brauchen Sie dafür nicht. Sie erhalten dann eine E-Mail von Google, in der Sie den Bestätigungslink anklicken müssen, um sich als Inhaber der Adresse zu verifizieren.

Bei Google Analytics anmelden

Rufen Sie jetzt die Google Analytics Startseite auf, z. B. indem Sie danach googeln oder die Adresse *www.google.de/analytics* eingeben (siehe Abbildung 18.2).

Abbildung 18.2 Die Startseite von Google Analytics

Mit dem Klick auf Zu Google Analytics gelangen Sie, wenn Sie eingeloggt sind direkt in das Analysetool oder Sie müssen erst noch Benutzernamen und Passwort Ihres Google-Kontos eingeben. Sollten Sie schon Websites bei Google Analytics angemeldet haben, sehen Sie jetzt die einzelnen Website-Profile. Falls noch keine Website eingerichtet ist, klicken Sie weiter auf Anmeldung, so erscheint die Seite aus Abbildung 18.3, auf der Sie nun die Adresse Ihrer Website, den Namen des Google-Analytics-Kontos (dies kann z. B. der Name Ihrer Website sein) und die Zeitzone angeben.

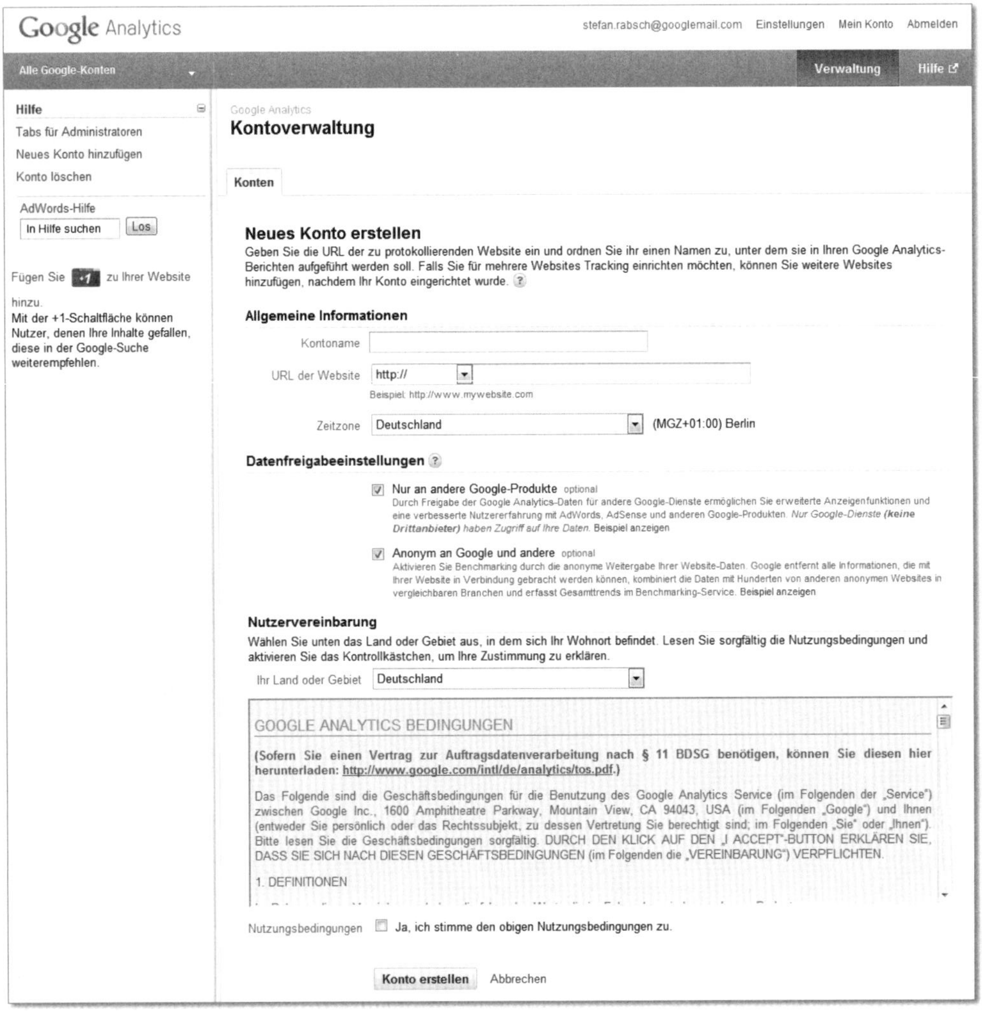

Abbildung 18.3 Anmeldung eines neuen Google-Analytics-Kontos

Im Anschluss müssen Sie die Nutzungsbedingungen akzeptieren. Damit haben Sie ein Google-Analytics-Konto angelegt und bekommen einen Tracking-Code für Ihre Website angezeigt. Bauen Sie diesen nun in Ihre Website ein. Dazu kopieren Sie den angegebenen Quellcode und fügen ihn dann in jede zu analysierende Seite direkt vor dem schließenden </head>-Tag ein. Wie das genau aussieht, sehen Sie in folgendem Beispiel:

```
<script type="text/javascript">
 var _gaq = _gaq || [];
 _gaq.push(['_setAccount', 'UA-XXXXXXX-1']);
 _gaq.push(['_trackPageview']);
```

```
 (function() {
 var ga = document.createElement('script'); ga.type = 'text/javascript';
ga.async = true;
 ga.src = ('https:' == document.location.protocol ?
'https://ssl' : 'http://www') + '.google-analytics.com/ga.js';
 var s = document.getElementsByTagName('script')[0];
s.parentNode.insertBefore(ga, s);
 })();
</script>
```

Listing 18.1 Google Analytics Tracking-Code

Tipp: IP-Anonymisierung in Google Analytics

Wir empfehlen Ihnen noch folgende ergänzende Zeile in den Tracking-Code (vor dem Aufruf »_trackPageview«) zu schreiben, damit die IP-Adressen der Nutzer anonymisiert werden:

```
_gaq.push (['_gat._anonymizeIp']);
```

Diese Anonymisierung ist in Deutschland notwendig, da IP-Adressen personenbezogene Daten sind. Die Anonymisierung beschränkt Ihre Webanalyse nicht weiter und ist daher ein guter Schritt für mehr Datenschutz.

Sobald Sie den Google-Analytics-Tracking-Code in Ihre Website eingebaut haben, können Sie mit der Webanalyse loslegen. Die Aufrufe Ihrer Website werden von nun an mitgezählt und analysiert. Diese Informationen können Sie abrufen, indem Sie sich bei Google Analytics mit Ihrem Nutzerkonto einloggen. Sie sehen dann eine Übersicht aller mit Ihrem Konto verknüpften Websites, die über Google Analytics erfasst werden. Um nun erste Informationen zu einer Website zu erhalten, klicken Sie auf das gewünschte Profil. Daraufhin erscheint ein sogenanntes *Dashboard*, also eine Übersicht mit den wichtigsten Kennzahlen (siehe Abbildung 18.4). Sie sehen als Erstes den Traffic-Verlauf der letzten 30 Tage, in dem Sie erkennen, wie viele Besuche auf Ihrer Website jeden Tag stattfanden. Weiterhin sehen Sie die wichtigsten Kennzahlen zur Nutzung Ihrer Website, und Sie erfahren, aus welchem Land die Besucher kamen. Sie finden dort auch die wichtigsten Zugriffsquellen, die Auskunft darüber geben, wie die Leute zu Ihrer Website gelangt sind (siehe auch Abschnitt 18.3.1, »Wie gelangen die Besucher auf Ihre Website?«). Das Dashboard auf der Startseite können Sie ganz individuell mit weiteren Charts anpassen und auch ganz neue Dashboards hinzufügen.

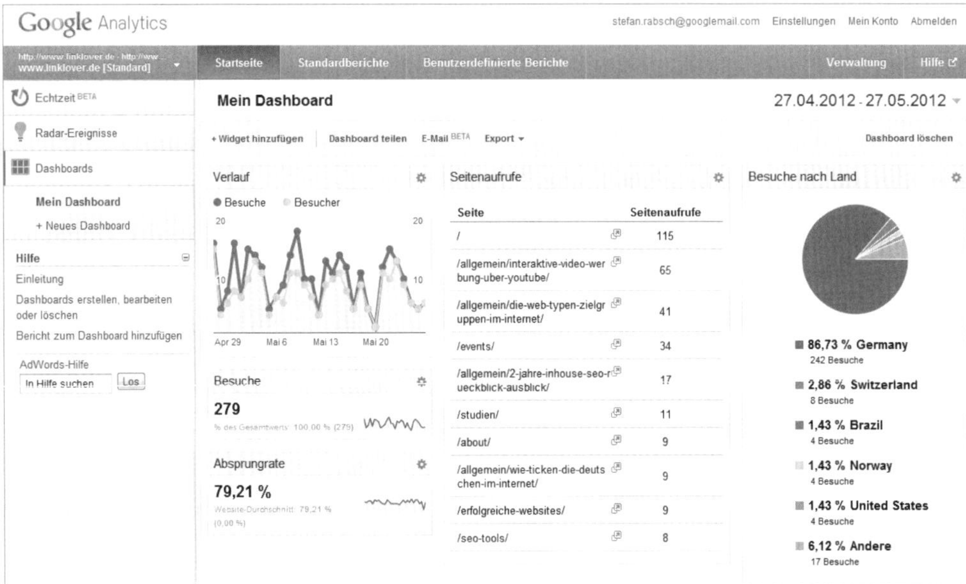

Abbildung 18.4 Google-Analytics-Dashboard

18.2.3 Google Analytics rechtskonform einsetzen

In Deutschland bestehen starke Datenschutzgesetze, daher stehen Web-Analytics-Systeme und insbesondere Google Analytics unter besonderer Aufmerksamkeit der Datenschützer. Dies folgt aus dem massiven Sammeln von Daten, welches durch die Tools möglich ist. Das Ziel der Webanalyse ist aber nicht, einen einzelnen Nutzer zu analysieren, sondern Nutzergruppen besser zu verstehen. Der Datenschutz achtet besonders auf die personenbezogenen Daten, wie z. B. den eigenen Namen, die E-Mail-Adresse, Telefonnummer, Zahlungsinformationen oder die persönliche Anschrift. Auch die IP-Adresse eines Computers wird als personenbezogene Information angesehen und unterliegt damit besonderem Schutz. Die Übermittlung und Speicherung von IP-Adressen ist – neben der Verwendung von Cookies – der Hauptkritikpunkt an Web-Analytics-Systemen.

Für einen rechtskonformen Einsatz von Google Analytics auf Ihrer Website müssen Sie die folgenden fünf Punkte beachten, um rechtliche Probleme auszuschließen:

1. Die Datenschutzbehörden verlangen einen Vertrag zwischen Ihnen als Website-Betreiber und Google zur Datenverarbeitung. Google stellt hierfür inzwischen ein vorgefertigtes Formular zur Verfügung: *www.google.de/analytics/tos.pdf*. Dieses sollten Sie entsprechend ausfüllen, und es sollte von beiden Vertragspartnern unterschrieben werden.

2. Wie schon erwähnt, sollten Sie zusätzlich in Ihrer Google-Analytics-Implementierung auf die Anonymisierungsfunktion für IP-Adressen zurückgreifen. Dies besteht aus nur einer Zeile zusätzlichem Quellcode und bedeutet für Sie keinerlei negative Konsequenzen in den Analysen.
   ```
   _gaq.push (['_gat._anonymizeIp']);
   ```
3. Nutzern sollte es möglich sein, der Erfassung Ihrer Nutzungsdaten zu widersprechen. Am besten ergänzen Sie in Ihrer Datenschutzerklärung auf der Wesbite einen Hinweis auf die sogenannte Opt-Out Funktion für Google Analytics (*tools.google.com/dlpage/gaoptout?hl=de*). Damit können Nutzer eine Browsererweiterung installieren, die die Übertragung von Daten zu Google Analytics unterbindet.
4. Desweiteren sollten Sie Ihre Datenschutzhinweise ergänzen, um auf die Verwendung von Google Analytics aufmerksam zu machen. Google stellt hierfür folgenden Formulierung zur Verfügung:
   »*Diese Website benutzt Google Analytics, einen Webanalysedienst der Google Inc. (›Google‹). Google Analytics verwendet sog. ›Cookies‹, Textdateien, die auf Ihrem Computer gespeichert werden und die eine Analyse der Benutzung der Website durch Sie ermöglichen. Die durch den Cookie erzeugten Informationen über Ihre Benutzung dieser Website werden in der Regel an einen Server von Google in den USA übertragen und dort gespeichert. Im Falle der Aktivierung der IP-Anonymisierung auf dieser Webseite, wird Ihre IP-Adresse von Google jedoch innerhalb von Mitgliedstaaten der Europäischen Union oder in anderen Vertragsstaaten des Abkommens über den Europäischen Wirtschaftsraum zuvor gekürzt. Nur in Ausnahmefällen wird die volle IP-Adresse an einen Server von Google in den USA übertragen und dort gekürzt. Im Auftrag des Betreibers dieser Website wird Google diese Informationen benutzen, um Ihre Nutzung der Website auszuwerten, um Reports über die Websiteaktivitäten zusammenzustellen und um weitere mit der Websitenutzung und der Internetnutzung verbundene Dienstleistungen gegenüber dem Websitebetreiber zu erbringen. Die im Rahmen von Google Analytics von Ihrem Browser übermittelte IP-Adresse wird nicht mit anderen Daten von Google zusammengeführt. Sie können die Speicherung der Cookies durch eine entsprechende Einstellung Ihrer Browser-Software verhindern; wir weisen Sie jedoch darauf hin, dass Sie in diesem Fall gegebenenfalls nicht sämtliche Funktionen dieser Website vollumfänglich werden nutzen können. Sie können darüber hinaus die Erfassung der durch das Cookie erzeugten und auf Ihre Nutzung der Website bezogenen Daten (inkl. Ihrer IP-Adresse) an Google sowie die Verarbeitung dieser Daten durch Google verhindern, indem sie das unter dem folgenden Link (http://tools.google.com/dlpage/gaoptout?hl=de) verfügbare Browser-Plugin herunterladen und installieren.*«
5. Sollten Sie bereits Google Analytics im Einsatz gehabt haben, bevor die IP-Anonymisierung erfolgte, so ist zu prüfen, ob Sie diese alten Google-Analytics-Profile

löschen müssen. Beachten Sie aber, das damit die Vergleichbarkeit mit historischen Daten verloren geht. Alternativ können Sie alte Daten exportieren und auf Ihrem Rechner speichern, oder Sie müssen mit einer gewissen Rechtsunsicherheit leben, wenn Sie die alten nicht-anonymisierten Daten behalten.

Google Analytics versucht auch selbst für Aufklärung zum Thema Datenschutz zu sorgen. Unter *www.google.com/intl/de/analytics/privacyoverview.html* finden Sie die einzelnen Aspekte zum Datenschutz, zu IP-Adressen und Cookie-Nutzung aus Googles Sichtweise erklärt. Sollten Sie darüber hinaus unsicher in der Verwendung von Google Analytics sein, gibt es inzwischen auch Juristen, die sich auf dieses Themengebiet spezialisiert haben.

18.3 Auswertung des Besucherverhaltens

Der Analyse des Besucherverhaltens sollten Sie besondere Aufmerksamkeit schenken. Sicher wollen Sie wissen, woher die Nutzer auf Ihre Website kommen und was diese am meisten interessiert. Hilfreich sind ebenso Informationen, wer Ihre Besucher auf der Website sind. Sie können Besucher über die Nutzungsdaten z. B. in Zielgruppen segmentieren. Dies können Sie in Kapitel 13, »Zielgruppen und Targeting«, im Detail nachlesen. Eine weitere Frage, die es zu analysieren gilt, ist, was die Nutzer auf Ihrer Website machen. Welche Inhalte werden angeschaut, und welche Aktionen werden durchgeführt? Schauen wir uns also die einzelnen Punkte Schritt für Schritt an.

18.3.1 Wie gelangen die Besucher auf Ihre Website?

Eine der wichtigsten Fragen, die Sie sich stellen sollten, ist, wie Internetnutzer auf Ihre Website gelangen oder zukünftig gelangen sollen. In den vorherigen Kapiteln des Buches wurden schon einige Quellen aufgeführt, woher die Besucher kommen können, z. B. über Suchmaschinen, über Banner oder Social-Media-Aktivitäten. Einen ersten Überblick über die Zugriffsquellen, die häufig auch als *Kanäle* bezeichnet werden, liefert Ihnen die Besucherquellenübersicht in Google Analytics (STANDARDBERICHTE • BESUCHERQUELLEN • ÜBERSICHT). Sie sehen dort die Anteile von Suchmaschinen, direkten Zugriffen und Verweis-Websites (siehe Abbildung 18.5). Direkte Zugriffe kommen durch Benutzer, die Ihre Internetadresse direkt in den Browser eingeben und zur Website gelangen. Die direkten Zugriffe können auch durch Lesezeichen (Bookmarks) oder E-Mails zustande kommen. *Verweis-Websites* sind Websites, über die Besucher zu Ihrer eigenen Website gelangen, z. B. über Links oder integrierte Banner. Diese Seiten werden auch als *Referrer* bezeichnet.

Anhand der Anteile können Sie sehen, wie sich die Zugriffsquellen verteilen. Im Beispiel in Abbildung 18.5 finden Sie eine ziemlich ausgeglichene Auswertung, das heißt, die Website wird über Suchmaschinen, direkte Eingabe der Adresse und verweisende Websites aufgerufen. In der Auswertung der Zugriffsquellen gibt es aber keine optimale Verteilung, nach der Sie sich richten sollten. Die Verteilung kann von Website zu Website sehr unterschiedlich sein. Haben Sie z. B. eine bekannte Marke als Firmennamen, wird die Website auch sehr häufig direkt aufgerufen. Bei unbekannten Marken oder Websites ist der Anteil der direkten Zugriffe meist sehr gering. Wenn Sie aktiv im Bereich Suchmaschinen durch Anzeigenschaltung (*SEA*, siehe Kapitel 11, »Suchmaschinenwerbung (SEM)«) oder Optimierung (*SEO*, siehe Kapitel 12, »Suchmaschinenoptimierung (SEO)«) unterwegs sind, wird sich dies auch in den Zahlen der Zugriffsquellen widerspiegeln. Haben Sie viele Kooperationen mit Partnerseiten oder werden Links von großen Websites auf Ihre Website gesetzt, sehen Sie diese Auswirkungen im Anteil der Verweis-Websites. Da dies aber relative Zahlen sind, sind die Anteile natürlich abhängig davon, wie stark Sie die unterschiedlichen Traffic-Quellen bereits nutzen. Deswegen eignen sich die prozentualen Anteile nicht als Zielvorgaben, da sie zu abhängig von den verschiedenen anderen Faktoren sind. Leider bekommen Sie auch keine Vergleichswerte der Traffic-Quellen mit dem Wettbewerb, sodass Sie sich daran orientieren könnten. Wir empfehlen Ihnen, einfach die verschiedenen Traffic-Quellen auszuprobieren und die für Sie besten Kanäle zu nutzen.

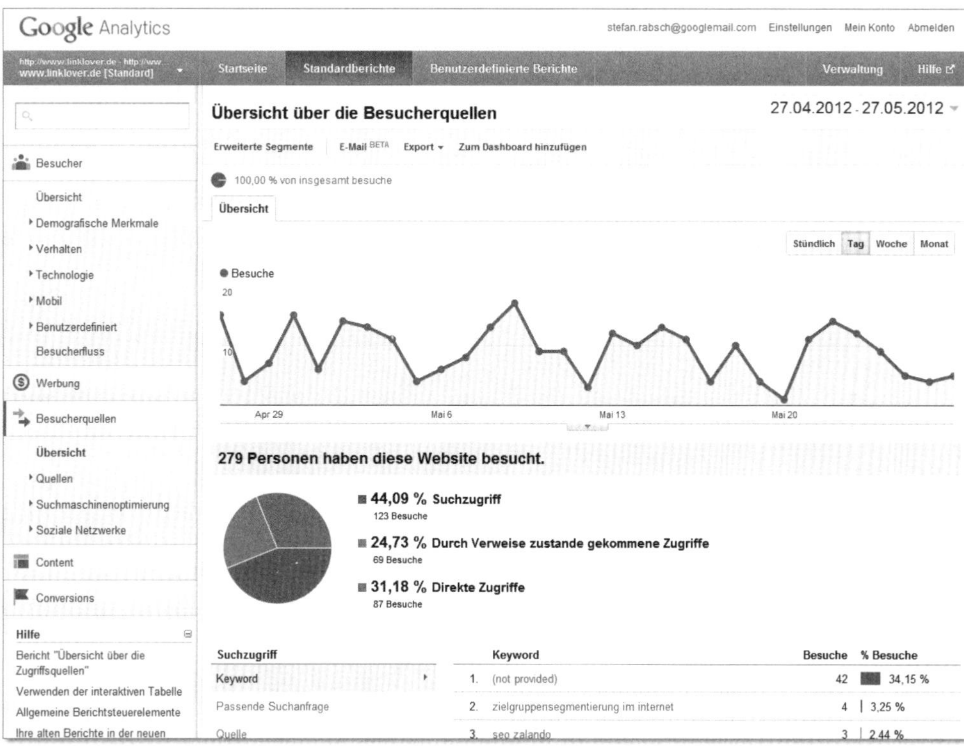

Abbildung 18.5 Auswertung der Besucherquellen

Um weitergehende Informationen zu den Traffic-Quellen zu bekommen, klicken Sie im Navigationsmenü auf BESUCHERQUELLEN • QUELLEN • ALLE ZUGRIFFE. Insbesondere sehen Sie detailliert, von welchen einzelnen Quellen die Besucher kommen (siehe Abbildung 18.6). Sie können beispielsweise sehen, wie viele Besucher aus den organischen Suchergebnissen bei Google kommen (google / organic) oder aus den Anzeigen (google/paid). Auch andere Websites, von denen Besucher direkt auf Ihre Website gelangen, werden hier angezeigt.

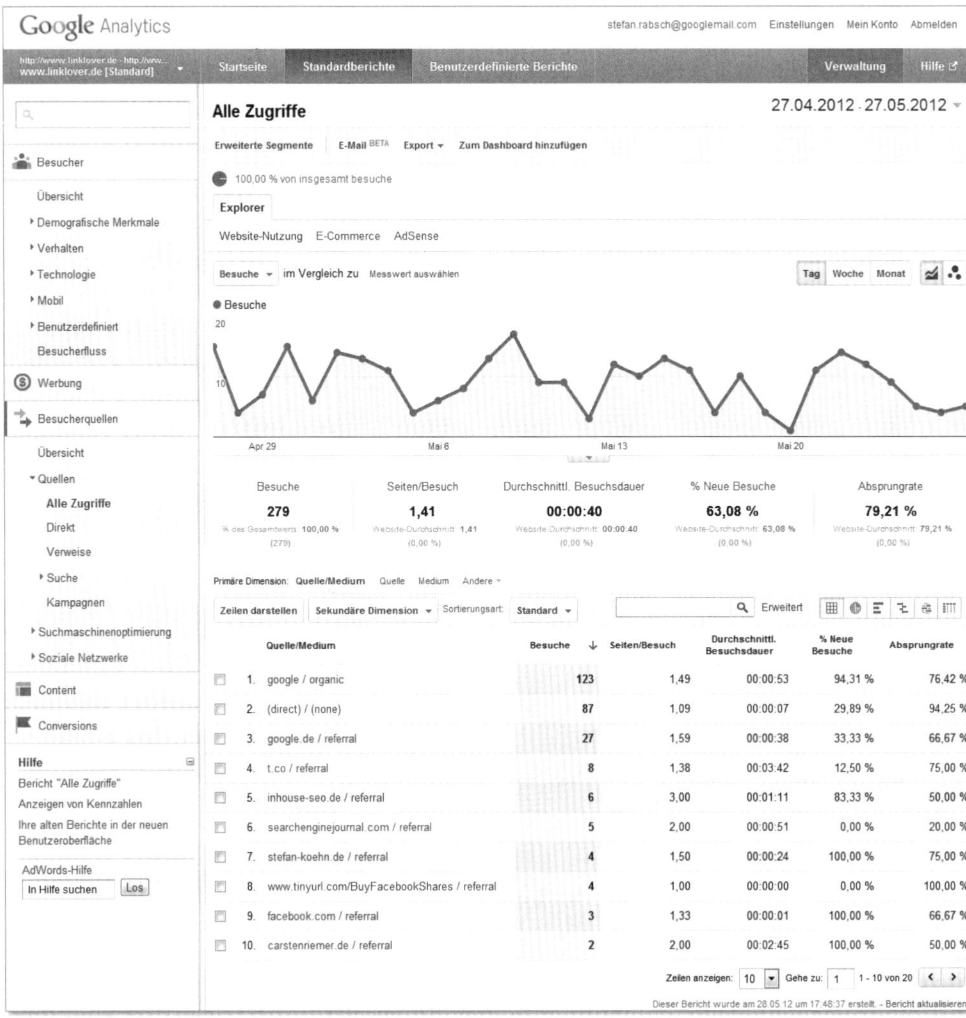

Abbildung 18.6 Übersicht über die Zugriffsquellen in Google Analytics

Die einzelnen Traffic-Kanäle können Sie sich nun noch genauer anschauen. Ihnen werden an dieser Stelle z. B. die wichtigsten Suchbegriffe angezeigt, über die Besucher auf Ihre Website gelangen (BESUCHERQUELLEN • QUELLEN • SUCHE • ORGANISCH).

Diese geben wichtige Hinweise darauf, zu welchen Suchbegriffen Ihre Website gefunden wird und wie hoch die Nachfrage nach diesen Begriffen ist. Diese Auswertung können Sie wiederum im Bereich der Suchmaschinenwerbung verwenden.

Bei der Frage, woher Ihre Besucher kommen, ist es auch wichtig, zu wissen, aus welchem Land diese kommen. Diese Information ist besonders für die Wahl der Sprache der Website ausschlaggebend. Haben Sie z. B. eine englische Website, aber ein Großteil der Nutzer kommt aus spanischsprachigen Ländern, sollten Sie die Website auch in Spanisch anbieten. In der Standort-Analyse von Google Analytics unter dem Menüpunkt BESUCHER • DEMOGRAFISCHE MERKMALE finden Sie die Übersicht, woher die Besucher stammen (siehe Abbildung 18.7).

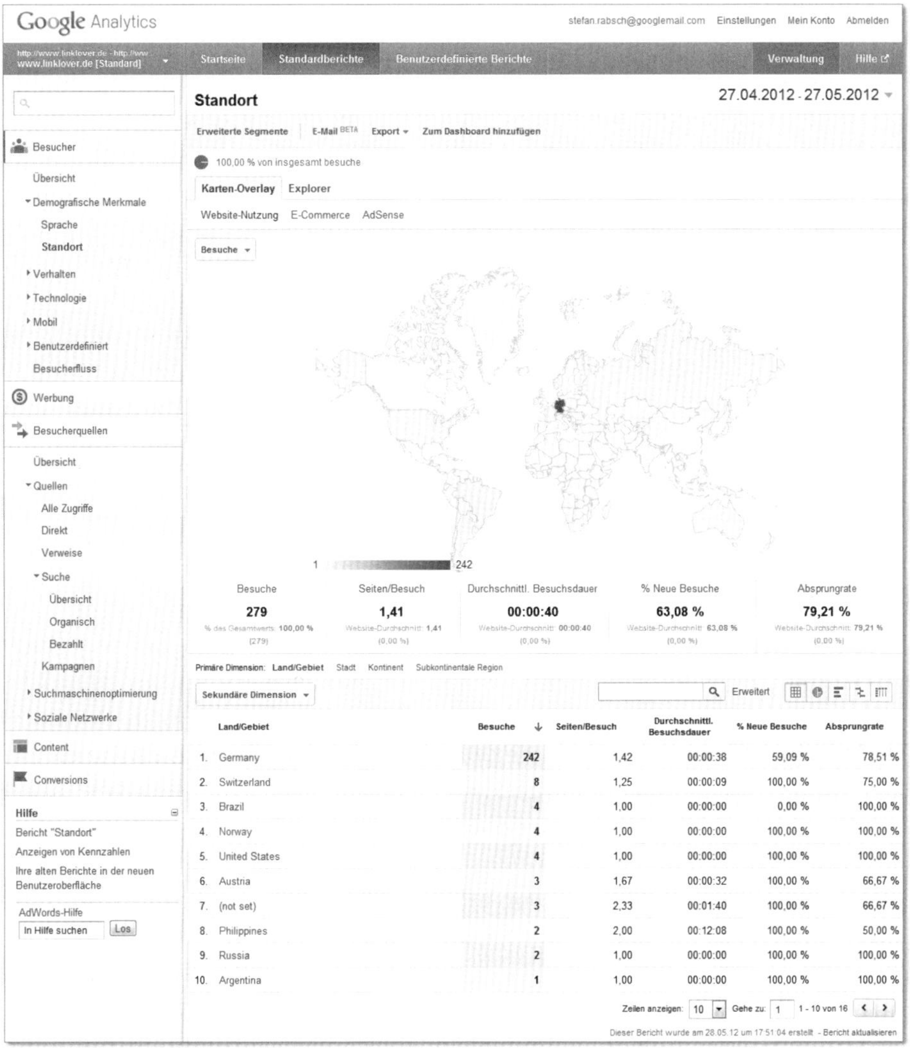

Abbildung 18.7 Länder-Analyse in Google Analytics

Inzwischen können Sie sogar analysieren, aus welchen Städten die Besucher kommen, indem Sie bei Wird angezeigt die Option Stadt auswählen. Diese Auswertung (siehe Abbildung 18.8) ist aufgrund von IP-Adressdatenbanken möglich, welche die IP-Adressen für die entsprechenden Städte verzeichnen. Sehen Sie hier z. B. eine verstärkte Nutzung aus bestimmten Orten, können Sie über eine stärkere regionale Ausrichtung nachdenken und z. B. spezielle Shopping-Angebote für einzelne Orte anbieten.

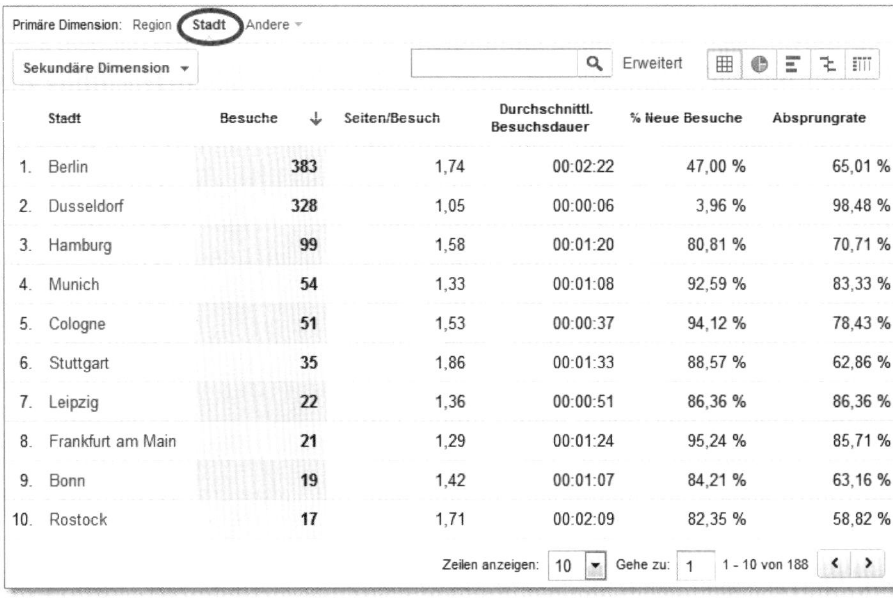

	Stadt	Besuche ↓	Seiten/Besuch	Durchschnittl. Besuchsdauer	% Neue Besuche	Absprungrate
1.	Berlin	**383**	1,74	00:02:22	47,00 %	65,01 %
2.	Dusseldorf	**328**	1,05	00:00:06	3,96 %	98,48 %
3.	Hamburg	**99**	1,58	00:01:20	80,81 %	70,71 %
4.	Munich	**54**	1,33	00:01:08	92,59 %	83,33 %
5.	Cologne	**51**	1,53	00:00:37	94,12 %	78,43 %
6.	Stuttgart	**35**	1,86	00:01:33	88,57 %	62,86 %
7.	Leipzig	**22**	1,36	00:00:51	86,36 %	86,36 %
8.	Frankfurt am Main	**21**	1,29	00:01:24	95,24 %	85,71 %
9.	Bonn	**19**	1,42	00:01:07	84,21 %	63,16 %
10.	Rostock	**17**	1,71	00:02:09	82,35 %	58,82 %

Abbildung 18.8 Stadt-Analyse in Google Analytics

18.3.2 Was machen die Besucher auf Ihrer Website?

Nachdem Sie nun wissen, woher Ihre Besucher kommen, sollten Sie sich auch damit beschäftigen, wie sie sich auf Ihrer Website verhalten. Aus diesen Informationen können Sie Schlussfolgerungen für die Optimierung Ihrer Website ziehen. Besonders häufig aufgerufene Inhalte sollten Sie z. B. prominenter platzieren als Inhalte, die nur selten genutzt werden. Bei Online-Shops ist insbesondere das Kaufverhalten auf der Website wichtig. Eine besondere Kennzahl ist hierbei die Conversionrate, die angibt, wie viele Käufe pro 100 Besucher stattfinden. Mit dieser Kennzahl haben wir uns bereits in Kapitel 16, »Conversionrate-Optimierung – aus Besuchern Käufer machen«, näher beschäftigt.

Welche Seiten am meisten aufgerufen werden, finden Sie in Google Analytics unter Content • Website-Content • Seiten. Dort finden Sie die Übersicht an URLs mit der Anzahl der Seitenaufrufe für den eingestellten Zeitraum (siehe Abbildung 18.9).

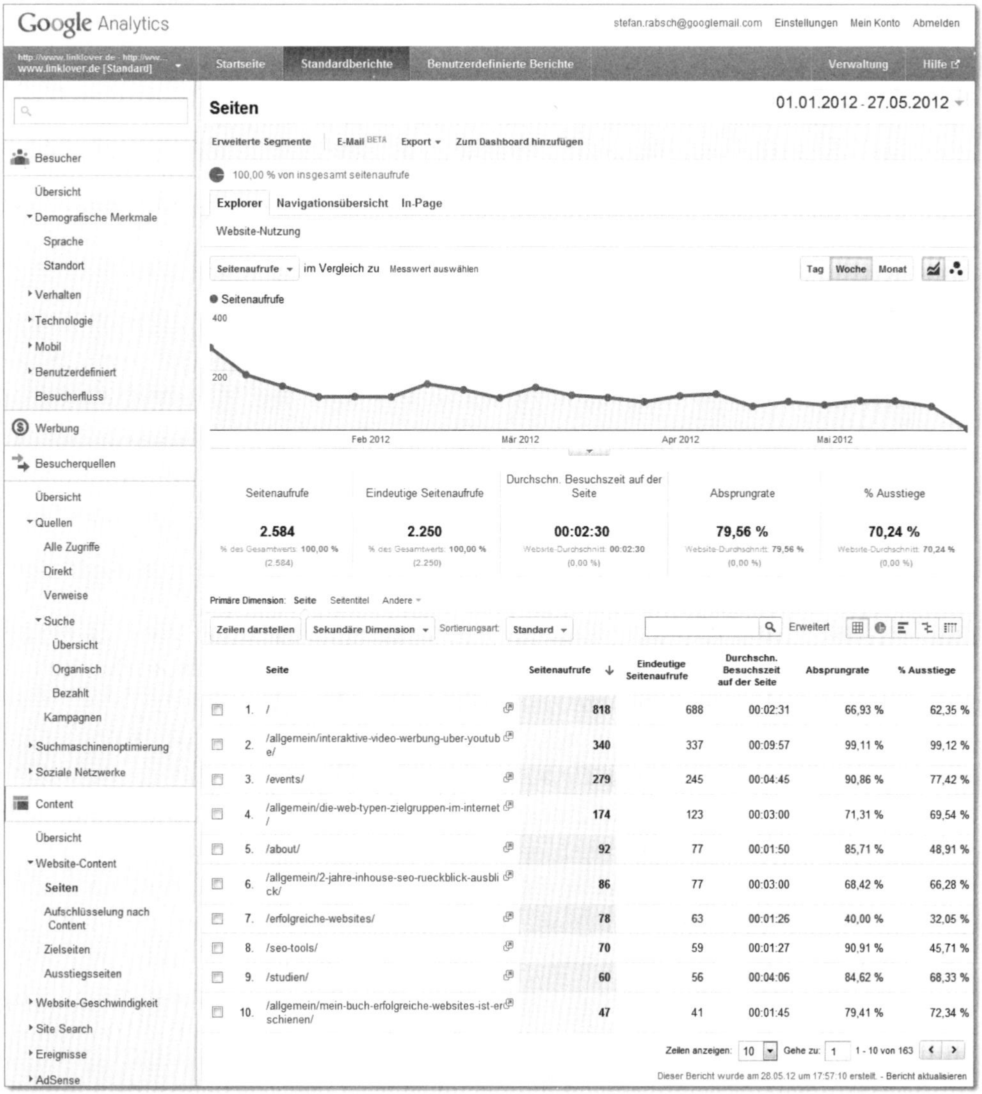

Abbildung 18.9 Anzeige der am häufigsten aufgerufenen Seiten in Google Analytics

In den meisten Fällen steht hier die Startseite (»/«) an erster Stelle. Dies ist also Ihre wichtigste Seite, auf die Sie besonderes Augenmerk legen sollten. Häufig ist dies auch die erste Einstiegsseite für Ihre Website. Daher soll die Startseite die interessanten Inhalte aufzeigen und den Besucher tiefer in die Website leiten. Dies geschieht z. B. durch eine intuitive Navigation, die den Besucher durch die Inhalte leitet, und durch *Teaser-Flächen*, in denen auf die wichtigsten Themen hingewiesen wird oder die neuesten Nachrichten angezeigt werden. Weitere häufig aufgesuchte Seiten sollten Sie regelmäßig auf Funktionalität und Inhalt hin prüfen. So können Sie Inhalte aktualisieren oder erweitern, damit Besucher weiterhin die gewünschten Informationen in hoher Qualität erhalten und Ihre Website in positiver Erinnerung behalten. Das Nutzerverhalten haben wir uns bereits in Kapitel 13, »Zielgruppen und Targeting«, näher angeschaut. Nutzen Sie diese Erkenntnisse für die Einteilung Ihrer Besucher in Zielgruppen. Damit können Sie die verschiedenen Personen auf Ihrer Website besser kennenlernen und gezielt ansprechen.

18.4 Wettbewerbsanalyse – wie gut sind andere?

Bisher haben Sie nur Ihre eigene Website analysiert. Interessant ist aber auch der Blick auf andere Seiten und der Vergleich mit Wettbewerbern. Leider bekommen Sie natürlich keinen so detaillierten Blick auf andere Seiten wie auf die eigene. Aber es gibt ein paar nützliche Hilfen, die ein ungefähres Bild der Entwicklung verschiedener Websites aufzeigen.

In Deutschland gibt es zwei Organisationen, die Webangebote unabhängig messen und die Ergebnisse veröffentlichen. Dies sind die IVW (Informationsgemeinschaft zur Feststellung der Verbreitung von Werbeträgern e. V.) und die AGOF (Arbeitsgemeinschaft Online Forschung e. V.). Beide Institutionen erfassen die Reichweite von Online-Portalen, auf denen Werbung geschaltet werden kann. Aber nicht jede Website nimmt an der Analyse teil, weil es entweder nicht notwendig ist – z. B. für Online-Shops, deren Schwerpunkt nicht auf Online-Vermarktung liegt – oder weil die Websites noch nicht so groß sind. Einen Großteil der redaktionellen Websites finden Sie aber in der Liste beider Anbieter. So werden von der IVW über 1.000 Online-Werbeträger erfasst. Unter der Adresse *ausweisung.ivw-online.de* können Sie sich das aktuelle Ranking der erfassten Websites anschauen. Als Kennzahl dient die Anzahl der Besuche (Visits) pro Monat. Damit Sie ein Gefühl für die Größe von bekannten Websites bekommen, haben wir Ihnen in Tabelle 18.1 die Top 10 der IVW-Erhebung zusammengetragen. Sie werden sicher viele Seiten kennen und auch selbst regelmäßig aufsuchen.

Angebot	Visits
T-Online	390,5 Mio.
eBay	331,4 Mio.
Bild.de	212,0 Mio.
Yahoo	175,9 Mio.
Spiegel Online	157,9 Mio.

Tabelle 18.1 IVW-Online-Nutzungsdaten für April 2012

Angebot	Visits
MSN	128,8 Mio.
Windows Live	127,8 Mio.
ProSieben Online	75,7 Mio.
mobile.de	68,0 Mio.
RTL.de	60,9 Mio.

Tabelle 18.1 IVW-Online-Nutzungsdaten für April 2012 (Forts.)

Ein ähnliches Bild liefert auch die AGOF in ihrer Erhebung. In den regelmäßig erscheinenden *internet facts* werden die Ergebnisse unter *www.agof.de* veröffentlicht. Angegeben wird die Reichweite der Angebote hier in *Unique Usern* pro Monat, also eindeutig identifizierbaren Nutzern (siehe Abbildung 18.10).

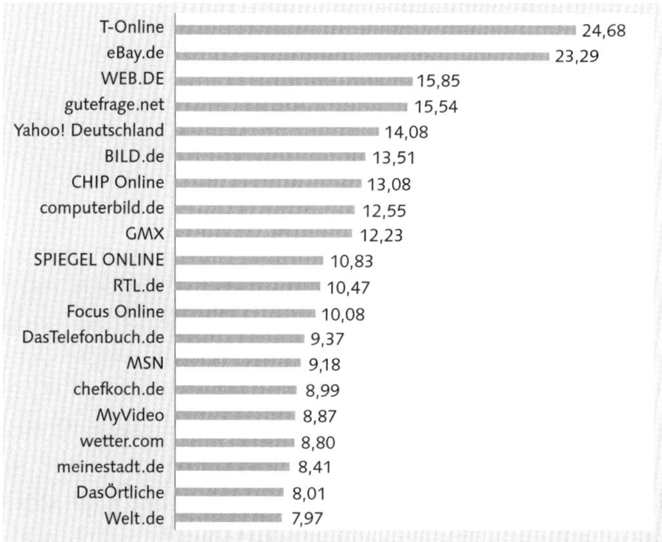

Abbildung 18.10 Reichweite von Online-Portalen in Mio. Unique Usern (Quelle: AGOF internet facts 2012-02)

Zur Untersuchung der Nutzung und Reichweite von Internetangeboten haben sich auch sogenannte *Panels* durchgesetzt, die gezielt das Nutzerverhalten von bestimmten Testgruppen analysieren und auswerten. In Deutschland ist z. B. *Nielsen Net-Ratings* ein bekanntes Online-Panel. Durch Befragungen und Analyse des Surf-Verhaltens im Internet entsteht somit ein umfassendes und genaues Bild. Diese Studienergebnisse sind zwar kostenpflichtig, die Website *de.nielsen.com* gibt aber einen ersten Einblick in die Daten. So werden z. B. regelmäßig die Top-10-Marken nach Reichweite (*Unique Audience*) im Internet ermittelt, siehe Tabelle 18.2.

Rang	Marke	Unique Audience
1	Google	38,6 Mio.
2	Facebook	25,3 Mio.
3	YouTube	22,2 Mio.
4	Microsoft	21,7 Mio.
5	Amazon	21,1 Mio.
6	eBay	19,9 Mio.
7	Wikipedia	19,0 Mio.
8	MSN/WindowsLive/Bing	18,3 Mio.
9	T-Online	16,7 Mio.
10	Web.de	13,5 Mio.

Tabelle 18.2 Die Top-10-Marken im Internet in Deutschland, Mai 2012 (Quelle: Nielsen)

Wenn Sie nicht über eine große Medien-Website verfügen, werden Sie sicher andere Zahlen interessieren. Als nützlich hat sich hier der Dienst *Google Trends for Websites* erwiesen, den Sie unter *trends.google.com/Websites* erreichen. Damit haben Sie die Möglichkeit, verschiedene Websites zu vergleichen. Geben Sie einfach verschiedene Websites durch Kommas getrennt hintereinander ein. Zusätzlich können Sie ein Land und einen spezifischen Zeitraum angeben, um die Ergebnisse passend für sich zu filtern. Wenn Sie sich hier mit Ihrem Google-Konto anmelden, bekommen Sie noch ausführlichere Informationen und Zahlen im Diagramm. Im Beispiel aus Abbildung 18.11 haben wir drei große Reiseportale verglichen und können daran erkennen, wie sich der Traffic auf den Portalen verhält. Natürlich sind diese Zahlen mit Vorsicht zu genießen, da es sich nur um eine Hochrechnung handelt, die Google aus Daten seiner eigenen Quellen errechnet (z. B. aus der Google-Toolbar). Aber eine Tendenz lässt sich meistens erkennen. So sehen Sie z. B. deutlich die steigende Nachfrage an Urlaubsreisen ab Januar. Das Tool bieten Ihnen zudem Informationen, aus welchen Regionen die Besucher kamen, welche Websites sie noch zusätzlich besucht haben und welche Suchbegriffe verwendet wurden.

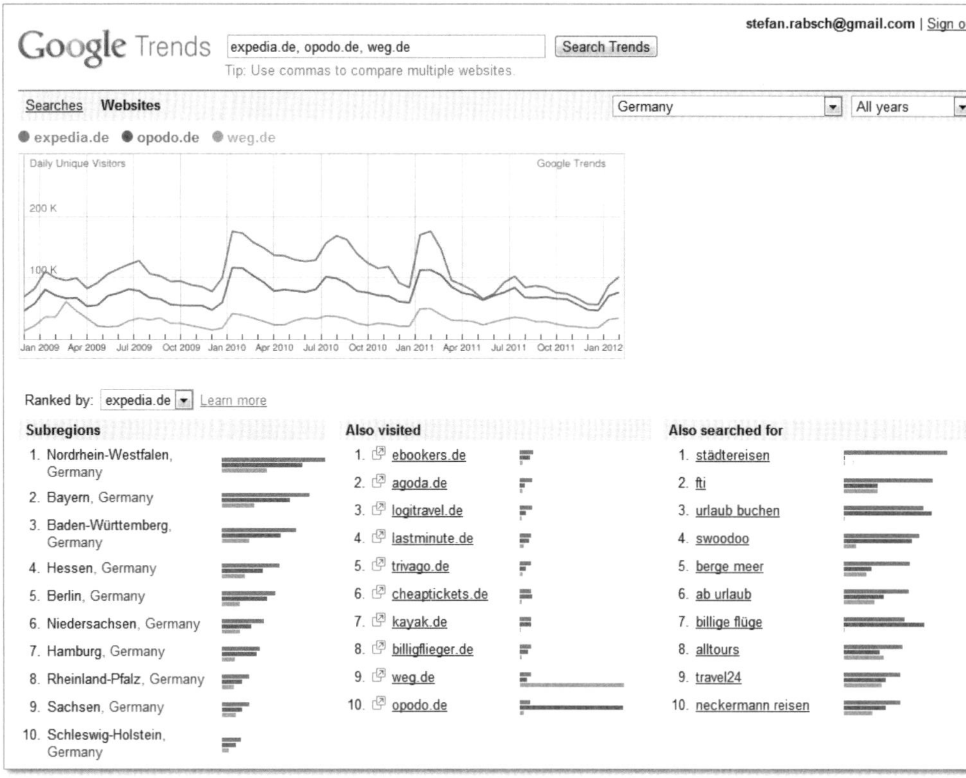

Abbildung 18.11 Google Trends for Websites

Vergleichende Informationen über verschiedene Websites bekommen Sie auch über den Dienst Alexa.com (*www.alexa.com*). Alexa ist ein Tochterunternehmen von Amazon und erhebt mit einer eigenen Toolbar Nutzungsdaten. So kann ein Ranking der meistbesuchten Seiten aufgestellt werden, das Sie für Deutschland unter der Adresse *www.alexa.com/topsites/countries/DE* aufrufen können. Da die Daten nur über die eigene Toolbar ermittelt, aber nicht weiter verbreitet und eher von technikaffinen Menschen genutzt werden, ist auch diese Auswertung mit Vorsicht zu genießen. Die von Alexa im Mai 2012 ermittelten Top-10-Seiten haben wir Ihnen hier aufgelistet:

1. google.de
2. facebook.com
3. google.com
4. youtube.com
5. ebay.de
6. amazon.de

7. wikipedia.org
8. spiegel.de
9. bild.de
10. yahoo.com

Alexa.com bietet zudem die Möglichkeit, detaillierte Informationen zu einer Website zu bekommen und einen Vergleich mit anderen durchzuführen. Klicken Sie dazu unter *www.alexa.com* auf Site Info, und geben Sie die gewünschte Website mit dem Domain-Namen ein. Sie haben zusätzlich die Möglichkeit, andere Domains einzugeben, mit denen die Website verglichen werden soll. Schauen wir uns *amazon.de* genauer an und vergleichen es mit weiteren großen deutschen Online-Shops, erhalten wir die Auswertung aus Abbildung 18.12, sortiert nach dem *Alexa Traffic Rank*.

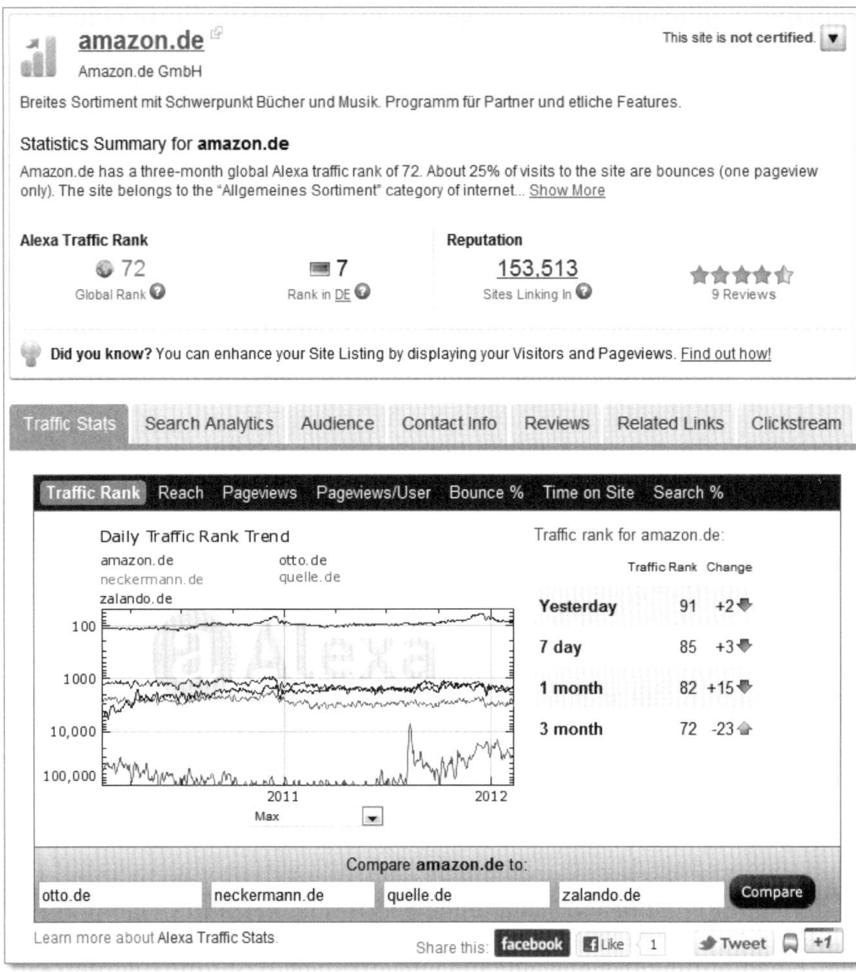

Abbildung 18.12 Website-Analyse mit Alexa.com

Sie erkennen an der Auswertung, dass amazon.de einen weltweiten Traffic-Rang von 72 hat und in Deutschland auf Platz 7 steht. Zudem bekommen Sie unter Reputation auch Informationen zur Verlinkung der Domain, die eine Aussage über die Popularität ermöglicht und ein starkes Signal für das Ranking in Suchmaschinen ist. Weiterhin bekommen Sie Informationen zu den meist genutzten Suchbegriffen (Search Analytics) und unter Audience soziodemografische Daten für die Zielgruppe der eingegebenen Website (siehe Abbildung 18.13).

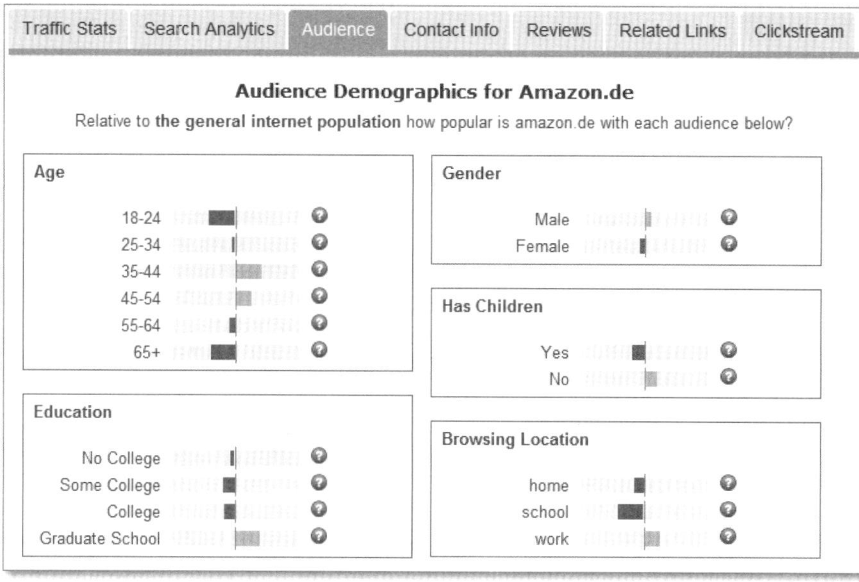

Abbildung 18.13 Auswertung demografischer Daten einer Website mit Alexa.com

18.5 Web-Analytics für Fortgeschrittene

Sie kennen nun verschiedene Methoden der Webanalyse und können Ihren Wettbewerb besser einschätzen. Nun stellt sich die Frage, wie Sie Web-Analytics weitergehend nutzen können. Wir wollen Ihnen an dieser Stelle einen kurzen Ausblick auf die weiteren Möglichkeiten geben, die Web-Analytics-Methoden bieten können. Diese kommen inzwischen vor allem bei großen Websites zum Einsatz, um noch mehr aus der Website und dem Online-Marketing herausholen zu können.

18.5.1 Website-Optimierung

Um das Nutzerverhalten besser verstehen zu können, werden sogenannte *Heatmaps* (siehe Abbildung 18.14) und Mousetracking eingesetzt. Damit werden die Klicks und

Mausbewegungen der Nutzer erfasst und analysiert. Mithilfe dieser Informationen können Sie Rückschlüsse auf die optimale Gestaltung der Website ziehen. In Kapitel 17, »Testverfahren«, zeigen wir Ihnen, wie Sie für Ihre Website mithilfe der verschiedenen Methoden Aussagen treffen können.

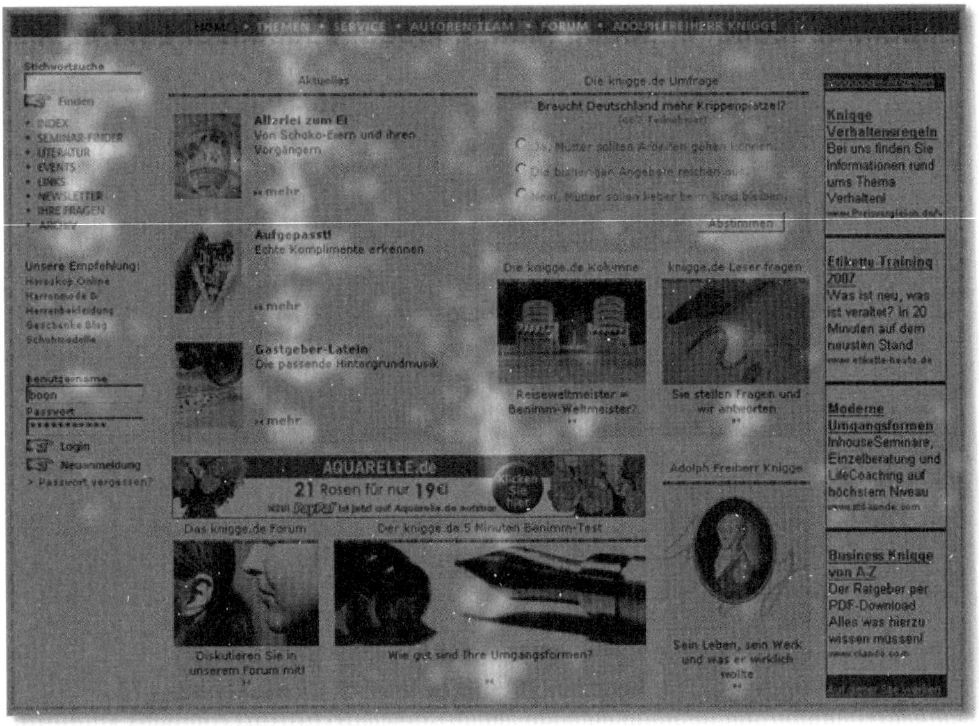

Abbildung 18.14 Website-Optimierung über Heatmaps (Quelle: Webtrekk)

18.5.2 Klickketten-Analysen

Ein weitere Methode, die komplexe Berechnungen beinhaltet, sind Klickketten-Analysen. Darüber wird analysiert, welche Pfade Nutzer auf einer Website verfolgen und wo sie eventuell abbrechen. Darüber kann eine Segmentierung der Nutzer erfolgen, indem Sie schauen, wer in einem Bestellprozess bis zum Ende gekommen und damit zum Käufer geworden ist. Diesen Prozess erkennen Sie in Abbildung 18.15, anschaulich visualisiert, über das Webanalysesystem Webtrekk.

Außerdem können Klickketten für ein effizientes Online-Marketing analysiert werden. Es ist z. B. bekannt, dass Nutzer erst nach mehreren Website-Besuchen einen Kauf tätigen. Sie können nun aufgrund von Klickketten analysieren, welche Online-Marketingmaßnahme letztlich zum Erfolg geführt hat, und können auch anderen Marketingkanälen einen Anteil am Erfolg zuweisen, wenn sie einen Beitrag zum Erreichen des Ziels geleistet haben. So kann z. B. ein Nutzer zuerst über einen Suchergebniseintrag Ihre Website aufsuchen. Dann schaut er sich auf der Seite um und verlässt diese wieder. Nach ein paar Tagen kommt dieser Nutzer erneut auf Ihre Website, z. B. weil er Ihren Firmennamen googelt und auf Ihre AdWords-Anzeige klickt. In diesem Zug bestellt er auch die gewünschten Produkte. Mit den neuen Analysemethoden können Sie nun beiden Kanälen (SEO und SEM/SEA) einen Werbeerfolg zuschreiben.

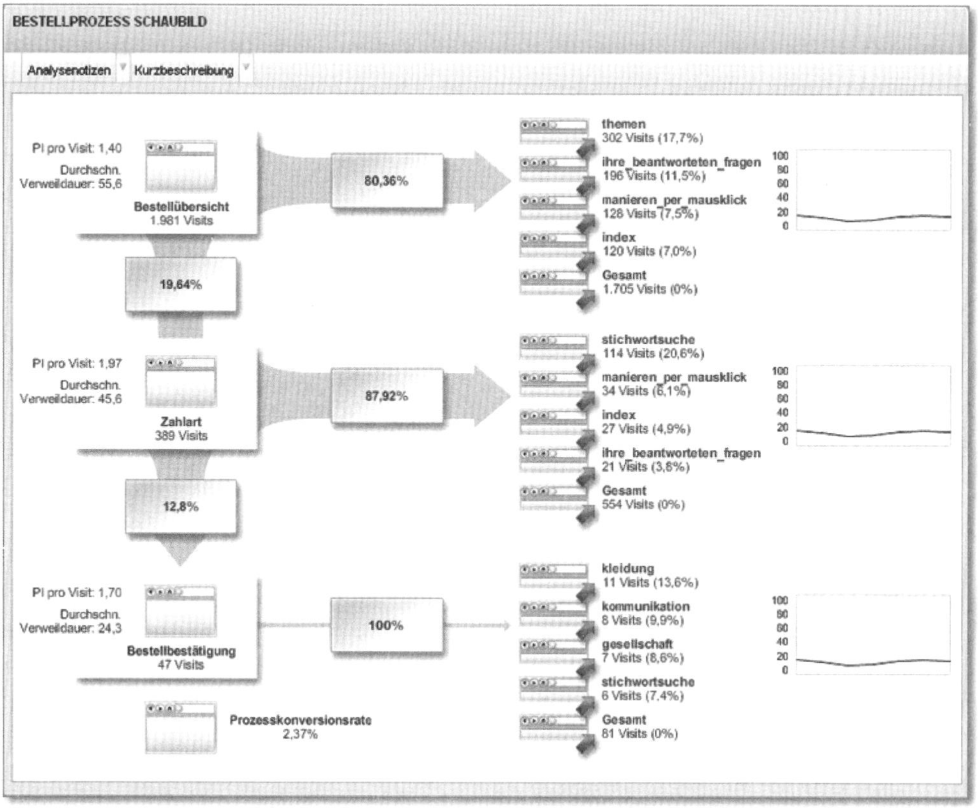

Abbildung 18.15 Klickketten-Analyse im Bestellprozess (Quelle: Webtrekk)

Ein weiteres aktuelles Thema im Bereich Web-Analytics ist die mobile Internetnutzung. Hierfür werden Mobile-Analytics-Methoden entwickelt, die z. B. auch die Nutzung von mobilen Apps auf Smartphones analysieren können. Einen Einblick in dieses neue Thema geben wir Ihnen in Kapitel 7, »Mobile Marketing«. In Google Analytics können Sie inzwischen auswerten, wie viele Besucher Ihre Website mobil aufrufen und welche Endgeräte dabei am häufigsten genutzt werden. Diese Analyse finden Sie in Google Analytics unter: BESUCHER • MOBIL • GERÄTE (Abbildung 18.16).

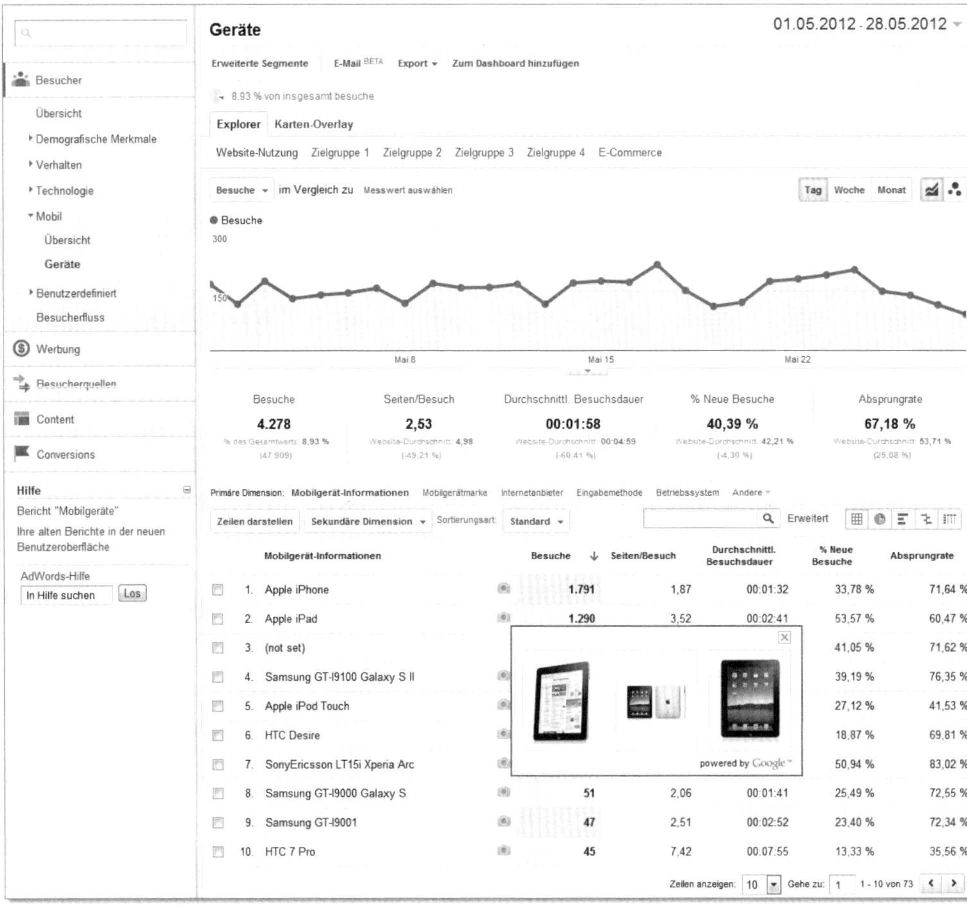

Abbildung 18.16 Nutzung mobiler Endgeräte auf einer Website (in Google Analytics)

18.6 Web-Analytics to go

- Web-Analytics, zu Deutsch die *Webanalyse* oder das *Web-Controlling*, ermittelt die Kennzahlen Ihrer Website und analysiert das Besucheraufkommen.
- Wichtige Kennzahlen sind *Page Impression* (Seitenaufruf), *Visit* (Besuch) und *Visitor* (Besucher).
- Web-Analytics-Tools ermitteln Website-Aufrufe über Trackingpixel, JavaScript und Cookies. Dadurch können Nutzer und ihre technische Ausstattung, mit der sie Ihre Website besuchen, erkannt werden.
- Das meistgenutzte Web-Analytics-System ist Google Analytics. Große Websites setzen aber auch auf andere leistungsfähige Analyse-Systeme, wie z. B. Webtrekk, etracker und SiteCatalyst.

- Google Analytics steht kostenlos zur Verfügung und kann leicht in die Website integriert werden. Nutzen Sie diese Möglichkeit, falls Sie noch kein Web-Analytics-System einsetzen, und berücksichtigen Sie wichtige Aspekte zum Datenschutz.
- Analysieren Sie das Nutzerverhalten Ihrer Website-Besucher hinsichtlich der Zugriffsquellen, also woher die Nutzer kommen. Untersuchen Sie auch die Herkunft nach Land und Städten.
- Mittels Wettbewerbsanalysen über Alexa oder Google Trends können Sie fremde Websites hinsichtlich des Besucheraufkommens analysieren. Webstatistiken liefern auch IVW und AGOF mit ihren Erhebungsmethoden für Werbetreibende.
- Fortgeschrittenes Web-Controlling umfasst die Optimierung der Website, z. B. mittels Heatmaps oder Mousetracking. Komplexe Klickketten-Analysen geben Aufschluss über das Nutzerverhalten.
- Mit Mobile Analytics kann die mobile Internetnutzung und die Anwendung von Apps erfasst und analysiert werden.

18.7 Checkliste Web-Analytics

Haben Sie ein Web-Analytics-System in Ihre Website integriert?	
Gibt es eine Übersicht der für Sie wichtigsten Kennzahlen?	
Kennen Sie die Entwicklung der wichtigsten Kennzahlen zum Besucheraufkommen?	
Analysieren Sie regelmäßig das Nutzerverhalten auf Ihrer Website?	
Kennen Sie die wichtigsten Traffic-Quellen, über die die Besucher auf Ihre Website gelangen?	
Wissen Sie, aus welchen Ländern und Städten die Website aufgerufen wird?	
Welche Seiten Ihrer Website werden am häufigsten aufgerufen?	
Haben Sie Ihren Wettbewerb hinsichtlich Webseitenaufrufe im Blick?	
Haben Sie Ihre Website schon mittels Alexa und Google Trends analysiert?	
Optimieren Sie Ihre Website anhand des Klickverhaltens, z. B. über Heatmaps?	
Nutzen Sie Klickketten-Analysen, um das Nutzerverhalten besser zu verstehen?	
Sind alle Trackingpixel auf der Website richtig integriert, damit das Web-Analytics-System zuverlässig funktioniert?	

Tabelle 18.3 Checkliste zu Web-Analytics

Kapitel 19

Monetarisierung – Einnahmen mit der Website erzielen

»Die erste Million ist immer die schwerste.«
– Volksweisheit

In diesem Kapitel erfahren Sie, wie Sie Einnahmen mit der Website erzielen können. Dabei gehen wir auf das Modell des Affiliate-Marketings und Google AdSense näher ein. Sie lernen dabei, wie Sie beide Programme in Ihre Website integrieren können. Weitere Einnahmemöglichkeiten, die Sie kennenlernen, sind die Linkvermarktung und E-Commerce mittels Online-Shops. Für fortgeschrittene Leser bieten wir einen Einblick in die professionelle Vermarktung und die AdServer-Integration. Einen Kurzüberblick »to go« und eine Checkliste finden Sie am Ende des Kapitels.

Erfolgreiche Websites zeichnen sich natürlich auch dadurch aus, dass mit ihnen Einnahmen erzielt werden können. So gibt es Geschäftsmodelle, die Umsätze allein über die Website erzielen, z. B. Online-Shops, reine Online-Magazine oder Communitys. Aber auch dann, wenn Sie Ihre Website »nur« zu Marketingzwecken aufgebaut haben, wollen Sie darüber indirekt Geld verdienen, indem mehr Besucher und potenzielle Kunden auf Sie aufmerksam werden. In diesem Kapitel zeigen wir Ihnen Möglichkeiten auf, wie Sie mit Ihrer Website direkt Geld verdienen können. Die heute verfügbaren Technologien und Angebote führen dabei recht einfach zu ersten Erfolgen, sodass schnell einige Euros verdient sind. Wir gehen in den nächsten Seiten auf die verschiedenen Werbeformen ein, die Sie in Ihre Website integrieren können, um damit Umsätze zu erzielen. Eine wichtige Voraussetzung ist natürlich, dass Sie möglichst viele Besucher auf Ihrer Website haben, denn nur dann wird die Werbung auch gesehen und ausreichend oft angeklickt. Wie Sie Ihre Website bekannter machen können, haben Sie bereits in den ersten Teilen des Buches gesehen.

Wenn Sie Werbung auf Ihrer Website betreiben möchten, stehen Ihnen verschiedene Möglichkeiten zur Verfügung. Die bekannteste Form ist sicherlich die Bannerwerbung, die Sie von vielen anderen Websites her kennen. Bannerschaltung können Sie durch Affiliate-Marketing (siehe Abschnitt 19.1, »Affiliate-Marketing als Publisher«) und professionelle Vermarktung (siehe Abschnitt 19.5, »Für Fortgeschrittene: Professionelle Vermarktung und AdServer-Integration«) vornehmen. Häufig trifft man auf Webseiten auch die AdSense-Werbung von Google an, die wir in Abschnitt 19.2,

»Google AdSense«, näher beschreiben. Zudem können In-Text-Werbung und Textlinks eine Form der Generierung von Werbeeinahmen sein. Wichtig ist für alle Bereiche, dass Sie genügend Werbeflächen – sogenannte *AdSpaces* – auf Ihrer Website einplanen und bereitstellen. Neben der Integration von Online-Werbung besteht auch die Möglichkeit, Produkte oder Dienstleistungen direkt über das Internet zu verkaufen, um damit Geld zu verdienen. Diese Arten der Umsatzgenerierung werden als *transaktionsorientierte Geschäftsmodelle* bezeichnet. Die verschiedenen Möglichkeiten des Online-Handels beleuchten wir in Abschnitt 19.4, »E-Commerce mit Online-Shops«.

19.1 Affiliate-Marketing als Publisher

Affiliate-Marketing als einen großen Bereich des Online-Marketings haben wir schon in Abschnitt 2.2, »Eine Hand wäscht die andere – effektives Affiliate-Marketing«, ausführlich beschrieben. Als Website-Betreiber können Sie Affiliate-Marketing dazu nutzen, direkte Einnahmen als Werbepartner zu erzielen. Dieses Werbemodell kommt auf vielen Websites zum Einsatz. Auf den folgenden Seiten zeigen wir Ihnen verschiedene Möglichkeiten, mit Affiliate-Marketing Geld zu verdienen.

19.1.1 Die verschiedenen Modelle des Affiliate-Marketings

Als sogenannter *Affiliate* stellen Sie Ihre Website den Werbepartnern zur Verfügung. Diese Werbepartner können dann z. B. Banner oder Textlinks bei Ihnen platzieren. Affiliate-Marketing wird meist leistungsorientiert vergütet. Das bedeutet z. B., wenn durch das Banner auf Ihrer Website ein Kauf beim Händler stattfindet, erhalten Sie eine Provision. Den Ablauf des Affiliate-Marketings aus Publisher-Sicht sehen Sie in Abbildung 19.1 als Schema verdeutlicht. Die Grundlagen dazu können Sie in Kapitel 2, »Online-Marketing – Werben im Internet«, nachlesen.

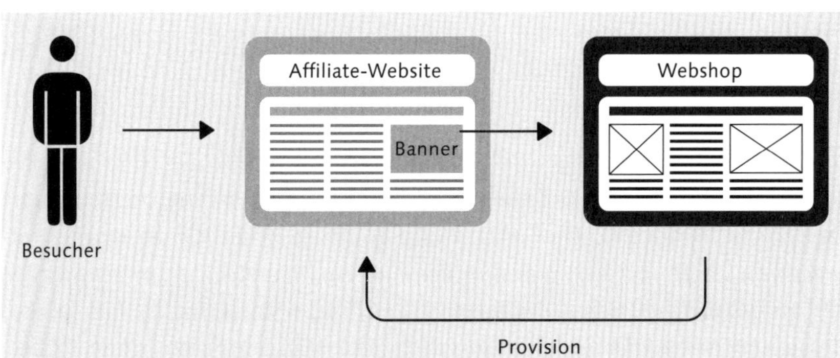

Abbildung 19.1 Ablauf des Affiliate-Marketings

Zusätzlich gibt es im Konzept des Affiliate-Marketings die Partner-Netzwerke, die sich zwischen Affiliate und Merchant positionieren. Sie dienen als Mittler zwischen beiden Beteiligten und übernehmen die organisatorische Verwaltung, wie z. B. die Rechnungsabwicklung. Die Affiliate-Netzwerke sind entstanden, weil es auf der einen Seite viele Advertiser gibt, auf der anderen Seite aber auch viele Publisher. Um diese zusammenzubringen, eignen sich z. B. Partnernetzwerke wie Zanox (*www.zanox.com/de/*) oder affilinet (*www.affili.net*).

Nur wenige Unternehmen betreiben ein eigenes Partnerprogramm, ohne ein Affiliate-Netzwerk als Mittler. Das bekannteste Beispiel dafür ist das Amazon-Partnerprogramm. Sie finden es unter der Adresse *partnernet.amazon.de*. Sie können sich dort anmelden, um an dem Partnerprogramm teilzunehmen, Werbemittel auf Ihrer Website einzubinden und darüber Einnahmen zu erzielen. Ein weiteres eigenständiges Partnerprogramm wird vom bekannten Marktplatz eBay angeboten. Unter *www.ebaypartnernetwork.com* finden Sie die Funktionsweise des Affiliate-Programms und die Möglichkeiten, wie Sie eBay auf Ihrer Website bewerben können (siehe Abbildung 19.2).

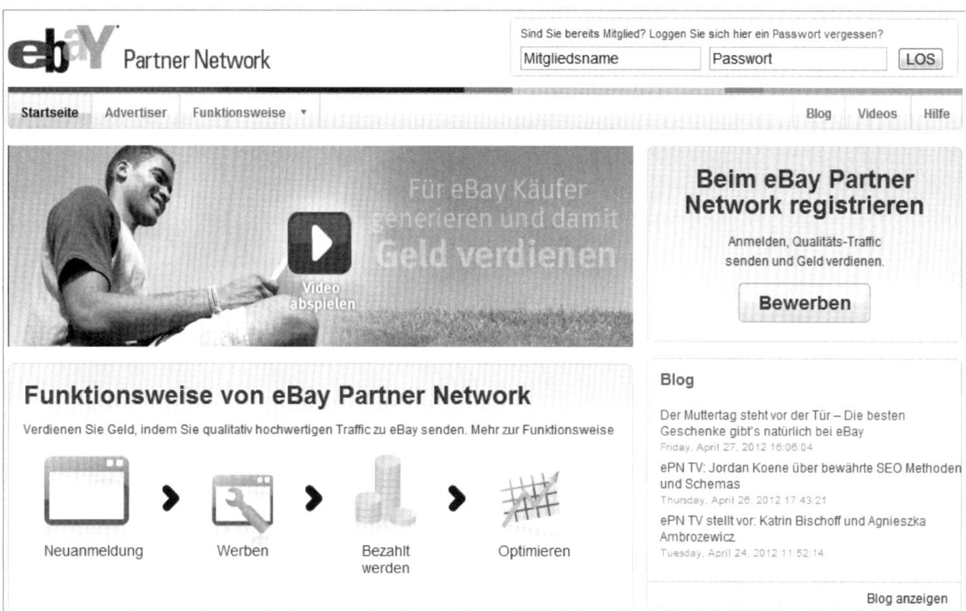

Abbildung 19.2 eBay Partner Network

Andere Partnerprogramme finden Sie meist, wenn Sie die Website eines Werbetreibenden (*Advertisers*) aufrufen und nach einem Link namens »Partner« oder »Partnerprogramm« suchen. Dort sollten Sie alle relevanten Informationen finden und

Hinweise darauf, ob ein eigenes Affiliate-Programm angeboten oder mit einem Affiliate-Netzwerk zusammengearbeitet wird. Alternativ können Sie auf den Webseiten der Partnernetzwerke nachschauen, welche Programme angeboten werden. Verzeichnisse wie *www.100partnerprogramme.de* zeigen Ihnen neue und passende Partnerprogramme (siehe Abbildung 19.3). Sie können dort Affiliate-Programme mit verschiedenen Kriterien suchen und vergleichen. Wichtige Kriterien sind z. B. das Vergütungsmodell, die Provisionshöhe und das Thema des Programms.

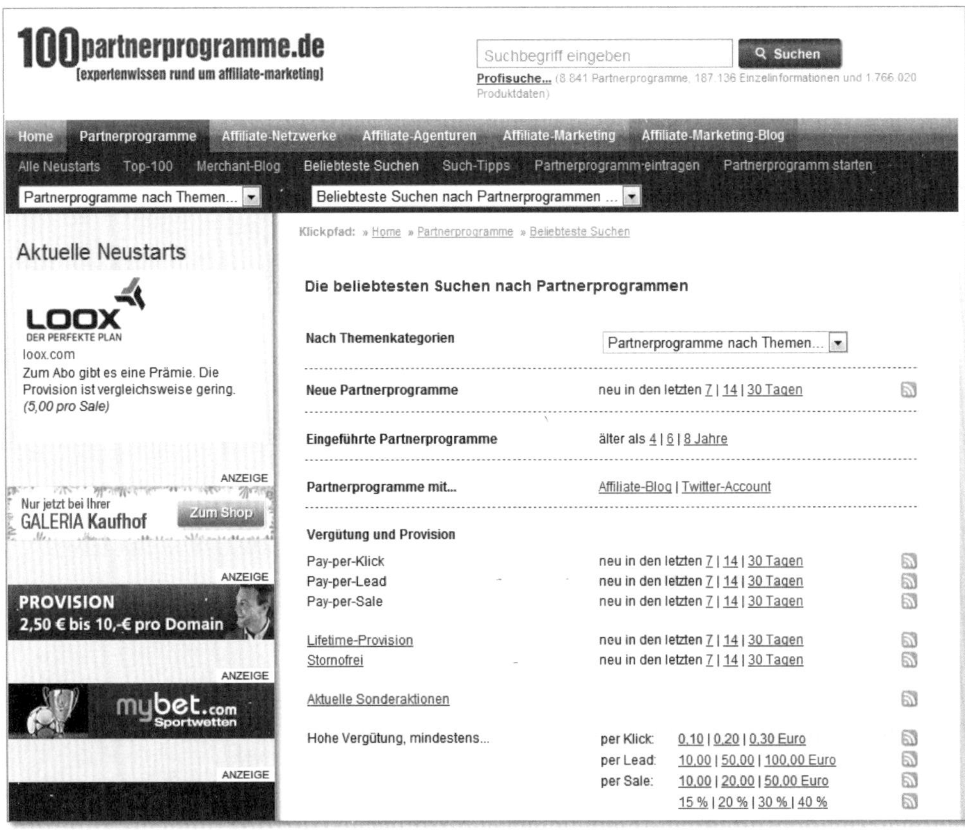

Abbildung 19.3 Partnerprogrammsuche bei 100partnerprogramme.de

Wenn Sie sich für ein Partnerprogramm entschieden haben, brauchen Sie sich nur bei dem Anbieter direkt oder über eines der Affiliate-Netzwerke anzumelden und für das Programm mit Ihrer Website zu bewerben. Sollten Sie eine thematisch passende Seite haben und den Programmrichtlinien entsprechen, werden Sie meist schnell als Publisher freigeschaltet und können mit dem Einbinden von Werbung beginnen. Der Advertiser bietet Ihnen verschiedene Werbemittel an, die Sie benutzen können.

Wählen Sie die für Ihre Website passenden Werbemittel, und integrieren Sie diese in das Layout und den Inhalt (*Content*) Ihrer Seiten. Wichtig ist hierbei die richtige Verlinkung der Werbemittel zum Advertiser. Es werden spezielle Affiliate-Links als Ziel-URL verwendet, über die das *Tracking*, also die technische Nachverfolgung der Klicks, erfolgt und die die Berechnung der Umsatzprovision gewährleisten. In Listing 19.1 sehen Sie ein Beispiel dafür, wie der HTML-Code für eine Bannerintegration über das Affiliate-Netzwerk affilinet aufgebaut ist:

```
<a href="http://partners.webmasterplan.com/click.asp?ref=384734&site=1719&
type=b40&bnb=40" target="_blank">
<img src="http://banners.webmasterplan.com/view.asp?ref=384734&site=1719&b=40"
border="0" alt="Host Europe Webhosting - WebPack 4.0 - ab € 1,99*" width=
"468" height="60" />
</a>
```

Listing 19.1 Beispiel-Code für einen Affiliate-Link

Am Anfang steht im <a>-Tag das Linkziel des Affiliate-Banners, das über den Server *webmasterplan.com* weitergeleitet wird und durch das die entsprechende Zielseite des Advertisers aufgerufen wird. Dadurch kann affilinet erkennen, dass ein Klick auf das Werbemittel stattfand. Im zweiten Teil sehen Sie im <img>-Tag den Aufruf des Werbemittels, der in diesem Fall ein Banner ist. Auch die Grafikdatei für das Banner kommt über den *webmasterplan.com*-Server. Damit kann vom Affiliate-Netzwerk festgestellt werden, wie häufig dieses Banner angezeigt wird und auf welchen Webseiten es eingebunden ist.

19.1.2 Ein Praxisbeispiel

Nehmen wir an, Sie betreiben eine Seite zum Thema Mountainbiking. Dann wäre es naheliegend, dass Sie z. B. Werbung für Fahrrad-Shops anbieten, bei denen Ihre Website-Besucher auf das Shopping-Angebot hingewiesen werden und darüber auch direkt kaufen können. Sie als Betreiber der Website begeben sich nun also auf die Suche nach Online-Shops und deren Partnerprogrammen. Ein entsprechendes Partnerprogramm finden Sie z. B. bei *bike24.de*. Dort lesen Sie die Teilnahmebedingungen für das Affiliate-Programm und können sich über verschiedene Netzwerke registrieren. In diesem Fall entscheiden Sie sich für das Netzwerk *affilinet* und können die Details des Partnerprogramms einsehen (siehe Abbildung 19.4).

Abbildung 19.4 Bike24-Partnerprogramm bei affilinet

Wenn Sie mit dem Angebot und den Teilnahmebedingungen einverstanden sind, können Sie sich für das Programm anmelden. Nach kurzer Zeit sollten Sie eine Bestätigung des Advertisers bekommen und können mit der Auswahl von Werbemitteln beginnen. Bei den meisten Programmen steht Ihnen eine Vielzahl an Bannergrößen und -layouts zur Verfügung. Sie können also frei wählen, welches Werbemittel am besten in Ihre Seite passt, und es werbewirksam in Ihre Webseiten einbinden (siehe Abbildung 19.5).

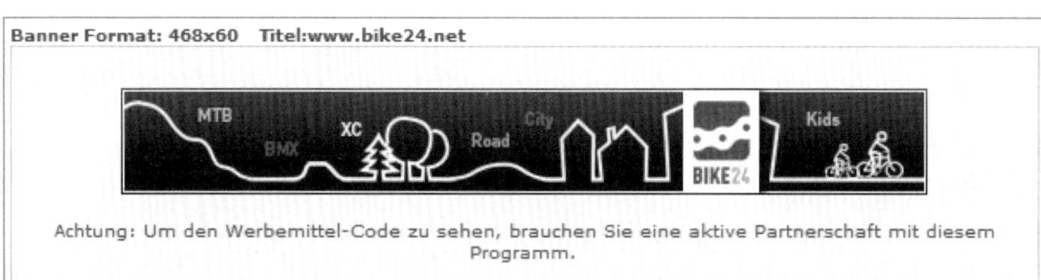

Abbildung 19.5 Beispielbanner aus dem Bike24-Partnerprogramm

Eventuell möchten Sie jetzt noch Literaturempfehlungen anbieten. Dafür eignet sich z. B. das schon genannte Partnerprogramm von Amazon.de. Melden Sie sich dazu einfach unter *partnernet.amazon.de* an, und registrieren Sie dort Ihre Website. Ihnen stehen auch bei Amazon verschiedene Werbemittel zur Verfügung, die Sie integrieren können. Sie haben die Auswahl zwischen Einzeltitellinks, diversen Bannerformaten und *Widgets*, wie z. B. kontextsensitiven Produktempfehlungen oder Suchfeldern. Suchboxen können Sie zur Verfügung stellen, wenn Sie dem Nutzer eine Recherchemöglichkeit geben wollen. Beim Absenden des Suchformulars wird der Nutzer automatisch auf die Ergebnisseite von *amazon.de* geleitet. Entsteht über diesen Suchvorgang ein Kauf, werden Sie als Website-Betreiber anteilig vergütet.

Abbildung 19.6 Beispiel-Widget: Amazon Suchfeld-Box

Sie können Ihren Nutzern aber auch direkt ausgewählte Produkte des Sortiments anbieten. Die Produktnummer müssen Sie vorher herausfinden. Wenn Sie nicht viel Zeit in die Buchrecherche investieren möchten, empfiehlt es sich, z. B. das Widget »Self-Optimizing-Links« zu nutzen, das die Werbelinks automatisch auf den Inhalt Ihrer Seite abstimmt. Wie Sie in Abbildung 19.7 sehen, können verschiedene Einstellungen vorgenommen werden, um die Anzeigenlinks auch dem Layout Ihrer Website anzupassen.

Abbildung 19.7 Amazon Self-Optimizing-Links

Wenn Sie alle Anpassungen nach Ihren Vorstellungen vorgenommen haben, erhalten Sie einen HTML-Code, den Sie an der entsprechenden Stelle Ihres Website-Codes einbauen können:

```
<script type="text/javascript"><!--
amazon_ad_tag = "wwwwebsitegui-21"; amazon_ad_width = "728"; amazon_ad_height
= "90";//--></script>
<script type="text/javascript" src="http://www.assoc-amazon.de/s/ads.js"></
script>
```

Listing 19.2 HTML-Code für Amazon Partner-Widgets

Alternativ können Sie auch einzelne Produkte aus dem Amazon-Shop auswählen und direkt auf diese verlinken. Wählen Sie dazu im Partnerprogrammbereich von Amazon die Option Einzeltitellinks. Über eine Suchfunktion können Sie dann die gewünschten Produkte auswählen und über den Button Link erstellen den individuellen Tracking-Code erzeugen (siehe Abbildung 19.8).

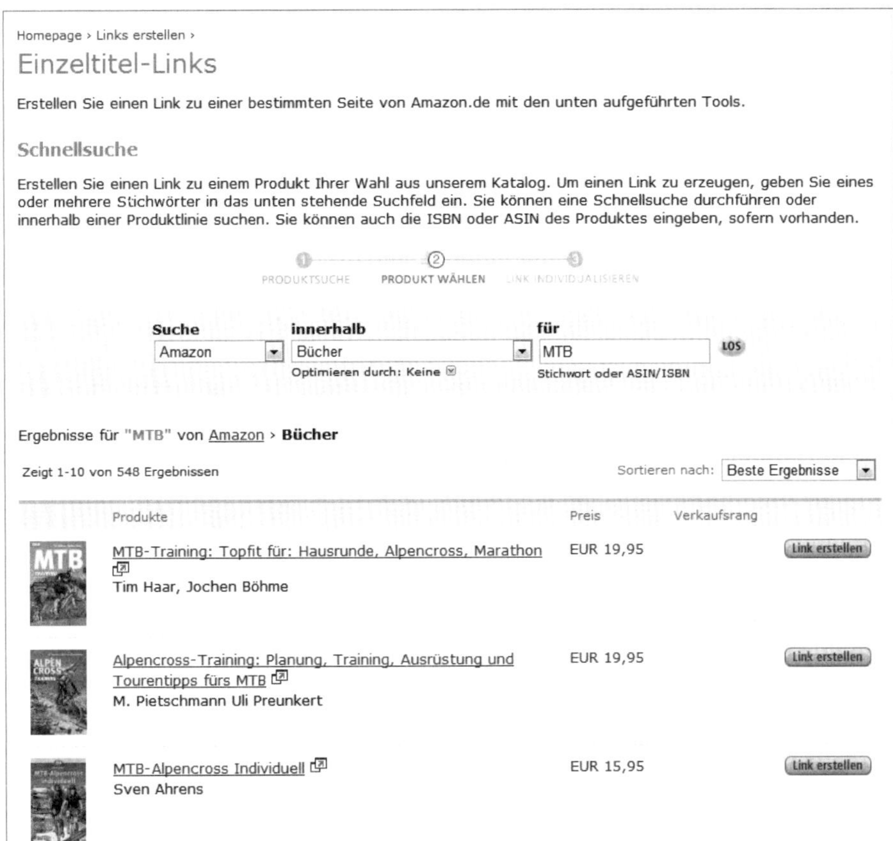

Abbildung 19.8 Auswahl von Einzeltitellinks beim Amazon-Partnerprogramm

Auch hier haben Sie die Möglichkeit, weitere Anpassungen am Werbemittel vorzunehmen. Sie können z. B. nur Textlinks anzeigen lassen oder auch eine Kombination aus Grafik, Text und Preis des Produkts. Legen Sie fest, ob der Preis angezeigt werden soll und ob beim Anklicken der Anzeige ein neues Fenster geöffnet werden soll (siehe Abbildung 19.9). Dies hat den Vorteil, dass beim Klick auf die Anzeige ein separates Browserfenster geöffnet wird. Wenn dies vom Nutzer wieder geschlossen wird, ist Ihre Website weiterhin sichtbar.

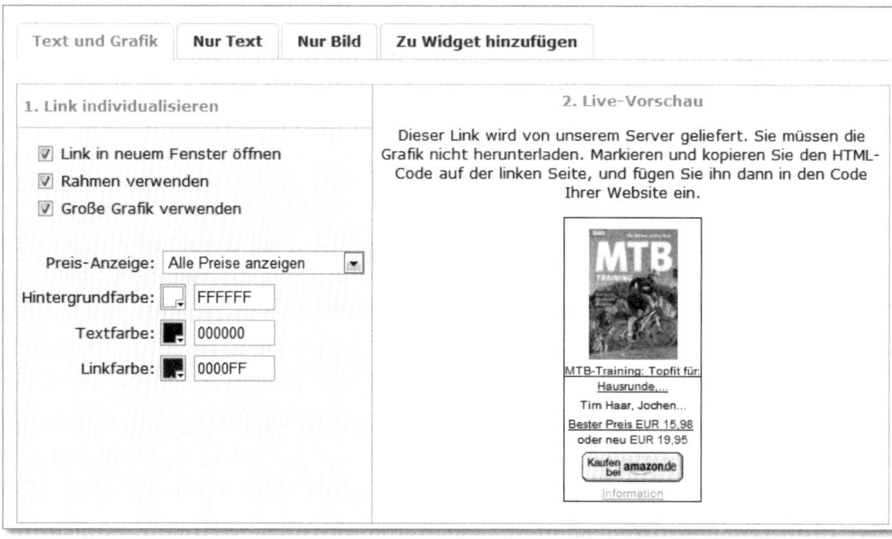

Abbildung 19.9 Anpassung von Einzeltitellinks

Sie erhalten daraufhin den HTML-Code, den Sie in Ihre Website einbauen können:

```
<iframe src="http://rcm-de.amazon.de/e/cm?t=wwwwebsitegui-21&o=3&p=8&l=as1&
asins=3765456349&ref=tf_til&fc1=000000&IS2=1&lt1=_blank&m=amazon&lc1=0000FF&
bc1=000000&bg1=FFFFFF&f=ifr" style="width:120px;height:240px;" scrolling="no"
marginwidth="0" marginheight="0" frameborder="0"></iframe>
```

Listing 19.3 HTML-Code für Amazon-Einzeltitellinks

Damit haben Sie erfolgreich die ersten Werbeplätze auf Ihrer Website belegt. Möchten Sie weitere Werbung schalten, empfiehlt sich das Google-AdSense-Werbeprogramm, das auch eine Art des Affiliate-Marketings darstellt. Da dieses Programm in der Internetwelt besonders häufig genutzt wird, beschreiben wir es im Folgenden im Detail.

19.2 Google AdSense

Google AdSense ist das beliebte Anzeigenprogramm des Suchmaschinenriesen Google. Es wird von sehr vielen Websites im Internet genutzt, von ganz kleinen Seiten bis zu großen Online-Magazinen, wie z. B. dem Tagesspiegel. Sie können einfach auf Ihrer Website Anzeigen schalten und verdienen mit jedem Klick auf die Anzeigen. Die Klickpreise variieren dabei von wenigen Cent bis zu einigen Euro pro Klick bei wettbewerbsintensiven Themen wie Versicherungen, Krediten oder Nischenthemen, wie z. B. Detektiven und Treppenliften. Im Folgenden werden wir Ihnen zeigen, wie Sie Google AdSense einrichten und auf Ihrer Website integrieren können. Außerdem geben wir Ihnen Tipps, wie Sie noch mehr aus den AdSense-Anzeigen herausholen können.

19.2.1 Google AdSense einrichten

Um an dem AdSense-Programm von Google teilzunehmen, brauchen Sie sich nur online unter der Adresse *www.google.de/adsense/* mit Ihren Daten anzumelden. Klicken Sie dazu auf den Button Jetzt anmelden. Sie erhalten dann ein Online-Formular, in dem Sie Angaben zu Ihrer Website und Kontaktinformationen machen. Wenn dies alles vollständig ausgefüllt ist und die Registrierung erfolgreich verlief, können Sie starten. Sobald Sie im Google-AdSense-Bereich eingeloggt sind, sehen Sie Ihre Kontoübersicht (siehe Abbildung 19.10).

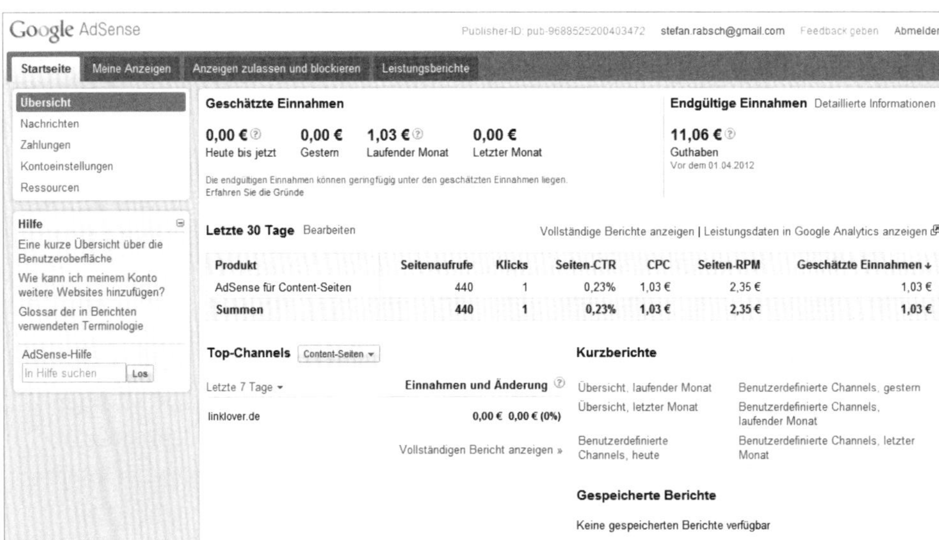

Abbildung 19.10 Google-AdSense-Kontoübersicht

Um jetzt Ihre Anzeigenflächen einzustellen, klicken Sie auf den Reiter Meine Anzeigen. Sie können sich bei AdSense zwischen verschiedenen Werbeformen entscheiden, die Sie in Abbildung 19.11 in der linken Spalte sehen. Content ist die Option, die Sie auswählen, wenn Sie Werbeanzeigen auf Ihrer Website integrieren wollen. Alternativ können Sie auch die Google-Suche einbinden, Ihren Daten-Feed oder ungenutzte Domains mit Werbung versehen und Anzeigen auf mobilen Webseiten schalten.

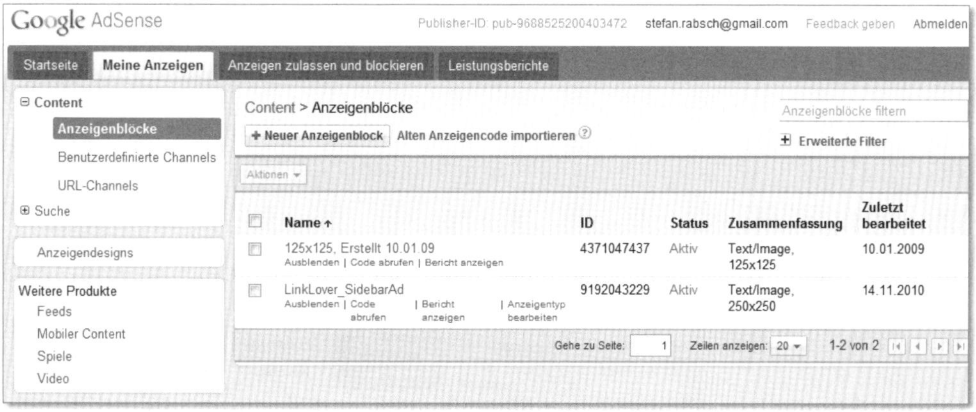

Abbildung 19.11 Anzeigen-Setup bei Google AdSense

Die erste Option – die Integration von Anzeigenblöcken – wird am häufigsten genutzt und ist sicher für Sie am interessantesten, da Sie damit Werbeflächen auf Ihrer Website anbieten können. Daher werden wir uns diese Funktion jetzt näher anschauen. Da wir in unserem Beispiel eine Anzeigenfläche auf unserer Website mit AdSense-Werbung belegen möchten, wählen wir die Option Anzeigenblöcke. Eine neue Werbefläche erstellen Sie nun, indem Sie auf Neuer Anzeigenblock klicken.

Sie geben dem Anzeigenblock nun einen eindeutigen Namen und haben dann verschiedene Möglichkeiten, das Layout der Anzeigen zu bestimmen (siehe Abbildung 19.12). Die wichtigste Einstellung ist hier das Anzeigenformat, mit dem Sie die Anzeigengrösse der Anzeigenfläche festlegen. Diese Größe muss zum Aufbau Ihrer Website passen. Planen Sie also passende Werbeflächen auf Ihrer Website ein. Es handelt sich dabei um verschiedene Standardformate, wie z. B. *Medium Rectangle* (300 × 250 Pixel), *Banner* (468 × 60 Pixel) oder *Skyscraper* (120 × 600 Pixel). Des Weiteren können Sie bestimmen, ob Sie nur Textanzeigen in dem Anzeigenblock zeigen möchten oder nur Image-Anzeigen, also grafische Banner. Sie können auch beides zulassen. Dann entscheidet AdSense, welcher Anzeigentyp besser für Ihre Website funktioniert.

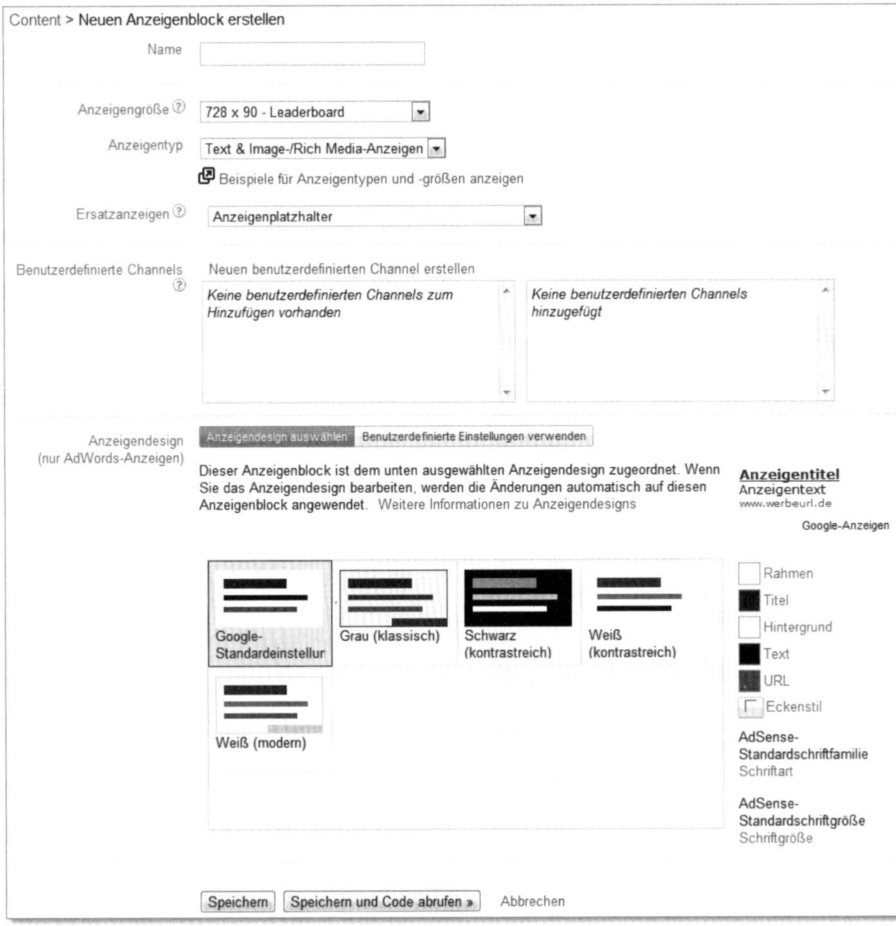

Abbildung 19.12 Neuen AdSense-Anzeigenblock erstellen

Tipp: AdSense-Anzeigenformate

Damit Sie sich ein Bild über die zur Verfügung stehenden Formate für Display-, Text-, und Videoanzeigen machen können, finden Sie unter der Adresse *support.google.com/adsense/bin/answer.py?hl=de&answer=160374* Beispiele zu allen angebotenen Werbemitteln und Größen.

Des Weiteren können Sie noch sogenannte *Channels* bestimmen, die Sie selbst definieren können. Se stehen für die Kategorisierung von Anzeigenplätzen. Zum Beispiel können Sie Ihre Website in Themen-Channels aufteilen. Damit erhalten Sie spezifischere Auswertungen, und Werbekunden können direkt in den festgelegten Channels Werbung bei Ihnen buchen. Sie können sich die Channels am besten veranschaulichen, wenn Sie sich eine Nachrichten-Website ansehen. Hier finden Sie verschiedene Themen in Rubriken aufgeteilt. Rubriken könnten also z. B. Politik, Wirtschaft, Gesundheit oder Reisen sein. Diese Rubriken können Sie, wenn Sie Betreiber dieser Nachrichtenseite sind, als AdSense-Channels anlegen. Im ersten Schritt Ihrer AdSense-Aktivitäten für eine kleine Website ist dies aber nicht notwendig. Sollten Sie jedoch AdSense für eine größere Website einsetzen, empfehlen wir Ihnen, sich vorab Gedanken über die Kategorisierung der Channels zu machen. Sie profitieren mit einer guten Struktur von besseren Auswertungen.

Mit der Option Ersatzanzeigen können Sie wählen, was angezeigt werden soll, wenn AdSense keine passenden Anzeigen ermitteln kann. Haben Sie alle gewünschten Einstellungen vorgenommen, können Sie auf Speichern und Code abrufen klicken. Sie erhalten damit einen HTML-Code, den Sie an die ausgewählte Stelle auf Ihrer Website einbauen:

```
<script type="text/javascript"><!--
google_ad_client = "ca-pub-9688525200403472";
/* LinkLover_SidebarAd */
google_ad_slot = "9192043229";
google_ad_width = 250;
google_ad_height = 250;
//-->
</script>
<script type="text/javascript"
src="http://pagead2.googlesyndication.com/pagead/show_ads.js">
</script>
```


Listing 19.4 Code für einen AdSense-Anzeigenblock

Wenn alles erfolgreich implementiert wurde, sehen Sie recht schnell auf Ihrer Website den ersten AdSense-Anzeigenblock (Abbildung 19.13). Dieser wird automatisch auf den Inhalt Ihrer Website abgestimmt, das heißt, Sie sollten in den meisten Fällen thematisch passende Anzeigen auf Ihrer Website angezeigt bekommen. Ausnahmen können aber vorkommen, z. B. wenn das Thema nicht klar erkennbar ist oder die Website nur aus Bildern besteht.

Abbildung 19.13 AdSense-Anzeigenblock mit Textlinks

AdSense Premium Publisher

Wenn Sie sehr hohe Besucherzahlen auf Ihrer Website erreichen und mehr als 10 Mio. Seitenaufrufe pro Monat zusammenkommen, qualifizieren Sie sich als AdSense Premium Publisher und können die Anzeigen individuell gestalten, also z. B. den Schrifttyp und die Schriftfarbe Ihrer Website anpassen oder individuelle Anzeigengrößen erstellen (Abbildung 19.14). In den USA brauchen Sie sogar mehr als 20 Mio. Seitenaufrufe im Monat, da Sie dort aufgrund der höheren Bevölkerungszahl potenziell auch mehr Personen erreichen können.

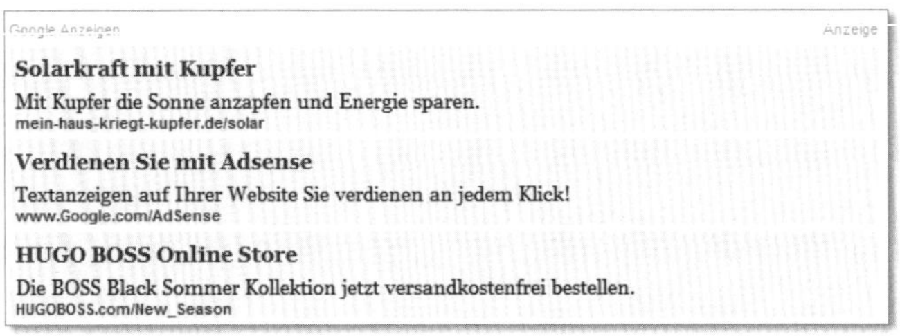

Abbildung 19.14 Premium AdSense-Anzeigen auf tagesspiegel.de

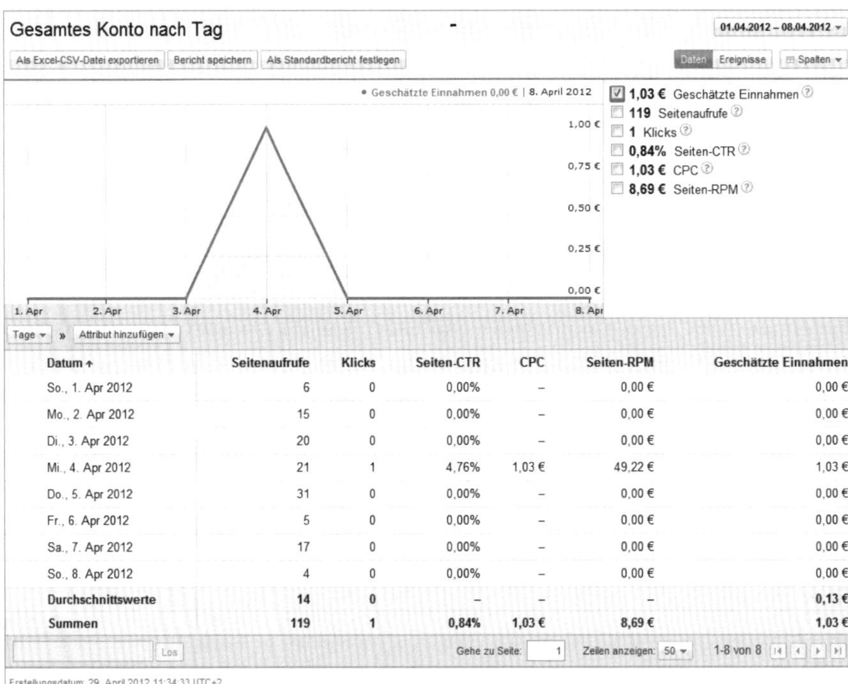

Datum	Seitenaufrufe	Klicks	Seiten-CTR	CPC	Seiten-RPM	Geschätzte Einnahmen
So., 1. Apr 2012	6	0	0,00%	–	0,00 €	0,00 €
Mo., 2. Apr 2012	15	0	0,00%	–	0,00 €	0,00 €
Di., 3. Apr 2012	20	0	0,00%	–	0,00 €	0,00 €
Mi., 4. Apr 2012	21	1	4,76%	1,03 €	49,22 €	1,03 €
Do., 5. Apr 2012	31	0	0,00%	–	0,00 €	0,00 €
Fr., 6. Apr 2012	5	0	0,00%	–	0,00 €	0,00 €
Sa., 7. Apr 2012	17	0	0,00%	–	0,00 €	0,00 €
So., 8. Apr 2012	4	0	0,00%	–	0,00 €	0,00 €
Durchschnittswerte	**14**	**0**	–	–	–	**0,13 €**
Summen	**119**	**1**	**0,84%**	**1,03 €**	**8,69 €**	**1,03 €**

Abbildung 19.15 AdSense-Leistungsbericht

Ihre AdSense-Einnahmen können Sie nun unter dem Reiter Leistungsberichte einsehen und auswerten (siehe Abbildung 19.15). Auch bei AdSense lohnt sich das Testen von Anzeigentypen, Größe und Positionen. Beobachten Sie nicht nur Ihre Einnahmen, sondern auch die Kennzahlen Seiten-CTR (*Click-Through-Rate*) und die Seitenaufrufe, eine Zahl, die angibt, wie häufig Webseiten mit dem Werbemittel angezeigt wurden. Über die CTR können Sie beurteilen, wie relevant die Anzeigen für Ihre Nutzer sind.

Überlegen Sie bei Ihren Tests, wie Sie die einzelnen Kennzahlen optimieren können. Einige Tipps zur Erhöhung Ihrer AdSense-Einnahmen geben wir Ihnen im folgenden Abschnitt.

19.2.2 Höhere Einnahmen mit Google AdSense

Um Ihre Einnahmen über AdSense-Anzeigen zu optimieren, haben Sie verschiedene Möglichkeiten. Zu den wichtigsten Faktoren gehören die Positionierung und das Layout der Anzeigen, z. B. bezüglich der farblichen Gestaltung, der Größe und des Anzeigentyps. Natürlich können Sie Ihre Umsätze auch steigern, indem Sie Ihre Seitenaufrufe erhöhen und damit auch die Wahrscheinlichkeit für Anzeigenklicks. Wie Sie dies erreichen können, haben wir in den vorherigen Kapiteln ausführlich beschrieben. Widmen wir uns also an dieser Stelle der Anzeigenoptimierung.

Wenn Sie noch nicht die Website-Größe eines AdSense-Premium-Partners erreicht haben, müssen Sie mit den vorgegebenen Formaten experimentieren, um die Klickraten zu erhöhen. Am einfachsten geht dies natürlich durch eine prominentere Positionierung der Anzeigen. Sie können auf einer Webseite bis zu drei Anzeigenblöcke platzieren. Jetzt können Sie sich überlegen, wo Ihre Website-Nutzer potenziell am häufigsten klicken. Erfahrungen haben gezeigt, dass besonders Anzeigen in der Nähe des Inhaltsbereichs sehr oft geklickt werden. Durch die kontextsensitive Aussteuerung der AdSense-Anzeigen, die die Werbung an den Inhalt der Seite anpasst, ergeben sich meist relevante Zusatzinformationen oder Angebote. Lesen Sie z. B. einen Artikel zu den neusten Modetrends, bekommen Sie passende Werbung angezeigt, die auf Mode-Shops verweist. Daher ist es wahrscheinlich, dass viele Personen auf die Anzeige klicken, weil sie sich für das Thema interessieren. In Abbildung 19.16 sehen Sie einen Artikel zu Kreuzfahrtreisen. Passend dazu wird zwischen dem Artikel eine Textlink-Anzeige zu einem Reiseanbieter angezeigt.

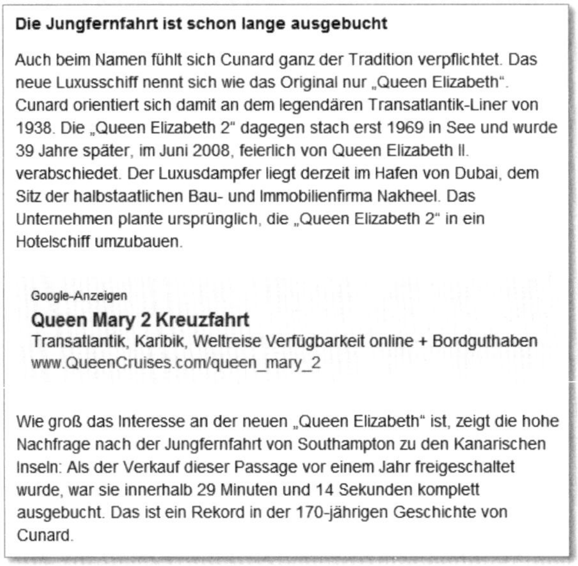

Die Jungfernfahrt ist schon lange ausgebucht

Auch beim Namen fühlt sich Cunard ganz der Tradition verpflichtet. Das neue Luxusschiff nennt sich wie das Original nur „Queen Elizabeth". Cunard orientiert sich damit an dem legendären Transatlantik-Liner von 1938. Die „Queen Elizabeth 2" dagegen stach erst 1969 in See und wurde 39 Jahre später, im Juni 2008, feierlich von Queen Elizabeth II. verabschiedet. Der Luxusdampfer liegt derzeit im Hafen von Dubai, dem Sitz der halbstaatlichen Bau- und Immobilienfirma Nakheel. Das Unternehmen plante ursprünglich, die „Queen Elizabeth 2" in ein Hotelschiff umzubauen.

Google-Anzeigen

Queen Mary 2 Kreuzfahrt

Transatlantik, Karibik, Weltreise Verfügbarkeit online + Bordguthaben

www.QueenCruises.com/queen_mary_2

Wie groß das Interesse an der neuen „Queen Elizabeth" ist, zeigt die hohe Nachfrage nach der Jungfernfahrt von Southampton zu den Kanarischen Inseln: Als der Verkauf dieser Passage vor einem Jahr freigeschaltet wurde, war sie innerhalb 29 Minuten und 14 Sekunden komplett ausgebucht. Das ist ein Rekord in der 170-jährigen Geschichte von Cunard.

Abbildung 19.16 Kontextsensitive AdSense-Anzeigen im Artikel

Wichtig ist natürlich auch das Format, also die Anzeigengröße. Bei Google AdSense steht eine große Auswahl an Anzeigenformaten zur Verfügung. Welche Größe Sie einsetzen, hängt unter anderem vom Aufbau Ihrer Website ab. Tendenziell wecken große Anzeigenflächen mehr Aufmerksamkeit, können aber leicht als Werbebanner ignoriert werden. Deswegen haben sich Textanzeigenblöcke etabliert, da diese meist nicht vordergründig einen Werbecharakter aufweisen und eher angeklickt werden.

Sie können pro Seite bis zu drei Anzeigenblöcke platzieren. Die Anordnung sollten Sie sich daher genau überlegen. Empfehlenswert ist ein Textanzeigenblock z. B. unterhalb eines Artikels. Wenn ein Artikel bis zum Ende gelesen wurde, können Sie somit weitere Links für die Benutzer anbieten, die dann mit relativ hoher Wahrscheinlichkeit angeklickt werden. Zudem spielt die Formatierung eine wichtige Rolle bei der Optimierung Ihrer Anzeigen. Insbesondere bei Textanzeigenblöcken können Sie Farben und Schriftarten individuell gestalten. So empfiehlt sich eine Anpassung der Farben an das Layout Ihrer Website, damit die Anzeigen dem Inhalt Ihrer Seite ähneln. Besonders die Gestaltung der Anzeigenlinks sollte den normalen Links auf Ihrer Website angepasst werden, damit Sie die Klickraten erhöhen.

Nicht zuletzt gilt natürlich auch bei der Optimierung der Anzeigeneffizienz, dass ausführliches Testen die Einnahmen deutlich steigern kann. Das Testen verschiedener Anzeigen kann z. B. durch den Einsatz eines *AdServers* übernommen werden. Wie diese Programme funktionieren und wie Sie sie in Ihre Website integrieren können, zeigen wir Ihnen in Abschnitt 19.5.2, »Integration eines AdServers«. Beachten Sie bei der Optimierung Ihrer Anzeigeneffizienz immer die Benutzerfreundlichkeit. Häufig ist es eine Abwägungsfrage, wo und wie Sie eine Anzeigenfläche integrieren. Verzichten Sie besser auf eine wenig lukrative Anzeigenfläche, um damit aber die Kundenzufriedenheit zu steigern und mehr wiederkehrende Benutzer zu bekommen.

19.3 Der Link-Basar

Als weitere Einnahmequelle steht Ihnen das Verkaufen oder Vermieten von Links offen. Inzwischen haben sich einige Link-Marktplätze etabliert. Sie können sich dort mit Ihrer Website als Publisher anmelden und Linkplätze auf der Seite zur Verfügung stellen. Bei der Linkplatzierung steht meist nicht die Klickrate im Vordergrund, sondern der Wert eines Links für die Suchmaschinenoptimierung. In Kapitel 12, »Suchmaschinenoptimierung (SEO)«, haben wir bereits beschrieben, welche positive Wirkung externe Links auf das Ranking einer Website haben. Da viele Seitenbetreiber und Online-Shops auf gut platzierte Suchergebnisse angewiesen sind, werden auch Links gekauft oder für eine bestimmte Zeit gemietet. Dies sind dann keine natürlich gesetzten Links, und die Suchmaschinenbetreiber sehen sie als künstliche Beeinflussung des Rankings an. Daher warnen die Richtlinien der Suchmaschinen vor solchen Maßnahmen. Um diesen Methoden entgegenzuwirken, untersagen Suchmaschinen wie Google das Verkaufen von Links. Trotzdem handelt es sich um eine übliche Methode im Internet und soll hier als Einnahmequelle erwähnt werden. Wir können die Linkvermarktung nur Website-Betreibern empfehlen, die sich gern aufs Glatteis trauen und mit den negativen Konsequenzen leben können. Als normale Website sollten Sie die anderen aufgezeigten Einnahmequellen bevorzugen, damit Sie bei den Suchmaschinen nicht in Ungnade fallen.

Damit Sie Einnahmen über Ihre Website erzielen, können Sie nun also fremde Links auf Ihrer Website schalten. Wie kommen Sie aber an die zu setzenden Links? Am häufigsten geschieht dies durch Zwischenhändler wie die schon erwähnten Link-Marktplätze oder durch Anfragen von Online-Agenturen. Hin und wieder erhalten Sie vielleicht auch Verlinkungsanfragen direkt von Website-Betreibern. Wir empfehlen Ihnen, nur Links zu schalten, wenn die Seiten auch thematisch zu Ihrer Website passen und Sie mit gutem Gewissen auf die fremde Seite verlinken können. Schauen wir uns also die Link-Marktplätze genauer an. Wie es auf einem Marktplatz üblich ist, treffen hier Anbieter und Nachfrager aufeinander (siehe Abbildung 19.17). In diesem Fall sind die Anbieter Website-Betreiber, die Linkplätze auf ihrer Seite zur Verfügung stellen. Diese werden meist als *Publisher* bezeichnet. Die Nachfrager sind Website-Betreiber, die auf der Suche nach Links sind und diese auf fremden Seiten platzieren wollen. Die Nachfrager werden auch *Advertiser* genannt.

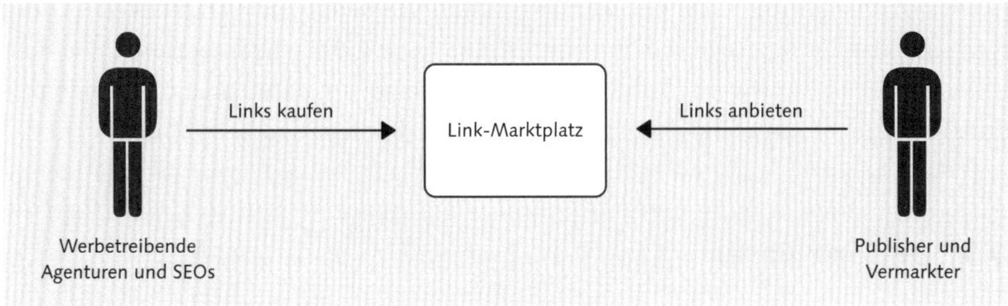

Abbildung 19.17 Funktionsweise eines Link-Marktplatzes

In Deutschland sind drei Link-Marktplätze besonders bekannt: Teliad (*www.teliad.de*), LinkLift (*www.linklift.de*) und TextLinkAds bzw. InLinks (*www.inlinks.de*). Bei diesen Marktplätzen können Sie sich anmelden und Ihre Website oder auch mehrere Websites registrieren (Abbildung 19.18). Meistens bekommen Sie dann einen Quellcode geliefert, den Sie in Ihre Website an der passenden Stelle einbauen können. Über diesen Code werden dann die Links vom Marktplatz ausgesteuert und automatisch in Ihre Website integriert. Wenn ein neuer Link gesetzt wird, bekommen Sie eine Nachricht vom Marktplatzbetreiber. Sie haben immer die Möglichkeit, einen Link abzulehnen. Wir raten Ihnen, diese Möglichkeit in Anspruch zu nehmen und zu prüfen, ob Sie den Link auch wirklich auf Ihrer Webseite anzeigen lassen wollen.

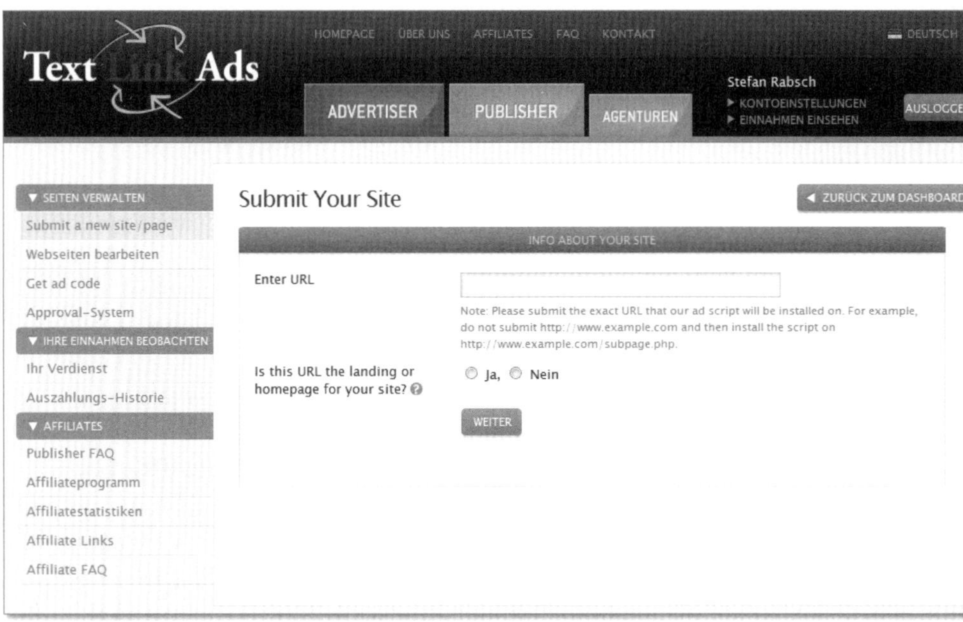

Abbildung 19.18 Website beim Link-Markplatz eintragen

Der Advertiser zahlt pro Link meist einen monatlichen Betrag zwischen 10 und 100 €. In seltenen Fällen kann der Wert auch darüber liegen. Diese Umsätze teilen Sie sich als Publisher mit dem Marktplatzbetreiber. Die Einnahmen belaufen sich für Sie also pro Link auf ca. 8 bis 80 € pro Monat. Die Berechnung des Linkwertes ist von verschiedenen Faktoren abhängig und wird von den Marktplätzen vorgenommen. Der Preis wird vor allem aus dem Thema der Seite, der Anzahl der Backlinks, dem Traffic der Website und natürlich auch aus der Nachfrage der Advertiser bestimmt. Die Abrechnung geschieht meist problemlos: Nach Ablauf eines kompletten Monats sehen Sie Ihre Einnahmen in den jeweiligen Weboberflächen der Marktplätze. In bestimmten Abrechnungsintervallen werden die Beträge auf Ihr Konto überwiesen.

Sie sehen also, dass diese Einnahmeart recht unkompliziert verläuft. Vor allem Blogbetreiber verdienen sich hier ein Zubrot. Die ganz großen Beträge können Sie aber nicht erwarten, da Sie nur begrenzt viele Linkplätze zur Verfügung haben und Ihre Website bei zu starkem Linkverkauf schnell auffällt und Sie gegebenenfalls mit Abwertungen durch die Suchmaschinenbetreiber rechnen müssen.

19.4 E-Commerce mit Online-Shops

Natürlich können Sie mit Ihrer Website auch Einnahmen erzielen, indem Sie direkt Waren oder Dienstleistungen darüber verkaufen. Dies geschieht über Online-Shops, die Sie in Ihre Website integrieren können (z. B. *shop.spiegel.de*), oder die Website selbst ist ein reiner Online-Shop, wie z. B. *www.amazon.de*. Wenn Sie also mit dem Gedanken spielen, Produkte über das Internet zu vertreiben, sollten Sie sich klarmachen, dass dies eine recht komplexe Angelegenheit werden kann. Denken Sie z. B. an Bestellprozesse, Zahlungsabwicklung inklusive Mahnwesen, Kundenservice-Hotlines und Lieferung der Waren. Das Internet erlaubt Ihnen aber, recht schnell einen Online-Shop aufzusetzen. So haben sich verschiedene Software-Lösungen und Dienstleister etabliert.

Möchten Sie einen eigenen Online-Shop starten, brauchen Sie gar nicht alles selbst zu programmieren. Es gibt inzwischen einige Software-Lösungen, die die meisten Anforderungen an einen Online-Shop erfüllen. Zu den bekanntesten Online-Shop-Systemen gehören *xt-Commerce*, *Magento* und *Intershop*. Zur Unterstützung bei der Wahl des richtigen Shop-Systems haben wir Ihnen hier einige Fragen zusammengestellt, mit denen Sie die verschiedenen Lösungen vergleichen können:

- Wie viele Artikel und Kategorien können Sie anlegen?
- Können Produktabbildungen und Videos integriert werden?
- Welche Zahlungsmethoden werden durch die Shop-Software angeboten?
- Welche Kosten sind mit Installation und Betrieb der Software verbunden?
- Ist der Shop suchmaschinenoptimiert?

Online-Shops haben meist ein ähnliches Grundkonzept mit Produkten, Sortimentskategorien und Bestellprozessen. Vor allem größere Online-Shops können aber sehr individuelle Anforderungen haben. Daher muss die Shop-Software gut dazu passen. Haben Sie sich für eine Shop-Lösung entschieden, können Sie mit dem Einrichten des Online-Shops und der Software beginnen. Da dies aber viel technisches Wissen erfordert und für jedes Shop-System individuell ist, würde eine Beschreibung den Rahmen dieses Buches sprengen. Es gibt aber viele gute Informationsquellen im Internet und Bücher zu den verschiedenen Software-Lösungen. Damit sollte der Einstieg in das Online-Shopping gelingen.

Sie können auch auf fertige Lösungen zurückgreifen und innovative Shop-Konzepte nutzen. Möchten Sie z. B. Merchandising-Produkte für Ihr Unternehmen oder Ihren Verein zum Verkauf anbieten, können Sie sich bei Spreadshirt (*www.spreadshirt.de*) einen eigenen Shop anlegen und in Ihre Seite integrieren (Abbildung 19.19). Ohne große technische und administrative Hürden haben Sie damit einen voll funktionsfähigen Online-Shop.

Abbildung 19.19 Einrichtung eines Spreadshirt-Shops

Damit kennen Sie verschiedene Möglichkeiten, um mittels E-Commerce Umsätze zu erzielen. Als großer Website-Betreiber haben Sie die Möglichkeit, Einnahmen auch durch eine professionelle Werbevermarktung zu erreichen.

19.5 Für Fortgeschrittene: Professionelle Vermarktung und AdServer-Integration

Wenn Sie eine Website mit hoher Reichweite haben, das heißt, wenn sehr viele Nutzer regelmäßig Ihre Website besuchen, können Sie auch eine professionelle Vermarktung vornehmen lassen. Von großen Webseiten spricht man bei einer Reichweite ab 0,5 bis 1 Mio. Seitenaufrufen (PI) pro Monat. Bei speziellen Nischenthemen können die Seitenaufrufe auch darunter liegen.

19.5.1 Professionelle Vermarktung

Die meisten bedeutenden Informationsportale im Internet überlassen die Anzeigenschaltung Vermarktern, die sich um Kontakt und Aufträge von Werbepartnern kümmern. Die Rangliste der größten Vermarkter nach der gesamten Reichweite werden von der AGOF (Arbeitsgemeinschaft Online-Forschung) ermittelt (Tabelle 19.1).

Vermarkter	AGOF-Rang	Reichweite in %	Netto-Reichweite in Mio. Unique Usern
Tomorrow Focus Media	1	59,0	29,7
InteractiveMedia CCSP	2	57,9	29,2
United Internet Media	3	54,2	27,3
Axel Springer Media Impact	4	51,9	26,1
SevenOne Media	5	51,1	25,7
IP Deutschland	6	50,9	25,6
eBay Advertising Group	7	48,9	24,6
Ströer Interactive	8	45,3	22,8
OMS	9	42,5	21,4
Yahoo! Deutschland	10	40,3	20,3

Tabelle 19.1 Die Top 10 der Vermarkter in Deutschland (Stand Februar 2012, Quelle: AGOF)

Teilweise sehen Sie schon am Namen des Vermarkters, welche Websites dahinterstehen. Sie können das Portfolio der vermarkteten Websites auf den Internetseiten der Vermarkter einsehen. InteractiveMedia vermarktet z.B. die Website T-Online.de; Tomorrow Focus vermarktet unter anderem die Website Focus Online und HolidayCheck. SevenOne Media enthält z.B. die Websites der TV-Sender Pro7 (*prosieben.de*) und Sat1 (*sat1.de*), zusätzlich aber auch reine Online-Angebote, wie wetter.com und MyVideo.de.

Zusätzlich zur professionellen Vermarktung können Sie auch sogenannte Restplatzvermarkter nutzen. Darüber können Einnahmen erzielt werden, wenn Werbeflächen noch nicht an andere Werbetreibende verkauft wurden. Restplatzvermarkter übernehmen hierbei die automatische Vermittlung von Werbetreibenden an Website-Betreiber. Restplätze können z. B. über AdScale (*www.adscale.de*) ausgesteuert werden.

19.5.2 Integration eines AdServers

AdServer übernehmen die automatische Aussteuerung von Werbemitteln auf Websites. Speziell bei sehr großen Websites empfiehlt sich ihr Einsatz, da Sie nicht alle Werbeplätze manuell bearbeiten und optimieren können. Zusätzlich zur Aussteuerung übernehmen die AdServer auch Optimierungsmaßnahmen für Werbeanzeigen, z. B. durch Targeting-Methoden, die Anzeigen zielgerichtet auf spezielle Kundengruppen ausliefern. Die Funktionsweise von AdServern haben wir bereits in Kapitel 2, »Online-Marketing – Werben im Internet«, genauer erläutert. Die drei größten Anbieter am deutschen Markt sind DoubleClick von Google (*www.google.de/doubleclick/*), Adition (*de.adition.com*) und Adtech (*www.adtech.de*). Auf den Referenzseiten der Hersteller sehen Sie, welche Websites diese Systeme einsetzen. Als Small-Business-Variante können Sie DoubleClick auch auf kleineren Websites kostenlos verwenden. Eine alternative Open-Source-Lösung für einen AdServer hat OpenX (*www.openx.org*) entwickelt.

Sollten Sie auf der Suche nach einem passenden AdServer sein, so sollten Sie die folgenden Prüfkriterien im Kopf haben.

Prüfkriterien für Ihre AdServer-Wahl

- **Funktionen**: Welche Funktionalitäten bietet Ihnen der AdServer? Machen Sie sich im Vorfeld bewusst, welche Funktionen Sie benötigen, und fragen Sie gezielt nach.
- **Zuverlässigkeit**: Wie zuverlässig arbeitet der AdServer? Auch bei einem hohen Anfragevolumen sollte der AdServer Werbemittel schnell anzeigen.
- **Preis**: Wie hoch sind die Kosten? Der Anbieter sollte Ihnen die Konditionen genau erläutern. Darüber hinaus sollte der Support im Preis enthalten sein.
- **Testzugang**: Probieren geht über Studieren. Lassen Sie sich einen Testzugang zur Verfügung stellen, und arbeiten Sie mit der Benutzeroberfläche. Oftmals tauchen hier noch einige Fragen auf, und es lohnt sich, diese im Vorfeld zu klären.
- **(Daten-)Sicherheit**: Wer kann Ihre Daten einsehen, und wie sicher sind diese? Lassen Sie sich die Sicherheitsvorkehrungen genau beschreiben.
- **Targeting**: Welche Targeting-Methoden werden durch den AdServer angeboten? Gibt es die Möglichkeit des Frequency Cappings?

Sie haben in diesem Kapitel verschiedene Methoden kennengelernt, wie Sie Einnahmen mit Ihrer Website erzielen können. Wir empfehlen Ihnen, die einzelnen Möglichkeiten zur Monetarisierung zu testen und die für Ihre Website am besten funktionierende Methode weiter zu optimieren. Damit kann sich dann auch der finanzielle Erfolg einer Website zeigen.

19.6 Monetarisierung to go

- Im Internet haben Sie vielfältige Möglichkeiten, über Ihre Website Einnahmen zu erzielen. Damit ergeben sich verschiedene Geschäftsmodelle, von rein werbefinanzierten Websites bis hin zu Online-Shops.
- Zur Generierung von Einnahmen können Sie als Publisher im Affiliate-Marketing auftreten. Über leistungsorientierte Provisionen werden Sie am Umsatz des Werbetreibenden beteiligt.
- Mit Google AdSense können Sie kontextsensitive Anzeigen auf Ihrer Website einbinden, die automatisch an den Inhalt Ihrer Webseiten angepasst werden. Sie erhalten für jeden Klick auf die Anzeigen von Google einen Geldbetrag von wenigen Cent bis hin zu mehreren Euro.
- Sie können über den Verkauf von Links auf Ihrer Website Einnahmen erzielen. Für den Werbetreibenden dient dies der Suchmaschinenoptimierung. Achten Sie bei dieser Einnahmequelle aber auf die Richtlinien der Suchmaschinenbetreiber, da Ihre Website sonst Schaden nehmen kann.
- Mittels Online-Shops kann E-Commerce betrieben werden. Sie verkaufen also Waren über das Internet und erzielen damit Einnahmen.
- Große Websites lassen ihre Werbeflächen professionell vermarkten und erzielen darüber Einnahmen. Über AdServer können Werbeanzeigen gezielt ausgesteuert werden.

19.7 Checkliste Monetarisierung

Haben Sie schon geprüft, über welche Methoden Sie mit Ihrer Website Geld verdienen können?	
Nutzen Sie bereits Affiliate-Marketing, um als Publisher Werbung zu schalten und darüber Einnahmen zu erzielen?	
Kennen Sie das Werbeprogramm Google AdSense, und erzielen Sie darüber bereits Einnahmen?	

Tabelle 19.2 Checkliste zum Thema Monetarisierung

Haben Sie Optimierungen an der Anzeigeneffizienz vorgenommen, z. B. über eine bessere Positionierung oder verschiedene Formate?	
Haben Sie in Erwägung gezogen, Links auf Ihrer Website zu verkaufen oder zu vermieten? Sind Sie sich der Risiken bewusst?	
Betreiben Sie einen eigenen Online-Shop, um Waren über die Website zu verkaufen?	
Lassen Sie Ihre Website schon professionell vermarkten, wenn Sie bereits über sehr viele Besucher verfügen?	
Haben Sie einen AdServer in Ihre Website integriert, um die Anzeigenauslieferung effizienter zu gestalten?	

Tabelle 19.2 Checkliste zum Thema Monetarisierung (Forts.)

Kapitel 20
Aktuelle Situation und Ausblick

»Alles in allem wird deutlich, dass die Zukunft große Chancen bereithält – sie enthält aber auch Fallstricke. Der Trick ist, den Fallstricken aus dem Weg zu gehen, die Chancen zu ergreifen und bis sechs Uhr wieder zu Hause zu sein.«
– Woody Allen

Heute nutzen etwa 73 % der Deutschen, also knapp 52 Mio. Menschen ab 14 Jahren, das Internet. 20 % der deutschsprachigen Online-Nutzer gehen mobil ins Netz. Nach Angaben der ARD/ZDF-Onlinestudien (*www.ard-zdf-onlinestudie.de*) sieht die Entwicklung der Online-Nutzung im Zeitraum 1997 bis 2011 so aus, wie in Tabelle 20.1 gezeigt.

Gelegentliche Online-Nutzung	in %	in Millionen	Zuwachs gegenüber dem Vorjahr in %
1997	6,5	4,1	–
1998	10,4	6,6	61
1999	17,7	11,2	68
2000	28,5	18,3	64
2001	38,8	24,8	36
2002	44,1	28,3	14
2003	53,5	34,4	22
2004	55,5	35,7	4
2005	57,9	37,5	5
2006	59,5	38,6	3
2007	62,7	40,8	6
2008	65,8	42,7	5

Tabelle 20.1 Entwicklung der Online-Nutzung im Zeitraum 1997 bis 2011

Gelegentliche Online-Nutzung	in %	in Millionen	Zuwachs gegenüber dem Vorjahr in %
2009	67,1	43,5	2
2010	69,4	49,0	13
2011	73,3	51,7	6

Tabelle 20.1 Entwicklung der Online-Nutzung im Zeitraum 1997 bis 2011 (Forts.)

Auch die Internetwerbung legt drastisch zu. Nach einer Prognose des Online-Vermarkterkreises (OVK; *www.ovk.de*) im Bundesverband Digitale Wirtschaft e.V. sollen sich die Bruttoeinnahmen auf etwa 6,23 Mrd. € für 2011 belaufen. Ein recht klarer Trend ist ersichtlich: Während Online wächst, hat der Printbereich Verluste zu verzeichnen.

Der Online-Handel (E-Commerce) wuchs von 2010 auf 2011 um 18,5 % und erreichte nach Angaben des Bundesverbands des Deutschen Versandhandels (BVH) 21,7 Mrd. €. Die Prognose für 2012 beläuft sich auf 25,3 Mrd. € und ist daher ein starker Vertriebskanal. Experten sagen einen weiteren Anstieg des E-Commerce-Umsatzes voraus (Abbildung 20.1).

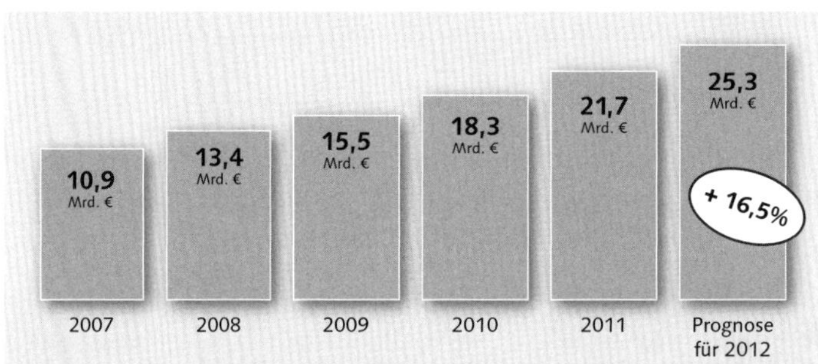

Abbildung 20.1 Entwicklung der E-Commerce-Umsätze in Deutschland (Quelle: BVH)

Im Folgenden wagen wir einen Blick in die Glaskugel und geben einen kurzen Ausblick auf die Zukunft.

Online-Marketingtrends

In den vergangenen Jahren bekamen immer mehr Menschen Zugang zum Internet. Das liegt zum einen an dem technischen Fortschritt (z. B. Smartphones und Tablet-PCs), zum anderen an immer günstigeren Kosten, z. B. durch Internet-Flatrates oder frei verfügbare WLAN-Netze.

Nach Angaben der Internationalen Fernmeldeunion (ITU, *www.itu.int*) in Genf beläuft sich die weltweite Zahl der Internetnutzer 2011 auf etwa 2,4 Mrd. Menschen. Eine zunehmende Vernetzung ist spürbar. Unternehmen und öffentliche Einrichtungen bieten vermehrt ihre Dienste per Internet an. Das kann eine einfache Pizza-Bestellung sein, die Abgabe der Steuererklärung oder die Anmeldung zu einem Studiengang.

Wie geht es also weiter? Lassen Sie uns einen Blick in die Glaskugel werfen und schauen, was die Zukunft bringt. Selbstverständlich möchten wir uns nicht anmaßen, die Zukunft voraussagen zu können. Es bilden sich jedoch einige Tendenzen heraus, deren Erwähnung durchaus lohnenswert ist.

Der Wirtschaftsexperte Philipp Kotler sieht insbesondere durch technische Neuerungen starke Veränderungen im Marketing. So sagt er in seinem Buch »Die neue Dimension des Marketings«: »In den vergangenen 60 Jahren hat sich Marketing vom Schwerpunkt auf dem Produkt (Marketing 1.0) zum Schwerpunkt auf dem Verbraucher (Marketing 2.0) hin entwickelt. Heute erleben wir, dass sich das Marketing erneut wandelt.« Im Fokus stünde nun der Mensch selbst. Die zunehmende Vernetzung, beispielsweise in sozialen Netzwerken, wirkt sich auf den Werbeeinsatz aus – was zählt, sind Konsumentenerfahrungen, so Kotler.

Nutzer können zunehmend Inhalte im Netz bewerten, sei es durch den »Gefällt mir«-Button von Facebook, die Sternbewertung bei Amazon oder Hilfreich-Angaben wie beispielsweise bei *www.gutefrage.net*. Auch die Suchmaschinen werden immer sozialer. So werden diese Nutzererfahrungen auch Teil der Suchmaschinenergebnisse, wie sie bei Google in Abbildung 20.2 sehen können.

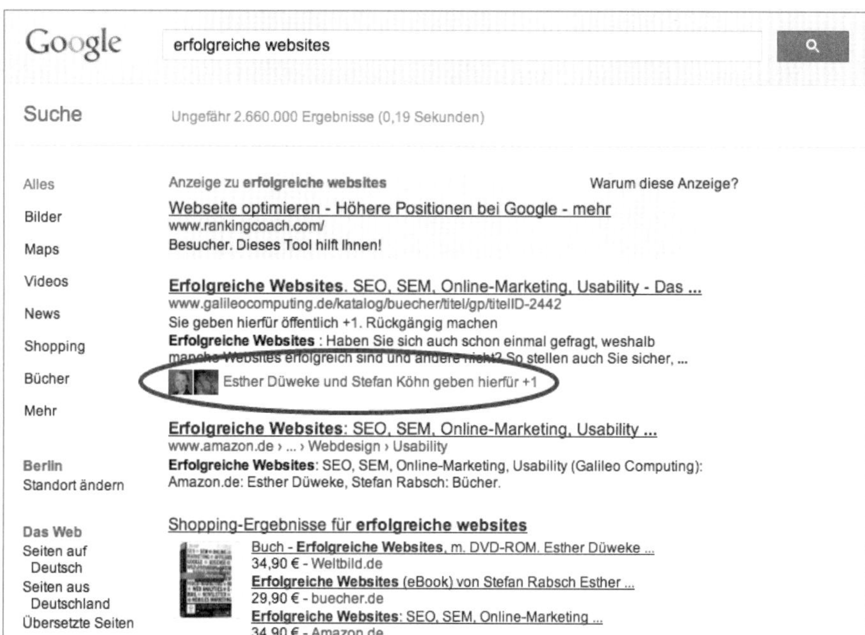

Abbildung 20.2 Suchergebnisse werden sozialer.

Auch der Shopping-Bereich wird zunehmend sozialer. Inzwischen werden Anwendungen bis hin zu kompletten Shop-Lösungen beispielsweise bei Facebook integriert. Bei der Expedia-App auf Facebook können Nutzer mit Fernweh das nächste Reiseziel auswählen und mit Freunden teilen (siehe Abbildung 20.3). Der Kreativität sind hier nur wenig Grenzen gesetzt.

Abbildung 20.3 Die Facebook-App vom Reiseanbieter Expedia

Viele Shops und Portale integrieren Kommentarfunktionen für Nutzer. So können zufriedene eBay-Kunden Erfahrungen mit dem Verkäufer mitteilen, bei Amazon können Buchrezensionen hinterlassen werden, bei Chefkoch Rezepte per Kommentar bewertet werden.

Um 17 % sollen die Werbeausgaben für den Online-Bereich jährlich in den USA ansteigen, so lautet eine Vorhersage des Marktforschungsinstituts Forrester. Die größten Wachstumsraten entfallen dabei auf den Bereich Mobile Marketing (+ 38 %), dicht gefolgt vom Social Media Marketing (+ 26 %). Den größten Anteil macht aber weiterhin das Suchmaschinenmarketing aus (siehe Abbildung 20.4).

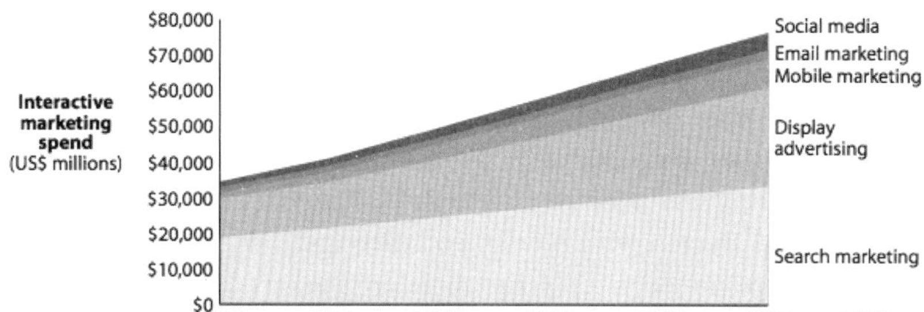

	2011	2012	2013	2014	2015	2016	CAGR
Social media	$1,590	$2,119	$2,760	$3,453	$4,217	$4,995	26%
Email marketing	$1,510	$1,694	$1,875	$2,066	$2,262	$2,468	10%
Mobile marketing	$1,652	$2,777	$4,238	$5,697	$7,057	$8,237	38%
Display advertising	$10,949	$12,860	$16,085	$19,783	$23,919	$27,600	20%
Search marketing	$18,756	$21,553	$24,613	$27,515	$30,433	$33,319	12%
Total	**$34,457**	**$41,003**	**$49,571**	**$58,514**	**$67,888**	**$76,619**	17%
Percent of all ad spend	19%	21%	25%	29%	32%	35%	

Abbildung 20.4 Digitale Werbeausgaben von 2011 bis 2016 (nach Forrester Forecast, nur für den Vorreitermarkt USA)

Im Mai 2012 vermeldete *www.heise.de*, dass die Online-Ausgabe von »The New York Times« erstmalig mehr Leser als die Printausgabe erzielte. Ganze 27.000 Leser mehr konnten über das Netz erreicht werden. Auch die Marktforscher von PricewaterhouseCoopers belegen die Tendenz in ihrem »*German Entertainment and Media Outlook 2011–2015*«, dass Online-Werbung sich gegenüber allen anderen Marketingkanälen durchgesetzt hat und damit auch die Print- und TV-Anzeigen überholt. Wie sieht es also innerhalb der einzelnen digitalen Marketingbereichen aus?

- **Display-Marketing**: Das Display-Marketing stellt den zweitgrößten digitalen Marketingkanal dar. Besonders Google hat dem Bereich Display-Marketing mehr Aufmerksamkeit geschenkt und viele Neuerungen zur Verfügung gestellt. Hier ist insbesondere ein zielgerichtetes, auf den Nutzer abgestimmtes Targeting (z. B. in Form von Remarketing oder Social Targeting) von großer Wichtigkeit. Für Werbetreibende kommt dem Thema Real-Time-Bidding, bei der in Echtzeit Bannerwerbeplätze ausgewählt und budgetiert werden, eine größere Bedeutung zu.
- **Suchmaschinenmarketing (SEM)**: Durch verschiedenste Ergänzungen und Weiterentwicklungen von Suchmaschinen, insbesondere von Google, wird das Suchmaschinenmarketing zunehmend komplexer. Gerade die Anzeigenerweiterungen, mobile Anzeigen und das Geo-Targeting werden wohl im Bereich der Suchmaschinenwerbung an Bedeutung gewinnen. Google wird weiterhin mit der Darstellung und Platzierung von Anzeigen experimentieren, um sein Geschäftsmodell zu optimieren.

- **Suchmaschinenoptimierung (SEO)**: Für die SEO-Ranking-Faktoren werden auch Social-Media-Aktivitäten eine größere Rolle spielen, sodass eine hohe Aufmerksamkeit in sozialen Medien wie Facebook oder Google+ zukünftig auch Vorteile in den Suchmaschinenergebnissen bringen könnte. Verschiedene Google-Updates haben dazu beigetragen, dass sich die SEO-Arbeit auch auf die Qualität von Websites und *User Satisfaction* (Nutzerzufriedenheit) fokussiert. Usability und das Zufriedenstellen des Nutzers wird zunehmend wichtiger. Daher sind Kennzahlen wie Verweildauer und Bouncerates (Absprungraten) stärker zu beachten.
- **Mobile Marketing**: Wie die Prognosen verdeutlichen, zählt das Mobile Marketing zu den Bereichen, die tendenziell den größten Anstieg verzeichnen werden. In Deutschland liegt die durchschnittliche jährliche Zuwachsrate bei 30 %. Es werden verstärkt mobile Websites und Apps von Unternehmen entwickelt werden, um Kunden auch mobil bedienen zu können. Mobile Werbeanzeigen werden sich genauso etablieren, wie sie auch auf normalen Websites eingesetzt werden. Zusätzlich werden lokale Anzeigen kommen, die auf Ihren Standort abgestimmt sind. Nutzergewohnheiten werden sich durch den vielfältigen Einsatz von Smartphones und mobilen Endgeräten wie Tablets weiter verändern. Schon heute ist jeder dritte Deutsche nach eigener Aussage in jeder freien Minute im Internet (laut einer Studie im Auftrag von Bitkom).
- **Social Media Marketing**: Viele Unternehmen sehen im Bereich Social Media einen Marketingkanal, den sie zukünftig verstärkt nutzen werden. Facebook, Twitter, Google+ und Co. etablieren sich damit als eine Möglichkeit, direkt mit potenziellen Kunden in Kontakt zu treten. Darüber hinaus können aktuelle Beiträge auch innerhalb der Suchmaschinenergebnisse in Echtzeit angezeigt werden. Es empfiehlt sich, zu verfolgen, wie sich die Werbemöglichkeiten bei Facebook entwickeln, nicht zuletzt weil das Unternehmen nun an der Börse gehandelt wird. Weitere Netzwerke wie Microsofts *so.cl* und *Pinterest* lassen die Marktentwicklung dynamisch bleiben.
- **Videomarketing**: Nicht nur, weil Videoportale wie YouTube an Zulauf gewinnen, sondern auch, weil Videos in Suchergebnissen erscheinen können, gewinnen sie für Werbetreibende an Bedeutung. Derzeit werden Sie wahrscheinlich noch vergleichsweise wenig Konkurrenz haben, wenn Sie mittels Videos werben. Laut ComScore steigt der Videokonsum weiter an.
- **E-Mail-Marketing**: Im E-Mail-Marketing sind keine größeren technischen Entwicklungen zu erwarten. Mit 10 % ist die Wachstumsrate hier eher gering (wie Sie in Abbildung 20.4 sehen). Trotzdem wird in verschiedenen Prognosen davon ausgegangen, dass das E-Mail-Marketing noch intensiver genutzt werden wird – gegebenenfalls in Kombination mit anderen Werbemaßnahmen, wie z. B. Social Media Marketing. Die Herausforderungen für die Zukunft bestehen im optimalen Targeting auf die Empfängergruppe und in der Spam-Abwehr.

- **E-Commerce**: Inzwischen sind im Online-Bereich nahezu jegliche Produkte zu beziehen: von Arzneimitteln über Bekleidung, Dienstleistungen, Reisen und Lebensmittel ist die Bandbreite riesig. Digitale Güter wie E-Books und Musikdateien werden zunehmen. Wie schon erwähnt, wird das digitale Shopping-Erlebnis sozialer und mobiler.
- **Web-Analytics**: Mithilfe verbesserter Datenanalysen lassen sich genaue Nutzerprofile erstellen, die einer zielgerichteten Kundenansprache dienen. Werbetreibende können auf Grundlage dessen die einzelnen Werbekanäle entsprechend ausbauen und optimieren. Marketingkampagnen können durch komplexe Klickketten-Analysen in Zukunft noch effizienter ausgesteuert werden. Hier gilt es, zukünftig nicht nur die Website zu analysieren, sondern auch mobile Maßnahmen.
- **Conversion-Optimierung (CRO)**: Die CRO ist aktuell noch ein junger Bereich, gewinnt jedoch zunehmend an Bedeutung. Immer mehr Unternehmen und Website-Betreiber beschäftigen sich damit, ihre Seiten hinsichtlich einer verbesserten Konversionsrate zu optimieren. Zu Recht!

Neben der personalisierten Nutzeransprache wird auch das Thema Datenschutz weiterhin wichtig bleiben. Nutzerinformationen sind zum einen für Werbetreibende unabdingbar, zum anderen stehen Unternehmen wie Google oder Facebook als »Datenkraken« weiterhin in der Kritik. Benutzer sollten unbedingt darauf achten, welche Daten sie von sich preisgeben, um nicht zum gläsernen Kunden zu mutieren. Es wird sich zudem zeigen, wie gefährlich Facebook für den Suchmaschinenriesen Google wird.

Auch die Übergänge zwischen Online- und Offline-Medien verschmelzen zunehmend. Um sich die beschriebenen Entwicklungen bewusst zu machen, noch ein abschließender Tipp: Schauen Sie doch mal einen alten James-Bond-Film an. Sie werden schmunzeln, wenn der Agent – anstatt sein Super-Smartphone zu zücken – in einer Telefonzelle verschwindet. Wer weiß, über welche Errungenschaften wir oder unsere Kinder demnächst schmunzeln werden. Was sich sicher sagen lässt: *Es bleibt in jedem Fall spannend.*

Anhang

Anhang A
Weiterführende Informationen

»Wissen ist Macht.«
– Francis Bacon

Da wir in diesem Buch, wie schon eingangs beschrieben, nicht auf alle Themengebiete und Details tiefer eingehen können, haben wir Ihnen in diesem Anhang weitere Informationsquellen zusammengestellt. Es gibt eine Vielzahl an gedruckter Literatur zum Thema Online-Marketing. Wir haben Ihnen im Folgenden jedoch lediglich die Sahnehäubchen herausgesucht, bei denen sich ein tieferer Blick wirklich lohnt. Gerade dieses dynamische Feld ändert sich sehr rasant, wodurch Bücher zum Teil schnell überholt sind. Aus diesem Grund stellen wir Ihnen nach unseren Buchempfehlungen weitere Online-Quellen vor, die von der Aktualität des Internets profitieren. Bei der rasanten Entwicklung im Internetmarketing ist das A und O jedoch, konsequent am Ball zu bleiben. Unser Tipp: Abonnieren Sie sich Newsletter und RSS-Feeds von diesen Seiten. Mit Feedreadern, wie zum Beispiel *Netvibes.com* oder dem Google Feedreader behalten Sie so den Überblick. Zudem finden Sie eine Auswahl an lohnenswerten Veranstaltungen. Viele Werkzeuge für die Arbeit mit Ihrer Website finden Sie in den hilfreichen Tools, die wir Ihnen im letzten Abschnitt empfehlen.

A.1 Literatur

Sie haben noch Platz im Buchregal? Dann möchten wir Ihnen einige Literaturempfehlungen an die Hand geben, mit denen Sie sich bei Bedarf tiefer in einzelne Thematiken einlesen können. Gerade auf diesem Gebiet gibt es sehr gute, teils englischsprachige Fachliteratur, die wir Ihnen nicht vorenthalten möchten. Wir listen Ihnen im Folgenden nur einige wenige, aber exzellente Bücher von Experten innerhalb der Branche auf. Ein Blick in die Bücher lohnt sich auf jeden Fall, wenn Sie sich näher mit dem Thema beschäftigen möchten.

Sie sind zum aktuellen Zeitpunkt erhältlich bzw. online – aber der Markt verändert sich schnell, und das gilt auch für die dazugehörige Literatur. Über unsere Facebook-Seite *www.facebook.com/Erfolgreiche.Websites* werden wir Sie aber auch diesbezüglich auf dem Laufenden halten.

- **Aden, Timo: Google Analytics. Implementieren. Interpretieren. Profitieren, 2. Aufl., München 2010**

  Timo Aden gibt der Leserschaft seines Buches einen umfassenden Leitfaden für die Nutzung von Google Analytics an die Hand. Von der Einrichtung über die Interpretation der Daten bis hin zu Optimierungsmaßnahmen deckt er den gesamten Prozess sowohl für Einsteiger als auch für Fortgeschrittene verständlich ab.

- **Anderson, Chris: The Long Tail. Nischenprodukte statt Massenmarkt, München 2009**

  Das Buch »The Long Tail« ist die Basis der Long-Tail-Theorie im Suchmaschinenmarketing. Es beschreibt die Nachfragesituation eines Marktes und wie diese im Internet effektiv genutzt werden kann. Die Grundaussage: Durch das breite Angebot von vielen, gering nachgefragten Produkten können mehr Umsätze erzeugt werden als mit wenigen, aber dafür sehr stark nachgefragten Produkten (Topsellern).

- **Ash, Tim: Landing Pages – Optimieren, Testen, Conversions generieren, Heidelberg 2009**

  Tim Ash, in Fachkreisen auch als »Franz Beckenbauer der Conversion-Optimierung« bezeichnet, reiht sich mit seinem Werk ebenfalls in die Gruppe der Autoren exzellenter Fachliteratur ein. Mit einer Vielzahl an Beispielen gespickt, beschreibt er von der Landing-Page-Erstellung über die Optimierung und das Testen umfassend, was Sie auf dem Gebiet beachten sollten. Auch die Erklärung zum Google Website Optimizer kommt nicht zu kurz.

- **Beck, Alexander: Google AdWords, 3. Aufl., Heidelberg 2011**

  Wie Sie eine komplette Google-AdWords-Werbekampagne aufsetzen – von der Kontoerstellung bis zu den kleinen Stellschrauben der Optimierung –, das können Sie in den praxisnahen Anweisungen von Alexander Beck nachlesen. Da die Funktionsweisen des Werbeprogramms sehr anschaulich beschrieben werden, ist das Buch insbesondere für Neueinsteiger empfehlenswert.

- **Bundesverband Digitale Wirtschaft (BVDW): Mobile Kompass, 4. Aufl., Düsseldorf 2011/2012**

  Der »Mobile Kompass« bietet Ihnen eine gute Orientierung im mobilen Dschungel. Die Lektüre richtet sich eher an professionelle Anwender, kann aber durchaus hilfreich sein, wenn Sie tiefer in das Thema Mobile einsteigen möchten.

- **Chak, Andrew: Submit Now: Designing Persuasive Websites, Berkeley 2003**

  Überzeugende Websites stehen im Mittelpunkt dieses englischsprachigen Buches. Beginnend mit Informationen zur menschlichen Entscheidungsfindung, zeigt der Autor, auf welche Art und Weise Websites überzeugend gestaltet werden können.

- **Eisenberg, Bryan; Quarto-von Tivadar, John; Davis, Lisa T.; Crosby, Brett: Always Be Testing: The Complete Guide to Google Website Optimizer, Indianapolis, Indiana 2008**

  Dieses Werk in englischer Sprache sei all denjenigen unter Ihnen ans Herz gelegt, die sich für das Testen mit dem Google Website Optimizer entschlossen haben. Die Autoren gelten als hochkarätige Experten auf ihrem Gebiet und bieten den Lesern ein praktisch orientiertes Handbuch mit vielen hilfreichen Tipps.

- **Eisenberg, Bryan; Eisenberg, Jeffery; Davis, Lisa T.: Call to Action: Secret Formulars to Improve Online Results, Nashville, Tennessee 2010**

  Ein weiteres Eisenberg-Werk in englischer Sprache, das einen guten Überblick und viele hilfreiche Tipps zu Möglichkeiten im Bereich der Conversion-Optimierung gibt.

- **Enge, Eric; Spencer, Stephan; Fishkin, Rand; Stricchiola, Jessie C.: The Art of SEO. Mastering Search Engine Optimization, 2. Aufl., Sebastopol 2012**

  Eine Buchempfehlung aus dem amerikanischen Raum ist »The Art of SEO«. Die vier praxiserfahrenen Autoren beschäftigen sich in dem Buch eingehend mit der Suchmaschinenoptimierung – sowohl mit strategischen als auch operativen Fragestellungen. Auch die Frage, wie man das Thema SEO in einem Unternehmen aufbaut, wird von vielen Seiten beleuchtet.

- **Erlhofer, Sebastian: Suchmaschinen-Optimierung. Das umfassende Handbuch, 5. Aufl., Bonn 2011**

  Dieses Buch ist inzwischen in der fünften Auflage erschienen und behandelt vor allem die technischen Aspekte der Suchmaschinenoptimierung. So werden Webentwicklern sowohl Anleitungen für die optimale Seitengestaltung gegeben als auch für die Ranking-Optimierung von Websites.

- **Fischer, Mario: Website Boosting 2.0. Suchmaschinenoptimierung, Usability, Online-Marketing, 2. Aufl., Heidelberg 2009**

  Das Buch »Website Boosting« von Mario Fischer behandelt alle Themen des Online-Marketings und der Usability für Websites in kurzweiliger Leseform. Inzwischen können Sie »Website Boosting« auch als zweimonatiges Magazin abonnieren, um der schnellen Entwicklung im Internet gerecht zu werden.

- **Google Inc.: Einführung in Suchmaschinenoptimierung, Mountain View 2010**

  Auch Google selbst liefert Literatur zur Suchmaschinenoptimierung. In dem eBook (*www.google.de/webmasters/docs/einfuehrung-in-suchmaschinenoptimierung.pdf*) werden die wichtigsten SEO-Ratschläge aus Google-Sicht beschrieben. Nicht zuletzt verschafft sich Google mit den Hinweisen zur Suchmaschinenoptimierung auch besser durchsuchbare Websites und lenkt damit die Programmierung von Webseiten in die gewünschte Richtung.

- **Google Inc.: Improving Online Conversions for Dummies, Chichester 2010**

  Unter *www.google.com/conversion/fordummies* bietet Google ein englisches eBook für »Dummies« zum Thema Conversion-Optimierung an.

- **Grabs, Anne; Bannour, Karim-Patrick: Follow me! Erfolgreiches Social Media Marketing mit Facebook, Twitter und Co., 2. Aufl., Bonn 2012**

  Dieses praxisorientierte Buch bietet mit vielen anschaulichen Erklärungen und Beispielen aus der Schweiz, Österreich und Deutschland hilfreiche Tipps von der Planung bis zum Monitoring von Social-Media-Aktivitäten.

- **Jacobsen, Jens: Website Konzeption: Erfolgreiche Websites planen, umsetzen und betreiben, 6. Aufl., München 2011**

  Das bereits in sechster Auflage erschienene Buch bietet einen guten Überblick über den Prozess der Website-Planung, -Gestaltung und -Umsetzung. Hierbei geht der Autor auch auf Usability-Tests ein und gibt hilfreiche Tipps für Betreiber von Online-Shops.

- **Jacobson, Howie: AdWords für Dummies. Machen Sie mit den besten Suchbegriffen Ihre Website für mehr Kunden attraktiv, Weinheim 2008**

  Auch in der »Dummies«-Reihe ist ein Buch zum Thema Google AdWords erhältlich. In gewohnt lockerem Schreibstil führt der Autor recht amüsant durch die diversen Kampagneneinstellungen. Da es bereits 2008 in der ersten Auflage erschienen ist, sind einige Neuerungen von Google in diesem Buch jedoch nicht enthalten.

- **Kaushik, Avinash: Web Analytics 2.0. The Art of Online Accountability and Science of Customer Centricity, Indianapolis 2010**

  Das neueste Werk des Analytics-Experten beschäftigt sich unter anderem mit Analysemethoden, die sich auf jüngere Bereiche wie Social Media und komplexes Kampagnen-Tracking beziehen. Der Autor beschränkt sich dabei nicht auf Google Analytics, sondern gibt allgemein anwendbare Empfehlungen.

- **Krug, Steve: Don't make me think! Web Usability: Das intuitive Web, 2. Aufl., Heidelberg 2006**

  Unbedingt lesenswert. Ohne zu viel Fachjargon beschreibt Krug sehr verständlich, worauf es bei guter Usability von Websites ankommt. Durch viele anschauliche Beispiele werden die einzelnen Aspekte nachvollziehbar und schlüssig erklärt. Zudem ist auch eine Anleitung für die Durchführung von Nutzertests zu finden.

- **Krum, Cindy: Mobile Marketing: Erreichen Sie Ihre Zielgruppen (fast) überall, München 2011**

  Die aus dem Englischen übersetze Lektüre gibt Ihnen einen kompletten Überblick über die Mobile-Marketing-Landschaft. Wenn Sie tiefer in das Thema einsteigen möchten, ist dieses Buch sehr empfehlenswert.

- **Lammenett, Erwin: Praxiswissen Online-Marketing: Affiliate- und E-Mail-Marketing, Suchmaschinenmarketing, Online-Werbung, Social Media, Online-PR, 3. Aufl., Wiesbaden 2012**

  Dieses Buch bietet einen guten Rundumblick zum Thema Online-Marketing. Der Autor ergänzt die theoretischen Erklärungen durch praktische Beispiele und stellt die Thematik so auch für Einsteiger anschaulich dar.

- **Ledford, Jerri L.: AdSense für Dummies: Googlen Sie sich reich, Weinheim 2009**

  Wie es für die »Dummies«-Reihe üblich ist, erfahren Sie in diesem Buch auf lockere Art und Weise, wie Sie das Werbeprogramm Google AdSense in Ihre Website integrieren, um darüber Einnahmen zu erzielen. Tipps zur Optimierung sind auch vorhanden.

- **Levinson, Jay Conrad: Guerilla Marketing des 21. Jahrhunderts: Clever werben mit jedem Budget, 2. Aufl., Frankfurt/M. 2011**

  Der Vater des Guerilla-Marketings beschreibt in seinem Buch, wie mit kleinen Werbebudgets viel Aufmerksamkeit erlangt werden kann. Vor allem mit eher untypischen Werbeaktionen sollen Marketingziele erreicht werden. Wir empfehlen Ihnen dieses Buch als Ideengeber für eigene Guerilla-Marketing-Kampagnen.

- **Lindstrom, Martin: Brandwashed: Was du kaufst, bestimmen die anderen, Frankfurt/M. 2012**

  Mit welchen Beeinflussungen in der Werbung gearbeitet wird, um Kunden zum Kauf zu bewegen, beschreibt Martin Lindstrom in seinem neuen Buch. Gerade wenn Sie sich mit der Conversionrate-Optimierung beschäftigen, ist dieses Buch besonders interessant.

- **Loveday, Lance; Niehaus, Sandra: Web Design for ROI: Turning Browsers Into Buyers & Prospects Into Leads, Berkeley 2008**

  Die Autoren dieses Werkes bringen zwei wichtige Themenfelder zusammen: zum einen die Website-Gestaltung, zum anderen wirtschaftliche Ziele. In diesem Buch erfahren Sie, was sie bei der Gestaltung Ihrer Website beachten sollten, um einen größtmöglichen Return on Investment (ROI) zu erhalten.

- **Mahrdt, Niklas: Crossmedia – Werbekampagnen erfolgreich planen und umsetzen, 2. Aufl., Wiesbaden 2012**

  Niklas Mahrdt beschreibt in seinem Buch, wie Crossmedia-Kampagnen effektiv eingesetzt werden. Diese Lektüre eignet sich für alle, die medienübergreifende Werbekampagnen planen möchten. Dabei geht das Buch auf verschiedene Instrumente des Crossmedia-Marketings ein und beschreibt erfolgreich umgesetzte Kampagnen.

- **Nielsen, Jakob, Loranger, Hoa: Web Usability, München 2008**

  Zusammen mit der Usability-Expertin Hoa Loranger verdeutlicht Jakob Nielsen in diesem Werk, welche Aspekte der Web Usability zu berücksichtigen sind, und untermauert dies mit Ergebnissen aus einer Vielzahl an Nutzertests.

- **Promny, Thomas: Grundlagen der Suchmaschinenoptimierung. It's not a trick – It's knowledge, Hamburg 2009**

  Die »Grundlagen der Suchmaschinenoptimierung« vom SEO-Spezialisten Thomas Promny sind als eBook und auch in Papierform zu erhalten. Wir empfehlen diese Lektüre allen, die im SEO-Bereich aktiv werden möchten. Als kurze Einstiegsliteratur umreißt es alle wichtigen Themen der On-Page- und Off-Page-Optimierung.

- **Zarrella, Dan: Das Social Media Marketing Buch, Köln 2010**

  Dieses Werk zeigt die verschiedenen Möglichkeiten im Bereich Social Media in einer besonders schön aufbereiteten Form. Mit vielen Beispielen gespickt, bietet es seinen Lesern eine kompakte Übersicht zum gesamten Thema Social Media.

A.2 Veranstaltungstipps zum Online-Marketing

In den letzten Jahren haben sich einige Messen, Seminare und Treffen zum Thema Online-Marketing etabliert. In einigen Städten finden regelmäßige Stammtische zu den Themenbereichen statt. Außerdem können Sie in Portalen wie XING an Diskussionen zu Spezialthemen teilnehmen. Natürlich tummeln sich viele Fachleute auch auf Messen, Seminaren und weiteren Treffen. Wo sich ein Besuch lohnt, lesen Sie im Folgenden:

- **dmexco** (*www.dmexco.de*)

  Die frühere OMD (Online-Marketing Düsseldorf) ist heute unter dem Namen dmexco (Digital Marketing Exposition and Conference) bekannt und findet alljährlich im benachbarten Köln statt. Sie hat sich zur Leitmesse der Online-Marketing-Szene etabliert und kombiniert Messe und Ausstellung mit über 19.300 Besuchern (in 2011) an zwei Tagen.

- **InternetWorld Messe** (*www.internetworld-messe.de*)

  In München findet alljährlich die Internet-Fachmesse mit zuletzt über 8.000 Besuchern statt. Ein breites Themenspektrum, wie beispielsweise E-Commerce, Usability und Online-Marketing, wird sowohl auf der Messe als auch beim Fachkongress diskutiert.

- **Swiss Online Marketing** (*www.swiss-online-marketing.ch*)

  Die auf den Schweizer Online-Markt zugeschnittene Messe findet in Zürich statt und bietet Raum für Fachgespräche mit den Ausstellern und Branchenexperten.

Angekündigt ist auch die deutsche Variante, die *Go! German Online Marketing*, die erstmals 2012 auch in Hamburg stattfinden wird.

- **M-Days** (*www.m-days.com*)

  Ganz im Zeichen des Mobile Marketings steht die Veranstaltung M-Days in Frankfurt am Main. Bei diesem Event von einer Größe mit etwa 4.000 Besuchern präsentieren sowohl Anbieter als auch Anwender ihre Erfahrungen. Ein Highlight stellt die Verleihung des App Awards dar, bei der die beste mobile Anwendung von einer Jury ausgezeichnet wird.

- **re:publica**: (*re-publica.de*)

  Deutsche und englische Referenten geben Ihr Wissen und ihre Erfahrungen auf der jährlichen re:publica in Berlin preis. Die Veranstaltung zum Thema Social Media bietet eine Vielzahl an Referenten und parallelen Vorträgen und ist unser Tipp, wenn Sie auf der Suche nach kreativen Impulsen sind.

- **Social Media Conference** (*www.socialmediaconference.de*)

  Ganz im Zeichen von Web 2.0 findet die Anwenderkonferenz in Hamburg statt. Besuchen Sie die Vorträge der Experten über zwei Konferenztage, und nutzen Sie die Zeit zum Networking und Erfahrungsaustausch. Im Jahr 2012 ist ein zusätzlicher Tag rund um das Thema Social Media im Geschäftskundenbereich (B2B) geplant.

- **Twittwoch** (*www.twittwoch.de*)

  Eine eher informelle Veranstaltung ist der sogenannte Twittwoch, der regelmäßig und wenig verwunderlich am Mittwoch in verschiedenen deutschen Städten stattfindet. Hier treffen sich Twitter-Freunde zum Zwitschern und Austauschen.

- **Search Engine Strategies** (*www.sesconference.com; www.omcap.de*)

  Die SES ist eine internationale mehrtägige Veranstaltung zum Thema Suchmaschinenmarketing in den Städten San Francisco, Hong Kong, Chicago, Berlin, New York, Singapur und Toronto. Jährlich finden sich in diesen Städten die Experten zu Workshops und Konferenzen zusammen. In der deutschen Hauptstadt läuft die Veranstaltung in Kooperation mit der OMCap (Online Marketing Capital) und bietet Seminare und Konferenzen.

- **SEMSEO** (*semseo.abakus-internet-marketing.de*)

  Eine vergleichsweise kleine Veranstaltung, die sich im SEO-Umfeld etabliert hat, findet jährlich in Hannover statt. Die von der Online-Agentur ABAKUS ins Leben gerufene Veranstaltung bietet zum Abschluss des Konferenzprogramms die SEO-Klinik, bei der Suchmaschinenoptimierer Websites öffentlich unter die Lupe nehmen.

- **SMX** (*smxmuenchen.de*)

  Die Search Marketing Expo in München ist eine von mehreren weltweiten SMX-Events. Dort werden die Themen Suchmaschinenwerbung und Suchmaschinenoptimierung diskutiert. Ein kompetenter Fachbeirat stellt das Programm und die Vortragenden zusammen. Es gibt Fachvorträge, und man kann mit den Experten bei der abschließenden Branchenparty networken.

- **SEO Campixx** (*www.seo-campixx.de*)

  Mit etwa 500 Teilnehmern verfolgt die Veranstaltung ein alternatives Konzept im Vergleich zu großen Messen und Konferenzen. In diversen Workshops werden in kleiner Runde SEO-relevante Themen besprochen.

- **Conversion Conference** (*www.conversionconference.de*)

  2010 erstmals in Deutschland abgehalten, ist die Conversion Conference eine internationale Konferenz, die auch in San Francisco, Florida, Chicago und London stattfindet. Renommierte Experten aus der Branche berichten zwei Tage lang über Tipps und Tricks rund um das Thema Conversionrate und deren Optimierung. Testverfahren sind ebenso ein Themengebiet wie Usability. Hier bietet sich auch ausreichend Gelegenheit zum Networking.

- **Conversion Rate Forum** (*www.conversionrate-forum.de*)

  Die eintägige Veranstaltung findet in unterschiedlichen deutschen Städten statt und beschäftigt sich umfassend mit dem Thema Conversionrate und deren Optimierung. Besonders Agenturen und Tool-Anbieter informieren hier über ihre Lösungen.

- **ConversionSummit und ConversionCamp** (*www.conversionsummit.org*)

  Die Veranstaltung in Frankfurt am Main ist mit hochkarätigen und internationalen Experten besetzt und bietet viele Praxis-Tipps zur Optimierung.

- **UXcamp Europe** (*www.uxcampeurope.org*)

  »No spectators, just participants!« lautet das Motto der UXcamp. In einer recht informellen Art und Weise werden Workshops zu den Themen Usability, Informationsarchitektur und Interaction-Design abgehalten. Dies ist keine Frontalveranstaltung, und Sie kommen schnell mit anderen Teilnehmern ins Gespräch.

- **eMetrics** (*emetrics-summit.de*)

  Die Veranstaltung »eMetrics Marketing Optimization Summit« ist eine internationale Konferenz zum Thema Web-Analytics. In Deutschland findet die zweitägige Veranstaltung im Rahmen der *Data Driven Business Week* in Düsseldorf statt. Hier können Sie den Vorträgen der Webanalysespezialisten folgen.

- **A4UEXPO** (*www.a4uexpo.com/europe*)

  Die sogenannte »Affiliate and Performance Marketing Conference & Exhibition« zählt zu den international bekanntesten Affiliate-Marketing-Konferenzen. In Europa findet sie in verschiedenen Städten statt, im Jahr 2012 in Barcelona. Als Affiliate-Publisher haben Sie hier die Möglichkeit, Vorträge zur Optimierung Ihrer Website zu besuchen.

- **Affiliate TactixX** (*www.affiliate-tactixx.de*)

  Nach eigenen Angaben richtet sich die »Affiliate TactixX« an Merchants, Publisher und Agenturen. Die Agentur explido Web Marketing unterstützt die parallel zur *Internet World Messe* stattfindende Veranstaltung.

A.3 Surf-Tipps

Neben der vorgestellten Literatur und den Veranstaltungstipps hat sich eine aktive Bloggergemeinschaft etabliert, die regelmäßig über das aktuelle Geschehen in den einzelnen Fachgebieten berichtet. Füttern Sie Ihren RSS-Feedreader mit den folgenden Website-Informationen, um keine Neuigkeiten zu verpassen. Besonders bei der dynamischen Entwicklung im Web sind die Internetquellen leichter auf dem aktuellsten Stand zu halten. Wir haben Ihnen hier eine Liste an ausgewählten Websites zusammengestellt, die wir persönlich schätzen und regelmäßig lesen:

- **100Partnerprogramme** (*www.100partnerprogramme.de*)

  Auf dieser umfassenden Website finden Sie neben einer ausführlichen Partnerprogrammsuche zahlreiche Informationen sowohl für Merchants und Affiliates als auch für Agenturen.

- **Affiliateboy** (*www.affiliateboy.de*)

  Markus Kellermann betreibt als »Affiliateboy« das gleichnamige Blog, das nach eigenen Angaben mit 7.000 monatlichen Besuchern zu den größten Affiliate-Marketingportalen in Deutschland gehört.

- **Benutzerfreunde** (*www.benutzerfreun.de*)

  Auf seiner Website beschreibt der Buchautor Jens Jacobsen den Prozess der Planung und Umsetzung von benutzerfreundlichen Websites. Einmal im Monat erscheint der kostenlose Newsletter, in dem sich der Autor meistens einem speziellen Thema widmet.

- **EmailMarketingBlog** (*www.emailmarketingblog.de*)

  Nico Zorn, Autor des EmailMarketingBlogs, berichtet regelmäßig über Bewegungen und Neuigkeiten auf dem Feld des E-Mail-Marketings. Ein Newsletter darf hier natürlich nicht fehlen.

- **Fit für Usability** (*www.fit-fuer-usability.de/*)

  Die Info-Website zum Thema Usability wird in Kooperation mit dem Fraunhofer Institut geführt und bietet Lesern verschiedene Beiträge zur Nutzerfreundlichkeit von Websites und Umfragen.

- **German Usability Professionals' Association** (*germanupa.de/*)

  Auf der Website des deutschen Berufsverbandes der Usability und User Experience Professionals können Sie sich über Neuigkeiten informieren und Kontakt zu Usability-Experten aufnehmen.

- **Google AdSense Blog** (*adsense-de.blogspot.com*)

  Das offizielle deutsche AdSense-Blog von Google veröffentlicht regelmäßig Neuigkeiten rund um das Werbeprogramm des Suchmaschinengiganten. Laut Feedburner gibt es über 17.000 Interessenten des Blogs.

- **Google AdSense Webinare** (*www.google.de/support/adsense/bin/answer.py?hl=de&answer=22045*)

  In den kostenlosen Online-Seminaren profitieren Teilnehmer am Wissenstransfer der AdSense-Experten von Google. Die Webinare befassen sich zum Beispiel mit den Grundlagen der AdSense-Optimierung.

- **Google AdWords Community** (*www.de.adwords-community.com*) und Google AdWords Hilfe (*www.support.google.com/adwords*)

  Unter diesen beiden Adressen finden Sie sowohl Antworten, Diskussionen als auch diverse Hilfestellungen rund um das Thema Google AdWords. Hier finden Sie auch das Zertifizierungsprogramm und Lernmaterial für die Prüfung zum AdWords Professional.

- **Google Analytics Blog** (*analytics.blogspot.de*)

  Im englischsprachigen Blog können Sie sich über die neusten Weiterentwicklungen des Analyseprogramms Google Analytics informieren. Zudem erfahren Sie mehr über neue Methoden der Webanalyse.

- **Google Inside AdWords** (*adwords-de.blogspot.de*)

  Hier verkündet der Suchmaschinenriese selbst regelmäßig seine Neuigkeiten, die sich auf das Werbeprogramm AdWords beziehen. Diese Meldungen können Sie sich auf Wunsch auch per E-Mail zuschicken lassen. Unter *@InsideAdWordsDE* können Sie per Twitter mit aktuellen Nachrichten auf dem Laufenden bleiben.

- **Google Mobile Blog** (*googlemobile.blogspot.de*)

  Im Google Mobile Blog erfahren Sie regelmäßig Neuigkeiten über Weiterentwicklungen des Suchmaschinenanbieters im mobilen Bereich. Vom Handybetriebssystem Android über die lokale Suche und mobile Werbung bis hin zu Google Maps werden alle mobilen Themen aus dem Hause Google besprochen.

- **Google Watchblog** (*www.googlewatchblog.de*)

  Mit dem unabhängig betriebenen Google Watchblog bleiben Sie »up to date«, was die Entwicklungen des Suchmaschinengiganten anbelangt. Neuerungen und Presseberichte werden hier aufgegriffen und diskutiert.

- **Google Webmaster-Zentrale** (*googlewebmastercentral-de.blogspot .com*)

  Das Webmaster-Blog von Google ist erste Anlaufstelle für alle Website-Betreiber, die in der Suchmaschine gefunden werden möchten. Regelmäßig gibt es hier neue Ankündigungen zu Erweiterungen für das Crawling und die Indexierung von Webseiten.

- **Googles YouTube Channel** (*www.youtube.com/user/Google*)

  Viele hilfreiche, erklärende Videos rund um das gesamte Google-Angebot finden Sie in dem speziellen YouTube-Channel der Suchmaschine. Egal ob es sich nun um das neu erschienene Google TV handelt, um Vorträge bei Google oder Einblicke in die Arbeit bei Google – hier gibt es viel zu sehen.

- **HORIZONT.NET** (*www.horizont.net*)

  Die Website zur Fachzeitung »HORIZONT« mit angeschlossener Statistik- und Kampagnendatenbank bietet Besuchern aktuelle Nachrichten aus der klassischen und der Online-Welt. Eine Besonderheit ist die Möglichkeit der Kampagnenbewertung.

- **Inoffizielles Facebook-Marketingblog** (*www.allfacebook.de)*

  Früher unter *facebookmarketing.de* bekannt, zählt diese Website zu den bekanntesten Blogs zum Thema Facebook-Werbung. Neben dem Angebot von Downloads wird auch reichlich diskutiert.

- **Die Internetkapitäne** (*www.internetkapitaene.de*)

  Das SEM/SEO-Blog der Online-Agentur Bloofusion bietet immer wieder tiefe Einblicke in die Erkenntnisse aus der täglichen Arbeit im Suchmaschinenmarketing und gibt Tipps für die eigene Website.

- **InternetWorld Business** (*www.internetworld.de*)

  Mehr auf den Online-Sektor ausgerichtet ist die InternetWorld, eine zweiwöchige Zeitung mit gleichnamiger Website. Die neusten Meldungen aus der Internetbranche werden tagesaktuell auf der Website veröffentlicht.

- **Jakob Nielsens Usability Website** (*www.useit.com)*

  Der erste Blick mag wohl erschrecken, dennoch sind die Inhalte von Jakob Nielsen besonders im Bereich der Nutzerfreundlichkeit unbedingt lesenswert. Zudem bietet der Usability-Guru einen regelmäßigen Newsletter an.

- **KonversionsKraft** (*www.konversionskraft.de*)

  Analysen, Checklisten, Hintergründe und Trends sind nur einige der Kategorien, die auf KonversionsKraft behandelt werden. Die Website wird von der Web Arts AG betrieben, die sich auf Conversion-Optimierung spezialisiert hat.

- **Mobile Zeitgeist** (*www.mobile-zeitgeist.com*)

  Sie möchten laufend auf dem aktuellen Stand im Bereich Mobile Marketing sein? Dann sei Ihnen dieses Blog ans Herz gelegt, das in regelmäßigen Abständen über Trends und Anwendungen auf diesem Gebiet informiert.

- **Occam's Razor** (*www.kaushik.net/avinash*)

  Das Blog von Avinash Kaushik, einem Google-Mitarbeiter und Experten auf dem Gebiet der Webanalyse, zeichnet sich durch sehr tiefgründige und detaillierte Beiträge aus. Wir empfehlen die Lektüre daher eher Fortgeschrittenen.

- **Radio4SEO** (*www.radio4seo.de*)

  Der deutsche Podcast Radio4SEO ist eine gute Informationsquelle, um auf dem Laufenden im Bereich Suchmaschinenoptimierung zu bleiben. Die Sendungen drehen sich jedoch nicht ausschließlich um SEO, sondern auch um angrenzende Themen wie SEM, Affiliate-Marketing und Social Media. Hören Sie mal rein.

- **Search Engine Journal** (*www.searchenginejournal.com*)

  Ein englischsprachiges Magazin, das sich dem Suchmaschinenmarketing widmet. Hier werden weniger aktuelle Nachrichten besprochen, sondern eher Suchmaschinenwissen und operative Vorgehensweisen zur Optimierung vermittelt.

- **Search Engine Land** (*searchengineland.com*)

  Wenn Sie beim Thema Suchmaschinen und Suchmaschinenmarketing immer auf dem neusten Stand sein möchten, finden Sie bei Search Engine Land die richtige Quelle. Die englischsprachige internationale Website liefert tägliche mehrere Nachrichten, Konferenzberichte und Experteninterviews.

- **SEOmoz Blog** (*www.seomoz.org/blog*)

  Wer richtig tief in die SEO-Szene einsteigen will, der sollte sich das amerikanische SEOmoz Blog zu Gemüte führen. Täglich gibt es hier neue Beiträge zum Thema SEO, z. B. auch den »Whiteboard Friday« mit dem Experten Rand Fishkin.

- **SISTRIX Blog** (*www.sistrix.de/news*)

  Die SISTRIX GmbH vom SEO-Experten Johannes Beus liefert im eigenen Blog regelmäßig analytische Ergebnisse aus der Welt der Suchmaschinenoptimierung. Dazu gehört z. B. ein »IndexWatch«, der die Auf- und Absteiger in der organischen Suche von Google analysiert. Zudem gibt es häufig Tests und Analysen zum Thema SEO.

- **Suchradar** (*www.suchradar.de*)

  Das Suchradar-Magazin erscheint alle zwei Monate und wird zum kostenlosen Download angeboten. Behandelt werden insbesondere Themen aus dem Bereich SEO und SEM, aber auch andere angrenzende Bereiche, wie beispielsweise Social Media, kommen nicht zu kurz. Wer keine aktuelle Ausgabe verpassen möchte, abonniert den Newsletter.

- **Twitter Blog** (*blog.twitter.com*)

  Der Microblogging-Dienst Twitter zwitschert auch auf seinem Blog über Neuigkeiten seines Angebots.

- **Usabilityblog** (*www.usabilityblog.de*)

  Mit einer umfangreichen Liste an Autoren bietet das Usabilityblog eine bunte Mischung an aktuellen Beiträgen zur Nutzerfreundlichkeit im Netz.

- **User Interface Engineering** (*www.uie.com*)

  Die Website des Unternehmens User Interface Engineering bietet neben hilfreichen Informationen auch eine Rubrik »Podcasts«.

- **Werben&Verkaufen** (*www.wuv.de)*

  Die bekannte Zeitschrift »Werben&Verkaufen« widmet sich zunehmend dem digitalen Marketing. Die Website beleuchtet vor allem das Agenturgeschehen. Nutzer haben die Möglichkeit, verschiedene thematische Newsletter zu abonnieren.

- **YouTube AdSense Deutschland Channel** (*www.youtube.com/user/InsideAdSenseDE*)

  Kurze Einführungen in das Thema AdSense erhalten Sie per Video im speziellen YouTube-Channel.

- **YouTube-Blog** (*youtube-global.blogspot.de*)

  Im offiziellen YouTube-Blog wird über die Werbemöglichkeiten und aktuellen Kampagnen auf YouTube berichtet. Mit den sogenannten *Trending Videos* werden beliebte Videos vorgestellt.

A.4 Tools

Viele kleine Helferlein erleichtern Ihnen die Arbeit im Online-Marketing. Das können z. B. Werkzeuge beim Aufsetzen oder Analysieren von verschiedenen Werbemaßnahmen sein. Einige empfehlenswerte Tools möchten wir Ihnen kurz vorstellen (beachten Sie, dass insbesondere Google seine Tools regelmäßig überarbeitet und erweitert):

- **Alexa** (*www.alexa.com*)

  Mit Alexa steht ein Tool zur Verfügung, mit dem Sie Websites hinsichtlich des Besucheraufkommens untersuchen und vergleichen können. Zudem gibt es den Alexa-Rank, der angibt, an welcher Position sich eine Website bezüglich des Traffics weltweit oder im jeweiligen Land befindet. Je kleiner die Traffic-Rank-Zahl ist, desto besser steht die Website da.

- **CrossBrowserTesting** (*crossbrowsertesting.com*)

  Mit diesem Tool können Sie Ihre Website in unterschiedlichen Browsern auf Fehler überprüfen.

- **DoubleClick AdPlanner von Google** (*www.google.com/adplanner*)

  Mit dem AdPlanner können Sie auf Ihre Zielgruppen abgestimmte Websites auswählen, um dort Ihre Werbung zu schalten. Zudem können Sie sich einen Mediaplan erstellen und Marktforschung betreiben.

- **Free Monitor for Google** (*www.cleverstat.com/de/google-monitor-query.htm*)

  Dieses kostenfreie Tool ermöglicht Ihnen das Analysieren von Suchmaschinenpositionen für definierte Keywords. Sie können hiermit Ihre wichtigsten Suchbegriffe überwachen.

- **Google AdWords Editor** (*www.google.com/intl/de/adwordseditor/*)

  Der AdWords Editor ist ein kostenloses Tool, das Ihnen sowohl für Mac als auch für Windows zum Download zur Verfügung steht. Mit dieser Anwendung ist es möglich, AdWords-Kampagnen offline zu bearbeiten und Änderungen anschließend in das Konto hochzuladen. Ein hilfreiches Tool, gerade bei umfassenden Änderungen.

- **Google Alerts** (*www.google.de/alerts*)

  Geben Sie einfach Suchbegriffe Ihrer Wahl in das Tool ein, und Sie erhalten eine E-Mail-Benachrichtigung, sobald das Thema im Web aufgegriffen wird. Empfehlenswert ist beispielsweise die Eingabe des eigenen Firmennamens.

- **Google Analytics** (*www.google.com/analytics*)

  Google Analytics ist das bekannteste und meistgenutzte Analytics-System in der Praxis. Das kostenlose Tool kann einfach in die eigene Website integriert werden und Besucherströme messen. Aufgrund von Datenschutzbedenken stand Google Analytics in der Vergangenheit häufig in der Kritik.

- **Google Keyword-Tool** (*adwords.google.com/select/KeywordToolExternal*)

  Dieses Tool ist eines der hilfreichsten Werkzeuge für Ihre Arbeit im Bereich Suchmaschinenmarketing. Wenn Sie ein Wort, eine Wortgruppe oder eine URL in das Eingabefeld tippen und dann das Tool starten, werden Ihnen umfangreiche Informationen (z. B. das monatliche Suchvolumen) zu den entsprechenden Begriffen angezeigt.

- **Google Traffic Estimator** (*adwords.google.com/o/TrafficEstimator*)

  Mit dem Google Traffic Estimator stellt Google Ihnen ein nützliches Werkzeug zur Verfügung, um eine Schätzung zu einzelnen Suchbegriffen (Keywords) zu erhalten. Wenn Sie also beispielsweise einen Begriff oder eine Wortgruppe eingeben, erhalten Sie beispielsweise eine Schätzung zu den voraussichtlich täglichen Einblendungen, zum durchschnittlichen CPC, zu täglichen Klicks, der geschätzten Anzeigenposition und nicht zu vergessen, den geschätzten täglichen Kosten. Sie können das Tool auch direkt aus Ihrem Google-AdWords-Konto heraus aufrufen.

- **Google Trends** (*www.google.de/trends*)

  Mit diesem Tool lassen sich, wie der Name schon sagt, bestimmte Trends bei einzelnen Suchanfragen ausfindig machen. Der Suchbegriff *Winterreifen* wird beispielsweise besonders oft im Oktober eingegeben, während die Suche in den anderen Monaten eines Jahres vergleichsweise eher gering ausfällt. Sie können die Anfrage nach Ländern, Regionen und Jahren filtern und sowohl Suchbegriffe als auch Websites abrufen.

- **Google Trends for Websites** (*trends.google.com/Websites*)

  Google stellt mit diesem Tool eine Abfragemöglichkeit für den Traffic von Websites zur Verfügung. Damit ist es möglich, erste Aussagen zum Besucheraufkommen einer Website zu bekommen und sie mit anderen Seiten zu vergleichen. Wenn Sie sich mit einem Google-Konto einloggen, sehen Sie detailliertere Informationen.

- **Google Webmaster-Tools** (*www.google.com/webmasters/tools*)

  Die Webmaster-Tools von Google sind die erste Anlaufstelle für Website-Betreiber, die ihre Seite optimieren wollen. Hier zeigt Google für Ihre Website wichtige Kennzahlen an, weist auf Fehler hin und zeigt, mit welchen Suchanfragen Sie gefunden werden.

- **Google Website-Optimierungstool**
  (*www.google.com/intl/de/websiteoptimizer*)

  Das bereits in unserem Buch ausführlich erklärte Tool von Google, das Website-Optimierungstool, bietet eine kostenlose und recht einfache Möglichkeit, einzelne Elemente oder ganze Websites zu testen.

- **IVW-Datenbank** (*www.ivw.de*)

  Die Informationsgemeinschaft zur Feststellung der Verbreitung von Werbeträgern e. V. – kurz IVW – ermittelt die Traffic-Daten von Websites. Diese Informationen können Sie beispielsweise heranziehen, um Ihre Bannerwerbekampagnen zu planen. Hier ist zu berücksichtigen, dass nicht alle Websites berücksichtigt werden.

- **Mobile Runner** (*www.mobilerunner.net*)

  Der Mobile Runner ist ein sogenannter Handy-Emulator, mit dem Sie Ihre mobile Website auf verschiedenen Handymodellen testen können.

- **Omniture Test&Target**
  (*www.omniture.com/de/products/conversion/testandtarget*)

  Mit diesem Produkt von Adobe können Sie wie beim Google Website-Optimierungstool verschiedene Varianten Ihrer Website testen, jedoch ist dieses Tool kostenpflichtig.

- **OpenSiteExplorer** (*www.opensiteexplorer.org*)

  Der von der amerikanischen Firma SEOmoz angebotene OpenSiteExplorer bietet Ihnen einen genauen Einblick in die Backlink-Struktur von Websites. Basiskennzahlen stehen Ihnen hier kostenlos zur Verfügung. Mit einem bezahlten Account bekommen Sie noch detailliertere Informationen zu einzelnen Links.

- **Piwik** (*de.piwik.org*)

  Die Open-Source-Alternative zu Google Analytics ist ebenfalls recht einfach in der Implementierung und Handhabung.

- **Searchmetrics Suite** (*www.searchmetrics.com*)

  Für die Suchmaschinenoptimierung großer Websites empfiehlt sich der Einsatz der Searchmetrics Suite. Das komplexe System überwacht ein großes Set an Keywords und Domains für verschiedene Länder. Eine empfehlenswerte Einstiegsversion steht mit Searchmetrics Essentials zur Verfügung. Zu Searchmetrics gehören auch die kostenlosen Tools unter *www.linkvendor.com*, mit denen Sie beispielsweise Ihre Website mit anderen Websites nach SEO-Gesichtspunkten vergleichen können.

- **SearchStatus Plugin für Firefox** (*www.quirk.biz/searchstatus*)

  Mit dem Plugin SearchStatus für den Firefox-Browser können Sie einige nützliche SEO-Funktionen und Informationen, wie die Keyword-Dichte, die Anzahl an Links auf einer Seite und Nofollow-Links, abrufen.

- **SEOQuake** (*www.seoquake.com*)

  Das Firefox-Plugin SEOQuake liefert wichtige Kennzahlen für die Suchmaschinenoptimierung. Sie können die Ergebnisse in den Suchmaschinen darüber mit Zusatzinformationen erweitern. Das Tool zeigt Ihnen unter anderem den Google PageRank, indexierte Seiten und das Domainalter an.

- **SISTRIX Toolbox** (*www.sistrix.de*)

  In deutschen SEO-Kreisen ist die SISTRIX Toolbox wohl das beliebteste Tool. Die vom SEO-Experten Johannes Beus entwickelte Toolbox liefert verschiedene Funktionalitäten für die Suchmaschinenoptimierung einer Website, z. B. wird über einen Sichtbarkeitsindex visualisiert, wie gut eine Domain bei *google.de* gefunden wird. Zudem können Rankings und Backlinks analysiert werden.

- **TweetDeck** (*www.tweetdeck.com/*)

  Nutzen Sie dieses Tool, wenn Sie Ihre Twitter-Statusmeldungen aktualisieren und diese gleichzeitig auf anderen Seiten wie Facebook, MySpace oder LinkedIn veröffentlichen möchten.

- **Twitter-Suche** (*search.twitter.com/*)

  Suchen Sie selbst bei Twitter, wie über Ihre Marke oder andere geschrieben wird. Damit können Sie sich ein Bild von der aktuellen Markenwahrnehmung machen.

- **UserTesting** (*www.usertesting.com*)

  Falls Sie unter Zeitdruck stehen und schnell Usability-Feedback zu Ihrer Website erhalten möchten, bietet UserTesting.com Hilfe. Hier geben Sie Informationen zu Ihrem Test an und erhalten umgehend Rückmeldungen von Nutzern, die Ihre Website unter die Lupe genommen haben. Das Tool soll bald für weitere Länder zur Verfügung stehen. Ähnliche Möglichkeiten zu Usability-Tests bieten *www.realusertest.de*, *www.userzoom.com* und eine Vielzahl weiterer Anbieter.

- **Wave** (*wave.webaim.org*)

  Zur Überprüfung Ihrer Website auf Barrierefreiheit können Sie das Tool Wave verwenden. Es zeigt Ihnen Schwachstellen hinsichtlich der Accessibility auf und gibt an entsprechenden Stellen Hinweise für die Optimierung. Es steht auch eine Toolbar zur Verfügung.

- **Web Developer Toolbar** (*chrispederick.com/work/web-developer/*)

  Mit der Ergänzung der Web Developer Toolbar für den Firefox können Sie Ihre eigene und fremde Websites hinsichtlich technischer Aspekte, wie beispielsweise CSS-Formatierungen oder HTML-Markups, untersuchen.

- **Webtrekk** (*www.webtrekk.com*)

  Das kostenpflichtige Tool Webtrekk bietet komplexe Analysemöglichkeiten des Nutzerverhaltens und verschiedenster Online-Marketingkampagnen.

- **WordPress** (*www.wordpress.com und www.wpde.org*)

  Zur Umsetzung eines eigenen Blogs wird in der Praxis häufig WordPress verwendet: Entweder Sie nutzen die einfache Variante unter *wordpress.com* oder entscheiden sich für die Software unter *wordpress.org*. Hier gibt es umfangreiche Gestaltungsmöglichkeiten und ergänzende Funktionen.

Anhang B
Meilensteine des Internetmarketings

»Wir dürfen und werden das Internet nicht
als vorübergehende Spinnerei abtun.«
– Harvey Golub, CEO der American Express Company

136 Minuten verbringen Nutzer ab 14 Jahren in Deutschland laut einer ARD/ZDF-Onlinestudie (*www.ard-zdf-onlinestudie.de*) täglich im Netz. Und das an knapp sechs Tagen die Woche.

Wie kein anderes Medium hat sich das Internet in unserem Alltag etabliert: So können wir uns mit Freunden per E-Mail austauschen, unseren Urlaub buchen und auch mal schnell nach Ladenschluss noch im World Wide Web wichtige Erledigungen machen. Zeitungen werden im Netz gelesen, Filme geschaut und Musik gehört. Viele Menschen können sich das Internet nicht mehr wegdenken. Einige machen Selbstexperimente und versuchen, eine Zeitlang ohne Internet auszukommen. Greifbares Hab und Gut wird durch digitale Dienste ersetzt. So hat beispielsweise der Programmierer Kelly Sutton seinen Besitz größtenteils verkauft und den sogenannten *Cult of Less* (*www.cultofless.com*) gegründet. Auch in der Literatur fasst diese Thematik zunehmend Fuß. So behandelt der vom Focus-Magazin als Debattenantreiber betitelte Frank Schirrmacher beispielsweise in seinem Werk »Payback« den Kontrollverlust über unser Denken. Und auch Bestsellerautor Nicholas Carr befasst sich in seinem Buch »Wer bin ich, wenn ich online bin ... und was macht mein Gehirn so lange« mit der Materie.

Das Maß, in dem das Internet Einfluss auf unseren Alltag und unser Verhalten genommen hat, lässt sich mit nichts vergleichen. Wo recherchieren Sie beispielsweise komplexe Problemstellungen und informieren sich über Produkte und Käufermeinungen, wenn Ihnen kein Internet zur Verfügung steht? Einige Studien belegen sogar das Suchtpotenzial des virtuellen Raums.

Inzwischen werden Tools und Applikationen entwickelt und zur Verfügung gestellt, die Benutzer davon abhalten sollen, im Internet zu surfen. Eines davon finden Sie in Abbildung B.1. Hier können Nutzer einen Zeitraum festlegen, in dem sie nicht in die Online-Welt abschweifen können – quasi eine Art Selbstschutz, um konzentriertes Arbeiten zu ermöglichen.

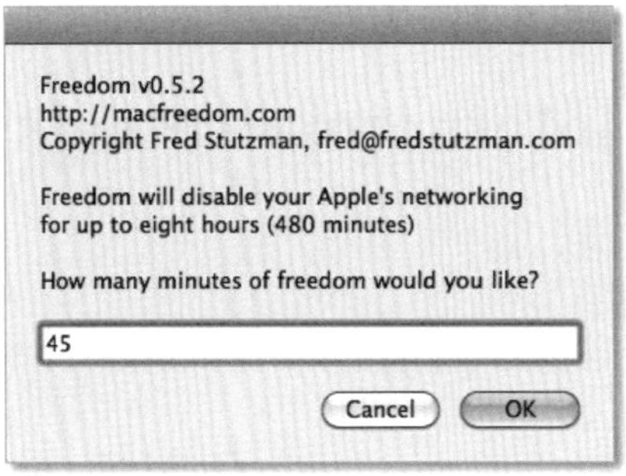

Abbildung B.1 Eingabemaske von Macfreedom

Speziell für soziale Netzwerke gibt es ein ähnliches Tool namens Anti-Social (*anti-social.cc*), das Websites, wie beispielsweise Facebook und Twitter, für einen bestimmten Zeitraum blockiert.

Aber wie entstand das Netz mit seinen Funktionen, die uns heutzutage oftmals selbstverständlich und zum Teil schon trivial erscheinen?

B.1 Eine Zeitreise

Schnallen Sie sich an, wir werden nun eine kleine Zeitreise unternehmen und uns einige wichtige Entwicklungsschritte des Internetmarketings ansehen. Diese Meilensteine haben dazu beigetragen, Online-Marketing zu dem zu machen, was es heute ist.

1971 – die elektronische Post erblickt das Licht der virtuellen Welt

Im Jahr 1971 stellte Ray Tomlinson sein entwickeltes E-Mail-System vor. Ihm ist auch die Einführung des @-Zeichens zu verdanken. Weitestgehend unbekannt ist der Inhalt der ersten E-Mail. Obwohl heute annähernd jeder mit dem E-Mail-Versand und -Empfang vertraut ist, stieß Tomlinsons Errungenschaft damals aber auf wenig Anerkennung und brachte dem Entwickler auch keinen finanziellen Erfolg.

Das ist heute kaum vorstellbar, ist doch die E-Mail eine der meistgenutzten Funktionen in der heutigen Zeit und das E-Mail-Marketing ein häufig eingesetzter Marketingkanal im Internet.

1978 – die erste Spam-Mail

Gary Thuerk, Computerverkäufer bei der amerikanischen Firma DEC, verschickte am 3. Mai 1978 600 E-Mails und verkaufte damit Computer im Wert von 12 Mio. US$. Kein Wunder, dass derartige Aktionen schnell Nachahmer fanden. Seither nimmt das Versenden von unerwünschten Nachrichten oftmals werbenden Charakters laufend zu. Nach Expertenschätzungen sind heutzutage über 90 % aller verschickten E-Mails sogenannter *Spam*.

1984 – die erste E-Mail in Deutschland

Etwa vor drei Jahrzehnten, am 3. August 1984, wurde die erste E-Mail in Deutschland empfangen. Der elektronische E-Mail-Versand beeinflusst seitdem die Kommunikation der Menschen wesentlich. So ist auch der Rechtschreibfehler zu verzeihen, der sich in der Betreffzeile mit den Worten »Wilkommen in CSNET« einschlich. Laura Breeden aus Cambridge (Massachusetts) sandte das erste elektronische Schreiben an Michael Rotert, unter der Adresse *rotert@germany* an der Universität in Karlsruhe. Dieses Schreiben war schon einen Tag zuvor von der Plattform CSNET versendet worden. Als Carbon Copy (umgangssprachlich »in cc«) bekam der Informatiker Werner Zorn diese erste E-Mail ebenfalls zugeschickt. Seine Adresse lautete *zorn@germany*. Wie wir schon erwähnt haben, zählt die E-Mail heute zu den meistgenutzten Diensten im Internet.

1989 – drei Buchstaben mit großer Bedeutung: WWW (World Wide Web)

Durch eine Anhäufung von Informationen wird es zunehmend schwerer, spezifische Daten wiederzufinden. Dieser Umstand war auch dem britischen Informatiker Tim Berners-Lee, der am Kernforschungszentrum CERN in der Schweiz arbeitete, ein Dorn im Auge. Im März 1989 schrieb er in *Information Management: A Proposal* ein Konzept für das World Wide Web. Websites sollten dabei per Browser auf jedem Computer aufgerufen werden können und Informationen auf anderen Websites per Link miteinander verknüpft werden. Zusammen mit dem Informatiker Robert Cailliau konzipierte er die Hypertext Markup Language (HTML) und veröffentlichte diese im darauffolgenden Jahr. Die Tragweite der Erfindung von *HTML* und des *World Wide Web* wurde erst nach einiger Zeit erkannt. Das WWW wurde 2010 sogar für den Friedensnobelpreis vorgeschlagen.

1990 – die Killerapplikation Webbrowser und die ersten Online-Shops

Die *National Science Foundation* beschloss 1990, das Internet zur kommerziellen Nutzung zu öffnen. Nun konnten auch Nichtprofis auf das Netz zugreifen, was eine rasant wachsende Zahl an kommerziellen Angeboten nach sich zog. Aus diesem Grund wird der Webbrowser oftmals als *Killerapplikation* bezeichnet. Die ersten Online-Shops entstanden und boten ihre Produkte zunächst in Form von einfachen Listen an. Heute arbeiten Unternehmen daran, das Online-Shopping zum virtuellen Einkaufserlebnis zu gestalten.

1994 – die ersten Suchmaschinen und das erste Banner

Mitte der 1990er-Jahre sprossen die ersten Suchmaschinen aus dem Boden des virtuellen Raums. So entstanden *Lycos* und *Yahoo* 1994, *Alta Vista* folgte 1995 und *Google* 1998.

Am 24. Oktober 1994 lieferte AT&T das erste Banner im Internet mit einer Größe von 8 KB auf der Website *hotwired.com* aus (siehe Abbildung B.2).

Abbildung B.2 Das erste Banner im Internet (aus einem Beitrag auf www.tripple.net)

1995 – soziale Netzwerke entstehen und die Firmengründung von Yahoo

Classmates.com zählt als Community für amerikanische Schulfreunde zu den ersten sozialen Netzwerken und wurde 1995 gegründet. Derartigen Websites wurde zunächst wenig Beachtung geschenkt. Erst Anfang des neuen Jahrtausends setzte eine Welle der sozialen Netzwerke ein.

In Kalifornien gründeten David Filo und Jerry Yang ebenfalls 1995 das Unternehmen *Yahoo*, das zunächst unter der Bezeichnung »Jerry and David's Guide to the World Wide Web« erreichbar war. 1996 entstand *Yahoo Deutschland* und ging im Oktober online. Im gleichen Jahr agierte das Unternehmen zudem an der Börse. Heute bietet Yahoo Dienste wie Yahoo Nachrichten, Yahoo Suche, Yahoo Mail und den Fotodienst Flickr (*www.flickr.com*) an.

1996 – das erste Affiliate-Partnerprogramm

Amazon startete sein Partnerprogramm im Juli 1996. Ausschlaggebend soll eine Unterhaltung auf einer Cocktailparty zwischen einer Hausfrau und Jeff Bezos, dem Amazon-Gründer gewesen sein. Heute zählt es zu den bedeutendsten Affiliate-Programmen auf dem Markt. Vor Amazon soll aber bereits das Unternehmen CDNOW 1994 mit einem Partnerprogramm gestartet sein.

1997 – Flash

1997 erschien die erste Version von *Flash*. Das Unternehmen *Macromedia*, das heute zu *Adobe Systems* gehört, bot mit dem Programm die Möglichkeit, Flash-Filme zu erstellen. Der große Vorteil der Flash-Dateien (Endung auf .swf) liegt einerseits in der Skalierbarkeit und andererseits in der kleinen Dateigröße. Zudem profitiert man bei diesen Dateien von der Multimedialität, da Audio und Video hier kombiniert werden können.

1998 – Google-Gründung

Die frühere »Garagenfirma« der Studenten Larry Page und Sergey Brin wuchs schnell zu der mächtigsten Suchmaschine heran. Am 27. September 2010 feierte der Marktführer Google seinen 12. Geburtstag.

1999 – virale Effekte

Große virale Effekte erzielte schon 1999 die »Moorhuhnjagd«. Das von der Werbeagentur von Johnnie Walker entwickelte Spiel verbreitete sich rasend schnell im Web. Es zählt daher zu den ersten viralen Kampagnen im Internet.

2000 – Googles Werbeprogramm AdWords

Google startete im Jahr 2000 sein Keyword-Advertising-Programm namens *Google AdWords*, das schnell zu einer großen Einnahmequelle heranwuchs. Näheres zur Suchmaschinenwerbung lesen Sie in Kapitel 11, »Suchmaschinenwerbung (SEM)«.

2003 – das Web 2.0 und MySpace

Uneinigkeit herrscht darüber, wer den Begriff *Web 2.0* geprägt hat. So beschreiben einige Quellen, dass die Bezeichnung von Darcy DiNucci stamme, die ihn 1999 in einem Fachartikel zur Internetzukunft benutzte. Im *CIO*-Magazin soll der Begriff 2003 veröffentlicht und von diversen Autoren wiederverwendet worden sein. Darüber hinaus sagen andere Quellen, dass der Web-2.0-Begriff auf Craig Cline und Dale Dougherty zurückgehe, die im Jahr 2004 die »Web-2.0 Internetkonferenz« begründeten. Tim O'Reilly brachte die Bezeichnung mit seinem Artikel »What is Web 2.0« 2005 erneut ins Gespräch. Web 2.0 beschreibt dabei die veränderte Nutzung und Wahrnehmung des Internets. Insbesondere Interaktivität und Vernetzung sind damit gemeint. Da diese Möglichkeiten aber auf dem eigentlichen Grundprinzip des Internets beruhen, wird der Begriff Web 2.0 von Experten kritisiert.

Musik steht im Mittelpunkt der von Thomas Anderson und diversen Programmieren entwickelten Seite *MySpace*, die ebenfalls im Jahr 2003 veröffentlicht wurde. Nur zwei Jahre später ging die Seite für 580 Mio. US$ in den Besitz des Medienriesen Rupert Murdoch über.

2004 – Facebook, Google Mail und der Google-Börsengang

Das soziale Netzwerk *Facebook* wurde von den Harvard-Studenten Mark Zuckerberg, Eduardo Saverin, Dustin Moskovitz und Chris Hughes entwickelt. Ursprünglich sollte es die Studenten der Universität miteinander vernetzen, wurde aber mehr und mehr geöffnet, sodass sich heute jeder anmelden kann.

Im Jahr 2004 ging außerdem der Suchmaschinenanbieter Google an die Börse. Inhaber von Google-Aktien können sich heute glücklich schätzen: Die Wertpapiere zählen zu den wertvollsten überhaupt und lassen ihre Besitzer mitunter zu mehrfachen Millionären werden. Im gleichen Jahr bot Google auch sein E-Mail-Programm *Google Mail* an.

2005 – Google Maps und YouTube

Google Maps wurde 2005 veröffentlicht und wird seitdem kontinuierlich weiterentwickelt. Weiterhin startete in dem Jahr das Videoportal *YouTube (www.youtube.com)*. Chad Hurley, Steve Chen und Jawed Karim, ehemalige Paypal-Mitarbeiter, gründeten das Unternehmen, auf dessen Website man sich Videos ansehen und hochladen kann. Eines der ersten Videos auf der Plattform soll von einem der Gründer, Jawed Karim, im April 2005 selbst eingestellt worden sein und zeigt ihn im Zoo. Im Jahr 2006 übernahm Google das Videoportal für 1,65 Mrd. US$.

2006 – digitales Gezwitscher

Der Kurznachrichtendienst *Twitter* (*twitter.com*), der in Fachkreisen zum *Microblogging* gezählt wird, wurde 2006 gegründet. Mehr zu sozialen Netzwerken lesen Sie in Kapitel 4, »Social Media Marketing«.

2007 – das iPhone auf dem deutschen Markt und Google Street View

Zur Erfindung das Jahres 2007 wurde das von Apple-Gründer Steve Jobs 2007 vorgestellte *iPhone* ernannt. Inzwischen ist seit Sommer 2010 die vierte Version des iPhones in Deutschland erhältlich.

Google Maps wurde 2007 durch Street View erweitert und machte es möglich, sich in den USA auch Straßenansichten anzeigen zu lassen.

2008 – der Indexriese Google und sein Browser Chrome

Google hatte 2008 nach eigenen Angaben (*googleblog.blogspot.com/2008/07/we-knew-web-was-big.html*) über 1 Billion Dokumente in seinem Index erfasst. Im September des gleichen Jahres erschien der Browser *Google Chrome*.

2009 – Microsoft bringt Suchmaschine Bing heraus

Im Sommer 2009 machte Microsoft die Suchmaschine *Bing (www.bing.com)* der Öffentlichkeit zugänglich. Microsofts Ziel ist es, mit der Suchmaschine mit dem Marktführer Google zu konkurrieren. Betrachtet man die Marktanteile von Suchmaschinen, nimmt Bing den dritten Platz hinter Google und Yahoo ein. Im gleichen Jahr begannen Yahoo und Microsoft eine Kooperation, und seitdem setzt auch Yahoo die Suchmaschine Bing ein.

2010 – Google Street View in Deutschland und das iPad

In *Google Street View* gingen im Jahr 2010 Straßenfotos von mehreren deutschen Städten online. Kritisiert von Datenschützern, warf dies auch politische Diskussionen auf. Es gab daraufhin die Möglichkeit, gegen die Veröffentlichung von Bildern Einspruch einzulegen. Im Zuge dessen können die Aufnahmen unkenntlich gemacht werden.

Seit Frühjahr 2010 ist Apples *iPad* in Deutschland verfügbar. Der Tablet-Computer ähnelt einem vergrößerten iPhone und besitzt wie dieses einen Multitouch-Bildschirm. Das iPad macht insbesondere dem Kindle von Amazon Konkurrenz.

2011 – Google+ und das Google-Update Panda

Google startet ein eigenes soziales Netzwerk namens Google+ welches mit Search Plus Your World auch eine enge Verzahnung zu den Suchergebnissen des Suchmaschinenriesen mit sich bringt. Das Algorithmus-Update von Google namens Panda wertete Websites mit wenig relevanten Inhalten und schlechter Nutzererfahrung ab.

Diese Entwicklungsschritte haben den Bereich Online-Marketing auf verschiedenste Art und Weise geprägt. Analysieren Sie genau, welche Marketinginstrumente für Ihre Website sinnvoll eingesetzt werden können, um sie zum Erfolg zu führen, und seien Sie stets wachsam, welche weiteren Marketingkanäle in Zukunft entstehen.

Anhang C
Website-Glossar

Bei der Arbeit im Bereich Online-Marketing bzw. mit Ihrer Website werden Ihnen immer wieder verschiedene Fachbegriffe begegnen, die wir Ihnen im Folgenden kurz erläutern möchten. Sollten Sie bestimmte Begriffe vermissen, werfen Sie bitte einen Blick in unser Stichwortverzeichnis.

Accessibility Accessibility ist auch unter dem Begriff Barrierefreiheit bekannt. Damit ist sowohl die Zugänglichkeit zur Website gemeint (z. B. die Wiedergabe von multimedialen Inhalten ohne entsprechende Voraussetzungen, wie etwa den Adobe Flash-Player) als auch die Nutzbarkeit für körperlich und geistig beeinträchtigte Besucher (z. B. durch das Vorlesen der Inhalte).

Ad (Advertisement) Ad bzw. Advertisement ist die englische Bezeichnung für eine Werbeanzeige. Im Internet sind damit in der Regel Banner gemeint.

AdImpression (AI) Eine AdImpression bezeichnet das Anzeigen eines Werbemittels, also einen Werbemittelkontakt.

AdSense AdSense ist ein häufig genutztes Werbeprogramm von Google, über das Werbetreibende Anzeigen auf anderen Websites schalten können. Website-Betreiber haben damit die Möglichkeit, über Klicks auf die Werbeanzeigen relativ einfach Einnahmen zu erzielen.

AdServer Ein AdServer ist ein spezieller Server, der Online-Werbemittel steuert und ausliefert. In der Praxis wird häufig sowohl die Hardware als auch die Software als AdServer bezeichnet. Über den AdServer sind ein genaues Targeting und ein exaktes Tracking möglich.

AdWords Google AdWords ist eines der meistgenutzten Werbeprogramme im Internet und die Haupteinnahmequelle für die Suchmaschine. Werbetreibende können über Keywords (Suchbegriffe) Anzeigen sowohl neben den Google-Suchergebnissen als auch auf anderen Websites schalten. Die Bezahlung erfolgt per Click (Cost-per-Click, CPC).

Affiliate Als Affiliate wird ein Werbepartner bezeichnet, der Werbung auf seiner Website veröffentlicht und eine umsatzabhängige Provision erhält. Oftmals werden hier Affiliate-Programme genutzt. Die Vergütungsmodelle können unterschiedlichster Art sein, z. B. Cost-per-Lead (CPL) oder Cost-per-Order (CPO).

Affiliate-Marketing Affiliate-Marketing bezeichnet einen Teilbereich des Online-Marketings, bei dem Affiliates und Merchants eine partnerschaftliche Werbekooperation eingehen.

Affiliate-Netzwerk Ein Affiliate-Netzwerk vermittelt zwischen Affiliates und Merchants und steuert innerhalb von Affiliate-Marketingprogrammen den Austausch der Werbemittel, das Tracking und die Abrechnung.

AIDA-Modell Das AIDA-Modell ist ein bekanntes, theoretisches Marketingmodell zur Werbewirkung und Kaufentscheidung, das aus den vier Phasen Attention (Aufmerksamkeit), Interest (Interesse), Desire (Verlangen) und Action (Handeln) besteht.

Ajax Ajax (Asynchronous JavaScript and XML) bezeichnet die asynchrone Kommunikation zwischen Browser und Server. Ein erneutes Laden der Website bei Funktionsaufrufen ist daher nicht mehr notwendig.

alt-Attribut Das alt-Attribut ist ein Bestandteil von HTML. Zum einen werden alt-Attribute verwendet, um Bildern und Grafiken einen beschreibenden Text hinzuzufügen (aus Gründen der Barrierefreiheit), zum anderen beinhalten sie oftmals Keywords (aus Gründen der Suchmaschinenoptimierung).

Ausstiegsseite Bezeichnet eine Webseite, die als letzte Seite während eines Website-Besuchs aufgerufen wird – oder, anders gesagt, die Webseite vor dem Verlassen der Website.

Backlink Backlink ist die Bezeichnung für einen eingehenden Link auf eine Website. Backlinks sind insbesondere für die Bewertung der Website für das Ranking in Suchmaschinen relevant.

Banner Banner sind grafische Werbemittel in unterschiedlichen Formaten und Arten. Klickt ein Interessent auf ein Banner, so wird er auf die Website des Werbetreibenden geleitet.

Black-Hat-SEO Die sogenannten Back-Hat-SEO-Maßnahmen sind Aktionen, die gegen die Richtlinien der Suchmaschinenbetreiber verstoßen. Der »schwarze Hut« wurde ursprünglich von den Schurken im Western getragen; heute haben ihn im übertragenen Sinne solche Leute auf, die mit unzulässigen Mitteln arbeiten. Wir raten: Finger weg – Konsequenzen drohen!

Blacklist Als Blacklist bezeichnet man eine Liste mit nicht vertrauenswürdigen Internetadressen. Sie dient dazu, diese Adressen von Marketingmaßnahmen (z. B. im E-Mail-Marketing) auszuschließen.

Blog Ein Blog ist mit einem Online-Tagebuch vergleichbar, bei dem die verschiedenen Einträge in chronologischer Abfolge veröffentlicht werden. Der Blogautor wird Blogger genannt. Leser von Blogs haben in der Regel die Möglichkeit, die Einträge zu kommentieren.

Bouncerate Die sogenannte Bouncerate bezeichnet die Abbruchrate. Gelangt ein Besucher beispielsweise über Google auf Ihre Website und schließt er diese wieder, ohne eine weitere Seite aufgerufen zu haben, dann spricht man von einem Bounce. Die Rate gibt an, wie viel Prozent aller Besucher, die auf Ihre Webseite gelangen, sich so verhalten.

Brand Brand ist der englische Begriff für eine Marke.

Brand Awareness Brand Awareness bedeutet übersetzt Markenbekanntheit.

Button Als Button wird zum einen ein Bannerformat, zum anderen ein klickbares Bedienelement auf der Website bezeichnet.

Click-Fraud Click-Fraud ist die englische Bezeichnung für Klickbetrug. Dabei handelt es sich um Maßnahmen (z. B. automatische Programme), mit denen Betrüger versuchen, die Abrechnung über Cost-per-Click-Programme zu beeinflussen. So werden z. B. Anzeigen von Mitbewerbern extrem oft angeklickt, um das Erreichen des Tagesbudgets zu beschleunigen.

Click-Through-Rate (CTR) Die Click-Through-Rate beschreibt das Verhältnis der Anzahl derjenigen Benutzer, die auf eine Anzeige geklickt haben, zu der Anzahl der Werbeeinblendungen. Die Berechnungsformel lautet:
Anzeigenklicks / AdImpressions × 100.
Die CTR ist eine bedeutende Kennzahl zur Leistungsbeurteilung einer Anzeigenkampagne und wird umgangssprachlich auch als Klickrate bezeichnet.

Clicktracking Clicktracking ist eine Methode zur Messung des Klickverhaltens auf Websites. Häufig wird dieses mittels sogenannter Heatmaps zur besseren Visualisierung dargestellt.

Cloaking Das Vortäuschen falscher Tatsachen wird Cloaking genannt. So zeigt ein Website-Betreiber Nutzern eine andere Website als dem Crawler einer Suchmaschine. Damit wird versucht, eine bessere Platzierung in Suchmaschinenergebnissen zu erreichen. Cloaking zählt zu den Black-Hat-SEO-Taktiken.

Content-Management-System (CMS) Ein Content-Management-System ist ein zentrales Software-System zur Erstellung und Verwaltung von Website-Inhalten.

Conversion Mit dem Begriff Conversion wird das Erreichen eines Werbeziels beschrieben. Dieses Ziel kann je nach Website unterschiedlich sein und beispielsweise in einem Produktverkauf, einer Anmeldung, einer Anfrage oder einer Registrierung bestehen.

Conversionrate Die Conversionrate gibt das Verhältnis aller Benutzer zu den Benutzern an, die eine Conversion (also die gewünschte Handlung) ausgeführt haben. Gehen wir von

einem Kauf als Conversion aus, berechnet sich die Conversionrate folgendermaßen:
Käufer / Besucher × 100 in %
Die Conversionrate ist für Advertiser neben den Kosten die wichtigste Kennzahl.

Cookie Ein Cookie ist eine Textdatei, die der Identifizierung des Nutzers dient. Es wird auf dessen Rechner gespeichert. Der Nutzer kann in den Browsereinstellungen die Cookies zulassen oder sperren. Sind sie zugelassen, hat der Werbetreibende die Möglichkeit, Cookie-Informationen zur eigenen Website, wie z. B. besuchte Webseiten und Aktionen, auszulesen. Damit kann auch festgestellt werden, ob der Benutzer die Seite bereits zuvor aufgerufen hat. Auf diese Weise kann ein Werbetreibender individuelle Angebote ermöglichen.

Cost-per-Click (CPC) Cost-per-Click bedeutet übersetzt »Kosten pro Klick« und ist ein Abrechnungsmodell, bei dem nur Kosten anfallen, wenn ein Benutzer auf eine Anzeige klickt. Dieses Abrechnungsmodell wird beispielsweise bei dem Werbeprogramm Google AdWords eingesetzt.

Cost-per-Lead (CPL) Cost-per-Lead ist ein Abrechnungsmodell auf Grundlage von gewonnenen Kontaktanfragen. Es kommt häufig im E-Mail-Marketing vor.

Cost-per-Mille (CPM) Im Gegensatz zum CPC-Preismodell fallen beim CPM-Preismodell auch dann Kosten an, wenn Ihre Anzeige nur ausgeliefert, aber nicht angeklickt wird. Sie bezahlen hier einen Betrag für 1.000 Sichtkontakte Ihrer Werbeanzeige. Das CPM-Modell entspricht dem aus dem klassischen Marketing bekannten Abrechnungsverfahren nach dem Tausender-Kontakt-Preis (TKP).

Cost-per-Order (CPO) Cost-per-Order ist die Bezeichnung für die Werbekosten pro Bestellung (Order).

Crawler Als Crawler werden die Programme der Suchmaschinen bezeichnet, die das Internet durchsuchen. Damit wird eine Datenbank an relevanten Internetseiten erstellt.

Crossmedia-Marketing Der Begriff beschreibt medienübergreifende Marketingmaßnahmen, z. B. eine inhaltlich aufeinander abgestimmte Werbekampagne in Print-, TV- und Online-Medien.

Customer-Relationship-Management (CRM)
Im Deutschen wird Customer-Relationship-Management auch als Kundenbeziehungsmanagement bezeichnet. Es beschreibt die Organisation von Maßnahmen zur Kundenbindung. Dazu zählt insbesondere eine genaue Dokumentation. Mit einem CRM-System ist eine individuelle Kundenansprache möglich.

Deep Link Ein Hyperlink, der auf eine Unterseite der Webseite führt, also in eine tiefere Ebene (»deep«, engl. für »tief«).

Disclaimer Ein Disclaimer ist ein Hinweis, der auf vielen Websites angegeben wird. Hier distanziert sich der Website-Betreiber von der Haftung für die Inhalte der verlinkten Websites.

Domain Die Domain ist der eindeutige Name, unter dem eine Website im Internet aufgerufen wird. Sie gilt weltweit und setzt sich aus einer Top Level Domain (TLD) und einer Second Level Domain zusammen, z. B.: *www.ihre-website.de*. Die Top Level Domain ist dabei die Endung des Domain-Namens, in diesem Fall ».de«. Die Second-Level-Domain beschreibt den Zwischenteil zwischen www und TLD, hier also »ihre-website«.

Double-Opt-In-Verfahren Das Double-Opt-In-Verfahren bezeichnet die doppelte Bestätigung einer Anmeldung, beispielsweise zu einem Newsletter oder einem Mitgliederbereich. Mit dem Double-Opt-In-Verfahren sichert sich der Website-Betreiber rechtlich ab, dass keine unaufgeforderten E-Mails (Spam) verschickt werden. Der Nutzer wiederum kann schon bei der Bestätigungs-E-Mail entscheiden, ob er dieser zustimmt oder nicht.

Duplicate Content (DC) Duplicate Content beschreibt doppelte Inhalte auf verschiedenen Webseiten. Aus Gründen der Suchmaschinenoptimierung sollte Duplicate Content vermieden werden, da Suchmaschinen generell einzigartige Inhalte bevorzugen.

E-Commerce E-Commerce (Electronic Commerce) bezeichnet den Handel im Internet. Die gehandelten Waren können digitaler Natur oder greifbar sein. Daher ist auch deren Distribution online oder offline möglich.

Einstiegsseite Die Einstiegsseite ist die erste Seite, die ein Nutzer während seines Website-Besuchs sieht. Dies muss nicht zwangsläufig die Startseite sein, da es z. B. über Suchmaschinen und andere Kanäle vielfältige Einstiege in eine Website geben kann. Die Einstiegsseite ist das Gegenstück zur Ausstiegsseite.

E-Mail (Electronic Mail) Die elektronische Post zählt zu den meistgenutzten Anwendungen im Netz. Über diesen digitalen Weg können Texte und Dateien innerhalb kürzester Zeit übermittelt werden. Häufig werden auch Spam-E-Mails, sprich unangeforderte elektronische Post, verschickt.

Eye-Catcher Der sogenannte Eye-Catcher ist auch unter den Namen Blickfänger, Störer oder Hingucker bekannt. Dies sind in der Regel Bilder oder Grafiken, die die Aufmerksamkeit der Betrachter auf sich ziehen sollen.

Eyetracking Das Eyetracking ist eine Analysemöglichkeit, bei der Augenbewegungen beim Betrachten einer Website per Kamera verfolgt und ausgewertet werden.

Flash Mithilfe des Dateiformats Flash werden multimediale und interaktive Inhalte (auch Videos) in Webseiten eingebunden. Die Wiedergabe von Flash-Dateien setzt voraus, dass der Adobe Flash-Player als Plug-in im Browser installiert ist. Flash-Intros werden zum Teil beim Aufruf einer Website verwendet, indem Animationen oder Filme automatisch abgespielt werden. Mit einem Skip-Intro-Link kann das Abspielen häufig übersprungen werden.

Frame Als Frame (engl. für »Rahmen«) wird ein HTML-Element bezeichnet, mit dem eine Webseite in verschiedene Bereiche segmentiert werden kann. Frames gelten im Webdesign als veraltet, unter anderem auch deshalb, weil Sie eine Website, die mithilfe von Frames erstellt wurde, nicht für Suchmaschinen optimieren können.

Frequency Cappping (FC) Mittels Frequency Capping (das auch einfach als *Capping* bezeichnet wird) kann ein Werbetreibender die Aussteuerung von Werbemitteln für einen individuellen Nutzer genau begrenzen. Das bedeutet, er kann festlegen, wie oft ein einzelner Nutzer ein bestimmtes Werbemittel zu sehen bekommt.

Geo-Targeting Geo-Targeting bezeichnet die lokale Aussteuerung von Werbemitteln an Nutzer. Dies geschieht z. B. über die Analyse der IP-Adresse oder über GPS-Koordinaten. So hat beispielsweise ein in Berlin ansässiger Anbieter die Möglichkeit, seine Werbeanzeigen auch nur in Berlin auszuliefern und damit die richtige Zielgruppe anzusprechen sowie Streuverluste zu verringern.

GPS (Global Positioning System) Das Global Positioning System ermittelt über Satelliten die aktuelle, metergenaue Position eines Autos oder Handys.

Guerilla-Marketing Guerilla-Marketing bezeichnet ungewöhnliche und große Aufmerksamkeit erregende Werbekampagnen. Oftmals sind diese Maßnahmen von hoher Kreativität und von wenig Budget geprägt.

Heatmap Eine Heatmap bildet (ähnlich dem Bild einer Wärmebildkamera) verschieden stark frequentierte Bereiche einer Webseite in unterschiedlichen Farbstufungen ab. Die Heatmap kann beispielsweise Klick- oder Blickverläufe darstellen.

HTML HTML (vollständiger Hypertext Markup Language oder kurz Hypertext) ist die Auszeichnungssprache, mit der eine Website erstellt wird. Damit ist es möglich, die Inhalte wie Texte, Bilder und Hyperlinks in eine für das Internet geeignete Struktur zu bringen.

Hyperlink Ein Hyperlink (umgangssprachlich auch Link) ist eine Verknüpfung zu einer anderen Webseite und ist damit die Basis des Internets.

Impression Die Kennzahl Impression gibt an, wie oft ein Werbemittel (AdImpression) oder eine Webseite (Page Impression) angezeigt wurde.

IP-Adresse Eine IP-Adresse ist eine eindeutige Kennzeichnung eines Computers im Internet. Sie ist vergleichbar mit der Telefonnummer, denn einzelne Bereiche der IP-Adresse sind einem speziellen Netzwerk-Bereich zugewiesen, ähnlich wie bei einer Telefonnummer die Ortsvorwahl.

JavaScript JavaScript ist eine für die Programmierung von Websites und Webanwendungen gebräuchliche Skriptsprache. JavaScript lässt sich vom Benutzer im Browser deaktivieren. Dies sollten Werbetreibende berücksichtigen, wenn sie beispielsweise mithilfe von JavaScript programmierte Elemente, wie Formulare, verwenden.

Keyword Keywords sind Schlüsselwörter und die Bezeichnung für Suchbegriffe. Suchbegriffe können aus einem oder mehreren Wörtern bestehen. Recherche und Analyse von Keywords sind elementar beim Suchmaschinenmarketing, also bei Suchmaschinenwerbung und -optimierung.

Keyword-Advertising Keyword-Advertising sind auf Keywords basierende Werbemaßnahmen; siehe *Suchmaschinenwerbung*.

Keyword-Dichte Die Keyword-Dichte (engl. »Keyword Density«) gibt an, wie häufig ein Schlüsselbegriff in einem Text vorkommt.

Landing Page Eine Landing Page ist die Webseite, auf der ein Nutzer »landet«, nachdem er auf ein Werbemittel geklickt hat. Die Landing Page kann eine speziell zu diesem Zweck erstellte oder eine vorhandene Webseite des Werbetreibenden sein. Charakteristisch ist eine Handlungsaufforderung, da die Landing Page die Aufgabe hat, einen Nutzer zu einer definierten Handlung zu bewegen.

Launch Als Launch wird der Start oder auch das »Going live« einer Website bezeichnet. Daher spricht man von einem Relaunch, wenn eine Website zu großen Teilen neu überarbeitet wird.

Layer Ads Layer Ads sind eine bestimmte Art von Werbemitteln. Sie legen sich beim Aufrufen einer Webseite teilweise oder vollständig über den Inhalt.

Lead Der Begriff Lead kommt aus dem Englischen (»to lead«, dt. »führen«) und beschreibt das Heranführen eines Nutzers an eine gewünschte Handlung. So kann bei dem Ziel Produktverkauf beispielsweise der Erhalt der Interessentenkontaktadresse als Lead angesehen werden. Einige Werbekampagnen werden pro Lead vergütet.

Linkbuilding Unter Linkbuilding versteht man den Aufbau von Backlinks für die Suchmaschinenoptimierung. Linkbuilding gehört zu den sogenannten Off-Page-Maßnahmen.

Logfile Ein Logfile ist die Datei, mit der ein Webserver die Aufrufe einer Website und von deren Unterseiten inklusive Klicks protokolliert.

Merchant Ein Werbetreibender wird auch als Advertiser oder Merchant bezeichnet. Der Begriff Merchant (engl. für »Kaufmann« oder »Händler«) wird hauptsächlich im Bereich Affiliate-Marketing verwendet.

Meta-Tags Meta-Tags werden im Kopfbereich einer HTML-Seite verwendet. Sie geben weitere Informationen über den Inhalt einer Seite. Zu den wichtigsten Meta-Tags gehören: `"description"`, `"keywords"`, `"robots"` und `"author"`.

Microsite Microsites sind kleine Websites innerhalb einer Werbekampagne, die parallel zu der Haupt-Website betrieben werden können. Sie haben daher eine eigene URL und kommen beispielsweise bei der Neueinführung eines Produkts und zum Teil auch nur temporär zum Einsatz.

Mouseover Allgemein beschreibt der Begriff Mouseover eine Veränderung, die eintritt, wenn ein Nutzer mit der Maus über ein Element fährt. Beispielsweise kann ein kurzer Beschreibungstext zu einem Bild angezeigt werden.

Off-Page-Optimierung Die Off-Page-Optimierung ist ein Teil der Suchmaschinenoptimierung. Hierbei geht es um SEO-Maßnahmen, die außerhalb der eigenen Website stattfinden, wie z. B. um Linkaufbau.

On-Page-Optimierung Im Gegensatz zur Off-Page-Optimierung versteht man unter On-Page-Optimierung SEO-Maßnahmen, die sich auf die eigene Website beziehen. Das können beispielsweise Quellcode-Optimierung, interne Verlinkung und Content-Optimierung sein.

Page Impression (PI) Die Kennzahl Page Impression bezeichnet einen Seitenaufruf (auch Page View genannt) durch einen Nutzer.

PageRank Der PageRank ist eine vom Suchmaschinenbetreiber Google entwickelte Kennzahl, die den Verlinkungsgrad einer Website auf einer Skala von 0 bis 10 angibt, wobei 10 der höchste Wert ist. Dabei spielt sowohl die Qualität als auch die Quantität der Verlinkungen eine Rolle.

Pay per X (PPX) PPX ist der Oberbegriff für verschiedene Abrechnungsmodelle im Internet. So kann eine Werbekampagne beispielsweise pro Lead (PPL), pro Sale (PPS) und pro Klick (PPC) abgerechnet werden.

Performance-Marketing Der Begriff Performance-Marketing bezeichnet Online-Werbemaßnahmen, die leistungsorientiert auf Grundlage ihrer messbaren Werte abgerechnet werden.

Pixel Ein Pixel ist ein digitaler Bildpunkt und darüber hinaus eine Maßeinheit für Bilder und Grafiken in der Informatik. Im Bereich Web-Analytics kommt der Begriff im Zusammenhang mit *Tracking-Pixeln* vor.

Pop-Under Ein Pop-Under ist ein Werbemittel, das unter einer Website geöffnet wird. Der Besucher sieht das Werbemittel, wenn er die Website schließt.

Pop-Up Im Gegensatz zum Pop-Under-Werbemittel taucht ein Pop-Up über einer geöffneten Webseite auf. Unterschiedlichste Tools blockieren inzwischen die Anzeige von Pop-Ups.

Pull-Marketing Beim Pull-Marketing (engl. »to pull«, dt. »ziehen«) geht die Informationsanfrage vom Interessenten aus. Das heißt, dieser sucht aktiv nach entsprechenden Inhalten.

Push-Marketing Beim Push-Marketing verteilt ein Advertiser Werbeanzeigen an eine passive Empfängergruppe und nimmt Streuverluste in Kauf.

Ranking Die Reihenfolge der Ergebnisse einer Suchmaschinenanfrage wird als Ranking bezeichnet. Das erste Ergebnis »rankt« demzufolge auf Platz 1.

Redirect Die Weiterleitung einer Webseite zu einer anderen Webseite wird allgemein als Redirect bezeichnet. Dies ist beispielsweise dann der Fall, wenn ein Website-Betreiber eine neue URL verwendet.

Referrer Als Referrer wird eine Website bezeichnet, von der aus ein Benutzer Ihre Website besucht hat, also der Ausgangspunkt. Das kann beispielsweise auch eine Suchmaschine oder ein Werbebanner sein.

Rendite (ROI) Die Rendite, auch Return on Investment (ROI) genannt, gibt Ihnen an, ob sich eine Investition für Sie gelohnt hat. Es ist das Verhältnis der Werbeausgaben zu den erzielten Einnahmen. Die Berechnungsformel lautet: *(Umsatz – Kosten) / Kosten*

Reichweite Die Reichweite beschreibt die Anzahl der Personen, die mit einem Werbeträger in einem bestimmten Zeitraum erreicht wurden. Die Reichweite kann prozentual oder absolut angegeben werden.

RSS-Feed Mithilfe eines RSS-Feeds – der häufig auf Blogs zum Einsatz kommt – bekommt ein Nutzer Änderungen einer Website per Abonnement geliefert, ohne die jeweilige Website regelmäßig aufrufen zu müssen.

SERP (Search Engine Result Page) Als SERPs werden die Suchmaschinenergebnisseiten bezeichnet, die Ihnen angezeigt werden, wenn Sie nach einem bestimmten Begriff gesucht haben.

Shitstorm Als Shitstorm bezeichnet man die Empörung einer Nutzergruppe, die sich insbesondere in den sozialen Medien wie Facebook, Twitter und Co. besonders negativ und oftmals aggressiv z. B. gegen ein Unternehmen oder Einzelpersonen äußern. Hier ist Krisenmanagement gefragt.

Single-Opt-In-Verfahren Das Single-Opt-In-Verfahren beschreibt im Gegensatz zum Double-Opt-In-Verfahren die Anmeldung eines Nutzers ohne dessen Bestätigung. Der Werbetreibende riskiert ungültige Anmeldungen und sollte daher das Double-Opt-In-Verfahren verwenden.

Sitemap Eine Sitemap beschreibt die Seitenstruktur einer Website. Diese kann sowohl Nutzern zur Orientierung diesen als auch Suchmaschinen bei der Indexierung helfen. Sitemaps werden im HTML- oder XML-Format erstellt.

Skyscraper Ein Werbemittel im Hochformat mit 120 × 600 Pixel wird Skyscraper genannt und zählt zu den Standardwerbemitteln im Bannermarketing. Etwas breiter ist der Wide Skyscraper mit 160 × 600 Pixeln.

Smartphone. Mit Smartphones werden Mobiltelefone bezeichnet, die über die Funktionsweise von reinem Telefonieren weit hinausgehen: Sie besitzen beispielsweise eine großes Display, Touchscreen und einen vollwertigen Internetbrowser. In der Regel werden schnellere Prozessoren verwendet.

Social Bookmarking Das Social Bookmarking beschreibt Online-Dienste, mit denen Nutzer ihre Internetlesezeichen (Bookmarks) abspeichern können. Teilweise werden diese Dienste zum Zweck der Suchmaschinenoptimierung (aus-)genutzt.

Spam Spam bezeichnet die unaufgeforderte Zusendung von werblichen E-Mails, die leider recht häufig vorkommt.

Subdomain Eine Subdomain ist eine Domain, die in der Hierarchie unterhalb der Second Level Domain angeordnet ist. *tippspiel.spiegel.de* ist beispielsweise eine Subdomain von der Website *spiegel.de*. Subdomains werden genutzt, um eigenständigen Inhalten einer Website eine eigene, kurze URL zuzuweisen.

Suchmaschinenmarketing (Search Engine Marketing, SEM) Suchmaschinenmarketing (SEM) ist der Oberbegriff für Suchmaschinenoptimierung (SEO) und Suchmaschinenwerbung (SEA). Fälschlicherweise wird SEM in der Praxis häufig für SEA verwendet.

Suchmaschinenoptimierung (Search Engine Optimization, SEO) Die Suchmaschinenoptimierung teilt sich auf in On-Page- und Off-Page-Maßnahmen und hat zum Ziel, die Auffindbarkeit und das Ranking einer Website in Suchmaschinenergebnissen zu verbessern.

Suchmaschinenwerbung (Search Engine Advertising, SEA) Mit SEA sind Werbeanzeigen innerhalb von Suchmaschinen gemeint. Eines der meistgenutzten Werbeprogramme ist dabei Google AdWords. Hier werden Werbeanzeigen auf Grundlage von Keywords ausgesteuert, und die Abrechnung erfolgt pro Klick.

Targeting Mit dem Begriff Targeting wird das gezielte Aussteuern von Werbemitteln an Internetnutzer beschrieben, um Streuverluste zu verringern. Das kann beispielsweise auf Grundlage soziodemografischer Daten geschehen, wie z. B. Alter oder Geschlecht.

Tausender-Kontakt-Preis (TKP) Diese Kennzahl gibt den Preis an, den ein Werbetreibender für 1.000 Einblendungen (Werbemittelkontakt) einer Werbeanzeige zu zahlen hat. Dieses Abrechnungsmodell kommt aus der klassischen Werbung und wird im Englischen mit CPM (*Cost-per-Mille*) bezeichnet.

Tracking-Pixel Über Tracking-Pixel werden Internetwerbeangebote analysiert. Diese Pixel werden vom Nutzer geladen, ohne dass er sie bemerkt, und ermöglichen das Erfassen von Nutzeraktionen und Seitenaufrufen.

Traffic Was auf Englisch »Verkehr« bedeutet, beschreibt im Zusammenhang mit dem World Wide Web das »Verkehrsaufkommen« auf einer Website – also die Nutzerzahlen des Webangebots.

Unique Visitor Auf Grundlage von Cookies können einzelne Besucher als eindeutig identifizierbare Nutzer erkannt und erfasst werden. Man verwendet für diese Nutzer meist den englischen Begriff Unique Visitor. Anhand der Zahl an Unique Visitors kann eine genauere Ermittlung der Reichweite realisiert werden.

URL (Uniform Resource Locator) Die URL ist die eindeutige Adresse einer Website, wie beispielsweise *http://www.ihre-website.de*.

Usability Usability bezeichnet die Nutzbarkeit oder Benutzerfreundlichkeit einer Website. Nutzer sollen sich problemlos zurechtfinden und Funktionen einfach nutzen können.

User-Agent Findet ein Besuch auf Ihrer Website statt, so gibt sich der Benutzer mit einem User-Agent zu erkennen. Aus dieser Information können Sie herauslesen, mit welchem Betriebssystem oder Browser die Seite aufgerufen wurde. Dadurch können z. B. Handys oder Suchmaschinenroboter identifiziert werden.

Verweildauer Mit dem Begriff Verweildauer wird die Zeit eines Nutzers auf einer Website beschrieben. Dies bezieht sich auf die erste aufgerufene Webseite bis zum Verlassen der Website. Die Länge kann ein Indikator für die Relevanz (von Benutzerbedürfnis und Inhalt) der Website sein.

Visit Als Visit wird der Besuch einer Website bezeichnet. Je nach Definition endet ein Visit nach 30 Minuten. So kann beispielsweise ein Besucher mehrere Besuche an einem Tag absolvieren. Die Anzahl an Visits gibt an, wie häufig eine Website aufgesucht wird.

Visitor Ein Visitor ist ein Besucher einer Website. Der *Unique Visitor* ist ein eindeutig identifizierter Besucher. Die Kennzahl Visitor zählt zu den wichtigsten Kennzahlen im Online-Marketing.

Web 2.0 Als Web 2.0 werden interaktive Angebote bezeichnet, die den Nutzer in Handlungen einbeziehen. Dazu zählen vor allem Blogs, Communitys und Social-Media-Seiten wie Facebook und Twitter.

Web-Hosting Der Begriff Web-Hosting beschreibt das Bereitstellen von Speicherplatz für eine Website.

Webserver Der Webserver ist ein Computer, der die angefragte Webseite an den Browser ausliefert.

White-Hat-SEO White-Hat-SEO ist das Gegenstück zum Black-Hat-SEO: Damit sind alle richtlinienkonformen Optimierungsmaßnahmen gemeint.

Zielgruppe Die Zielgruppe (oder auch Target Group) ist Ihre potenzielle Kundschaft, die mit Werbemaßnahmen erreicht werden soll.

Index

B

C

D

E

F

G

H

I

J

K

L

M

N

O

P

Q

R

S

T

U

V

W

X

Y

Z

Liebe Leserin,
lieber Leser,

sind Apps Ihre Sache oder eher Webentwicklung und SEO? Sind Sie auf der Suche nach guter Literatur zum SharePoint Server, zu Social Media, oder benötigen Sie wirklich gute Einsteigerliteratur zur Programmierung? Wie auch immer. Ich kann versprechen: Sie werden im neuen Katalog garantiert fündig werden. Es warten spannende Neuerscheinungen auf Sie und natürlich unsere allseits geschätzten Standardwerke.

Ein letzter Tipp: Seite 13. Diesen Typen sollten Sie kennenlernen!

Judith Stevens-Lemoine
Programmleiterin IT-Fachbuch

Inhalt

Begleiten Sie uns

www.facebook.com/GalileoPressVerlag
www.twitter.com/Galileo_Press
gplus.to/GalileoPress

booksonline

Die Bibliothek für Ihr IT-Know-how.

Ihre Online-Bibliothek von Galileo Computing bietet Ihnen jederzeit verlässliche Fachinformationen, ein Internet-Zugang genügt.
Neue Bücher können Sie in unserem Webshop direkt im **günstigen Paket** kaufen. Während das gedruckte Buch noch geliefert wird, können Sie sofort in Ihrem Online-Buch lesen und arbeiten. Die Vorteile der »virtuellen Bibliothek« gelten auch für alle – bei uns noch lieferbaren – Bücher, die Sie bereits gekauft haben. Mit den **Zugangscodes** in Ihren Büchern erhalten Sie einen kostenlosen Testzugang und die Möglichkeit, Ihr Online-Buch auch **nachträglich zum Vorzugspreis** zu erwerben.

Mit einem Klick greifen Sie so auf umfangreiches IT-Wissen zurück!

Jetzt kostenlos testen!

1. Auswählen
2. Kaufen
3. Online lesen

» www.GalileoComputing.de/booksonline

450 S., 2012, 29,90 Euro,
ISBN 978-3-8362-1842-9, April 2012
www.galileocomputing.de/2992

Lukas Adda

Face to Face

Komplett in Farbe

Erfolgreiches Facebook-Marketing

- **Marketing-Strategien entwickeln, die funktionieren**
- **Vom Redaktionsplan bis zur Erfolgskontrolle**
- **Zahlreiche Best Practices, Facebook Integration, Facebooks-Anwendungen u.v.m.**

Face to Face bietet einen umfassenden Überblick zum Einsatz von Facebook als Marketing-Instrument. Inkl. Definition von Zielen, Strategien und zahlreichen Best Practices. Lukas Adda stellt Ihnen auf unterhaltsame Weise Facebook vor und gibt Ihnen erprobte Strategien und kreative Denkanstöße, um erfolgreiche Social-Media-Kampagnen auf Facebook zu planen oder eine Agentur zu briefen.

Face to Face bietet mit der richtigen Mischung aus Theorie und Praxis sowohl Einsteigern als auch Fortgeschrittenen fundiertes Know-how. Philipp Roth, allfacebook.de

900 S., 2012, 39,90 Euro

Valentina Kerst

Online-Marketing

Das umfassende Handbuch

Unerlässlich für jeden, der sich mit Online-Marketing beschäftigt. Valentia Kerst stellt Ihnen die strategischen Überlegungen zur Planung einer eigenen Online-Marketing-Kampagne vor. Behalten Sie den Überblick mit Praxisbeispielen zu allen aktuellen Trends und Methoden. Randvoll mit Informationen, aktuell und auch als Nachschlagewerk für Ausbildung, Studium und Beruf nutzbar.

ISBN 978-3-8362-1846-7, September 2012
www.galileocomputing.de/2996

460 S., 2. Auflage 2012, 29,90 Euro

Komplett in Farbe

W&V Buchtipp!

Anne Grabs, Karim-Patrick Bannour

Follow me!

Erfolgreiches Social Media Marketing mit Facebook, Twitter, Google+ und Co.

Follow me! ist aktuell als Einsteiger-Handbuch für Social Media absolut empfehlenswert. Wenn man sich als Dienstleister oder Werbetreibender mit dem Thema Social Media auseinandersetzen will, muss oder gar darf und einfach mal kompakt einen Überblick gewinnen will, dann ist dieses Buch wirklich gut. Nico Lumma

ISBN 978-3-8362-1862-7
www.galileocomputing.de/3028

778 S., 2011, mit DVD, 34,90 Euro

eSTRATEGY Buchtipp!

Esther Düweke, Stefan Rabsch

Erfolgreiche Websites

SEO, SEM, Online-Marketing, Usability

Alles, was Sie für Ihren erfolgreichen Webauftritt benötigen. Zahlreiche Praxisbeispiele zeigen Ihnen anschaulich den Weg zu einer besseren Webpräsenz.

Das Buch ist ein wahrer »Rundumschlag«, wenn es um den Aufbau einer erfolgreichen Website geht. 100partnerprogramme.de

ISBN 978-3-8362-1652-4
www.galileocomputing.de/2442

692 S., 5. Auflage 2011, 39,90 Euro

webselling Buchtipp!

Sebastian Erlhofer

Suchmaschinen-Optimierung

Das umfassende Handbuch

Das Standardwerk von Sebastian Erlhofer bietet Grundlagenwissen zur Arbeitsweise von Google und Co. und zeigt in einem umfangreichen Praxisteil, wie Ihr Internetauftritt optimiert werden kann.

Dieses Werk lässt wirklich keinen Wunsch offen. Wer das Buch komplett durchgearbeitet hat, ist wirklich fit für die Suchmaschinen-Optimierung. eStrategy

ISBN 978-3-8362-1659-3
www.galileocomputing.de/2447

600 S., 2012, mit DVD, 39,90 Euro

Michael Kamleitner

Facebook-Programmierung

Entwicklung von Social Apps und Websites für die Facebook-Plattform

Michael Kamleitner von der Agentur »Die Socialisten« führt Sie Schritt für Schritt in die (auch fortgeschrittenen) Konzepte der Facebook-Anwendungs-Entwicklung mit vielen Praxisbeispielen ein. Die offene Architektur von Facebook bietet viele Möglichkeiten der Individualisierung sowie der Integration eigener Webanwendungen. Aktuell zu Timeline!

ISBN 978-3-8362-1843-6, April 2012
www.galileocomputing.de/2991

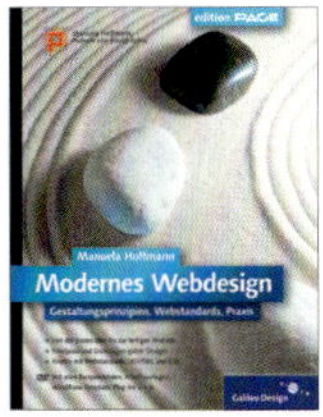

397 S., 2. Auflage 2010, mit DVD, 39,90 Euro

Komplett in Farbe

Manuela Hoffmann

Modernes Webdesign

Gestaltungsprinzipien, Webstandards, Praxis

Ein Wegweiser für modernes Webdesign, der gleichzeitig Praxis, Anleitung und Inspiration liefert.

Das Buch »Modernes Webdesign« greift alle wichtigen Themen des Webdesigns auf und beschreibt den vollständigen Entwicklungsprozess von der ersten Idee bis zur fertigen Website. Die Leistung der Autorin ist ganz klar mit sehr gut zu bewerten.
dotnetpro, 08/2010

ISBN 978-3-8362-1502-2
www.galileodesign.de/2244

804 S., 2011, mit DVD und Referenzkarte, 39,90 Euro

Kai Laborenz

CSS

Das umfassende Handbuch

Endlich findet sich das vollständige Wissen zu CSS und Co. in einem Band. Einsteiger erhalten eine fundierte Einführung, professionelle Webentwickler einen Überblick über alle CSS-Technologien und Praxislösungen für CSS-Layouts sowie Tipps, um aus dem täglichen Webeinerlei herauszukommen. Inkl. HTML5 und CSS3

ISBN 978-3-8362-1725-5
www.galileocomputing.de/2556

444 S., 2011, mit DVD, 39,90 Euro

Komplett in Farbe

web designer *Buchtipp!*

Heiko Stiegert

Modernes Webdesign mit CSS

Schritt für Schritt zur perfekten Website

In ausführlichen Praxisworkshops zeigt Ihnen Heiko Stiegert, wie Sie moderne und professionelle Webdesigns standardkonform mit CSS realisieren. An attraktiven Beispielen wird dazu die Gestaltung einzelner Seitenelemente und das Layout unterschiedlicher Websites demonstriert. Zahlreiche Profi-Tipps und -Tricks lassen garantiert keine Frage offen!

ISBN 978-3-8362-1666-1
www.galileodesign.de/2455

454 S., 3. Auflage 2012, mit DVD, 44,90 Euro, ISBN 978-3-8362-1695-1
www.galileocomputing.de/2511

Ingo Chao, Corina Rudel

Fortgeschrittene CSS-Techniken

Komplett in Farbe

Inkl. Debugging und Performance-Optimierung

- **CSS-Prinzipien verstehen und sicher anwenden**
- **Analyse und Fehlerbehebung von CSS-Layouts, inkl. IE 9 und CSS3**
- **Verschachtelte Navigationslisten, Mehrspaltenlayouts, Typografie u.v.m.**

Da für die Erzielung einfacher Effekte mit CSS oftmals eine große Menge an Wissen benötigt wird, führen die Autoren den Leser verständlich in die Thematik ein. Der Weg führt dabei von der kompakten Darstellung der Grundlagen über Browserbefehle und Debugging-Methoden hin zur sicheren Anwendung der einzelnen Techniken. In den Workshops und in den anderen Beispielen profitiert der Leser durchgehend von den Erfahrungen der Autoren und bekommt zahlreiche Tipps und Tricks. Insgesamt ein rundum gelungenes Paket zum Einsatz von CSS.
dotnetpro zur Vorauflage, 04/2010

597 S., 2012, mit CD, 29,90 Euro

Alexander Hetzel

WordPress 3

Das umfassende Handbuch

Unser Buch bietet Unterstützung bei jeder Frage im Umgang mit WordPress. Inkl. Einbindung von Social Media-Diensten und SEO

Auf fast 600 Seiten wird all das behandelt, was einen zukünftigen »Blogprofi« ausmacht: Von der Installation über die Administration, das Design, Plugins, der grundlegenden SEO bis hin zum Marketing gelingt dem Autor ein sehr guter »Rundumschlag«. blogprofis

ISBN 978-3-8362-1727-9
www.galileocomputing.de/2559

469 S., 2011, mit DVD, 34,90 Euro

Nicolai Schwarz

Drupal 7

Das Praxisbuch für Ein- und Umsteiger

Praktisch und verständlich begleitet Sie dieses Buch auf dem Weg zu Ihrer Website mit Drupal. In der Version 7 ist das CMS mit zahlreichen überzeugenden Funktionen ausgestattet worden. Sie erfahren, wie Sie das System installieren und die zahlreichen Module nutzen oder das Layout individuell anpassen können.

ISBN 978-3-8362-1344-8
www.galileocomputing.de/2009

627 S., 2. Auflage 2012, mit CD, 34,90 Euro

Buchtipp!

Peter Müller

Websites erstellen mit Contao

Peter Müller stellt mit vielen Praxisbeispielen Installation, Konfiguration und Administration von Contao vor. Sein unnachahmlicher Stil verspricht schnellen Lernerfolg und Unterhaltung auf jeder Seite. Noch nie hat das Erlernen eines CMS so viel Spaß gemacht und ging so leicht von der Hand! Praxisnah und ausführlich

Wer einen guten und vor allem verständlichen Einstieg sucht, kommt um dieses Buch nicht herum. XHTML Forum

ISBN 978-3-8362-1814-6
www.galileocomputing.de/2748

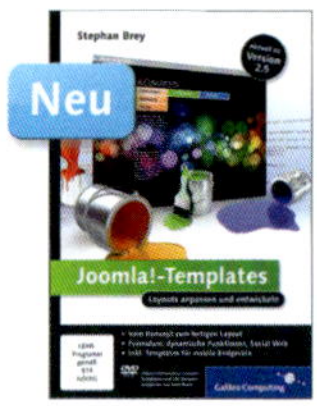

400 S., 2012, mit DVD, 29,90 Euro

Stephan Brey

Joomla!-Templates

Sie wollen das Aussehen Ihrer Website verändern und nicht mehr nur die Standard-Templates von Joomla! verwenden? Stephan Brey zeigt Ihnen die Möglichkeiten zur Entwicklung eines eigenen Layouts. Angefangen bei der Arbeit mit dem richtigen Werkzeug und der Anpassung eines Standard-Templates bis hin zur Entwicklung eines eigenen Templates.

ISBN 978-3-8362-1824-5, Mai 2012
www.galileocomputing.de/2968

910 S., 4. Auflage 2012, mit DVD, 39,90 Euro

Anja Ebersbach, Markus Glaser, Radovan Kubani

Joomla! 2.5

Das umfassende Handbuch

Seit vielen Jahren das Standardwerk zu Joomla! Es bietet Ihnen eine umfassende Einführung in Installation, Funktionsumfang und Betrieb von Joomla!. Darüber hinaus werden auch professionelle Themen wie Website-Migration, Entwicklung von Erweiterungen und Datensicherung detailliert dargestellt.

ISBN 978-3-8362-1616-6
www.galileocomputing.de/2390

300 S., 3. Auflage 2012, mit CD, 19,90 Euro

Anja Ebersbach, Markus Glaser, Radovan Kubani

Joomla! 2.5 für Einsteiger

Wenn Sie bisher keine Erfahrung in der Webentwicklung haben, sind Sie bei diesem Buch genau richtig. Ausführlich werden Sie durch die Installation und die Grundlagen von Joomla! geführt. Umfangreiche Praxisbeispiele helfen Ihnen dabei, Gelerntes zu verstehen und für Ihre eigene Webseite einzusetzen.

ISBN 978-3-8362-1926-6
www.galileocomputing.de/3128

730 S., 2. Auflage 2011, mit DVD, 34,90 Euro

web designer
Buchtipp!

Frank Bongers, Maximilian Vollendorf

jQuery – Das Praxisbuch

Das Buch richtet sich an Webentwickler, die mit den Grundlagen der Webentwicklung vertraut sind und sich für die Erstellung von dynamischen Websites ohne großen Programmieraufwand interessieren. Alle Methoden werden anhand von kurzen Codebeispielen ausführlich erläutert. Darüber hinaus wird auch auf mobile Geräte eingegangen. Ein gelungenes Werk zum Thema. dotnetpro, 06/2011

ISBN 978-3-8362-1810-8
www.galileocomputing.de/2930

837 S., 10. Auflage 2010, mit DVD, 39,90 Euro

eSTRATEGY
Das kostenlose Web-Magazin
Buchtipp!

Christian Wenz

JavaScript

Das umfassende Handbuch

Eine gründliche Einführung und viele praktische Beispiele, das zeichnet dieses Handbuch aus! Das Kapitel zu jQuery wurde deutlich erweitert, neu hinzugekommen sind die Themen Ajax Performance und Ajax Best Practices.

Das Buch wird zu einem treuen Wegbegleiter. Von den ersten Schritten in JavaScript bis hin zu fortgeschrittenen Aufgaben. eStrategy

ISBN 978-3-8362-1678-4
www.galileocomputing.de/2481

800 S., 2. Auflage 2012, 49,90 Euro

WEBSTANDARDS MAGAZIN
Buchtipp!

Björn Teßmann, Astrid Zanier

xt:Commerce Veyton 4

Das umfassende Handbuch

Angefangen von der professionellen Installation und Konfiguration bis hin zu Spezialthemen finden Sie in diesem Buch alles, was Sie bei der täglichen Arbeit mit xt:Commerce VEYTON 4 benötigen.

VEYTON 4 ist unglaublich umfangreich. Gerade deshalb ist es gut, dass es ein deutschsprachiges Buch gibt, das Orientierung bei der Umsetzung von Webshops bietet. Webstandards Magazin

ISBN 978-3-8362-1845-0, Mai 2012
www.galileocomputing.de/2997

416 S., 2010, mit DVD, 29,90 Euro

t3n
Buchtipp!

Alexander Steireif, Rouven Alexander Rieker

Magento

Installation, Anwendung, Erweiterung

Unsere Autoren bieten Ihnen einen leichten Einstieg in Ihren ersten eigenen Shop mit Magento und zeigen Ihnen praxisnah und mit vielen Beispielen Installation, Einrichtung und Erweiterung mit Modulen.

Die Autoren führen Sie Schritt für Schritt zum professionellen Webshop mit Magento. PHP Magazin

ISBN 978-3-8362-1613-5
www.galileocomputing.de/2393

442 S., 3. Auflage 2011, mit CD 24,90 Euro

LINUX MAGAZIN
Empfehlung

Thomas Theis

Einstieg in Python

Ideal für Programmieranfänger geeignet

Python lernen leicht gemacht! Schritt für Schritt entwickeln Sie ein eigenes Spiel.

Anfänger und Umsteiger profitieren von dem pädagogischen Kniff des Autors [...] anhand eines Spiels durch die Übungen zu führen: Einfacher Code wird mit der Zeit komplexer und wandert am Ende sogar auf eine Webseite. Linux Magazin

ISBN 978-3-8362-1738-5
www.galileocomputing.de/2640

1.000 S., 3. Auflage 2012, mit CD 39,90 Euro

Johannes Ernesti, Peter Kaiser

Python 3

Das umfassende Handbuch

Entdecken Sie die Möglichkeiten von Python 3. Egal, ob Sie erst anfangen, mit Python zu arbeiten oder bei ihrer Arbeit etwas nachschlagen möchten – in diesem Buch finden Sie alles, was Sie zu Python wissen müssen. Angefangen mit einer Einführung in die Sprache bietet es eine Sprachreferenz, die Beschreibung der Standardbibliothek und ausführliche Informationen zu professionellen Themen.

ISBN 978-3-8362-1925-9, Mai 2012
www.galileocomputing.de/3123

1.172 S., 5. Auflage 2011, 34,90 Euro
ISBN 978-3-8362-1744-6
www.galileocomputing.de/2839

Sascha Kersken

IT-Handbuch für Fachinformatiker

CHIP Buchtipp!

Der Ausbildungsbegleiter

- EDV-Grundlagen, Programmierung, Mediengestaltung
- Praxisorientiertes Lehr- und Nachschlagewerk
- Für die Fachbereiche Anwendungsentwicklung und Systemintegration

Das Buch vermittelt alle Grundlagen der Informationstechnik, wie sie Fachinformatiker in ihrer Ausbildung benötigen: Computerhardware, Betriebssysteme, Netzwerktechnik, -protokolle und -anwendungen sowie Grundlagen der Programmierung, Datenbanken und Multimedia.

Die Herausforderung, das gesamte IT-Grundwissen in dieses Buch zu packen, ist dem Autor sehr gut gelungen: so ausführlich wie möglich, so kompakt wie nötig. Jedem Einsteiger in die IT-Welt sollte das Buch als Begleiter dienen. CHIP

370 S., 2012, 24,90 Euro

Harald Zisler

Computer-Netzwerke

Grundlagen, Funktionsweise, Anwendung

Als beruflicher Anwender, Student oder Auszubildender benötigen Sie Grundlagenwissen der modernen Netzwerk-Technik. Zusammen mit vielen Praxistipps erfahren Sie hier alles über das OSI-Modell, VLANs, VPN und Funknetze und einzelne Netzzugangsszenarien wie ISDN, DSL, Glasfaser und Serverhosting von A bis Z.

ISBN 978-3-8362-1698-2
www.galileocomputing.de/2515

659 S., 5. Auflage 2010, mit DVD, 29,90 Euro

administrator Buchtipp!

Axel Schemberg, Martin Linten, Kai Surendorf

PC-Netzwerke

Mit VoIP (Voice over IP), Asterisk und Skype. Aktuell zu Windows 7

Bewährt, praxisnah und randvoll mit wertvollen Informationen – dabei erhalten Sie nicht nur umfassende Grundlagen der Vernetzung, sondern auch Praxis-Anleitungen, mit denen Sie Ihre Computer zu Hause oder im Büro professionell vernetzen. Inkl. Vernetzung Mac und PC

ISBN 978-3-8362-1105-5
www.galileocomputing.de/1618

325 S., 4. Auflage 2011, mit CD und Referenzkarte, 24,90 Euro

iX Buchtipp!

Marcus Throll, Oliver Bartosch

Einstieg in SQL

Verstehen, einsetzen, nachschlagen

Eine übersichtliche Strukturierung, zahlreiche Praxisbeispiele und die Übungssoftware auf CD machen dieses Buch zum perfekten Lehrwerk für Universität und beruflichen Einsatz. Von der Anlage der Datenbank über Abfragen bis zur Arbeit mit Rechteverwaltung und Automatisierung. Auch zum Selbststudium geeignet

ISBN 978-3-8362-1699-9
www.galileocomputing.de/2514

304 S., 2011, 34,90 Euro

LINUX MAGAZIN Empfehlung

Andreas Wenk, Till Klampäckel

CouchDB

Das Praxisbuch für Entwickler und Administratoren

Anhand zahlreicher Beispiele lernen Sie den sicheren Umgang mit der RESTful API. Außerdem erfahren Sie alles über Map/Reduce, Show und List Functions, Administration, Skalierung, CouchApps und viele weitere Themen.

Diesen Titel kann man als gelungene Einführung ins Thema und als Community-Buch bezeichnen.
Linux Magazin

ISBN 978-3-8362-1670-8
www.galileocomputing.de/2462

400 S., 2012, 29,90 Euro
ISBN 978-3-8362-1732-3
www.galileocomputing.de/2824

Torsten T. Will

C++11 programmieren

60 Techniken für guten C++11-Code

- Neues in Sprachkern und Standardbibliothek
- Von »auto« bis Zufall, von Movesemantik bis Multithreading
- Die Dos und Don'ts der C++-Programmierung

Mit C++11 ist wahrlich eine Generalüberholung des C++-Standards gelungen! Dieses Buch bietet eine praktische Anleitung für den Einsatz von C++11. Es behandelt die wesentlichen Neuerungen in Sprachkern und Standardbibliothek. Die Kapitel folgen dabei einem strengen Prinzip: Hintergrund und Erklärung, Beispielcode, Interaktion und Vernetzung mit weiteren C++-Neuerungen und schließlich das Mantra, dass das Gelernte auf den Punkt bringt. Genau die richtige Lektüre für C++-Entwickler oder Umsteiger von anderen objektorientierten Sprachen.

1.247 S., 2. Auflage 2009, mit CD, 39,90 Euro

Jürgen Wolf

C++ von A bis Z

Das umfassende Handbuch

Dieses Buch ist als Lehr- und Nachschlagewerk angelegt: Es bietet einen sehr ausführlichen Einstieg in die Sprache C++ und die Objektorientierung. Darüber hinaus enthält es Kapitel zu Socketprogrammierung und Cross-Plattform-Entwicklung oder GUI- und Multimedia-Entwicklung. Das ausgewogene didaktische Konzept macht es zu einem unentbehrlichen Begleiter in Studium und Beruf.

ISBN 978-3-8362-1429-2
www.galileocomputing.de/2156

509 S., 4. Auflage 2009, mit CD, 24,90 Euro

Arnold Willemer

Einstieg in C++

4. Auflage

Sie suchen einen fundierten und gut verständlichen Einstieg in C++? Dann ist dieses Buch das Richtige für Sie. Von den Sprachgrundlagen und der objektorientierten Programmierung bis zu fortgeschrittenen Themen wie der STL lernen Sie an vielen Beispielen und Übungen alles, was Sie wissen müssen!

ISBN 978-3-8362-1385-1
www.galileocomputing.de/2083

1.190 S., 3. Auflage 2009, mit CD und Referenzkarte, 39,90 Euro

dotnetpro
Buchtipp!

Jürgen Wolf

C von A bis Z

Das umfassende Handbuch

Alle wesentlichen Aspekte der Sprache werden tiefgehend dargestellt und durch gute Abbildungen unterstützt. Der Autor blickt aber über den Tellerrand hinaus und widmet den Themen Algorithmen, Datenbankprogrammierung, paralleles Rechnen und Netzwerkprogrammierung ein eigenes Kapitel. Zielgruppe dieses Buches sind Einsteiger und Fortgeschrittene.
dot.NET Magazin

ISBN 978-3-8362-1411-7
www.galileocomputing.de/2132

896 S., 2011, mit CD, 49,90 Euro
ISBN 978-3-8362-1474-2
www.galileocomputing.de/2212

Matthias Geirhos

Professionell entwickeln mit Visual C# 2010

Das Praxisbuch

- Alle Phasen vom Entwurf bis zum Deployment
- Best Practices, echte Fallbeispiele, Technologieempfehlungen
- Inkl. objektorientierte Analyse und Design, SOA, TPL, Debugging, Refactoring, Transaktionen, LINQ, ADO.NET, Performance, Unit Tests u. v. m.

Das Buch ist ein Kraftpaket: Von der Planung, Konzeption, Vorbereitung, Testerstellung bis hin zur Veröffentlichung – Geirhos öffnet Bände des Wissens und der Berufserfahrung. Diese leicht zu lesende und zugleich spannende Lektüre hat sein Eigengewicht redlich verdient. Geirhos eröffnet Wege zur eigenen Verbesserung von angewendeten Methoden und Wissen. Die Praxisbeispiele eröffnen uns wichtige Einblicke, warum etwas in seiner Gesamtheit gut oder weniger hilfreich ist. Dieses Buch gehört definitiv ins Regal eines C#-Programmierers. MCSE Magazine

1.295 S., 5. Auflage 2010, mit DVD, 49,90 Euro

Buchtipp!

Andreas Kühnel

Visual C# 2010

Das umfassende Handbuch

Der ideale Begleiter für Ihre tägliche Arbeit! Hier finden Sie geballtes C#-Wissen: von den Sprachgrundlagen und OOP über Klassendesign, LINQ und Multithreading bis zur Oberflächenentwicklung mit WPF und Datenbankanbindung mit ADO.NET.

Auf knapp 1.300 Seiten verspricht der Autor alles, was der Leser für die tägliche Arbeit mit C# wissen muss.
iX Programmieren heute

ISBN 978-3-8362-1552-7
www.galileocomputing.de/2322

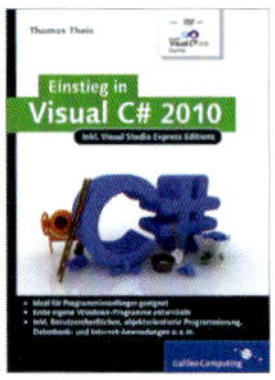

467 S., 2010, mit DVD, 24,90 Euro

dotnetpro *Buchtipp!*

Thomas Theis

Einstieg in Visual C# 2010

Inkl. Visual Studio Express Editions

Thomas Theis führt den Leser mit seinem Buch auf klassische und leicht verständliche Weise in die Programmiersprache C# ein. Das Buch richtet sich gezielt an angehende Entwickler. Durch die zahlreichen Schritt-für-Schritt-Anleitungen und Übungsaufgaben eignet sich das Buch sehr gut zum Selbststudium. dotnetpro, 09/2010

ISBN 978-3-8362-1611-1
www.galileocomputing.de/2386

396 S., 2012, mit DVD, 24,90 Euro

André Willms

Spielend Visual Basic lernen

... oder wie die Bugs das Laufen lernen

Dieses Buch richtet sich an alle, die auf spielerische Weise Visual Basic oder ganz allgemein programmieren lernen möchten. Sie steuern einen Käfer mit selbstgeschriebenen Programmen durch Spieleparcours, die immer kniffliger werden. Alles, was Sie dafür an VB-Grundlagen brauchen, lernen Sie in diesem Buch.

ISBN 978-3-8362-1828-3
www.galileocomputing.de/2973

Empfehlung: **Spielend C++ lernen**
www.galileocomputing.de/2958

467 S., 2. Auflage 2010, mit DVD, 24,90 Euro

dotnetpro *Buchtipp!*

Thomas Theis

Einstieg in Visual Basic 2010

Inkl. Visual Studio Express Editions

Sie möchten Visual Basic lernen? Von den Grundlagen über die OOP bis hin zu Datenbank- und Internetanwendungen werden alle wichtigen Themen erläutert.

Der Programmierkurs führt den Leser vom Basiswissen für Einsteiger bis zu grundlegenden Kenntnissen im Umgang mit Datenbanken und der Webprogrammierung und verdient dafür die Note gut. dotnetpro, 08/2010

ISBN 978-3-8362-1541-1
www.galileocomputing.de/2307

340 S., 2010, mit DVD, 24,90 Euro

Bernhard Wurm

Programmieren lernen!

Schritt für Schritt zum ersten Programm

Sie wünschen sich einen leichten Einstieg in die Programmierung? Sie wollen kleine Programme schreiben und das Erfolgserlebnis haben, dass alles fehlerfrei läuft? Hier lernen Sie, wie ein Programm wirklich funktioniert. Ganz nebenbei lernen Sie die Syntax der Sprache C# kennen. So macht Programmieren Spaß!

ISBN 978-3-8362-1462-9
www.galileocomputing.de/2197

605 S., 2011, mit DVD, 29,90 Euro

PC WELT *Buchtipp!*

H. R. Wieland

Computergeschichte(n) – nicht nur für Geeks

Von Antikythera zur Cloud

Eine spannende Reise durch die Geschichte der Hardware und Software-Entwicklung, in deren Verlauf vielfältige Computeranwendungen vorgestellt werden – die kann Laien wie Fachleute schon ins Schwelgen bringen. Ein tolles Buch, populärwissenschaftlich im besten Sinne, spannend und lehrreich [...]: Ein guter Kandidat zum Verschenken und Sich-selber-Schenken. c't

ISBN 978-3-8362-1527-5
www.galileocomputing.de/2285

931 S., 2011, mit DVD, 49,90 Euro

msdn *Buchtipp!*

André Willms

Visual C++ 2010

Das umfassende Handbuch

Alles, was Sie für Ihre tägliche Arbeit mit Visual C++ 2010 wissen müssen, finden Sie in diesem Buch. Egal, ob objektorientierte Programmierung mit ANSI-C++ und C++/CLI, GUI- und Datenbankentwicklung oder die professionelle Entwicklung mit Visual Studio – alles wird verständlich und an typischen Beispielen erklärt.

ISBN 978-3-8362-1639-5
www.galileocomputing.de/2422

483 S., 2012, mit DVD, 29,90 Euro

Thomas Theis

Einstieg in WPF

Grundlagen und Praxis

Der praktische Schnelleinstieg für alle, die WPF kennenlernen und schnell produktiv einsetzen möchten. Sie erfahren, wie Sie Benutzeroberflächen entwickeln, Grafiken und Animationen erstellen, Multimediadateien einbinden, mit Dokumenten arbeiten u. v. m. Inkl. Umstieg von Windows Forms

ISBN 978-3-8362-1776-7
www.galileocomputing.de/2882

1.236 S., 2. Auflage 2010, mit DVD und Referenzkarte, 49,90 Euro
ISBN 978-3-8362-1538-1
www.galileocomputing.de/2304

Thomas Claudius Huber

dotnetpro *Buchtipp!*

Windows Presentation Foundation

Das umfassende Handbuch

- Professionelle Benutzeroberflächen-Entwicklung mit der WPF
- Aktuell zu .NET 4.0 und Visual Studio 2010
- Inkl. Einführung in XAML, 2D- und 3D-Grafiken, Multimedia, Animationen u. v. m.

Geballtes Wissen zum Grafik-Framework von .NET! Ob Grundlagen, XAML, GUI-Entwicklung, Datenbindung, Animationen, Multimedia oder Migration – hier finden Sie auf jede Frage eine Antwort! Grundkenntnisse in C# vorausgesetzt, ist dieses Buch sowohl zum Einstieg als auch als Nachschlagewerk optimal geeignet.

Thomas Claudius Huber setzt sich auf mehr als 1.200 Seiten mit dem Thema auseinander. Das Buch unterstützt den Leser als Nachschlagewerk bei der Programmierung, bis man mit WPF sicher umgehen kann. dot.NET Magazin

658 S., 2011, mit DVD, 29,90 Euro

Florian Siebler

Einführung in Java mit BlueJ

Objektorientierte Programmierung für Einsteiger

Sie suchen einen verständlichen und gründlichen Einstieg in die objektorientierte Programmierung mit Java? Dann werden Sie in diesem Buch alles finden, was Sie benötigen: von den Grundlagen über die OOP bis zur Oberflächenentwicklung und vielen weiterführenden Themen. Das Buch ist auch als Kursgrundlage geeignet.

ISBN 978-3-8362-1630-2
www.galileocomputing.de/2411

605 S., 4. Auflage 2012, 19,90 Euro

Administrator Buchtipp!

Bernhard Steppan

Einstieg in Java 7

Eine professionelle und umfassende Einführung

Java verstehen und anwenden, das ist Ihr Ziel! Unser umfassender Einstieg in Java hält das theoretische und praktische Rüstzeug für Sie bereit. Aktuell zu Java 7

Der Leser lernt neben den Grundbegriffen und den wichtigsten Sprachelementen den Ansatz der objektorientierten Programmierung kennen.
IT-Administrator

ISBN 978-3-8362-1662-3
www.galileocomputing.de/2452

450 S., 2012, mit DVD, 19,90 Euro

Hans-Peter Habelitz

Programmieren lernen mit Java 7

Keine Vorkenntnisse erforderlich

Dieser Programmierkurs ist genau das Richtige für Programmiereinsteiger mit geringen oder gar keinen Vorkenntnissen. Sie lernen in überschaubaren Lerneinheiten das Programmieren mit der populären Sprache Java. Alle wichtigen Programmierthemen werden behandelt, so dass Sie schnell eigene kleine Java-Programme schreiben werden.

ISBN 978-3-8362-1788-0, April 2012
www.galileocomputing.de/2894

418 S., 4. Auflage 2012, mit DVD, 34,90 Euro

iX Buchtipp!

Thomas Künneth, Yvonne Wolf

Einstieg in Eclipse 3.7

Aktuell zu Indigo und Java 7

Effiziente Java-Entwicklung mit Eclipse: Dieses Buch zeigt Ihnen, wie Sie die Möglichkeiten von Eclipse voll nutzen. Ob Grundlagen, Testen, Plugin- und RCP-Entwicklung, GUI- oder Web-Entwicklung – Sie lernen alles an anschaulichen Praxisbeispielen, so dass Ihnen die Umsetzung in Ihren Projekten mühelos gelingen wird!

ISBN 978-3-8362-1668-5
www.galileocomputing.de/2463

1.433 S., 2012, 49,90 Euro
ISBN 978-3-8362-1507-7
www.galileocomputing.de/2253

Christian Ullenboom

Java 7 – Mehr als eine Insel

Das Handbuch zu den Java SE-Bibliotheken

- **Fortgeschrittene Themen in bewährter Insel-Qualität**
- **Java im täglichen Einsatz**
- **Aktuell zu Java 7**

Die Fortsetzung des Java-Kultbuchs für Entwickler! Hier bekommen Sie umfassendes und kompetentes Praxiswissen zu den vielen Bibliotheken und Technologien in einem Band. Am Beispiel konkreter Java-Projekte zeigt Christian Ullenboom, was man wissen muss über Swing, Netzwerk- und Grafikprogrammierung, RMI und Web-Services, JavaServer Pages und Servlets, Applets, JDBC, Reflection und Annotationen, Logging und Monitoring, Java Native Interface (JNI) und vieles mehr. Dieses Buch ist Ihr unersetzlicher Begleiter bei der täglichen Arbeit!

1.308 S., 10. Auflage 2012, mit DVD, 49,90 Euro
ISBN 978-3-8362-1802-3
www.galileocomputing.de/2672

Christian Ullenboom

Java ist auch eine Insel

iX Buchtipp!

Das umfassende Handbuch

- Einführung, Praxis, Referenz, aktuell zu Java 7
- Von Klassen und Objekten zu Datenstrukturen und Algorithmen
- Java verstehen und anwenden

Die 10. Auflage des Java-Kultbuches wurde gründlich überarbeitet zur Java-Version 7. Besonders Java-Einsteiger, Studenten und Umsteiger profitieren von diesem umfassenden Standardwerk. Die Einführung in die Sprache Java ist anschaulich und konsequent praxisorientiert. Die »Insel« lässt auch in dieser Auflage keine Wünsche offen: Neben der Behandlung der Sprache Java gibt es kompakte Einführungen in Spezialthemen. So erfahren Sie einiges über Threads, Swing, Netzwerkprogrammierung, NetBeans, RMI, XML und Java, Servlets und Java Server Pages, JDBC u. v. m.

670 S., 2. Auflage 2011, 49,90 Euro

Javamagazin Empfehlung

Heiko Böck

NetBeans Platform 7

Das umfassende Handbuch

Heiko Böck beschreibt ausführlich den Aufbau der Plattform, das Zusammenspiel der Komponenten, die verschiedenen Anzeigemöglichkeiten und wie Sie das alles für Ihre eigene Anwendung nutzen. Dabei wechseln sich Erläuterungen und Tutorial-artige Abschnitte ab. Da jedes Kapitel eine thematische Einheit bildet, kann das Buch sehr gut als Referenz genutzt werden. So finden Sie schnell den Einstieg in die Rich-Client-Entwicklung. Java Magazin

ISBN 978-3-8362-1731-6
www.galileocomputing.de/2620

656 S., 2. Auflage 2009, 49,90 Euro

Bernhard Lahres, Gregor Rayman

Objektorientierte Programmierung

Das umfassende Handbuch

Sie möchten sich von Grund auf in die objektorientierte Programmierung einarbeiten? In diesem Buch werden die Prinzipien anschaulich und verständlich an vielen typischen Beispielen erklärt. Ein größeres Projekt dient dabei der Orientierung, so dass Sie die OOP-Prinzipien in Zukunft konsequent umsetzen werden!

ISBN 978-3-8362-1401-8
www.galileocomputing.de/2103

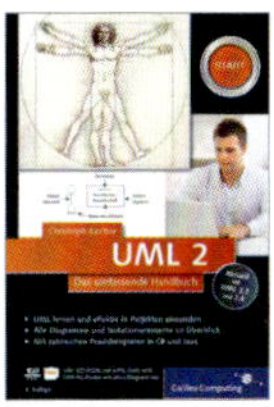

448 S., 4. Auflage 2011, mit CD und Poster, 29,90 Euro

Christoph Kecher

UML 2

Das umfassende Handbuch

Von den Grundlagen bis zum professionellen Einsatz erfahren Sie alles, was Sie für eine erfolgreiche Softwareentwicklung wissen müssen. Die UML 2-Superstructure, alle Diagrammtypen, Konzepte und Elemente werden ausführlich vorgestellt und jederzeit durch Praxisbeispiele veranschaulicht. Das Buch behandelt den aktuellen UML-Standard.

ISBN 978-3-8362-1752-1
www.galileocomputing.de/2647

619 S., 6. Auflage 2011, mit CD, 34,90 Euro

Helmut Vonhoegen

Einstieg in XML

Grundlagen, Praxis, Referenz

XML für Anwendungsentwicklung und E-Publishing! Leicht nachvollziehbar und mit vielen Praxisbeispielen lernen Sie alle wichtigen Themen kennen, wie z. B. Validierung mit DTD und XML Schema, Transformation mit XSLT, Formatierung mit CSS und XSL, Mapping mit Datenbanken, die Programmierschnittstellen DOM und SAX u. v. m.

Wer sich beruflich in XML einarbeiten will, kommt an diesem neuen Standardbuch nicht vorbei. Media-Mania

ISBN 978-3-8362-1711-8
www.galileocomputing.de/2530

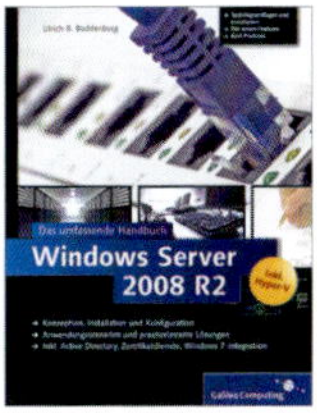

1.410 S., 3. Auflage
2010, 59,90 Euro

administrator
Buchtipp!

Ulrich B. Boddenberg

Windows Server 2008 R2

Das umfassende Handbuch

Ein Muss für jeden Administrator: Ob Hyper-V, Active Directory, Remotedesktopdienste, IIS, SharePoint Services, Hochverfügbarkeit oder Sicherheit: Mit diesem Handbuch erledigen Sie alle Aufgaben.

Wer Windows Server 2008 R2 professionell einsetzt, wird nicht auf ein umfassendes Nachschlagewerk verzichten wollen. Das Buch erfüllt alle Ansprüche, die der Leser an so einen Titel stellen kann. IT-Administrator

ISBN 978-3-8362-1528-2
www.galileocomputing.de/2286

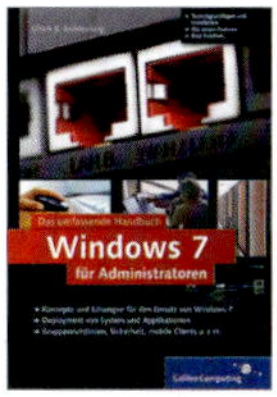

804 S., 2010,
49,90 Euro

PC WELT
Buchtipp!

Ulrich B. Boddenberg

Windows 7 für Administratoren

Das umfassende Handbuch

Der Autor liefert Ihnen die technischen Grundlagen zu allen zentralen Themen wie Deployment, Sicherheit, Management mit Gruppenrichtlinien, Anbindung mobiler Clients u. v. m. Kurz: Das Lösungsbuch für Admins!

Das Buch wendet sich konsequent an professionelle Anwender. Ein solides Handbuch für Administratoren und IT-Berater. PC WELT

ISBN 978-3-8362-1501-5
www.galileocomputing.de/2242

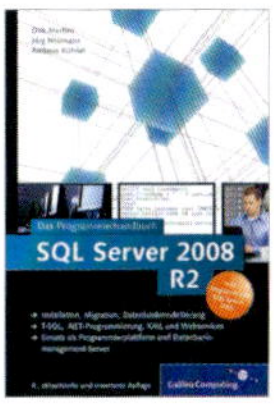

1.215 S., 4. Auflage
2011, 59,90 Euro

dotnetpro
Buchtipp!

Dirk Mertins, Jörg Neumann, Andreas Kühnel

SQL Server 2008 R2

Das Programmierhandbuch

Das Buch gehört für mich eindeutig zu den besten deutschsprachigen SQL Server 2008 R2-Kompendien. Der Leser erhält einen rundherum gelungenen Überblick über die Programmierung. Die Autoren beginnen mit der Installation, gefolgt von der Datenmodellierung und T-SQL-Entwicklung hin zu .NET CLR und XML-Themen und enden bei der Datenzugriffsprogrammierung. InsideSQL.org – Frank Kalis

ISBN 978-3-8362-1693-7
www.galileocomputing.de/2503

598 S., 2011, mit
CD, 29,90 Euro

dotnetpro
Buchtipp!

Daniel Caesar, Michael R. Friebel

Microsoft SQL Server 2008 R2

Schnelleinstieg für Administratoren und Entwickler

Egal, ob Sie SQL Server administrieren oder sichere Anwendungen dafür entwickeln wollen: Sie beherrschen schnell zentrale Themen wie Serversicherheit, Hochverfügbarkeit und Skalierbarkeit oder wichtige Grundlagen in T-SQL, Powershell und Scripting.

Ein gelungener Gesamtüberblick, der die wichtigsten Möglichkeiten in einfacher und verständlicher Form abdeckt. dotnetpro, 04/2011

ISBN 978-3-8362-1596-1
www.galileocomputing.de/2344

456 S., 2011, mit
Poster, 59,90 Euro

msdn
Buchtipp!

Markus Widl

BizTalk Server 2010

Administration, Entwicklung und Einsatz

Ob Sie Anwendungen für BizTalk Server programmieren oder ihn administrieren wollen – mithilfe leicht nachvollziehbarer, sofort einsetzbarer Praxisbeispiele setzen Sie Ihre Projekte mit BizTalk Server künftig noch schneller um. So optimieren Sie die Integration, Verwaltung und Automatisierung von Geschäftsprozessen.

ISBN 978-3-8362-1545-9
www.galileocomputing.de/2311

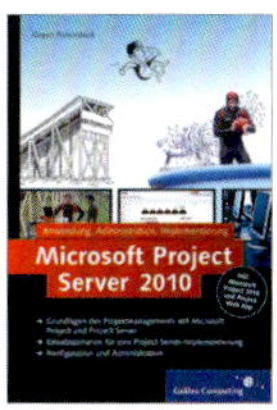

869 S., 2010,
49,90 Euro

CHIP
Buchtipp!

Jürgen Rosenstock

Microsoft Project Server 2010

Anwendung, Administration, Implementierung, Inkl. Microsoft Project 2010 und Project Web App

Wer auf der Suche nach einem deutschsprachigen Gesamt-Leitfaden zur Einrichtung, Nutzung und Wartung von Microsoft Project 2010 ist, für den führt derzeit kein Weg am gleichnamigen Buch vorbei. Aufgrund seiner projekterfahrenen Autorenschaft wird kein Fallstrick bei der Nutzung übersehen. CHIP

ISBN 978-3-8362-1539-8
www.galileocomputing.de/2306

1.080 S., 2. Auflage 2012, 89,90 Euro
ISBN 978-3-8362-1847-4
www.galileocomputing.de/3000

Zimmer, Wöhrmann, Schäfer, Baumgart, Kügow, Alder, Brunner

VMware vSphere 5

Das umfassende Handbuch

- Installation, Konfiguration, Administration
- Sicherheit, Migration, Backup, Lizenzierung, Desktopvirtualisierung
- Storage-Design, Storage-Konfiguration u. v. m.

IT-Administrator *Buchtipp!*

Wenn Sie Ihre IT-Infrastruktur mit vSphere 5 noch effizienter auslasten, einfacher administrieren und so Kosten sparen wollen, dann ist dieses Buch Ihr unverzichtbarer Begleiter! Sie profitieren von umfassendem Expertenwissen, z. B. zum Umgang mit vCenter, zu Ausfallsicherheit, Planung u. v. m.

Das Buch ist eine wahre Fundgrube an Wissen. Bei Konfigurationsbeschreibungen, wo möglich, werden neben der grafischen Variante auch Kommandozeile oder Skript angegeben. Für VMware-Admins ist das Buch im Moment das Standardwerk zu vSphere.
IT-Administrator zur Vorauflage

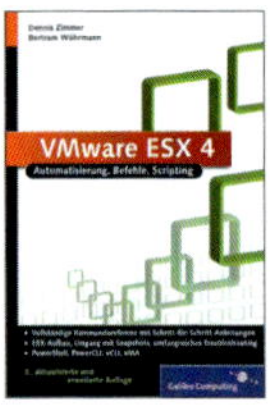

687 S., 3. Auflage 2010, 69,90 Euro

entwickler *Buchtipp!*

Dennis Zimmer, Bertram Wöhrmann

VMware ESX/ESXi 4

Automatisierung, Befehle, Scripting

Administrieren Sie mit diesem Buch ESX-/ESXi-Server besonders effizient! Arbeiten Sie mit ESX-, Linux- und PowerCLI-Befehlen, und erledigen Sie auch ohne Skriptkenntnisse Aufgaben wie Installation, Konfiguration, Protokollauswertungen, Fehlersuche, Sicherung u. v. m. noch schneller.

Das Buch ist vor allem als Nachschlagewerk für die tägliche administrative Arbeit geeignet. Entwickler Magazin

ISBN 978-3-8362-1644-9
www.galileocomputing.de/2427

608 S., 4. Auflage 2011, 59,90 Euro

IT-Administrator *Buchtipp!*

Nico Lüdemann

Citrix XenApp 6 und XenDesktop 5

Das Praxishandbuch für Admins

Dieses Buch bietet eine detaillierte Anleitung für die optimale Konfiguration und die Administration von Citrix XenApp 6 und Citrix XenDesktop 5. Verwaltungsstruktur, Installation, Konfiguration und das Zusammenspiel der beiden Produkte werden ausführlich erläutert.

Das Buch kann als Standardwerk zum Thema bezeichnet werden.
IT-Administrator zur Vorauflage

ISBN 978-3-8362-1667-8
www.galileocomputing.de/2465

987 S., 2012, 39,90 Euro

MAC LIFE *Buchtipp!*

Kai Surendorf

OS X Lion

Das umfassende Handbuch

Mit diesem Buch lernen Sie, OS X Lion optimal zu bedienen und zu konfigurieren, Netzwerke und Drucker zu administrieren sowie Aufgaben zu automatisieren und Probleme selbstständig zu lösen.

Ein umfangreicher Schmöker zu Mac OS X Lion, mit dem der Galileo-Verlag erneut seine Qualität beweist.
Mac Life

ISBN 978-3-8362-1791-0
www.galileodesign.de/2663

550 S., 6. Auflage 2012, mit Referenzkarte, 44,90 Euro

Kai Surendorf

OS X Lion und UNIX

Automatisierung, Administration, Netzwerke

Kai Surendorf führt OS X-Nutzer in die produktive Arbeit mit »Darwin«, dem UNIX-Kern ein. Das Buch behandelt alle Aspekte, die der OS X-Nutzer wissen muss, um die faszinierende UNIX-Seite seines Betriebssystems effektiv nutzen zu können.

»Das Referenzwerk«
Allan Schmid, brainworks Training GmbH

ISBN 978-3-8362-1792-7
www.galileodesign.de/2664

454 S., 2011,
49,90 Euro

LINUX MAGAZIN *Buchtipp!*

Oliver Liebel

Linux Hochverfügbarkeit

Einsatzszenarien und Praxislösungen

Profitieren Sie als Administrator von den praxiserprobten Setups und dem technischen Background des Autors.

Ein wirklich lohnenswertes Buch für Linux-Admins im Unternehmen. Der Autor beschreibt unterhaltsam und sehr informativ viele Details zum Aufbau lokaler oder netzwerkbasierter Hochverfügbarkeits-Systeme und spart nicht mit Praxisbeispielen. SearchSecurity

ISBN 978-3-8362-1339-4
www.galileocomputing.de/1999

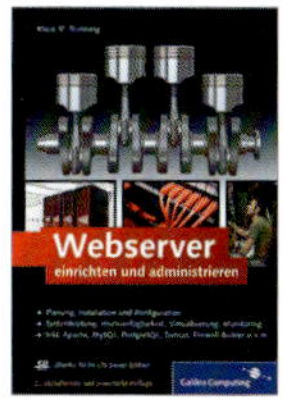

497 S., 2. Auflage 2011, mit CD, 39,90 Euro

IT-Administrator *Buchtipp!*

Klaus M. Rodewig

Webserver einrichten und administrieren

Das Buch unterstützt Sie bei der Planung, Installation und Konfiguration eines eigenen Webservers auf der Basis des Betriebssystems Linux.

Egal, ob der Leser Anwender oder IT-Administrator im Webserver-Bereich ist: Die Inhalte dieses Buches halten die Versprechen auf dem Klappentext ein. Am Aufbau der sauberen Darstellung und dem hohen Praxisbezug gibt es nichts auszusetzen. IT-Administrator

ISBN 978-3-8362-1708-8
www.galileocomputing.de/2529

925 S., 2011, mit DVD, 39,90 Euro

IT-Administrator *Buchtipp!*

Arnold Willemer

Linux-Server einrichten und administrieren mit Debian 6 GNU/Linux

So richten Sie mit Debian GNU/Linux erfolgreich einen Server ein. Zahlreiche Workshops zeigen Ihnen praxisnah den Einsatz als Backoffice- oder Root-Server, als Gateway oder Security-Server u. v. m. Lernen Sie alle Anwendungsbereiche kennen und erlernen Sie ganz nebenbei die Grundlagen einer Linux-Administration.

ISBN 978-3-8362-1653-1
www.galileocomputing.de/2443

1.024 S., 4. Auflage 2012, mit DVD, 49,90 Euro

linuxUSER *Buchtipp!*

Sascha Kersken

Apache 2.4

Das umfassende Handbuch

Das deutschsprachige Standardwerk zu Apache! Neben den Grundlagen der Konfiguration und Anwendung werden alle Optionen umfassend dargestellt. Auch zu allen professionellen Themen und Neuerungen von Apache 2 wie Multiprotokollsupport, Load Balancing, Entwicklung von eigenen Modulen, CGI, PHP und Tomcat finden Sie Hilfe.

ISBN 978-3-8362-1777-4
www.galileocomputing.de/2632

1.100 S., 2. Auflage 2012, 49,90 Euro
ISBN 978-3-8362-1879-5, Juni 2012
www.galileocomputing.de/3051

Deimeke, Kania, Kühnast, Semmelroggen, van Soest

IT-Administrator *Buchtipp!*

Linux-Server

Das Administrationshandbuch

- Linux-Server distributionsunabhängig einrichten und administrieren
- Backup, Sicherheit, Samba, LDAP, Webserver, Mailserver, Datenbanken
- Inklusive sofort einsetzbarer Praxislösungen

Der »Kofler« war jahrelang das Synonym für die beste deutsche Publikation zum Thema Linux. Doch im Kofler blieben einige Fragen, die insbesondere im professionellen Bereich relevant sind, offen. Das Autorenteam hat sich zur Aufgabe gestellt, den Administratoren eine neue Bibel zu schenken. Der Lektor schreibt: »Es geht nichts über ein Buch, in dem man zuverlässige Informationen darüber erhält, wie eine benötigte Lösung in die bestehende Infrastruktur optimal implementiert, konfiguriert und sicher administriert wird.« Mit einem Nicken bleibt dem nichts hinzuzufügen. IT-Administrator

1.282 S., 5. Auflage 2012, mit 2 DVDs, 49,90 Euro, ISBN 978-3-8362-1822-1
www.galileocomputing.de/2963

Johannes Plötner, Steffen Wendzel

Linux

Das umfassende Handbuch

- Grundlagen, Praxis, Kommandoreferenz
- Linux als Workstation: Multimedia, Office, GNOME, KDE, X11
- Kernel, Shell, Netzwerk- und Systemadministration, Sicherheit, Programmierung

Dieses Handbuch bietet Ihnen nahezu vollständiges Linux-Wissen. Es erklärt, wie man Linux als leistungsstarke Workstation nutzen kann und widmet sich ausführlich professionelleren Themen wie Administration des Systems, Shell, Netzwerkkonfiguration und Sicherheit.

Linux – das umfassende Handbuch bietet sehr viele Inhalte rund um die Linux-Welt. Es gibt wohl kaum ein Bereich, der nicht zur Sprache kommt. Ich halte das Buch für eine großartige Leistung.
ubuntublog.ch, Roman Hanhart

1.247 S., 3. Auflage 2009, mit CD, 49,90 Euro

Jürgen Wolf

Linux-UNIX-Programmierung

Das umfassende Handbuch

Von E/A-Funktionen, Attributen von Dateien und Verzeichnissen, dem Zugriff auf Systeminformationen über Prozesse und Dämonprozesse, Signale, Interprozesskommunikation und Threads bis hin zu Netzwerkprogrammierung und Devices – Sie werden zuverlässig und praxisnah informiert.

ISBN 978-3-8362-1366-0
www.galileocomputing.de/2049

808 S., 3. Auflage 2010, mit CD, 39,90 Euro

LINUX MAGAZIN Buchtipp!

Jürgen Wolf

Shell-Programmierung

Das umfassende Handbuch

Die Shell-Programmierung ist das ABC eines jeden Linux-Anwenders und System-Administrators. Dieses umfassende Handbuch bietet alles, was man zur Shell-Programmierung wissen muss.

Der Leser bekommt ein Werk zur Shell-Programmierung, das sich auch für Anfänger eignet. Jürgen Wolf bringt viele verständliche Beispiele.
Linux Magazin

ISBN 978-3-8362-1650-0
www.galileocomputing.de/2440

Bestellen Sie beide Bücher im Bundle für 59,90 Euro
ISBN 978-3-8362-1786-4
www.galileocomputing.de/2895

Linux Professional Institute

550 S., 3. Auflage 2012, mit DVD, 34,90 Euro

Harald Maaßen

LPIC-1

Sicher zur erfolgreichen Linux-Zertifizierung

Wer bereits vorhandene Linux-Kenntnisse vertiefen und/oder sich auf die LPIC-Prüfung vorbereiten will, für den ist dieses Buch goldrichtig. Lobenswert: Das Buch ist durchwegs distributionsunabhängig geschrieben.
PC WELT

ISBN 978-3-8362-1780-4
www.galileocomputing.de/2653

550 S., 2012, mit DVD, 39,90 Euro

Harald Maaßen

LPIC-2

Sicher zur erfolgreichen Linux-Zertifizierung

So gehen Sie optimal vorbereitet in die Prüfung: Harald Maaßen erklärt alle Prüfungsziele und gibt Tipps zu häufigen Stolpersteinen in der Prüfung. Mit dem Prüfungssimulator können Sie Testprüfungen mit Zeitvorgabe ablegen.

ISBN 978-3-8362-1781-1, Juli 2012
www.galileocomputing.de/2886

424 S., 4. Auflage 2010, mit DVD, 24,90 Euro

Steffen Wendzel, Johannes Plötner

Einstieg in Linux

Linux verstehen und einsetzen

Dieses Buch ist für Linux-Einsteiger geeignet, die etwas wissen wollen über die Bedienung gängiger Anwendersoftware unter Linux (wie OpenOffice.org, LaTeX, KDE u. v. m.), aber auch keine Angst haben vor Administration, Shell oder der Netzwerkkonfiguration. Sie bekommen praktisches Wissen, das sie befähigt, sicher mit Linux zu arbeiten.

ISBN 978-3-8362-1606-7
www.galileocomputing.de/2381

786 S., 4. Auflage 2011, mit DVD, 39,90 Euro

Buchtipp!

Heike Jurzik

Debian GNU/Linux

Das umfassende Handbuch

Dieses Buch ist der ideale Begleiter. Mit vielen Tipps und Schritt-für-Schritt-Anleitungen sind Sie auch bei der professionellen Anwendung optimal beraten!

Das Buch führt den Leser Stufe für Stufe nach oben auf dem Weg zum Debian-Experten. Die Autorin gestaltet ihre Erläuterungen dabei gut nachvollziehbar. Aufgrund des Umfangs entstand so nebenbei ein aktuelles Referenzwerk. IT-Administrator

ISBN 978-3-8362-1694-4
www.galileocomputing.de/2510

1.120 S., 7. Auflage 2012, 39,90 Euro

Marcus Fischer, Christoph Langner

Ubuntu GNU/Linux

Das umfassende Handbuch

Kompetent und leicht verständlich vermittelt Ihnen das Handbuch zur Version 12.04 LTS »Precise Pangolin« wertvolles Ubuntu-Know-how. Von der Installation und Konfiguration über Paketverwaltung und Shell bis hin zu Kernelkompilierung, Virtualisierung und Serverbetrieb: alle wichtigen Themen werden Ihnen optimal vermittelt. Mit über 300 Praxistipps.

ISBN 978-3-8362-1945-7
www.galileocomputing.de/3151

296 S., 2. Auflage 2011, 39,90 Euro

Buchtipp!

Dirk Becker

OpenVPN

Das Praxisbuch

Mit diesem Buch bauen Sie Schritt für Schritt Ihr VPN-Netzwerk auf, konfigurieren und verwalten es. Ob bewährte Konfigurationen, sofort einsetzbare Skripte oder fertige Lösungen im Fehlerfall: So machen Sie OpenVPN zur rundum sicheren Sache.

Kurz, knapp und präzise gibt der Autor eine Anleitung für den Umgang mit OpenVPN. IT-Administrator

ISBN 978-3-8362-1671-5
www.galileocomputing.de/2466

Profiwissen zu Excel

958 S., 2011, mit DVD, 39,90 Euro

Stephan Nelles

Excel 2010 im Controlling

Das umfassende Handbuch

Praxislösungen für Controller: Von Diagrammen, Datenimport und Pivot-Tabellen über Unternehmensplanung und alle wichtigen Kennzahlen bis hin zu OLAP-Cubes und VBA finden Sie hier alle relevanten Themen. Anschauliche Beispiele stellen dabei sicher, dass Ihnen die Umsetzung in Ihren eigenen Projekten sicher gelingt!

ISBN 978-3-8362-1531-2
www.galileocomputing.de/2289

415 S., 2. Auflage 2010, mit CD, 19,90 Euro

Thomas Theis

Einstieg in VBA mit Excel

Für Microsoft Excel 2002 bis 2010

Thomas Theis vermittelt das Wissen nicht nur über Text, sondern arbeitet zur näheren Erläuterung viel mit Screenshots und natürlich Codezeilen. Der Autor versteht es, in verständlichen Worten komplexe VBA-Inhalte auch für Nicht-Programmierer optimal zu transportieren. Ein Buch, das optimal für sonst nur Office-Anwender geeignet ist. Mediavalley

ISBN 978-3-8362-1665-4
www.galileocomputing.de/2454